AF557028

SAP® Integrated Business Planning

SAP PRESS ist eine gemeinschaftliche Initiative von SAP SE und der Rheinwerk Verlag GmbH. Unser Ziel ist es, Anwendern qualifiziertes SAP-Wissen zur Verfügung zu stellen. SAP PRESS vereint das Know-how der SAP und die verlegerische Kompetenz von Rheinwerk. Die Bücher bieten Ihnen Expertenwissen zu technischen wie auch zu betriebswirtschaftlichen SAP-Themen.

Damit Sie nach weiteren Titeln Ihres Interessengebiets nicht lange suchen müssen, haben wir eine kleine Auswahl zusammengestellt.

Lange, Bauer, Persich, Dalm, Sanchez, Adler, Massucci, Vonscheidt
Warehouse Management mit SAP EWM
1.160 Seiten, 4., aktualisierte und erweiterte Auflage 2019, gebunden
ISBN 978-3-8362-6792-2
www.sap-press.de/4824

Lauterbach, Gottlieb, Sauer, Sürie, Benz
SAP Transportation Management
1.047 Seiten, 2019, gebunden
ISBN 978-3-8362-6859-2
www.sap-press.de/4844

Destradi, Kiesel, Lorey, Schütte, Lauterbach
Logistik mit SAP S/4HANA
616 Seiten, 2., aktualisierte und erweiterte Auflage 2019, gebunden
ISBN 978-3-8362-6671-0
www.sap-press.de/4789

Baltes, Lakomy, Spieß, Wörmann-Wiese
SAP-Materialwirtschaft
777 Seiten, 2017, gebunden
ISBN 978-3-8362-4419-0
www.sap-press.de/4280

Michael Grafunder, Ferenc Gulyássy, Binoy Vithayathil

SAP® Integrated Business Planning

Prozesse, Funktionen, Implementierung

Liebe Leserin, lieber Leser,

schon kleine Änderungen in der Nachfrage nach einem Produkt bewirken in komplexen Lieferketten große Ausschläge in der Bestellmenge – damit erzähle ich Ihnen sicher nichts Neues. Mit SAP Integrated Business Planning (SAP IBP) bietet SAP inzwischen eine Lösung an, die die gesamte Bedarfs- und Absatzplanung eines Unternehmens abbilden kann. Es besteht aus den Modulen Sales and Operations (S&OP), Demand, Inventory, Demand-Driven Replenishment, Response and Supply sowie dem Supply Chain Control Tower. Im Zusammenhang mit SAP S/4HANA ist SAP IBP die empfohlene Softwarelösung für die Planung, denn Entscheidungen können bereichsübergreifend auf Basis von festgelegten Kennzahlen und Simulationsergebnissen getroffen werden. Das ermöglicht die Optimierung von Sicherheitsbeständen und Liefermengen und eliminiert Prognosefehler.

Unsere Autoren, alle drei ausgewiesene SCM- und IBP-Experten bei SAP, stellen Ihnen die Software vor und erklären Ihnen im Detail, wie Sie die IBP-Funktionen für Ihre Planung nutzen. Von den Prozessen über die Funktionen und die Konfiguration bis hin zur Integration mit anderen Tools und zur Kollaboration über SAP Jam erfahren Sie in diesem Buch alles, was für die Implementierung, Einrichtung und den Einsatz von SAP IBP notwendig ist.

Wir freuen uns stets über Lob, aber auch über kritische Anmerkungen, die uns helfen, unsere Bücher zu verbessern. Scheuen Sie sich nicht, mich zu kontaktieren. Ihre Fragen und Anmerkungen sind jederzeit willkommen.

Ihre Maike Lübbers
Lektorat SAP PRESS

maike.luebbers@rheinwerk-verlag.de
www.rheinwerk-verlag.de
Rheinwerk Verlag · Rheinwerkallee 4 · 53227 Bonn

Auf einen Blick

Wir hoffen, dass Sie Freude an diesem Buch haben und sich Ihre Erwartungen erfüllen. Ihre Anregungen und Kommentare sind uns jederzeit willkommen. Bitte bewerten Sie doch das Buch auf unserer Website unter **www.rheinwerk-verlag.de/feedback**.

An diesem Buch haben viele mitgewirkt, insbesondere:

Lektorat Maike Lübbers
Korrektorat Annette Lennartz, Bonn
Herstellung Melanie Zinsler
Typografie und Layout Vera Brauner
Einbandgestaltung Silke Braun
Coverbild iStock: 96920072 © zilli
Satz Typographie & Computer, Krefeld
Druck Beltz Grafische Betriebe, Bad Langensalza

Dieses Buch wurde gesetzt aus der TheAntiquaB (9,35/13,7 pt) in FrameMaker. Gedruckt wurde es auf chlorfrei gebleichtem Offsetpapier (90 g/m²). Hergestellt in Deutschland.

Bibliografische Information der Deutschen Nationalbibliothek:
Die Deutsche Nationalbibliothek verzeichnet diese Publikation in der Deutschen Nationalbibliografie; detaillierte bibliografische Daten sind im Internet über *http://dnb.d-nb.de* abrufbar.

ISBN 978-3-8362-6324-5

1. Auflage 2020

Informationen zu unserem Verlag und Kontaktmöglichkeiten finden Sie auf unserer Verlagswebsite **www.rheinwerk-verlag.de**. Dort können Sie sich auch umfassend über unser aktuelles Programm informieren und unsere Bücher und E-Books bestellen.

Inhalt

8 Bestätigungs- und Beschaffungsplanung mit SAP IBP für Response and Supply 405

Einleitung

Die zunehmende Komplexität von Supply Chains, die nicht zuletzt aufgrund der Globalisierung immer weiter voranschreitet, stellt die Unternehmen insbesondere in Bezug auf die Planung von Produktion und Beschaffung vor enorme Herausforderungen. In einer Zeit, in der Supply Chains sogar unternehmensübergreifend immer stärker miteinander verzahnt sind, ist es von zentraler Bedeutung, dass auch die einzelnen Planungsfunktionen innerhalb des Unternehmens weiter zusammenwachsen. SAP stellt mit der Lösung Integrated Business Planning (SAP IBP) eine Softwarelösung bereit, die exakt diesen Umstand adressiert und deren Ausgestaltung und Einsatz wir Ihnen in diesem Buch im Detail vorstellen werden.

Zielgruppe, Inhalt und Aufbau dieses Buches

Im Fokus dieses Buches steht die Darstellung einer integrierten Lösung für die Supply-Chain-Planung mit SAP IBP. Damit ist das Buch interessant für Angestellte aller Unternehmen, die nicht rein auf den Handel von Gütern und Dienstleistungen spezialisiert sind. Es richtet sich insbesondere an Mitarbeiter solcher Unternehmen, die in verschiedenen Funktionsbereichen mit der Erstellung und Beurteilung von Supply-Chain-Planungen im Rahmen eines betrieblichen Wertschöpfungsprozesses befasst sind: Projektteammitglieder im Bereich der Implementierung/Optimierung wie Berater, leitende Mitarbeiter der Produktions- und Absatzplanung, Supply-Network-Planer, Disponenten, Fertigungssteuerer, Absatzplaner und Mitarbeiter der Auftragsabwicklung und der IT-Abteilung.

Darüber hinaus wendet sich das Buch auch an Entscheidungsträger, die sich einen Einblick in die Möglichkeiten des Integrated Business Plannings mit SAP verschaffen wollen, sowie an all diejenigen, die an Supply-Chain-Planung interessiert sind.

Wir stellen Ihnen die Möglichkeiten einer integrierten Planung und die Funktionen des Integrated Business Plannings mit SAP in insgesamt elf Kapiteln vor. Zunächst erfolgt in **Kapitel 1**, »Betriebswirtschaftliche Einordnung«, eine Einführung in die wirtschaftliche und technologische Bedeutung des Integrated Business Plannings für Unternehmen, bevor wir in **Kapitel 2**, »Benutzeroberflächen«, die browserbasierten oder auch Excel-UIs vorstellen, die Ihnen für die Planung zur Verfügung stehen.

In **Kapitel 3**, »Grundlagen der übergreifenden Konfiguration«, erläutern wir die Festlegung der Strukturen von Stamm- und Planungsdaten für alle Anwendungen und Prozesse (und zwar deshalb in einem eigenen Kapitel, weil sie so zentral für den effektiven Einsatz von SAP IBP ist).

Dann kommen wir zum Hauptteil des Buches, nämlich zur Beschreibung der einzelnen Module von SAP IBP und zu deren Anwendung – beginnend mit der Absatzplanung in **Kapitel 4**, »Sales and Operations Planning mit SAP IBP«, und **Kapitel 5**, »Absatzplanung mit SAP IBP für Demand«. In **Kapitel 6**, »Bestandsplanung mit SAP IBP für Inventory«, gehen wir im Detail auf die Funktionen der Bestandsplanung mit SAP IBP ein. In **Kapitel 7**, »Demand-Driven Materials Requirement Planning«, erfolgt eine Vorstellung der Funktionen von Demand-Driven Replenishment in SAP IBP. Anschließend beschreiben wir in **Kapitel 8**, »Bestätigungs- und Beschaffungsplanung mit SAP IBP für Response and Supply«, noch die Bestätigungs- und Beschaffungsplanung mit SAP IBP, bevor **Kapitel 9**, »SAP Supply Chain Control Tower«, mit der Beschreibung der Möglichkeiten des Monitorings die Darstellung der einzelnen IBP-Module abschließt.

Nach der Erläuterung der übergreifenden, also für alle Module gültigen Themen in Kapitel 2 und Kapitel 3 sowie den jeweils modulbasierten Ausführungen in Kapitel 4 bis Kapitel 9 erklären wir abschließend in **Kapitel 10**, »SAP Jam«, die Möglichkeiten der prozessschrittübergreifenden Koordination von Aktivitäten über die Einbindung von SAP Jam und in **Kapitel 11**, »Datenintegration in SAP IBP«, das Zusammenwirken zwischen SAP IBP, das sich in der Cloud befindet, und On-Premise-Systemen, die lokal genutzt werden, per zeitreihen- oder auftragsbasierter Integration.

Im **Anhang** des Buches finden Sie einem ausführlichen Index zu zentralen Begrifflichkeiten des Integrated Business Plannings mit SAP.

Hinweise zur Lektüre

Die Darstellung beruht auf Release 1908 von SAP IBP. Um den Erläuterungen gut folgen zu können, sind folgende Voraussetzungen hilfreich:

- Grundverständnis von SAP-Begriffen
- Grundverständnis von betriebswirtschaftlichen Zusammenhängen des Integrated Business Plannings, mindestens aus einem der nachfolgend genannten Bereiche: Absatzplanung, Bestandsplanung oder Beschaffungsplanung

In diesem Buch gibt es viele grau hinterlegte Informationskästen, die Ihnen wichtige und interessante Zusatzinformationen bieten. Neben diesen Kästen finden Sie verschiedene Symbole, die Ihnen die Orientierung erleichtern sollen. Dies sind im Einzelnen:

Dieses Symbol steht für *Hinweise*, die Informationen zu weiterführenden Themen enthalten. [«]

Mit diesem Symbol haben wir *Tipps* gekennzeichnet, die Ihnen spezielle Empfehlungen zur Arbeitserleichterung geben. [+]

Das Symbol *Achtung* macht Sie auf Themen oder Bereiche aufmerksam, bei denen Sie besonders achtsam sein sollten. [!]

Beispiele haben wir mit diesem Symbol kenntlich gemacht; es weist auf Szenarien aus der Praxis und auf Erläuterungen dazu hin, wie die Funktionen im Einzelnen eingesetzt werden. [zB]

Kapitel 1
Betriebswirtschaftliche Einordnung

Dynamische und volatile Märkte stellen Unternehmen vor besondere Herausforderungen bei der Gestaltung ihrer logistischen Prozesse. SAP hilft Ihnen mit der Lösung SAP Integrated Business Planning dabei, diese logistischen Herausforderungen in der Planung innovativ anzugehen.

In diesem Kapitel gehen wir als Erstes auf die relevanten Prozesse und Fragestellungen ein, mit denen Sie in der Supply Chain konfrontiert werden. Neben den betriebswirtschaftlichen Herausforderungen beschreiben wir in Abschnitt 1.1, »Prozesse der Supply-Chain-Planung«, auch die technologischen Veränderungen, die mit der zunehmenden Digitalisierung einhergehen. In Abschnitt 1.2, »Überblick über SAP IBP«, gehen wir überblicksartig auf die einzelnen Funktionen ein, die SAP Integrated Business Planning (SAP IBP) bis zum Release 1908 bietet. Die in diesem Buch beschriebenen Funktionen sind Bestandteil des Release SAP IBP 1908. Abschließend skizzieren wir in Abschnitt 1.3, »Integrierte Beispiele (Best Practice)«, das übergreifende Best-Practice-Szenario, das das Zusammenspiel der einzelnen Prozesse integriert darstellt.

1.1 Prozesse der Supply-Chain-Planung

In der heutigen schnelllebigen und starkem Wandel unterworfenen Zeit müssen sich Unternehmen mit unterschiedlichsten Herausforderungen auseinandersetzen. Dabei gibt es verschiedene Einflussfaktoren, die die Rahmenbedingungen definieren und auf die sich Unternehmen vorbereiten sollten. Wir möchten in dieser Einleitung beispielhaft einige Aspekte beschreiben, um zu verdeutlichen, wie SAP zu dem Lösungsansatz gekommen ist, SAP IBP zu entwickeln. Dabei untergliedern wir die Erläuterungen in betriebswirtschaftliche Rahmenbedingungen und technologische Herausforderungen der Digitalisierung, die Unternehmen zum Überdenken bestehender Strukturen zwingen.

1.1.1 Betriebswirtschaftliche Herausforderungen und Lösungsansätze

Die veränderten Rahmenbedingungen stellen Unternehmen vor die Herausforderung, ihre logistischen Prozesse anzupassen. Einige Veränderungen, die die Absatz- und Beschaffungsprozesse beeinflussen, werden wir an dieser Stelle aufführen. Geografische und demografische Entwicklungen machen es erforderlich, die Supply Chain auf volatile Bedarfsschwankungen hin flexibel und global auszurichten. Das stetige Wachstum der Gesamtbevölkerung und der weltweite Aufstieg von immer mehr Menschen in die Mittelschicht mit einem entsprechenden Konsumverhalten hat direkten Einfluss auf die Anforderung, Supply Chains global zu steuern. Weltweit gestiegene Kundenbedarfe müssen durch die Supply Chain global befriedigt werden.

Seit der Finanzkrise 2008 ist außerdem eine stärkere Ausrichtung an den Bedürfnissen der Endkunden zu beobachten, beispielsweise steigt der Bedarf an individualisierten Produkten, und neben den klassischen müssen auch neue Verkaufskanäle bedient werden. Dies schließt die Möglichkeiten ein, flexibel nach Produkten zu suchen, Produkte individuell zu gestalten, Bewertungen zu lesen, Verfügbarkeiten sofort einzusehen und eine Bestellung auszulösen. Erwartet wird außerdem, dass Unternehmen auch in der Lage sind, schnell zu liefern.

Volatile Märkte und die Anforderungen der Endkunden haben eine direkte Auswirkung auf die Ausprägung der logistischen Netzwerke und Prozesse. Die stark schwankenden Bedarfe erfordern größere Flexibilität und mehr Abstimmung im gesamten Beschaffungsnetzwerk.

Planungsmodelle und Planungssystem sind oft entkoppelt von der operativen Ausführung, was sich auf die Reaktionsfähigkeit auswirkt. Die genannten Herausforderungen erfordern jedoch eine entsprechend agile Planung und die Verzahnung mit den Ausführungsprozessen, wie Abbildung 1.1 symbolisiert, damit Unternehmen den Anforderungen des Marktes gerecht werden und sich vom Wettbewerb abheben können. Schnelle und kurze Distributionsprozesse stellen einen wesentlichen Vorteil gegenüber Wettbewerbern dar und werden durch innovative Softwarelösungen ermöglicht.

Die Erfahrung zeigt, dass ein Großteil der Entscheidungen im Supply-Chain-Umfeld ohne adäquate Informationen und ohne die Unterstützung durch Systemlösungen getroffen werden. Die Planer verfügen nicht über die notwendige Transparenz der aktuellen Situation, sondern treffen Entscheidungen auf Basis von Erfahrungswerten oder Intuition und veralteten Informationen.

SAP trägt diesen Erkenntnissen und den komplexer gewordenen Rahmenbedingungen mit der neuen Planungsapplikation SAP IBP Rechnung. SAP IBP ermöglicht die verbesserte Bereitstellung der relevanten Informationen und beschleunigt damit einen fundierten Entscheidungsfindungsprozess.

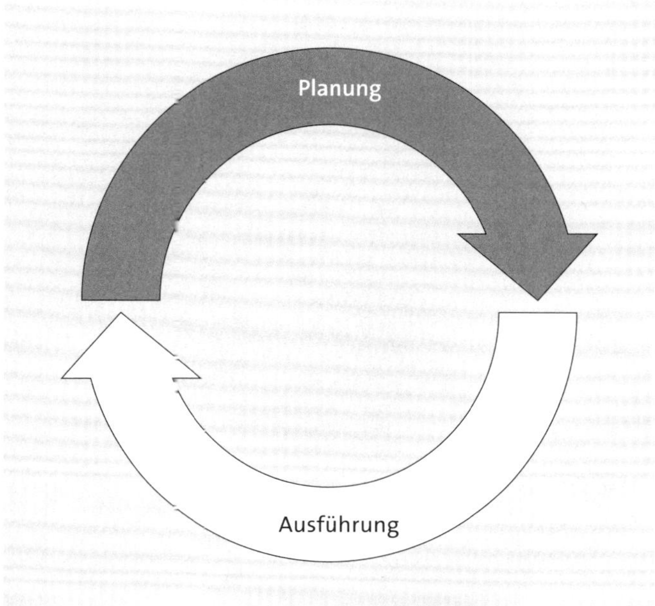

Abbildung 1.1 Agile Supply-Chain-Planung

1.1.2 Technologischer Wandel

Neben den betriebswirtschaftlichen Rahmenbedingungen spielt auch bei der Gestaltung der Supply Chain die digitale Transformation zum intelligenten Unternehmen mithilfe von SAP Leonardo eine wesentliche Rolle. Das Zusammenspiel von SAP-Prozesskompetenz und den in Abbildung 1.2 dargestellten SAP-Leonardo-Machine-Learning-Funktionsansätzen führt zu einer Vielzahl von Business Benefits, wie z. B.:

- Steigerung von Umsätzen durch innovative Vertriebsprozesse
- Steigerung der Kundenzufriedenheit durch exzellenten Service
- Neuentwicklung von Betriebsprozessen durch digitale Intelligenz
- Innovationen in Bezug auf Produkte, Prozesse oder das Geschäftsmodell
- Fokussierung der Mitarbeiter auf interessante und wichtige Aktivitäten und Automatisierung von repetitiven und einfachen Aufgaben

Der Großteil der Unternehmen sieht Machine Learning (maschinelles Lernen, ML) als einen kritischen Wettbewerbsvorteil an, und es ist zu erwarten, dass ein überwiegender Teil der manuellen Aktivitäten in naher Zukunft mittels ML unterstützt und automatisiert werden kann. Die zunehmende Digitalisierung und die Optimierung der Prozesse stellen somit einen enormen Wettbewerbsvorteil dar.

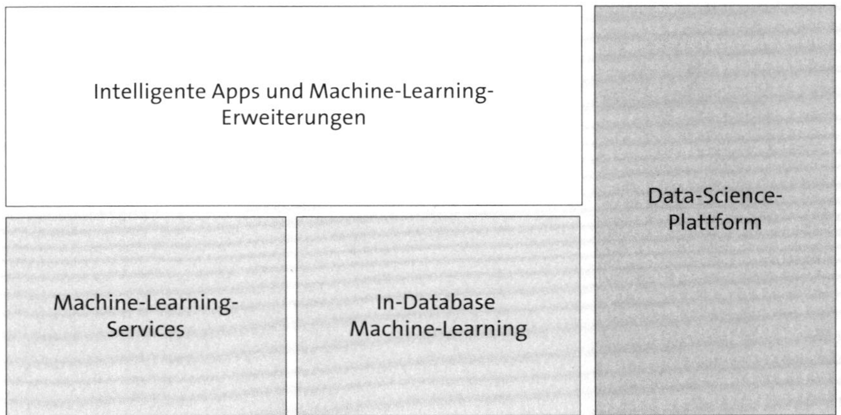

Abbildung 1.2 SAP Leonardo Machine Learning

Folgende Innovationsthemen sind aus Sicht der Supply Chain aktuell besonders relevant:

- Big-Data-Applikationen und -Analysen
- IoT (Internet of Things, Internet der Dinge) für die Realisierung sensorbasierter Services
- Künstliche Intelligenz (KI bzw. AI für Artificial Intelligence) und der Teilbereich maschinelles Lernen (ML), z. B. zur Klassifizierung oder Clusterung und für die Lösung von Supply-Chain-Problemen
- Predictive Analytics, z. B. zur Erstellung von Prognosen oder Algorithmen
- Optimierer zur Lösung von Problemen und um Prozesse weiter zu automatisieren

SAP ermöglicht mithilfe von SAP Leonardo die Fortführung der digitalen Transformation hin zum intelligenten Unternehmen auch im Kontext der Supply-Chain-Planung mit SAP IBP.

1.1.3 SAP IBP als moderne Lösung für die Supply-Chain-Planung

Die Antwort auf die oben genannten betriebswirtschaftlichen und technologischen Herausforderungen im Rahmen der Supply-Chain-Planung ist die Cloud-Lösung SAP IBP. Es werden Inhalte und Funktionen des SAP IBP Release 1908 beschrieben. Integrated Business Planning weitet die Prinzipien von Sales and Operations Planning (Vertriebs- und Betriebsplanung, kurz S&OP) – nämlich Demand (Absatzplanung) und Supply (Beschaffungsplanung) auszubalancieren und finanzielle Aspekte zu berücksichtigen – auf die übrigen Supply-Chain-Prozesse aus. Die erweiterten Absatz-, Bestands- und Beschaffungsplanungsfunktionen in SAP IBP ermöglichen durch die Verwendung eines Datenmodells die Integration der Planung aller beteiligten Bereiche.

Begonnen hat die Reise mit dem Release von SAP Sales and Operations Planning im Jahr 2012. Weil der mittel- bis langfristige S&OP-Prozess mit den Standard-SAP-Planungsfunktionen nicht wie erforderlich modelliert werden konnte, entwickelte SAP die native Cloud-S&OP-Lösung. In den Jahren 2014 bis 2016 wurde die Lösung erweitert, um eine einheitliche Plattform für integrierte Supply-Chain-Prozesse bereitzustellen, und in SAP IBP umbenannt. Seit ca. 2017 werden die Integrated-Business-Planning-Prozesse in SAP IBP unterstützt, und der Fokus liegt seitdem auf der Abbildung von Business-Netzwerken, der Bereitstellung erweiterter Planungsfunktionen, auf maschinellem Lernen, smarten Erweiterungen etc. Pro Quartal wird ein neues, funktional erweitertes Release von SAP IBP ausgerollt. Details hierzu werden vom SAP-Produktmanagement regelmäßig kommuniziert und entsprechend auf *https://help.sap.com/ibp* veröffentlicht.

Abbildung 1.3 zeigt die SAP-IBP-Lizenzen und die unterschiedlichen -Prozesse, die Sie seit SAP IBP 1905 in dieser Form abbilden können. Die folgenden Prozesse werden unter Berücksichtigung der Integrated-Business-Planning-Prinzipien unterstützt:

- Big-Data-Analytics-Applikation für End-to-End-Prozesse und unternehmensübergreifende Kollaboration über den *SAP Supply Chain Control Tower*
- Sales- und Operations-Planung als Kern von Integrated Business Planning als unterstützter Planungsprozess über *Sales and Operations Planning*
- Predictive Demand Management und Demand Sensing erweitern die Möglichkeiten in der Absatzplanung über *Demand*.
- Bestands-, Sicherheitsbestands- und Service-Level-Optimierung im kompletten Netzwerk über *Inventory*
- bedarfsorientierte Materialbedarfsplanung über *Demand-Driven Replenishment*
- Supply und Response Management über *Response and Supply*

Die S&OP-Planung kann um Funktionen aus dem Supply (Teil von Response and Supply), wie beispielsweise dem Optimierer, erweitert werden. Die modulare Trennung hat eine rein lizenzseitige Relevanz. Um die Planungsprozesse in Ihrem Unternehmen abzubilden, ist eventuell eine Kombination der Funktionen für Sie relevant.

Wir erläutern die Prozesse bzw. Funktionen in den nachfolgenden Abschnitten einzeln im Detail. An dieser Stelle möchten wir die Anwendungsfälle kurz skizzieren. Tabelle 1.1 zeigt, wann welche der Applikationen für Sie relevant sein kann. In welcher Reihenfolge IBP-Funktionen eingeführt werden sollten, ist sehr individuell und hängt von Ihrer aktuellen Lösungslandschaft und den Prozessen ab, die Sie weiterentwickeln möchten. Es empfiehlt sich, gemeinsam mit den fachlichen und funktionalen Experten eine individuelle Roadmap zu erarbeiten.

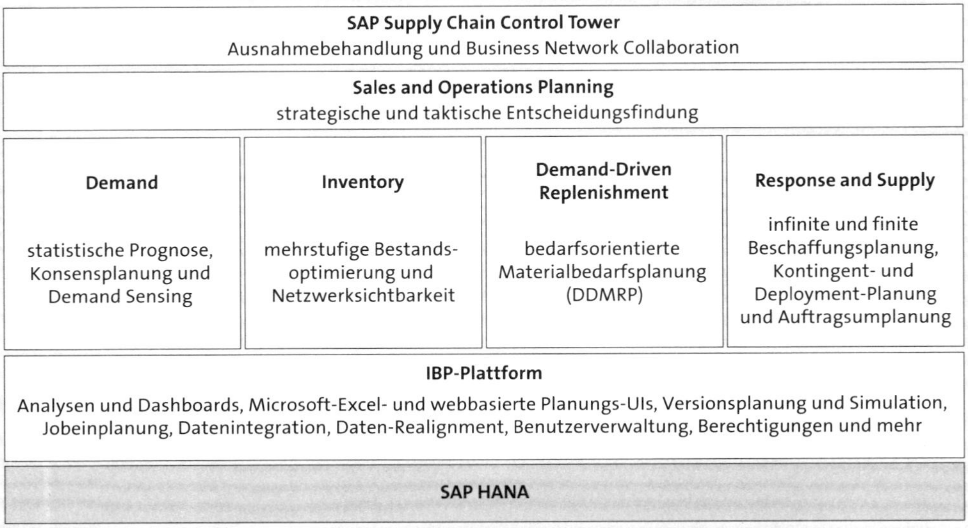

SAP Supply Chain Control Tower
Ausnahmebehandlung und Business Network Collaboration

Sales and Operations Planning
strategische und taktische Entscheidungsfindung

Demand	**Inventory**	**Demand-Driven Replenishment**	**Response and Supply**
statistische Prognose, Konsensplanung und Demand Sensing	mehrstufige Bestands-optimierung und Netzwerksichtbarkeit	bedarfsorientierte Materialbedarfsplanung (DDMRP)	infinite und finite Beschaffungsplanung, Kontingent- und Deployment-Planung und Auftragsumplanung

IBP-Plattform
Analysen und Dashboards, Microsoft-Excel- und webbasierte Planungs-UIs, Versionsplanung und Simulation, Jobeinplanung, Datenintegration, Daten-Realignment, Benutzerverwaltung, Berechtigungen und mehr

SAP HANA

Abbildung 1.3 IBP-Lizenzen und -Funktionen (seit IBP 1905)

Herausforderung	Mögliche IBP-Lösung
fehlende Transparenz und fehlende Informationen, um die Supply Chain End-to-End zu analysieren und zu managen	SAP Supply Chain Control Tower
Demand und Supply im mittel- bis langfristigen Horizont abgleichen und finanzielle Aspekte berücksichtigen	SAP IBP für Sales and Operations
fehlende mittel- bis langfristige Absatzplanung und kurzfristiges Demand Sensing	SAP IBP für Demand
Bestände im Netzwerk und Service Level planen	SAP IBP für Inventory
bedarfsorientiertes Replenishment	SAP IBP für Demand-Driven Replenishment (DDMRP)
Beschaffung in komplexen Supply-Chain-Netzwerken planen	IBP Supply (SAP IBP für Response and Supply)
kurzfristig auf Bedarfsschwankungen und Kapazitätsrestriktionen reagieren	IBP Response (SAP IBP für Response and Supply)

Tabelle 1.1 Anwendungsfälle für SAP-IBP-Funktionen

Mithilfe von SAP IBP können Sie die genannten Prozesse der operativen, taktischen und strategischen Planung in einer integrierten Lösung realisieren. Abhängig von Ihrer aktuellen Ist-Situation und den möglichen Potenzialen zur Weiterentwicklung können Sie entscheiden, welche Prozesse Sie in Ihrem Unternehmen als Erstes mit SAP IBP optimieren möchten. Unabhängig von den Prozessen bzw. modulspezifischen Funktionen charakterisieren folgende Kernaspekte die IBP-Lösung generell:

- IBP bietet ein skalierbares Modell, das die Finanz-, Absatz- und Beschaffungsplanung im operativen, taktischen und strategischen Horizont ermöglicht. Dabei können Sie die unterschiedlichen Planungsprozesse in einem Datenmodell auf Basis von SAP HANA planen.
- IBP ermöglicht Simulationen und Szenarioplanung für den Vergleich unterschiedlicher Pläne in Echtzeit, damit Entscheidungen auf der idealen Informationsgrundlage getroffen werden können.
- IBP ermöglicht die Kommunikation und Kollaboration über alle Prozesse und funktionalen Rollen der Planung hinweg und strukturiert die Zusammenarbeit für eine schnelle gemeinsame Entscheidungsfindung.
- IBP bietet einfache und einheitliche Benutzeroberflächen, die höchstmögliche Flexibilität gewährleisten. Der Einsatz intuitiver Web-, Excel- und Mobile-Anwendungen erhöht dabei die Akzeptanz.
- IBP als Big-Data-Applikation ermöglicht die Echtzeitauswertung auf den aktuellen Daten.

Abbildung 1.4 zeigt die Architekturgrafik, die für das komplette IBP-System gilt und die Rahmenparameter für ein Lösungsdesign bei einer IBP-Implementierung definiert. Die High-Level-Systemarchitektur sollten Sie bei der Entwicklung Ihrer Gesamtarchitektur berücksichtigen und die Anbindung Ihrer existierenden Systeme entsprechend planen.

SAP IBP ist darauf ausgerichtet, verschiedenen Rollen eines Unternehmens die notwendigen Daten in der erforderlichen Form bereitzustellen. Dabei können dedizierte Sichten für Anwender z. B. aus Marketing/Vertrieb, Absatzplanung, Finanzplanung, Supply Chain oder dem Management erstellt werden. Auch die Kollaboration mit externen Rollen wird in SAP IBP unterstützt (siehe dazu Kapitel 9, »SAP Supply Chain Control Tower«). Dabei stehen Ihnen verschiedene Benutzeroberflächen über das Excel-Add-in oder im Web zur Verfügung (siehe Kapitel 2, »Benutzeroberflächen«). Die Planung wird im Wesentlichen im Excel-Frontend realisiert, wobei mittlerweile auch Planungssichten als Web-Frontend zur Verfügung stehen. Für Analysen bieten sich die UI5-Applikationen im Web an. Für die Kollaboration zwischen verschiedenen Rollen und Organisationseinheiten steht Ihnen SAP Jam zur Verfügung (siehe Kapitel 10). Abhängig von den Anforderungen jedes Einzelnen können spezifisch optimierte Benutzeroberflächen bereitgestellt werden.

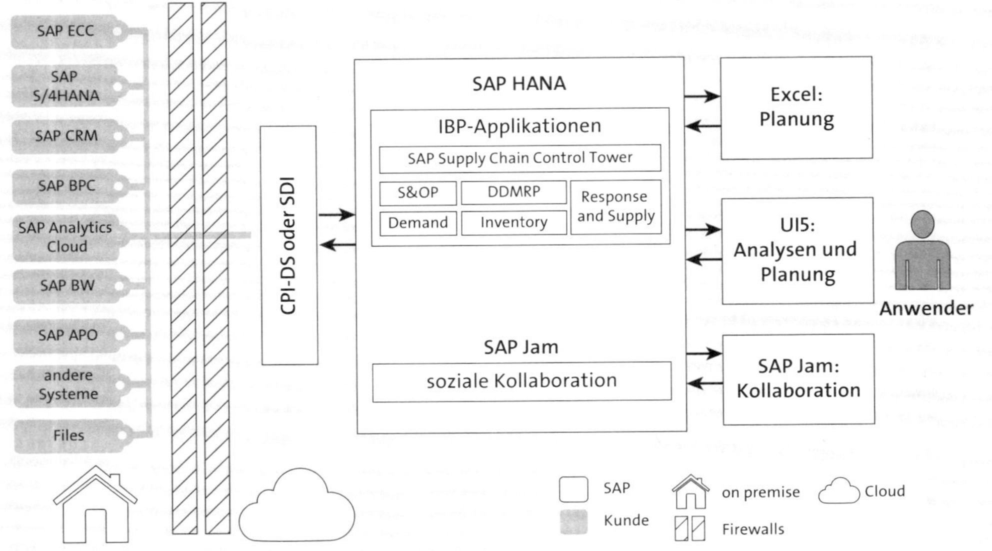

Abbildung 1.4 Die Architektur von SAP IBP

Die unterschiedlichen Applikationen und Funktionen in SAP IBP laufen dabei in der Cloud auf Basis der SAP-HANA-Technologie. Die Konfiguration des Datenmodells mithilfe von Attributen bzw. Stammdatentypen und Kennzahlen sowie die verschiedensten Algorithmen und Funktionen der einzelnen Applikationen werden Ihnen als Kern in der Cloud bereitgestellt. Eine wesentliche Stärke von SAP IBP ist dabei, dass die Modellierung für alle Applikationen ähnlich ist und die Möglichkeit besteht, Applikationen auf einem Datenmodell zu betreiben. So werden prozessübergreifende Simulationen und Abstimmungen auf einer Datengrundlage ad hoc möglich.

Ein weiterer Vorteil von SAP IBP ist die Möglichkeit der Anbindung unterschiedlichster Systeme aus der Kundenlandschaft. Dabei müssen zwei Technologien unterschieden werden: Mit CPI-DS (*SAP Cloud Platform Integration for Data Services*) steht eine sehr flexible Schnittstelle für die zeitreihenbasierte Planung zur Verfügung, die Sie kundenindividuell ausprägen können. Diese Schnittstelle wird für die meisten Applikationen verwendet.

Die Schnittstelle SDI (*Smart Data Integration*) hingegen ist eine vergleichsweise starre Schnittstelle, die von SAP auf Grundlage von SAP ERP und SAP S4/HANA sowie den Anforderungen aus IBP-Sicht für die auftragsbasierte Planung mit SAP IBP für Response and Supply bereitgestellt wird. Hier gibt es nur vorgegebene Erweiterungsmöglichkeiten, und man muss die bereitgestellten Strukturen verwenden, damit Planung und Integration funktionieren.

Auf die Funktionen der abbildbaren Prozesse bzw. Module in SAP IBP gehen wir nun in Abschnitt 1.2 – zunächst nur überblicksartig – ein. Weitere Ausführungen zu den einzelnen Applikationen und den unterstützten Prozessen finden Sie dann in Kapitel 4, »Sales and Operations Planning mit SAP IBP«, bis Kapitel 9, »SAP Supply Chain Control Tower«.

1.2 Überblick über SAP IBP

In diesem Abschnitt möchten wir Sie mit den einzelnen Prozessen und Funktionen vertraut machen, die Sie mit SAP IBP modellieren können. In diesem Buch ist das Release SAP IBP 1908 berücksichtigt. Weiterführende Erläuterungen finden Sie zu jeder Lösung bzw. Lizenz in Kapitel 4, »Sales and Operations Planning mit SAP IBP«, bis Kapitel 9, »SAP Supply Chain Control Tower«.

An dieser Stelle haben wir die Erläuterung der Funktionen den Lizenzen entsprechend gegliedert (im Folgenden werden wir hingegen eher prozessual vorgehen). In der Praxis kommt es durchaus häufig vor, dass nicht alle notwendigen Funktionen zur Unterstützung Ihres Planungsprozesses über eine Lösung abgedeckt werden. Der große Vorteil von SAP IBP ist die Nutzung eines zentralen Datenmodells. Somit können Sie Funktionen aus allen Lösungen kombinieren, um Ihren Planungsprozess abzubilden. Die genaue Ausprägung der notwendigen Funktionen muss projektspezifisch ermittelt werden.

1.2.1 SAP IBP Sales and Operations Planning

Die Lösung SAP Integrated Business Planning für Sales and Operations Planning (SAP IBP S&OP) findet oft Anwendung in der strategischen und taktischen Entscheidungsfindung zur Unterstützung des Demand-and-Supply-Abgleichs im Rahmen eines S&OP-Prozesses. Die Absatzplanungs- sowie Distributions- und Beschaffungsprozesse werden mit den erforderlichen Planungsfunktionen für einen taktischen S&OP-Prozess unterstützt. Neben den notwendigen Planungsfunktionen und Algorithmen spielen die Kollaboration und das Prozessmanagement eine wesentliche Rolle, um einen S&OP-Prozess systemseitig bestmöglich zu unterstützen. Die klassischen Phasen Demand Review, Supply Review, Pre-S&OP und (Executive) S&OP-Meeting können über alle Entwicklungsstufen hinweg mit SAP IBP abgebildet werden. Dabei wird ein kollaborativer, über unterschiedliche Unternehmensbereiche von Marketing, Vertrieb, Finanzen, Beschaffung und Produktion hinweg gesteuerter Prozess unterstützt.

Folgende Funktionen stehen im Kontext der Lösung SAP IBP S&OP für Sie zur Verfügung:

- Die Grundfunktionen der statistischen Prognose sind enthalten. Verwendet werden können die Prognosemodelle *einfacher gleitender Durchschnitt*, *einfache exponentielle Glättung*, *zweifache exponentielle Glättung* und *dreifache exponentielle Glättung*. Als Fehlermaß kann nur RMSE (Wurzel des mittleren quadratischen Fehlers) ausgewählt werden.
- Im Kontext der Beschaffungsplanung wird die *infinite mehrstufige Bedarfs- und Beschaffungsplanung für zeitreihenbasierte Modelle* unterstützt. Dabei können drei Algorithmen unterschieden werden:
  - *Beschaffungsplanungsheuristik* führt ohne Unterdeckungen eine mehrstufige infinite Bedarfs- und Beschaffungsplanung durch, und alle Bedarfe werden gedeckt. Es werden Kapazitätsengpässe und Probleme in der Beschaffung identifiziert, aber nicht im Planungslauf als Restriktion berücksichtigt. Das Ergebnis ist daher kein machbarer Plan.
  - *Bestandspropagierung* ist ebenfalls eine infiniter mehrstufiger Bedarfs- und Beschaffungslauf, der den verfügbaren Nachschub durch die Logistikkette propagiert. Somit können die Auswirkungen von Problemen bei der Beschaffung auf Kunden- und Lokationsebene aufgezeigt werden.
  - *Haltbarkeitsplanungsheuristik* führt ebenfalls ohne Unterdeckungen eine mehrstufige infinite Bedarfs- und Beschaffungsplanung durch. Es werden auch Kapazitätsengpässe und Probleme bei der Beschaffung aufgedeckt. Zusätzlich wird die Haltbarkeit von Produkten berücksichtigt.
- Die Funktion *Prozessmanagement* wird Ihnen nur über die Lösung SAP IBP S&OP zur Verfügung gestellt. Sie können Ihre Unternehmensprozesse modellieren und strukturiert unterstützen. Ein Gesamtprozess kann in verschiedene Unterprozesse aufgegliedert werden, und Sie können Aufgaben, Abhängigkeiten, Berechtigungen, Verantwortlichkeiten etc. definieren. Die Voraussetzung dafür, dass das Prozessmanagement mit vollem Funktionsumfang in Bezug auf Kooperation verwendet werden kann, ist der Einsatz von SAP Jam.
- Die *treiberbasierte Planung* ermöglicht Ihnen die Erfassung von Einflussfaktoren wie Chancen und Risiken, für die Sie qualitative oder quantitative Informationen erfassen können. Die relevanten Treiber können Sie mit den relevanten Personen gemeinsam analysieren und bewerten und dann in Ihrem Konsens-Demand berücksichtigen.

Die hier genannten Funktionen gehören zu der Lösung SAP IBP S&OP. Auch die generellen Plattform-Features aus Abschnitt 1.2.7 spielen eine wesentliche Rolle, beispielsweise dass die Planung in Excel flexibel auf verschiedene Planungsebenen und verschiedene Rollen zugeschnitten werden kann oder die Echtzeitanalysen, um Ihren Prozess abzubilden. Die Lösung SAP IBP S&OP wird häufig mit Funktionen aus dem Bereich SAP IBP für Response and Supply kombiniert (siehe Abschnitt 1.2.5, »SAP IBP für Response and Supply«), damit z. B. der Optimierer für zeitreihenbasierte Planung verwendet werden kann. Auch die Erweiterung auf SAP IBP für Demand (siehe Abschnitt 1.2.2) wird notwendig, sobald weiterführende Prognosealgorithmen erforderlich werden. Weiterführende Details zu SAP IBP für Sales and Operations finden Sie in Kapitel 4.

1.2.2 SAP IBP für Demand

Die Lösung SAP Integrated Business Planning für Demand (SAP IBP für Demand) unterstützt den klassischen Absatzplanungsprozess umfänglich mit Funktionen wie Kollaboration, statistische Prognosen, Lebenszyklusplanung oder Promotionsplanung. Dabei wird neben dem klassischen Absatzplanungsprozess, der über Algorithmen seine Stärken in den mittel- bis langfristigen Horizonten entfaltet, auch der kurzfristige Absatzplanungshorizont mit einem Machine-Learning-Algorithmus unterstützt und *Demand Sensing* genannt.

Folgende Funktionen stehen Ihnen im Kontext der Lösung SAP IBP für Demand zur Verfügung:

- Die Kernfunktionalität der klassischen Absatzplanung sind die *statistischen Prognosen*, die auf Grundlage von Vergangenheitsdaten mit statistischen Verfahren zukünftige Verläufe prognostizieren. Alle verfügbaren statistischen Methoden sowie alle Optionen zur Vor- und Nachverarbeitung sind enthalten.
- Die Absatzplanung im kurzfristigen Horizont wird durch Machine-Learning-Algorithmen (*Demand Sensing*) unterstützt. Es wird eine tägliche Prognose erstellt auf Basis täglicher Nachfragesignale und Mustererkennung.
- Mit *Zeitreihenanalysen* können Sie historische Verläufe analysieren und Eigenschaften wie *Konstant*, *Sporadisch*, *Trend* oder *Saisonalität* identifizieren.
- Die *treiberbasierte Planung* ermöglicht Ihnen die Erfassung von Einflussfaktoren wie Chancen und Risiken, für die Sie qualitative oder quantitative Informationen erfassen können. Die relevanten Treiber können Sie dann mit den relevanten Personen gemeinsam analysieren und bewerten und dann in Ihrem Konsens-Demand berücksichtigen.
- Ihnen stehen Funktionen zur Planung bzw. Integration von *Promotionen* aus einem Trade-Promotion-Planungssystem wie SAP CRM und die *Analyse von Promotionen* zur Verfügung.
- Mit dem *Produktlebenszyklus* können Sie planen, um Referenzprodukte sowie die Einphasung und Ausphasung während der statistischen Prognose zu berücksichtigen.

Neben den genannten Funktionen spielen auch die generellen Plattform-Eigenschaften aus Abschnitt 1.2.7, »SAP IBP – allgemeine Plattform-Features«, eine wesentliche

Rolle. Die Planung in Excel kann flexibel auf verschiedenen Planungsebenen mit Aggregation und Disaggregation erfolgen und auf verschiedene Rollen zugeschnitten werden. Auch z. B. die Echtzeitanalysen unterstützen Ihren Absatzplanungsprozess bestmöglich.

1.2.3 SAP IBP für Inventory

Die Hauptaufgabe von SAP Integrated Business Planning für Inventory (SAP IBP für Inventory) ist die Ermöglichung einer strukturierten Bestandsplanung innerhalb des Integrated-Business-Planning-Vorgehens. Es ergänzt somit die Funktionen der anderen SAP-IBP-Module Sales and Operations Planning bzw. Demand und Supply dergestalt, dass ein *Sales-Inventory-and-Operations-Planning-Prozess (SIOP)* möglich wird.

Dabei nutzt SAP IBP für Inventory fortgeschrittene Algorithmen, um dem *mehrstufigen Charakter* eines Supply Plans optimal Rechnung zu tragen und dabei den anvisierten *Lieferbereitschaftsgrad* aufrechtzuerhalten. Unter Nutzung der Informationen zu Prognosefehlern, Bedarfsschwankungen und Lieferunsicherheit werden ein- oder mehrstufig *Empfehlungen für Sicherheitsbestände* abgeleitet und auf dieser Basis weitere *Bestandskomponenten* ermittelt. Die Ergebnisse werden im Anschluss beispielsweise an das Modul Response and Supply weitergereicht.

1.2.4 SAP IBP für Demand-Driven Replenishment

Mit SAP Integrated Business Planning für Demand-Driven Replenishment (SAP IBP für DDMRP) stellt SAP seit Release 1802 Funktionen bereit, die es ermöglichen, in den Prozess des Integrated Business Plannings auch die bedarfsorientierte Wiederbeschaffung gemäß der Demand-Driven-Institute-Methodologie einzubetten. Dabei unterstützt Sie SAP IBP insbesondere im Rahmen der folgenden Prozessschritte:

- Die Bestandspositionierungsfunktionen (*Strategic Inventory Positioning*) von SAP IBP helfen Ihnen dabei, Bevorratungsebenen bzw. Entkopplungspunkte in mehrstufigen Supply Chains zu identifizieren.
- Im nächsten Schritt der Bestandsdimensionierung (*Buffer Sizing*) wird aufbauend auf der Bestandspositionierung abgeleitet, welchen Lagerbestand Sie an den Entkopplungspunkten vorhalten sollten. Dabei gibt Ihnen SAP IBP auch umfangreiche Simulationsmöglichkeiten an die Hand, mit denen Sie die Konsequenzen möglicher Entscheidungen monetär abschätzen können.
- Mit Release 1905 stellt SAP IBP weitergehend auch Möglichkeiten bereit, die erzeugten Informationen in konkrete Beschaffungsvorschläge umzusetzen, wobei dies aktuell außerhalb des IBP-Systems durchgeführt wird.

Insbesondere die ersten beiden der genannten Hauptfunktionen sind mit den Outputs von SAP IBP für Inventory vergleichbar, denn auch dort erhalten Sie systemseitig Vorschläge für die Positionierung und die Dimensionierung von Bestand. Jedoch unterscheiden sich zum einen die gewählten Vorgehensweisen, zum anderen liefert der Demand-Driven-Replenishment-Prozess mit konkreten Beschaffungsvorschlägen weitergehende Ergebnisse, die bei der Nutzung von SAP IBP für Inventory von anderen IBP-Funktionalitäten wie Response and Supply erzeugt werden müssten.

1.2.5 SAP IBP für Response and Supply

SAP Integrated Business Planning für Response and Supply (SAP IBP für Response and Supply) fokussiert den kurz- bis mittelfristigen Horizont und ermöglicht, eine auftragsbasierte Beschaffungsplanung aus operativer Perspektive in SAP IBP durchzuführen. Dies bedeutet, dass detaillierte Daten wie Planaufträge, Produktionsaufträge, Kundenaufträge und Bestellungen etc. berücksichtigt werden und somit eine stärkere Integration mit den ERP-Quellsystemen vorausgesetzt wird. Grundsätzlich können die Beschaffungsalgorithmen der zeitreihenbasierten Planung, die in Kapitel 4, »Sales and Operations Planning mit SAP IBP«, beschrieben sind, auch mit der Lösung SAP IBP für Response and Supply verwendet werden. Die auftragsbasierten Algorithmen können vorhandene Kapazitäten und Restriktionen berücksichtigen. Folgende Algorithmen stehen Ihnen zur Verfügung:

- *Restriktionsbasierter Prognoselauf* verwendet eine regelbasierte Heuristik mit Priorisierungen, um die Bedarfe zu decken. Es werden Bedarfe, Zugänge, Sicherheitsbestand und Zielbestand berücksichtigt, und es wird ermittelt, welche Bedarfe gedeckt werden können. Dabei wird zuerst die Priorität jedes Bedarfs geprüft, und die Bedarfe werden einzeln nach Regeln ihrer Reihenfolge der Priorität gelöst. Das Ergebnis können Sie auch verwenden, um Ihre Kontingentierung einzurichten.
- *Restriktionsbasierter Prognoselauf mit Optimierer* kommt zum Einsatz, um einen optimalen Beschaffungsplan unter Berücksichtigung von Kostenparametern und zusätzlichen Restriktionen zu ermitteln. Gewinnmaximierung oder Kostenminimierung sind die Zielgrößen der optimiererbasierten Planung.
- Mit dem *Bestätigungslauf* können Sie ermitteln, wie Ihr Unternehmen auf Kundenbedarfe reagiert. Dabei werden die offenen Auftragsmengen von Kundenaufträgen, fixe Bedarfe und Zugänge, verrechnete Prognosebedarfe, Sicherheitsbestand und Zielbestand berücksichtigt. Als Ergebnis kann der Algorithmus unter Berücksichtigung der genannten Einflussfaktoren und der Engpässe Auftragsbestätigungen erzeugen. Dabei können auch Kontingente berücksichtigt werden.
- Den *Deployment-Lauf* nutzen Sie, um geplante Zugänge in Ihrem Netzwerk nach Prioritäten und Available-to-Deploy-Elementen (verfügbaren Elementen) zu ver-

teilen. Es werden keine neuen Planaufträge oder Bestellanforderungen angelegt, sondern Bedarfe werden mit vorhandenen Zugangselementen gedeckt.

- *Engpassanalysen* helfen Ihnen, die Ergebnisse der Beschaffungsplanung zu erklären, da die einschränkenden Faktoren aufgeführt werden.
- Das *Auftrags-Pegging* ermöglicht Ihnen die Verknüpfung von Bedarfs- und Zugangselementen im Auftragsdatenmodell.

Die Kernfunktionen von SAP IBP für Response and Supply als auftragsbasierte Lösung sind somit die regelbasierte Beschaffungsplanung mit und ohne Optimierer in Bezug auf Supply. Dabei können auch Kontingente ermittelt und im weiteren Prozess verwendet werden. Der zweite Aspekt Response umfasst die Möglichkeit, Kundenaufträge zu bestätigen und falls erforderlich Kontingente zu berücksichtigen. Diese lösungsspezifischen Funktionen werden um die Plattformfunktionen ergänzt.

1.2.6 SAP Supply Chain Control Tower

Der SAP Supply Chain Control Tower unterstützt Sie dabei, eine End-to-End-Transparenz zu schaffen. Sie können alle relevanten Informationen auch aus verschiedensten Quellsystemen in SAP IBP integrieren und für ein zentrales Supply Chain Controlling aufbereiten. Die Funktionen des Control Towers können Sie auch im Zusammenspiel mit den anderen SAP-IBP-Lösungen verwenden. Folgende Aspekte sind aus Sicht des SAP Supply Chain Control Towers wesentlich:

- *Benutzerdefinierte Alerts*, die Sie auf potenzielle oder aktuelle Probleme hinweisen, können Sie anlegen, abonnieren und überwachen. Die benutzerdefinierten Alerts sind Alerts in Echtzeit auf Daten des Planungsbereichs und werden im Web-Frontend aufbereitet.
- Dank *Business Network Collaboration* können Sie Geschäftsdaten mit externen Geschäftspartnern austauschen. Die externe Kollaboration gewinnt immer mehr an Relevanz, will man sich vom Wettbewerb abgrenzen. Sobald Sie die Funktionen der externen Kollaboration in Ihre Planungsprozesse integrieren möchten, benötigen Sie diese Lösung.
- Das *Fallmanagement* hilft Ihnen, Fälle zu definieren und Aktivitäten zu einem Fall zu bündeln. Sie können Fälle bearbeiten und durch die Integration mit den benutzerdefinierten Alerts die Überwachung und einfache Nachverfolgung zum Lösen von Problemen strukturieren.
- Die vordefinierten SCOR-Modell-Inhalte (*Supply Chain Operations Reference*) und die Möglichkeit zur Erweiterung ermöglichen *Performance-Management-Analysen*.

Dies sind die wesentlichen Kernfunktionen, die Sie mit der Nutzung der Lösung SAP Supply Chain Control Tower verwenden können. Auch hier stehen Ihnen die allgemeinen SAP-IBP-Plattform-Features zur Verfügung, die wir im folgenden Abschnitt behandeln.

1.2.7 SAP IBP – allgemeine Plattform-Features

In diesem Abschnitt beschreiben wir einige Funktionalitäten, die in der SAP-IBP-Plattform generell zur Verfügung stehen. Diese allgemeinen Plattform-Features können Sie immer in Kombination mit jeder der in den vorherigen Abschnitten genannten prozessorientierten Applikationen verwenden.

Einige allgemeine Funktionen der SAP-IBP-Plattform haben wir hier aufgeführt:

- Das Datenmodell bildet die Grundlage für alle IBP-Anwendungen, daher sind die Funktionen zur *Modellkonfiguration*, um z. B. Attribute, Stammdatentypen, Zeitreihenprofile, Planungsbereiche, Kennzahlen etc. anzulegen, auch Teil der allgemeinen Plattformfunktionen. Sie können Ihr Datenmodell damit individuell definieren und pflegen.
- Die *Excel-Oberflächen* können Sie für die Planung und zur Pflege von Stammdaten verwenden.
- Die *Webbasierte Planung* steht Ihnen auch für die Planung zur Verfügung. Diese können Sie auch für eine Planung durch Geschäftspartner wie Kunden oder Lieferanten direkt in SAP IBP verwenden.
- Auch die *Kennzahlen-Alerts* aus Excel können Sie übergreifend verwenden.
- Sie können die *Echtzeitanalysen* zur Analyse und Visualisierung der Daten in *Analysen* und *Dashboards* für die Darstellung nutzen.
- Die Möglichkeit für *Simulationen* und die Planung in *Versionen* können Sie übergreifend verwenden. Die Ad-hoc-Planung mit *Szenarios* ist eine Grundfunktion von SAP IBP, die einen wesentlichen Mehrwert gegenüber anderen Applikationen darstellt.
- *Kooperation* und übergreifende Abstimmungsprozesse gewinnen im aktuellen Unternehmensumfeld zunehmend an Bedeutung und stellen einen Wettbewerbsvorteil dar, alternative Szenarios bereichsübergreifend zu evaluieren und Entscheidungsprozesse auf einer fundierten Informationsgrundlage zu treffen. Mithilfe von *SAP Jam* können Sie die Kooperation in Form von Gruppen, Feed-Beiträgen, Aufgaben etc. strukturieren und Entscheidungsprozesse formalisiert im Gesamtprozessablauf integrieren.
- Sie können pro Kennzahl eine *Änderungshistorie für Kennzahlen* aktivieren, um die einzelnen Änderungen, wie z. B. Werte, Zeitpunkt und Benutzer, nachzuverfolgen und anzuzeigen. Die Anzahl der Kennzahlen, die für die Änderungshistorie aktiviert werden, sollten Sie im Projekt gezielt festlegen und auswählen.

- Sie können *Snapshots* von Kennzahlen erstellen, um die Veränderungen im zeitlichen Verlauf festzuhalten. Ein Snapshot erfasst die Kennzahlenwerte zu einem bestimmten Zeitpunkt, wenn der Snapshot-Operator ausgeführt wird. Abhängig von der Konfiguration können Sie bis zu neun Snapshots erstellen.
- Sie können Planungsobjekte klassifizieren und in *ABC/XYZ-Segmente* untergliedern. Die Ergebnisse der Klassifizierung können Sie dann zur Strukturierung in den weiteren Planungsprozessen und für segmentspezifische Entscheidungen verwenden.
- Ein *Realignment* Ihrer Daten benötigen Sie, wenn sich die Planungsdaten wie Stammdaten und Kennzahlen in der geschäftlichen Entwicklung verändern. Umstrukturierungen können eine Reorganisation von Daten im SAP-IBP-System zur Folge haben, die Sie mithilfe von Realignment-Regeln durchführen können.
- Es stehen verschiedene Alternativen für die *Datenintegration* bereit. Welches Datenintegrationsszenario und welche Integrationstechnologie verwendet werden sollen, ist projektspezifisch zu evaluieren. Die zwei Hauptanwendungsfälle sind dabei folgende:
  - für zeitreihenbasierte Planung *CPI-DS* (SAP Cloud Platform Integration für Data Services) für alle SAP-IBP-Anwendungen außer SAP IBP für Response and Supply
  - für auftragsbasierte Planung *SDI* (SAP HANA Smart Data Integration) für SAP IBP für Response and Supply
- *Kommunikationsszenarios* vereinfachen die Integration von SAP IBP und anderen SAP-Systemen sowie externen Systemen. Hierfür stehen einige Anwendungsfälle bereit, die Sie abhängig von den Anforderungen im Projekt prüfen sollten.
- Mit der *Benutzerverwaltung* legen Sie Rollen und Benutzer im System an.
- Eine anwendungsbezogene *Jobeinplanung* und *Anwendungsprotokolle* zum Überwachen helfen Ihnen, den Systembetrieb sicherzustellen.

Damit kennen Sie nun die wichtigsten allgemeinen SAP-IBP-Plattformfunktionen, die Ihnen für die Realisierung von Planungsprozessen in SAP Integrated Business Planning zur Verfügung stehen.

1.2.8 Algorithmen, Operatoren und Machine Learning

In diesem Abschnitt möchten wir gebündelt einen Überblick über die wesentlichen Algorithmen und Funktionen geben, die z. B. auf maschinellem Lernen basieren, und auf Operatoren hinweisen, die für den Betrieb wesentlich sind. Die einzelnen Funktionalitäten können dabei teilweise explizit einzelnen Lösungen zugeordnet werden. Auf diese Unterteilung gehen wir an dieser Stelle aber nicht immer dezidiert ein. Da für SAP IBP pro Quartal ein neues Release veröffentlicht wird, unterliegt sein Funktionsumfang einer kontinuierlichen Weiterentwicklung und verändert sich signifikant. Weitere Innovationen sind entsprechend in der Roadmap für SAP IBP vom Produktmanagement beschrieben.

Algorithmen und Operatoren in SAP IBP

Im Kontext der Absatzplanung stehen Ihnen im Wesentlichen Funktionen für die Vor- und Nachverarbeitung (siehe Tabelle 1.2) sowie statistische Prognosemethoden zur Verfügung (siehe Tabelle 1.3).

Vorverarbeitungsschritte	Nachverarbeitungsschritte
Ausreißerkontrolle	mittlerer prozentualer Fehler (MPE)
fehlende Werte ersetzen	mittlerer absoluter prozentualer Fehler (MAPE)
Promotionsdatenbereinigung	mittlerer quadratischer Fehler (MSE)
	Wurzel des mittleren quadratischen Fehlers (RMSE)
	mittlere absolute Abweichung (MAD
	Fehlersumme (ET)
	mittlerer absoluter skalierter Fehler (MASE)
	gewichteter mittlerer absoluter prozentualer Fehler (WMAPE)

Tabelle 1.2 Funktionen der Vor- und Nachverarbeitung in der Prognose

Bei den statistischen Verfahren besteht eine große Auswahl. Dabei sind statistische Prognoseverfahren für den klassischen mittel- bis langfristigen Horizont und die Demand-Sensing-Algorithmen für eine kurzfristige Absatzplanung zu unterscheiden.

Statistische Prognoseverfahren	
Konstant	▪ einfache exponentielle Glättung ▪ automatische exponentielle Glättung ▪ adaptive einfache exponentielle Glättung (Antwortquote) ▪ einfacher Durchschnitt ▪ einfacher gleitender Durchschnitt ▪ gewichteter Durchschnitt ▪ gewichteter gleitender Durchschnitt

Tabelle 1.3 Statistische Prognoseverfahren und Demand-Sensing-Algorithmen

Statistische Prognoseverfahren	
Trend	▪ automatische exponentielle Glättung ▪ exponentielle Glättung (Brown) ▪ doppelte exponentielle Glättung ▪ Auto-ARIMA (automatisierter, autoregressiver, integrierter, gleitender Durchschnitt) ▪ Auto-ARIMAX/SARIMAX (automatisierter, autoregressiver, integrierter, gleitender Durchschnitt mit erklärenden Variablen) ▪ multilineare Regression
Saison	▪ automatische exponentielle Glättung ▪ dreifache exponentielle Glättung ▪ Auto-SARIMA (saisonaler Auto-ARIMA) ▪ Auto-SARIMAX (saisonaler Auto-ARIMAX) ▪ saisonale lineare Regression
Sporadisch	Croston-Methode
Naive Verfahren	vergangene Perioden kopieren
Maschinelles Lernen	Gradient Boosting von Entscheidungsbäumen
Demand Sensing	
▪ Demand Sensing (vollständig) ▪ Demand Sensing (Update)	

Tabelle 1.3 Statistische Prognoseverfahren und Demand-Sensing-Algorithmen (Forts.)

Im Kontext der zeitreihenbasierten Beschaffungsplanung in SAP IBP für Sales and Operations stehen Ihnen die folgenden Algorithmen zur Verfügung, die Sie je nach Bedarf berücksichtigen können (wobei lizenzseitig für den Optimierer auch die SAP-IBP-Lizenz für Response and Supply relevant wird):

- TS-Based Supply Heuristic (S&OP-Operator)
- TS-Based Supply Optimizer (S&OP-Operator)
- S&OP-Optimierer-Erklärung
- TS-Based Forecast Consumption (S&OP-Vorplanungsverrechnung)
- Check Mode (S&OP-Operator)
- Local Updates (S&OP-Operator)
- Compute Quotas (S&OP-Operator)

An diese Stelle und im weiteren Verlauf des Buches orientieren wir uns nicht an der Lizenz, sondern fassen die zeitreihenbasierten Algorithmen bei unseren Erläuterungen zusammen.

Aus Sicht der Bestands-/Inventory-Planung bzw. der Demand-Driven-Replenishment-Funktionen stehen Ihnen die in Tabelle 1.4 aufgeführten Algorithmen zur Verfügung, die Sie je nach Bedarf berücksichtigen können.

Inventory	
Bestandsoptimierungsoperatoren	▪ Single Stage Inventory Optimization ▪ Multi-Stage Inventory Optimization ▪ Expected Lost Demand ▪ Calculated Forecast Error CV ▪ Calculate Target Inventory Components
Demand-Driven-Replenishment-Operatoren	▪ Calculate DDMRP Buffer Levels ▪ Recommend Decoupling Points (Solve) ▪ Forecast Error Calculation (Prognosefehlerberechnung – Bestandsoptimierung)

Tabelle 1.4 Inventory- und DDMRP-Algorithmen

Auch im Zusammenhang mit der auftragsbasierten Planung gibt es eine Vielzahl an Operatoren, die Sie je nach Bedarf berücksichtigen können (siehe Tabelle 1.5).

Auftragsbasierte Planung	
Operatoren/Profile	▪ Kontingentierungsprofil aktivieren ▪ Planungsebene aktivieren ▪ Integrationsprofil aktivieren ▪ Stammdaten löschen ▪ Versionsdaten löschen/kopieren ▪ Versionen aktualisieren ▪ Regeln aktualisieren ▪ Planungsobjekte neu generieren
Algorithmen und Ergebnisse	▪ Bestätigungslauf ▪ restriktionsbasierter Prognoselauf ▪ restriktionsbasierter Prognoselauf mit Optimierer ▪ Deployment-Lauf ▪ Engpassanalyse

Tabelle 1.5 Auftragsbasierte Operatoren und Algorithmen

Neben den bisher hier genannten Operatoren gibt es noch einige weitere Operatoren, z. B. zur ABC/XYZ-Segmentierung, Kopieroperatoren, Disaggregationsoperatoren, Operatoren für die Datenintegration und fürs IBP-Housekeeping. Die Auflistung in diesem Abschnitt erhebt keinen Anspruch auf Vollständigkeit, sondern soll Ihnen lediglich einen groben Überblick über die Operatoren und Algorithmen der Applikationen verschaffen, die Ihnen in SAP IBP zur Verfügung stehen, um Ihre Anforderungen abzudecken.

Maschinelles Lernen in SAP IBP

Neben den Kernprozessen, die über Operatoren sowie spezifische Algorithmen und Methoden abgebildet werden, spielt die Entwicklung hin zum intelligenten Unternehmen (Intelligent Enterprise) eine wesentliche Rolle. Dies bedeutet die Einbindung von maschinellem Lernen (ML), künstlicher Intelligenz (KI), dem Internet der Dinge (Internet of Things, IoT) oder Blockchain in die Geschäftsprozesse. Für einen Großteil der Unternehmen gelten diese Technologien als Wettbewerbsvorteile, und es wird erwartet, dass ein wesentlicher Teil der repetitiven Aufgaben zukünftig automatisiert werden kann.

Auch SAP IBP fokussiert diese Themen in der Weiterentwicklung der Supply-Chain-Planung. Die Grundlage dafür sind Anwendungsfälle und Kundenanforderungen, die evaluiert und realisiert werden. (Details zu den aktuellen Entwicklungen können der Roadmap-Kommunikation des SAP-IBP-Produktmanagements entnommen werden.) Wir möchten Ihnen ein paar kurze Beispiele geben, an welchen Stellen in SAP IBP bereits Machine-Learning-Algorithmen zur Verfügung stehen:

- Demand Sensing: Mustererkennung in den Algorithmen für kurzfristige Absatzplanung
- mit dem Prognoseverfahren Gradient Boosting auf Basis von ML die Prognosegenauigkeit optimieren
- benutzerdefinierte Alert-Schwellenwertdefinition mithilfe von ML verbessern und automatisch anpassen
- Batchjobs analysieren und Anomalien identifizieren durch die Nutzung von ML

Die Algorithmen und Operatoren, die wir Ihnen hier nur überblickshaft vorgestellt haben, werden in den weiterführenden Kapiteln (siehe Kapitel 4, »Sales and Operations Planning mit SAP IBP«, bis Kapitel 8, »Bestätigungs- und Beschaffungsplanung mit SAP IBP für Response and Supply«) zu den prozessbezogenen Applikationen noch detaillierter beschrieben, sodass Sie ihre Relevanz für Ihren speziellen Anwendungsfalls besser werden einschätzen können.

1.3 Integrierte Beispiele (Best Practice)

Wie beschrieben, bieten die SAP-IBP-Plattform und ihre verschiedenen Lösungen größtmögliche Flexibilität für die Abbildung Ihrer Geschäftsprozesse und dafür, Anforderungen innovativ zu begegnen. Dieser hohe Grad an Flexibilität und die Integration aller Lösungen, indem z. B. nur ein Datenmodell aktuell für zeitreihenbasierte Planung verwendet wird, hat natürlich Konsequenzen für die Modellierungsmöglichkeiten. SAP liefert mit jedem IBP-Release Best-Practice-Inhalte aus. Diese Konfigurationen können Sie sehr gut als Grundlage für die Realisierung im Projekt nutzen.

Im Folgenden gehen wir überblicksartig auf die lösungsspezifischen Planungsbereiche und die Unified Planning Area als prozessübergreifenden Planungsbereich ein. Alle werden von SAP ausgeliefert und über die App **Beispielmodellentitäten – Modellkonfiguration** bereitgestellt.

1.3.1 Beispielmodellentitäten – Planungsbereiche

Für jede IBP-Lösung wird ein optimierter SAP-Beispielplanungsbereich ausgeliefert und – falls notwendig – in jedem Release aktualisiert. Je nachdem, welche Funktion für Sie relevant ist, können Sie mit einem entsprechenden Planungsbereich beginnen. Um Ihre Anforderungen abzudecken, kann eine Kombination aus verschiedenen Planungsbereichen nötig werden, und auch eine Erweiterung um kundenindividuelle Konfiguration ist sehr wahrscheinlich. Die in Tabelle 1.6 aufgelisteten Planungsbereiche stehen in SAP IBP zur Verfügung.

Planungsbereich	Anwendung für SAP-IBP-Lösung
SAP3	Inventory
SAP4	Supply
SAP4C	Supply Network Collaboration
SAP4S	Time Series Shelf Life Planning Heuristics
SAP5	Control Tower
SAP6	Demand
SAP7	Response
SAP8	DDMRP Buffer Planning
SAPIBP1	Unified Planning Area

Tabelle 1.6 Beispielmodellentitäten

Abbildung 1.5 und Abbildung 1.6 zeigen, wie Sie Ihre Supply-Chain-Planungsprozesse in SAP IBP abbilden können. Die zeitreihenbasierte Planung können Sie, wie in Abbildung 1.5 dargestellt, entweder in den einzelnen Planungsbereichen oder in der Unified Planning Area SAPIBP1 integriert abdecken. Sie wird über die flexible Schnittstelle CPI-DS integriert und z. B. mit Daten aus den Quellsystemen versorgt. Die notwendigen Operatoren stehen Ihnen für die Planungsprozesse S&OP, Absatzplanung, Demand Sensing, Bestandsoptimierung und für die externe Kollaboration zur Verfügung. Hierbei können Sie entscheiden, ob Sie den Planungsbereich SAPIBP1 verwenden, um alle diese Prozesse integriert in einem Datenmodell einzusetzen. Der Prozess DDMRP muss im aktuellen SAP-IBP-Release 1908 in dem eigenen Planungsbereich SAP8 realisiert werden.

Prozess	Sales and Operations Planning, Supply Planning	Absatzplanung und Demand Sensing	Inventory Planning (Multi-Echelon)	Control Tower (Supplier Collaboration)	DDMRP (bedarfsorientierte Wiederbeschaffung)
Beispielplanungsbereich	SAP4(C)	SAP6	SAP3	SAP5	SAP8
	SAPIBP1				
Planungsoperator	Beschaffungsplanung (Optimierer und Heuristik)	statistische Prognose und Demand Sensing	Inventory Optimization (Bestandsoptimierung)	Datentransfer, Kollaboration Alerts	Berechnung DDMRP Pufferposition und Pufferbelegung
Datenmodell	**Zeitreihen** **individuell konfigurierbar, einige Stammdatentypen durch Planungsoperatoren vorgegeben**				
Integrationswerkzeug	SAP Cloud Platform Integration for Data Services (CPI-DS)				

Abbildung 1.5 Zeitreihenbasierte Planung

Für die stärker operative auftragsbasierte Planung sollten Sie, wie in Abbildung 1.6 dargestellt, aktuell den Planungsbereich SAP7 für Response and Supply mit den notwendigen Operatoren verwenden, um Ihre Anforderungen abzudecken. In der auftragsbasierten Planung können Sie Beschaffung, Kontingente, Bestätigungen oder auch Deployment planen. Für die Datenversorgung in der auftragsbasierten Planung müssen Sie die SDI-Schnittstelle verwenden. Diese ist stark mit den Strukturen der Quellsysteme SAP ERP bzw. SAP S4/HANA verknüpft.

An dieser Stelle möchten wir noch mal explizit auf den Planungsbereich SAPIBP1 (Unified Planning Area) eingehen, der aktuell die Best Practices der zeitreihenbasierten Planungslösungen in einem Datenmodell reflektiert. Dieser Planungsbereich umfasst die Konfiguration für die zeitreihenbasierten Lösungen Absatzplanung (Demand), Demand Sensing (Demand), Bestandsoptimierung (Inventory/Multi-Echelon), Sales and Operations Planning und Beschaffungsplanung (Supply) sowie den SAP Supply Chain Control Tower und unterstützt sie integriert in einem Datenmodell.

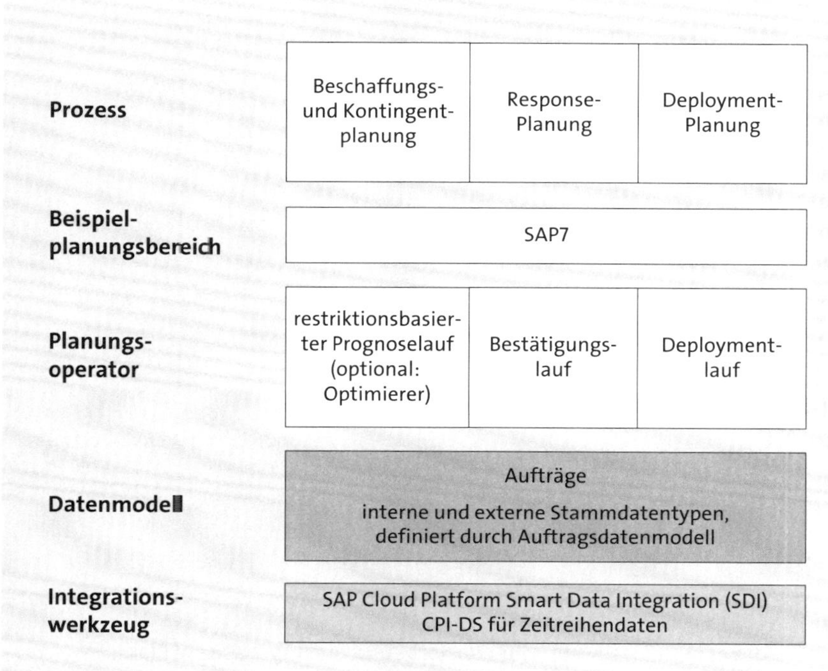

Abbildung 1.6 Auftragsbasierte Planung

Der Best-Practice-Inhalt wird mit jedem Release entsprechend den Anforderungen und den letzten Entwicklungen aktualisiert. Eine sehr detaillierte Beschreibung der Inhalte, z. B. zu unterstützten Prozessen, notwendiger Konfiguration etc., finden Sie auf der SAP-Help-Seite (*https://help.sap.com/IBP*) zu SAP IBP in dem Abschnitt **SAP Best Practices**.

1.3.2 SAP Best Practice – Prozesse

Die Best-Practice-Prozesse lassen sich mithilfe der einzelnen Lösungen realisieren. Dabei kann die zeitreihenbasierte Planung auch in der Unified Planning Area SAPIBP1 verwendet werden, die prozessübergreifend in einem Planungsbereich und Datenmodell umgesetzt ist. Abbildung 1.7 zeigt die SAP-Best-Practice-Prozesse und wie diese mit der SAP-IBP-Lösung abgebildet werden können. (Wir gehen an dieser Stelle lediglich auf die Prozesse ein, die direkt in SAP IBP realisiert werden können. Prozesse und Planungen, die in angrenzenden Systemen abgebildet werden, thematisieren wir nicht weiter.)

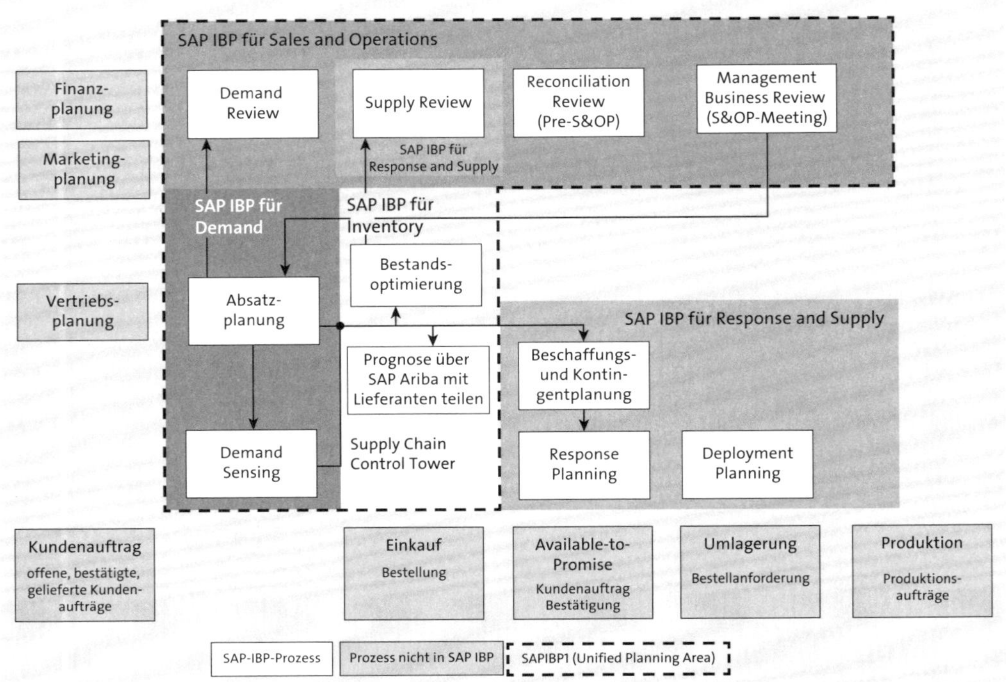

Abbildung 1.7 SAP Best Practice – zeitreihenbasierte und auftragsbasierte Planung

In SAP IBP können Sie strategisch-taktische und operative Planungen integriert realisieren. Strategisch-taktische S&OP-Planung mit den Phasen Demand Review, Supply Review (Heuristik oder Optimierer), Pre-S&OP (Reconciliation Review) und (Executive) S&OP (Management Business Review) können Sie in der zeitreihenbasierten Planung realisieren.

Wollen Sie Ihre Absatzplanung verfeinern und nicht nur einen rein strategischen Fokus unterstützen, können Sie Absatzplanung und Demand Sensing mit den erweiterten Funktionen in SAP IBP für Demand realisieren. Grundsätzlich besteht auch die Möglichkeit, die Marketing-, Vertriebs- und Finanzplanung zu einem gewissen Grad in SAP IBP abzubilden. Dies ist in Abbildung 1.7 grafisch anders dargestellt, da es Funktionen in anderen SAP-Systemen gibt, die diese Prozesse – falls erforderlich – umfangreicher unterstützen könnten.

Für die Produktions- und Beschaffungsplanung stehen zeitreihenbasierte Planungsalgorithmen wie die Heuristik und der zeitreihenbasierte Optimierer der SAP-IBP-Response-and-Supply-Lösung bereit.

Für die Bestandsplanung bzw. Bestandsoptimierung liefert Ihnen SAP IBP mit der Lösung SAP IBP für Inventory das notwendige Werkzeug, um eine Multilevel-Bestandsplanung zu realisieren. Dabei können Sie Unsicherheiten im ganzen Netzwerk berücksichtigen und Ihre Bestände im Netzwerk ganzheitlich optimieren.

Um die Kollaboration mit externen Lieferanten zu formalisieren oder auch Ausnahmesituationen strukturiert zu bearbeiten, fügt sich der SAP Supply Chain Control Tower in die Gesamtlösung ein.

Die bis hierher beschriebenen Prozesse der zeitreihenbasierten Planung, die in Abbildung 1.7 auch mit einer gestrichelten Linie umrandet sind, können Sie in den einzelnen lösungsspezifischen Planungsbereichen realisieren oder aber im prozessübergreifend ausgerichteten Best-Practice-Planungsbereich SAPIBP1 (Unified Planning Area). Dabei würden Sie die Vorteile eines Datenmodells für alle genannten Planungsprozesse ausschöpfen.

Die stärker operative kurzfristige Planung mit einer ausgeprägten SAP-ERP bzw. SAP-S4/HANA-Integration der auftragsbasierten Planung wird aktuell in einem separaten Planungsbereich SAP7 umgesetzt. Hier können Sie einen Beschaffungsvorschlag auf Grundlage einer regelbasierten Heuristik mit Priorisierungen oder auch mit dem Optimierer realisieren. Auf der Grundlage des restriktionsbasierten Planungsergebnisses können Sie auch Allokationen ableiten und für die ATP-Prüfung verwenden. Es besteht darüber hinaus die Möglichkeit, direkt aus SAP IBP für Response and Supply Kundenauftragsbestätigungen zu generieren und ins ERP- bzw. SAP-S4/HANA-System zu übergeben. Sobald die Zugänge ermittelt sind, können Sie diese mithilfe von Deployment-Funktionen in Ihr Netzwerk propagieren.

Kapitel 2
Benutzeroberflächen

SAP Integrated Business Planning (SAP IBP) bietet dem Planer verschiedene Benutzeroberflächen zur Planung. So können Sie browserbasierte Ansätze genauso verfolgen wie eine Planung über ein Microsoft-Excel-Interface.

SAP IBP bietet auf unterschiedlichen Oberflächen (engl. *User Interfaces*, kurz UIs) verschiedene Funktionen für Planer bzw. Administratoren des SAP-IBP-Systems. Wir werden Ihnen zunächst einen Überblick über die browserbasierten Benutzeroberflächen geben, die im Kontext von SAP IBP häufig als *Web UIs* bezeichnet werden. Sie sind zentral für die Konfiguration und administrative Verwaltung des SAP-IBP-Systems, bieten darüber hinaus jedoch auch Funktionen für die Planung.

Ebenfalls in den browserbasierten Vorgehensweisen verankert ist die Prozesskollaboration mit der in SAP IBP eingebetteten Komponente *SAP Jam*, die für einen Integrated-Business-Planning-Prozess zentral ist.

Nach der Vorstellung der allgemeinen Grundsätze in Bezug auf die browserbasierten Web-UI-Funktionen erläutern wir in Abschnitt 2.2 die Funktionen der Microsoft-Excel-basierten Benutzeroberflächen, die grundlegend für die eigentliche Planung im SAP-IBP-System sind.

Englische Begriffe

Weil SAP IBP in vielen Fällen werks- und damit länderübergreifend genutzt und konfiguriert wird, spielen die englischsprachigen Bezeichnungen bestimmter Funktionen im alltäglichen Sprachgebrauch eine bedeutende Rolle, wir nehmen sie also immer in Klammern mit auf.

2.1 Browserbasierte Benutzeroberflächen (Web UIs)

Für die browserbasierte Vorgehensweise stehen Ihnen zwei Benutzeroberflächen zur Verfügung. Über das SAP Fiori Launchpad können Sie die Administration und die Konfiguration des SAP-IBP-Systems und teilweise auch die Planung vornehmen. Die

Prozesskollaboration kann über die in SAP IBP eingebundene Komponente SAP Jam erfolgen.

Wir werden Ihnen im Folgenden zunächst einen Überblick über die Optionen des SAP Fiori Launchpads geben, bevor wir die Funktion der Komponente SAP Jam in den Kontext einordnen.

2.1.1 SAP Fiori Launchpad

SAP Fiori ist eine browserbasierte Oberflächentechnologie von SAP, die Sie anstatt oder zusätzlich zur herkömmlich in vielen SAP-Produkten wie SAP ECC oder SAP APO verwendeten SAP-GUI-Technologie verwenden können. Im Rahmen von SAP IBP wird das SAP GUI in der täglichen Nutzung des Systems nicht mehr verwendet, stattdessen wird meistenteils SAP Fiori eingesetzt.

ABAP-Layer

Auch in SAP IBP gibt es einen ABAP-Layer, auf dessen Basis verschiedene Prozesse im Hintergrund gesteuert werden. Dieser kann dann auch mittels einer SAP-GUI-Oberfläche eingesehen werden, allerdings ist dies dem SAP-Support vorbehalten und kann nicht durch Kunden erfolgen.

Das SAP Fiori Launchpad in SAP IBP beherbergt eine Vielzahl verschiedener Apps, mit deren Hilfe sich das SAP-IBP-System konfigurieren, verwalten oder für die Planung nutzen lässt. Im Rahmen dieses Kapitels erläutern wir Ihnen den allgemeinen Umgang mit dem SAP Fiori Launchpad, also beispielsweise die Personalisierung oder die Navigation. Wir gehen hier nicht auf spezifische Apps ein (die entsprechenden Informationen finden Sie in den folgenden Detailkapiteln, beispielsweise in Kapitel 3, »Grundlagen der übergreifenden Konfiguration«, oder bei den einzelnen Modulen, unter anderem in Kapitel 6, »Bestandsplanung mit SAP IBP für Inventory«). Sie können das SAP Fiori Launchpad mit einem Internetbrowser wie Google Chrome oder Microsoft Internet Explorer aufrufen.

Verschiedene Browser

SAP Fiori basiert auf SAPUI5 und kann somit nur in Browsern genutzt werden, die über entsprechende HTML5-Grundlagen verfügen, die für SAPUI5 zum Einsatz kommen. Für jedes SAP-IBP-Release veröffentlicht SAP einen Hinweis bezüglich der Browserkompatibilität, dem Sie entnehmen können, welche Browser für das jeweilige Release unterstützt werden. Rufen Sie die Seite *https://launchpad.support.sap.com* auf, und nutzen Sie die Suchbegriffe »IBP« und »Browser«, um zu den für Ihr SAP-IBP-Release gültigen Informationen zu gelangen.

Anmeldung am SAP Fiori Launchpad

Um das SAP Fiori Launchpad aufzurufen, benötigen Sie nur die entsprechende URL des Systems sowie Benutzername und Passwort. Diese Informationen werden in der Regel durch die Systemadministration bereitgestellt. Abbildung 2.1 zeigt beispielhaft einen Anmeldescreen.

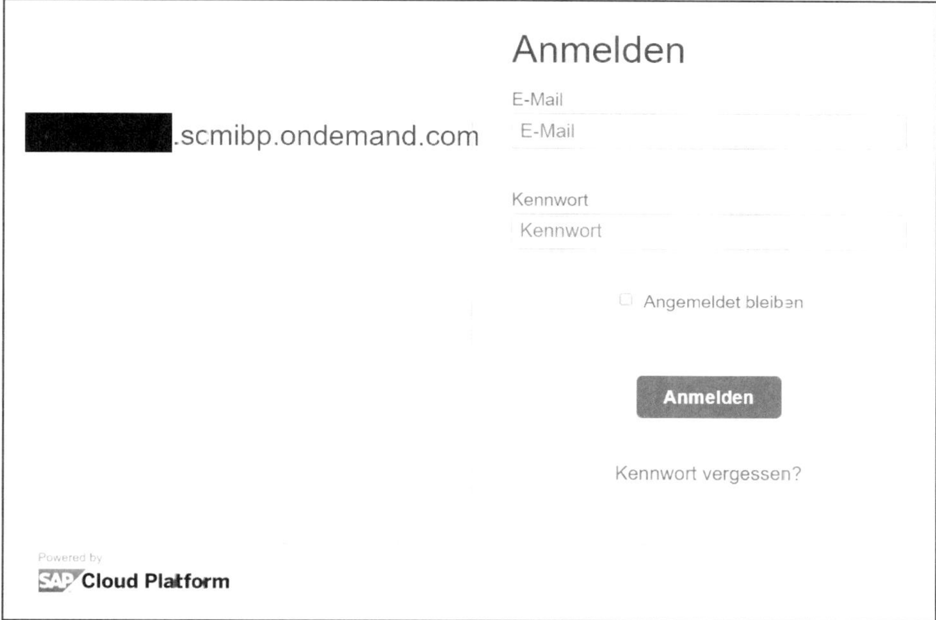

Abbildung 2.1 Anmeldung am SAP Fiori Launchpad

Nach der Einwahl gelangen Sie zur Startseite (engl. *Home Screen*) des SAP Fiori Launchpads. Dieses enthält verschiedene Gruppen von Kacheln (engl. *Tiles*) oder Links, hinter denen sich die SAP-Fiori-Apps verbergen. Abbildung 2.2 zeigt beispielhaft eine Startseite des SAP Fiori Launchpads eines SAP-IBP-Systems.

[«]

Konkrete Gestaltung des SAP Fiori Launchpads

Die konkrete Gestaltung kann zwischen den hier dargestellten Screenshots und Ihrem System teilweise deutlich abweichen. Zum einen variiert die Darstellung von Browser zu Browser, zum anderen können auch in SAP Fiori analog zum SAP GUI verschiedene Themes verwendet werden.

Auch unterschiedliche Berechtigungen können einen Einfluss darauf haben, wie das SAP Fiori Launchpad konkret angezeigt wird. Ferner sind vielfältige Personalisierungsmöglichkeiten vorhanden, die eine individuelle Anpassung der angezeigten Information ermöglichen. Diese werden wir Ihnen nun vorstellen.

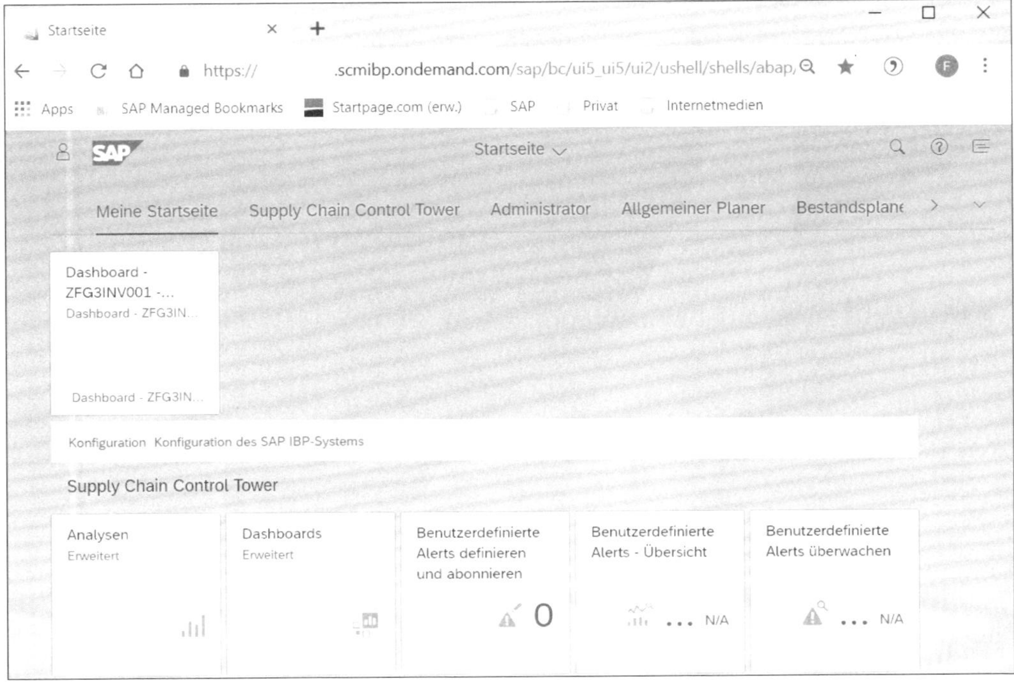

Abbildung 2.2 Startseite des SAP Fiori Launchpads (Beispiel)

Das SAP Fiori Launchpad personalisieren

Der Bildschirm des SAP Fiori Launchpads ist in verschiedene Teile aufgeteilt. Im Kopf der Seite findet sich links oben eine stilisierte Person, über die Sie eine zusätzliche Leiste im linken Bereich einblenden können (siehe Abbildung 2.3). Hier finden Sie die erweiterten Personalisierungseinstellungen.

Hier finden Sie im unteren Bereich eine Liste der zuletzt und eine Liste der am häufigsten verwendeten Apps. Im oberen Bereich sehen Sie den Namen des Anwendungsbenutzers, ferner können Sie sich über die Schaltfläche Abmelden abmelden.

Anzeige der häufig verwendeten Apps

Bitte beachten Sie, dass die häufig verwendeten Apps nicht in der Liste der zuletzt verwendeten Apps auftauchen. Sie sind nur unter **Häufig verwendet** zu finden. Demnach zeigt die Liste **Zuletzt verwendet** nur diejenigen zuletzt verwendeten Apps an, die nicht zu den häufig verwendeten zählen.

Die beiden genannten Optionen werden nur angezeigt, wenn Sie dies in den Einstellungen so vorgegeben haben. Wir werden diesen Punkt in Abschnitt 2.2.10, »Weitere Funktionen im Excel-Interface«, erläutern.

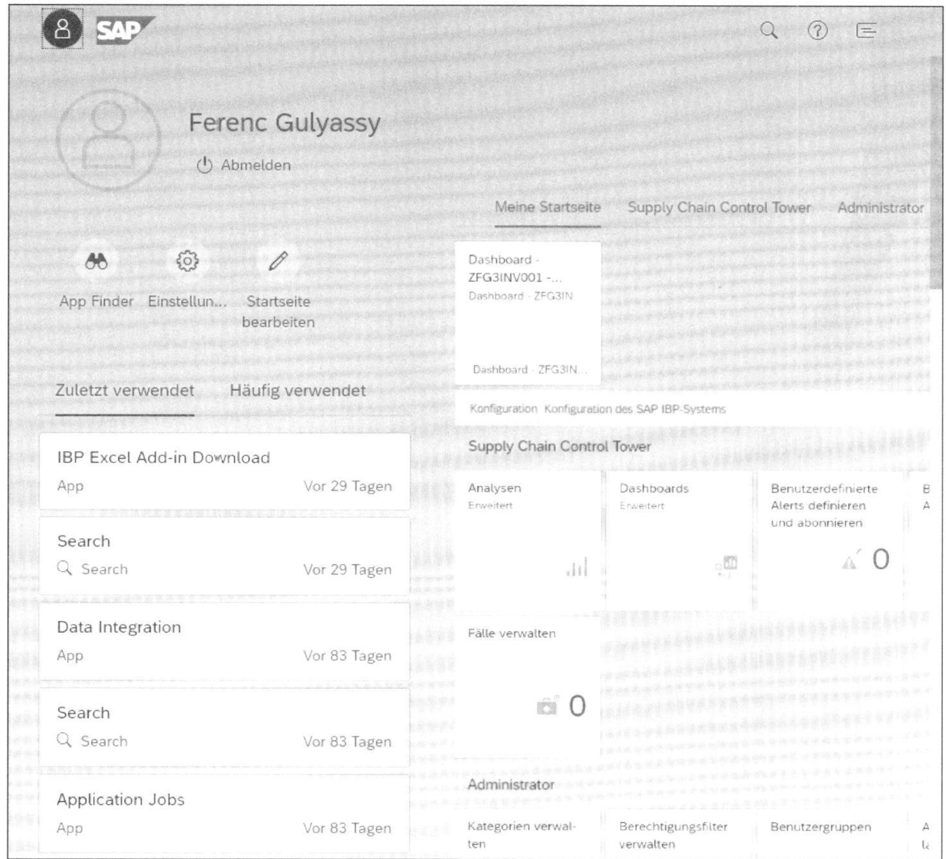

Abbildung 2.3 Erweiterte Personalisierungseinstellungen im SAP Fiori Launchpad

Unterhalb der Schaltfläche zum Abmelden finden sich drei weitere Schaltflächen, die zentral für die Personalisierung des SAP Fiori Launchpads sind: **App Finder**, **Einstellungen** und **Startseite bearbeiten**.

Über die Schaltfläche **Startseite bearbeiten** gelangen Sie in den Bearbeitungsmodus des SAP Fiori Launchpads, d. h., hier können Sie die Gestaltung und den Inhalt Ihren persönlichen Bedürfnissen anpassen. Abbildung 2.4 zeigt beispielhaft die bereits in Abbildung 2.2 gezeigte Startseite eines SAP Fiori Launchpads, nun jedoch im Bearbeitungsmodus. Wie zu sehen ist, können nun zusätzliche Optionen angewählt werden.

Um die Startseite übersichtlicher zu gestalten, können Sie eingeblendete Kacheln bzw. Apps von ihr entfernen. Hierfür nutzen Sie die jeweils in der rechten oberen Ecke einer Kachel zu findende Schaltfläche **X**. Ähnliches gilt für die unterhalb der jeweiligen Gruppe angezeigten Links.

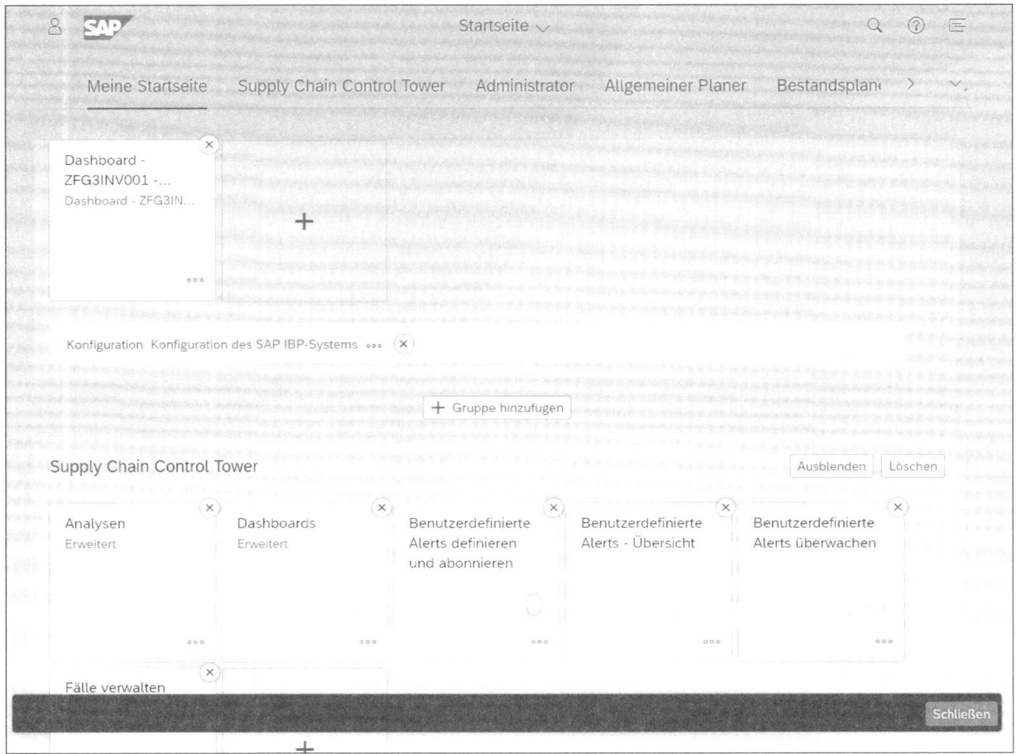

Abbildung 2.4 Startseite des SAP Fiori Launchpads im Bearbeitungsmodus

Über die Schaltfläche [+ Gruppe hinzufügen] in der Mitte lassen sich neue Gruppen anlegen. Eine Gruppe besteht dabei aus einer Auswahl an Kacheln bzw. Links zu Apps. In Abbildung 2.4 ist beispielsweise in der ersten Gruppe **Meine Startseite** ein Link zur Konfiguration sowie eine Kachel zu einem Dashboard eingebunden.

Die Kacheln bzw. Links können per Drag & Drop von einer Gruppe in eine andere verschoben werden (auch außerhalb des Bearbeitungsmodus). Sie können am rechten oberen Rand einer Gruppe mit der Schaltfläche **Ausblenden** dafür sorgen, dass die Gruppe nicht im Anzeigemodus zu sehen ist.

Im Bearbeitungsmodus sind auch ausgeblendete Gruppen nach wie vor sichtbar und können wieder eingeblendet werden. Rechts neben der Schaltfläche **Ausblenden** findet sich die Schaltfläche **Löschen**, mit der Sie eine Gruppe dauerhaft entfernen können. Sie können auch eine ganze Gruppe per Drag & Drop an eine andere Stelle ziehen und so die Reihenfolge der Gruppen anpassen. Im Bearbeitungsmodus lässt sich der Name der jeweiligen Gruppe per Klick anpassen.

[«] 2

Ausnahmestatus der Gruppe »Meine Startseite«

Die Gruppe **Meine Startseite** hat einen Ausnahmestatus, sie kann nicht verschoben, ausgeblendet oder gelöscht werden, auch ein Ändern des Namens ist nicht möglich.

Wenn keine Kachel und kein Link enthalten ist, wird diese Gruppe gewissermaßen ausgeblendet. Sie können zu einem späteren Zeitpunkt erneut Kacheln bzw. Links hinzufügen und so für ein Einblenden der Gruppe sorgen.

App Finder

Wenn Sie eine noch nicht eingeblendete App als Kachel hinzufügen möchten, können Sie im Bearbeitungsmodus auf die große Plusschaltfläche rechts neben der letzten vorhandenen Kachel einer Gruppe bzw. in der nächsten Zeile einer Gruppe klicken. Sie gelangen auf diesem Weg in den App Finder, der über das bereits angesprochene Menü im linken Bereich auch direkt mit der Schaltfläche **App Finder** (siehe Abbildung 2.3) aufgerufen werden kann.

Der **App Finder** (siehe Abbildung 2.5) ermöglicht es Ihnen – unabhängig von der Art des Aufrufes – alle Apps zu finden, zu denen Sie Zugang haben, etwa weil die Ihrem Anwendungsbenutzer zugeteilten Berechtigungen dies erlauben. Hier werden folglich sowohl die Apps aufgelistet, die schon im SAP Fiori Launchpad angezeigt werden, als auch die Apps, die derzeit nicht angezeigt werden, für die jedoch Berechtigungen vorliegen.

Im linken Teil des Bildschirms des App Finders findet sich eine Liste der Apps bzw. Überbegriffe für Gruppen von Apps, im rechten Bildschirmteil sind die Apps noch einmal mit größeren Schaltflächen und Symbolen dargestellt. Mittels eines Klicks auf eine Option im linken Bereich wird die Darstellung rechts gefiltert. Indem Sie hier auf eine Schaltfläche klicken, können Sie eine App direkt aufrufen, ohne sie dem personalisierten SAP Fiori Launchpad zuzuordnen.

Über die Schaltfläche [📌] erreichen Sie jedoch auch von hier aus die dauerhafte Zuordnung der jeweiligen App zur Startseite.

Abbildung 2.6 zeigt beispielhaft die Zuordnung einer App zu **Meine Startseite** aus dem App Finder heraus.

[«]

Darstellung bereits zugeordneter Apps

Die Schaltfläche für die Zuordnung ändert ihre Farbe nach erfolgter Zuordnung, sie wird dunkel dargestellt: [📌].

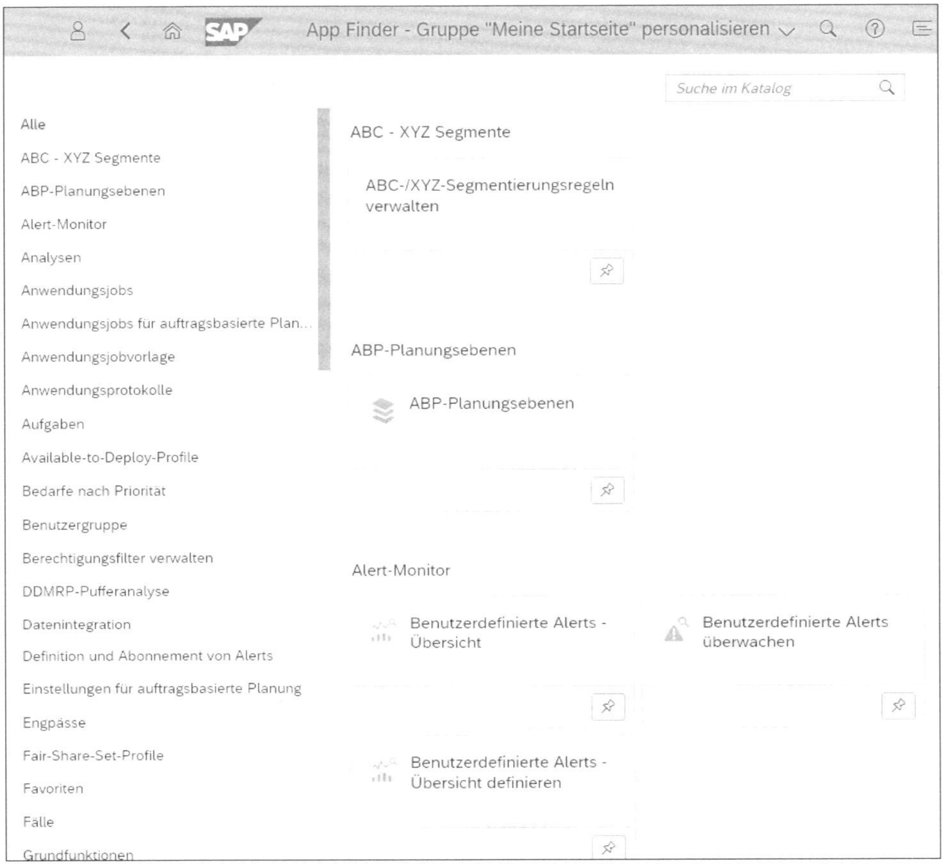

App Finder - Gruppe "Meine Startseite" personalisieren
Suche im Katalog
Alle
ABC - XYZ Segmente
ABP-Planungsebenen
Alert-Monitor
Analysen
Anwendungsjobs
Anwendungsjobs für auftragsbasierte Plan...
Anwendungsjobvorlage
Anwendungsprotokolle
Aufgaben
Available-to-Deploy-Profile
Bedarfe nach Priorität
Benutzergruppe
Berechtigungsfilter verwalten
DDMRP-Pufferanalyse
Datenintegration
Definition und Abonnement von Alerts
Einstellungen für auftragsbasierte Planung
Engpässe
Fair-Share-Set-Profile
Favoriten
Fälle
Grundfunktionen
ABC - XYZ Segmente
ABC-/XYZ-Segmentierungsregeln verwalten
ABP-Planungsebenen
ABP-Planungsebenen
Alert-Monitor
Benutzerdefinierte Alerts - Übersicht
Benutzerdefinierte Alerts überwachen
Benutzerdefinierte Alerts - Übersicht definieren

Abbildung 2.5 App Finder

Alert-Monitor
Benutzerdefinierte Alerts - Übersicht
Benutzerdefinierte Alerts überwachen
"Benutzerdefinierte Alerts überwachen" wurde der Gruppe "Meine Startseite" hinzugefügt

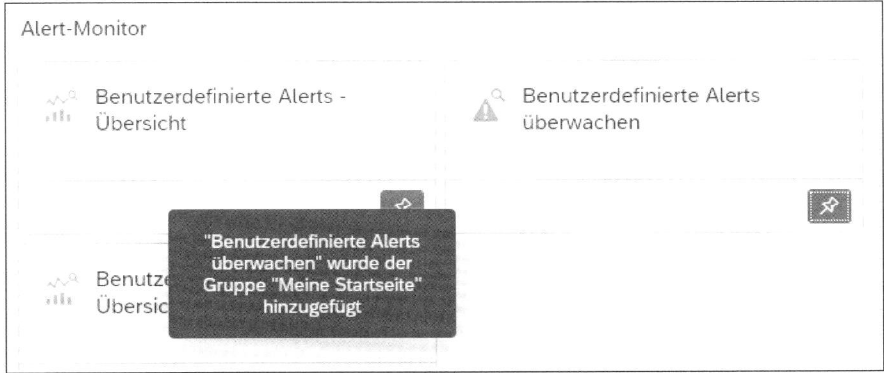

Abbildung 2.6 Zuordnung einer App zu »Meine Startseite« über den App Finder

2

Aus der Gruppe **Meine Startseite** können Sie die neu hinzugefügte App dann in eine andere Gruppe schieben oder per Drag & Drop in einen Linkbereich ziehen und sie so als Link darstellen.

Wenn Sie im rechten oberen Bereich des App Finders den Namen einer App in das Suchfenster **Suche im Katalog** eingeben, können Sie die Liste der angezeigten Optionen entsprechend filtern. Durch erneuten Klick auf die Schaltfläche löschen Sie die Zuordnung wieder.

Direkte Zuordnung zu anderen Gruppen als »Meine Startseite«

Wenn Sie über die Plusschaltfläche einer anderen Gruppe in den App Finder navigieren, wird die dort ausgewählte App der Gruppe zugeordnet, in der Sie die Plusschaltfläche betätigt haben.

Mehrfache Anzeige von Kacheln bzw. Links

Es ist möglich, Kacheln oder Links mehrfach in Ihr personalisiertes SAP Fiori Launchpad aufzunehmen, um beispielsweise eine bestimmte Kachel in mehrere Gruppen einordnen zu können.

Sie verlassen den App Finder mit einem Klick auf die Schaltfläche **Zurück** im linken oberen Bereich des Bildschirms (siehe Abbildung 2.7). Den Bearbeitungsmodus des SAP Fiori Launchpads wiederum verlassen Sie über die Schaltfläche **Schließen** (siehe dazu Abbildung 2.4).

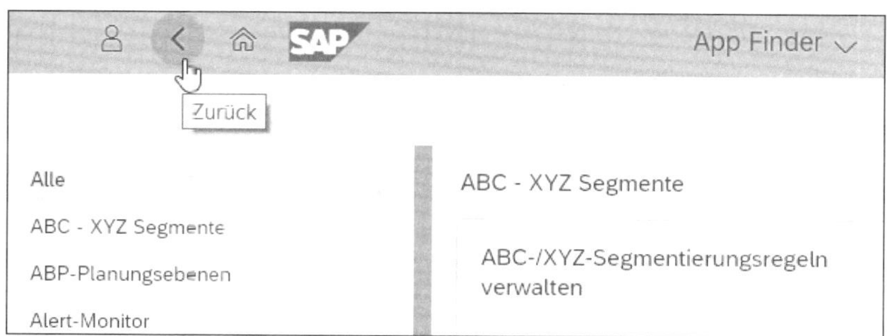

Abbildung 2.7 Verlassen des App Finders

Einstellungen

Die grundsätzlich für Sie gültigen Einstellungen des SAP Fiori Launchpads können Sie in den erweiterten Personalisierungseinstellungen über die Schaltfläche **Einstellungen** aufrufen. Nach Betätigung der genannten Schaltfläche öffnet sich das Dialogfenster **Einstellungen** (siehe Abbildung 2.8).

Abbildung 2.8 Das Dialogfenster »Einstellungen« mit unterschiedlichen Themes zur Auswahl

Im linken Bereich finden sich verschiedene Schaltflächen, mit denen Sie unterschiedliche Detailbereiche der Einstellungen aufrufen können. Diese werden dann im rechten Bereich hervorgehoben. Unter **Benutzerkonto** stehen grundlegende Informationen wie der Benutzername, die eingestellte E-Mail-Adresse und die Server-URL des verwendeten SAP-IBP-Systems.

Ausgestaltung des Dialogfensters »Einstellungen«

Zwischen den in diesem Buch dargestellten Abbildungen und dem Erscheinungsbild in Ihrem System kann es z. B. aufgrund verschiedener Berechtigungen zu einem leicht abweichenden Bild kommen (es können beispielsweise Schaltflächen fehlen oder nur als Anzeigebereich enthalten sein). Wir erläutern hier grundsätzlich, wie mit den vorzufindenden Einstellungen umgegangen werden kann, und dies ist in allen Variationen identisch.

Wenn Sie auf die Schaltfläche **Erscheinungsbild** klicken, gelangen Sie in den Bereich, in dem Sie aus unterschiedlichen Themes wählen können. Außerdem ist es hier über die im rechten Fenster erscheinende Registerkarte **Anzeigeeinstellungen** möglich, weitere Einstellungen zur Anzeige vorzunehmen. Hierzu zählen beispielsweise die Größe der verwendeten Controls, insbesondere für die mobile Nutzung über Tablets, bzw. die Verwendung von Animationen, die beim Einsatz älterer Browserversionen teilweise Einschränkungen unterliegt.

SAP Fiori Launchpad auf mobilen Geräten

Die SAP-Fiori-Technologie ist bereits für die Nutzung auf mobilen Endgeräten wie Tablets optimiert, d. h., hierfür sind nutzerseitig keine weiteren Schritte erforderlich.

Über die Schaltfläche **Startseite** können Sie auswählen, ob sämtliche Gruppen angezeigt werden sollen und so dann im Browser durch einfaches Scrollen durch die Gruppen navigiert werden kann oder ob immer nur der Inhalt einer Gruppe zu sehen sein soll. Insbesondere bei großen Gruppen mit vielen Kacheln und Links empfiehlt sich die Einzelansicht.

Die Schaltfläche **Sprache & Region** zeigt Ihnen die Anmeldesprache an, die der des jeweiligen Browsers entspricht. Ferner wird das Datumsformat (z. B. dd.MM.yyyy für 26.08.2019) sowie das Zeitformat (12-Stunden-Format oder 24-Stunden-Format) angezeigt.

Im Bereich **Benutzeraktivitäten** können Sie zum einen vorsehen, ob zuletzt verwendete sowie häufig verwendete Apps in der Leiste zu den erweiterten Personalisierungseinstellungen aufgeführt werden sollen, und zum anderen können Sie hier den Verlauf mit der Schaltfläche **Löschen** löschen (siehe Abbildung 2.9).

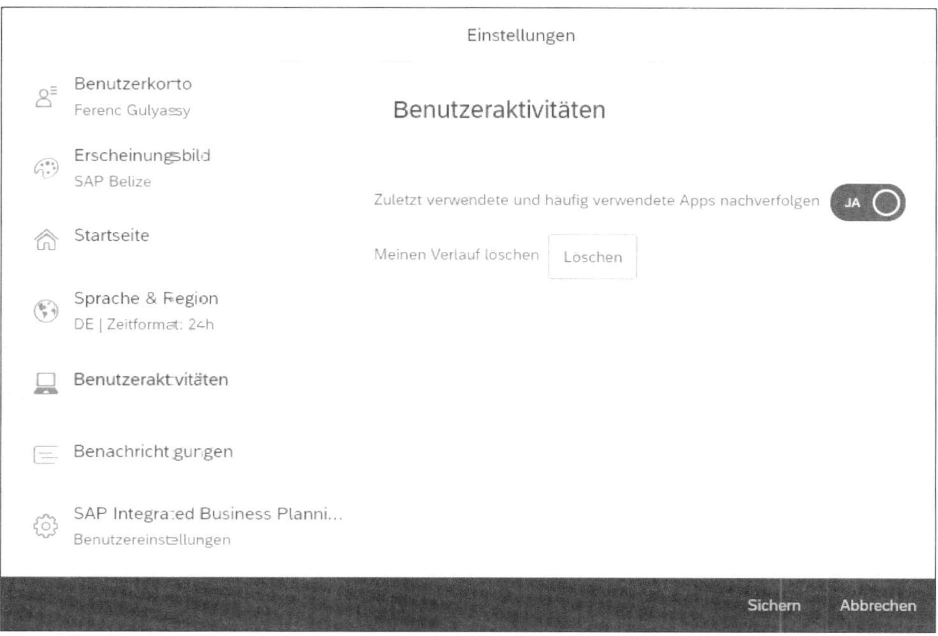

Abbildung 2.9 Dialogfenster »Einstellungen« mit Benutzeraktivitäten

Unter **Benachrichtungen** können Sie definieren, ob Auffälligkeiten mit hoher Priorität angezeigt werden und ob bereits auf der Startseite eine Vorschau erfolgen soll.

Die letzte Schaltfläche links unten, **SAP Integrated Business Planning – Benutzereinstellungen**, ermöglicht es Ihnen, einen Standardplanungsbereich zu hinterlegen, der dann an verschiedenen Stellen in diversen Apps voreingestellt ist, manuell jedoch in aller Regel abgeändert werden kann.

Falls Sie Änderungen an den Einstellungen vorgenommen haben, müssen Sie diese mit der Schaltfläche **Sichern** in der rechten unteren Ecke des Dialogfensters übernehmen; wenn Sie die Anpassungen verwerfen möchten, klicken Sie stattdessen auf **Abbrechen**.

Navigation im SAP Fiori Launchpad

Nachdem wir die Personalisierungsmöglichkeiten erläutert haben, gehen wir in der Folge auf die Navigation im SAP Fiori Launchpad ein.

Sie haben mehrere Möglichkeiten, um im SAP Fiori Launchpad zu navigieren. Unterhalb des Kopfbereichs wird Ihnen in einer Leiste eine Übersicht über die eingeblendeten Gruppen geboten (siehe Abbildung 2.10). Falls die Breite des Browserfensters nicht ausreicht, um alle Gruppen aufzuführen, können Sie am rechten Ende der Leiste mit Pfeiltasten zu den weiteren Gruppen navigieren oder ein Dropdown-Menü öffnen, in dem die einzelnen Gruppen vertikal in einer Liste abgebildet sind. Mit einem Klick auf einen Gruppennamen können Sie zu der entsprechenden Gruppe navigieren.

Falls Sie in den Einstellungen keine Einzelanzeige der Gruppen vorgesehen haben, können Sie auch durch Nutzung der Scrollfunktion des jeweiligen Browsers durch die einzelnen Gruppen navigieren, bis Sie die Gruppe erreicht haben, die die entsprechende Kachel bzw. den Link enthält.

Navigation per Pfeiltasten

Die Navigation per Pfeiltasten steht Ihnen auch im Bearbeitungsmodus zur Verfügung.

Analog zu der bereits beschriebenen Funktion im App Finder können Sie auch im SAP Fiori Launchpad eine Suche ausführen. Hierfür müssen Sie die Schaltfläche in der rechten oberen Ecke des Browserfensters anklicken. Es öffnet sich ein Suchfeld, in das Sie den Namen der gewünschten App eingeben. Bereits während der Eingabe wird Ihnen über ein Dropdown-Menü eine Auswahl der passenden Apps angezeigt, die Sie zur weiteren Verzweigung auswählen können. Abbildung 2.11 zeigt beispielhaft die Suche im SAP Fiori Launchpad nach dem Begriff »Konfiguration« mit der entsprechenden Vorschlagsliste.

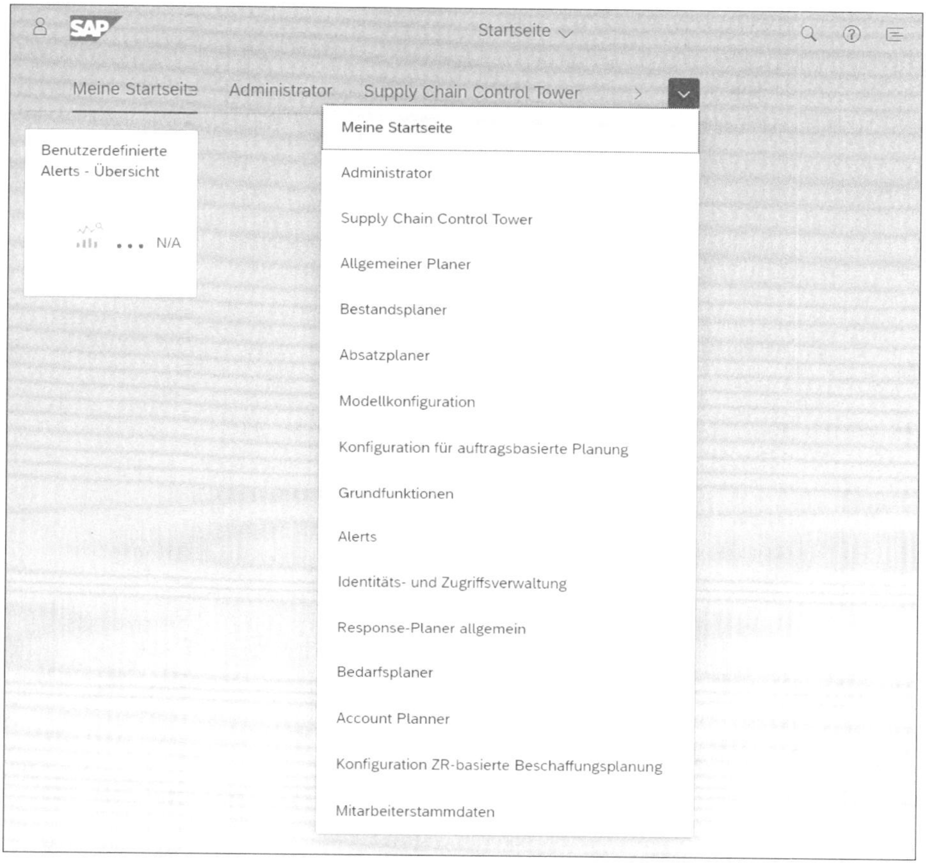

Abbildung 2.10 Dropdown-Menü der SAP-Fiori-Launchpad-Gruppen

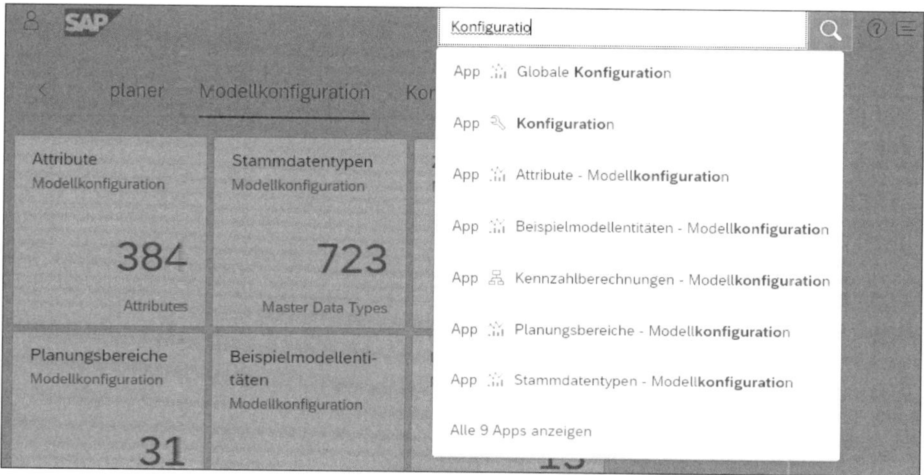

Abbildung 2.11 Suche im SAP Fiori Launchpad mit Vorschlagsliste

Wenn Sie keinen Eintrag der Vorschlagsliste verwenden, sondern den Suchbegriff mit [↵] bestätigen, wird das SAP Fiori Launchpad entsprechend gefiltert und Ihnen werden die passenden Kacheln ohne Gruppenzuordnung als Ergebnisliste angezeigt (siehe Abbildung 2.12).

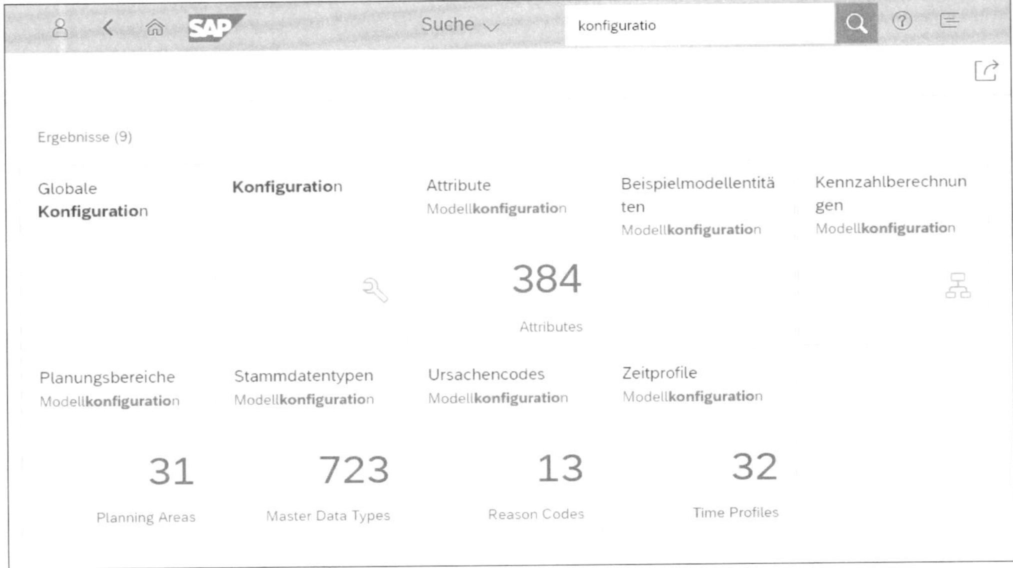

Abbildung 2.12 Suche im SAP Fiori Launchpad mit Ergebnisliste

Falls Sie sich nicht mehr auf der eigentlichen Startseite befinden (z. B. weil aktuell die Ergebnisliste einer Suche angezeigt wird oder Sie sich bereits in einer App bewegen), können Sie in der linken oberen Ecke des Browserfensters über die Schaltfläche [⌂] zurück zum Startbildschirm oder alternativ mittels der Schaltfläche [<] nur einen Schritt zurücknavigieren.

Unabhängig davon, welchen Weg Sie gewählt haben, um die jeweilige Kachel bzw. den Link zu finden: Zum Aufruf der jeweiligen Funktion reicht ein einfacher Klick auf eine Kachel oder einen Link.

Hilfefunktion

Im rechten oberen Bereich finden Sie die Schaltfläche [?], mit der Sie die Hilfefunktion aufrufen können. Je nach Kontext werden entsprechend unterschiedliche Informationen angezeigt bzw. auch Absprünge zur Verfügung gestellt (siehe Abbildung 2.13).

Es kann sich bei der Hilfe zum einen um Informationen in der dunklen Leiste im unteren Bereich des Browserfensters handeln, zum anderen können aber auch Pfeile etc. bestimmte Punkte im System hervorheben, zu denen in der Hilfeleiste dann detaillierte Informationen angezeigt werden.

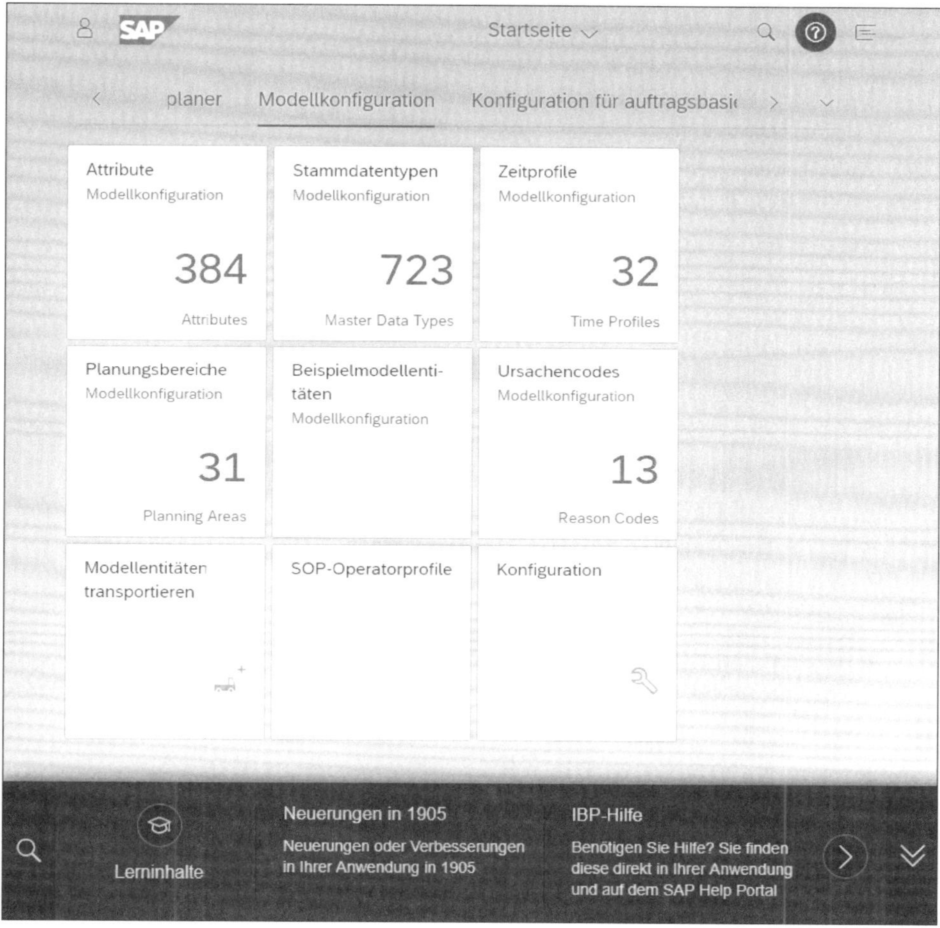

Abbildung 2.13 Eingeblendete Hilfefunktion

Benachrichtigungen

Ebenfalls im rechten oberen Eck finden Sie die Schaltfläche [icon], mit der Sie die Benachrichtigungen des Systems anschauen können. Nach Betätigung der Schaltfläche öffnet sich im rechten Bereich des Fensters eine Informationsleiste mit den für Sie relevanten Benachrichtigungen, die Sie nach Datum, Typ oder Priorität sortieren können (siehe Abbildung 2.14).

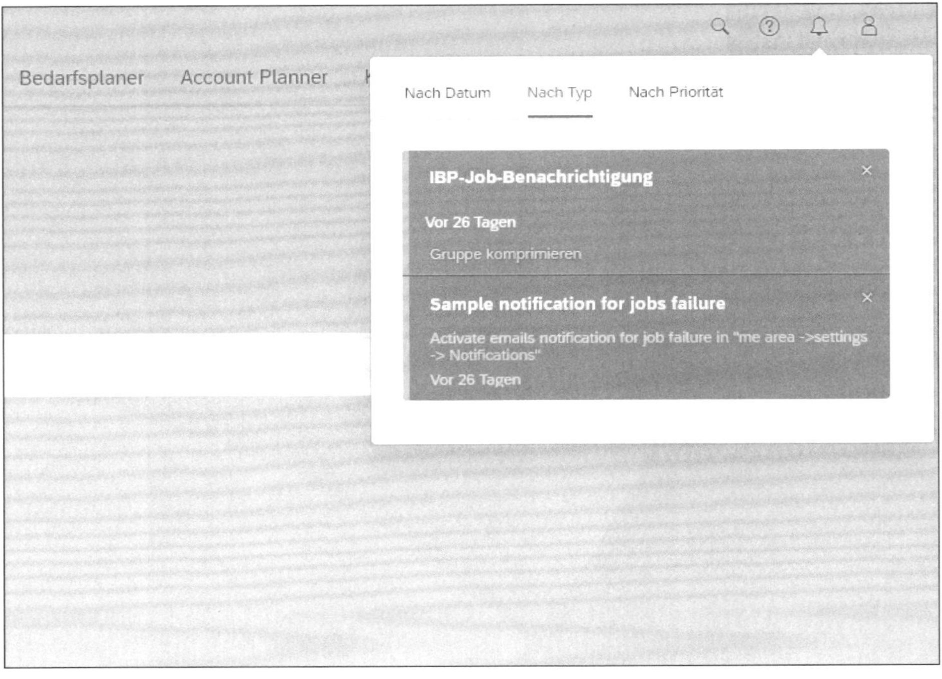

Abbildung 2.14 Eingeblendete Benachrichtigungen mit Sortierfunktion

Teilen einer Sicht

Je nach Kontext kann auch die Schaltfläche [Teilen-Symbol] eingeblendet werden, mit der Sie eine bestimmte Ansicht oder Ähnliches per Link mit anderen teilen können (engl. *Share*).

Teilen-Funktion

Ein Beispiel für einen Kontext, in dem das Teilen der Ansicht im SAP Fiori Launchpad möglich ist, ist die Ergebnisliste einer Suche. Hier finden Sie im rechten oberen Bereich das Symbol [Teilen-Symbol], mit dem Sie diese Liste per Link teilen können.

Anzeige aller meiner Apps

In der Mitte des oberen Bereichs des Browserfensters steht Ihnen zusätzlich eine Schaltfläche zur Verfügung, über die Sie ein Dialogfenster mit allen Apps aufrufen können (siehe Abbildung 2.15).

Die Bezeichnung dieser Schaltfläche hängt vom Kontext ab, in dem Sie sich gerade bewegen. Beispiele wären [Startseite], [Suche] oder [IBP-Konfiguration]. Wenn Sie sich gerade in einer App befinden, lautet der Name der Schaltfläche entsprechend dem der App.

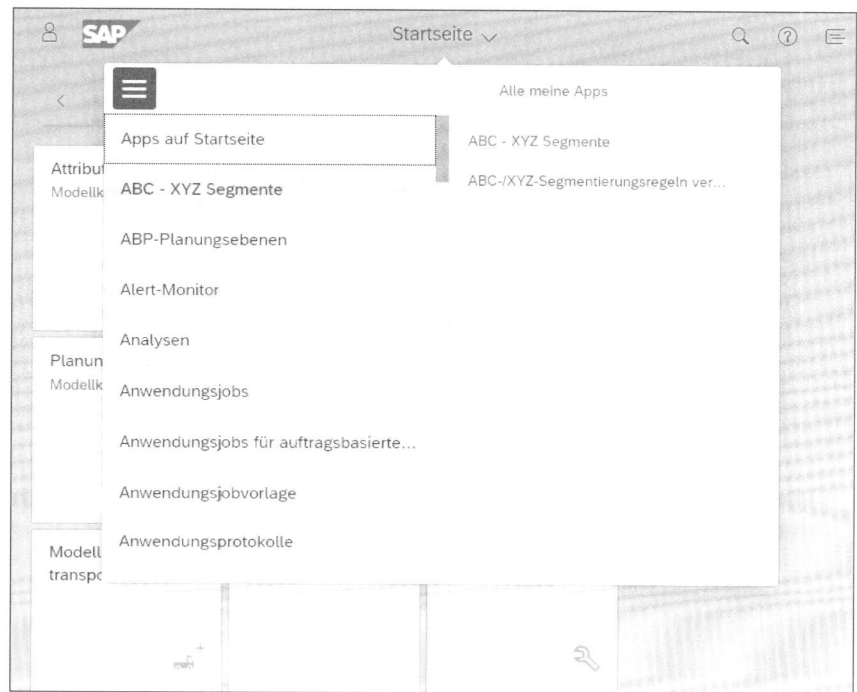

Abbildung 2.15 Schaltfläche und Liste »Alle meine Apps«

2.1.2 SAP Jam

SAP Jam ist ein eigenes SAP-Produkt, das auch ohne SAP IBP lizenziert und für die Kollaboration genutzt werden kann. Es ist cloudbasiert und wird daher ebenfalls über einen Internetbrowser genutzt, gehört also zu den Web UIs. SAP IBP integriert diese Kollaborationskomponente von SAP Jam weitestgehend.

Da der Teil der Prozesskollaboration große Bedeutung für den Integrated-Business-Planning-Prozess hat, belassen wir es im Rahmen dieses einführenden Kapitels zu den Benutzeroberflächen bei der groben Einordnung von SAP Jam in den Kontext; die Details führen wir in Kapitel 10, »SAP Jam«, aus.

2.2 Microsoft Excel

Für viele Planungsschritte in SAP IBP wird Microsoft Excel mit einem entsprechenden SAP-IBP-Excel-Add-in als zentrale Benutzeroberfläche für die Benutzerinteraktion genutzt.

Microsoft Excel und Excel-Add-in

Auch wenn die SAP-IBP-Planung in Microsoft Excel nur mittels eines SAP-IBP-Excel-Add-ins möglich ist, werden wir zur Vereinfachung im Folgenden von Excel als der Benutzeroberfläche sprechen, ohne es explizit als Add-in zu kennzeichnen. An den Stellen, an denen zwischen Microsoft Excel und dem Excel-Add-in für SAP IBP selbst unterschieden werden muss, werden wir das SAP-IBP-Excel-Add-in ausdrücklich (aber verkürzt) Add-in nennen.

Anders als SAP IBP wird Excel nicht cloudbasiert ausgeführt. Um es für die Planung mit SAP IBP nutzen zu können, muss das Add-in entweder auf dem PC des jeweiligen Planers installiert oder über eine Remote-Access-Umgebung wie Citrix bereitgestellt werden.

Mit jedem Release von SAP IBP wird in der Regel auch ein neues Excel-Add-in vorgestellt. Die jeweiligen Neuerungen der Releases, die auch die Excel-Benutzeroberfläche betreffen, können naturgemäß nur mit dem passenden Release des Add-ins genutzt werden. Im Allgemeinen sind die jeweils neuesten SAP-IBP-Releases abwärtskompatibel bis zu einem bestimmten, in SAP-Hinweis 2394311 genannten Release des Add-ins.

Version des Add-ins

Es ist nicht zwingend notwendig, jeweils zur aktuellsten Version des Add-ins zu wechseln. Dennoch wird es seitens SAP als Best Practice angesehen, die neueste Version des Add-ins einzusetzen.

Die folgenden Voraussetzungen müssen erfüllt sein, um mit dem Add-in arbeiten zu können:

- Die Anwendungsbenutzer müssen das Add-in installiert haben oder über eine Remote-Access-Umgebung wie Citrix darauf zugreifen können.
- Es muss ein Internetzugang vorliegen.
- Es muss ein gültiger Anwendungsbenutzer in SAP IBP vorliegen.
- Es müssen entsprechende Berechtigungen bezüglich der Anzeige bzw. der Verwendung der Daten vorliegen.
- Das SAP-IBP-Backend-System muss lauffähig sein.
- Der Planungsbereich muss aktiv sein.

Nachdem wir Ihnen einleitend die Grundlagen zur Verwendung von Excel zur Planung in SAP IBP erläutert haben, gehen wir nun auf die Details zur Installation ein.

2.2.1 Download und Installation des Add-ins

Sie können das jeweils passende Add-in mithilfe der App **Excel-Add-In herunterladen** aus dem SAP Fiori Launchpad herunterladen (siehe Abbildung 2.16). Alternativ laden Sie das Add-in mit einem entsprechenden Benutzer im Software Center des SAP Support Portals herunter.

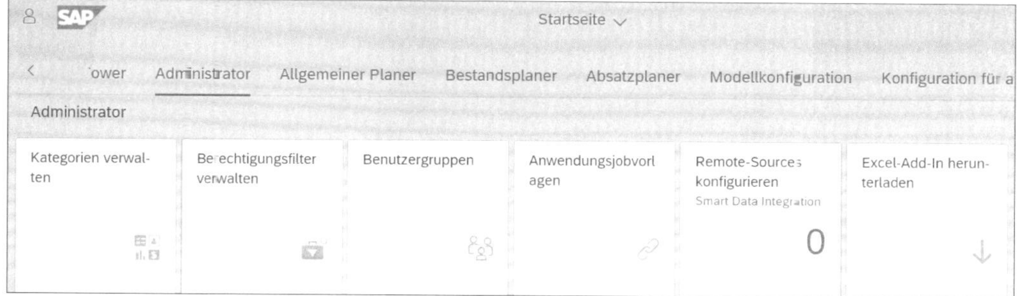

Abbildung 2.16 Download des Excel-Add-ins

Im Anschluss müssen Sie das Add-in in Excel installieren, indem Sie die Download-Datei ausführen. Nach der Installation steht Ihnen in Excel eine zusätzliche IBP-Registerkarte im Excel-Menüband (engl. *IBP Tab* im *Excel Ribbon*) zur Verfügung (siehe Abbildung 2.17).

Abbildung 2.17 IBP-Registerkarte nach der Installation des Add-ins

> **Installation des Add-ins**
>
> Entsprechende Informationen zur zentralen Installation des Add-ins finden Sie in den SAP-Hinweisen 2135948, 2114654 und 2092187.

2.2.2 Über Excel in SAP IBP anmelden

Um sich über das Excel-User-Interface am SAP-IBP-System anzumelden, betätigen Sie die Schaltfläche **Anmelden** in der Gruppe **Verbindung** der IBP-Registerkarte (siehe Abbildung 2.17). Es öffnet sich ein Dialogfenster, in dem Sie die Verbindung angeben, mit der Sie sich in das jeweilige SAP-IBP-System einwählen wollen. Diese besteht aus der URL des Systems sowie einem beschreibenden Namen, der es Ihnen ermöglicht, eine spezifische Verbindung aus einer Liste mehrerer Verbindungen wiederzufinden. Abbildung 2.18 zeigt das geöffnete Dialogfenster **Anmeldung**.

Abbildung 2.18 Das Dialogfenster »Anmeldung«

Falls Sie noch keine Verbindung angelegt haben, klicken Sie auf die Schaltfläche [...], und öffnen Sie so das Dialogfenster **Verbindungsmanager**. Hierin werden Ihnen die existierenden Verbindungen angezeigt (siehe Abbildung 2.19).

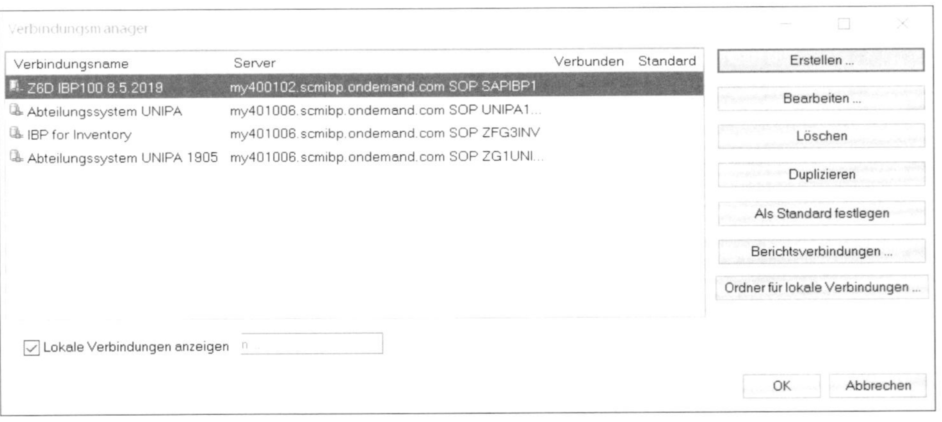

Abbildung 2.19 Verbindungsmanager

Über die Schaltfläche **Erstellen** gelangen Sie in einen Dialog, in dem Sie die Verbindungsdaten angeben (siehe Abbildung 2.20). Sie müssen zunächst einen Namen für die Verbindung wählen und dann die URL des SAP-IBP-Systems angeben. Nachdem dies erfolgt ist, ermitteln Sie die Planungsbereiche des Systems, hierfür ist die Schaltfläche **Planungsbereiche suchen** zu nutzen.

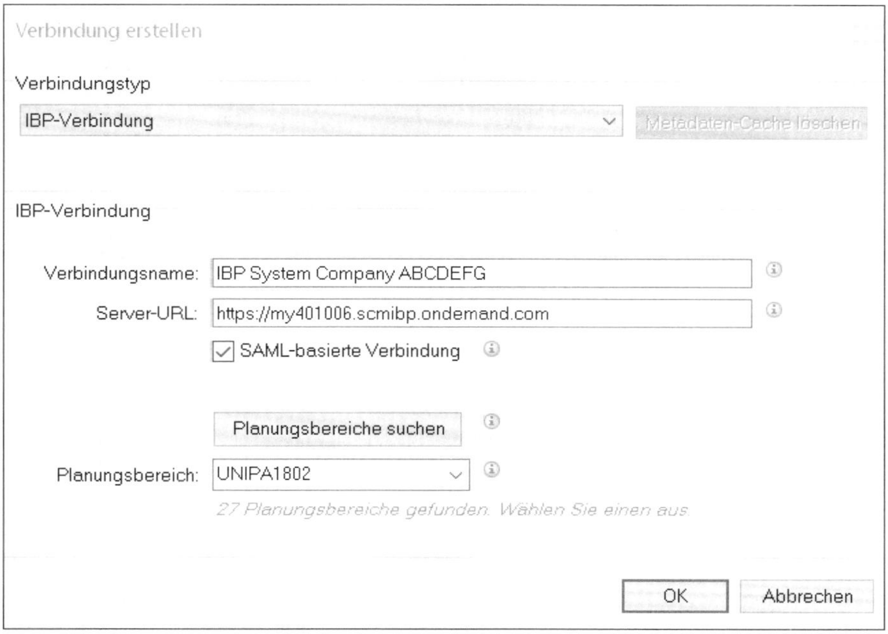

Abbildung 2.20 Eine Verbindung erstellen

In der Regel fordert das System Sie in einem separaten Fenster auf, die Anmeldedaten einzugeben, es sei denn, Sie sind bereits angemeldet. Im Anschluss an den Suchprozess steht Ihnen dann im Dropdown-Menü des Planungsbereichs eine Liste der Planungsbereiche zur Verfügung, die im angegebenen SAP-IBP-System vorhanden sind. Wählen Sie den Planungsbereich aus, in dem Sie arbeiten wollen, da das Arbeiten im Excel-Interface immer an einen Planungsbereich gebunden ist.

Arbeiten in mehreren Planungsbereichen

Sie können auch in mehreren Planungsbereichen Tätigkeiten verrichten, müssen hierfür jedoch separate Verbindungen anlegen und sich getrennt anmelden.

Nachdem Sie die Einstellungen vorgenommen haben, gelangen Sie durch einen Klick auf die Schaltfläche **OK** zurück in den Verbindungsmanager. Im Verbindungsmanager (siehe Abbildung 2.19) können Sie dann die angelegte Verbindung auswählen und auf die Schaltfläche **OK** klicken, wodurch Sie zurück zum Dialogfenster **Anmeldung** gelangen (siehe Abbildung 2.18). Hier wird nun die ausgewählte Verbindung angezeigt. Nachdem Sie auf die Schaltfläche **Anmelden** geklickt haben, werden Sie am SAP-IBP-System angemeldet, und viele zuvor ausgeblendete Schaltflächen der IBP-Registerkarte sind nun verwendbar bzw. werden zusätzlich eingeblendet. Sie können nun mit dem Anlegen einer Planungssicht beginnen.

Festlegung einer Verbindung als Standard

Sie können im Verbindungsmanager auch eine der Verbindungen als Standard festlegen, sodass diese bei Aufruf des Dialogfensters **Anmeldung** vorausgewählt ist.

2.2.3 SAP-IBP-Planungssichten in Excel

Planungssichten (engl. *Planning Views*) stellen in der Excel-basierten Planung mit SAP IBP die grundlegenden Sichten dar, mit denen Daten angezeigt, verändert und gelöscht werden können.

Webbasierte Planung

Mit Release 1908 bietet SAP Planungssichten mit der App **Webbasierte Planung** auch über einen browserbasierten Aufruf an. Details hierzu finden Sie in der Help-Dokumentation unter *https://help.sap.com/IBP* (Pfad: **Anwendungshilfe für SAP Integrated Business Planning 1908 • Benutzeroberfläche • Arbeiten mit Webanwendungen • Webbasierte Planung**).

Sie sind damit in gewisser Weise das Äquivalent zu den SAP-GUI-Transaktionen von SAP S/4HANA, SAP ECC oder auch SAP APO. Dabei weisen sie eine sehr hohe Flexibilität bezüglich der individuellen Gestaltung auf, d. h., mit ihnen können die vielfältigen Optionen von Excel samt VBA-Code genutzt werden, um maßgeschneiderte Sichten zu erzeugen. Daher können sich Planungssichten stark unterscheiden; anders als bei den Transaktionen der anderen genannten SAP-Systeme gibt es hier weniger von SAP ausgelieferten Standard. Die in diesem Buch gezeigten Planungssichten stellen lediglich Beispiele dar und können von denen in Ihrem SAP-IBP-System abweichen.

Die Planungssichten in SAP IBP enthalten immer ein oder mehrere Arbeitsblätter, in denen in einem bestimmten Teil Daten aus der SAP-IBP-Datenbank dargestellt werden. Es ist jedoch auch möglich, spezifische Funktionen von Excel allgemein oder des Add-ins im Speziellen zu nutzen, um die direkt mit der SAP-IBP-Datenbank synchronisierten Daten erweitert auszuwerten bzw. die Planung mit zusätzlichen Informationen anzureichern.

Excel-Funktionen, die zur Anreicherung genutzt werden können, sind beispielsweise das vielfältige Formelwerk, das die Microsoft-Excel-Software zur Verfügung stellt. Ebenso kann VBA-Code genutzt werden. Wir werden auf diese Standardfunktionen von Excel in diesem Buch aber nur am Rande eingehen, wenn es für das Verständnis der Möglichkeiten in SAP IBP sinnvoll ist. Einen vollständigen Überblick können wir im Rahmen dieses auf SAP IBP fokussierten Buches nicht geben; wir empfehlen Ihnen hier zusätzliche Quellen beispielsweise des Rheinwerk Verlags, von Vierfarben oder anderen Fachverlagen.

Neben der Möglichkeit, Daten aus der SAP-IBP-Datenbank direkt in Excel anzuzeigen und zu verändern, bietet das Add-in auch spezielle Formatierungsoptionen. Die zugehörigen Funktionen werden als *EPM-Funktionen* (EPM = Enterprise Performance Management), engl. *EPM-Formatting*, bezeichnet. Abbildung 2.21 zeigt beispielhaft eine Planungssicht in Excel.

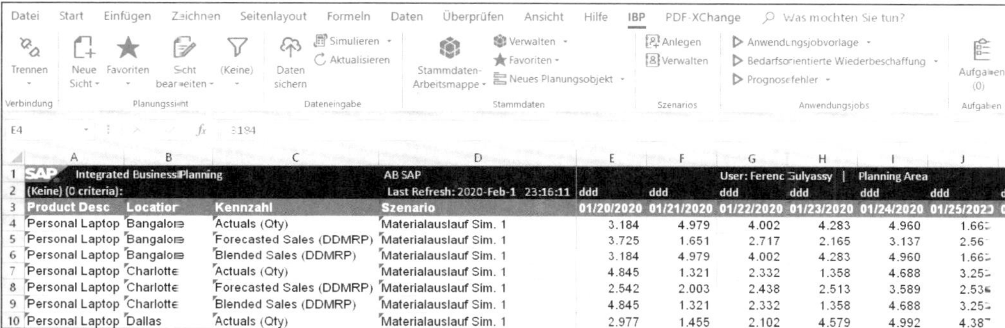

	A	B	C	D	E	F	G	H	I	J
2					ddd	ddd	ddd	ddd	ddd	ddd
3	Product Desc	Location	Kennzahl	Szenario	01/20/2020	01/21/2020	01/22/2020	01/23/2020	01/24/2020	01/25/2020
4	Personal Laptop	Bangalore	Actuals (Qty)	Materialauslauf Sim. 1	3.184	4.979	4.002	4.283	4.960	1.66[illegible]
5	Personal Laptop	Bangalore	Forecasted Sales (DDMRP)	Materialauslauf Sim. 1	3.725	1.651	2.717	2.165	3.137	2.56[illegible]
6	Personal Laptop	Bangalore	Blended Sales (DDMRP)	Materialauslauf Sim. 1	3.184	4.979	4.002	4.283	4.960	1.66[illegible]
7	Personal Laptop	Charlotte	Actuals (Qty)	Materialauslauf Sim. 1	4.845	1.321	2.332	1.358	4.688	3.25[illegible]
8	Personal Laptop	Charlotte	Forecasted Sales (DDMRP)	Materialauslauf Sim. 1	2.542	2.003	2.438	2.513	3.589	2.53[illegible]
9	Personal Laptop	Charlotte	Blended Sales (DDMRP)	Materialauslauf Sim. 1	4.845	1.321	2.332	1.358	4.688	3.25[illegible]
10	Personal Laptop	Dallas	Actuals (Qty)	Materialauslauf Sim. 1	2.977	1.455	2.102	4.579	4.992	4.38[illegible]

Abbildung 2.21 Beispiel einer Planungssicht in Excel

EPM-Formatting-Optionen

Die EPM-Funktionen sind sehr umfangreich und teilweise sehr speziell, sie sind vor allem für die detaillierte Ausgestaltung einer Planungssicht bezüglich spezifischer Anforderungen relevant und daher weder für das allgemeine Verständnis noch für die konkrete Nutzung des Excel-Interface essenziell. Eine ausführliche Darstellung aller bereitgestellten Formatierungsfunktionen würde den Rahmen dieser Publikation sprengen daher werden wir darauf nur am Rande eingehen.

2.2.4 Mit Planungssichten arbeiten

Es gibt vier Optionen, wie Sie in Microsoft Excel eine neue Planungssicht anlegen bzw. bestehende Planungssichten öffnen können:

- Öffnen einer bestehenden Vorlage (engl. *Template*)
- Öffnen eines bestehenden Favoriten (engl. *Favorite*)
- Kopieren einer bestehenden Planungssicht
- Anlegen einer neuen, blanken Planungssicht (engl. *Plain Planning View*)

Wir werden Ihnen diese Optionen nun in der Folge näher erläutern und dabei darauf eingehen, wie Sie diese Funktionen verwenden können.

Arbeiten mit Vorlagen

Die Möglichkeit des Öffnens einer bestehenden Vorlage erreichen Sie über die Schaltfläche **Neue Sicht** auf der IBP-Registerkarte. Abbildung 2.22 zeigt die Menüeinträge der Schaltfläche **Neue Sicht**. Um eine bestehende Vorlage zu öffnen, wählen Sie die Option **Aus Vorlage ...** aus.

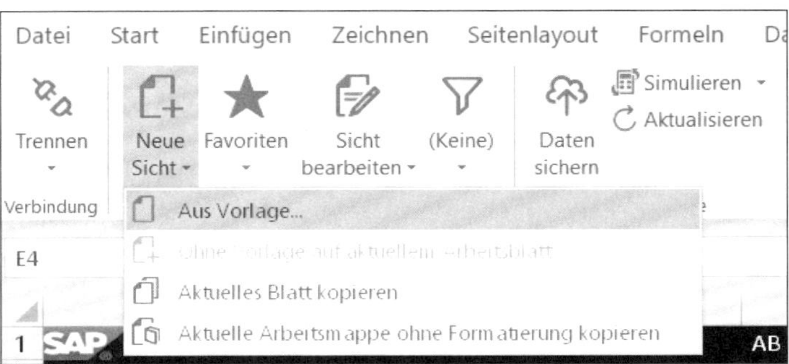

Abbildung 2.22 Anlegen einer neuen Planungssicht mit der Schaltfläche »Neue Sicht«

Es öffnet sich ein Fenster, in dem verschiedene Einstellungen vorgenommen werden können, auf die wir im Laufe dieses Kapitels noch genauer eingehen werden. Für den hier beschriebenen Schritt klicken Sie links oben das Auswahlmenü **Vorlage** an, um die bestehenden Vorlagen zu sehen (siehe Abbildung 2.23).

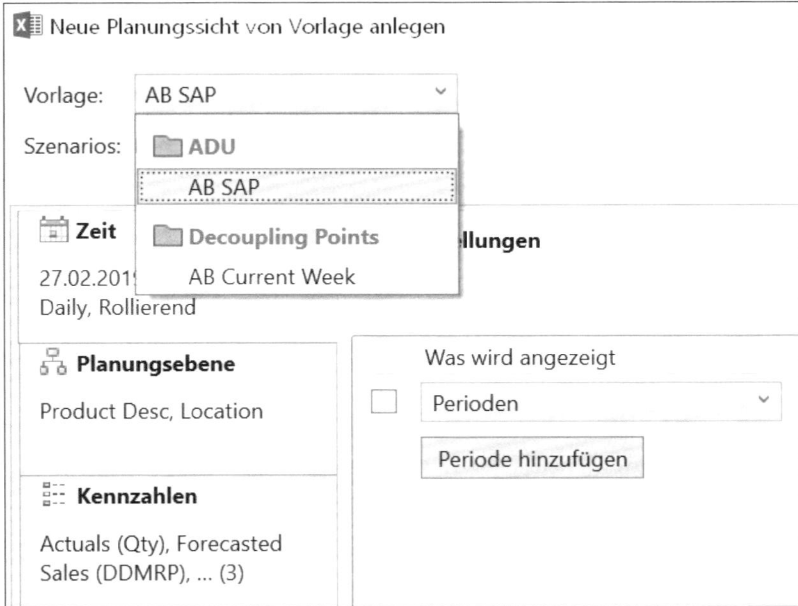

Abbildung 2.23 Neue Planungssicht aus einer Vorlage anlegen

Nach Auswahl einer Vorlage können Sie in dem neu geöffneten Fenster weitere Detaileinstellungen vornehmen. Da diese jedoch nicht nur bei der Verwendung von Vorlagen relevant sind, werden wir sie Ihnen in Abschnitt 2.2.5, »Bestandteile einer Planungssicht«, genauer erläutern.

Um die ausgewählte Vorlage in eine Planungssicht zu überführen, bestätigen Sie Ihre Eingaben mit der Schaltfläche **OK**. Daraufhin wird die Planungssicht geladen und eine Verbindung mit der Datenbank hergestellt.

Um für das Anlegen einer neue Planungssicht eine Vorlage nutzen zu können, muss naturgemäß überhaupt erst einmal eine Vorlage vorhanden sein. Sie kann entweder zentral bereitgestellt oder durch den Anwendungsbenutzer angelegt werden.

Um selbst eine Vorlage zu erstellen, klicken Sie auf der IBP-Registerkarte auf die Schaltfläche **Vorlagen**. Die Menüoptionen ermöglichen es, vorhandene Vorlagen aufzurufen, eine Vorlage hinzuzufügen, bestehende Vorlagen nach einer Änderung der Einstellungen zu aktualisieren, bestehende Vorlagen zu löschen oder über **Organisieren** eine Ordnerstruktur für die Vorlagen anzulegen bzw. zu bearbeiten (siehe Abbildung 2.24).

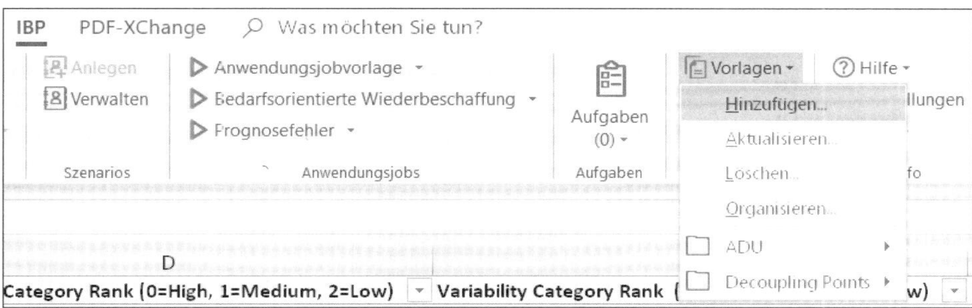

Abbildung 2.24 Verwalten von Vorlagen über die Schaltfläche »Vorlagen« auf der IBP-Registerkarte

Umgang mit Daten

Bitte beachten Sie, dass eine Vorlage aus Sicherheits- und Datenschutzgründen immer ohne Daten gespeichert wird.

Arbeiten mit Favoriten

Im Gegensatz zu einer Vorlage, die in der Regel zentral von einem Administrator bereitgestellt wird, sind Favoriten (engl. *Favorites*) benutzerindividuell, auch wenn es ebenfalls die Möglichkeit gibt, sie mit anderen Benutzern zu teilen. Das passiert jedoch nicht über eine zentrale Nutzerverwaltung, wie es bei Vorlagen der Fall ist, sondern ist eine Aktion, die ein Anwendungsbenutzer separat ausführen kann.

Favoriten werden getrennt von den Vorlagen verwaltet, d. h., man kann sie zwar aus einer Vorlage generieren, sie werden jedoch separat abgelegt, und es erfolgt keine Aktualisierung, wenn die Ursprungsvorlage, aus der der Favorit entstanden ist, angepasst wird. Man spricht deshalb auch davon, dass sie einen von Vorlagen getrennten Lebenszyklus haben.

Um einen Favoriten anzulegen, klicken Sie auf der IBP-Registerkarte auf die Schaltfläche **Favoriten**. Sie befindet sich ebenfalls in der Gruppe **Planungssicht**, in der auch die schon angesprochenen Funktionen zum Anlegen einer Planungssicht zu finden sind (siehe Abbildung 2.25). Nach Betätigung der Schaltfläche öffnet sich ein Dropdown-Menü mit den folgenden Optionen (je nach Berechtigung):

- **Hinzufügen**
- **Aktualisieren**
- **Löschen**
- **Freigeben**
- **Verwalten**

Beim Hinzufügen wird die aktuell geöffnete Planungssicht als Favorit abgelegt, unabhängig davon, welche der Optionen zur Anlage der Planungssicht verwendet worden sind.

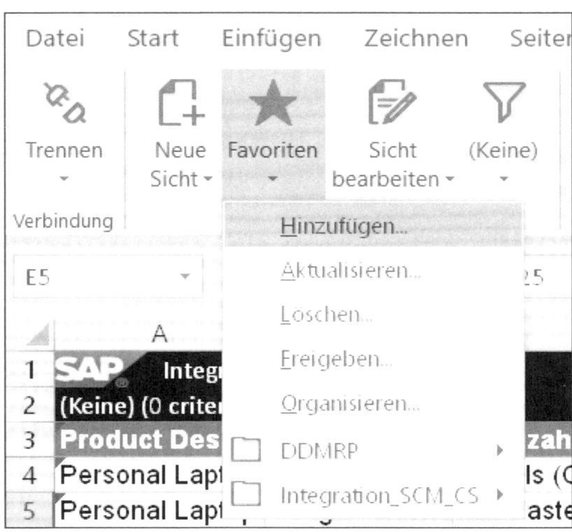

Abbildung 2.25 Hinzufügen eines Favoriten im Excel-Interface

Die **Aktualisieren**-Funktion ermöglicht es, für eine bereits als Favorit abgelegte Planungssicht Änderungen auch in diesen Favoriten zu übernehmen.

Sofern es sich um einen selbst angelegten Favoriten handelt, besteht die Möglichkeit, einen Favoriten zu löschen. Wenn Ihnen als Anwendungsbenutzer ein Favorit durch einen anderen Benutzer freigegeben wurde, können Sie ihn nicht löschen, aber unter **Verwalten** die Option **Opt Out** wählen, um die Freigabe Ihrerseits zu beenden. Ferner können Sie unter **Verwalten** auch eigene Ordner anlegen, um Ihre Favoriten zu organisieren.

Favoriten im Excel-Interface

Neben den hier dargestellten Favoriten für eigene Planungssichten besteht auch die Möglichkeit, einen Favoriten für eine *Stammdaten-Arbeitsmappe* (engl. *Master Data Workbook*) anzulegen. Auf diese Option gehen wir in Abschnitt 2.2.8, »Stammdatenfunktionen des Excel-Interface«, separat ein.

Bitte beachten Sie, dass Sie für die Bearbeitungsfunktionen der Favoriten in Bezug auf Planungssichten die Schaltfläche **Favoriten** in der Gruppe **Planungssicht** der IBP-Registerkarte verwenden müssen, wohingegen die gleichnamige Schaltfläche **Favoriten** in der Gruppe **Stammdaten** die Optionen für Stammdaten-Arbeitsmappen bereithält.

Planungssichten kopieren oder selbst erstellen

Wenn Sie bereits eine Planungssicht geöffnet haben, können Sie über die Option **Kopieren** mit der Schaltfläche **Neue Sicht** in der Gruppe **Planungssicht** auf der IBP-Registerkarte eine neue Planungssicht mit den gleichen Eigenschaften anlegen, die wiederum auch als Favorit abgespeichert werden kann.

Sie können eine Planungssicht aber auch von Grund auf selbst anlegen. Dazu öffnen Sie ein leeres Arbeitsblatt in Excel, betätigen die Schaltfläche **Neue Sicht** und wählen im zugehörigen Menü die Option **Ohne Vorlage auf aktuellem Arbeitsblatt** aus (siehe dazu Abbildung 2.22). Anders als bei Favoriten, Vorlagen oder Kopien können die grundlegenden Einstellungen einer Planungssicht nun nicht übernommen werden, sondern müssen Schritt für Schritt vorgegeben werden.

Um ein Verständnis dafür aufzubauen, um welche Einstellungen es sich handelt, stellen wir Ihnen im nächsten Abschnitt die einzelnen Bestandteile einer Planungssicht vor. Diese sind naturgegeben nicht nur bei selbst erstellten Planungssichten relevant, sondern analog auch bei Vorlagen, Favoriten oder Kopien gültig.

2.2.5 Bestandteile einer Planungssicht

Unabhängig davon, wie Sie eine Planungssicht angelegt haben, können generell die folgenden Bestandteile enthalten sein:

- Kopfdaten
- Zeiteinstellungen
- Planungsebenen
- Kennzahlen
- Layout
- Filter
- Alerts

Die konkret vom SAP-IBP-System angebotenen Optionen hängen dabei von der Konfiguration ab, beispielsweise können einzelne der genannten Bereiche aufgrund von bestimmten Vorgaben fehlen.

Mit Ausnahme der Layouts und Alerts handelt es sich bei den oben genannten Punkten um Pflichteinstellungen, ohne deren Festlegung keine Planungssicht genutzt werden kann. Filter können per globaler Konfiguration zu einer Pflichteinstellung erklärt werden; ist dies nicht der Fall, handelt es sich bei Filtern um eine optionale Einstellung.

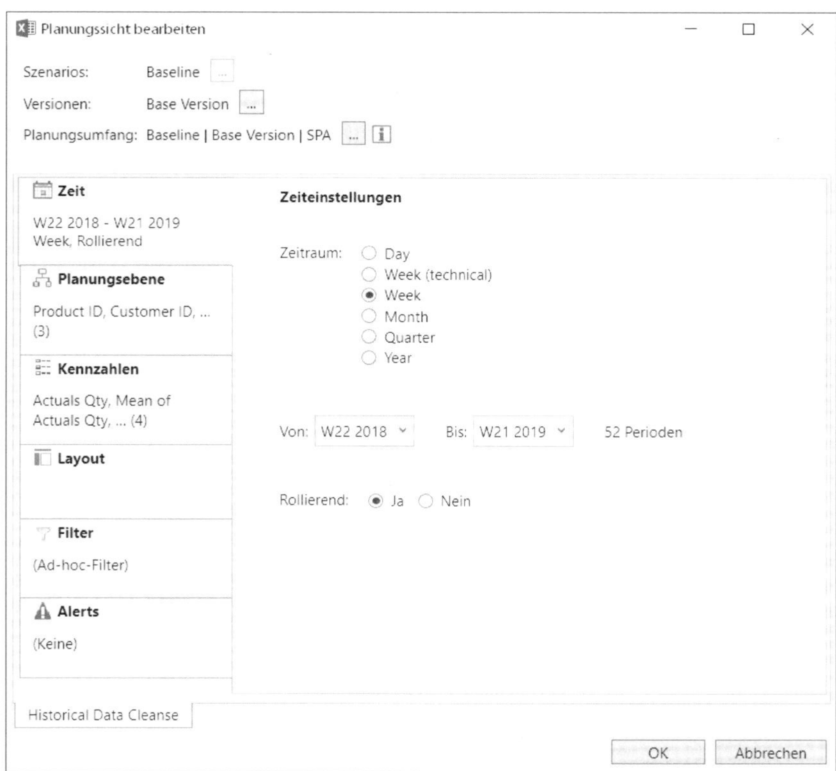

Abbildung 2.26 Das Dialogfenster »Planungssicht bearbeiten« zur Festlegung der Bestandteile einer Planungssicht

Die Bestandteile der Planungssicht können Sie in einem eigenen Dialogfenster festlegen (siehe Abbildung 2.26).

Es öffnet sich entweder automatisch beim Anlegen der Planungssicht mittels einer der beschriebenen Optionen der Schaltfläche **Neue Sicht** in der Gruppe **Planungssicht** der IBP-Registerkarte im Excel-Interface, oder Sie können es mit einem Klick auf die Schaltfläche **Sicht bearbeiten** in derselben Gruppe aus einer bereits geöffneten Planungssicht heraus öffnen. Je nach Art des Aufrufes unterscheidet sich die Fensterüberschrift gegebenenfalls, die angebotenen Optionen sind jedoch die gleichen.

Simulationsumgebungen einer Planungssicht

Zu den Kopfdaten einer Planungssicht gehört die Festlegung der folgenden drei Bereiche:

- Versionen (engl. *Versions*)
- Szenarios (engl. *Scenarios*)
- Planungsumfang (engl. *Planning Scope*)

Versionen und Szenarios werden in SAP IBP genutzt, um Simulationen durchzuführen. Sie müssen für eine Planungssicht festlegen, in welcher Umgebung diese angesiedelt sein soll, d. h., aus welcher Kombination aus Szenario und Version Daten angezeigt werden sollen.

Eine *Version* ist eine eigene Planungsumgebung in Bezug auf die enthaltenen Daten. Dies bezieht sich häufig auf versionsspezifische Stamm- und Bewegungsdaten, nicht selten halten Unternehmen mehrere Versionen vor. Sie werden in der Konfiguration durch den Administrator festgelegt. Plakative Beispiele für verschiedene Versionen in Unternehmen sind *Worst Case, Real Case* bzw. *Base Version* und *Best Case*. Mit diesen Versionen kann im Unternehmen neben der Realität (Real Case) auch geplant werden, was passiert, wenn ein vergleichsweise negativer Geschäftsverlauf (Worst Case) bzw. eine äußerst positive Entwicklung (Best Case) eintritt. Beispielsweise kann dann mithilfe der Best-Case-Version eingeschätzt werden, ob die vorhandenen Kapazitäten immer noch zur Befriedigung der Nachfrage ausreichen würden.

Die Schaltfläche **Verwalten** in der Gruppe **Versionen** der IBP-Registerkarte im Excel-Interface lässt eine vorhandene Version in eine vorab durch den Administrator angelegte Version kopieren oder löschen (siehe Abbildung 2.27).

Über die Schaltfläche **Einplanen** können Sie eine Versionskopie auch in einem periodischen Hintergrundjob einplanen, dabei lassen sich diverse Filter für Planungsobjekte oder Kennzahlen nutzen. Die Schaltfläche **Status** erlaubt einen entsprechenden Blick auf die eingeplanten Jobs.

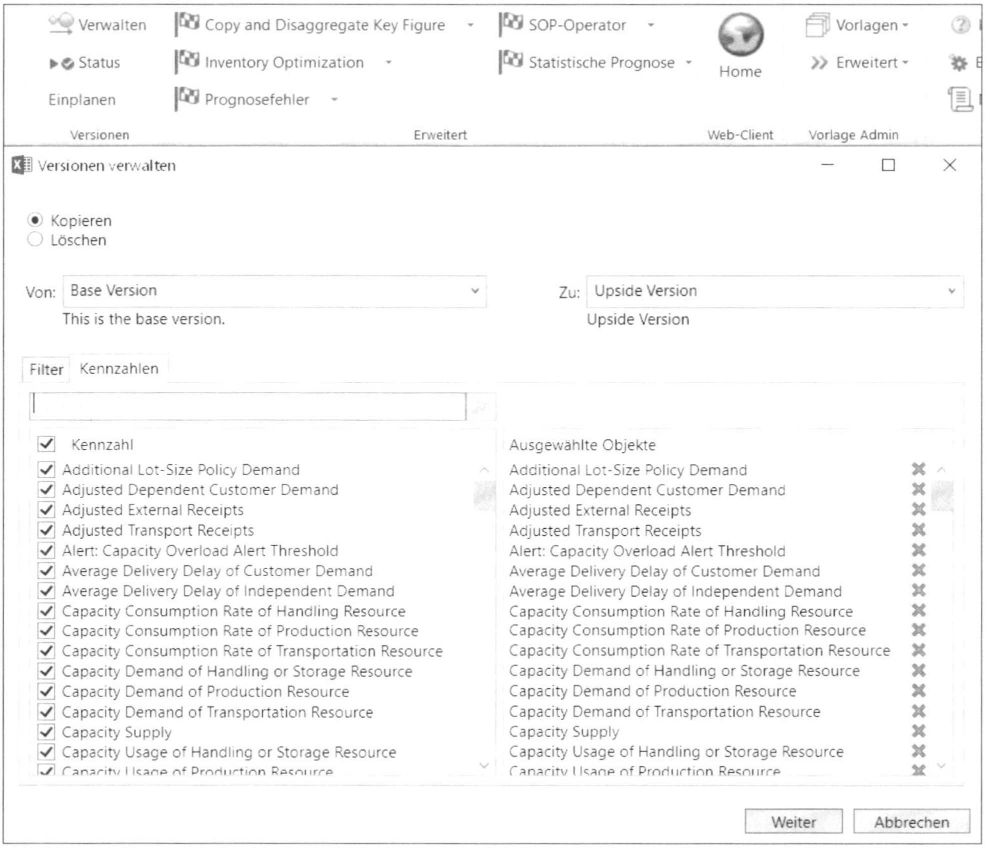

Abbildung 2.27 Versionen aus dem Excel-Interface heraus verwalten

Planungsobjekte

Es handelt sich dabei um die Objekte, auf deren Basis die Planung in SAP IBP durchgeführt wird. Sie sind definiert als

- Kombination aus Stammdatenmerkmalen
- Kombination aus Attributwerten mit Zeitdimension

Details zu Planungsobjekten finden Sie in Abschnitt 2.2.8, »Stammdatenfunktionen des Excel-Interface«.

Bei einem *Szenario* handelt es sich um eine benutzerspezifische »alternative Realität« (engl. *Alternative Reality*) zu einem Plan, z. B. zum Real Case. Szenarios werden vom Anwendungsbenutzer direkt im Excel-Interface mit der Schaltfläche **Anlegen** in der Gruppe **Szenarios** angelegt und beziehen sich auf eine Version. Bei Szenarios handelt es sich demnach um Unterobjekte einer Version.

Abbildung 2.28 zeigt beispielhaft das Dialogfenster beim Anlegen eines Szenarios. In diesem Pflegedialog ist auch die Freigabe des Szenarios für andere Benutzer oder Benutzergruppen möglich.

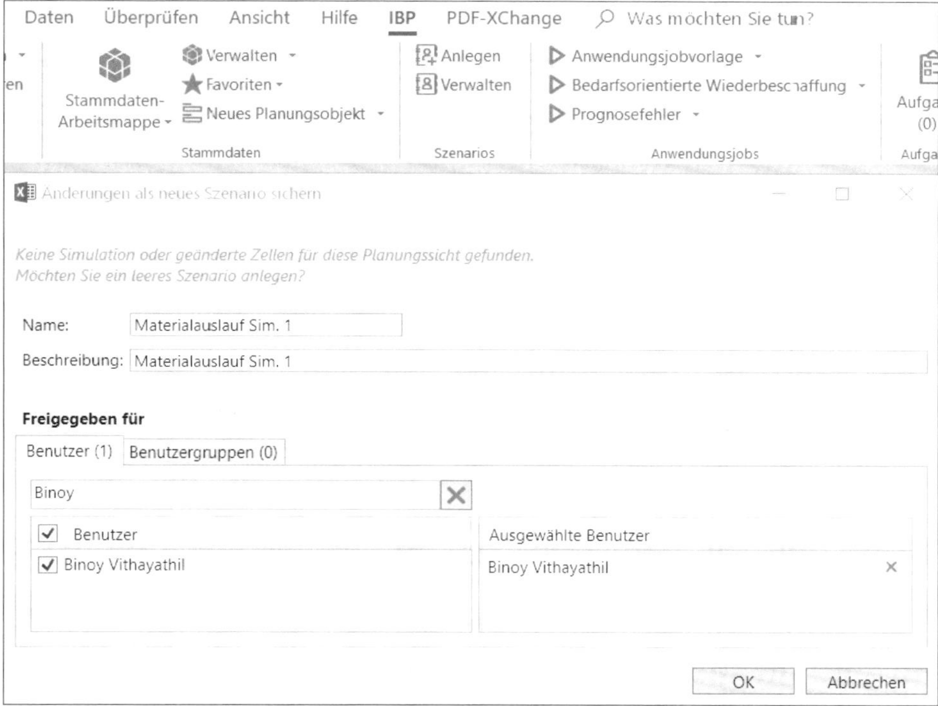

Abbildung 2.28 Anlegen eines Szenarios im Excel-Interface

Über die Schaltfläche **Verwalten** in der Gruppe **Szenarios** der IBP-Registerkarte können Sie ein existierendes Szenario hochstufen, es also in das *Baseline-Szenario* übernehmen. Hier besteht ebenfalls die Möglichkeit des Zurücksetzens, des Löschens und des Duplizierens.

Baseline-Szenario

Auch wenn Sie noch keine Daten zu Simulationszwecken geändert und damit kein explizites Simulationsszenario erzeugt haben, arbeiten Sie technisch gesehen in einem Szenario. Dieses unveränderte Set an Bewegungsdaten wird als *Baseline* bzw. *Baseline-Szenario* bezeichnet.

Anders als eine Version, bei der das komplette Set an Daten separat vorgehalten wird, ist das Szenario nur mit der Speicherung einiger weniger abweichender Bewegungsdaten verbunden; die Stammdaten sowie die restlichen Bewegungsdaten werden der zugrunde liegenden Version entnommen. Wenn diese Daten sich dort ändern, erfolgt die Änderung auch im verbundenen Szenario.

Mit dem *Planungsumfang* legen Sie schließlich fest, welche *Planungsobjekte* (engl. *Planning Objects*) von bestimmten Planungsschritten betroffen sein können. Um diese Funktion nutzen zu können, müssen in der Konfiguration sogenannte *Subnetworks* für den Planungsbereich aktiviert worden sein, und zusätzlich müssen die jeweiligen Planungsobjekte stammdatenseitig entsprechend Subnetworks zugeordnet sein. Bei einem Subnetwork handelt es sich um einen abgegrenzten Bereich der Supply Chain, für den ein Planer verantwortlich zeichnet.

[zB]

Subnetworks/Planungsumfänge

Die Abgrenzung der Subnetworks kann beispielsweise anhand von regionalen Kriterien erfolgen, d. h., Produkte eines bestimmten Werkes oder mehrerer Werke einer Region bilden ein Subnetwork. Es ist aber auch möglich, bestimmte Produktgruppen zu einem Subnetwork zusammenzufassen und so einen abgegrenzten Bereich der Supply Chain zu bilden, der einem Planer zugeordnet ist und bei Planungsläufen gemeinsam betrachtet werden soll.

In der Planungssicht muss nun also in den Kopfdaten festgelegt werden, welche Versionen und Szenarios angezeigt werden sollen. Dabei ist es auch möglich, zu Vergleichszwecken mehrere Planungsumgebungen gleichzeitig in einer Planungssicht darzustellen. Mit dem Planungsumfang wird festgelegt, auf welche Planungsobjekte sich bestimmte, aus dem Excel-Interface ausgeführte Planungsaktionen beziehen sollen.

Im Dialogfenster **Planungssicht bearbeiten** können Sie über die Schaltfläche **i** in der Zeile **Planungsumfang** des Kopfbereichs einsehen, welche Planungsoperatoren von dieser Einschränkung des Planungsumfangs betroffen sind (siehe Abbildung 2.29).

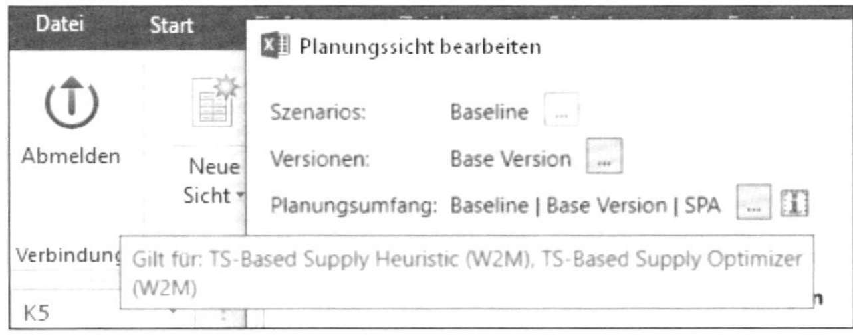

Abbildung 2.29 Kopfdaten des Dialogfensters »Planungssicht bearbeiten«

Zeiteinstellungen einer Planungssicht

In der Rubrik **Zeiteinstellungen** des Dialogfensters **Planungssicht bearbeiten** können Sie festlegen, welche Periodentypen dargestellt werden sollen, also beispielsweise ob die Darstellung auf Wochenbasis und/oder auf Monatsbasis erfolgen soll. Hierbei ist es auch möglich, mehrere unterschiedliche Periodentypen anzugeben, wenn die Konfiguration dies vorsieht. Über diesen Weg können auch zeitbasierte Gesamtwerte angezeigt werden, z. B. der Durchschnitt der Nachfrage der letzten 6 Monate. Es werden die Optionen angeboten, die in der Konfiguration des Zeitprofils definiert worden sind. Zu den Details der Konfiguration des Zeitprofils sehen Sie bitte Kapitel 3, »Grundlagen der übergreifenden Konfiguration«.

Simulationen auf unterschiedlichen Zeitebenen

Bitte beachten Sie, dass eine lokale Simulation zu einem Zeitpunkt immer nur in einem Periodentyp durchgeführt werden kann. Falls Sie also mehrere Periodentypen angeben und eine Simulation in mehreren Periodentypen (z. B. Wochen und Monaten) starten wollen, müssen Sie sie nacheinander durchführen. Mehr zu lokalen Simulationen finden Sie in Abschnitt 2.2.6, »Datenverwaltung und Simulation im Excel-Interface«.

Globale Parameter

Die Festlegung, wie viele Periodentypen angegeben werden können, erfolgt mit dem globalen Konfigurationsparameter `MAX_TIME_LEVELS` in der Parametergruppe `PLAN_VIEW`. Mehr Details zu globalen Parametern finden Sie in Kapitel 3, »Grundlagen der übergreifenden Konfiguration«.

Neben den Periodentypen ist auch zu definieren, welcher Zeitraum angezeigt werden soll und ob eine rollierende Darstellung gewünscht ist. Auch bezüglich des Zeitraumes gelten die Einschränkungen, die in der Konfiguration festgelegt worden sind. Abbildung 2.30 zeigt beispielhaft die Festlegung von Zeiteinstellungen einer Planungssicht.

Periodentyp der Speicherung bzw. der Anzeigeebene

Bitte beachten Sie, dass in SAP IBP die entsprechenden Bewegungsdaten auf der Basisebene gespeichert werden, die in der Kennzahlenkonfiguration festgelegt ist (siehe hierzu Abschnitt 3.6, »Kennzahlen«). Bei der Anzeige werden die Daten entsprechend in Echtzeit aggregiert, den Modus der Aggregation können Sie in der Konfiguration der Kennzahlen definieren. Man spricht hier von *Echtzeitaggregation über Zeitperioden* (engl. *On-the-Fly Aggregation Across Time Periods*). Dies ermöglicht es, für unterschiedliche Kennzahlen unterschiedliche Aggregationsmodi zu verwenden. Während es beispielsweise bei mengenbasierten Kennzahlen sinnvoll ist, die Daten von feineren Ebenen wie Tagen auf Wochen oder Monate aufzusummieren, empfiehlt es sich bei preisbezogenen Kennzahlen, eher mit Durchschnittswerten zu arbeiten.

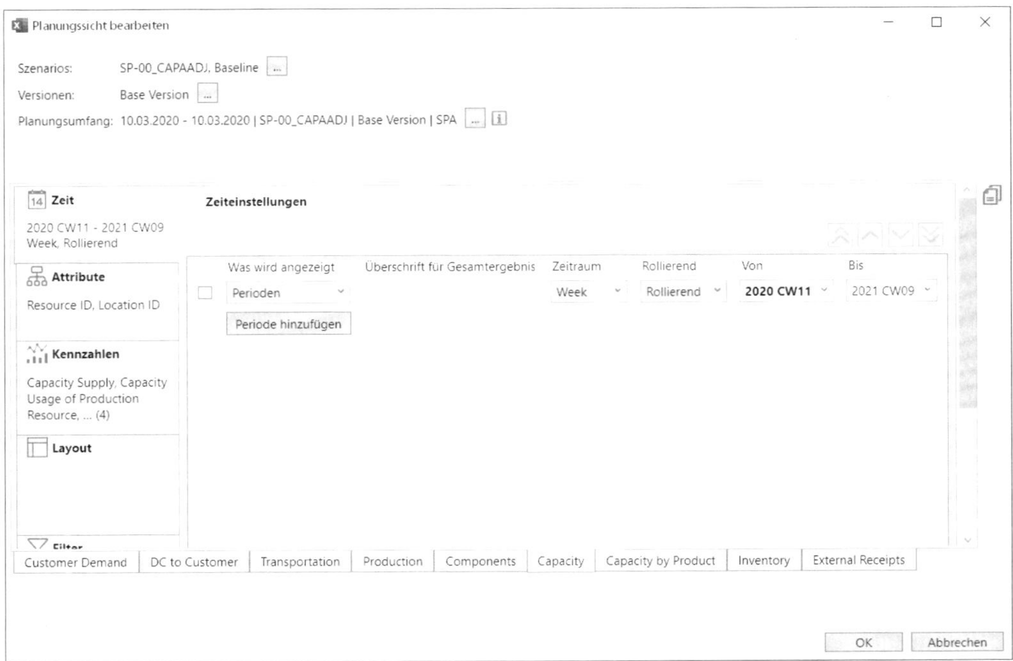

Abbildung 2.30 Zeiteinstellungen einer Planungssicht (Beispiel)

Planungsebenen einer Planungssicht

In einer Planungssicht müssen Sie ebenfalls festlegen, auf welchen Planungsebenen die Daten angezeigt werden sollen (siehe Abbildung 2.31). Nach Auswahl der Schaltfläche **Planungsebene** wählen Sie aus der Liste der zur Verfügung stehenden Attribute diejenigen aus, die in der Planungssicht angezeigt werden sollen. Die Reihenfolge der Ebenen gibt dabei vor, wie die Anzeige sortiert wird.

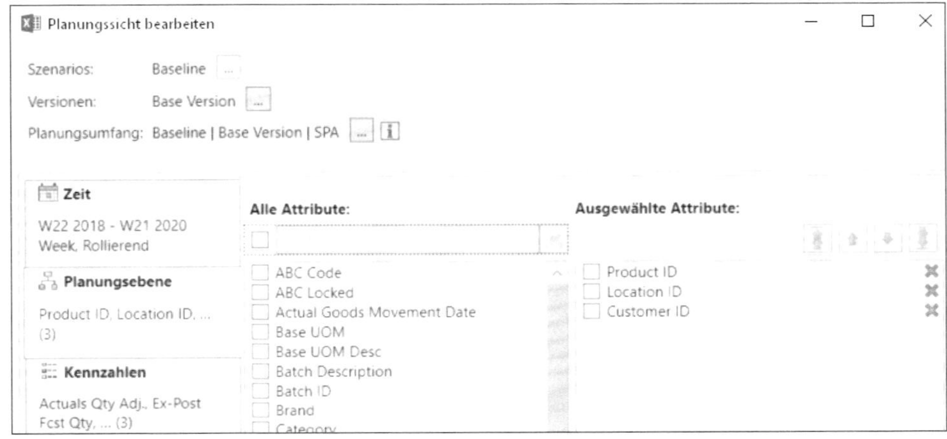

Abbildung 2.31 Planungsebenen in einer Planungssicht festlegen

Es ist möglich, dass zumindest Teile der angezeigten Planungsobjekte nicht auf allen ausgewählten Planungsebenen definiert sind. In diesem Fall zeigt das System in den entsprechenden Spalten der Planungssicht **None** an.

Planungsebenen

Sie können eine Prognose auf Ebene einer Produktgruppe ausführen, in diesem Fall wäre die Planungsebene die Produktgruppe. Um Werte auf Ebene eines Produkts zu erhalten, muss eine entsprechende Disaggregation ausgeführt werden.

Es wäre aber ebenfalls möglich, die Prognose direkt auf Ebene des Produkts auszuführen, dann wäre die relevante Planungsebene das Produkt. In der Anzeige des Excel-Interface könnten dann aber auch die Werte auf Produktgruppenebene angezeigt werden, dazu müsste eine Aggregation konfiguriert werden.

Echtzeitaggregation über Planungsebenen

Wie bereits im Zusammenhang mit den Zeiteinstellungen beschrieben, definiert die Kennzahlenkonfiguration, wie die Speicherung von Daten im SAP-IBP-System erfolgt. Das bezieht sich nicht nur auf die zeitliche, sondern auch auf die fachliche Ebene, auf der die Daten vorgehalten werden. So ist es beispielsweise möglich, Daten auf Produktebene zu speichern und dann auf höhere Ebenen wie die Produktgruppe zu aggregieren, genauso kann aber auch umgekehrt die Speicherung auf Produktgruppenebene erfolgen und dann eine Disaggregation auf Produktebene erfolgen.

Kennzahlen in einer Planungssicht

Ein weiterer wichtiger Bestandteil einer Planungssicht, die als Pflichteingabe fungiert, ist der Bereich der verwendeten Kennzahlen. Diese sind das Bewegungsdatum in der zeitreihenbasierten Planung des SAP-IBP-Systems.

Wenn Sie im Dialogfenster **Planungssicht bearbeiten** links unter den Planungsebenen auf die Schaltfläche **Kennzahlen** klicken, werden Ihnen rechts die verfügbaren Kennzahlen angezeigt (siehe Abbildung 2.32). Sie müssen naturgemäß entsprechend in der Konfiguration vorbereitet worden sein. Durch Auswahl der Kennzahlen werden diese in den Bereich **Ausgewählte Kennzahlen** verschoben. Die Reihenfolge, in der die Kennzahlen im rechten Bereich unter **Ausgewählte Kennzahlen** erscheinen, ist maßgeblich für die Reihenfolge, in der sie in der Planungssicht zu sehen sein werden. Durch Markieren der einzelnen ausgewählten Kennzahlen und Betätigen der Pfeilschaltflächen im rechten oberen Bereich kann die Reihenfolge nachträglich geändert werden.

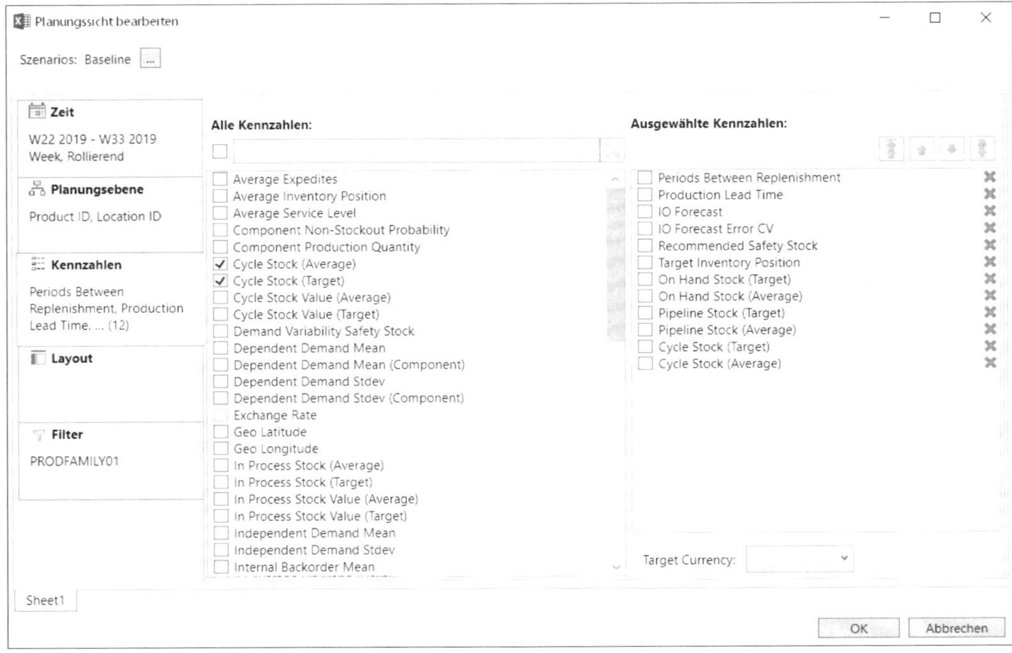

Abbildung 2.32 Auswahl von Kennzahlen im Dialogfenster »Planungssicht bearbeiten«

Je nach Konfiguration müssen Sie im rechten unteren Bereich noch Einstellungen für Planungsnotizen sowie Umrechnungen im Hinblick auf Währung und Mengeneinheiten vornehmen.

Kennzahlen

Bei der statistischen Prognose handelt es sich beispielsweise um eine Kennzahl. Kennzahlen variieren über die Zeit, d. h., im August des kommenden Jahres beträgt die Kennzahl z. B. 100 Mengeneinheiten, wohingegen sie im September des kommenden Jahres beispielsweise 120 Mengeneinheiten beträgt. Um den monetären Wert der Prognose in einer Periode zu erhalten, könnte die Kennzahl *statistische Prognose* mit einer weiteren Kennzahl, *Preis*, multipliziert werden. Das Resultat wäre eine dritte Kennzahl, nämlich der Wert der statistischen Prognose.

In die Ermittlung des Wertes der statistischen Prognose könnte jedoch statt eines zeitabhängigen Preises aus einer entsprechenden Kennzahl auch ein Stammdatenattribut *Preis* einbezogen werden, dann würde der Preis – anders als bei Verwendung einer Kennzahl – nicht zeitabhängig variieren.

Wie Kennzahlen im SAP-IBP-System definiert werden können und wie die Berechnung aufgebaut ist, erfahren Sie in Abschnitt 3.6, »Kennzahlen«.

Das Layout der Planungssicht

Wenn Sie in der linken Spalte des Dialogfensters **Planungssicht bearbeiten** die Schaltfläche **Layout** anklicken, können Sie im rechten Bereich des Fensters festlegen, welche der ausgewählten Planungsebenen bzw. Zeitperioden zeilenweise und welche spaltenweise angezeigt werden sollen. Abbildung 2.33 zeigt beispielhaft die Layouteinstellungen einer Planungssicht. Die angebotenen Attribute, Kennzahlen und Zeiträume hängen von den Einstellungen auf den drei bereits erläuterten Registerkarten des Dialogfensters **Planungssicht bearbeiten** ab.

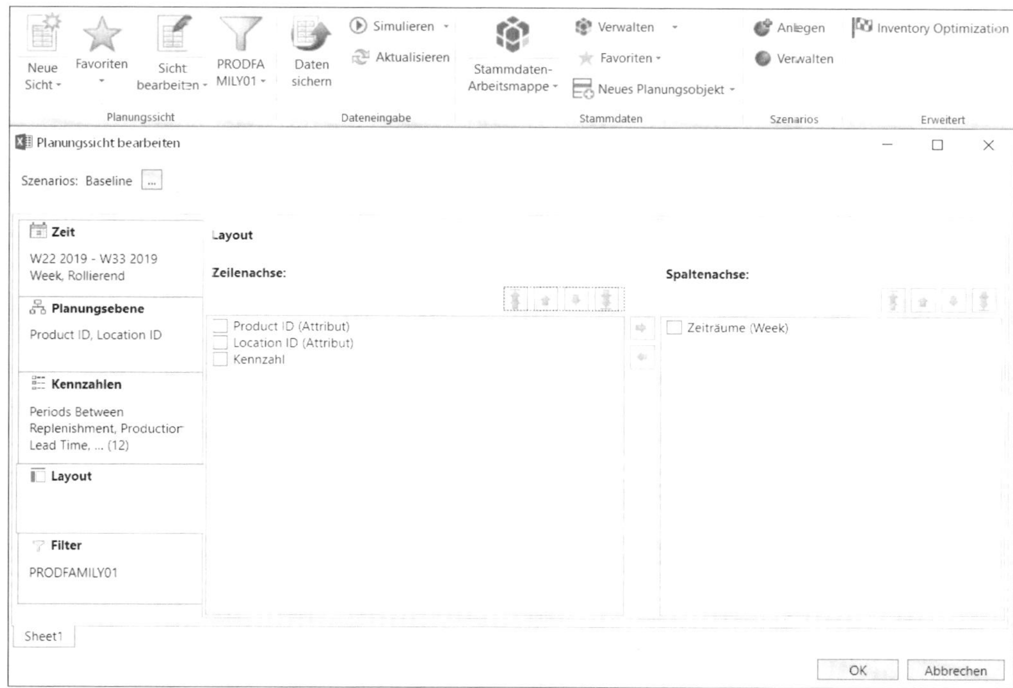

Abbildung 2.33 Layouteinstellungen für eine Planungssicht

Verwendung von Filtern in einer Planungssicht

Im Dialogfenster **Planungssicht bearbeiten** steht zusätzlich die Schaltfläche **Filter** zur Verfügung. Mit dieser Funktion lässt sich die Datenanzeige auf das notwendige Maß reduzieren, was sowohl die Laufzeit der Nutzung der Planungssicht positiv beeinflusst als auch den Nutzen der Planungssicht selbst erhöht, indem die Konzentration auf das Wesentliche ermöglicht wird. Die Einstellungen der Filter können im Dialogfenster **Planungssicht bearbeiten** mittels der Schaltfläche **Filter** geändert werden (siehe Abbildung 2.34).

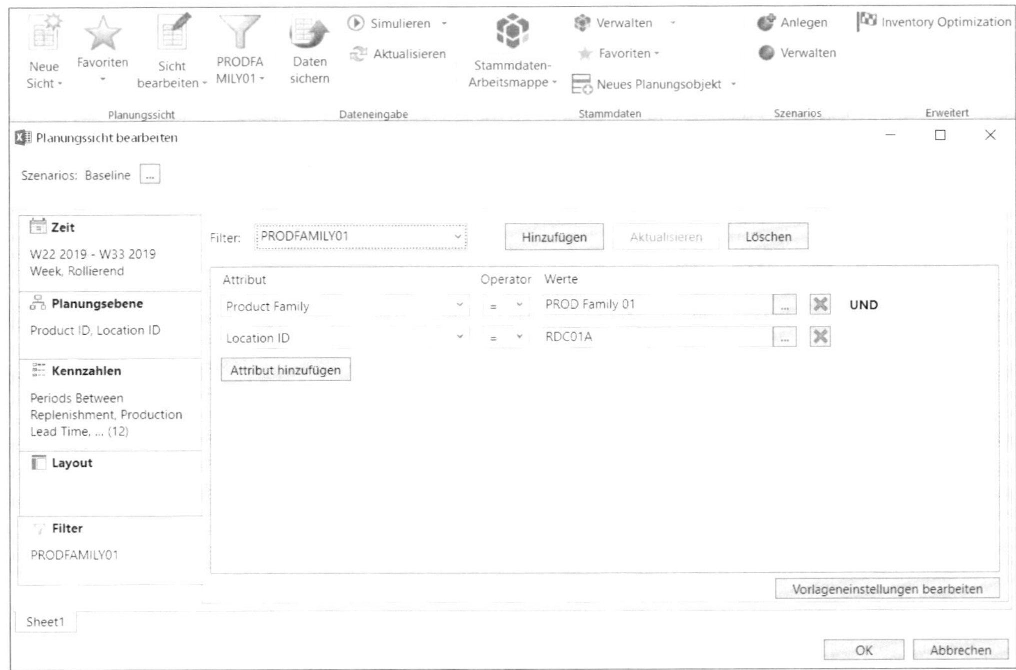

Abbildung 2.34 Filtereinstellungen im Dialogfenster »Planungssicht bearbeiten«

Es ist aber auch möglich, in der Gruppe **Planungssicht** der IBP-Registerkarte direkt in einen Filter zu wechseln bzw. mit der Schaltfläche **Bearbeiten** in den Bearbeitungsmodus des Filters zu springen (siehe Abbildung 2.35). Wenn Sie diese Art des Aufrufes verwenden, wird das Dialogfenster **Planungsfenster bearbeiten** geöffnet und direkt der Bereich **Filter** ausgewählt.

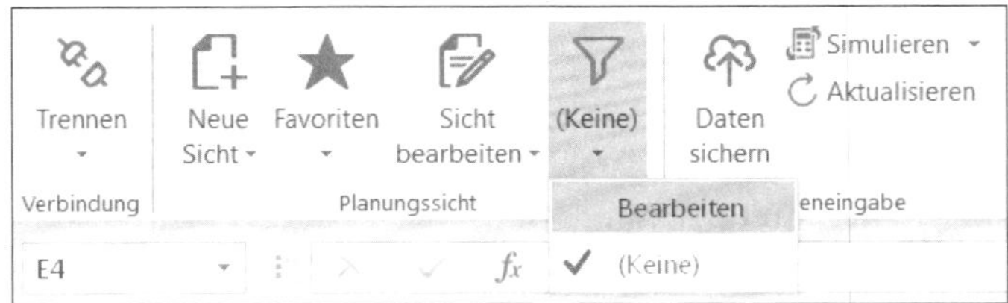

Abbildung 2.35 Aufruf eines Filters direkt von der IBP-Registerkarte aus

Sie können zwei Arten von Filtern anlegen:

- attributbasierte Filter
- wertbasierte Filter

Bei den *attributbasierten Filtern* können kaskadierende Vorgehensweisen gewählt werden, d. h., Sie können Attribute auf Basis anderer Attribute auswählen. Beispielsweise lassen sich die vorgeschlagenen Attributausprägungen für die Lokation einschränken, indem Sie vorab eine Region auswählen, sodass entsprechend nur die Lokationen einer Region angezeigt werden.

Attributbasierte Filter können auch für weitere Funktionen im SAP-IBP-System angewendet werden, wie die folgende Liste zeigt:

- bei der Definition einer Planungssicht (siehe Abschnitt 2.2.4, »Mit Planungssichten arbeiten«)
- im Filterbereich auf der IBP-Registerkarte
- beim Start eines Anwendungsjobs aus dem Excel-Interface
- in einer Stammdaten-Arbeitsmappe, falls der Filter zu den dort ausgewählten Stammdaten passt
- in der Änderungshistorie
- in der SAP-Fiori-App **Planungsfilter**, in der die angelegten Filter separat verwaltet und auch für Nutzer oder Nutzergruppen freigegeben werden können

Filter in einer Planungssicht

Ein Beispiel für einen attributbasierten Filter ist in Abbildung 2.34 zu sehen; hier wird nach den Attributen *Produktfamilie* und *Lokation* gefiltert, d. h., es wird in dieser Planungssicht nur das angezeigt, was zu den konkret angegebenen Ausprägungen Produktfamilie **PROD Family 01** und Lokation **RDC01A** abgelegt ist.

Beispiele für wertbasierte Filter wären das Filtern nach Kunden mit mehr als 1.000.000 € Umsatz im letzten Jahr oder ein Ausfiltern aller Werte, die leer bzw. 0 in Bezug auf eine bestimmte Kennzahl sind.

Bei einem wertbasierten Filter können Sie zum einen über einen Zeithorizont steuern, auf welchen Bereich der Daten der Filter Anwendung finden soll. Zum anderen haben Sie die Möglichkeit, für die in der Planungssicht ausgewählten Kennzahlen eine Bedingung zu hinterlegen, nach der gefiltert werden soll. Diese Bedingung kann sich auf alle ausgewählten Perioden einzeln beziehen, auf die Summe über alle Perioden bzw. auf die Gesamtheit der Werte in den ausgewählten Perioden.

2.2.6 Datenverwaltung und Simulation im Excel-Interface

In der Gruppe **Dateneingabe** der IBP-Registerkarte stehen die folgenden Optionen zur Verfügung (siehe Abbildung 2.36):

- Daten sichern
- Aktualisieren
- Simulieren

Mit der Schaltfläche **Daten sichern** können Sie manuell angepasste bzw. durch eine Simulation im Excel-Interface erzeugte Daten auf der SAP-IBP-Datenbank sichern.

Mit der Schaltfläche **Aktualisieren** übernehmen Sie Daten aus der SAP-IBP-Datenbank in Ihr Excel-Interface und setzen so lokal geänderte Daten wieder auf den in der Datenbank vorhandenen Wert zurück.

Abbildung 2.36 Datenverwaltung und Simulation im Excel-Interface

Mit der Schaltfläche **Simulieren** lassen sich über ein Dropdown-Menü vielfältige Simulationsfunktionen ausführen. Dabei können lokal geänderte Kennzahlen in einer lokal (in der Excel-Benutzeroberfläche) vorgehaltenen Simulationsversion genutzt werden, um die Auswirkungen der Änderung auf andere Kennzahlen zu simulieren oder um Planungsoperatoren zu starten. Dies passiert, ohne dass die Datenbankeinträge des SAP-IBP-Systems geändert werden, und es ist darüber hinaus auch nicht zwingend nötig, hierfür mittels Versionen oder Szenarios eine eigene Simulationsumgebung aufzubauen.

Mehrere Planungssichten in einer Excel-Arbeitsmappe

Wenn Sie mehrere Planungssichten in einer Excel-Arbeitsmappe nutzen, werden immer alle Planungssichten eines Simulationsschrittes berücksichtigt, nicht nur die aktuell beim Anstoßen der Simulation angezeigte.

Wenn Sie lediglich die Auswirkungen einer Änderung auf andere Kennzahlen ermitteln möchten, ohne die Änderungen schon in der Datenbank des SAP-IBP-Systems zu speichern, können Sie die Schaltfläche **Simulieren** (engl. *Simulate [Basic]*) betätigen. Abbildung 2.37 zeigt Ihnen beispielhaft die Simulationsoptionen im Excel-Interface.

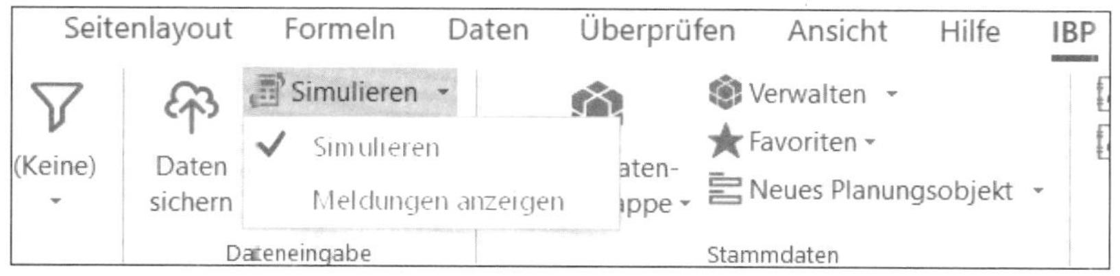

Abbildung 2.37 Aufruf von lokalen Simulationsoptionen im Excel-Interface

Eine weitere Möglichkeit besteht in der simulativen Ausführung von Planungsoperatoren. Bei einem *Planungsoperator* handelt es sich um einen Algorithmus, mit dem in der Regel Daten im SAP-IBP-System massenhaft verändert werden. Je nach Konfiguration stehen Ihnen im Dropdown-Menü der Schaltfläche **Simulieren** verschiedene Planungsoperatoren zur Verfügung. Wenn Sie einen Planungsoperator auswählen, wird zunächst immer die Option **Simulieren** ausgeführt, um alle Kennzahlen der Planungssicht vorab zu aktualisieren. Mit der Option **Meldungen anzeigen** können Sie sich ein Protokoll der zuletzt durchgeführten Simulation anzeigen lassen.

Planungsoperatoren

Als Beispiele für solche Planungsoperatoren sind folgende Algorithmen zu nennen:

- statistische Prognose
- Prognosefehlerkalkulation
- mehrstufige Sicherheitsbestandsplanung
- Supply-Optimierer

Damit ein Planungsoperator auch für simulative Zwecke zur Verfügung gestellt wird, muss der interaktive Modus in der Konfiguration des Planungsoperators aktiviert sein. Details zu den Planungsoperatoren finden Sie in Kapitel 3, »Grundlagen der übergreifenden Konfiguration«, sowie in den Kapiteln zu den einzelnen Modulen.

Alle nach dem letzten Speichern durchgeführten simulativen Schritte lassen sich durch Betätigung der Schaltfläche **Aktualisieren** in der Gruppe **Dateneingabe** der IBP-Registerkarte rückgängig machen. Mit diesem Schritt werden dann die zuletzt abgespeicherten Daten aus der Datenbank des SAP-IBP-Systems erneut geladen.

2.2.7 Planungsoperatoren aus dem Excel-Interface heraus im SAP-IBP-Backend ausführen

Sie können Planungsoperatoren im Excel-Interface nicht nur simulativ nutzen. Es ist auch möglich, sie aus dem Excel-Interface heraus im Hintergrund auf der SAP-IBP-Datenbank auszuführen. Hierfür steht die Gruppe **Anwendungsjobs** auf der IBP-Registerkarte des Excel-Interface zur Verfügung (siehe Abbildung 2.38).

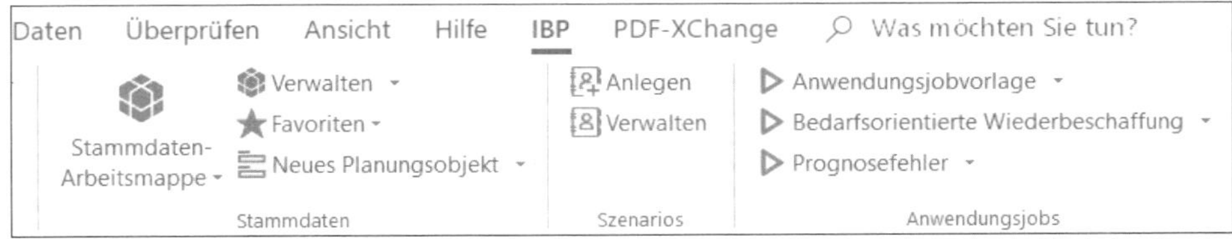

Abbildung 2.38 Aufruf von Planungsoperatoren im Excel-Interface

Welche Planungsoperatoren angezeigt werden, ist von der Konfiguration abhängig. Die einem Planungsbereich zugeordneten Planungsoperatoren definieren Sie in der Konfiguration des Planungsbereichs (siehe hierzu Abschnitt 3.4, »Planungsbereiche«).

In der Konfiguration werden die Planungsoperatoren zu *Planungsoperatortypen* zusammengefasst. Für jeden zugeordneten Planungsoperatortyp, der entsprechend konfiguriert worden ist, erscheint in der Gruppe **Anwendungsjobs** der IBP-Registerkarte eine Schaltfläche, über die ein Dropdown-Menü geöffnet werden kann (siehe Abbildung 2.39). Darin stehen jeweils drei Optionen zur Verfügung:

- **Ausführen**
- **Status**
- **Einplanen**

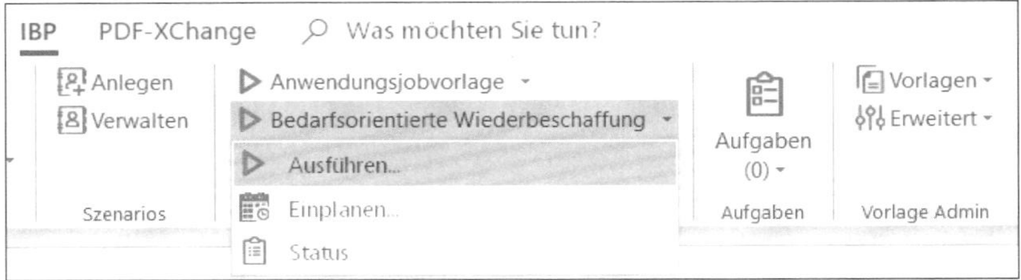

Abbildung 2.39 Dropdown-Menü eines Planungsoperatortyps im Excel-Interface

Mit der Option **Ausführen** gelangen Sie – je nach Planungsoperatortyp und Konfiguration – zu einem Dialogfenster mit detaillierten Einstellungen. Hier können Sie beispielsweise den Planungsoperator auswählen und die Version, das Szenario, den Planungsumfang bzw. den Filter definieren, der bei der Ausführung verwendet werden soll (siehe Abbildung 2.40).

Nach Ausführung erhalten Sie in einem separat geöffneten Fenster die Information, ob der Hintergrundlauf in die Warteschlange eingestellt werden konnte (siehe Abbildung 2.41).

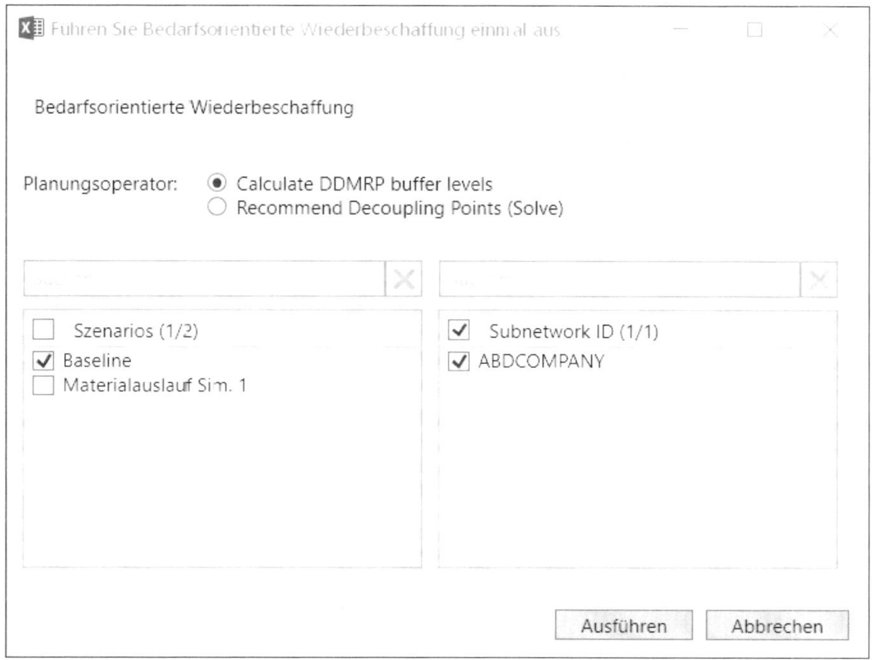

Abbildung 2.40 Ausführung eines Planungsoperators aus dem Excel-Interface

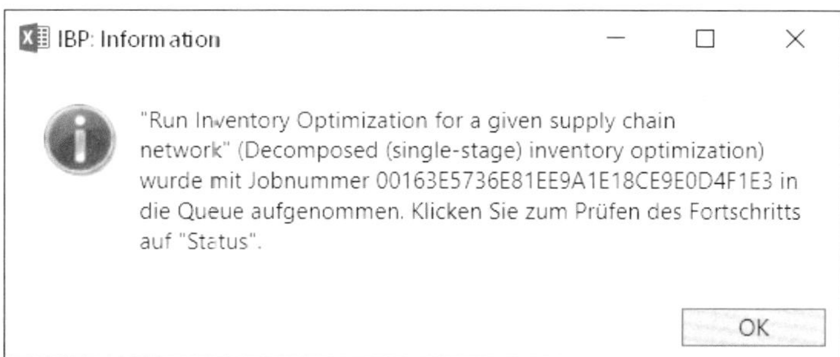

Abbildung 2.41 Information über die erfolgreiche Einstellung des Hintergrundlaufs in die Warteschlange

Den Hintergrundlauf können Sie über die Schaltfläche **Status** im Dropdown-Menü des Planungsoperatortyps überwachen (siehe Abbildung 2.42). Hier stehen Ihnen auch detaillierte Optionen zur Anzeige von Protokollen zur Verfügung.

Nach erfolgreicher Durchführung übernehmen Sie die Planungsergebnisse des Hintergrundlaufs über die Schaltfläche **Aktualisieren** in die Planungssicht (siehe hierzu noch einmal Abbildung 2.36).

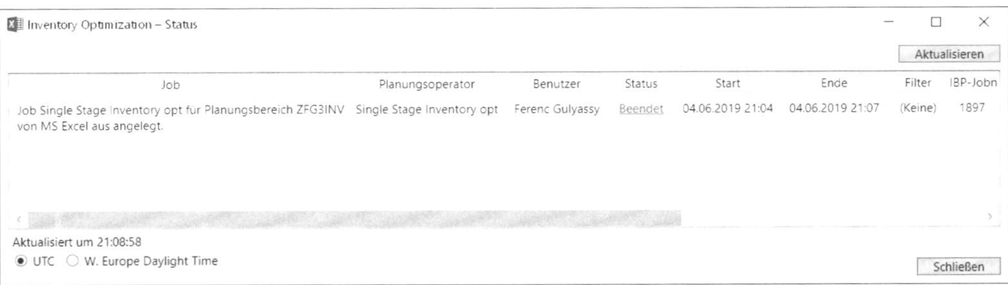

Abbildung 2.42 Status des aus dem Excel-Interface gestarteten Hintergrundlaufs

Ferner ist es möglich, mit der Schaltfläche **Einplanen** im Dropdown-Menü des Planungsoperatortyps (siehe Abbildung 2.39) analog einen Hintergrundlauf zu einem bestimmten Zeitpunkt einzuplanen, wie in Abbildung 2.43 zu sehen.

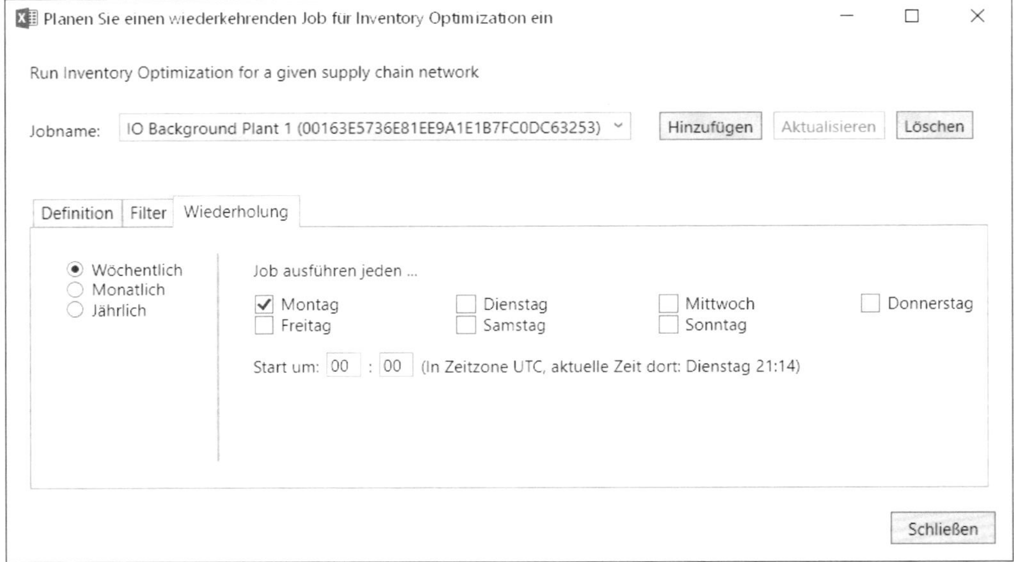

Abbildung 2.43 Wiederkehrende Einplanung eines Hintergrundlaufs eines Planungsoperators

Excel-Interface vs. Web UI

Im Web UI steht Ihnen für die Einplanung von Planungsoperatoren die App **Anwendungsjobs** zur Verfügung. In der Regel bietet sie mehr Auswahloptionen für die Einplanung als das Excel-Interface. Einen detaillierten Vergleich der beiden Vorgehensweisen finden Sie in SAP-Hinweis 2686746.

2.2.8 Stammdatenfunktionen des Excel-Interface

Auch Stammdaten des SAP-IBP-Systems können im Excel-Interface angelegt, geändert oder angezeigt werden. Hierfür stehen Ihnen in der Gruppe **Stammdaten** der IBP-Registerkarte verschiedene Optionen zur Verfügung (siehe Abbildung 2.44), die wir im Folgenden genauer erläutern werden.

Abbildung 2.44 Funktionen für die Bearbeitung von Stammdaten im Excel-Interface

Anlegen einer Stammdaten-Arbeitsmappe

Mit der Schaltfläche **Stammdaten-Arbeitsmappe** können Sie über ein Dropdown-Menü mit den beiden Optionen **Anlegen** und **Bearbeiten** Stammdaten und auch Kennzahlen in einer eigenen Arbeitsmappe mit einem oder mehreren Arbeitsblättern anlegen.

Nach der Auswahl von **Anlegen** oder – bei einer bereits vorhandenen Stammdaten-Arbeitsmappe – von **Bearbeiten** wird ein Dialogfenster geöffnet, in dem Sie die Einstellungen vornehmen, die für die Stammdaten-Arbeitsmappe gelten sollen (siehe Abbildung 2.45). Neben Einstellungen zu einem attributbasierten Filter können Sie im unteren Bereich dieses Fensters vorgeben, ob Sie Stammdaten oder Planungsobjekte mit Kennzahlen angezeigt bekommen möchten. Je nachdem werden Ihnen dann beispielsweise in einem weiteren Feld die zum Planungsbereich gehörenden Stammdatentypen zur Auswahl angeboten. Sie können darüber hinaus über ein eigenes Feld vorsehen, ob Sie die geladenen Stammdaten auch ändern können wollen.

Über die Schaltfläche **Neu** ❶ fügen Sie weitere Arbeitsblätter mit weiteren Stammdaten oder Planungsobjekten samt Kennzahlen hinzu. Mit der Schaltfläche **Arbeitsblätter vorschlagen** können Sie sich eine Auswahl an anzuzeigenden Stammdaten vorschlagen lassen.

Nach einem Klick auf die Schaltfläche **OK** wird eine Excel-Arbeitsmappe mit den entsprechenden Daten geöffnet (siehe Abbildung 2.46).

Sie können die durchgeführten Änderungen über die Schaltfläche **Änderungen sichern** in der Gruppe **Stammdaten** auf der IBP-Registerkarte auf der Datenbank des SAP-IBP-Systems verbuchen. (Die Schaltfläche erscheint nur, wenn man eine Stammdatenarbeitsmappe mit aktivierter Bearbeitungsfunktion geöffnet hat.) Eine Stammdaten-Arbeitsmappe lässt sich auch mit der Schaltfläche **Favoriten** speichern und zu einem späteren Zeitpunkt neu aufrufen.

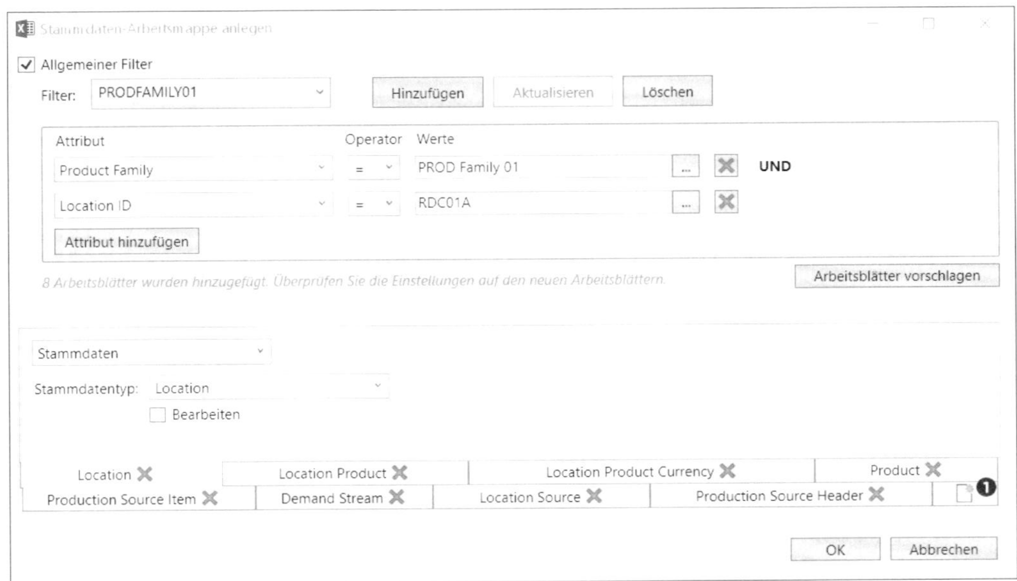

Abbildung 2.45 Einstellungen für eine Stammdaten-Arbeitsmappe

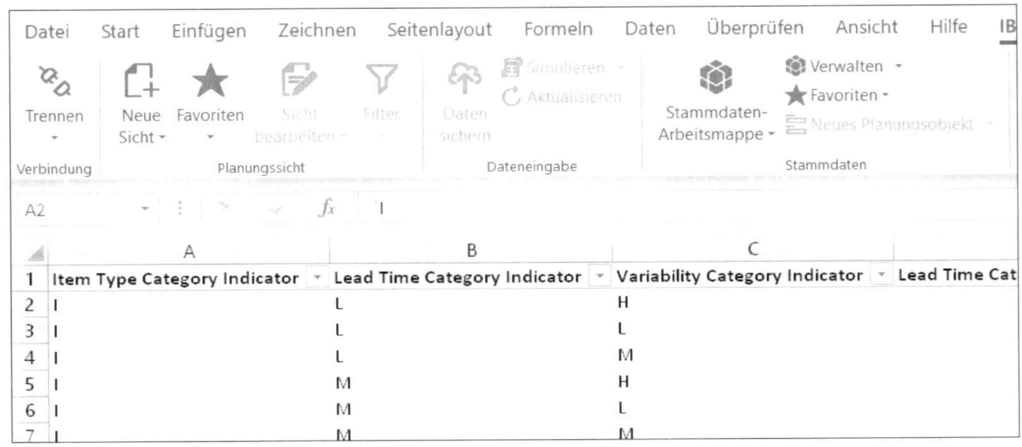

Abbildung 2.46 Stammdaten-Arbeitsmappe

Einzelbearbeitung von Stammdaten aus dem Excel-Interface heraus

Es ist auch möglich, einzelne Stammdaten ohne eigene Stammdaten-Arbeitsmappe anzuzeigen. Hierfür müssen Sie in der Gruppe **Stammdaten** die Schaltfläche **Verwalten** betätigen und im Dropdown-Menü die Option **Einzel** wählen (siehe Abbildung 2.47).

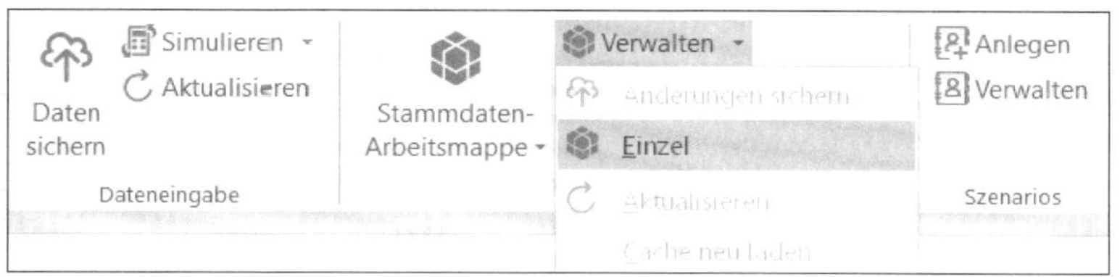

Abbildung 2.47 Aufruf der Einzelbearbeitung von Stammdaten ohne Arbeitsmappe

[«]

Option »Verwalten« in der Gruppe »Stammdaten«

Bitte beachten Sie, dass die Option **Verwalten** in der Gruppe **Stammdaten** der IBP-Registerkarte nur angezeigt wird, wenn Sie keine Stammdaten-Arbeitsmappe geöffnet haben. Andernfalls wird die Option durch **Änderungen sichern** ersetzt.

Das Dialogfenster **Stammdaten** öffnet sich, in dem Sie zunächst einmal den **Stammdatentyp** auswählen müssen. Im Anschluss werden Ihnen die zugeordneten Schlüsselattribute zur Selektion angeboten, und Sie können hier ebenfalls wählen, ob Sie die selektierten Stammdaten anzeigen, ändern, kopieren oder löschen wollen. Abbildung 2.48 zeigt die Optionen bei der Einzelbearbeitung von Stammdaten anhand des Beispiels *Lokation*.

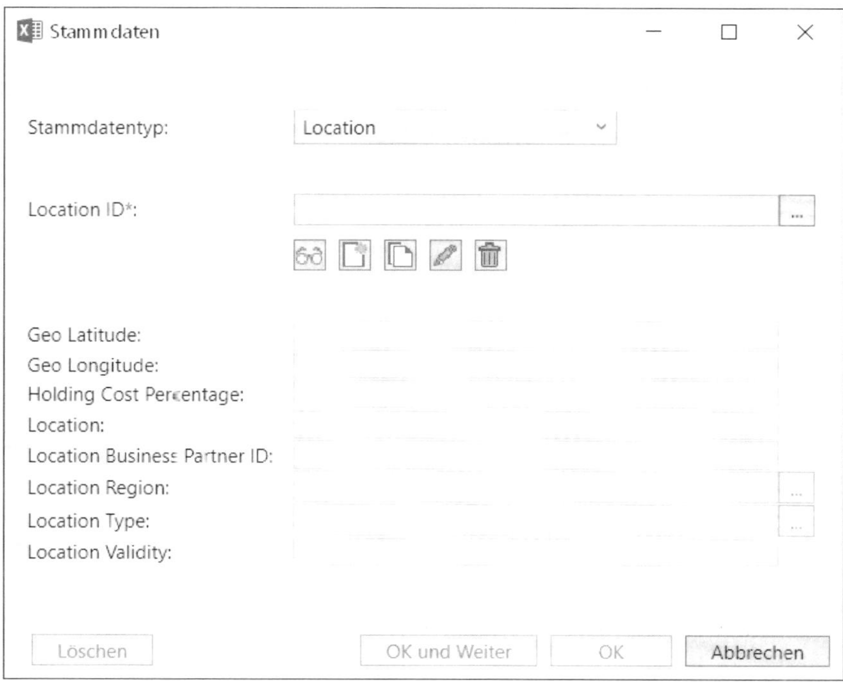

Abbildung 2.48 Einzelbearbeitung von Stammdaten ohne Arbeitsmappe

Planungsobjekte direkt aus dem Excel-Interface heraus anlegen

In der Gruppe **Stammdaten** können Sie zusätzlich auch Planungsobjekte anlegen bzw. löschen. Gibt es eine Kombination von Attributwerten, für die jedoch kein Planungsobjekt angelegt worden ist, ist weder eine Anzeige dieser Kombination in einer Planungssicht noch eine Planung in SAP IBP generell möglich. Durch die Integration von Stammdaten in SAP IBP, beispielsweise über SAP Cloud Platform Integration for Data Services (CPI-DS, siehe Kapitel 11, »Datenintegration in SAP IBP«) werden Planungsobjekte automatisch angelegt, nicht jedoch, wenn neue Stammdaten mit den oben beschriebenen Funktionen im Excel-Interface generiert werden. In diesem Fall müssen Sie Planungsobjekte aus der bereits angelegten Kombination aus Attributausprägungen von Merkmalen generieren.

Vergleich zwischen Merkmalswertekombination und Planungsobjekten

Grundsätzlich lässt sich das Planungsobjekt aus SAP IBP mit der Merkmalswertekombination (engl. *Characteristics Value Combination*, CVC) aus SAP APO vergleichen. Der Unterschied besteht darin, dass ein Planungsobjekt anders als die Merkmalswertekombination eine Zeitdimension aufweist.

Das Excel-Interface stellt zwei Wege bereit, um Planungsobjekte zu erzeugen:

- direktes Anlegen aus dem Excel-Interface heraus
- Generierung über eine Stammdaten-Arbeitsmappe

Falls Sie Planungsobjekte direkt im Excel-Interface generieren wollen, klicken Sie auf die Schaltfläche **Neues Planungsobjekt** (siehe Abbildung 2.49). In einem Dialogfenster wählen Sie dann aus, welche Merkmalswertekombination genutzt werden soll, um das Planungsobjekt zu generieren (siehe Abbildung 2.50).

Ein existierendes Planungsobjekt lässt sich analog über die Schaltfläche **Planungsobjekt löschen** entfernen.

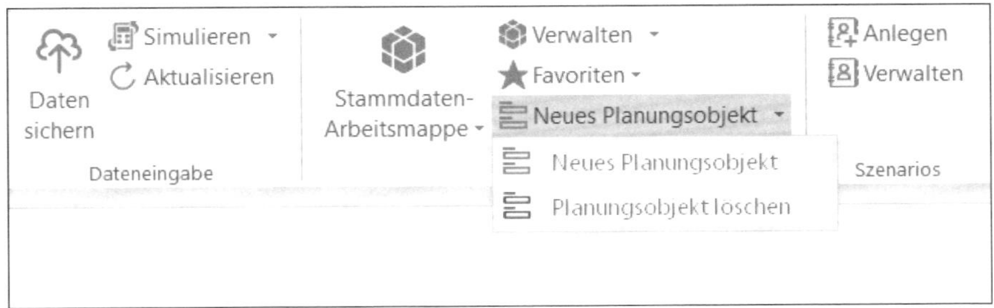

Abbildung 2.49 Direkte Verwaltung von Planungsobjekten im Excel-Interface

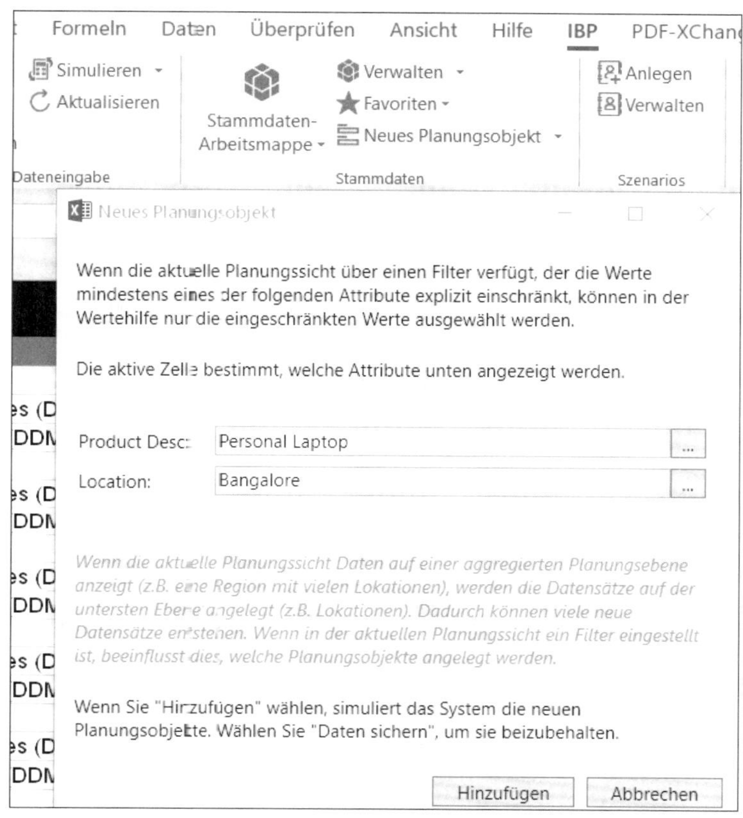

Abbildung 2.50 Ein neues Planungsobjekt im Excel-Interface anlegen

Voraussetzungen für das Anlegen von Planungsobjekten im Excel-Interface

Wenn Sie ein Planungsobjekt direkt aus dem Excel-Interface heraus anlegen, entnimmt das SAP-IBP-System Werte wie die Stammdatenmerkmale (z. B. *Produkt* und *Lokation*) und die Zeitdimension (z. B. *Woche*) automatisch aus der geöffneten Planungssicht. Sie müssen also nur die Attributwertkombination pflegen, beispielsweise *Produkt Prod-New* und *Lokation 1000*. Im Umkehrschluss bedeutet dies jedoch, dass das Generieren von Planungsobjekten ohne geöffnete Planungssicht nicht möglich ist; in diesem Fall ist die Schaltfläche **Planungsobjekt anlegen** ausgegraut und kann nicht ausgewählt werden. Darüber hinaus bestehen weitere Voraussetzungen für das Gelingen dieses Prozesses:

- Vorher müssen die entsprechenden Stammdaten angelegt worden sein.
- Es müssen Kennzahlen zugeordnet sein. Diese Zuordnung wird ebenfalls aus der Planungssicht entnommen.
- Sie müssen die Planungssicht zusätzlich speichern, da das Anlegen initial nur simulativ erfolgt.

Wir skizzieren nun ein Beispiel für ein Planungsobjekt mit der Kombination der Stammdatenmerkmale *Produkt* und *Lokation*, der Attributwertkombination *Produkt Prod-New* und *Lokation 1000* mit der Zeitdimension *Woche*. Ein Planer öffnet eine Planungssicht mit den Planungsebenen *Produkt* und *Lokation* sowie dem Periodentyp *Woche* und erzeugt lokal im Excel-Interface über die Einzelbearbeitung von Stammdaten ein neues Produkt (*Prod-New*). Ferner existieren bereits fünf verschiedene Lokationen als Stammdaten in SAP IBP (Lokationen *1000* bis *5000*). Da jedoch das Produkt nicht in allen Lokationen geplant werden muss, generiert der Planer über die Funktion **Planungsobjekt anlegen** nur die konkrete Attributwertkombination *Produkt Prod-New* und *Lokation 1000*. Dies reduziert die Systemlast, indem unnötige Planungsobjekte nicht angelegt und damit auch nicht geplant werden.

Planungsobjekte aus dem Excel-Interface per Stammdaten-Arbeitsmappe anlegen

Eine weitere Möglichkeit, Planungsobjekte zu generieren, ist das Anlegen einer Stammdaten-Arbeitsmappe.

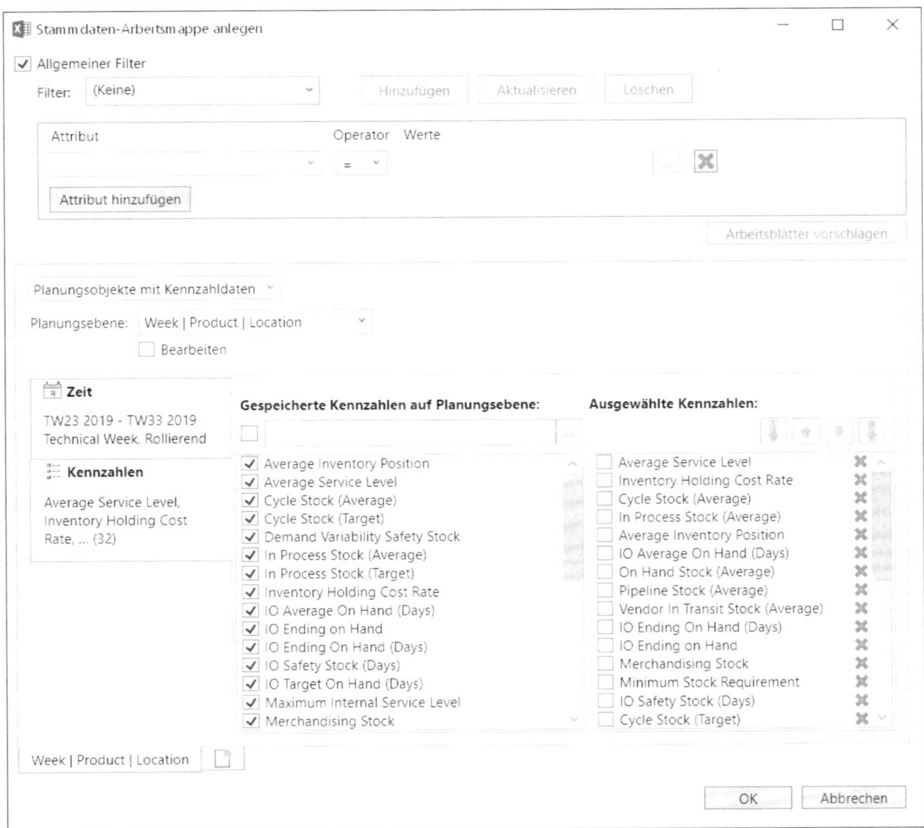

Abbildung 2.51 Planungsobjekte mit Kennzahlendaten in einer Stammdaten-Arbeitsmappe

Hierfür wählen Sie statt der Option **Stammdaten** (siehe hierzu Abbildung 2.45) die Option **Planungsobjekte mit Kennzahlendaten**. Das Dialogfenster **Stammdaten-Arbeitsmappe anlegen** öffnet sich (siehe Abbildung 2.51).

Im unteren Bereich des sich öffnenden Fensters müssen Sie die entsprechende Version, die Planungsebene und die Kennzahlen auswählen, um eine Arbeitsmappe mit den entsprechenden Daten zu generieren. In der Auswahlliste im linken unteren Bereich bekommen Sie alle auf der ausgewählten Planungsebene abgelegten Kennzahlen angezeigt, Sie können diese durch Markieren in die rechts angezeigte Liste aller ausgewählten Kennzahlen verschieben. Sie können, falls Sie das Flag **Bearbeiten** gesetzt haben, neue Einträge erzeugen oder bestehende Einträge ändern. Speichern Sie Ihre Eingaben, um die Einträge auf der Datenbank des SAP-IBP-Systems zu verbuchen.

Empfehlung zur Generierung von Planungsobjekten

In der Regel werden die Funktionen zu Planungsobjekten im Excel-Interface genutzt, um kleinere Umfänge anzulegen. In größerem Maßstab sollten Sie aus Gründen der Vereinfachung und der Erhöhung der Performance die Funktionen zur Integration von Daten in SAP IBP nutzen (siehe hierzu Kapitel 11, »Datenintegration in SAP IBP«).

Sie sollten vermeiden, Planungsobjekte massenweise auf aggregierten Ebenen anzulegen, denn die Planungsobjekteinträge werden immer auf der Basisebene der jeweiligen Kennzahlen angelegt. Beim Anlegen auf einer aggregierten Ebene kann es so dazu kommen, dass ungewollt auch Einträge auf niedrigeren Ebenen angelegt werden, die nicht benötigt werden. Hier empfiehlt SAP die Verwendung der Stammdaten-Arbeitsmappe, denn dabei müssen die Ebenen explizit ausgewählt werden und es kann nicht zu einem ungewollten Anlegen von Planungsobjekten kommen, was die Systemperformance unnötigerweise negativ beeinflussen würde.

2.2.9 Rechtsklick-Bearbeitungsfunktionen im Excel-Interface

Zur Vereinfachung der Planungstätigkeit stehen im Excel-Interface verschiedene Funktionen per Rechtsklick zur Verfügung:

- **Quick-Edit**
  Mit dieser Funktion ist es möglich, direkt aus der Planungssicht heraus eine Planungsebene hinzuzufügen (Drilldown-Funktion).
- **Planungsnotizen**
  Sie können einzelnen Zellen Notizen hinzufügen, die – anders als Standardkommentare in Microsoft Excel – nicht lokal in der Arbeitsmappe, sondern in der SAP-IBP-Datenbank gespeichert werden.

- **Fixieren**
  Sie können bestimmte Kennzahlenwerte oder aber ganze Kennzahlenreihen fixieren.
- **Änderungshistorie**
  Mit dieser Option können Änderungshistorien angezeigt werden.

[»]

Verfügbarkeit der Bearbeitungsfunktionen

Bitte beachten Sie, dass die Verfügbarkeit der Bearbeitungsfunktionen konfigurations- und berechtigungsabhängig ist.

2.2.10 Weitere Funktionen im Excel-Interface

Im Excel-Interface gibt es eine Reihe weiterer Funktionen, die wir in den folgenden Abschnitten ausschnittsweise ausführen möchten:

- Alerts
- Task Management
- lokale Elemente (Excel-Formeln)
- Absprünge in Apps des Web UI
- Hilfefunktionen
- Einstellungen und Nachrichtenhistorie

Nach dieser überblicksartigen Auflistung erläutern wir Ihnen die genannten Funktionen nun im Detail.

Alerts

Sie können in Planungssichten sogenannte *Alerts* anzeigen. Hierfür muss in der Konfiguration eine entsprechende Alert-Kennzahl definiert worden sein (siehe Abschnitt 3.6, »Kennzahlen«, zu Kennzahlen in der übergreifenden Konfiguration). In der Planungssicht können Sie dann einstellen, ob die entsprechenden Alerts angezeigt werden sollen. Im Dialogfenster **Planungssicht bearbeiten** steht dann eine eigene Schaltfläche **Alerts** zur Verfügung, wenn Sie sie in der Konfiguration vorgesehen haben (siehe Abbildung 2.52).

Kennzahlen, die eine im Alert definierte Schwellenwertgrenze über- oder unterschreiten, können farblich hervorgehoben werden. Ferner wird eine neue Gruppe **Alerts** auf der IBP-Registerkarte angezeigt, in der die Anzahl der in der Planungssicht vorhandenen Alerts angezeigt wird. Wenn Sie in dieser Gruppe auf die Schaltfläche **Dashboard** klicken, wird in einem Dialogfenster angezeigt, welche Alerts vorhanden sind.

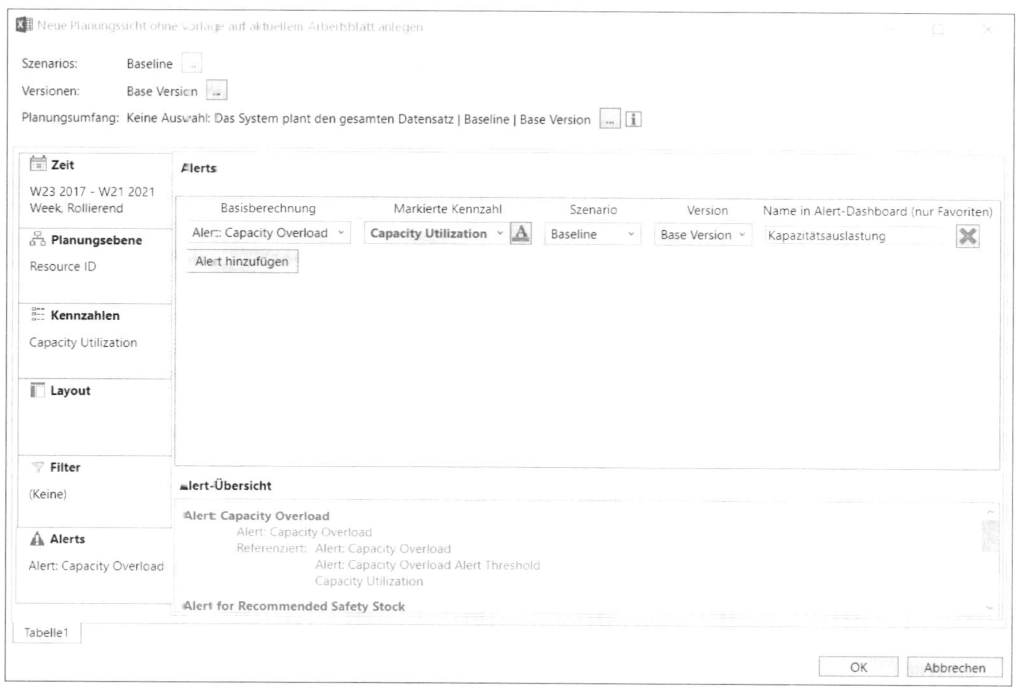

Abbildung 2.52 Das Dialogfenster »Planungssicht bearbeiten« mit Alerts

Task Management

Sie können das Task Management von SAP IBP in Excel integrieren. Es ist eng mit den Funktionen von SAP Jam verbunden, die wir in Kapitel 10 erläutern. Ist das System entsprechend konfiguriert, können Sie über eine zusätzliche Gruppe **Aufgaben** auf der IBP-Registerkarte und die entsprechende Schaltfläche **Aufgaben** ein Fenster mit Informationen zu den dem jeweiligen Anwendungsbenutzer zugeordneten Aufgaben öffnen. (Details zum Task Management finden Sie in Kapitel 9, »SAP Supply Chain Control Tower«)

Lokale Elemente

Es ist ebenfalls möglich, eigene Berechnungen mit Standard-Excel-Funktionen einzufügen. Diese Berechnungsformeln werden als *lokale Elemente* (engl. *Local Members*) bezeichnet. Sie müssen vorab konfiguriert werden, damit die Synchronisation mit der SAP-IBP-Datenbank die lokalen Berechnungen berücksichtigt und nicht überschreibt. Die Konfiguration nehmen Sie – mit den entsprechenden Berechtigungen – in der Gruppe **Vorlage Admin** über die Schaltfläche **Erweitert** ❶ vor (siehe Abbildung 2.53).

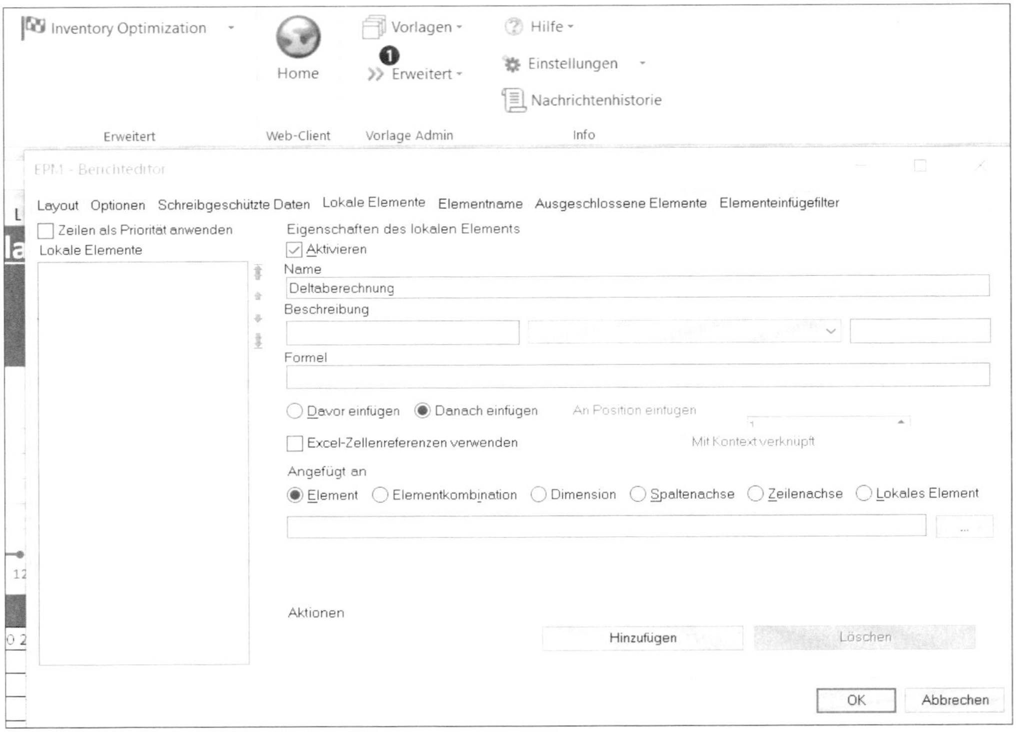

Abbildung 2.53 Konfiguration lokaler Elemente im Excel-Interface

Absprünge in Apps des Web UI

Aus dem Excel-Interface können Sie in das SAP Fiori Launchpad abspringen. Hierfür steht Ihnen auf der IBP-Registerkarte die Schaltfläche **Home** zur Verfügung (siehe Abbildung 2.54). Je nach Systemkonfiguration können Sie außerdem in folgende Apps abspringen:

- die App **Kollaboration**
- die App **Promotionen**

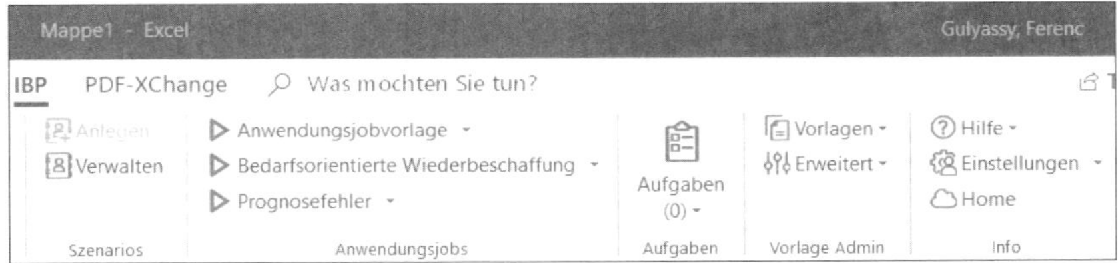

Abbildung 2.54 Absprung in das Web UI

[+]

2

Erläuterung des Systemverhaltens

Bitte konsultieren Sie den SAP-Hinweis 2454058, um zusätzliche Details zum Systemverhalten beim Absprung zu erhalten.

Hilfefunktionen

Über die Gruppe **Info** können Sie im Dropdown-Menü der Schaltfläche **Hilfe** verschiedene Hilfefunktionen aufrufen (siehe Abbildung 2.55):

- **IBP-Hilfe öffnen**
  Über diesen Eintrag öffnen Sie die Seiten des SAP Help Portals zu SAP IBP.
- **Erste Schritte**
  Hierüber gelangen Sie zu einem YouTube-Video mit ersten erläuternden Schritten zum Excel-Interface.
- **Info**
  Mit dieser Option rufen Sie Detailinformationen zur Version des Excel-Add-ins auf.
- **Verbindungsgeschwindigkeit**
  Mit diesem Menüpunkt testen Sie die Verbindungsgeschwindigkeit.
- **Protokoll**
  Sie können ein Protokoll (engl. *Log*) aufrufen, in diesem Fall ein technisches Log, das im Fall eines Fehlers oder bei Problemen dem Support für die Analyse dient.

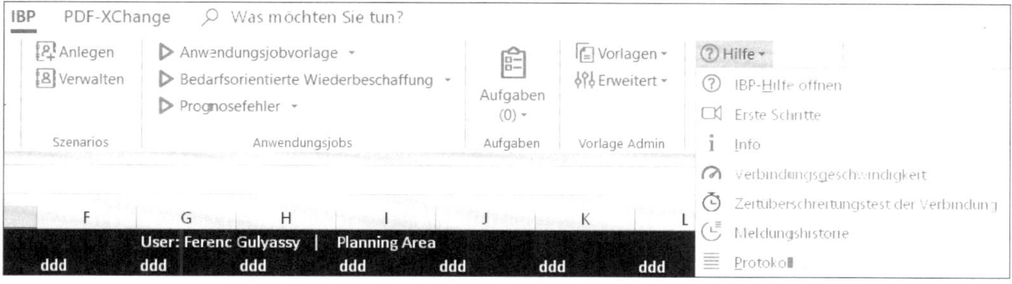

Abbildung 2.55 Hilfefunktionen im Excel-Interface

Einstellungen und Nachrichtenhistorie

Ebenfalls in der Gruppe **Info** finden Sie die Schaltfläche **Einstellungen**, mit deren Hilfe Sie bestimmte Vorbelegungen für die Arbeit im Excel-Interface vornehmen können (siehe Abbildung 2.56). Abbildung 2.57 zeigt das Dialogfenster **Einstellungen**. Man kann im Dropdown-Menü zwischen **Einstellungen** und **Adminstratoreneinstellungen** unterscheiden.

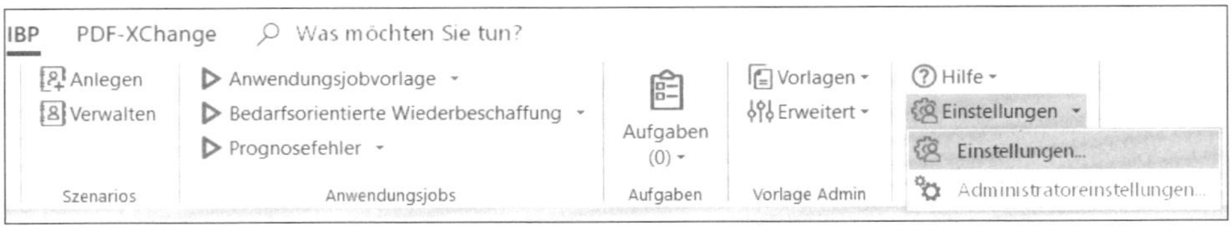

Abbildung 2.56 Aufruf der Einstellungen des Excel-Interface

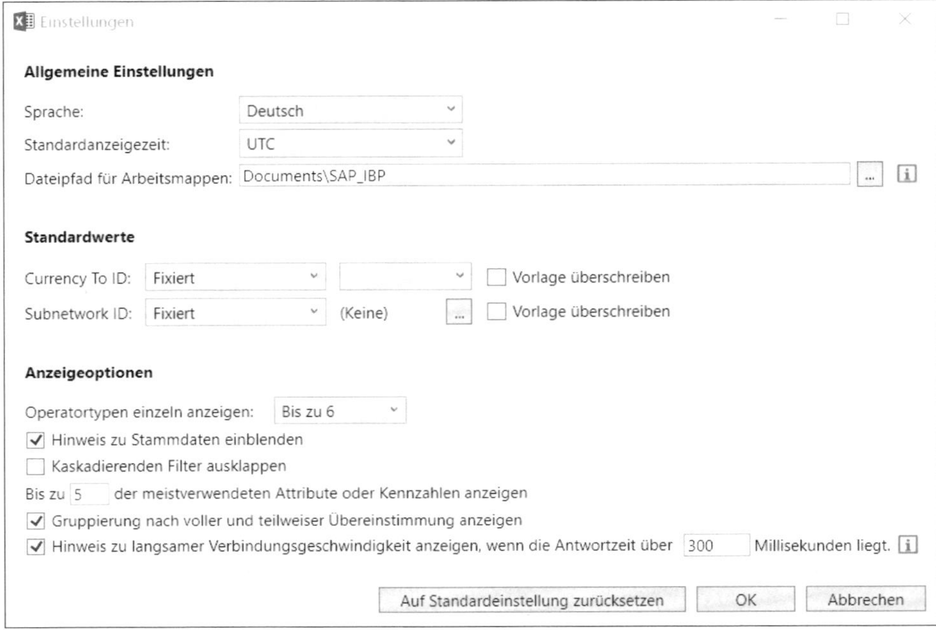

Abbildung 2.57 Einstellungen im Excel-Interface

[»]

Optionen in den Einstellungen

Bitte beachten Sie, dass die konkret in den Einstellungen vorhandenen Optionen je nach Konfiguration des SAP-IBP-Systems abweichen können. Auch können Einstellungen und Administratoreneinstellungen identisch sein.

Mittels der Schaltfläche **Nachrichtenhistorie** in der Gruppe **Info** lassen sich schließlich die letzten Systemnachrichten abrufen.

Kapitel 3
Grundlagen der übergreifenden Konfiguration

Die übergreifende Konfiguration spielt im SAP-IBP-System eine bedeutende Rolle, da hier für alle Anwendungen und Prozesse die Strukturen der Stamm- und Planungsdaten festgelegt werden.

Die Supply Chains von Unternehmen weisen heutzutage eine hohe Komplexität und Individualität auf. Dies erfordert eine entsprechend hohe Flexibilität bei der Abbildung der reellen Gegebenheiten in Planungssystemen wie SAP IBP. Wir werden Ihnen in der Folge die Optionen erläutern, die Ihnen bei der Konfiguration zur Verfügung stehen. Dabei gehen wir in diesem Kapitel insbesondere auf die übergreifende Konfiguration ein, d. h. auf die Optionen, die Sie modulübergreifend haben.

3.1 Attribute

Attribute (engl. *Attributes*) sind eine wichtige Stammdatenentität in SAP IBP. In SAP-Systemen wie SAP ECC oder SAP APO würde man in diesem Zusammenhang von Tabellenfeldern sprechen, hier werden diese Entitäten als Attribute bezeichnet. Beispiele für Attribute sind *Product ID*, *Customer ID* oder *Location ID*.

Attribute werden modulübergreifend, d. h. sowohl z. B. in SAP IBP für Response and Supply als auch in SAP IBP für Inventory eingesetzt. Der Unterschied besteht darin, dass zumindest teilweise unterschiedliche Attribute eingesetzt werden.

Ein Attribut besteht aus den folgenden Elementen:

- ID
- Beschreibung
- Datentyp
- Länge

Die ID ist eine eindeutige Kennung, während die Beschreibung eine genauere, unter Umständen verständlichere Definition ermöglicht. Mit dem Datentyp wird festgelegt, welche Daten in einem Attribut hinterlegt werden können, und die Länge gibt dann die Anzahl der verwendeten Stellen an.

Attribute können numerisch oder nichtnumerisch sein, und die folgenden Datentypen werden unterstützt:

- NVARCHAR
- DECIMAL
- INTEGER
- ZEITSTEMPEL (engl. TIMESTAMP)

Wie bei anderen Stammdatenentitäten, die in SAP IBP angelegt werden, ist auch bei den Attributen zwischen aktivem und inaktivem Status zu unterscheiden. Nach der Aktivierung und der damit verbundenen Freischaltung zur Nutzung sind bestimmte Änderungen nur noch eingeschränkt möglich.

Sie können Attribute auf verschiedene Arten anlegen, aber alle Wege werden über die webbasierte Oberfläche SAP Fiori Launchpad angesteuert (siehe Abbildung 3.1).

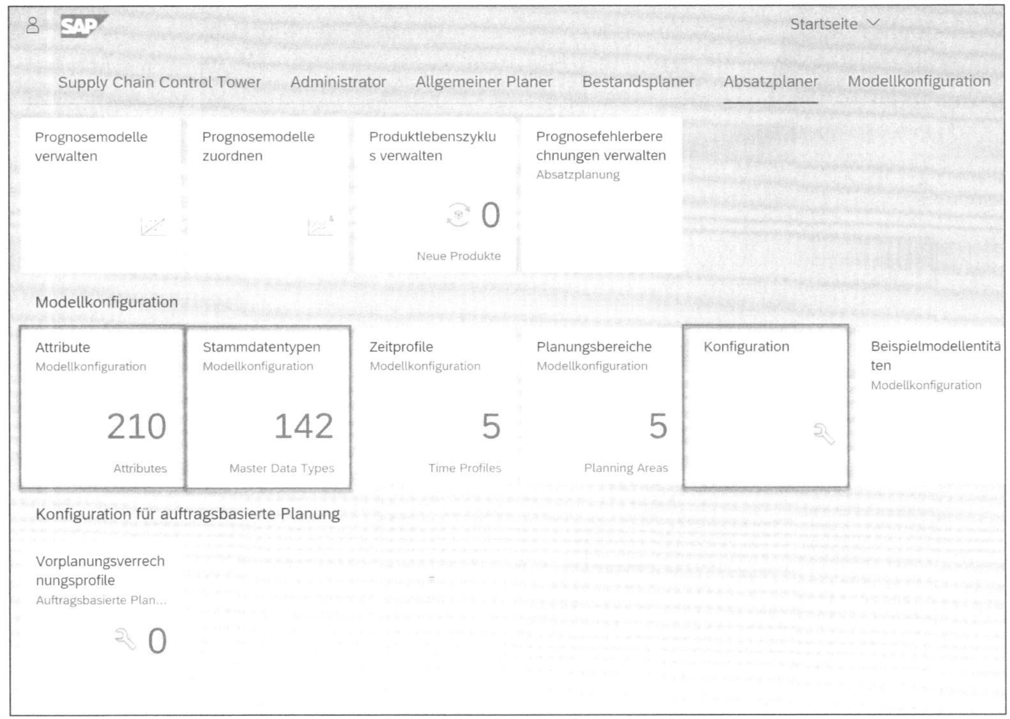

Abbildung 3.1 Möglichkeiten der Attributpflege im SAP Fiori Launchpad

Eine Möglichkeit besteht darin, die App **Attribute** direkt aufzurufen. Per Klick auf die entsprechende Kachel im SAP Fiori Launchpad gelangen Sie zum Überblicksbildschirm, der in mehrere Bereiche aufgeteilt ist (siehe Abbildung 3.2). Im oberen Bereich können Sie die im unteren Bereich dargestellte Liste vorhandener Attribute z. B. bezüglich **ID** und **Beschreibung**, **Status** und **Angelegt von** bzw. **Geändert von** ❶ filtern.

Im mittleren Bereich rechts sind verschiedene Schaltflächen zu sehen, mit denen die Bearbeitungsfunktionen angestoßen werden können: **Neu**, **Kopieren**, **Bearbeiten** und **Löschen** ❷. Ferner ist hier auch ein Wechsel zwischen der aktuellen Version und der aktiven Version möglich ❸.

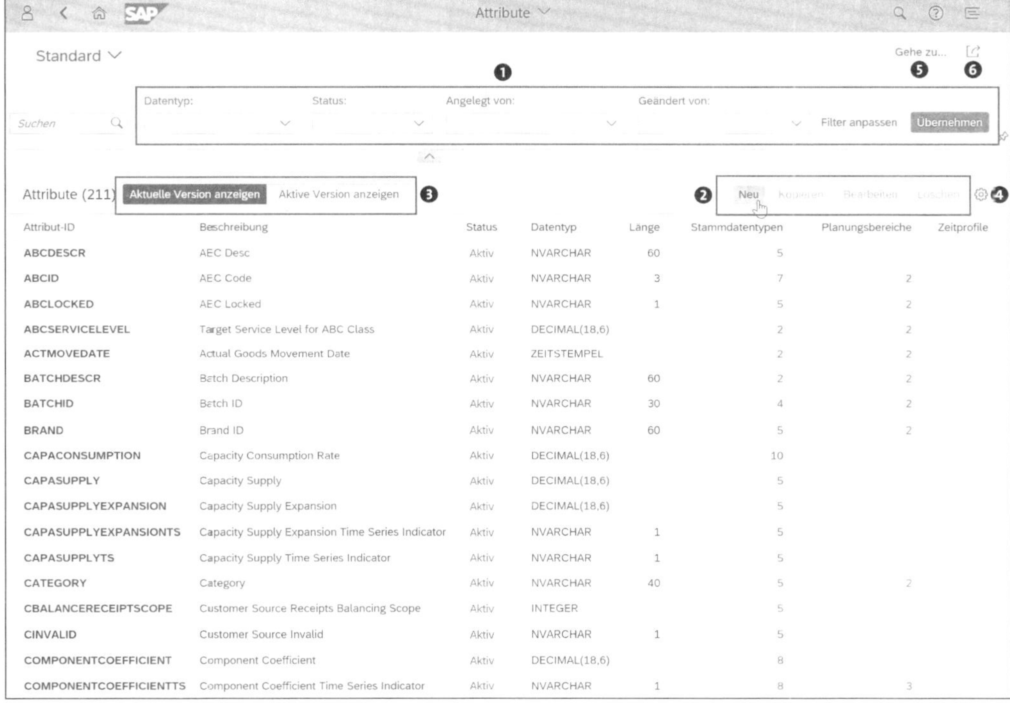

Abbildung 3.2 Die App »Attribute« (Details)

Über die Schaltfläche ⚙ ❹ öffnen Sie die Einstellungen zur Anzeige der Attributliste im unteren Bereich des Fensters. Oberhalb des Filters finden sich die Absprünge ❺ in weitere Apps der übergreifenden Konfiguration, die wir Ihnen in Abschnitt 3.2, »Stammdatentypen«, Abschnitt 3.3, »Zeitprofile«, und Abschnitt 3.4, »Planungsbereiche«, vorstellen werden. Darüber hinaus können Sie oberhalb der Liste einen Link zu dieser App per E-Mail versenden oder eine neue Kachel im SAP Fiori Launchpad speichern ❻, die auch die hinterlegten Filter und Einstellungen beinhaltet und somit eine spezifischere Version der schon vorhandenen Kachel darstellt.

Abbildung 3.3 zeigt beispielhaft den Bildschirm der App **Attribute** bei der Anlage eines neuen Attributs.

Über die App **Konfiguration** gelangen Sie auch zur Anlage bzw. Bearbeitung der Attribute. Hierfür ist ein Klick auf die entsprechende Kachel im SAP Fiori Launchpad notwendig (siehe hierzu Abbildung 3.1).

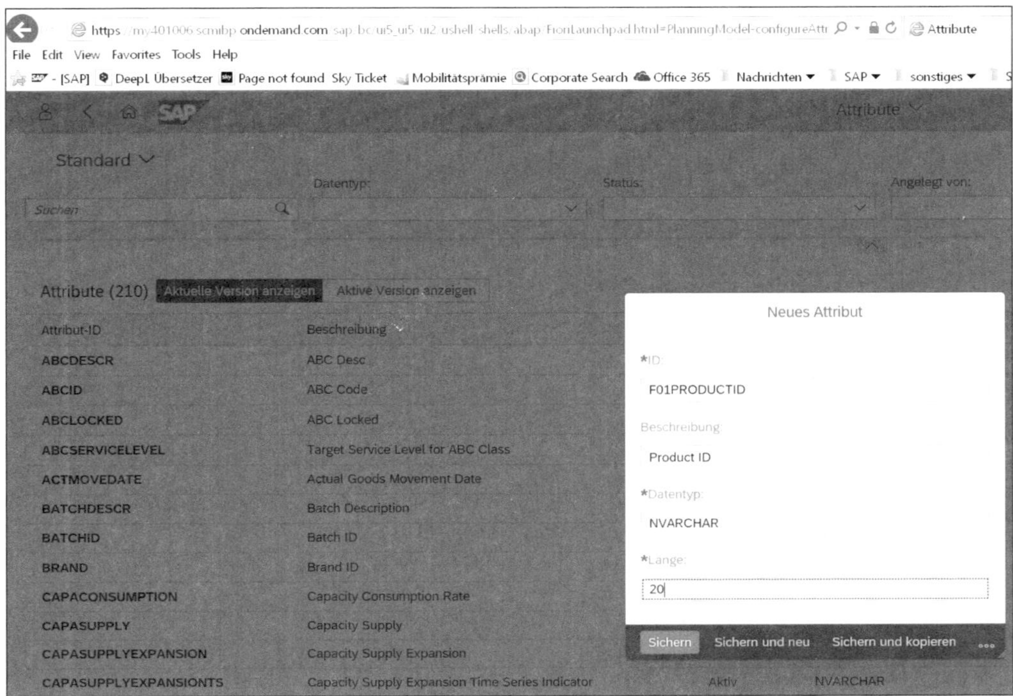

Abbildung 3.3 Anlegen eines Attributs in der App »Attribute«

Die App **Konfiguration** ist ein zentraler Einstiegspunkt für eine Vielzahl von Entitäten, die in der übergreifenden Konfiguration von SAP IBP eingesetzt werden, dazu gehören auch die in diesem Abschnitt im Fokus stehenden Attribute. Im oberen Teil der App **Konfiguration** kann per Doppelklick ein Absprung in die App **Attribute** vorgenommen werden, wie Abbildung 3.4 zeigt. Auch so gelangen Sie zu den oben beschriebenen Bearbeitungsfunktionen.

Eine dritte Möglichkeit besteht darin, Attribute im Rahmen der Stammdatentypenpflege zu bearbeiten. Diese Option werden wir Ihnen zusammen mit den anderen Bearbeitungsfunktionen der App für die Pflege der Stammdatentypen in Abschnitt 3.2 vorstellen.

Neben der eigenen Anlage von Attributen kann auch auf diverse vorausgelieferte Entitäten zurückgegriffen werden. Diese werden wir Ihnen im Rahmen der Beispielentitäten sowie im Rahmen der Modulbeschreibungen in Kapitel 4, »Sales and Operations Planning mit SAP IBP«, bis Kapitel 8, »Bestätigungs- und Beschaffungsplanung mit SAP IBP für Response and Supply«, näher erläutern.

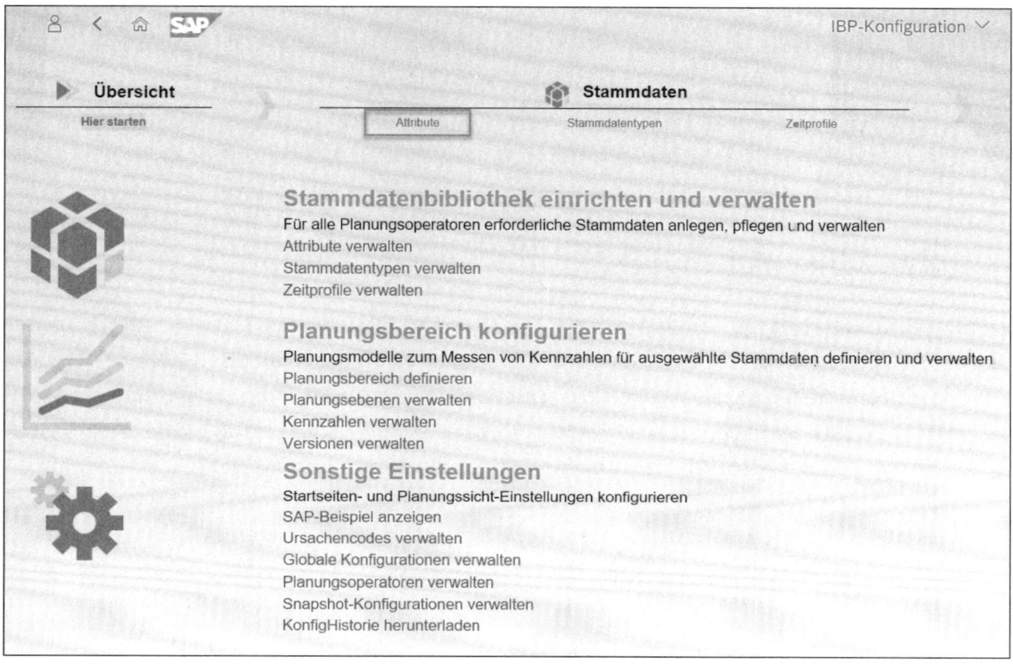

Abbildung 3.4 Die App »Konfiguration« mit dem Absprung in die App »Attribute«

Die Änderung bestehender Attribute kann durch verschiedene Rahmenbedingungen eingeschränkt sein. So hat der Zuordnungsstatus genauso Einfluss auf die Änderbarkeit von Attributen wie ihre Verwendung in anderen Entitäten oder das Vorhandensein von Stammdaten. Solange keine Aktivierung erfolgt ist, d. h. nur eine inaktive Instanz des Attributs vorliegt, kann jedes Feld des Attributs geändert werden. Liegt aber bereits eine Aktivierung mit einem Stammdatentyp vor (siehe hierzu Abschnitt 3.2), so werden bestimmte Regeln dafür angewendet, welche Bearbeitungs- und Löschaktivitäten möglich sind. Dies gilt auch dann, wenn eine inaktive Instanz des Attributs selbst vorliegt.

Die Beschreibung eines Attributs kann jederzeit auch im aktiven Status geändert werden, diese Aktivität führt nicht zur Rücksetzung des Status auf inaktiv.

Den Datentyp eines Attributs können Sie nur dann ändern, wenn das Attribut noch nicht aktiviert oder in einer anderen Entität verwendet wurde. Auch führt die Verwendung als referenziertes Attribut in bestimmten Stammdatentypen (Referenz oder virtuell, siehe hierzu Abschnitt 3.2) zu einer Sperrung der Option, den Datentyp zu ändern. Ein Wechsel zum Datentyp `DECIMAL` kann auch dadurch unterbunden sein, dass das Attribut einem Zeitprofil (siehe Abschnitt 3.3) oder einem Planungsbereich (siehe Abschnitt 3.4) zugeordnet ist. Eine Verwendung als Kennzahlenattribut führt dazu, dass die Änderung eines Dezimaldatentyps nicht mehr verändert werden kann.

Die Länge eines Attributs kann nur beim Datentyp NVARCHAR festgelegt werden, alle anderen Datentypen haben systemseitig festgelegte Längen. Eine Verkürzung der Länge ist nach Aktivierung nicht mehr möglich, eine Verlängerung muss zur Wahrung der Datenkonsistenz und der Vermeidung von Fehlern immer eine Aktivierung nach sich ziehen (siehe hierzu Abschnitt 3.9, »Globale Konfiguration«).

3.2 Stammdatentypen

Stammdatentypen (engl. *Master Data Types*) sind Klammern um Attribute. In der SAP-ERP- bzw. SAP-APO-Umgebung würde man in diesem Fall von Tabellen sprechen. Während also beispielsweise Attribute wie *Product ID*, *Product Description* und *Product Family* im Rahmen der Attributpflege erzeugt werden, erfolgt eine Zusammenfassung dieser Attribute mithilfe des Stammdatentyps *Product*, da in diesem Stammdatentyp alle produktbezogenen Informationen eine gemeinsame Hülle finden, die in der weiteren Konfiguration verwendet werden kann. Folgende Typen sind möglich:

- *Einfach* (engl. *Simple*)
- *Zusammengesetzt* (engl. *Compound*)
- *Extern* (engl. *External*)
- *Referenz* (engl. *Reference*)
- *Virtuell* (engl. *Virtual*)

Ein einfacher Stammdatentyp dient der Zusammenfassung von Attributen wie *Product*, *Customer* oder *Location*. Die Anleitung zum Anlegen eines solchen Stammdatentyps finden Sie in Abschnitt 3.2.1.

[zB]

Analogien zwischen SAP-ERP- und SAP-IBP-Datenstrukturen

Sie können sich die Struktur einfacher und zusammengesetzter Stammdatentypen auch anhand der logischen Gliederung der Tabellen des SAP-ERP-Systems verdeutlichen. Im SAP-ERP-System existiert beispielsweise die Tabelle MARA, in der materialbezogene Felder wie *Volumen*, *Gewicht* und *Übergreifender Materialstatus* zusammengefasst werden. Diese Tabelle ist mit einem einfachen Stammdatentyp *Product* in SAP IBP vergleichbar.

Standortbezogene Informationen, beispielsweise konkrete Steuerungsinformationen in einzelnen Werken, werden im SAP-ERP-System dagegen in der Tabelle MARC verwaltet, die dem zusammengesetzten Stammdatentyp *Location Product* entspricht.

Ein zusammengesetzter Stammdatentyp besteht aus mehreren anderen Stammdatentypen. Ein Beispiel wäre die Zusammenfassung der einfachen Stammdatentypen

Product und *Customer* zu einem Stammdatentyp *Customer Product*. In ihm können die Informationen verwaltet werden, die sich explizit auf die Kombination von Kunde und Produkt beziehen, also beispielsweise ein kundenspezifischer Preis für ein Produkt. Auch die Kombination aus produktspezifischen und lokationsspezifischen Daten können in einem zusammengesetzten Stammdatentyp untergebracht werden, beispielsweise dem Stammdatentyp *Location Product*. Für weitere Informationen siehe Abschnitt 3.2.2.

Externe Stammdatentypen ermöglichen das Verwalten von Daten aus externen Datenbanken. Um diese nutzen zu können, muss vorab eine Integration der Daten vom SAP-ERP-System in die SAP-HANA-Datenbank des SAP-IBP-Systems erfolgen. Bei der Konfiguration des Modells in SAP IBP wird dann der externe Stammdatentyp verwendet, um auf diesen Datenbankinhalt zu verweisen. In der Regel wird ein periodischer Upload der Daten vorgesehen, ein manueller Upload kann daher entfallen. Siehe dazu Abschnitt 3.2.3.

Der Stammdatentyp Referenz (siehe Abschnitt 3.2.4) wird verwendet, um ein mehrfaches Laden von Daten zu verhindern. Ein Beispiel ist der Stammdatentyp *Currency*, der auf den Stammdatentyp *Currency To* referenziert, um die Umrechnung in eine andere Währung gewährleisten zu können.

Virtuelle Stammdatentypen ermöglichen einen Join zwischen zwei oder mehr Stammdatentypen, die ansonsten keine Verbindung zueinander haben. Sie können bei der Anlage referenzierte Stammdatentypen definieren und die Attribute auswählen, die als Join-Bedingung verwendet werden sollen (siehe Abschnitt 3.2.5). So können virtuelle Stammdatentypen ebenfalls helfen, mehrfache Datenhaltung zu verhindern.

[!]

Datenupload

In die Stammdatentypen *Referenz*, *Extern* und *Virtuell* kann kein Datenupload erfolgen.

Auch für die Stammdatentypenverwaltung stehen im SAP-IBP-System mehrere Optionen zur Verfügung. In Abbildung 3.5 sind die möglichen Apps zur Verwaltung von Stammdatentypen im SAP Fiori Launchpad hervorgehoben: **Stammdatentypen** und **Konfiguration**. Ebenfalls ist zu sehen, dass auf der Kachel **Stammdatentypen** bereits die Anzahl der vorhandenen Entitäten dargestellt ist.

Eine Möglichkeit ist, die App **Stammdatentypen** mit einem Klick auf die entsprechende Kachel im SAP Fiori Launchpad aufzurufen. Sie gelangen zu einem Überblicksbildschirm der – ähnlich wie bei der App **Attribute** – in verschiedene Bereiche aufgeteilt ist (siehe Abbildung 3.6). Im oberen Bereich befindet sich der Filter ❶, mit dem die Liste der vorhandenen Stammdatentypen gefiltert werden kann, die sich im unteren Bereich befindet. Zwischen dem Filter und der Stammdatentypliste finden Sie ähnliche Funktionen wie bei der App **Attribute** (siehe Abschnitt 3.1).

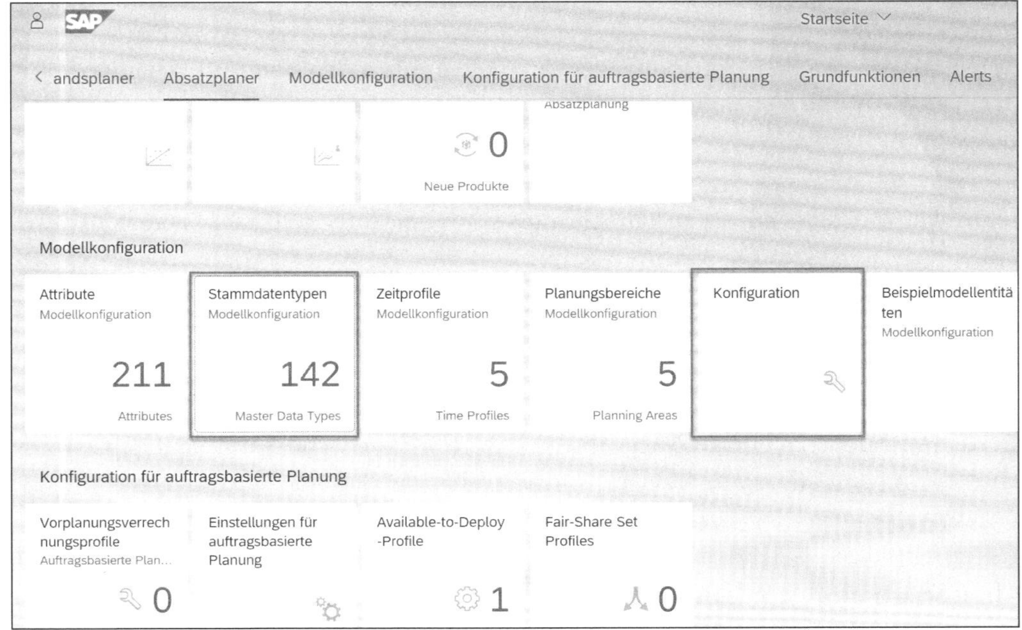

Abbildung 3.5 Möglichkeiten der Stammdatentypenpflege im SAP Fiori Launchpad

ID	Name	Beschreibung	Typ	Status	Aktiviert am	Neuestes detailliertes Protokoll	Attribute	Stammdatentypen	Planu
AGCOMPONENT	Component	Component	Referenz	Aktiv		Prüfung - Erfolg	5		
AGCUSTOMER	Customer	Customer	Einfach	Aktiv		Prüfung - Erfolg	13	2	
AGCUSTOMERPRODUCT	Customer Product	Customer Product	Zusammengesetzt	Aktiv		Prüfung - Erfolg	7		
AGLOCATION	Location	Location	Einfach	Aktiv		Prüfung - Erfolg	9	8	
AGLOCATIONFR	Location From	Ship-From Location	Referenz	Aktiv		Prüfung - Erfolg	4	1	
AGLOCATIONPRODUCT	Location Product	Location Product	Zusammengesetzt	Aktiv		Prüfung - Erfolg	27		
AGLOCATIONTO	Location To	Ship-To Location	Referenz	Aktiv		Prüfung - Erfolg	4		
AGPLANNINGUNIT	Subnetwork	Subnetwork	Einfach	Aktiv		Prüfung - Erfolg	1	1	
AGPRODUCT	Product	Product	Einfach	Aktiv		Prüfung - Erfolg	26	11	
AGPRODUCTIONRESOURCE	Production Source Resource	Production Source Resource	Einfach	Aktiv		Prüfung - Erfolg	6		
AGPRODUCTIONSOURCEITM	Production Source Item	Production Source Item	Einfach	Aktiv		Prüfung - Erfolg	6	1	
AGPRODUCTIONSOURCEITMR	IBPPRODUCTIONSOURCEITMR	Production Source Item Reference	Referenz	Aktiv		Prüfung - Erfolg	5		
AGPRODUCTSUBSTITUTION	PRODUCT SUBSTITUTION	PRODUCT SUBSTITUTION	Zusammengesetzt	Aktiv		Prüfung - Erfolg	2		
AGPRODUCTTO	Product To	Output Product	Referenz	Aktiv		Prüfung - Erfolg	5		
AGRESOURCE	Resource	Resource	Einfach	Aktiv		Prüfung - Erfolg	3	3	

Abbildung 3.6 Die App »Stammdatentypen« (Details)

Unterschiede bestehen darin, dass im oberen Bereich der App **Stammdatentypen** auch ein Absprung in die Anwendungsprotokolle ❷ möglich ist und – passend zur Entität Stammdatentyp – zusätzliche Bearbeitungsfunktionen ❸ zur Verfügung stehen. Hierzu zählen die folgenden Funktionen:

- **Neu**
- **Kopieren**
- **Bearbeiten**
- **Prüfen**
- **Aktivieren**
- **Aktive Instanz wiederherstellen**
- **Löschen**

Um einen neuen Stammdatentyp anzulegen, öffnen Sie das Dropdown-Menü der Schaltfläche **Neu**. Dort können Sie dann den anzulegenden Typ auswählen.

[+]

Präfixe für eigendefinierte Stammdatentypen

SAP empfiehlt, für eigendefinierte Stammdatentypen ein zwei- oder dreistelliges Präfix in der ID des Stammdatentyps zu verwenden, das sich beispielsweise am Unternehmensnamen oder Ähnlichem orientiert. SAP nutzt für die vorausgelieferten Stammdatentypen ebenfalls Präfixe, etwa S74 für die Beispielmodellentitäten von Response and Supply 74. In unserem Beispiel verwenden wir das Präfix F01.

3.2.1 Einfache Stammdatentypen

Ein einfacher Stammdatentyp besteht aus den Angaben **ID**, **Name** und **Beschreibung** sowie den zugeordneten Attributen. Abbildung 3.7 zeigt beispielhaft die Anlage eines einfachen Stammdatentyps mittels der App **Stammdatentypen**.

Im Rahmen der Attributzuordnung ist es – wie bereits in Abschnitt 3.1 zu den Attributen erwähnt – auch möglich, Attribute neu anzulegen. Hierfür müssen Sie bei den Bearbeitungsfunktionen der Attributzuordnung die Schaltfläche **Neu** betätigen.

[!]

Technische IDs für bestimmte Planungsoperatoren

Bitte beachten Sie, dass für die Verwendung von bestimmten Planungsoperatoren im Bereich Inventory, Supply und Demand Sensing spezielle technische IDs für Attribute, Stammdatentypen und auch für die noch zu erläuternden Kennzahlen verwendet werden müssen. Auf diese Thematik werden wir in Abschnitt 3.8, »Planungsoperatoren«, noch näher eingehen.

Abbildung 3.7 Anlegen eines einfachen Stammdatentyps in der App »Stammdatentypen«

Nachdem Sie die Attribute zugeordnet haben, müssen Sie definieren, welche Attribute als **Schlüssel** verwendet werden und für welche eine Eingabe an Werten **Erforderlich** ist, welche also Pflichtfelder darstellen. Es muss dabei mindestens ein Attribut als Schlüssel definiert werden, das dann auch zwingend als Pflichtfeld deklariert wird. Sie können auch weitere Attribute als Schlüssel bzw. als erforderlich deklarieren.

Ferner besteht in diesem Rahmen auch die Möglichkeit, für ein Attribut zu deklarieren, ob **Persönliche Daten** enthalten sind, um Änderungen in einer spezifisch dafür vorgesehenen App verfolgen zu können.

[+]

Persönliche Daten zur Änderungsverfolgung

Die Funktion **Persönliche Daten** kann jederzeit ausgeschaltet werden; standardmäßig werden die Daten für 90 Tage im SAP-IBP-System aufbewahrt, diese Zeitspanne kann in der globalen Konfiguration unter Nutzung des Parameters PERSONAL_DATA_CHANGE_LOG_AGE geändert werden. SAP empfiehlt, diese Funktion nicht zu verwenden, um allgemeine Änderungen nachzuverfolgen, da sich dies negativ auf die Performance des SAP-IBP-Systems auswirken kann.

Ebenso können Sie eine oder mehrere Attributprüfungen (engl. *Attribute Checks*) verankern. Dabei können Sie auf ein oder mehrere Attribute desselben Stammdatentyps oder auch anderer Stammdatentypen zugreifen. Wenn Sie diese Prüfung eingeschaltet haben, wird beim Upload der Daten auf Konsistenz zwischen Attributen verschiedener Stammdaten geachtet, ein Datenupload wird im Fall einer Inkonsistenz nicht durchgeführt.

Einem Attribut lässt sich außerdem ein Beschreibungsattribut zuordnen, um so beispielsweise die Produktbeschreibung an das Produkt zu binden.

Auch bei Stammdatentypen wird auf die bereits in Abschnitt 3.1 erläuterte Zuordnungsstatusverwaltung zurückgegriffen, d. h., Stammdatentypen können aktiv, inaktiv oder zum Löschen vorgemerkt sein.

Eingeschränkte Pflege aktiver Stammdatentypen

Bestimmte Änderungen sind für aktive Stammdatentypen nicht mehr möglich, beispielsweise die Änderung des Typs.

Analog zur Vorgehensweise können Sie auch die App **Konfiguration** als Startpunkt für die Bearbeitung der Stammdatentypen verwenden. Im oberen Bereich dieser App finden Sie die Schaltfläche **Stammdatentypen**, mit der Sie in die gleichnamige App abspringen können.

3.2.2 Zusammengesetzte Stammdatentypen

Ein zusammengesetzter Stammdatentyp besteht, wie bereits beschrieben, aus zwei oder mehreren anderen Stammdatentypen, wie beispielsweise *Customer Product* als Zusammenfassung der Stammdatentypen *Customer* und *Product*. Das Anlegen eines zusammengesetzten Stammdatentyps erfolgt im Bereich der Bearbeitungsfunktionen der App **Stammdatentypen**. Dafür wählen Sie aus dem Dropdown-Menü der Schaltfläche **Neu** die Option **Zusammengesetzt** aus.

Auch ein zusammengesetzter Stammdatentyp besteht zunächst einmal aus **ID**, **Name** und **Beschreibung**. Zusätzlich sind hier **Komponenten-Stammdatentypen** anzugeben, d. h. die Stammdatentypen, aus denen der zusammengesetzte Typ gebildet wird. Dabei kann es sich um alle Datentypen handeln, mit Ausnahme von virtuellen Stammdatentypen.

Die Schlüsselattribute werden automatisch nach Zuweisung der Komponenten-Stammdatentypen übernommen und unter **Zugeordnete Attribute** aufgeführt. Sie können über die Schaltflächen **Hinzufügen** bzw. **Neu** weitere Attribute zuordnen. Abbildung 3.8 zeigt den Anlagebildschirm der App **Stammdatentypen** für einen zusammengesetzten Stammdatentyp.

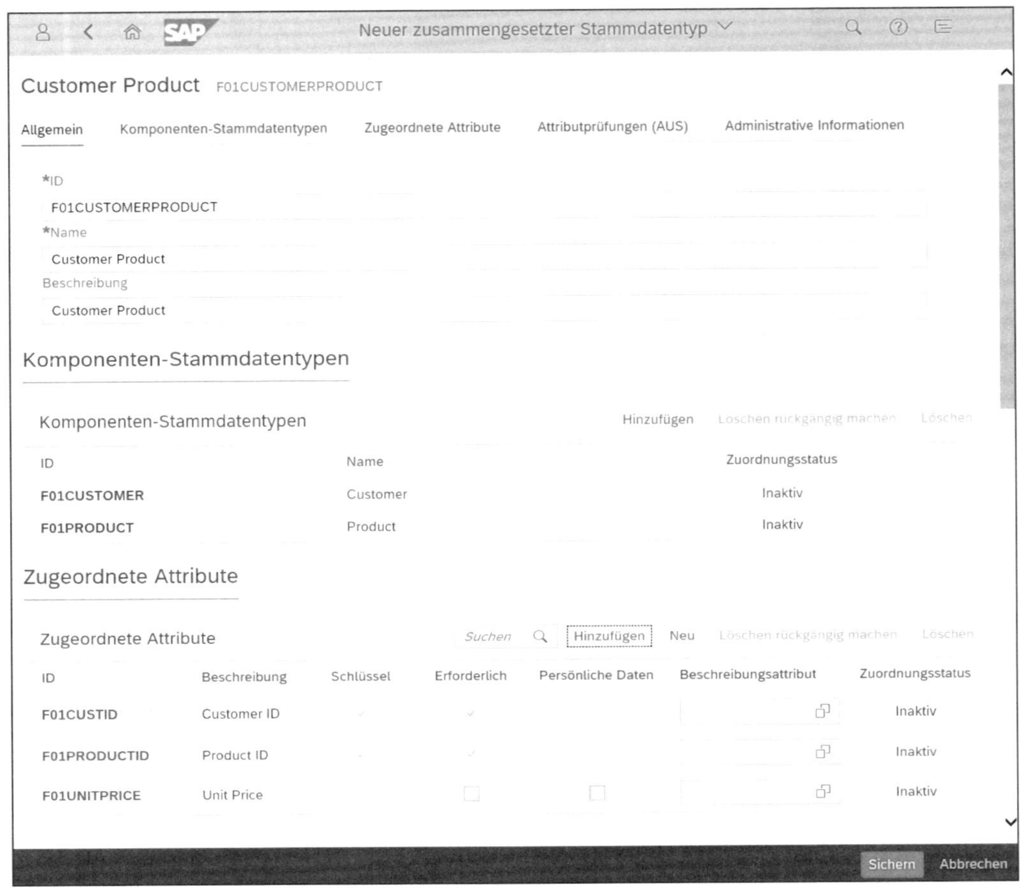

Abbildung 3.8 Anlegen eines zusammengesetzten Stammdatentyps in der App »Stammdatentypen«

3.2.3 Externe Stammdatentypen

Die Anlage eines externen Stammdatentyps erfolgt – analog zu den beiden bisher erläuterten Stammdatentypen – in der App **Stammdatentypen** durch Betätigung der Schaltfläche **Neu**, nun muss im Dropdown-Menü die Option **Extern** genutzt werden.

Wie bei den anderen Stammdatentypen sind auch hier eine **ID**, ein **Name** und eine **Beschreibung** anzugeben. Zusätzlich benötigen Sie hier nun noch eine **Externe Datenquelle**, die ausgewählt werden muss. Abbildung 3.9 zeigt beispielhaft den Bildschirm der App **Stammdatentypen** beim Anlegen des externen Stammdatentyps *Location*. Über die Schaltflächen **Hinzufügen** bzw. **Neu** müssen entsprechende Attribute zugeordnet werden, wobei im Feld **Referenzierte Spalte** der Bezug zwischen zugeordnetem Attribut und Feld aus der externen Datenquelle hergestellt wird.

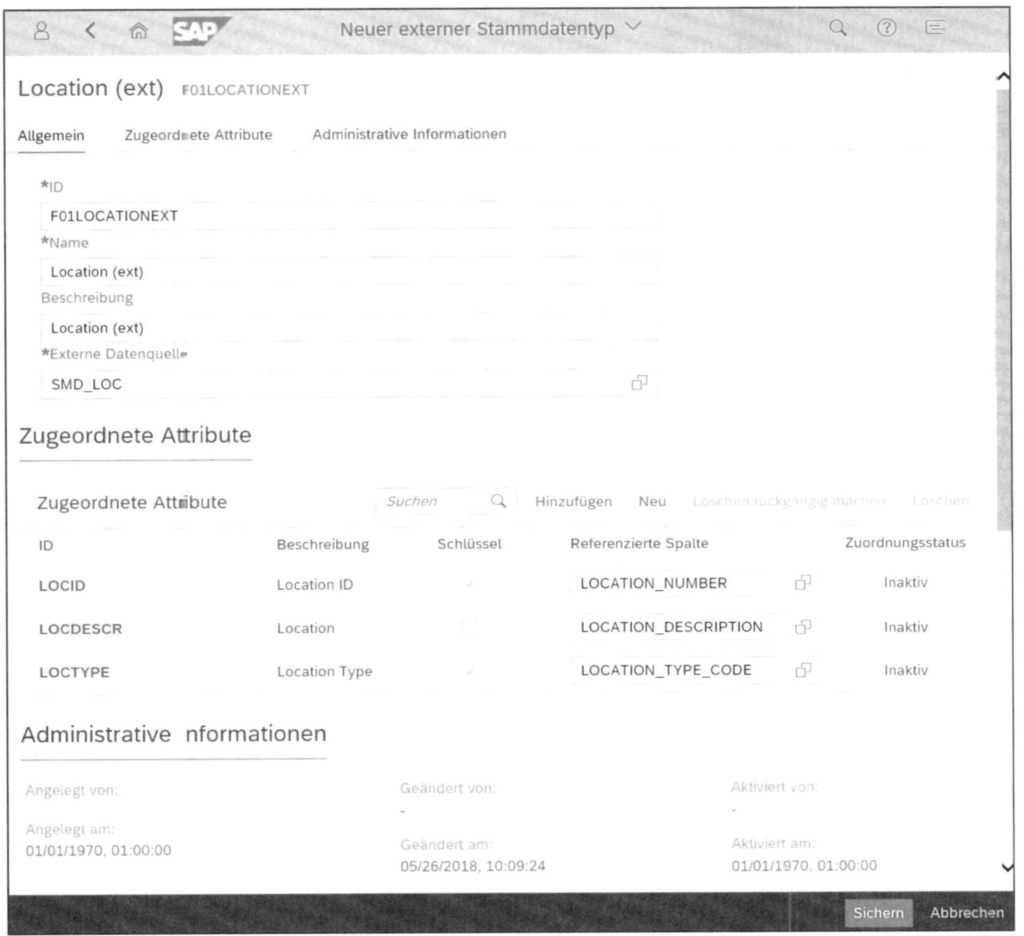

Abbildung 3.9 Anlegen eines externen Stammdatentyps in der App »Stammdatentypen«

3.2.4 Referenz-Stammdatentypen

Der Prozess des Anlegens eines Referenz-Stammdatentyps läuft analog zu den bereits beschriebenen Vorgehensweisen für die anderen Stammdatentypen über die Schaltfläche **Neu** in der App **Stammdatentypen**. Im Dropdown-Menü ist hier **Referenz** auszuwählen. Neben den bereits beschriebenen Informationen **ID**, **Name** und **Beschreibung** geben Sie nun einen Stammdatentyp unter **Referenzierter Stammdatentyp** an. Dabei kann es sich um einen einfachen, einen zusammengesetzten oder einen externen Stammdatentyp handeln, der aktiv oder inaktiv sein kann. Aus diesem referenzierten Stammdatentyp werden die referenzierten Attribute automatisch übernommen und angezeigt.

Nun müssen Sie dem Referenz-Stammdatentyp Attribute zuordnen und mit den referenzierten Attributen verbinden. Abbildung 3.10 zeigt beispielhaft den Bildschirm der App **Stammdatentypen** bei Anlage eines Referenz-Stammdatentyps.

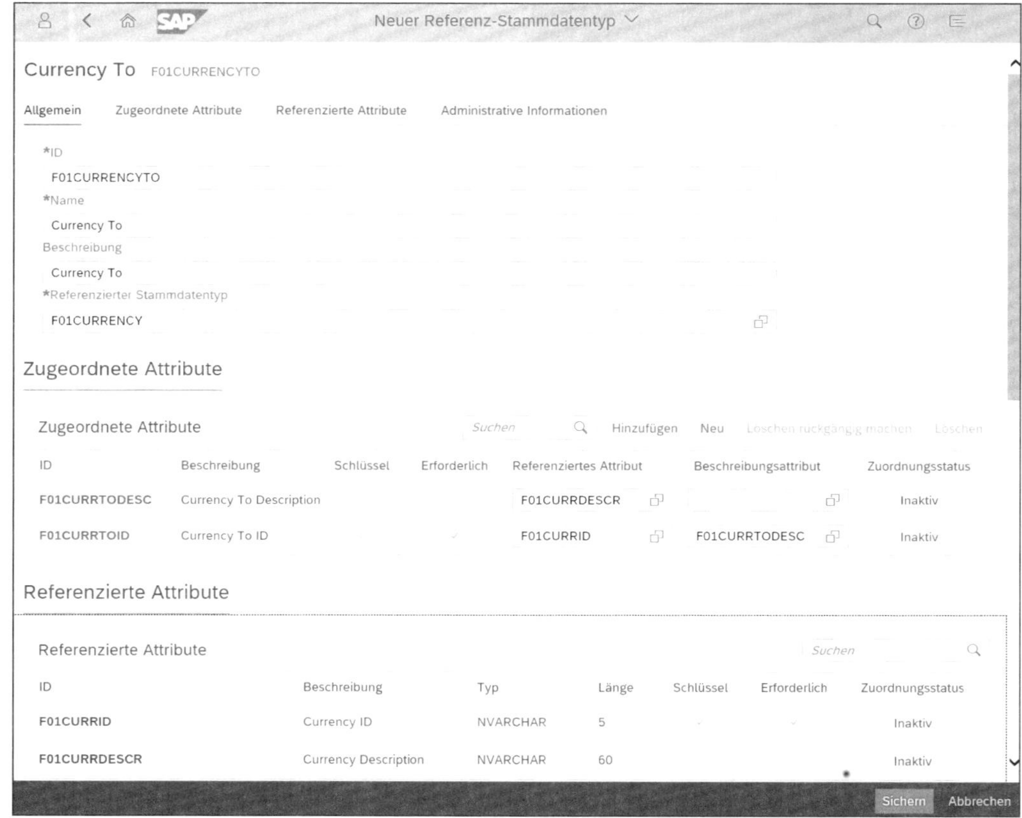

Abbildung 3.10 Anlegen eines Referenz-Stammdatentyps in der App »Stammdatentypen«

3.2.5 Virtuelle Stammdatentypen

Auch für virtuelle Stammdatentypen müssen Sie zum Anlegen den bereits beschriebenen Weg über die Schaltfläche **Neu** in der App **Stammdatentypen** gehen; hier wählen Sie nun aus dem Dropdown-Menü die Option **Virtuell**.

Im Anschluss müssen Sie nach Eingabe der auch für die anderen Stammdatentypen beschriebenen Informationen **ID**, **Name** und **Beschreibung** die referenzierten Stammdatentypen auswählen. Nach Ausführung dieses Schrittes werden die zugeordneten Attribute automatisch aufgeführt. Diese können dann im Anschluss noch um weitere Attribute ergänzt werden, bzw. Sie können die Werte der referenzierten Attribute anpassen.

Es muss noch mindestens eine Join-Bedingung angegeben werden, die die Verbindung zwischen den Stammdatentypen herstellt. Abbildung 3.11 zeigt den Bildschirm der App **Stammdatentypen** bei der Anlage eines virtuellen Stammdatentyps.

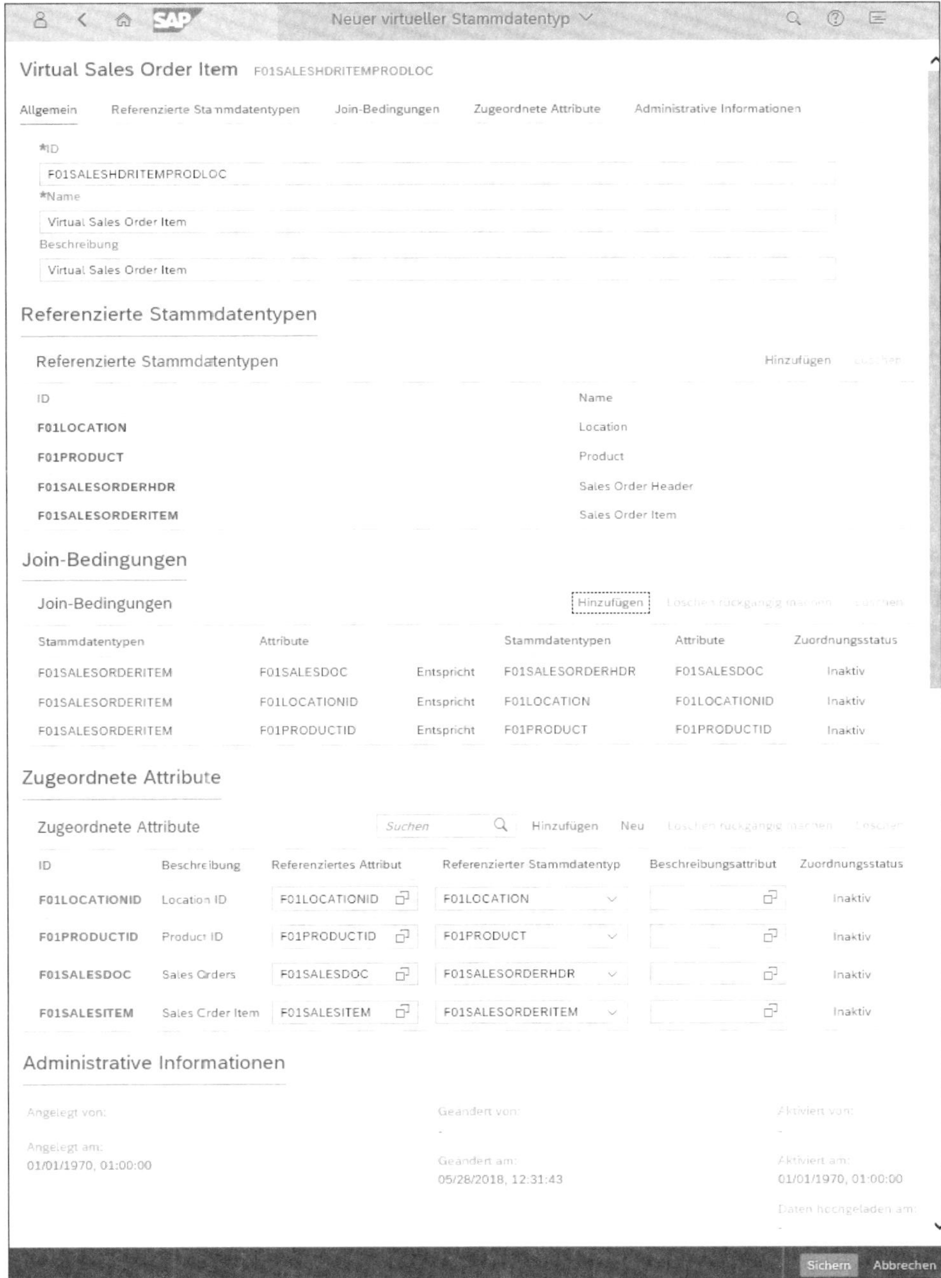

Abbildung 3.11 Anlegen eines virtuellen Stammdatentyps in der App »Stammdatentypen«

3.2.6 Änderung von Stammdatentypen

Wie bereits bei den Attributen beschrieben, sind Änderungen auch bei Stammdatentypen vom jeweiligen Kontext abhängig. Bestimmte Einstellungen der Stammdatentypen können abhängig von bestimmten Rahmenbedingungen geändert werden. Einfluss haben dabei die folgenden Größen:

- Zuordnungsstatus (aktiv oder inaktiv)
- Zuordnung zu Planungsbereichen oder Verwendung in anderen Stammdatentypen
- Verwendung von Daten im Stammdatentypen

Name und Beschreibung eines Stammdatentyps lassen sich unabhängig von den obigen Einflussgrößen immer ändern, die anderen Parameter eines Stammdatentyps lassen sich bis auf die ID so lange ändern, bis eine Aktivierung stattgefunden hat, also solange nur eine inaktive Instanz des Stammdatentyps vorliegt. Dies gilt auch für die Löschung eines Stammdatentyps.

Sobald eine erstmalige Aktivierung stattgefunden hat, kommen bestimmte Regeln bezüglich der Änderbarkeit zur Anwendung. Der Datentyp eines Stammdatentyps, der als Referenz verwendet wird, kann nach Aktivierung nicht mehr geändert werden, genauso wenig wie die Zuordnung einer Datenquelle bei einem externen Stammdatentyp. Letzteres gilt auch für den Fall, dass dieser externe Stammdatentyp einem Planungsbereich zugeordnet worden ist.

Bei der Änderung der Komponenten eines zusammengesetzten Stammdatentyps ist auf die Struktur der Schlüsselattribute zu achten. Ferner ist bei der Änderung darauf zu achten, dass es Mindestanforderungen für bestimmte Entitätszuordnungen gibt. So besteht ein zusammengesetzter Stammdatentyp aus mindestens zwei Komponenten, ein virtueller Stammdatentyp muss mindestens zwei referenzierte Stammdatentypen enthalten. Generell ist es auch nicht möglich, alle Attribute aus einem Stammdatentypen zu entfernen, es muss mindestens ein Attribut zugeordnet sein.

Im Allgemeinen ist eine Zuordnung neuer Schlüsselattribute möglich, jedoch bestehen hier Einschränkungen, falls bereits Stammdaten enthalten sind. In diesem Fall ist die Deklaration als Schlüssel nur dann möglich, wenn der Inhalt aller neuen Schlüsselattribute generell vorhanden ist, es darf in diesen Attributen also keine leeren Einträge geben.

3.3 Zeitprofile

Eine weitere wichtige Entität der übergreifenden Konfiguration sind die Zeitprofile (engl. *Time Profiles*). Dabei handelt es sich um die Definition von Zeitintervallen, in denen Daten vorgehalten werden.

Ein Zeitprofil besteht aus allgemeinen Daten und Zeitprofilebenen (engl. *Time Profile Levels*) und zugeordneten Attributen. Die allgemeinen Daten sind teilweise mit denen der Attribute und der Stammdatentypen vergleichbar, auch bei Zeitprofilen gibt es **ID**, **Name** und **Beschreibung**. Zusätzlich gehören zu den allgemeinen Daten noch **Startdatum** und **Enddatum**.

Bei den Zeitprofilebenen, die ebenfalls Bestandteil eines Zeitprofils sind, handelt es sich um die Periodizitäten, auf denen eine Planung stattfinden soll. Die Ebenen bestehen dabei aus den folgenden Elementen:

- Name
- Ebene
- Basisebene
- Periodenart
- Horizont in die Vergangenheit
- Horizont in die Zukunft
- Zuordnungsstatus
- zugeordnete Attribute

Das Anlegen eines Zeitprofils kann – wie bei Attributen und Stammdatentypen – auf verschiedene Weise erfolgen, einmal über die App **Zeitprofile** und eben auch über die App **Konfiguration** (siehe Abbildung 3.12). Beides beschreiben wir im Folgenden.

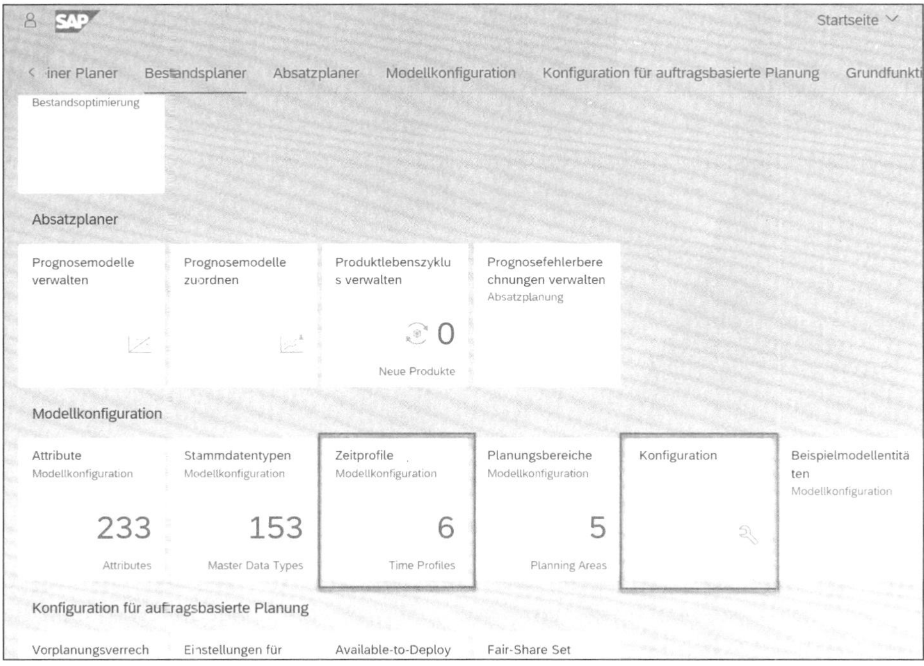

Abbildung 3.12 Möglichkeiten der Zeitprofilpflege im SAP Fiori Launchpad

Auch für die Entität Zeitprofil gibt es eine eigene App, Sie finden sie über die Kachel **Zeitprofile** im SAP Fiori Launchpad. Nach einem Klick auf die Kachel der App gelangen Sie zur Zeitprofilübersicht. Wie bei den bereits beschriebenen Apps für die Pflege von Attributen und Stammdatentypen ist der Bildschirm auch hier in mehrere Bereiche eingeteilt. Abbildung 3.13 zeigt überblicksartig die verschiedenen Funktionen der App **Zeitprofile**.

Abbildung 3.13 Die App »Zeitprofile« (Details)

Im oberen Bereich findet sich der Filter ❶, um die Liste der Zeitprofile, die im unteren Bereich angezeigt wird, Ihren Vorgaben entsprechend anzupassen. Auch hier finden Sie im oberen Bereich Möglichkeiten zum Absprung in die Anwendungsprotokolle ❷ und in andere Apps ❸ der übergreifenden Konfiguration. Im Bereich zwischen den Filtereinstellungen und der Liste der Zeitprofile ist rechts die Leiste mit den Bearbeitungsmöglichkeiten ❹ zu sehen. Hierzu zählen:

- **Neu**
- **Kopieren**
- **Bearbeiten**
- **Prüfen**
- **Aktivieren**
- **Aktive Instanz wiederherstellen**
- **Löschen**

Das Anlegen eines neuen Zeitprofils wird über die Schaltfläche **Neu** getriggert. Nach deren Betätigung gelangen Sie zu einem Pflegebildschirm, der es Ihnen ermöglicht, die allgemeinen Daten zu pflegen. Im Bereich der Zeitprofilebenenpflege finden Sie mittig rechts die Schaltfläche **Neu**, hier können Sie entsprechende Zeitprofilebenen definieren. Als Zeitprofilebenen stehen Ihnen generell folgende zur Verfügung:

- Tag
- Technische Woche
- Woche
- Monat
- Quartal
- Jahr

Die **Technische Woche** ist dabei eine Ebene, mit der die Einschränkung modelliert werden kann, dass bestimmte Wochen mehreren Monaten zugeordnet werden, da sie überlappend an der Grenze zwischen zwei Monaten liegen. Abbildung 3.14 zeigt beispielhaft den Zusammenhang zwischen verschiedenen Periodenarten im Zeitprofil. Es ist zu sehen, dass die **Technische Woche 1-2** genutzt wird, um den Zusammenhang zwischen Tagen und Monaten korrekt abzubilden.

<table>
<tr><td>Monate</td><td colspan="5">1</td><td colspan="10">2</td></tr>
<tr><td>Wochen</td><td colspan="5">Technische Woche 1–1</td><td colspan="2">Technische Woche 1–2</td><td colspan="7">Woche 2</td><td>Woche 3</td></tr>
<tr><td>Tage</td><td>Mo</td><td>Di</td><td>Mi</td><td>Do</td><td>Fr</td><td>Sa</td><td>So</td><td>Mo</td><td>Di</td><td>Mi</td><td>Do</td><td>Fr</td><td>Sa</td><td>So</td><td>Mo</td></tr>
</table>

Abbildung 3.14 Zusammenhang verschiedener Periodenarten im Zeitprofil

Dabei stehen Ihnen für die Zuordnung dieser Ebenen zum Zeitprofil zwei Alternativen zur Verfügung. Zum einen können Sie direkt im Pflegedialog auswählen, welche Zeitprofilebenen verwendet werden sollen. Wenn Sie hier durch Auswahl der Checkboxen die Ebenen anlegen, erfolgt die Anlage auf Basis einer Vorlage. Dies bedeutet, dass die Beziehungen zwischen den Ebenen, die über die jeweilige **Basisebene** festgelegt werden, automatisch gewählt werden. Die Basisebene ist die Grundlage für die Berechnung von Daten aus den Informationen anderer Ebenen; jede Ebene weist eine Basisebene auf, lediglich die Ebene mit der ID 1 bildet hier eine Ausnahme.

Wenn Sie die jeweilige Basisebene selbst festlegen wollen, müssen Sie das Pop-up-Fenster mit den Checkboxen der Ebenen unausgefüllt lassen und entsprechend bestätigen. In diesem Fall gelangen Sie zu einem Auswahlbildschirm, in dem Sie die jeweilige Basisebene selbst festlegen können.

Sie können den Namen, die Periodenart sowie die Horizonte, die die Grundlage für die Anzeige von Daten im Excel-Interface bilden, entsprechend anpassen. Die ID wird automatisch bestimmt. Abbildung 3.15 zeigt beispielhaft den Bildschirm bei der Anlage eines Zeitprofils.

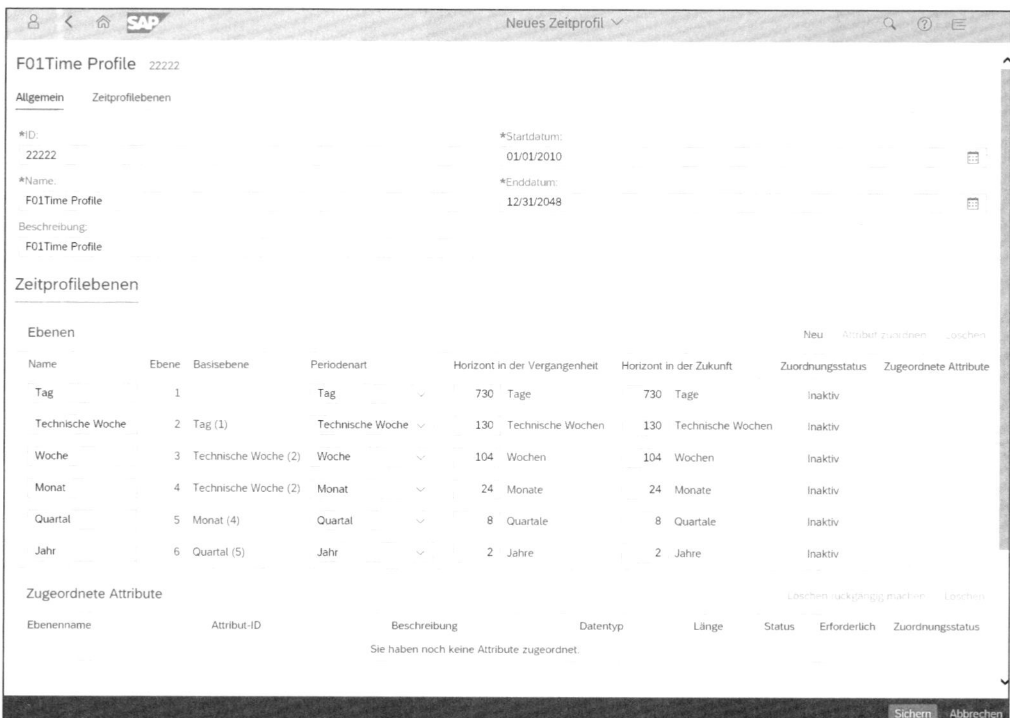

Abbildung 3.15 Anlegen eines Zeitprofils mit der App »Zeitprofile«

[»]

Sinnvolle Sequenz der Zeitprofilebenen

Beachten Sie beim Anlegen, dass bezüglich der Basisebenen eine logisch sinnvolle Sequenz entsteht. Dies bedeutet, dass der Periodentyp »Tag« vor dem Typ »Monat« und dieser vor »Jahr« eingebunden wird.

[»]

Kalender

Die Grundlage für die Periodenarten »Tag« und »Kalenderwoche« bildet der gregorianische Kalender.

Die im Rahmen der Zeitprofilebenen anzugebenden Horizonte bilden den Default-Horizont für die Anzeige von Daten im Excel-Interface, es handelt sich um relative Angaben zur aktuellen Periode.

Optional können Sie den Zeitprofilebenen Attribute zuordnen, die in Kalkulationsszenarios verwendet werden. Abbildung 3.16 zeigt die Zuordnung von Attributen zu Zeitprofilebenen.

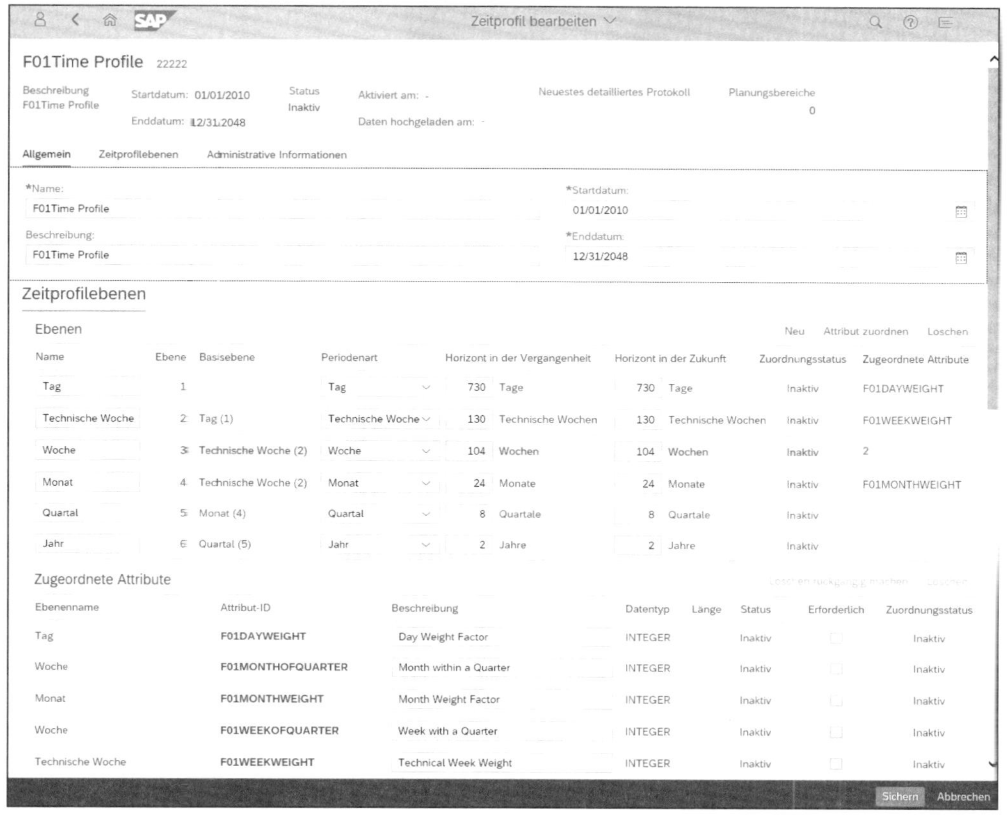

Abbildung 3.16 Zuordnung von Attributen zu Zeitprofilebenen

An dieser Stelle dürfen zwei besondere Attribute nicht unerwähnt bleiben, da sie für die Kalkulationsszenarios benötigt werden. Dabei handelt es sich um die Attribute `PERIODID` und `PERIODID(n)`. Diese sind technische Attribute, die Sie nicht direkt in der App **Zeitprofile** finden können, die aber für die Berechnungen rund um die Zeitperioden Verwendung finden können.

Das Attribut `PERIODID` wird benötigt, um eine spezifische Zeitperiode zu definieren, d. h., dieses Attribut ist nicht mit der Zeitprofilebene verbunden.

PERIODID

Die `PERIODID` für die Periode Mai 2016 kann beispielsweise 25503 lauten, die für Juni 2016 dann 25504.

Die Zuordnung des Attributs `PERIODID(n)` hängt von den konkret einem Zeitprofil zugeordneten Zeitprofilebenen ab. Die Vergabe der Nummer für n ist dabei nicht intuitiv, sie basiert auf der folgenden Logik:

- PERIODID0 repräsentiert die detaillierteste Zeitprofilebene.
- PERIODID1 repräsentiert die höchste Zeitprofilebene.

Die nachfolgenden PERIODID(n) werden aufsteigend für die nächsthöchste Zeitprofilebene vergeben.

[zB]

PERIODID(n)

Für dieses Beispiel nehmen wir an, dass die folgenden Zeitprofilebenen definiert sind:

- **Tag**
- **Technische Woche**
- **Woche**
- **Monat**
- **Jahr**

Die Zuordnung des Attributs PERIODID(n) wird dann folgendermaßen durchgeführt:

- PERIODID0: Tag
- PERIODID1: Jahr
- PERIODID2: Monat
- PERIODID3: Woche
- PERIODID4: Technische Woche

Hätten Sie beispielsweise keine Abbildung von *Jahr* vorgenommen, so würde die höchste Zeitprofilebene durch den Monat gebildet, somit würde PERIODID1 dem Monat zugewiesen. PERIODID2 würde entsprechend der Woche zugewiesen, PERIODID3 der technischen Woche.

[!]

Einschränkungen bezüglich der Attributzuordnung zu Zeitprofilebenen

Sie können keine Attribute Zeitprofilebenen zuordnen, die den Typ DECIMAL aufweisen. Wenn die Checkbox **Externe Zeitreihe aktivieren** im Planungsbereich markiert ist, sollten Sie keine Attribute zuordnen, die *Date* als **ID** aufweisen, weil diese dann nicht korrekt an die Kalkulationsszenarios übergeben werden.

Die zweite Möglichkeit der Zeitprofilpflege besteht – wie auch bei den bereits beschriebenen Apps zur Pflege der Attribute und Stammdatentypen – in der Verwendung der App **Konfiguration**. Aus ihr heraus können Sie mit der Schaltfläche **Zeitprofile** in die App **Zeitprofile** abspringen, wie Abbildung 3.17 zeigt.

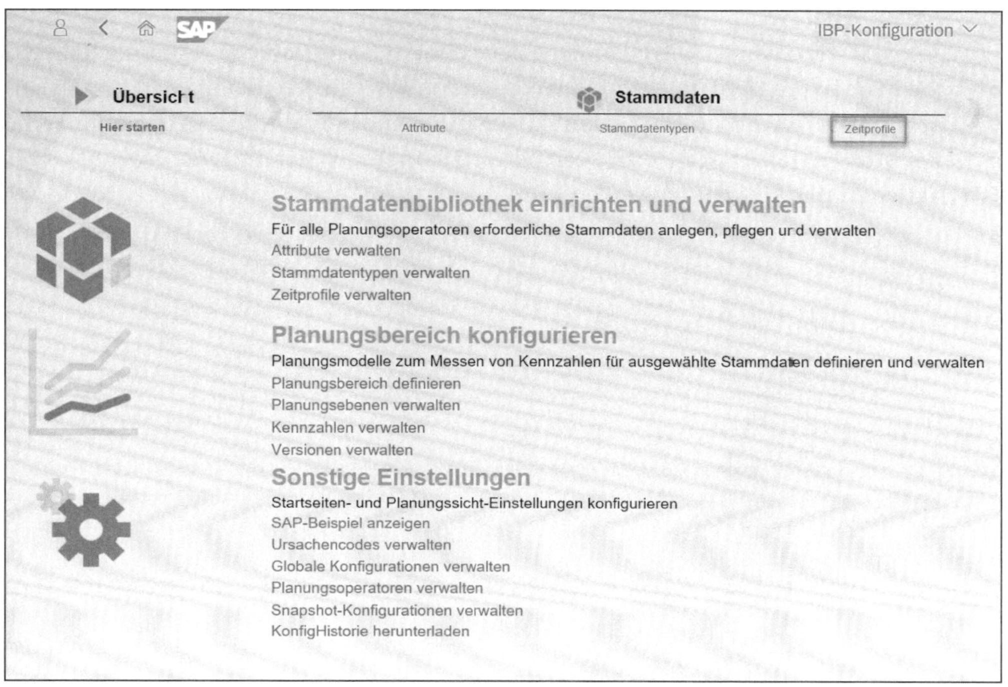

Abbildung 3.17 Die App »Konfiguration« mit dem Absprung in die App »Zeitprofile«

Das Zeitprofil mit seinen Ebenen bildet den zeitlichen Rahmen für die Planung, die dann konkret in bestimmten Zeitperioden stattfindet. Eine Zeitperiode ist dabei eine spezifische Instanz auf Basis einer Zeitprofilebene, die durch eine eindeutige Nummer, ein Start- und ein Enddatum beschrieben wird. Sie wird für Tage, (technische) Wochen, Monate, Quartale und Jahre generiert. Für das Anlegen gibt es drei verschiedene Wege:

- Sie können Zeitperioden über einen Anwendungsjob generieren lassen.
- Die Anlage kann über die Generierung einer Vorlage (engl. *Template*) in der App **Datenintegrationsjob** und deren Upload als CSV-Datei erfolgen.
- Sie können SAP Cloud Platform Integration for Data Services (CPI-DS) nutzen, um die Zeitperioden hochzuladen.

Um die Generierung über einen Anwendungsjob zu starten, nutzen Sie die App **Anwendungsjobs** im SAP Fiori Launchpad. Nach dem Klick auf die gleichnamige Kachel gelangen Sie zum Überblicksbildschirm der App. Im oberen Bereich befinden sich Filter, um die Liste der Anwendungsjobs, die Sie im unteren Bereich des Bildschirms sehen, entsprechend eingrenzen zu können.

In dem Bereich in dem auch bei den anderen bereits beschriebenen Apps die Bearbeitungsfunktionen zu finden waren, können Sie durch Betätigung der Plusschaltfläche einen neuen Anwendungsjob anlegen. Sie gelangen auf den Anlagebildschirm der App. Dort können Sie die Jobvorlage **Zeiträume für Zeitprofile anlegen** nutzen, und Sie können die **Einplanungsoptionen** des Jobs festlegen. Hierbei handelt es sich beispielsweise um dessen Startzeitpunkt. Abschließend müssen Sie unter **Parameter** die **Zeitprofil-ID** hinterlegen. Bitte beachten Sie, dass ein solcher Anwendungsjob nur für aktive Zeitprofile genutzt werden kann.

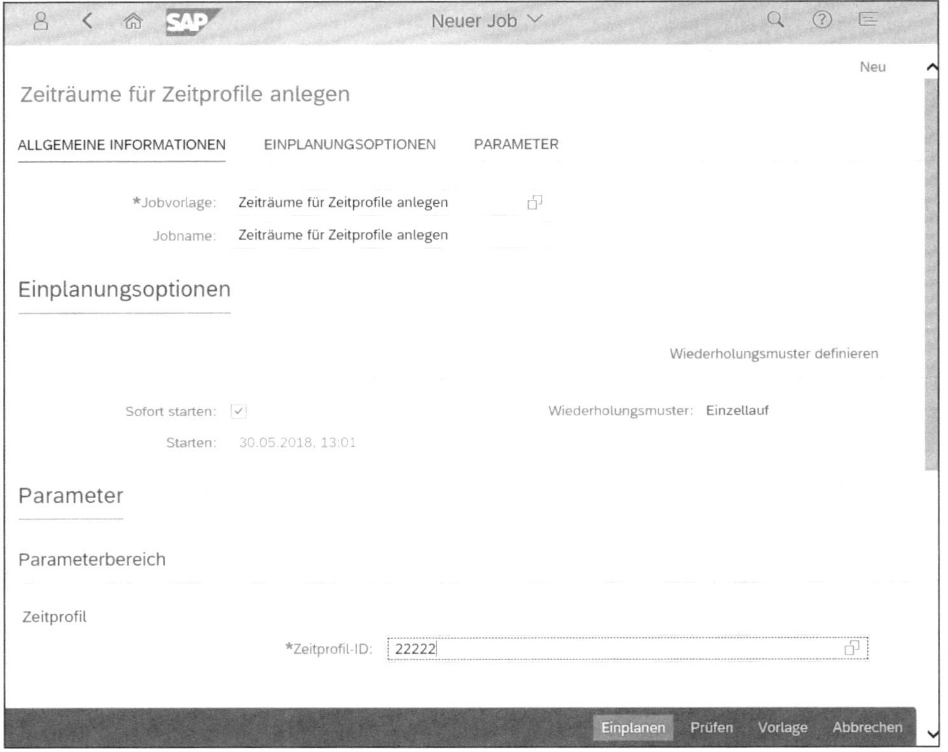

Abbildung 3.18 Anlegen eines Anwendungsjobs für die Generierung von Zeitperioden

Wie beschrieben, besteht eine alternative Möglichkeit darin, für die Anlage von Zeitperioden eine Vorlage mithilfe der App **Datenintegrationsjob** zu nutzen. Hierfür müssen Sie zunächst einmal eine Vorlage in der App **Datenintegrationsjob** herunterladen. Nachdem Sie im SAP Fiori Launchpad auf die Kachel der App geklickt haben, gelangen Sie zu einem Überblicksbildschirm (siehe Abbildung 3.19), der auf der rechten Seite die bisherigen Datenintegrationsjobs auflistet. Im linken unteren Bereich finden Sie die Schaltfläche **Vorlage herunterladen** ❶. Nach deren Betätigung öffnet sich ein Pop-up-Fenster, in dem Sie auswählen, welche Vorlage Sie verwenden wollen ❷ (in unserem Fall die des Datentyps *Zeiträume*). Die Abbildung zeigt beispielhaft den Bildschirm der App **Datenintegrationsjob** bei der Erzeugung einer CSV-Vorlage für das Anlegen von Zeiträumen.

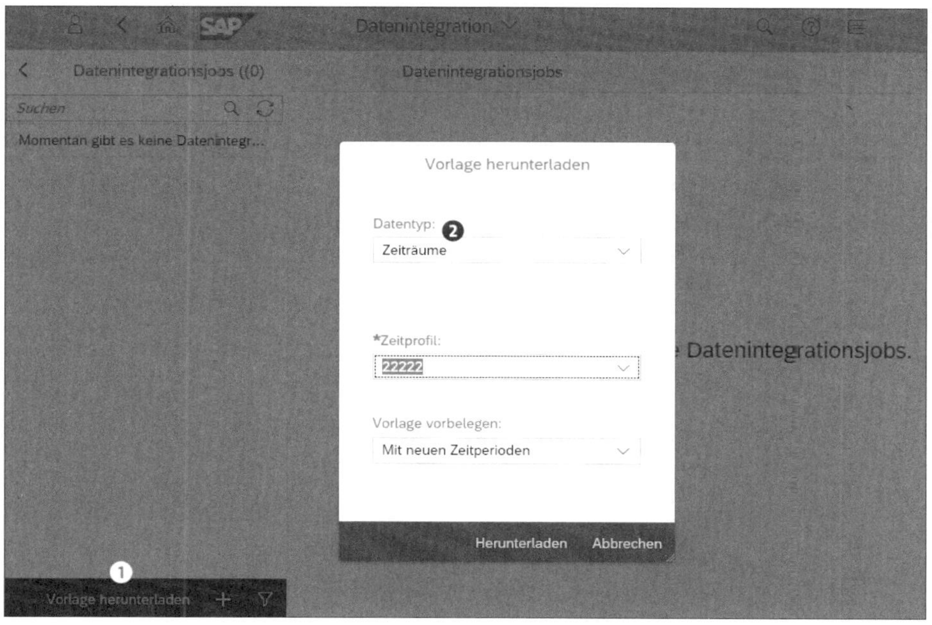

Abbildung 3.19 Vorlage für Zeiträume in der App »Datenintegrationsjob« herunterladen

Verschiedene Datentypen in der App »Datenintegrationsjob«

Die App **Datenintegrationsjob** kann auch andere Vorlagen generieren, die zum Upload von Daten verwendet werden können. Insgesamt können die folgenden Vorlagenalternativen erzeugt werden: *Stammdaten, Kennzahlen, Zeiträume* und *Snapshots.*

Abhängig vom gewählten Datentyp müssen Sie die Angaben weiter konkretisieren, in unserem Fall müssen wir ein aktives Zeitprofil angeben. Ferner können Sie über das Dropdown-Menü **Vorlage vorbelegen** entscheiden, wie die Vorlage aufgebaut sein soll. Die folgenden Optionen stehen zur Verfügung:

- Vorlage nicht vorbelegen, d. h. leer lassen
- **Mit neuen Zeitperioden**
- **Mit vorhandenen Zeitperioden**

Wenn Sie die erste Option wählen, werden keine Zeiträume vorbelegt. Wenn Sie die Option **Mit neuen Zeitperioden** wählen, werden die Zeiträume gemäß dem ausgewählten Zeitprofil erzeugt. Diese Option ist ausgegraut und damit nicht wählbar, wenn schon vorab Daten zum Zeitprofil geladen worden sind. Die Option **Mit vorhandenen Zeitperioden** zeigt bereits bestehende Daten auf. Abbildung 3.20 zeigt die beispielhaft erzeugte Vorlage.

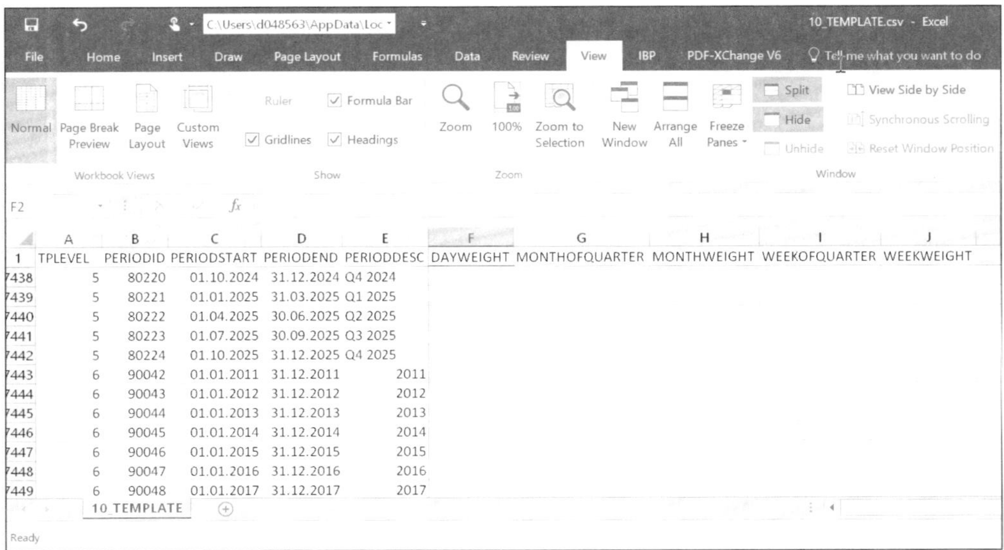

Abbildung 3.20 Vorlage (Template) für die Datenintegration von Zeiträumen

Ein Vorteil der Vorgehensweise über die App **Datenintegrationsjob** besteht darin, dass die Bezeichnungen der Zeitperioden (PERIODDESC) beeinflusst werden können. Des Weiteren können über diese Vorgehensweise entsprechend zugewiesene Attribute gefüllt werden.

Empfehlung zur Generierung

Falls Sie komplexe Zeitprofile nutzen, d. h. Attribute zugewiesen haben oder selbst definierte Periodenarten verwenden, sollten Sie die Generierungsmöglichkeiten der App **Datenintegrationsjob** oder der Schnittstelle CPI-DS nutzen.

3.3.1 Änderung und Löschung von Zeitprofilen

Ähnlich wie auch bei den bisher erläuterten Entitäten hängt die Änderbarkeit von Zeitprofilen von den folgenden Faktoren ab:

- Zuordnungsstatus (aktiv oder inaktiv)
- Zuordnung zu Planungsbereichen
- Anlage von Zeitperioden

Solange das Zeitprofil nicht aktiviert ist und somit nur eine inaktive Instanz vorliegt, können alle Parameter des Zeitprofils angepasst werden, auch eine Löschung ist möglich. Falls bereits eine Aktivierung vorgenommen wurde, finden verschiedene Regeln bezüglich der Änder- bzw. Löschbarkeit Anwendung. Dies gilt im Übrigen auch, wenn eine inaktive Instanz eines bereits aktivierten Zeitprofils vorliegt.

Die Bezeichnung eines Zeitprofils lässt sich auch dann anpassen, wenn bereits eine Aktivierung stattgefunden hat. Start- und Enddatum dagegen lassen sich nur so lange ändern, wie das Profil nicht in einem Planungsbereich verwendet wird.

[!]

Verwendung von Start- und Enddatum

Es wird empfohlen, Start- und Enddatum eines Zeitprofils, für das sowohl eine Verwendung in einem Planungsbereich vorliegt als auch bereits Daten geladen wurden, nicht mehr zu ändern, denn hier kann es zu Problemen, wie z. B. Inkonsistenzen, kommen. Aus diesem Grund empfiehlt SAP, von vornherein Daten für Start- und Enddatum anzugeben, die weit in der Zukunft liegen.

Zeitprofilebenen können nicht gelöscht werden, es ist jedoch möglich, Basisebene, Periodenart sowie Horizonte zu ändern. Ein Hinzufügen einer neuen Zeitprofilebene ist nur möglich, wenn noch keine Zuordnung zu einem Planungsbereich erfolgt ist. Falls bereits Zeitperioden angelegt wurden, müssen Sie die Zeitperioden nach dem Anlegen einer neuen Zeitprofilebene neu laden.

Das Hinzufügen von Attributen zu einem Zeitprofil ist generell unabhängig vom Zuordnungsstatus, von der Zuordnung zu einem Planungsbereich oder von geladenen Daten möglich, wobei ein Attribut nur einer Zeitprofilebene zugeordnet werden kann. Eine Einschränkung ergibt sich ebenfalls daraus, ob ein Attribut bereits einem Planungsbereich zugeordnet ist. Ist dies der Fall, kann dieses Attribut nicht der Zeitprofilebene zugeordnet werden.

Falls Sie ein Attribut als erforderlich definieren möchten, muss in bereits geladenen Daten in jeder Zeitperiode ein Wert vorliegen, andernfalls wird das SAP-IBP-System die Aktivierung unterbinden.

[«]

Hinzufügen eines erforderlichen Attributs (Zwei-Schritt-Verfahren)

Falls Sie einem Zeitprofil, für das bereits Zeitperioden angelegt worden sind, ein zusätzliches, erforderliches Attribut hinzufügen möchten (also eines, das immer angegeben werden muss), führen Sie dies in einem Zwei-Schritt-Verfahren durch. Ordnen Sie das Attribut zunächst dem Zeitprofil zu, ohne es als erforderlich zu kennzeichnen. Aktivieren Sie das Zeitprofil, und laden Sie Zeitperioden mit entsprechenden Werten für das Attribut. Dabei sollten Sie an den bereits bestehenden Zeitperioden keine weiteren Änderungen, beispielsweise an der Periodenbeschreibung, vornehmen. Im zweiten Schritt markieren Sie das Attribut in der Zeitprofilpflege als erforderlich.

Das Löschen der Zuordnung eines Attributs ist nur möglich, wenn das Attribut nicht in einer Planungsebene verwendet wird. Generell sind auch die oben als möglich skizzierten Änderungen erst dann wirksam, wenn eine Aktivierung erfolgt.

Das gesamte Zeitprofil kann nur dann gelöscht werden, wenn noch keine Zuordnung zu einem Planungsbereich vorliegt. Angelegte Zeitperioden werden zusammen mit dem entsprechenden Zeitprofil gelöscht.

[»]

Löschen eines aktiven Zeitprofils (Zwei-Schritt-Verfahren)

Auch für das Löschen eines aktiven, keinem Planungsbereich zugeordneten Zeitprofils gilt ein Zwei-Schritt-Verfahren. Zunächst löschen Sie das aktive Zeitprofil. Dabei legt das SAP-IBP-System automatisch eine neue Instanz des Zeitprofils mit dem Zuordnungsstatus **Zum Löschen vorgemerkt** (engl. **Pending for Deletion**) an. Dies gilt auch für die Zeitprofilebenen. Wenn Sie dieses Zeitprofil nun aktivieren, wird das SAP-IBP-System beide Instanzen des Zeitprofils (**Aktiv** und **Zum Löschen vorgemerkt**) löschen. Abbildung 3.21 zeigt beispielhaft ein zum Löschen vorgemerktes Zeitprofil.

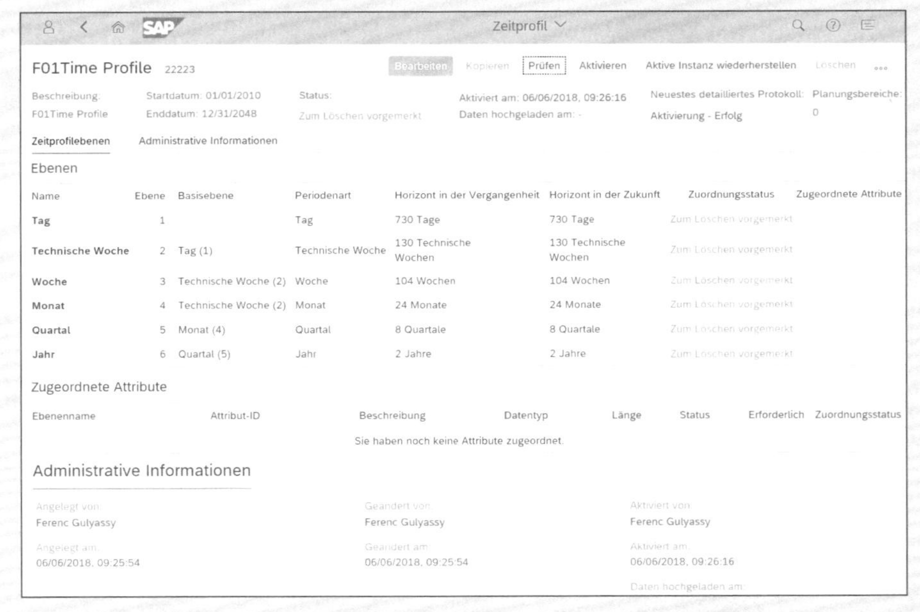

Abbildung 3.21 Zum Löschen vorgemerktes Zeitprofil

3.3.2 Aggregation und Disaggregation über verschiedene Zeitprofilebenen

In der Regel werden Sie im Rahmen der Planung Daten zeitprofilebenenübergreifend verwalten wollen. Dies bedeutet, dass Daten, die vielleicht für einen Anwendungsfall auf Wochenebene verwaltet werden, in einem anderen Teilschritt des Prozesses auf Monatsebene benötigt werden.

[zB]

Verwendung von Daten auf unterschiedlichen Zeitprofilebenen

Sie führen beispielsweise den statischen Prognoseprozess in SAP IBP für Demand auf Wochenebene aus, da die Daten dann auf dieser Ebene an die Materialbedarfsplanung übergeben werden sollen. Für den Prozess der mittel- bis langfristigen Kapazitätsplanung möchten Sie jedoch den Genauigkeitsgrad *Monat* wählen, da gegebenenfalls wochenweise größere Schwankungen vorliegen und diese im Rahmen des Produktionsprozesses über den Monat hinweg geglättet werden.

Die Modellierung eines solchen Vorgehens basiert auf einem bestimmten Konzept, das auch als *Week-to-Months Split* bezeichnet wird. Gerade bei der (Dis-)Aggregation von Wochen-/Monatsdaten wird dieses Konzept benötigt, es kann aber auch bei der Abbildung anderer überlappender Perioden angewendet werden.

Zentraler Ausgangspunkt sind die periodenbezogenen Gewichtungsfaktoren (engl. *Period Weight Factors*), die als Attribut definiert werden müssen. Damit geben Sie das Gewicht einer Periode an; falls also beispielsweise zwei Kalendertage einer Kalenderwoche in einen Monat fallen und fünf Kalendertage in den Folgemonat, so werden die periodenbezogenen Gewichtungsfaktoren dazu genutzt, die Wochendaten mit dem entsprechenden Gewicht auf die beiden Monate zu verteilen. Typischerweise wird für den periodenbezogenen Gewichtungsfaktor die Anzahl von Kalender- oder Arbeitstagen als Grundlage verwendet. Der Datentyp dieser Attribute sollte *Integer* sein. (In Abbildung 3.16 sehen Sie die Zuordnung entsprechender periodenbezogener Gewichtungsfaktoren als Attribut zum Zeitprofil; Abbildung 3.20 zeigt deren Pflege über das Template der App **Datenintegrationsjob**.) Daraufhin müssen Sie diese periodenbezogenen Gewichtungsfaktoren den Zeitprofilebenen zuordnen, das Zeitprofil aktivieren und entsprechende Zeitperioden anlegen.

Befüllung der Attribute im Rahmen des Konzepts »Week-to-Months Split«

Wenn Sie mit dem Modellierungskonzept Week-to-Months Split arbeiten, müssen Sie zwingend die Zeitperiodengenerierung über die App **Datenintegrationsjob** oder über die Schnittstelle CPI-DS vornehmen. Die alternative Vorgehensweise über den Anwendungsjob befüllt keine Attribute, weshalb das Konzept Week-To-Months Split nicht fehlerfrei angewendet werden kann.

Im Anschluss ordnen Sie die Attribute der periodenbezogenen Gewichtungsfaktoren der Planungsebene zu (siehe Abschnitt 3.5). Der periodenbezogene Gewichtungsfaktor muss für jede Kennzahl spezifiziert werden, für die die entsprechenden Zeitprofilebenen verwendet werden sollen. Zu guter Letzt aktivieren Sie den Planungsbereich (siehe hierzu Abschnitt 3.4).

Planungsebenen

Wenn Sie Kennzahlen sowohl auf Ebene der (Kalender-)Woche als auch des Monats lesen bzw. schreiben möchten, müssen Sie die Zeitprofilebene **Technische Woche** als Schlüsselattribut zuweisen. Ferner müssen Sie die periodenbezogenen Gewichtungsfaktoren der Basisplanungsebene der Kennzahl zuordnen.

Verwendung des Disaggregationsmodus

Ein periodenbezogener Gewichtungsfaktor kann nur zugewiesen werden, wenn der Disaggregationsmodus **Gleichmäßige Verteilung** oder **Proportional, falls aggregierter Wert ungleich null, andernfalls gleichmäßige Verteilung** gewählt wird.

Prognose auf Kalenderwochenebene

Wenn Sie Kennzahlen auf der Ebene *Technische Woche* ablegen, eine statistische Prognose aber auf Kalenderwochenebene erfolgen soll, benötigen Sie mindestens eine auf Kalenderwochenebene abgelegte Kennzahl.

Abbildung 3.22 zeigt beispielhaft die von SAP vorausgelieferte Kennzahl *Demand Planning Quantity* des Modells SAPIBP1 mit der Periodengewichtung `WEEKWEIGHT` und der Basisplanungsebene `WKPRODLOCCUST` mit dem Schlüsselattribut *Woche* (WK).

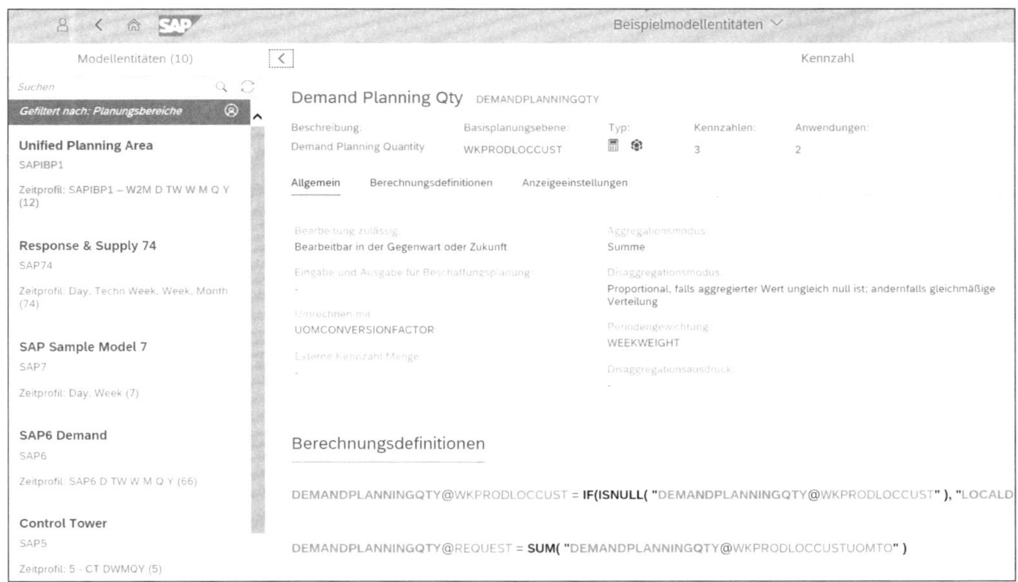

Abbildung 3.22 Beispielmodellentität »Demand Planning Qty« mit Periodengewichtung und entsprechender Basisplanungsebene

3.4 Planungsbereiche

Ein Planungsbereich ist die strukturgebende Entität für die Planungsprozesse, er enthält die anderen für die Planung benötigten Entitäten.

Hierzu gehören die folgenden:

- Attribute
- Stammdatentypen
- Zeitprofile
- Planungsebenen
- Kennzahlen
- Versionen

Verwendung verschiedener Planungsbereiche

Generell können in einem Unternehmen mehrere Planungsbereiche nebeneinander existieren, ein Aufruf einer Planungskonstellation in einer Planungssicht im Excel-Interface erfolgt jedoch immer nur zu jeweils einem Planungsbereich.

Es kann auch sinnvoll sein, während der Projektarbeit verschiedene Planungsbereiche zu verwenden. Weitergehende Informationen hierzu finden Sie im im SAP Help Portal (*https://help.sap.com/IBP*) im Model Configuration Guide.

Ein Planungsbereich besteht aus den folgenden Bestandteilen:

- Name
- Beschreibung
- Zeitprofil (engl. *Time Profile*)
- Ablagezeitprofilebene (engl. *Storage Time Profile Level*)
- Planungshorizonte (engl. *Planning Horizons*)
- Liste der zugeordneten Attribute und deren Stammdatentypen
- Planungsebenen
- Kennzahlen
- Versionen (engl. *Versions*), optional
- Planungsoperatoren (engl. *Planning Operators*), optional
- zusätzliche Steuerungsparameter (beispielsweise für die Aktivierung der Änderungshistorie für den Planungsbereich)

3.4.1 Planungsbereiche anlegen und pflegen

Auch die Anlage eines Planungsbereichs kann im SAP Fiori Launchpad auf zwei Wegen erfolgen: entweder über eine eigene App, **Planungsbereiche**, oder über die App **Konfiguration** (siehe Abbildung 3.23). Anders als bei Attributen, Stammdatentypen oder Zeitprofilen erfolgte hier bis zum SAP-IBP-Release 1908 bei Verwendung der App **Konfiguration** aber kein Absprung in die entsprechende App **Planungsbereiche**, vielmehr stand eine eigene Pflegeoberfläche zur Verfügung. Mit Release 1908 wurde eine Schaltfläche in die App **Konfiguration** integriert, mittels der Sie sich zwischen der herkömmlichen, in die App **Konfiguration** integrierten Oberfläche und einem Absprung in die App **Planungsbereiche** entscheiden können.

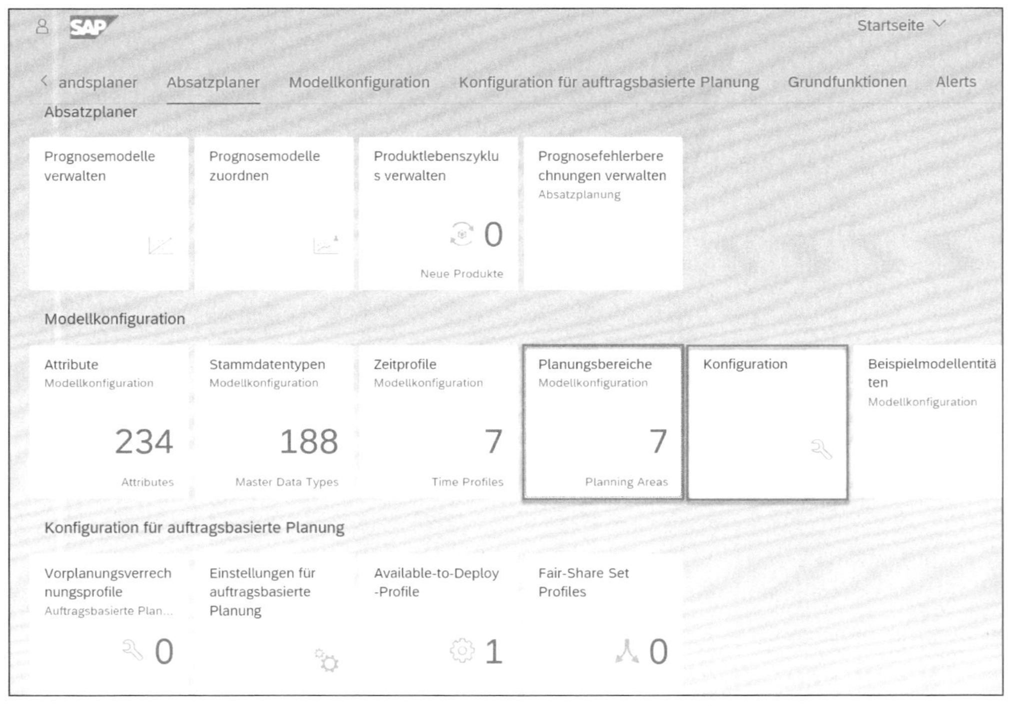

Abbildung 3.23 Möglichkeiten der Planungsbereichspflege im SAP Fiori Launchpad

Wir erläutern hier zunächst die App **Konfiguration**, bevor wir im Anschluss auf die Oberfläche der Planungsbereichspflege in der App **Planungsbereiche** eingehen.

Nach einem Klick auf die Kachel **Konfiguration** im SAP Fiori Launchpad gelangen Sie zum Überblicksbildschirm, in dessen oberen Bereich Sie unter **Planung** den Absprung **Planungsbereiche und Details** finden (siehe Abbildung 3.24).

Nun gelangen Sie zum Pflegebildschirm der Planungsbereiche. Dieser ist anders aufgebaut als die Apps zur Pflege von Attributen, Stammdatentypen und Zeitprofilen, die alle dem gleichen Aufbaumuster folgen.

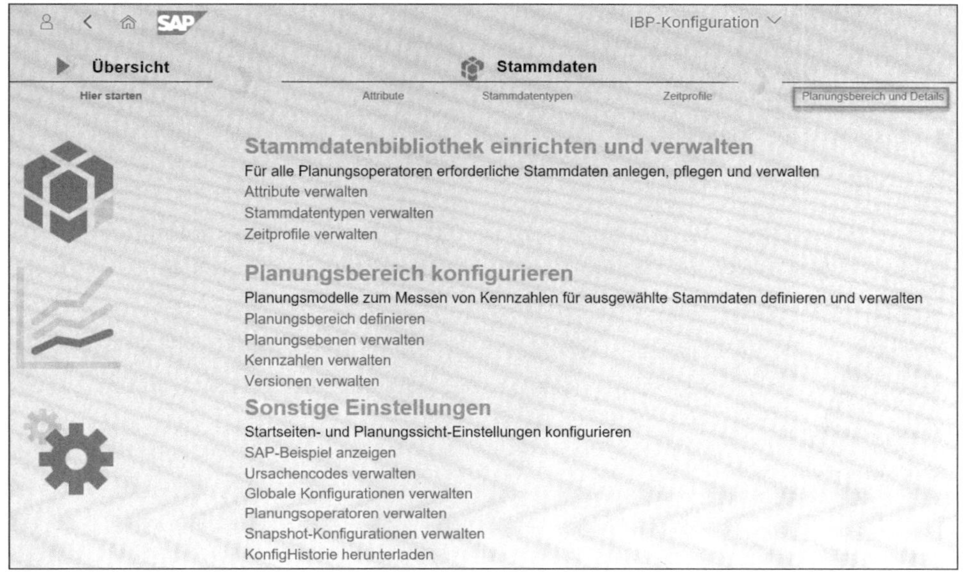

Abbildung 3.24 Die App »Konfiguration« mit dem Absprung in die Pflege der Planungsbereiche

Im oberen Bereich der Planungsbereichspflege (Abbildung 3.25) finden Sie die Absprünge in die Entitätenpflege ❶, beispielsweise der Attribute. Links ist eine filterbare Liste der vorhandenen Planungsbereiche ❷ zu sehen, rechts davon sind unterhalb der beschriebenen Navigationsleiste für die Entitäten die Einstellungsmöglichkeiten zu einem ausgewählten Planungsbereich ❸ aufgeführt.

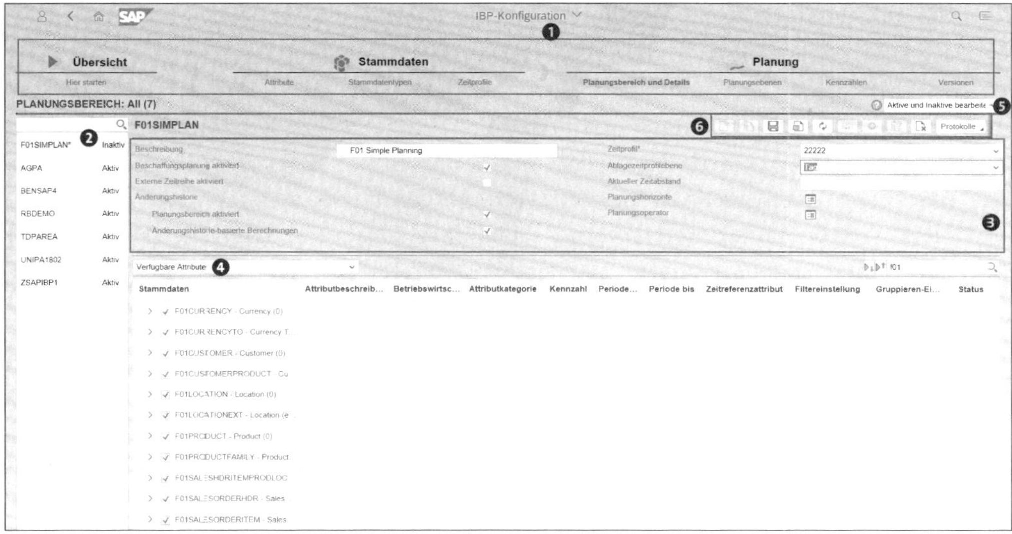

Abbildung 3.25 Planungsbereiche und Details in der Konfigurations-App

Dazu gehört auch eine Liste der sonstigen Stammdaten, also Stammdatentypen und Attribute. Diese lässt sich nach verschiedenen Aspekten filtern ❹:

- **Verfügbare Attribute**
- **Ausgewählte Attribute**
- **Attribute als Kennzahl**

Dieser Filter kann außerdem mit einem weiteren Filterkriterium kombiniert werden, und zwar **Nur Aktive anzeigen** und **Aktive und Inaktive bearbeiten** ❺. Auch für die Liste der Planungsbereiche kann dieser Filter verwendet werden.

Im rechten oberen Bereich dieses Bildschirmabschnitts sind die Bearbeitungsfunktionen ❻ für einen ausgewählten Planungsbereich angeordnet. Dazu gehören:

- **Neu anlegen**
- **Kopieren**
- **Sichern**
- **Exportieren**
- **Aktualisieren**
- **Prüfen**
- **Aktivieren**
- **Löschen aktiver Objekte**
- **Löschen**
- **Protokolle**

Um einen Planungsbereich anzulegen, klicken Sie auf die Schaltfläche **Neu anlegen** im Bereich der Bearbeitungsfunktionen. Sie werden über ein Pop-up-Fenster aufgefordert, einen Namen für den Planungsbereich anzugeben. Nachdem Sie diesen Namen definiert haben, schließt sich das Pop-up-Fenster, und Sie können auf dem in Abbildung 3.25 dargestellten Bildschirm weitere Angaben vornehmen. Hierzu gehören die Beschreibung sowie das zugeordnete Zeitprofil. Für dieses müssen Sie mit der Ablagezeitprofilebene die Ebene definieren, auf der die Daten vorgehalten werden sollen. (Verwenden Sie die niedrigste Ebene Ihres Zeitprofils, damit die Daten mit der größtmöglichen Genauigkeit abgelegt und von dort über Aggregationen auf die anderen Ebenen gebracht werden können.)

[!]

Ändern des Zeitprofils in einem Planungsbereich

Das Ändern eines Zeitprofils in einem Planungsbereich kann zu Problemen führen. Bitte beachten Sie die im Model Configuration Guide des SAP Help Portals (*https://help.sap.com/IBP*) aufgeführten Empfehlungen.

[zB]

Zeitabstand

Falls Sie beispielsweise ein Zeitprofil zuordnen, das als niedrigste Ebene *Tag* aufweist, und in dem Feld **Aktueller Zeitabstand** dann den Wert –7 angeben, beginnt die aktuelle Periode 7 Tage in der Vergangenheit.

Mit dem aktuellen Zeitabstand (engl. *Current Period Offset*) können Sie die Planungsperiode um einen Offset verschieben.

Zusätzlich müssen Sie den Planungshorizont pflegen. Hierfür klicken Sie auf die Schaltfläche hinter dem Schriftzug **Planungshorizonte** und definieren relativ zur aktuellen Periode für jede Zeitprofilebene einen Horizont. Abbildung 3.26 zeigt beispielhaft die Pflege der Planungshorizonte im Planungsbereich.

Planungshorizonte ×

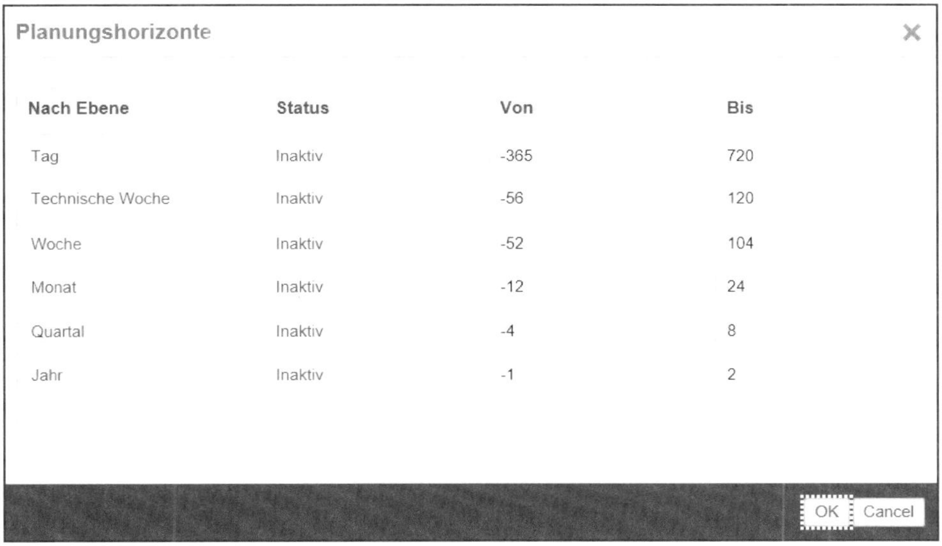

Nach Ebene	Status	Von	Bis
Tag	Inaktiv	-365	720
Technische Woche	Inaktiv	-56	120
Woche	Inaktiv	-52	104
Monat	Inaktiv	-12	24
Quartal	Inaktiv	-4	8
Jahr	Inaktiv	-1	2

OK Cancel

Abbildung 3.26 Pflege der Planungshorizonte im Planungsbereich

Mit der unteren der beiden Schaltflächen hinter dem Schriftzug **Planungsoperatoren** weisen Sie dem Planungsbereich die Planungsoperatoren zu (siehe hierzu Abschnitt 3.8).

Im unteren Bereich können Sie durch Markieren des Auswahlfeldes vor den einzelnen Stammdaten (Stammdatentypen und Attributen) in der Stammdatenliste diejenigen Entitäten auswählen, die dem Planungsbereich zugeordnet werden sollen. Hierbei ist es häufig sinnvoll, die beiden verfügbaren Filter einzusetzen (siehe dazu Abbildung 3.25), da das SAP-IBP-System in der Regel eine große Anzahl an Stammdaten enthält.

Mit der Auswahl der Attribute werden auch die Stammdatentypen, denen diese Attribute zugeordnet sind, dem Planungsbereich zugeordnet. Wenn Sie den Stammdatentyp auswählen, werden alle ihm zugeordneten Attribute zugewiesen. Falls ein Attribut in mehreren Stammdatentypen verwendet wird, muss eine Zuweisung zum Planungsbereich nur einmalig erfolgen.

[+]

Empfehlungen zur Zuweisung von Entitäten zu einem Planungsbereich

Verwenden Sie jedes einem Planungsbereich zugewiesene Attribut in einer oder in mehreren Planungsebenen.

Wenn Sie dem Planungsbereich einen zusammengesetzten Stammdatentyp zuordnen, sollten Sie auch dessen Komponenten zuweisen. Analog sollten Sie bei der Verwendung von Referenz-Stammdatentypen und virtuellen Stammdatentypen die referenzierten Objekte ebenfalls zuweisen.

Stellen Sie sicher, dass Sie keine Schlüsselattribute zusammengesetzter Stammdatentypen selektieren. Wählen Sie stattdessen die Schlüsselattribute der einfachen Stammdatentypen aus, die als Komponenten des zusammengesetzten Stammdatentyps verwendet werden.

Falls das ID-Attribut eines Stammdatentyps (z. B. `F01PRODUCTID`) mit einem Beschreibungsattribut (`F01PRODUCTDESC`) verbunden ist, müssen Sie lediglich die ID dem Planungsbereich zuweisen; die Verbindung wird automatisch über das Beschreibungsattribut hergestellt.

Die ausgewählten Attribute stehen bei der Konfiguration von Planungsebenen zur Verfügung, sie können entsprechend auch im Excel-Interface verwendet werden.

Darüber hinaus kann noch eine Reihe von zusätzlichen Steuerungsoptionen verwendet werden:

- **Beschaffungsplanung aktiviert**
- **Externe Zeitreihe aktiviert**
- **Änderungshistorie**
  - **Planungsbereich aktiviert**
  - **Änderungshistorie-basierte Berechnung**
- **Betriebswirtschaftliche Bedeutung**
- **Attributkategorie**
- **Filtereinstellungen**
- **Gruppierungseinstellungen**

Die ersten drei Steuerungsoptionen finden sich im Bereich **Steuerungsparameter und zugeordnete Entitäten**, wo auch beispielsweise das Zeitprofil zugeordnet wird (siehe hierzu Abbildung 3.25). Die letzten vier Einstellungen sind dagegen in der Stammdatenliste vorzunehmen.

Die Auswahloption **Beschaffungsplanung aktiviert** setzen Sie, wenn Sie den Planungsbereich auch im Bereich der Beschaffungsplanung (SAP IBP für Response and Supply, besprochen in Kapitel 8, »Bestätigungs- und Beschaffungsplanung mit SAP IBP für Response and Supply«) verwenden wollen, beispielsweise im Kontext der Heuristik oder des Optimierers.

Das Flag bei **Externe Zeitreihe aktiviert** kommt zum Einsatz, wenn externe Kennzahlen verwendet werden sollen (siehe hierzu ebenfalls Kapitel 8).

Zwei weitere Flags stehen für die Fortschreibung der Änderungshistorie mit Bezug zum Planungsbereich zur Verfügung. Sie können mit den gleichnamigen Optionen zum einen den Planungsbereich aktivieren und zum anderen Änderungshistorie-basierte Berechnungen erlauben.

Rücknahme der Änderungsfortschreibung

Um das Kennzeichen **Planungsbereich aktiviert** zurückzunehmen, müssen Sie eine Aktivierung des Planungsbereichs durchführen, um die gesammelten Änderungen zu löschen.

Über die Spalte **Betriebswirtschaftliche Bedeutung**, die in der Stammdatenliste für Attribute gepflegt werden kann, wird bei selbst definierten Attributen die Verbindung zu den Algorithmen hergestellt. Der Planungsoperator erwartet einen bestimmten Input, und Sie stellen über die Pflege des Feldes **Betriebswirtschaftliche Bedeutung** das entsprechende Attribut zur Verfügung, aus dem der Planungsoperator den benötigten Input übernehmen soll. Abbildung 3.27 zeigt die Pflege der betriebswirtschaftlichen Bedeutung für das eigendefinierte Attribut `F01PRODUCTID`, das hier als **Product ID** deklariert wird. Ohne diese Deklaration wäre dem Planungsoperator nicht bekannt, was als **Product ID** interpretiert werden soll.

Ein weiteres Feld, das in der Stammdatenliste für Attribute gepflegt wird, ist **Attributkategorie**. Dabei handelt es sich um eine Einstellungsmöglichkeit, die beim Anlegen oder der Pflege von Planungsobjekten über das Excel-Add-in oder die Datenintegration entscheidet, ob ein Wert für dieses Attribut gepflegt werden muss. Das Feld **Attributkategorie** dient also der Validierung neuer Stammdateneinträge. Hier sind die folgenden Optionen möglich:

- **Optional**
- **Obligatorisch**
- **Berechnet**

Abbildung 3.27 Pflege der betriebswirtschaftlichen Bedeutung im Planungsbereich

Standardmäßig ist hier **Optional** eingestellt. Dies hat zur Konsequenz, dass nicht zwingend ein Feldinhalt vorliegen muss. Wenn Sie den Wert auf **Obligatorisch** ändern, muss ein Wert vorliegen, wobei dieser auch null sein kann. Wird kein Wert vorgefunden, so wird der Datensatz bei der Anlage oder Pflege abgelehnt. Die Option **Berechnet** ist weder für die Anlage des Planungsobjekts über das Excel-Add-in noch für die Datenintegration relevant, hier erfolgt eine Berechnung des Inhalts über einen Operator, und ein Überschreiben des berechneten Wertes wird unterbunden.

Attribute als Kennzahlen

Wenn Sie Attribute als Kennzahlen definieren, können weitere Einstellungen vorgenommen werden (**Kennzahl**, **Periode von**, **Periode bis**, **Zeitreferenzattribut**). Für deren Verständnis müssen jedoch vorab einige Grundbegriffe bezüglich Kennzahlen allgemein und bezüglich Attributen als Kennzahlen erklärt worden sein. Aus diesem Grund gehen wir auf diese Einstellungen in Abschnitt 3.1, »Attribute«, ein.

Ferner können noch Filter- und Gruppierungseinstellungen vorgenommen werden. Hier kann generell zwischen **Anzeigen** und **Nicht anzeigen** gewählt werden, bei den Filtereinstellungen können Sie zusätzlich die Option **Automatisch im Explorer öffnen** wählen.

Wenn Sie statt der App **Konfiguration** die App **Planungsbereiche** verwenden, kommen Sie nach einem Klick auf die Kachel **Planungsbereiche** im SAP Fiori Launchpad zum Bildschirm der gleichnamigen App. Ihr Aufbau entspricht in den wesentlichen Grundzügen den bereits beschriebenen Apps **Attribute** (siehe Abschnitt 3.1), **Stammdatentypen** (siehe Abschnitt 3.2) und **Zeitprofile** (siehe Abschnitt 3.3).

Abbildung 3.28 zeigt eine Übersicht des Pflegebildschirms der App **Planungsbereiche**. Im oberen Bereich des Bildschirms ist der Filter ❶ für die Planungsbereichsliste im unteren Bereich zu finden. Auch die Absprünge ❷ in andere Apps für die SAP-IBP-Konfiguration, die Anwendungsprotokolle ❸ sowie der E-Mail-Versand bzw. das Anlegen als Kachel ❹ lassen sich exakt an den gleichen Stellen finden wie in den entsprechenden Apps der anderen Entitäten.

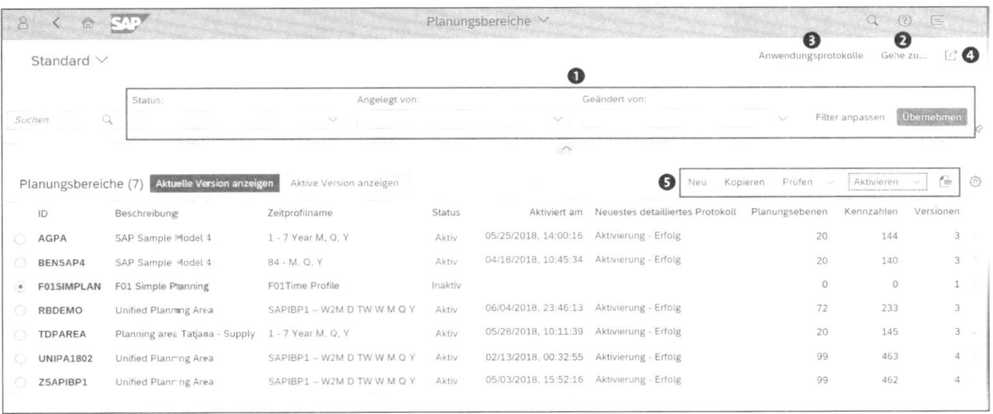

Abbildung 3.28 Die App »Planungsbereiche« (Details)

Die Bearbeitungsfunktionen ❺ finden sich hier ebenfalls rechts zwischen den Filtern und der Entitätenliste. Es gibt jedoch im Vergleich zu den Apps der anderen Entitäten zwei Besonderheiten. In der App **Planungsbereiche** kann zum einen ein Planungsbereich über die Schaltfläche [icon] (**Planungsbereich herunterladen**) heruntergeladen werden. Zum anderen ist hier – anders als in der App **Konfiguration** – das Löschen eines Planungsbereichs nicht möglich.

Nachdem Sie einen Planungsbereich ausgewählt und per Klick dessen Details angesteuert haben, gelangen Sie zur Detailsicht des Planungsbereichs. Diese Sicht besteht aus verschiedenen Untersichten:

- **Allgemein**
- **Attribute**

- **Planungsebenen**
- **Attribute als Kennzahlen**
- **Kennzahlen**
- **Planungsoperatoren**
- **Versionen**

Auch hier besteht im Vergleich zur Planungsbereichspflege aus der App **Konfiguration** heraus eine Besonderheit. In der App **Konfiguration** ist es lediglich möglich, sich die zugeordneten Stammdaten (Attribute, Stammdatentypen und Zeitprofile) anzuschauen, die anderen oben aufgeführten Entitäten, beispielsweise die Planungsebenen, sind darin unter Planungsbereichen und Details nicht zu finden. Um die gleichen Informationen zu erhalten, muss in die jeweiligen Abschnitte der App **Konfiguration** (z. B. direkt in die Planungsebenen) verzweigt werden. In diesem Sinne bietet die App **Planungsbereiche** eine weitergehende bzw. leichter zu interpretierende Übersicht über alle mit dem Planungsbereich verbundenen Entitäten (siehe Abbildung 3.29).

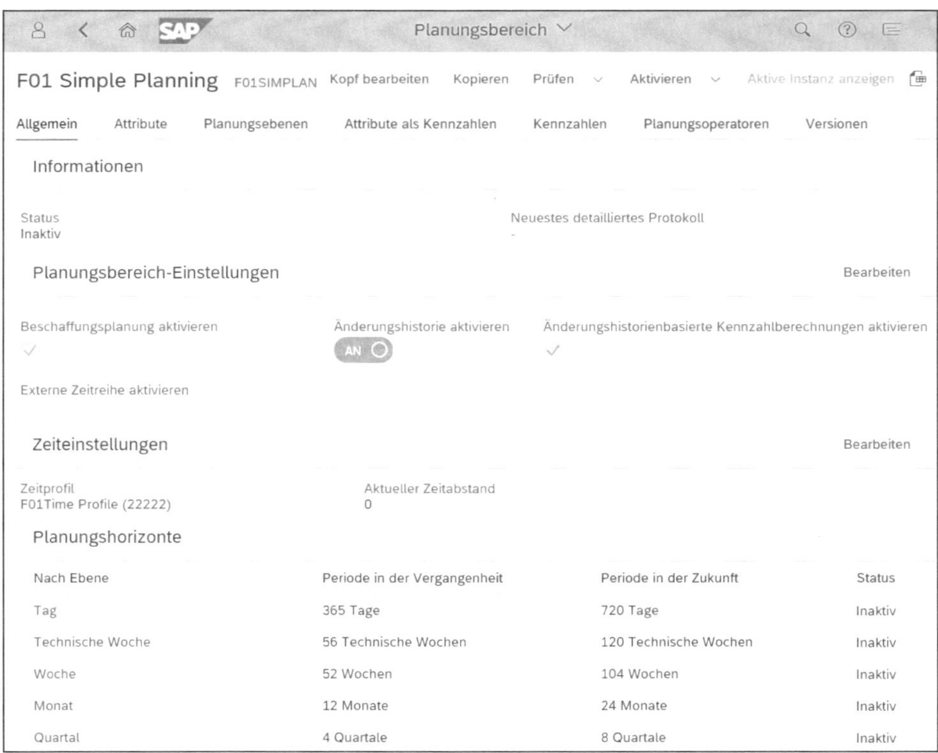

Abbildung 3.29 Detailsichten mit zugeordneten Entitäten in der App »Planungsbereiche«

Gerade bei Planungsbereichen nimmt die Kopierfunktion eine besondere Rolle ein. Das SAP-IBP-System ist im Hinblick auf die Konfiguration sehr flexibel. In aller Regel wird das Planungsmodell jedoch nicht von Grund auf neu aufgebaut, sondern eines der von SAP ausgelieferten Beispielmodelle wird kopiert und im Hinblick auf die jeweiligen Anforderungen erweitert oder abgeändert. Für diesen Zweck liefert SAP Beispielmodelle aus, die Sie über die App **Beispielmodellentitäten** (engl. **Sample Models**) aufrufen können. Dieser Aufruf kann direkt über einen Klick auf die gleichnamige Kachel im SAP Fiori Launchpad erfolgen, und alternativ besteht die Möglichkeit, aus der App **Konfiguration** oder aus den Stammdaten-Apps heraus dorthin abzuspringen. Abbildung 3.30 zeigt den Absprung aus der App **Konfiguration** in die App **Beispielmodellentitäten**.

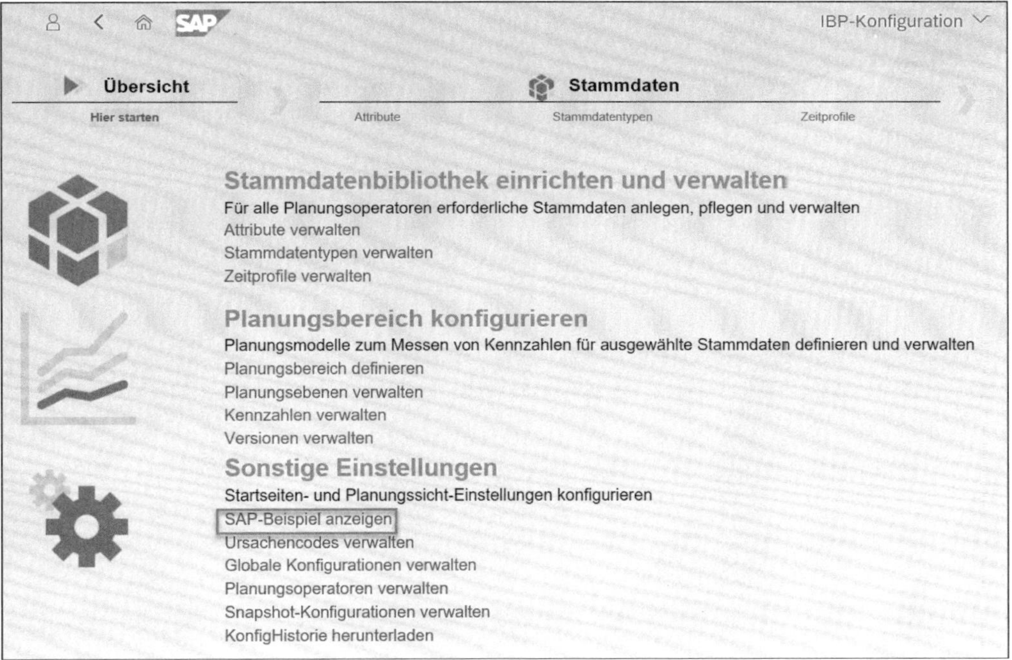

Abbildung 3.30 Absprung aus der App »Konfiguration« in die App »Beispielmodellentitäten«

Die App **Beispielmodellentitäten** bietet keine Optionen für die Konfiguration, sie ermöglicht lediglich eine Analyse der von SAP ausgelieferten Beispiele. Diese sind im linken Bereich in einer Liste aufgelistet, die über ein Suchfeld gefiltert werden kann (siehe Abbildung 3.31). Direkt unter dem Suchfeld sehen Sie eine grüne Schaltfläche, mit der Sie zwischen folgenden Beispielentitätstypen umschalten können:

- **Planungsbereiche**
- **Stammdatentypen**

- **Zeitprofile**
- **Attribute**

Je nachdem, welcher Entitätstyp hier und welche von SAP ausgelieferte Beispielentität in der darunterliegenden Liste ausgewählt wird, erfolgt im rechten Bereich eine Anzeige der Details. So werden beispielsweise bei der Auswahl von Planungsbereichen in mehreren Sektionen die einzelnen zugehörigen Entitäten, in Abbildung 3.31 beispielhaft für die **Unified Planning Area** (**SAPIBP1**), gezeigt.

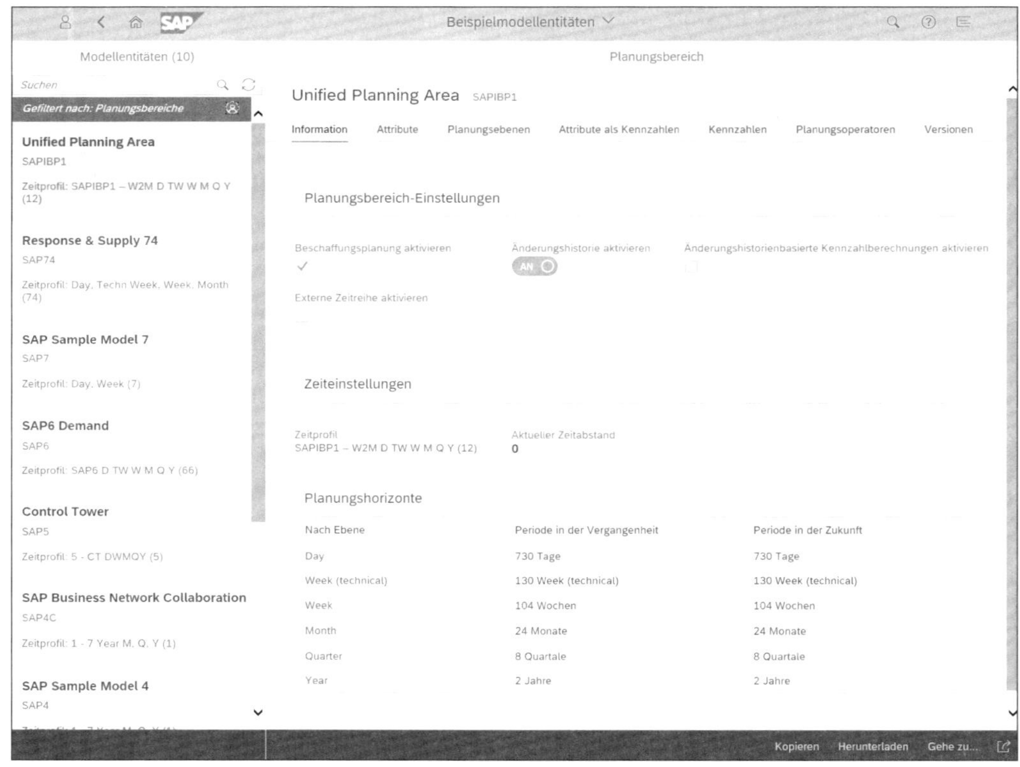

Abbildung 3.31 Die App »Beispielmodellentitäten«

SAP liefert dabei die folgenden Beispielplanungsbereiche aus:

- SAP2: Sales and operations and supply (time-series-based supply planning algorithms) – deprecated
- SAP3: Inventory
- SAP3B: Demand driven material requirements planning (DDMRP) buffer analysis
- SAP4: Supply (time-series-based supply planning algorithm)
- SAP4C: Business network collaboration
- SAP4S: Sample Model for Time-Series Shelf Life Planning Heuristic

- SAP5: Supply Chain Control Tower
- SAP6: Demand
- SAP7: Order-based planning
- SAP74: Order-based planning and time-series-based supply planning – deprecated
- SAP8: Demand driven replenishment sample planning area:
- SAPIBP1: Unified Planning Area (auch UPA oder UNIPA genannt)
  - Demand planning
  - Demand sensing
  - Inventory optimization
  - Supply Planning (time-series-based supply planning algorithms)
  - Sales and operations planning
  - SAP Supply Chain Control Tower

Wenn der Fokus auf der Integration verschiedener SAP-IBP-Applikationen liegt, wird häufig die Unified Planning Area (SAPIBP1) verwendet. Liegt der Fokus hingegen auf der tief greifenden Verwendung einzelner Applikationen, kommt es häufig zur Verwendung eines auf eine Applikation fokussierten Beispielplanungsbereichs, für Demand z. B. SAP6 In beiden Fällen wird in der Regel das Beispielmodell kopiert und entsprechend den Anforderungen ergänzt bzw. angepasst.

3.4.2 Bestehende eigene Planungsbereiche kopieren

Bei der Kopie eines bestehenden Planungsmodells wird zwischen SAP-Beispielmodellen und anderen bestehenden Planungsbereichen unterschieden. Falls Sie einen Planungsbereich kopieren, der nicht zu den SAP-Beispielplanungsbereichen gehört, stehen die folgenden Alternativen zur Verfügung:

- **Kopie einfach** (engl. **Simple Copy**)
  - **Neu anlegen** (engl. **Create New**)
  - **Zusammenführen** (engl. **Merge**)
  - **Vorhandene überschreiben (ersetzen)** (engl. **Overwrite Existing [Replace]**)
- **Kopie erweitert** (engl. **Advanced Copy**)
  - **Neu anlegen** (engl. **Create New**)
  - **Vorhandene wählen** (engl. **Select Existing**)

Beispielplanungsbereiche bei der einfachen oder erweiterten Kopie

In bestimmten Rahmen können Sie auch Nicht-Beispielplanungsbereiche an diesen Kopiervorgängen beteiligen. Auf diese Optionen gehen wir im Folgenden an den Stellen ein, an denen diese Optionen möglich sind.

Der Kopiervorgang wird bei allen genannten Optionen ausgeführt, indem Sie die Planungsbereichspflege der App **Konfiguration** aufrufen. Sie markieren dann einen Planungsbereich und betätigen die Schaltfläche [Kopieren-Symbol] (**Kopieren**). Daraufhin öffnet sich ein Pop-up-Fenster, in dem Sie die unterschiedlichen Optionen auswählen können. Je nachdem, welche Option Sie wählen, werden verschiedene Kopierschritte durchgeführt.

Wenn Sie in dem Pop-up-Fenster die Option **Kopie einfach** im oberen Teil wählen und darunter dann **Neu anlegen** auswählen, müssen Sie zusätzlich eine ID für den neu anzulegenden Planungsbereich angeben. Abbildung 3.32 zeigt beispielhaft die Einstellungen zu dieser Kopieroption.

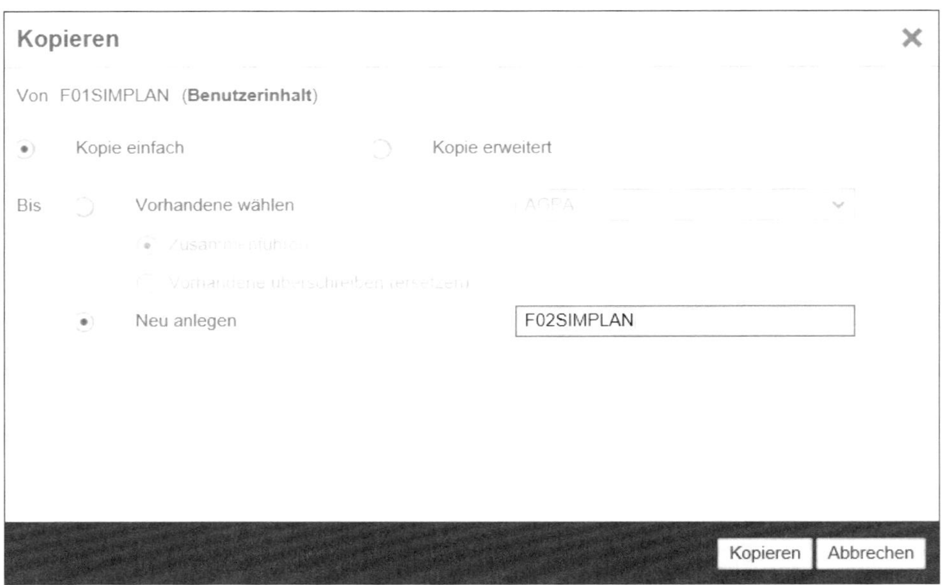

Abbildung 3.32 Die Option »Kopie einfach • Neu anlegen« in der App »Konfiguration«

Diese Option wird gewählt, wenn Sie einen Planungsbereich kopieren, aber die Stammdatentypen und das Zeitprofil der Vorlage weiterverwenden möchten; diese werden nicht mitkopiert. Sie können also beispielsweise die Konfiguration des Planungsbereichs selbst ändern, arbeiten aber mit den Stammdatentypen samt zugehöriger Attribute und dem Zeitprofil der Vorlage. Die Vorlage ist dabei zwingend ein Nicht-Beispielplanungsbereich, d. h., Sie können diese Option nur für eigendefinierte Planungsbereiche verwenden.

Die folgende Konfiguration wird bei Ausführung der Option **Kopie einfach • Neu anlegen** übernommen:

- Planungsbereichsdetails und Einstellungen
- Planungsbereichs-Zeitprofilzuordnung
- Planungsbereichs-Attributzuordnung
- Planungsebenen
- Planungsebenen-Attributzuordnung
- Attribute als Kennzahlen
- Kennzahlen
- Versionen
- Snapshots
- Planungsbereichs-Planungsoperator-Zuordnung
- Planungsprofile

[!]

Kopieren der Planungsdaten

Bitte beachten Sie, dass Planungsdaten derzeit bei keiner der hier beschriebenen Kopieroptionen übernommen werden. Die Kopieroptionen zielen daher lediglich auf die Konfiguration ab, nicht auf die enthaltenen Daten. Diese müssen in der Folge beispielsweise durch Datenupload in die jeweiligen Planungsbereiche geladen werden.

Die Option **Kopie einfach • Zusammenführen** (siehe Abbildung 3.33) wählen Sie aus, indem Sie im bereits angesprochenen Pop-up-Fenster die Optionen **Kopie einfach** sowie **Vorhandene wählen** auswählen. Im Dropdown-Menü daneben wählen Sie einen weiteren, bereits bestehenden Planungsbereich aus und klicken dann noch die Option **Zusammenführen** an. Diese Option wird verwendet, wenn Sie zwei Planungsbereiche kombinieren möchten, die unterschiedliche Einstellungen aufweisen, aber auf dem gleichen Stammdatengerüst basieren. Dabei können Sie sowohl zwei Nicht-Beispielplanungsbereiche als auch einen Nicht-Beispielplanungsbereich und einen Beispielplanungsbereich zusammenführen. Die Stammdatentypen, das Zeitprofil und die zugeordneten Attribute des Planungsbereichs werden nicht kopiert.

[!]

Beispielplanungsbereich und Nicht-Beispielplanungsbereich zusammenführen

Generell können Sie die Option **Kopie einfach • Zusammenführen** auch einsetzen, wenn Sie einen Nicht-Beispielplanungsbereich und einen Beispielplanungsbereich zusammenführen möchten. Hierbei sollten Sie jedoch sicherstellen, dass das Zeitprofil des Beispielplanungsbereichs bereits mit der identischen ID kopiert wurde.

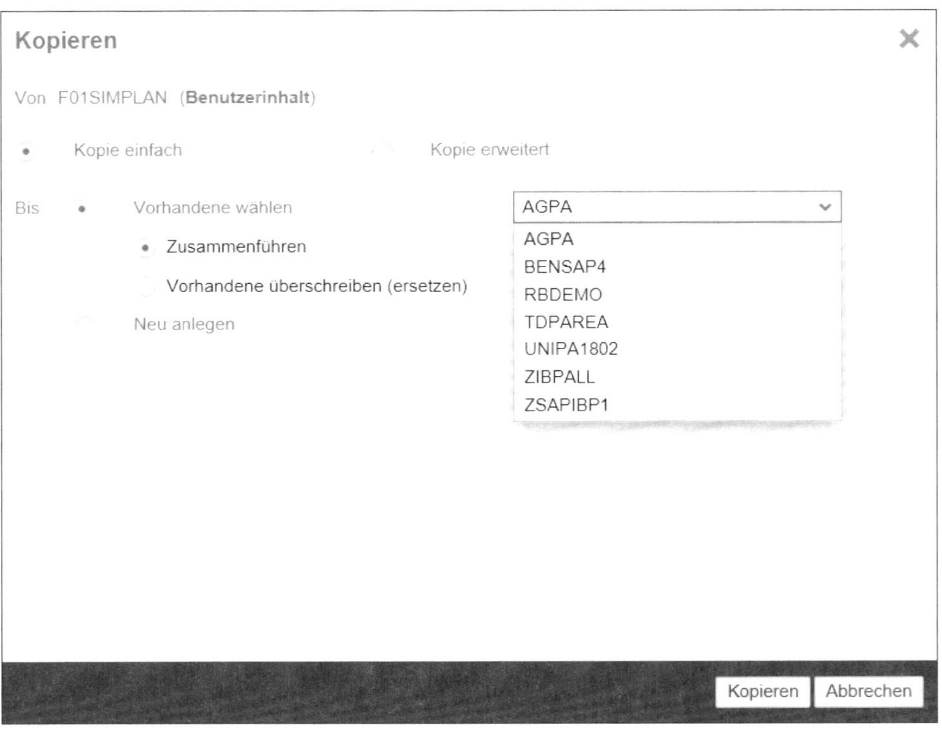

Abbildung 3.33 Die Option »Kopie einfach • Zusammenführen« in der App »Konfiguration«

[!]

Prüfung vor der Durchführung

Bitte prüfen Sie die folgenden Übereinstimmungen zwischen Quell- und Zielplanungsbereich, bevor Sie die Option **Kopie einfach • Zusammenführen** anwenden:

- Die beteiligten Planungsbereiche weisen die gleichen Stammdatentypen mit identischen IDs und identischer Konfiguration auf.
- Die Stammdatentypen haben eine Art von Präfix, und dieses Präfix ist in beiden Planungsbereichen identisch.
- Die beteiligten Planungsbereiche haben die identische Ablagezeitprofilebene.
- Die Zeitprofile haben die identische Anzahl an Zeitprofilebenen.
- Der Zielplanungsbereich ist aktiv.

Falls die oben genannten Voraussetzungen nicht erfüllt sind, wird die Zusammenführung fehlerhaft durchgeführt bzw. abgebrochen.

Nach der Zusammenführung verwendet der resultierende Planungsbereich die in Tabelle 3.1 dargestellte Konfiguration der beiden beteiligten Planungsbereiche.

Objekt	Quellplanungsbereich	Zielplanungsbereich
Planungsbereich-ID	–	X
Planungsbereichsdetails und Einstellungen	X	–
Zeitprofilzuordnung	X	–
Planungsbereichs-Attributzuordnung	X	X
Planungsebenen	X	X
Planungsebenen-Attributzuordnung	X	X
Attribute als Kennzahlen	X	X
Kennzahlen	X	X
Versionen	X	X
Snapshots	X	X
Planungsbereichs-Planungsoperator-Zuordnung	X	X
Planungsprofile	X	X

Tabelle 3.1 Vergleich von Entitäten bzw. Einstellungen von Quell- und Zielplanungsbereich bei der Option »Kopie einfach • Zusammenführen«

[!]

Identische Planungsebenen mit unterschiedlichen Schlüsselattributen

Wenn bei Verwendung der Option **Kopie einfach • Zusammenführen** in beiden beteiligten Planungsbereichen eine identische Planungsebene vorliegt, die Planungsbereiche aber unterschiedliche Schlüsselattribute aufweisen, werden die Schlüsselattribute des Quellplanungsbereichs verwendet. Dies kann zu Inkonsistenzen bei bestehenden Daten führen. Bitte prüfen Sie die Konsistenz der Daten, und löschen Sie im Bedarfsfall entsprechende Inkonsistenzen (gegebenenfalls wird hier ein neuer Datenupload nötig).

Die Option **Kopie einfach • Vorhandene überschreiben (ersetzen)** ersetzt einen bestehenden Planungsbereich durch einen anderen, unter Beibehaltung der bestehenden ID. Die Stammdatentypen, Zeitprofile und zugehörigen Attribute werden nicht kopiert. Um diese Option auszuführen, wählen Sie im Pop-up-Fenster der Kopierfunktion **Kopie einfach • Vorhandene wählen**, suchen im Dropdown-Menü daneben einen Zielplanungsbereich aus und klicken dann noch die Option **Vorhandene überschreiben (ersetzen)** an (siehe Abbildung 3.34).

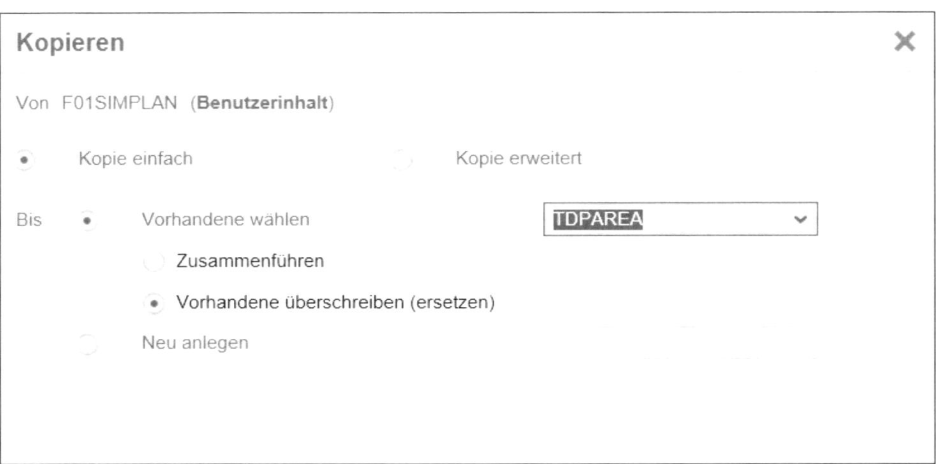

Abbildung 3.34 Die Option »Kopie einfach • Vorhandene überschreiben (ersetzen)« in der App »Konfiguration«

[»]

Beispielplanungsbereich und Nicht-Beispielplanungsbereich verwenden

Generell können Sie die Option **Kopie einfach • Vorhandene überschreiben (ersetzen)** auch einsetzen, wenn Sie einen Nicht-Beispielplanungsbereich durch einen Beispielplanungsbereich ersetzen möchten. Hierbei sollten Sie sicherstellen, dass das Zeitprofil des Beispielplanungsbereichs bereits mit der identischen ID kopiert wurde.

[!]

Prüfung vor der Durchführung

Bitte prüfen Sie die folgenden Übereinstimmungen in Bezug auf Quell- und Zielplanungsbereich, bevor Sie die Option **Kopie einfach • Vorhandene überschreiben (ersetzen)** anwenden:

- Die beteiligten Planungsbereiche weisen die gleichen Stammdatentypen mit identischen IDs und identischer Konfiguration auf.
- Die Stammdatentypen haben eine Art von Präfix, und dieses Präfix ist in beiden Planungsbereichen identisch.
- Der Zielplanungsbereich ist aktiv.

Falls die oben genannten Voraussetzungen nicht erfüllt sind, wird die Ersetzung fehlerhaft durchgeführt bzw. abgebrochen.

Nach der Ersetzung verwendet der resultierende Planungsbereich die in Tabelle 3.2 gezeigte Konfiguration der beiden beteiligten Planungsbereiche.

Objekt	Quellplanungsbereich	Zielplanungsbereich
Planungsbereich-ID	–	X
Planungsbereichsdetails und Einstellungen	X	–
Zeitprofilzuordnung	–	X
Planungsbereichs-Attributzuordnung	X	–
Planungsebenen	X	–
Planungsebenen-Attributzuordnung	X	–
Attribute als Kennzahlen	X	–
Kennzahlen	X	–
Versionen	X	–
Snapshots	X	–
Planungsbereichs-Planungsoperator-Zuordnung	X	–
Planungsprofile	X	–

Tabelle 3.2 Vergleich von Entitäten bzw. Einstellungen von Quell- und Zielplanungsbereich bei der Option »Kopie einfach • Vorhandene überschreiben (ersetzen)«

[!]

Identische Planungsebenen mit unterschiedlichen Schlüsselattributen

Wenn bei Verwendung der Option **Kopie einfach • Vorhandene überschreiben (ersetzen)** in beiden beteiligten Planungsbereichen eine identische Planungsebene vorliegt, die Planungsbereiche aber unterschiedliche Schlüsselattribute aufweisen, werden die Schlüsselattribute des Quellplanungsbereichs verwendet. Dies kann zu Inkonsistenzen bei bestehenden Daten führen. Bitte prüfen Sie die Konsistenz der Daten, und löschen Sie im Bedarfsfall entsprechende Inkonsistenzen (gegebenenfalls wird hier ein neuer Datenupload nötig). Damit gleicht das Verhalten dem bei der Verwendung der Option **Kopie einfach • Zusammenführen**, das wir weiter oben bereits beschrieben haben.

[!]

Planungsprofile des Zielplanungsbereichs

Bitte beachten Sie, dass die Planungsprofile des Zielplanungsbereichs bei der Kopie mit **Kopie einfach • Vorhandene überschreiben (ersetzen)** gelöscht werden!

Die Option **Kopie erweitert • Neu anlegen** wird – wie die bisher beschriebenen Optionen auch – aus der Planungsbereichspflege der App **Konfiguration** ausgeführt. Sie wählen auch hier einen Planungsbereich aus und betätigen die Schaltfläche (**Kopieren**). In dem zugehörigen Pop-up-Fenster wählen Sie **Kopie erweitert • Neu anlegen**, und zusätzlich nehmen Sie weitere Einstellungen in den Feldern **Zielplanungsbereich** und **Zielzeitprofl-ID** sowie unter **Stammdatentypen** in den Feldern **Quellpräfix** und **Zielpräfix** (beides optional) vor (siehe Abbildung 3.35).

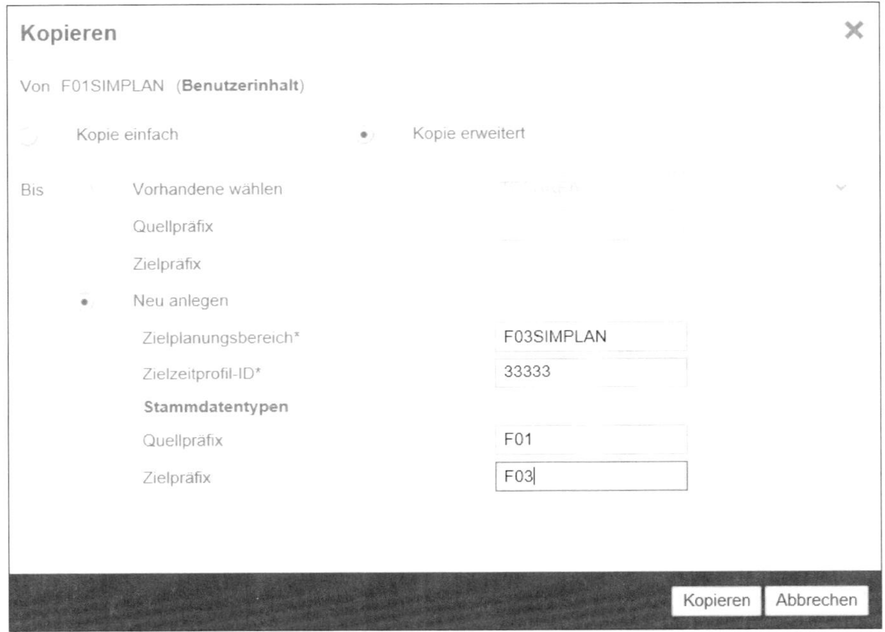

Abbildung 3.35 Die Option »Kopie erweitert • Neu anlegen« in der App »Konfiguration«

Verwenden Sie die Option **Kopie erweitert • Neu anlegen**, wird eine exakte Kopie des Quellplanungsbereichs mit einer neuen ID angelegt, und hier werden – anders als bei den einfachen Kopieroptionen – auch die Stammdatentypen und das Zeitprofil als Kopie erzeugt.

Die folgende Konfiguration wird bei Ausführung der Option **Kopie erweitert • Neu anlegen** übernommen:

- Planungsbereichsdetails und Einstellungen
- Zeitprofil
- Planungsbereichs-Attributzuordnung
- Stammdatentypen
- Planungsebenen
- Planungsebenen-Attributzuordnung

- Attribute als Kennzahlen
- Kennzahlen
- Versionen
- Snapshots
- Planungsbereichs-Planungsoperator-Zuordnung
- Prognosemodelle
- Planungsprofile

Sie können das bestehende bis zu dreistellige Präfix beim Kopiervorgang durch ein neues ersetzen.

Attribute

Attribute werden bei Verwendung der Option **Kopie erweitert • Neu anlegen** für Nicht-Beispielplanungsbereiche nicht mitkopiert.

Die Option **Kopie erweitert • Vorhandene wählen** wird analog zu den bisher beschriebenen einfachen und erweiterten Kopieroptionen in der Planungsbereichspflege der App **Konfiguration** über die Schaltfläche (**Kopieren**) angestoßen. Hierfür klicken Sie im Pop-up-Fenster zunächst die Optionen **Kopie erweitert** und **Vorhandene wählen** an, suchen dann aus der Dropdown-Liste rechts daneben einen Zielplanungsbereich aus und geben für diesen jeweils ein **Quellpräfix** und ein **Zielpräfix** an (siehe Abbildung 3.36).

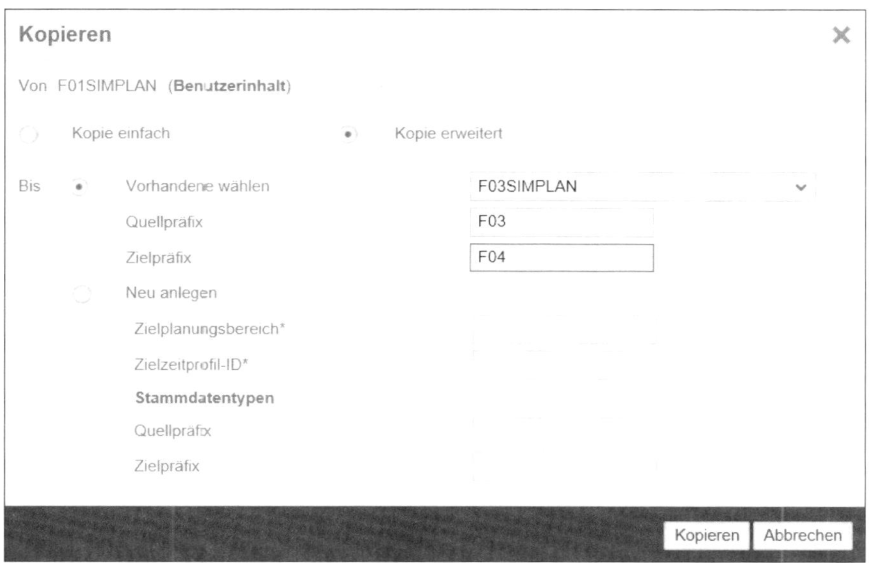

Abbildung 3.36 Die Option »Kopie erweitert • Vorhandene wählen« in der App »Konfiguration«

Diese Option wird eingesetzt, wenn Sie einen bestehenden Planungsbereich durch einen anderen ersetzen wollen, die ID jedoch beibehalten werden soll.

Der resultierende Planungsbereich weist die in Tabelle 3.3 dargestellte Konfiguration auf.

Objekt	Quellplanungsbereich	Zielplanungsbereich
Planungsbereich-ID	–	X
Planungsbereichsdetails und Einstellungen	X	–
Stammdatentypen	X	–
Zeitprofilzuordnung	X	–
Planungsbereichs-Attributzuordnung	X	–
Planungsebenen	X	–
Planungsebenen-Attributzuordnung	X	–
Attribute als Kennzahlen	X	–
Kennzahlen	X	–
Versionen	X	–
Snapshots	X	–
Planungsbereichs-Planungsoperator-Zuordnung	X	–
Planungsprofile	X	–

Tabelle 3.3 Vergleich von Entitäten bzw. Einstellungen von Quell- und Zielplanungsbereich bei der Option »Kopie erweitert • Vorhandene wählen«

[!]

Beispielplanungsbereich und Nicht-Beispielplanungsbereich verwenden

Generell können Sie die Option **Kopie erweitert • Vorhandene wählen** auch einsetzen, wenn Sie einen Nicht-Beispielplanungsbereich durch einen Beispielplanungsbereich ersetzen möchten. Hierbei sollten Sie sicherstellen, dass das Zeitprofil des Beispielplanungsbereichs bereits mit der identischen ID kopiert wurde. Zusätzlich ist sicherzustellen, dass die gleichen Attributzuordnungen bestehen und dass sich die IDs der Stammdatentypen nur durch das Präfix unterscheiden.

Prüfung vor Durchführung

Bitte prüfen Sie, ob der Zielplanungsbereich aktiv ist, bevor Sie die Option **Kopie erweitert • Vorhandene wählen** anwenden. Andernfalls wird der Kopiervorgang fehlerhaft sein bzw. vom SAP-IBP-System abgebrochen.

Löschungen durch den Kopierprozess

Die Planungsprofile des Zielplanungsbereichs werden bei der Kopie mit **Kopie erweitert • Vorhandene wählen** gelöscht. Dies gilt nicht für die Stammdatentypen und das Zeitprofil des Zielplanungsbereichs, hier wird lediglich die Zuordnung gelöscht, die Entitäten bleiben bestehen.

3.4.3 SAP-Beispielmodelle kopieren

Beim Kopieren eines Beispielmodells stehen Ihnen die folgenden Alternativen zur Verfügung (siehe Abbildung 3.37):

- **Neu anlegen mit Abhängigkeiten** (engl. **Create New with Dependencies**)
- **Mit vorhandenem zusammenführen** (engl. **Merge with Existing**)
- **Vorhandenes ersetzen** (engl. **Replace Existing**)
- **Vorhandenen einschließlich Abhängigkeiten ersetzen**

Um diese Optionen auszuführen, müssen Sie in der App **Beispielmodellentitäten** einen Planungsbereich auswählen und die Schaltfläche **Kopieren** im rechten unteren Bereich des Bildschirms anklicken. Im Anschluss öffnet sich ein Pop-up-Fenster, in dem Sie aus der Liste der Kopieroptionen wählen können.

Die Option **Kopie erweitert • Neu anlegen** für die Nicht-Beispielplanungsbereiche ist eng mit der Option **Neu anlegen mit Abhängigkeiten** für Beispielplanungsbereiche verwandt. Es besteht jedoch ein Unterschied. Bei Beispielplanungsbereichen werden Attribute mit der Option **Neu anlegen mit Abhängigkeiten** ebenfalls kopiert, dies ist bei der Option **Kopie erweitert • Neu anlegen** nicht der Fall.

Eine weitere Besonderheit, die auch für die später noch zu erläuternde Kopieroption **Vorhandenen einschließlich Abhängigkeiten ersetzen** gilt, darf an dieser Stelle nicht unerwähnt bleiben. Falls Sie mittels einer dieser beiden Optionen die Unified Planning Area (SAPIBP1) kopieren, kann auch eine Teilkopie (engl. *Partial Copy*) durchgeführt werden. Das bedeutet, dass Sie auch nur einen bestimmten applikationsbezogenen Ausschnitt der Unified Planning Area kopieren können.

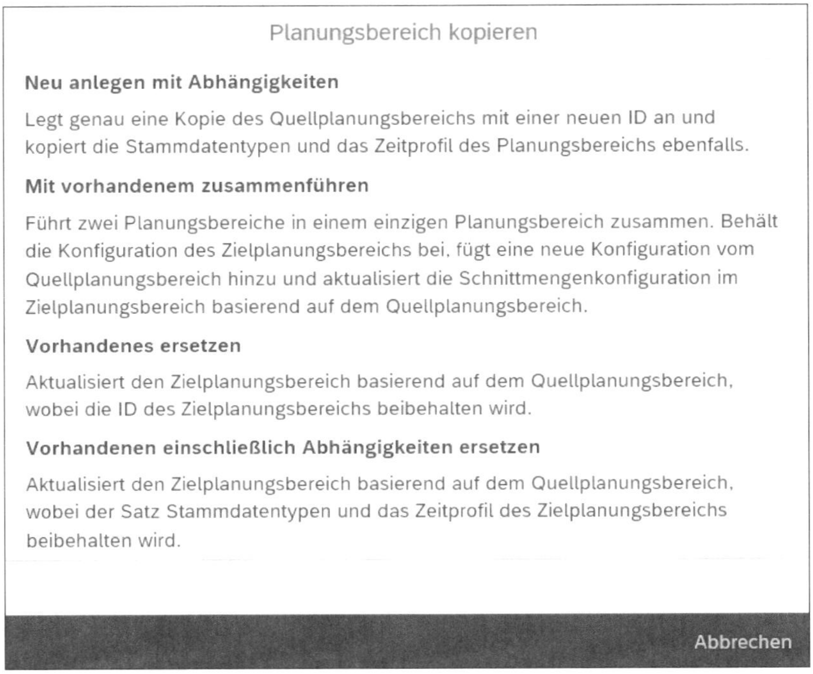

Planungsbereich kopieren

Neu anlegen mit Abhängigkeiten

Legt genau eine Kopie des Quellplanungsbereichs mit einer neuen ID an und kopiert die Stammdatentypen und das Zeitprofil des Planungsbereichs ebenfalls.

Mit vorhandenem zusammenführen

Führt zwei Planungsbereiche in einem einzigen Planungsbereich zusammen. Behält die Konfiguration des Zielplanungsbereichs bei, fügt eine neue Konfiguration vom Quellplanungsbereich hinzu und aktualisiert die Schnittmengenkonfiguration im Zielplanungsbereich basierend auf dem Quellplanungsbereich.

Vorhandenes ersetzen

Aktualisiert den Zielplanungsbereich basierend auf dem Quellplanungsbereich, wobei die ID des Zielplanungsbereichs beibehalten wird.

Vorhandenen einschließlich Abhängigkeiten ersetzen

Aktualisiert den Zielplanungsbereich basierend auf dem Quellplanungsbereich, wobei der Satz Stammdatentypen und das Zeitprofil des Zielplanungsbereichs beibehalten wird.

Abbrechen

Abbildung 3.37 Übersicht der Kopieroptionen bei einem Beispielplanungsbereich

[»]

Änderung an einer Kopie eines Attributs aus einem Beispielplanungsbereich

Wenn Sie ein Attribut eines Beispielplanungsbereichs mit der Option **Neu anlegen mit Abhängigkeiten** kopieren, es ändern und dann den gleichen Beispielplanungsbereich erneut kopieren, werden die durchgeführten Änderungen überschrieben. Dies gilt nicht für Änderungen an der Länge des Attributs.

Folgende vordefinierte und nicht änderbare Filter stehen dafür zur Verfügung (siehe hierzu Abbildung 3.38):

- **Supply Chain Control Tower**
- **Absatzplanung**
- **Demand Sensing**
- **Bestandsoptimierung**
- **Sales and Operations Planning und Beschaffungsplanung**

Die Option **Mit vorhandenem zusammenführen** für Beispielplanungsbereiche ist in der Funktion identisch mit der Option **Kopie einfach • Zusammenführen**, die Option **Vorhandenes ersetzen** für Beispielplanungsbereiche mit der Option **Kopie einfach • Vorhandene überschreiben (ersetzen)** für Nicht-Beispielplanungsbereiche.

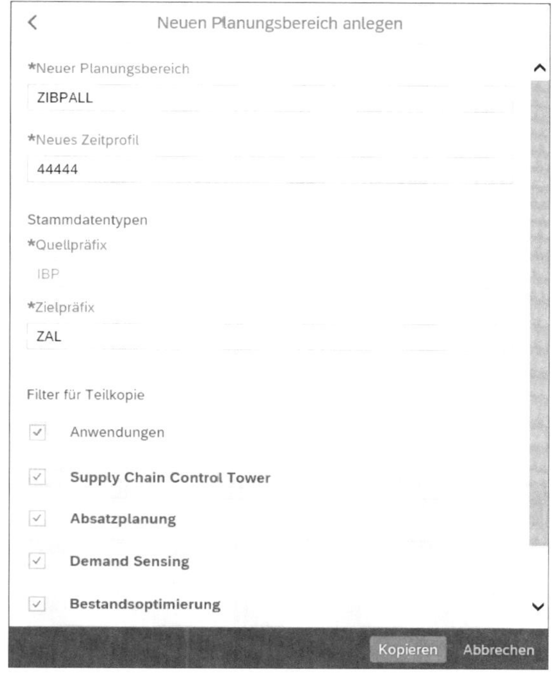

Abbildung 3.38 Einen neuen Planungsbereich anlegen

Kopie anderer Stammdatenobjekte in der App »Beispielmodellentitäten«

Auch die anderen Stammdatenobjekte können Sie in der App **Beispielmodellentitäten** kopieren. Dabei stehen Ihnen aber die für die Planungsbereiche aufgeführten Funktionen nur teilweise zur Verfügung. Attribute können lediglich angezeigt, aber nicht direkt einzeln kopiert werden, und für Stammdatentypen stehen lediglich die folgenden Optionen zur Verfügung:

- **Neu anlegen**
- **Mit vorhandenem zusammenführen**
- **Vorhandenes ersetzen**

Und auch die letzte Option für Beispielplanungsbereiche, **Vorhandenen einschließlich Abhängigkeiten ersetzen**, hat eine Entsprechung aufseiten der Kopieroptionen für Nicht-Beispielplanungsbereiche (hier **Kopie erweitert • Vorhandene wählen**). Wie bereits im Rahmen der Kopieroption **Neu anlegen mit Abhängigkeiten** erwähnt, können Sie eine Teilkopie durchführen, wenn Sie diese Kopieroption auf die Unified Planning Area (SAPIBP1) anwenden (siehe Abbildung 3.39).

Ein Zeitprofil wird lediglich in ein neues kopiert, diese Option entspricht der Option **Neu anlegen**. In der App **Beispielmodellentitäten** können Sie auch ein bestehendes

Modell herunterladen, oder Sie können aus der App heraus in andere Apps abspringen. Diese Optionen finden Sie am rechten unteren Rand des Bildschirms.

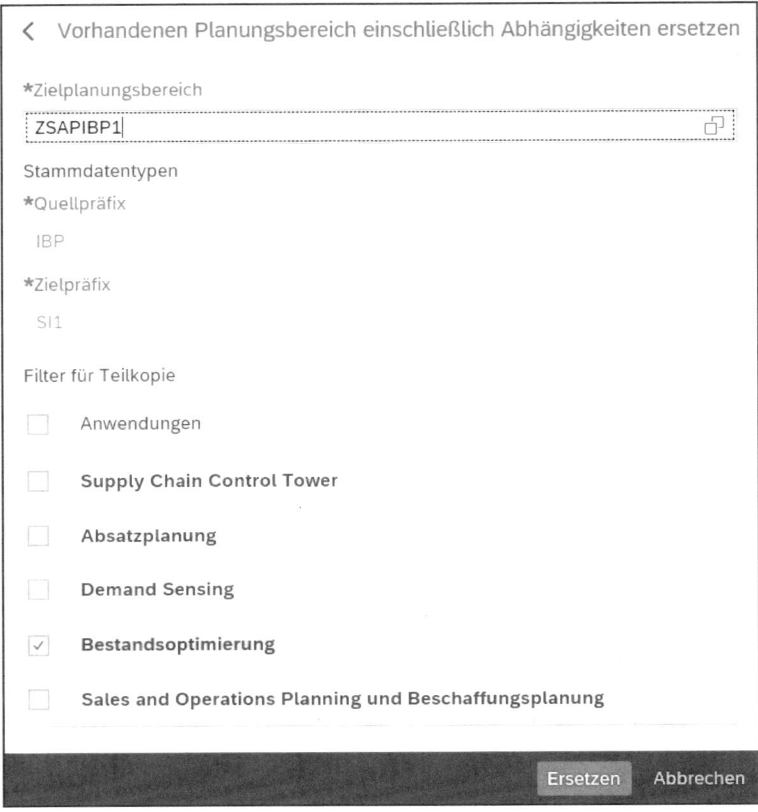

Abbildung 3.39 Filter für eine Teilkopie der Unified Planning Area mit der Option »Vorhandenen einschließlich Abhängigkeiten ersetzen«

3.5 Planungsebenen

Planungsebenen (engl. *Planning Levels*) dienen der Verwaltung von Planungsdaten. Mit ihrer Hilfe werden Daten abgelegt, berechnet, gesucht und analysiert. Es handelt sich bei einer Planungsebene um ein Set von Attributen, welche die Ebenen angeben, auf denen die genannten Aktionen stattfinden.

Damit eine Planungsebene angelegt werden kann, muss eine Reihe von Voraussetzungen erfüllt sein:

- Es müssen entsprechende Attribute und Stammdatentypen angelegt worden sein.
- Es muss ein Zeitprofil angelegt worden sein.

- Es muss ein Planungsbereich angelegt worden sein.
- Die Attribute und das Zeitprofil müssen dem Planungsbereich zugeordnet worden sein.

Das Anlegen einer Planungsebene erfolgt über die App **Konfiguration** (siehe Abbildung 3.40).

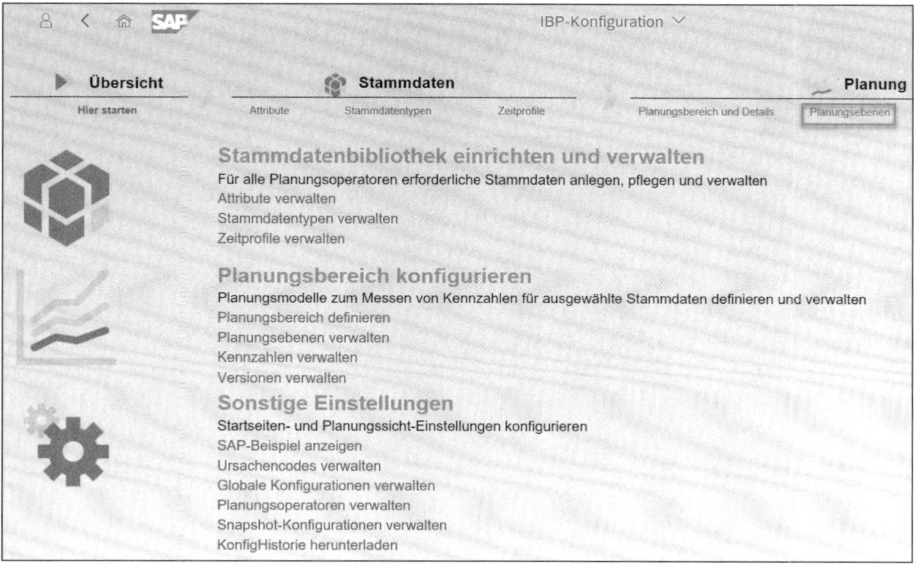

Abbildung 3.40 Die App »Konfiguration« mit dem Absprung in die Pflege der »Planungsebenen«

Der Aufbau des Pflegebildschirms für die Planungsebenen (Abbildung 3.41) gleicht dem Planungsbereich in der App **Konfiguration**. Oben ist die Navigationsleiste ❶ für den Absprung in die anderen Pflegemöglichkeiten zu finden. Links sehen Sie eine Liste mit allen Planungsebenen zum ausgewählten Planungsbereich ❷; die Auswahl des jeweiligen Planungsbereichs erfolgt über ein Dropdown-Menü ❸ am rechten oberen Rand der Liste. Im rechten unteren Bereich befindet sich die filterbare Liste der ausgewählten Stammdaten ❹, direkt darüber kann mittig die Beschreibung ❺ der Planungsebene angepasst werden. Rechts davon befindet sich zwischen dem oberen Navigationsbereich und der Stammdatenliste die Leiste mit Bearbeitungsfunktionen ❻. Hierzu zählen die folgenden:

- **Neu anlegen**
- **Kopieren**
- **Speichern**
- **Aktualisieren**
- **Planungsbereich prüfen**

- **Planungsbereich aktivieren**
- **Löschen aktiver Objekte**
- **Löschen**

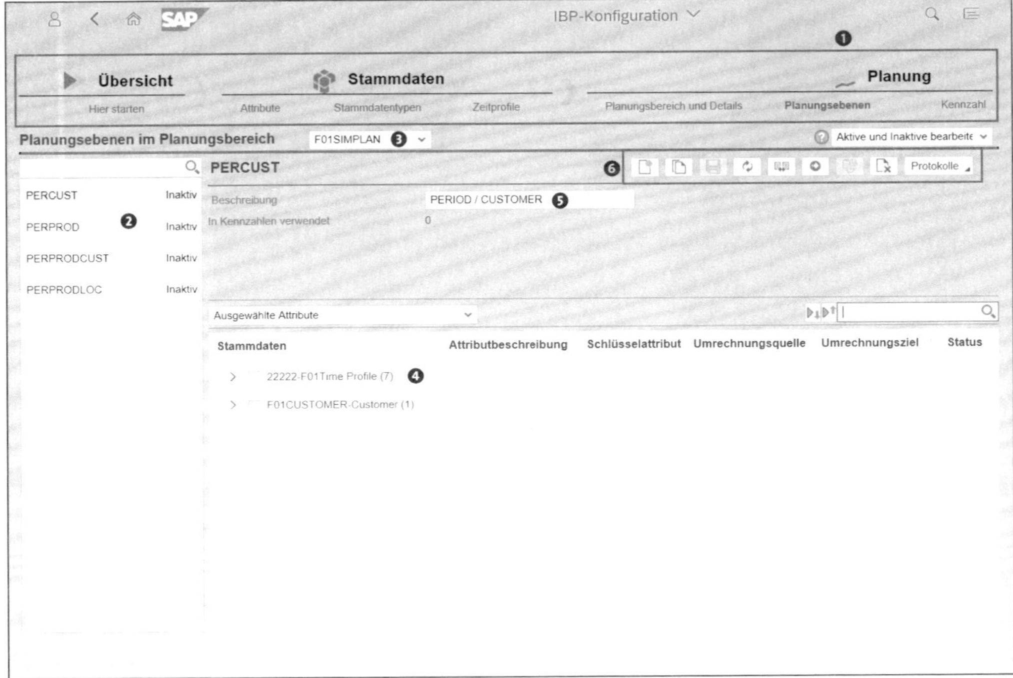

Abbildung 3.41 Planungsebenenpflege in der App »Konfiguration« (Details)

Mit der Schaltfläche **Neu anlegen** können Sie eine neue Planungsebene anlegen. In einem Pop-up-Fenster werden Sie nach der ID für die Planungsebene gefragt. Im Anschluss können Sie eine Beschreibung eingeben. Nun müssen noch die Stammdatenentitäten aus der Stammdatenliste ausgewählt werden, die der Planungsebene zugeordnet werden sollen. Hierbei ist der Begriff des *Schlüsselattributs* (engl. *Root Attribute*) entscheidend. Mit Schlüsselattributen werden die Planungsebenen genau beschrieben

Schlüsselattribute für die Planungsebenen PERPRODLOC und PERPRODCUST

Angenommen, Sie möchten eine Planungsebene definieren, bei der Sie Produkte in Lokationen planen, d. h. beispielsweise eine statistische Prognose ausführen möchten. Dies würde z. B. im ERP-System der Ausführung einer statistischen Prognose für Material-/Werkskombinationen mit der Transaktion MP38 entsprechen. Um auf dieser Ebene Daten für die Planung verwalten zu können, wird als Planungsebene PER-

PRODLOC (Perioden/Produkte/Lokationen, engl. *Periods/Products/Locations*) angelegt. Als Periodizität geben wir *Wochen* vor. Die Schlüsselattribute sind zum einen *Product ID* und *Location ID*, zum anderen die Zeitprofilebene *Woche* aus dem Zeitprofil bzw. das technisch hierfür verwendete Attribut. Abbildung 3.42 zeigt beispielhaft einen Auszug aus der Konfiguration der Planungsebene PERPRODLOC.

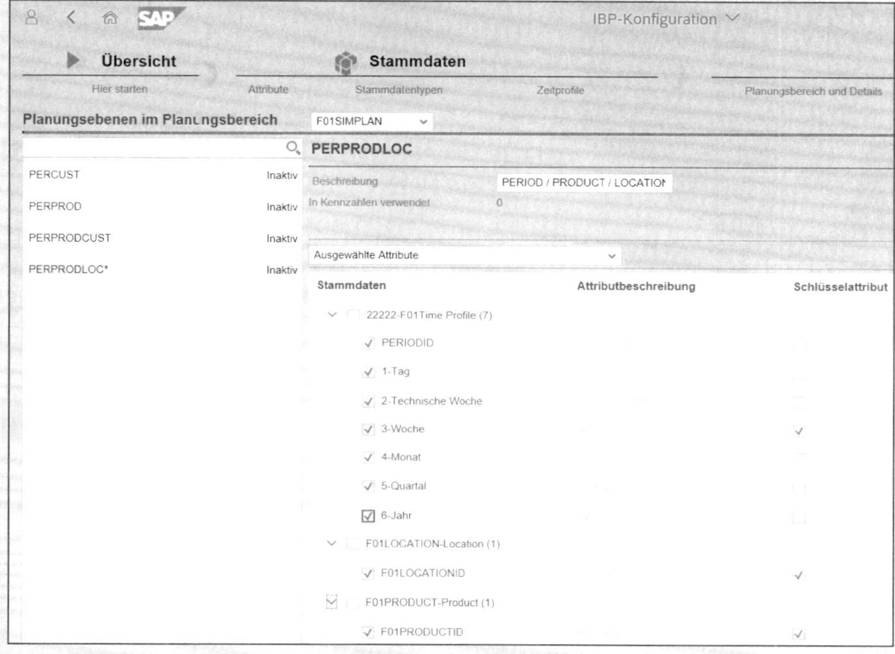

Abbildung 3.42 Auszug aus der Konfiguration der Planungsebene PERPRODLOC (Beispiel)

Falls Sie die Planung pro Produkt und Kunde durchführen möchten, beispielsweise weil Vertriebsmitarbeiter auf dieser Ebene pro Monat Prognosen eingeben sollen, benötigen Sie die Ebene PERPRODCUST (Perioden/Produkte/Kunden, engl. *Periods/Products/Customers*). Die Schlüsselattribute wären in diesem Fall *Monat*, *Product ID*, *Location ID und Customer ID*.

Die beiden hier beispielhaft genannten Planungsebenen können auch nebeneinander im gleichen Planungsbereich verwendet werden.

Als Schlüssel gekennzeichnete Attribute eines Stammdatentyps

Sie können einer Planungsebene auch Schlüsselattribute zuordnen, die nicht als Schlüssel im Stammdatentyp definiert sind. Achten Sie dabei jedoch darauf, dass Sie die als Schlüssel definierten Attribute der jeweiligen Stammdatentypen nicht dem Planungslevel zuordnen.

Sie können einer Planungsebene auch Attribute zuordnen, die nicht als Schlüsselattribut fungieren, beispielsweise zur Umrechnung von Werten. Sie sollten alle dem Planungsbereich zugeordneten Attribute in einer oder mehreren Planungsebenen verwenden. Wenn ein Attribut als Beschreibungsattribut beispielsweise für eine ID (z. B. *Product ID*) verwendet wird, so ist eine explizite Zuordnung nicht nötig. Die Verbindung wird automatisch über die Beschreibungsattributverbindung hergestellt.

[!]

Attribute aus dem Zeitprofil

Die Attribute aus dem Zeitprofil weisen einige Besonderheiten auf. Zeitprofilattribute können in der App **Konfiguration** keiner Planungsebene zugeordnet werden. Und einer Planungsebene kann immer nur eine Zeitprofilebene als Schlüsselattribut zugeordnet werden.

Auch für die Änderung der Planungsebenen gibt es bestimmte Rahmenbedingungen. Anders als bei den zu Beginn dieses Kapitels beschriebenen Stammdatenentitäten Attribut, Stammdatentyp und Zeitprofil spielt bei den Planungsebenen eine Rolle, ob sie in einer Kennzahl verwendet werden und ob in diesen Kennzahlen bereits Daten vorhanden sind.

Als Hilfestellung wird im mittleren Bereich der Planungsebenenpflege der App **Konfiguration** angezeigt, in wie vielen Kennzahlen eine Planungsebene verwendet wird (**In Kennzahlen verwendet**, engl. **Used in Key Figures**, siehe hierzu Abbildung 3.41 sowie Abbildung 3.42).

Die ID einer Planungsebene kann nicht mehr geändert werden, die Beschreibung lässt sich aber jederzeit anpassen. Ein Attribut lässt sich auch jederzeit hinzufügen, solange es sich nicht um das Schlüsselattribut handelt. Die Entfernung eines Attributs aus der Planungsebene ist niemals möglich, sobald es in einer Kennzahlenberechnung verwendet wird.

Wenn ein Attribut das einzige Attribut einer Planungsebene ist, lässt es sich nicht löschen, selbst wenn es nicht (mehr) in einer Kennzahlenberechnung verwendet wird.

[+]

Attribut aus der Planungsebene entfernen

Um ein Attribut aus der Planungsebene zu entfernen, das bereits in einer Kennzahlenberechnung eingebunden ist, müssen Sie zunächst die Kennzahlenberechnung entsprechend editieren und dann die Attributzuordnung aus der Planungsebene entfernen.

Das Hinzufügen eines zusätzlichen Schlüsselattributs ist möglich, wenn die Planungsebene noch nicht in einer Kennzahl verwendet wird oder die Kennzahl, für die die entsprechende Planungsebene als Basisplanungsebene fungiert, noch keine

Kennzahlenwerte aufweist. Falls keines dieser beiden Kriterien erfüllt ist, können Sie ein Schlüsselattribut entsprechend in ein normales Attribut umwandeln.

Änderung des Schlüsselattributs in einer Planungsebene

Eine Änderung an den Einstellungen der Schlüsselattribute einer bestehenden Planungsebene kann zu Inkonsistenz zwischen einem Planungsmodell und bereits bestehenden Daten führen. Das SAP-IBP-System würde in einem solchen Fall die Aktivierung unterbinden.

Falls Werte vorliegen, müssen Sie folgende Schritte in der hier beschriebenen Reihenfolge durchführen, um eine Änderung durchführen zu können:

1. Löschen Sie die Werte der abgelegten Kennzahl im Excel-Add-in.
2. Löschen Sie die Planungsobjekte.
3. Entfernen Sie das Kennzeichen **Schlüsselattribut** in der Planungsebenenpflege der App **Konfiguration**.

Bitte beachten Sie dabei, dass jede Planungsebene mindestens ein Schlüsselattribut aufweisen muss.

Wie für die Änderungen gilt auch für das Löschen einer Planungsebene, dass Sie bestimmte Schritte in einer vorgegebenen Reihenfolge vornehmen müssen:

1. Löschen Sie im Excel-Add-in die Kennzahlenwerte.
2. Löschen Sie die Planungsobjekte.
3. Löschen Sie in der Kennzahlenpflege der App **Konfiguration** alle Kennzahlen, die einen Bezug zu der Planungsebene aufweisen, die Sie löschen möchten.
4. Löschen Sie in der Planungsebenenpflege der App **Konfiguration** die Planungsebene.

Nachdem wir Ihnen damit die übergreifenden Konfigurationsoptionen für Planungsbereiche erläutert haben, gehen wir nun auf die Kennzahlen genauer ein.

3.6 Kennzahlen

Kennzahlen stellen in SAP IBP Bewegungsdaten dar. Es handelt sich dabei um zeitabhängige Zahlenreihen, sie sind das zentrale Objekt der Planungen in der zeitreihenbasierten Planung. Kennzahlen werden auf jeweils anzugebenden Planungsebenen abgelegt, und über diese Planungsebenen stellen Sie eine Verknüpfung zu Stammdaten her (Attribute bzw. Zeitprofilebenen). Man unterscheidet die folgenden Kennzahlentypen:

- (reguläre) Kennzahlen
- Hilfskennzahlen
- Attributtransformationen
- Kennzahlen als Attribute
- Alert-Kennzahlen
- Snapshot-Kennzahlen

(Reguläre) Kennzahlen stellen die Werte dar, die von Benutzern in Planungssichten bearbeitet werden (siehe dazu auch Kapitel 2, »Benutzeroberflächen«). Auch werden viele Ergebnisse der Ausführung von Planungsoperatoren in Kennzahlen wiedergegeben.

Hilfskennzahlen dagegen werden im Regelfall lediglich für die Ermittlung von Zwischenergebnissen von regulären Kennzahlen oder auch anderen Hilfskennzahlen eingesetzt. Es ist sinnvoll, sie zu verwenden, um komplexe Berechnungen in einfache verständliche Einzelschritte herunterzubrechen.

[»]

Charakteristika von Hilfskennzahlen

Hilfskennzahlen werden dem Benutzer in Planungssichten nicht angezeigt. Sie sind keiner Planungsebene zugeordnet, die Kennzahleneigenschaften **Abgelegt**, **Bearbeitbar**, **Aggregation** und **Dissaggregation** werden nicht zugeordnet. Zur besseren Erkennbarkeit werden Hilfskennzahlen in der Regel mit dem Präfix H oder dem Namensbestandteil HELPER gekennzeichnet.

Einer Planungsebene zugeordnete Attribute können unter bestimmten Umständen in einen anderen Wert umgewandelt werden, dieser Prozess wird als *Attributtransformation* bezeichnet.

Attributtransformationen

Ein Beispiel für eine Attributtransformation ist die Verwendung der Perioden-ID zur Berechnung einer Nachlaufzeit. Weitere Beispiele finden Sie in der Help-Dokumentation unter *help.sap.com/IBP* (Pfad: **Leitfaden für Modellkonfiguration • Erweiterte Modellierungsthemen • Attribut-Transformationen**).

Ebenfalls in Verbindung mit Attributen stehen die *Attribute als Kennzahlen*. Dabei wird ein Attribut eines Stammdatentyps als Kennzahl, d. h. zeitabhängig, definiert.

Alert-Kennzahlen werden verwendet. um auf Ausnahmesituationen hinzuweisen. Sie können lediglich die Werte 0 oder 1 annehmen, d. h., die Ausnahmemeldung ist aktiv oder nicht aktiv.

Snapshot-Kennzahlen stellen einen zeitlichen Abzug des Standes von Kennzahlen dar.

Alert-Kennzahl

Ein Beispiel für eine Alert-Kennzahl wäre der Vergleich von einer Kennzahl wie Zielumsatz mit aktuellem Umsatz. So könnte ein Alert beispielsweise so ausgestaltet werden, dass immer eine Ausnahmemeldung angezeigt werden soll, wenn der aktuelle Umsatz den Zielumsatz um 10 % unterschreitet.

Nachdem wir Ihnen die einzelnen Typen von Kennzahlen erläutert haben, gehen wir nun auf die Funktionen ein, mit denen Sie Kennzahlen im SAP-IBP-System anlegen bzw. verwalten können. Sie können Kennzahlen anlegen, indem Sie in der App **Konfiguration** auf die Option **Kennzahlen verwalten** bzw. im oberen Menü auf **Kennzahlen** klicken (siehe Abbildung 3.43).

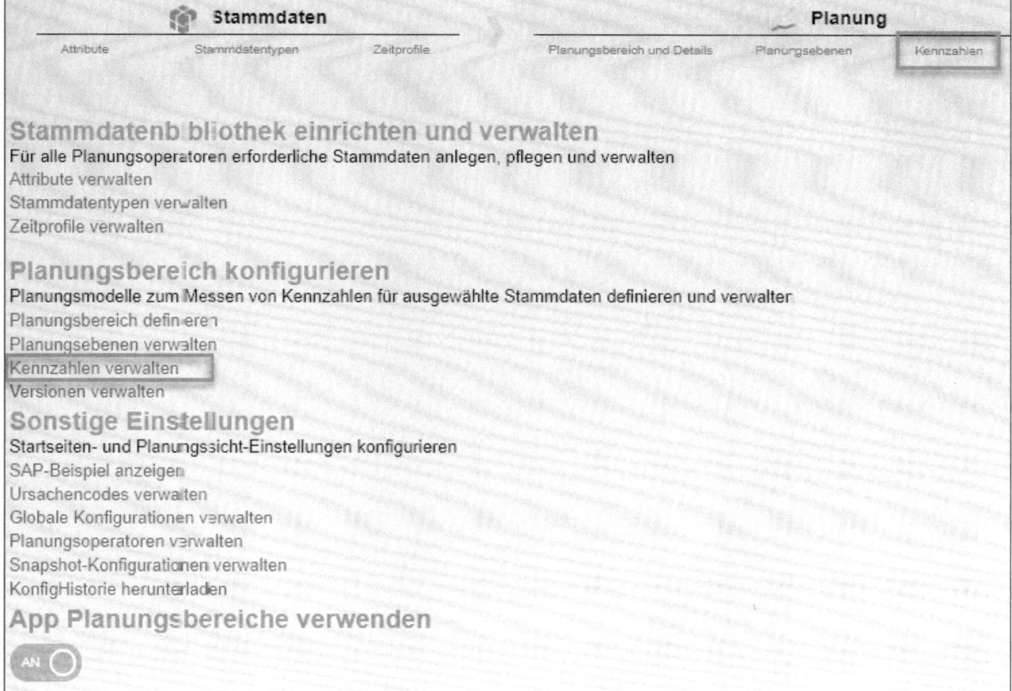

Abbildung 3.43 Kennzahlen anlegen in der App »Konfiguration«

Sie werden dabei auf die App **Planungsbereiche** weitergeleitet. Alternativ wäre auch ein Direktaufruf dieser App möglich. Hier müssen Sie einen Planungsbereich per Klick auswählen und auf **Kennzahlen** verzweigen, dann wird Ihnen eine Liste mit allen Kennzahlen zum Planungsbereich angezeigt.

Fokusmodus von Kennzahlen

Sie können zur leichteren Navigation zwischen verschiedenen Kennzahlen auch in den *Fokusmodus* wechseln. Hierfür steht Ihnen eine Schaltfläche im oberen Teil der App **Planungsbereiche** zur Verfügung. Nach Betätigung der Schaltfläche wechselt die App in einen geteilten Modus, in der linken Hälfte des Bildschirms sehen Sie die Liste der Kennzahlen zum Planungsbereich, in der rechten die Detaileinstellungen zur jeweils ausgewählten Kennzahl.

Eine neue Kennzahl können Sie anlegen, indem Sie die Schaltfläche **Neu** im oberen Teil der Liste verwenden. Über eine Auswahlliste kann ausgewählt werden, welcher Kennzahlentyp angelegt werden soll. Sie gelangen zum Anlagebildschirm für Kennzahlen, wo Sie die Details anlegen können. Abbildung 3.44 zeigt beispielhaft den Bildschirm zum Anlegen einer (regulären) Kennzahl.

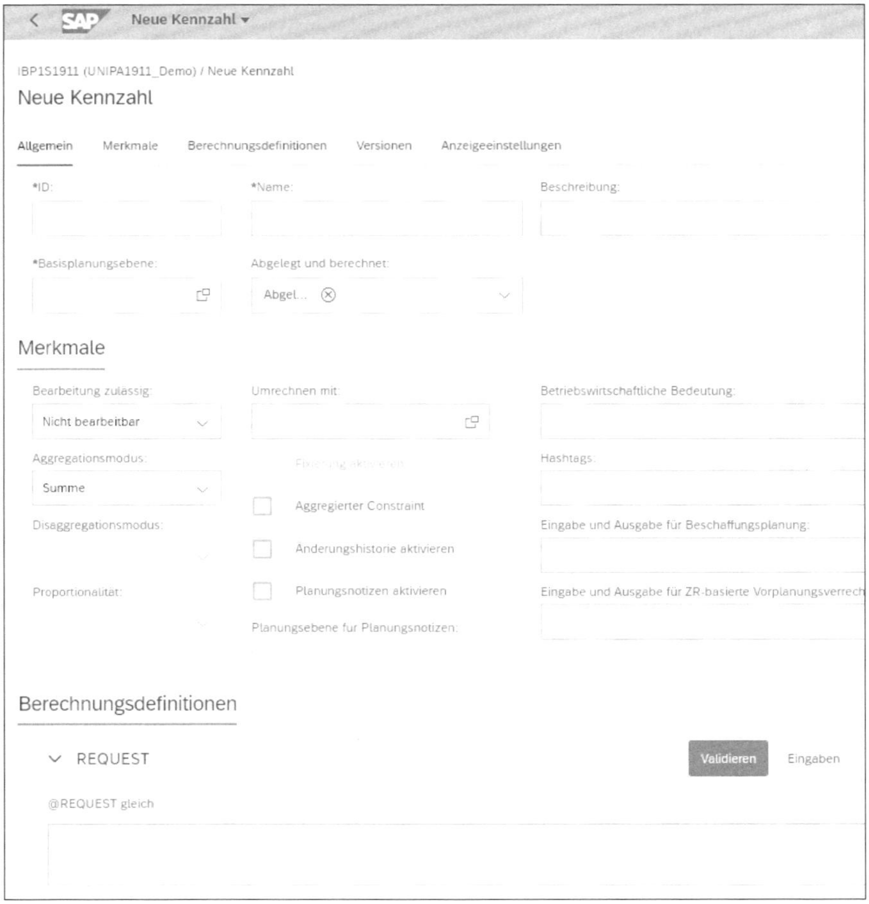

Abbildung 3.44 Anlagebildschirm für Kennzahlen in der App »Planungsbereiche«

Hier sind eine ID und ein Name anzugeben, optional können Sie noch eine Beschreibung hinzufügen. Je nach Kennzahlentyp müssen Sie noch weitere Angaben machen, z. B. die Basisplanungsebene sowie die Information, ob eine Kennzahl angelegt und berechnet werden soll. Damit legen Sie fest, zu welchem Attribut die Ablage erfolgt und ob das SAP-IBP-System eine Berechnung durchführen wird.

Ebenfalls abhängig vom Kennzahlentyps muss eine Reihe von Merkmalen bewertet werden. So können Sie die Bearbeitung komplett bzw. für einen bestimmten Zeitraum einschränken.

Für Umrechnungen können Sie eine andere Kennzahl angeben, mittels derer die Umrechnung erfolgen soll, beispielsweise einen Umrechnungsfaktor.

Ferner können Sie den Aggreggations- bzw. den Disaggregationsmodus bzw. die Proportionalität angeben, d. h., ob z. B. eine Aggregation mit der Summe, dem Minimum oder dem Maximum durchgeführt werden soll. Die Proportionalität konkretisiert dabei den Disaggregationsmodus und legt fest, wie genau die Disaggregation durchgeführt werden soll.

Abhängig davon, welchen Typs die Kennzahl ist und ob sie bearbeitet werden kann, können Sie auch die Fixierung, die Änderungshistorie oder Planungsnotizen aktivieren.

Da das SAP-IBP-System als Eingabe z. B. für bestimmte Planungsoperatoren bestimmte Kennzahlen erwartet, Sie jedoch gegebenenfalls eigendefinierte Kennzahlen verwenden möchten, können Sie mit der Angabe einer betriebswirtschaftlichen Bedeutung eine eigendefinierte Kennzahl mit einer bestimmten vom SAP-IBP-System erwarteten Kennzahl zusammenführen.

Die Hashtag-Funktion ermöglicht es Ihnen, eine Information an der Kennzahl zu hinterlegen, mit der Sie zu einem späteren Zeitpunkt leichter in der Vielzahl der Kennzahlen navigieren können. Hierzu können Sie einfach ein # eingeben und dann ohne Leerzeichen den von Ihnen gewünschten Hashtag anhängen. Die Hashtag-Präfixe #SAP sowie #IBP sind jedoch von SAP reserviert und können nicht verwendet werden.

Für einige besondere Prozesse der Beschaffungsplanung können Sie festlegen, ob es sich bei der Kennzahl um eine Ein- und/oder Ausgabe der Beschaffungsplanung handelt bzw. wie mit der Kennzahl in der Vorplanungsverrechnung umgegangen werden soll.

Auch die Berechnungsdefinitionen können festgelegt werden. Sie können eine Kennzahlberechnung hinzufügen, indem Sie auf der Registerkarte **Berechnungsdefinitionen** auf **Berechnungsdefinitionen hinzufügen** klicken. Abbildung 3.45 zeigt beispielhaft die Anlage einer Berechnungsdefinition. Hier können Sie nun zur Planungsebene bzw. der Anfrageebene (engl. *Request Level*) Berechnungen anlegen.

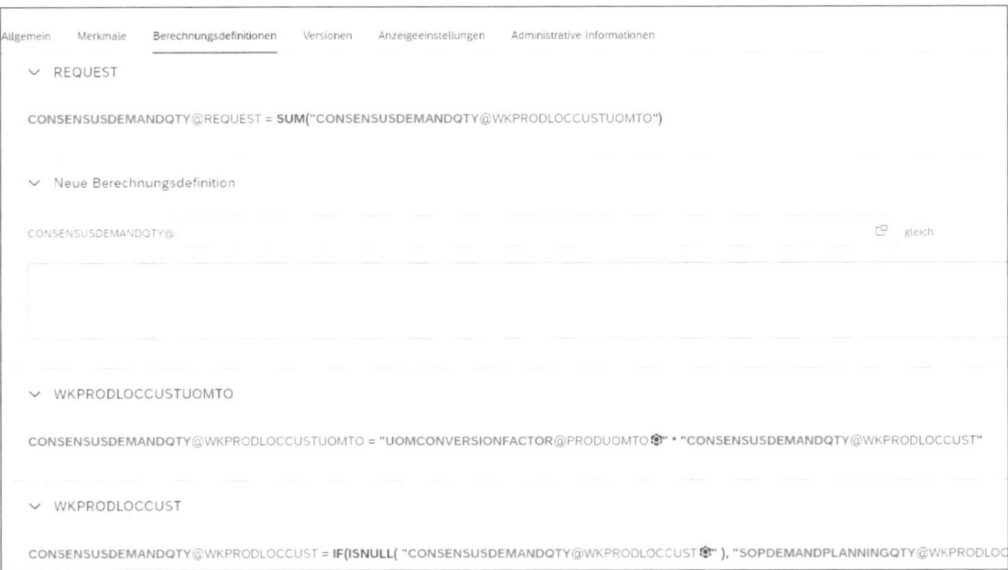

Abbildung 3.45 Berechnungsdefinitionen anlegen

Kennzahlenberechnung

Ein Beispiel für eine Kennzahlberechnung wäre die Ermittlung des Gewinns eines Marketing-Forecasts pro Periode auf der Ebene von *Produkt* und *Kunde*. Die Berechnung lautet in diesem Fall:

Marketing-Forecast-Profit = Marketing-Forecast-Umsatz – Marketingkosten

Die zu verwendende Berechnungsdefinition in der IBP-Semantik ist:

`MARKETINGFORECASTPROFIT@PERPRODCUST = »MARKETINGFORECASTREV@PERPRODCUST«- »HMARKETINGFORECASTCOST@PERPRODCUST«`

Die jeweilige Ebene der Berechnung bzw. Verwendung ist hinter dem @-Zeichen dargestellt.

SAP bietet im IBP-System eine enorme Fülle an Optionen an, die Sie in Kennzahlenberechnungen verwenden können. Eine Darstellung würde den Rahmen dieses Buches sprengen. Details finden Sie unter *help.sap.com/IBP* (Pfad: **Leitfaden für die Modellkonfiguration • Kennzahlen • Kennzahlenberechnungen**).

Mit der Schaltfläche **Validieren** können Sie die Eingaben der Berechnungsformel prüfen.

Um die vielfältigen Abhängigkeiten zwischen den einzelnen Kennzahlenberechnungen einfacher nachvollziehen zu können, steht Ihnen ein Diagramm zur Verfügung. Dieses können Sie nur aus dem Anzeigemodus der App **Planungsbereiche** aufrufen, die entsprechende Schaltfläche finden Sie im rechten oberen Bereich der App. Abbildung 3.46 zeigt beispielhaft die Diagrammdarstellung der Kennzahlberechnung der Kennzahl *Consensus Demand Quantity*.

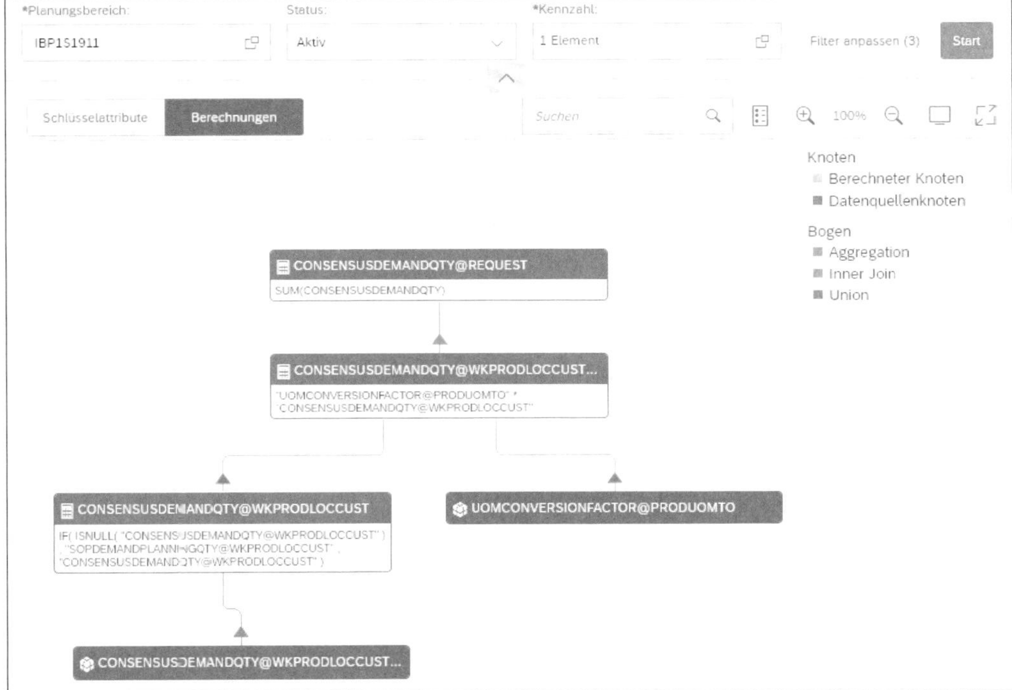

Abbildung 3.46 Diagrammdarstellung Kennzahlenberechnungen

Nach dem Aufruf wird eine hierarchische Netzwerkdarstellung der verbundenen Kennzahlen dargestellt, im linken Bereich können Sie zwischen der Darstellung der Schüsselattribute und der Kennzahlenberechnung per Schaltflächen wechseln.

Im Eingabebildschirm der Kennzahlenpflege können Sie unterhalb der Kennzahlendefinitionen die jeweils anzulegenden Kennzahlen den einzelnen Versionen zuordnen, die zum ausgewählten Planungsbereich existieren (zu Versionen siehe Abschnitt 3.7).

Im unteren Bereich können Sie ebenfalls die Anzeigeeinstellungen festlegen. Beispielsweise können Sie die Anzahl der Dezimalstellen angeben oder definieren, ob die Ergebnisse als Prozentzahl angezeigt werden, sowie das Anzeigeformat vorgeben.

3.7 Versionen

Versionen dienen dazu, eine weitgehende Simulation durchzuführen. Sie unterscheiden sich dabei von den sogenannten Szenarios, der anderen Möglichkeit, im SAP-IBP-System Simulationen durchzuführen. Versionen werden genutzt, um weitergehende Simulationsansätze abzubilden, als es mit einem Szenario möglich ist. Letztere können aus dem Excel-Add-in heraus von jedem Benutzer angelegt werden, wohingegen Versionen in der Konfiguration vorgesehen werden müssen. Der Nutzerkreis ist also in der Regel unterschiedlich: Szenarios werden durch Anwender erzeugt, während für Versionen in aller Regel Benutzer mit Konfigurationsberechtigung und Know-how verantwortlich zeichnen. Szenarios speichern lediglich das Delta zum Basisszenario (engl. *Base Scenario*), wohingegen Versionen alle Daten separat in einer Kopie verwalten. Aus den genannten Gründen werden Szenarios auch als *On-the-Fly-What-If-Simulationen* bezeichnet.

Um eine Version anzulegen, müssen Sie in der App **Konfiguration** in die Versionspflege verzweigen, indem Sie nach Aufruf der App auf die Schaltfläche **Versionen** klicken. Der Aufbau der Versionspflege (siehe Abbildung 3.47) ähnelt beispielsweise der Pflege der Planungsebenen. Im oberen Bereich finden Sie die Navigationsleiste mit Möglichkeiten zum Absprung in die Pflege der anderen Entitäten ❶. Links ist eine filterbare Liste untergebracht ❷: Sie listet die Versionen auf, die dem Planungsbereich zugeordnet sind, der im Dropdown-Menü ❸ oberhalb der Versionsliste ausgewählt wurde. Im unteren Bereich finden Sie rechts von der Versionsliste eine Liste mit Kennzahlen; hier können Sie über ein Dropdown-Menü ❹ auswählen, ob es sich dabei um **Verfügbare Kennzahlen** handeln soll (also um die Kennzahlen, die dem Planungsbereich zugeordnet wurden) oder um **Ausgewählte Kennzahlen**, die der Version zugewiesen worden sind. Oberhalb der Kennzahlenliste finden Sie einige Einstellungen zur Version.

Zwischen Navigationsbereich und dem Bereich der zusätzlichen Einstellungen befindet sich die Leiste mit verschiedenen Bearbeitungsfunktionen ❺. Dazu zählen die folgenden:

- **Neu anlegen**
- **Sichern**
- **Aktualisieren**
- **Planungsbereich prüfen**
- **Planungsbereich aktivieren**
- **Löschen aktiver Objekte**
- **Löschen**
- **Absprung in Protokolle**

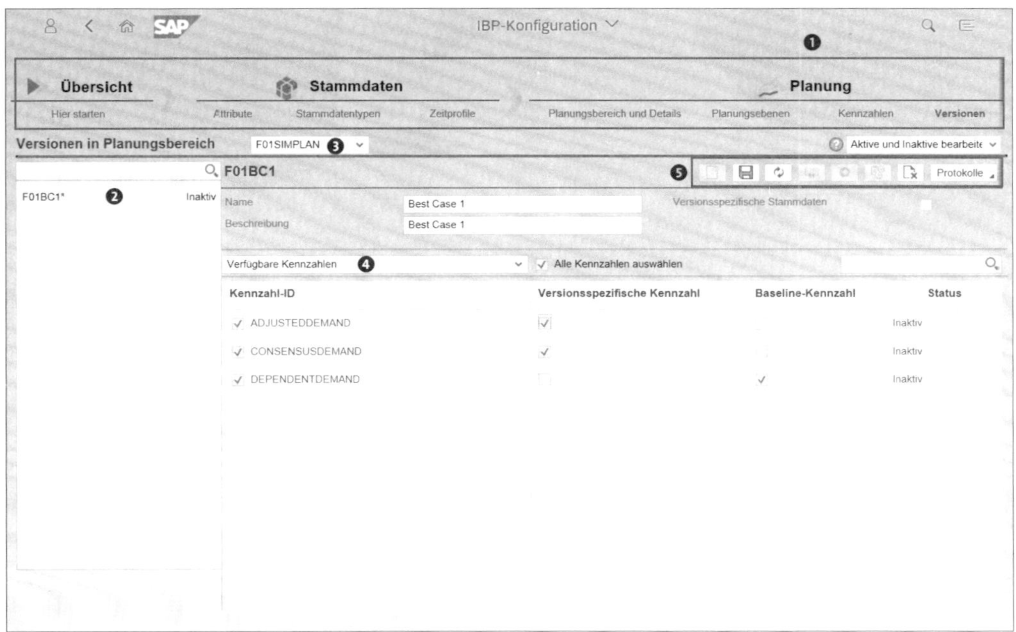

Abbildung 3.47 Versionspflege in der App »Konfiguration« (Details)

Um eine Version anzulegen, rufen Sie zunächst die App **Konfiguration** auf und klicken dort auf die Schaltfläche **Versionen**, um zum Versionspflegebildschirm zu gelangen. Im Anschluss wählen Sie den Planungsbereich aus, für den Sie eine Version anlegen möchten, und geben eine **ID** im sich öffnenden Pop-up-Fenster ein, bevor Sie **Name** und **Beschreibung** für die Version wählen. Neben den Eingabefeldern für Name und Beschreibung kann über das Flag **Versionsspezifische Stammdaten** eingestellt werden, ob für die Version eigene Stammdaten vorgesehen werden sollen.

In der Kennzahlenliste unten rechts sind – sofern Sie im Dropdown-Menü in der linken oberen Ecke **Verfügbare Kennzahlen** ausgewählt haben – alle Kennzahlen des Planungsbereichs aufgelistet. Über ein Flag vor den jeweiligen Kennzahl-IDs können Sie diese der Version zuordnen. Dabei müssen Sie in den weiteren Spalten der Kennzahlenliste vorgeben, ob es sich um eine **Versionsspezifische Kennzahl** oder eine **Baseline-Kennzahl** handelt, also um eine Kennzahl, die aus der sogenannten Baseline-Version stammt, die nicht für Simulationen, sondern für reale Planungen gedacht ist. Wenn Sie mit versionsspezifischen Stammdaten arbeiten, wird vom SAP-IBP-System zwingend auch eine Verwendung versionsspezifischer Kennzahlen vorgesehen. Abbildung 3.48 zeigt beispielhaft das Anlegen einer Version mit versionsspezifischen Stammdaten.

Abbildung 3.48 Anlegen einer Version in der App »Konfiguration«

3.8 Planungsoperatoren

Planungsoperatoren führen Algorithmen im SAP-IBP-System aus, um umfangreiche Berechnungen oder Änderungen an Kennzahlendaten in SAP IBP auszulösen. SAP liefert dabei eine Reihe von Planungsoperatortypen aus, die in Tabelle 3.4 dargestellt sind.

Planungs-operatortyp	Name	Verwendung
ABC	(Deprecated) ABC Classification	Klassifiziert gemäß ABC-Klassifizierung.
ADVSIM	Advanced Simulation	Ermöglicht die Vor- und Nachbereitung für die Simulation.
Copy	Copy Operator	Kopiert aus einer Quellkennzahl in eine Zielkennzahl der gleichen Version eines Planungsbereichs.
DELABNDN-COMBOS	(Deprecated) Delete Abandonded Combinations	Löscht Kombinationen.
DISAGG	Copy and Disaggregate Key Figures	Kopiert und disaggregiert aus einer Quellkennzahl in eine Zielkennzahl der gleichen Version eines Planungsbereichs.

Tabelle 3.4 Übersicht über die Planungsoperatortypen

3

Planungs-operatortyp	Name	Verwendung
GROUP	Group Multiple Operators	Eine Gruppe von Planungsoperatoren wird in einer definierten Reihenfolge im Batch (gegebenenfalls auch aus der interaktiven Planung heraus) ausgeführt.
IBPFORECAST	Statistical Forecasting	Führt eine statistische Prognose aus.
IO	Inventory Optimization	Enthält eine Reihe von Planungsoperatoren für die Sicherheitsbestandsplanung (Inventory Optimization).
KPI_PROFILE	Forecast Error	Führt eine Prognosefehlerermittlung durch.
PCH	(Deprecated) Purge Change History Data	Ermöglicht das Löschen von Daten.
PURGE	(Deprecated) Purge Key Figure Data	Löscht Kennzahlendaten.
SCM	(Deprecated) S&OP Operator	Ermöglicht die Ausführung der Beschaffungsplanung.
SEGMENTATION	ABC/XYZ Segmentation	Klassifiziert gemäß ABC/XYZ-Klassifizierung.
SNAPSHOT	Snapshot	Erzeugt einen Snapshot für eine definierte Anzahl von Kennzahlen in einem Hintergrundlauf.
SNAPSHOTREDO	Redo Snapshot	Überschreibt die aktuellsten Snapshots einer definierten Anzahl von Kennzahlen im Hintergrundlauf.

Tabelle 3.4 Übersicht über die Planungsoperatortypen (Forts.)

Planungsoperatoren mit dem Zusatz »(Deprecated)«

Die Planungsoperatortypen, die in der **Description** mit dem Zusatz (**Deprecated**) versehen sind, können zwar im SAP-IBP-System in der Verwaltung der Planungsoperatortypen ausgewählt, es können aber keine neue Planungsoperatoren zugewiesen werden. Das liegt daran, dass diese Planungsoperatortypen in früheren SAP-IBP-Releases vorhanden waren, aber nun durch neue Optionen abgelöst worden sind.

Der Planungsoperatortyp ABC wird ersetzt durch den Typ SEGMENTATION. Die Planungsoperatortypen PCH, PURGE und SCM werden durch Vorgehensweisen ersetzt, die in eigenen Apps untergebracht sind, z. B. die App **SOP-Operatorprofile** für den Planungsoperatortyp SCM.

Ein Planungsoperator besteht neben der **ID** aus einem **Namen** und einer Beschreibung, wobei hierfür auch bei einer Anmeldung in deutscher Sprache der englische Begriff **Description** verwendet wird.

Ein Planungsoperator wird mit Bezug zum Planungsoperatortyp angelegt, der ebenfalls aus **ID**, **Name** und **Beschreibung** besteht. Die ID besteht bei von SAP ausgelieferten Planungsoperatoren aus einer dreistelligen Nummer (z. B. 103), bei durch den Kunden konfigurierten Planungsoperatoren ist sie fünfstellig (z. B. 10002).

Die Planungsoperatoren lassen sich mithilfe von Parametern konfigurieren. Um einen Planungsoperator nutzen zu können, führen Sie in der Regel die folgenden beiden Schritte durch:

1. Anlegen eines Planungsoperators in der App **Konfiguration**
2. Zuweisen des Planungsoperators zum Planungsbereich

Um einen Planungsoperator anzulegen, rufen Sie die App **Konfiguration** über einen Klick auf die gleichnamige Kachel im SAP Fiori Launchpad auf. Im unteren Bereich unter **Sonstige Einstellungen** finden Sie die Auswahl **Planungsoperatoren verwalten** (siehe Abbildung 3.49).

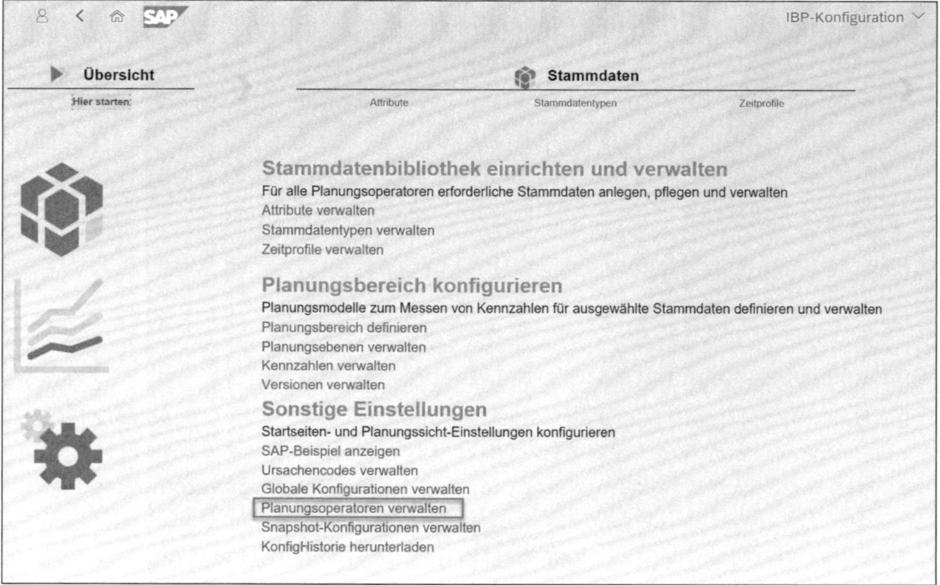

Abbildung 3.49 Aufruf der Verwaltung der Planungsoperatoren über die App »Konfiguration«

Bei Klick darauf gelangen Sie zum Pflegebildschirm (siehe Abbildung 3.50). Dieser ähnelt in seinem Aufbau dem Pflegedialog der Planungsebenen oder der Versionen. Im oberen Bereich ist analog zu den bereits beschriebenen Pflegebildschirmen der Navigationsbereich ❶ zu finden, über den Sie in die Konfiguration der verschiedenen Entitäten der Stammdaten bzw. der Planung springen können. Im linken Bereich darunter sehen Sie die filterbare Liste der Planungsoperatortypen ❷, rechts eine Liste der jeweiligen Planungsoperatoren zum ausgewählten Planungsoperatortyp ❸.

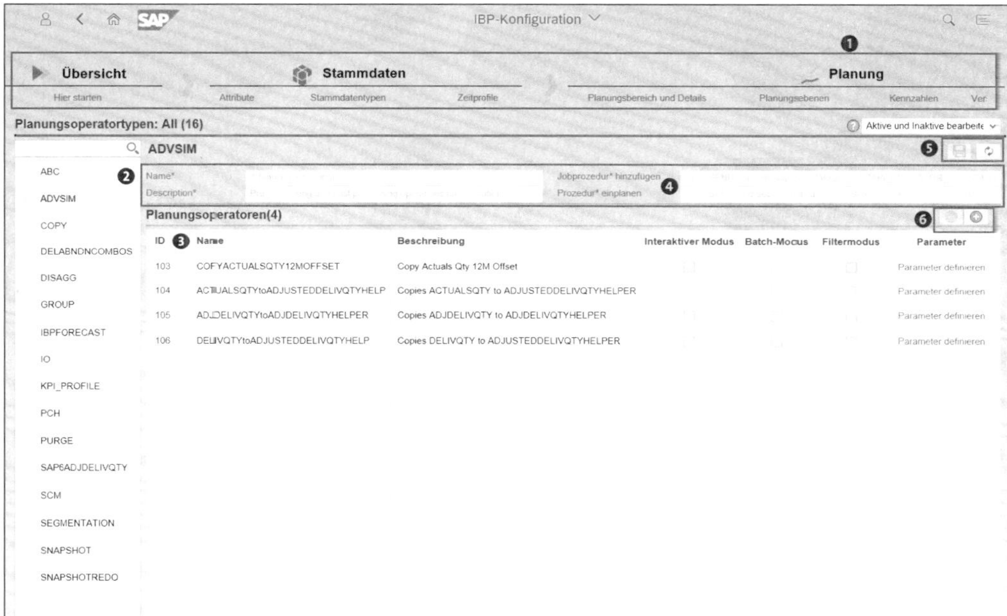

Abbildung 3.50 Planungsoperatorverwaltung in der App »Konfiguration«

Zwischen dem Navigationsbereich und der Planungsoperatorliste befindet sich der Bereich der Einstellungen ❹ zum Planungsoperatortyp, wie beispielsweise **Name** und **Description**. Ebenfalls zu diesen Einstellungen gehören **Jobprozedur hinzufügen** und **Prozedur einplanen**. Diese gibt das SAP-IBP-System zum jeweiligen Planungsoperatortyp vor. Zwischen den Einstellungen und dem Navigationsbereich befindet sich analog zu den bereits beschriebenen Konfigurationsbildschirmen der Planungsebene und der Versionen der Bereich mit den Bearbeitungsfunktionen ❺. Bei den Planungsoperatoren ist jedoch nur **Speichern** und **Aktualisieren** möglich. Mit den Schaltflächen ⊕ (**Planungsoperator hinzufügen**) und ⊖ (**Planungsoperator entfernen**), die sich darunter befinden ❻, lassen sich Planungsoperatoren zu einem Planungsoperatortyp anlegen oder löschen.

Anders als bei den bereits erläuterten Entitäten weist ein Planungsoperator keinen Zuordnungsstatus auf, d. h., es wird nicht zwischen aktivem und inaktivem Status unterschieden. Entsprechend sind sowohl Planungsoperatortypen als auch Planungsoperatoren gewissermaßen sofort nach dem Anlegen aktiv.

Planungsoperatortypen- bzw. Planungsoperatorliste filtern

Aus den bereits beschriebenen Konfigurationsübersichten bei Planungsebenen und Versionen ist Ihnen die Filterfunktion rechts oberhalb der Bearbeitungsfunktionen bekannt. Da der Aufbau des Bildschirms auf den gleichen Basisblocks gründet, ist diese Option auch in der Verwaltung der Planungsoperatoren verfügbar. Da jedoch nicht zwischen aktiven und inaktiven Planungsoperatortypen oder Planungsoperatoren unterschieden wird, weist dieser Filter lediglich eine Einstellungsmöglichkeit auf: **Aktive und Inaktive bearbeiten**.

Um einen Planungsoperator anzulegen, wählen Sie in der linken Planungsoperatortypenliste den Typ aus, dem Sie einen Planungsoperator hinzufügen möchten. Nachdem Sie auf den Planungsoperatortyp geklickt haben, wird die Liste der bereits vorhandenen Planungsoperatoren angezeigt. Um einen neuen Planungsoperator hinzuzufügen, klicken Sie auf die Schaltfläche (**Planungsoperator hinzufügen**). Der Liste der Planungsoperatoren wird damit eine neue Zeile hinzugefügt, die mit einer automatisch bestimmten ID gefüllt wird. Sie können Namen und Beschreibung wählen, ferner müssen Sie durch Anhaken von bis zu drei Flags entscheiden, in welchem Modus der Planungsoperator ausgeführt werden soll. Zur Wahl stehen **Interaktiver Modus**, im Hintergrund (**Batch-Modus**) oder im **Filtermodus**.

Zusätzlich können bzw. müssen Sie – je nach Planungsoperatortyp – über die Schaltfläche **Parameter**, die in der letzten Spalte der Planungsoperatorliste zu finden ist, weitere Einstellungen vornehmen (siehe Abbildung 3.51). In Kapitel 4, »Sales and Operations Planning mit SAP IBP«, bis Kapitel 8, »Bestätigungs- und Beschaffungsplanung mit SAP IBP für Response and Supply«, finden Sie Hinweise zu den Konfigurationsmöglichkeiten der einzelnen Planungsoperatortypen. Im rechten oberen Bereich des Pop-up-Fensters finden Sie die Schaltflächen (**Parameter hinzufügen**) und (**Parameter entfernen**).

Nachdem der Planungsoperator angelegt ist, müssen Sie ihn dem Planungsbereich zuordnen. Dazu betätigen Sie in der Planungsbereichspflege der App **Konfiguration** die Schaltfläche **Planungsoperator** und wählen im zugehörigen Pop-up-Fenster aus der Liste der verfügbaren Planungsoperatoren den passenden Planungsoperator aus (siehe Abbildung 3.52).

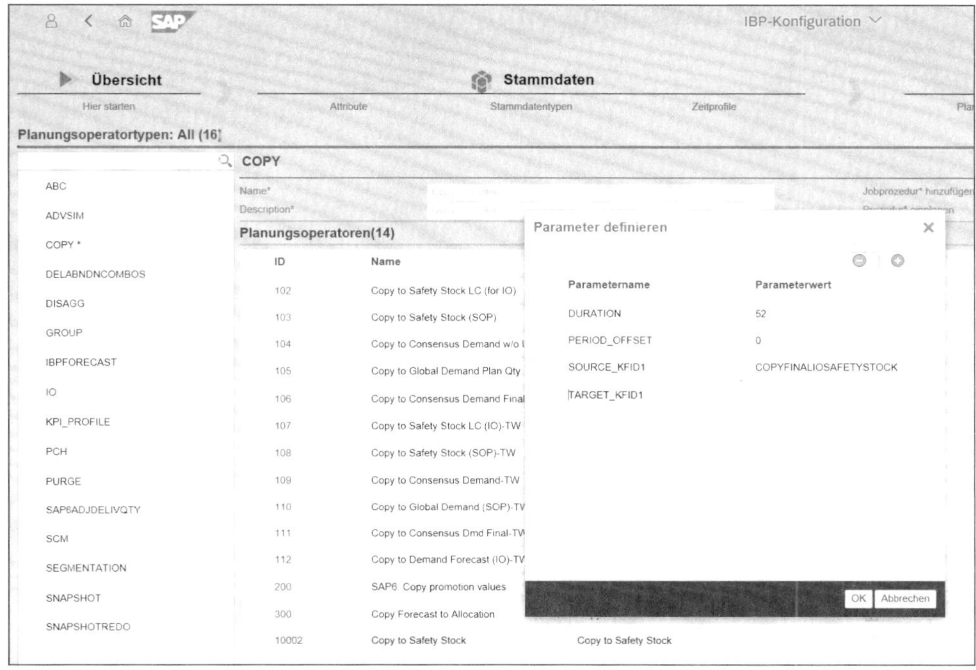

Abbildung 3.51 Parametrisierung in der Planungsoperatorverwaltung der App »Konfiguration«

Abbildung 3.52 Zuordnung von Planungsoperatoren zu Planungsbereichen in der App »Konfiguration«

3.9 Globale Konfiguration

Mit den Einstellungen zur globalen Konfiguration können übergreifende Defaultwerte gesetzt werden. Diese Defaults sind in Parametergruppen organisiert, wie Tabelle 3.5 zeigt.

Parametergruppe	Bereich
ANALYTICS	Analytics: Diagramme und Dashboards
COLLABORATION	Integration mit SAP Jam
FORECAST	statistische Prognose
HOME_PAGE	Dashboards
INTEGRATION	Datenintegration
INVENTORY	Bestandsoptimierung
MASTER_DATA_OP	Stammdaten
PLAN_VIEW	Planungssichten für Microsoft Excel
PLCNTRL	Planungscontroller für Simulationen
SCENARIO	Versionen
SOP	zeitreihenbasierte Beschaffungsplanung
TRANSPORT	Transportauftragsparameter
SCHEDULING	Anwendungsjob

Tabelle 3.5 Übersicht über die Planungsparametergruppen

[+]

SAP-Empfehlung für Defaults

SAP empfiehlt, die folgenden Defaults zu setzen, wenn das SAP-IBP-System installiert wird:

- Planungsbereich für Datenintegration und Dashboards
- Zeitprofile für Datenintegration

Die globalen Parameter können Sie in der App **Konfiguration** bearbeiten. Nach dem Klick auf die Kachel **Konfiguration** im SAP Fiori Launchpad gelangen Sie zum Überblicksbildschirm dieser App. Im unteren Bereich unter **Sonstige Einstellungen** finden Sie die Schaltfläche **Globale Konfigurationen verwalten** (siehe Abbildung 3.53).

Nachdem Sie auf **Globale Konfigurationen verwalten** geklickt haben, gelangen Sie zur Liste der Parametergruppen. Über die Schaltfläche [ ] (**Neu anlegen**) öffnen Sie ein erstes Pflege-Pop-up-Fenster, in dem Sie **Parametergruppe**, **Parametername** und **Parameterwert** pflegen können (siehe Abbildung 3.54).

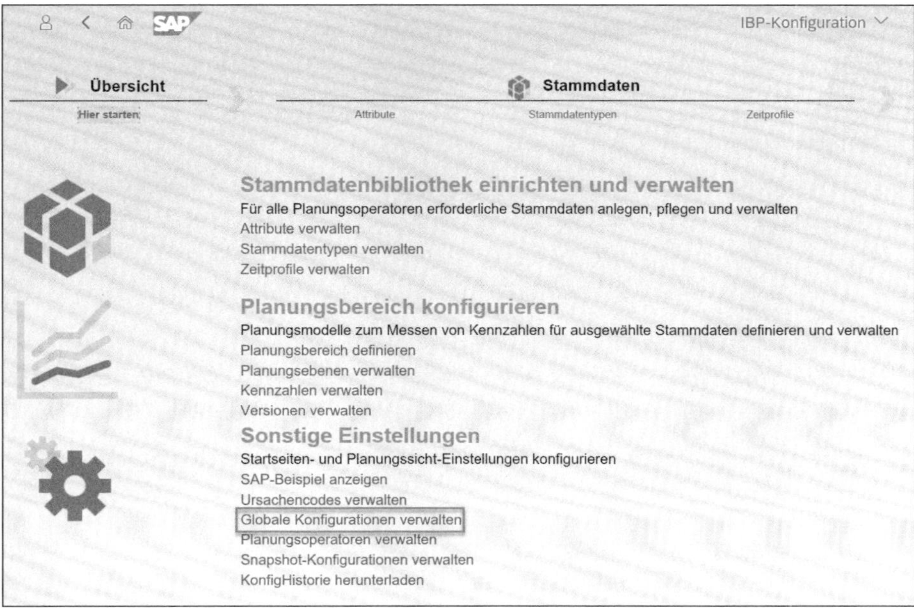

Abbildung 3.53 Aufruf der globalen Konfiguration über die App »Konfiguration«

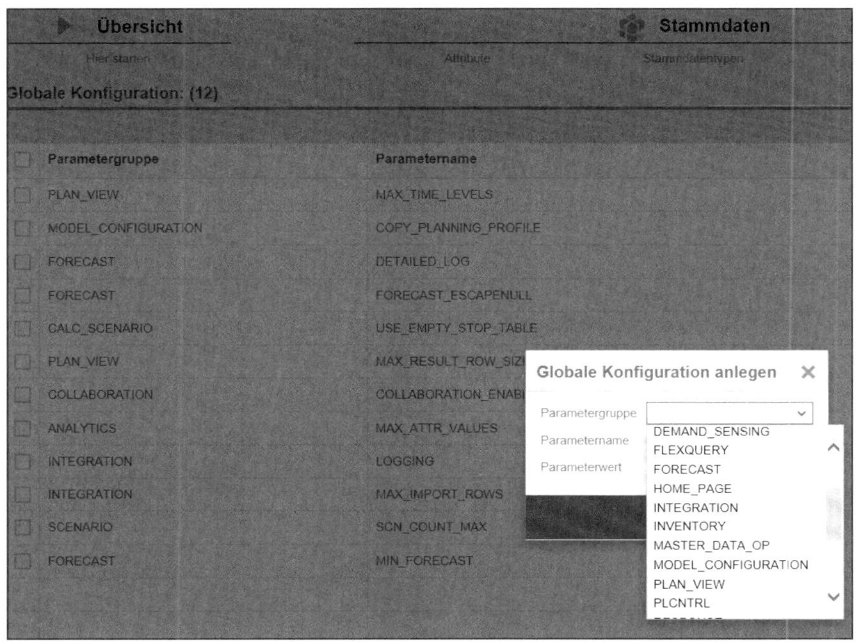

Abbildung 3.54 Globale Parameter in der App »Konfiguration« anlegen

3.10 Aktivierung von Planungsmodellen

Wie Sie bereits aus den vorangegangenen Abschnitten wissen, gibt es für eine Vielzahl von Entitäten, die im SAP-IBP-System verwendet werden, unterschiedliche Status. Zeitprofile, Stammdatentypen und Planungsbereiche können demnach folgende Status aufweisen:

- **Inaktiv**
  Die Entität bekommt diesen Status automatisch nach dem Anlegen bzw. nach einer Änderung und der damit verbundenen Speicherung.
- **Aktiv**
  Die Entität bekommt diesen Status nach einer erfolgreichen Aktivierung.
- **Zum Löschen vorgemerkt**
  Nach dem Setzen der Löschvormerkung erhält die Entität diesen Status. Die nächste Aktivierung der Entität führt zur endgültigen Löschung.

Die drei Entitäten Zeitprofil, Stammdatentyp und Planungsbereich können auch direkt aktiviert werden.

[»]

Status bei anderen Entitäten

Auch Planungsebenen, Kennzahlen und Versionen können die drei genannten Status aufweisen. Die Aktivierung dieser Entitäten erfolgt aber immer indirekt, sie selbst können nicht direkt aktiviert werden.

Attribute können nur aktiv oder inaktiv sein, auch hier erfolgt die Aktivierung immer indirekt mit den oben genannten Entitäten.

Die Unterscheidung der verschiedenen Status ist für die Durchführung der Konfiguration von hoher Bedeutung, weil bestimmte Konfigurationsaktivitäten bei aktiven Instanzen nicht mehr (ohne Weiteres) möglich sind. Hierzu zählen beispielsweise Änderungen und Löschungen, wie in den vorangegangenen Abschnitten beschrieben. Um Fehler und Inkonsistenzen zu vermeiden, werden die meisten Entitäten zunächst in einem inaktiven Status angelegt, sodass während der Konfigurationsaktivitäten noch Änderungen, z. B. zum Zwecke der Feinabstimmung, möglich bleiben.

Um die Änderungen nach Abschluss der Konfigurationsaktivitäten übernehmen zu können, muss der Aktivierungsprozess angestoßen werden. Vor dem Beginn der eigentlichen Aktivierung ist eine Prüfung der verschiedenen Entitäten empfehlenswert, die diesen Schritt ermöglichen. Eine Prüfung kann für die folgenden Entitäten erfolgen:

- Stammdatentypen
- Zeitprofile
- Planungsbereiche

Wir zeigen Ihnen nun beispielhaft den Prüfprozess anhand des Zeitprofils. Hierfür rufen Sie die App **Zeitprofile** auf und markieren darin das zu prüfende Zeitprofil. Auch eine Prüfung mehrerer Zeitprofile gleichzeitig ist möglich. In der Leiste der Bearbeitungsfunktionen finden Sie die Schaltfläche **Prüfen** (engl. **Check**); wenn Sie sie anklicken, wird das Zeitprofil geprüft, und Sie erhalten zum einen eine Rückmeldung über eine Einblendung, zum anderen wird in der Spalte **Neuestes detailliertes Protokoll** (engl. **Last Detailed Log**) angezeigt, ob die Prüfung erfolgreich war (siehe Abbildung 3.55).

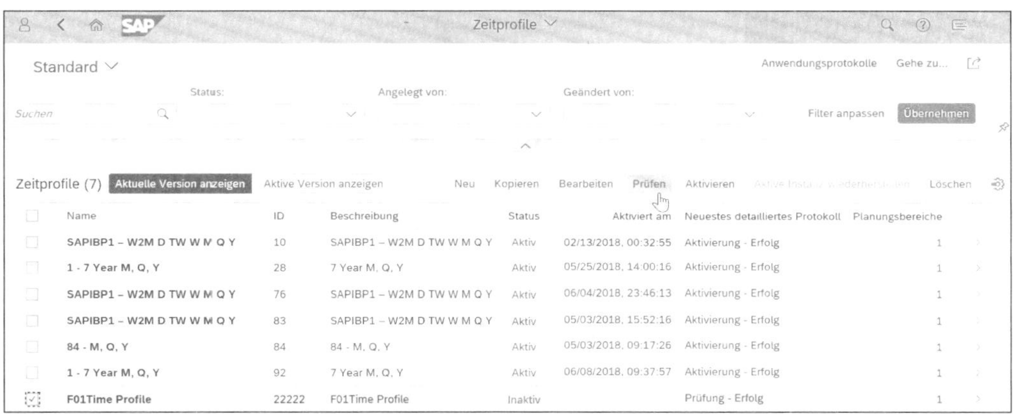

Abbildung 3.55 Prüfung des Zeitprofils

Per Klick auf den Text in der Spalte (im Beispiel in Abbildung 3.55 also auf **Prüfung – Erfolg**) gelangen Sie in das Anwendungsprotokoll mit den Details der Prüfung. Hier werden die einzelnen während der Prüfung durchlaufenen Schritte aufgeführt (siehe Abbildung 3.56).

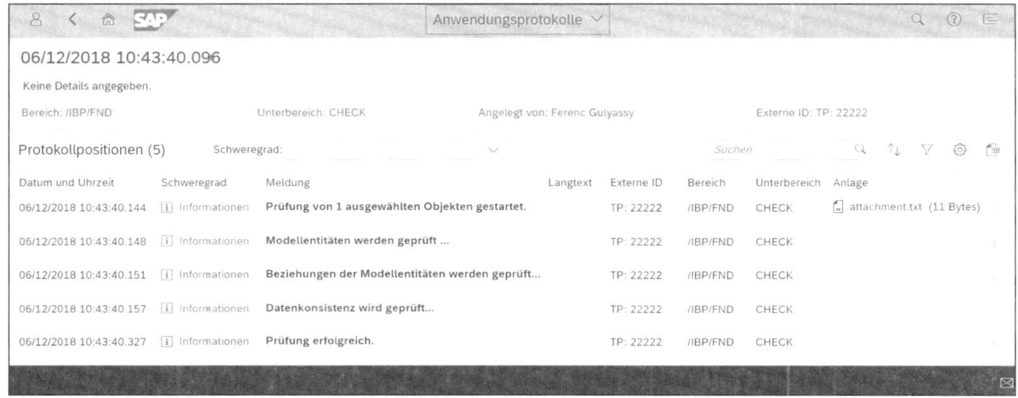

Abbildung 3.56 Anwendungsprotokoll der Prüfung des Zeitprofils

Alternativ können Sie das Anwendungsprotokoll auch über die Schaltfläche **Anwendungsprotokolle** im oberen Bereich der App oder mit einem direkten Klick auf die App-Kachel **Anwendungsprotokolle** im SAP Fiori Launchpad aufrufen. Falls der Aufruf nicht wie oben beschrieben über den Text in der Spalte erfolgt, müssen Sie den entsprechenden Eintrag selbst aus der Liste aller Anwendungsprotokolle selektieren.

In der App **Stammdatentypen** sowie in der App **Planungsbereiche** haben Sie auch die Möglichkeit, eine Prüfung optional ohne Abhängigkeiten durchzuführen, d. h., hier werden z. B. die den Stammdatentypen zugeordneten Attribute nicht mit überprüft. Hierfür müssen Sie auf den Pfeil an der Schaltfläche Prüfen (**Prüfen**) klicken und die Option **Ohne Abhängigkeiten prüfen** (engl. **Check Without Dependencies**) wählen.

Über die Prüfung mit Abhängigkeit werden auch die Entitäten geprüft, die nicht explizit eine eigene Prüfung vorsehen. Hierzu zählen beispielsweise die Attribute bei Stammdatentypen oder die Kennzahlen bei Planungsbereichen.

[»]

Zusammenhang zwischen Prüfung und Aktivierung

Bestimmte Prüfschritte werden nur bei der Aktivierung durchlaufen, das bedeutet, eine erfolgreiche Prüfung ist keine Garantie dafür, dass auch die Aktivierung fehlerlos durchlaufen wird.

Für die Aktivierung gibt es zwei alternative Herangehensweisen. Sie können zum einen Planungsbereiche aktivieren und dabei die abhängigen Entitäten Zeitprofil und Stammdatentyp mit aktivieren. Dabei berücksichtigt das SAP-IBP-System automatisch die entsprechenden Vorschriften für die Reihenfolge.

Zum anderen können Sie die Entitäten auch einzeln aktivieren. In diesem Fall müssen Sie sich zwingend an die folgende Reihenfolge halten:

1. Aktivierung Zeitprofile
2. Aktivierung Stammdatentypen
3. Aktivierung Planungsbereiche

[!]

Aktivierung von freigegebenem Content

Eine Aktivierung des Planungsbereichs führt nicht automatisch zu einer Aktivierung des freigegebenen Contents (engl. *Data Sharing Plans*)! Gegebenenfalls müssen Sie hier einen weiteren separaten Schritt in der Content-Verwaltungs-App ausführen.

Die Aktivierung kann in den jeweiligen Apps der Entitäten über die Schaltfläche **Aktivieren** ausgeführt werden; in der App **Konfiguration** nutzen Sie die Schaltfläche (**Aktivieren**) in den Bearbeitungsfunktionen.

Aktivierungen werden automatisch als Anwendungsjob ausgeführt, und Sie können den Fortschritt in der App **Anwendungsjobs** überwachen (siehe Abbildung 3.57). Für die Details können Sie aus der App **Anwendungsjobs** in die App **Anwendungsprotokolle** abspringen.

Abbildung 3.57 Überblicksbildschirm der App »Anwendungsjobs« mit Aktivierungsjobs

Nach der erfolgreichen Aktivierung sehen Sie neben einem entsprechenden Text in der Spalte **Neuestes detailliertes Protokoll** auch das Aktivierungsdatum bzw. die -zeit in der entsprechenden App in der Spalte **Aktiviert am**. Ferner wird der Status in **Aktiv** geändert (siehe Abbildung 3.58).

Stammdatentypen (11) | Aktuelle Version anzeigen | Aktive Version anzeigen | Neu | Kopieren | Bearbeiten | Prüfen

ID	Name	Beschreibung	Typ	Status	Aktiviert am	Neuestes detailliertes
F01CURRENCY	Currency	Currency	Einfach	Aktiv	06/12/2018, 11:26:31	Aktivierung - Erfolg
F01CURRENCYTO	Currency To	Currency To	Referenz	Aktiv	06/12/2018, 11:26:31	Aktivierung - Erfolg
F01CUSTOMER	Customer	Customer	Einfach	Aktiv	06/12/2018, 11:26:31	Aktivierung - Erfolg
F01CUSTOMERPRODUCT	Customer Product	Customer Product	Zusammengesetzt	Aktiv	06/12/2018, 11:26:31	Aktivierung - Erfolg
F01LOCATION	Location	Location	Einfach	Aktiv	06/12/2018, 11:26:31	Aktivierung - Erfolg
F01LOCATIONEXT	Location (ext)	Location (ext)	Extern	Aktiv	06/12/2018, 11:26:31	Aktivierung - Erfolg
F01PRODUCT	Product	Product	Einfach	Aktiv	06/12/2018, 11:26:31	Aktivierung - Erfolg
F01PRODUCTFAMILY	Product Family	Product Family	Einfach	Aktiv	06/12/2018, 11:26:31	Aktivierung - Erfolg
F01SALESHDRITEMPRODLOC	Virtual Sales Order Item	Virtual Sales Order Item	Virtuell	Aktiv	06/12/2018, 11:26:31	Aktivierung - Erfolg
F01SALESORDERHDR	Sales Order Header	Sales Order Header	Einfach	Aktiv	06/12/2018, 11:26:31	Aktivierung - Erfolg
F01SALESORDERITEM	Sales Order Item	Sales Order Item	Einfach	Aktiv	06/12/2018, 11:26:31	Aktivierung - Erfolg

Abbildung 3.58 Erfolgreiche Aktivierung in der App »Stammdatentypen«

Parallele Prüfung/Aktivierung mehrerer Modelle

Sie können parallel zu einem Aktivierungsprozess eines Modells ein anderes Modell prüfen, aber es ist nicht möglich, zwei oder mehr Modelle oder zwei Sets von Entitäten gleichzeitig zu aktivieren.

Falls Fehler bei der Aktivierung auftreten, werden diese entsprechend ausgewiesen; die Fehler müssen abgearbeitet und der Aktivierungsprozess erneut von Hand angestoßen werden.

Aktivitäten rund um die Aktivierung

Es ist zu empfehlen, eine planungsfreie Zeit für die Aktivierung zu nutzen. Die folgenden Schritte dürfen nicht parallel zu einer Aktivierung durchgeführt werden:

- Datenintegration
- Anlegen oder Ändern von Planning Views im Excel-Add-in
- Bearbeiten von Daten im Excel-Add-in
- Planungstätigkeit im Excel-Add-in (Während der Aktivierung im Excel-Add-in sollte kein Planer angemeldet sein.)
- Anwendungsjobs für Planungsoperatoren mit Bezug zum Planungsbereich, der aktiviert werden soll
- Anwendungsjobs für die Generierung von Zeitperioden zum Zeitprofil, das aktiviert werden soll
- Anwendungsjobs für Data Lifecycle Management

Wenn Sie die oben aufgeführten Empfehlungen nicht beachten, können Inkonsistenzen entstehen.

Neben dem Status ist auch der Begriff der *Instanz* zentral für das Modellierungskonzept des SAP-IBP-Systems. Eine Instanz ist ein abgespeicherter Zustand einer Entität, der über ihren Status klassifiziert wird. Eine oder zwei Instanzen einer Entität mit unterschiedlichen Status können zur gleichen Zeit existieren:

- **Inaktiv**
  Die Entität wurde angelegt und gespeichert, aber noch nicht aktiviert.
- **Aktiv**
  Die Entität wurde aktiviert, aber seit der letzten Aktivierung nicht mehr geändert.
- **Aktiv und inaktiv**
  Die Entität wurde aktiviert (aktive Instanz) und seit der letzten Aktivierung geändert (inaktive Instanz).

- **Aktiv und löschvorgemerkt**
  Eine Entität wurde aktiviert (aktive Instanz) und seit der letzten Aktivierung zum Löschen vorgemerkt.

Die inaktive Instanz entsteht automatisch durch die Änderung, die aktive Instanz wird im SAP-IBP-System weiterverwendet, beispielsweise im Excel-Add-in, von den Planungsoperatoren und der Datenintegration. Nach Aktivierung der inaktiven Instanz wird diese zur einzigen Instanz, bis eine erneute Änderung zur Anlage einer inaktiven Instanz führt.

Abbildung 3.59 zeigt den Vergleich der aktiven und der inaktiven Instanz eines Zeitprofils zum gleichen Zeitpunkt. Lediglich die Anzeige wurde durch die Schaltflächen **Aktive Version anzeigen** ❶ (für die aktive Instanz) bzw. **Aktuelle Version anzeigen** ❷ (für die inaktive Instanz) variiert.

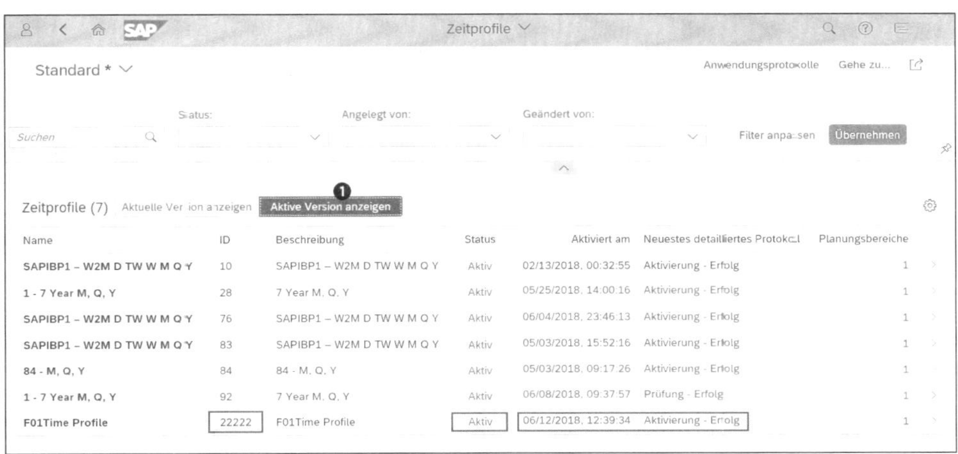

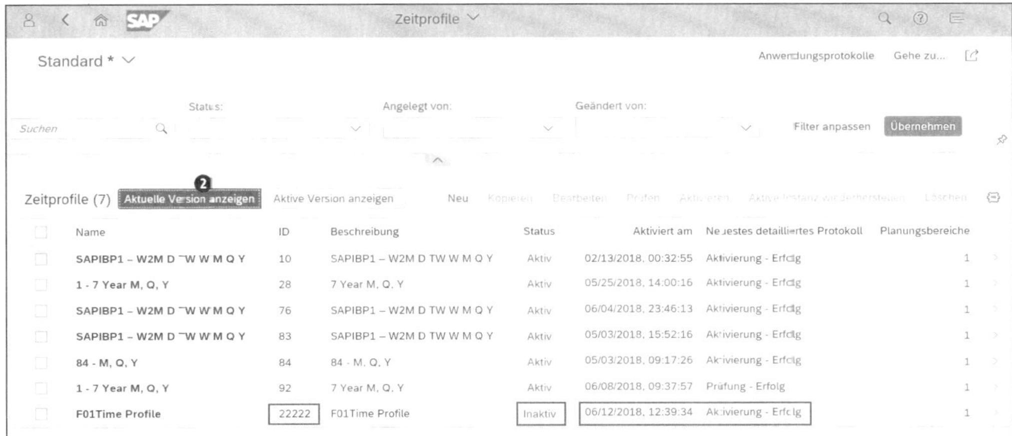

Abbildung 3.59 Vergleich zweier Instanzen der gleichen Entität

Ähnlich wird auch bei Löschvormerkung einer aktiven Instanz vorgegangen. Zunächst existieren beide Instanzen parallel: Im Excel-Add-in, in den Planungsoperatoren und in der Datenintegration wird die aktive Instanz verwendet. Nach erfolgter Aktivierung wird die gesamte Entität, d. h. beide Instanzen zusammen, mit den zugehörigen Daten gelöscht. Dieser Vorgang wird als *Active Deletion* bezeichnet.

Lebenszyklus einer Modellierungsentität

Im Zusammenhang mit Instanzen wird auch vom Lebenszyklus einer Modellierungsentität (engl. *Lifecycle of a Model Entity*) gesprochen, die die unterschiedlichen Status und Instanzen durchläuft.

Es ist auch wichtig, das Konzept entitätsübergreifend zu verstehen. Die inaktive Instanz einer Entität auf höherem Level referenziert zur letzten Instanz der abhängigen Entität, unabhängig davon, ob diese aktiv oder inaktiv ist. Ein Beispiel: Wir nehmen an, dass ein Attribut in einer aktiven und in einer inaktiven Instanz vorhanden ist, weil das Attribut nach Aktivierung geändert wurde, ohne es noch einmal zu aktivieren. Falls dieses Attribut nun einem Stammdatentyp zugeordnet ist, der ebenfalls in einer aktiven und in einer inaktiven Instanz vorliegt, so verwendet der aktive Stammdatentyp das aktive Attribut und der inaktive Stammdatentyp die inaktive Instanz des Attributs.

Kapitel 4
Sales and Operations Planning mit SAP IBP

Sales and Operations Planning ist ein Prozess, der die Kollaboration zwischen allen beteiligten Parteien eines Unternehmens strukturiert und die Ausrichtung auf die gemeinsame Strategie ermöglicht. Diesen komplexen und übergreifenden Prozess können Sie mithilfe von SAP Integrated Business Planning (SAP IBP) abbilden und unterstützen.

In diesem Kapitel gehen wir in Abschnitt 4.1 auf die unterschiedlichen Phasen und Ziele des klassischen Sales-and-Operations-Planungsprozesses (kurz *S&OP* oder auch *SOP*) ein. Anschließend erläutern wir in Abschnitt 4.2, »Funktionen von SAP IBP für Sales and Operations«, und Abschnitt 4.3, »Der S&OP-Prozess mit SAP IBP«, wie Sie mithilfe von SAP-IBP-Funktionen Ihren S&OP-Planungsprozess individuell abbilden können. Abschnitt 4.4, »Konfiguration und Einstellungen in SAP IBP für Sales and Operations«, behandelt die wesentlichen Konfigurationsmöglichkeiten während einer SAP-IBP-Implementierung.

4.1 Überblick und Ziele

Betrachtet man ein Unternehmen mit allen internen und auch externen Einflussgrößen, die zum unternehmerischen Erfolg beitragen, handelt es sich um ein komplexes Netzwerk an Beteiligten, die teilweise konträre Ziele verfolgen. Mit Blick auf die gesamte Logistikkette spielen auch externe Faktoren eine große Rolle, wenn es um die Beschaffung, Produktion, Distribution und den Vertrieb einer Unternehmung geht. Konträre Zielvorgaben, z. B. die Reduktion von Bestand in der Supply Chain und hohe Umsatzvorgaben für den Vertrieb, erfordern einen hohen Abstimmungsaufwand und führen außerdem häufig dazu, dass sich die einzelnen Bereiche eines Unternehmens lokal optimieren und die daraus entstehenden »Silolösungen« nicht zwingend das Optimum für das gesamte Unternehmen bedeuten.

Ein strukturierter S&OP-Prozess hilft dabei, dass Entscheidungen nicht primär von kurzfristigen Faktoren, individuellen oder lokalen Zielen bestimmt werden. Durch die Etablierung eines strukturierten und klar definierten sowie kontinuierlichen Abstimmungsprozesses können Sie die Aktivitäten aller Bereiche auf die gemeinsame Vision und Strategie des Unternehmens ausrichten. Abbildung 4.1 zeigt den integrativen Charakter von S&OP.

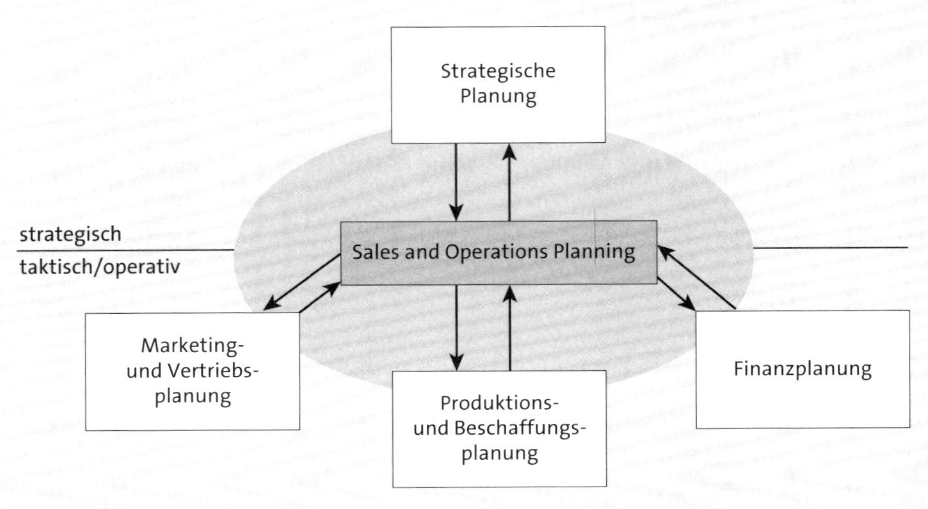

Abbildung 4.1 Integration von S&OP – Ausrichtung auf Strategie und Vision

Um das komplette Potenzial dieser Methodik auszuschöpfen, spricht man auch vom sogenannten *Executive S&OP*, das diesen strukturierten Prozess als Steuerungsinstrument für das Top-Management begreift und auf aggregierter Ebene Entscheidungsfindungsprozesse unterstützt. Damit alle Bereiche eines Unternehmens auf eine gemeinsame Vision und Strategie ausgerichtet werden können, braucht es das Engagement des Top-Managements in einem solchen Executive-S&OP-Prozess. In der Praxis finden wir aber oft auch einen etwas stärker operativ ausgerichteten S&OP-Prozess, der im Wesentlichen hilft, Nachfrage (Demand) und Angebot (Supply) aufeinander abzustimmen (siehe Abbildung 4.2), und Fragestellungen auf Detailebene unterstützt.

Der S&OP-Prozess kann somit als strategischer, taktischer oder operativer Entscheidungsfindungsprozess verstanden werden, durch den Nachfrage und Angebot abgestimmt, dabei finanzielle Aspekte sowie operative Restriktionen berücksichtigt und so das operative Tagesgeschäft auf eine einheitliche Strategie ausgerichtet werden können. Seine Stärken liegen in der taktisch-strategischen Ausrichtung.

Die Komponenten eines klassischen S&OP-Prozesses (siehe Abbildung 4.3), der einem monatlichen Planungszyklus folgt, sind in die Phasen *Demand Review*, *Supply Review*, *Pre-S&OP* und *(Executive) S&OP Meeting* untergliedert und wurden um die Phase *Produkt-/Portfolio-Review* ergänzt. Ergebnisse der einzelnen Phasen werden in den Folgephasen sequenziell als Input weiter detailliert, bis am Ende des S&OP-Planungszyklus ein finaler abgestimmter Plan verabschiedet werden kann.

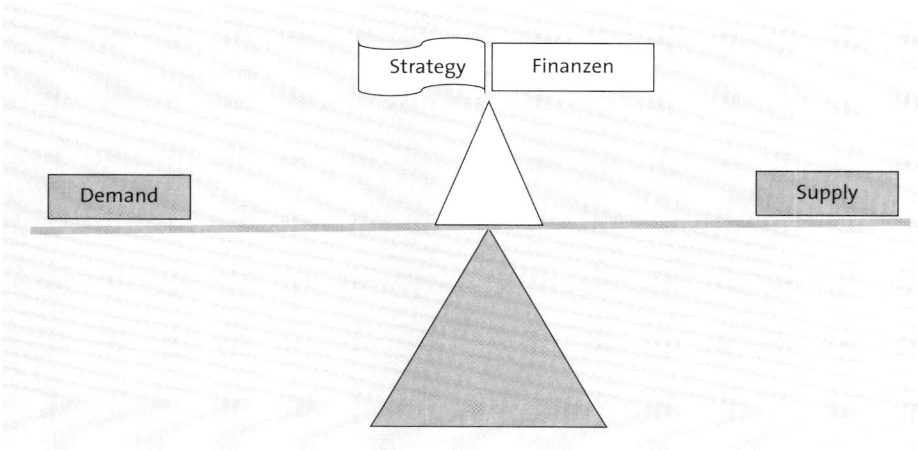

Abbildung 4.2 S&OP als Angebot-und-Nachfrage-Abgleich

Der klassische S&OP-Prozess ist ein seit den 1970ern in der Praxis etablierter Prozess, der sich im Laufe der Jahre mit sich ändernden Anforderungen stetig weiterentwickelt hat. Am Anfang lag der Fokus deutlich auf den internen Prozessen wie der Produktions-, Nachfrage- und Angebotssteuerung und der Integration von weiteren internen Aspekten, beispielsweise den finanziellen Gesichtspunkten und später der Integration von Produkt- und Portfolio-Management. Die Anforderungen an die Szenarioplanung sowie eine kundenzentrierte Unternehmensausrichtung durch externe Kollaborationen mit Kunden, Lieferanten und Partnern sind nun auch wesentlicher Bestandteil eines vollumfänglichen S&OP-Prozesses und stellen die Evolution des klassischen S&OP-Prozesses hin zu einem IBP-Prozess (Integrated Business Planning) dar. Die Kernphasen des klassischen S&OP-Prozesses haben sich bei der Entwicklung zum IBP-Prozess kaum verändert, wie in Abbildung 4.3 zu sehen ist. Allerdings haben sich die notwendigen externen und internen Aktivitäten sowie Möglichkeiten in den einzelnen Phasen den aktuellen Anforderungen im Laufe der Zeit in Richtung integrierte Business-Planung angepasst.

Der klassische S&OP-Prozess als dynamischer, strategisch orientierter Managementprozess mit seinen externen und internen Abstimmungsszenarios entfaltet seine Vorteile besonders in einem volatilen Unternehmensumfeld. In der Praxis hat sich seine Anwendung aber meist nicht über den Abgleich von Nachfrage und Angebot unter Berücksichtigung von Bestandsführungsaspekten hinaus etabliert.

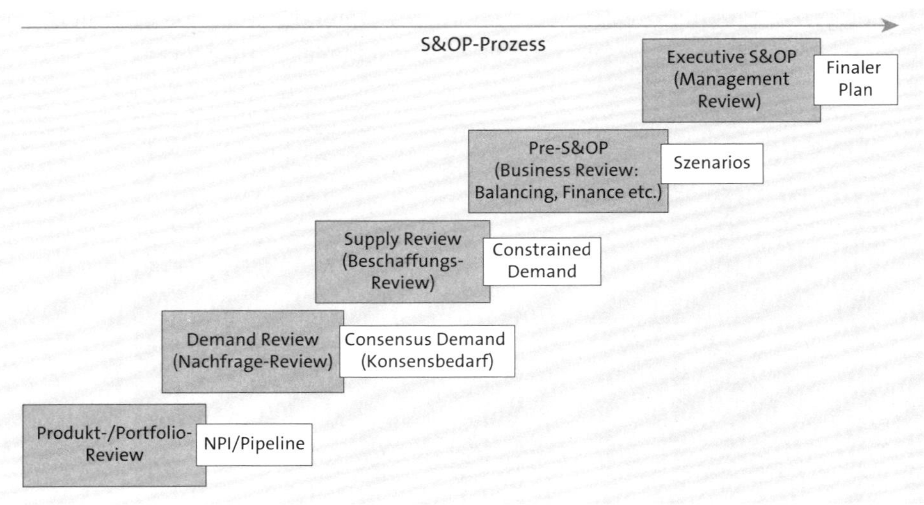

Abbildung 4.3 Phasen des klassischen S&OP-Prozesses

Da der S&OP-Prozess in der Praxis bei Unternehmen sehr unterschiedlich ausgeprägt ist, haben sich verschiedene Modelle entwickelt, mit deren Hilfe der »Reifegrad« eines S&OP-Prozesses definiert werden kann. Ein etabliertes Modell ist das Modell von Gartner (siehe Tabelle 4.1), das den Reifegrad eines S&OP-Prozesses in fünf Stufen einordnet.

Reifestufe 1 React	Reifestufe 2 Anticipate	Reifestufe 3 Integrate	Reifestufe 4 Collaborate	Reifestufe 5 Orchestrate
Reagieren:	**Antizipieren:**	**Integrieren:**	**Kollaborieren:**	**Orchestrieren:**
Vertriebsfokus – entwickeln eines machbaren Plans, um Kundenbedarfe zu decken	interner Fokus – Nachfrage und Angebot abgleichen, indem die Produktion und die Absatzplanung optimiert und aufeinander abgestimmt werden	externer Fokus – Integrieren von externen Informationen und Berücksichtigung bei internen Abläufen	Profitabilitätsfokus – Kooperation von verschiedenen Funktionen und logistischen sowie finanziellen Einfluss berücksichtigen	Strategiefokus – Demand Sensing und Bedarfe gestalten, um die Supply-Chain-Entscheidungen auf die Strategie auszurichten

Tabelle 4.1 Maturity-Modell von Gartner für S&OP/IBP

Dabei gibt es verschiedenste Ausprägungen der Reifegraddefinition für S&OP/IBP. Mit SAP IBP sind Sie in der Lage, alle genannten Reifegrade bzw. Stufen der oben genannten Planungsprozesse systemseitig zu unterstützen.

Die Schwierigkeit, einen effektiven S&OP-Prozess in Unternehmen zu etablieren, liegt neben der Veränderung wesentlicher Unternehmens- und Kommunikationsprozesse auch an der fehlenden systemischen Unterstützung. Als wesentliche Problempunkte werden regelmäßig folgende Aspekte genannt:

- Verschiedene Systeme oder lokale Excel-Arbeitsmappen in den verschiedenen Abteilungen erschweren eine übergreifende und konsistente Abstimmung.
- Die heterogene Datenlage führt zu einem hohen Aufwand, um die Daten aus den verschiedenen Datentöpfen zu extrahieren und homogen für einen S&OP-Prozess aufzubereiten.
- Aufgrund der Entkopplung von Nachfrage-, Angebots- und Finanzplanung kann der Einfluss veränderter Parameter nicht übergreifend ausgewertet werden, und Entscheidungen berücksichtigen nicht immer Profitabilitätsaspekte.
- Es fehlen sowohl eine vom S&OP-Prozess geforderte aggregierte Planung auf Managementebene als auch Möglichkeiten der Detaillierung, um die operative mit der taktisch-strategischen Planung abzustimmen.
- Die Möglichkeiten zu simulieren und z. B. alternative Szenarios zu planen, zu vergleichen und abzustimmen sind limitiert.

Es war bereits in der Vergangenheit möglich, wenn auch mit einigen der oben genannten Restriktionen, einen S&OP-Prozess mit SAP-Software abzubilden. In der Regel mussten dann allerdings abhängig vom Prozessschritt unterschiedliche Systemkomponenten verwenden werden: Neben gängigen ERP-Funktionen beispielsweise SAP Advanced Planning and Optimization (SAP APO) Demand Planning (DP) für den Absatzplanungsteil, SAP APO Supply Network Planning (SNP) und/oder SAP APO Production Planning and Detailed Scheduling (PP/DS) für den Beschaffungsplanungsteil und SAP Business Warehouse (SAP BW) mit entsprechenden Frontend-Reporting-Applikationen für notwendige Auswertungen.

SAP IBP hingegen wurde originär dafür entwickelt, den S&OP-Prozess von Anfang bis Ende zu unterstützen. Mit SAP IBP können Sie entsprechend alle Phasen und Reifegrade eines S&OP-Prozesses abbilden. In Abschnitt 4.2 stellen wir Ihnen die Kernfunktionen von SAP IBP vor, die Sie für die Abbildung Ihres S&OP-Prozesses verwenden können.

4.2 Funktionen von SAP IBP für Sales and Operations

Wie in Kapitel 1 »Betriebswirtschaftliche Einordnung«, einleitend beschrieben wurde, unterstützt SAP IBP unterschiedliche Supply-Chain-Management-(SCM-)Planungsprozesse. SAP IBP für S&OP ist originär entwickelt worden, um eine Software zu schaffen, die den S&OP-Prozess vollumfänglich unterstützt. Damit werden Schwachpunkte früherer Lösungskomponenten direkt adressiert und Limitierungen reduziert. Bevor wir in Abschnitt 4.3, »Der S&OP-Prozess mit SAP IBP«, zu den Funktionen kommen, die prozessspezifische Anforderungen abdecken, werden wir in diesem Abschnitt kurz die wesentlichen Aspekte der Lösung SAP IBP skizzieren. Vier Grundprinzipien liegen der IBP-Lösung zugrunde (siehe Abbildung 4.4), die auch aus Sicht des S&OP-Prozesses einen wesentlichen Mehrwert bieten.

Komplettes und skalierbares Modell	Real-Time What-if-Szenarioplanung	Kollaboration	Intuitive UIs
Absatz, Beschaffungs- und Finanzplanung in einem Modell	Echtzeit-Szenarien auf gesamtem Modell	Transparente Kommunikation und Entscheidungsfindung	Web-, Excel- und Mobile UIs

Abbildung 4.4 Grundprinzipien der Lösung SAP IBP

Die in Abbildung 4.4 genannten Grundprinzipien, wie ein komplettes und skalierbares Modell, intuitive UIs, Szenarioplanung und Kollaboration, ebenso wie weitere Sales-and-Operations-spezifische Aspekte sind in den nachfolgenden Abschnitten einzeln erläutert.

4.2.1 Komplettes und skalierbares Modell

Eine wesentliche Schwäche vorheriger Lösungen war, dass abhängig vom Prozessschritt im S&OP-Prozess unterschiedliche Systemkomponenten verwendet werden mussten. Für die Absatzplanung gab es z. B. SAP APO DP, für die Beschaffungsplanung SAP APO SNP oder PP/DS, und für die Finanzplanung mussten eventuell noch weitere Systemlösungen integriert werden. Diese unterschiedlichen Systemkomponenten hatten immer zur Folge, dass Daten zwischen den verschiedenen Lösungen redundant kopiert werden mussten und somit nicht immer eine integrierte Lösung möglich war. Nicht alle Beteiligten haben auf derselben Datenbasis gearbeitet, und um z. B. finanzielle Auswirkungen unterschiedlicher Szenarios bewerten zu können, mussten Daten konvertiert und aufbereitet werden.

Mit SAP IBP für S&OP wird es möglich, alle Prozessschritte eines S&OP-Prozesses wie Absatz-, Beschaffungs- und Finanzplanung auf Basis eines Datenmodells zu realisieren. Dabei können Sie die für Ihren Planungsprozess relevanten Planungsebenen und Planungslevel flexibel definieren. Sie können ein Datenmodell mit der gewünschten Granularität definieren, sodass eine aggregierte und detaillierte Planung möglich ist. Die Flexibilität, Ihre Konfiguration kontinuierlich anzupassen und ein skalierbares Modell zu nutzen, das größere Datenmengen und Berechnungen erlaubt, gründet vor allem auf SAP HANA.

In der Regel sind unterschiedliche Planungsebenen abhängig vom Prozessschritt notwendig. Die Absatzplanung ist stärker marktorientiert und enthält Dimensionen wie Material (Produkthierarchie, Produktfamilien etc.), Kunde (Kundenhierarchie etc.)

und organisatorische Strukturen, wie z. B. Verkaufsorganisation, Vertriebsweg etc. Die Beschaffungsplanung verwendet hingegen etwas andere Dimensionen, die stärker beschaffungsorientiert sind, wie z. B. Werke (Produktion, Distributionszentren, Lieferanten), Transportbeziehungen oder Ressourcen bzw. Arbeitsplätze. Einige der grundlegenden Dimensionen müssen wie von SAP vordefiniert verwendet werden, aber es ist auch möglich, diese Dimensionen entsprechend den eigenen Anforderungen anzupassen (siehe dazu auch Abschnitt 4.4, »Konfiguration und Einstellungen in SAP IBP für Sales and Operations«). Das im Projekt zu definierende Datenmodell stellt die Basiskonfiguration dar und ist ein wesentlicher Aspekt, den Sie im Rahmen eines Projekts abhängig von Ihren Anforderungen festlegen müssen. Grundsätzlich liefert SAP vordefinierte Best-Practice-Planungsbereiche bzw. -Datenmodelle, die Sie als Grundlage verwenden können. Es gibt hierbei prozessspezifische, aber auch prozessübergreifende Modelle. Weitere Details zur Verwendung der Best-Practice-Planungsbereiche finden Sie in Abschnitt 1.3, »Integrierte Beispiele (Best Practice)«.

4.2.2 Intuitive UIs – Excel und Analysen

SAP IBP für Sales and Operations stellt via Web und mit Excel zwei wesentliche Typen von Benutzeroberflächen zur Verfügung. Die primäre Planungsoberfläche ist Excel, sie wird in der Regel bereits in den einzelnen Fachbereichen verwendet. Die Nutzung von Excel bedeutet einen minimierten Lernaufwand für den Anwender, da die gewohnte Excel-Oberfläche und bekannte Excel-Funktionen weiterverwendet werden können. Es besteht somit auch die Möglichkeit, bestehende Excel-Auswertungen, die bereits vor einer IBP-Einführung existiert haben, mithilfe von SAP IBP und der Datenausgabe in Excel einfach zu füllen. Lediglich IBP-spezifische Funktionen und Rahmenbedingungen müssen erlernt und berücksichtigt werden.

In der Regel werden abhängig vom Planungsprozess optimierte Excel-Planungssichten bereitgestellt, die nur den für den aktuellen Prozessschritt relevanten Teil der Daten selektieren. Zum Beispiel gliedert sich der Demand-Review-Prozess in Teilprozesse, sodass optimierte Sichten mit ausgewählten Kennzahlen, Planungsebenen und Zeithorizonten bzw. Zeitdimensionen für Vertrieb, Marketing, Absatzplanung, Finanzen etc. sinnvoll sein können. Dabei hängt es vom kundenindividuellen Prozess ab, welche Planungssichten wie ausgeprägt werden müssen. Die Definition dieser Planungssichten stellt daher ein wesentliches Arbeitspaket während einer Implementierung dar.

Einige Planungssichten und Formatierungsbeispiele hat SAP im Rahmen der Best Practices bereits vorgedacht; Sie können sie als Grundlage verwenden. In Abbildung 4.5 sehen Sie eine Planungssicht, die für die Vertriebsplanung vorgedacht wurde, und weitere Planungssichten ❶, die vorkonfiguriert ausgeliefert werden, um einen klassischen S&OP-Prozess abzubilden. Es gibt für die Prozesse in SAP IBP weitere vordefinierte Planungssichten z. B. für Demand, Demand Sensing oder Inventory.

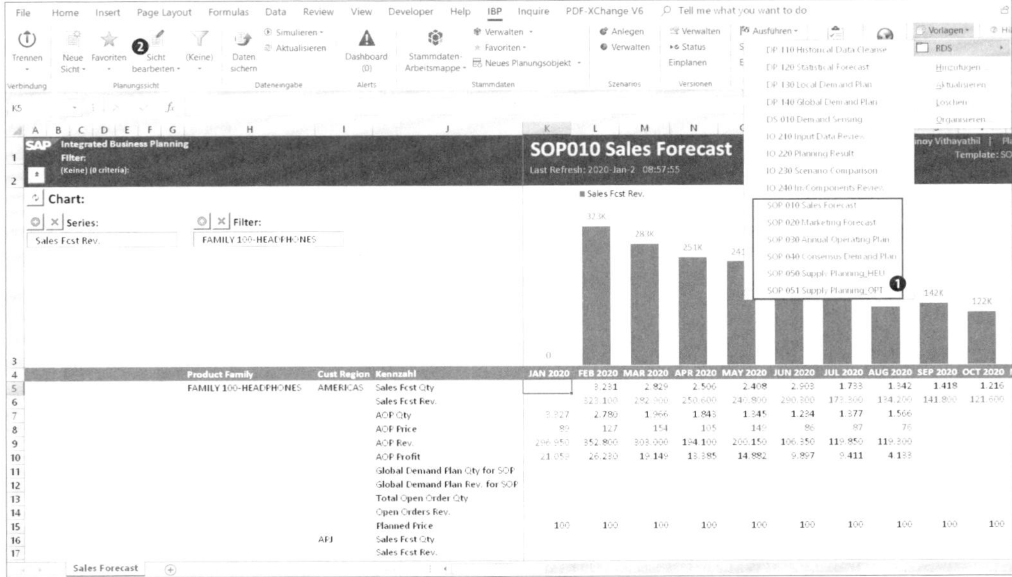

Abbildung 4.5 Benutzeroberfläche – Excel

Die grundlegenden Einstellungen zur Selektion, die die Daten aus dem Datenmodell betreffen, können bei der Neuanlage einer Datensicht festgelegt werden. Diese können vom Planer auch interaktiv über **Sicht bearbeiten** ❷ je nach Anforderung angepasst werden. Um relevante Daten aus dem gesamten Datenmodell zu selektieren, können abhängig vom Prozessschritt die folgenden Einstellungen vorgenommen werden:

- Szenarios
- Versionen
- Planungsumfang (gilt für einige Planungsoperatoren)
- Zeit
- Planungsebene – Attribute auswählen (z. B. Produktfamilie, Region)
- Kennzahlen – Kennzahlen auswählen, Währung und Mengeneinheit
- Layout – Definition Zeilen- und Spaltenachse
- Filter – Attributwerte und Kennzahlenwerte filtern
- Alerts – Alerts definieren

Visuelle Anpassungen können Sie mit den vorhanden Excel-Funktionen bzw. idealerweise über das EPM-Formating durchführen. Für weitere Ausführungen zu den Benutzeroberflächen siehe Abschnitt 2.2, »Microsoft Excel«.

Neben den Excel-Planungssichten, die für die Planung vorgesehen sind, wird ein Großteil über Webapplikationen realisiert. Ein Großteil der Konfiguration und des Systemmonitorings sowie einige Einstellungen laufen über Apps. Aus Anwendersicht sind im Kontext des S&OP-Prozesses noch die Auswertungs- und Reportingfunktionen sowie die Möglichkeit der webbasierten Planung für einfache Planungsfunktionen und übergreifende Kollaboration hervorzuheben. Die Auswertungen über die Apps **Analysen – Erweitert** und **Dashboards – Erweitert** sind webbasierte Applikationen, die genau wie die Excel-Benutzeroberfläche direkt auf das Datenmodell auf der SAP-HANA-Datenbank in der Cloud in SAP IBP zurückgreift. Auch hier sollten Analysen und Dashboards angelegt werden, die für die einzelnen Prozessschritte optimiert sind: Auswertungen für den Demand-Review-Schritt beinhalten z. B. andere Informationen als die für den Supply-Review-Schritt. Abbildung 4.6 zeigt ein Demand-Review-Beispiel, bei dem verschiedene Analysen in einem Dashboard speziell für diesen Prozessschritt zusammengefasst wurden. Aus dem Dashboard können Sie nun in vordefinierte Analysen abspringen und zu weiteren Details navigieren. Diese Analysen verwenden die in SAP HANA gespeicherten Daten, sodass die Auswertungen in Echtzeit auf den aktuellsten Daten erfolgt.

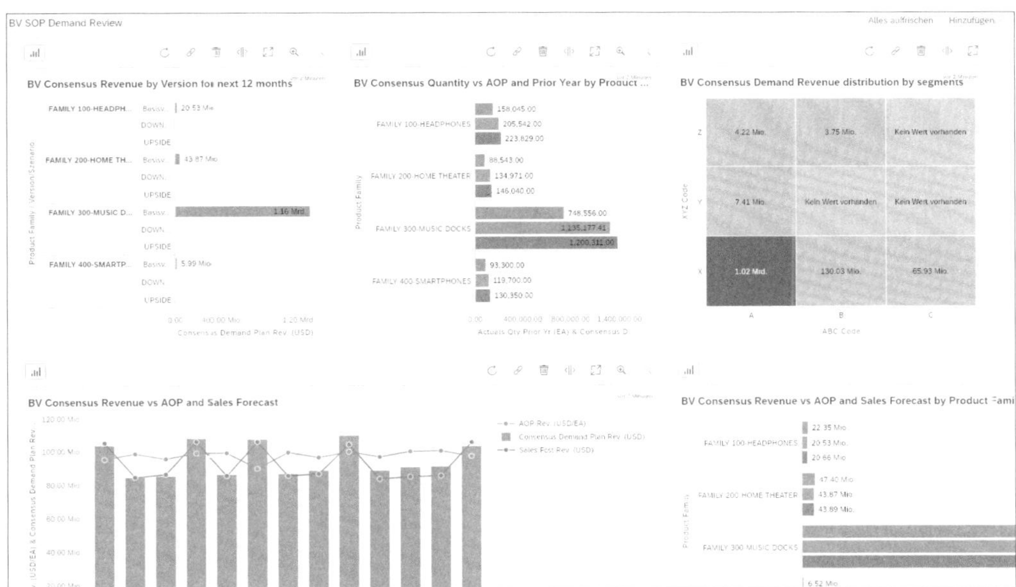

Abbildung 4.6 Web-UI – Dashboard für Demand Review

Eine Anpassung der Daten ist bis dato im Rahmen des S&OP-Prozesses über Excel vorgesehen, und ein Absprung aus den Analysen und Dashboards kann gegebenenfalls konfiguriert werden. Seit Release 1902 lassen sich erste einfache Webplanungssichten erstellen und erlauben Änderungen von Daten in Zeitreihenkennzahlen mithilfe von einfachen Planungssichten. Die Bereitstellung der App **Webbasierte Planung** eröffnet neue Aspekte der Kollaboration, auch unternehmensübergreifend, über webbasierte Planungssichten. Abbildung 4.7 zeigt die gleichen Vertriebsdaten, die in Abbildung 4.5 in Excel dargestellt sind, auf den Ebenen **Product Family** und **Cust Region**.

SAP Webbasierte Planung

1BVWEB

Planungssicht bearbeiten Planungsfilter ändern

Versionen/Szenarios: Basisversion

Currency To ID: USD
Unit of Measure To ID: EA

vor 1 Minute Simulieren Szenario

	Product Family	Cust Region	Key Figures	JAN 2020	FEB 2020	MAR 2020	APR 2020	MAY 2020	JUN 2020	JUL 2020	AUG 202
1	FAMILY 100 HEADPHO...	AMERICAS	Sales Fcst Qty		3,231.000000	2,829.000000	2,506.000000	2,408.000000	2,903.000000	1,733.000000	1,342
2			Sales Fcst Rev		323,100.000000	282,900.000000	250,600.000000	240,800.000000	290,300.000000	173,300.000000	134,200
3			Planned Price	100	100	100	100	100	100	100	
4		APJ	Sales Fcst Qty								
5			Sales Fcst Rev								
6			Planned Price	100	100	100	100	100	100	100	
7	FAMILY 200 HOME THE...	AMERICAS	Sales Fcst Qty								
8			Sales Fcst Rev								
9			Planned Price	300	300	300	300	300	300	300	

Abbildung 4.7 Benutzeroberfläche – Beispiel der webbasierten Planung

Über die webbasierten Planungssichten können Sie Kennzahlenwerte manuell anpassen, simulieren und Szenarios verwalten. Weitere Details zu den webbasierten Planungssichten als Benutzeroberfläche finden Sie in Abschnitt 2.1, »Browserbasierte Benutzeroberflächen (Web UIs)«.

4.2.3 Szenarioplanung

Ein weiterer Schwachpunkt früherer Lösungen betraf die simulierte Planung alternativer Szenarios, wie z. B. Best Case oder Worst Case. Die Möglichkeit, alternative Situationen zu simulieren, ist insbesondere bei einem taktisch-strategisch orientierten S&OP-Prozess besonders wertvoll. Dies war vor SAP IBP in der Regel nur mit erhöhtem Aufwand und nicht Realtime möglich. Auf der Grundlage von SAP HANA können Sie mit SAP IBP nun sehr flexibel Simulationen in Echtzeit durchführen. Hierfür bietet SAP IBP unterschiedliche Konzepte an, wie Versionen und Szenarios, und Sie können online ad hoc simulieren. Die wesentlichen Merkmale der drei Optionen sind in Tabelle 4.2 aufgeführt.

Ad-hoc-Simulation ist die schnellste Art und Weise, Veränderungen zu planen. Dies können Sie einfach im Excel-Frontend oder in der webbasierten Planung über **Simulieren** veranlassen. Bei einer Simulation werden die Daten nicht auf der SAP-HANA-Datenbank abgespeichert, sondern die Berechnungen und Kalkulationen werden im Hintergrund ausgeführt, und die Ergebnisse werden dann im Excel-Frontend angezeigt. Auf Basis der neuen Ergebnisse können Sie dann ad hoc Entscheidungen treffen. Sobald Sie diese Veränderungen speichern möchten, können Sie die Daten in der aktuell selektierten Version oder einem Szenario speichern.

	Simulation	Version	Szenario
Merkmale	einzelner Benutzer	Multi-User	Multi-User (über Freigabe)
	Ad-hoc-Excel-Frontend	Ist gespeichert.	Ist gespeichert.
	komplettes Datenmodell	komplettes Datenmodell	komplettes Datenmodell
	alle Kennzahlen	versionsabhängige Kennzahlen	alle Kennzahlen der verwendeten Version
	Excel-Planungssicht	Excel und Analysen	Excel und Analysen
	kein Vergleich	Vergleich möglich	Vergleich möglich
	keine eigenen Stammdaten	versionsspezifische Stammdaten	versionsspezifische Stammdaten (keine fürs Szenario)

Tabelle 4.2 Vergleich von Simulation, Version und Szenario

Um Versionen zu nutzen, müssen sie in der Konfiguration des Planungsbereichs vorgesehen sein. Die Baseline-Version ist die aktive Standardversion, die automatisch angelegt wird und in Modulen wie SAP IBP für Response and Supply mit dem SAP-ERP- bzw. SAP-S/4HANA-System integriert ist. Die in der Konfiguration zu definierenden Versionen, z. B. die Upside- oder die Downside-Version, können nach Bedarf angelegt werden und sind global verfügbar. Sie sind für Benutzer mit der entsprechenden Berechtigung sichtbar bzw. können von ihnen verwendet werden. In der Konfiguration legen Sie fest, welche Kennzahlen versionsspezifisch sind, welche Kennzahlen aus der Baseline-Version gelesen werden sollen und ob Sie versionsspezifische Stammdaten verwenden möchten. Versionen speichern die versionsspezifischen Daten separat im SAP-IBP-System ab, was das Datenvolumen erhöht, aber eine Planung auf Basis von unterschiedlichen Stamm- und Bewegungsdaten ermöglicht. Details zur Konfiguration von Versionen finden Sie in Abschnitt 3.7, »Versionen«.

Ein Szenario hingegen kann von jedem User angelegt werden und stellt ein lokales Objekt dar, das für kurzfristige Analysen und Diskussionen verwendet wird. Szenarios sind in erster Linie User-spezifisch und können mit Kollegen geteilt werden. Ein Szenario basiert in der Regel auf einer Version, und nur die Veränderungen werden in einem Szenario gespeichert. Wenn sich die zugrunde liegende Version verändert, werden die Daten des Szenarios nicht angepasst, sondern die darin gespeicherten Änderungen werden entsprechend auf die veränderten Werte der zugrunde liegenden Version ergänzt. Aus diesem Grund können Szenarios sinnvoll in einem S&OP-

Prozess verwendet werden, wenn sich die zugrunde liegende Version im Hintergrund nicht signifikant ändert. Diese Grundvoraussetzung ist bei einem klar definierten S&OP-Planungszyklus oder mit dedizierten Versionen in der Regel gegeben. Falls Szenarios in einem operativen Kontext mit stark veränderlichen Datenlagen eingesetzt werden, haben Szenarios tendenziell einen kurzfristigen zeitlichen Fokus.

Wie in Abbildung 4.8 dargestellt, können Sie in Excel ganz einfach die in der Konfiguration vorgesehenen Versionen und angelegten Szenarios auswählen und miteinander vergleichen ❶. In diesem Beispiel werden auf Basis der **Base Version** ❷ die Szenarios **Baseline** und **Best Case 1** nebeneinandergelegt ❸.

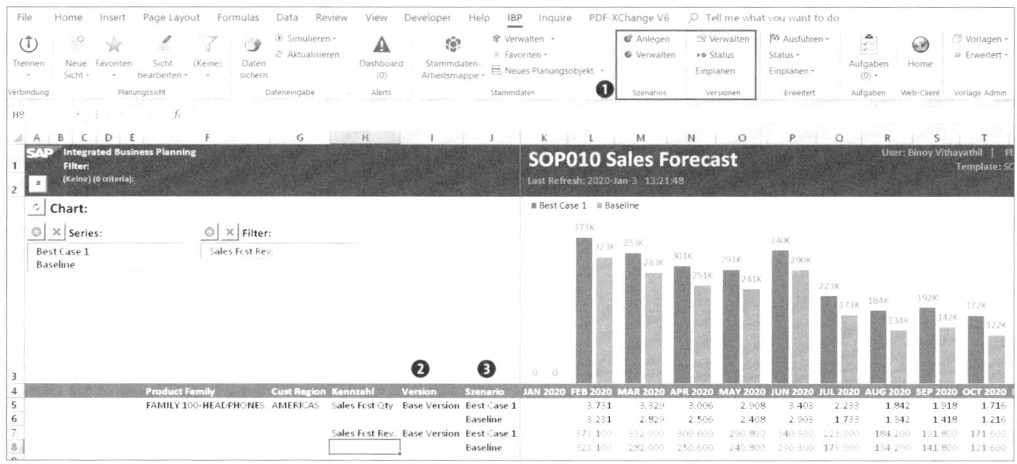

Abbildung 4.8 Szenario und Version in der Excel-Benutzeroberfläche

Im Bereich **Versionen** der **IBP**-Registerkarte können Sie die Versionen verwalten, z. B. Stamm- und Bewegungsdaten kopieren oder löschen. Sie können den Status der Jobs verfolgen und auch entsprechende Jobs regelmäßig einplanen.

Im Bereich **Szenarios** der **IBP**-Registerkarte in Excel können Sie einfach eigene Szenarios über die Option **Anlegen** neu anlegen und dabei direkt festlegen, mit welchen Benutzern Sie diese teilen wollen. Über die Option **Verwalten** haben Sie die Möglichkeit, bestehende Szenarios zu verwalten, sie z. B. für andere Benutzer freizugeben, über die Option **Hochstufen** ein Szenario zu übernehmen oder mit **Zurücksetzen**, **Löschen** oder **Duplizieren** eben das zu tun. Somit können Sie sehr einfach mit nur wenigen Klicks eigene Szenarios erzeugen und sie als Grundlage für die weitere Entscheidungsfindung verwenden.

Neben der Verwendung in Excel ist es auch möglich, die Ergebnisse aus Versionen und Szenarios in den Analysen im Web zur Auswertung zu verwenden und sie zu vergleichen. Wie in Abbildung 4.9 dargestellt, stehen Ihnen auch die erweiterten Analysemöglichkeiten in den Apps **Analysen – Erweitert** oder **Dashboards – Erweitert** im

SAP Fiori Launchpad zur Verfügung, und Sie können alternative Szenarios mithilfe von Versionen oder Szenarios im Rahmen Ihres S&OP-Prozesses grafisch ansprechend in unterschiedlichen Formen aufbereiten und diskutieren.

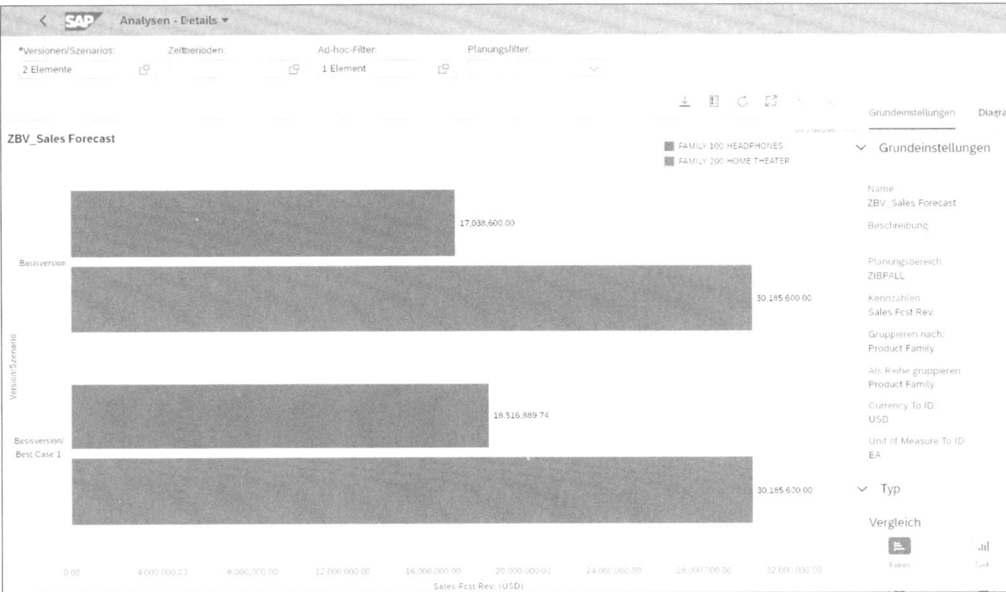

Abbildung 4.9 Szenario und Version in den Analysen

4.2.4 Kollaboration

Wichtiges Merkmal und Erfolgskriterium eines S&OP-Prozesses ist die Kooperation und Kollaboration zwischen unterschiedlichen Abteilungen und Bereichen eines Unternehmens, um die Ausrichtung auf eine gemeinsame Strategie und Ziele zu erreichen. Ein weiterer Kernaspekt, der SAP IBP von bisherigen Lösungen unterscheidet, sind die sehr umfangreichen Möglichkeiten der Kollaboration, mit denen funktional übergreifende Abstimmungsprozesse und Kommunikationskanäle etabliert und Abläufe gesteuert, Informationen zentral bereitgestellt und Endscheidungsprozesse transparent gestaltet und dokumentiert werden können. Dabei stehen unterschiedliche Funktionen bereit, die Sie abhängig vom notwendigen Anwendungsfall einsetzen können. Im Wesentlichen sind es folgende:

- **Planungsszenarios**
  Sie können alternative Planungssituationen und Lösungen mit Kollegen abgleichen, verwalten und abhängig vom Entscheidungsprozess aktivieren (siehe Abschnitt 4.2.3, »Szenarioplanung«).

- **Prozessmanagement**
  Sie können Planungsprozesse definieren und steuern. Die abteilungsübergreifende Kooperation wird gestärkt und manuelle Aufwände durch Prozessautomatisierung reduziert (siehe Abschnitt 4.2.5, »Prozessmanagement«).
- **SAP Jam**
  Sie können Informationen, Diskussionen und Entscheidungsfindungsprozesse an zentraler Stelle ausführen und dokumentieren. SAP Jam ermöglicht es Ihnen in Kombination mit den Prozessmanagementfunktionen von SAP IBP, Prozesse, Aktivitäten und deren Fortschritt zu verfolgen sowie Entscheidungen formalisiert durchzuführen und festzuhalten (siehe Kapitel 10, »SAP Jam«).
- **SAP CoPilot**
  Sie können über SAP CoPilot die direkte Kommunikation ad hoc in SAP IBP realisieren, z. B. via Chat Ihre Notizen oder Screenshots mit anderen Benutzern teilen. Es handelt sich um ein Tool zur direkten Kommunikation in systemeigenen SAP-Fiori-Apps und unterscheidet sich daher von SAP Jam als strukturierende Plattform für die Gruppenkommunikation. Auch die Kommunikation mit dem SAP-Support bei der Anlage von Kundenmeldungen wird über SAP CoPilot vereinfacht. SAP CoPilot ist ein digitaler Assistent, der in SAP-Fiori-Apps zur Verfügung steht, um Sie bei der Ausführung von Geschäftsanwendungen zu unterstützen. Es ist keine native SAP-IBP-Funktion, sondern steht z. B. auch in SAP S/4HANA zur Verfügung und ist teilweise in SAP IBP freigeschaltet. Daher gehen wir in diesem Buch nicht weiter auf die Funktion ein, sondern verweisen auf die offizielle IBP-spezifische SAP-Dokumentation unter *https://help.sap.com/IBP* (über **Anwendungshilfe für SAP Integrated Business Planning 1908 • Benutzeroberfläche • Arbeiten mit Webanwendungen • SAP CoPilot**) und *http://s-prs.de/v632403*.
- **Notizen in Excel-Planungssichten**
  Sie können während der Planung in Excel Notizen pro Zelle, also pro Kennzahl und Planungsebene, hinterlegen und einsehen. Notizen können auf unterschiedlichen Planungsebenen angezeigt werden. Indem Sie Änderungen zusätzlich mit Notizen im System dokumentieren, können Sie zusätzliche Informationen teilen (siehe Abschnitt 2.2.9, »Rechtsklick-Bearbeitungsfunktionen im Excel-Interface«).
- **Unternehmensübergreifende Kollaboration**
  Auch die unternehmensübergreifende Kollaboration und die Berücksichtigung verfügbarer Informationen stärkt die Entscheidungsfindung während eines S&OP-Prozesses. Kunden- sowie Lieferantenkollaboration z. B. über die webbasierte Planung ermöglichen Ihnen deren Einbindung in Ihre Entscheidungsfindungsprozesse. Auch die Kollaboration über SAP Ariba, die Sie mithilfe des SAP Supply Chain Control Towers realisieren können, ist da zu nennen (siehe Kapitel 9, »SAP Supply Chain Control Tower«).

Diese funktionalen Möglichkeiten werden Sie in den genannten Abschnitten und Kapiteln noch ausführlicher kennenlernen.

4.2.5 Prozessmanagement

Das Prozessmanagement ist eine wesentliche Komponente von SAP IBP für Sales and Operations, die es Ihnen ermöglicht, Planungsprozesse zu definieren, zu verwalten und zu steuern. Der wesentliche Vorteil ist dabei, dass Sie die Zusammenarbeit aller beteiligten Personen aus verschiedenen Bereichen zentral über diese Funktionen in SAP IBP und auch im Zusammenspiel mit SAP Jam begleiten und koordinieren können. Die zwei relevanten SAP-Fiori-Apps im Prozessmanagement sind **Prozessvorlagen verwalten** und **Prozesse verwalten**.

Über die App **Prozessvorlagen verwalten** definieren Sie Ihre unternehmensindividuellen Prozesse als Vorlage. Ein typischer, zyklisch repetitiver Unternehmensprozess ist der monatliche Absatz- und Produktionsplanungsprozess, bekannt als S&OP, der in Abbildung 4.10 vereinfacht dargestellt ist.

In einer *Prozessvorlage* (Prozess-Template) definieren Sie die einzelnen Prozessschritte. Für unser Beispiel können dies z. B. Produkt-Review, Demand Review, Supply Review, Pre-S&OP und S&OP Meeting sein. Für jeden dieser Prozessschritte legen Sie dann Verantwortliche, Teilnehmer(-gruppe), Prüfer, Dauer, Zeitzone, Arbeitstage und Aufgaben fest. Die Aufgaben des Prozessschrittes *Demand Review* könnten z. B. *Review Sales Forecast, Review Marketing Forecast, Review Annual Operating Plan* und *Create Consensus Demand Plan* sein. Jeder Aufgabe wird dann ein Teilnehmer oder eine Teilnehmergruppe zugeordnet.

Des Weiteren legen Sie in einem Template auch die Bedingungen und Abhängigkeiten für den Start und das Ende eines Prozessschrittes fest und können Automatisierungseinstellungen konfigurieren, die zum Start oder zum Ende eines Schrittes automatisch Anwendungsjobs einplanen. Ein Beispiel für Schritteinstellungen zum Start- und Enddatum und das automatische Einplanen eines Anwendungsjobs zum Ende sehen Sie in Abbildung 4.10. Dabei können Sie als Bedingung aktuell entweder das Datum, Abhängigkeiten zum vorherigen Schritt oder zu den automatisch eingeplanten Jobs oder auch eine benutzerspezifische Bedingung wählen.

Sie können das Prozessmanagement allein verwenden oder in Kombination mit SAP Jam. Sobald Sie SAP Jam in Verbindung mit Ihrem SAP-IBP-System verwenden, erweitert sich die Funktionalität insofern, als dass Sie nun auch Funktionen basierend auf dem Kooperationswerkzeug SAP Jam verwenden können (für weitere Details siehe Kapitel 10, »SAP Jam«). Einzelnen Prozessschritten können Sie dedizierte SAP-Jam-Gruppen zuordnen und gezielt die Kollaboration unterstützen. Die im Prozessschritt definierten Aufgaben sind dann in den SAP-Jam-Gruppen sichtbar, was eine genauere Nachverfolgung des Fortschrittes ermöglicht.

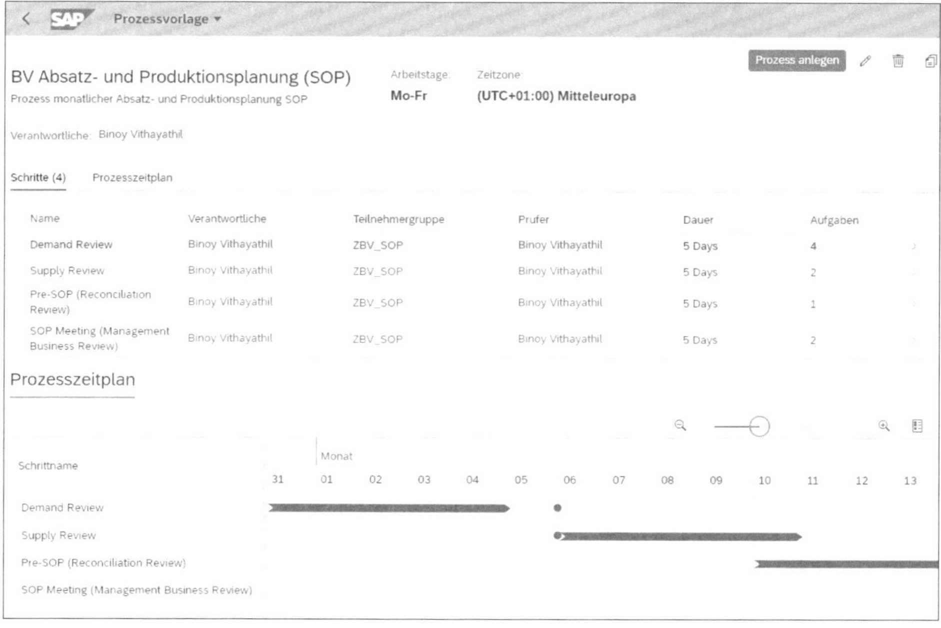

Abbildung 4.10 Beispiel für eine Prozessvorlage

Den Status von Aufgaben können Sie als Verantwortlicher dann entweder in SAP Jam, in der App **Aufgaben** oder im Excel-Add-in setzen. Entsprechend verändert sich jeweils der Status im Prozessschritt.

Aufbauend auf den festgelegten Prozessschritten und deren Dauern wird ein Prozesszeitplan erstellt. Sie können eine Prozessvorlage nutzen, um z. B. Ihren monatlichen Planungszyklus mit einem konkreten Startdatum als Prozess anzulegen. Sobald Sie den Prozess angelegt haben, können Sie ihn über die SAP-Fiori-App **Prozesse verwalten** nutzen.

Wie in Abbildung 4.11 dargestellt, werden die einzelnen Prozessschritte und Aufgaben auf eine konkrete Zeitleiste gelegt, wo man ihren Fortschritt verfolgen kann. In den Prozess-Feeds werden zusätzliche Informationen dokumentiert.

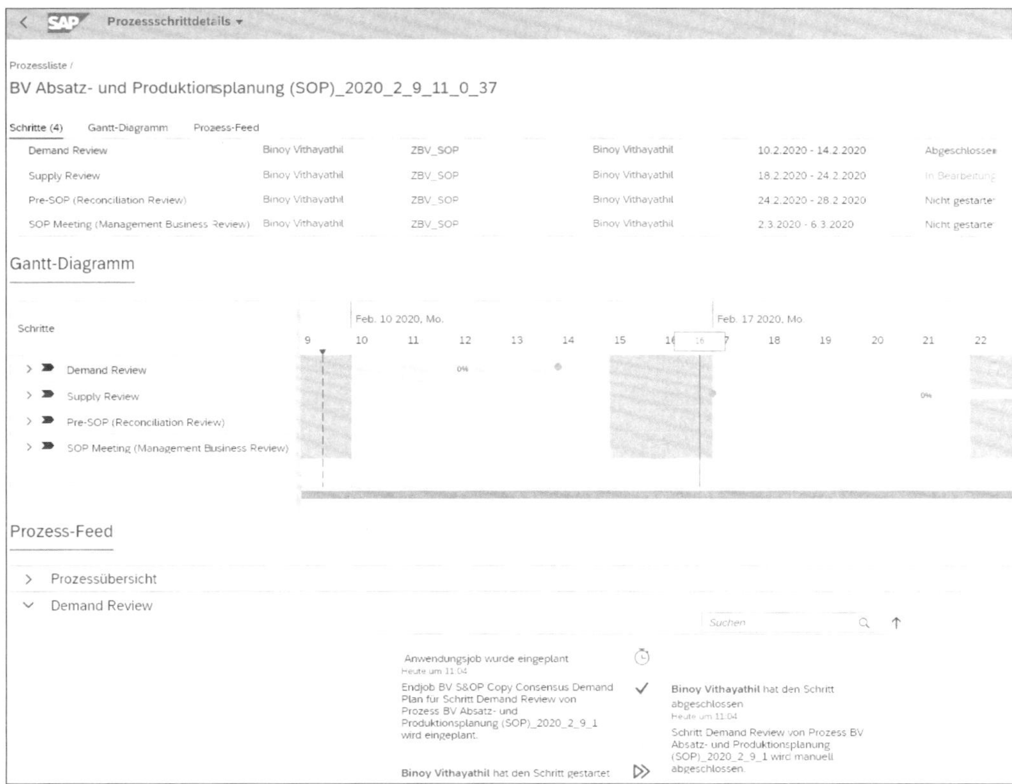

Abbildung 4.11 Prozesse verwalten

Des Weiteren können Sie das Prozessdiagramm, wie in Abbildung 4.12 dargestellt, in ein Dashboard einbinden und dann über die App **Dashboards – Erweitert** Ihre Prozesse anzeigen, überwachen und den Status von Prozessschritten verändern.

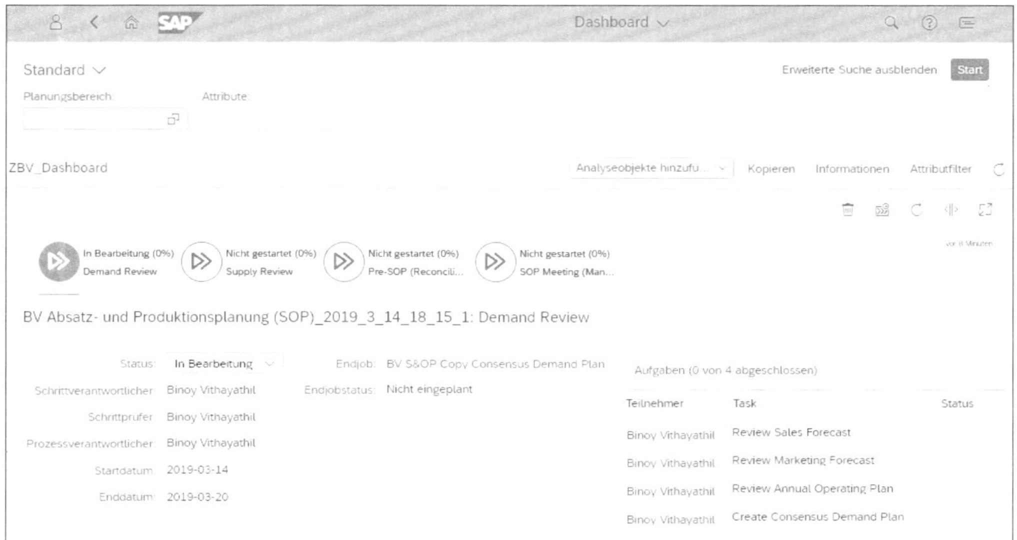

Abbildung 4.12 Prozessdiagramm in der App »Dashboards – Erweitert«

4.2.6 Funktionen und Planungsoperatoren

Da es sich bei einem S&OP-Prozess um einen sehr umfassenden und funktional übergreifenden Abstimmungsprozess der Absatz-, Beschaffungs- und Finanzplanung handelt, sind abhängig vom Prozessschritt unterschiedliche funktionale Systemunterstützungen notwendig. An dieser Stelle möchten wir Ihnen einen groben Überblick über die verfügbaren Funktionen geben, die Sie im Kontext eines klassischen taktisch-strategisch ausgerichteten S&OP-Vorgehens mit dem Modul SAP IBP für Sales and Operations abbilden können.

Grundsätzlich umschreibt der S&OP-Prozess Teilprozesse, die im Detail auch durch die anderen IBP-Module abgedeckt werden. Zum Beispiel kann es für einen operativen Absatzplanungsprozess notwendig sein, Funktionen aus dem Modul SAP IBP für Demand zu verwenden, SAP IBP für Response and Supply liefert die auftragsbasierte Planung, oder eine automatisierte Sicherheitsbestandsplanung ist mit dem Modul SAP IBP für Inventory möglich. Weitere Details finden Sie in Kapitel 5, »Absatzplanung mit SAP IBP für Demand«, Kapitel 6, »Bestandsplanung mit SAP IBP für Inventory«, und Kapitel 8, »Bestätigungs- und Beschaffungsplanung mit SAP IBP für Response and Supply«, wo diese Funktionen näher erläutert werden.

SAP IBP für S&OP ist für den taktisch-strategischen Absatzplanungs- und Produktionsplanungsprozess optimiert und bietet dafür spezifische Funktionen, z. B. Grundfunktionen der statistischen Prognose:

- Sie können die Basismethoden gleitender Durchschnitt, einfache exponentielle Glättung, zweifache exponentielle Glättung und dreifache exponentielle Glättung als Prognoseverfahren verwenden.
- In der Nachbearbeitung können Sie als Fehlermaß den RSME (*Root Mean Square Error*, Wurzel des mittleren quadratischen Fehlers) verwenden.

Falls notwendig, stehen in SAP IBP weitere Prognosemethoden und Fehlermaße mit der Lösung SAP IBP für Demand zu Verfügung (siehe Abschnitt 5.2.3, »Statistische Prognose«).

Eine innovative Funktion, die mit dem Release 1905 in SAP IBP bereitgestellt wird, ist die treiberbasierte Planung. Die Funktion der treiberbasierten Planung ermöglicht es Ihnen, über die App **Treiberbasierte Planung** Einflussfaktoren wie Chancen und Risiken einzeln qualitativ und quantitativ zu planen und zu steuern, ob die einzeln geplanten Einflussfaktoren relevant sind und im Bedarfsplan und somit in der weiteren Planung berücksichtigt werden sollen oder nicht. Diese Funktion können Sie im Kontext der Lizenzen SAP IBP für Sales and Operations und SAP IBP für Demand verwenden, und sie ist dafür gedacht, Ihren Demand-Review- oder Absatzplanungsprozess zu erweitern, um einzelne Einflussfaktoren zu berücksichtigen. Für Details siehe den Abschnitt »Treiberbasierte Planung« in Abschnitt 4.3.2, »Demand Review«.

Auch die Beschaffungsplanung in der Lösung SAP IBP für Sales and Operations hat einen taktisch-strategischen Fokus, daher sind die folgenden zeitreihenbasierten Planungsalgorithmen enthalten:

- Eine zeitreihenbasierte Beschaffungsplanungsheuristik, die eine infinite mehrstufige Bedarfs- und Beschaffungsplanung durchführt. Da keine Engpässe während der Heuristik berücksichtigt werden, ist das infinite Ergebnis ein Plan ohne Unterdeckungen, der Überbelegungen und weitere Engpässe identifiziert. Für weitere Details siehe den Abschnitt »Zeitreihenbasierte Beschaffungsplanungsheuristik« in Abschnitt 4.3.3, »Supply Review mit SAP IBP«.
- Eine zeitreihenbasierte Haltbarkeitsplanungsheuristik, die der zeitreihenbasierten Beschaffungsplanungsheuristik ähnelt und Haltbarkeiten berücksichtigt. Für weitere Details siehe den Abschnitt »Zeitreihenbasierte Haltbarkeitsplanungsheuristik« in Abschnitt 4.3.3.
- Eine zeitreihenbasierte Bestandspropagierungsheuristik, die ebenfalls eine infinite mehrstufige Bedarfs- und Beschaffungsplanung durchführt. Hierbei wird allerdings nur der verfügbare Nachschub durch das Logistiknetzwerk propagiert, und somit werden Fehlmengen auf der Kunden- bzw. Lokationsebene aufgedeckt. Für weitere Informationen siehe den Abschnitt »Zeitreihenbasierte Beschaffungspropagierungsheuristik« in Abschnitt 4.3.3.
- Ein zeitreihenbasierter Beschaffungsplanungsoptimierer, der einen mehrstufigen finiten Bedarfs- und Beschaffungsplan auf Grundlage von Kostenoptimierung ge-

neriert. Für Details zu der Lizenz siehe den angefügten Hinweis und für weitere Details siehe den Abschnitt »Zeitreihenbasierter Beschaffungsplanungsoptimierer« in Abschnitt 4.3.3.

[»]

Lizenz für den Zeitreihenbasierten Optimierer

Der zeitreihenbasierte Beschaffungsplanungsoptimierer ist in der Lizenz SAP IBP für Sales and Operations Planning 3.0 oder früher (vor Juli 2014) enthalten. Ein zeitreihenbasierter Optimierer ist mit der Lösung SAP IBP für Response and Supply nutzbar. Da wir die zeitreihenbasierten Funktionen inhaltlich in diesem Kapitel für S&OP behandeln, werden wir auch den zeitreihenbasierten Optimierer in diesem Kapitel erläutern.

Die Lösung SAP IBP für Sales and Operations enthält auch die in Abschnitt 4.2.5, »Prozessmanagement«, vorgestellten Funktionen zum Prozessmanagement. Sie können Prozesse definieren und verwalten. Der volle Funktionsumfang lässt sich in Kombination mit SAP Jam ausschöpfen.

Des Weiteren gibt es Funktionen oder Planungsoperatoren der SAP-IBP-Plattform, die in allen SAP-IBP-Anwendungen verfügbar sind. Einige, die wir als besonders erwähnenswert im Rahmen eines S&OP-Prozesses erachten, wollen wir an dieser Stelle kurz nennen:

- Echtzeitanalysen mit den Apps **Analysen – Erweitert**, **Dashboards – Erweitert** und **Supply-Chain-Netzwerk** fürs Reporting
- Versionsplanung und Simulation
- Kennzahlen-Alerts, mit denen Sie in Excel Ausnahmesituationen hervorheben können
- ABC/XYZ-Klassifikation/-Segmentierung, um den Planungsprozess stärker zu strukturieren
- Realignment, um Planungsdaten zu reorganisieren und die geschäftlichen Entwicklungen abzubilden
- Lag-basierte Snapshots, mit denen Sie die historische Situation von Kennzahlen für unterschiedliche Planungszeitpunkte (*lags*) speichern können
- Änderungshistorie, um Veränderungen ausgewählter Kennzahlen zu dokumentieren

Neben den bisher in diesem Abschnitt genannten SAP-IBP-S&OP-spezifischen und den allgemeinen Funktionen der SAP-IBP-Plattform kann es durchaus sinnvoll sein, auch Funktionen angrenzender IBP-Lösungen zu verwenden, um Ihren Prozess vollumfänglich abzubilden. Wir haben uns bei diesem Buch analog für einen modularen Aufbau entschieden und stellen die verschiedenen Funktionen in einzelnen Kapiteln dar.

4.3 Der S&OP-Prozess mit SAP IBP

Wie bereits eingangs erläutert, lässt sich der klassische S&OP-Prozess bzw. dessen Weiterentwicklung, das Integrated Business Planning, in die folgenden Prozessschritte gliedern:

- Produkt-Review
- Demand Review
- Supply Review
- Pre-S&OP Review
- (Executive) S&OP Review

Auch wenn die Bezeichnungen und Ausprägungen der S&OP-Prozessphasen bei Unternehmen variieren, findet man doch in aller Regel diese Grundprozesse in den meisten Unternehmen wieder. In den nachfolgenden Abschnitten wollen wir etwas detaillierter auf die einzelnen Prozessphasen eines klassischen S&OP eingehen und skizzieren, welche IBP-Funktionen Sie verwenden können, um den Prozess bestmöglich zu unterstützen.

Über das Prozessmanagement insbesondere in Verbindung mit SAP Jam können Sie die Kooperation innerhalb der einzelnen Prozessphasen und auch prozessphasenübergreifend koordinieren.

4.3.1 Produkt-Review mit SAP IBP

Eine wesentliche Komponente und quasi die nächste Evolutionsstufe des S&OP-Prozesses stellt der explizite Fokus auf die Produktlebenszyklus- und Produktportfolioplanung in einer dedizierten Prozessphase dar. Oft findet man diesen Prozessschritt auch als Teil der Demand-Review-Phase.

Um das Unternehmen langfristig auszurichten, sollten unterschiedliche Produktlebenszyklen, zukünftige Produktportfolios und Märkte proaktiv geplant werden. Hierbei kann es sinnvoll sein, auch unterschiedliche Szenarios planerisch vorzusehen. Die Kernaspekte sind dabei:

- Produktlebenszyklusplanung
- Produktneueinführung
- Produktauslaufplanung

In SAP IBP haben Sie die Möglichkeit, Stammdaten sehr flexibel und – wenn gewünscht – völlig unabhängig vom ERP-System anzulegen. Somit sind Sie nicht an die Restriktionen und formellen Prozesse gebunden, die bei der Anlage von Stammdaten in SAP ERP in aller Regel vorgegeben sind. Um die aktive Baseline-Version konsistent mit den angebundenen Systemen zu halten, empfiehlt es sich, eine separate Version vorzusehen, die Sie für die Planung von neuen zukünftigen Produkten verwenden. In SAP IBP können Sie durch versionsspezifische Stammdaten somit eine von der aktuell aktiven Version unabhängige Supply-Chain-Struktur schaffen und planen.

Stammdaten lassen sich, wie in Abbildung 4.13 dargestellt, in SAP IBP sehr einfach anlegen. Dies gilt für die Anpassung von existierenden Stammdaten, aber auch im Kontext von Produktneueinführungen (*New Product Introduction*, NPI) bei der Neuanlage von Stammdaten. Das Beispiel zeigt die Stammdaten von Produkten auf entsprechenden Lokationen. In Excel können Sie auf der **IBP**-Registerkarte über **Stammdaten-Arbeitsmappe** ❶ Stammdaten anlegen oder bearbeiten.

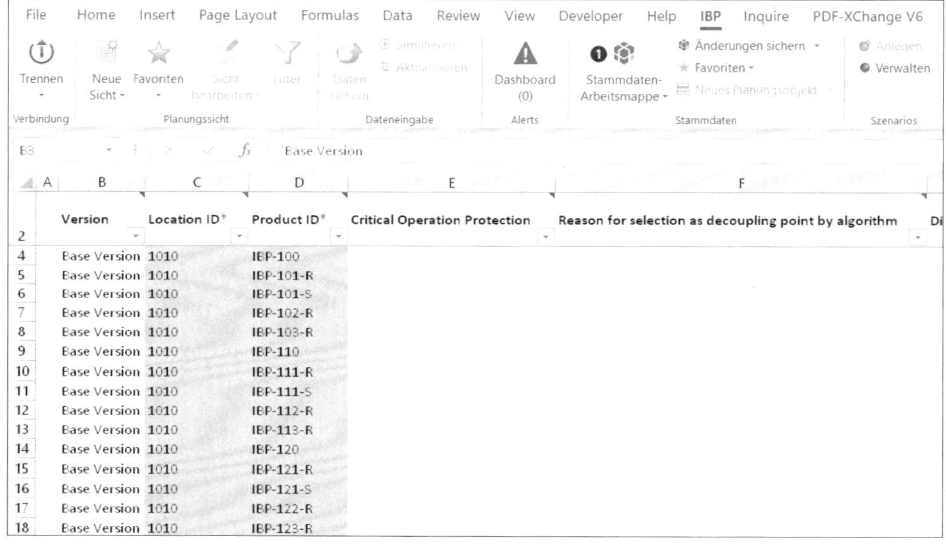

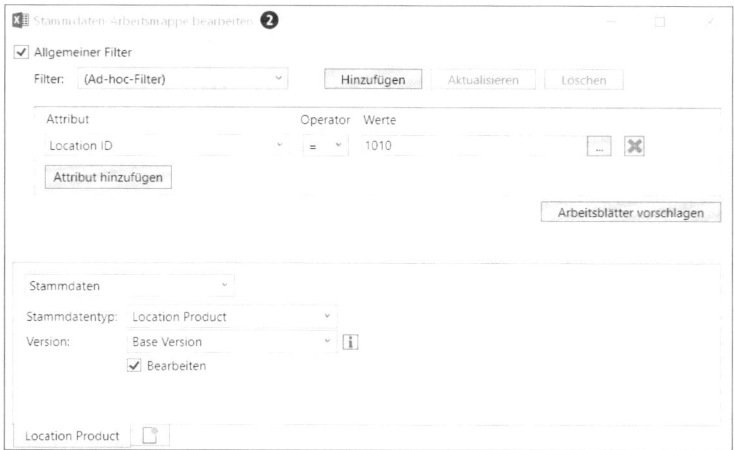

Abbildung 4.13 NPI – neue Stammdaten anlegen

Im Fenster **Stammdaten-Arbeitsmappe bearbeiten** ❷ (oder **Stammdaten-Arbeitsmappe anlegen**), das dann erscheint, können Sie die relevanten Stammdatentypen und die Version auswählen und – wenn gewünscht – auch Filter verwenden. In Excel werden Ihnen dann die selektierten Stammdaten mit den Schlüsseln (im Beispiel **Product ID** und **Location ID**) und allen abhängigen Attributen angezeigt. Hier können Sie einfach die neu benötigen Stammdaten direkt in Excel anlegen. Nachdem die neuen Stammdaten dann auf den einzelnen Planungsleveln initialisiert wurden, indem eine Kennzahl mit einem Wert befüllt wurde, sind die neuen Planungsobjekte verfügbar.

Neuanlage Stammdaten in SAP IBP

Grundsätzlich ist das Anlegen neuer Stammdaten wie beschrieben technisch sehr einfach über Excel realisierbar. Im Anschluss müssen die Stammdaten durch Befüllen von Kennzahlen auf den einzelnen Planungsleveln initialisiert werden. Auch bestehen Abhängigkeiten zwischen einzelnen Stammdatendatenobjekten, wie z. B. dem Stücklistenkopf (**Production Source Header**) und der Stücklistenposition (**Production Source Item**), die berücksichtigt werden müssen. Daher empfiehlt es sich, die hier beschriebene Vorgehensweise nur in Ausnahmefällen für einzelne Objekte z. B. in Simulationsversionen zu verwenden. Wenn möglich, sollten Sie sich im Projekt ein geeignetes Konzept erarbeiten, indem Sie die notwendigen Stammdaten über die vorgesehenen Schnittstellen zur Datenintegration und die entsprechenden Initialisierungen und Konsistenzprüfungen anlegen.

Für eine Planung in SAP IBP für S&OP können Sie grundsätzlich alle Stammdaten in der Form anpassen. Dies können z. B. auch neue Netzwerkstrukturen wie eine neue Produktionslinie, ein neues Werk oder Lieferanten für die Einführung neuer Produkte sein.

Neben dem Anlegen neuer Planungsobjekte wie dem Produkt bei einer Produktneueinführung können Sie auch die Funktionen der Produktlebenszyklusplanung aus SAP IBP für Demand verwenden, um für neue Produkte Ergebnisse aus der statistischen Prognose auf Basis von Referenzgrößen zu erhalten. Weitere Details zu dieser Funktion finden Sie in Abschnitt 5.2.4, »Produktlebenszyklusplanung«, und Abschnitt 5.4.7, »Konfiguration der Produktlebenszyklusplanung«.

4.3.2 Demand Review

Die Prozessphase *Demand Review* stellt die Kooperation der marktorientierten Unternehmenseinheiten dar. Deren Ziel ist es, einen gemeinsamen Absatzplan zu entwickeln, indem Kenntnisse und Erwartungen involvierter Unternehmensbereiche, z. B. Vertrieb, Marketing und Absatzplanung, unter Berücksichtigung der finanziellen Aspekte und Vorgaben konsolidiert werden. Dieser Prozess basiert auf historischen

Verkaufszahlen, die mit fortschrittlichen Prognoseverfahren extrapoliert werden, und entwickelt unter Berücksichtigung von Produktlebenszyklen und Promotionen einen unternehmensweit abgestimmten Absatzplan (Konsensbedarf).

Wir gehen in den folgenden Abschnitten noch einmal im Einzelnen auf die Unterprozesse der Demand-Review-Phase ein. Inwiefern die genannten Unterprozesse für Sie relevant sind, hängt auch sehr stark vom Reifegrad Ihres S&OP-Prozesses ab. Wenn es sich um einen stärker operativ orientierten S&OP-Prozess handelt, gewinnen erweiterte Absatzplanungsfunktionalitäten an Bedeutung, und dann sind mit hoher Wahrscheinlichkeit Funktionen der Lösung SAP IBP für Demand sinnvoll für Sie.

Produktneueinführung/Lebenszyklusplanung

Die Lebenszyklusplanung, aber auch die Planung der Produktneueinführung können ein Unterprozess des Demand-Review-Prozesses sein. Wir haben die Produktneueinführung als separaten Prozessschritt *Produkt-Review* dem Demand Review vorangestellt und bereits in Abschnitt 4.3.1, »Produkt-Review mit SAP IBP«, erläutert. Die Berücksichtigung des Lebenszyklus während der Planung ist Teil des Demand Reviews.

Statistische Prognose

Im Kontext der operativen Absatzplanung sowie im taktisch-strategischen S&OP spielt die Verwendung von statistischen Prognosen eine wichtige Rolle, um zukünftige Entwicklungen auf Basis der Historie zu prognostizieren. Das Ergebnis ist ein rollierender Forecast, der auf Basis der Vergangenheit prognostiziert wurde. Der Unterprozess der statistischen Prognose untergliedert sich in die folgenden Schritte:

1. Prognosevorverarbeitungsschritte
2. Prognoseschritte
3. Prognosenachverarbeitungsschritte

Im operativen Umfeld werden für alle diese Schritte erweiterte Methoden und Funktionen über die Lösung SAP IBP für Demand bereitgestellt (wir erläutern sie in Abschnitt 5.2.3, »Statistische Prognose«, und Abschnitt 5.4.5, »Konfiguration der statistischen Prognose«). SAP IBP für Sales and Operations ist auf taktisch-strategische Fragestellungen ausgerichtet und stellt daher für operative Belange nur einen eingeschränkten Basisfunktionsumfang bereit.

In beiden Fällen definieren Sie die Prognoseparameter mittels der App **Prognosemodelle verwalten**. Alle Funktionen können über diese App konfiguriert werden. Welche Funktionen Sie verwenden dürfen, ist abhängig von der erworbenen Lizenz: SAP IBP für Sales and Operations (Basisfunktionen) oder SAP IBP für Demand (erweiterte Funktionen). Daher sollten Sie Ihre Anforderungen an eine Absatzplanungslösung sehr genau kennen und daraufhin entscheiden, ob Sie die Basis- oder die erweiterten Funktionen benötigen.

Die Vorverarbeitung beinhaltet die Aufbereitung der historischen Daten. In aller Regel sind historische Absatzzahlen durch unterschiedliche Faktoren beeinflusst, die für eine Prognose nicht berücksichtigt werden müssen. Das Basispaket zur statistischen Prognose in SAP IBP für Sales and Operations bietet daher auch keine automatische Systemunterstützung für diesen Prozessschritt. In den meisten Fällen wird im Prozessablauf ein Schritt der manuellen Korrektur der Historie vorgesehen.

Für die Prognoseschritte stehen Ihnen Basismethoden wie einfacher sowie gleitender Durchschnitt, einfache exponentielle Glättung (konstant), zweifache exponentielle Glättung (Trend) und dreifache exponentielle Glättung (Trend und Saison) zur Auswahl. Um die Prognosegenauigkeit während der Nachverarbeitung zu berechnen, dürfen Sie im Basispaket den RMSE (*Root Mean Square Error*, Wurzel des mittleren quadratischen Fehlers) verwenden. Weitere Details finden Sie in Abschnitt 5.2.3, »Statistische Prognose«.

Manuelle Anpassungen und kooperative Absatzplanung

Das Ergebnis aus dem Prognoseprozess ist ein rollierender Forecast, der als Grundlage für die weiteren Planungsschritte dienen kann. In aller Regel spielen weitere, nicht prognostizierbare Aspekte eine Rolle, z. B. Marktentwicklungen, Promotionen, Events etc.

Die wesentliche Stärke des Demand-Review-Prozesses in SAP IBP für Sales and Operations ist der Aspekt der Kollaboration. Unterschiedliche Unternehmensbereiche können ihre Prognosen und Erwartungen unter Berücksichtigung der unterschiedlichen Sichtweisen in einem Prozess und idealerweise in einem System planen. Abhängig von der Unternehmensstruktur und dem Unternehmensumfeld können z. B. Vertrieb, Marketing, Finanzen oder auch dedizierte Absatzplanungsabteilungen involviert sein.

Mit SAP IBP für Sales and Operations können Sie für jeden Bereich optimierte Planungssichten und Analysen bzw. Dashboards mit den relevanten Informationen bereitstellen und die notwendige Kooperation systemseitig mit dem Prozessmanagement und SAP Jam unterstützen. Zu Details der Funktionen siehe Abschnitt 4.2, »Funktionen von SAP IBP für Sales and Operations«, und Kapitel 2, »Benutzeroberflächen«.

Finanzplanung

Die Finanzplanung möchten wir an dieser Stelle speziell hervorheben. Mit althergebrachten SCM-Planungslösungen wie SAP APO war es schwieriger, finanzielle Aspekte planerisch zu berücksichtigen. SAP IBP bringt erweiterte Möglichkeiten mit, finanzielle Aspekte in die Planung nicht nur im Demand Review, sondern auch aus Supply-Sicht in der Phase Supply Review einfließen zu lassen. Dies betrifft zum einen die Bewertung von Plänen in verschiedenen Währungen, aber auch die direkte Planung in einer Währung. Ein wichtiger Mehrwert ist auch die Integration der Finanz- bzw. Budgetplanung in den gesamten Planungsprozess, dank der Pläne mit Budget- oder Profitabilitätsvorgaben abgeglichen werden können.

Konsensbedarf/Consensus Demand (Unconstrained)

Das Ergebnis des Demand-Review-Prozesses ist ein über alle Bereiche (Vertrieb, Marketing, Finanzen und Supply Chain) abgestimmter Absatzplan, auch Konsensbedarf. Die Informationen und Pläne jedes Bereichs sind in dedizierten Kennzahlen in einem System hinterlegt, sodass auf der Basis eines einheitlichen Datenmodells diskutiert werden kann.

Der finale Absatzplan/Konsensbedarf (*Unconstrained Consensus Demand*) ist ein marktorientierter, ohne Supply-Restriktionen entwickelter Plan, den alle beteiligten Bereiche als Ergebnis der Demand-Review-Phase an den nachfolgenden Prozessschritt Supply Review übergeben.

Treiberbasierte Planung

Mit der seit Release 1905 in SAP IBP für Sales and Operations und SAP IBP für Demand verfügbaren App **Treiberbasierte Planung** können Sie Einflussfaktoren oder Treiber einzeln qualitativ und quantitativ planen. Dies bedeutet, dass Sie quantitativ Mengen sowie qualitativ den Sachverhalt im System zur Entscheidungsfindung dokumentieren können. Durch diese Funktion können Sie Ihren klassischen Planungsprozess um eine weitere inhaltliche Detaillierung verfeinern, indem Sie eine Betrachtung einzelner Einflussfaktoren bzw. Chancen und Risiken etablieren. Treiber können dabei interne oder externe Faktoren sein, die Chancen, Risiken oder sonstige Annahmen für Ihr Geschäft darstellen und einen positiven oder negativen Einfluss auf Ihre Planung haben können. Beispiele für Treiber sind vielfältig, von Aktivitäten des Wettbewerbs über Marktveränderungen bis hin zur Witterung. Es könnte sein, dass Ihr Vertrieb von einer Produktneueinführung Ihres Mitbewerbers mit einer entsprechenden Werbekampagne erfahren hat und daher ein Risiko sieht, oder es verändern sich rechtliche Rahmenparameter, die einen positiven oder negativen Einfluss auf die Marktentwicklung haben, oder Witterungserwartungen beeinflussen Ihr Geschäft. Alle Einflussfaktoren, die Sie benennen können und die einen positiven oder negativen Einfluss haben, können Sie auf diese Art transparent machen. Abbildung 4.14 zeigt schematisch die treiberbasierte Planung im Kontext der Bedarfsplanung.

Während des Planungszyklus können die unterschiedlichen Geschäftsbereiche potenzielle Chancen oder Risiken über die App **Treiberbasierte Planung** im System planen. Sie können einzelne Chancen und Risiken anlegen und detaillierte Informationen hinterlegen, wie z. B. eine ID, den Typ (Risiko oder Chance), eine Beschreibung des Treibers, eine Kategorie, die Planungsebene, relevante Perioden und die Gesamtmenge.

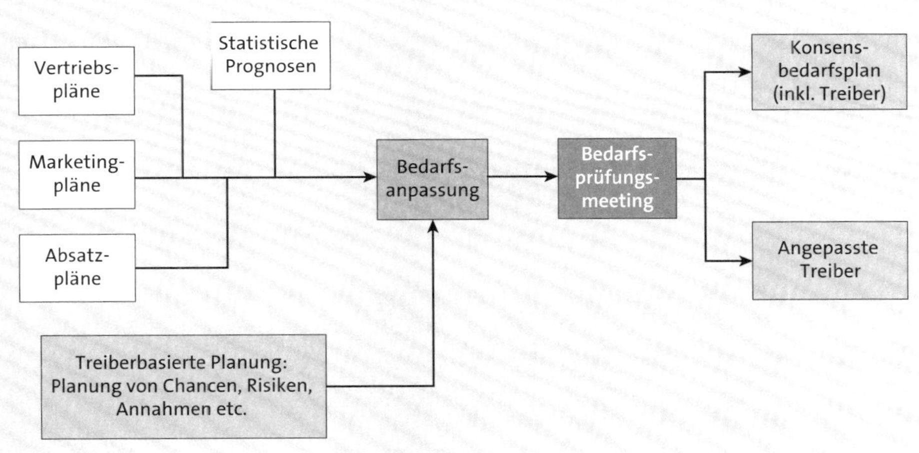

Abbildung 4.14 Funktionsweise der treiberbasierten Planung im Kontext der Bedarfsplanung

Auch ob ein Treiber relevant ist, können Sie im System hinterlegen. Nur relevante Treiber sollten bei der Bedarfsanpassung berücksichtigt und über entsprechende Kennzahlenkalkulation bei der Ermittlung des Konsensbedarfs berücksichtigt werden. Hierfür hat SAP gesonderte Kennzahlen vorgesehen, um den Effekt der inkludierten Treiber transparent zu machen. Inwiefern ein Treiber relevant ist und inkludiert werden muss, sollte in einem entsprechenden Meeting zur Bedarfsprüfung gemeinsam festgelegt werden. Die Auswirkungen und quantitativen Effekte der Treiber können Sie dann in entsprechenden Kennzahlen in den SAP-IBP-Benutzeroberflächen, z. B. in Excel-Planungssichten, einsehen und weiter planen.

Weiterführende Details zur notwendigen Konfiguration und den Einstellungen im Rahmen der Treiberbasierten Planung finden Sie in Abschnitt 4.4.5, »Treiberbasierte Planung«.

4.3.3 Supply Review mit SAP IBP

Während der Supply-Review-Phase wird das Ergebnis des Demand Reviews, ein abgestimmter marktorientierter Absatzplan, gegen die verfügbaren Kapazitäten sowie auf Materialverfügbarkeit geprüft. Dabei ist es im Rahmen des S&OP-Prozesses das Ziel, die Bedarfssituation mit den verfügbaren Ressourcen abzugleichen und alternative Szenarios zu simulieren. Dies betrifft die Produktion, den Einkauf, die Bestände und Umlagerungen. Dabei können Sie, wie in Abbildung 4.15 dargestellt, Ihre Lieferkette vom Lieferanten, der Produktion mit verschiedenen Stücklistenstufen über Ihre individuelle Distributionsstruktur bis hin zum Kunden modellieren und Ihre Produkte unter Berücksichtigung von Engpässen planen. Der Beschaffungsplan als Ergebnis liefert Antworten auf die Fragen, wie viel und wo Sie produzieren oder umlagern oder fremdbeschaffen müssen. Dabei werden potenzielle Probleme aufgedeckt und visualisiert.

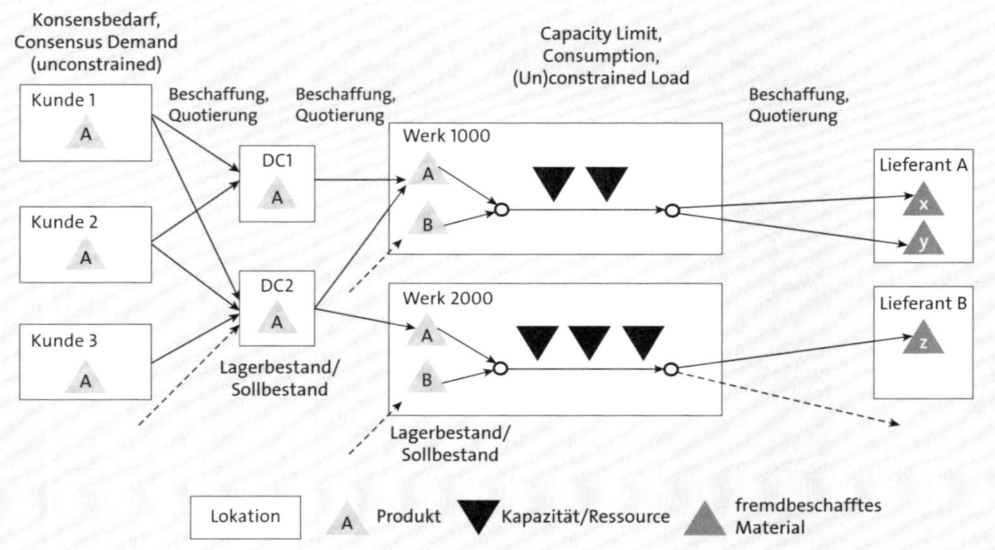

Abbildung 4.15 Supply-Chain-Modell in SAP IBP

Ziel des Supply Reviews im S&OP-Prozess ist eine grobe aggregierte Kapazitätsplanung, bei der alternative Beschaffungsszenarios ermittelt werden, um taktisch-strategische Entscheidungen auf der Basis von realistischen Szenarios zu treffen. Mit der Lösung SAP IBP für Sales and Operations können Sie infinite zeitreihenbasierte Planungsheuristiken zur Produktions- und Beschaffungsplanung einsetzen. Der zeitreihenbasierte Optimierer für Beschaffungsplanung konnte bis zum Release SOP 3.0 verwendet werden; mittlerweile ist er Bestandteil der Lösung Response and Supply. Da wir uns im Kontext der Absatz- und Produktionsgrobplanung im Umfeld zeitreihenbasierter, mittel- bis langfristiger Planungshorizonte bewegen, werden wir an dieser Stelle auch den zeitreihenbasierten Beschaffungsoptimierer vorstellen und dafür Abstand von der Unterteilung nach SAP-Lizenzen/-Lösungen nehmen.

Für eine zeitreihenbasierte Beschaffungsplanung stehen Ihnen in SAP IBP 1908 die folgenden Planungsalgorithmen zur Verfügung:

- zeitreihenbasierte Beschaffungsplanungsheuristik
- zeitreihenbasierte Haltbarkeitsplanungsheuristik
- zeitreihenbasierte Bestandspropagierungsheuristik
- zeitreihenbasierter Beschaffungsplanungsoptimierer

Um eine Beschaffungsplanung zu realisieren, werden einige Planungsdaten und Restriktionen als Voraussetzung benötigt, z. B. Stammdaten (Produkte, Lokationen, Kunden, Bezugsquellen) oder Stammdatenattribute (Quotierungen, Durchlaufzeiten und Losgrößen). Als weiterer Input können Kennzahlengrößen wie Prognosen, Kundenbedarfe, Lagerbestand, Sollbestand, Kapazitätsangebot oder manuelle Anpassungen dienen. Das Ergebnis kann in bedarfsbezogene Kenngrößen wie Sekundärbedarfe oder Kapazitätsbedarfe und in nachschuborientierte Größen wie Transport-, Produktions- und externe Zugänge unterteilt werden.

Die Ergebnisse der Algorithmen liefern Lösungen für komplexe Problemstellungen und müssen von den Nutzern weiterverarbeitet und verwendet werden. Genau wie die Datengrundlage ist auch die Benutzeroberfläche von SAP IBP in den unterschiedlichen Anwendungen identisch. Damit steht Ihnen auch in SAP IBP für Sales and Operations das IBP-Excel-Add-in mit spezifischen Sichten zur Verfügung, die Sie individuell konfigurieren können. Auch die Apps **Analysen – Erweitert**, **Dashboards – Erweitert** und **Supply-Chain-Netzwerk** visualisieren die Ergebnisse der Beschaffungsplanung, ermöglichen die Auswertung und unterstützen die Entscheidungsfindung.

In den folgenden Abschnitten gehen wir genauer auf die konzeptionellen Besonderheiten der einzelnen Algorithmen ein, die das Kernstück der Beschaffungsplanung im Supply Review sind. Details zur notwendigen Konfiguration finden Sie in Abschnitt 4.4.6, »Beschaffungsplanung – zeitreihenbasierte Planungsalgorithmen«.

Zeitreihenbasierte Beschaffungsplanungsheuristik

Der Algorithmus *zeitreihenbasierte Beschaffungsplanungsheuristik* ermittelt den Bedarfs- und Beschaffungsplan unter der Annahme infiniter Kapazitäten. Der Algorithmus ignoriert z. B. folgende Restriktionen:

- Zugänge werden ohne Berücksichtigung von Engpässen der Ressourcenkapazitäten angelegt und somit infinit geplant.
- Weil der projizierte Bestand nicht größer oder gleich null sein muss, kann der Bestand hier am Ende einer Periode negativ sein.
- Maximalwerte, wie z. B. *Maximum Inventory* oder *Maximum Production Receipts*, werden nicht berücksichtigt, sodass auch Werte über dem definierten Maximum möglich sind.
- Maximale Losgrößen und aggregierte Constraints werden nicht berücksichtigt.

Es werden alle Bedarfe erfüllt, sodass das Ergebnis nicht zwangsläufig ein durchführbarer Plan ist. Aber das projizierte Ergebnis legt potenzielle Probleme offen und zeigt Kapazitäts- oder Produktengpässe durch Überlast auf.

Berücksichtigt werden von der Beschaffungsplanungsheuristik Einschränkungen wie Beschaffungszeiten für Transporte, manuelle Anpassungen (*Adjusted Keyfigures*),

Teilnetzwerke und Kennzahlen im Zusammenhang mit Teilnetzplanung, Kuppelproduktion, Mindestlosgrößen und Rundungswerten, Losgrößenverfahren, Quotierungen zwischen unterschiedlichen Bezugsquellen, Bestandskorrekturen, Zielbestand und in Kennzahlen definierte Mindestwerte wie *Minimum Customer Receipts* oder *Minimum Transportation Receipts*.

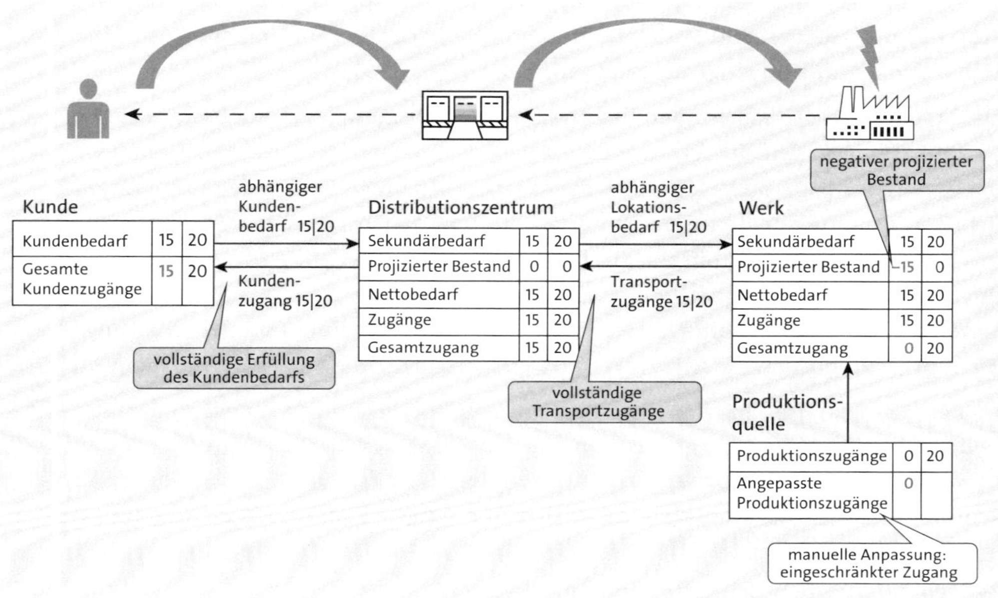

Abbildung 4.16 Funktionsweise der zeitreihenbasierten Beschaffungsplanungsheuristik

Die in Abbildung 4.16 skizzierte Funktionsweise der zeitreihenbasierten Beschaffungsplanungsheuristik wird für jedes Produkt und jede Periode durch das vorgegebene Netzwerk mit einer einheitlich definierten Kalkulationslogik realisiert:

1. Begonnen wird mit dem Bedarf, der z. B. in Form von Kundenaufträgen oder Forecasts als Eingabekennzahl auf der Ebene Kunde und Produkt und für den definierten Horizont in die Berechnung einfließt.
2. Der Bedarf wird dann abhängig von den definierten Bezugsquellen und Quotierungen auf die nachgelagerten Lokationen, wie z. B. Distributionszentren oder Produktionswerke, übertragen. Dabei werden die Kundenbedarfe, die von verschiedenen Kunden stammen können, summiert und für jede Periode als Sekundärbedarf berechnet.
3. In jeder Lokation wird der Nettobedarf berechnet und eine geeignete Bezugsquelle für das Produkt und Anlieferlokation gesucht. Begonnen wird mit der ersten Periode. Der Nettobedarf wir dann durch Produktionsquellen, Umlagerungen von anderen Lokationen oder durch Beschaffung von anderen Lieferanten gedeckt.

4. Nachdem der Gesamtzugang aus Produktionszugängen, Transportzugängen und externen Zugängen ermittelt wurde, wird der Nachschub an den Kunden aus der Lokation in der ersten Periode berechnet.
5. Anschließend werden die nachfolgenden Perioden nacheinander in derselben Art und Weise geplant. Dabei wird der projizierte Bestand ermittelt, indem der Endbestand der Vorperiode und der geplante Zugang addiert werden und der Nachschub an den Kunden subtrahiert wird. Bei der Berechnung jeder Periode wir der Sollbestand der einzelnen Perioden mit dem Netto-Sekundärbedarf addiert und anschließend der verfügbare Bestand subtrahiert.

Bei diesem Vorgehen ignoriert die Beschaffungsplanungsheuristik Kapazitätsbegrenzungen und würde den erforderlichen Gesamtbedarf in aller Regel zeitgerecht produzieren. Manuelle Anpassungen, Quotierungen, fehlende Bezugsquellen oder zu lange Beschaffungszeiten für die ersten Perioden können das Ergebnis beeinflussen und eine Unterdeckung bzw. zeitweise Unterdeckung verursachen. Eine manuelle Anpassung wird als Restriktion berücksichtigt und schränkt den Zugang ein. Dies führt aber nicht zu einer Unterdeckung – die Kundenbedarfe werden weiterhin planerisch erfüllt –, sondern zu einem negativen projizierten Bestand in der Engpasssituation. Durch diese Art der infiniten Planung werden Bedarfe immer gedeckt und Engpässe durch negativen projizierten Bestand in der Engpasssituation abgebildet. Mittels eines Alerts auf negativen projizierten Bestand kann man die Engpässe identifizieren. Die Einstellungen aus Abschnitt 4.4.6, »Beschaffungsplanung – zeitreihenbasierte Planungsalgorithmen«, beeinflussen die Vorgehensweise der zeitreihenbasierten Beschaffungsplanungsheuristik.

Zeitreihenbasierte Haltbarkeitsplanungsheuristik

Der Algorithmus *zeitreihenbasierte Haltbarkeitsplanungsheuristik* ähnelt der zeitreihenbasierten Beschaffungsplanungsplanungsheuristik. Sie können ihn verwenden, wenn Sie Haltbarkeiten berücksichtigen und dabei einen infiniten Bedarfs- und Beschaffungsplan ohne Unterdeckung ablegen möchten. Um Haltbarkeiten abzubilden, werden weitere Stammdatentypen, Attribute, Kennzahlen und Planungsebenen benötigt, die im Planungsbereich SAP4S (siehe Abschnitt 1.3.1, »Beispielmodellentitäten – Planungsbereiche«) ausgeliefert werden.

Zeitreihenbasierte Beschaffungspropagierungsheuristik

Auch die zeitreihenbasierte Beschaffungspropagierungsheuristik ermittelt einen infiniten Bedarfs- und Beschaffungsplan, der keine Kapazitätsengpässe berücksichtigt, allerdings ist die Vorgehensweise dabei eine andere. Es wird lediglich der verfügbare Nachschub berücksichtigt und in nachgelagerter Richtung in der Logistikkette propagiert. Somit kann abhängig vom Verhältnis des verfügbaren Nachschubs und der relevanten Bedarfe der Algorithmus alle Bedarfe decken oder auch nicht. Wenn der Nachschub geringer als der Bedarf ist, zeigt der resultierende Plan das Beschaffungsproblem, indem Kundenbedarfe und Nettobedarfe auf Kundenprodukten und Lokationsprodukten nicht gedeckt werden.

Bedarfe setzten sich aus *Dependent Demand* und *Independent Demand* sowie aus dem Bedarf aus dem *Inventory Target* zusammen. Der verfügbare Nachschub ermittelt sich aus dem *Projected Stock* des vorherigen Planungszeitraumes plus den Zugängen, z. B. *Transport Receipts*, *Production Receipts* und *External Receipts*, der aktuellen Periode. Da die Beschaffungspropagierungsheuristik die Ressourcenkapazitäten infinit berücksichtigt, entsteht unzureichender Nachschub durch manuell angepasste Kennzahlen (z. B. *Adjusted Production Receipt*), durch fehlende Bezugsquellen oder durch fehlende Zugänge aus einem früheren Planungslauf, die nun bei einer Beschaffungspropagierungsheuristik ins nachgelagerte Netzwerk verwendet werden können.

Wie in Abbildung 4.17 skizziert, werden die Beschaffungsdefizite in die nachgelagerten Ebenen propagiert, und es wird ersichtlich, welche Bedarfe nicht gedeckt werden können. Negativer projizierter Bestand wird von dem Algorithmus in der Regel vermieden, es sei denn durch die Verwendung von manuellen Anpassungen sowie Minimumkennzahlen, wie z. B. *Minimum Customer Receipts*.

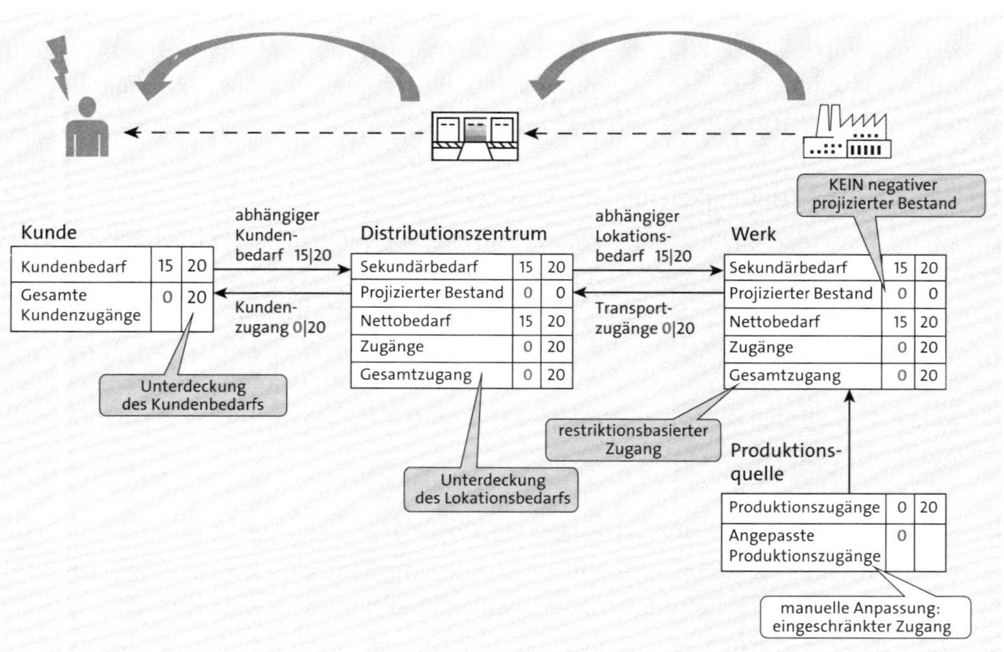

Abbildung 4.17 Funktionsweise der Beschaffungspropagierungsheuristik

[«]

Zeitreihenbasierte Beschaffungsplanung vs. Beschaffungspropagierung

Beide Algorithmen sind infinite Heuristiken und legen einen Bedarfsbeschaffungsplan an, der keine finiten Ressourcenkapazitäten berücksichtigt. Engpässe werden z. B. durch angepasste Kennzahlen oder fehlende Bezugsquellen erzeugt. Die Vorgehensweise ist jedoch unterschiedlich:

- Die Beschaffungsplanungsheuristik deckt alle Bedarfe. Dies kann zu negativem Bestand auf einzelnen Lokationsprodukten führen. Somit werden Engpässe und Ursachen deutlich, und es können entsprechende Maßnahmen eingeleitet werden.
- Die Beschaffungspropagierungsheuristik verwendet nur den verfügbaren Nachschub und propagiert diesen durch das Logistiknetzwerk. Wenn dabei nicht alle Bedarfe gedeckt werden können, sehen Sie die Auswirkungen des Beschaffungsengpasses, da nicht alle Bedarfe gedeckt werden.

Da beide Heuristiken keine Entscheidungen über Bezugsquellen treffen, sondern Quotierungen und Stammdaten die Bezugsquelle vorab fest definieren, kann das Ergebnis ein suboptimaler Beschaffungsplan sein.

Zeitreihenbasierter Beschaffungsplanungsoptimierer

Mit dem *zeitreihenbasierten Beschaffungsplanungsoptimierer* können Sie kostenoptimierte Produktions-, Distributions- und Beschaffungspläne für Ihr komplettes logistisches Netzwerk unter Berücksichtigung verschiedener Restriktionen generieren. Der Algorithmus liefert einen finiten und machbaren Beschaffungsplan, der verfügbare Kapazitäten berücksichtigt und auf Gewinn- oder Liefermaximierung basiert (siehe Konfiguration in Abschnitt 4.4.6, »Beschaffungsplanung – zeitreihenbasierte Planungsalgorithmen«). Bei der *Gewinnmaximierung* werden dem Gesamterlös die Gesamtkosten gegenübergestellt, und Produkte werden nur produziert, wenn sie profitabel sind. Bei der *Liefermaximierung* wird versucht, alle Kundenbedarfe bei minimalen Kosten zu decken, und lediglich die Restriktionen in der Lieferkette beeinflussen die Erfüllung des Kundenbedarfs.

Der Optimierer entscheidet, wann und wo produziert, beschafft, gelagert oder ausgeliefert wird. Die Beschaffungsoptionen werden abhängig von Ressourcenkapazitäten, Materialverfügbarkeit, definierten Kosten und Restriktionen ermittelt. Dabei wird der Lösungsplan identifiziert, der minimale Kosten aufweist. Eine zulässige Lösung berücksichtigt alle Planungsrestriktionen, wobei weiche Restriktionen, die mit Nichteinhaltungskosten bewertet werden, verletzt werden dürfen. Beispielsweise kann ein zulässiger Plan auch Nichtlieferungen enthalten, weil es aus Gesamtplanungssicht kostengünstiger sein kann, einen Bedarf nicht oder nur verspätet zu decken.

Die Darstellung in Abbildung 4.18 macht deutlich, dass der Definition der Kosten im gesamten Supply-Chain-Modell eine wesentliche Rolle bei der Nutzung des Optimierers zukommt. Die wichtigsten Kosten steuern die Auswahl der Bezugsquellen, wie z. B. Produktions-, Transport- und Beschaffungsoptionen, und zusätzliche Kosten, wie z. B. Lagerhaltungskosten, haben ebenfalls Einfluss. Auch die Kosten für die Nichteinhaltung weicher Restriktionen, wie z. B. die Nichtbelieferung von Bedarfen, hat einen signifikanten Einfluss auf das Ergebnis. Kosten können Fixkosten und variable, von der Menge abhängige Kosten sein. Abhängig von Ihren Prioritäten, also ob Sie z. B. verspätete Lieferungen erlauben oder nicht, müssen Sie im Projekt ein Kostenmodell entwickeln, das Ihre erwarteten Optimierungsergebnisse abbildet. SAP IBP bietet Ihnen die Möglichkeit, verschiedenste Supply-Chain-Kosten als Lenkungskosten abzubilden, und die genaue Parametrisierung der einzelnen Kosten – auch zueinander – ist eine Expertenaufgabe in jedem Optimiererprojekt.

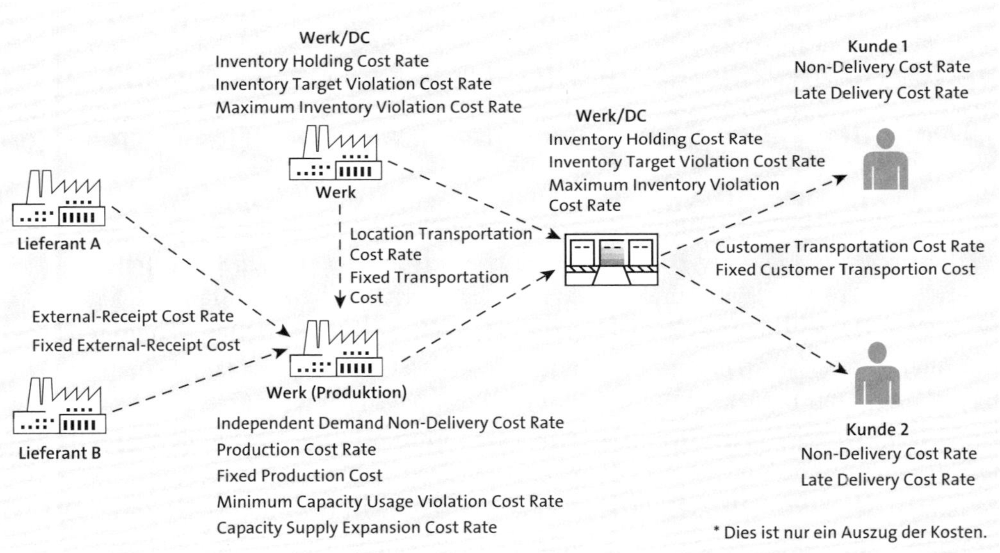

Abbildung 4.18 Funktionsweise des zeitreihenbasierten Beschaffungsplanungsoptimierers – Kosten (Beispiele)

Neben den Kosten spielen die *Restriktionen* eine wichtige Rolle. Es kann sich dabei um *harte Randbedingungen/Restriktionen*, die immer eingehalten werden müssen, um *pseudoharte Randbedingungen/Restriktionen*, die sehr hohe Strafkosten verursachen, und um *weiche Randbedingungen/Restriktionen* handeln, die auch Kosten verursachen, deren Verletzung aber das Ergebnis steuern (siehe Tabelle 4.3).

Harte Restriktionen	Pseudoharte Restriktionen	Weiche Restriktionen
Regeln der Bezugsquellenfindung	minimaler Kundentransport	Inventory Target Violation Cost Rate
minimale/maximale Losgröße*	Mindesttransport	Maximum Inventory Violation Cost Rate
inkrementelle Losgröße*	Mindestproduktion	Non-Delivery Cost Rate for Customer Demand
Gültigkeit von Quellen	minimale externe Zugänge	Independent Demand Non-Delivery Cost Rate
Anfangsbestand	Bestandskorrektur	Late-Delivery Cost Rate for Customer Demand
maximale Verspätung von Bedarfen	Quotierungsschlüssel-Kennzahl	Late-Delivery Cost Rate for Independent Demand
aggregierte Constraints**	aggregierte Constraints (im Optimierungsprofil)	Minimum Resource Capacity Violation Cost Rate
Produktionsressourcenkapazität (und -erweiterung)	Lagerressourcenkapazität (und -erweiterung)	Capacity Supply Expansion Cost Rate
maximaler Kundentransport*	angepasster Kundentransport	Maximum Subperiods of Coverage
maximaler Transport*	angepasster Transport	Target Subperiods of Coverage
maximale Produktion*	angepasste Produktion	–
maximale externe Zugänge*	angepasste externe Zugänge	–

* wenn nicht über angepasste Werte überschrieben oder über Diskretisierungshorizonte
** können im Optimierungsprofil als pseudohart definiert werden

Tabelle 4.3 Beispiele für unterschiedliche Randbedingungen/Restriktionen

Aggregierte Constraints

Mithilfe der aggregierten Constraints können Sie auf einer aggregierten Ebene Restriktionen für die Attribute *Produkt*, *Kunde*, *Lokation* und *Ressource* festlegen, die dann auf einer aggregierten Ebene wirken und für mehrere Detailebenen, z. B. Produkte, gültig sind. Beispielsweise können Sie somit den Transport von Produkten zu Kunden auf der Ebene Produktgruppe und Kundenregion festlegen. Aggregierte Restriktionen werden über Kennzahlen modelliert, die nur auf der definierten Planungsebene gültig sind, deshalb müssen Sie bei der Konfiguration entsprechend Ihren Anforderungen die relevanten Kennzahlen und notwendigen Planungsebenen vorsehen.

Bei der Optimierung wird das Planungsproblem dann in ein gemischt-ganzzahliges lineares Programm (*Mixed Integer Linear Programming*, MILP) umgewandelt und liefert einen kostenoptimierten Produktions-, Verteilungs- und Beschaffungsplan. Die Ergebnisse werden, wie in Abbildung 4.19 beispielhaft dargestellt, unter Berücksichtigung verschiedener Eingabekennzahlen inklusive ihrer Kosten und Restriktionen vom Algorithmus kalkuliert und in dafür vorgesehene Ausgabekennzahlen des Datenmodells zurückgespielt.

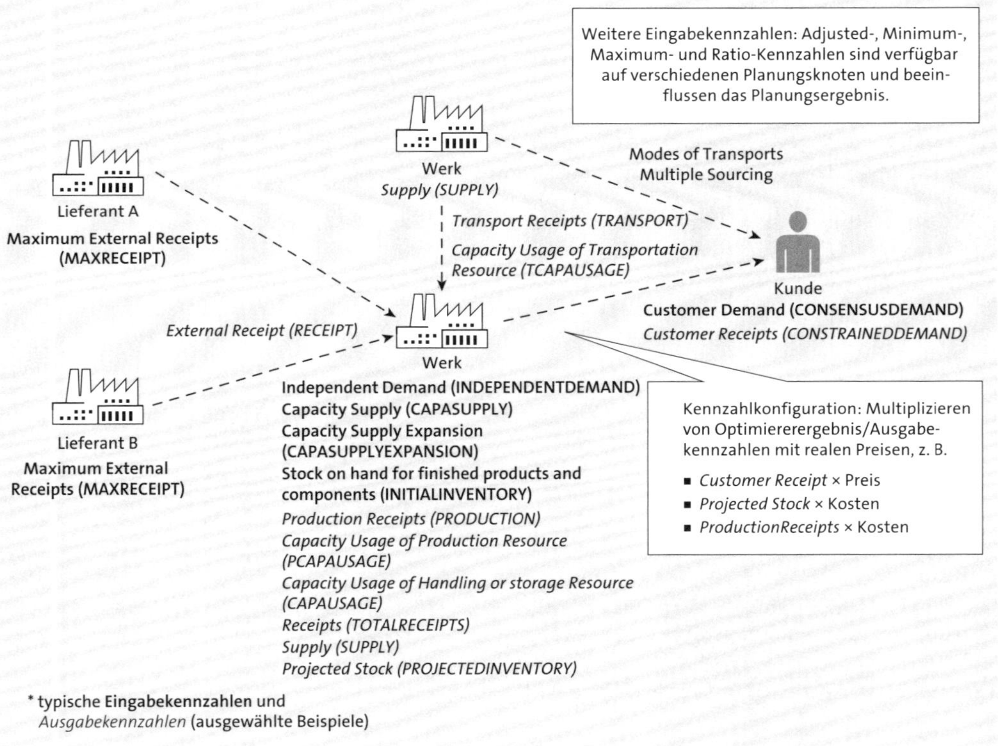

Abbildung 4.19 Typische Eingabe- und Ausgabekennzahlen des Beschaffungsplanungsoptimierers (nicht vollständig, nur eine Auswahl)

Das Ergebnis des Supply-Review-Prozesses sind alternative Beschaffungspläne, die Aufschluss über potenzielle zukünftige Kosten bzw. Gewinne und Restriktionen sowie notwendige Aktivitäten geben. Die alternativen Szenarios stellen somit erste Vorschläge für einen gemeinsam abgestimmten Plan dar, der in den darauffolgenden Phasen noch konkretisiert werden muss.

[«]

Kosten für den Optimierer sind Lenkungskosten

Die genannten Kosten sind im Kontext eines Kostenmodells für die Optimierung als Lenkungskosten zu verstehen. Inwiefern reale Kosten geeignet sind, um die gewünschten Ergebnisse zu erzielen, ist projektspezifisch zu evaluieren. Ergebnisse des Optimiererlaufs können mit realen Kosten/Preisen über nachgelagerte Kennzahlenkalkulationen ermittelt werden.

Produktsubstitution/Komponentenersetzung

Bei der Planung mit dem zeitreihenbasierten Beschaffungsoptimierer können Sie in der Beschaffung die Ersetzung von Produkten planerisch berücksichtigen. Sobald Sie Alternativen für ein Produkt anbieten, können während der Planung die Kundenbedarfe durch ein oder mehrere Ersatzprodukte gedeckt werden. Um die Produktsubstitution zu ermöglichen, müssen Sie den Stammdatentyp *Product Substitution* (`IBPPRODUCTSUBSTITUTION`) mit den Schlüsselattributen *Product ID* (`PRDID`) und *Substitute Product ID* (`SPRDID`) in Ihren Planungsbereich aufnehmen, wie im Beispielplanungsbereich SAP4 ausgeliefert.

Auch die Ersetzung von Komponenten können Sie während der Planung mit dem zeitreihenbasierten Beschaffungsplanungsoptimierer berücksichtigen. Dabei können Sie die ursprünglichen Komponenten, für die eine Unterdeckung besteht, durch eine Ersetzungskomponente ersetzen. Dafür müssen Sie den Stammdatentyp *Production Source Item Sub* (`IBPPRODUCTIONSOURCEITMSUB`) in Ihren Planungsbereich aufnehmen, indem Sie die Beziehung zwischen den Komponenten und der Ersetzungskomponente definieren. Des Weiteren müssen Sie die Ersetzungskomponente in den Stammdatentyp *Production Source Item* (`IBPPRODUCTIONSOURCEITM`) aufnehmen und das Attribut *Is Substitute Component* (`ISALTITEM`) setzen, um diese Komponente als Ersetzungskomponente zu deklarieren. Auch hier können Sie den Beispielplanungsbereich SAP4 als Vorlage verwenden. Die notwendige Konfiguration wird in der App **Planungsbereiche – Modellkonfiguration** realisiert.

Erklärung der Optimiererergebnisse

Nachdem der Beschaffungsplanungsoptimierer ausgeführt wurde, stehen Ihnen zur weiteren Planung die Benutzeroberflächen in Excel und in den Webapplikationen zur Verfügung (siehe Kapitel 2, »Benutzeroberflächen«, und Abschnitt 4.2.2, »Intuitive UIs – Excel und Analysen«). Zusätzlich können Sie ein detailliertes Protokoll erzeugen, das Ihnen Auskunft über die Entscheidungen des Optimierer-Algorithmus gibt. Abbildung 4.20 zeigt einen Ausschnitt aus dem Protokoll, das die Nichtlieferung von Bedarfen erklärt.

1	Problem	Zeitraum	Product ID	Customer ID	Grund	Zeitraum	Product ID
404	Kundenbedarf kann nicht vollständig bedient werden (Gewünschte Menge: 80000.000000, Erfüllte Menge: 70407.000000, Erklärte Menge: 9593.000000).	W10.2020	IBP-300	CU03	Ressourcenkapazität von 5700.000000 ist zu niedrig. Erhöhen Sie die Ressourcenkapazität um mindestens 3180.000000.	W04.2020	
470	Kundenbedarf kann nicht vollständig bedient werden (Gewünschte Menge: 772.000000, Erfüllte Menge: 0.000000, Erklärte Menge: 772.000000).	W03.2020 W03.2020	IBP-300 IBP-300	CE03 CE03	Aufgrund des Planungshorizonts ist die Beschaffung fehlender Zugänge von 772.000000 nicht möglich.		IBP-300

Abbildung 4.20 Geschäftsprozessprotokoll anzeigen

Die Erklärungsfunktionen helfen Ihnen, die Optimierungsergebnisse zu verstehen. Folgende Problemarten werden erläutert:

- **Bedarf nicht vollständig gedeckt**
  Liefert Ihnen Informationen dazu, warum Kundenbedarfe und Primärbedarfe nicht vollständig gedeckt werden konnten.
- **Fehlender Sollbestand**
  Liefert Ihnen Details dazu, warum die Bestandsziele nicht erfüllt werden konnten.
- **Fehlende angepasste Werte**
  Liefert Ihnen Erklärungen dazu, warum manuell anpasste Werte nicht erfüllt werden konnten.

Bei der Erklärung der oben genannten Problemarten werden Aspekte wie Kosten, angepasste Werte in Kennzahlen, Obergrenzen, Ressourcenkapazitäten, Planungshorizonte, fehlende Bezugsquellen oder aggregierte Constraints berücksichtigt, die eine Nichterfüllung verursachen können.

Die Voraussetzung dafür, das Geschäftsprozessprotokoll mit den Detailinformationen zu erzeugen, ist, dass Sie in der App **S&OP Operatorprofile** für den Optimierungsalgorithmus unter **Allgemein** das Flag **Optimierungsergebnisse erklären** gesetzt haben (für weitere Details siehe Abschnitt 4.4.6, »Beschaffungsplanung – zeitreihenbasierte Planungsalgorithmen«). Dann haben Sie die Möglichkeit, bei der Einplanung der S&OP-Optimierererklärung in der Hintergrundverarbeitung den Umfang der Erklärung festzulegen, entweder über die Fiori-App **Anwendungsjobs** oder in Excel auf der IBP-Registerkarte unter **Erweitert • Ausführen**. Die Erklärungen zum Optimierergebnis im Geschäftsprozessprotokoll, die auszugsweise in Abbildung 4.20 dargestellt sind, können Sie über die App **Anwendungsprotokolle** oder aus Excel heraus über **Status der S&OP-Operatoren** aufrufen.

4.3.4 Pre-S&OP Review mit SAP IBP

Die Prozessphase *Pre-S&OP Review* oder *Business Review* beschreibt die Phase, in der die unterschiedlichen absatz- und beschaffungsbezogenen Bereiche ihre Planungen abgleichen. Die Pläne und Szenarios der vorherigen Prozessphasen werden gemeinsam überarbeitet und aufeinander abgestimmt, sodass mögliche Konflikte bereinigt und falls notwendig für die Folgephase aufbereitet werden. In diesen Prozess sind in der Regel Vertreter aus den Bereichen Vertrieb, Marketing, Supply Chain, Produktion und Finanzen involviert. Sie einigen sich auf den bestmöglichen Plan, der dann in der nächsten Phase gemeinsam abgesegnet werden kann.

Während der Pre-S&P-Review-Phase können Sie alle SAP-IBP-Funktionen verwenden, die wir in den vorherigen Phasen erläutert haben. Da mithilfe von SAP IBP der Gesamtprozess auf Basis eines Datenmodells realisiert werden kann, haben Sie die Möglichkeit, den Einfluss alternativer Absatzpläne auf Ihr logistisches Beschaffungsnetzwerk sofort zu beurteilen. Auch können Sie den Einfluss alternativer Beschaffungspläne auf die Absatzplanung sehen und somit einen gemeinsamen Plan erarbeiten, der die Bedürfnisse aller beteiligten Parteien berücksichtigt. Mithilfe von Versionen und Szenarios können Sie die alternativen Pläne abteilungsübergreifend kommunizieren und eine Entscheidung auf einer gemeinsamen Datengrundlage treffen. Notwendige Entscheidungen können dank SAP Jam dokumentiert werden, und mithilfe der Analysen und Dashboards können Sie die Erkenntnisse und Entscheidungen auch mit den notwendigen Daten visuell darstellen und für die nächste Phase aufbereiten.

Das Ergebnis des Pre-S&OP Reviews ist der bestmögliche Absatz- und Produktionsplan, der durch die Kollaboration aller involvierten Bereiche entwickelt wurde. Über Problemstellungen, die in dieser Phase zwischen den beteiligten Parteien geklärt werden können, wird gemeinsam entschieden. Offene Punkte, die nicht abteilungsübergreifend geklärt werden konnten und einer Entscheidung des Managements bedürfen, werden im SAP-IBP-System entsprechend vorbereitet, z. B. über optimierte Analysen in der App **Analysen – Erweitert** und **Dashboards – Erweitert**. Dieser aufbereitete Vorschlag kann nun in der nächsten Phase vom Management abgesegnet werden.

4.3.5 (Executive) S&OP Review mit SAP IBP

Im abschließenden *Executive S&OP Review* oder *S&OP Meeting* stellen Sie die alternativen Szenarios mit ihren Vor- und Nachteilen vor, damit der bestmögliche Plan zur Erreichung der definierten Ziele des Unternehmens gemeinsam bestätigt werden kann. Es handelt sich um Executive S&OP, wenn Ihr Unternehmen den S&OP-Prozess als Top-Management-Steuerungsinstrument etabliert hat. In der Praxis wird der S&OP-Prozess auch oft als Steuerungsprozess für einen Demand-und-Supply-Abgleich realisiert und mit der Phase S&OP Meeting abgeschlossen. Der abgestimmte Absatz- und Produktionsplan als Ergebnis des S&OP-Prozesses vereint den Konsensbedarf, den Produktions- und Beschaffungsplan und die Ergebnisse aus der Bestandsplanung zu einem Constrained Demand.

Für einen erfolgreichen Abschluss des S&OP-Zyklus ist es wesentlich, dass die notwendigen Szenarien und Entscheidungsgrundlagen in den vorangehenden Phasen in einem System gemeinsam erarbeitet und nachvollziehbar dokumentiert werden. Für den abschließenden Entscheidungsprozess im Executive S&OP Meeting müssen dann alle notwendigen Informationen anschaulich und leicht verständlich aufbereitet werden.

Abbildung 4.21 zeigt ein Beispiel dafür, wie Sie mithilfe von Dashboards in SAP IBP alle Informationen zur Unterstützung Ihrer Entscheidung aufbereiten können. Dabei können Analysen und Dashboards individuell für Ihre Prozesse und für einzelne Prozessphasen konfiguriert werden, indem Sie die notwendigen Auswertungen und Kennzahlen selbst zusammenstellen.

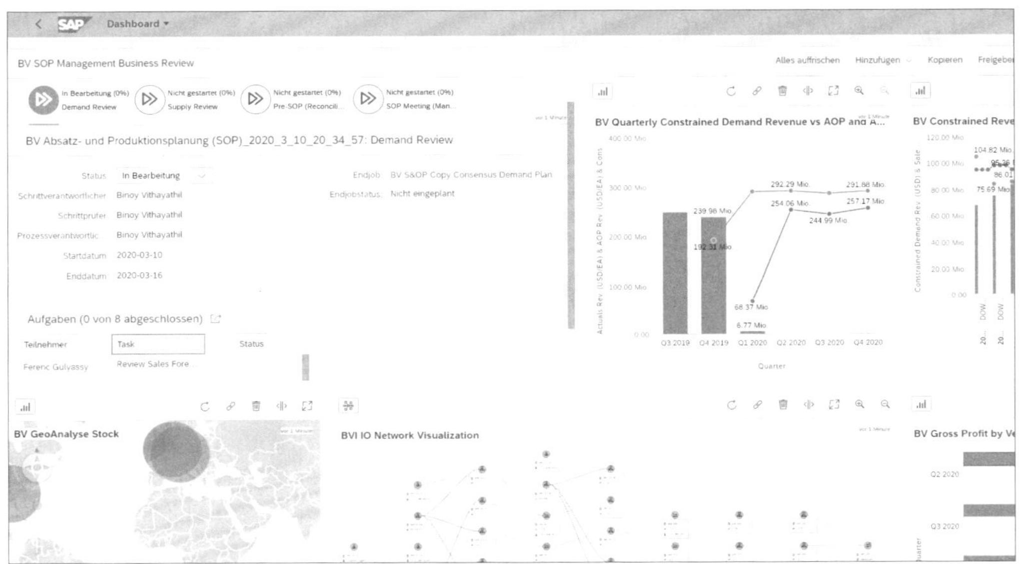

Abbildung 4.21 Beispiel eines Dashboards für Executive S&OP Meeting

Die finale Entscheidung darüber, welcher Plan die Ziele Erfüllung von Kundenbedarfen, optimale Beschaffungsoptionen und finanzielle Profitmaximierung erfüllt, fällt in der Phase Executive S&OP Meeting.

4.4 Konfiguration und Einstellungen in SAP IBP für Sales and Operations

Für die Implementierung eines S&OP-Prozesses ist es sinnvoll, das SAP-IBP-System, das mit einem Grundgerüst aus allgemeinen Best-Practice-Konfigurationen ausgeliefert wird, den eigenen Anforderungen anzupassen. Die Grundlagenkonfiguration gilt für alle Prozesse, die mithilfe der SAP-IBP-Lösung abgebildet werden können (siehe dazu Kapitel 3, »Grundlagen der übergreifenden Konfiguration«). An dieser Stelle gehen wir daher nur auf die Anforderungen an die Konfiguration aus Sicht von SAP IBP für Sales and Operations ein.

Ein S&OP-Prozess als strategisch-taktischer Abstimmungsprozess umfasst Anforderungen aus Sicht einer langfristigen Absatzplanung sowie aus Sicht einer langfristigen Bestands- und Beschaffungsplanung. In SAP IBP gibt es zwei relevante Planungsbereiche, die für den S&OP-Prozess notwendige Grundstrukturen bereitstellen:

- **SAP2 (wird seit Release 1902 nicht mehr ausgeliefert)**
  Die Konfiguration dieses Planungsbereichs war optimiert für einen S&OP-Prozess und enthält mögliche Einstellungen, die für eine isolierte S&OP-Planung erforderlich sind.
- **SAPIBP1**
  Die Konfiguration dieses Planungsbereichs, auch als *Unified Planning Area* bezeichnet, ist optimiert für einen End-to-End-Prozess und konsolidiert Best-Practice-Einstellungen von der Absatzplanung über die Bestandsplanung bis hin zur Produktions- und Beschaffungsplanung in einem einzigen Datenmodell. Dieser Planungsbereich wird insofern mit jedem Release aktualisiert, als nach und nach neue Funktionen in die Best-Practice-Lösung integriert werden. Langfristig soll mit diesem Planungsbereich eine Best-Practice-Lösung für den End-to-End-Prozess über alle IBP-Funktionen hinweg konsistent in einem Datenmodell bereitgestellt werden.

S&OP-Planungsbereich

Da der Planungsbereich SAP2 seit Release 1902 nicht mehr ausgeliefert wird, ist es sinnvoll, den Planungsbereich SAP4, der für die zeitreihenbasierte Beschaffungsplanung optimiert ist, als Grundlage zu verwenden. Wahrscheinlich müssen Sie den Absatzplanungsteil entsprechend Ihren Anforderungen konfigurieren.

Sie können über die App **Beispielmodellentitäten – Modellkonfiguration** aus dem SAP Fiori Launchpad diese von SAP vorausgelieferten Planungsbereiche kopieren und individuell anpassen oder anlegen. In einem Implementierungsprojekt müssen Sie je nach Anforderung entscheiden, welchen Planungsbereich Sie als Grundlage verwenden möchten. Diesen Anforderungen entsprechend definieren Sie Ihr Datenmodell und konfigurieren notwendige Operatoren, um einen Absatz- sowie Produktions- und Beschaffungsplan abbilden zu können. In Abschnitt 4.4.1 bis Abschnitt 4.4.6 gehen wir auf die folgenden Aspekte der Grundstruktur einzeln ein:

- Stammdatentypen und Attribute
- Planungsebenen
- Kennzahlen
- Absatzplanung (Prognoseverfahren)

- Treiberbasierte Planung
- Beschaffungs- und Produktionsplanung (zeitreihenbasierte Planungsalgorithmen)

Dies sollte Ihnen einen guten Überblick geben, welche Möglichkeiten zur Konfiguration Ihnen in SAP IBP zur Realisierung eines S&OP-Prozesses zur Verfügung stehen.

4.4.1 Stammdatentypen und Attribute

Da der S&OP-Prozess die Absatzplanung sowie Produktions- und Beschaffungsplanungsaspekte beinhaltet, muss das Datenmodell entsprechende Strukturen und Informationen bereitstellen. Eine wesentliche Komponente sind die Stammdaten, z. B. Produkt, Lokation, Kunde, die das zu planende logistische Netzwerk abbilden und die Datenstruktur des Datenmodells sowie die Planungsebenen definieren. Stammdaten werden in Form von Stammdatentypen und Attributen im SAP-IBP-System modelliert. Mit Stammdatentypen definieren Sie die Grundstruktur Ihres logistischen Netzwerkes und können sie mit Attributen erweitern, die die Selektion, Navigation und Aggregation/Disaggregation vereinfachen. Attribute können Sie über die App **Attribute – Modellkonfiguration** und Stammdatentypen über die App **Stammdatentypen – Modellkonfiguration** anlegen oder bestehende anpassen. Sie können Anpassungen an Ihrem Planungsbereich auch zentral über die App **Planungsbereiche – Modellkonfiguration** vornehmen, Sie werden dann automatisch in die beiden oben genannten Apps geleitet. (Für weitere Details siehe Abschnitt 3.1, »Attribute«, und Abschnitt 3.2, »Stammdatentypen«).

In diesem Abschnitt gehen wir auf die wesentlichen Objekte ein, die für einen S&OP-Prozess modelliert werden müssen, um die Anforderungen aus Absatz- sowie Produktions- und Beschaffungsplanungssicht abzubilden:

- **Produkt**
  Das Produkt ist ein Objekt, das betriebswirtschaftlich geplant und im logistischen Netzwerk produziert, transportiert, gelagert und verkauft wird. Das Produkt kann dabei z. B. der Materialnummer in SAP ERP und der Produktnummer in SAP APO entsprechen. Es handelt sich beim Produkt um einen einfachen Stammdatentyp (`IBPPRODUCT`) mit dem Schlüsselattribut `PRDID`. Es können weitere Attribute, die eindeutig einer `PRDID` zuzuordnen sind, ergänzt werden (z. B. Produktfamilie).
  - **Output-Produkt**
    Das Output-Produkt ist das Ergebnis eines Produktionsprozesses. Es handelt sich um einen Referenzstammdatentyp (`IBPPRODUCTTO`) des Stammdatentyps Produkt. Das Schlüsselattribut ist `PRDTO`.
  - **Komponente**
    Eine Komponente (Input-Produkt) ist der Gegenstand, der als Input im Produktionsprozess verwendet wird. Sie können einen einfachen Stammdatentyp oder

einen Referenzstammdatentyp (IBPCOMPONENT) von Produkt verwenden. Als Schlüsselattribut nutzen Sie PRDFR.

Wenn Sie Kennzahlen verwenden möchten, die die Relation von Output-Produkt und seinen Komponenten (Input-Produkten) anzeigen, dann müssen Sie die beiden Stammdatentypen *Output-Produkt* und *Komponente* verwenden.

- **Lokation**
  Die Lokation beschreibt die Organisationseinheiten, an denen Produkte oder Ressourcen verwaltet werden. Dabei werden in SAP IBP neben internen Organisationseinheiten, wie z. B. Werken oder Distributionszentren, auch die externen Lieferanten als Lokationen modelliert.

  Es handelt sich um einen einfachen Stammdatentyp (IBPLOCATION) mit dem Schlüssel LOCID. Über das Attribut LOCTYPE definieren Sie, um was für eine Lokation es sich handelt. Mit dem Lieferantenlokationstyp »V« legen Sie die äußerste Grenze des logistischen Netzwerkes fest, über die hinaus nicht weiter im Modell geplant wird. Für diesen Fall dürfen Sie keine weitere Bezugsquelle festlegen.
  - **Anlieferlokation**
    Eine Anlieferlokation ist eine Lokation, an die ein Produkt geliefert wird. Sie wird entweder als einfacher Stammdatentyp oder als Referenzstammdatentyp (IBPLOCATIONTO) von *Lokation* modelliert. Der Schlüssel ist das Attribut LOCTO.
  - **Auslieferlokation**
    Eine Auslieferlokation hingegen ist eine Lokation, aus der ein Produkt ausgeliefert wird. Die Auslieferlokation wird entweder als einfacher Stammdatentyp oder als Referenzstammdatentyp (IBPLOCATIONFR) von *Lokation* modelliert. Der Schlüssel ist das Attribut LOCFR.
- **Lokationsprodukt**
  Das Lokationsprodukt beschreibt das Produkt, das einer bestimmten Lokation zugeordnet ist. Einige Informationen und Parameter sind nur auf dieser kombinierten Ebene verfügbar. Es handelt sich um einen zusammengesetzten Stammdatentyp (IBPLOCATIONPRODUCT), der die Schlüsselattribute PRDID und LOCID verwendet. Dieser Stammdatentyp ist für die Planung mit den zeitreihenbasierten Beschaffungsalgorithmen nur notwendig, wenn Teilnetze oder Losgrößenverfahren verwendet werden. Das Stammdatenattribut wird bei der Planung mit dem Optimierer benötigt, wenn Sie die Fair-Share-Aufteilung deaktiviert haben, aber trotzdem Lokationsproduktinformationen anzeigen möchten. Über die Fair-Share-Verteilung kann verfügbares Material gerecht verteilt werden. Für die relevanten Einstellungen siehe den Abschnitt »Konfiguration des zeitreihenbasierten Beschaffungsoptimierers« in Abschnitt 4.4.6, »Beschaffungsplanung – zeitreihenbasierte Planungsalgorithmen«.

- **Kunde**
  Den Kunden modellieren Sie für die Geschäftspartner, mit denen Sie Geschäftsbeziehungen über den Verkauf von Waren oder Dienstleistungen pflegen. Dieses Stammdatenobjekt repräsentiert die Kundenlokation und kann der Kundennummer, dem Auftraggeber, dem Warenempfänger oder irgendeinem sinnvollen Aggregat aus Ihrem ERP-System entsprechen.

  Es handelt sich um einen einfachen Stammdatentyp (IBPCUSTOMER) mit dem Schlüsselattribut CUSTID. Weitere Attribute zur Navigation oder für die Gruppierung, wie z. B. Kundenregion oder Kundengruppe, können hilfreich sein.
- **Kundenprodukt**
  Kundenprodukte sind Produkte, die von Kunden bestellt wurden und somit auf Kunden oder Kundengruppen modelliert werden. Das Stammdatenattribut ist erforderlich, wenn Sie die Kundenbedarfe als Consensus Demand ausgehend von *Kundenlokation* planen möchten. Einige Attribute, wie z. B. *Marktsegment*, sind nur auf dieser Ebene sinnvoll. Es handelt sich um einen zusammengesetzten Stammdatentyp (IBPCUSTOMERPRODUCT), der sich aus den Schlüsselattributen CUSTID und PRDID zusammensetzt.
- **Ressource**
  Ressourcen bilden Elemente ab, die für eine bestimmte Funktion in der Lieferkette stehen, z. B. Maschinen, Personen, Einrichtungen, Lager, Transportmittel oder andere Objekte, die eine begrenzte Kapazität haben. Der Planungsalgorithmus berücksichtigt Produktions-, Lager- und Handlingressourcen für den Wareneingang. Es handelt sich um einen einfachen Stammdatentyp (IBPRESOURCE) mit dem Schlüsselattribut RESID.
- **Lokationsressource**
  Eine Lokationsressource ist eine Ressource, die einer bestimmten Lokation zugeordnet wurde. Eine Ressource gehört physisch immer zu einer Lokation und wird entsprechend modelliert. Auf dieser Ebene wird das Kapazitätsangebot festgelegt. Wenn Sie ein zeitunabhängiges Kapazitätsangebot modellieren wollen, können Sie dies über ein Attribut und dann als Attribute als Kennzahl tun. Ein zeitabhängiges Kapazitätsangebot erreichen Sie über eine Kennzahl auf dem Planungslevel PERLOCRES, was in der Regel der häufigeren Modellierung entspricht. Es handelt sich um einen zusammengesetzten Stammdatentyp (IBPRESOURCELOCATION) mit den Schlüsselattributen LOCID und RESID.
- **Lokationsproduktressource**
  Die Lokationsproduktressource bildet den Kapazitätsverbrauch einer Handling- oder Lagerressource für ein Lokationsprodukt ab. Es handelt sich um einen zusammengesetzten Stammdatentyp (IBPRESOURCELOCATIONPRODUCT) mit den Schlüsselattributen LOCID, RESID und PRDID.

- **Kundenbezugsquelle**
  Über die Kundenbezugsquelle wird definiert, wie ein Kundenbedarf für ein bestimmtes Produkt gedeckt werden soll. Dabei kann die Verteilung des Kundenbedarfs auf verschiedene Quelllokationen, die Durchlaufzeit für den Versand zum Kunden, Losgrößenparameter und Gültigkeiten der Bezugsquellen festgelegt werden. Gültigkeiten bzw. Zeiträume können flexibler über einen eigenen Stammdatentyp realisiert werden. Es handelt sich um einen zusammengefassten Stammdatentyp (IBPSOURCECUSTOMER), der die Schlüsselattribute CUSTID, PRDID und LOCID verwendet.
- **Lokationsbezugsquelle**
  Mithilfe der Lokationsbezugsquelle bilden Sie die Umlagerung zwischen Lokationen ab. Sie können die Verteilung bzw. den Anteil festlegen, der von der Auslieferlokation gedeckt werden soll, und auch Einstellungen zu Lieferzeiten, Losgrößenparametern und Gültigkeiten der Bezugsquellen vorgeben. Gültigkeiten bzw. Zeiträume können flexibler über einen eigenen Stammdatentyp realisiert werden. Es handelt sich um einen zusammengefassten Stammdatentyp (IBPSOURCELOCATION), der die Schlüsselattribute PRDID, LOCID und LOCFR verwendet.
- **Produktionsbezugsquelle**
  Durch die Produktionsbezugsquelle modellieren Sie die Produktion oder Montage eines Produkts. Es handelt sich um eine einstufige Stückliste, deren Kopfebene das Output-Produkt und deren Positionsebene die Komponenten und erforderlichen Mengen enthält.

  Auf der Kopfebene können Sie die Art der Bezugsquelle, beispielsweise P (Produktion), C (Kuppelproduktion) und U (externe infinite Bezugsquelle), Gültigkeiten, den Ausgabekoeffizienten, den Anteil (Quote), der durch die Bezugsquelle gedeckt werden kann, Losgrößenparameter und die Dauer der Produktionsbeschaffungszeit festlegen. Gültigkeiten bzw. Zeiträume können flexibler über einen eigenen Stammdatentyp realisiert werden. Es handelt sich um einen einfachen Stammdatentyp (IBPSOURCEPRODUCTION), der als Schlüssel die Attribute SOURCEID und PRDID verwendet und für den das Attribut LOCID erforderlich ist.

  Die Positionsebene beinhaltet die Komponenten, die zur Herstellung eines Produkts erforderlich sind. Die notwendigen Mengen der Komponenten werden über den Komponentenkoeffizienten definiert und verhalten sich relativ zur Menge des Haupt-Output-Produkts aus dem Stammdatentyp der Kopfebene. Dabei kann der Koeffizient starr über das Stammdatenattribut oder zeitlich variabel über eine Kennzahl abgebildet werden. Es handelt sich hier um einen einfachen Stammdatentyp (IBPPRODJCTIONSOURCEITM), der als Schlüssel die Attribute SOURCEID und PRDID verwendet.

[»]

Stammdatenattribute und zeitreihenbasierte Algorithmen

Damit Sie die zeitreihenbasierten Beschaffungsplanungsalgorithmen ausführen können, müssen Sie die von SAP vorgegebenen technischen IDs für Stammdatenattribute und -typen verwenden. Dies bedeutet beispielsweise, dass das Stammdatenattribut für Produkt den technischen Namen PRDID haben muss und der Produktstammdatentyp den Namen PRODUCT.

Zusätzlich sollten Sie für die Bezeichnung von Stammdatenattributen auch ein zwei- bis dreistelliges eigenes Präfix verwenden und das im Standard ausgelieferte Präfix *IBP* ersetzen. Sie müssen dabei für alle Stammdatentypen dasselbe Präfix verwenden.

Attribute sind die granularste Einheit, und zusammengefasst zu Stammdatenattributen bilden sie ein betriebswirtschaftliches Objekt wie *Produkt*, *Lokation* oder *Kunde* mit verknüpften Informationen ab. In diesem Abschnitt haben Sie einen Überblick über grundlegende Stammdaten erhalten, die für eine S&OP-Planung verwendet werden können. Entsprechend Ihren Anforderungen können Sie unter Berücksichtigung der genannten Hinweise das Stammdatenmodell erweitern.

4.4.2 Planungsebenen und Zeitprofil

Ein weiterer wichtiger Aspekt bei der Konfiguration in SAP IBP ist die Definition von relevanten Planungsebenen (*Planning Levels*). Die S&OP-Lösung muss relevante Informationen, Stammdaten und Kennzahlen für einen Absatzplanungsprozess bis hin zur Produktions- und Beschaffungsplanung unterstützen. Dabei liegen die Informationen auf unterschiedlichen betriebswirtschaftlichen Ebenen vor bzw. sind nur auf einigen dieser Ebenen überhaupt aussagekräftig. Teilweise müssen Kennzahlen, die immer nur auf einer Ebene hinterlegt sind, auf eine andere Ebene (Planungsebene) konvertiert werden. Somit muss das Datenmodell für einen umfassenden S&OP-Prozess alle einzelnen Prozessschritte und notwendigen Stammdaten und Planungsebenen abdecken.

Abbildung 4.22 zeigt exemplarisch das Zusammenspiel von Stammdaten, Planungsebenen und Kennzahlen an einem einfachen einstufigen Beispiel. Die Absatzplanung ist auf den Ebenen *Produkt* und *Kunde* relevant und liefert als Ergebnis den Consensus Demand (Konsensbedarf). Der Absatzplan wird mithilfe von Customer-Ratios-Kennzahlen auf interne Lokationen transferiert und als Dependent Demand pro Produkt und Lokation abgebildet. In diesem einstufigen Beispiel wird der Bedarf dann pro Produkt, Lokation und Ressource als CAPADEMAND zusammengeführt und über die benötigte Kapazität pro Produkt, Lokation und Ressource (CAPACONSUMPTION) abgeleitet. Dadurch wird der Bedarf auf die Ebene Lokation und Ressource konvertiert und kann mit der verfügbaren Kapazität auf Ressourcenebene verglichen werden. Die beschriebene Verwendung von Planungsebenen beinhaltet in aller Regel eine weitere zeitliche Dimension, die über PER dargestellt ist und in der Realität Tag, Woche, Monat etc. reflektiert.

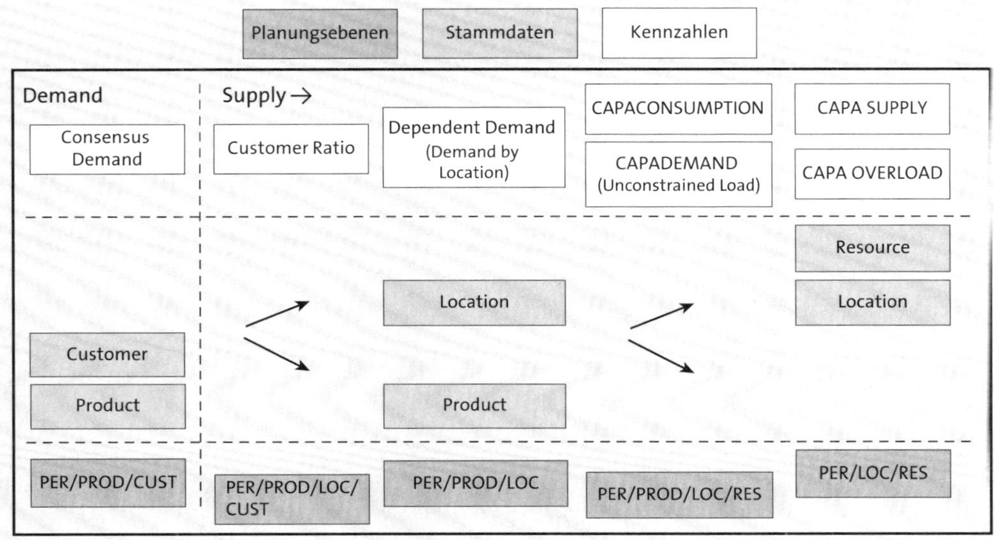

Abbildung 4.22 Planungsebenen im Zusammenspiel mit Kennzahlen

Die zeitliche Dimension, dargestellt als PER in Abbildung 4.22 und Tabelle 4.4, definiert die zeitliche Granularität, auf der eine Planungsebene definiert ist. Die Planungsebenen enthalten entsprechend Zeitattribute, wie z. B. Jahr (YEAR), Monat (MTH), Woche (WK) oder Tag (DAY). Die grundsätzlich verfügbaren Zeiteinheiten für Planungsebenen werden im Zeitprofil für einen Planungsbereich festgelegt. Auf Basis der verfügbaren Zeiteinheiten aus dem Zeitprofil definieren Sie dann das Schlüsselattribut für eine spezifische Planungsebene. Der S&OP-Prozess behandelt in der Regel einen mittel- bis langfristigen Horizont, daher werden eher gröbere zeitliche Aggregationen wie Monat, Quartal oder Jahr verwendet. Eine Planung auf der Ebene Tag ist nicht immer zielführend. Notwendige Konvertierungen können entsprechend über weitere Planungsebenen realisiert werden. Gängige Beispiele sind die Anforderung zur Währungs- oder Mengenumrechnung, die dann die Planungsebene um die Attribute zur Währung/Currency (CURR und CURRTO) oder Mengeneinheit/Unit of Measure (UOMTO) festlegen.

SAP liefert in den Beispielplanungsbereichen einige Best-Practice-Planungsebenen aus, die für einen übergreifenden Absatz- und Produktionsplanungsprozess verwendet werden können. Tabelle 4.4 führt einige wichtige Planungslevel zur Unterstützung eines S&OP-Prozesses auf.

Planungsebene	Beschreibung	Beispiel für Verwendung
PER/PER1	Period	zeitabhängige Berechnungen, um Vergangenheit, Gegenwart und Zukunft abzuleiten
PERCURRCURRTO	Period | Currency From | Currency To	Währungsumrechnung
PERLOCRES	Period | Location | Resource	Kapazitätsberechnungen wie Verfügbarkeit und Verwendung
PERPROD	Period | Product	Informationen auf Produktebene, z. B. Kosten oder Umsätze
PERPRODCUST	Period | Product | Customer	Informationen auf Produkt- und Kundenebene, z. B. Bedarfe, Kosten oder Umsätze
PERPRODCUSTCURR	Period | Product | Customer | Currency From	monetäre Umsatzinformationen auf Produkt- und Kundenebene
PERPRODCUSTCURR-CURRTO	Period | Product | Customer | Currency From | Currency To	monetäre Umsatzinformation mit Währungsumrechnung
PERPRODCUSTEVENT	Period | Product | Customer | Event	Berücksichtigung von Promotionen auf Produkt- und Kundenebene
PERPRODCUSTUOM (PERPRODUOM)	Period | Product | Customer | UOM From	Definition der Mengeneinheiten auf den verschiedenen Ebenen
PERPRODCUSTUOM-UOMTO (PERPRODUOMUOMTO)	Period | Product | Customer | UOM From | UOM To	Umrechnung von Mengeneinheiten
PERPRODFML (PERPRODFMLCUST) (PERPRODFML-CUSTRGN) (PERPRODFMLLOC)	Period | Product Family (+ | Customer) (+ | Customer Region) (+ | Location)	aggregierte Informationen zur Planung oder Anzeige
PERPRODLOC	Period | Product | Location	primäre Ebene für die Absatz-, Beschaffungs-, Produktions- und Bestandsplanung
PERPRODLOCCOMPSRC	Period | Product | Location | Component | Source	Abbildung von Stücklistenstruktur und Komponentenbedarf

Tabelle 4.4 Planungsebenen – Beispielebenen für einen S&OP-Prozess

Planungsebene	Beschreibung	Beispiel für Verwendung
PERPRODLOCCUST	Period | Product | Location | Customer	Informationen auf der Produkt- und Lokationsebene, die den Kunden beliefert
PERPRODLOCLOCFR	Period | Product | Location | Ship-From Location	Transportbeziehung und Informationen zwischen zwei Lokationen pro Produkt
PERPRODLOCLOCFR-SPROD	Period | Product | Location | Ship-From Location | Subst Product	Informationen bei Produkt-substitution
PERPRODLOCRES	Period | Product | Location | Resource	Informationen pro Produkt und Lokation auf einer Ressource, z. B. Kapazitätsverbrauch
PERPRODLOCSRC	Period | Product | Location | Source	Informationen über die Produktionsbezugsquelle pro Produkt und Lokation
PERRESSRC	Period | Resource | Source	Informationen auf Ressourcenebene, z. B. Verbrauch und Bedarf

Tabelle 4.4 Planungsebenen – Beispielebenen für einen S&OP-Prozess (Forts.)

Mit den in Tabelle 4.4 genannten Planungsebenen können Sie einen übergreifenden Absatz- und Produktionsplanungsprozess auf Grundlage eines konsistenten Datenmodells modellieren. Das endgültige Setup ist abhängig von Ihren Anforderungen. Die Planungsebenen legen Sie pro Planungsbereich über die App **Planungsbereiche – Modellkonfiguration** an und Zeitprofile über die App **Zeitprofile – Modellkonfiguration**. Details zur generellen Konfiguration der Zeitprofile finden Sie in Abschnitt 3.3 und weitere Infos zu den Planungsebenen in Abschnitt 3.5.

4.4.3 Kennzahlen

Informationen, die während eines S&OP-Prozesses in einem SAP-IBP-System bereitgestellt werden, werden in Kennzahlen gespeichert. Die Kennzahlen enthalten Werte, die zusammen mit Stammdatenattributen und der zeitlichen Dimension in einem Businesskontext stehen. Kennzahlen zeigen dabei Daten entweder an und können während der Planung als Eingangsgröße verwendet werden, oder sie können manuell oder durch Operatoren verändert werden. Um die einzelnen Phasen eines S&OP-Prozesses optimal zu unterstützen, sind unterschiedliche Kennzahlen notwendig und werden sinnvollerweise in dedizierten Sichten auf entsprechenden Planungsebenen verwendet. Jede Kennzahl hat eine Basisplanungsebene, die die detaillierteste Ebene darstellt, auf der die Kennzahl gespeichert wird.

Kennzahlen sind entweder Eingabekennzahlen, Ausgabekennzahlen oder beides (für weitere allgemeine Einstellungen zu Kennzahlen siehe Abschnitt 3.6, »Kennzahlen«), können aber aus S&OP-Sicht zusätzlich auch eine der folgenden Eigenschaften haben:

- **Eingabekennzahlen für Planungsalgorithmen**
  Es handelt sich um Kennzahlen, die als Eingangsgröße für die zeitreihenbasierten Planungsalgorithmen definiert sind. Abhängig vom Algorithmus werden die relevanten Eingangskennzahlen gelesen, wie z. B. Kosten nur vom Optimierer, und während des Planungslaufs verwendet. Beispielkennzahlen zur Eingabe für die Beschaffungsplanung sind z. B. Consensus Demand, Capacity Supply, die verschiedenen Ratios, Cost Rates und die verschiedenen angepassten Kennzahlen.
- **Ausgabekennzahlen für Planungsalgorithmen**
  Das Ergebnis der zeitreihenbasierten Beschaffungsplanungsalgorithmen, die die Eingabekennzahlen als Input für ihre Berechnung verwenden, wird in Ausgabekennzahlen ausgegeben. Auch hier ist es vom verwendeten Algorithmus abhängig, welche Ausgabekennzahlen gefüllt werden. Beispielkennzahlen zur Ausgabe für die Beschaffungsplanung sind z. B. die verschiedenen Receipts-Kennzahlen und die verschiedenen Demand-Kennzahlen (z. B. CONSTRAINEDDEMAND, NETDEMAND, PCAPADEMAND, DEPENDENTDEMAND etc.).

[»]

Funktion der Kennzahlen

Bitte beachten Sie, dass einige Kennzahlen Eingabe- und Ausgabekennzahlen sein können.

- **Knoten- und Kantenkennzahlen**
  Das Supply-Chain-Modell kann als eine Zusammensetzung von Knotenpunkten und Kanten zwischen diesen Knoten verstanden werden. Knoten sind z. B. Kunden- und Lokationsprodukte. Die Kanten verbinden zwei Knoten und stellen somit die Kunden-, Transport-, Produktions- und externen Bezugsquellen dar. Die Kennzahlen, die knotenbezogene Informationen enthalten, werden als *knotenbezogene Kennzahlen* bezeichnet, und ihre Basisplanungsebene enthält den Knoten, z. B. *Produkt – Lokation*. Die Kennzahlen, die Informationen zu den Bezugsquellen enthalten, werden als *kantenbezogene Kennzahlen* bezeichnet, und die Basisplanungsebene dieser Kennzahlen kombiniert in der Regel die Schlüssel zweier Knoten, z. B. *Produkt – Lokation* und *Auslieferlokation*.
- **Vor- und nachgelagerte Kennzahlen**
  In der Regel möchten Sie als Planungsverantwortlicher alle Informationen zu einem Lokationsprodukt sehen. Allerdings gibt es einige kantenbezogene Informa-

tionen, die nicht immer über die Planungsobjekte selektiert werden (insbesondere, wenn verschiedene Knoten involviert sind). Die Information des nachgelagerten logistischen Netzwerkes, das auf einer anderen Basisplanungsebene basiert, kann mit den vorgelagerten Kennzahlen gemeinsam angezeigt werden. Die nachgelagerten Kennzahlen enden meist auf DS, was für *Downstream* steht. Ein Beispiel ist `DEPENDENTLOCATIONDEMANDDS` (*Dependent Location Demand*), das den Umlagerungsbedarf auf den nachgelagerten Knoten anzeigt.

- **Angepasste Kennzahlen**
  Wie weiter oben bei den Ein- und Ausgabekennzahlen erläutert, können Sie Eingabekennzahlen manuell oder durch Datenbankänderung anpassen, Ausgabekennzahlen hingegen lassen sich nicht interaktiv oder durch ein Datenbankupdate verändern. Wenn Sie das Ergebnis des Beschaffungsplanungsalgorithmus beeinflussen möchten, können Sie dies aber mithilfe der angepassten Kennzahlen tun. Eine angepasste Kennzahl wird vom Algorithmus als Eingabekennzahl berücksichtigt, sie fixiert somit den Wert der entsprechenden Ausgabekennzahl und beeinflusst die Ergebnisse der anderen Ausgabewerte hinsichtlich der fixierten Werte. Beispiele für angepasste Kennzahlen, mit denen Sie Mengen in einzelnen Perioden fixieren können, sind z. B. `ADJUSTEDPRODUCTION` oder `ADJUSTEDTRANSPORT`.

Die beschriebenen Eigenschaften sind generell für Kennzahlen im SAP-IBP-S&OP-Datenmodell gültig. Es gibt eine Vielzahl von Kennzahlen, die die oben genannten Eigenschaften bzw. Funktionen aufweisen und insgesamt die folgenden Bereiche abdecken:

- Kundenbedarfe
- Lokationsprodukte
- Produktion
- Transport
- Kapazitäten
- Quoten

An dieser Stelle gehen wir nicht auf alle einzelnen Kennzahlen ein, sondern verweisen auf die ausgelieferte Best-Practice-Konfiguration in z. B. SAPIBP1 und SAP4 oder auf die Dokumentation zu den statistischen und zeitreihenbasierten Planungsalgorithmen. Da es sich bei einer S&OP-Lösung um eine übergreifende Absatz- sowie Beschaffungs- und Produktionsplanungslösung handelt, möchten wir lediglich einige ausgewählte Kennzahlen und Aspekte nennen, die den prozessübergreifenden Charakter verdeutlichen (siehe Tabelle 4.5). Ihre S&OP-Lösung muss Kennzahlen bereitstellen, um alle Prozesse, statistischen Verfahren und zeitreihenbasierten Planungsalgorithmen zu unterstützen. Kennzahlen mit einer Mengeneinheit (`QTY`), wie z. B. Absatzplanmenge, sind dabei in der Regel auch als Wertekennzahlen (`REV`), wie Umsatzplan, oder als Profitkennzahl sinnvoll. Diese entsprechenden Kennzahlen, wie Sales Fcst Qty und Sales Fcst Rev, haben wir aber an dieser Stelle nicht explizit aufgeführt.

Kennzahl-ID	Beschreibung	Planungsebene	Kommentar
Absatzplanung			
ACTUALSQTY	Actuals Qty	PERPRODCUST	historische Ist-Absätze
ADJUSTED-ACTUALSQTY	Adjusted Actuals Qty	PERPRODCUST	korrigierte Historie und Input für statistische Forecasts
STATISTICAL-FCSTQTY	Statistical Fcst Qty	PERPRODCUST	Ergebnisse aus dem Prozess der statistischen Prognose
SALESFCSTQTY	Sales Fcst Qty	PERPRODCUST	Planung aus dem Vertrieb
PROMOTION-FCSTQTY	Promotion Forecast Qty	PERPRODCUST-EVENT	Enthält Promotion oder Aktionen.
MARKETING-FCSTQTY	Marketing Fcst Qty	PERPRODCUST	Planung aus dem Marketing
AOPQTY	AOP Qty		Annual Operating Plan – Budget bzw. Zielvorgabe in der Regel in REV
CONSENSUS-DEMAND	Consensus Demand Plan Qty	PERPRODCUST	abgestimmter Absatzplan nach Demand Review und Input für Beschaffungs- und Produktionsplanung
Beschaffungs- und Produktionsplanung			
CUSTOMER-RATIO	Customer Sourcing Ratio	PERPRODLOC-CUST	Quotierung pro Material und Periode für Belieferung von Kunden
LOCATION-RATIO	Location Sourcing Ratio	PERPRODLOC-LOCFR	Quotierung für interne Umlagerungen zwischen eigenen Lokationen
PRODUCTION-RATIO	Production Sourcing Quota	PERPRODLOC-SRC	Quotierung, wenn es mehrere SOURCEIDs zur Produktion gibt
COMPONENT-COEFFICIENT	Qty Per	PERPRODLOC-COMPSRC	Komponentenbedarf, um ein Output-Produkt zu produzieren; Abbilden der Stückliste

Tabelle 4.5 Beispiele für Kennzahlen des S&OP-Prozesses (Auszug)

Kennzahl-ID	Beschreibung	Planungsebene	Kommentar
COSTPERUNIT	Cost Per Unit	PERPRODLOC	Produktkosten in einer Lokation pro Einheit; wird zur Berechnung verwendet.
EXCHANGERATE	Exchange Rate	PERCURR-CURRTO	Wechselkurs für Währungsumrechnung
INITIAL-INVENTORY	Inventory On Hand Qty	PERPRODLOC	initialer Bestand in aktueller Periode
INVENTORY-TARGET	Inventory Target	PERPRODLOC	Eingabe: Zielbestand als Vorgabe für die Beschaffungsplanung
DEPENDENT-CUSTOMER-DEMAND	Dep Customer Demand Qty	PERPRODLOC-CUST	Ausgabe: Kundenbedarfe, aggregiert auf der Lieferlokation
DEPENDENT-LOCATION-DEMAND	Dep Location Demand Qty	PERPRODLOC-LOCFR	Ausgabe: Bedarfe, aggregiert von einer nachgelagerten Lokation kommend
DEPENDENT-PRODUCTION-DEMAND	Dep Production Demand Qty	PERPRODLOC-COMPSRC	Ausgabe: Bedarfe auf Komponentenebene aus der Produktion
DEPENDENT-DEMAND	Dependent Demand Qty	PERPRODLOC	Summe der abhängigen Sekundärbedarfe (aus Dependent Customer Demand, Dependent Location Demand und Dependent Production Demand)
NETDEMAND	Net Demand Qty	PERPRODLOC	Ausgabe: Nettobedarf unter Berücksichtigung von Total Demand, Total Receipts, Inventory Target und Initial Stock on Hand
CAPASUPPLY	Available Capacity	PERLOCRES	verfügbare Kapazität einer Ressource

Tabelle 4.5 Beispiele für Kennzahlen des S&OP-Prozesses (Auszug) (Forts.)

Kennzahl-ID	Beschreibung	Planungsebene	Kommentar
CAPADEMAND	Handling Capacity Required	PERPROD-LOCRES	Ausgabe: benötigte Kapazität einer Ressource, um die Bedarfe des Beschaffungsplans zu decken
CAPACONSUMP-TION	Handling Capacity Consumption	PERPROD-LOCRES	Kapazitätsbedarf, um ein Produkt zu produzieren
PRODUCTION	Production Receipts Qty	PERPROD-LOCSRC	Ausgabe: geplante Produktion des Beschaffungsplanungsalgorithmus
ADJUSTED-PRODUCTION	Adjusted Production Qty	PERPROD-LOCSRC	manuell geplante und für den Algorithmus fixierte Produktion
RECEIPT	Unspecified Receipt/External Procurement Qty	PERPRODLOC	Ausgabe: externe Zugänge
ADJUSTED-RECEIPT	Adjusted External Receipts Qty	PERPRODLOC	externe Zugänge (manuell geplant) und für den Algorithmus fixierte Zugänge
TOTALRECEIPT	Receipts Qty	PERPRODLOC	Ausgabe: Summe aller Zugänge für ein Lokationsprodukt
CONSTRAINED-DEMAND	Constrained Demand Plan Qty	PERPROD-LOCCUST	Ausgabe: Ergebnis des Beschaffungsalgorithmus auf der Ebene Periode, Produkt, Lokation und Kunde
ADJUSTED-CONSTRAINED-DEMAND	Adjusted Customer Receipts Qty	PERPROD-LOCCUST	manuelle Anpassung des Constrained Demand, für den Algorithmus fixiert
PROJECTED-INVENTORY	Projected Inventory Qty	PERPRODLOC	projizierter Bestand pro Periode, Produkt und Lokation unter Berücksichtigung von Total Demand und Total Receipt

Tabelle 4.5 Beispiele für Kennzahlen des S&OP-Prozesses (Auszug) (Forts.)

[«]

Kennzahlen und Planungsalgorithmus

Damit Sie die zeitreihenbasierten Beschaffungsplanungsalgorithmen verwenden können, müssen Sie die technischen IDs für Kennzahlen definieren, wie von SAP in den Best-Practice-Planungsbereichen bzw. in der Dokumentation festgelegt.

Die von den zeitreihenbasierten Algorithmen verwendeten Ein- und Ausgabekennzahlen müssen die von SAP vordefinierten spezifischen Wurzelattribute in ihrer Basisplanungsebene aufweisen. Abhängig von der Kennzahl sind dies Periode (PERIODID), Kunde (CUSTID), Produkt (PRDID), Ressource (RESID), Produktionsbezugsquelle (SOURCEID), Komponente (PRDFR), Output-Produkt (PRDTO), Lokation (LOCID), Auslieferlokation (LOCFR) und Anlieferlokation (LOCTO).

Im Kontext der Absatzplanung bzw. des Demand Sensings ist es möglich, den Kennzahlen betriebswirtschaftliche Funktionen zuzuordnen. Wenn betriebswirtschaftliche Funktionen vorhanden sind, sind Sie unabhängig bei der Verwendung der technischen Namen.

Mit den Attributen, Stammdatentypen und Kennzahlen haben Sie die grundlegenden Konfigurationsobjekte kennengelernt, die aus Sicht von SAP IBP für Sales and Operations relevant sind. In den nächsten Abschnitten gehen wir nun noch auf die unterschiedlichen Algorithmen ein, mit denen Sie die einzelnen S&OP-Phasen unterstützen.

4.4.4 Absatzplanung – Prognoseverfahren

Wenn Sie einen S&OP-Prozess aufsetzen, ist ein wichtiger Bestandteil eine mittel- bis langfristige Absatzplanungslösung. Abhängig von den Anforderungen sollten Sie Funktionalitäten aus der klassischen Absatzplanung bereitstellen. Da wir das Thema Absatzplanung in SAP IBP umfassend in Kapitel 5, »Absatzplanung mit SAP IBP für Demand«, beschreiben, möchten wir Sie in Bezug auf die Anforderungen und notwendige Konfiguration dorthin verweisen. Die wesentlichen Unterschiede aus Sicht von SAP IBP für Sales and Operations beschreiben wir in Abschnitt 4.3.2, »Demand Review«.

4.4.5 Treiberbasierte Planung

Die Funktionen zur treiberbasierten Planung stehen in SAP IBP seit dem Release 1905 zur Verfügung und ermöglichen Ihnen die Erweiterung des Planungsprozesses um die explizite Berücksichtigung von Einflussfaktoren und deren Relevanz für die Planung.

Grundvoraussetzung für die Aktivierung der treiberbasierten Planung ist, dass der Planungsbereich entsprechend in der App **Planungsbereiche – Modellkonfiguration** konfiguriert wurde. Sie müssen Stammdatentypen, Planungsebenen und Kennzahlen, die speziell zur Verwaltung von Chancen und Risiken konzipiert sind, in Ihren Planungsbereich aufnehmen. SAP liefert eine Beispielkonfiguration im Best-Practice-Planungsbereich SAPIBP1 aus, den Sie als Referenz heranziehen können. Die folgenden einfachen Stammdatentypen werden für die treiberbasierte Planung verwendet:

- **IBPRISKOPP (Risks and Opportunities)**
  Dieser einfache Stammdatentyp definiert die Treiber, wie z. B. Chance oder Risiko, die sich auf Ihren Plan auswirken können. Das Attribut `ROPID` ist der Schlüssel, und weitere Attribute, die in Tabelle 4.6 dargestellt sind, definieren weitere Details zu jedem einzelnen Treiber.
- **IBPROPTYPE (Risks and Opportunities Types)**
  Dieser einfache Stammdatentyp definiert den Typ des Treibers, der unterschieden werden soll, wie z. B. Chancen oder Risiken. Das Attribut `ROPTYPEID` ist der Schlüssel, und ein weiteres Attribut `ROPTYPEDESCR` enthält die Bezeichnung.
- **IBPPRIORITY (Priority)**
  Dieser einfache Stammdatentyp definiert die Priorität des Treibers, wie z. B. niedrig, mittel oder hoch. Das Attribut `PRIORITYID` ist der Schlüssel, und ein weiteres Attribut `PRIORITYDESCR` enthält die Bezeichnung.
- **IBPASSUMPTIONCATEGORY (Assumption Category)**
  Dieser einfache Stammdatentyp definiert die Kategorie der getätigten Annahmen, z. B. Wettbewerb, Marktwachstum, Witterung usw. Das Attribut `ASSUMPTIONCATID` ist der Schlüssel, und ein weiteres Attribut `ASSUMPTIONCATDESCR` enthält die Bezeichnung.

Attribut-ID	Attribut-beschreibung	Kommentar
ROPID	Risk/Opp ID	Schlüssel, erforderlich – ID der Chance bzw. des Risikos
ROPDESCR	Risk/Opportunity/Descr	erforderlich – Beschreibung der Chance bzw. der Risiken
ROPTYPEID	Risk/Opp Type	erforderlich – Typ des Treibers, z. B. Risiko oder Chance
PRIORITYID	Priority ID	Festlegen der Priorität, z. B. niedrig, mittel, hoch

Tabelle 4.6 Attribute des Stammdatentyps IBPRISKOPP für die treiberbasierte Planung

Attribut-ID	Attribut-beschreibung	Kommentar
ASSUMPTIONCATID	Assumption Category ID	Sie können Kriterien für Ihre Annahmen vorgeben und bei der Anlage auswählen.
PLANNINGCYCLE	Planning Cycle	Sie können den Planungszyklus angeben, für den der Treiber relevant ist.
BUDGETED	Budgeted Y/N	Wert Y(Ja) oder N(Nein). Sie können festlegen, ob die Maßnahmen bereits budgetiert wurden.
INCLUDEINPLAN	Include in Plan	Sie können den Treiber als relevant (1) oder nicht relevant (0) definieren. Der Planungsbereich SAPIBP1 verwendet dieses Attribut in Kennzahlenberechnungen.

Tabelle 4.6 Attribute des Stammdatentyps IBPRISKOPP für die treiberbasierte Planung (Forts.)

Diese Stammdatentypen werden zur Definition und zur Planung der Treiber verwendet. Die genannten Attribute stehen Ihnen als Parameter bei der Pflege der Treiber in der App **Treiberbasierte Planung** und auch in den Benutzeroberflächen wie den Excel-Planungssichten zur Verfügung.

Um die treiberbasierte Planung zu ermöglichen, werden zusätzlich folgende Planungsebenen im Planungsbereich SAPIBP1 mit ausgeliefert:

- MTHPRODLOCCUST – Monthly | Product | Location | Customer
- MTHRO – Month | RiskOpp
- MTHROPRDFAMCUSTREG – Agg Level: Month | RiskOpp | Product Family | Customer Region
- WKROPRODLOCCUST – Weekly | RiskOpp | Product | Location | Customer

Die Kennzahlen aus Tabelle 4.7 werden im Kontext der treiberbasierten Planung mit ausgeliefert.

Kennzahl	Beschreibung	Basisplanungs-ebene	Anmerkung
ROAGGSLSQTY	RO Agg Sales Quantity	MTHROPRDFAM-CUSTREG	In diese Kennzahl geben Sie den Wert für den Treiber in der App **Treiberbasierte Planung** ein.

Tabelle 4.7 Kennzahlen der treiberbasierten Planung

Kennzahl	Beschreibung	Basisplanungsebene	Anmerkung
ROCALCSALES-QTY	RO Calc Sales Qty	WKROPRODLOC-CUST	Zeigt die Auswirkung jedes einzelnen Treibers auf der Ebene der Kennzahl *Consensus Demand Qty*.
CONSENSUS-CALCROQTY	Consensus Demand Qty with RiskOpp	WKPRODLOCCUST	Zeigt den Wert von *Consensus Demand Qty* inklusive aller im Plan enthaltener Treiber.

Tabelle 4.7 Kennzahlen der treiberbasierten Planung (Forts.)

Wenn Sie diese Grundvoraussetzungen in der Konfiguration über die App **Planungsbereiche – Modellkonfiguration** geschaffen haben, den Benutzern alle notwendigen Berechtigungen zugeordnet wurden und Sie die Stammdatentypen mit den gewünschten Stammdatenwerten gefüllt haben, dann können Sie über die App **Treiberbasierte Planung** beginnen, Treiber zu pflegen und diese in Ihren Planungszyklus zu integrieren.

Als Benutzer mit den entsprechenden Berechtigungen können Sie in der App **Treiberbasierte Planung** Planungssichten anlegen, kopieren, bearbeiten und löschen. Die Planungssichten können Sie dann für andere Benutzer oder Benutzergruppen freigeben.

Planer hingegen nutzen diese Sichten, um Treiber zu planen, und dabei stehen Ihnen die folgenden Möglichkeiten zur Verfügung:

- Treiber anlegen auf verschiedenen Aggregationsebenen
- Treiber ersetzen, kopieren und löschen
- Kennzahlen für Treiber pflegen (auch auf mehreren Planungsebenen)
- Verwenden der beiden Sichten der Treiberplanungssicht:
  - **Übersicht**: Treiberbezogene Daten werden aggregiert in einer Zeile angezeigt, inklusive der Kennzahlensummenwerte für die gesamten Perioden und der Planungsebenenattribute jedes Treibers.
  - **Detail**: Aufteilung der treiberbezogenen Daten auf seine Planungsobjekte sowie Disaggregation der Kennzahlensummenwerte auf die einzelnen Zeitperioden

Die in dieser App wie beschrieben angelegten Treiber können nun in den Planungssichten der App **Webbasierte Planung** sowie in den Planungssichten im Excel-Add-in verwendet werden.

4.4.6 Beschaffungsplanung – zeitreihenbasierte Planungsalgorithmen

Damit Sie die zeitreihenbasierte Beschaffungsplanung verwenden können, muss das SAP-IBP-System entsprechend konfiguriert werden. Die notwendige Konfiguration ist abhängig vom verwendeten Algorithmus. Im Wesentlichen müssen Sie folgende Einstellungen vornehmen:

- Planungsbereich für Beschaffungsplanung konfigurieren, inklusive:
  - Stammdatentypen, die für den Planungsalgorithmus erforderlich sind
  - Ein- und Ausgabekennzahlen, die für den Algorithmus notwendig sind
  - Definition der Planungsebenen
  - Festlegen der Zeitprofile
  - Aktivierung des Planungsbereichs für die Beschaffungsplanung
  - Erstellen von Planungsprofilen für Algorithmen nach unternehmensindividuellen Anforderungen
- relevante Daten für die Beschaffungsplanung aus den Quellsystemen, wie z. B. SAP, importieren
- Planungssichten sowie Dashboards und Analysen anlegen

Einen Großteil dieser Schritte haben wir in den vorangegangenen Abschnitten bereits erläutert. An dieser Stelle gehen wir also näher auf die Planungsalgorithmen ein.

Die Konfiguration der Planungsalgorithmen für die zeitreihenbasierte Beschaffungsplanung erfolgt über die App **S&OP Operatorprofile**. Hier können Sie S&OP-Operatorprofile neu anlegen, bearbeiten, kopieren oder löschen. Die folgenden Algorithmustypen können angelegt werden:

- zeitreihenbasierte (ZR-basierte) Beschaffungsheuristik
- zeitreihenbasierter (ZR-basierter) Beschaffungsoptimierer
- zeitreihenbasierte (ZR-basierte) Vorplanungsverrechnung
- Prüfmodus
- lokale Aktualisierungen
- Quoten berechnen

S&OP-Planungsprofile

Die Planungsoperatoren des Typs S&OP-Operator (SCM) wurden mit Release 1802 durch Planungsprofile ersetzt und werden nun sukzessive migriert. Die in Planungsbereichen verwendeten Operatoren werden automatisch in die neuen Profile umgewandelt.

Im Wesentlichen kann die Konfiguration der Planungsalgorithmen in zwei Typen unterschieden werden, die zeitreihenbasierten Beschaffungsheuristiken und den zeitreihenbasierten Beschaffungsoptimierer. Beide werden wir nachfolgend näher beleuchten.

Konfiguration der zeitreihenbasierten Beschaffungsheuristiken

In der Gruppe der zeitreihenbasierten Beschaffungsheuristiken sind die folgenden drei Algorithmen zusammengefasst:

- Beschaffungsplanungsheuristik (unendlich ohne Unterdeckungen)
- Propagierungsheuristik (Bestandspropagierung)
- Haltbarkeitsplanungsheuristik (Planung der Haltbarkeit im Lager): Dieser Algorithmus kann nur ausgewählt werden, wenn die notwendige Konfiguration für Haltbarkeiten im Planungsbereich enthalten ist. Als Vorlage dient der Planungsbereich SAP4S, der ausschließlich die Haltbarkeitsplanungsheuristik erlaubt.

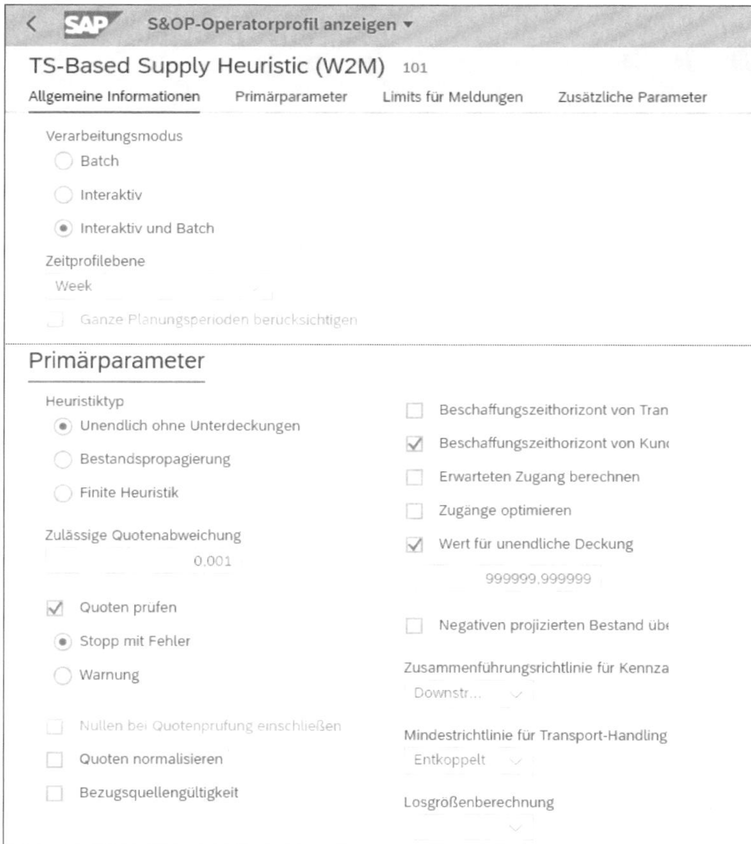

Abbildung 4.23 S&OP-Operatorprofil – Beispiel ZR-Heuristik

Abhängig vom Planungsbereich können Sie die Algorithmen im S&OP-Operatorprofil festlegen. Die Konfiguration der S&OP-Operatorprofile ist, wie in Abbildung 4.23 zu sehen, in die Bereiche **Allgemeine Informationen**, **Primärparameter**, **Limits für Meldungen** und **Zusätzliche Parameter** gegliedert.

Im Bereich **Allgemeine Informationen** legen Sie die folgenden Punkte fest:

- die ID zur Identifizierung des Profils
- den Namen des Profils
- eine Beschreibung (wird im IBP-Excel-Add-in verwendet)
- den Planungsbereich, in dem der Planungsalgorithmus verwendet wird (muss für die Beschaffungsplanung aktiviert sein und steuert, welche Algorithmen verwendet werden können)
- Bei **Verarbeitungsmodus** legen Sie fest, ob der Algorithmus **Interaktiv**, im **Batch** oder **Interaktiv und Batch** ausgeführt werden kann.
- Im Feld **Zeitprofilebene** definieren Sie die zeitliche Granularität, mit der der Planungsalgorithmus ausgeführt wird.
- Die Option **Ganze Planungsperioden berücksichtigen** verwenden Sie in Kombination mit der definierten zeitlichen Granularität der Zeitprofilebene. Damit wird sichergestellt, dass die Selektion entsprechend den definierten Planungsperioden erweitert wird.

Im Bereich **Primärparameter** haben Sie Einstellungsmöglichkeiten, die das Planungsergebnis beeinflussen, z. B.:

- **Heuristiktyp**: Legt fest, welchen der drei oben genannten Algorithmen Sie verwenden möchten. Abhängig vom Planungsbereich werden die möglichen Typen zur Auswahl gestellt.
- **Zulässige Quotenabweichung**: Gibt die erlaubte Abweichung von der Gesamtquote von 100 % an. Liegt die Quote unter 100 %, wird nicht der gesamte Bedarf berücksichtigt. Liegt die Quote über 100 %, wird mehr als der angeforderte Bedarf berücksichtigt. Es wird empfohlen, einen niedrigen Wert im erlaubten Bereich von 0 bis 0,1 zu wählen.
- **Quoten prüfen**: Kann verwendet werden, um inkonsistente Quoten zu entdecken. Sobald eine inkonsistente Quote entdeckt wurde, können Sie entweder eine Warnung ausgeben oder mit Fehler stoppen, dann wird kein Beschaffungsplan ermittelt. Die Empfehlung lautet, möglichst die Prüfung **Stopp mit Fehler** zu aktivieren.
- **Nullen bei Quotenprüfung einschließen**: Berücksichtigt auch Gesamtquoten mit 0 % und interpretiert diese als inkonsistent.
- **Quoten normalisieren**: Ermittelt konsistente Quoten für alle Bezugsquellen von 100 % entweder nach der Methode **Gleich**, die alle Bezugsquellen gleich bewertet,

oder **Proportional**, wobei bestehende Quotenanteile beibehalten werden. Sie haben hier auch die Möglichkeit zu entscheiden, ob Quoten mit 0 überhaupt bei der Quotennormalisierung berücksichtigt werden, was einen Einfluss auf das Ergebnis hat. Mit diesem Parameter werden die Quoten temporär während der Planung ermittelt und nicht auf der Datenbank geändert.

- **Bezugsquellengültigkeit**: Aktiviert die Berücksichtigung der definierten Bezugsquellengültigkeit. Gültigkeitszeiträume werden über die Stammdatentypen, z. B. *Validity of Customer Source*, *Location Source Validity* und *Production Source Validity*, festgelegt. Generelle Gültigkeit bzw. Ungültigkeit wird direkt in der Bezugsquelle über die Attribute TINVALID, CINVALID und PINVALID gesteuert.
- **Beschaffungszeithorizont von Transporten initialisieren**: Ermöglicht das Löschen der Kennzahlen *Transport Receipts* und *Transport Supply* innerhalb des Beschaffungszeithorizonts. Ohne den Parameter bleiben Kennzahlen innerhalb des Beschaffungszeithorizonts mit den vorhandenen Zahlen gefüllt.
- **Beschaffungszeithorizont von Kundeneingängen initialisieren**: Funktioniert auf die gleiche Weise wie der Parameter oben und bezieht sich auf die Kennzahlen *Customer Supply* und *Customer Receipts*.
- **Erwarteten Zugang berechnen**: Hiermit können Sie fixierte Mengen zwischen Teilnetzwerken ignorieren, und der Algorithmus legt alle notwendigen Zugänge zur Deckung von Kundenbedarfen an. Dabei ignoriert er die fixierten Zugangszahlen, löscht diese aber nicht und überschreibt die Kennzahl *Inter-Subnetwork Transport Receipts*. Dieser Parameter ist nicht relevant für die Haltbarkeitsheuristik.
- **Zugänge optimieren**: Lässt den Planungsalgorithmus versuchen, Zugänge unter Berücksichtigung der angepassten oder minimalen Kennzahlen so zu optimieren, dass Zugänge zwischen den möglichen Bezugsquellen verteilt und, falls notwendig, Quoten übersteuert werden. Dieser Parameter ist nicht relevant für die Haltbarkeitsheuristik.
- **Wert für unendliche Deckung**: Legt fest, mit welchem Wert eine unendliche Deckung in der Kennzahl *Coverage* dargestellt wird.
- **Negativen projizierten Bestand übertragen**: Wird von der zeitreihenbasierten Beschaffungsplanungsheuristik vom Typ **Unendlich ohne Unterdeckungen** verwendet. Mit diesem Parameter definieren Sie, ob der Algorithmus negativen projizierten Bestand in die Folgeperiode verschiebt oder ob er dies nicht tut und wieder mit null beginnt.

Im Abschnitt **Limits für Meldungen** stehen Ihnen schließlich noch folgende Parameter zur Verfügung:

- **Globales Limit je Meldungstyp**: Begrenzt die Anzahl der Meldungen, die das System in ein Protokoll für alle Meldungs-IDs schreibt. Der Standardwert ist 100.

- **Positionen**: Hier können Sie pro **Meldungs-ID** einen **Wert** festlegen, der das globale Limit übersteuert.

Mithilfe von zusätzlichen Parametern können Sie das Planungsergebnis beeinflussen, also z. B. festlegen, dass alle angepassten Kennzahlen initialisiert werden sollen. Pflegen Sie entsprechend den Namen des Parameters und den Wert.

Konfiguration des zeitreihenbasierten Beschaffungsoptimierers

Wenn Sie den zeitreihenbasierten Optimierer verwenden möchten, müssen Sie ein spezifisches S&OP-Operatorprofil anlegen. Im Wesentlichen sind die Abschnitte und Parameter vergleichbar mit dem im vorherigen Abschnitt vorgestellten zeitreihenbasierten Heuristikprofil. Das Operatorprofil setzt sich aus den Bereichen **Allgemeine Informationen**, **Primärparameter**, **Limits für Meldungen** und **Zusätzliche Parameter** zusammen. Zusätzlich gibt es noch optimiererspezifische Bereiche wie **Optimierer-Parameter** oder **Zeitaggregationsprofil**. In diesem Abschnitt gehen wir auf die Besonderheiten des zeitreihenbasierten Optimierers ein.

Abbildung 4.24 zeigt die Gruppierung der Parameter für die Optimierung. Die Rubrik **Optimierer-Parameter** untergliedert sich in folgende Bereiche:

- Unter **Allgemein** definieren Sie die maximale Lösungslaufzeit, aktivieren die Erläuterungen zu den Ergebnissen und legen den Modus **Gewinnmaximierung** oder **Liefermaximierung** fest. Im Kontext der Liefermaximierung können Sie den Nichtlieferkostensatz für alle Bedarfe hinterlegen.
- Im Profilabschnitt **Diskretisierung** können Sie die Auswirkungen diskreter Entscheidungen, die die Laufzeit betreffen, reduzieren. Mit der Definition von Horizonten, wie z. B. für Kundentransporte, minimale oder inkrementelle Kundentransportlosgrößen sowie Kundentransportfixkosten, externe Zugänge und entsprechende Fixkosten, Transporte, minimale und inkrementelle Transportlosgrößen sowie Transportfixkosten und auch für Produktion, minimale und inkrementelle Produktionslosgrößen und Fixkosten, können Sie die Horizonte für diskrete Entscheidungen eingrenzen. Somit sind für die verbleibenden Perioden die Constraints nicht aktiv.
- Im Bereich **Fair-Share-Verteilung** können Sie die Fair-Share-Funktion aktivieren und Segmente für Nichtlieferung, verspätete Lieferung, Sollbestand und für Lagerhaltung berücksichtigen. Über die Fair-Share-Funktion können Sie bei Materialengpässen mit dem Beschaffungsplanungsoptimierer die gerechte Verteilung von Materialien für die genannten Segmente planen.
- Wenn Sie die **Zeitunabhängigen Strafkosten** aktivieren, werden die Kosten aus den Kennzahlen ignoriert, und es werden die Strafkosten aus dem Profil für z. B. verspätete bzw. Nichtlieferungen, für Transporte, Produktion, externe Zugänge, Lagerhaltung etc. während des Optimierungslaufs verwendet.

- Mithilfe von **Globale Kostenfaktoren** können Sie auf einfache Weise alle relevanten Kostenkennzahlen ändern. In den meisten Fällen wird der Kostenfaktor 1 verwendet.
- Unter **Sonstiges** können Sie die Verletzung von aggregierten Constraints zulassen, z. B. für Kundentransporte, Transporte, Produktion oder Bestand. Auch die Berücksichtigung von Quotierungen und die Kosten bei Nichteinhaltung legen Sie hier fest.

Abbildung 4.24 S&OP-Operatorprofil – Optimierer-Parameter

Im Profilabschnitt **Zeitaggregationsprofil** können Sie die **Zeitaggregation aktivieren** und ein Profil verknüpfen, das Sie vorher in der App **Zeitaggregationsprofile** angelegt haben. Mithilfe der Zeitaggregation lassen sich unterschiedliche zeitliche Granularitäten während eines Planungslaufs verwenden und z. B. in naher Zukunft in Tagen planen, dann in Wochen, später in Monaten und eventuell noch weiter in der Zukunft in Quartalen oder Jahren. Die verfügbaren Zeitaggregationsebenen sind abhängig vom Zeitprofil aus dem Planungsbereich und bilden eine Grundlage. Somit können Sie die Granularität der Planung vom Zeitverlauf abhängig unterscheiden, was nebenbei auch einen Effekt auf die Performance hat.

[«]

Lizenz für den zeitreihenbasierten Optimierer

Der zeitreihenbasierte Beschaffungsoptimierer hängt lizenzseitig an SAP IBP für Response and Supply. Da es sich aber um einen zeitreihenbasierten Algorithmus handelt und in der Regel zeitreihenbasiert mittel- bis langfristig geplant wird, haben wir den ZR-Optimierer an dieser Stelle erläutert.

Konfiguration der Hilfsalgorithmen

Zu guter Letzt möchten wir noch überblicksartig auf einige weitere (Hilfs-)Algorithmen eingehen, die zur Unterstützung der bereits erläuterten zeitreihenbasierten Planungsalgorithmen eingesetzt werden können.

Die *zeitreihenbasierte Vorplanungsverrechnung* über **TS-Based Forecast Consumption** sollten Sie verwenden, wenn Sie mit der Vorplanung von Primärbedarfen und Kundenbedarfen arbeiten. Wenn die Prognosen zukünftige Kundenbedarfe prognostizieren, müssen diese um tatsächlich in der Planung berücksichtigte Kundenaufträge reduziert werden. Diesen Prozess nennt man *Vorplanungsverrechnung*.

Zum einen können Sie den Vorplanungsverrechnungsmodus und damit die Strategie festlegen, wie die Vorplanung verrechnet wird, wie z. B. vorwärts, rückwärts, beides in unterschiedlicher Reihenfolge oder auch nur relevante Horizonte bzw. Perioden. Voraussetzung ist, dass Sie einen Stammdatentyp <Präfix>`FORECASTCONSUMPTIONMODE` mit den vordefinierten Attributen zur Steuerung der Vorplanungsverrechnung in Ihren Planungsbereich auf der Ebene der Vorplanungsverrechnung aufgenommen haben. Ein Beispielstammdatentyp wird z. B. im Beispielplanungsbereich SAP4 von SAP ausgeliefert. Des Weiteren müssen Sie über die App **Vorplanungsverrechnungsprofile** weitere Einstellungen vornehmen, z. B. **Eingabe Vorplanung**, **Eingabe Kundenaufträge**, **Ausgabe offene Vorplanung**, **Ausgabe Gesamtbedarf**, **Vorplanungsverrechnungsebene** etc.

Sie können *Quoten aus einem Beschaffungsplan* über den Algorithmustyp **Compute Quotas** auf Basis des aktuellen Beschaffungsplans berechnen lassen. Da der aktuelle Beschaffungsplan für die Ermittlung der Quoten herangezogen wird, kann es sinnvoll sein, mithilfe des Beschaffungsplanungsoptimierers einen kostenoptimierten Beschaffungsplan als Grundlage zu schaffen.

Lokale Aktualisierungen von Kennzahlen können Sie über den Algorithmustyp **Local Updates** erzielen. Damit lassen sich Auswirkungen aufgrund veränderter Datenkonstellationen nur auf Lokationsproduktebene aktualisieren. Kennzahlenwerte wie *Fehlmenge*, *Unterdeckung* und *Projizierter Bestand* werden aktualisiert, aber nicht ans Netzwerk weitergereicht.

Mithilfe des Algorithmus **Check Mode** führen Sie eine *Prüfung der Datenkonsistenz* für Stammdaten und Kennzahlen durch. Sobald Sie den Prüfmodus einstellen, werden alle verfügbaren Prüfungen ausgeführt.

Kapitel 5

Absatzplanung mit SAP IBP für Demand

Die Absatzplanung ist in der Regel der Ausgangspunkt für eine adäquate logistische Planung. Die Qualität ihrer Prognosen determiniert die Qualität der Folgeprozesse. Vor allem die klassischen mittel- bis langfristigen Prognoseprozesse spielen eine gewichtige Rolle, und sie werden um einen kurzfristigen Fokus erweitert, um den Schwächen der klassischen Absatzplanung mit innovativen Algorithmen Rechnung zu tragen.

In diesem Kapitel gehen wir auf die wesentlichen Aspekte von SAP Integrated Business Planning (SAP IBP) aus Sicht der kurz-, mittel- und langfristigen Absatzplanung ein. In Abschnitt 5.1 verschaffen wir uns einen allgemeinen Überblick über die (klassische) Absatzplanung und erläutern ihre Ziele. Danach beschreiben wir in Abschnitt 5.2, »Klassische Absatzplanung mit SAP IBP für Demand«, die Möglichkeiten der klassischen Absatzplanung mithilfe von SAP IBP, um dann in Abschnitt 5.3, »Demand Sensing mit SAP IBP für Demand«, die Möglichkeiten der kurzfristigen Absatzplanung mit SAP IBP zu erläutern. Schließlich erklären wir Ihnen die bezogen auf die Absatzplanung notwendigen Einstellungen in SAP IBP in Abschnitt 5.4, »Konfiguration von SAP IBP für Demand«.

5.1 Überblick und Ziele

Der Begriff Absatzplanung beschreibt die marktorientierte Betrachtung zukünftiger Bedarfe, die durch die Supply Chain gedeckt werden müssen. Dabei beeinflusst die Qualität der Absatzplanung die Ergebnisse der nachgelagerten Planungs- bzw. Beschaffungsprozesse in hohem Maße und definiert, ob ein Unternehmen schnell auf Veränderungen reagieren und effizient am Markt agieren kann. Eine schlechte Prognosegenauigkeit hat in Zeiten hoher Marktvolatilität und ausgeprägter Marktdynamiken direkten Einfluss auf die taktisch-strategischen Entscheidungen und auch auf die tägliche Operative eines Unternehmens, was z. B. zu einem niedrigen Servicelevel oder zu (zu) hohen Beständen führen kann. Zu hoch angesetzte Absatzpläne führen aufgrund von Überproduktion zu erhöhten Lagerbeständen. Zu niedrig geplante Absätze hingegen können aufgrund von kurzfristigen Kapazitätsengpässen zu Lieferschwierigkeiten führen, weil die verfügbaren Kapazitäten nicht kontinuierlich ausgeschöpft wurden.

Die Vorhersage zukünftiger Bedarfe bleibt bis zu einem gewissen Grad immer ein Blick in die Glaskugel. Dennoch kann man die Prognosegenauigkeit signifikant verbessern, indem ein umfänglicher Absatzplanungsprozess etabliert wird, der alle relevanten beteiligten Personen bzw. Rollen einbindet, und indem alle vorhandenen und notwendigen Informationen für die Entscheidungsfindung bereitgestellt und eine systematische Unterstützung mittels verschiedener Algorithmen gewährleistet werden. In meist sehr komplexen Geschäftsfeldern müssen Absatzplaner dabei verschiedenste Einflussfaktoren berücksichtigen. Die relevanten Faktoren, die einen Absatzplan beeinflussen können, sind vom Unternehmensumfeld abhängig und müssen situationsbezogen identifiziert werden. Grundlegend sollte ein Absatzplan im ersten Schritt von den Marktpotenzialen geleitet sein, und unternehmensbezogene Kapazitätsengpässe sollten dabei zunächst keine Berücksichtigung finden.

Nachfolgend finden Sie eine Liste möglicher Einflussfaktoren bzw. Informationen dargestellt, deren Relevanz Sie bei der Erstellung Ihres Absatzplans bewerten sollten:

- **Vergangenheitsdaten**
  Ist es sinnvoll, Absatzdaten (wie z. B. Faktura oder Auftragseingänge) oder PoS-Daten (*Points of Sale*) als Grundlage für Prognosen zu nutzen?
- **Interne Faktoren**
  Wie ist es z. B. um Vertriebsstrukturen, verkaufsfördernde Maßnahmen (wie Promotionen oder Werbekampagnen), Preispolitik, Produktentwicklung und Management von Produktlebenszyklen etc. bestellt?
- **Marktverhalten**
  Gibt es Trends, ein bestimmtes Kundenverhalten, Kaufgewohnheiten, Wetter und eventuelle Saisonalität, Ereignisse (wie Weihnachten oder eine Weltmeisterschaft) oder andere Einflüsse zu beachten?
- **Wettbewerb**
  Wie gestalten sich Vertriebsstrukturen, verkaufsfördernde Maßnahmen, Preispolitik und Produktentwicklung etc. bei konkurrierenden Unternehmen?
- **Kooperierende Planung**
  Können dank einer internen Kooperation aller beteiligten Abteilungen oder auch durch die externe Kooperation mit Lieferanten, Herstellern, Händlern und Kunden etc. weitere Absatzdaten und Pläne berücksichtigt werden?

Die Relevanz der einzelnen Faktoren hängt stark von Ihrem individuellen Umfeld ab und kann in der Detailausprägung variieren. Zu unterscheiden sind in jedem Fall die *klassische Absatzplanung* mit ihren Stärken in der mittel- bis langfristigen Betrachtung sowie die kurzfristige Absatzplanung (*Demand Sensing*), die durch intelligente Algorithmen die kurzfristigen Prognosen verbessert.

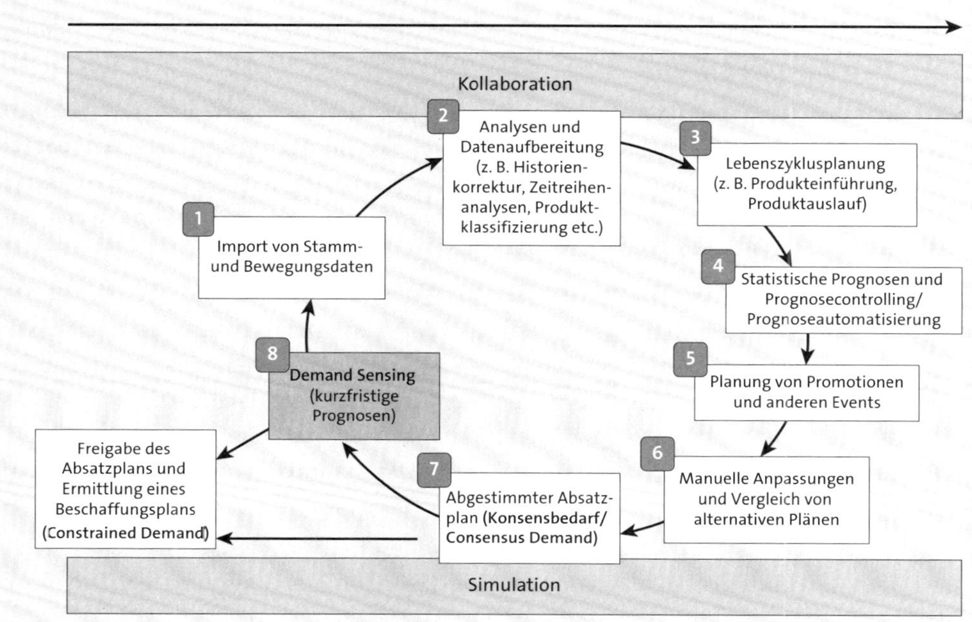

Abbildung 5.1 Typischer Planungszyklus für die Absatzplanung

Grundlegend lässt sich der Prozessablauf im Kontext der Absatzplanung standardisiert darstellen, wie in Abbildung 5.1 zu sehen. Die Prozessschritte sind folgende:

1. Stammdaten und Bewegungsdaten müssen für alle nachfolgenden Planungsschritte aus den Quellsystemen importiert werden. Dies wird zeitreihenbasiert über entsprechende Datenflüsse mit der Schnittstelle CPI-DS (SAP Cloud Platform Integration for Data Services) realisiert.
2. Ein wichtiger Vorverarbeitungsschritt ist die Analyse und Aufbereitung der Daten für den weiteren Planungsprozess, wie die statistische Prognose. Hierzu gehören Zeitreihenanalysen, Segmentierungen, Historienkorrekturen etc.
3. Die Lebenszyklusplanung spielt eine wesentliche Rolle und muss entsprechend vorbereitet werden, um während der statistischen Prognose bereits berücksichtigt zu werden. Dies betrifft die Planung von Produkteinführungen und Produktauslauf.
4. Statistische Prognosen: Das Ausführen von statistischen Prognoseverfahren und die Verwendung von aktuellsten Methoden, um die Prognosegenauigkeit zu verbessern, sind der Kernschritt bei der Automatisierung der Absatzplanung. Dabei

sind das Prognosecontrolling bzw. das Absatzplanungscontrolling sowie die Etablierung einer Prognoseautomatisierungen wesentlich.

5. Promotionsplanung: Die Planung von Sonderbedarfen, wie z. B. Promotionen, Kampagnen oder anderen Events, ist in vielen Branchen ein wichtiger Bestandteil des Absatzplanungsprozesses.
6. Manuelle Anpassungen und der Vergleich alternativer Szenarios sind weiterhin notwendig. Dabei kann der Absatzplan durch den Einfluss unterschiedlicher beteiligter Abteilungen, wie z. B. Vertrieb, Marketing, Demand, Finanzen etc., determiniert werden. Die Notwendigkeit der manuellen Anpassungen wird durch den technologischen Fortschritt weiter reduziert und sollte sich auf Ausnahmesituationen fokussieren.
7. Der abgestimmte Absatzplan (Konsensbedarf/Consensus Demand) ist das Ergebnis des klassischen Absatzplanungsprozesses. Dieser stellt den zwischen den involvierten Abteilungen gemeinsam verabschiedeten Absatzplan dar und dient als Input für die Produktions- und Beschaffungsplanung. Das Ergebnis der Produktions- und Beschaffungsplanung ist der Constrained Demand.
8. Demand Sensing ist optional und ein zusätzlicher Planungsprozess, der die Schwäche der klassischen Absatzplanungsmethoden im kurzfristigen Horizont adressiert und mithilfe von Machine-Learning-Algorithmen die kurzfristigen Prognosevorschläge optimiert.

Im nachfolgenden Abschnitt 5.2 thematisieren wir als Erstes die funktionalen Möglichkeiten, die die Lösung SAP IBP für Demand im Kontext der klassischen mittel- bis langfristigen Absatzplanung bereitstellt. In Abschnitt 5.3, »Demand Sensing mit SAP IBP für Demand«, gehen wir dann auf seine funktionalen Möglichkeiten aus Sicht der kurzfristigen Absatzplanung Demand Sensing ein.

5.2 Klassische Absatzplanung mit SAP IBP für Demand

In diesem Abschnitt gehen wir auf die Funktionen und Möglichkeiten von SAP IBP für Demand ein, mit deren Hilfe Sie einen Absatzplanungsprozess realisieren können. Welche der hier nacheinander vorgestellten Funktionen letztlich Anwendung finden, ist abhängig von den unternehmensindividuellen Anforderungen und muss im Rahmen eines Implementierungsprojekts ermittelt werden. (In diesem Abschnitt gehen wir nicht auf Stammdaten und das Laden von Bewegungsdaten ein – beides wichtige Grundvoraussetzungen für eine Absatzplanung in SAP IBP. Die notwendigen Erläuterungen zur Schnittstelle CPI-DS finden Sie in Kapitel 11, »Datenintegration in SAP IBP«.)

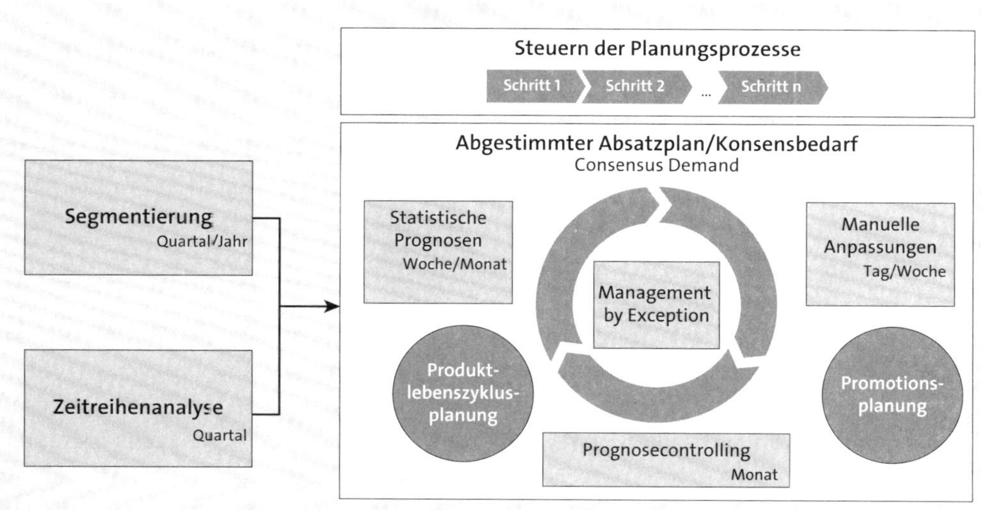

Abbildung 5.2 SAP IBP für Demand – funktionale Prozesssicht

Abbildung 5.2 stellt einen Ansatz dar, wie Sie Ihren Absatzplanungsprozess und funktionale Schritte mithilfe von IBP für Demand organisieren können. Ziele sind eine weitestmögliche Automatisierung und ein *Management by Exception*. Dafür unterstützt IBP für Demand die folgenden Funktionen bzw. Prozessschritte:

- **Segmentierung**
  Die Segmentierung bzw. die Klassifizierung in ABC/XYZ und deren Verwendung im weiteren Prozessverlauf ermöglichen es, explizite Regeln anzuwenden oder eine Automatisierung und Fokussierung zu steuern.
- **Zeitreihenanalyse**
  Die Zeitreihenanalyse als eine aktuell unterstützte Art der Analyse macht den Absatzplanungsprozess durch eine weitestgehende Automatisierung effizienter.
- **Statistische Prognosen**
  Die statistische Prognose als Prozess ermittelt auf Basis historischer Verläufe und mithilfe von statistischen Methoden sowie Machine-Learning-Algorithmen Prognosen für den mittel- bis langfristigen Prognosehorizont.
- **Produktlebenszyklusplanung**
  Die Produktlebenszyklusplanung berücksichtigt die Einführung und den Auslauf von Produkten während der statistischen Prognose.
- **Promotionsplanung**
  Die Promotionsplanung ermöglicht es, Sondereffekte, Kampagnen, Events oder Ähnliches zusätzlich zum Baseline-Forecast zu planen und auszuwerten.

- **Manuelle Anpassungen**
  Manuelle Planung bzw. manuelle Anpassungen sind wesentlich, um schwierig zu automatisierende Produkte oder Effekte in den Planungsprozess einfließen zu lassen. Wichtig sind dabei benutzerfreundliche und auf die Aufgabenstellung optimierte UIs, die auf Ausnahmen hinweisen, damit gezielt Anpassungen vorgenommen oder Analysen und Auswertungen gezogen werden können. Ein wesentlicher Aspekt ist dabei auch die Möglichkeit der Simulation und des kollaborativen Austausches.
- **Prognosecontrolling**
  Es wird ermittelt, wie gut die Prognosegenauigkeit der einzelnen Input-Faktoren war. Somit kann identifiziert werden, ob eine Automatisierung möglich ist und ob manuelle Anpassungen das Ergebnis positiv beeinflusst haben. Die Wichtigkeit des Prognosecontrollings als etabliertem Prozessschritt wird dabei oft unterschätzt, um eine kontinuierliche Optimierung zu erreichen.
- **Prozessmanagement**, das lizenztechnisch SAP IBP für Sales and Operations zugeordnet ist, aber durchaus auch eine hilfreiche Funktion ist, um komplexe und mehrstufige Absatzplanungsprozesse zu organisieren

In den folgenden Abschnitten gehen wir detaillierter auf die einzelnen Funktionen ein.

[»]

Treiberbasierte Planung

Die treiberbasierte Planung ermöglicht es Ihnen, Chancen und Risiken in die Planung mit einzubeziehen. Die treiberbasierte Planung stellt eine übergreifende Funktion dar, die den Absatzplanungsprozess um die aktive Berücksichtigung von Chancen und Risiken als Treiber in der Planung erweitert. Die treiberbasierte Planung kann funktional nicht nur im Kontext der Absatzplanung genutzt werden, sondern auch im Rahmen des S&OP-Prozesses. Daher finden Sie weiterführende Erläuterungen in Abschnitt 4.3.2, »Demand Review«, im Unterabschnitt »Treiberbasierte Planung«.

5.2.1 Klassifizierung/Segmentierung

Die Segmentierung ist eine grundlegende Funktion der SAP-IBP-Plattform und kann zur Steuerung in allen SAP-IBP-Anwendungen verwendet werden. Wir stellen diese Funktion im Kontext der Absatzplanung vor und zeigen Ihnen, wie die Ergebnisse der Klassifizierung während der Absatzplanung verwendet werden können.

Die Klassifizierung in ABC-/XYZ-Segmente in SAP IBP ist eine Methode, die der Gruppierung von Planungsobjekten auf der Grundlage ausgewählter Kennzahlen des Datenmodells dient. Dabei werden zwei Arten der Segmentierung unterschieden:

- Die *ABC-Segmentierung* untergliedert die Planungsobjekte abhängig von ihrer relativen Wichtigkeit, z. B. kategorisiert nach der Kennzahl *Umsatz*. Zu diesem Zweck werden alle Planungsobjekte sortiert und in die Klassen A, B und C nach absteigender Reihenfolge ihrer Wichtigkeit einsortiert. Auf diese Weise können Sie erkennen, welche Objekte den größten und welche den geringsten Anteil am Gesamtwert der verwendeten Segmentierungskennzahl im ausgewählten Zeithorizont haben.
- Die *XYZ-Segmentierung* kategorisiert die Planungsobjekte basierend auf ihrer Bedarfsvolatilität. Dabei werden die Schwankungen im historischen Verlauf ausgewertet und abhängig von der ausgewählten Methode über Schwellenwerte in X, Y oder Z aufgeteilt. Zum einen kann die Abweichung über den **Variationskoeffizient (VK)** oder den **Variationskoeffizient (VK) zum Quadrat** berechnet werden. Alternativ können Sie über die Berechnungsart **Perioden aggregieren** eine Kennzahl, wie z. B. den Prognosefehler MAPE, der in einem anderen Prozessschritt ermittelt wurde, nutzen und sie über Schwellenwerte den definierten Segmenten zuordnen.

Abhängig von der Einsortierung in die Kategorien ABC (Wichtigkeit oder Profitabilität) und XYZ (Volatilität oder Prognostizierbarkeit) können Sie für die einzelnen Klassen Steuerungsparameter für die Prognose oder auch die Disposition vorgeben. Der Fokus sollte dabei auf den schwierig zu prognostizierenden, aber wichtigen Produkten liegen. Abbildung 5.3 illustriert eine simplifizierte Matrix, die Empfehlungen dafür dokumentiert, auf welche Produktklassen der Fokus gerichtet werden sollte und welche Produktklassen potenziell besser automatisiert geplant werden können.

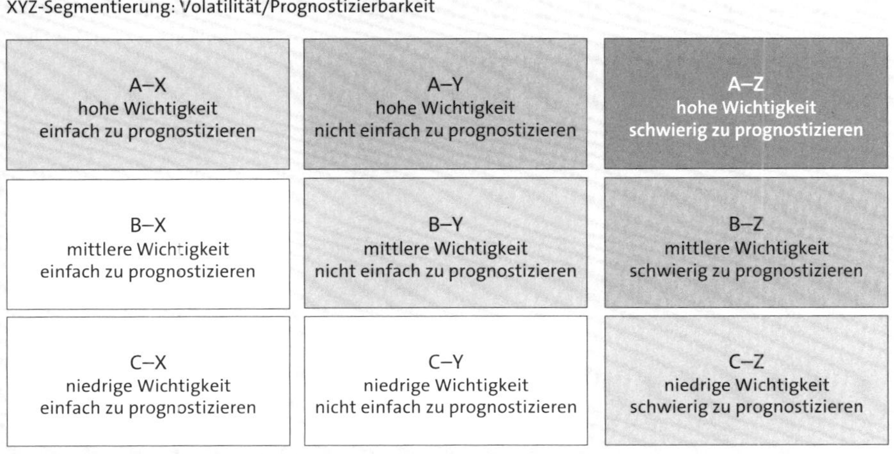

Abbildung 5.3 Segmentierung und Handlungsmatrix

Der Prozess der Segmentierung gliedert sich, wie in Abbildung 5.4 abgebildet, in die folgenden Phasen:

- *Segmentierungsprofil erstellen*: In diesem Prozessschritt legen Sie in der App **ABC-/XYZ-Segmentierungsregeln verwalten** die notwendigen Parameter für die Segmentierung in einem Profil fest.
- *Segmentierung einplanen und ausführen*: In diesem Prozessschritt sehen Sie in der App **Anwendungsjobs** die notwendigen Jobs vor, können diese einplanen und ausführen.
- *Ergebnisse prüfen und anpassen*: In diesem Prozessschritt ist es empfehlenswert, dass Sie die Ergebnisse der Segmentierung prüfen und falls erforderlich anpassen. Die Ergebnisse der Segmentierung werden in Zielattribute geschrieben, und Sie können die Stammdatenattribute über das SAP-IBP-Excel-Add-in bearbeiten.
- *Ergebnisse verwenden*: Da die Ergebnisse des Segmentierungslaufs als Werte in Stammdatenattributen gespeichert werden, können Sie diese in einer Vielzahl von weiteren Prozessen verwenden, beispielweise um für Segmente gezielt Reports zu generieren, Planungslogik, wie z. B. Prognoseverfahren, zuzuordnen oder einfach als Selektionskriterium während der Planung z. B. im Excel-Add-in.

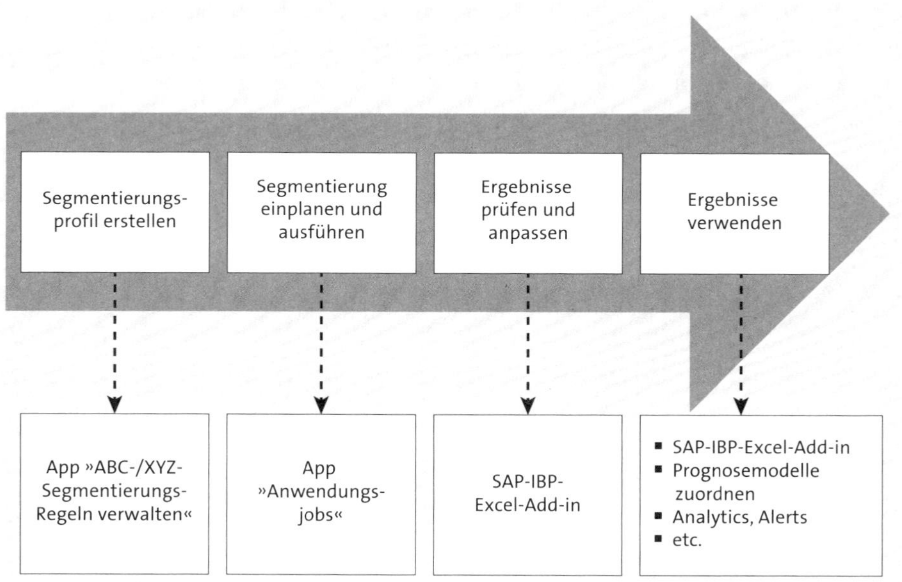

Abbildung 5.4 Prozess der Segmentierung

Details zur notwendigen Konfiguration für die Segmentierung finden Sie in Abschnitt 5.4.3, »Konfiguration der Klassifizierung/Segmentierung«.

5.2.2 Prognoseautomatisierung/Zeitreihenanalyse

Die Prognose im Rahmen der Absatzplanung so weit wie möglich zu automatisieren hat zum Ziel, die Absatzplanung effizienter zu machen. Eine kontinuierliche Verbesserung der Prognosegüte durch Systemunterstützung eröffnet die Möglichkeit, Ressourcen fokussiert einzusetzen.

Um eine weitestgehende Prognoseautomatisierung zu erreichen, sind mehrere Funktionen im Zusammenspiel erforderlich, beispielsweise Segmentierung und abgeleitete Handlungsempfehlungen, adäquate selbstoptimierende Prognoseverfahren, ein angemessenes Prognosecontrolling und die Identifizierung von Ausnahmen. Ein Großteil der benötigten Funktionen steht Ihnen bereits jetzt in SAP IBP zur Verfügung; wir erläutern sie an unterschiedlichen Stellen in diesem Kapitel. Die Möglichkeiten in diesem Bereich werden von SAP kontinuierlich erweitert.

Wesentlich ist in jedem Fall die Analyse historischer Verläufe (*Zeitreihenanalyse*) und das Erkennen von Mustern. Diese Einordnung nach Mustern (siehe Abbildung 5.5) kann dann im weiteren Prozessverlauf genutzt werden, z. B. um optimiert Prognosemethoden während der statistischen Prognose zuzuordnen und zu selektieren. Typische historische Verläufe bzw. Zeitreiheneigenschaften, die erkannt werden können, sind z. B. konstante, saisonale, Trend- oder sporadische Verläufe. Diese Ergebnisse der Zeitreihenanalyse werden in Stammdatenattributen abgelegt und können daher simpel in anschließenden Prozessen weiterverwendet werden.

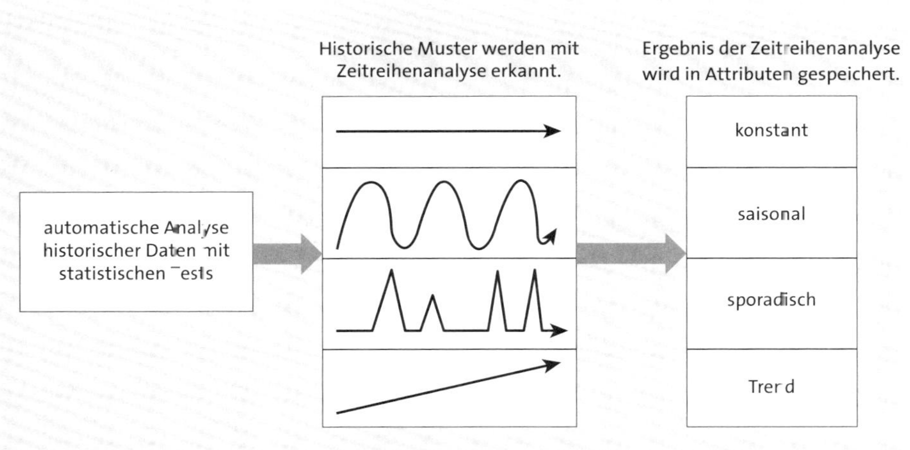

Abbildung 5.5 Konzept der Zeitreihenanalyse

Der Prozess der Zeitreihenanalyse ist vergleichbar mit dem der Segmentierung. Zuerst legen Sie ein Prognoseautomatisierungsprofil an (siehe Abschnitt 5.4.4, »Konfiguration der Prognoseautomatisierung«), die Analysen müssen eingeplant und ausgeführt werden, und Sie können die Ergebnisse überprüfen und weiterverwenden.

Ein Ergebnis wie die Zeitreiheneigenschaft (konstant, saisonal, Trend oder sporadisch) lässt sich im System z. B. in einem Attribut oder in Kennzahlen abspeichern und dann in unterschiedlichen Anwendungen wie der ABC-/XYZ-Segmentierung, in Excel zur Navigation oder bei der Prognosemodellzuordnung weiterverwenden.

5.2.3 Statistische Prognose

Eine wesentliche Phase im Absatzplanungsprozess ist die Bereitstellung von Systemvorschlägen anhand von statistischen Prognosen. Mithilfe klassischer statistischer Prognoseverfahren und innovativer Methoden wie Machine-Learning-Algorithmen werden in dieser Phase automatisiert Vorschläge für zukünftige Verläufe generiert. Die Qualität der Ergebnisse hängt dabei z. B. stark von der Reife des etablierten Prognoseprozesses ab.

Abbildung 5.6 skizziert einen idealtypischen Prozess der statistischen Prognose mithilfe von SAP IBP:

- Voraussetzung ist, dass mindestens ein Prognosemodell angelegt und falls gewünscht einzelnen Planungsobjekten direkt zugeordnet wurde. Die direkte Zuordnung von Prognosemodellen zu Planungsobjekten ist optional und abhängig von den Anforderungen. Die Prognosemodelle legen Sie in der App **Prognosemodelle verwalten** an, und die Zuordnung von Planungsobjekten können Sie über die App **Prognosemodelle zuordnen** realisieren.
- Historische Daten müssen ins SAP-IBP-System über die dafür vorgesehene Schnittstelle CPI-DS geladen worden sein und können falls erforderlich automatisiert oder manuell überarbeitet werden. Die verfügbaren Funktionen für eine automatisierte Bearbeitung der historischen Daten sind hier unter dem Punkt *Vorverarbeitungsschritte* erläutert. Die manuelle Anpassung wird durch entsprechende Konfiguration im System über eine eingabebereite Kennzahl und Etablierung im Prozess sichergestellt.
- Die statistischen Prognosen können Sie generieren, indem Sie die definierten Prognosemodelle über Jobs in der App **Anwendungsjobs** oder direkt aus dem Excel-Add-in einplanen und ausführen.
- Nachdem die statistische Prognose ausgeführt wurde, können Sie falls notwendig manuelle Anpassungen über die Excel- oder Webbenutzeroberfläche vornehmen. Die Notwendigkeit des manuellen Eingreifens ist von der Qualität der statistischen Prognose und von zu erwartenden Sondereffekten abhängig, die nur manuell berücksichtigt werden können. Die Identifikation von Ausnahmesituationen über kluge Alerts ermöglichen dadurch ein Management-by-Exception.
- Das Ergebnis kann in allen relevanten Folgeprozessen verwendet werden.

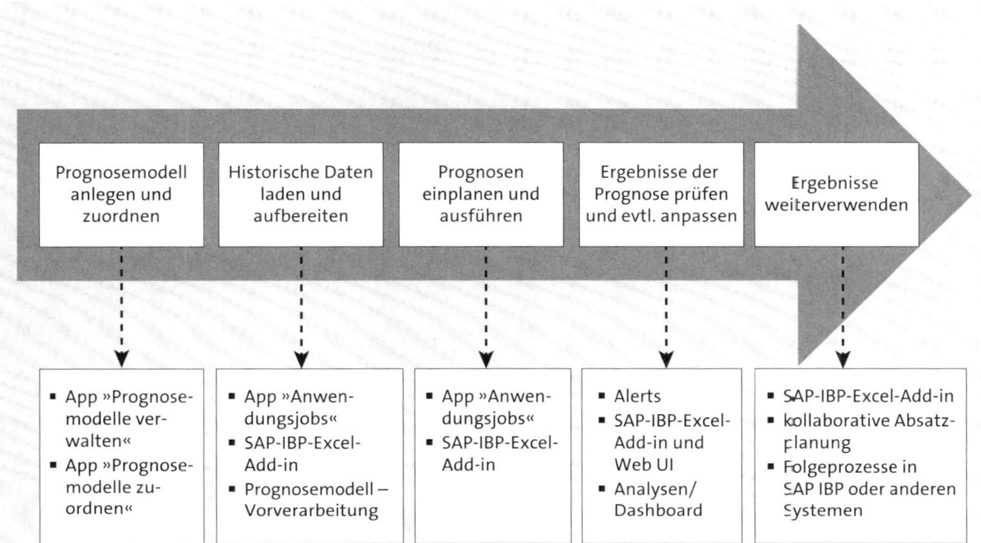

Abbildung 5.6 Prozess der statistischen Prognose

Die statistische Prognose ist Teil des automatisierten und systemgestützten Absatzplanungsprozesses und gliedert sich in drei Phasen, die bereits bei der Definition des Prognosemodells so unterschieden werden:

- Vorverarbeitungsschritte
- Prognoseschritte
- Nachverarbeitungsschritte

Die *Vorverarbeitungsschritte* (bzw. die Datenvorbereitung) sind die Grundvoraussetzung für eine gute statistische Prognose. Historische Daten müssen so weit überarbeitet werden, dass sie zur Abbildung zukünftiger Bedarfe herangezogen werden können und mögliche einmalige Sondereffekte eliminieren. Dieser Prozessschritt sieht manuelle Korrekturen vor. In SAP IBP stehen Ihnen aber auch Algorithmen zur Verfügung, um die Historienkorrektur systemgestützt zu realisieren. Derzeit stehen Ihnen folgende Algorithmen zur Verfügung:

- **Fehlende Werte ersetzen**
  Für einen ausgewählten Zeitraum werden fehlende Werte mithilfe der beiden mathematischen Basismethoden Mittelwert und Median ersetzt, oder Sie können einen festen Ersetzungswert vorgeben.
- **Ausreißerkontrolle**
  Daten, die außerhalb eines akzeptierten Wertebereichs liegen, können korrigiert werden. Dabei können Sie wählen, wie solche Ausreißer ermittelt und wie sie korrigiert werden sollen.

- **Promotionsdatenbereinigung**
  Sie können positive Ausreißer, die mit Promotionen verbunden sind, identifizieren und aus der Historie entfernen. Voraussetzung ist, dass die Verkaufs- und Promotionskennzahlen in Tag- oder Wochenwerten vorliegen.

In der Phase der statistischen Prognose verwendet das System die aufbereiteten historischen Daten und legt mithilfe von Prognoseverfahren Vorschlagswerte an. Die verfügbaren Funktionen werden unter *Prognoseschritte* in der App **Prognosemodell verwalten** definiert. Um die Prognoseergebnisse zu verbessern, können Sie die Auswahl der Algorithmen durch die Verwendung von Funktionen wie Klassifizierung und Zeitreihenanalyse beeinflussen.

Sie haben auch die Möglichkeit, unterschiedliche Prognoseverfahren anzuwenden und auf Basis von Prognosefehlern das beste Prognoseverfahren auszuwählen oder eine gewichtete Durchschnittsprognose aus mehreren Prognosen zu generieren. Bei der Option **Beste Prognose wählen** (siehe Abschnitt 5.4.5, »Konfiguration der statistischen Prognose«) wird die Entscheidungsfindung mithilfe der Absatzhistorie und einer Ex-Post-Prognose für einen Testzeitraum realisiert, und dafür wird ein ausgewähltes Fehlermaß herangezogen. Bei der Methode **Gewichtete Durchschnittsprognose berechnen** legen Sie die Gewichtungsfaktoren der einzelnen Prognosen fest, mit denen die Ergebnisse der Berechnungsalgorithmen multipliziert werden. Dabei legen Sie individuell im Prognosemodell fest, welche Prognoseverfahren verwendet werden sollen und in welcher Relation zueinander diese stehen. Für die einzelnen Bedarfsverläufe gibt es dedizierte Berechnungsalgorithmen, deren Anzahl stetig erhöht wird, wodurch sich Ihre Möglichkeiten, mithilfe von SAP IBP die passenden Prognoseverfahren auszuwählen, beträchtlich erweitern:

- Konstante Verläufe:
  - einfache exponentielle Glättung (Alpha-Koeffizient)
  - adaptive einfache exponentielle Glättung (Alpha)
  - automatische exponentielle Glättung
  - einfacher Durchschnitt
  - einfacher gleitender Durchschnitt
  - gewichteter Durchschnitt
  - gewichteter gleitender Durchschnitt
- Trendverläufe:
  - doppelte exponentielle Glättung (Alpha + Beta + Phi für die Trenddämpfung)
  - automatische exponentielle Glättung
- Saisonale Verläufe:
  - automatische exponentielle Glättung
  - dreifache exponentielle Glättung (Alpha + Beta + Phi + Saisonalität)

- Trend-saisonale Verläufe:
  - dreifache exponentielle Glättung (Alpha + Beta + Phi + Saisonalität)
  - automatische exponentielle Glättung
  - exponentielle Glättung nach Brown (Alpha + Delta)
- Sporadische Verläufe:
  - Croston-Methode
- Regressionsmodelle/Machine Learning/Sonstige:
  - multiple lineare Regression
  - Auto-ARIMA/SARIMA (Trend/Saison)
  - Auto-ARIMAX/SARIMAX (Trend/Saison)
  - Gradient Boosting von Entscheidungsbäumen (maschineller Lernalgorithmus für Regressions- und Klassifizierungsprobleme)
  - vergangene Perioden kopieren

Die dritte und letzte Phase der statistischen Prognose, die *Nachverarbeitungsschritte*, soll eine kontinuierliche Prognoseverbesserung etablieren, indem durch entsprechende Fehlermaßberechnungen ein Prognosecontrolling ermöglicht wird. Folgende Fehlermaße können Sie während des Prognoselaufs vom System errechnen lassen und mit ihrer Hilfe dann gezielt manuelle Aktivitäten zur Verbesserung der Prognose einleiten:

- MPE (*Mean Percentage Error*, mittlerer prozentualer Fehler)
- MAPE (*Medium Absolute Percentage Error*, mittlerer absoluter prozentualer Fehler)
- MSE (*Mean Squared Error*, mittlerer quadratischer Fehler)
- RMSE (*Root Mean Square Error*, Wurzel des mittleren quadratischen Fehlers)
- MAD (*Mean Absolute Deviation*, mittlere absolute Abweichung)
- ET – (*Error Total*, Fehlersumme)
- MASE (*Mean Absolute Scaled Error*, mittlerer absoluter skalierter Fehler)
- WMAPE (*Weighted Mean Absolute Percentage Error*, gewichteter mittlerer absoluter prozentualer Fehler)

Die Fehlermaße können Sie entsprechend in Kennzahlen speichern und im Prozessverlauf weiterverwenden.

Sie können die statistische Prognose mit allen drei genannten Phasen in der Hintergrundverarbeitung als Job ausführen oder interaktiv als Simulation in Excel. Details zu den notwendigen Einstellungen der hier beschriebenen Funktionen für die statistische Prognose finden Sie in Abschnitt 5.4.5, »Konfiguration der statistischen Prognose«.

5.2.4 Produktlebenszyklusplanung

Im Rahmen der Absatzplanung möchten Unternehmen möglichst genaue automatisierte Prognosen über zukünftige Absätze von Produkten generieren. Die Berücksichtigung des Produktlebenszyklus stellt dabei eine besondere Herausforderung dar. Neben der Produktneueinführung müssen Sie auch die Auslaufphase im Produktlebenszyklus modellieren. Bei einer Produktneueinführung müssen Sie Produkte planen können, die noch keine eigene Historie haben, die Sie für die Prognose zugrunde legen könnten, daher müssen hier Referenzprodukte als Grundlage verwendet werden. Beim Produktauslauf geht es darum, das Produkt auslaufen zu lassen und die Bedarfsverläufe entsprechend als einfachen Auslauf oder in Kombination mit einer Produktersetzung zu modellieren. Abbildung 5.7 zeigt einen beispielhaften Produktlebenszyklus. Für die Absatzplanung ist die Einführungsphase mit den Einzelphasen Einführung und Wachstum kritisch, da zu dem Zeitpunkt keine historischen Daten vorliegen und die Verläufe nicht aus der vorhandenen Vergangenheit abgeleitet werden können. Des Weiteren ist die Auslaufphase mit den Einzelphasen Sättigung und Degeneration besonders relevant, weil die zu erwartende Abnahme der Nachfrage modelliert werden muss. Die Kombination von Einführung und Auslauf bedarf einer entsprechend aufmerksamen Abstimmung.

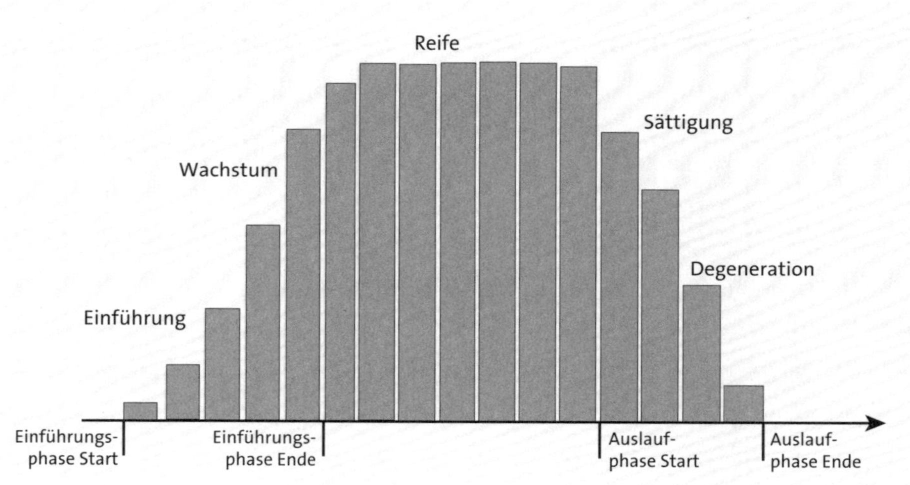

Abbildung 5.7 Beispiel für einen Produktlebenszyklus

SAP IBP für Demand liefert Ihnen die notwendigen Funktionen, um Produktlebenszyklen in Ihren Absatzplanungsprozess zu integrieren. Über die App **Produktlebenszyklus verwalten** können Sie alle notwendigen Einstellungen tätigen, um den Produktlebenszyklus für die Absatzplanung vorzusehen und um auch unterschiedliche Markteinführungstermine zu planen. Die Planung unterschiedlicher Markteinführungstermine ermöglicht Ihnen z. B. ein gestaffelte Neueinführung pro Kunde, Land oder Region. Sie können Produktzuordnungen hinterlegen, d. h., Sie ordnen einem neuen Produkt Referenzprodukte mit entsprechenden Gewichtungen zu und legen Gültigkeiten sowie Offsets für die Berücksichtigung der Historien fest. Des Weiteren legen Sie Prognosetermine wie Einführungs- und Auslaufphasen sowie Kurven pro Markteinführungsdimension fest, sodass Sie pro Markteinführungsdimension unterschiedliche Produktlebenszyklusphasen modellieren können. Das bedeutet, dass Sie die Einführung sowie den Auslauf eines Produkts beispielsweise pro Land unterschiedlich gestalten können.

Über Einführungs- und Ausführungskurven können Sie mithilfe von Prozentzeitreihen die Prognoseergebnisse multiplizieren und somit die Einphasung bzw. Ausphasung modellieren. Die Informationen zu Produktzuordnungen, Prognoseterminen sowie Einführungs- und Auslaufkurven können Sie der Vereinfachung halber auch per CSV-Datei in SAP IBP für Demand laden.

Der Prozess zur Planung des Produktlebenszyklus in SAP IBP untergliedert sich in die folgenden Schritte:

1. Planungsobjekte für ein neues Produkt anlegen: Erforderlich sind Planungsobjekte für die Zielkennzahl der Prognose und den Haupt-Input für Prognoseschritte.
2. Definieren bzw. Laden der Referenzproduktzuordnung
3. Festlegen der Prognosetermine für den Start und das Ende der Einführungsphase, den Start und das Ende der Auslaufphase sowie den Start für die Prognoseausführung
4. Aktivieren der Option **Information zum Produktlebenszyklus berücksichtigen** im Prognoseprofil über die App **Prognosemodell verwalten**.

Weitere Details zu notwendigen Einstellungen erläutern wir in Abschnitt 5.4.7, »Konfiguration der Produktlebenszyklusplanung«.

5.2.5 Promotionsplanung

Neben der rollierenden Absatzplanung, die mithilfe unterschiedlicher Algorithmen den kontinuierlichen Absatz ermittelt, gibt es in vielen Branchen die Anforderung, Einmaleffekte oder wiederkehrende Einmaleffekte, wie z. B. Promotionen, Marketingkampagnen oder -events etc., separat zu planen. Die sich daraus ergebenden zusätzlichen Bedarfe beeinflussen die Absatzplanung und unterliegen in der Regel einer besonderen Aufmerksamkeit.

Mithilfe von SAP IBP können Sie unterschiedliche alternative Promotionen separat von der Baseline-Prognose planen. Die einfachste Form wäre es, eine separate Kennzahl für solche Effekte ins Datenmodell aufzunehmen und entsprechend manuell zu planen. So kann eine separate Promotionsplanung ermöglicht werden. Dieses Vorgehen liefert aber keine weitere Unterstützung oder genauere Auswertungen.

In SAP IBP gibt es aber zusätzlich spezielle Funktionen, die die Promotionsplanung im Unternehmen stärker in den Absatzplanungsprozess integrieren. Der Fokus liegt dabei eigentlich auf der Integration von Promotionen aus einem Trade-Promotion-System, wie z. B. Trade Promotion Management in SAP Customer Relationship Management (SAP CRM). Ziel ist es, die vertriebsfokussierte Planung, die oft nur Absatz- bzw. Finanzaspekte berücksichtigt, mit den Anforderungen aus logistischer Sicht zu verknüpfen. Durch die automatisierte Integration wird zum einen die Effizienz von Trade Promotions erhöht und zum anderen auch aus logistischer Sicht die Prognosegüte verbessert.

Mithilfe der App **Promotions analysieren** können Sie die Promotionsdaten untersuchen und entscheiden, ob Sie sie in Ihrer Prognose berücksichtigen wollen. Des Weiteren bietet diese App Ihnen auch die Möglichkeit, Promotionen direkt in SAP IBP anzulegen. Promotionen, die Sie über diese App anlegt haben, können Sie im Anschluss auswerten und so den Erfolg einer Promotion berechnen.

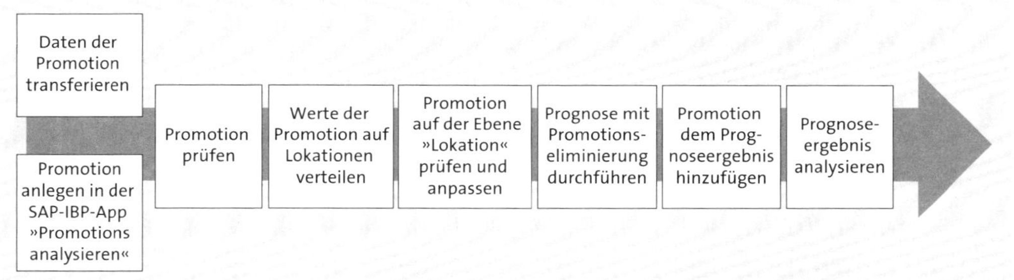

Abbildung 5.8 Prozess zur Integration einer Promotion

Die Prozessschritte zur Integration der Promotion in den Absatzplanungsprozess sind in Abbildung 5.8 dargestellt:

1. Bereiten Sie die Daten der Promotion vor und transferieren Sie sie, oder legen Sie eine neue Promotion an:
   - Die Lokationsverteilungsfaktoren können Sie über die App **Datenintegration** aus einer CSV-Datei oder über die Schnittstelle CPI-DS in die Kennzahl `PROMOLOCATIONSPLIT` laden oder aus historischen Werten berechnen lassen.
   - Die Stammdaten für Promotionen können Sie über die App **Datenintegration** aus einer CSV-Datei oder über die Schnittstelle CPI-DS laden. Die Stammdaten müssen vor den Kennzahlen geladen werden.

   - Die Promotionskennzahlen PROMOUPLIFT oder PROMOTOTAL können Sie über die App **Datenintegration** aus einer CSV-Datei oder über die Schnittstelle CPI-DS laden.
2. Sie können die Promotion über das SAP-IBP-Excel-Add-in in einer Planungssicht für die Promotionskennzahlen oder über die App **Promotions analysieren** prüfen. Eventuell müssen Sie Verteilungsfaktoren auf Lokationen anpassen
3. Nun müssen Sie die Promotionswerte auf Lokationen verteilen:
   - Hierfür legen Sie die Berechnungsregel für die initiale Lokationsverteilung fest und speichern diese in der Kennzahl PROMOSPLITHELPER.
   - Die initiale Lokationsverteilung speichern Sie dann in der Kennzahl PROMOSPLITALL.
4. Prüfen Sie die Promotionswerte auf Lokationen in der App **Promotions analysieren**. Sie können Verteilungen anpassen. Alle Promotionen werden in der Kennzahl PROMOSPLITALL gespeichert, und die Kennzahl PROMOSPLIT liest die in der Prognose berücksichtigten Promotionen.
5. Die Prognose sollten Sie mit der Eliminierung der Absatzsteigerung durch Promotionen durchführen.
6. Die Promotionen müssen Sie dem Prognoseergebnis und den Kennzahlberechnungen hinzufügen.
7. Prognoseergebnisse können Sie im SAP-IBP-Excel-Add-in oder in der App **Promotions analysieren** auswerten.

Weitere Details zu den notwendigen Einstellungen finden Sie in Abschnitt 5.4.8, »Konfiguration der Promotionsplanung«.

5.2.6 Prognosecontrolling

Ein essenzieller, aber oft vernachlässigter Aspekt ist das Aufsetzen eines adäquaten Prognosecontrollings. Um eine kontinuierliche Verbesserung und auch eine stärkere Automatisierung sowie eine Management-by-Exception mit Fokus auf die Ausnahmesituationen zu ermöglichen, ist ein strukturiertes Prognosecontrolling unerlässlich. Auch dafür bietet Ihnen das SAP-IBP-System die notwendigen Funktionalitäten. Zum Beispiel können Sie während der Prognose die Fehlermaße berechnen. Diese Fehlermaße basieren auf einer Ex-post-Prognose der Vergangenheitsdaten. Sie dienen zum einen als Grundlage für die Auswahl der bestmöglichen Algorithmen und können zum anderen als Indikator für die Definition von Ausnahmesituationen genutzt werden. Die zur Auswahl stehenden Fehlermaße finden Sie in Abschnitt 5.2.3, »Statistische Prognose«, Details zur notwendigen Konfiguration in Abschnitt 5.4.5, »Konfiguration der statistischen Prognose«.

Zusätzlich gibt es in SAP IBP die Möglichkeit, Prognosefehlerberechnungen mit der App **Prognosefehlerberechnungen verwalten – Absatzplanung** durchzuführen. Auf diesem Weg wird validiert, ob die unterschiedlichen Eingabequellen, z. B. die statistische Prognose oder manuelle Anpassungen von Vertrieb, Marketing etc., einen Mehrwert geliefert haben. Im Wesentlichen werden die folgenden Aspekte beleuchtet:

- **Forecast-Genauigkeit berechnen**
  Verschiedene Prognosekennzahlen werden mit Kennzahlen der Verkaufshistorie abgeglichen, um die Forecast-Genauigkeit auf unterschiedlichen Ebenen zu berechnen.
- **Bias-Analyse**
  Diese Analyse ermittelt, ob Prognosen tendenziell zu niedrig oder zu hoch sind, und gibt so einen Einblick in die Genauigkeit der Prognosen.
- **Mehrwertanalyse pro Absatzplanungsschritt**
  Analyse von Prognose-KPIs, z. B. für Marketing-, Vertriebs-, Demand- und statistische Prognose, um die Genauigkeit der einzelnen Prognosen zu analysieren und inwiefern diese einen Mehrwert geliefert haben. Somit können Sie Aufwände und Nutzen einzelner Absatzplanungsschritte einander gegenüberstellen.

Die Ergebnisse der Berechnungen werden vom System in zeitunabhängige oder zeitabhängige Kennzahlen gespeichert. Diese Analysen und KPIs können Sie dann, wenn gewünscht, über die SAP-IBP-Funktion **Analysen** und Excel visuell aufbereiten (siehe dazu den folgenden Abschnitt 5.2.7). Auch können Sie Alerts verwenden, um auf Ausnahmesituationen hinzuweisen. Wie Sie dies individuell realisieren, müssen Sie im Projekt herausarbeiten.

5.2.7 Intuitive UIs – Excel und Analysen

Wie bereits in Kapitel 2, »Benutzeroberflächen«, ausführlich beschrieben, stehen Ihnen in SAP IBP unterschiedliche Benutzeroberflächen zu Verfügung. An dieser Stelle möchten wir nur die unterschiedlichen Möglichkeiten der Benutzeroberflächen in SAP IBP für Demand aufführen, die Sie Absatzplanern zur Verfügung stellen können:

- individuelle Excel-Views für die Planung
- vereinfachte Views für die webbasierte Planung
- **Dashboards** und **Analysen** fürs Reporting
- Alerts und Case Management (Lizenz für SAP Supply Chain Control Tower erforderlich)
- spezielle Apps, z. B. für Promotions, Lebenszyklusplanung etc.

Für jeden Prozess und Prozessschritt können Sie nach Bedarf spezielle Sichten anlegen, so auch im Kontext der Absatzplanung, wo Sie die erforderlichen Informationen für die Prozessschritte benutzerfreundlich visualisieren können. Abbildung 5.9 zeigt eine Beispieldatensicht, die Ihnen als Template in den Best Practices für die Absatzplanung zur Verfügung gestellt wird. In dieser Sicht sind Kennzahlen und Planungsebenen vorgesehen, die explizit für die lokale Absatzplanung sinnvoll sind. Der Planer kann natürlich jederzeit zusätzliche Informationen ein- bzw. ausblenden. So können für verschiedene Absatzplanungsprozessschritte, wie Historienkorrektur, statistische Prognose, Vertriebsplanung oder finaler globaler Absatzplan, optimierte Datensichten bereitgestellt werden.

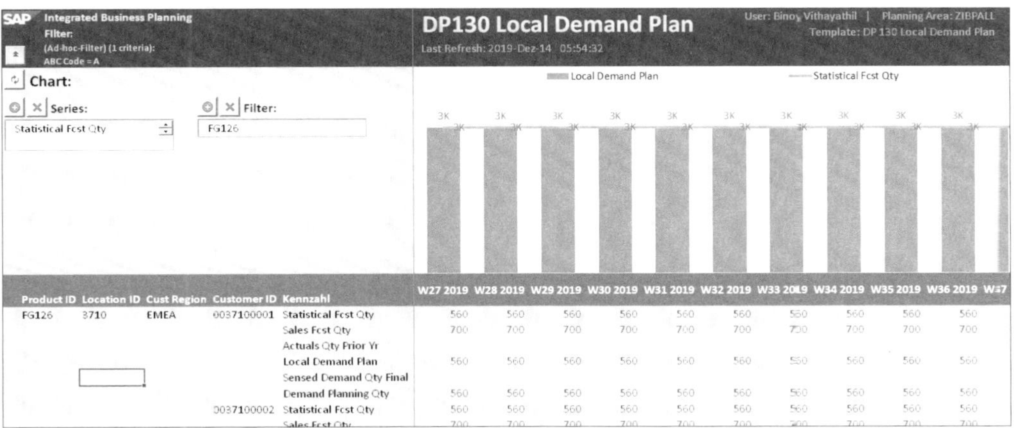

Abbildung 5.9 Excel-Datensicht-Template für die lokale Absatzplanung

Neben den Datensichten in Excel spielen auch die Funktionen zum Reporting eine wesentliche Rolle dabei, in Echtzeit Ad-hoc-Auswertungen in SAP IBP zu ermöglichen. Alerts helfen, den Prozess auf die wichtigen Aspekte zu fokussieren und eine ausnahmenbasierte Planung (Management-by-Exception) zu ermöglichen. Hierfür stehen Ihnen Alert-Funktionen, **Analysen** und **Dashboards** zur Verfügung, die in Kapitel 9, »SAP Supply Chain Control Tower«, genauer erläutert werden.

5.2.8 Szenarioplanung und Kollaboration

Ein wesentliches Unterscheidungskriterium von SAP IBP gegenüber anderen Planungslösungen sind die Funktionen für die Szenarioplanung sowie für die Kollaboration. Absatzplanungsprozesse können ganz verschiedene Ausprägungen haben, und an der Entwicklung eines abgestimmten Absatzplans sind unterschiedliche Rollen beteiligt. SAP IBP können Sie den Anforderungen Ihres Planungsprozesses entsprechend aufsetzen, wodurch es Ihnen ermöglicht, Ihren Planungsprozess mit unterschiedlichen Attributen, Kennzahlen und Datensichten individuell zu gestalten und direkt in der Planungsapplikation mit allen Beteiligten zusammenzuarbeiten. Abbildung 5.10 zeigt, wie ein kollaborativer Absatzplanungsprozess beispielhaft aussehen könnte.

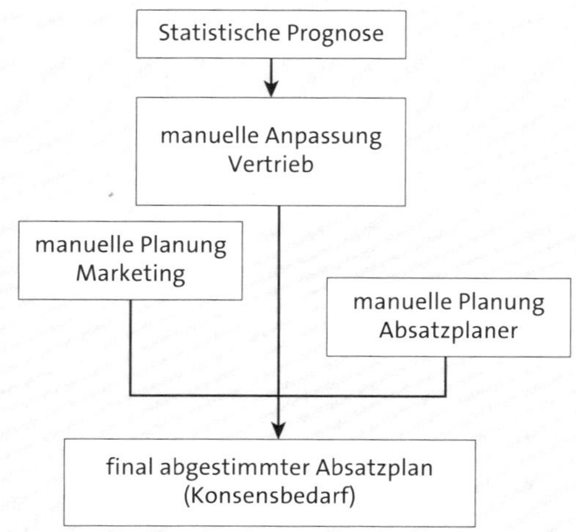

Abbildung 5.10 Beispiel für einen kollaborativen Absatzplanungsprozess

Die Vorteile von Versionen und Szenarios für eine hypothetische Planung haben wir bereits in Abschnitt 4.2.3, »Szenarioplanung«, beschrieben. Auch in SAP IBP für Demand können Sie die Entscheidungsfindungsprozesse mit Versionen und Szenarios unterstützen.

Versionen ermöglichen die Planung auf Basis von unterschiedlichen Stamm- und Bewegungsdaten. Sie müssen entsprechend im Customizing angelegt werden und stehen dann in den Excel-Datensichten sowie in **Analysen** und **Dashboards** zur Verfügung (siehe Abschnitt 3.7, »Versionen«).

Szenarios kann jeder Planer aus dem Excel-Add-in generieren, um unterschiedliche Absatzsituationen zu planen und miteinander zu vergleichen. Diese Szenarios lassen sich dann in Excel und auch im Reporting in der App **Analysen** verwenden, sodass der Vergleich und die Auswertung unterschiedlicher Pläne in Echtzeit möglich sind. Details hierzu finden Sie in Abschnitt 4.2.3, »Szenarioplanung«.

[»]

Wesentliches Unterscheidungskriterium

Ein wichtiger Aspekt in der Absatzplanung ist die Visualisierung und Darstellung der Informationen. Versionen und Szenarios werden auch in den SAP-IBP-Apps **Analysen** und **Dashboards** unterstützt, sodass der Vergleich und die Auswertung unterschiedlicher Pläne in Realtime möglich sind. Dies stellt einen wesentlichen Vorteil dafür dar, Entscheidungsprozesse mithilfe notwendiger Daten zu beschleunigen.

Auch das Prozessmanagement, das wir in Abschnitt 4.2.5 beschreiben, kann im Rahmen von Absatzplanungsprozessen verwendet werden. Dies ermöglicht die Steuerung und Koordination der einzelnen Planungsschritte in der Absatzplanung. Das Prozessmanagement gehört zur Lösung SAP IBP für Sales and Operations und erfordert daher zusätzlich deren Lizenz.

Zu guter Letzt kann die Kollaboration im Absatzplanungsprozess auch mithilfe von SAP Jam erfolgen, das im Zusammenspiel mit dem Prozessmanagement seine volle Stärke entfaltet und die Kooperation innerhalb von, aber auch über Unternehmensgrenzen hinweg ermöglicht (siehe dazu Kapitel 10, »SAP Jam«).

Im Kontext der unternehmensübergreifenden Kollaboration möchten wir an dieser Stelle auch auf die webbasierte Planung hinweisen, die es aktuell ermöglicht, vereinfachte Planungen nicht nur in Excel, sondern auch direkt im Webbrowser zu realisieren. Dadurch können Sie entsprechend unterschiedlichste interne, aber auch externe Personen (z. B. Kunden) mit passenden Datensichten in einem abgestimmten Absatzplanungsprozess direkt in SAP IBP integrieren.

5.3 Demand Sensing mit SAP IBP für Demand

In den vorherigen Abschnitten haben wir uns auf den klassischen Absatzplanungsprozess fokussiert, der seine Stärken im mittel- bis langfristigen Horizont hat und in Wochen- oder Monatsrastern sowie auf aggregierter Ebene ausgeführt wird. Demand Sensing hingegen erweitert den klassischen Absatzplanungsprozess im kurzfristigen Bereich, indem mithilfe von Machine-Learning-Algorithmen aktuelle Signale genutzt werden, um den abgestimmten Absatzplan (Konsensbedarf) zu verbessern.

Abbildung 5.11 zeigt grafisch, wie die Ergebnisse der klassischen Absatzplanung im kurzfristigen Horizont von Ergebnissen aus dem Demand Sensing optimiert werden. Dies erfordert das Etablieren eines zusätzlichen, z. B. täglichen, Planungsprozesses, der größtenteils systemgestützt realisiert wird, aber auch manuelle Anpassungen möglich macht.

Der Einsatz von Demand Sensing empfiehlt sich für Unternehmen, die mit volatilen Märkten konfrontiert und in der Lage sind, im kurzfristigen Horizont noch auf der Beschaffungsseite zu reagieren. In Abschnitt 5.3.1 stellen wir die Funktionsweise und Ziele des Demand-Sensing-Prozesses dar. Anschließend erläutern wir in Abschnitt 5.3.2, »Prozess und Verwendung«, in vereinfachter Form den Einsatz von Demand Sensing. Die notwendigen Einstellungen beschreiben wir in Abschnitt 5.4.2, »Besonderheiten des Planungsbereichs für Demand Sensing«, und in Abschnitt 5.4.6, »Prognosemodelle für Demand Sensing«.

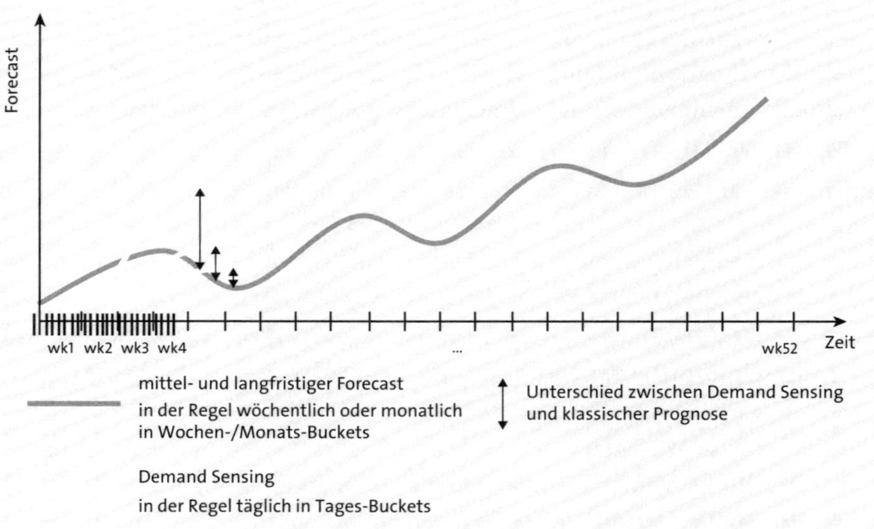

Abbildung 5.11 Mittel-/langfristiger Forecast mit Demand Sensing

5.3.1 Funktionsweise und Ziele

Demand Sensing ersetzt den klassischen Absatzplanungsprozess nicht, sondern erweitert diesen um einen kurzfristigen Fokus. Charakteristisch für Demand Sensing sind dabei die folgenden Aspekte:

- Forecast für kurzfristigen Horizont in der Granularität Tag: in der Regel 4 bis 8 Wochen. Kann individuell festgelegt werden.
- Größtenteils automatisierter Prozess durch Nutzung von Machine Learning, wie z. B. Mustererkennung. Manuelle Anpassungen sind möglich.
- Verwenden von unterschiedlichen Informationen als Input, in Abbildung 5.12 werden Kundenaufträge skizziert sowie offene Aufträge, Lieferungen, Promotionen, oder es können externe Faktoren wie PoS-Daten, Wetter etc. verwendet werden.

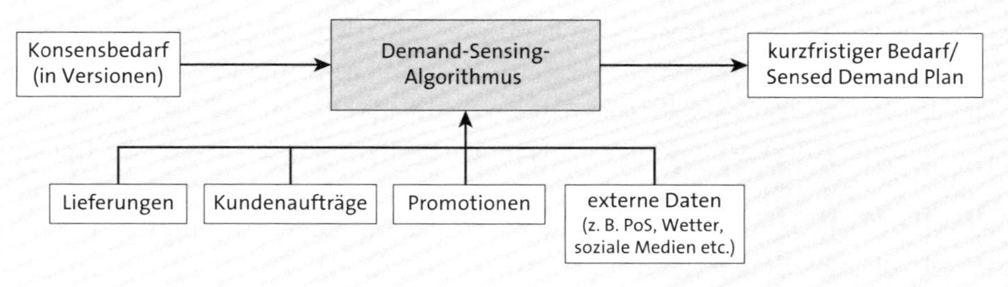

Abbildung 5.12 Demand-Sensing-Algorithmus

Da Demand Sensing die Ergebnisse der klassischen Prognoseprozesse im kurzfristigen Horizont verbessert und den Absatzplanungsprozess erweitert, indem zusätzliche Input-Faktoren und erweiterte Funktionen, die auf Machine Learning basieren, eingesetzt werden, möchten wir diese beiden Vorgehensweisen in Tabelle 5.1 kurz einander gegenüberstellen.

	Statistische Prognose	Demand Sensing
Grundprinzip	statistische Methoden	Mustererkennung
Planungshorizont	mittel- bis langfristiger Horizont (in der Regel 1 bis 2 Jahre)	kurzfristiger Horizont (in der Regel zwischen 4 und 8 Wochen) – individuell zu definieren
Planungsfrequenz oder -zyklus	wöchentlich oder monatlich	täglich oder wöchentlich
Planungsmethode	Prognosejobs und manuelle Anpassungen	automatisiert (nur in Ausnahmen manuelle Anpassungen)
Datengrundlage	mehrere Jahre Historie, um Trend und Saison abzubilden	kurzfristige Signale des letzten Jahres

Tabelle 5.1 Statistische Prognose vs. Demand Sensing

Das Ziel ist, den in der Regel auf Wochenebene abgestimmten Absatzplan/Konsensbedarf zu präzisieren. Abbildung 5.13 illustriert, wie durch Demand Sensing aus einem Wochenbedarf ein tagesgenauer kurzfristiger Bedarf wird, der nicht einfach gleichverteilt auf Tage heruntergebrochen wird, sondern die kurzfristige Verteilung der Bedarfe berücksichtigt.

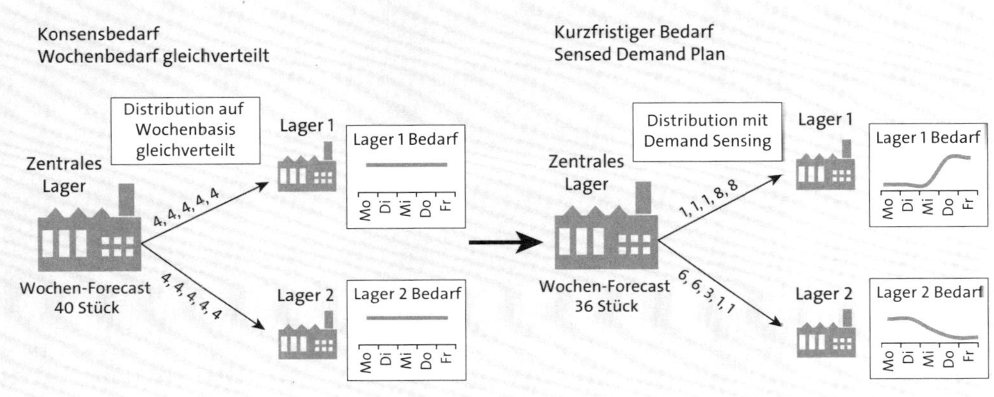

Abbildung 5.13 Effekte von Demand Sensing bei der Ermittlung kurzfristiger Bedarfe

Das Ergebnis einer besseren kurzfristigen Prognose hat Effekte auf verschiedene Bereiche im Unternehmen, beispielsweise:

- verbesserte Kurzfristprognose als Grundlage für Deployment- und Replenishment-Entscheidungen zur Minimierung von Transport- und Umlagerungskosten
- verbesserte Kurzfristprognose als Grundlage für Produktions- und Fremdbeschaffungsentscheidungen
- Bestandsoptimierung durch bessere Forecast-Genauigkeit, was zu reduzierten Sicherheitsbeständen, geringeren Stockouts oder Notfalllieferungen führt
- reduzierter manueller Anpassungsaufwand im kurzfristigen Horizont durch automatisierte Optimierung und Freigeben von Kapazitäten für andere Aktivtäten
- höherer Servicelevel

Damit kann Demand Sensing allen Unternehmen helfen, die eine verbesserte kurzfristige Prognose erzielen möchten und idealerweise auch noch auf der Beschaffungsseite, in der Produktion und bei Transporten reagieren können.

5.3.2 Prozess und Verwendung

Um die Vorteile von Demand Sensing zu genießen, müssen Sie Ihren aktuellen klassischen Absatzplanungsprozess erweitern. In der Regel handelt es sich um einen stark systemgestützten Prozess. Vereinfacht lässt sich der funktionale Demand-Sensing-Prozess wie in Abbildung 5.14 zusammenfassen.

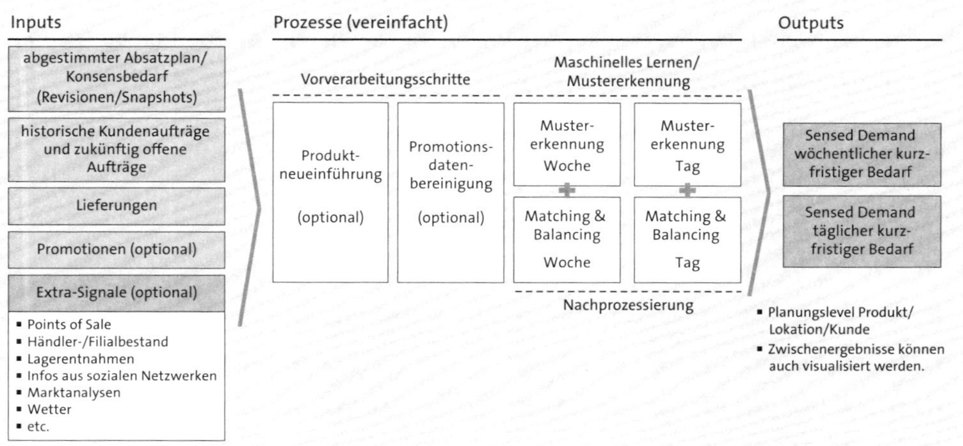

Abbildung 5.14 Demand Sensing

Die Grundvoraussetzung ist, dass bestimmte Input-Informationen im System bereitgestellt werden. Mithilfe dieser zusätzlichen Informationen als Input können Sie die Demand-Sensing-Funktionen verwenden, um die kurzfristige Prognose basierend auf den zusätzlichen Informationen zu detaillieren. Folgende Input-Informationen werden genutzt:

- Der abgestimmte Absatzplan (Konsensbedarf/Consensus Demand) mit mehreren Revisionen bzw. Snapshots wird genutzt, um den Verlauf der Absatzplanung zu berücksichtigen.
- Historische Kundenaufträge und offene zukünftige Aufträge werden berücksichtigt, um die unabhängigen Prognosen um die Information zu realen Kundenbedarfen zu erweitern.
- Lieferungen spielen eine Rolle, um die realen Transporte bei der Prognose bereits zu berücksichtigen.
- Promotionen sind wesentliche Bedarfe, die separat betrachtet werden sollten.

Zusätzlich können optional noch bis zu acht weitere Signale wie Points of Sale (PoS), Wetter etc. berücksichtigt werden.

Die notwendigen Algorithmen, die Sie in den Prognoseprofilen detailliert einstellen (siehe Abschnitt 5.4.6, »Prognosemodelle für Demand Sensing«), werden ausgeführt, und der Prozess lässt sich vereinfacht in folgende Schritte untergliedern:

- **Vorverarbeitungsschritte**
  - Die Produktneueinführung (optional) können Sie verwenden, wenn Sie Referenzprodukte für die Produktlebenszyklusplanung berücksichtigen müssen. Die Funktionen der Produktlebenszyklusplanung sind zwar generell kompatibel, aber im Kontext von Demand Sensing etwas eingeschränkt. Zum Beispiel ist das Planungslevel auf den Ebenen Produkt, Lokation oder Kunde zu definieren, und Demand-Sensing-Funktionen sind in der Ausführungsphase und Auslaufphase eingeschränkt.
  - Die Promotionsdatenbereinigung (optional) bereinigt die Absatzsteigerungen in der Absatzhistorie.
- **Prognoseschritte (im Demand Sensing)**
  - maschinelles Lernen/Mustererkennung für die definierten Input-Größen auf Wochenebene
  - maschinelles Lernen/Mustererkennung für die definierten Input-Größen auf Tagesebene
  - »Nachprozessierung Matching & Balancing Woche« meint z. B. den Abgleich und Ausgleich von Promotionen bzw. offenen Aufträgen pro Woche.
  - »Nachprozessierung Matching & Balancing Tag« meint den Abgleich und Ausgleich auf Tagesebene.

Als Output erhalten Sie dann einen kurzfristigen Bedarf (Sensed Demand) auf dem Level Produkt, Lokation oder Kunde pro Woche und pro Tag. Auch die Zwischenergebnisse der Analysen, die als Faktoren zur Korrektur des Forecasts ermittelt wurden, können Sie anzeigen lassen. Die relevanten Kennzahlen können Sie in der Konfiguration über die betriebswirtschaftliche Bedeutung festlegen. Beispiele für die betriebswirtschaftliche Bedeutung von Kennzahlen im Kontext von Demand Sensing sind *Short-Term-Forecast Bias* oder die betriebswirtschaftlichen Bedeutungen, die mit »Intermediate Result -*« anfangen.

In Abbildung 5.14 wurde der technische Ablauf mit den notwendigen Input-Größen, den möglichen Funktionen im System und den zu erwartenden Outputs bzw. Ergebnissen dargestellt und erläutert. Das Demand Sensing ist zwar ein stark automatisierter und systemgestützter Prozess, dennoch verändert sich dadurch auch der organisatorische Prozessablauf ein wenig. Der regelmäßige Demand-Sensing-Prozessablauf aus organisatorischer Prozesssicht gliedert sich in die folgenden Schritte:

1. **Alle Input-Daten laden**
   Alle von Ihnen definierten Input-Daten müssen in SAP IBP bereitgestellt werden.
2. **Prognoseprofile für Demand Sensing ausführen**
   Die notwendigen Jobs in SAP IBP müssen von Ihnen eingeplant werden, sodass die notwendigen Berechnungen durchlaufen werden können.
3. **Alert bearbeiten und eventuell manuelle Anpassungen vornehmen (optional)**
   Es kann sein, dass auch eine Prozessphase für manuelle Anpassungen für den kurzfristigen Bedarf in Ihrem Unternehmen implementiert werden soll. Dann wird der primär automatisierte Prozess um mögliche manuelle Eingriffe erweitert. Dabei ist es bei der kurzfristigen Planung besonders sinnvoll, auf potenzielle Ausnahmesituationen über Alerts hinzuweisen.
4. **Verwenden des Ergebnisses in den weiterführenden Prozessen**
   Die kurzfristige Bedarfsprognose kann nun in den nachfolgenden Prozessschritten der Beschaffungsplanung weiterverwendet werden.

Weitere Erläuterung zur notwendigen Konfiguration für Demand Sensing finden Sie in Abschnitt 5.4.2, »Besonderheiten des Planungsbereichs für Demand Sensing«, und Abschnitt 5.4.6, »Prognosemodelle für Demand Sensing«.

In der Regel ist der Demand-Sensing-Prozess ein im System automatisierter Prozess. In Ausnahmefällen kann es sinnvoll sein, manuelle Anpassungen vorzunehmen. Hierfür stehen Ihnen z. B. die Datensichten in Excel zur Verfügung, die wir detailliert in Abschnitt 2.2, »Microsoft Excel«, beschreiben.

Um Ihre Ergebnisse auszuwerten und zu visualisieren, können Sie die Funktionen **Analysen** und **Dashboards** verwenden. Um Ergebnisse schnell zu überblicken bzw. sogar direkt auf Ausnahmesituationen aufmerksam gemacht zu werden, sind auch die Alert-Funktionen sehr hilfreich. Diese Funktionen erläutern wir in Kapitel 9, »SAP Supply Chain Control Tower«.

5.4 Konfiguration von SAP IBP für Demand

Nachdem wir SAP IBP für Demand in den bisherigen Abschnitten dieses Kapitels vor allem prozessseitig beleuchtet haben, möchten wir nun auf einige grundlegende Aspekte der Konfiguration aus Sicht der Absatzplanung in SAP IBP eingehen. Als Erstes beleuchten wir die Konfiguration des Planungsbereichs und nachfolgend die notwendigen Einstellungen der absatzplanungsspezifischen Funktionen und entsprechenden Applikationen.

Grundsätzlich ist in SAP IBP eine sehr individuelle Konfiguration für Ihren Absatzplanungsprozess möglich. Es bietet eine sehr große Flexibilität in der Ausprägung der Planungsebenen und Informationen in Form von Kennzahlen. SAP liefert Ihnen zudem spezifischen Business Content und Best Practices, die Sie als Ausgangspunkt verwenden können.

5.4.1 Beispielplanungsbereich für Demand

Auch für die Absatzplanung liefert SAP spezifischen Business Content. Im Zusammenspiel mit anderen Prozessen wie Supply oder Inventory können Sie den Best-Practice-Planungsbereich SAPBP1 (Unified Planning Area) verwenden (siehe Abschnitt 1.3, »Integrierte Beispiele (Best Practice)«). Für die reine Absatzplanung ist der Beispielplanungsbereich SAP6 eine gute Vorlage, denn er berücksichtigt alle notwendigen Restriktionen und unterstützt alle Kernprozesse der Absatzplanung wie statistische Prognosen, kurzfristige Absatzplanung, Trade-Promotion-Integration und PoS-Integration. Es ist zu empfehlen, diese Planungsbereiche als Vorlage für Ihr Implementierungsprojekt zu verwenden und je nach Anforderung entsprechend zu erweitern. Im Folgenden beleuchten wir die einzelnen Parameter des Planungsbereichs etwas genauer.

Stammdaten – Stammdatentypen und Attribute

Verschiedene Planungsebenen sind wesentlich für eine erfolgreiche Absatzplanung und müssen unternehmensindividuell ausgeprägt werden. Die Implementierung einer Absatzplanungslösung unterliegt somit meist der hohen Anforderung, flexibel unterschiedliche Planungsebenen bereitstellen zu können. SAP IBP bietet diese Flexibilität dank der Verwendung von Stammdatentypen und Attributen. Hinzu kommt, dass in SAP IBP für Demand mit der Funktionalität **betriebswirtschaftliche Bedeutung** gearbeitet wird, um die Bedeutung und Verwendung von Attributen festzulegen (siehe Tabelle 5.2). Dabei können Sie während der Konfiguration individuelle Stammdatenattribute verwenden und durch die Zuordnung der betriebswirtschaftlichen Bedeutung die Nutzung in SAP IBP definieren.

[»]

Betriebswirtschaftliche Bedeutung

Die Funktionalität **betriebswirtschaftliche Bedeutung** wird in der Konfiguration für Stammdatenattribute hinterlegt. Die Nutzung ist aktuell nicht flächendeckend in allen SAP-IBP-Anwendungen realisiert, sodass teilweise die Verwendung von vorgegebenen Stammdatenattributen oder Ähnlichem zwingend erforderlich ist. Aktuell verwendet im Wesentlichen die Anwendung SAP IBP für Demand das Feature **betriebswirtschaftliche Bedeutung**.

Folgende Stammdatentypen und ihre Einstellungen sind im Beispielplanungsbereich SAP6 vorkonfiguriert:

- **Produkt**
  Wird über einen einfachen Stammdatentyp `IBPPRODUCT` mit dem Schlüsselattribut `PRDID` abgebildet. Rein produktabhängige Informationen werden über Attribute abgebildet, wie z. B. Beschreibung, Produktgruppe, Marke und Kategorie, denen auch jeweils eine betriebswirtschaftliche Bedeutung zugeordnet ist. In diesem Beispielplanungsbereich ist ebenfalls vorgesehen, das ABC- sowie das XYZ-Kennzeichen auf Produktebene festzulegen.
- **Lokation**
  Wird über einen einfachen Stammdatentyp `IBPLOCATION` mit dem Schlüsselattribut `LOCID` abgebildet. Lokationsabhängige Informationen werden über Attribute abgebildet, wie z. B. Beschreibung, Lokationstyp oder Geoattribute, dank derer die Lokationen in Geodiagrammen verwendet werden können.
- **Kunde**
  Wird über einen einfachen Stammdatentyp `IBPCUSTOMER` mit dem Schlüsselattribut `CUSTID` abgebildet. Kundenabhängige Informationen werden über Attribute abgebildet, z. B. Beschreibung, Kundengruppe, Kundenregion oder Land.
- **Lokationsprodukt**
  Wird über einen zusammengesetzten Stammdatentyp `IBPLOCATIONPRODUCT` mit den Schlüsselattributen `PRDID` und `LOCID` abgebildet. Spezifische Informationen für die Kombination *Produkt/Lokation* werden über Attribute abgebildet, z. B. *Planer*. Weitere Attribute sind im Planungsbereich SAP6 nicht konfiguriert, können aber modelliert werden.
- **Kundenquelle**
  Wird über einen zusammengesetzten Stammdatentyp `IBPSOURCECUSTOMER` mit den Schlüsselattributen `PRDID`, `LOCID` und `CUSTID` abgebildet. Spezifische Informationen für die Kombination *Produkt/Lokation/Customer* werden über Attribute abgebildet.

- **Promotion**
  Wird über einen einfachen Stammdatentyp IBPPROMOTION mit den Schlüsselattributen PROMOTIONID und PROMOTIONSOURCE abgebildet. Dieser Stammdatentyp enthält alle Informationen zu den Promotionen, die über die dafür vorgesehenen Apps oder Schnittstellen angelegt wurden (siehe Abschnitt 5.4.8, »Konfiguration der Promotionsplanung«). Beispielsweise legt das Attribut IBPPROMOSTATUS fest, ob eine Promotion in der Planung berücksichtigt wird, NUMBEROFPERIODS legt die Dauer der Promotion fest, POSTDIPPERIODS und PREDIPPERIODS beeinflussen die angrenzenden Perioden, STARTDATE definiert das Startdatum der Promotion, PROMOTIONCANNIB deutet auf Kannibalisierung hin (das bedeutet, dass die Abverkäufe von Produkten durch die Effekte einer Promotion beeinflusst oder reduziert werden), und PROMOPERIODLEVEL legt die Periodenebene der Promotion fest, die aktuell *Woche* sein muss.
- **Lieferung**
  Wird über einen einfachen Stammdatentyp IBPDELIVERY mit den Schlüsselattributen DELIVERY und DELIVERYITEM abgebildet. Weitere erforderliche Felder sind PRDID, LOCID und CUSTID. Dieser Stammdatentyp enthält alle Informationen für die Auftragsmodellierung von Lieferungen wie das Attribut *Actuals Goods Movement Date* und die Liefermenge konfiguriert als *Attribute als Kennzahl*.
- **Kundenauftrag**
  Wird über einen einfachen Stammdatentyp IBPSALESORDER mit den Schlüsselattributen SALESDOC, SALESITEM und SCHLINE abgebildet. Weitere erforderliche Felder sind PRDID, LOCID und CUSTID. Dieser Stammdatentyp enthält alle Informationen für die Auftragsmodellierung von Kundenaufträgen wie den Sold-to (Kunde/Auftraggeber) oder das Materialverfügbarkeitsdatum. Die Wunschliefermenge und die bestätigte Auftragsmenge werden in der Konfiguration in Form von *Attribute als Kennzahl* modelliert.
- **Lag**
  Wird über einen einfachen Stammdatentyp IBPLAG mit dem Schlüsselattribut LAG abgebildet. Dieser Stammdatentyp ist der Zähler in Wochen, der den Zeitunterschied in Wochen zwischen dem Prognosezeitpunkt und dem zu prognostizierenden Bucket in Wochen festhält.

[«]

Lag

Das Lag wird in SAP IBP für Demand verwendet, um den notwendigen Zeitversatz zu berücksichtigen, der zwischen dem Zeitpunkt der Prognose und dem zu prognostizierten Zeitpunkt liegt. In der Regel ist es notwendig, für mehrere Planungsperioden im Voraus eine gute Prognose zu liefern. Ein Beispiel:

Lag 0 = Prognose Zeitpunkt Jan 2019 für Jan 2019

Lag 1 = Prognose Zeitpunkt Jan 2019 für Feb 2019

Lag 3 = Prognose Zeitpunkt Jan 2019 für Mrz 2019

etc.

Daher wird das Lag verwendet, um diesen Versatz im System zu modellieren und z. B. bei der Berechnung von Prognosefehlern oder beim Demand Sensing verschiedene Planungen zu berücksichtigen.

- **Währung**
  Wird über einen einfachen Stammdatentyp `IBPCURRENCY` mit dem Schlüsselattribut `CURRID` abgebildet. Dieser Stammdatentyp wird zur Abbildung der Währung verwendet.
- **Währung (Ziel)**
  Wird über einen einfachen, referenzierten Stammdatentyp `IBPCURRENCYTO` mit dem Schlüsselattribut `CURRTOID` abgebildet. Dieser Stammdatentyp bildet die Zielwährung nach einer Währungsumrechnung ab.
- **Währungsumrechnungsfaktor (Wechselkurs)**
  Wird über einen einfachen Stammdatentyp `IBPEXCHANGERATE` mit den Schlüsselattributen `CURRID` und `CURRTOID` abgebildet. Dieser Stammdatentyp enthält den Wechselkurs der Währungsumrechnung und ist in der Konfiguration als *Attribute als Kennzahl* abgebildet.
- **Mengeneinheit (Ziel)**
  Wird über einen einfachen Stammdatentyp `IBPUOMTO` mit den Schlüsselattributen `PRDID` und `UOMTOID` abgebildet. Dieser Stammdatentyp wird zur Abbildung von Mengenumrechnungen als Zielmengeneinheit verwendet.
- **Mengenumrechnung**
  Wird über einen zusammengesetzten Stammdatentyp `IBPUOMCONVERSIONFACTOR` mit dem Schlüsselattribut `UOMTOID` abgebildet. Dieser Stammdatentyp wird zur Abbildung von Mengenumrechnungen verwendet und enthält den Faktor in der Konfiguration abgebildet als *Attribute als Kennzahl*. Die Umrechnung ist mit der produktspezifischen Mengeneinheit im Stammdatentyp `IBPPRODUCT` verknüpft.

Die betriebswirtschaftlichen Bedeutungen in Tabelle 5.2 wurden für Stammdatenattribute im Planungsbereich SAP6 verwendet. Durch die betriebswirtschaftliche Bedeutung wird die Interpretation der Attribute in SAP IBP für Demand festgelegt. Dies ermöglicht grundsätzlich eine freiere Definition von Attributen.

Stammdatentyp	Attributname	Betriebswirtschaftliche Bedeutung
IBPCURRENCY	CURRDESCR	Currency Description
	CURRID	Currency Identifier
IBPCUSTOMER	CUSTGROUP	Customer Group ID
	CUSTID	Customer Identifier
	CUSTDESCR	Customer Description
IBPLOCATION	LOCID	Location Identifier
	LOCDESCR	Location Description
IBPPRODUCT	FBRAND	Brand Identifier
	CATEGORY	Category Identifier
	PRDDESCR	Product Description
	PRDGROUP	Product Group Identifier
	PRDID	Product Identifier
	UOMDESCR	Product Base UOM Description
	UOMID	Product Base UOM
IBPPROMOTION	PROMOTIONDESCR	Promotion Description
	PROMOTIONID	Promotion Identifier
	PROMOTIONSOURCE	Promotion Source Identifier
IBPUOMTO	UOMTODESCR	Target Unit of Measure Description
	UOMTOID	Target Unit of Measure Identifier

Tabelle 5.2 Betriebswirtschaftliche Bedeutung für Stammdatenattribute

Zeitreihenprofil

Das verwendete Zeitreihenprofil sieht die Periodenarten *Tag*, *Woche*, *technische Woche*, *Monat*, *Quartal* und *Jahr* vor und ermöglicht so die Planung und das Reporting auf diesen Ebenen. Dank der *technischen Woche* werden auch die Aggregation und Disaggregation von Daten nach Kalenderwochen ermöglicht, die in 2 Monaten liegen. Die Granularität *Tag* ist im Kontext der kurzfristigen Absatzplanung sinnvoll, wird aber im Rahmen der klassischen Absatzplanung in vielen Fällen nicht notwendig sein.

Planungsebenen

Im Planungsbereich SAP6 sind mit Release 1908 insgesamt 34 Planungsebenen (*Planning Levels*) vorgesehen. Aus Platzgründen können wir an dieser Stelle nicht auf alle Planungsebenen eingehen, sondern beschränken uns auf die Betrachtung einer Auswahl der für die Absatzplanung relevanten marktorientierten Planungsebenen.

Die marktorientierte Sicht beinhaltet als Kern die Dimensionen *Produkt*, *Lokation* und *Kunde*. Die meisten Planungsebenen enthalten diese drei Dimensionen und werden um zusätzliche Dimensionen erweitert, etwa *Zeit* (PER, DAILY, WEEKLY, MONTHLY), *Währung* (CURR, CURRTO), *Mengeneinheit* (UOMTO) oder *Lag* (LAG). Tabelle 5.3 gibt einige Beispiele für Planungsebenen des Planungsbereichs SAP6.

Planungsebene	Beschreibung
LOCPRODCUST	Location/Product/Customer
LOCPRODCUSTDAILY	Location/Product/Customer/Daily
LOCPRODCUSTWEEKLY	Location/Product/Customer/Weekly
LOCPRODCUSTLAGWEEKLY	Location/Product/Customer/Lag/Weekly
PROMOPRODCUSTCALWEEK	Promotionlevel: Promotion/Product/Customer/Calweek
PROMOLOCPRODCUSTWEEKLY	Promotion Disaggregation: Promotion/Location/Product/Customer/Weekly
LOCPRODCUSTCURRWEEKLY	Location/Product/Customer/Currency/Weekly
CURRCURRTOPRODUOMTOWEEKLY	Currency/Currency to/Product/UoM to/Weekly
DELIVERYDAILY	Delivery: Delivery Order/Delivery Item/Product/Location/Customer
SALESORDERDAILY	Sales Order: SO/SO Item/Schedline/Product/Location/Customer/Daily
SALESORDERUOMTODAILY	Sales Order UoM to: SO/SO Item/Schedline/Product/Location/Customer/Target UoM/Daily

Tabelle 5.3 Beispiele für Planungsebenen des Planungsbereichs SAP6

Kennzahlen

Um die notwendigen Informationen im Zeitverlauf abzubilden, müssen genügend Kennzahlen vorgesehen werden. In der Regel werden die von SAP ausgelieferten Beispielplanungsbereiche (Templates) im Projekt je nach Anforderungen erweitert und um kundenindividuelle Kennzahlen ergänzt. Im Beispielplanungsbereich SAP6 für die Absatzplanung werden folgende Kennzahlen ausgeliefert, um dedizierte Absatzplanungsprozesse zu unterstützen:

- Kennzahlen, die für die statistische Prognose und manuelle Planung verwendet werden
- Kennzahlen, die für Demand Sensing verwendet werden
- Kennzahlen für auftragsbezogene Daten
- Kennzahlen, die für Trade Promotions notwendig sind
- Kennzahlen für PoS
- weitere Kennzahlen

Um den klassischen Absatzplanungsprozess zu unterstützen, sind die in Tabelle 5.4 aufgeführten Kennzahlen vorgesehen. Neben Kennzahlen, die im Rahmen der statistischen Prognose benötigt bzw. automatisch vom System gefüllt werden, sind auch Kennzahlen für die manuelle kollaborative Planung sowie die Bewertung mit Preis und Umsatz enthalten.

Kennzahl	Kennzahlname	Bemerkung
Mengenbezogene Kennzahlen		
STATISTICALFCSTQTY	Statistical Forecast Quantity	Ergebnis der statistischen Prognose
STATISTICALEXPOSTFCSTQTY	Expost Forecast Quantity	Speichert die Ex-post-Prognose.
FCSTMAPE und FCSTMASE	Model Fit Error: MAPE und MASE	Speichert Fehlermaße.
STATISTICALFCSTQTY	Statistical Forecast Quantity	Ergebnis der statistischen Prognose
SALESFCSTQTY	Sales Forecast Quantity	Vertriebsplanung
MARKETINGFCSTQTY	Marketing Forecast Quantity	Marketingplanung
DEMANDPLANNINGQTY	Demand Planning Quantity	Absatzplanung

Tabelle 5.4 Beispiele für Kennzahlen der klassischen Absatzplanung

Kennzahl	Kennzahlname	Bemerkung
CONSENSUSDEMAND	Consensus Demand Without Promotions	abgestimmter Absatzplan ohne Promotionen
PROMOSPLIT	Promotion Uplift	relevante Promotionsmenge
FINALCONSENSUS-DEMAND	Consensus Demand	abgestimmter Absatzplan inklusive Promotionen
Preis- oder wertbezogene Kennzahlen		
Preise, z. B.: ■ ACTUALSPRICE ■ SALESFCSTPRICE ■ STATISTICALFCST-PRICE	Kennzahlen, die Preise enthalten und zur Berechnung von Werten herangezogen werden können	
Werte, z. B.: ■ ACTUALSREV ■ SALESFCSTREV ■ MARKETINGREV	Kennzahlen, die wertbezogene Informationen enthalten	

Tabelle 5.4 Beispiele für Kennzahlen der klassischen Absatzplanung (Forts.)

Kennzahlen, die Informationen aus Aufträgen wie Kundenaufträgen oder Lieferungen enthalten, werden im Zusammenspiel mit den entsprechenden Stammdatentypen (IBPSALESORDER und IBPDELIVERY) und Planungsebenen abgespeichert. In Tabelle 5.5 sehen Sie die auftragsbezogenen Kennzahlen, die im Wesentlichen im Kontext von Demand Sensing relevant sind.

Kennzahlen	Kennzahlenname	Beschreibung
REQQTY	Requested Quantity	Wunschmenge aus Aufträgen
CONFQTY	Confirmed Quantity	bestätigte Menge im Kundenauftrag
DELIVQTY	Delivered Quantity	gelieferte Menge in der Vergangenheit
ADJDELIVQTY	Delivery Quantity Adjusted	manuelle Anpassung der Historie, sonst = DELIVQTY und Grundlage für statistischen Forecast

Tabelle 5.5 Beispiele für auftragsbezogene Kennzahlen (Demand Sensing)

Für die Promotionsplanung werden auch mehrere Kennzahlen benötigt, um den Uplift und die Verteilung auf Lokationen zu planen. Die bereitgestellten Kennzahlenberechnungen definieren das Systemverhalten. Abhängig von einem Promotionsstatus werden die Promotionsmengen berücksichtigt oder nicht. Die folgenden Kennzahlen werden im Kontext der Promotionsplanung bereitgestellt:

- PROMOSPLIT – Promotion Uplift
- PROMOSPLITALL – Promotion Uplift (Internal Key Figure)
- PROMOLOCATIONSPLI – Promotion Location Split
- PROMOUPLIFT – Promotion Uplift (Source)
- weitere (interne) Kennzahlen zur Kalkulation

Inwiefern diese Kennzahlen und die vorgesehenen Kennzahlenberechnungen im Zusammenspiel verwendet werden können, muss projektspezifisch geklärt werden.

5.4.2 Besonderheiten des Planungsbereichs für Demand Sensing

Im Wesentlichen beinhalten die Planungsbereiche SAP6 (Demand) und SAPIBP1 (Unified Planning Area) die notwendigen Einstellungen für die klassische Absatzplanung sowie für das kurzfristige Demand Sensing. Die grundlegenden Einstellungen haben wir bereits in Abschnitt 5.4.1, »Beispielplanungsbereich für Demand«, dargelegt. An dieser Stelle gehen wir explizit auf die Besonderheiten aus Demand-Sensing-Sicht ein.

Grundsätzlich können Sie einen eigenen Planungsbereich für Demand Sensing anlegen. Es ist aber sinnvoll, den Planungsbereich mit anderen Anwendungen zu teilen, sodass Sie die Vorteile eines Datenmodells ausschöpfen können. Damit Sie die Vorteile einer prozessübergreifenden Planung und Ad-hoc-Simulation realisieren können, sollten Sie die Prozesse wenn möglich in einem Datenmodell umsetzen. Dies ist eine wichtiges Unterscheidungskriterium zu den alten Planungsapplikationen von SAP. Welche Prozesse Sie in einem Datenmodell realisieren, sollten Sie entsprechend den Anforderungen und Möglichkeiten im Projekt festlegen. Die grundlegenden Einstellungen der Absatzplanung sind stark verzahnt mit den Einstellungen für Demand Sensing. Um eine Absatzplanung mit Demand Sensing durchführen zu können, müssen Sie in Ihrem System folgende Rahmenparameter berücksichtigen:

- **Stammdatentypen**
  Für das Demand Sensing sind die Stammdatentypen *Produkt*, *Lokation* und *Kunde* obligatorisch, und dabei müssen Sie die Schlüsselattribute PRDID für *Produkt*, CUSTID für *Kunde* und LOCID für *Lokation* verwenden. Wenn Sie Lag-basierte Snapshots verwenden möchten, müssen Sie außerdem einen Stammdatentyp mit dem Wurzelattribut LAG vorsehen. Die Stammdatenattribute IBPUOMTO und IBPUOMCONVERSIONFACTOR brauchen Sie für die Mengenkonvertierung. Des Weiteren sind die Stammdatenattribute IBPDELIVERY und IBPSALESORDER zur Abbildung der Aufträge mit entsprechenden Kennzahlen für Demand Sensing notwendig (siehe Tabelle 5.5).

- **Planungsebenen**
  Sie brauchen mindestens zwei Planungsebenen, und zwar zum einen die Ebene *Produkt/Lokation/Kunde/Woche*, auf der auch die Kennzahl *Konsensbedarf* bzw. *Abgestimmter Absatzplan* zur Verfügung steht, und zum anderen die Ebene *Produkt/Lokation/Kunde/Tag*, auf der das Ergebnis aus dem Demand Sensing bereitgestellt wird.
- **Kennzahlen**
  Für Demand Sensing werden viele spezifische Kennzahlen benötigt. Alle notwendigen Kennzahlen sind in den Beispielplanungsbereichen enthalten und können ohne Weiteres verwendet werden. Sie haben aber auch die Möglichkeit, eigene Kennzahlen zu definieren. Allerdings müssen Sie dabei beachten, dass Sie entweder mit den betriebswirtschaftlichen Bedeutungen arbeiten, dann können Sie die Kennzahlen frei definieren. Oder Sie verwenden einfach die Namen und die IDs genauso, wie in den Beispielplanungsbereichen vorgesehen, z. B. im SAP6 mit den definierten betriebswirtschaftlichen Bedeutungen. Die Kennzahlen lassen sich in unterschiedliche Bereiche gliedern:
  - Kennzahlen für das Prognosesignal, die sich auf den Konsensbedarf bzw. den abgestimmten Absatzplan als Input beziehen
  - Kennzahlen für Bias-Berechnungen
  - Kennzahlen für Signale für offene Aufträge
  - Kennzahlen für das Absatzsignal, die die Lieferungen abbilden
  - Kennzahlen für Extra-Signale, für die Sie bis zu acht Extra-Nachfragesignale modellieren können, wie z. B. PoS-Daten, Wetter, Marktanalysen oder Daten aus sozialen Netzwerken
  - Kennzahlen für kurzfristigen Bedarf, die die Ausgabe des Demand-Sensing-Algorithmus speichern (`SENSEDDEMANDQTY`, betriebswirtschaftliche Bedeutung *Sensed Demand Quantity*), manuelle Anpassungen erlauben (`ADJSENSEDDEMANDQTY`, betriebswirtschaftliche Bedeutung *Adjusted Sensed Demand Quantity*) und den finalen kurzfristigen Absatzplan unter Berücksichtigung manueller Anpassungen speichern (`FINALSENSEDDEMANDQTY`, betriebswirtschaftliche Bedeutung *Final Sensed Demand*)

  Weiterführende Informationen zu den Kennzahlen und Namenskonventionen finden Sie unter *https://help.sap.com/IBP*. Die Details zu der vorgesehenen Konfiguration können Sie auch direkt aus den Kennzahlen im System in den ausgelieferten Beispielplanungsbereichen über die App **Beispielmodellentitäten – Modellkonfiguration** entnehmen.
- **Periodenarten und Zeitprofile**
  Demand Sensing unterstützt aktuell nur die Periodenarten *Tag* und *Woche*. Der Konsensbedarf muss daher auf *Woche* bereitgestellt werden und ist somit eine An-

forderung an das Ergebnis des klassischen Absatzplanungsprozesses. Das Ergebnis aus dem Demand Sensing wird dann auf *Tag* ermittelt.

Im Zeitprofil sind darüber hinaus optionale Attribute für Demand Sensing vorgesehen, mit denen Sie Effekte pro Quartal während des Demand-Sensing-Algorithmus berücksichtigen können. Das Attribut WEEKOFQUARTER definiert, zu welcher Woche des Quartals die Kalenderwoche gehört. Das Attribut MONTHOFQUARTER definiert, zu welchem Monat des Quartals die Kalenderwoche gehört.

- **Version**
  Demand Sensing können Sie nur in der Baseline-Version ausführen.

Dies sind die wesentlichen Besonderheiten für die Konfiguration aus Sicht von Demand Sensing. Nachdem wir die generelle Konfiguration des Planungsbereichs für die Absatzplanung und die Besonderheiten aus Sicht von Demand Sensing erläutert haben, kommen wir nun zu der Konfiguration weiterer Funktionen, die im Kontext der Absatzplanung relevant sind.

5.4.3 Konfiguration der Klassifizierung/Segmentierung

Die ABC-/XYZ-Segmentierung ist eine generelle SAP-IBP-Plattform-Funktion, daher können Sie sie in allen SAP-IBP-Anwendungen verwenden. Die Klassifizierungsergebnisse können Sie in dafür vorgesehene Zielattribute für Segmentierungsergebnisse speichern und differenzierte Handlungsempfehlungen umsetzen, die entsprechend auf Klassifizierungsebene festgelegt wurden. Um die ABC-/XYZ-Segmentierung konfigurieren, einplanen und ausführen zu können, müssen Sie den Planungsbereich entsprechend vorbereiten:

- **Attribute**
  Stellen Sie sicher, dass alle notwendigen Attribute für Ihren spezifischen Segmentierungsprozess angelegt sind. Zum einen handelt es sich dabei um die Attribute, in die Ergebnisse geschrieben werden sollen, wie der ABC-Code oder der XYZ-Code. Zum anderen müssen aber auch die notwendigen abhängigen Attribute vorliegen, wie z. B. die Produkt-ID oder die Lokations-ID, wenn Sie die Segmentierung auf der Ebene *Produkt/Lokation* ausführen wollen. Bei der Auswahl und der Definition sind Sie flexibel.
- **Zielstammdatentyp**
  Die Zielattribute sollten einem Stammdatentyp zugeordnet sein, in dem Sie die Segmentierungsergebnisse speichern. Dabei sollten die Schlüsselattribute des Stammdatentyps der Berechnungsebene entsprechen. Das Attribut für die Speicherung von Segmentierungsergebnissen darf hingegen kein Schüsselattribut des Stammdatentyps sein, es muss dem Datentyp NVARCHAR entsprechen und einem einfachen oder zusammengesetzten Stammdatentyp zugeordnet sein. Sie können auch Attribute, z. B. ABCLOCKED oder XYZLOCKED, zum Sperren von Segmentierungs-

codewerten verwenden, damit Segmentierungswerte nicht durch nachfolgende Segmentierungsläufe überschrieben werden. Auch die Nutzung von Segmentierungscodebeschreibungen kann hilfreich sein, und Sie können diese in separaten Attributen ablegen.

- **Kennzahlen**
  Sie müssen die Segmentierungskennzahlen in dem Datenmodell anlegen, auf dessen Basis Sie die Segmentierung durchführen möchten. Dabei sollten Sie die Schlüsselattribute des Zielstammdatentyps als Schlüsselattribute auf der Basisplanungsebene der Kennzahlen hinzufügen. Zeitunabhängige Kennzahlen können nicht als Segmentierungskennzahlen verwendet werden.
- **Planungsebene**
  Sie sollten die Zielattribute der Segmentierungsebene in alle Planungsebenen aufnehmen, die alle Schlüsselfelder der Berechnungsebene enthalten. Somit können Sie sicherstellen, dass Sie über die ABC- und XYZ-Codes selektieren und filtern können.

Nachdem Sie diese Voraussetzungen im Planungsbereich geschaffen haben, legen Sie die weiteren notwendigen Einstellungen in einem Segmentierungsprofil in der App **ABC-/XYZ-Segmentierungsregeln verwalten** fest (siehe Abbildung 5.15). Für die ABC-Segmentierung sind dies folgende Parameter:

- **Zielattribut für Segmentierungsergebnisse**, z. B. ABC Code (ABCID)
- **Schlüsselattribute der Zielstammdatentyps**, z. B. Product ID oder Product ID und Location ID
- **Segmentierungskennzahl**, z. B. der aktuelle Umsatz als Basis der ABC-Klassifizierung
- **Basisplanungsebene** – wird automatisch von der ausgewählten Segmentierungskennzahl abgeleitet.
- **Berechnungsebene** – definiert die Ebene, auf der die Berechnung durchgeführt wird, und wird standardmäßig mit den Schlüsselattributen des Zielstammdatentyps gefüllt. Sie können die Berechnungsebene anpassen, aber die verfügbaren Attribute werden durch Regeln vorgegeben.
- **Periodizität** – legt die Zeiteinheit fest, die für die Analyse verwendet wird. Der Standardwert ermittelt sich aus dem Schlüsselzeitattribut der Basisplanungsebene der Segmentierungskennzahl. Sie können aus dem Dropdown-Menü auch eine höhere Zeitdimension des Planungsbereichs auswählen.
- **Zeitrahmen** – hiermit legen Sie fest, welcher Horizont der Berechnung zugrunde gelegt wird: **Vergangenheit**, **Zukunft** oder **Vergangenheit und Zukunft**. Sie haben auch die Möglichkeit, bei den beiden ersten Optionen mit einem Offset zu arbeiten. Mit einem Offset für die Vergangenheit oder die Zukunft können Sie den Anfang und das Ende der Berechnung um entsprechend viele Perioden verschieben.

Die Felder **Berechnungshorizont** und **Offset für Berechnungshorizont** bzw. **Perioden in der Vergangenheit** und **Perioden in der Zukunft** leiten sich entsprechend ab, Sie können sie aber manuell anpassen.

Abbildung 5.15 Profil »ABC-Segmentierung«

- **Segmentierungsmethode** – wird festgelegt, um die Vorgehensweise bei der ABC-Klassifizierung zu definieren. Dabei lassen sich folgende Methoden unterscheiden:
  - **(1) Nach Pareto-Prinzip (sortiert und kumuliert %)**: Die Umsätze für den Planungshorizont werden pro Planungsobjekt kumuliert und absteigend nach dem Anteil am Gesamtumsatz sortiert. Danach werden die prozentualen Anteile ebenfalls kumuliert. Dieser Wert wird dann verwendet, um die Schwellenwerte (z. B. A = 70 %, B = 20 %, C = 10 %) für die Segmentierung anzuwenden: Beispielsweise umfasst Segment A dann alle Positionen mit den höchsten Zahlen, die den kumulierten Anteil von 70 % ausmachen, Segment B sind alle Positionen mit den zweithöchsten Zahlen, die die nächsten 20 % ausmachen, und Seg-

ment C enthält die Positionen, die weniger als 10 % des Umsatzes ausmachen. Die Grundannahme beim Pareto-Prinzip ist die sogenannte *80-zu-20-Regel*, die besagt, dass ca. 80 % des Ergebnisses auf 20 % der Ursache zurückzuführen sind.

  - **(2) Nach Pareto-Prinzip (sortierte und kumulierte Werte)**: Diese Methode verhält sich ähnlich wie die oben beschriebene, nur dass für die Kumulierung und das Anwenden der Schwellenwerte absolute Zahlen verwendet werden.
  - **(3) Nach Anzahl Positionen (sortiert %)**: Legt die Anzahl der Planungsobjekte zugrunde. Die Zeitreihendaten werden pro Planungsobjekt im Zeithorizont kumuliert und absteigend sortiert. Die Schwellenwerte beziehen sich dann auf die Anzahl der Planungsobjekte. Bei 100 Planungsobjekten, z. B. Produkten, führt ein Schwellenwert von 30 % für A dazu, dass im Segment A die 30 Produkte mit dem größten Anteil am Gesamtumsatz zusammengefasst werden.
  - **(4) Nach Anzahl Positionen (sortierte Werte)**: Bezieht sich auch auf die Anzahl der Positionen, und die Schwellenwerte werden absolut als Anzahl der Positionen pro Segment angegeben.
  - **(5) Nach Segmentierungskennzahl (Einzelwerte)**: Verwendet die kumulierten Werte, die pro Planungsobjekt ermittelt werden. Die Schwellenwerte werden als absolute Zahlen definiert, die pro Segment den notwendigen Mindestumsatz pro Planungsobjekt definieren. Bei einem Schwellenwert von 100000 für A werden alle Produkte, die im definierten Zeithorizont einen höheren Umsatz erzielt haben, dem Segment A zugeordnet.
- Die Option **Gruppierung verwenden** mit dem darunterliegenden Feld **Gruppierungsattribute** ermöglicht Ihnen, die Segmentierungsergebnisse nach einem Attribut Ihrer Wahl zu gruppieren. Wenn Sie z. B. *Land* als Gruppierungsattribut festgelegt haben, wird die Klassifizierung pro Land durchgeführt.
- Bei **Currency To ID** und **Unit of Measure To ID** legen Sie die Währung oder die Mengeneinheit abhängig von der ausgewählten Kennzahl fest.
- Unter **ABC-Segmente** legen Sie in den Spalten **Name** und **Schwellenwerte** fest, welche Segmente Sie generieren möchten und welche Schwellenwerte verwendet werden sollen. Die Definition von Schwellenwerten ist abhängig von der gewählten Methode.
- Die Optionen **Sperre verwenden** und **Sperrattribut** nutzen Sie, wenn Sie steuern möchten, dass Segmentierungswerte durch einen erneuten Segmentierungslauf nicht überschrieben werden.

Falls Sie die **XYZ-Segmentierung** verwenden möchten, wählen Sie die entsprechende Registerkarte aus, und legen Sie die hierfür notwendigen Parameter fest (siehe Abbildung 5.16). Die Parameter im oberen Teil des Fensters entsprechen denen, die wir soeben für die **ABC-Segmentierung** erläutert haben. Die Felder werden nun lediglich im Kontext der XYZ-Klassifizierung gefüllt.

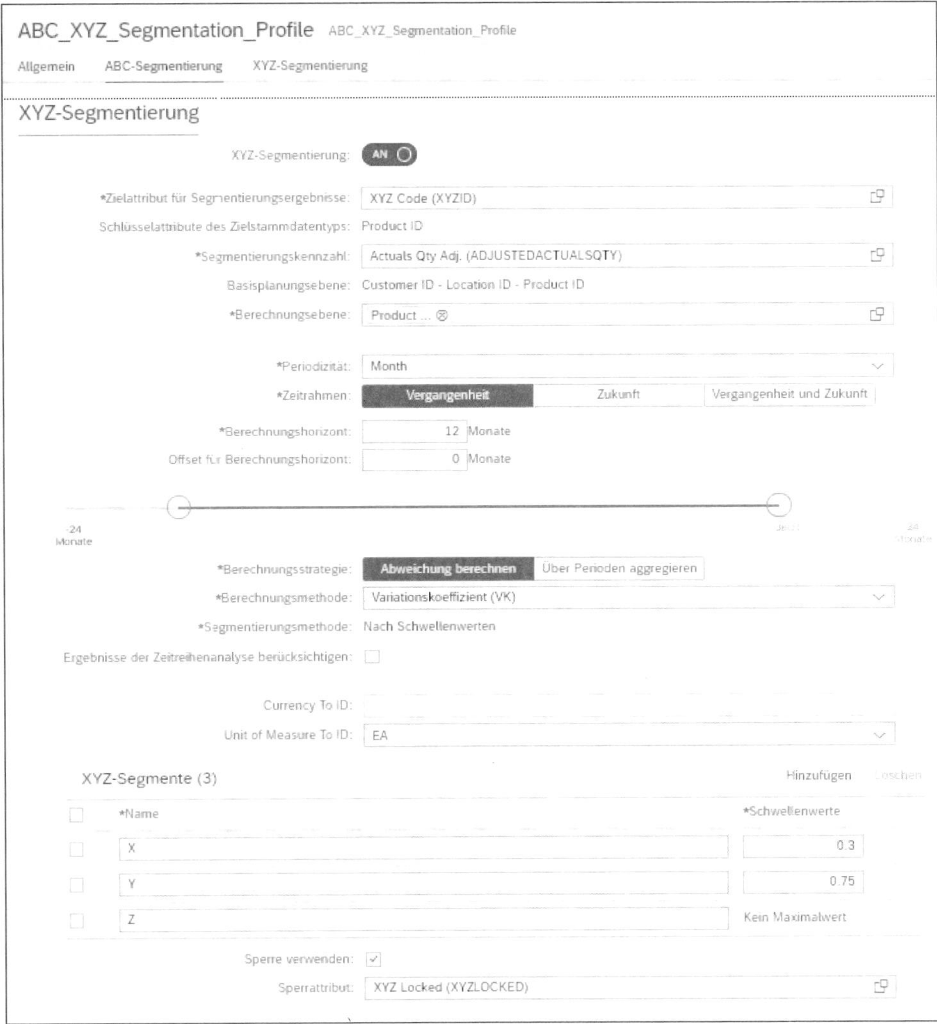

Abbildung 5.16 Profil »XYZ-Segmentierung«

Im Folgenden gehen wir daher lediglich auf die für die XYZ-Klassifizierung spezifischen Parameter im unteren Teil des Bildschirms ein:

- **Berechnungsstrategie** – hier legen Sie fest, wie die XYZ-Segmente ermittelt werden. Es gibt die Optionen **Abweichung berechnen** und **Über Perioden aggregieren**. Abhängig von dieser Auswahl können Sie wiederum unterschiedliche Berechnungsmethoden auswählen, für **Abweichung berechnen** sind das:

  - **Variationskoeffizient (VK)**: Jede Position wird auf Basis des Variationskoeffizienten verschiedenen Segmenten zugeordnet. Mathematisch entspricht das der Standardabweichung, geteilt durch das mathematische Mittel für einen spezifische Zeitraum.
  - **Variationskoeffizient (VK) zum Quadrat**: Hier dividiert das System das Quadrat der Abweichung mit dem Quadrat des Mittelwertes. Diese Berechnung hat sich als praktisch erwiesen.

  Für **Über Perioden aggregieren** gibt es folgende Auswahlmöglichkeiten:

  - **Minimum**: Der kleinste Wert wird mit einem Schwellenwert verglichen.
  - **Maximum**: Der größte Wert wird mit einem Schwellenwert verglichen.
  - **Durchschnitt**: Der Durchschnitt wird errechnet und mit einem Schwellenwert verglichen.
  - **Summe**: Die Summe wird gebildet und mit einem Schwellenwert verglichen.
- **Segmentierungsmethode** – wird automatisch mit der Ausprägung **Nach Schwellenwerten** gefüllt.
- Das Flag **Ergebnisse der Zeitreihenanalyse berücksichtigen** können Sie setzen, wenn Sie die ermittelten Trends und Saisonalitäten aus der Zeitreihenanalyse während der Segmentierung aus den Zeitreihen entfernen möchten. Voraussetzung ist, dass die Zeitreihenanalyse bereits ausgeführt wurde.
- Bei **Currency To ID** und **Unit of Measure To ID** legen Sie die Währung und die Mengeneinheit abhängig von der ausgewählten Kennzahl fest.
- Unter **XYZ-Segmente** legen Sie in den Spalten **Name** und **Schwellenwerte** fest, welche Segmente Sie generieren möchten und welche Schwellenwerte verwendet werden sollen. Die Definition von Schwellenwerten ist abhängig von der gewählten Methode.
- Die Optionen **Sperre verwenden** und **Sperrattribut** nutzen Sie, wenn Sie steuern möchten, dass Segmentierungswerte durch einen erneuten Segmentierungslauf nicht überschrieben werden.

Damit kennen Sie nun die wesentlichen Konfigurationsoptionen im Zusammenhang mit der ABC-/XYZ-Segmentierung.

5.4.4 Konfiguration der Prognoseautomatisierung

Über die App **Prognoseautomatisierungsprofil verwalten** legen Sie Prognoseautomatisierungsprofile für eine Zeitreihenanalyse an und bearbeiten oder löschen sie. Ihnen wird auch angezeigt, wann die Analyse das letzte Mal ausgeführt wurde, und Sie können die Analyseergebnisse einsehen. Des Weiteren können Sie eine Analyse ausführen, indem Sie mit einem Klick auf **Jetzt ausführen** in die App **Anwendungsjob** navigieren und hier mittels der Jobvorlage **Prognoseautomatisierung** eine Analyse starten.

Aktuell können Sie die Zeitreihenanalyse als einen Baustein zur Prognoseautomatisierung verwenden, um die Absatzplanungsprozesse effektiver zu gestalten. Die Regeln legen Sie in einem Prognoseautomatisierungsprofil fest, das in drei Bereiche unterteilt ist:

1. Auf der Registerkarte **Kopfzeile** definieren Sie die allgemeinen Einstellungen (siehe Abbildung 5.17). Sie legen den **Planungsbereich** fest, für den Sie das Profil anlegen. Nachdem Sie das Profil zum ersten Mal gespeichert haben, können Sie die Zuordnung zum Planungsbereich nicht mehr ändern. Im Feld **Eingabe für Analyse** müssen Sie die Kennzahl festlegen, die als Grundlage zur Analyse verwendet wird. Standardmäßig wird die Kennzahl mit der betriebswirtschaftlichen Bedeutung **Actual Sales Quantity** aus dem Planungsbereich vorgeschlagen. In Abbildung 5.17 wurde die Kennzahl angepasst und die Kennzahl *Actuals Qty Adj.* verwendet, da eine Anpassung der Historie im Prozess oftmals sinnvoll ist. Das Feld bleibt leer, wenn eine solche Kennzahl nicht existiert. Abhängig von der gewählten Kennzahl legen Sie die Umrechnungsfaktoren **Currency To ID** und **Unit of Measure To ID** fest und können in diesem Bereich auch eine Beschreibung für das Profil angeben.

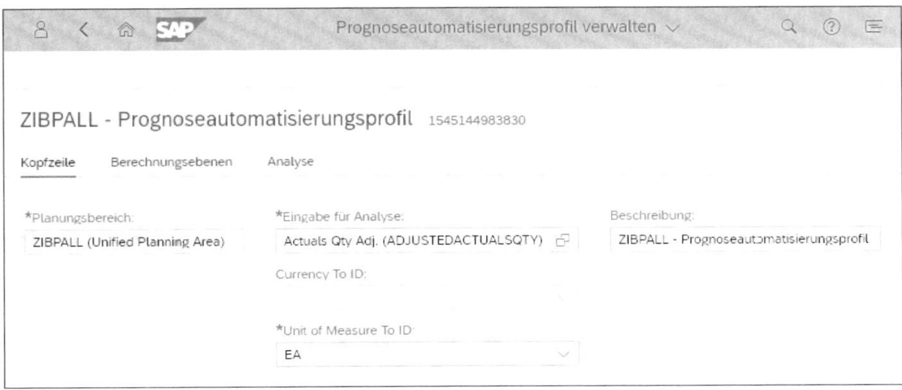

Abbildung 5.17 Prognoseautomatisierungsprofil – Kopfzeile

2. Auf der Registerkarte **Berechnungsebenen** definieren Sie die Analyseebenen (siehe Abbildung 5.18). Zunächst legen Sie die **Zielberechnungsebene** fest. Diese ist immer die detaillierteste Ebene, und als Standardzielberechnungsebene wird die Basisplanungsebene der Eingabekennzahl vorgeschlagen. Sie können unter **Zusätzliche Berechnungsebenen für Analyse** beliebig viele zusätzliche Ebenen auswählen. Diese müssen aus der Stammdatenperspektive oder auf der Zeitebene eine Aggregation zur Zielberechnungsebene darstellen. Die Zeitreihenanalyse wird auf allen Ebenen ausgeführt, die Sie festgelegt haben.

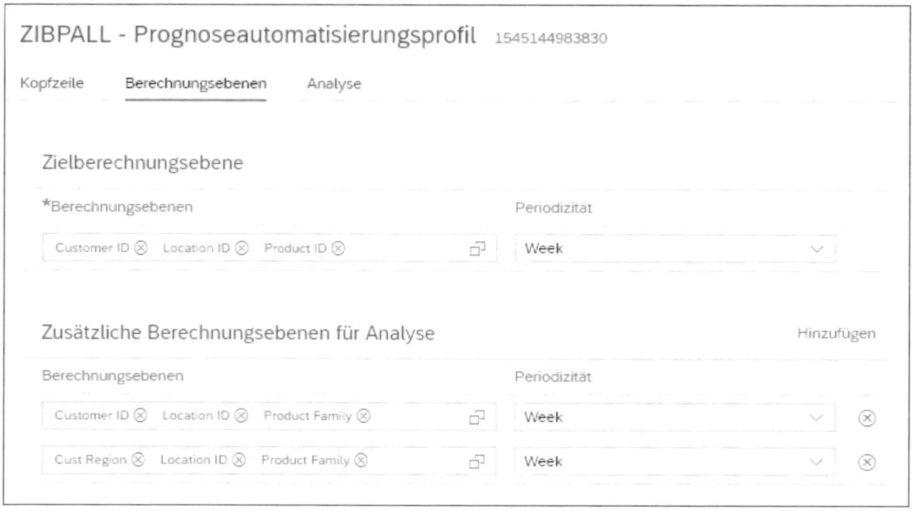

Abbildung 5.18 Prognoseautomatisierungsprofil – Berechnungsebenen

3. Auf der Registerkarte **Analyse** des Profils legen Sie zu guter Letzt die Details zur Analyse fest (siehe Abbildung 5.19). Unter **Zeiteinstellungen** geben Sie die Anzahl für **Historische Perioden** in der granularsten Periodizität der Zielberechnungsebene an, die während der Zeitreihenanalyse verwendet werden. Die aktuelle Periode ist nicht Bestandteil der historischen Perioden. In der Rubrik **Zeitreihenanalyse** können Sie im Feld **Analysewiederholungsfrequenz** festlegen, ob immer alle Planungsobjekte analysiert werden sollen oder ob Daten, die innerhalb des definierten Zeitraumes bereits analysiert wurden, für den aktuellen Zeitreihenanalyselauf ignoriert werden können.

   Des Weiteren legen Sie Parameter fest, um die Eigenschaften der Analyse zu **Saisonalität**, **Trend** sowie **Unregelmäßigkeiten und Volatilitäten** anzugeben. Im Bereich **Saisonalität** legen Sie die Sensitivität von Saisonalitätstests fest und geben an, ob der Saisonalitätstyp separat kategorisiert wird (in *multiplikativ* oder *additiv*) und ob die Länge des Saisonalitätszyklus gespeichert werden soll. Über diese Einstellungen können Sie steuern, wie die Zeitreihenanalyse bei der Identifikation von Saisonalität vorgeht. Die Sensitivität wird über den Autokorrelationskoeffizienten identifiziert, und je niedriger der Wert definiert ist, desto schneller wird eine Saisonalität erkannt. Der Standardkoeffizient liegt bei 0,2. Neben der Eigenschaft **Saisonalität** kann auch die Art der Saisonalität in multiplikativ oder additiv sowie die Länge der Saisonalität unterschieden werden. Ergebnisse der einzelnen Tests werden miteinander gruppiert, z. B. in **sporadisch mit additiver Saisonalität** oder in **multiplikative Saisonalität mit Trend**, und gespeichert.

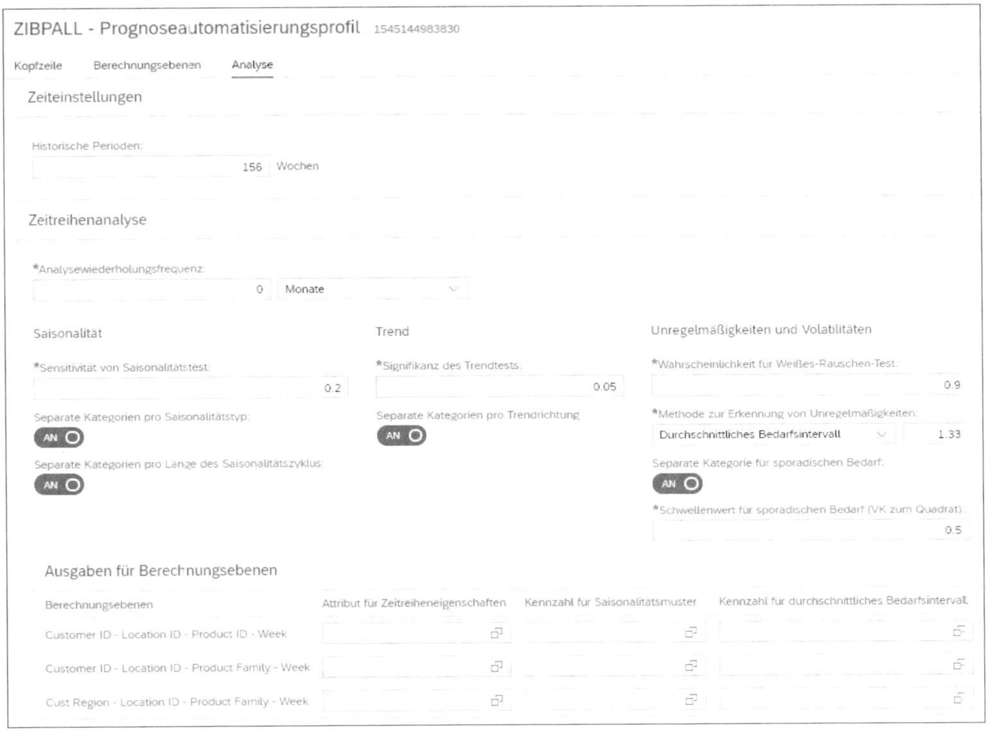

Abbildung 5.19 Prognoseautomatisierungsprofil – Analyse

In der Rubrik **Trend** legen Sie die Signifikanz des Trendtests fest und ob die Trendrichtung in *aufwärts* oder *abwärts* kategorisiert werden soll. Der Wert für den Signifikanztest verhält sich umgekehrt proportional zur Wahrscheinlichkeit. Der Standardsignifikanzwert von 0,05 bedeutet, dass Trends in der Zeitreihe mit einem Konfidenzgrad von 95 % ermittelt werden. Durch einen höheren Wert identifizieren Sie in mehr Fällen einen Trend, aber auch mit weniger Sicherheit. Ergebnisse der einzelnen Tests werden miteinander gruppiert, z. B. in **multiplikative Saisonalität mit aufwärts Trend**.

Bei **Unregelmäßigkeiten und Volatilitäten** legen Sie im Feld **Wahrscheinlichkeit für Weißes-Rauschen-Test** fest, wie eine Zeitreihe als irregulär identifiziert wird und zufällige Differenzen zwischen Werten einer kontinuierlichen Zeitreihe erkannt werden. Der Standardwert von 0,9 bedeutet, dass weißes Rauschen mit einem Konfidenzgrad von 90 % ermittelt wird. Ein niedrigerer Wert führt zu mehr falsch positiven Ergebnissen, dass Zeitreihen als irregulär betrachtet werden. Die **Methode zur Erkennung von Unregelmäßigkeiten** ermöglicht Ihnen, sporadische Zeitreihen entweder über die Methode **Durchschnittliches Bedarfsintervall** oder die Methode **Nullen oder fehlende Werte** zu identifizieren. Für beide Verfahren geben Sie entsprechende Schwellenwerte vor. Möchten Sie für sporadische Bedarfe eine separate Kategorie verwenden, legen Sie entsprechende Schwellenwerte für VK zum Quadrat fest, die in dem Fall berechnet wird, um die Volatilität der sporadischen Zeitreihen anzuzeigen.

In der untersten Rubrik, **Ausgaben für Berechnungsebenen**, legen Sie pro Berechnungsebene fest, in welches Attribut Sie die Zeitreiheneigenschaften und in welche Kennzahlen Sie die Saisonalitätsmuster oder das durchschnittliche Bedarfsintervall speichern möchten.

Dies sind die wesentlichen Einstellungen im Kontext der Zeitreihenanalyse, die Sie im Prognoseautomatisierungsprofil festlegen können.

5.4.5 Konfiguration der statistischen Prognose

Um einen systemgestützten Prognosevorschlag zu erhalten, müssen Sie SAP IBP in mehreren Schritten konfigurieren. Zum einen müssen Sie in der App **Prognosemodell verwalten** mindestens ein Prognoseprofil anlegen, in dem Sie festlegen, welche Algorithmen und Prognosefehler verwendet werden sollen. Über die App **Prognosemodell zuordnen** lassen sich einzelnen Planungsobjekten auch dediziert Prognoseprofile zuordnen. Die relevante Planungsebene legen Sie über die Benutzereinstellungen in dieser App fest.

In diesem Abschnitt gehen wir auf die Einstellungen ein, die Sie im Zusammenhang mit dem Prognoseprofil vornehmen müssen. In der App **Prognosemodell verwalten** können Sie neue Profile anlegen, bearbeiten, kopieren oder löschen. Ein Profil legen Sie immer explizit für einen Planungsbereich an (Sie müssen diesen bei der Anlage auswählen).

Auf der Registerkarte **Allgemein** (siehe Abbildung 5.20) legen Sie neben dem Modellnamen und der Beschreibung auch die notwendigen **Zeiteinstellungen** fest, beispielsweise die Periodizität, die Anzahl der Vergangenheitsperioden und der Prognoseperioden oder den Berechnungshorizont für das Fehlermaß. Über die **Periodizität** legen Sie fest, in welcher Granularität das Prognoseprofil und somit die notwendigen Schritte für eine Prognose ausgeführt werden, wie z. B. Tag, Woche, Monat, Quartal oder Jahr. Über die Perioden legen Sie zum einen fest, wie viele Perioden in der Vergangenheit als Grundlage für die Systemprognose verwendet werden (**Vergangenheitsperioden**), und zum anderen, für wie viele Perioden das System Prognosen berechnen soll (**Prognoseperioden**). Über den Parameter **Berechnungshorizont für Fehlermaß** können Sie steuern, welche Perioden das System heranzieht, um die Fehlermaße während der Nachverarbeitungsschritte zu berechnen. Über das Flag **Führende Nullen ignorieren** geben Sie an, dass das System Perioden, die keine Werte enthalten und sich am Anfang der Vertriebshistorie befinden, während der Prognoseberechnung ignoriert.

Über **Offset für historische Perioden** sowie den **Offset für Prognoseperioden** legen Sie eine Verschiebung der Perioden fest. **Eingefrorene Prognosehorizonte** können Sie verwenden, wenn Sie eine gewisse Anzahl von Perioden fixieren wollen – z. B. mit einem Wert von 1 den aktuellen Monat. Dann werden Prognosen für diese Perioden berechnet, aber nicht abgespeichert. Über das Flag **Informationen zum Produktlebenszyklus beachten** werden die Einstellungen zur Lebenszyklusplanung, wie z. B. Referenzprodukte, während der Prognose berücksichtigt.

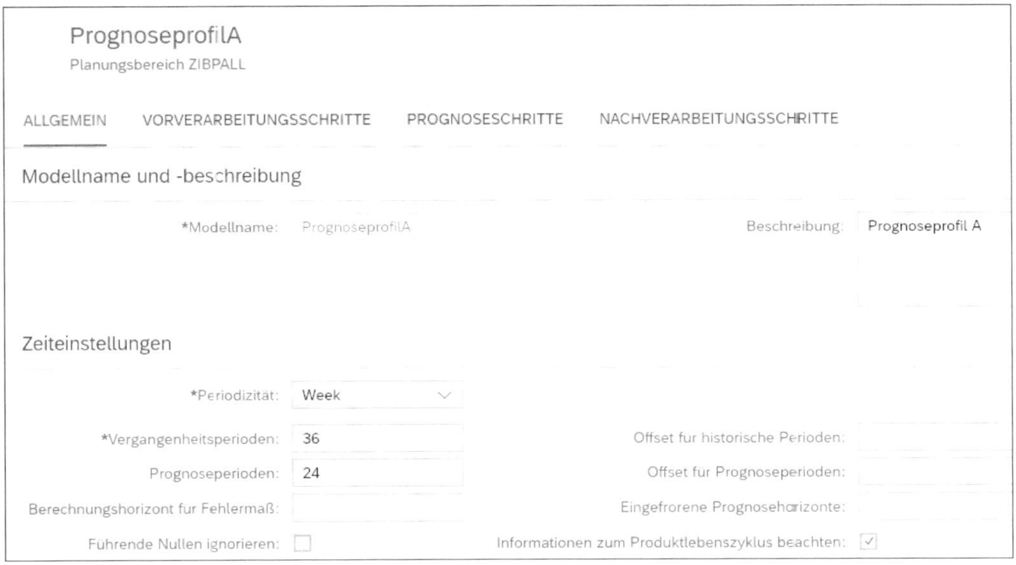

Abbildung 5.20 Prognoseprofil – Allgemein

Auf der Registerkarte **Vorverarbeitungsschritte** (siehe Abbildung 5.21) können Sie abhängig von Prognoseverfahren und Periodizität die zur Verfügung stehenden Algorithmen parametrisieren.

Für den Algorithmus **Fehlende Werte ersetzen** können Sie die verwendete Ersetzungsmethode (**Mittelwert**, **Median**, **Fester Wert**) und den Zeitraum der Ersetzung (**Vollständiger Horizont**, **Vergangenheit**, **Zukunft**) definieren. Die Verwendung von **Fehlende Werte ersetzen** ist obligatorisch. Die Ersetzungsmethode definiert, wie die fehlenden Werte ersetzt werden. **Mittelwert** verwendet den Mittelwert aus allen anderen historischen Perioden, die Sie im Prognosemodell angegeben haben. Die Methode **Medianwert** verwendet den Medianwert aller anderen Werte in den historischen Perioden. Über die Option **Fester Wert** ersetzen Sie fehlende Werte immer mit dem von Ihnen festgelegten Wert. Dies könnte z. B. 0 sein. Im Bereich **Kennzahlen** legen Sie fest, welche Kennzahl die Eingabe für den Algorithmus ist und in welche Kennzahl das Ergebnis geschrieben wird.

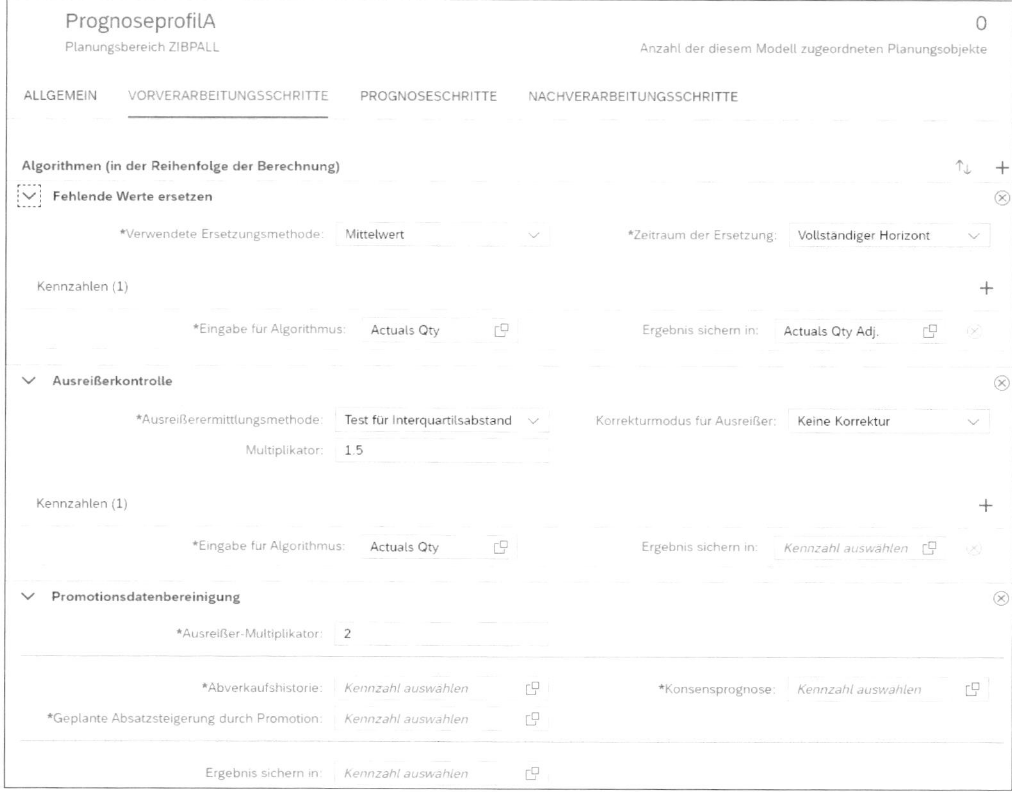

Abbildung 5.21 Prognosemodell – Vorverarbeitungsschritte

Für den Algorithmus **Ausreißerkontrolle** legen Sie die **Ausreißerermittlungsmethode** und den **Multiplikator** fest, mit dem der akzeptierte Wertebereich bzw. die Grenzen definiert werden, und geben den **Korrekturmodus für Ausreißer** an. Für die Ausreißerermittlung stehen zwei Methoden zur Verfügung:

- **Varianztest**
- **Test für Interquartilsabstand**

Über den Multiplikator werden akzeptierte Werte multipliziert. Sobald Werte abweichen, gelten diese als Ausreißer. Um Ausreißer zu korrigieren, gibt es auch eine Vielzahl von Methoden:

- **Korrektur mit Durchschnitt**
- **Korrektur mit Medianwert ohne Ausreißer**
- **Korrektur mit Durchschnitt ohne Ausreißer**
- **Korrektur mit Medianwert**

- **Korrektur mit Toleranz**
- **Korrektur mir Toleranz ohne Ausreißer**
- **Keine Korrektur**

Die Kennzahl unter **Eingabe für Algorithmus** wird im Hinblick auf Ausreißer geprüft und das Ergebnis in die Kennzahl unter **Ergebnis sichern in** abgelegt.

Für den Algorithmus **Promotionsdatenbereinigung** legen Sie den **Ausreißer-Multiplikator**, die **Abverkaufshistorie**, die **Geplante Absatzsteigerung durch Promotion** und die **Konsensprognose** ohne Promotionen als Input fest. Unter **Ergebnis sichern in** wird die Zielkennzahl definiert, in die das Ergebnis, und zwar die Verkaufshistorie ohne Promotionen, abgespeichert wird.

[«]

Voraussetzung für Eliminierung

Die Eliminierung der Promotionen aus der Absatzsteigerung ist nur möglich, wenn die Verkaufskennzahl und die Promotionskennzahl in Tagen oder Wochen gespeichert wurden. Sonst wird die Promotionsdatenverarbeitung deaktiviert.

In Abbildung 5.22 ist die Registerkarte **Prognoseschritte** abgebildet, auf der Sie die Prognosemethoden parametrisieren. Abhängig von den gewählten Methoden verändern sich die notwendigen Eingaben. Grundsätzlich müssen Sie unter **Gesamtparameter** Angaben zum **Hauptinput für Prognoseschritte** machen, die Kennzahl als Grundlage für die statistische Prognose festlegen und Angaben zur **Zielkennzahl für Prognose** und zur **Zielkennzahl für Ex-post-Prognose** machen. Dann gibt es eine Vielzahl möglicher Einstellungen, die jeweils von den selektierten Prognosemethoden abhängen und auf die wir an dieser Stelle nicht im Einzelnen eingehen können. Einige Beispielparameter sind die Alpha-, Beta-, Gamma-Koeffizienten, Perioden für Saisonalität und einige andere Variablen. Eine kurze Erläuterung finden Sie in Abschnitt 5.2.3, »Statistische Prognose«, oder direkt im System bei der Anlage des Prognosemodells bzw. unter *https://help.sap.com/IBP*.Wenn Sie mehrere Prognosen nutzen, können Sie in der Rubrik **Mehrere Prognosen verwenden** im Feld **Methode** festlegen, ob Sie jeweils die beste Prognose wählen oder eine gewichtete Durchschnittsprognose berechnen möchten. Rechts daneben bestimmen Sie das **Fehlermaß für Prognosevergleich** sowie den **Testphasenzeitraum**.

Auf der Registerkarte **Nachverarbeitungsschritte**, den wir hier nicht anhand einer Abbildung darstellen, selektieren Sie die Fehlermaße, die Sie während der Systemprognose berechnen lassen möchten, und können auch eine Zielkennzahl pro Fehlermaß definieren, damit der Fehler in einer Kennzahl gespeichert wird und Sie den Fehler weiterverwenden können.

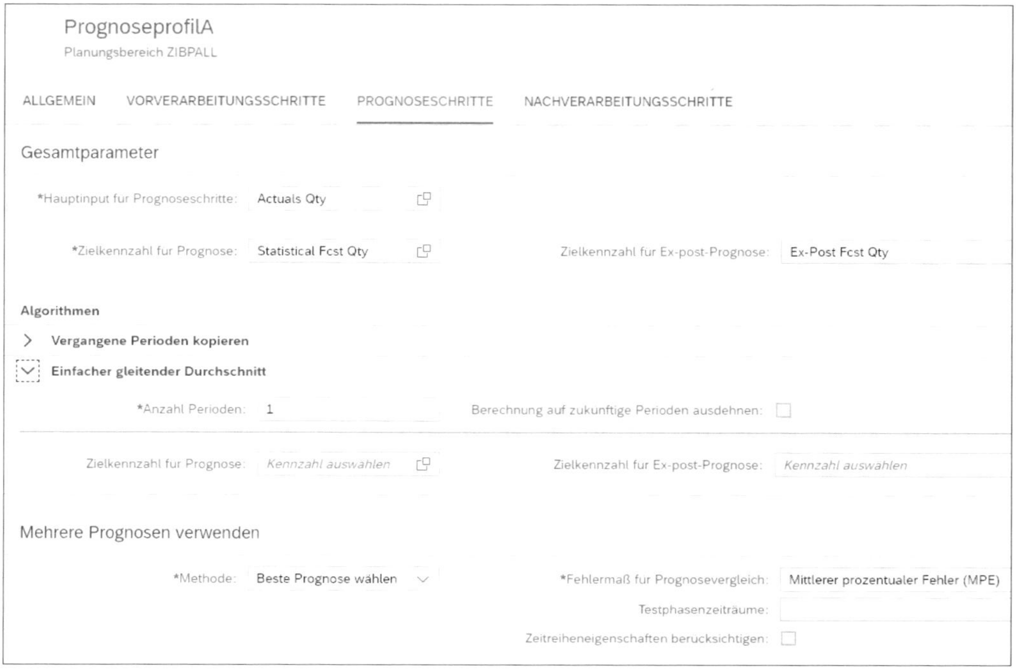

Abbildung 5.22 Prognosemodell – Prognoseschritte

5.4.6 Prognosemodelle für Demand Sensing

Auch das Prognoseprofil für den Demand-Sensing-Lauf legen Sie über die App **Prognosemodelle verwalten** an. Sie können ein Profil für den Algorithmus **Demand Sensing (vollständig)** anlegen und optional ein weiteres Profil für den Algorithmus **Demand Sensing (Update)**. Der Algorithmus **Demand Sensing (vollständig)** führt eine komplette Berechnung durch. Der Algorithmus **Demand Sensing (Update)** hingegen verwendet die Faktoren aus dem vorherigen vollständigen Lauf und wendet diese dann auf den neuen Konsensbedarf an.

Auf der Registerkarte **Allgemein** pflegen Sie die gleichen Felder wie bei den anderen klassischen statistischen Verfahren (siehe Abschnitt 5.4.5, »Konfiguration der statistischen Prognose«). Für Demand Sensing sollten Sie folgende Einstellungen vornehmen:

- **Modellname** und **Beschreibung** können Sie individuell vergeben.
- Für die **Periodizität** sollten Sie **Day** auswählen.
- Für die Anzahl der **Vergangenheitsperioden** ist **365** (Tage) der empfohlene Wert.
- Für die Angabe **Prognoseperioden** lautet der empfohlene Wert zwischen 4 und 6 Wochen, z. B. »35« (Tage).

- Der **Offset für historische Perioden**, falls er überhaupt notwendig ist, sollte gleich wie der **Offset für Prognoseperioden** sein, um die Perioden mit Anfang und Ende zu verschieben.
- Der **Offset für Prognoseperioden** sollte falls notwendig gleich wie der **Offset für historische Perioden** sein, um die Perioden mit Anfang und Ende zu verschieben.

Auf der Registerkarte **Vorverarbeitungsschritte** (siehe Abbildung 5.23) können Sie im Kontext des Demand Sensings lediglich den Algorithmus **Promotionsdatenbereinigung** auswählen. Dafür legen Sie den **Ausreißer-Multiplikator**, die **Abverkaufshistorie**, die **Geplante Absatzsteigerung durch Promotion** und die **Konsensprognose** ohne Promotionen als Input fest. Mit den genannten Input-Größen errechnet das System eine Abverkaufshistorie, bei der die Promotionsmengen herausgerechnet werden und das Ergebnis in einer separaten Kennzahl gespeichert wird (siehe Abschnitt 5.4.5, »Konfiguration der statistischen Prognose«).

Abbildung 5.23 Prognoseprofile – Promotionsdatenbereinigung

Auf der Registerkarte **Prognoseschritte** (auch in Abbildung 5.22 im Zusammenhang mit der klassischen statistischen Prognose zu sehen) legen Sie unter **Gesamtparameter** den **Hauptinput für die Prognoseschritte** fest, der im Kontext Demand Sensing die Kennzahl zukünftiger Bedarfe enthält und für alle Berechnungen im Prognosemodell verwendet wird. Des Weiteren können Sie die **Zielkennzahl für Prognose** festlegen, in die das Ergebnis aus dem Demand Sensing abgespeichert wird.

Im Bereich **Algorithmen** der Registerkarte **Prognoseschritte** legen Sie die Parameter fest, die Sie für den Demand-Sensing-Lauf verwenden möchten (siehe Abbildung 5.24). Wenn Sie die Kennzahlen entsprechend den Beispielplanungsbereichen konfiguriert bzw. die betriebswirtschaftlichen Bedeutungen gepflegt haben, werden die meisten Felder automatisch gefüllt. Folgende Einstellungen können Sie außerdem selbst vornehmen:

- Das Flag **Benutzerdefinierte Kennzahlenberechnungen für Regressionsausgaben verwenden** können Sie setzen, wenn Sie eigene Berechnungen für ausgewählte

Kennzahlen einführen und vom Machine-Learning-Algorithmus berücksichtigen lassen wollen. Die potenziellen Kennzahlen sind vorgegeben und sollten nur von erfahrenen Benutzern genutzt werden, die die Auswirkungen abschätzen können.

- Das Feld **Konsensprognose** ist der mittel- oder langfristige abgestimmte Absatzplan bzw. der Konsensbedarf, der als Ergebnis des rollierenden klassischen Absatzplanungsprozesses ermittelt wird. Für Demand Sensing ist der Konsensbedarf ein wichtiger Input und muss auf Wochenebene vorliegen, damit dieser verwendet werden kann.
- Der Wert im Feld **Signalhorizont** definiert den Horizont, für den Nachfragesignale berücksichtigt werden (z. B. **Zukünftig**), und ist abhängig von der Konsensprognose-Kennzahl.

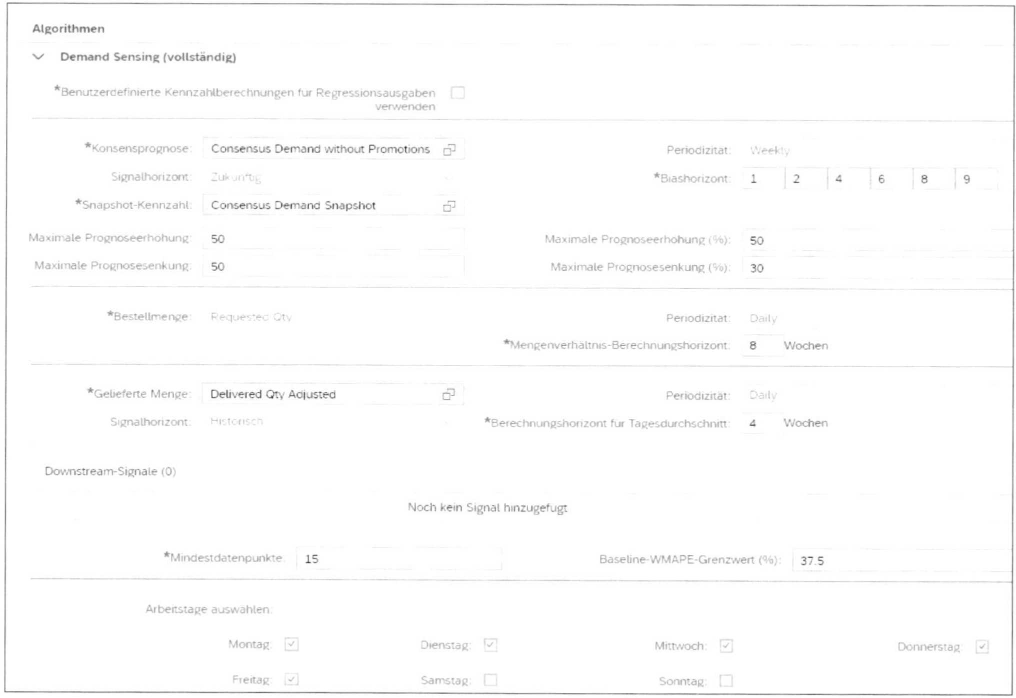

Abbildung 5.24 Parameter für den Algorithmus »Demand Sensing (vollständig)«

- Die Angabe bei **Snapshot-Kennzahl** hinterlegt die verschiedenen Versionen des Forecasts. Vor Release 1802 wurde die Konsensbedarfs-Kennzahl verwendet und eine Kennzahl automatisch mit dem Suffix _REV angelegt. Neu angelegte Prognosemodelle verwenden die Kennzahl mit der betriebswirtschaftlichen Bedeutung *Versions of Forecast*.

- Das Feld **Maximale Prognoseerhöhung** gibt es einmal für eine absolute und einmal für eine prozentuale Angabe. Der höhere Wert wird als tatsächlicher Grenzwert verwendet.
- Auch das Feld **Maximale Prognosesenkung** gibt es einmal für eine absolute und einmal für eine prozentuale Angabe. Der höhere Wert wird als tatsächlicher Grenzwert verwendet.
- Bei **Periodizität** legen Sie die Zeitprofilebene fest, die für jede Art von Eingabedaten verwendet werden soll.
- Mit der Angabe bei **Biashorizont** legen Sie die Wochen in der Vergangenheit fest, für die der neueste Bias in der aktuellen Woche berechnet wird.
- Der Wert im Feld **Bestellmenge** stellt die bestätigten und unbestätigten Mengen in Kundenaufträgen und Bestellungen dar, die in der Zukunft ausgeliefert werden müssen. Die Kennzahl ist immer gleich mit der Kennzahl, die im Abschnitt **Gesamtparamater** bei **Hauptinput für Prognoseschritte** ausgewählt wurde.
- Die Angabe im Feld **Mengenverhältnis-Berechnungshorizont** definiert in Wochen den Horizont, für den das rollierende Verhältnis der Menge der bereits gelieferten Produkte mit den offenen Aufträgen im Durchschnitt berechnet werden soll. Diese Information nutzt der Algorithmus für maschinelles Lernen.
- Der Wert im Feld **Gelieferte Menge** ist die Menge, die ausgeliefert wurde.
- Bei **Berechnungshorizont für Tagesdurchschnitt** legen Sie in Wochen fest, für welchen Horizont die durchschnittlichen gelieferten Tagesmengen kalkuliert werden sollen, was wiederum als Grundlage für die tagegenaue Disaggregation verwendet wird.
- In der Rubrik **Downstream-Signale** finden sich optionale Eingabemöglichkeiten, mit denen Sie Extrasignale, wie z. B. PoS-Daten, berücksichtigen können. Sie können durch das Einbinden von Kennzahlen aus dem Datenmodell bis zu acht Signale ergänzen. Dabei können Sie aber nur Kennzahlen verwenden, die eine tägliche oder wöchentliche Periodizität aufweisen und die Basisplanungsebene *Produkt-Lokation-Kunde* haben.
- Das Feld **Mindestdatenpunkte** legt fest, wie viele Vergangenheitsdaten mindestens für einen Demand-Sensing-Lauf vorhanden sein müssen.
- Bei **Baseline-WMAPE-Grenzwert (%)** geben Sie den Grenzwert an, ab dem ein Demand-Sensing-Lauf überhaupt gestartet werden soll. Sobald die Konsensprognose besser als der definierte Grenzwert ist, ist es nicht mehr notwendig, einen Demand-Sensing-Lauf zu starten.
- Unter **Arbeitstage auswählen** definieren Sie schließlich noch die Arbeitstage, die zur Verteilung des kurzfristigen Bedarfs auf Tage verwendet werden.

Damit kennen Sie nun auch die wesentlichen Parameter, die Sie im Kontext von Demand Sensing festlegen können.

5.4.7 Konfiguration der Produktlebenszyklusplanung

Es müssen einige Voraussetzungen erfüllt sein, damit die Produktlebenszyklusplanung in SAP IBP verwendet werden kann. Der Planungsbereich muss die Zuordnung von Referenzprodukten unterstützen:

- Sie müssen festlegen, durch welches Attribut des Planungsbereichs die Produkt-ID dargestellt wird.
- Die Prognoseebene muss das Attribut mit der betriebswirtschaftlichen Bedeutung *Produkt-ID* enthalten.
- Sie sollten die Attribute, die Sie für die Produktzuordnung verwenden, in die Prognoseebene aufnehmen. Wenn das Attribut der Produktzuordnungsebene kein Schlüsselattribut ist, können Sie entweder das Attribut selbst oder das Schlüsselattribut des Stammdatentyps in die Prognoseebene aufnehmen.
- Die Attribute für die Produktbeschreibung und die Produktgruppe sollten Sie angeben, wenn diese in der Produktlebenszyklusplanung angezeigt werden sollen.
- Es ist hilfreich, die betriebswirtschaftliche Bedeutung *Istabsatz* für eine Kennzahl im Planungsbereich zu hinterlegen. Dies ist z. B. hilfreich, wenn Sie nur ein Prognosemodell für die Vorverarbeitung verwenden möchten, bei dem Sie nicht explizit die Kennzahl als Haupt-Input definieren.

Über die App **Einstellungen für den Produktlebenszyklus** können Sie als Administrator mithilfe von Einstellungsprofilen festlegen, welche Parametrisierungsoptionen dem Absatzplaner in der App **Produktlebenszyklus verwalten** zur Verfügung stehen sollen. Über diese Einstellungsprofile vereinfachen Sie die Definition von Produktzuordnungen und Prognoseterminen. So lässt sich die Produktlebenszyklusplanung auf Ihre Unternehmensbedürfnisse abstimmen und Sie können eine sinnvolle Vorauswahl treffen bzw. Vorbelegungen vornehmen oder die Verwendung bestimmter Funktionen und Optionen vorgeben. Die kontinuierlichen Einstellungen zur Produktlebenszyklusplanung werden dann vom Absatzplaner in der App **Produktlebenszyklus verwalten** vorgenommen. Im Einstiegsbildschirm, der in Abbildung 5.25 dargestellt ist, können Sie über **Hinzufügen** neue Produktzuordnungen hinzufügen. Dabei geben Sie dann in der erscheinenden Eingabemaske den **Planungsbereich**, das Produkt und die Markteinführungsdimension, wie z. B. *Lokation*, *Land* oder *Kunde* ein, die über ein Attribut dargestellt sind. An dieser Stelle können Sie über einzelne Schaltflächen Produktzuordnungen aktivieren, deaktivieren, Zuordnungen löschen oder auch synchronisieren, was bedeutet zu prüfen, ob die Referenzprodukte noch vorhanden sind. Des Weiteren können Sie Produktzuordnungen, Prognosetermine, Einführungs- und Auslaufkurven in das bzw. aus dem CSV-Format herunterladen bzw. hochladen. Dies erleichtert Ihnen die Pflege des Produktlebenszyklus, wenn Sie eine Vielzahl von Zuordnungen pflegen müssen.

Abbildung 5.25 Produktlebenszyklus verwalten

Indem Sie auf einen der Einträge aus Abbildung 5.25 klicken, navigieren Sie in den Bereich, der in Abbildung 5.26 dargestellt ist. Unter **Produktzuordnungen** legen Sie für die neuen Produkte jeweils Referenzprodukte mit einer entsprechenden Gewichtung, der Gültigkeit und einem möglichen Offset fest (siehe Abbildung 5.26). Über die Gewichtung legen Sie fest, wie die Vergangenheit der Referenzprodukte in Prozent berücksichtigt werden soll. Die Gültigkeiten helfen Ihnen, die zeitliche Relevanz der Referenzprodukte zu steuern, und in dem Kontext können Sie auch einen Offset verwenden, wenn Sie die Referenzperiode verschieben möchten. Über **Hinzufügen** können Sie dieser Produktzuordnung dann weitere Referenzprodukte hinzufügen. Über **Referenzen anzeigen** lassen Sie sich die aktuellen Referenzen anzeigen.

Abbildung 5.26 Produktlebenszyklus – Produktzuordnung

Des Weiteren können Sie die Historien der Referenzprodukte simulieren und somit das perfekte Referenzprodukt oder die perfekte Kombination aus Referenzprodukten und Zeiträumen identifizieren. Die Möglichkeit zu simulieren steht im Anzeigemodus im unteren Bereich der Benutzeroberfläche der Produktzuordnung über **Simulieren** bereit (siehe Abbildung 5.27).

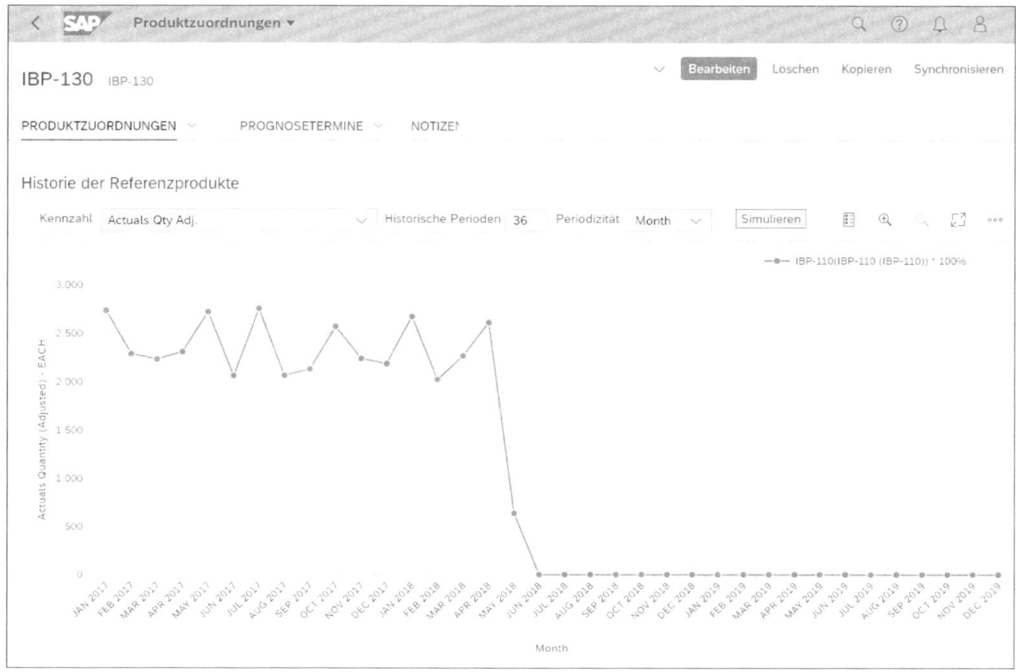

Abbildung 5.27 Produktlebenszyklus – Simulation Historie der Referenzprodukte

Unter **Prognosetermine** (siehe Abbildung 5.28) können Sie die Markteinführungsdimension, wie z. B. Land oder Lokation, festlegen und die für die festgelegte Dimension gewünschte Ausprägung wählen. Im Beispiel wurde über **Markteinführungsdimension ändern** das Attribut *Location ID* festgelegt bzw. angepasst. Beim initialen Anlegen der Produktzuordnung besteht schon die Möglichkeit, die Markteinführungsdimension zu bestimmen. Welches Attribut, z. B. Lokation, Land, oder Kunde, Sie als Markteinführungsdimension wählen, ist abhängig von Ihren individuellen Anforderungen, auf welcher Ebene Sie unterschiedliche Produktlebenszyklen modellieren möchten. Für die einzelnen Ausprägungen der Markteinführungsdimension wie in unserem Beispiel für das Attribut *Lokation* mit *1010 – Plant Frankfurt* oder *1310 – Plant Beijing* können Sie dann differenzierte Einführungsphasen, Auslaufphasen sowie -kurven und den Start der Prognoseausführung festlegen.

In der Rubrik **Kurven**, die sich im unteren Bereich der Bildschirms für **Prognosetermine** befindet (siehe Abbildung 5.29 mit dem Beispiel Einführungskurven), können Sie unterschiedliche Kurvenverläufe für Einführungskurven oder Auslaufkurven mithilfe verschiedener **Funktionen** simulieren. Sie geben den Startwert und den Endwert in Prozent an. Neben der manuellen Pflege gibt es auch die Möglichkeit, diese Informationen über CSV-Dateien hochzuladen.

Abbildung 5.28 Produktlebenszyklus – Termine

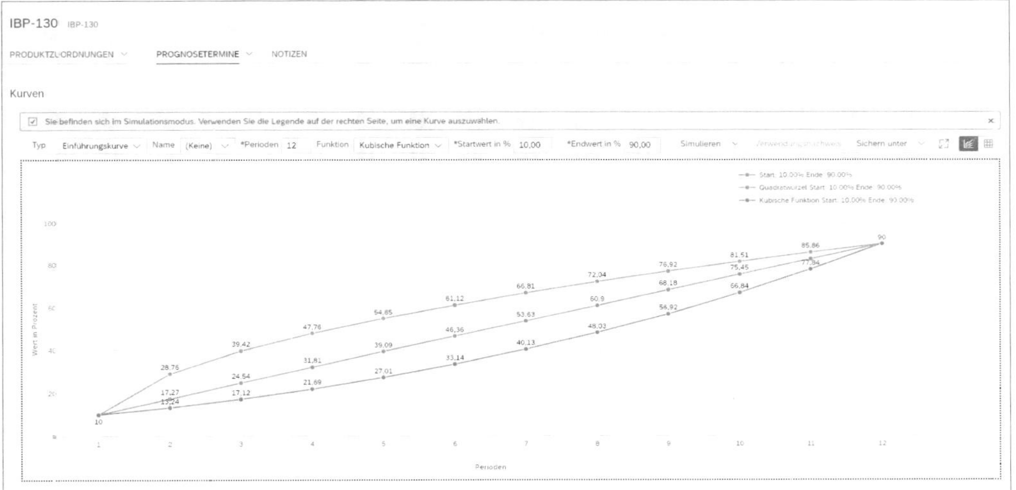

Abbildung 5.29 Produktlebenszyklus – Einführungskurve Simulation

Die Informationen zur Produktlebenszyklusplanung werden in der Baseline-Version berücksichtigt und nicht in den anderen Versionen, die Sie individuell in der Konfiguration vorsehen können.

5.4.8 Konfiguration der Promotionsplanung

In SAP IBP können Sie eine Promotionsplanung auf unterschiedliche Arten realisieren. Sie können eine einfache Kennzahl extra für Promotionen verwenden, ohne weitere Zusatzfunktionen bereitzustellen, und sie über Kennzahlenberechnungen in den Gesamtabsatzplan einfließen lassen. SAP IBP stellt aber auch erweiterte Funktionen im Kontext der Promotionsplanung bereit, die Sie über die App **Promotions analysieren** nutzen. Sie können entweder Promotionen aus anderen Systemen integrieren, wie z. B. aus dem Trade Promotion Management von SAP CRM, oder Promotionen direkt in SAP IBP anlegen. Somit stehen Ihnen Möglichkeiten offen, Ihre Vertriebs- und logistischen Prozesse stärker zu verzahnen und Promotionen individuell zu planen, besser zu analysieren und ihre Erfolge zu messen. Um diese erweiterten Funktionen bereitzustellen, müssen einige Voraussetzungen im System erfüllt sein. Zunächst muss ein Planungsbereich, der die Integration von Promotionen unterstützen soll, einige Anforderungen erfüllen:

- Im Planungsbereich vorgesehene Attribute müssen nach einer vorgegebenen Nomenklatur benannt sein. Beispielsweise muss das Schlüsselattribut für *Produkt* im genutzten Stammdatentyp `PRD`, `PRODUCT` oder `PROD` enthalten und darf nicht `FAMILY`, `GROUP` oder `GRP` enthalten. Diese Vorgaben gibt es für einige weitere Attribute, z. B. *Product Group*, *Customer*, *Customer Group*, *Location*, *Brand* oder *Category*, und sie werden in SAP-Hinweis 2254129 erläutert.
- Im Planungsbereich müssen Sie Attribute vorsehen, denen Sie folgende betriebswirtschaftliche Bedeutungen zuordnen: *Promotion Identifier*, *Product Identifier*, *Product Group Identifier*, *Product Description*, *Location Identifier* und *Promotion Source Identifier*.
- Der Planungsbereich umfasst Kennzahlen mit den betriebswirtschaftlichen Bedeutungen *Promotion Uplift (Source)* und *Promotion Final* oder *Promotion Total (Source)* und *Promotion Final*.
- Sie müssen im Planungsbereich einen Promotion-Stammdatentyp und dazugehörige Attribute vorsehen, um Promotionen eindeutig modellieren zu können. Als Schlüsselattribute sollten Sie Attribute mit der betriebswirtschaftlichen Bedeutung *Promotion Identifier* und *Promotion Source Identifier* verwenden und ein Attribut mit der betriebswirtschaftlichen Bedeutung *Promotion Description*.

[»]

Promotionsplanung

Der Beispielplanungsbereich SAP6 erfüllt die Kriterien, die zur Integration der Promotionsplanung notwendig sind. Daher empfehlen wir, den Beispielplanungsbereich SAP6 als Vorlage zu verwenden und ihn bei Bedarf hinsichtlich individueller Anforderungen anzupassen. Es werden bis zu fünf benutzerdefinierte Attribute unterstützt.

Wenn die Voraussetzungen im Planungsbereich geschaffen sind, können Sie über die App **Promotion analysieren** alle promotionsbezogenen Aktivitäten durchführen, z. B. Promotionen anlegen, analysieren, ihre Verteilung auf Lokationen steuern und ihren Erfolg messen.

5.4.9 Konfiguration des Prognosecontrollings

Die Berechnung von Prognosefehlern wird in SAP IBP an zwei Stellen im Wesentlichen ausgeführt. Zum einen können Sie im Prognosemodell im Kontext der Nachverarbeitungsschritte Fehlermaße vorgeben, die sofort im Anschluss an die statistische Prognose für die Ex-post-Prognose berechnet werden, um die Auswahl der besten Prognosemethode zu ermöglichen. Dieser Teil wurde bereits in Abschnitt 5.4.5, »Konfiguration der statistischen Prognose«, beschrieben. An dieser Stelle gehen wir auf die erweiterten Funktionen der Prognosefehlerberechnung ein, die Sie über die App **Prognosefehlerberechnungen verwalten – Absatzplanung** einrichten können. Ziel ist es, die Genauigkeit der Ist-Prognose zu validieren und zu bewerten, ob die verschiedenen Eingabequellen (statistische Prognose vom Prognosealgorithmus und die verschiedenen Änderungen im Prognoseprozess) einen Mehrwert für die Prognose liefern.

Damit Sie die erweiterten Prognosecontrolling-Funktionen über die App **Prognosefehlerberechnungen verwalten – Absatzplanung** verwenden können, müssen Sie einige Einstellungen als Voraussetzung vornehmen. Unter anderem müssen Sie Kennzahlen und Planungsebenen, die Sie für die Analyse der Prognosefehler verwenden möchten, im Planungsbereich angelegt haben.

Alle weiteren Einstellungen nehmen Sie in der App **Prognosefehlerberechnungen verwalten – Absatzplanung** vor. Auf der Registerkarte **Allgemein** legen Sie **Profilname**, **Planungsbereich** und **Berechnungsebene** fest. Diese können Sie nach dem Speichern für das Profil nicht mehr ändern. Dem Profil ordnen Sie dann noch **Gruppen für Prognosefehlermaße** zu. Über die **Gruppen für Prognosefehlermaße** können Sie dann weitere Einstellungen vornehmen und durch mehrere Gruppen auch verschiedenen Prognosefehlerberechnungen realisieren, z. B. unterschiedliche Input-Kennzahlen wie statistische Prognose, Marketing, Vertrieb oder Konsensbedarf auswerten (siehe Abbildung 5.30)

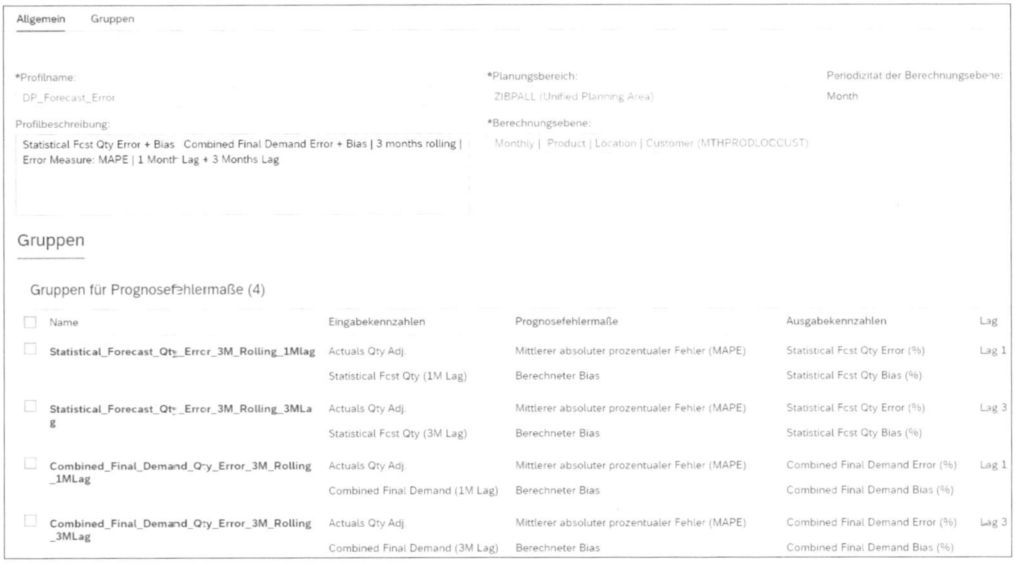

Allgemein Gruppen

*Profilname: DP_Forecast_Error

*Planungsbereich: ZIBPALL (Unified Planning Area)

Periodizität der Berechnungsebene: Month

Profilbeschreibung: Statistical Fcst Qty Error + Bias Combined Final Demand Error + Bias | 3 months rolling | Error Measure: MAPE | 1 Month Lag + 3 Months Lag

*Berechnungsebene: Monthly | Product | Location | Customer (MTHPRODLOCCUST)

Gruppen

Gruppen für Prognosefehlermaße (4)

Name	Eingabekennzahlen	Prognosefehlermaße	Ausgabekennzahlen	Lag
Statistical_Forecast_Qty_Error_3M_Rolling_1Mlag	Actuals Qty Adj. Statistical Fcst Qty (1M Lag)	Mittlerer absoluter prozentualer Fehler (MAPE) Berechneter Bias	Statistical Fcst Qty Error (%) Statistical Fcst Qty Bias (%)	Lag 1
Statistical_Forecast_Qty_Error_3M_Rolling_3MLag	Actuals Qty Adj. Statistical Fcst Qty (3M Lag)	Mittlerer absoluter prozentualer Fehler (MAPE) Berechneter Bias	Statistical Fcst Qty Error (%) Statistical Fcst Qty Bias (%)	Lag 3
Combined_Final_Demand_Qty_Error_3M_Rolling_1MLag	Actuals Qty Adj. Combined Final Demand (1M Lag)	Mittlerer absoluter prozentualer Fehler (MAPE) Berechneter Bias	Combined Final Demand Error (%) Combined Final Demand Bias (%)	Lag 1
Combined_Final_Demand_Qty_Error_3M_Rolling_3MLag	Actuals Qty Adj. Combined Final Demand (3M Lag)	Mittlerer absoluter prozentualer Fehler (MAPE) Berechneter Bias	Combined Final Demand Error (%) Combined Final Demand Bias (%)	Lag 3

Abbildung 5.30 Profil »Prognosefehlerberechnung« – Allgemein

In der **Gruppe für Prognosefehlermaße** legen Sie auf der Registerkarte **Eingabeeinstellungen** die Kennzahlen für die Verkaufshistorie, die Prognosekennzahl und wenn gewünscht das Lag sowie Umrechnungen für Währung und Mengeneinheit fest. Dies sind die primären Eingaben, die als Grundlage der Prognosefehlerberechnung verwendet werden. Pro Gruppe können Sie jeweils eine Ausprägung der Eingabeeinstellungen festlegen. Wie in Abbildung 5.31 dargestellt, können Sie die **Verkaufshistorien-Kennzahl** und die **Prognosekennzahl** angeben und falls gewünscht die Option **Lag verwenden** aktivieren, um das Lag selbst festzulegen. Sobald Sie dann verschiedene Prognosekennzahlen mit der Verkaufshistorie vergleichen wollen, müssen Sie unterschiedliche Gruppen verwenden.

Abbildung 5.31 Profil »Prognosefehlerberechnung« – Eingabeeinstellungen

Auf der Registerkarte **Zeitrahmen** wählen Sie aus den Optionen **Vergangenheit**, **Zukunft** oder **Vergangenheit und Zukunft** und legen den Berechnungshorizont bzw. die relevanten Perioden und einen eventuellen Offset für den Berechnungshorizont fest.

Abbildung 5.32 zeigt die Registerkarte **Ausgabeeinstellungen**, auf der Sie die Planungsebenen für Ausgabekennzahlen festlegen. Die Berechnung der Fehlermaße auf der Berechnungsebene wird auf der Planungsebene der Ausgabekennzahl gesichert. Unter **Zu berechnende Fehlermaße** können Sie Prognosefehlermaße, Prognosegenauigkeitskennzahlen, Bias-Kennzahlen und Ausreißer-Kennzahlen auswählen und jeweils Ausgabekennzahlen festlegen. Je nachdem, welche Fehlermaße Sie berechnen lassen und auswerten möchten, sollten Sie entsprechende Kennzahlen im Datenmodell vorsehen, die Sie dann an dieser Stelle dem Profil zuordnen. Die Ergebnisse der zu berechnenden Fehlermaße werden dann in die definierten Kennzahlen gespeichert.

Auf der Registerkarte **Berechnungseinstellungen** können Sie schließlich Parameter für die Eingabedaten, einige prozentualer Fehlermaße und den zu verwendenden Bias angeben. Für die Eingabedaten legen Sie den Umgang mit initialen Werten und 0 fest, also ob die Historie ab der ersten Verkaufsperiode startet und ob Ausreißer ausgeschlossen werden sollen. Des Weiteren legen Sie die Basis für die Berechnung der prozentualen Fehler, den Standardwert und den maximalen Wert von prozentualen Fehlern wie dem MAPE, MPE, WMAPE und dem BIAS fest.

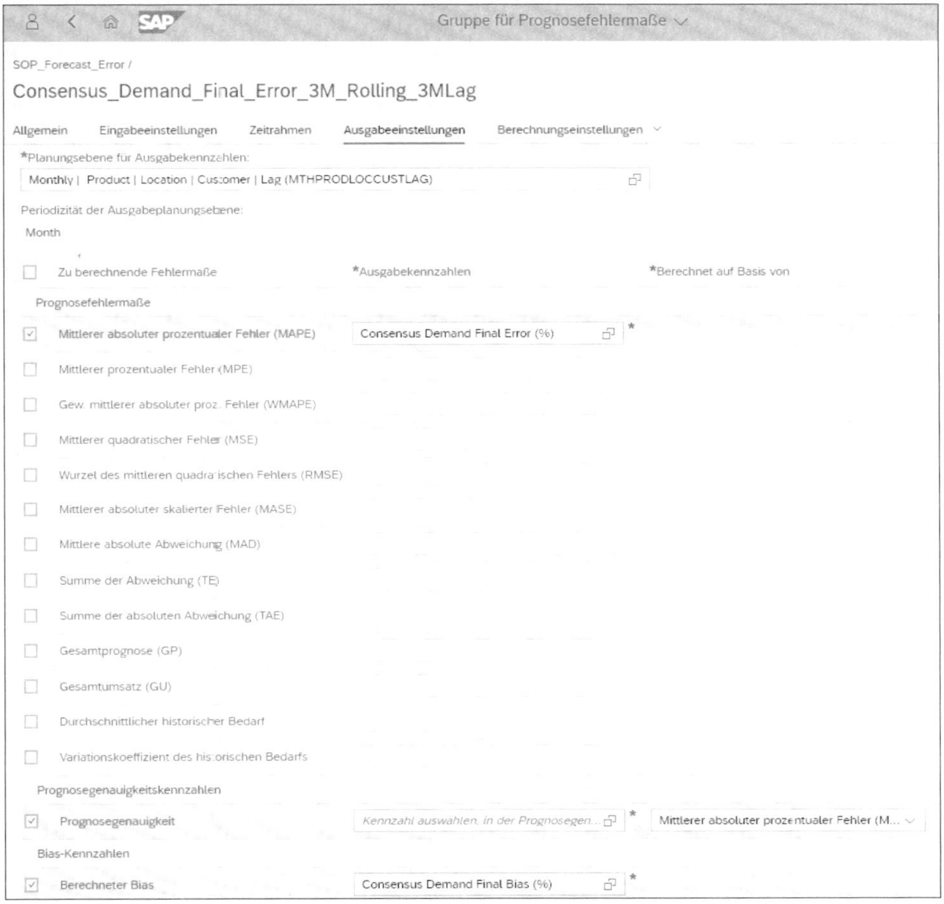

Gruppe für Prognosefehlermaße

SOP_Forecast_Error /

Consensus_Demand_Final_Error_3M_Rolling_3MLag

Allgemein | Eingabeeinstellungen | Zeitrahmen | Ausgabeeinstellungen | Berechnungseinstellungen

*Planungsebene für Ausgabekennzahlen:
Monthly | Product | Location | Customer | Lag (MTHPRODLOCCUSTLAG)

Periodizität der Ausgabeplanungsebene:
Month

	Zu berechnende Fehlermaße	*Ausgabekennzahlen	*Berechnet auf Basis von
	Prognosefehlermaße		
☑	Mittlerer absoluter prozentualer Fehler (MAPE)	Consensus Demand Final Error (%)	
☐	Mittlerer prozentualer Fehler (MPE)		
☐	Gew. mittlerer absoluter proz. Fehler (WMAPE)		
☐	Mittlerer quadratischer Fehler (MSE)		
☐	Wurzel des mittleren quadratischen Fehlers (RMSE)		
☐	Mittlerer absoluter skalierter Fehler (MASE)		
☐	Mittlere absolute Abweichung (MAD)		
☐	Summe der Abweichung (TE)		
☐	Summe der absoluten Abweichung (TAE)		
☐	Gesamtprognose (GP)		
☐	Gesamtumsatz (GU)		
☐	Durchschnittlicher historischer Bedarf		
☐	Variationskoeffizient des historischen Bedarfs		
	Prognosegenauigkeitskennzahlen		
☑	Prognosegenauigkeit	Kennzahl auswählen, in der Prognosegen...	Mittlerer absoluter prozentualer Fehler (M...
	Bias-Kennzahlen		
☑	Berechneter Bias	Consensus Demand Final Bias (%)	

Abbildung 5.32 Die Gruppe »Prognosefehlermaße« – Ausgabeeinstellungen

Nachdem Sie die beschriebenen Einstellungen entsprechend Ihren individuellen Anforderungen realisiert haben, können Sie die Berechnung der Fehlermaße über die App **Anwendungsjobs** mit der Jobvorlage **Operator zur Berechnung von Prognosefehlern** einplanen. Die Ergebnisse werden in den von Ihnen auf der Registerkarte **Ausgabeeinstellungen** definierten Kennzahlen gespeichert und können in den Apps **Analysen** und **Dashboards** oder in Web- und Excel-Oberflächen verwendet werden.

Prognosefehler verwalten – Absatzplanung

Die Funktion **Prognosefehler verwalten – Absatzplanung** können Sie in SAP IBP für Demand, aber auch in SAP IBP für Sales and Operations verwenden.

Kapitel 6
Bestandsplanung mit SAP IBP für Inventory

SAP IBP bietet mit SAP IBP für Inventory eine Möglichkeit, Bestände stücklisten- bzw. werksübergreifend dynamisch zu planen. Damit können die Funktionen des S&OP-Prozesses um eine Inventory-Planning-Komponente erweitert werden, was wiederum eine integrierte Business-Planung ermöglicht.

Das Ziel der Bestandsplanung (engl. *Inventory Planning*) ist die Ermittlung der wesentlichen Kenngrößen für die zukünftig vorzuhaltenden Bestände. In den folgenden Abschnitten werden wir Ihnen zunächst eine Einführung in die Beweggründe der Bestandsplanung geben, um damit die Grundlage für das Verständnis der Funktionen von SAP IBP für Inventory zu schaffen. Auf dieser Basis werden wir dann die von SAP ausgelieferten Beispielkonfigurationen und die Funktionen durchsprechen, die mit dem Inventory Planning verbunden sind.

6.1 Einführung in die Bestandsplanung

Die Bestandsplanung stellt als eigener Supply-Chain-Planungsschritt das Bindeglied zwischen der Absatzplanung (engl. *Demand Planning*) und der Materialbedarfsplanung (engl. *Material Requirements Planning*, MRP) dar. Das Ziel ist, die Bestände über die gesamte betrachtete Supply Chain so zu optimieren, dass bei Einhaltung eines gegebenen Servicegradziels die Kosten so weit wie möglich minimiert werden. Hieraus ergibt sich der Grundkonflikt der Bestandsplanung: Minimale Bestandskosten kann ein Unternehmen erreichen, indem es keine Bestände vorhält, jedoch ließe sich dann ein gewisser Servicegrad, der für die Kundenzufriedenheit von hoher Bedeutung ist, nicht einhalten. Andersherum führen sehr hohe Bestände häufig zu einem entsprechend hohen Servicegrad, der wiederum sehr gut beim Kunden ankommt. Dies treibt jedoch auch die Bestandskosten entsprechend in die Höhe. Die Aufgabe der Bestandsplanung ist es, diesen Konflikt entsprechend den Unternehmensvorgaben zu lösen. Hierfür stellt SAP IBP für Inventory eine Vielzahl von Funktionen zur Verfügung.

Bevor wir uns jedoch den konkreten Funktionen widmen, ist es wichtig zu verstehen, warum überhaupt Lagerbestand gehalten werden muss. Die Begründung findet sich vor allem darin, dass die Information über (zukünftige) Einflüsse auf die Supply Chain unvollständig und stets mit Unwägbarkeiten belastet sind.

Zum einen besteht da die Unsicherheit über die Höhe der zukünftigen Nachfrage. Diese ist in der Regel nicht über einen ausreichend langen Zeitraum bekannt, es müssen also in der Supply-Chain-Planung Mechanismen angewendet werden, um sie möglichst genau abzuschätzen (siehe Kapitel 5, »Absatzplanung mit SAP IBP für Demand«). Da sich in mehrstufigen Supply Chains die Wiederbeschaffungszeiten über alle Stufen hinweg zu mehrmonatigen Zeiträumen aufaddieren, umfasst der Planungszeitraum in der Regel 1 Jahr oder länger. Nur mit entsprechend langen Planungszeiträumen kann sichergestellt werden, dass Rohstoffe oder andere eingekaufte Materialien und natürlich andere benötigte Input-Materialien vorliegen, wenn dann ein konkreter Kundenauftrag für das Endprodukt vorliegt. Abbildung 6.1 verdeutlicht diesen Zusammenhang. Zu sehen ist hier eine einfache mehrstufige Supply Chain, bei der für das Endprodukt ein Kundenbedarf mit einem Vorlauf von 2 Wochen angelegt wird. Für die Fertigung des Endprodukts ist an sich noch ausreichend Zeit vorhanden, jedoch ist zu sehen, dass die Zeit für die Produktion der Baugruppe nicht mehr ausreicht. Die für die Baugruppe benötigten Komponenten sowie die für die Komponenten benötigten Rohstoffe und Verpackungsmaterialien hätten bei den hier angesetzten Wiederbeschaffungszeiten auf jeder Stufe schon wesentlich früher beschafft werden müssen, damit schließlich die Erfüllung des Kundenauftrags zum Wunschtermin hätte ermöglicht werden können. Für diesen Fall wäre es also notwendig gewesen, Lagerbestand vorzuhalten.

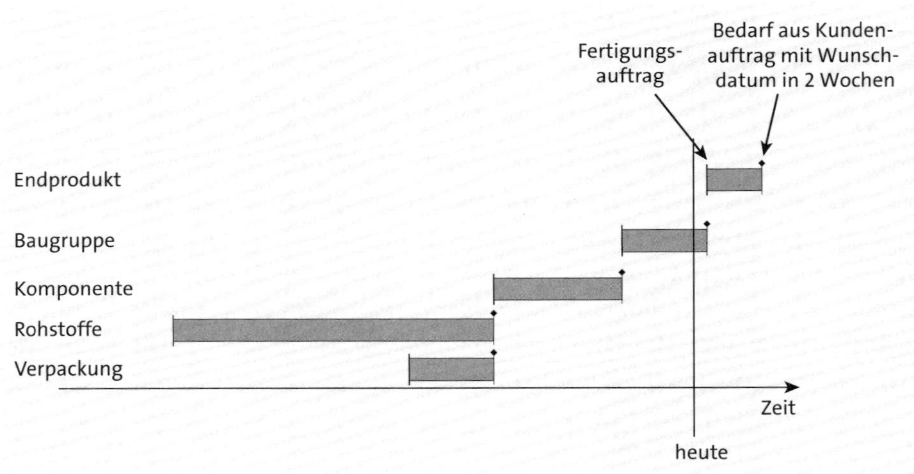

Abbildung 6.1 Zeitliche Zusammenhänge in einer mehrstufigen Supply Chain

Dabei müssen wir zwei unterschiedliche Aspekte der Notwendigkeit der Lagerhaltung unterscheiden. Zum einen ist Lagerhaltung für die in Zukunft zu erwartende Menge zu betreiben, es muss also die zu erwartende Menge ermittelt werden. Dies ist Aufgabe von SAP IBP für Demand, mit dessen Hilfe Sie eine Prognose erstellen. Diese muss einen Vorlauf ermöglichen, der ausreichend lang ist, um alle benötigten Input-Materialien im Bedarfsfall vorliegen zu haben. Im Beispiel aus Abbildung 6.1 hätte bereits viele Monate vorab eine möglichst präzise Menge auf den oberen Ebenen prognostiziert werden müssen, um sicherzugehen, dass auch die Rohstoffe, die auf dem kritische Pfad liegen, in ausreichender Menge vorliegen.

Zum anderen ist allerdings auch diese Prognose mit Unsicherheiten belegt, weil sie die Realität nicht exakt treffen kann. Die Abbildung dieser Unsicherheit wiederum ist die Aufgabe von SAP IBP für Inventory: Es müssen Puffer vorgesehen werden, die es erlauben zu reagieren, wenn sich die Vorhersage als unzutreffend erwiesen hat. Die Prognose ist schon aufgrund des langen Zeitraumes, für den Sie erfolgen muss, schwierig. Und daneben gibt es noch einige andere Faktoren, die das Aufstellen einer guten Prognose erschweren, z. B.:

- Saisonalitäten und Trends
- sporadische Nachfragen mit Nullperioden
- Ausreißer
- Promotionen

Neben der Unsicherheit auf der Nachfrageseite ist für die Vorhaltung von Puffern auch die Unsicherheit des Nachschubs (engl. *Supply*) bedeutsam. Wenn beispielsweise für einen bestimmten Zeitpunkt auf Basis von zu erwartenden oder konkreten Nachfragen Nachschub eingeplant wurde, dieser sich jedoch aufgrund von Problemen beim Lieferanten oder in der Produktion verspätet, kommt es zu Problemen in der Versorgung der Supply Chain mit Gütern. Auch gegen diese Unsicherheiten müssen Pufferungen vorgenommen werden. Durch die reine Vorhersage von zu erwartenden Mengen ist kein ausreichendes Versorgungsniveau gewährleistet.

Prognose- und Bevorratungsebene

In der Praxis muss zwischen der *Prognoseebene* und der *Bevorratungsebene* unterschieden werden. Die Prognoseebene ist die Ebene in einer mehrstufigen Supply Chain, auf der eine Prognose durchgeführt wird. Dies kann beispielsweise auf Endproduktebene erfolgen. Es kann aber auch sinnvoll sein, die Prognoseebene auf Vorstufen zu verlagern, beispielsweise wenn man eine große Zahl an Endprodukten mit einer relativ geringen Anzahl an Baugruppen fertigen kann und die Zeit in der Regel ausreicht, um bei Eintreffen des Kundenauftrags eine Montage des Endprodukts aus den lagernden Baugruppen zu veranlassen. In diesem Fall kann man die Menge für die Baugruppen gegebenenfalls besser prognostizieren als die konkrete Menge für jedes Endprodukt, da manche Endprodukte gegebenenfalls seltener verbraucht werden und so eine Prognose schwieriger zu erstellen ist als bei Produkten mit regelmäßigeren Verbräuchen.

Die Bevorratungsebene ist die Ebene in einer mehrstufigen Supply Chain, auf der ein konkreter Lagerbestand für die zu erwartende Menge vorgehalten wird. Diese Ebene muss nicht zwingend die Ebene sein, auf der die Prognose durchgeführt wird, es können auch beliebige Ebenen unterhalb der Prognoseebene gewählt werden. So kann es beispielsweise zur Verhinderung einer übermäßigen Kapitalbindung sinnvoll sein, Produkte zu lagern die noch nicht durch alle Wertschöpfungsstufen gelaufen sind, selbst dann, wenn eine Prognose der Verkaufsmaterialien sinnvoll ist.

Die Festlegung der Prognoseebene findet außerhalb von SAP IBP für Inventory statt, da es sich hier um den zu erwartenden Teil der Nachfrage handelt. Sie wird im vorgelagerten Demand Planning abgebildet.

[»]

Bestandshaltung aus Kostengesichtspunkten

Neben der reinen Vorhaltung von Beständen zur Pufferung der Nachfrage- bzw. Nachschubseite sind auch Kostengesichtspunkte Treiber für Bestandsentscheidungen. Es kann sinnvoll sein, zukünftig zu erwartende Mengen, die eigentlich noch nicht beschafft oder produziert werden müssten, vorzuziehen, um so z. B. Rüstkosten einzusparen. Hier spricht man von *Losgrößenplanung*, also der Planung der Beschaffungs- oder Produktionsmenge. Diese Entscheidung wird ebenfalls außerhalb von SAP IBP für Inventory getroffen (es bietet keine Berechnungsalgorithmen für diese Entscheidungen). Losgrößenplanung kann beispielsweise in der nachgelagerten Materialbedarfsplanung angewendet werden. SAP IBP für Inventory kann jedoch die Entscheidung über Losgrößen bei der Bestandsplanung berücksichtigen, sodass es in der Regel sinnvoll ist, die Losgrößenentscheidung als Input in die Bestandsplanung aufzunehmen. In diesem Fall muss die Entscheidung über Lose vorab getroffen und dann in SAP IBP für Inventory berücksichtigt werden.

Traditionell verwenden viele Unternehmen bei der Bestandsplanung einfache Vorgehensweisen zur Ermittlung von Bestandshöhen und auch Losgrößen, die in der Regel maximal isoliert für jede Stufe versuchen, optimale Bestandsparameter abzuleiten. Es kommen dabei klassische Sicherheits- oder Meldebestandsformeln oder auch klassische Losgrößenformeln zum Einsatz, um Stufe für Stufe zu ermitteln, wie viel Bestand vorgehalten werden sollte. Dieses Vorgehen reicht in vielen Fällen aus und ist für die Disponenten einfach nachzuvollziehen. Dass jedoch die Entscheidung über die Höhe eines Sicherheitsbestandes auf einer Stufe der Supply Chain positive oder auch negative Rückwirkungen für andere Stufen haben kann, findet in der Regel keine Berücksichtigung.

[zB]

Mehrstufige Wirkung einer isolierten Bestandsentscheidung

Sie können in einer vierstufigen Stücklistenstruktur, bestehend aus Fertigprodukt, Baugruppe, Komponente und Kaufteil (analog zu Abbildung 6.1), auf jeder Ebene mit einer klassischen Sicherheitsbestandsformel arbeiten und so beispielsweise die Unsicherheit auf Baugruppenebene mit einem bestimmten Sicherheitsbestand puffern. Wenn jedoch auf der Input-Ebene der Komponente kein oder nur ein niedriger Sicherheitsbestand eingeplant worden ist, wird dies bei der Baugruppenfertigung Einfluss auf die Sicherheit der Versorgung mit Komponenten haben. Die klassischen Sicherheitsbestandsformeln, die einstufig arbeiten, beziehen die Information darüber, wie versorgungssicher die Vorstufe liefern kann, nicht mit ein; sie gehen davon aus, dass alle benötigten Input-Materialien verfügbar sind. SAP IBP für Inventory verfügt über Mechanismen, die auch mehrstufige Abhängigkeiten miteinbeziehen.

Der Trend zu einer erhöhten Komplexität von Lieferketten und unternehmensübergreifenden, globalen Netzwerken verstärkt den Druck auf die Unternehmen, der zunehmenden Mehrstufigkeit ausreichend Gewicht zu verleihen und dies mit entsprechenden Planungstools wie SAP IBP für Inventory in einen integrierten Gesamtplanungsprozess aufzunehmen. Im nächsten Abschnitt stellen wir Ihnen die Funktionen von SAP IBP für Inventory, mit denen Sie diesen Fragestellungen begegnen können, sowie deren Konfigurationsmöglichkeiten vor.

6.2 Konfiguration von SAP IBP für Inventory

SAP IBP enthält bereits zu Standardplanungsbereichen gruppierte Beispielmodellentitäten, mit denen SAP IBP für Inventory ausgeführt werden kann. Dabei handelt es sich um die folgenden Beispielplanungsbereiche:

- Unified Planning Area (SAPIBP1)
- Inventory Planning (SAP3)
- SAP Sample Model 4 (SAP4)

Sie müssen diese in der App **Beispielmodellentitäten** in einen von Ihnen gewünschten Planungsbereich kopieren (nähere Informationen hierzu finden Sie in Kapitel 3, »Grundlagen der übergreifenden Konfiguration«).

Alternativ können Sie den entsprechenden Planungsbereich von Grund auf selbst aufbauen, gegebenenfalls unter Nutzung der Informationen aus den Beispielplanungsbereichen. Weil dies jedoch aufwendig und auch fehleranfällig ist, entscheiden sich Unternehmen häufig für eine Kombination der beiden geschilderten Ansätze, d. h., einer der bestehenden Beispielplanungsbereiche wird kopiert und dann unternehmensspezifisch ergänzt bzw. angepasst.

[»]

Verwendung des Beispielplanungsbereichs SAP3

Der Beispielplanungsbereich SAP3 (siehe Abbildung 6.2) enthält den Umfang an Entitäten wie Attributen und Stammdatentypen, der unbedingt nötig ist, um die Funktionen von SAP IBP für Inventory auszuführen. Er ist daher der für SAP IBP für Inventory vorgesehene Planungsbereich, wobei er konfigurationsseitig gleichzeitig eine Teilmenge der Planungsbereiche SAPIBP1 (Unified Planning Area) und SAP4 darstellt.

Wir konzentrieren uns in diesem Kapitel auf die Vorstellung der Elemente von SAP3 unter Nutzung einer Kopie (ZF3INVOPT); auf Unterschiede zu den beiden anderen genannten Planungsbereichen gehen wir nur an den Stellen ein, an denen es für das Verständnis des Planungsprozesses wichtig ist.

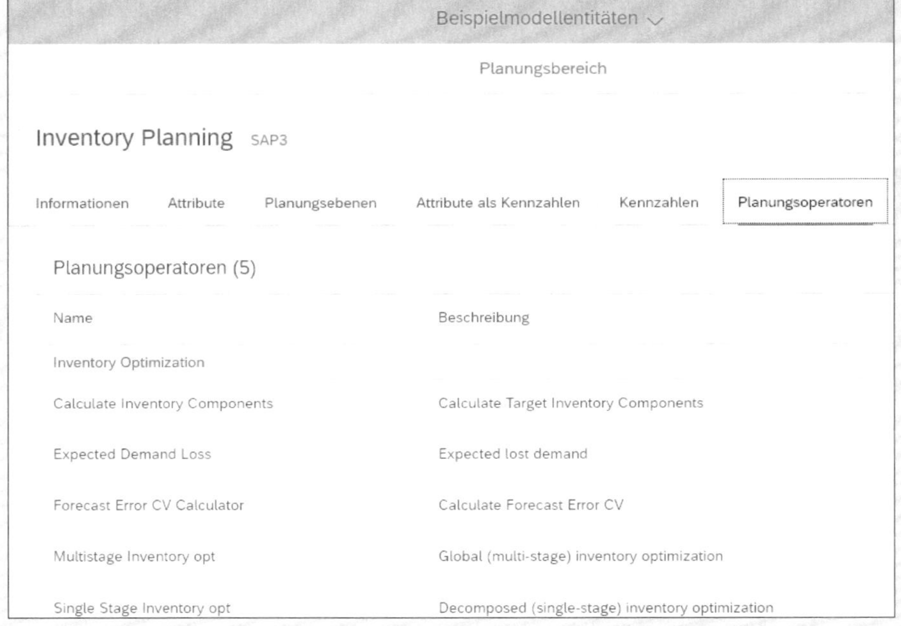

Abbildung 6.2 Der Beispielplanungsbereich SAP3 in der App »Beispielmodell-entitäten« (Ausschnitt)

Im Folgenden stellen wir Ihnen nun die wesentlichen Konfigurationselemente von SAP IBP für Inventory anhand der Struktur des Beispielplanungsbereichs SAP3 vor. Sie umfassen die folgenden Gruppen von Entitäten:

- Stammdaten (z. B. Produkte, Lokationen)
- Bewegungsdaten (z. B. Prognosen, Kundenaufträge)
- Konfigurationsdaten (z. B. Zeitprofildaten)

Nachdem wir Ihnen den Beispielplanungsbereich SAP3 allgemein erläutert haben, gehen wir nun im Detail auf die darin enthaltenen Entitäten ein.

6.2.1 Stammdaten – Stammdatentypen und Attribute

Wie wir bereits in Kapitel 3, »Grundlagen der übergreifenden Konfiguration«, ausführlich erläutert haben, setzt sich die Struktur der Stammdaten in SAP IBP unter anderem aus Stammdatentypen und Attributen zusammen. Auf den folgenden Seiten stellen wir Ihnen nun die wesentlichen Stammdatentypen von SAP IBP für Inventory und deren Attribute anhand des Standardplanungsbereichs SAP3 vor, damit Sie ein Verständnis für den Aufbau der verwendeten Daten entwickeln.

Technische IDs

In SAP IBP für Inventory müssen die technischen IDs der Stammdatentypen und Attribute identisch mit den hier aufgelisteten IDs sein. Andernfalls kann keine fehlerfreie Ausführung von Planungsoperatoren gewährleistet werden.

Kunden

Kundenbezogene Stammdaten werden in SAP IBP für Inventory genutzt, um die Quelle der Nachfrage abzubilden. Hierfür wird der einfache Stammdatentyp `CUSTOMER` mit der Stammdatentyp-ID `IBPCUSTOMER` verwendet. Abbildung 6.3 zeigt die Stammdatentyp-ID mit den zugeordneten Attribut-IDs in der App **Beispielmodellentitäten**.

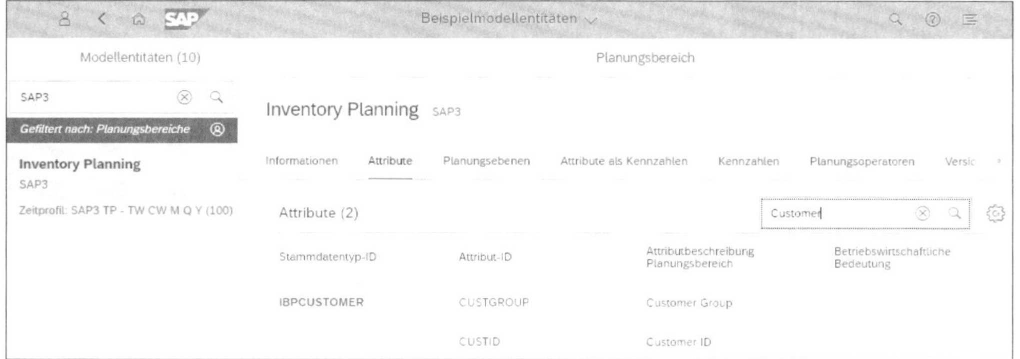

Abbildung 6.3 Stammdatentyp-ID IBPCUSTOMER in der App »Beispielmodellentitäten«

Der Stammdatentyp-ID sind unter anderem zwei Attribute (Attribut-IDs) zugeordnet:

- *Customer ID* (`CUSTID`)
- *Customer Group/Segment* (`CUSTGROUP`)

Bei *Customer ID* (CUSTID) handelt es sich um einen eindeutigen Schlüssel für jeden Kunden. Dieses Attribut ist das Schlüsselattribut des Stammdatentyps und demnach ein Pflichtfeld. Die Kundengruppe bzw. das -segment *Customer Group/Segment* (CUSTGROUP) kann genutzt werden, um Kunden zu gruppieren.

Ferner sind weitere Attribute zugeordnet, die unter anderem dabei helfen können, Kunden weiter zu gruppieren. Beispielhaft seien hier die Attribute *Customer Country* (CUSTCOUNTRY) und *Customer Region* (CUSTREGION) genannt.

[!]

Weitere zugeordnete Attribute

Die vollständige Auflistung aller zugeordneten Attribute würde an dieser Stelle den Rahmen sprengen, zumal mit jedem SAP-IBP-Release neue Attribute zum Standardplanungsbereich SAP3 hinzukommen können. Aus diesen Gründen beschränken wir uns im Rahmen dieses Buches auf die Erläuterung der wichtigsten Attribute, die für die Funktionstüchtigkeit der Planungsfunktionen von SAP IBP zentral sind. Eine vollständige Liste zum jeweiligen Release finden Sie in der App **Beispielmodellentitäten**.

Produkte

Der Stammdatentyp PRODUCT beinhaltet die Stammdaten zu den für den Bestandsplanungsprozess relevanten Materialien. Die zugehörige Stammdatentyp-ID im Beispielplanungsbereich SAP3 ist IBPPRODUCT, und es handelt sich hierbei wie bei CUSTOMER um einen einfachen Stammdatentyp. Abbildung 6.4 zeigt die Stammdatentyp-ID mit den zugeordneten Attribut-IDs in der App **Beispielmodellentitäten**.

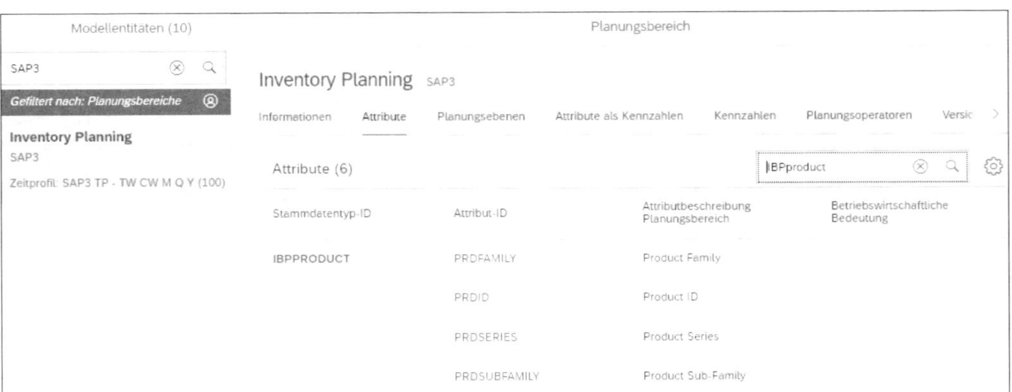

Abbildung 6.4 Stammdatentyp-ID IBPPRODUCT in der App »Beispielmodellentitäten«

Der Stammdatentyp PRODUCT enthält unter anderem die folgenden Attribute (Attribut-IDs):

- **Product ID (PRDID)**
  Beim Attribut *Product ID* (PRDID) handelt es sich um die eindeutige Kennung des Produkts, beispielsweise die Materialnummer aus dem angeschlossenen ERP-System. *Product ID* ist das einzige Schlüsselattribut des Stammdatentyps, die Eingabe ist verpflichtend.
- **Product Desc (PRDDESCR)**
  Dieses Attribut bietet die Möglichkeit, eine Produktbeschreibung zu hinterlegen. Hierbei kann es sich beispielsweise um die Kurzbeschreibung aus dem angeschlossenen ERP-System handeln.
- **Product Family (PRDFAMILY)**
  Die Produktfamilie bietet – wie beispielsweise die ebenfalls zugeordneten Attribute *Product Sub-Family, Material Type ID, PLM Status, Product Group, Brand, Category* und *Product Series* – die Möglichkeit, Produkte zu gruppieren. Im Planungsbereich SAP3 existiert keine Prüftabelle für diese Einträge.

Im Planungsbereich SAP3 finden sich noch eine Reihe weitere Attribute, z. B. *ABC Code* (ABCID) und *XYZ Code* (XYZID), mit denen sich die Ergebnisse der ABC-/XYZ-Analyse in die Stammdaten übernehmen lassen. Darüber hinaus gibt es eine Zuordnung von steuernden Attributen wie Mengeneinheiten (Attribut *BASE UOM*, Attribut-ID UOMID) und deren Bezeichnungen (Attribut *Base UOM Desc.*, Attribut-ID UOMDESCR).

Lokationen

Lokationen repräsentieren physisch vorhandene Orte, an denen Bestandshaltung in einer Supply Chain stattfindet. Dabei kann es sich z. B. um Produktionswerke, Distributionszentren oder Regionallager handeln. Der Stammdatentyp LOCATION beinhaltet die Stammdaten zu den für den Bestandsplanungsprozess relevanten Lokationen. Die zugehörige Stammdatentyp-ID im Beispielplanungsbereich SAP3 ist IBPLOCATION, hierbei handelt es sich wie bei CUSTOMER um einen einfachen Stammdatentyp. Abbildung 6.5 zeigt die Stammdatentyp-ID mit den zugeordneten Attribut-IDs in der App **Beispielmodellentitäten**.

Die wichtigsten Attribute (Attribut-IDs) des Stammdatentyps IBPLOCATION sind die folgenden:

- **Location ID (LOCID)**
  Beim Attribut *Location ID* (LOCID) handelt es sich um eine eindeutige Kennung (ID) für die Lokation. Beispielsweise kann hier die Nummer des Werkes aus dem ERP-System verwendet werden. Diese Kennung ist das einzige Schlüssel- bzw. Pflichtfeld des Stammdatentyps LOCATION im Planungsbereich SAP3.
- **Location Region Code (LOCREGION)**
  Das Attribut *Location Region Code* (LOCREGION) wird genutzt, um die Region zu definieren, in der sich die Lokation befindet. Beispiele wären *EU* für Europa oder *NA* für Nordamerika.

Location ZF3LOCATION

Bearbeiten Kopieren

Beschreibung: Location | Typ: Einfach | Status: Aktiv | Geändert am: 14.06.2019, 23:06:39 / Aktiviert am: 14.06.2019, 23:17:29 / Daten hochgeladen am: - | Neuestes detailliertes Protokoll: Aktivierung - Erfolg | Stammdatentypen: 5 | Planungsbereiche: 1

Zugeordnete Attribute | Attributprüfungen (AUS) | Administrative Informationen

Zugeordnete Attribute

ID	Name	Schlüssel	Erforderlich
LOCID	Location ID	✓	✓
GEOLATITUDE	Geo Latitude		
GEOLONGITUDE	Geo Longitude		
HOLDINGCOSTPCT	Holding Cost Percentage		
LOCBUPAID	Location Business Partner ID		
LOCDESCR	Location		
LOCREGION	Location Region		
LOCTYPE	Location Type		
LOCVALID	Location Validity		
PROFILESETID	Buffer profile set ID for creati		

Abbildung 6.5 Stammdatentyp-ID IBPLOCATION in der App »Planungsbereiche«

- **Location Type Code (LOCTYPE)**
  Mit dem Attribut *Location Type Code* (LOCTYPE) können Sie beispielsweise zwischen Produktionswerken, Distributionswerken und Regionallagern unterscheiden.
- **Location Business Partner ID (LOCBUPAID)**
  Mit diesem Attribut haben Sie die Möglichkeit, die Business Partner ID für Kunden oder Lieferanten aus dem ERP-System abzubilden.
- **Holding Cost Percentage (HOLDINGCOSTPCT)**
  Der Lagerkostensatz ist ein wichtiger Input für die Kalkulationen von bestimmten Planungsoperatoren in SAP IBP für Inventory. Mit diesem Attribut werden die Lagerhaltungskosten der Lokation in Prozent abgebildet.

- **Geo Latitude of Location (GEOLATITUDE)/Geo Longitude of Location (GEOLONGITUDE)**
  Die Geodaten werden verwendet, um die Lage von Lokationen im Rahmen von Kartendarstellungen in den Diagrammen von SAP IBP anzuzeigen.

Nachdem wir damit die Erläuterungen zu den Lokationen abgeschlossen haben, gehen wir nun auf die Abbildung der Stammdaten zur Nachfragequelle ein.

Demand Stream (Source Customer Group)

Mit dem Stammdatentyp IBPSOURCECUSTGROUP werden externe Nachfragequellen abgebildet. Abbildung 6.6 zeigt diesen Stammdatentyp mit den zugeordneten Attributen in der App **Planungsbereiche**.

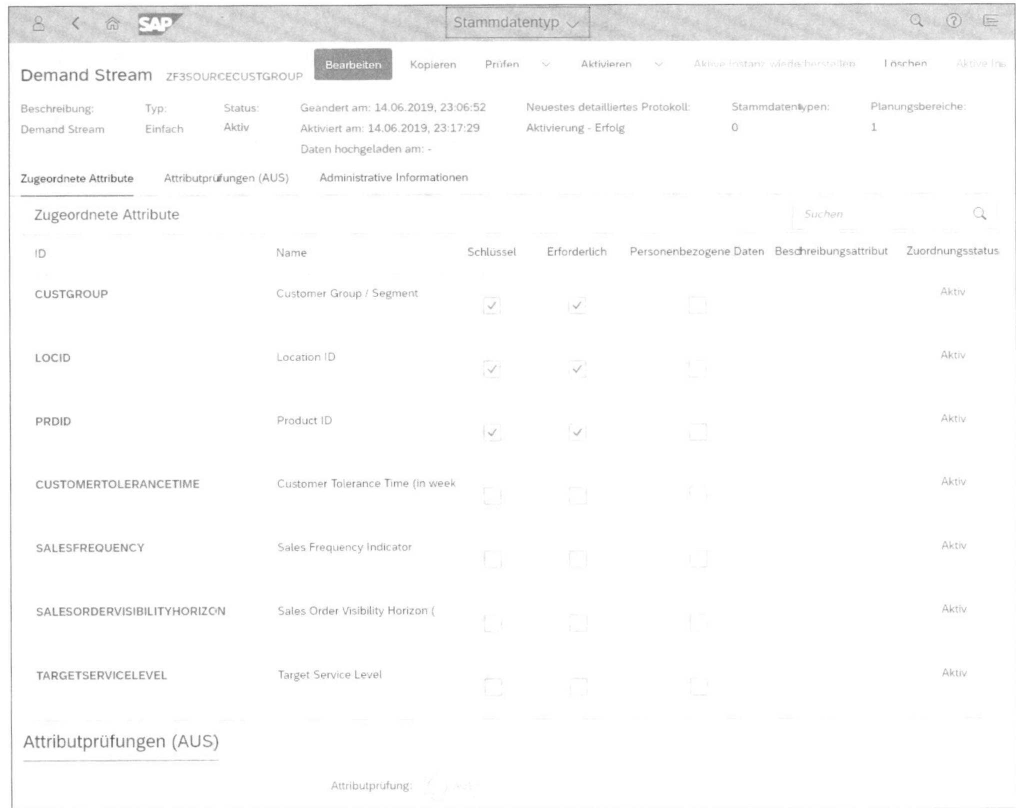

Abbildung 6.6 Stammdatentyp-ID IBPSOURCECUSTGROUP in der App »Planungsbereiche«

Lokationsprodukte

Der Stammdatentyp LOCATIONPRODUCT ist – im Gegensatz zu den bereits beschriebenen einfachen Stammdatentypen LOCATION und PRODUCT – ein zusammengesetzter

Stammdatentyp, der sich aus ebendiesen Stammdatentypen LOCATION und PRODUCT zusammensetzt. Abbildung 6.7 zeigt einen Auszug dieses Stammdatentyps mit der Stammdatentyp-ID IBPLOCATIONPRODUCT in der App **Planungsbereiche**.

Location Product ZF3LOCATIONPRODUCT

Bearbeiten Kopiere

Beschreibung:	Typ:	Status:		Neuestes detailliertes Protokoll:	Stan
Location Product	Zusammengesetzt	Aktiv	Geändert am: 14.06.2019, 23:06:37 Aktiviert am: 14.06.2019, 23:17:29 Daten hochgeladen am: -	Aktivierung - Erfolg	0

Zugeordnete Attribute Attributprüfungen Administrative Informationen

Zugeordnete Attribute

ID	Name	Schlüssel	Erforderlich
LOCID	Location ID	✓	✓
PRDID	Product ID	✓	✓
CRITICALOPERATION	Critical Operation Protection		
DDADH	DDMRP ADH		
DDANALYTICSPERIOD	DDMRP Analytics Period		
DDAOSH	Additional Order Spike Horizon		
DDLOTSIZEINDICATOR	DDMRP Lot Size Indicator		
DDOSTPCT	DDMRP Order Spike Threshold Pct		
DDROUNDINGVALUE	DDMRP Rounding Value		
DECOUPLINGPOINTREASON	Reason for selection as decoupli		
DISTRIBUTIONTYPE	Distribution Type (G or N)		

Abbildung 6.7 Stammdatentyp-ID IBPLOCATIONPRODUCT in der App »Planungsbereiche«

Die beiden Schlüsselattribute *Location ID* und *Product ID* der zugrunde liegenden Stammdatentypen von LOCATION und PRODUCT sind auch die Schlüsselattribute von

LOCATIONPRODUCT, und auch hier handelt es sich dabei um die einzigen Pflichtfelder des Planungsbereichs SAP3.

[«]

Prüftabelle für Subnetwork/Planning Unit in den unterschiedlichen Planungsbereichen

Im Planungsbereich SAP3 gibt es in der ausgelieferten Konfiguration keinen eigenen Stammdatentyp, mit dem die möglichen Einträge für Subnetworks definiert werden können. In den Standardplanungsbereichen SAPIBP1 und SAP4 ist das anders. Dort finden Sie den einfachen Stammdatentyp *Subnetwork* mit der Stammdatentyp-ID IBPPLANNINGUNIT. Abbildung 6.8 zeigt beispielhaft die Konfiguration der Attributprüfung im Planungsbereich SAPIBP1.

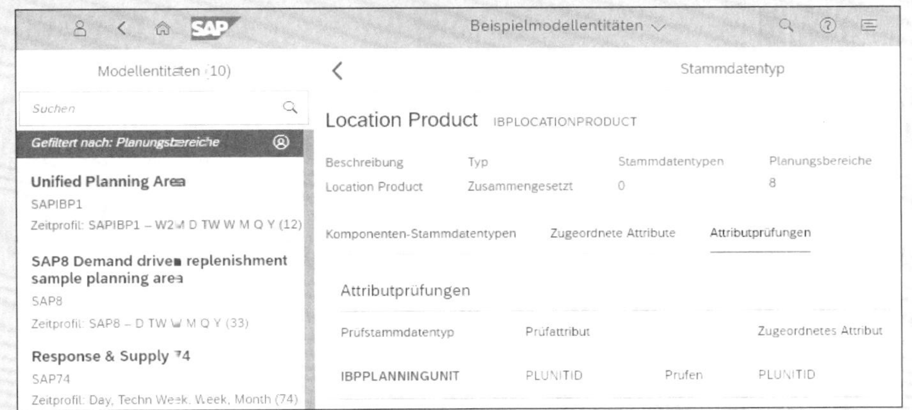

Abbildung 6.8 Planning-Unit-bezogene Attributprüfung des Lokationsprodukts

Darüber hinaus enthält der Stammdatentyp jedoch weitere Attribute, die für den Bestandsplanungsprozess mit SAP IBP für Inventory von zentraler Bedeutung sind:

- **Subnetwork ID (PLUNITID)**
  Das Attribut *Subnetwork ID* (PLUNITID) repräsentiert den Planungsumfang, dem das Lokationsprodukt zugeordnet ist. Es kann in bestimmten Planungsoperatoren als Filterkriterium eingesetzt werden.
- **Planner (PLANNER)**
  Mit dem Attribut *Planner* haben Sie die Möglichkeit, Ihre Lokationsprodukte beispielsweise im Excel-Interface zu gruppieren. Eine Option zur Füllung dieses Feldes ist der Disponent (engl. *MRP Controller*) aus dem ERP-System.
- **Network ID (NETWORKID)**
  Das Attribut *Network ID* wird vom Planungsoperator *Multi-Stage Inventory Opt* gefüllt (siehe hierzu Abschnitt 6.2.6, »Planungsoperatoren«). Das SAP-IBP-System zeigt somit planerisch zusammengehörige Netzwerke auf.

- **Service Level Type Indicator (SERVICELEVELTYPE)**
  Dieses Attribut wird eingesetzt, um die Art des durch den Sicherheitsbestand zu befriedigenden Lieferbereitschaftsgrad (engl. *Service Level* bzw. *Target Service Level*) zu definieren.

Bevor wir Ihnen weitere wichtige Attribute vorstellen, möchten wir kurz einige allgemeine Informationen einfügen, die im Zusammenhang mit dem Service Level relevant sind.

Zum Verständnis der Funktionen von SAP IBP für Inventory sind die Begrifflichkeiten Lieferbereitschaftsgrad, Servicegrad und (Target) Service Level von zentraler Bedeutung. Der *Lieferbereitschaftsgrad* ist im SAP-System eine Zielgröße für den Grad an Verfügbarkeit von Material, die der Planung in der Regel als Input mitgegeben wird und auf deren Basis dann wichtige Bestandskenngrößen wie Sicherheits- und Meldebestände berechnet werden können.

Hingegen wird mit dem Begriff *Servicegrad* eine Kennzahl umschrieben, mit der ebendieser Grad an Verfügbarkeit ex post gemessen wird. Es handelt sich demnach nicht um einen Input für die Planung, sondern um ein in der Realität beobachtbares Ergebnis, das durch die Planung beeinflusst wird.

Im englischen Sprachgebrauch wird sowohl für den Lieferbereitschaftsgrad als auch für den Servicegrad die Bezeichnung *Service Level* verwendet. Hier muss also vor allem dem Kontext entnommen werden, worum es sich handelt. Gelegentlich, jedoch nicht durchgängig wird der Begriff *Target* vorangestellt, also von *Target Service Level* gesprochen, wenn der Lieferbereitschaftsgrad gemeint ist.

Es stehen zwei Definitionen von Lieferbereitschaftsgraden zur Verfügung:

- Available in Full/Non-Stockout Probability (Type 1, Attributausprägung A):
- Fill Rate (Type 2, Attributausprägung F)

Available in Full (AIF) zeigt den prozentualen Anteil der Zeit an, in der die Nachfrage vollständig gedeckt ist. Sie wird auch als *Non-Stockout Probability* (NSP) bezeichnet. Dahingegen betrachtet die Option *Fill Rate* (FR), wie hoch der Anteil des Bedarfs ist, der gedeckt wurde. Anders als bei AIF handelt es sich bei der Frage, wie der Lieferbereitschaftsgrad interpretiert werden soll, also nicht um eine reine Ja/Nein-Entscheidung. Die Unterschiede sollen am Beispiel in Tabelle 6.1 verdeutlicht werden.

Periode	Tatsächliche Nachfragemenge	Gelieferte Menge	Available in Full (AIF)/Non-Stockout Probability (NSP)	Fill Rate (FR)
Januar	1.000	1.000	erfüllt	100 %
Februar	2.500	2.000	nicht erfüllt	80 %

Tabelle 6.1 Vergleich der unterschiedlichen Lieferbereitschaftsgraddefinitionen

Periode	Tatsächliche Nachfragemenge	Gelieferte Menge	Available in Full (AIF)/Non-Stockout Probability (NSP)	Fill Rate (FR)
März	1.800	1.800	erfüllt	100 %
Gesamt			66,6 %	90,6 %

Tabelle 6.1 Vergleich der unterschiedlichen Lieferbereitschaftsgraddefinitionen (Forts.)

Nach diesem Exkurs zu den verschiedenen Servicebegrifflichkeiten kommen wir nun zurück zur Liste der für den Bestandsplanungsprozess mit SAP IBP zentralen Attribute:

- *Stocking Node Type Indicator* (STOCKINGNODETYPE)
- *Safety Stock Policy Indicator* (SAFETYSTOCKPOLICY)
- *Distribution Type (G or N)* (DISTRIBUTIONTYPE)
- *Minimum Internal Service Level* (MININTERNALSERVICELEVEL)
- *Maximum Internal Service Level* (MAXINTERNALSERVICELEVEL)
- Periods Between Replenishment (PBR)

In SAP IBP für Inventory fließt der physische Produktstrom planerisch durch verschiedene Knoten der Supply Chain vom Lieferantenknoten (*Vendor Node*) über verschiedene interne Knoten bis hin zum Kundenknoten (*Customer Node*). Die internen Knoten lassen sich noch einmal in *Stocking Nodes*, an denen Lagerbestand gehalten wird, und *Non-Stocking/Processing Nodes* unterscheiden. Für den Bestandsplanungsprozess mit SAP IBP für Inventory ist es wichtig, in den Stammdaten zu definieren, ob an einem Knoten Bestand gehalten werden kann bzw. soll. In diesem Fall ist das Attribut *Stocking Node Type Indicator* (STOCKINGNODETYPE) auf **S** zu setzen, und falls kein Lagerbestand gehalten werden kann oder soll, verwenden Sie hier **N**. Das SAP-IBP-System verwendet **S** als Standardeinstellung.

Mit dem Attribut *Safety Stock Policy Indicator* (SAFETYSTOCKPOLICY) können Sie regeln, wie der Sicherheitsbestand an *hybriden Knoten* berechnet werden soll. Ein Knoten wird dann als hybrid bezeichnet, wenn an ihm sowohl externe Kundennachfrage als auch interne Nachfrage auftritt. Externe Kundenbedarfe werden in diesem Zusammenhang auch als unabhängige Bedarfe (engl. *Independent Demands*) bezeichnet, da sie aus Sicht des eigenen Unternehmens nicht aus einem anderen Bedarf abgeleitet werden können. Folgerichtig werden interne Bedarfe, die in der Regel über mehrstufige Stücklisten- oder Distributionsstrukturen auf untergeordnete Stufen geleitet werden, als abhängige Bedarfe (engl. *Dependent Demands*) bezeichnet. Das Attribut *Safety Stock Policy Indicator* dient dazu, im Fall des Auftreffens mehrerer Nachfragequellen (engl. *Demand Streams*) aus beiden Bereichen festzulegen, wie SAP IBP für Inventory mit den unterschiedlichen Gegebenheiten, beispielsweise divergierenden Lieferbereitschaftsgraden, umzugehen hat. Folgende Optionen sind möglich:

- First Come, First Served (FCFS; Attributausprägung **F**): Diese Option wird defaultmäßig verwendet, wenn in diesem Attribut kein gültiger Wert hinterlegt wird. Alle Demand Streams werden mit dem höchsten Lieferbereitschaftsgrad befriedigt, man spricht hier auch davon, dass keine Allokation (engl. *No Allocation*) zwischen den Demand Streams vorgenommen wird.
- Divide (Attributausprägung **D**): Bei dieser Ausprägung werden die Demand Streams separat betrachtet und am Ende aufsummiert. Es erfolgt keine gemeinsame Betrachtung der Unsicherheiten (engl. *No Pooling*), was zu einem erhöhten Sicherheitsbestandsniveau führen kann.
- Independent Demand Only (Attributausprägung **I**): Wenn Sie diese Attributausprägung verwenden, wird der Sicherheitsbestand nur für die externen Kundenbedarfe auf Basis der diesen zugeordneten Lieferbereitschaftsgraden errechnet.

Das Attribut *Distribution Type* (DISTRIBUTIONTYPE) legt fest, welche Verteilungsannahme bei der Ermittlung der Sicherheitsbestände zugrunde gelegt werden soll, ob also von einer Normalverteilung (Attributausprägung **N**) oder von einer Gammaverteilung (Attributausprägung **G**) ausgegangen wird. Wenn Sie hier keinen gültigen Wert festlegen, wird die Gammaverteilung als Standardeinstellung verwendet.

Für interne Knoten kalkuliert SAP IBP für Inventory optimierte interne Lieferbereitschaftsgrade. Mit den Attributen *Minimum Internal Service Level* (MININTERNALSERVICELEVEL) bzw. *Maximum Internal Service Level* (MAXINTERNALSERVICELEVEL) können Sie Unter- bzw. Obergrenzen für die internen Lieferbereitschaftsgrade an bestimmten Knoten definieren. Mit diesen Attributen lässt sich somit auch ein bestimmter Lieferbereitschaftsgrad an einem internen Knoten erzwingen.

Mit dem Attribut *Periods Between Replenishment* (PBR) wird in SAP IBP für Inventory die Zeitspanne zwischen Wiederauffüllungen des Lagers modelliert. In manchen Kontexten wird in diesem Zusammenhang auch vom Überwachungsintervall gesprochen, d. h. von dem Intervall, in dem eine Überwachung des Lagerbestandes zum Zwecke der Identifikation von Nachschubbedarf stattfindet. Es ist in Wochen anzugeben, es können jedoch auch Dezimalzahlen verwendet werden.

[»]

Attribute im Stammdatentyp LOCATIONPRODUCT

Neben den genannten Attributen des Stammdatentyps LOCATIONPRODUCT, die für den Bestandsplanungsprozess von zentraler Bedeutung sind, enthält der Stammdatentyp noch eine Reihe weiterer Attribute. Viele davon sind für den DDMRP-Prozess von Relevanz, auf den wir in Kapitel 7, »Demand-Driven Materials Requirement Planning«, eingehen.

Ship-From Location

Der Stammdatentyp *Ship-From Location* mit der Stammdatentyp-ID `IBPLOCATIONFR` referenziert auf den Stammdatentyp `IBPLOCATION`. Es handelt sich dabei nicht um einen unabhängigen Stammdatentyp, ein separates Laden von Daten ist demnach nicht erforderlich. Abbildung 6.9 zeigt beispielhaft den Stammdatentyp in der App **Planungsbereiche**.

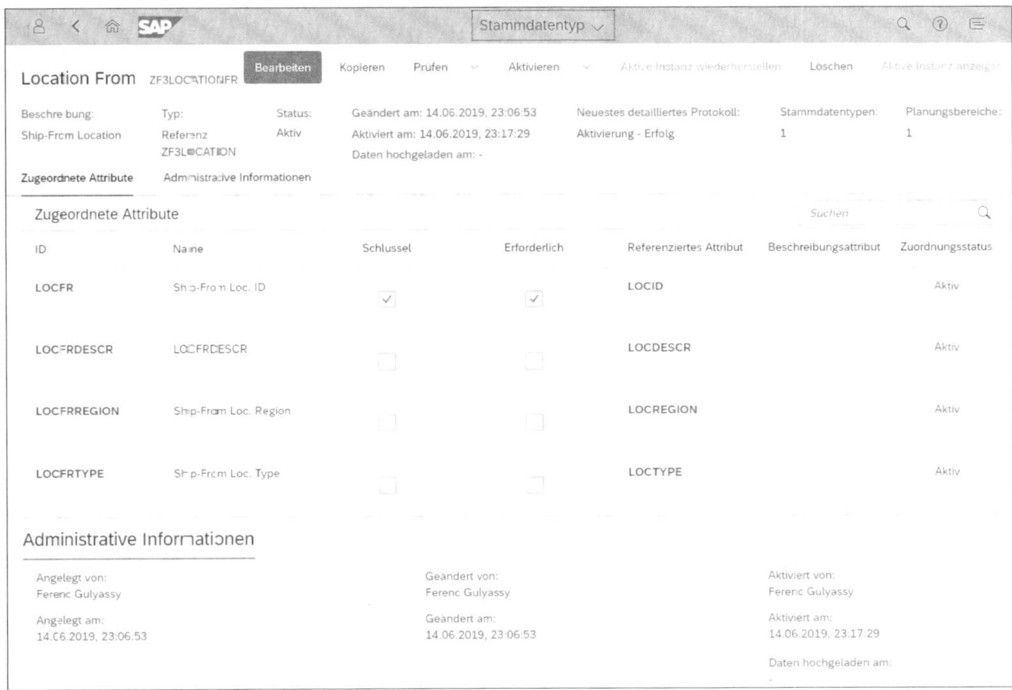

Abbildung 6.9 Stammdatentyp-ID IBPLOCATIONFR in der App »Planungsbereiche«

Das Schlüsselattribut dieses Stammdatentyps ist *Ship-From Loc. ID* (`LOCFR`). Mit diesem Attribut wird in SAP IBP für Inventory die Quelle einer Beschaffung verwaltet, es referenziert auf `LOCID`. Auch die anderen Attribute dieses Stammdatentyps (`LOCFRDESCR`, `LOCFRREGION`, `LOCFRTYPE`) referenzieren jeweils auf entsprechende Attribute des Stammdatentyps `IBPLOCATION`.

Location Source

Der Stammdatentyp *Location Source* mit der Stammdatentyp-ID `IBPSOURCELOCATION` ist eine aus drei bereits beschriebenen Stammdatentypen zusammengesetzte Entität. Mit ihm werden die Transport-Beschaffungsinformationen für jedes Produkt sowie Quell- und Ziellokation festgelegt. Die drei Komponenten-Stammdatentypen (siehe Abbildung 6.10) lauten:

- *Location* (IBPLOCATION)
- *Location From* (IBPLOCATIONFR)
- *Product* (IBPPRODUCT)

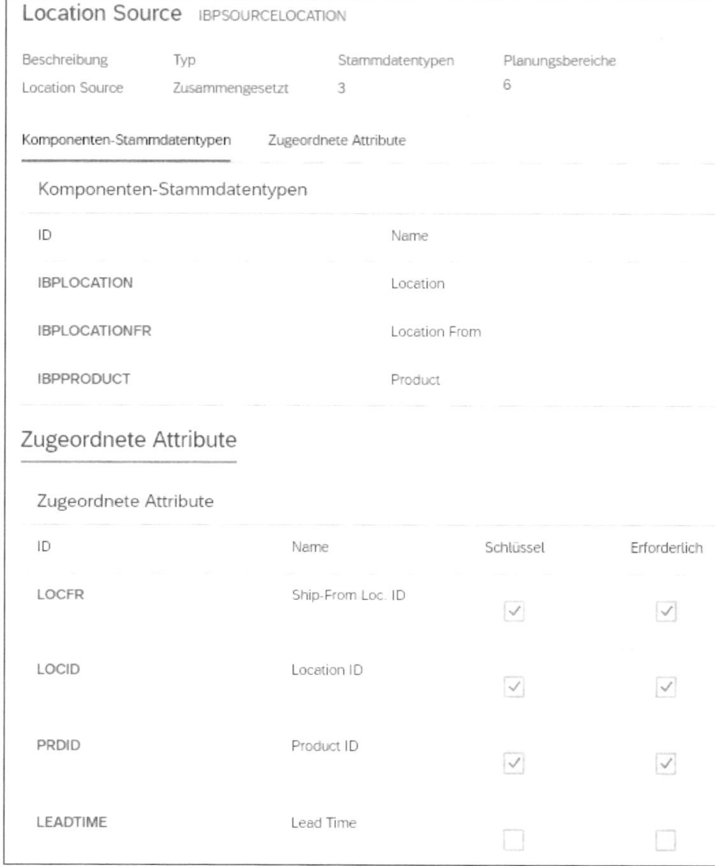

Abbildung 6.10 Stammdatentyp-ID IBPSOURCELOCATION in der App »Beispielmodellentitäten«

Aus diesen drei Komponenten-Stammdatentypen ergeben sich auch die entsprechenden Schlüsselattribute:

- *Ship-From Loc. ID* (LOCFR)
- *Location ID* (LOCID)
- *Product ID* (PRDID)

Die wichtigsten Attribute des hier beschriebenen Stammdatentyps *Location Source* sind dabei die folgenden:

- *Transportation Incremental Lot Size* (TINCLOTSIZE)
- *Minimum Transport Lot Size* (TMINLOTSIZE)
- *Maximum Transportation Lot Size* (TMAXLOTSIZE)
- *Lot Size Rounding Value for Tran* (TROUNDING)
- *Transportation Lead Time* (TLEADTIME)
- *Transportation Lead Time CV* (TLEADTIMEVARIABILITY)
- *Transportation Delivery Type* (TDELIVERYTYPE)
- *Transport Sourcing Quota Time Series Indicator* (RATIOTS)
- *Transport Sourcing Quota* (TRATIO)
- *Transportation Shipment Frequency Per Week* (TSHIPMENTFREQUENCY)

Die Attribute *Transportation Incremental Lot Size* (TINCLOTSIZE), *Minimum Transport Lot Size* (TMINLOTSIZE) sowie *Maximum Transportation Lot Size* (TMAXLOTSIZE) beziehen sich auf die mengenmäßigen Daten zu einer Transport-Beschaffungsbeziehung. Sie können damit eine fixe bzw. eine minimale/maximale Losgröße definieren, Bezugsgröße ist hier jeweils die Basismengeneinheit des Produkts. Analog verhält es sich dabei mit dem Attribut *Lot Size Rounding Value for Tran* (TROUNDING), mit der sich ein Rundungswert hinterlegen lässt.

Das Attribut *Transportation Lead Time* (TLEADTIME) repräsentiert hingegen keinen mengenmäßigen, sondern einen zeitlichen Wert. Mit ihr können Sie die Transportvorlaufzeit in Wochen definieren, es sind auch Dezimalwerte möglich. Das Attribut *Transportation Lead Time CV* (TLEADTIMEVARIABILITY) ist eng damit verbunden, hier wird die Schwankung der Transportvorlaufzeit verwendet, gemessen mittels des Variationskoeffizienten. Der Variationskoeffizient entspricht dabei der Standardabweichung der Transportvorlaufzeit, geteilt durch die durchschnittliche Vorlaufzeit in Wochen.

Eine optionale Einflussgröße für die Bestimmung des Sicherheitsbestandes in Bezug auf die Schwankung der Transportzeit können Sie mit dem Attribut *Transportation Delivery Type* (TDELIVERYTYPE) aktivieren. Mit ihm lässt sich festlegen, wie die Reihenfolge zweier aufeinanderfolgender Lieferungen sein soll. Zwei Optionen stehen hier zur Verfügung:

- **Sequential Orders** (Attributausprägung **S** bzw. **s**): Diese Ausprägung ist die Standardeinstellung, d. h., auch wenn kein gültiger Wert gepflegt wird, verwendet das System diese Einstellung. Es wird dabei davon ausgegangen, dass die zweite Lieferung immer nach der ersten eintrifft. Diese Einstellung führt zu konservativeren, d. h. höheren, Sicherheitsbeständen.
- **Orders Crossover Effect** (Attributausprägung **C** bzw. **c**): Bei dieser Option sind die Lieferungen unabhängig voneinander, d. h., es kann dazu kommen, dass die zweite

Lieferung die erste überholt. Hier kommt es zu weniger konservativen Sicherheitsbestandsergebnissen.

[!]

Verwendung der Option »Orders Crossover Effect«

Die Verwendung der Option *Orders Crossover Effect* ist nur in komplexen Szenarios zu empfehlen, bei denen explizit die entsprechende Prozessausprägung zu beobachten ist.

Sie können das Attribut *Transport Sourcing Quota Time Series Indicator* (RATIOTS) nutzen, um festzulegen, ob die Quotierung (engl. *Sourcing Quota*) statisch oder zeitabhängig interpretiert werden soll. Ist hier ein **X** oder **x** gesetzt, so wird eine zeitabhängige Definition verwendet.

Wenn der Indikator auf eine statische Interpretation gesetzt wird, verwendet SAP IBP für Inventory den Inhalt des Attributs *Transport Sourcing Quota* (TRATIO) als Quotierung für alle Perioden der Transportbeziehung.

[»]

Hinterlegung einer Bezugsquelle mit der höchsten Priorität

Sie können durch Verwenden von TRATIO gleich 1 die Verwendung einer Bezugsquelle erzwingen.

Das Attribut *Transportation Shipment Frequency Per Week* (TSHIPMENTFREQUENCY) gibt die Anzahl der Transporte innerhalb 1 Woche mit Bezug zu einer Transportbeziehung an. Es handelt sich um eine optionale Angabe.

[!]

Verwendung von »Transportation Shipment Frequency Per Week«

Das Attribut *Transportation Shipment Frequency Per Week* sollte nur verwendet werden, wenn bestimmte Prozesse dies erforderlich machen. Beispielsweise ist es dann ratsam, wenn Lieferungen häufiger durchgeführt werden als die entsprechenden Beschaffungen, also z. B. bei wöchentlichen Beschaffungsauslösungen mit einer täglichen Belieferung mit kleinerer Losgröße.

Es ergibt sich kein direkter Einfluss auf den Sicherheitsbestand, aber auf den Zyklusbestand, also auf den Bestand, der notwendig ist, um die Prognose bzw. bereits bekannte Bedarfe zu befriedigen.

Production Source Header

Der Stammdatentyp *Production Source Header* mit der ID IBPSOURCEPRODUCTION ist ein einfacher Stammdatentyp für die Kopfinformationen einer Beschaffungsinformation. Es kann sich dabei sowohl um Eigenfertigungs- als auch um Fremdbeschaffungsdaten handeln. Neben den bereits aus anderen Stammdatentypen bekannten Attributen *Location ID* (LOCID) und *Product ID* (PRDID) ist das Attribut *Source ID* (SOURCEID) Schlüsselattribut und damit Pflichteingabe. Bei der Source ID handelt es sich um eine eindeutige ID für jeden Quellproduktionsdatensatz. Abbildung 6.11 zeigt den Stammdatentyp *Production Source Header* in der App **Planungsbereiche**.

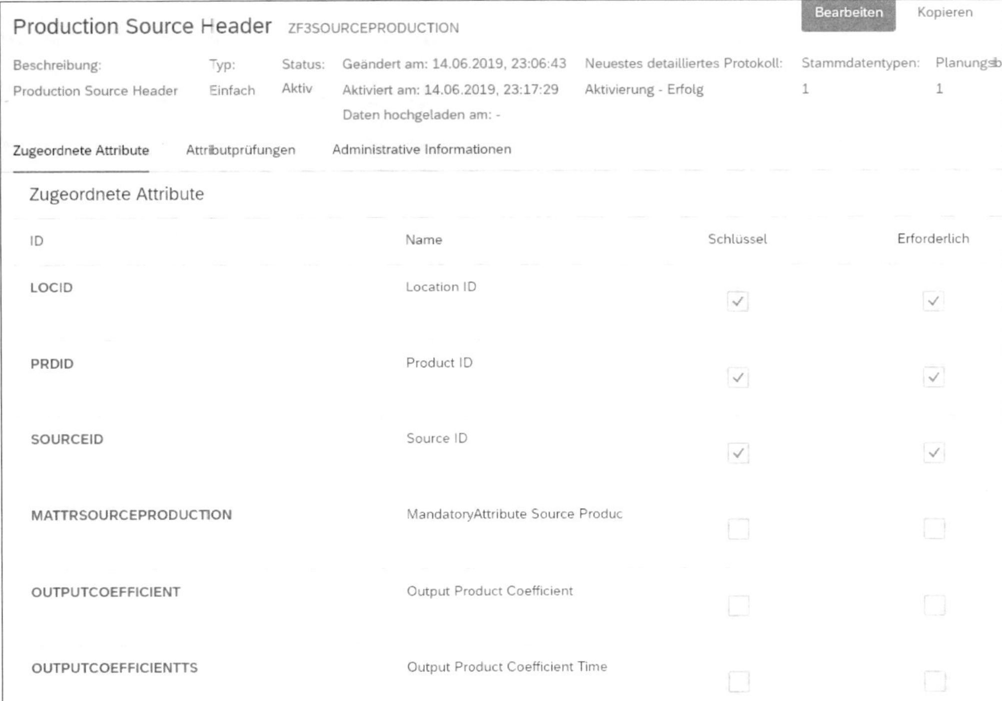

Abbildung 6.11 Stammdatentyp-ID IBPSOURCEPRODUCTION in der App »Planungsbereiche« (Auszug)

Es gibt eine Reihe von Attributen, die Entsprechungen der jeweiligen Attribute des Stammdatentyps *Location Source* sind und hier lediglich statt der Abbildung des Transports die Produktion bzw. die externe Beschaffung ermöglichen:

- *Production Incremental Lot Size* (PINCLOTSIZE)
- *Minimum Production Lot Size* (PMINLOTSIZE)
- *Maximum Production Lot Size* (PMAXLOTSIZE)
- *Lot Size Rounding Value for Prod* (PROUNDING)
- *Production Lead Time* (PLEADTIME)
- *Production Lead Time CV* (PLEADTIMEVARIABILITY)
- *Production Delivery Type* (PDELIVERYTYPE)

- *Production Sourcing Quota Time Series Indicator* (PRATIOTS)
- *Production Sourcing Quota* (PRATIO)
- *Production Shipment Frequency Per Week* (PSHIPMENTFREQUENCY)

Im Stammdatentyp *Production Source Header* gibt es jedoch auch noch weitere Attribute, die keine direkte Entsprechung im Stammdatentypen *Source Location* aufweisen. Die wichtigsten Attribute sind:

- *Source Type* (SOURCETYPE)
- *Output Product Coefficient* (OUTPUTCOEFFICIENT)
- *Output Product Coefficient Time* (OUTPUTCOEFFICIENTTS)

Mit dem Attribut *Source Type* legen Sie fest, ob die Bezugsquelle eine interne Quelle auf Basis einer Stückliste (engl. *Bill of Material*, BOM) bzw. auf Basis eines Kuppelprodukts (engl. *Coproduct*) ist oder ob es sich um eine externe Bezugsquelle handelt, also um eine Fremdbeschaffung. Somit lassen sich drei Attributausprägungen wählen:

- Stückliste (Attributausprägung **P**)
- Kuppelprodukt (Attributausprägung **C**)
- externer Lieferant (Attributausprägung **U**)

[»]

Interpretation von Kuppelprodukten und externen Lieferanten

In SAP IBP für Inventory werden Kuppelprodukte für die Bestimmung von Ziellagerbeständen ignoriert. SAP IBP für Inventory unterstützt daher weder Kuppelprodukte noch eine Kuppelproduktion in den Planungsoperatoren, auch wenn der Beispielplanungsbereich SAP3 eine entsprechende Konfiguration vorsieht.

Externe Lieferanten bilden immer den Endknoten einer Supply Chain.

Das Attribut *Output Product Coefficient Time Series Indicator* (OUTPUTCOEFFICIENTTS) hat eine ähnliche Funktion wie die bereits erläuterten Attribute *Production Sourcing Quota Time Series Indicator* (PRATIOTS) und *Transportation Sourcing Quota Time Series Indicator* (RATIOS). Diese Attribute werden genutzt, um festzulegen, ob eine bestimmte Quote statisch aus einem Attribut oder zeitabhängig aus einer Kennzahl verwendet werden soll. Der *Output Product Coefficient Time Series Indicator* bezieht sich auf den *Output Product Coefficient* (OUTPUTCOEFFICIENT). Bei diesem Attribut handelt es sich um einen Stücklistenmultiplikator, der statisch (d. h. über alle Zeitperioden hinweg) zur Anwendung kommt, wenn der *Output Product Coefficient Time Series Indicator* nicht auf **X** oder **x** gesetzt wurde. Wird der *Output Product Coefficient* nicht gepflegt, gilt der Defaultwert 1. Der *Component Coefficient* aus der Stücklistenposition (siehe hierzu den Stammdatentyp *Production Source Item*, den wir im folgenden Abschnitt erläutern) wird durch diesen Wert geteilt.

Production Source Item

Der Stammdatentyp *Production Source Item* mit der ID IBPPRODUCTIONSOURCEITEM ist ein einfacher Stammdatentyp, der die Kopfdaten aus dem vorab erläuterten Stammdatentyp *Production Source Header* positionsseitig ergänzt. Abbildung 6.12 zeigt den Stammdatentyp in der App **Beispielmodellentitäten**.

Production Source Item IBPPRODUCTIONSOURCEITM

Beschreibung	Typ	Stammdatentypen	Planungsbereiche
Production Source Item	Einfach	2	6

Zugeordnete Attribute | Attributprüfungen

Zugeordnete Attribute

ID	Name	Schlüssel	Erforderlich
PRDID	Product ID	✓	✓
SOURCEID	Source ID	✓	✓
COMPONENTCOEFFICIENT	Component Coefficient		
COMPONENTCOEFFICIENTTS	Component Coefficient Time Serie		
COMPONENTOFFSET	Component Offset		
ISALTITEM	Is Substitute Component		
MATTRPRODUCTIONSOURCEITM	Mand Atrr Production Source Item		
MINSHELFLIFECOMP	Minimum shelf life value for com		
SOURCEITMID	Source Item ID		

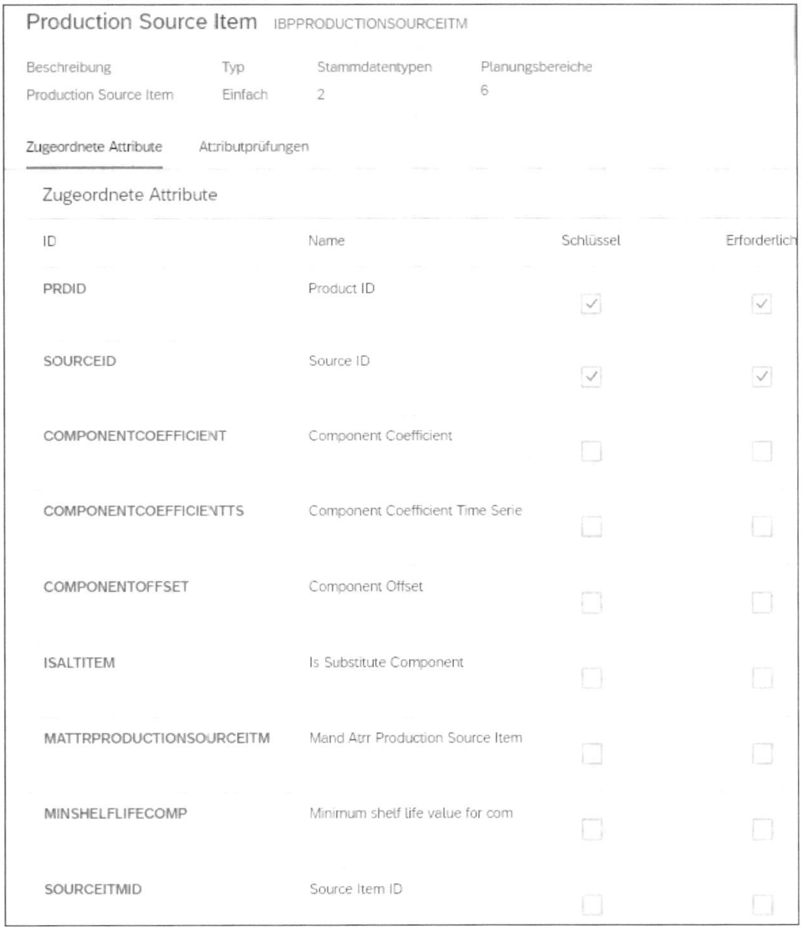

Abbildung 6.12 Stammdatentyp-ID IBPPRODUCTIONSOURCEITM in der App »Beispielmodellentitäten«

Schlüsselattribute und ebenfalls Pflichtfelder sind die bereits bekannten Attribute *Product ID* (PRDID) und *Source ID* (SOURCEID). Mit ihnen wird die Verbindung der in diesem Stammdatentyp gespeicherten Positionsdaten mit den Kopfdaten der Stammdatentypen IBPSOURCEPRODUCTION sowie IBPPRODUCT hergestellt. Hierfür sind am Stammdatentyp *Production Source Item* entsprechende Attributprüfungen hinterlegt, wie Abbildung 6.13 zeigt.

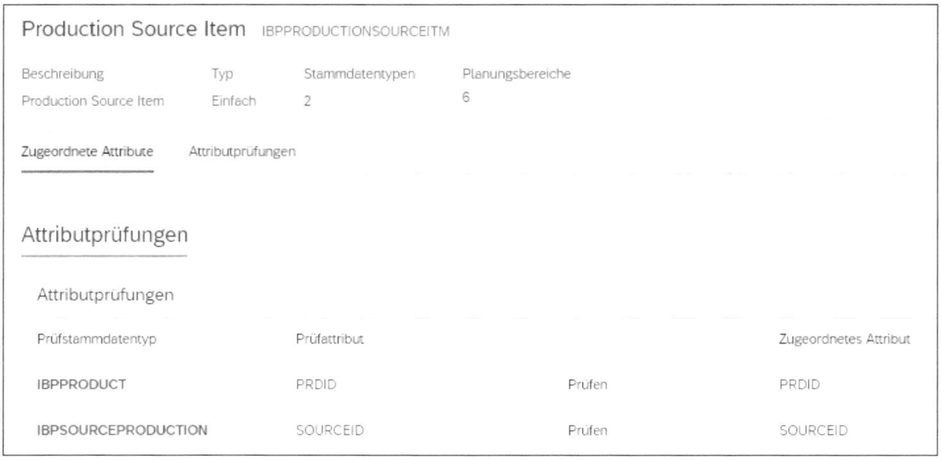

Production Source Item IBPPRODUCTIONSOURCEITM

Beschreibung	Typ	Stammdatentypen	Planungsbereiche
Production Source Item	Einfach	2	6

Zugeordnete Attribute Attributprüfungen

Attributprüfungen

Attributprüfungen

Prüfstammdatentyp	Prüfattribut		Zugeordnetes Attribut
IBPPRODUCT	PRDID	Prüfen	PRDID
IBPSOURCEPRODUCTION	SOURCEID	Prüfen	SOURCEID

Abbildung 6.13 Attributprüfungen im Stammdatentyp-ID IBPPRODUCTIONSOURCEITM in der App »Beispielmodellentitäten«

In diesem Stammdatentyp gibt es attributseitig einige Entitäten, die sich mit denen auf der Kopfebene vergleichen lassen. Hier sind die Attribute *Component Coefficient* (COMPONENTCOEFFICIENT) sowie *Component Coefficient as a Time Series* (COMPONENTCOEFFICIENTTS) zu nennen, die sich analog zu den Attributen *Output Product Coefficient* (OUTPUTCOEFFICIENT) sowie *Output Product Coefficient Time Series Indicator* (OUTPUTCOEFFICIENTTS) verhalten (siehe dazu den vorangegangenen Abschnitt »Production Source Header«).

Über Attribute lassen sich auch weitere Informationen auf der Positionsebene steuern. Beispielsweise steht Ihnen mit dem Attribut *Component Offset* (COMPONENTOFFSET) eine Möglichkeit zur Verfügung, den Komponentenbedarf zeitlich zu verschieben. Ferner besteht die Möglichkeit, Haltbarkeitsdaten mit dem Attribut *Minimum shelf life value for com* (MINISHELFLIFECOMP) zu hinterlegen, wobei anzumerken ist, dass SAP IBP für Inventory diesen Wert nicht in die Ermittlung des Sicherheitsbestandes miteinbezieht.

Weitere Stammdatentypen

Es stehen über die beschriebenen Stammdatentypen hinaus noch eine Reihe weiterer Stammdatentypen zur Verfügung, mit denen sich spezifische Daten abbilden lassen:

- *Component* (IBPCOMPONENT)
- *Lag* (IBPLAG)
- *Currency* (IBPCURRENCY)
- *Currencyto* (CURRENCYTO)

- *Exchangerate* (IBPEXCHANGERATE)
- *Locationproductcurrency* (IBPLOCATIONPRODUCTCURRENCY)

Der Stammdatentyp *Component* mit der ID IBPCOMPONENT referenziert mit der *Component Product ID* (PRDFR) auf das Attribut *Product ID* (PRDID) als Schlüsselattribut sowie auf einige weitere zugehörige Attribute:

- *Component Desc.* (PRDFRDESCR) referenziert auf PRDESCR.
- *Component Family* (PRDFRFAMILY) referenziert auf PRDFAMILY.
- *Component Series* (PRDFRSERIES) referenziert auf PRDSERIES.
- *Component Sub Family* (PRDFRSUBFAMILY) referenziert auf PRDSUBFAMILY.

Mit dem Stammdatentyp *Lag* mit der ID IBPLAG kann die Prognosegüte genauer analysiert werden. Mit ihr wird abgebildet, dass für eine Periode (z. B. August des kommenden Jahres) mehrere Prognosen mit unterschiedlicher Güte ermittelt werden. So wird am 1. August eines Jahres beispielsweise ein Prognosewert für die erste Kalenderwoche des Augusts, beginnend mit dem 1.8., und einer für die zweite Kalenderwoche des Augusts erzeugt. Im ersten Fall spricht man von *Lag 0*, im zweiten von *Lag 1*. Über die Lag-Betrachtung kann also beobachtet werden, wie sich die Prognosegüte bezogen auf eine Prognoseperiode im Zeitverlauf verhält.

Das einzige Attribut für diesen Stammdatentyp, das damit gleichzeitig der Schlüssel sowie ein Pflichtfeld ist, ist das Attribut *Lag* (LAG), und es gibt die Vorlaufzeit zwischen dem Zeitpunkt der Prognoseerstellung und dem Prognosedatum an.

Mit den Stammdatentypen *Currency* (IBPCURRENCY), *Currencyto* (CURRENCYTO), *Exchangerate* (IBPEXCHANGERATE) sowie *Locationproductcurrency* (IBPLOCATIONPRODUCTCURRENCY) werden Wertdarstellungen in unterschiedlichen Währungen sowie Umrechnungen modelliert.

Zeitprofil

Im Zeitprofil des Beispielplanungsbereichs SAP3 mit der ID **100** gibt es Zeitprofilebenen zu den folgenden Periodenarten (siehe Abbildung 6.14):

- **Technische Woche (Technical Week)**
- **Woche (Week)**
- **Monat (Month)**
- **Quartal (Quarter)**
- **Jahr (Year)**

Die *Technische Woche* repräsentiert die Basisebene, auf der die Periodenarten *Woche* und *Monat* aufbauen. Ihr ist das Attribut *Technical Week Weight Factor* mit der ID WEEKWEIGHT zugeordnet, mit dem die Abbildung der technischen Woche vorgenommen wird.

AP3 TP - TW CW M Q Y 556

Bearbeiten | Kopieren | Prüfen | Aktivieren | Aktive Instanz wiederherstellen | Löschen

schreibung:	Startdatum: 01.01.2014	Status:	Aktiviert am: 14.06.2019, 23:17:29	Neuestes detailliertes Protokoll:	Planungsbereiche:
ears - TW,W,M,Q,Y	Enddatum: 31.12.2019	Aktiv	Daten hochgeladen am: -	Aktivierung - Erfolg	1

tprofilebenen | Administrative Informationen

Ebenen

Name	Ebene	Basisebene	Periodenart	Horizont in der Vergangenheit	Horizont in der Zukunft	Zuordnungsstatus	Zugeordnete Attribute
Technical Week	1		Technische Woche	0 Technische Wochen	12 Technische Wochen	Aktiv	WEEKWEIGHT
Week	2	Technical Week (1)	Woche	0 Wochen	12 Wochen	Aktiv	
Month	3	Technical Week (1)	Monat	0 Monate	4 Monate	Aktiv	
Quarter	4	Month (3)	Quartal	0 Quartale	4 Quartale	Aktiv	
Year	5	Quarter (4)	Jahr	0 Jahre	2 Jahre	Aktiv	

Zugeordnete Attribute

Ebenenname	Attribut-ID	Name	Datentyp	Länge	Status	Erforderlich	Zuordnungsstatus
Technical Week	WEEKWEIGHT	Technical Week Weight Factor	INTEGER		Aktiv		Aktiv

Abbildung 6.14 Kopie des Beispielzeitprofils von SAP3 in der App »Zeitprofil«

Kalkulationsperiodenart für Planungsoperatoren

Die Planungsoperatoren in SAP IBP für Inventory arbeiten auf der Periodenart *Kalenderwoche*. Wenn Sie selbstständig, also ohne SAP3 oder einen anderen Beispielplanungsbereich zu verwenden, ein Modell für SAP IBP für Inventory konfigurieren, muss mindestens die Periodenart *Woche* im zugewiesenen Zeitprofil vorhanden sein. Es können jedoch auch auf detaillierterer Ebene Periodenarten vorhanden sein, beispielsweise *Technische Woche* oder *Tag*. Die Input- und Output-Kennzahlen müssen eine Basisplanungsebene aufweisen, die *(Technische) Woche* oder *Tag* lautet. So ist beispielsweise die detaillierteste Periodenart im Planungsbereich SAP3 *Technische Woche*, in SAPIBP1 *Tag*. Wenn Sie den Planungsbereich SAP4 für SAP IBP für Inventory verwenden wollen, müssen Sie – entsprechend den oben beschriebenen Rahmengesichtspunkten – mindestens die Periodenart *Woche* in der Konfiguration abbilden.

Die Ebenen sehen keinen Horizont in die Vergangenheit, jedoch 12 (technische) Wochen, 4 Monate, 4 Quartale bzw. 2 Jahre in die Zukunft vor, je nach Zeitprofilebene. Ein aktueller Zeitabstand (engl. *Offset*) ist nicht hinterlegt.

Horizonte in Vergangenheit/Zukunft vs. Planungshorizonte

Mit den Horizonten in die Vergangenheit bzw. in die Zukunft aus dem Zeitprofil definieren Sie die Anzahl der Zeitperioden, für die Sie Daten laden können bzw. für die eine Anzeige erfolgen kann. Die Zeitperioden beziehen sich immer auf das aktuelle Datum.

Dagegen legen die Planungshorizonte, die ebenfalls als Perioden pro Zeitprofilebene in die Vergangenheit bzw. in die Zukunft definiert werden, fest, für welche Zeiträume Berechnungen durchgeführt werden können. Details zu den Planungshorizonte-Einstellungen des Beispielplanungsbereichs SAP3 finden Sie im folgenden Abschnitt.

6.2.2 Planungsbereich-Einstellungen

Die Planungsbereich-Einstellungen von SAP3 sehen die Möglichkeit vor, erweiterte Funktionen der Beschaffungsplanung zu verwenden, also Heuristiken bzw. den Optimierer (siehe Kapitel 8, »Bestätigungs- und Beschaffungsplanung mit SAP IBP für Response and Supply«).

[!]

Erweiterte Funktionen der Beschaffungsplanung

Auch wenn die grundlegende Konfiguration des Beispielplanungsbereichs SAP3 bereits eine aktivierte Beschaffungsplanung vorsieht, ist zu beachten, dass die zugeordneten Stammdatentypen und Attribute von Planungsbereichen für die Durchführung von erweiterten Funktionen der Beschaffungsplanung in der Regel wichtige zusätzliche Entitäten enthalten, die in SAP3 nicht vorhanden sind. Weitere Details zu der erweiterten Beschaffungsplanung finden Sie in Kapitel 8, »Bestätigungs- und Beschaffungsplanung mit SAP IBP für Response and Supply«.

Die Verwendung von externen Zeitreihen, wie sie im auftragsbasierten Response Management verwendet werden, ist im Beispielplanungsbereich SAP3 nicht standardmäßig vorgesehen. Per Default ist weder eine Änderungshistorie noch eine änderungshistorienbasierte Kennzahlenberechnung aktiviert.

Als Planungshorizonte, d. h. Zeiträume, in denen Berechnungen durchgeführt werden können, sind in SAP3 standardmäßig die in Tabelle 6.2 dargestellten Werte hinterlegt.

Zeitprofilebene	Perioden in der Vergangenheit	Perioden in der Zukunft
Technical Week	12 technische Wochen	12 technische Wochen
Week	52 Wochen	52 Wochen
Month	12 Monate	12 Monate
Quarter	4 Quartale	4 Quartale
Year	1 Jahr	1 Jahr

Tabelle 6.2 Zeitprofilebenen im Beispielplanungsbereich SAP3

Sie können diese Vorschlagswerte nach Erstellung einer Kopie des Beispielplanungsbereichs SAP3 entsprechend abändern.

6.2.3 Planungsebenen

Im Standard des Beispielsplanungsbereichs SAP3 sind 14 Planungsebenen definiert, die in Abbildung 6.15 zu sehen sind.

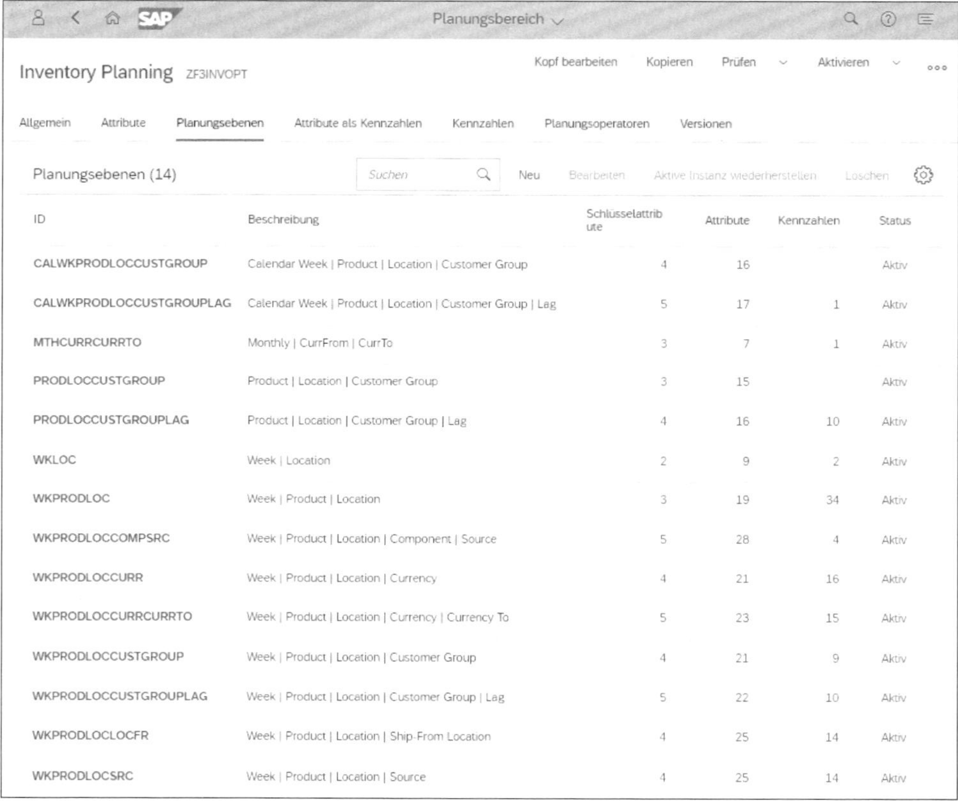

ID	Beschreibung	Schlüsselattribute	Attribute	Kennzahlen	Status
CALWKPRODLOCCUSTGROUP	Calendar Week | Product | Location | Customer Group	4	16		Aktiv
CALWKPRODLOCCUSTGROUPLAG	Calendar Week | Product | Location | Customer Group | Lag	5	17	1	Aktiv
MTHCURRCURRTO	Monthly | CurrFrom | CurrTo	3	7	1	Aktiv
PRODLOCCUSTGROUP	Product | Location | Customer Group	3	15		Aktiv
PRODLOCCUSTGROUPLAG	Product | Location | Customer Group | Lag	4	16	10	Aktiv
WKLOC	Week | Location	2	9	2	Aktiv
WKPRODLOC	Week | Product | Location	3	19	34	Aktiv
WKPRODLOCCOMPSRC	Week | Product | Location | Component | Source	5	28	4	Aktiv
WKPRODLOCCURR	Week | Product | Location | Currency	4	21	16	Aktiv
WKPRODLOCCURRCURRTO	Week | Product | Location | Currency | Currency To	5	23	15	Aktiv
WKPRODLOCCUSTGROUP	Week | Product | Location | Customer Group	4	21	9	Aktiv
WKPRODLOCCUSTGROUPLAG	Week | Product | Location | Customer Group | Lag	5	22	10	Aktiv
WKPRODLOCLOCFR	Week | Product | Location | Ship-From Location	4	25	14	Aktiv
WKPRODLOCSRC	Week | Product | Location | Source	4	25	14	Aktiv

Abbildung 6.15 Planungsebenen in SAP IBP für Inventory in der App »Planungsbereiche«

Die Planungsebenen können verwendet werden, um Kennzahlen zu definieren (siehe hierzu Abschnitt 3.5, »Planungsebenen«, bzw. Abschnitt 3.6, »Kennzahlen«). Ferner können Sie die Planungsebenen selektieren, um entsprechende Daten in Planungssichten anzuzeigen.

6.2.4 Kennzahlen

Die Beispielplanungsbereiche von SAP IBP, mit denen sich Bestandsplanung betreiben lässt, beinhalten alle eine große Zahl an Kennzahlen. So sind dem Beispielplanungsbereich SAP3 mehr als 100 Kennzahlen zugeordnet, SAP4 mehr als 150 und SAPIBP1 sogar ca. 500 Kennzahlen. Eine vollständige Darstellung würde den Rahmen dieses Buches sprengen. Wir werden Ihnen daher in der Folge nur die wichtigsten Kennzahlen vorstellen, die für das Verständnis der Funktion von SAP IBP für Inventory essenziell sind.

[!]

Technische IDs der Kennzahlen sind obligatorisch
Die Planungsoperatoren von SAP IBP für Inventory erfordern es, dass die technischen IDs der Kennzahlen exakt so lauten, wie von SAP im Beispielplanungsbereich SAP3 definiert. Falls Sie selbst einen Planungsbereich konfigurieren, müssen Sie auf die genaue technische ID achten, andernfalls schlagen die Planungsoperatoren fehl.

Attribute als Kennzahlen

Der Beispielplanungsbereich SAP3 sieht eine Reihe von Attributen als Kennzahlen vor (siehe hierzu Abbildung 6.16).

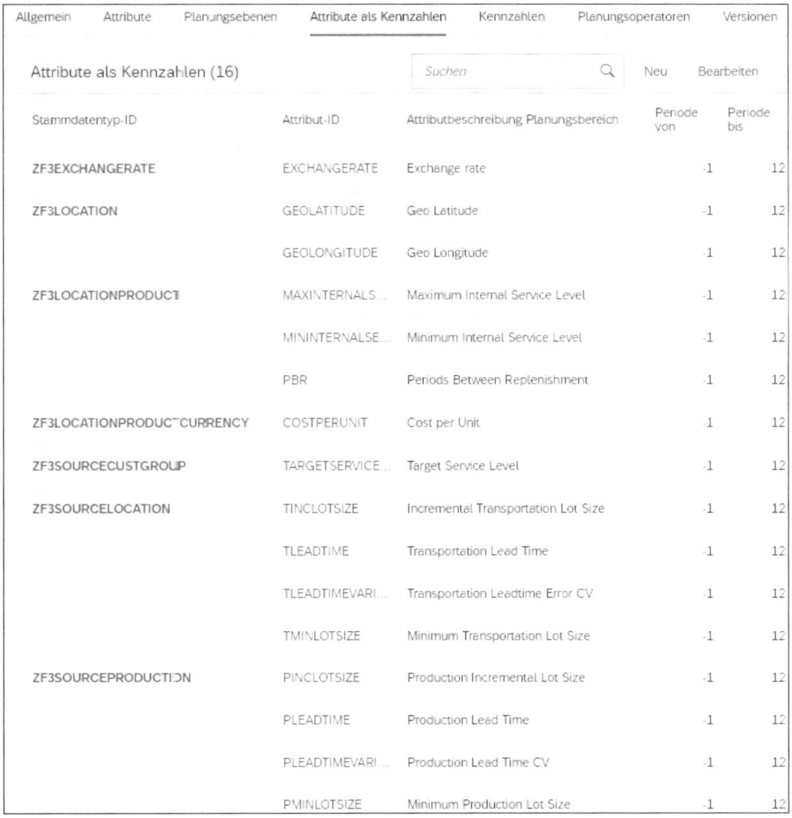

Allgemein | Attribute | Planungsebenen | Attribute als Kennzahlen | Kennzahlen | Planungsoperatoren | Versionen

Attribute als Kennzahlen (16) | Suchen | Neu | Bearbeiten

Stammdatentyp-ID	Attribut-ID	Attributbeschreibung Planungsbereich	Periode von	Periode bis
ZF3EXCHANGERATE	EXCHANGERATE	Exchange rate	-1	12
ZF3LOCATION	GEOLATITUDE	Geo Latitude	-1	12
	GEOLONGITUDE	Geo Longitude	-1	12
ZF3LOCATIONPRODUCT	MAXINTERNALS...	Maximum Internal Service Level	-1	12
	MININTERNALSE...	Minimum Internal Service Level	-1	12
	PBR	Periods Between Replenishment	-1	12
ZF3LOCATIONPRODUCTCURRENCY	COSTPERUNIT	Cost per Unit	-1	12
ZF3SOURCECUSTGROUP	TARGETSERVICE...	Target Service Level	-1	12
ZF3SOURCELOCATION	TINCLOTSIZE	Incremental Transportation Lot Size	-1	12
	TLEADTIME	Transportation Lead Time	-1	12
	TLEADTIMEVARI...	Transportation Leadtime Error CV	-1	12
	TMINLOTSIZE	Minimum Transportation Lot Size	-1	12
ZF3SOURCEPRODUCTION	PINCLOTSIZE	Production Incremental Lot Size	-1	12
	PLEADTIME	Production Lead Time	-1	12
	PLEADTIMEVARI...	Production Lead Time CV	-1	12
	PMINLOTSIZE	Minimum Production Lot Size	-1	12

Abbildung 6.16 Attribute als Kennzahlen in einer Kopie des Beispielplanungsbereichs SAP3

Diese haben wir Ihnen bereits im Rahmen von Abschnitt 6.2.1, »Stammdaten – Stammdatentypen und Attribute«, gemeinsam mit den anderen Attributen vorgestellt. Wir möchten ungeachtet dessen auch in diesem Rahmen noch einmal auf sie eingehen, indem wir zum einen ihre Sonderposition unter den Attributen erläutern, die sie aufgrund ihrer zweiten Rolle als Kennzahlen innehaben. Zum anderen wollen wir Ihnen hier auch noch einmal eine Einordnung in den Kontext einer Supply Chain ermöglichen.

Tabelle 6.3 zeigt die wichtigsten Attribute als Kennzahlen sowie die zugeordneten Planungsebenen.

Stammdatentyp	Attribute	Planungsebenen
Location Product	PBR	Period/Product/Location
Source Customer Group	TARGETSERVICELEVEL	Period/Product/Location/Customer Group
Source Location	TINCLOTSIZE	Period/Product/Location/Loc. From
	TLEADTIME	
	TLEADTIMEVARIABILITY	
	TMINLOTSIZE	
Source Production	PINCLOTSIZE	Period/Product/Location/Source
	PLEADTIME	
	PLEADTIMEVARIABILITY	
	PMINLOTSIZE	

Tabelle 6.3 Zentrale Attribute als Kennzahlen mit Zuordnung zu Stammdatentyp und Planungsebene

Wie in der ersten Spalte der Tabelle zu sehen ist, beziehen sich die Attribute als Kennzahlen auf unterschiedliche Stammdatentypen. Dies gilt auch für einige weitere Kennzahlen, die wir im Rahmen dieses Abschnitts vorstellen.

Kennzahlenvisualisierung anhand eines einfachen Supply-Chain-Modells

Um besser visualisieren zu können, welche Kennzahlen sich auf welche Arten von Knoten der Supply Chain beziehen, werden wir hier ein einfaches Supply-Chain-Modell zur Erläuterung verwenden. Dieses Modell besteht aus den folgenden Knoten:

- Lieferantenknoten
- Beschaffungslager

- Produktionswerk
- Distributionszentrum
- Regionallager
- Kundenknoten

Abbildung 6.17 zeigt eine Übersicht über die Verbindungen der beispielhaften Supply Chain, anhand derer wir die Bedeutung von Kennzahlen erläutern werden.

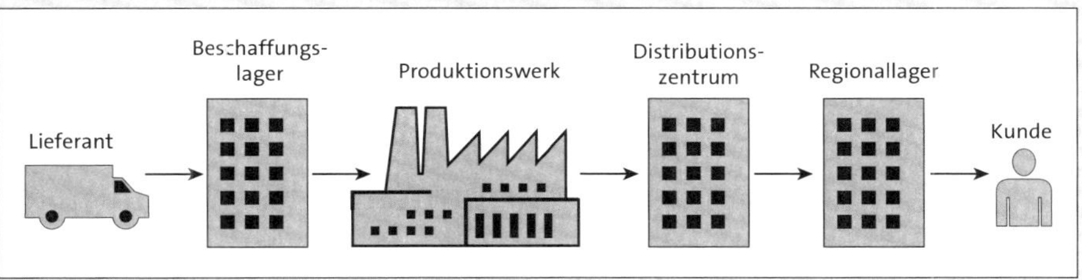

Abbildung 6.17 Beispielknoten einer Supply Chain

Abbildung 6.18 zeigt eine Auswahl der wichtigsten Attribute als Kennzahlen mit Zuordnung zum hier als Beispiel gewählten Supply-Chain-Modell.

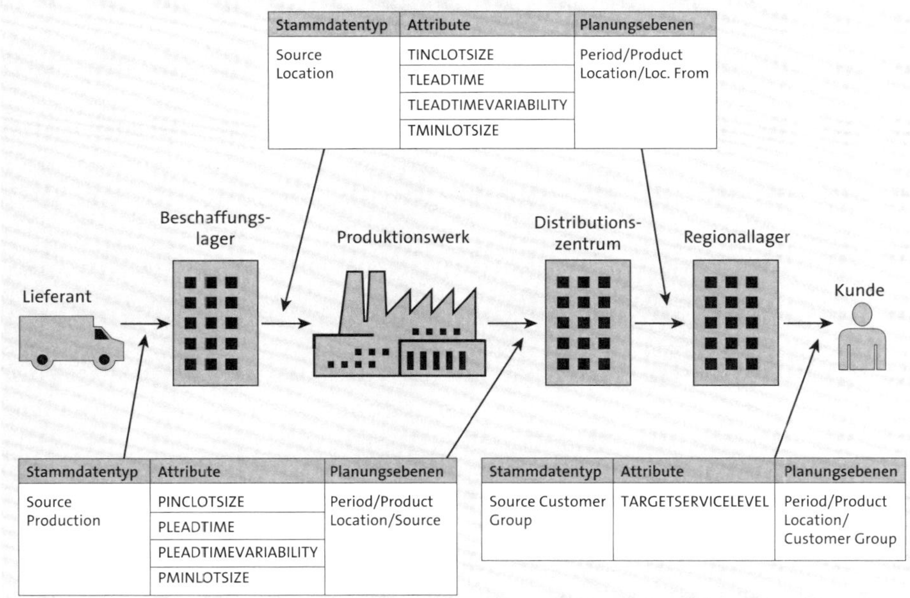

Abbildung 6.18 Ausgewählte Attribute als Kennzahlen mit Zuordnung zum beispielhaften Supply-Chain-Modell

Die in der Abbildung aufgeführten Attribute als Kennzahlen bilden somit die Informationen ab, die für die Beziehungen zwischen den Knoten relevant sind.

Die weiteren Attribute als Kennzahlen, die in Abbildung 6.16 aufgeführt werden, sind nicht von den Knotenarten der abzubildenden Supply Chain abhängig. Diese können in Bezug auf ihr Verhältnis zur Supply Chain wie folgt gruppiert werden:

- **Gültigkeit für verschiedene Knotenarten**
  Dies ist bei den Attributen als Kennzahlen der Fall, die dem Stammdatentyp *Location* zugeordnet sind, namentlich *Geo Latitude* (GEOLATITUDE) und *Geo Longitude* (GEOLONGITUDE). Diese Attribute als Kennzahlen werden an allen Knoten eingesetzt, also beispielsweise sowohl an Distributionszentren bzw. Lagern als auch bei Produktionswerken.
- **Gültigkeit für Objekte, die an verschiedenen Knotenarten vorkommen können**
  Die Attribute als Kennzahlen, die dem Stammdatentyp *Location Product* zugewiesen sind, können an Objekten gepflegt werden, die für verschiedene Knotenarten, wie beispielsweise Lager oder Produktionswerke vorkommen. Hierzu gehören die Attribute *Minimum Internal Service Level* und *Maximum Internal Service Level* (MININTERNALSERVICELEVEL bzw. MAXINTERNALSERVICELEVEL) sowie *Periods Between Review* (PBR).
- **Gültigkeit für die Umrechnung von Informationen in andere Einheiten**
  Hierunter fällt das Attribut als Kennzahl *Exchange Rate* (EXCHANGERATE), das zur Umrechnung zwischen verschiedenen Währungen eingesetzt wird.

[!]

Umrechnung in Mengeneinheiten

Für eine Reihe von Kennzahlen, die in SAP IBP für Inventory zur Anwendung kommen, wird eine direkte Umrechnung von Mengeneinheiten nicht unterstützt. Es kann zu einem numerischen Überlauffehler kommen, falls Sie ungeachtet dessen unmittelbar auf diese Kennzahlen eine Mengeneinheitenumrechnung konfigurieren. SAP empfiehlt, für eine Mengeneinheitenumrechnung entsprechend eigene Kennzahlen zu definieren und sich diese in der Planungssicht anzeigen zu lassen.

Daten, die in die in diesem Abschnitt aufgeführten Attribute als Kennzahlen geladen bzw. manuell gepflegt werden, können auch in Planungssichten angezeigt werden, falls diese Entitäten entsprechend ausgewählt worden sind.

[»]

Interpretation von Attributen als Kennzahlen

Die Planungsoperatoren von SAP IBP für Inventory verwenden den Wert der Basisperiode aus der Planungssicht. Die Basisperiode ist dabei das aktuelle Datum abzüglich des aktuellen Zeitabstands (engl. *Offset*) aus den Planungsbereich-Einstellungen. Das heißt, es erfolgt kein direktes Lesen der Stammdateneinträge, und auch die Kennzahlenwerte der anderen Perioden werden nicht berücksichtigt.

Ferner ist der bereits im Rahmen von Abschnitt 6.2.1, »Stammdaten – Stammdatentypen und Attribute«, beschriebene Umstand zu berücksichtigen, dass es für bestimmte der genannten Attribute die Möglichkeit gibt, zwischen einer statischen und einer zeitabhängigen Verwendung zu unterscheiden (z. B. über die Attribute RATIOTS oder PRATIOTS).

Wichtige Übergabe-Inputs aus anderen Anwendungen

Zentrale Übergabekennzahlen, die in SAP IBP für Inventory als Input für die Planung verwendet werden können und die – je nach Konstellation – in anderen IBP-Funktionalitäten, wie z. B. SAP IBP für Demand, erzeugt worden sind, zeigt Tabelle 6.4.

Kennzahl-ID	Kennzahl	Planungsebene	Beschreibung
IOFORECAST	*IO Forecast*	WEEK/PRDID/LOCID/CUSTGROUP	wöchentliche Prognosewerte (engl. *Forecasts*) für ein Produkt an einer Lokation für eine Kundengruppe
IOFORECASTERRORCV	*Inventory Forecast Error CV*		Variationskoeffizient der wöchentlichen Prognosewerte (IOFORECAST)
IOSALES	*IO Sales*		wöchentliche Absatzmengen eines Produkts an einer Lokation für eine Kundengruppe

Tabelle 6.4 Wichtige Übergabekennzahlen in SAP IBP für Inventory

Die Kennzahl *IO Forecast* (IOFORECAST) ist die wichtigste Input-Größe für SAP IBP für Inventory. Sie wird auf Ebene des Kundenbedarfs benötigt und muss zwingend an SAP IBP für Inventory übergeben werden, d. h., es gibt bei isolierter Verwendung keine eigene Prognosefunktion.

[«]

Übergabeoptionen

Woher die Prognosezahlen an SAP IBP für Inventory in die Kennzahl *IO Forecast* (IOFORECAST) übergeben werden, ist für die Bestandsberechnungen nicht relevant. Sie können beispielsweise SAP IBP für Demand oder SAP APO Demand Planning verwenden, um die Werte zu erzeugen, auch die Verwendung anderer Absatzplanungslösungen ist prinzipiell möglich.

Der Wert wird dann im Planungsoperator *Global (Multi-Stage) Inventory Optimization* (Multi-Stage Inventory Opt) verwendet, damit durch das Supply-Chain-Netzwerk propagiert an jedem einzelnen Knoten ebenfalls Bedarfskennzahlen vorliegen, mit denen dann weitergerechnet werden kann. Dies gilt auch für die Kennzahl *Inventory Forecast Error CV* (IOFORCASTERRORCV). Der Wert auf Ebene der Kundenlokation kann dabei an SAP IBP für Inventory übergeben werden (z. B. aus SAP IBP für Demand) oder durch Verwendung des Planungsoperators *Calculate Forecast Error CV* (Forecast Error CV Calculator) innerhalb von SAP IBP für Inventory ermittelt werden. Hierfür wird ein Vergleich von *IO Forecast* (IOFORECAST) und *IO Sales* (IOSALES) vorgenommen, also von prognostizierten und tatsächlichen Absatzmengen.

[»]

Detaillierte Beschreibung der Planungsoperatoren

Auf die beiden in diesem Rahmen genannten Planungsoperatoren gehen wir in Abschnitt 6.2.6, »Planungsoperatoren«, detaillierter ein.

Weitere Input-Kennzahlen

Neben den aufgeführten Attributen als Kennzahlen sowie den zentralen Übergabe-Inputs aus anderen Anwendungen existieren im Beispielplanungsbereich SAP3 noch weitere Input-Kennzahlen, die wir in Tabelle 6.5 aufführen.

Kennzahl-ID	Kennzahl	Basisplanungsebene
COMPONENTCOEFFICIENT	*Component Production Quantity*	Week/Product/Location/Component/Source
COSTPERUNIT	*Standard Unit Cost*	Week/Product/Location/Currency
INVENTORYHOLDINGCOSTRATE	*Inventory Holding Cost Rate*	Week/Product/Location
IOAMAXINVENTORY	*IO Maximum On Hand Inventory*	Week/Product/Location
IOMINSTOCKREQUIREMENT	*Minimum Stock Requirement*	Week/Product/Location
IOMINSTOCKREQUIREMENTVAL	*Minimum Stock Requirement Value*	Week/Product/Location
LOCATIONRATIO	*Transportation Sourcing Quota*	Week/Product/Location/Location From
MAXINVENTORYVIOLATIONCOSTRATE	*Maximum Inventory Violation Cost Rate*	Week/Product/Location

Tabelle 6.5 Weitere Input-Kennzahlen in SAP IBP für Inventory

Kennzahl-ID	Kennzahl	Basisplanungsebene
OUTPUTCOEFFICIENT	*Production Output Coefficient*	Week/Product/Location/Source
PRODUCTIONRATIO	*Production Sourcing Quota*	Zeitvariable Produktions-beschaffungsquote

Tabelle 6.5 Weitere Input-Kennzahlen in SAP IBP für Inventory (Forts.)

Bei einigen dieser Input-Kennzahlen handelt es sich um Zeitvariablen, deren Verwendung im Rahmen von SAP IBP für Inventory durch Setzen eines bestimmten Attributs aktiviert wird und damit den statischen Attributwert ablöst. Dies ist bei den stücklistenbezogenen Kennzahlen *Component Production Quantity* (COMPONENTCOEFFICIENT) der Fall; das aktivierende Attribut ist *Coefficient as a Time Series* (COMPONENTCOEFFICIENTTS). Ebenso ist hier *Production Output Coefficient* (OUTPUTCOEFFICIENT) als weitere stücklistenbezogene Kennzahl zu nennen, die zeitabhängig definiert werden kann (aktivierendes Attribut: *Output Product Coefficient Time Series Indicator* [OUTPUTCOEFFICIENTTS]). Abbildung 6.19 zeigt beispielhaft die Kennzahl OUTPUTCOEFFICIENT in der App **Beispielmodellentitäten**.

Abbildung 6.19 Zeitvariable-Kennzahl OUTPUTCOEFFICIENT in der App »Beispielmodellentitäten«

Analoges Verhalten zeigen auch die bezugsquellenbezogenen Kennzahlen *Transportation Sourcing Quota* (LOCATIONRATIO; aktivierendes Attribut: *Transportation Sourcing Quota Time Series Indicator* [RATIOS]) sowie *Production Sourcing Quota* (PRODUCTIONRATIO; aktivierendes Attribut: *Production Sourcing Quota Time Series Indicator* [PRATIOTS]).

Neben den bereits erwähnten Attributen als Kennzahlen, den wichtigen Übergabekennzahlen sowie den zeitabhängigen Kennzahlen sind als weitere Gruppe der Input-Kennzahlen die *Bestandsrestriktionen* zu nennen. Hierzu zählen zum einen die Kennzahlen *Minimum Stock Requirement* (IOMINSTOCKREQUIREMENT) und *Minimum Stock Requirement Value* (IOMINSTOCKREQUIREMENTVAL), die einen Mindestbestand bzw. dessen monetären Wert abbilden.

Gründe für das Vorhalten eines Mindestbestandes

Als Gründe, einen Mindestbestand als Input in die Berechnungen von SAP IBP für Inventory einzubringen, können gesetzliche, vertragliche oder betriebswirtschaftliche Notwendigkeiten an einer Verkaufs- oder Lieferlokation gelten.

Zum anderen ist die Kennzahl *Maximum On Hand Inventory* (IOMAXINVENTORY) aufzuführen, mit der der Höchstwert der an einer Lokation haltbaren Lagerbestandsmenge für ein bestimmtes Produkt festgelegt werden kann.

Ferner gibt es in den weiteren Input-Kennzahlen eine Reihe von Entitäten, die darauf abzielen, Kostengrößen abzubilden. Hierzu zählt die Kennzahl *Inventory Holding Cost Rate* (INVENTORYHOLDINGCOSTRATE), mit der Sie den Kostensatz für die Lagerhaltung für ein Produkt an einer Lokation definieren können. Eng damit verbunden ist die Kennzahl *Standard Unit Cost* (COSTPERUNIT), mit der die variablen Kosten pro hergestellter oder eingekaufter Mengeneinheit eines Produkts an einer Lokation definiert werden.

In Bezug auf Kosten ist als weitere Input-Kennzahl die *Maximum Inventory Violation Cost Rate* (MAXINVENTORYVIOLATIONCOSTRATE) zu nennen, mittels derer ein Kostensatz für die Nichteinhaltung des vorgegebenen Maximalbestandes (Kennzahl *IO Maximum On Hand Inventory*) angegeben werden kann.

Definition eines Kostensatzes für die Nichteinhaltung des vorgegebenen Maximalbestandes

Um den Kostensatz sinnvoll zu definieren, können Sie beispielsweise die Kosten für das Hinzufügen zusätzlicher Lagerkapazität ansetzen.

[«]

Verwendung der Kennzahlen »IO Maximum On Hand Inventory« und »Maximum Inventory Violation Cost Rate«

Damit Sie die Kennzahlen *IO Maximum On Hand Inventory* und *Maximum Inventory Violation Cost Rate* in den Planungsoperatoren von SAP IBP für Inventory verwenden können, müssen Sie den globalen Konfigurationsparameter STORAGE_CAPACITY_CONSTRAINTS auf **CONSIDER** setzen. Mehr zu diesem Thema erfahren Sie in Abschnitt 6.2.5, »Globale Konfigurationsparameter«.

Zentrale Ergebniskennzahlen (Main Output Key Figures)

Während die Attribute als Kennzahlen Input für die Planungen in SAP IBP für Inventory darstellen, gibt es auch eine Reihe von Kennzahlen, die wichtige Outputs der Bestandsplanung wiedergeben. Diese zentralen Ergebniskennzahlen (*Main Output Key Figures*) werden wir im Folgenden einzeln aufführen und näher erläutern.

Prognosebezogene Ergebniskennzahlen

Für den Fall, dass die wichtigen Übergabe-Inputs aus anderen Anwendungen nicht zur Verfügung stehen, können Sie mit SAP IBP für Inventory bei Vorliegen von historischen Werten mithilfe der App **Prognosefehlerberechnungen verwalten – Bestandsoptimierung** sowie dem Planungsoperator *Forecast Error CV Calculator* (Calculate Forecast Error CV) entsprechende Historienkennzahlen ermitteln und diese in die Planungen einfließen lassen. Tabelle 6.6 zeigt überblicksartig die beiden Kennzahlen dieses Bereichs.

Typ	Kennzahl-ID	Kennzahl	Basisplanungsebene
Prognose	IOAVCHISTDEMAND	*IO Average Historical Demand*	Product/Location/Customer Group/Lag
	IOAVGHISTDEMANDCV	*IO Average Historical Demand CV*	Product/Location/Customer Group/Lag

Tabelle 6.6 Prognosebezogene Ergebniskennzahlen in SAP IBP für Inventory

Die Kennzahl *IO Average Historical Demand* (IOAVGHISTDEMAND) stellt den Durchschnitt des historischen Ist-Bedarfs dar. Die entsprechende Schwankung kann in der zugehörigen Kennzahl *IO Average Historical Demand CV* (IOAVGHISTDEMANDCV) ausgedrückt werden.

Bestandskategorien im Überblick

Viele Kennzahlen in SAP IBP für Inventory beziehen sich auf verschiedene Kategorien von Beständen, daher möchten wir diese zunächst einmal aufführen und erläutern:

- Sicherheitsbestand (engl. *Safety Stock*)
- Merchandising Stock
- Pipeline Stock
  - Bestellbestand
  - Work in Process (WIP; engl. auch *In-Process Stock*)
  - Transitbestand
- verfügbarer Bestand (engl. *On-Hand Stock*)
- Minimum Level/Maximum Level
  - Meldebestand (engl. *Reorder Point*)
  - Zielgesamtbestand (engl. *Target Inventory Position*)
- Zyklusbestand (engl. *Cycle Stock*)

In der Folge werden wir Ihnen die einzelnen Bestandskategorien näher erläutern.

Sicherheitsbestand

Ein zentraler Output von SAP IBP für Inventory ist der *Sicherheitsbestand* (engl. *Safety Stock*). Er dient der Pufferung gegen die Unsicherheit, die aus Nachfrage- bzw. Nachschubschwankungen entsteht. Tabelle 6.7 gibt einen Überblick über die Ergebniskennzahlen (engl. *Output Key Figures*) von SAP IBP für Inventory, die mit dem Sicherheitsbestand verbunden sind.

Typ	Kennzahl-ID	Kennzahl	Basisplanungsebene
Sicherheitsbestand	RECOMMENDED-SAFETYSTOCK	*Recommended Safety Stock*	Week/Product/Location
	IORECSAFETY-STOCKVAL	*Average Recommended Safety Stock Value*	Week/Product/Location/Currency
	SAFETYSTOCK-DEMANDVAR	*Demand Variability Safety Stock*	Week/Product/Location
	SAFETYSTOCK-SUPPLYVAR	*Supply Variability Safety Stock*	Week/Product/Location
	SAFETYSTOCK-SERVICEVAR	*Service Variability Safety Stock*	Week/Product/Location
	SAFETYSTOCK-LOTSIZE	*Zero Lot Size Additional Safety Stock*	Week/Product/Location

Tabelle 6.7 Sicherheitsbestandsbezogene Ergebniskennzahlen in SAP IBP für Inventory

Die Kennzahl *Recommended Safety Stock* (RECOMMENDEDSAFETYSTOCK) ist eine der wichtigsten Ergebniskennzahlen von SAP IBP für Inventory. Sie enthält pro Produkt in einer Lokation auf Wochenebene die Empfehlung des Systems, wie hoch der zusätzliche Bestand zur Pufferung der Unsicherheiten auf Nachfrage- und Nachschubseite sein soll. Die Kennzahl *Average Recommended Safety Stock Value* (IORECSAFETYSTOCKVAL) gibt den entsprechenden monetären Wert wieder.

Die vier weiteren genannten Kennzahlen werden auch als *Treiberkennzahlen* (engl. *Drivers*) bezeichnet; mit ihnen gibt das SAP-IBP-System eine Indikation, wie hoch der Einfluss bestimmter Faktoren auf die empfohlene Sicherheitsbestandshöhe ist. Die Kennzahl *Demand Variability Safety Stock* (SAFETYSTOCKDEMANDVAR) ist dabei der Indikator, wie hoch der Einfluss der Nachfrageschwankung im Unsicherheitszeitraum ist. Der Unsicherheitszeitraum, über den die Schwankung abzupuffern ist, wird aus der Summe aus dem Überwachungsintervall (*Periods Between Review*) und der jeweils relevanten Wiederbeschaffungszeit für Transport oder Produktion gebildet. Ferner fließen in die Bestimmung der Variationskoeffizient des Prognosefehlers sowie der Sollservicegrad ein.

Analog verhält es sich mit der Kennzahl *Supply Variability Safety Stock* (SAFETYSTOCKSUPPLYVAR), die ein Maß für den Einfluss der Unsicherheit auf Nachschubseite auf den empfohlenen Sicherheitsbestand ist. Um diesen Wert abzuleiten, benutzt SAP IBP für Inventory die Standardabweichungen für die Wiederbeschaffungszeiten von Produktion oder Transport (Wiederbeschaffungszeit x Variationskoeffizient der jeweiligen Wiederbeschaffungszeit) sowie die Bedarfsprognose. Bei internen Knoten, für die keine eigene Bedarfsprognose vorliegt, wird der Durchschnitt der über die Supply-Chain-Knoten propagierten Nachfrage verwendet.

Die Kennzahl *Service Variability Safety Stock* (SAFETYSTOCKSERVICEVAR) quantifiziert den Einfluss von Rückständen, die aus nicht perfekten Lieferbereitschaftsgraden vorgelagerter Supply-Chain-Knoten resultieren. Ein nicht perfekter Lieferbereitschaftsgrad einer vorgelagerten Stufe ist dann miteinzubeziehen, wenn der interne Lieferbereitschaftsgrad beispielsweise unter 99,9 % liegt, wenn es also zu zusätzlichen Verzögerungen auf den abnehmenden Knoten kommt, weil der Sicherheitsbestand vorgelagerter Knoten dazu führt, dass dort ein Rückstand (engl. *Backlog*) entsteht.

Mit der Kennzahl *Zero Lot Sie Additional Safety Stock* (SAFETYSTOCKLOTSIZE) erlaubt SAP IBP für Inventory eine Indikation darüber, wie hoch der Sicherheitsbestand erhöht werden müsste, wenn keine Pufferung über Losgrößenbestand erfolgen würde. Hier wird also auf den Umstand Bezug genommen, dass SAP IBP für Inventory in die Berechnungen miteinbeziehen kann, dass der Sicherheitsbestand reduziert werden kann, wenn durch Losgrößenzusammenfassungen oder Losgrößenrestriktionen wie eine Mindestlosgröße Lagerbestand zur Pufferung von Unsicherheit verwendet werden kann.

Merchandising Stock
In eine vergleichbare Kategorie wie der Sicherheitsbestand fällt der sogenannte *Merchandising Stock*, der als weiterer Puffer zum Vorhalten der Mindestmenge dient. Tabelle 6.8 führt die Kennzahlen auf, die mit dem Merchandising Stock verbunden sind.

Typ	Kennzahl-ID	Kennzahl	Basisplanungsebene
Merchandising Stock	IOMERCHANDISING-STOCK	Merchandising Stock	Week/Product/Location
	IOMERCHANDISING-STOCKVAL	Merchandising Stock Value	Week/Product/Location/Currency

Tabelle 6.8 Merchandising-Stock-bezogene Ergebniskennzahlen in SAP IBP für Inventory

Hier ist die Kennzahl *Merchandising Stock* (IOMERCHANDISINGSTOCK) zu nennen, die als weiterer Puffer zum Vorhalten der Mindestmenge an einem Bestandsaufbauknoten (*Stocking Point*) dient. Das monetäre Äquivalent zu dieser Kennzahl ist *Merchandising Stock Value* (IOMERCHANDISINGSTOCKVAL).

Pipeline Stock
Bestand, dessen Bestellung oder Produktionsauslösung bereits erfolgt ist, ohne dass dieser bereits dem verfügbaren Bestand zugegangen ist, wird als *Pipeline Stock* bzw. Bestellbestand bezeichnet. Hierunter fallen sowohl Wiederbeschaffungen im eigenen Netzwerk durch Transporte oder Produktion sowie auch externe Beschaffung. Deshalb ist in diesem Zusammenhang auch von *Transitbestand*, *Work in Process* und *Bestellbestand* die Rede.

Tabelle 6.9 zeigt einen Überblick über die Ergebniskennzahlen von SAP IBP für Inventory in Bezug auf die Bestandskategorie Pipeline Stock.

Die Kennzahl *Target Pipeline Stock* (IOTARGETPIPELINESTOCK) repräsentiert den Zielbestand bezüglich des Transitbestandes in der eigenen Supply Chain, also bereits an vorgelagerten Supply-Chain-Knoten ausgelöste Bestellungen, die noch nicht eingegangen sind. Um den Wert dieser Kennzahl abbilden zu können, steht Ihnen im Beispielplanungsbereich SAP3 die Kennzahl *Target Pipeline Stock Value* (IOTARGETPIPELINESTOCKVAL) zur Verfügung. Nicht nur die Zielhöhe ist in der Beispielkonfiguration von SAP3 mit einer eigenen Kennzahl abgebildet, auch der Durchschnitt wurde durch eine Kennzahl in die Konfiguration aufgenommen. Hierzu ist die Kennzahl *Average Pipeline Stock* (IOAVGPIPELINESTOCK) zu verwenden; wenn Sie den monetären Wert abbilden wollen, können Sie die dazugehörige Kennzahl *Average Pipeline Stock Value* (IOAVGPIPELINESTOCKVAL) verwenden.

Typ	Kennzahl-ID	Kennzahl	Basiplanungsebene
Pipeline Stock	IOTARGETPIPE-LINESTOCK	*Target Pipeline Stock*	Week/Product/Location
	IOTARGETPIPE-LINESTOCKVAL	*Target Pipeline Stock Value*	Week/Product/Location/Currency
	IOAVGPIPELINESTOCK	*Average Pipeline Stock*	Week/Product/Location
	IOAVGPIPE-LINESTOCKVAL	*Average Pipeline Stock Value*	Week/Product/Location/Currency
	IOTARGETINPROCESS-STOCK	*Target In Process Stock*	Week/Product/Location
	IOTARGETINPROCESS-STOCKVAL	*Target In Process Stock Value*	Week/Product/Location/Currency
	IOAVGINPROCESS-STOCK	*Average In Process Stock*	Week/Product/Location
	IOAVGINPROCESS-STOCKVAL	*Average In Process Stock Value*	Week/Product/Location/Currency
	IOTARGETVENDOR-TRANSITSTOCK	*Target Vendor In Transit Stock*	Week/Product/Location
	IOTARGETVENDOR-TRANSITSTOCKVAL	*Target Vendor In Transit Stock Value*	Week/Product/Location/Currency
	IOAVGVENDOR-TRANSITSTOCK	*Average Vendor In Transit Stock*	Week/Product/Location
	IOAVGVENDOR-TRANSITSTOCKVAL	*Average Vendor In Transit Stock Value*	Week/Product/Location/Currency

Tabelle 6.9 Pipeline-Stock-bezogene Ergebniskennzahlen in SAP IBP für Inventory

Neben den Kennzahlen für den Bestellbestand, für die wir Ihnen soeben sowohl den Ziel- auch den Durchschnittsbestellbestand sowie deren finanzielle Bewertung erläutert haben, existieren auch entsprechende Kennzahlen für die interne Produktion (*In Process*) sowie externe Beschaffungen (*Vendor In Transit*), deren Details Sie Tabelle 6.9 entnehmen können.

Verfügbarer Bestand

Unter dem *verfügbaren Bestand* ist die Menge zu verstehen, die zur Bedarfsabdeckung physisch verfügbar ist. Aus diesem Grund wird in diesem Zusammenhang gelegentlich auch von *physischem Bestand* gesprochen. Tabelle 6.10 zeigt die zentralen Ergebniszahlen rund um den verfügbaren Bestand.

Typ	Kennzahl-ID	Kennzahl	Basiplanungsebene
Verfügbarer Bestand	IOTARGETON-HANDSTOCK	*Target On Hand Stock*	Week/Product/Location
	IOTARGETON-HANDSTOCKVAL	*Target On Hand Stock Value*	Week/Product/Location/Currency
	IOAVGONHANDSTOCK	*Average On Hand Stock*	Week/Product/Location
	IOAVGONHAND-STOCKVAL	*Average On Hand Stock Value*	Week/Product/Location/Currency
	IOENDONHANDSTOCK	*Ending On Hand*	Week/Product/Location
	IOAVGINVENTORY-POSITION	*Average Inventory Position*	Week/Product/Location

Tabelle 6.10 Ergebniskennzahlen zum verfügbaren Bestand in SAP IBP für Inventory

Die Kennzahl *Target On Hand Stock* (IOTARGETONHANDSTOCK) repräsentiert den Zielbestand, der physisch verfügbar sein sollte. Die entsprechende wertbezogene Kennzahl dazu ist *Target On Hand Stock Value* (IOTARGETONHANDSTOCKVAL). Analog dazu bildet die Kennzahl *Average On Hand Stock* (IOAVGONHANDSTOCK) den durchschnittlich verfügbaren Bestand ab; für die Bewertung in monetären Einheiten kann die entsprechende Kennzahl *Average on Hand Stock Value* (IOAVGONHANDSTOCKVAL) eingesetzt werden.

Auch für den jeweils verfügbaren Endbestand einer Periode existiert eine eigene Kennzahl. Dabei handelt es sich um *Ending On Hand* (IOENDONHANDSTOCK). Ebenfalls vorhanden ist die Kennzahl *Average Inventory Position* (IOAVGINVENTORYPOSITION), mit der der durchschnittliche Lager- und Bestellbestand abzüglich eventueller Rückstände abgebildet werden kann.

[»]

Monetäre Bewertung von »Ending On Hand« und »Average Inventory Position«

Eine Kennzahl für die monetäre Bewertung von *Ending On Hand* und *Average Inventory Position* ist nicht Teil der Beispielkonfiguration von SAP3. Sie können in der Konfiguration des SAP-IBP-Systems eigene Kennzahlen hierfür definieren und in einer Planungssicht nutzen. Details hierzu finden Sie in Kapitel 3, »Grundlagen der übergreifenden Konfiguration«.

Minimum Level/Maximum Level (Buffer Levels)

Der Meldebestand ist eine Kennzahl, die im Fall eines Dispositionsverfahrens, das meldebestandsgesteuert arbeitet, eine Wiederauffüllung veranlasst, sobald die Summe aus dem verfügbaren Bestand und der geplanten Zugänge unterhalb des Meldebestandes fällt.

Es handelt sich dabei also um eine *Bestandsrestriktion*, im englischen Sprachgebrauch gelegentlich auch als *Minimum Level* bezeichnet. In SAP IBP für Inventory finden Sie hierfür die Kennzahl *Reorder Point* (ROP).

Ebenfalls eine Bestandsrestriktion ist durch den Zielgesamtbestand (engl. *Target Inventory Position*) gegeben.

Hierbei handelt es sich um das Bestandsniveau, bis zu dem bei Auslösung einer Wiederauffüllung aufgefüllt wird. Dabei wird hier nicht nur der physische Bestand miteinbezogen, sondern es erfolgt auch eine Berücksichtigung des Pipeline-Bestandes. In SAP IBP für Inventory wird hier die Kennzahl *Target Inventory Position* (TARGETINVENTORYPOSITION) verwendet.

[«]

Unterschiedliche Begriffe für Melde- und Zielbestand

In SAP-ERP-Systemen ist der Begriff *Höchstbestand* (engl. *Maximum Stock Level*) für den Zielgesamtbestand zu finden. Bei Melde- und Zielbestand sowie dem (minimalen) Sicherheitsbestand wird zusammenfassend auch der Begriff *Buffer Level* verwendet, insbesondere im Rahmen der Theorie rund um die bedarfsorientierte Wiederbeschaffung (Demand-Driven MRP). Details hierzu finden Sie in Kapitel 7, »Demand-Driven Materials Requirement Planning«.

Tabelle 6.11 fasst die Ergebniskennzahlen in SAP IBP für Inventory rund um die Bestandsrestriktionen (Minimum/Maximum Levels) zusammen.

Typ	Kennzahl-ID	Kennzahl	Basisplanungsebene
Minimum/ Maximum Levels (Buffer Levels)	IOMINIMUMSTOCK-REQUIREMENTVAL	*Minimum Stock Requirement Value*	Week/Product/ Location/Currency
	ROP	*Reorder Point*	Week/Product/ Location
	TARGETINVENTORY-POSITION	*Target Inventory Position*	Week/Product/ Location

Tabelle 6.11 Buffer-Level-bezogene Ergebniskennzahlen in SAP IBP für Inventory

[»]

Target On Hand Stock (IOTARGETONHANDSTOCK) vs. Target Inventory Position (TARGETINVENTORYPOSITION)

Bei den Kennzahlen *Target On Hand Stock* (IOTARGETONHANDSTOCK) und *Target Inventory Position* (TARGETINVENTORYPOSITION) handelt es sich in beiden Fällen um Zielbestände, jedoch ist die Bezugsgröße eine andere. In die Kennzahl *Target Inventory Position* werden weitere Bestandskategorien miteinbezogen (z. B. Pipeline Stock), während *Target On Hand Stock* nur den physischen Bestand ohne andere Bestandskategorien beinhaltet.

Auch für die Minimum-/Maximum-Level-bezogenen Kennzahlen gibt es in der Standardkonfiguration von SAP3 keine Kennzahlen, die für die monetäre Bewertung vorbereitet sind. Diesem Umstand können Sie durch eigene Kennzahlen in der Konfiguration begegnen (siehe Kapitel 3, »Grundlagen der übergreifenden Konfiguration«).

Zyklusbestand

Eine weitere Bestandskategorie in SAP IBP für Inventory ist der *Zyklusbestand*. Dieser repräsentiert den Bestand, der nötig ist, um den Bedarf bis zum jeweils nächsten Nachschub aus Transporten oder der Produktion abzudecken. In Anlehnung an bereits bisher beschriebene Bestandskategorien gibt es auch für den Zyklusbestand im Beispielplanungsbereich SAP3 eine Kennzahl, mit der sich der Zielzyklusbestand abbilden lässt. Diese Kennzahl ist der *Target Cycle Stock* (IOTARGETCYCLESTOCK). Eine monetäre Bewertung können Sie mithilfe der Kennzahl *Target Cycle Stock Value* (IOTARGETCYCLESTOCKVAL) vornehmen. Auch für diese Bestandskategorie gibt es neben dem Zielwert eine Kennzahl für den Durchschnitt: *Average Cycle Stock* (IOAVGCYCLESTOCK) bzw. die Kennzahl für die monetäre Bewertung *Average Cycle Stock Value* (IOAVGCYCLESTOCKVAL). Tabelle 6.12 zeigt die Kennzahlen zum Zyklusbestand im Überblick.

Typ	Kennzahl-ID	Kennzahl	Basiplanungsebene
Zyklusbestand	IOTARGETCYCLESTOCK	*Target Cycle Stock*	Week/Product/Location
	IOTARGETCYCLE-STOCKVAL	*Target Cycle Stock Value*	Week/Product/Location/Currency
	IOAVGCYCLESTOCK	*Average Cycle Stock*	Week/Product/Location
	IOAVGCYCLESTOCKVAL	*Average Cycle Stock Value*	Week/Product/Location/Currency

Tabelle 6.12 Zyklusbestandsbezogene Ergebniskennzahlen in SAP IBP für Inventory

[«]

Verknüpfung der aufgeführten Bestandskategorien

Die oben beschriebenen Bestandskategorien sind nicht zwingend additiv verknüpft. Eine bestimmte Menge kann in mehr als einer der aufgeführten Kategorien vorkommen. Somit können Sie die Kategorien nicht aufaddieren, um den gesamten Bestand abzuleiten.

Reichweiten

Für die einzelnen Bestandskategorien werden teilweise auch entsprechende *Reichweiten* (engl. *Days of Cover*) kalkuliert, wie Tabelle 6.13 zeigt.

Typ	Kennzahl-ID	Kennzahl	Basisplanungsebene
Reichweiten	IOSAFETYSTOCKDAYS-OFSUPPLY	*Safety Stock (Days)*	Week/Product/Location
	IOTGTONHANDDAYS-OFSUPPLY	*Target On Hand (Days)*	Week/Product/Location
	IOAVGONHANDDAYS-OFSUPPLY	*Average On Hand (Days)*	Week/Product/Location
	IOENDONHANDDAYS-OFSUPPLY	*Ending On Hand (Days)*	Week/Product/Location

Tabelle 6.13 Reichweitenbezogene Ergebniskennzahlen in SAP IBP für Inventory

Bei der Kennzahl für die empfohlene Reichweite auf Basis des errechneten Sicherheitsbestandes, *Safety Stock* (Days) (IOSAFETYSTOCKDAYSOFSUPPLY), ist zu unterscheiden, ob die Bedarfsprognose den empfohlenen Sicherheitsbestand unterschreitet oder nicht. Falls eine Unterschreitung vorliegt, wird die folgende Formel angewendet:

IOSAFETYSTOCKDAYSOFSUPPLY =
{ [(RECOMMENDEDSAFETYSTOCK – IOFORECAST) /
NEXTWEEKS_IOFORECAST] × 7 } + 7

Liegt allerdings eine Überschreitung vor, erfolgt die Berechnung anhand der folgenden Formel:

IOSAFETYSTOCKDAYSOFSUPPLY =
(RECOMMENDEDSAFETYSTOCK / IOFORECAST) × 7

Ebenfalls vorhanden sind – wie in Tabelle 6.13 zu sehen – Reichweitenkennzahlen für den Ziel-, den Durchschnitts- und den Periodenendbestand des verfügbaren Bestandes (*On Hand*).

Bestandsanalyse

Bereits im Rahmen der Erläuterung der Kennzahlen des Sicherheitsbestandes haben Sie mit den Kennzahlen *Demand*, *Supply* und *Service Variability Safety Stock* sowie der Kennzahl *Zero Lot Size Additional Safety Stock* einige Kennzahlen kennenlernen können, mit deren Hilfe die Treiber von Bestand identifiziert werden können. Es gibt aber auch noch eine Reihe weiterer Ergebniskennzahlen, mit deren Hilfe Sie den vorgeschlagenen Bestand genauer analysieren können. Die wichtigsten haben wir in Tabelle 6.14 für Sie zusammengefasst, wobei die Kennzahlen in drei Typen untergliedert werden können: Bestandsanalyse für Lokationsprodukte, Bestandsanalyse für Kundengruppe und Bestandsanalyse für Working Capital.

Typ	Kennzahl-ID	Kennzahl	Basiplanungsebene
Bestandsanalyse für Lokationsprodukte	SAFETYSTOCKDEMANDVAR	*Demand Variability Safety Stock*	Week/Product/Location
	SAFETYSTOCKSUPPLYVAR	*Supply Variability Safety Stock*	Week/Product/Location
	SAFETYSTOCKSERVICEVAR	*Service Variability Safety Stock*	Week/Product/Location
	SAFETYSTOCKLOTSIZE	*Zero Lot Size Additional Safety Stock*	Week/Product/Location
	PROPAGATEDDEMANDMEAN	*Propagated Demand Mean*	Week/Product/Location
	PROPAGATEDDEMANDSTDDEV	*Propagated Demand Stdev*	Week/Product/Location
	AVERAGESERVICELEVEL	*Average Service Level*	Week/Product/Location
Bestandsanalyse für Kundengruppe	AVAILABLEINFULL	*Non-Stockout Probability*	Week/Product/Location/Customer Group
	LOSTCUSTOMERDEMANDMEAN	*Average Expedites*	Week/Product/Location/Customer Group
Bestandsanalyse für Working Capital	IOTARGETWORKINGCAPITAL	*Target Working Capital Inventory*	Week/Product/Location/Currency
	IOAVGWORKINGCAPITAL	*Average Working Capital Inventory*	Week/Product/Location/Currency

Tabelle 6.14 Zyklusbestandsbezogene Ergebniskennzahlen in SAP IBP für Inventory

Sicherheitsbestandsbezogene Bestandstreiber-Kennzahlen

Details zu den direkt sicherheitsbestandsbezogenen Kennzahlen zur Bestandstreiberanalyse entnehmen Sie bitte den Ausführungen zum Sicherheitsbestand zu Beginn des Abschnitt 6.2.4, »Kennzahlen«.

Neben den sicherheitsbestandsbezogenen Treibern gibt es auf der Ebene der Lokationsprodukte noch eine Reihe weiterer Kennzahlen, mit deren Hilfe sich der von SAP IBP für Inventory vorgeschlagene bzw. errechnete Bestand analysieren lässt. Hierzu gehören die durch das Supply-Chain-Netzwerk propagierten Nachfragen bzw. deren Variabilität.

Bereitstellung zusätzlicher Nachfragedaten und deren Propagierung durch das Supply-Chain-Netzwerk

Wichtige Input-Kennzahlen für SAP IBP für Inventory stellen die Kundennachfragen dar. Diese liegen jedoch nicht an allen Knoten innerhalb des Supply-Chain-Netzwerkes direkt vor. Zum einen kann ein Problem darin bestehen, dass keine konkreten Prognosedaten für Endprodukte vorliegen. Hierfür können Sie die Kennzahlen *IO Average Historical Demand* (IOAVGHISTDEMAND) bzw. *IO Average Historical Demand CV* (IOAVGHISTDEMANDCV) nutzen.

Zum anderen weisen untergeordnete Stufen oftmals keine oder nicht nur Kundenbedarfe auf. Vielmehr werden der Sicherheitsbestand und andere Bestandskategorien durch interne Bedarfe innerhalb des Netzwerkes bestimmt, die abhängig von Kundenbedarfen auf Endproduktebene durchgereicht werden. Hier spricht man auch von *abhängigen Bedarfen*.

Damit an jedem potenziell bestandsführenden Knoten der Supply Chain entsprechend sowohl die dort zu befriedigende Nachfrage als auch die Variabilität bekannt ist, muss eine Bedarfspropagierung durchgeführt werden. Die Ergebnisse spiegeln sich in den Kennzahlen *Propagated Demand Mean* (PROPAGATEDDEMANDMEAN) bzw. *Propagated Demand Stdev* (PROPAGATEDDEMANDSTDDEV) wider. Auf die Details der Vorgehensweise der Bedarfspropagierung gehen wir im Rahmen von Abschnitt 6.2.6, »Planungsoperatoren«, ein.

Die beiden wichtigsten Kennzahlen, die in diesem Rahmen genannt werden sollten, sind *Propagated Demand Mean* (PROPAGATEDDEMANDMEAN) und *Propagated Demand Stdev* (PROPAGATEDDEMANDSTDDEV). Mit ihnen wird durch die im Rahmen der Planung durchgeführte Bedarfspropagierung an jedem Knoten der Supply Chain die zu erwartende Nachfragehöhe sowie deren Schwankung wiedergegeben.

Ebenfalls in den Bereich der lokationsproduktbezogenen Bestandsanalyse fällt die Kennzahl *Average Service Level* (AVERAGESERVICELEVEL). Sie trägt dem Umstand Rechnung, dass an einem Knoten sowohl externer Kundenbedarf als auch interne Bedarfe auftreten können. Es wird ein gewichteter Durchschnitt aller Lieferbereitschaftsgrade auf Ebene des Lokationsprodukts wiedergegeben.

Damit verbunden ist eine weitere Kennzahl, die jedoch nicht auf Ebene des Lokationsprodukts ermittelt wird, sondern auf der Basisplanungsebene `WKPRODLOCCUSTGROUP`, also auf der Ebene *Week/Product/Location/Customer Group*. Dabei handelt es sich um die Kennzahl *Non-Stockout Probability* (`AVAILABLEINFULL`). Sie gibt den Wert für die Wahrscheinlichkeit wieder, dass kein Fehlbestand am Demand Stream vorliegt.

Die Kennzahl *Average Expedites* (`LOSTCUSTOMERDEMANDMEAN`) ist ebenfalls auf der Basisplanungsebene `WKPRODLOCCUSTGROUP` angesiedelt und gehört damit auch zu den Kennzahlen, die für die Bedarfsanalyse auf Ebene der Kundengruppe zu finden sind. Sie gibt die erwartete Bedarfsmenge wieder, die nicht aus geplanten Beständen gedeckt werden kann, wenn der Bedarf das vom Ziellieferbereitschaftsgrad abgedeckte Niveau übersteigt.

Für die Analyse des Working Capitals stellt der Planungsbereich SAP3 zwei weitere Kennzahlen bereit, die eine Abschätzung des Working Capitals auf Basis der Zielbestandskategorien (*Target Working Capital Inventory* [`IOTARGETWORKINGCAPITAL`]) bzw. des zugehörigen Durchschnitts (*Average Working Capital Inventory* [`IOAVGWORKINGCAPITAL`]) ermöglichen.

[»]

Zwischenausgabekennzahlen

Neben den geschilderten Eingabe- und Ergebniskennzahlen gibt es in SAP IBP für Inventory noch sogenannte *Zwischenausgabekennzahlen*. Sie stellen Ergebnisse des mehrstufigen Laufs in SAP IBP für Inventory dar, die von lokalen Bestandsberechnungen verwendet werden. Sie können für eine detaillierte Analyse hilfreich sein, sind jedoch vor allem für spezifische Fragestellungen eingebunden worden. Die Darstellung würde den Rahmen dieser Publikation sprengen. Weitere Details zu den Zwischenausgabekennzahlen finden Sie im SAP Help Portal unter *https://help.sap.com/IBP* (Pfad: **Anwendungshilfe für SAP Integrated Business Planning 1908 • Geschäftsanwendungen • Bestandsoptimierung • Beispielplanungsbereich für die Bestandsoptimierung • Kennzahlen • Zwischenausgabekennzahlen**).

6.2.5 Globale Konfigurationsparameter

In SAP IBP für Inventory gibt es eine Reihe von globalen Konfigurationsparametern, mit deren Hilfe sich bestimmte Prozesse und Abläufe steuern lassen. Tabelle 6.15 zeigt die speziell im Umfeld von SAP IBP für Inventory eingesetzten globalen Konfigurationsparameter (siehe hierzu auch Abbildung 6.20). Wir werden Sie in den folgenden Abschnitten einzeln noch genauer beschreiben.

Globaler Konfigurationsparameter	Bedeutung
LOOP_HANDLING	Schleifenbehandlung
STORAGE_CAPACITY_CONSTRAINTS STORAGE_PENALTY_OPTION	Begrenzung der maximalen Lagerkapazität
SMOOTH_SS_AROUND_SRC_CHANGE	Glättung für kontinuierliche binäre Beschaffung
EXPOSURE_ROUNDING_FOR_BACKLOG	Verhalten bei nicht ganzzahligen Risikozeiträumen
DEMAND_PROPAGATION_SRC_SWITCH	Einstellungen für Sollbestand bei zeitvariabler binärer Beschaffung
NON_STOCKING_PUSH	Non-Stocking Push

Tabelle 6.15 Globale Konfigurationsparameter in SAP IBP für Inventory

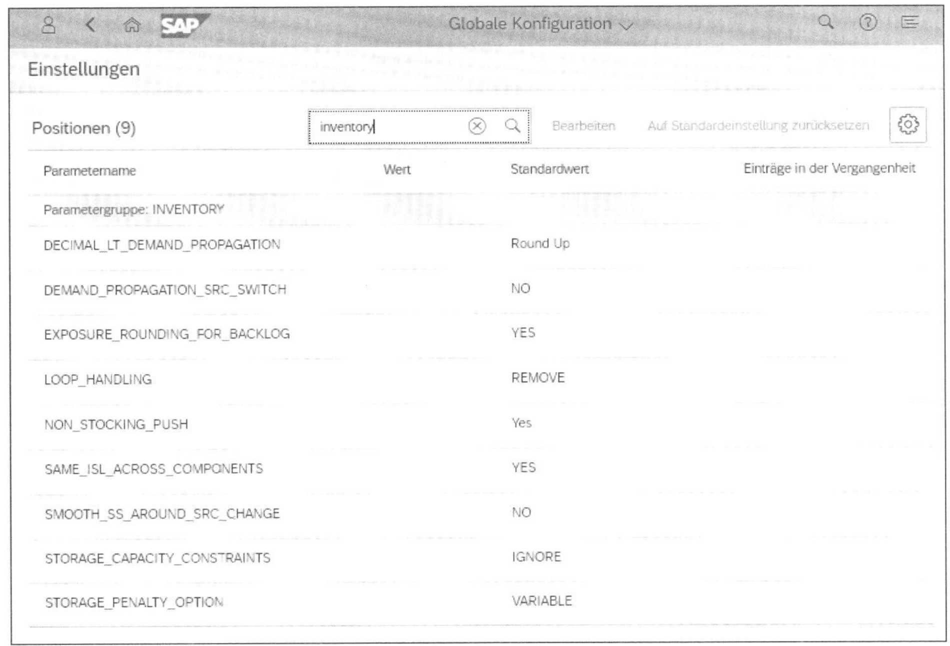

Abbildung 6.20 Die »Parametergruppe INVENTORY« in der App »Globale Konfiguration«

Schleifenbehandlung

Der globale Konfigurationsparameter LOOP_HANDLNG in der **Parametergruppe INVENTORY** dient der Festlegung, wie das SAP-IBP-System auf rekursive Schleifen in Transportbeziehungen reagieren soll (siehe Abbildung 6.21).

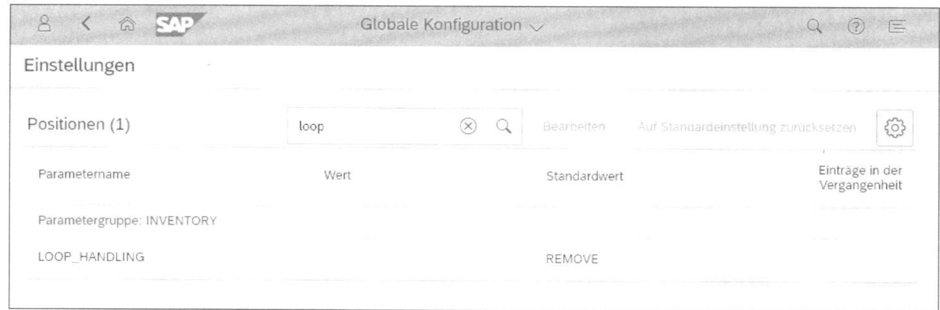

Abbildung 6.21 Globaler Konfigurationsparameter LOOP_HANDLING

Sie können drei verschiedene Parameterwerte ausprägen:

- LOG
- REMOVE
- ENABLE

Wenn Sie den Parameter auf **LOG** setzen, erkennt SAP IBP für Inventory entsprechende Schleifen und protokolliert sie als Warnung. Wenn Transportschleifen auf mehr als sechs Ebenen erkannt werden, führt das bei diesem Parameter zu einem Fehlereintrag im Protokoll, und die weitere Verarbeitung wird abgebrochen. Damit können seitens SAP IBP für Inventory keine Ergebnisse generiert werden, bevor eine Bereinigung der Daten erfolgt ist.

Wird der Parameter auf **REMOVE** gesetzt oder leer gelassen bzw. erfolgt keine gültige Eingabe, so werden die ersten sechs Ebenen als Warnung protokolliert und entfernt, bei mehr als sechs Ebenen erfolgt auch hier ein Abbruch ohne Weiterverarbeitung.

Protokolleintrag im Fall eines Abbruchs

Im Protokoll finden Sie im Fall eines Abbruchs den Fehler **SCAL AFL ERROR**, dies ist unabhängig vom gesetzten Parameter. (Der Zugriff auf das SCAL-AFL-Protokoll kann nur durch den SAP Support erfolgen.)

Falls Sie den Eintrag **ENABLE** setzen, erkennt der Algorithmus entsprechende Schleifen und protokolliert sie im SCAL-AFL-Protokoll.

Begrenzung der maximalen Lagerkapazität

Um die maximale Lagerkapazität in die Planungen miteinbeziehen zu können, müssen zwei Parameter gesetzt werden; Sie sehen sie in Tabelle 6.16.

Die hier beschriebenen Parameterkonfigurationen wirken sich auf die Kennzahlen *IO Maximum On Hand Inventory* (`IOMAXINVENTORY`) bzw. *Maximum Inventory Violation Cost Rate* (`MAXINVENTORYVIOLATIONCOSTRATE`) aus.

Parametergruppe	Parametername
Inventory	STORAGE_CAPACITY_CONSTRAINTS
Inventory	STORAGE_PENALTY_OPTION

Tabelle 6.16 Parameter zur Abbildung der Begrenzung der maximalen Lagerkapazität

Der Parameter STORAGE_CAPACITY_CONSTRAINTS legt fest, ob eine Begrenzung der maximalen Lagerkapazität berücksichtigt werden soll. Wenn Sie den Wert auf **CONSIDER** setzen, erfolgt eine Berücksichtigung der Begrenzung durch den Planungsoperator *Global (Multi-Stage) Inventory Optimization*. Setzen Sie einen anderen Wert als **CONSIDER**, beispielsweise **IGNORE** oder leer, werden die beiden oben genannten Kennzahlen ignoriert.

Mit dem Parameter STORAGE_PENALTY_OPTION legen Sie den Umgang mit den entsprechenden Kosten für die Nichteinhaltung der Lagerbegrenzung fest. Hier sind zwei Ausprägungen möglich:

- **FIXED**: Der Parameter führt zu einer Minimierung der Anzahl der Knoten, bei denen die Begrenzung nicht eingehalten wird. Es wird daher von hohen Fixkosten ausgegangen.
- **VARIABLE**: Bei dieser Option stellt das SAP-IBP-System die Gesamtlagerkosten in den Mittelpunkt und geht von variablen Kosten für zusätzlich erforderlichem Lagerplatz aus.

Abbildung 6.22 zeigt beispielhaft die Pflege des Parameters STORAGE_PENALTY_OPTION in der Konfiguration des SAP-IBP-Systems.

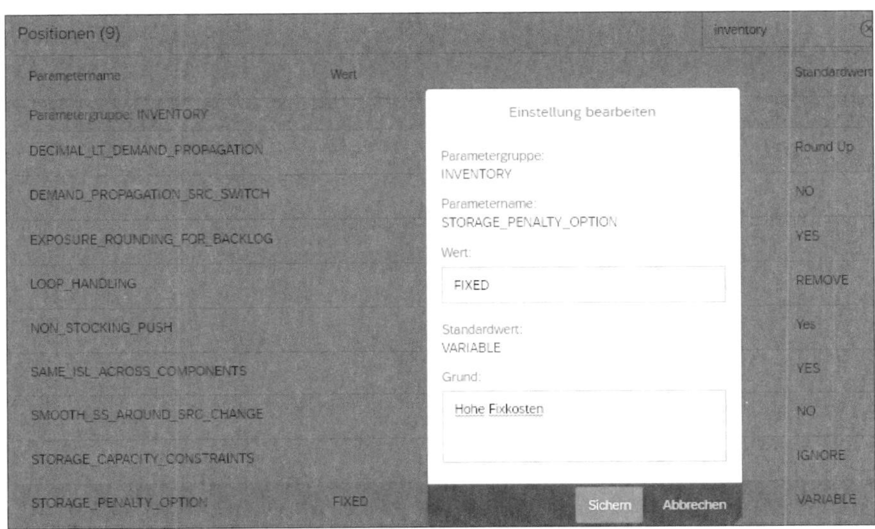

Abbildung 6.22 Globaler Konfigurationsparameter STORAGE_PENALTY_OPTION

Glättung für kontinuierliche binäre Beschaffung

Falls Sie bei einem Knoten die entsprechende Beschaffungsquote über verschiedene Lieferanten hinweg ändern, können entsprechende Ausschläge beim Sicherheitsbestand beobachtet werden. Mit Setzen des globalen Konfigurationsparameters SMOOTH_SS_AROUND_SRC_CHANGE auf **YES** können Sie entsprechende Einbrüche glätten. Ein anderer Wert als **YES** führt dazu, dass keine Glättung vorgenommen wird.

[!]

Statische vs. zeitabhängige Quoten

Die in diesem Abschnitt beschriebene Funktionsweise des Parameters SMOOTH_SS_AROUND_SRC_CHANGE ist nur dann gewährleistet, wenn zeitabhängige Quoten vorliegen.

Verhalten bei nicht ganzzahligen Risikozeiträumen

Der Unsicherheits- oder auch Risikozeitraum spielt bei den Berechnungen des Sicherheitsbestands in SAP IBP für Inventory eine wichtige Rolle. Er setzt sich aus der Wiederbeschaffungszeit sowie den *Periods Between Review* (PBR) (dt. Überwachungsintervall) zusammen. Sie können hier beispielsweise auch nicht ganzzahlige Werte pflegen, also z. B. für PBR 1 Tag verwenden, während die Wiederbeschaffungszeit auf Wochenbasis ganzzahlig gepflegt wird. Wenn Sie den Parameter EXPOSURE_ROUNDING_FOR_BACKLOG der Parametergruppe **INVENTORY** auf **YES** setzen, berücksichtigt der mehrstufige Lauf in SAP IBP für Inventory diese nicht ganzzahligen Risikozeiträume, ohne dass auf ganzzahlige Wochenperioden gerundet wird. Wenn Sie **NO** als Parameterwert setzen, verhält sich das System wie vor SAP-IBP-Release 1811, d. h., es erfolgt eine Rundung des Risikozeitraumes auf ganzzahlige Wochenwerte.

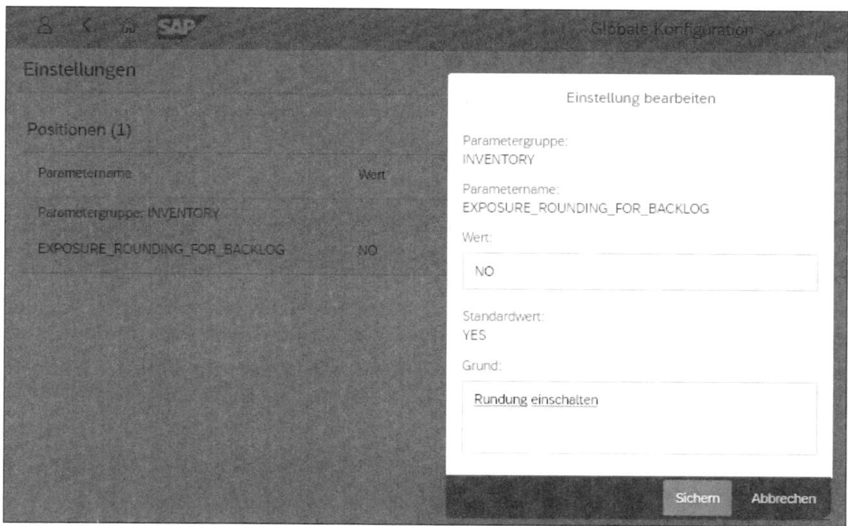

Abbildung 6.23 Globaler Konfigurationsparameter EXPOSURE_ROUNDING_FOR_BACKLOG

Falls die Einstellung fehlt oder ein anderer Wert als **YES** oder **NO** gesetzt wird, erfolgt eine Verwendung des Standardwertes **YES**. Abbildung 6.23 zeigt die Pflege des globalen Konfigurationsparameters EXPOSURE_ROUNDING_FOR_BACKLOG in der Konfiguration des SAP-IBP-Systems.

Einstellungen für Sollbestand bei zeitvariabler binärer Beschaffung

Mit dem globalen Konfigurationsparameter DEMAND_PROPAGATION_SRC_SWITCH der Parametergruppe **INVENTORY** können Sie einstellen, ob der Planungsoperator *Global (Multi-Stage) Inventory Optimization* den aggregierten Bedarf und den ausgehenden Rückstand bei der Ermittlung der Sicherheitsbestandsempfehlung berücksichtigen soll, wenn es sich um eine zeitabhängig quotierte Beschaffung mit stark variierenden Zeiten handelt. Wenn Sie den Parameter auf **YES** setzen, erfolgt die Berücksichtigung, bei allen anderen Einstellungen nicht.

6

Non-Stocking Push

Mit dem Parameter *Non-Stocking Push* wird die sogenannte Push-Logik unterstützt. Dabei geht es darum, die Wiederbeschaffungszeit und deren Schwankung von einem Bestandsaufbauknoten (*Stocking Node*) über einen Nicht-Bestandsaufbauknoten an einen Bestandsaufbauknoten zu übergeben. Diese Vorgehensweise ist schematisch in Abbildung 6.24 dargestellt.

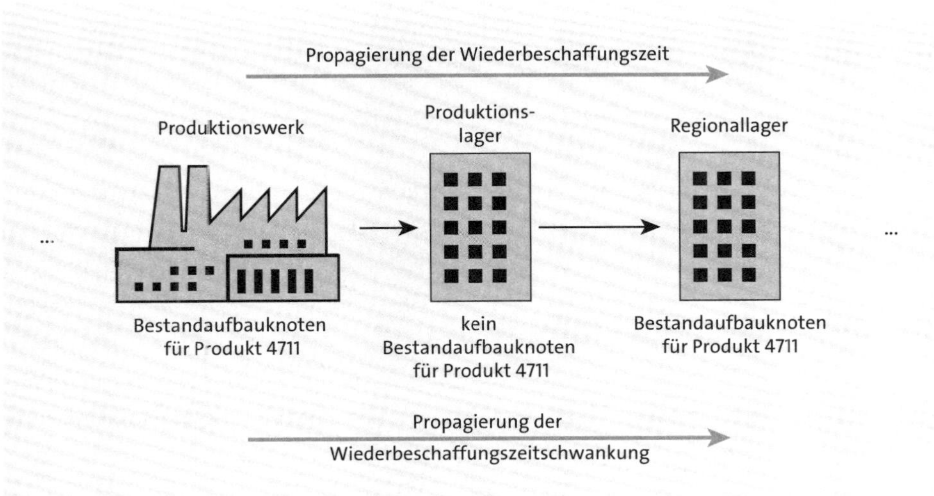

Abbildung 6.24 Non-Stocking Push in einer mehrstufigen Supply Chain

Der Planungsoperator *Global (Multi-Stage) Inventory Optimization* berücksichtigt den globalen Konfigurationsparameter NON_STOCKING_PUSH. Wenn Sie den Parameter auf einen beliebigen Wert ungleich **NO** setzen, erhöht sich der empfohlene Sicherheitsbestand am hinteren Bestandsaufbauknoten, da hier mit kumulierten Wiederbeschaffungszeiten gerechnet wird. Wenn Sie den Parameter auf **NO** setzen, wird mit dem vorgelagerten Rückstand (*Backlog*) gerechnet.

6.2.6 Planungsoperatoren

Die eigentliche Planung wird in SAP IBP für Inventory mithilfe der Planungsoperatoren vorgenommen, die Sie in der Konfiguration dem Planungsbereich zuordnen können. Standardmäßig sind fünf Planungsoperatoren explizit für die Bestandsplanung mit SAP IBP für Inventory vorgesehen (siehe Tabelle 6.17).

Name des Planungsoperators im Excel-Add-in	Name des Planungsoperators in der App	Algorithmustyp
Decomposed (Single-Stage) Inventory Optimization	Single-Stage Inventory Opt	`SINGLE_STAGE_IO`
Global (Multi-Stage) Inventory Optimization	Multi-Stage Inventory Opt	`MULTI_STAGE_IO`
Expected Lost Demand	Expected Demand Loss	`LOST_SALES_IO`
Calculate Forecast Error CV	Forecast Error CV Calculator	`FORECAST_ERROR`
Calculate Target Inventory Components	Calculate Inventory Components	`IO_DETERMINISTIC`

Tabelle 6.17 Planungsoperatoren im Beispielplanungsbereich SAP3

Naturgemäß können im Rahmen von SAP IBP für Inventory auch andere Operatoren, wie z. B. Kopieroperatoren, zum Einsatz kommen. Wir beschränken uns in diesem Abschnitt aber auf die Erläuterung der originär für SAP IBP für Inventory konzipierten und mit dieser Funktion lizenzierten Planungsoperatoren, die auch als *Bestandsoperatoren* bezeichnet werden.

Neben den aufgeführten Operatoren kann auf Basis des Beispielplanungsbereichs SAP3 auch die App **Prognosefehlerberechnungen verwalten – Bestandsoptimierung** ausgeführt werden.

Wenn Sie in den Planungsoperatoren Planungshorizonte verwenden möchten, die von den Planungshorizonten des Standardplanungsbereichs abweichen, können Sie den Planungsoperatorparameter `PLANNING_HORIZON` nutzen. Dieser repräsentiert einen positiven ganzzahligen Wert in Kalenderwochen.

Abbildung 6.25 zeigt die Pflege des Planungsoperatorparameters in der App **Konfiguration**.

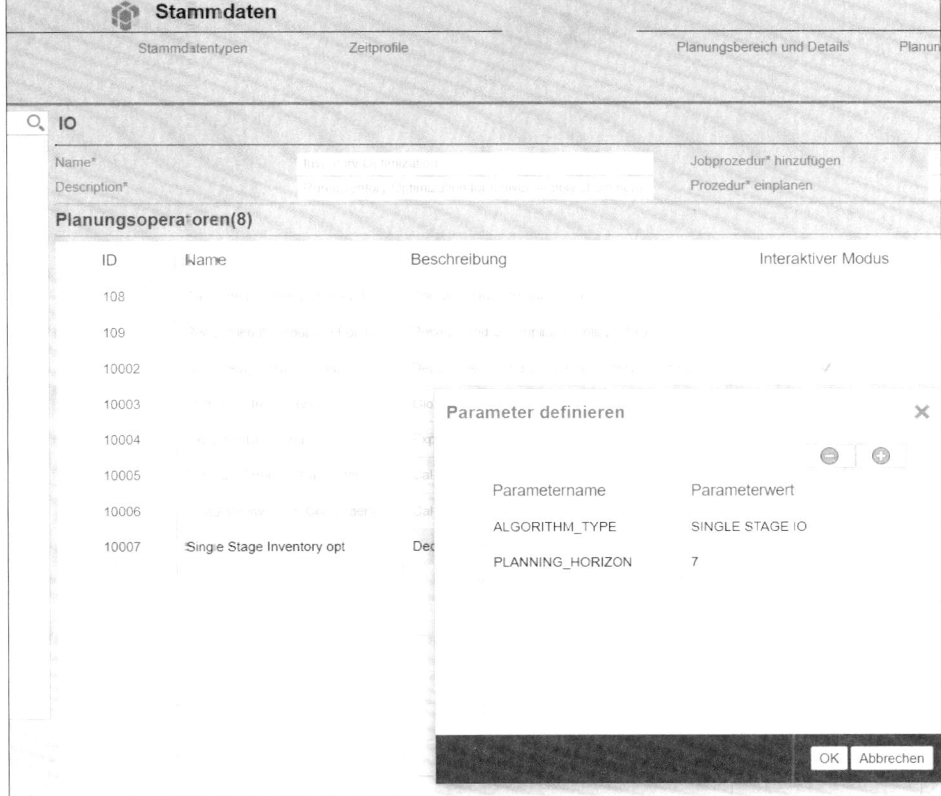

Abbildung 6.25 Planungsoperatorparameter PLANNING_HORIZON in der App »Konfiguration«

6

Unterstützung des Planungsoperatorparameters PLANNING_HORIZON durch die Bestandsoperatoren

Von den fünf oben genannten Bestandsoperatoren unterstützen alle bis auf *Calculate Forecast Error CV* den Planungsoperatorparameter `PLANNING_HORIZON`.

Wenn Sie die unterschiedlichen Planungsoperatoren von SAP IBP für Inventory gemeinsam anwenden möchten, empfiehlt sich die Einhaltung einer bestimmten Reihenfolge, da nur so sichergestellt ist, dass die jeweiligen Übergabeinformationen korrekt zwischen den Schritten weitergereicht werden. Abbildung 6.26 zeigt die Ausführungsreihenfolge der Bestandsoperatoren.

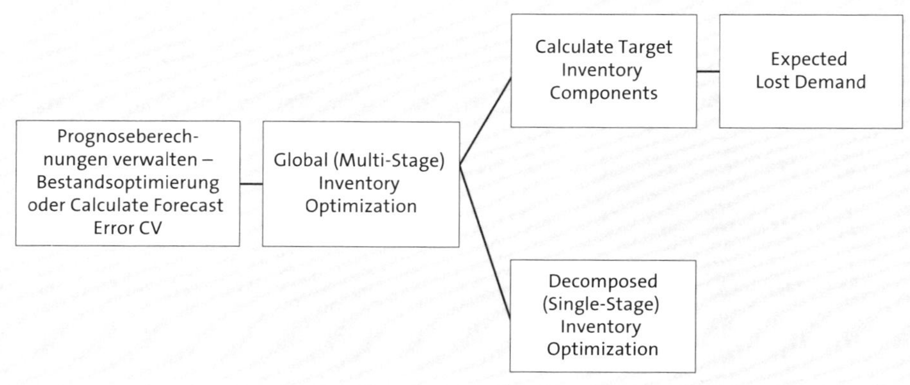

Abbildung 6.26 Ausführungsreihenfolge der Bestandsoperatoren

Je nach Einsatzkontext ist es nicht zwingend notwendig, alle Bestandsoperatoren auszuführen. Es ist jedoch nicht sinnvoll, beispielsweise in einem mehrstufigen Netzwerk den Operator *Decomposed (Single-Stage) Inventory Optimization* auszuführen, ohne vorab mit den jeweils aktuellen Daten den Operator *Global (Multi-Stage) Inventory Optimization* ausgeführt zu haben. Dies ist darin begründet, dass wichtige Input-Kennzahlen für den einstufigen Operator nur dann mit aktuellen Daten versorgt werden, wenn vorab der mehrstufige Operator durchlaufen wurde.

Sie können aber beispielsweise auf die Ausführung des Operators *Expected Lost Demand* verzichten, falls die Output-Werte für Ihren Prozess nicht benötigt werden.

[!]

Länge der Zeiträume auf Wochenebene

Stellen Sie bei Eingriffen in die Konfiguration des auf SAP3 basierenden Planungsbereichs sicher, dass die Wochen 7 Tage umfassen und dass Sie technische Wochen verwenden. Andernfalls kann es zu Problemen bei der Ausführung der Bestandsoperatoren kommen.

Bestandsoperator »Calculate Forecast Error CV«

Den Operator *Calculate Forecast Error CV* können Sie verwenden, um den Variationskoeffizienten des Prognosefehlers zu berechnen, der auf der Differenz zwischen dem prognostizierten und dem tatsächlichen Bedarf basiert. Der Prognosefehler ist dabei ein Maß für die Prognosegenauigkeit und damit für die Unsicherheit auf Nachfrageseite.

Ferner kalkuliert der Operator auch weitere Fehlermaße aus den historischen Bedarfsprognosen sowie den historischen Werten des tatsächlichen Bedarfs. Einen detaillierten Überblick über Eingabeattribute, Input- und Output-Kennzahlen des Bestandsoperators *Calculate Forecast Error CV* gibt Abbildung 6.27.

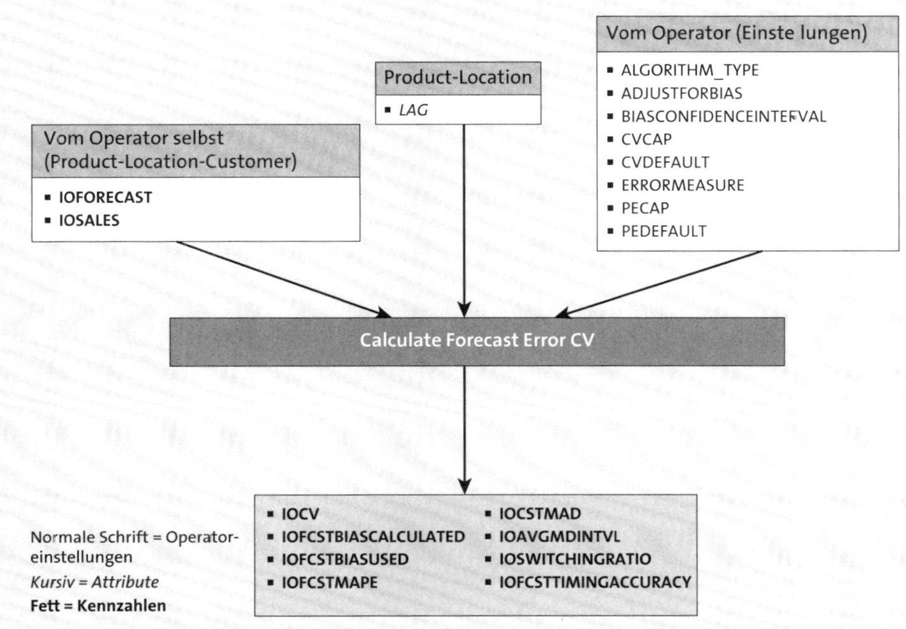

Abbildung 6.27 Der Bestandsoperator »Calculate Forecast Error CV« mit Eingabeattributen, In- und Output-Kennzahlen

Sie können den Bestandsoperator *Calculate Forecast Error CV* im Batch- und im Filtermodus ausführen, eine interaktive Ausführung wird nicht unterstützt. Er berücksichtigt dabei Planungsfilter bzw. Excel-Ansichtsfilter.

[!]

Einschränkungen des Bestandsoperators »Calculate Forecast Error CV«

Der Bestandsoperator *Calculate Forecast Error CV* unterstützt keine Konvertierung von Maßeinheiten direkt in den Kennzahlen *IO Forecast* (IOFORECAST) und *IO Sales* (IOSALES). Ferner wird nur der Batch-Modus für einen einzelnen Periodenversatz (Lag) unterstützt, eine Verwendung in der Simulation ist nicht möglich.

Abbildung 6.28 gibt einen Überblick über die Konfigurationsmöglichkeiten im Zusammenhang mit dem Bestandsoperator *Calculate Forecast Error CV*.

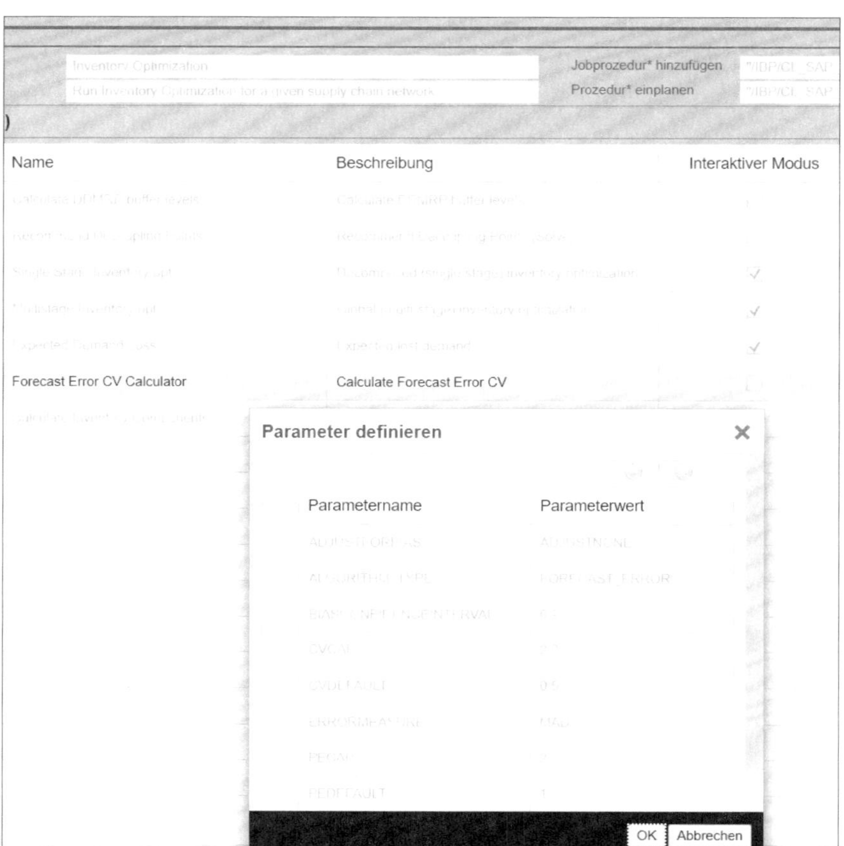

Abbildung 6.28 Parameter für den Bestandsoperator »Calculate Forecast Error CV« in der App »Konfiguration«

Bestandsoperator »Global (Multi-Stage) Inventory Optimization«

Der Planungsoperator *Global (Multi-Stage) Inventory Optimization* hat zum Ziel, einen mehrstufig optimierten Sicherheitsbestand über alle Distributions- und Stücklistenstufen hinweg zu ermitteln. Daneben gibt es jedoch noch eine Reihe weiterer Aufgaben, die beispielsweise darin bestehen, für andere, in der Ausführungsreihenfolge nachgelagerte Planungsoperatoren von SAP IBP für Inventory Input-Werte zu kalkulieren. Die folgende Liste zeigt überblicksartig, welche Aufgaben der Bestandsoperator erfüllt:

- mehrstufige Optimierung der Sicherheitsbestände unter Berücksichtigung von Nachfrage- und Nachschubunsicherheiten, Angebotsmengen, Wiederbeschaffungszeiten, Kosten und Lieferbereitschaftsgraden
- Propagierung von Prognose und Prognosevariabilität durch das Netzwerk
- Optimierung interner Lieferbereitschaftsgrade

- Berechnung diverser Kennzahlen, die als Inputs für andere Bestandsoperatoren fungieren

Abbildung 6.29 zeigt die Eingabeattribute sowie die In- und Output-Kennzahlen für den Bestandsoperator.

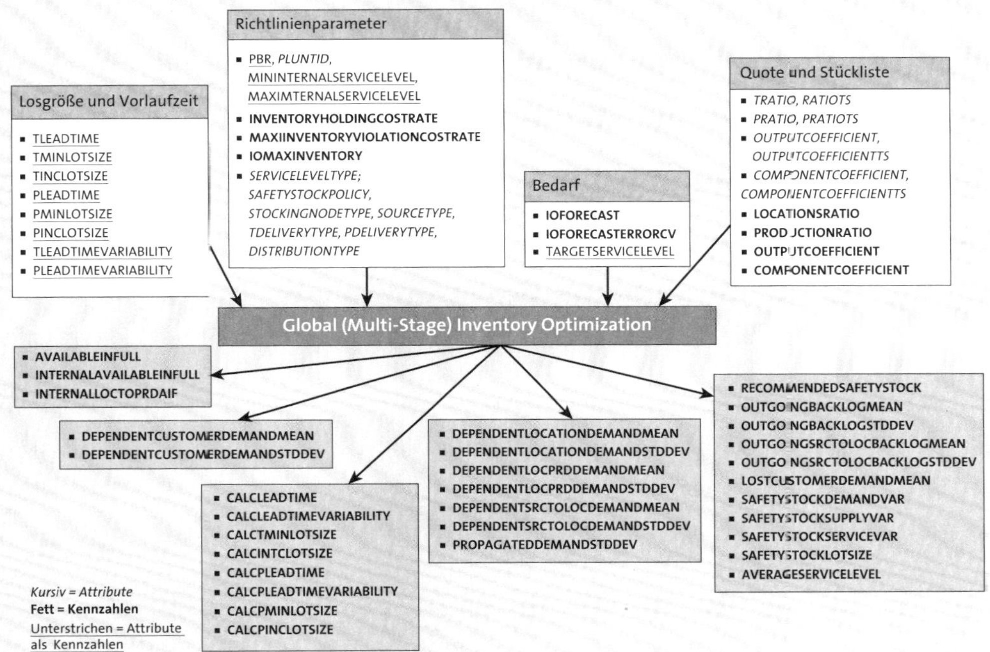

Abbildung 6.29 Der Bestandsoperator »Global (Multi-Stage) Inventory Optimization« mit Eingabeattributen, In- und Output-Kennzahlen

[!]

Einschränkungen des Bestandsoperators »Global (Multi-Stage) Inventory Optimization«

Der Planungsoperator *Global (Multi-Stage) Inventory Optimization* unterstützt weder Planungsfilter noch die Konvertierung von Maßeinheiten direkt an der Kennzahl *IO Forecast* (IOFORECAST).

Bestandsoperator »Decomposed (Single-Stage) Inventory Optimization«

Der Bestandsoperator *Decomposed (Single-Stage) Inventory Optimization* berechnet – anders als die bereits beschriebene globale Variante – lokal optimierte Sicherheitsbestände. Das bedeutet, hier werden bei der Entscheidung über die Höhe eines Sicherheitsbestandes keine Abstimmungen mit anderen Ebenen getroffen; die Optimierung erfolgt nur für eine Stufe ohne Berücksichtigung der Möglichkeit, Sicherheitsbestände z. B. aus Kostengründe auf andere Ebenen des Supply-Chain-Netzwerkes zu verlagern. Daher wird dieser Bestandsoperator vor allem für die folgenden Anwendungsfälle eingesetzt:

- lokale Simulation bei der Anpassung von Input-Werten
- Ermitteln fehlender Daten
- Berechnung von Werten für einen durch Planungs- oder Ansichtsfilter definierten Umfang

[!]

Der Bestandsoperator »Decomposed (Single-Stage) Inventory Optimization« im Gesamtkontext

Der Bestandsoperator *Decomposed (Single-Stage) Inventory Optimization* benötigt Input-Werte, die nur dann vorliegen, wenn vorab der Bestandsoperator *Global (Multi-Stage) Inventory Optimization* angewendet worden ist.

Abbildung 6.30 zeigt die Eingabeattribute sowie die In- und Output-Kennzahlen im Überblick.

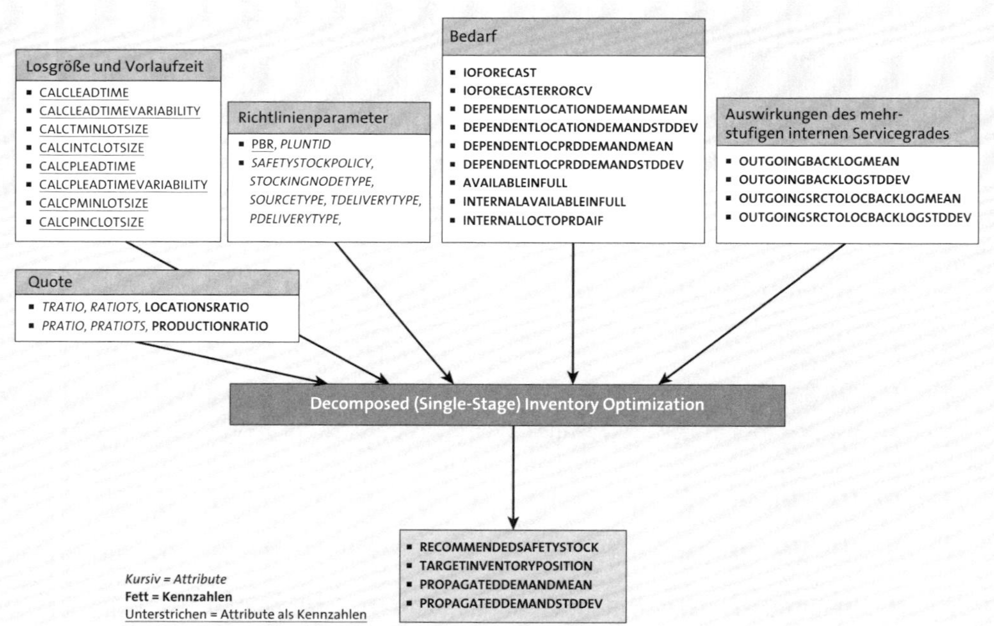

Abbildung 6.30 Der Bestandsoperator »Decomposed (Single-Stage) Inventory Optimization« mit Eingabeattributen, In- und Output-Kennzahlen

[!]

Einschränkungen des Bestandsoperators »Decomposed (Single-Stage) Inventory Optimization«

Für eine Reihe von Kennzahlen wird keine direkte Konvertierung von Maßeinheiten unterstützt, und zwar:

- *IO Forecast* (IOFORECAST)
- *Dependent Demand Mean* (DEPENDENTLOCATIONDEMANDMEAN)
- *Dependent Demand Standard Deviation* (DEPENDENTLOCATIONDEMANDSTDDEV)
- *Dependent Demand Mean (Component)* (DEPENDENTLOCTOPRDDEMANDMEAN)
- *Dependent Demand Standard Deviation (Component)* (DEPENDENTLOCTCPRD-DEMANDSTDDEV)
- *Internal Backorder Mean* (OUTGOINGBACKLOGMEAN)
- *Internal Backorder Standard Deviation* (OUTGOINGBACKLOGSTDDEV)
- *Production Backorder Mean* (OUTGOINGSRCTOLOCBACKLOGMEAN)
- *Production Backorder Standard Deviation* (OUTGOINGSRCTOLOCBACKLOGSTDDEV)

Anders als der Bestandsoperator *Global (Multi-Stage) Inventory Optimization* unterstützt der Planungsoperator *Decomposed (Single-Stage) Inventory Optimization* jedoch für alle anderen Kennzahlen Planungsfilter.

Bestandsoperator »Calculate Target Inventory Components«

Mit dem Bestandsoperator *Calculate Target Inventory Components* können Sie die entsprechenden Informationen für die einzelnen Bestandskategorien ableiten, die sich aus den Ergebnissen des Bestandsoperators *Global (Multi-Stage) Inventory Optimization* ergeben.

[!]

Der Bestandsoperator »Calculate Target Inventory Components« im Gesamtkontext

Der Bestandsoperator *Calculate Target Inventory Components* benötigt Input-Werte, die nur dann vorliegen, wenn vorab der Bestandsoperator *Global (Multi-Stage) Inventory Optimization* ausgeführt worden ist.

Abbildung 6.31 zeigt den Ablauf des Bestandsoperators *Calculate Target Inventory Components* mit Eingabeattributen sowie In- und Output-Kennzahlen.

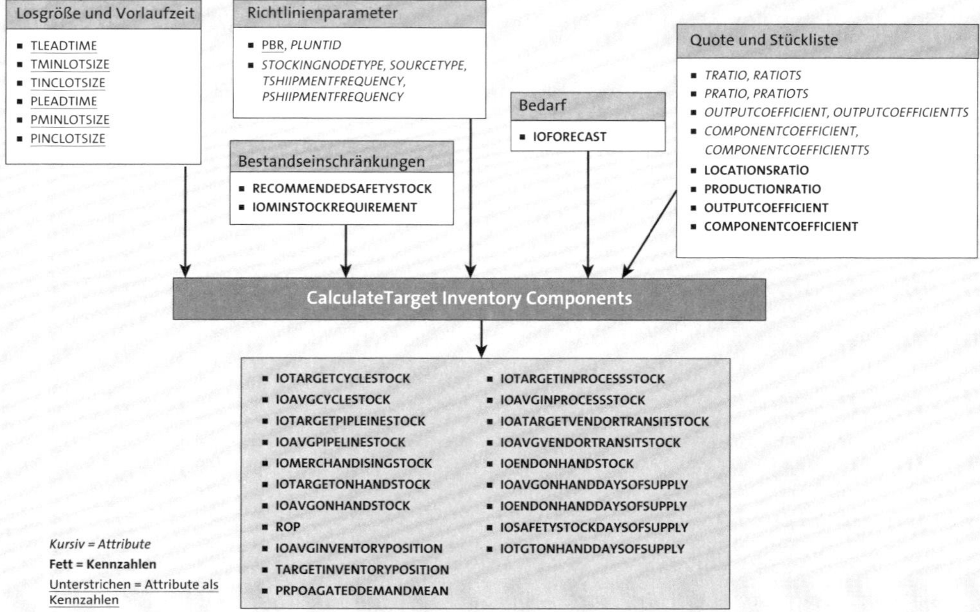

Abbildung 6.31 Der Bestandsoperator »Calculate Target Inventory Components« mit Eingabeattributen, In- und Output-Kennzahlen

[!]

Einschränkungen des Bestandsoperators »Calculate Target Inventory Components«

Der Planungsoperator unterstützt weder Planungsfilter noch die Konvertierung von Maßeinheiten direkt an den Kennzahlen *IO Forecast* (IOFORECAST), *Recommended Safety Stock* (RECOMMENDEDSAFETYSTOCK) sowie *Minimum Stock Requirement Value* (IOMINIMUMSTOCKREQUIREMENTVAL).

Bestandsoperator »Expected Lost Demand«

Den Bestandsoperator *Expected Lost Demand* können Sie nutzen, um die entgangenen Nachfragemengen zu quantifizieren, die aufgrund mangelnder Lieferbereitschaft der ermittelten Sicherheitsbestände und sonstiger Bestandskategorien zu verzeichnen sind. Diese werden mittels der Kennzahl *Average Expedites* (LOSTCUSTOMERDEMANDMEAN) wiedergegeben.

[!]

Der Bestandsoperator »Expected Lost Demand« im Gesamtkontext

Der Bestandsoperator benötigt Input-Werte, die nur dann vorliegen, wenn vorab der Bestandsoperator *Global (Multi-Stage) Inventory Optimization* ausgeführt worden ist.

Abbildung 6.32 zeigt den Bestandsoperator *Expected Lost Demand* mit Eingabeattributen sowie In- und Output-Kennzahlen.

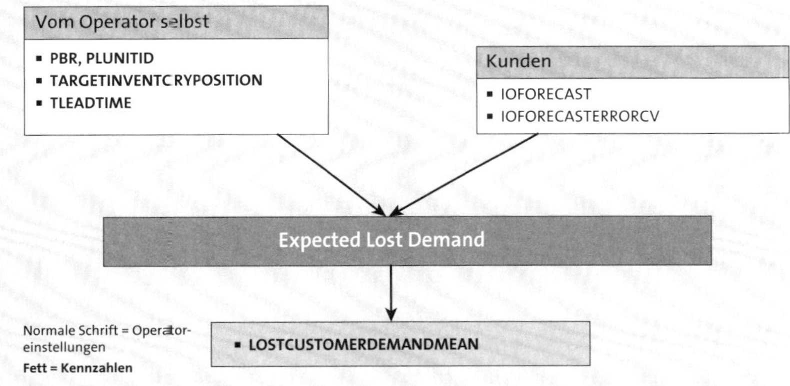

Abbildung 6.32 Der Bestandsoperator »Expected Lost Demand« mit Eingabeattributen, In- und Output-Kennzahlen

[!]

Einschränkungen des Bestandsoperators »Expected Lost Demand«

Der Planungsoperator *Expected Lost Demand* unterstützt weder Planungsfilter noch eine Konvertierung von Maßeinheiten direkt an der Kennzahl *IO Forecast* (IOFORECAST). Es werden auch keine Variabilitäten der Wiederbeschaffungszeiten, Mindest- oder fixe Losgrößen, Rückstände oder Wiederbeschaffungszeit der Produktion unterstützt.

6.2.7 Anwendungsrollenvorlage

Für SAP IBP für Inventory gibt es berechtigungsseitig die standardmäßig ausgelieferte Anwendungsrollenvorlage *Bestandsplaner (IBP)* (SAP_BR_INVENTORY_PLANNER_IBP), mit der die wichtigsten Prozesse der Bestandsplanung möglich sind. Sie können sie in der App **Anwendungsrollenvorlage** einsehen (siehe Abbildung 6.33).

Anwendungsrollenvorlage

Bestandsplaner (IBP)

Allgemein | Anwendungskataloge | Anwendungsrollen

Fälle	SAP_IBP_BC_CASES_PC
Favoriten	SAP_IBP_BC_FAVORITES_PC
Grundfunktionen	SAP_IBP_BC_BASIC_PC
Grundlegende Planungsaufgaben	SAP_IBP_BC_EXCEL_ADDIN_PC
Kooperation	SAP_IBP_BC_COLLABORATION_PC
Lag-basierte Snapshots verwalten	SAP_IBP_BC_DMLAGSNAP_PC
Planungsfilter	SAP_IBP_BC_FILTER_PC
Planungsgrundlagen	SAP_IBP_BC_PLAN_BASICS_PC
Profil für Prognosefehlerberechnungen für Inventory	SAP_IBP_BC_INV_KPI_PROFILE_PC

Anwendungsrollen (1)

Anwendungsrolle	Anwendungsrollen-ID	Beschreibung
Bestandsplaner (IBP)	BR_INVENTORY_PLANNER_IBP	

Abbildung 6.33 Die Rollenvorlage »Bestandsplaner (IBP)« in der App »Anwendungsrollenvorlage«

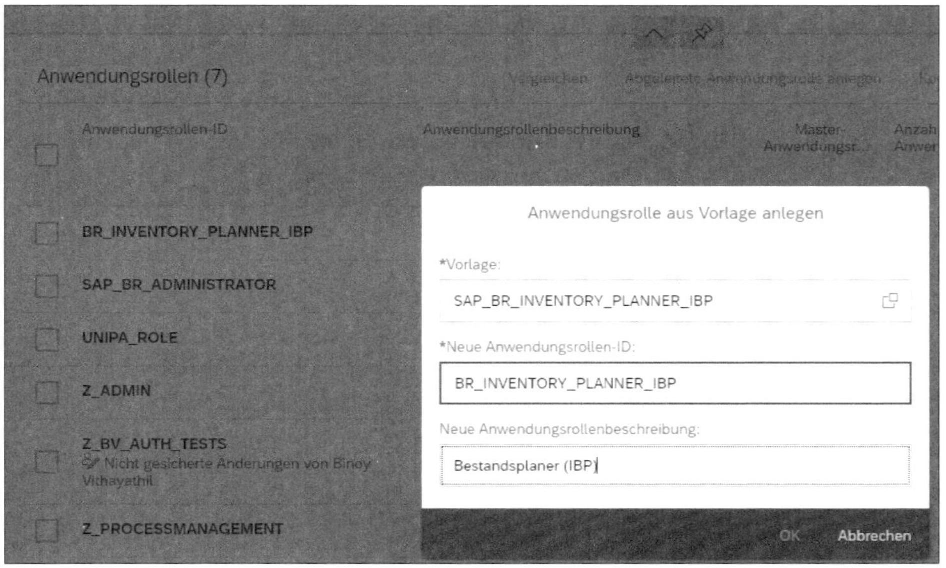

Abbildung 6.34 Anlegen einer Anwendungsrolle mithilfe der Vorlage »Bestandsplaner (IBP)« in der App »Anwendungsrolle pflegen«

Eine Zuweisung der Vorlage kann dann zu einer Anwendungsrolle erfolgen, die wiederum einem Anwendungsbenutzer zugeordnet werden kann (siehe hierzu Abbildung 6.34), sodass dieser entsprechend die Berechtigungen aufweist, die für die wichtigsten Prozesse der Bestandsplanung notwendig sind.

Sie können die Anwendungsrolle mit weiteren Berechtigungen anreichern, um dem Bestandsplaner zusätzliche Prozesse, wie beispielsweise die Segmentierung, zu ermöglichen. Auch das Entfernen bestimmter Anwendungskataloge ist möglich; so können Sie beispielsweise den Anwendungskatalog *Profil für Prognosefehlerberechnungen für Inventory* aus der Anwendungsrolle entfernen, sodass der entsprechende Anwendungsbenutzer keine Prognosefehlerberechnungen mehr durchführen kann.

Kapitel 7

Demand-Driven Materials Requirement Planning

Die Konfiguration mehrstufiger Supply-Chain-Planung stellt in einem klassischen Materialbedarfsumfeld mit seinen Unsicherheiten, Variabilitäten und Komplexitäten eine große Herausforderung dar. Mit DDMRP lässt sich ein konsistenter, ganzheitlicher Ansatz in SAP Integrated Business Planning (SAP IBP) realisieren, mit dem Sie diesen Herausforderungen begegnen können.

Das Demand Driven Institute (DDI) hat mit der Planungsphilosophie der bedarfsorientierten Wiederbeschaffung (engl. *Demand-Driven Materials Requirement Planning*, Demand-Driven MRP oder DDMRP) eine spezifische Vorgehensweise der Materialbedarfsplanung vorgestellt, die SAP seit dem Release 1802 auch immer stärker in das SAP-IBP-System eingebunden hat. Im aktuellen Release wird die Funktion als *IBP für Demand-Driven Replenishment* oder auch *bedarfsorientierte Wiederbeschaffung* bezeichnet. Wir stellen Ihnen DDMRP in diesem Kapitel ausführlich vor, indem wir uns mit seinen theoretischen Grundlagen, seinen Zielen und der praktischen Vorgehensweise sowie mit der Konfiguration bzw. den einzelnen Funktionen beschäftigen.

7.1 Überblick und Ziele

Demand-Driven MRP bzw. die spezifische Umsetzung als IBP für Demand-Driven Replenishment bildet einen in sich konsistenten, ganzheitlichen Wiederbeschaffungsplanungsprozess ab, der in seiner Grundform die folgenden Charakteristika aufweist:

- (möglicher) Verzicht auf komplexe Prognose
- systematische Entkopplung bestimmter Teile der Supply Chain von den auf sie wirkenden Unsicherheiten durch systematisch ermittelte Puffer
- Arbeiten mit entkoppelten Wiederbeschaffungszeiten (WBZ)
- dynamische Anpassung von Puffern
- erweiterte Logik bei der Wiederbeschaffungsplanung auf Basis des Pull-Prinzips
- prioritätsbasierte Nachbearbeitung der Beschaffungsvorschläge

Abbildung 7.1 zeigt überblicksartig die wesentlichen Komponenten von DDMRP. Die Planung auf Basis der DDMRP-Methodologie basiert auf einer systematischen Entkopplung bestimmter Teile des Supply-Chain-Netzwerkes von Variabilität in Richtung Kunden, Lieferanten bzw. netzwerkinternen Einflüssen. Eine wichtige Motivation ist dabei die Verhinderung des sogenannten *Bullwhip-Effekts* (oder *Peitscheneffekt*). Darunter wird in der Supply-Chain-Planung der Effekt verstanden, der eine sich durch die verschiedenen Stufen eines mehrstufigen Netzwerkes verstärkende Variabilität nach sich zieht, die beispielsweise durch Bildung von Losen und der damit verbundenen Bedarfsbündelung entsteht. DDMRP versucht diesem Effekt durch systematische Pufferbildung entgegenzuwirken.

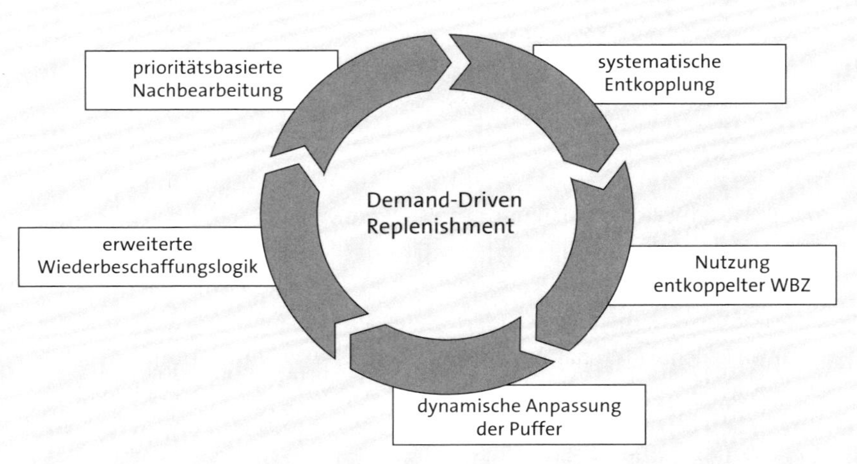

Abbildung 7.1 Demand-Driven MRP – Grundprinzipien

Aus diesem Schritt heraus lassen sich Wiederbeschaffungszeiten ableiten, die – anders als in den anderen Funktionen zur Bestandsberechnung in SAP IBP – mehrstufig definiert sind. Diese sogenannten *entkoppelten Wiederbeschaffungszeiten* bilden die Zeitspanne des kritischen Pfades ab, die zur Produktion bzw. Beschaffung von Materialien mehrstufig bis zum jeweils nächsten Entkopplungspunkt benötigt wird.

Dieser Wert bildet den Input für die dynamische Ermittlung von Puffern, mit denen die Entkopplung durchgeführt wird. Mit der Verwendung der entkoppelten Wiederbeschaffungszeit wird sichergestellt, dass die zur Entkopplung genutzten Puffer ausreichend sind, um nicht nur den Nachschub direkt am Entkopplungspunkt sicherzustellen, sondern auch die Beschaffung der nicht bevorrateten Input-Produkte zu gewährleisten.

Auf dieser Basis erfolgt ein Wiederauffüllvorschlag durch das SAP-IBP-System, der eine im Vergleich zu klassischen verbrauchsgesteuerten Ansätzen erweiterte Logik aufweist. Diese besteht vor allem darin, dass sogenannte *Spitzenbedarfe* (engl. *Spikes*), die aufgrund ihrer Höhe besonders große Bedarfselemente darstellen, zusätzlich sowohl für die Ermittlung des Wiederauffüllzeitpunktes als auch der -menge herangezogen werden.

Die Nachbearbeitung der Beschaffungsvorschläge gemäß der Demand-Driven-Methodologie basiert dann auf einer eindeutigen Prioritätslogik, die konsistent zu den anderen Grundprinzipien auf dem relativen Pufferverbrauch basiert.

Diese fünf Grundprinzipien wurden vom Demand-Driven Institute in einem phasenbasierten Ansatz mit der Demand-Driven-MRP-Methodologie verbunden, die SAP wiederum Planern mit SAP IBP für Demand-Driven Replenishment zur Verfügung stellt.

7.2 Der DDMRP-Prozess mit SAP IBP

Der DDMRP-Prozess lässt sich gemäß der Definition des Demand Driven Institutes in fünf Phasen unterteilen und folgendermaßen beschreiben:

1. Strategic Inventory Positioning (Positionierung des Puffers)
2. Buffer Profiles and Levels (Dimensionierung des Puffers)
3. Dynamic Adjustments (dynamische Anpassungen des Puffers)
4. Demand-Driven Planning (bedarfsorientierte Wiederbeschaffungsplanung)
5. Visible and Collaborative Execution (Ausführung)

Abbildung 7.2 zeigt die Phasen des Demand-Driven-MRP-Prozesses noch einmal überblicksartig auf. Wir werden sie Ihnen in den folgenden Abschnitten genauer vorstellen, um im Anschluss daran dann auf die spezifischen Funktionen von SAP IBP für Demand-Driven Replenishment einzugehen.

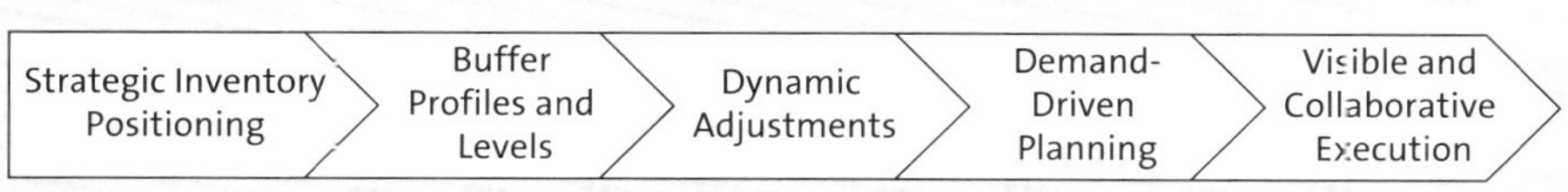

Abbildung 7.2 Die fünf Phasen des DDMRP-Prozesses

7.2.1 Strategic Inventory Positioning

Der erste Schritt, Strategic Inventory Positioning, des DDMRP-Prozesses besteht darin, die idealen Knotenpunkte im Supply-Chain-Netzwerk zu identifizieren, an denen eine Entkopplung stattfinden soll. Unter *Entkopplung* wird das Vorhalten von Bestand verstanden, mittels dessen die wirkenden Variabilitäten beispielsweise im Hinblick auf die Nachfragehöhe oder die Nachschubmenge bzw. die Zuverlässigkeit von Lieferanten abgekoppelt werden können. In diesem Schritt geht es demnach um die Positionierung des Bestandes (auch *Pufferpositionierung*, engl. *Inventory Positioning*). Diese hängt von verschiedenen Faktoren ab, aber im Rahmen von DDMRP werden im Einzelnen insbesondere die folgenden Punkte berücksichtigt:

- Schutz kritischer Vorgänge
- akzeptierte Lieferzeit des Marktes
- Sichtbarkeitshorizont von Kundenaufträgen

Im Supply-Chain-Netzwerk werden nun Bereiche definiert, die durch die Bestandspositionierung von äußeren Einflüssen (teilweise) entkoppelt sind, daher spricht man hier auch von *Entkopplungspunkten*.

7.2.2 Buffer Profiles and Levels

Nachdem die Positionierung des Bestandes abgeschlossen ist, geht es darum, die Dimensionierung der Puffer zu ermitteln, also zu bestimmen, wie viel Bestand an den vorab bestimmten Entkopplungspunkten vorzuhalten ist. Hierfür muss zunächst einmal die *entkoppelte Wiederbeschaffungszeit* (WBZ, engl. *Decoupled Lead Time*) abgeleitet werden. Diese bildet die Zeitspanne zwischen zwei Entkopplungspunkten ab und ist somit der Zeitraum, der durch einen Bestand an einem Entkopplungspunkt überbrückt werden muss.

Auf dieser Basis können sogenannte *Pufferzonen* (engl. *Buffer Zones*) und *Puffergrößen* (engl. *Buffer Levels*) ermittelt werden (siehe Abbildung 7.3). Hierbei kommen *Pufferprofile* (engl. *Buffer Profiles*) zum Einsatz, in denen *Multiplikatoren* (engl. *Factors*) abgelegt werden. Diese werden dabei je nach Klassifizierung des Produkts im Pufferprofil hinterlegt. (Vereinfacht heißt das, dass ein AX-Material eine andere Kombination von Faktoren aufweist als ein CX-Material. Die Faktoren werden dann mit dem durchschnittlichen Tagesverbrauch (engl. *Average Daily Usage*, ADU) in Beziehung gesetzt, um daraus die Pufferzonen zu ermitteln, die wiederum dazu verwendet werden, konkrete Puffergrößen abzuleiten.)

Die Planungsphilosophie DDMRP verwendet eine einfache Farbcodierung, um deutlich zu machen, um welchen Teil des Puffers es sich handelt. Unter Nutzung der entkoppelten Wiederbeschaffungszeit, des durchschnittlichen Tagesverbrauchs sowie der Faktoren aus den Pufferprofilen werden die folgenden Pufferzonen ermittelt (siehe Abbildung 7.3):

- **Yellow**
  Die Pufferzone Yellow bildet den Ausgangspunkt für die Puffergrößenberechnung. Dieser Bereich repräsentiert den durchschnittlichen Tagesverbrauch innerhalb der zu puffernden Zeit, der entkoppelten Wiederbeschaffungszeit.

- **Red**
  Der rote Bereich ist als zusätzlicher Sicherheitspuffer konzipiert, der sich als zu definierender Anteil des durchschnittlichen Tagesverbrauchs innerhalb der entkoppelten Wiederbeschaffungszeit ergibt.
- **Green**
  Der grüne Bereich zeigt an, ob sich eine Bestandsposition in einem Bereich befindet, der nicht zu einer Nachbestellung führt, aber auch nicht höher ist als vorgesehen.

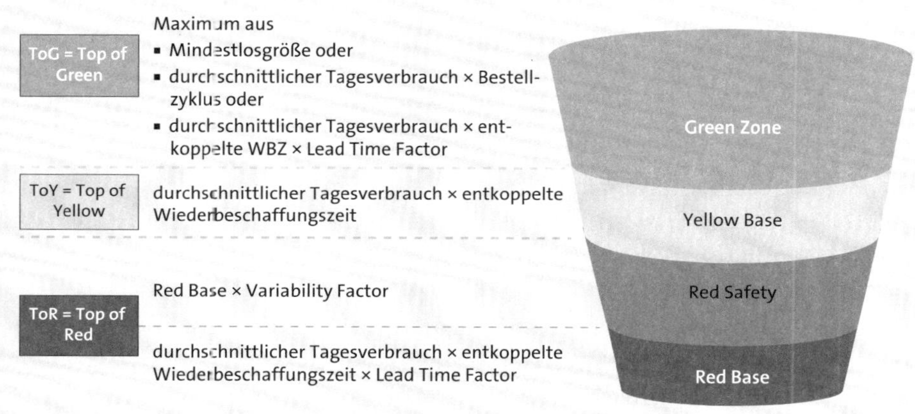

Abbildung 7.3 Berechnung der Pufferzonen und -größen gemäß DDMRP

7.2.3 Dynamic Adjustments

In der Phase der dynamischen Anpassung geht es darum, die ermittelten Pufferdimensionierungen veränderlichen realen Gegebenheiten anzupassen. Dabei spielen insbesondere Änderungen am Verbrauchsverhalten sowie an der Wiederbeschaffungszeit eine Rolle.

7.2.4 Demand-Driven Planning

Bei Schritt 4, dem Demand-Driven Planning, geht es darum, die konkreten Vorschlagsmengen für eine Wiederbeschaffung zu ermitteln. Dabei arbeitet DDMRP mit einer im Vergleich zur klassischen SAP-Materialbedarfsplanung veränderten Nettobedarfsrechnung. Die Vorgehensweise im DDMRP basiert auf der sogenannten *Nettoflussposition* (engl. *Net Flow Position*), mit der der konkrete Bedarf an Wiederauffüllmengen ermittelt wird. Die Vorgehensweise hat eine Meldebestandsberechnung zur Grundlage, bezieht aber besonders große Bedarfe aus der näheren Zukunft zusätzlich mit in die Berechnungen ein.

[!]

DDMRP-Prozessphasen in SAP IBP

Der DDMRP-Prozess in SAP IBP deckt aktuell lediglich die ersten drei Phasen des hier beschriebenen Prozesses vollständig ab. Für die Phasen 4 und 5 werden zwar in SAP IBP Berechnungsergebnisse erzeugt, dies erfolgt jedoch ohne konkrete Aufträge. Daher muss für die Ausführung dieser Schritte ein angeschlossenes ERP-System verwendet werden. Unterstützend steht Ihnen hier beispielsweise das SAP-ERP-Add-on für die Lieferkettenintegration in SAP IBP zur Verfügung. Nähere Informationen finden Sie im SAP Help Portal unter *https://help.sap.com/IBP* (Pfad: **Anwendungshilfe für SAP Integrated Business Planning • Geschäftsanwendungen • Bedarfsorientierte Wiederbeschaffung • SAP ERP, Add-on für die Lieferkettenintegration in IBP verwenden**).

7.2.5 Visible and Collaborative Execution

Nachdem die Beschaffungsvorschläge erstellt worden sind, müssen diese in einer konsistenten, zur Gesamtvorgehensweise passenden Art und Weise abgearbeitet und an die Ausführung übergeben werden. Hierfür stehen gesondert ermittelte Pufferstatus-Kennzahlen zur Verfügung, die eine eindeutige Priorisierung der Materialen ermöglichen. Die Priorisierungen sind dabei an die bereits aus der Phase der Pufferdimensionierung bekannte Farbcodierung angelehnt (siehe Abschnitt 7.2.2, »Buffer Profiles and Levels«). SAP IBP für Demand-Driven Replenishment bietet Ihnen in diesem Rahmen die folgenden Funktionen:

- Empfehlungen für die Ermittlung von Entkopplungspunkten
- Erstellung und Bewertung unterschiedlicher Szenarios für das Setzen von Entkopplungspunkten
- Ermittlung des durchschnittlichen Tagesverbrauchs (ADU) sowie dessen Variabilität anhand von vergangenen und/oder zukünftigen Werten
- Propagierung des durchschnittlichen Tagesverbrauchs sowie der Variabilität des durchschnittlichen Tagesverbrauchs durch das Netzwerk
- Ermittlung der Pufferdimensionierung als Vorschlag

Im nächsten Abschnitt werden wir Ihnen nun die für die Abbildung des Demand-Driven-Replenishment-Prozesses nötigen Schritte vorstellen und in diesem Zusammenhang auf die Funktionalität eingehen.

7.3 SAP IBP für Demand-Driven Replenishment konfigurieren

SAP IBP enthält bereits zu Standardplanungsbereichen gruppierte Beispielmodellentitäten, mit denen SAP IBP für Demand-Driven Replenishment ausgeführt werden kann. Zum einen gibt es den Beispielplanungsbereich *SAP8 Demand driven replenishment sample planning area* (SAP8), siehe Abbildung 7.4. Zum anderen weist der Beispielplanungsbereich SAP3 große Parallelen zu SAP8 auf und kann mit kleineren Ergänzungen und Anpassungen ebenfalls für SAP IBP für Demand-Driven Replenishment verwendet werden. Um diese Beispielplanungsbereiche als Basis für SAP IBP für Demand-Driven Replenishment zu nutzen, müssen Sie die Beispielmodellentitäten in einen neuen Planungsbereich Ihrer Wahl kopieren (siehe dazu Abschnitt 3.4, »Planungsbereiche«). Alternativ können Sie den entsprechenden Planungsbereich von Grund auf selbst aufbauen, gegebenenfalls unter Nutzung der Informationen aus den Beispielplanungsbereichen.

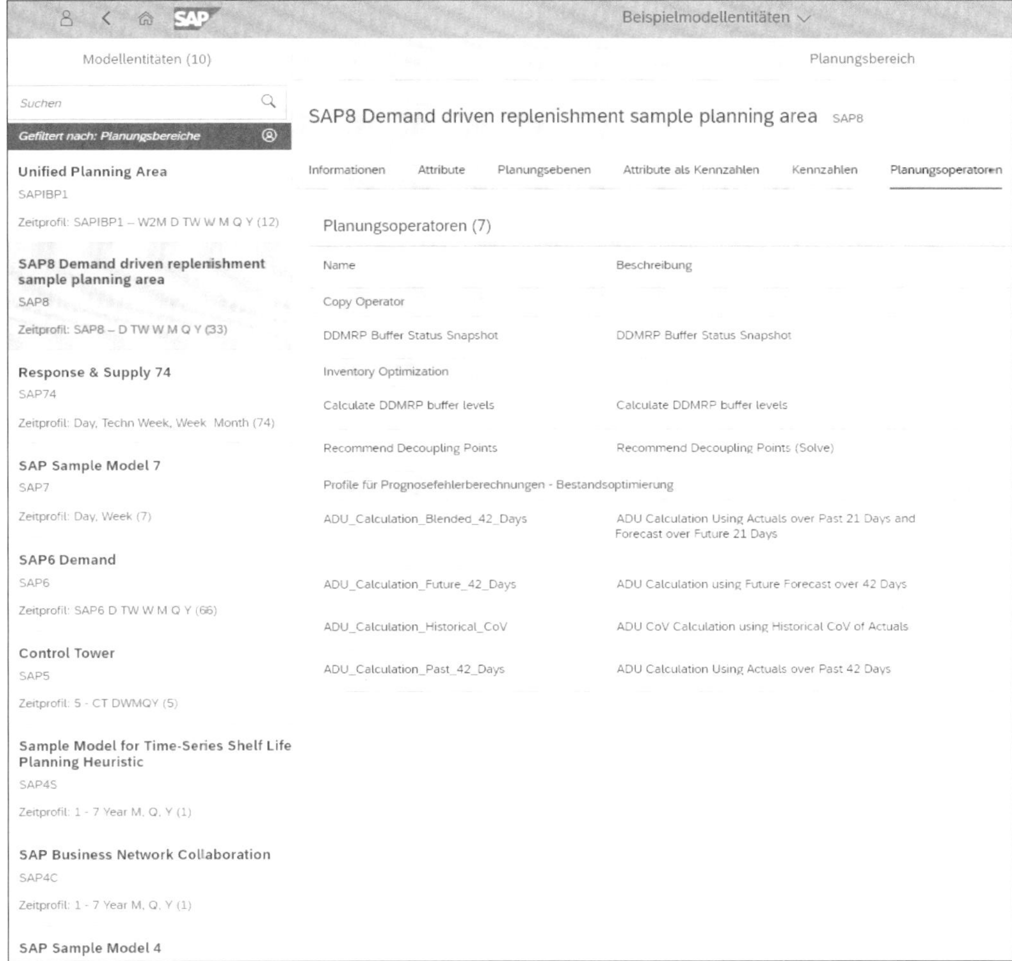

Abbildung 7.4 Der Beispielplanungsbereich SAP8 in der App »Beispielmodellentitäten« (Ausschnitt)

Weil das Selbsterstellen sehr aufwendig und zudem fehleranfällig ist, entscheiden sich viele Unternehmen für eine Kombination aus beiden beschriebenen Ansätzen. So wird häufig einer der Beispielplanungsbereiche kopiert und dann unternehmensspezifisch angepasst.

[»]

Beispielplanungsbereich SAP8 in diesem Buch

Der Beispielplanungsbereich SAP8 enthält den unbedingt nötigen Umfang an Entitäten wie Attributen und Stammdatentypen, damit die Funktionen von SAP IBP für Demand-Driven Replenishment ausgeführt werden können. Wir fokussieren uns deshalb hier auf die Vorstellung der Elemente von SAP8 unter Nutzung einer Kopie (ZF8DDMRP). Auf Unterschiede zum Beispielplanungsbereich SAP3 gehen wir an den Stellen ein, an denen es für das Verständnis des Planungsprozesses wichtig ist.

In seiner Struktur ähnelt SAP8 sehr stark dem in SAP IBP für Inventory verwendeten Beispielplanungsbereich SAP3, den wir in Kapitel 6, »Bestandsplanung mit SAP IBP für Inventory«, beschrieben haben. Wir werden daher in diesem Kapitel den Fokus auf die DDMRP-spezifischen Unterschiede legen und verweisen bezüglich der Gemeinsamkeiten auf Abschnitt 6.2, »Konfiguration von SAP IBP für Inventory«.

7.3.1 Stammdaten – Stammdatentypen und Attribute

Wir werden Ihnen nun die wichtigsten Konfigurationselemente von SAP IBP für Demand-Driven Replenishment anhand der Struktur des Beispielplanungsbereichs SAP8 vorstellen. Sie beinhalten die folgenden Gruppen von Entitäten:

- Stammdaten (z. B. Produkte, Lokationen etc.)
- Bewegungsdaten (z. B. Prognosen, Kundenaufträge etc.)
- Konfigurationsdaten (z. B. Zeitprofildaten etc.)

Die Struktur der Stammdaten besteht in SAP IBP für Demand-Driven Replenishment analog zu den anderen Funktionen in SAP IBP unter anderem aus Stammdatentypen und Attributen (weitergehende Details zu Stammdatentypen und Attributen im Allgemeinen finden Sie in Abschnitt 3.1, »Attribute«, und Abschnitt 3.2, »Stammdatentypen«).

[!]

Stammdaten ohne Kopie von Beispielmodellentitäten anlegen

Bitte beachten Sie, dass die technischen IDs der Stammdatentypen und Attribute identisch sein müssen. Andernfalls kann keine fehlerfreie Ausführung von Planungsoperatoren gewährleistet werden. Dies gilt bei SAP IBP für Demand-Driven Replenishment generell.

Die folgenden Stammdatentypen werden sowohl im Beispielplanungsbereich SAP3 als auch in SAP8 benutzt:

- Kunden (IBPCUSTOMER)
- Produkt (IBPPRODUCT)
- Lokationen
- Lokationsprodukte
- Ship-from Location
- Location Source
- Production Source Header
- Production Source Item
- Component (IBPCOMPONENT)
- Lag (IBPLAG)
- Currency (IBPCURRENCY)
- Currencyto (CURRENCYTO)
- Exchangerate (IBPEXCHANGERATE)
- Locationproductcurrency (IBPLOCATIONPRODUCTCURRENCY)

Nachdem wir Ihnen die grundsätzliche Struktur des Beispielplanungsbereichs SAP8 erläutert haben, gehen wir nun auf Demand-Driven-spezifische Attribute in unterschiedlichen Stammdatentypen ein.

DDMRP-spezifische Attribute im Stammdatentyp »Lokationsprodukt«

Eine Sonderstellung unter den oben genannten Stammdaten nimmt der aus den einfachen Stammdatentypen LOCATION und PRODUCT zusammengesetzte Stammdatentyp mit der ID IBPLOCATIONPRODUCT ein, der – neben allgemeinen Attributen – auch eine Reihe von DDMRP-spezifischen Attributen enthält. Wie bereits im Rahmen der Erläuterungen zu SAP3 in Abschnitt 6.2, »Konfiguration von SAP IBP für Inventory«, beschrieben, sind ihm zwei Schlüsselattribute und Pflichteingaben zugeordnet, *Location ID* und *Product ID*.

Insbesondere für die Nutzung von SAP IBP für Demand-Driven Replenishment sind folgende Attribute des Stammdatentyps IBPLOCATIONPRODUCT von zentraler Bedeutung:

- Critical Operation Protection (CRITICALOPERATION)
- DDMRP ADH (DDADH)
- DDMRP Analytics Period (DDANALYTICSPERIOD)
- DDMRP Additional Order Spike Horizon (DDAOSH)

- DDMRP Lot Size Indicator (DDLOTSIZEINDICATOR)
- DDMRP Order Spike Threshold Percentage (DDOSTPCT)
- DDMRP Rounding Value (DDROUNDINGVALUE)
- Reason for selection as decoupling point by algorithm (DECOUPLINGPOINTREASON)
- Green Zone Calculation Type Indicator (GREENZONECALCULATIONTYPE)
- Item Type Category Indicator Override (ITEMTYPECATEGOVERRIDE)
- Lead Time Category Indicator (LEADTIMECATEGORY)
- Lead Time Category Indicator Override (LTCATEGOVERRIDE)
- MOQ (MOQ)
- ERP MRP Type Indicator (MRPTYPE)
- Periods Between Review (PBR)
- Decoupling Point Indicator (RECDECOUPPOINTIND)
- Variability Category Indicator Override (VARCATEGOVERRIDE)
- Variability Category Indicator (VARIABILITYCATEGORY)

Das Attribut *Critical Operation Protection* (CRITICALOPERATION) wird vom Planungsoperator *Recommend Decoupling Points (Solve)* genutzt, um einen Entkopplungspunkt zu setzen. Dies passiert, wenn ein Lokationsprodukt mithilfe dieses Attributs als kritisch markiert worden ist.

Mit dem Attribut *DDMRP ADH* (DDADH) können Sie den Horizont erweitern, der beim Vergleich der *Nettoflussposition* (engl. *Net Flow Position*) mit dem jeweils relevanten Puffer herangezogen wird. Standardmäßig ist für diesen Vergleich der Puffer am Ende der entkoppelten Wiederbeschaffungszeit relevant. Um eine zusätzliche Sicherheit zu schaffen, können Sie den *zusätzlichen Bedarfshorizont* (engl. *Additional Demand Horizon*, ADH) nutzen.

Mithilfe des Attributs *DDMRP Additional Order Spike Horizon* (DDAOSH) können Sie einen zusätzlichen Spitzenhorizont verankern, der bei der Ermittlung der qualifizierten Spitzenbedarfe zusätzlich zur entkoppelten Wiederbeschaffungszeit und dem DDADH wirkt.

In der bedarfsorientierten Wiederbeschaffung wird für den Rundungswert das Attribut *DDMRP Rounding Value* (DDROUNDINGVALUE) herangezogen.

[!]

Berücksichtigung bestimmter Losgrößenattribute

Die bedarfsorientierte Wiederbeschaffung berücksichtigt die folgenden losgrößenbezogenen Attribute der Stammdatentypen SOURCELOCATION und SOURCEPRODUCTION nicht:

- TINCLOTSIZE
- TROUNDING
- PINCLOTSIZE
- PROUNDING

Dies bedeutet, dass Sie diese Attribute zwar in den Beispielentitäten finden werden, sie jedoch nicht durch die Demand-Driven-spezifischen Operatoren verwendet werden.

Das Attribut *DDMRP Lot Size Indicator* (DDLOTSIZEINDICATOR) bewirkt beim Wiederauffüllvorschlag ein spezielles Verhalten bezüglich der Rundung mit dem oben angegebenen Rundungswert des Attributs *DDMRP Rounding Value*. Ist die Nettoflussposition niedriger als die *Oberkante gelb* (engl. *Top of Yellow*, TOY), wird ein Beschaffungsvorschlag erzeugt, der die Nettoflussposition mindestens auf die *Oberkante grün* (engl. *Top of Green*, TOG) anhebt. Ein Rundungswert kann nun dazu führen, dass die *Oberkante grün* signifikant überschritten wird. Mithilfe des genannten Attributs können Sie dafür sorgen, dass die Wiederauffüllungsempfehlung die Nettoflussposition möglichst nah an die *Oberkante grün* auffüllt. Hierfür müssen Sie das Attribut auf **1** setzen.

Um bei der Ermittlung der Wiederauffüllvorschläge auch qualifizierte Spitzenbedarfe identifizieren zu können, müssen Sie eine *Spitzenschwelle* (engl. *Spike Threshold*) hinterlegen. Hierfür dient das Attribut *DDMRP Order Spike Threshold Percentage* (DDOSTPCT), das als Prozentwert auf die rote Zone bezogen wird. Die rote Zone repräsentiert in der Demand-Driven-Methodologie den Teil des Puffers, der für die Abbildung der Variabilitäten von Nachfrage und Nachschub gedacht ist (siehe Abschnitt 7.2.2, »Buffer Profiles and Levels«). Eine Spitzenschwelle von z. B. 20 % bedeutet daher, dass das SAP-IBP-System bei einer Zone von 100 Mengeneinheiten Bedarfe ab 20 Mengeneinheiten als Spitzenbedarf interpretieren, d. h. diese bei der Ermittlung des Bedarfs sowie der Wiederauffüllmenge zusätzlich ins Kalkül ziehen würde. Wenn Sie hier keinen Wert eintragen, wird von 50 % ausgegangen.

[zB]

Berechnung des DDMRP Order Spike Threshold Percentage (DDOSTPCT) auf Basis des Defaultwertes

Angenommen, die rote Zone ist 500 Mengeneinheiten, das Attribut *DDMRP Order Spike Threshold Percentage* ist nicht gepflegt. In diesem Fall werden qualifizierte Spitzenbedarfe als solche identifiziert, wenn sie – neben anderen Kriterien wie der zeitlichen Lage – eine Menge von mindestens 250 Mengeneinheiten aufweisen. Wenn Sie 60 % für das Attribut pflegen, liegt die Spitzenschwelle bei 300 Mengeneinheiten.

Der Planungsoperator *Recommend Decoupling Points (Solve)* erstellt aus verschiedenen Beweggründen Empfehlungen für Entkopplungspunkte (siehe Abschnitt 6.2.6,

»Planungsoperatoren«). Das Attribut *Reason for selection as decoupling point by algorithm* (DECOUPLINGPOINTREASON) wird dabei als Ausgabeattribut verwendet, um diese Gründe transparent mit Bezug zum Lokationsprodukt abzulegen. Die folgenden Ursachencodes (engl. *Reason Codes*) stehen dabei zur Verfügung:

- **User_Input**
  Wird verwendet, falls Sie manuell einen Entkopplungspunkt angeben.
- **Customer_Tolerance_Time**
  Wird automatisch durch den Planungsoperator *Recommend Decoupling Points (Solve)* im Attribut DECOUPLINGPOINTREASON hinterlegt, wenn die zugehörige Wiederbeschaffungszeit länger ist als die Kundentoleranzzeit.
- **Quick_Turn_Market**
  Kommt zum Einsatz, wenn »Schnelldreher« vorliegen, d. h. Lokationsprodukte, die regelmäßig einen bedeutenden Verbrauch aufweisen.
- **Critical_Operation_Protection**
  Falls Sie das Attribut *Critical Operation Protection* (CRITICALOPERATION) für ein Lokationsprodukt gesetzt haben, wird dies durch den Planungsoperator *Recommend Decoupling Points (Solve)* in den Ursachencode *Critical_Operation_Protection* umgesetzt.
- **External_Variability**
  Wird im Fall hoher Variabilität (bei der Nachfrage oder beim Nachschub) gesetzt.
- **Inventory_Leverage_And_Flexibility**
  Legt den Umstand ab, dass ein Lokationsprodukt aufgrund des kritischen Pfades der kumulierten Wiederbeschaffungszeit entkoppelt, d. h. bevorratet wird.

[»]

Verwendung des Attributs »Green Zone Calculation Type Indicator«

In Release 1905 ist zwar ein Attribut *Green Zone Calculation Type Indicator* (GREENZONECALCULATIONTYPE) im Stammdatentyp *Locationproduct* enthalten, es wird jedoch aktuell nicht in den Planungsoperatoren genutzt.

Das Attribut *Item Type Category Indicator Override* (ITEMTYPECATEGOVERRIDE) können Sie auf Ebene des Lokationsprodukts verwenden, um die Eingabe auf Produktebene im Attribut *Item Type Category Indicator* (ITEMTYPECATEGORY) zu übersteuern. Beim Attribut *Lead Time Category Indicator* (LEADTIMECATEGORY) handelt es sich um ein Ausgabeattribut von SAP IBP für Demand-Driven Replenishment. Falls das Attribut *Lead Time Category Indicator Override* (LTCATEGOVERRIDE) manuell oder über die Segmentierungsfunktionen gesetzt ist, so wird dieser Wert verwendet, andernfalls erfolgt eine Berechnung durch Planungsoperatoren.

Eine minimale Losgröße wird in SAP IBP für Demand-Driven Replenishment aus den Kennzahlenwerten TMINLOTSIZE bzw. PMINLOTSIZE berechnet und über Planungsoperatoren in das Attribut *MOQ* (MOQ) übernommen.

[!]

Attribut MOQ für die Mindestlosgröße

Eine manuelle Eingabe im Attribut *MOQ* (MOQ) ist nicht sinnvoll, denn es handelt sich um ein Ausgabeattribut, d. h., manuell gesetzte Werte würden entsprechend überschrieben.

Das Attribut *ERP MRP Type Indicator* (MRPTYPE) nutzt der Planungsoperator *Recommend Decoupling Points (Solve)* zur Unterscheidung von Entkopplungspunkten von nicht bevorrateten Produkten. Damit wird auf SAP-IBP-Seite das Dispositionsmerkmal definiert, das im SAP-ERP-System für die Planung genutzt werden kann, wenn die Auftragsanlage gemäß der bedarfsorientierten Wiederbeschaffung dort vorgenommen werden soll. Standardmäßig werden Entkopplungspunkte auf **D1** und gemäß Empfehlung nicht bevorratete Materialien auf **PD** gesetzt.

Das bereits im Rahmen von SAP IBP für Inventory erläuterte Attribut *Periods Between Review* (PBR) zur Festlegung des Intervalls zwischen Wiederauffüllungen wird auch für die bedarfsorientierte Wiederbeschaffung eingesetzt.

Eine zentrale Rolle für SAP IBP für Demand-Driven Replenishment nimmt das Attribut *Decoupling Point Indicator* (RECDECOUPPOINTIND) ein. Dabei handelt es sich um ein Ausgabeattribut, das eng mit dem bereits geschilderten Attribut *ERP MRP Type Indicator* (MRPTYPE) in Beziehung steht. Mittels dieser beiden Attribute deklariert SAP IBP für Demand-Driven Replenishment die Entkopplungspunkte, wobei in diesem Attribut die Ausprägung **1** für einen Entkopplungspunkt und **0** für nicht bevorratete Materialien gesetzt wird. Es handelt sich um ein Attribut als Kennzahl, das als Input für den Planungsoperator *Calculate DDMRP Buffer Levels* zum Einsatz kommt.

[«]

Setzen eigener Entkopplungspunkte

Wenn Sie eigene Entkopplungspunkte schaffen wollen, müssen Sie die beiden Attribute *Decoupling Point Indicator* (RECDECOUPPOINTIND) und *ERP MRP Type Indicator* (MRPTYPE) entsprechend setzen.

Die bezüglich der Planung zu berücksichtigende Variabilität beispielsweise von vergangenen Verbräuchen, die als Input für das Setzen von Einstellungen des Pufferprofils dienen kann, wird mithilfe des Attributs *Variability Category Indicator* (VARIABILITYCATEGORY) im System verankert. Es handelt sich dabei um ein Ausgabeattribut der Planungsoperatoren der bedarfsorientierten Wiederbeschaffung. Falls das Attribut *Variability Category Indicator Override* (VARCATEGOVERRIDE) gesetzt ist, erfolgt ein Setzen des Attributs *Variability Category Indicator* (VARIABILITYCATEGORY) auf den Wert des *Override*-Attributs. Auf diese Weise können Sie das *Override*-Attribut nutzen, um einen manuell definierten Wert im System zu verankern und den vom System ermittelten Wert zu übersteuern.

[»]

Durchführung einer Segmentierung als Input für SAP IBP für Demand-Driven Replenishment

Für eine Segmentierung des Produktspektrums beispielsweise anhand der Variabilität von Verbräuchen oder anderer Kennzahlen stehen verschiedene Lösungen von SAP zur Verfügung. So kann die anwendungsübergreifende IBP-Funktion der ABC-/XYZ-Segmentierung verwendet w3erden. Nähere Informationen dazu finden Sie im SAP Help Portal: *http://s-prs.de/v632404*

Eine weitere Möglichkeit für die Durchführung verschiedener Segmentierungen bietet der Dispositionsmonitor von SAP SCM Consulting Solutions (SAP SCM CS). Details können Sie im SAP Help Portal unter *http://s-prs.de/v632405* abrufen. Unabhängig davon, wie die Segmentierung durchgeführt wurde, kann sie in verschiedenen Anwendungen des SAP-IBP-Systems genutzt werden.

Der DDMRP-spezifische Stammdatentyp »Buffer Profile«

Um die spezifischen Gesichtspunkte von SAP IBP für Demand-Driven Replenishment abbilden zu können, ist ein zusätzlicher Stammdatentyp aufgenommen worden. Dabei handelt es sich um den einfachen Stammdatentyp *Buffer Profile* (IBPBUFFERPROFILE), den wir Ihnen nun näher erläutern werden.

Dieser Stammdatentyp ermöglicht es, die Einstellungen festzulegen, mittels derer in SAP IBP für Demand-Driven Replenishment die Pufferdimensionierung ermittelt wird. Dabei werden auf Basis der Klassifizierung über Multiplikatoren (*Factors*) Puffergrößen abgeleitet. Die Pflege der Multiplikatoren abhängig von den jeweiligen Klassifizierungen erfolgt über das Pufferprofil, das Sie in diesem Stammdatentyp festlegen. Er weist vier Schlüsselattribute auf, die damit alle auch Pflichteingaben darstellen:

- *Item Type Category Indicator* (ITEMTYPECATEGORY)
- *Lead Time Category Indicator* (LEADTIMECATEGORY)
- *Variability Category Indicator* (VARIABILITYCATEGORY)
- *Buffer Profile Set ID* (PROFILESETID)

Mit den ersten drei der genannten Attribute legen Sie fest, für welche Klassifizierungen in Bezug auf Bedeutung (ABC), Variabilität (XYZ) sowie Wiederbeschaffungszeit die im Pufferprofil festgelegten Multiplikatoren angewendet werden sollen. Das vierte Attribut ist eine eindeutige ID zur Bezeichnung des Pufferprofils. Die Zuordnung erfolgt dabei pro Lokation.

Der Stammdatentyp enthält noch zwei Attribute (LEADTIMERANK; VARIABILITYRANK) mit denen eine manuelle Übersteuerung der Wiederbeschaffungszeit- bzw. Variabilitätsklassifizierung möglich ist. Außerdem sind drei Attribute enthalten, die zur Bezeichnung der Klassifizierungen verwendet werden:

- *Item Type Category Description* (ITEMTYPECATEGDESCR)
- *Lead Time Category Description* (LEADTIMECATEGDESCR)
- *Variability Category Description* (VARIABILITYCATEGDESCR)

Der Kern des Stammdatentyps sind die beiden Attribute, mit denen die Multiplikatoren für die Pufferdimensionierung abgeleitet werden:

- *Lead Time Factor* (LEADTIMEFACTOR)
- *Variability Factor* (VARIABILITYFACTOR)

Nachdem wir Ihnen die Demand-Driven-spezifischen Stammdatentypen und Attribute erläutert haben, geben wir Ihnen nun einen Überblick über die Einstellungen des Zeitprofils von SAP8.

Zeitprofil

Im Zeitprofil des Beispielplanungsbereichs SAP8 mit der ID **33** gibt es Zeitprofilebenen zu den folgenden Periodenarten (siehe Abbildung 7.5).

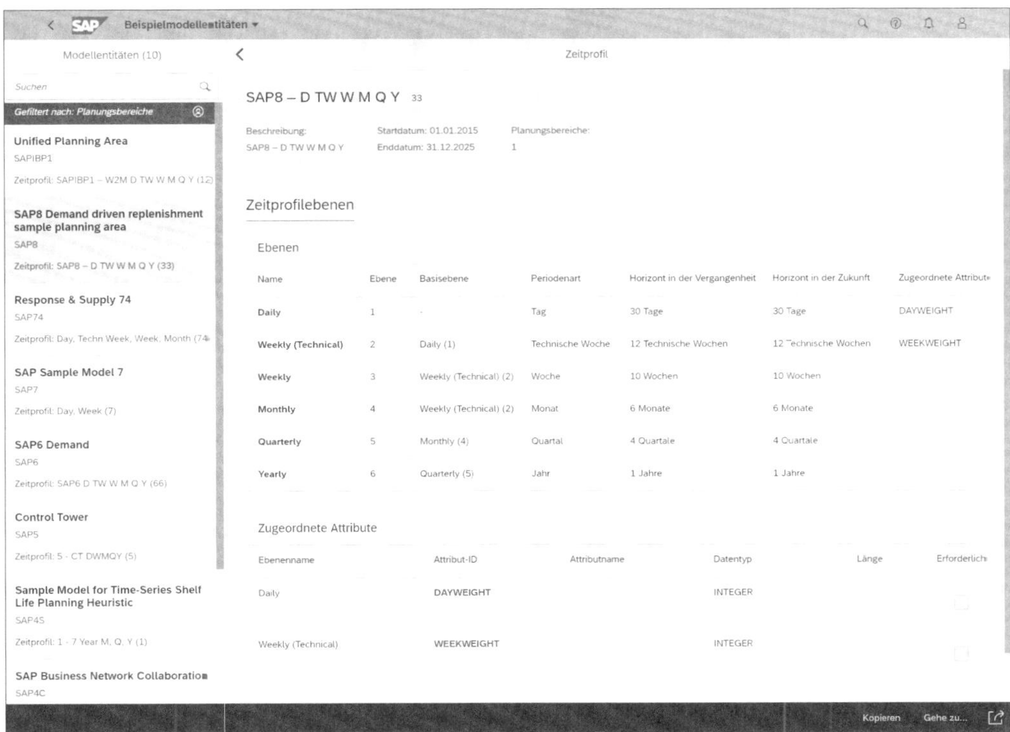

Abbildung 7.5 Zeitprofil des Beispielplanungsbereichs SAP8 in der App »Beispielmodellentitäten«

- Tag (**Daily**)
- Technische Woche (**Weekly [Technical]**)
- Woche (**Weekly**)
- Monat (**Monthly**)
- Quartal (**Quarterly**)
- Jahr (**Yearly**)

Für eine zeitbasierte Disaggregation sind der Tages- bzw. der Wochenebene die folgenden Attribute zugewiesen:

- `DAYWEIGHT` (Ebene **Daily**)
- `WEEKWEIGHT` (Ebene **Weekly [Technical]**)

7.3.2 Planungsbereich-Einstellungen

Die Planungsbereich-Einstellungen von SAP8 sehen – analog zu denen des Planungsbereichs SAP3 – die Möglichkeit vor, erweiterte Funktionen der Beschaffungsplanung, also Heuristiken bzw. den Optimierer, zu verwenden (siehe Abbildung 7.6).

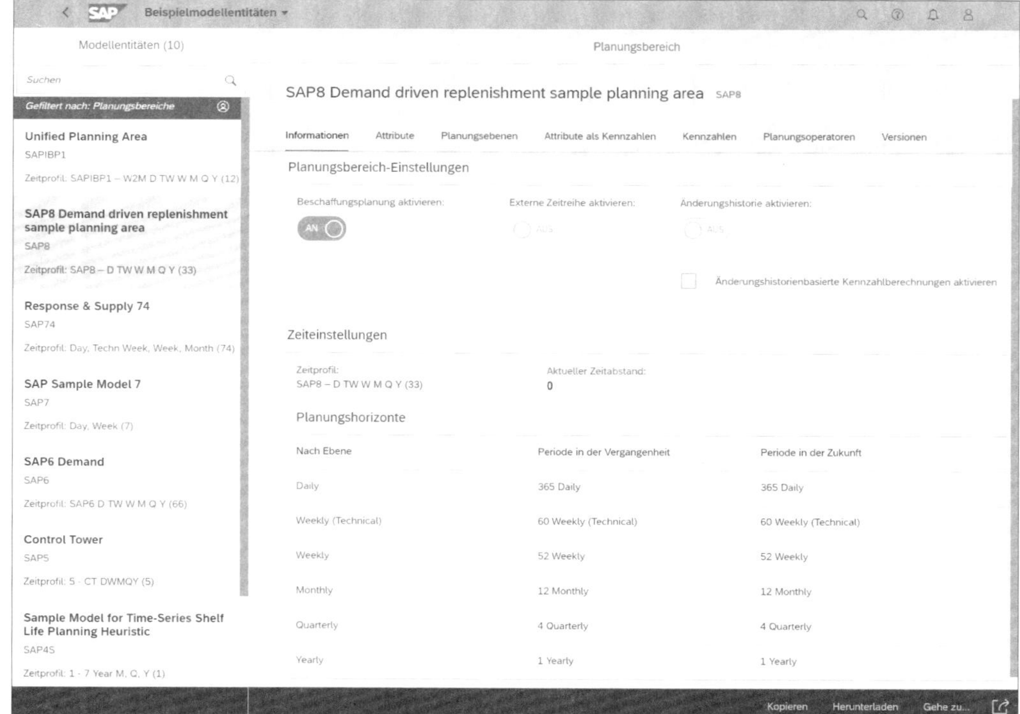

Abbildung 7.6 Planungsbereich-Einstellungen von SAP8 in der App »Beispielmodellentitäten«

Erweiterte Funktionen der Beschaffungsplanung

Auch wenn die grundlegende Konfiguration von SAP8 bereits eine aktivierte Beschaffungsplanung vorsieht, ist zu beachten, dass die zugeordneten Stammdatentypen und Attribute von Planungsbereichen für die Durchführung erweiterter Funktionen der Beschaffungsplanung in der Regel wichtige zusätzliche Entitäten enthalten, die in SAP8 nicht vorhanden sind (siehe dazu auch Kapitel 8, »Bestätigungs- und Beschaffungsplanung mit SAP IBP für Response and Supply«).

Die Verwendung externer Zeitreihen, wie sie im auftragsbasierten Response-Management verwendet werden, ist in SAP8 nicht standardmäßig vorgesehen. Per Default ist weder eine Änderungshistorie noch eine änderungshistorienbasierte Kennzahlenberechnung aktiviert.

Als Planungshorizonte, d. h. Zeiträume, in denen Berechnungen durchgeführt werden können, sind in SAP8 standardmäßig die in Tabelle 7.1 dargestellten Werte hinterlegt. Ein Zeitabstand ist defaultmäßig nicht vorgesehen. Sie können diese Vorschlagswerte nach Erstellung einer Kopie des Beispielplanungsbereichs SAP8 entsprechend abändern.

Zeitprofilebene	Perioden in der Vergangenheit	Perioden in der Zukunft
Daily	365 Tage	365 Tage
Weekly (Technical)	60 technische Wochen	60 technische Wochen
Weekly	52 Wochen	52 Wochen
Monthly	12 Monate	12 Monate
Quarterly	4 Quartale	4 Quartale
Yearly	1 Jahr	1 Jahr

Tabelle 7.1 Zeitprofilebenen im Beispielplanungsbereich SAP8

7.3.3 Planungsebenen

Der Standardplanungsbereich SAP8 weist 16 Planungsebenen auf, die in Abbildung 7.7 zu sehen sind.

Die meisten Kennzahlen des Beispielplanungsbereichs SAP8 sind auf den Planungsebenen `DAYPRODLOC` bzw. `DAYROOTPRODLOCNONROOT` definiert. Die Planungsebenen können verwendet werden, um Kennzahlen zu definieren (siehe hierzu Abschnitt 3.5, »Planungsebenen«, und Abschnitt 3.6, »Kennzahlen«). Ferner können Sie die Planungsebenen selektieren, um entsprechende Daten in Planungssichten anzuzeigen.

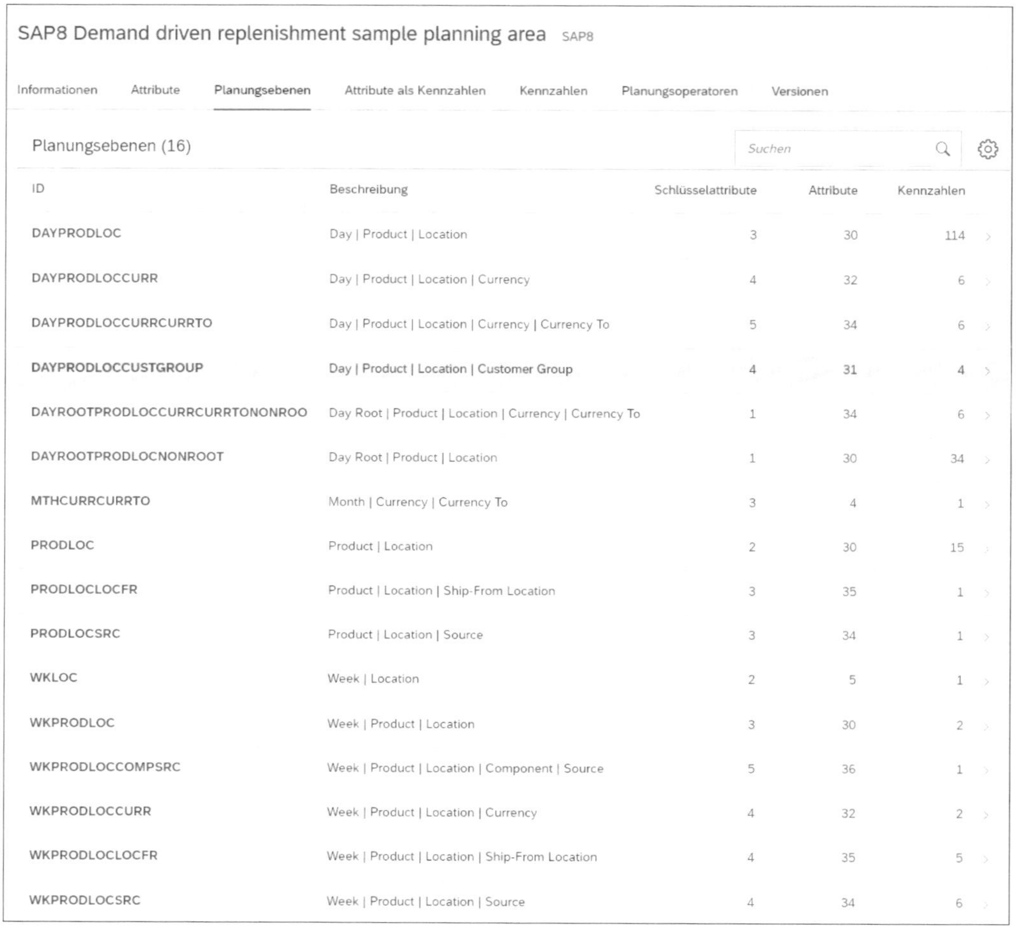

SAP8 Demand driven replenishment sample planning area SAP8

Informationen | Attribute | Planungsebenen | Attribute als Kennzahlen | Kennzahlen | Planungsoperatoren | Versionen

Planungsebenen (16)

Suchen

ID	Beschreibung	Schlüsselattribute	Attribute	Kennzahlen
DAYPRODLOC	Day | Product | Location	3	30	114
DAYPRODLOCCURR	Day | Product | Location | Currency	4	32	6
DAYPRODLOCCURRCURRTO	Day | Product | Location | Currency | Currency To	5	34	6
DAYPRODLOCCUSTGROUP	Day | Product | Location | Customer Group	4	31	4
DAYROOTPRODLOCCURRCURRTONONROO	Day Root | Product | Location | Currency | Currency To	1	34	6
DAYROOTPRODLOCNONROOT	Day Root | Product | Location	1	30	34
MTHCURRCURRTO	Month | Currency | Currency To	3	4	1
PRODLOC	Product | Location	2	30	15
PRODLOCLOCFR	Product | Location | Ship-From Location	3	35	1
PRODLOCSRC	Product | Location | Source	3	34	1
WKLOC	Week | Location	2	5	1
WKPRODLOC	Week | Product | Location	3	30	2
WKPRODLOCCOMPSRC	Week | Product | Location | Component | Source	5	36	1
WKPRODLOCCURR	Week | Product | Location | Currency	4	32	2
WKPRODLOCLOCFR	Week | Product | Location | Ship-From Location	4	35	5
WKPRODLOCSRC	Week | Product | Location | Source	4	34	6

Abbildung 7.7 Planungsebenen des Beispielplanungsbereichs SAP8

7.3.4 Kennzahlen

Wie auch die anderen Beispielplanungsbereiche von SAP IBP weist SAP8 eine große Anzahl von Kennzahlen auf. In der ausgelieferten Basiskonfiguration sind über 140 Kennzahlen und ein gutes Dutzend Attribute als Kennzahlen zu finden. Eine vollständige Darstellung würde den Rahmen dieses Buches sprengen, daher werden wir Ihnen hier nur die wichtigsten Kennzahlen vorstellen, die für das Verständnis der Funktion von SAP IBP für Demand-Driven Replenishment essenziell sind.

[!]

Technische ID der Kennzahlen obligatorisch

Die Planungsoperatoren von SAP IBP für Demand-Driven Replenishment erfordern es, dass die technischen IDs der Kennzahlen exakt so lauten, wie von SAP im Beispielplanungsbereich SAP8 definiert. Falls Sie selbst einen Planungsbereich konfigurieren, müssen Sie auf die genaue technische ID achten, andernfalls schlagen die Planungsoperatoren fehl.

Attribute als Kennzahlen

Der Beispielplanungsbereich SAP8 sieht eine Reihe von Attributen als Kennzahlen vor (siehe hierzu Abbildung 7.8).

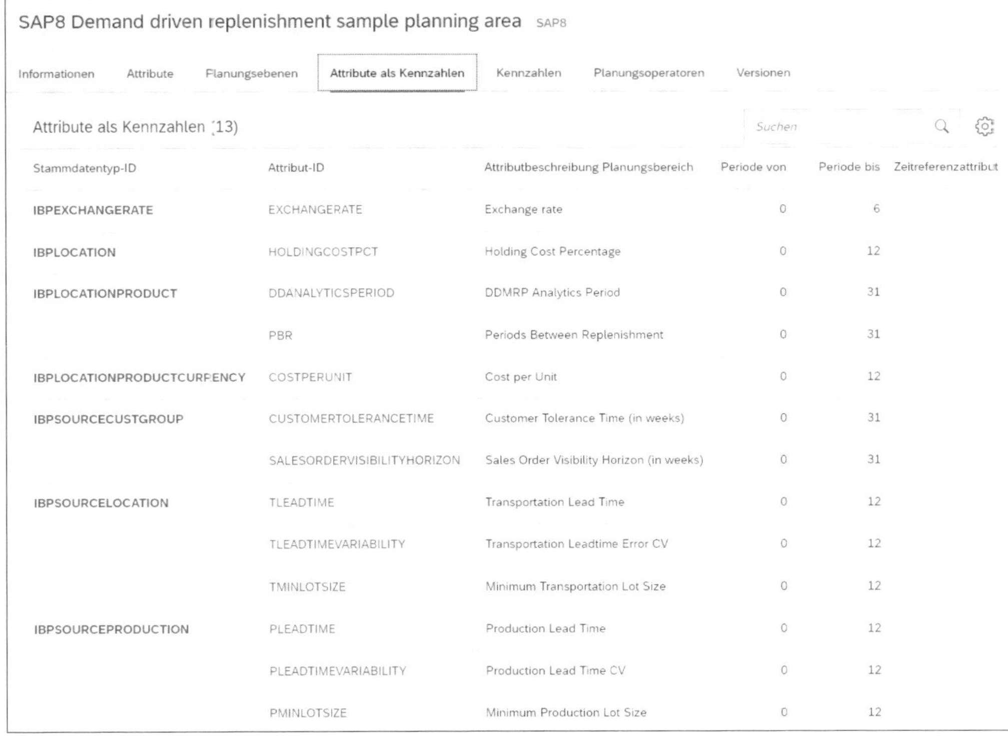

SAP8 Demand driven replenishment sample planning area SAP8

Informationen | Attribute | Planungsebenen | Attribute als Kennzahlen | Kennzahlen | Planungsoperatoren | Versionen

Attribute als Kennzahlen (13)

Stammdatentyp-ID	Attribut-ID	Attributbeschreibung Planungsbereich	Periode von	Periode bis	Zeitreferenzattribut
IBPEXCHANGERATE	EXCHANGERATE	Exchange rate	0	6	
IBPLOCATION	HOLDINGCOSTPCT	Holding Cost Percentage	0	12	
IBPLOCATIONPRODUCT	DDANALYTICSPERIOD	DDMRP Analytics Period	0	31	
	PBR	Periods Between Replenishment	0	31	
IBPLOCATIONPRODUCTCURRENCY	COSTPERUNIT	Cost per Unit	0	12	
IBPSOURCECUSTGROUP	CUSTOMERTOLERANCETIME	Customer Tolerance Time (in weeks)	0	31	
	SALESORDERVISIBILITYHORIZON	Sales Order Visibility Horizon (in weeks)	0	31	
IBPSOURCELOCATION	TLEADTIME	Transportation Lead Time	0	12	
	TLEADTIMEVARIABILITY	Transportation Leadtime Error CV	0	12	
	TMINLOTSIZE	Minimum Transportation Lot Size	0	12	
IBPSOURCEPRODUCTION	PLEADTIME	Production Lead Time	0	12	
	PLEADTIMEVARIABILITY	Production Lead Time CV	0	12	
	PMINLOTSIZE	Minimum Production Lot Size	0	12	

Abbildung 7.8 Attribute als Kennzahlen des Beispielplanungsbereichs SAP8

- EXCHANGERATE
- HOLDINGCOSTPCT
- DDANALYTICSPERIOD
- PBR

- COSTPERUNIT
- CUSTOMERTOLERANCETIME
- SALESORDERVISIBILITYHORIZON
- TLEADTIME
- TLEADTIMEVARIABILITY
- TMINLOTSIZE
- PLEADTIME
- PLEADTIMEVARIABILITY
- PMINLOTSIZE

Diese haben wir Ihnen größtenteils bereits im Rahmen des Abschnitt 7.3.1, »Stammdaten – Stammdatentypen und Attribute«, gemeinsam mit den anderen Attributen vorgestellt.

Wichtige Input-Kennzahlen

Die zentralen Input-Kennzahlen für den Demand-Driven Replenishment-Prozess sind folgende:

- *DD Total Average Daily Usage* (DDTOTALADU)
- *DD Adjusted Average Daily Usage* (DDADJUSTEDADU)
- *ADU Coefficient of Variation* (DDTOTALADUCV)
- *DD Demand Adjustment Factor* (DDDEMANDADJUSTMENTFACTOR)
- *Decoupling Point Indicator (1=Y or 0=N)* (RECDECOUPPOINTIND)

Die vier erstgenannten Kennzahlen werden im Planungsoperator *Recommend Decoupling Points (Solve)* genutzt, um Nachfragewerte abzubilden. Die Kennzahl RECDECOUPPOINTIND, die als Indikator für Entkopplungspunkte verwendet wird, ist zum einen ein Output aus dem genannten Planungsoperator, zum anderen aber Input für den Planungsoperator *Calculate DDMRP Buffer Levels*.

Wichtige Output-Kennzahlen

Die folgende Auflistung gibt einen Überblick über die wichtigsten Output-Kennzahlen des Demand-Driven-Replenishment-Prozesses in SAP IBP:

- LEADTIMECATEGORY
- VARIABILITYCATEGORY
- MRPTYPE
- DECOUPLEDLEADTIME
- RECDECOUPPOINTIND

- REDZONEBASE
- REDZONESAFETY
- YELLOWZONE
- GREENZONE

Im Anschluss an die Erläuterung der Kennzahlen des Beispielplanungsbereichs SAP8 gehen wir nun auf die zugeordneten Planungsoperatoren ein.

7.3.5 Planungsoperatoren

Die eigentliche Planung wird in SAP IBP für Demand-Driven Replenishment durch die Planungsoperatoren vorgenommen, die Sie in der Konfiguration dem Planungsbereich zuordnen können. Standardmäßig sind die in Tabelle 7.2 angegebenen Planungsoperatoren explizit für die bedarfsorientierte Wiederbeschaffungsplanung mit SAP IBP für Demand-Driven Replenishment mittels des Beispielplanungsbereichs SAP8 vorgesehen (siehe dazu auch Abbildung 7.9).

Name des Planungsoperators	Beschreibung des Planungsoperators	Algorithmustyp
Calculate DDMRP Buffer Levels	Calculate DDMRP Buffer Levels	DDR_BUFFER
Recommend Decoupling Points	Recommend Decoupling Points (Solve)	DDR_DECOUPLING

Tabelle 7.2 Planungsoperatoren im Beispielplanungsbereich SAP8

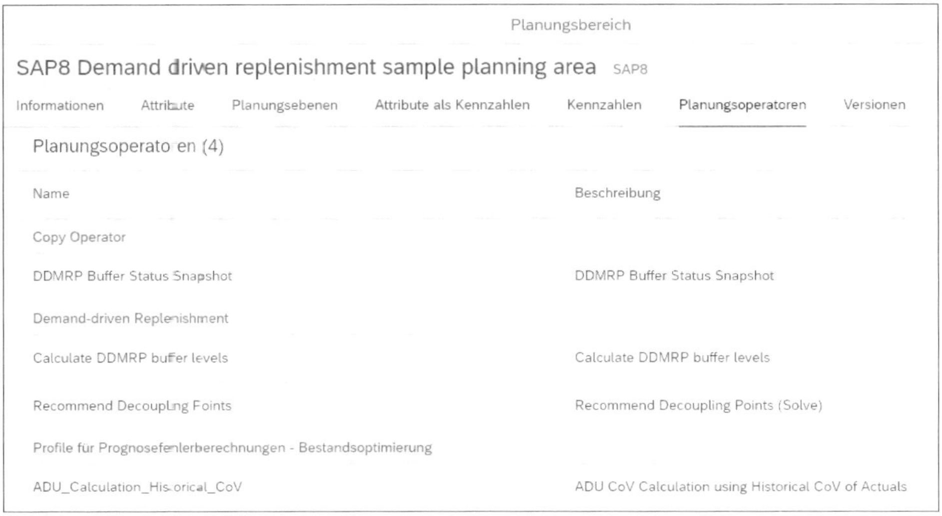

Planungsbereich

SAP8 Demand driven replenishment sample planning area SAP8

Informationen | Attribute | Planungsebenen | Attribute als Kennzahlen | Kennzahlen | Planungsoperatoren | Versionen

Planungsoperatoren (4)

Name	Beschreibung
Copy Operator	
DDMRP Buffer Status Snapshot	DDMRP Buffer Status Snapshot
Demand-driven Replenishment	
Calculate DDMRP buffer levels	Calculate DDMRP buffer levels
Recommend Decoupling Points	Recommend Decoupling Points (Solve)
Profile für Prognosefehlerberechnungen - Bestandsoptimierung	
ADU_Calculation_Historical_CoV	ADU CoV Calculation using Historical CoV of Actuals

Abbildung 7.9 Planungsoperatoren des Beispielplanungsbereichs SAP8

Ferner enthält die Beispielkonfiguration von SAP8 noch den Copy-Operator *DDMRP Buffer Status Snapshot* zur Erstellung eines Snapshots sowie einen Planungsoperator zur Prognosefehlerberechnung (`ADU_CACULATION_HISTORICAL_CoV`). Die Funktionsweise dieser Planungsoperatoren entspricht derjenigen der in Abschnitt 3.8, »Planungsoperatoren«, beschriebenen Copy-Operatoren bzw. Prognosefehlerberechnungen; sie sind lediglich auf die in SAP8 verwendeten Entitäten wie Kennzahlen etc. zugeschnitten.

[+]

DDMRP-Planungsoperatoren mit dem Excel-Add-in

Damit Sie die Planungsoperatoren in der gesamten Bandbreite der Funktionen einsetzen können, empfiehlt SAP eine Nutzung des SAP-IBP-Excel-Add-ins mindestens in der Version 1908.0.0.

DDMRP-Planungsoperator »Recommend Decoupling Points (Solve)«

Die Aufgabe des Planungsoperators *Recommend Decoupling Points (Solve)* besteht darin, die kritischen Pfade im Supply-Chain-Netzwerk zur Ermittlung der entkoppelten Wiederbeschaffungszeit zu identifizieren und diese auf Basis einer Empfehlung bezüglich der Entkopplungspunkte zu errechnen. Ferner werden die Wiederbeschaffungszeit- und Variabilitätskategorien ermittelt und Pufferdimensionierungen als Vorschlagswerte kalkuliert. Abbildung 7.10 zeigt die Eingabeattribute sowie In- und Output-Kennzahlen spezifisch für den Bestandsoperator.

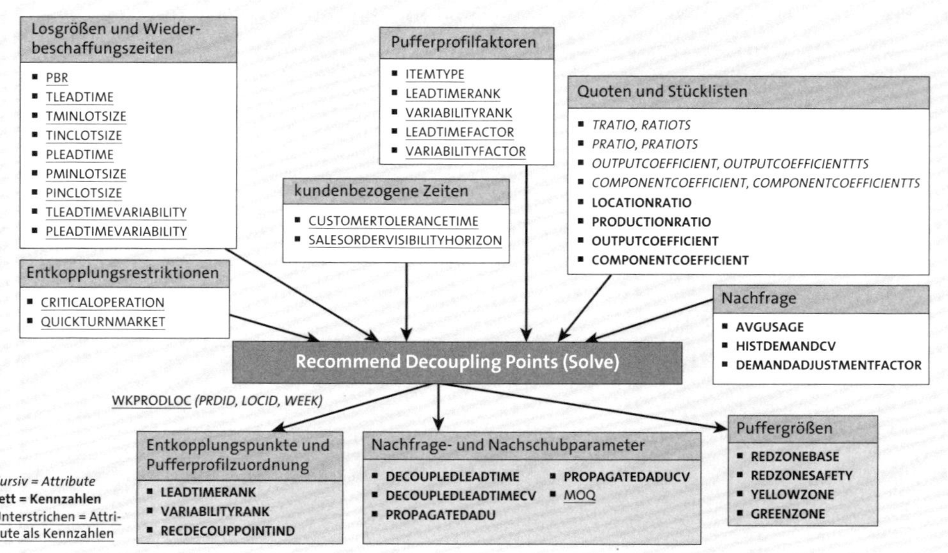

Abbildung 7.10 Planungsoperator »Recommend Decoupling Points« mit Eingabeattributen, In- und Output-Kennzahlen

Mit dieser Übersicht erhalten Sie die Information, welche Entitäten für diesen Operator als Input benötigt werden und in welchen Ausgabeentitäten Sie im Anschluss an die Ausführung des Operators die Ergebnisse finden. Die Erläuterung der einzelnen Attribute finden Sie in Abschnitt 7.3.1, »Stammdaten – Stammdatentypen und Attribute«, die der Kennzahlen in Abschnitt 7.3.4, »Kennzahlen«.

Losgrößenrestriktionen

TMINLOTSIZE und PMINLOTSIZE sind Inputs für die Kalkulation von MOQ, die wiederum eine Output-Kennzahl ist. MOQ repräsentiert dabei im Fall von Multisourcing das Maximum der minimalen Losgrößen aller möglichen Quellen.

DDMRP-Planungsoperator »Calculate DDMRP Buffer Levels«

Der Planungsoperator *Calculate DDMRP Buffer Levels* wird hauptsächlich eingesetzt, um auf periodischer Basis die Pufferdimensionierung den aktualisierten Gegebenheiten anzupassen. Die Entscheidung über die Pufferpositionierung ist dabei bereits im Vorfeld zu treffen. Abbildung 7.11 zeigt die Eingabeattribute sowie In- und Output-Kennzahlen für den Bestandsoperator.

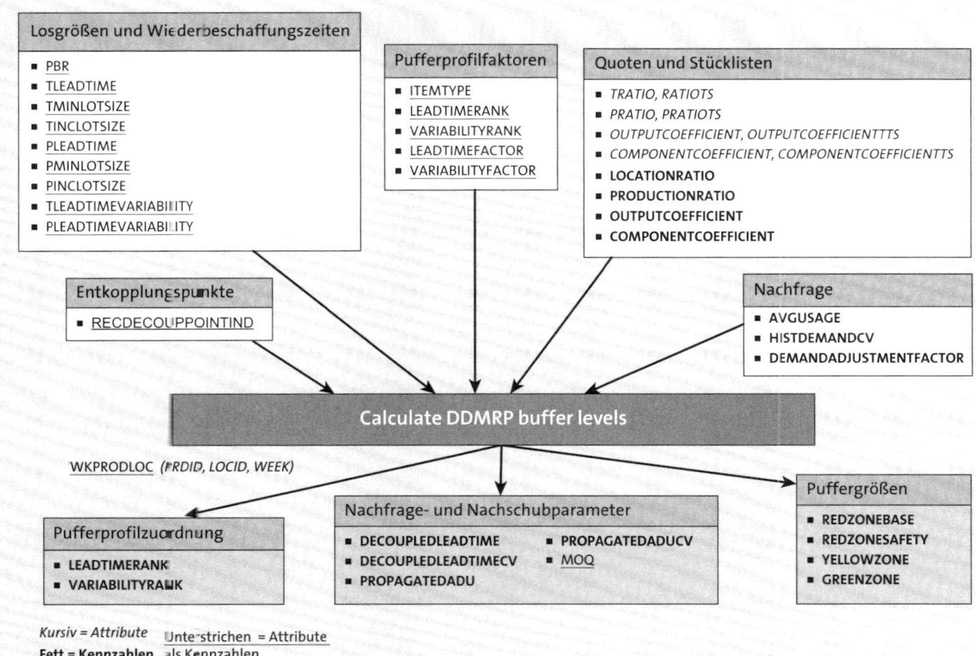

Abbildung 7.11 Planungsoperator »Calculate DDMRP Buffer Levels« mit Eingabeattributen, In- und Output-Kennzahlen

Diese Übersicht gibt Ihnen die Information an die Hand, welche Entitäten für diesen Operator als Input benötigt werden und in welchen Ausgabeentitäten Sie im Anschluss an die Ausführung des Operators die Ergebnisse finden. (Die Erläuterung der einzelnen Attribute finden Sie in Abschnitt 7.3.1, »Stammdaten – Stammdatentypen und Attribute«, die der Kennzahlen in Abschnitt 7.3.4, »Kennzahlen«.)

[»]

Recommend Decoupling Points vs. Calculate DDMRP Buffer Levels

Der Hauptunterschied ist der, dass der Planungsoperator *Recommend Decoupling Points* sowohl die Pufferpositionierung als auch die Pufferdimensionierung sowie die zugehörige Kalkulation wichtiger Input-Werte, wie beispielsweise der entkoppelten WBZ, vornimmt, wohingegen der Planungsoperator *Calculate DDMRP Buffer Levels* lediglich die Pufferdimensionierung betrachtet und dabei auf einer gegebenen Pufferpositionierung aufbaut. Hierfür liest der Planungsoperator die Kennzahl `RECDECOUPPOINTIND` in der aktuellen Periode, es muss für Entkopplungspunkte ein Wert von 1 vorliegen. Bitte stellen Sie sicher, dass in einem rollierenden Horizont diese Kennzahl entsprechend korrekt gepflegt ist.

Für die Analyse der Puffergrößen können Sie auch die App **DDMRP Buffer Analysis** im SAP Fiori Launchpad nutzen. Mittels dieser App können Sie Szenarios erzeugen und damit insbesondere folgende Outputs vergleichen:

- *Decoupled Lead Time*
- *Average On Hand Quantity*
- *Average On Hand Value*

Die App stellt damit ein Hilfswerkzeug dar, um strategische Entscheidungen bezüglich der Entkopplungspunkte zu unterstützen.

Ausführungsreihenfolge

Der Planungsoperator zur Ermittlung der Entkopplungspunkte (*Recommend Decoupling Points [Solve]*) übernimmt – wie bereits zu Beginn dieses Abschnitts beschrieben – die Aufgabe der Klärung der Pufferpositionierung, d. h., an welchen Punkten im Supply-Chain-Netzwerk Bestand vorgehalten werden muss. Diese Entscheidung ist vor der Pufferdimensionierung zu treffen, also der Klärung der Frage, wie viel Bestand an den einzelnen Punkten im Netzwerk vorzuhalten ist. Dies übernimmt entweder ebenfalls der genannte Planungsoperator, oder Sie können den Operator *Calculate DDMRP Buffer Levels* benutzen, um die Pufferdimensionierung durchzuführen. In diesem Fall muss jedoch vorab eine Entscheidung zur Pufferpositionierung getroffen worden sein. Vorbereitend kann jeweils beispielsweise der Planungsoperator *Prognosefehlerberechnungen verwalten – Bestandsoptimierung* eingesetzt werden, um Input-Werte wie die ADU zu ermitteln.

7.3.6 Add-on für die Lieferkettenintegration

Mit Release 1905 steht Ihnen das Add-on für die Lieferkettenintegration zur Verfügung, falls Sie SAP ECC nutzen. Mit diesem Add-on können Sie die wesentlichen Planungsergebnisse des DDR-Prozesses (Demand-Driven Replenishment) aus SAP IBP an das SAP-ECC-System übergeben und dort die Schritte 4 und 5 des Demand-Driven-MRP-Prozesses durchführen (siehe hierzu Abschnitt 7.2, »Der DDMRP-Prozess mit SAP IBP«). Diese bestehen darin, dass die Entkopplungspunkte sowie die Pufferdimensionierung verwendet werden, um in SAP ECC entsprechende Bedarfsdecker anzulegen, die der Demand-Driven-Methodologie folgen. Das Add-on besteht dabei aus den folgenden Komponenten:

- DDR-Cockpit
- bedarfsorientierte Planung
- DDMRP-Planungslaufinformationen
- DDMRP-Elementliste

Das DDR-Cockpit bietet Ihnen die Möglichkeit, die globalen Einstellungen vorzunehmen, die das SAP-ECC-System benötigt, um die entsprechenden Aufträge anzulegen. Sie rufen das DDR-Cockpit in SAP ECC über die Transaktion /IBP/EDD_COCKPIT auf. Dabei müssen Sie beachten, dass analog z. B. zu /SAPAPO/ im SAP-APO-System, auch bei /IBP/ immer ein /N oder /O vorangestellt werden muss, falls Sie die Transaktion nicht über einen Favoriten oder das Menü rufen. Dies gilt auch bei einem Aufruf direkt aus dem SAP-Menü.

Nun können Sie über verschiedene Pfade im linken Navigationsbaum in die verschiedenen Detailpfade abspringen, in denen Sie die für den Planungslauf benötigten Einstellungen z. B. bezüglich der Auftragsarten für die anzulegenden Aufträge vornehmen können.

Mittels der bedarfsorientierten Planung können Sie einen Planungslauf durchführen, der die Spezifika der erweiterten Logik der bedarfsorientierten Wiederbeschaffung berücksichtigt, d. h. eine verbrauchsgesteuerte Disposition vornimmt, dabei jedoch bei der Ermittlung der Nettoflussposition etwaige Spitzenbedarfe berücksichtigt. Die Funktion können Sie über die Transaktion /IBP/EDD_RUN_MRP ausführen.

Ferner stehen Ihnen in der Transaktion /IBP/EDD_MONITOR übergreifende Planungslaufinformationen sowie in der Transaktion /IBP/EDD_ELEM_LIST eine Detailliste zur Anzeige der angelegten Elemente zur Verfügung.

Kapitel 8

Bestätigungs- und Beschaffungsplanung mit SAP IBP für Response and Supply

Dynamische Kundenanfragen erhöhen die Notwendigkeit, Änderungen schnell und präzise umzusetzen. Dazu kommen Produkte mit kurzen Lebenszyklen, deren Bedarfe stark schwanken. Mithilfe von Response and Supply können Sie diese Herausforderungen bewältigen.

Die in den vorangegangenen Kapiteln erläuterten SAP-IBP-Module arbeiten ausschließlich mit Zeitreihen, wobei die Zugänge pro Zeitreihe in Bezug auf beispielsweise Woche oder Monat kalkuliert werden. Die Berechnung der Zugänge wird über eine infinite Heuristik oder den finiten Optimierer durchgeführt.

Auch die Response-and-Supply-Planung (Bestätigungs- und Beschaffungsplanung) verwendet Zeitreihen, unterstützt aber zusätzlich die Betrachtung einzelner Aufträge. Dazu gehören z. B. Planaufträge, Fertigungsaufträge, Bestellungen und Kundenaufträge. Außerdem liegt der Fokus auf dem kurzfristigen Horizont, sodass auch auf unvorhergesehene Kundenaufträge reagiert werden kann.

Zu Anfang der Planung dient eine unverbrauchte Prognose als Input. Je nach Unternehmensanforderungen ist es möglich, eine Vorplanungsverrechnung der Prognose vor dem restriktionsbasierten Planungslauf oder vor dem Bestätigungslauf zu machen. Dabei verbrauchen die Prognosemengen die Kundenauftragsmengen und führen zu einem realitätsnahen Input für den Planungslauf. Die daraus resultierenden Mengen können nach ihrer Priorität geordnet werden. Zur Abdeckung des einzelnen Bedarfs werden Zugänge mithilfe der prioritätenbasierten Heuristik oder des auftragsbasierten Optimierers angelegt. Dabei stellen die Planungsläufe sicher, dass genügend Bestand verfügbar ist. Als Ergebnis erhält der Planer einen machbaren Beschaffungsplan mit einer restriktionsbasierten Prognose, die als Ausgangspunkt für die Erstellung von Kontingenten dient. Der Planer hat die Möglichkeit, die Verteilung der freigegebenen Mengen pro Kunde anzupassen. Sobald die Änderungen abgeschlossen sind, kann der Bestätigungslauf durchgeführt werden. Dieser erstellt auch mehrstufige Zugänge und zusätzlich Kundenauftragsbestätigungen.

Um erwartete Service-Level-Vereinbarungen mit dem Kunden zu erreichen, kann ein Deployment-Lauf gestartet werden. Hierbei werden die vorhandenen Zugänge über Deployment-Umlagerungen anhand von Prioritäten neu verteilt und den Bedarfen zugeordnet. Das ist vor allem sinnvoll, wenn ein Werk Komponenten nicht rechtzeitig zur Produktion liefern kann und kurzfristig die Komponenten anderer Werke umgelagert werden müssen.

In den folgenden Abschnitten dieses Kapitels werden wir Ihnen das Konzept und die Funktionsvielfalt der Response-and-Supply-Planung darlegen. Die Basiseinstellungen (siehe Abschnitt 8.1) beinhalten generelle Konfigurationsschritte, die Auswahl zwischen verschiedenen Planungsbereichen sowie die Stamm- und Bewegungsdaten.

Ein Werkzeug zur Optimierung der zu erfüllenden Kundenbedarfe ist die Priorisierung. Wir beschreiben in Abschnitt 8.2, »Priorisierung der Bedarfe«, wie Sie Prioritätenregeln strukturieren können. Diese finden nach erfolgreicher Erstellung ihren Einsatz in den Planungsläufen. In Abschnitt 8.3 erläutern wir die Beschaffungs- und Kontingentierungsplanung (Supply- und Allokationsplanung). Hierbei wird ein Beschaffungsplan anhand von Prioritäten mithilfe der prioritätenbasierten Heuristik oder durch Kosten innerhalb des Optimiererlaufs erstellt. Danach können Sie durch eine Engpasserkennung mögliche Schwachstellen feststellen und den Plan nach Ihren Vorgaben anpassen. Was der Kunde am Ende bekommt, entscheiden Sie bei der Zuordnung der verfügbaren Mengen (Kontingentierung). Er kann die kalkulierten Mengen übertragen oder diese manuell ändern. Die Kontingente werden in der Bestätigungsplanung berücksichtigt, die wir in Abschnitt 8.4 erklären. Die Beschreibung des Bestätigungslaufs macht den Hauptbestandteil dieses Abschnitts aus; der Lauf errechnet nicht nur die geplanten Bestätigungen, sondern auch einen neuen Beschaffungsplan. Hierbei kann es zu unbestätigten Kundenaufträgen kommen, und auch hier können Sie die Engpässe systemunterstützt analysieren.

Bei kurzfristigen Ausfällen von z. B. Lieferungen wird Ihnen ein Deployment-Planungslauf zur Seite gestellt, der die vorhandenen Beschaffungselemente analysiert und einen Vorschlag zur Umlagerung generiert (siehe Abschnitt 8.5, »Deployment«). Zusätzlich können Sie in jedem Planungsschritt Simulationen erstellen, um neue Planungskonstellationen auszuwerten (diese Simulations- und Szenarioplanung beschreiben wir in Abschnitt 8.6). Falls Sie die Änderungen längerfristig speichern möchten, können Sie sie in Szenarios ablegen. Damit Sie ein gutes Bild von der Vorgehensweise und den Funktionalitäten bekommen, stellen wir in Abschnitt 8.7, »Konfiguration der Response-and-Supply-Planung«, ein praktisches Beispiel vor, von den grundsätzlichen Einstellungen in der Response-and-Supply-Planung über die Verwendung der Planungsläufe bis hin zur Erstellung von Simulationen und Szenarios.

8.1 Basiseinstellungen

In diesem Abschnitt erläutern wir die Grundkonfiguration der Response-and-Supply-Planung. Das Aufsetzen und Zuordnen des Planungsbereichs, die Definition von Bedarfen, die Vorplanungsverrechnung und die Kontingentierung sind Bestandteile, genauso wie die Prüfung und Erweiterung des Wertschöpfungskettenmodells. Dazu gehören die Stamm- und Bewegungsdaten, die regelmäßig aktualisiert werden sollten.

Bevor Sie mit der Response-and-Supply-Planung arbeiten können, sind die verschiedene Einstellungen und die Generierung von Daten durch Sie notwendig, die wir im Folgenden beschreiben.

8.1.1 Planungsbereich

Der Planungsbereich ist das Herzstück jedes SAP-IBP-Moduls. SAP liefert Vorlagen, die kopiert und je nach Unternehmensanforderungen angepasst werden können. Das vereinfacht den Start und beschleunigt Implementierungsprojekte. Im Bereich der Response-and-Supply-Planung gibt es zwei Planungsbereichsvorlagen: SAP7 und SAP74.

Der Beispielplanungsbereich SAP7 legt den Fokus auf die auftragsbasierte Planung. Im Mittelpunkt stehen aggregierte Aufträge, die durch die Planungsläufe verwendet werden, und Input-Kennzahlen wie Prognose, zeitabhängiger Sicherheitsbestand, beschränkte Lieferantenkapazität oder beschränkte interne Kapazität. Das verwendete Zeitprofil basiert nur auf Tagen oder Wochen; es ist nicht auf Monatsebene verfügbar.

Die Vorlage SAP74 kombiniert den Beispielplanungsbereich SAP7 mit der Beschaffungsplanungsbereichsvorlage SAP4, wodurch es möglich wird, zeitbasierte Planungsalgorithmen und auftragsbasierte Planungsläufe mit denselben operativen Stammdaten zu verwenden. In dieser Vorlage sind die Stammdatentypen und die Planungsebenen über Datenquellen mit den operativen Stammdaten verbunden, die über die Schnittstelle *Smart Data Integration* (SDI) aus SAP ECC übertragen werden. Dabei beinhaltet diese Vorlage nur diejenigen Stamm- und Bewegungsdaten, die mindestens für die Supply-Planung (Heuristik und Optimierer) und die Response-Planung benötigt werden. Im Gegensatz zur Vorlage SAP7 deckt das Zeitprofil auch technische Wochen und Monate ab. Allerdings gibt es im Bereich der Stammdaten mit externen Datenquellen keine Versionen und keine Änderungsverfolgung. Es können auch keine externen Stammdatentypen im SAP-IBP-Excel-Add-in erstellt und geändert werden.

Ähnliche Restriktionen gibt es für die externen Kennzahlen. Auch hier müssen Sie auf eine Änderungsverfolgung und die Anpassung der Verfolgung verzichten. Szenarios zur Simulation können im SAP-IBP-Excel-Add-in erstellt werden, decken aber nicht den vollen Funktionsumfang aus der zeitreihenbasierten Planung ab (beispielsweise können diese Szenarien nicht in Planungsläufen berücksichtigt werden). Um ein solches Szenario zu erstellen, müssen Sie die App **Versionen und Szenarios verwalten** verwenden. Weiterhin ist nur die Einplanung des Planungsoperatortyps `COPY`, der zeitreihenbasierten Beschaffungsplanungsheuristik, der zeitreihenbasierten Beschaffungspropagierungsheuristik und des zeitreihenbasierten Beschaffungsplanungsoptimierers in Excel möglich. Diese Restriktionen müssen vor der Auswahl der Vorlage zur Implementierung beachtet werden.

Die individuelle Planung einzelner Divisionen oder Regionen wird durch die Verwendung mehrfacher Planungsbereiche ermöglicht. Dadurch können Stamm- und Bewegungsdaten aus einem externen System in verschiedene Basisversionen geladen werden.

8.1.2 Stammdaten

Die Planungsbereiche SAP7 und SAP74 enthalten externe Stammdatentypen. Diese kommen von einer externen Quelle, wie z. B. SAP ECC oder SAP S/4HANA, und werden ins SAP-IBP-System integriert. In der Konfiguration von SAP IBP können den externen Stammdatentypen Attribute zugeordnet werden. Für jedes Attribut muss in der referenzierten Spalte das zugehörige Attribut aus der externen Datenquelle eingetragen werden. Dabei ist erforderlich, dass die Datentypen kompatibel sind. Weiterhin ist verpflichtend, die Schlüsselattribute der externen Stammdatenquelle in den Stammdatentyp aufzunehmen. Die Erweiterung der Stammdatentypen ist momentan nur über einige externe Datenquellen möglich. Diese enthalten bis zu zehn kundenspezifische Attribute, die über eine Programmierung innerhalb eines BAdIs (Business Add-in) in SAP ECC oder SAP S/4HANA gefüllt werden können. Jede externe Datenquelle hat ein Hilfsattribut zur Anlage von Planungsobjekten. Diese Attribute haben einen Festwert von 1 und können zur Definition eines Zählers in Form eines Attributs als Kennzahl verwendet werden. Durch diese Einstellung erzeugt das System Planungsobjekte für die Planungsebene der Hilfskennzahl. Für das Löschen nicht benötigter Planungs- oder Stammdatenobjekte gibt es Attribute in den Datentypen. Im Gegensatz zu den zeitbasierten Stammdatentypen können die externen Stammdatentypen nur in einer Simulationsversion geändert werden. Generell ist es nicht möglich, diese über das Excel-Add-in zu erstellen oder zu löschen. Eine Verfolgung der Historie ist für externe Stammdaten nicht möglich.

In der folgenden Auflistung finden Sie die verfügbaren Stammdatentypen mit den wichtigsten Attributen für den Planungsbereich SAP7:

- S7CUSTOMER
  Ein Kunde ist ein Geschäftspartner, mit dem eine Geschäftsbeziehung zur Lieferung von Waren und Dienstleistungen eingegangen wurde. Der Stammdatentyp

S7CUSTOMER ist kein Bestandteil des Planungsbereichs SAP7, kann aber über die App **Beispielmodellentitäten** kopiert werden. Falls die unbeschränkte Prognose aufgrund der Unternehmensanforderung auf der Ebene *Produkt-Lokation-Kunde* erfolgen soll, muss dieses Stammdatum verwendet werden. Dabei sollte mindestens die Kundennummer als Schlüsselattribut vorhanden sein. Kundenspezifische Attribute geben Ihnen die Flexibilität, auch eigene Felder aus dem Quellsystem zu benutzen.

- **S7DEMANDTYPE**
  Der Stammdatentyp S7DEMANDTYPE enthält die zu verwendenden Bedarfstypen mit deren Beschreibung. Hierbei handelt es sich um die voreingestellten Werte *offene Prognose* (FCST), *ausgehende Lieferung* (OD), *Planauftrag Komponente* (PO_COMP), *Fertigungsauftrag Komponente* (PROD_ORD_C), *Bestand* (STOCK), *Umlagerungsbestellung* (STO_I), *Umlagerungsbestellanforderung* (STO_RE_I), *Kundenauftrag* (S_ORD) sowie *angepasste Menge* (VRDEM). Diese Typen können zur Analyse der genutzten Beschaffung auf der Planungsebene PERPRODLOCASU verwendet werden.

- **S7LANEPRODUCT**
  Die Transportbeziehung in Kombination mit dem Produkt ist Bestandteil des Typs S7LANEPRODUCT. Streckeninformationen zwischen Lokationen, von denen das Produkt transportiert, produziert oder beschafft wird, sind Teil der Transportkante. Der Ursprung dieser Beziehung liegt in den Infosätzen und der Sonderbeschaffungsart aus dem Materialstamm. Dort zieht die Integration unter anderem die Schlüsselattribute *Produktnummer*, *Quelllokationsnummer*, *Quelllokationstyp*, *Ziellokationsnummer*, *Ziellokationstyp* und *Transportmodus* ab. Der Lokationstyp kann ein Kunde (**C**), Werk (**P**), Distributionszentrum (**P**) oder Lieferant (**V**) sein. Ein Transportmodus kann z. B. »per Schiff« mit einer hinterlegten Transportzeit sein. Weiterhin können Losgrößen in der Planung berücksichtigt und eine Unterscheidung zwischen den Umlagerungstypen Standard (**0**), Konsignation (**2**), Lohnbearbeitung (**3**) und Umlagerungen (**7**) vorgenommen werden.

- **S7LOCATION**
  Eine Lokation ist eine Organisationseinheit, in der Mengen von Produkten oder Ressourcen im Distributionszentrum, Werk oder in Lieferanten verwaltet werden. Beispielsweise wird eine Komponente von einem Lieferanten beschafft und dann zur Produktion eines Fertigprodukts im Werk verwendet. Zur Abbildung der Lokation ist die Lokationsnummer mit dem Lokationstyp zwingend notwendig. Zusätzlich können die Attribute *Breitengrad* (GEOLATITUDE) und *Längengrad* (GEOLONGITUDE) zur Visualisierung der geografischen Standorte z. B. der Werke gefüllt werden.

- **S7LOCATIONDEM**
  Der Stammdatentyp S7LOCATIONDEM ist eine Referenz auf S7LOCATION und enthält somit die gleichen Attribute. Die Planungsebene PERPRODLOCASU bedient sich dieses Typs.

- **S7LOCATIONPRODUCT**
  Mit `S7LOCATIONPRODUCT` wird das Produkt einer bestimmten Lokation zugeordnet. Dafür müssen mindestens die Produktnummer, die Lokationsnummer und der Lokationstyp angegeben werden. Zusätzlich finden Sie hier verschiedene Fixierungshorizonte, das Vorplanungsverrechnungsprofil, das Kontingentierungsprofil und verschiedene Arten von Laufzeiten. Bei der Beschaffungsart kann zwischen *keine Beschaffung* (leer), *Eigenfertigung* (**E**), *externe Beschaffung* (**F**) und *Sowohl Eigenfertigung als auch externe Beschaffung* (**X**) gewählt werden.
- **S7LOCATIONPRODUCTDEM**
  Der Stammdatentyp `S7LOCATIONPRODUCTDEM` ist eine Referenz auf `S7LOCATIONPRODUCT` und enthält somit die gleichen Attribute. Die Planungsebene `PERPRODLOCASU` bedient sich dieses Typs.
- **S7LOCFR**
  Im Stammdatentyp `S7LOCFR` wird eine Lokation beschrieben, die ein Produkt liefert. Es handelt sich hierbei um eine Referenz auf `S7LOCATION`, somit enthält er die gleichen Attribute.
- **S7LOCSUP**
  Die Transportbeziehung zwischen Werk und Lieferant ist im Stammdatentyp `S7LOCSUP` abgebildet. Dieser Datentyp wird für das Zusammenspiel zwischen SAP Ariba und SAP IBP zur Abbildung des Lieferantenprozesses verwendet. Dafür werden die Produktnummer, die Lokationsnummer und die Lieferantennummer benötigt.
- **S7LOCTO**
  Bei `S7LOCTO` handelt es sich um eine Lokation, die ein Produkt geliefert bekommt. Dieser Typ ist eine Referenz auf `S7LOCATION` und enthält somit die gleichen Attribute.
- **S7PDS**
  Die Produktionsdatenstruktur wird durch die Fertigungsversion oder die Stückliste aus SAP ECC bzw. SAP S/4HANA gefüllt. Dadurch erhält das SAP-IBP-System Informationen zum Produktionsprozess und auch eine Aussage zu den Komponentenzuordnungen. Falls die Produktionsdatenstruktur aus SAP ECC bzw. SAP S/4HANA kommt, muss der Datentyp `S7PDS` als extern definiert werden. Als Schlüsselattribute sind die Produktnummer, die Lokationsnummer und die Fertigungsversion verpflichtend. Die Beschreibung der Fertigungsversion kann in der Excel-Benutzeroberfläche verändert werden. Wenn sich beispielsweise die Beschaffungszeit von 1 auf zwei 2 ändert, kann diese Änderung über die Beschreibung sichtbar gemacht werden.

  Des Weiteren kann der Planungslauf einen Baugruppenausschuss auf Fertigproduktebene berücksichtigen. Ein Stuhl hat z. B. die in Abbildung 8.1 dargestellten Komponentenmengen.

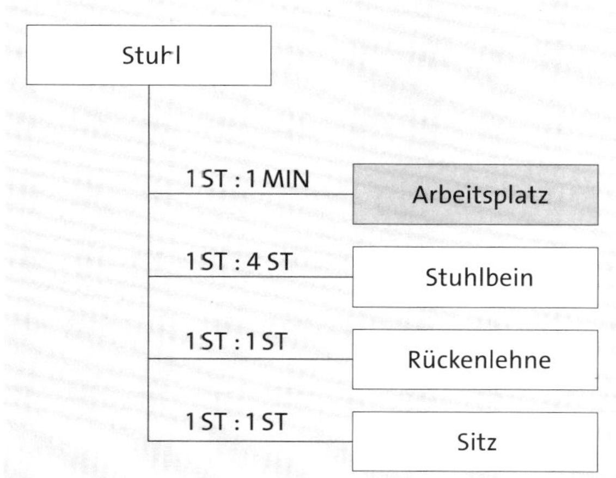

Abbildung 8.1 Beispiel für Baugruppenausschuss

Bei einem Ausschuss des Stuhls von 10 % und einer benötigten Menge von 1.000 ergeben sich eine Nettoausgangsmenge von 1.000 Stück, Ausschuss von 100 Stück und eine Bruttoausgangsmenge von 1.100 Stück. Dementsprechend ändert sich die Produktionsdauer auf dem Arbeitsplatz von 1.000 Minuten auf 1.100 Minuten. Die Komponentenmenge des Stuhlbeins ändert sich von 4.000 Stück auf 4.400 Stück. Von den Stuhllehnen und Sitzen werden statt 1.000 Stück 1.100 Stück benötigt. Bei einem Baugruppenausschuss erhöht sich also die zu produzierende Menge der Komponenten. Ausschuss bei den Komponenten selbst berücksichtigt der Planungslauf derzeit nicht.

Schließlich können Sie Produktionslosgrößen und eine Beschaffungspriorität festlegen.

- **S7PDSACT**
  Die Produktionsdatenstruktur wird durch die Fertigungsversion oder die Stückliste aus SAP ECC bzw. SAP S/4HANA gefüllt. Dadurch erhält das SAP-IBP-System Informationen zum Produktionsprozess und zu den Aktivitäten des Produkts. Mithilfe der Aktivitäten können die Nachlaufzeiten bzw. verschiedene Anforderungstermine festgelegt werden. Falls die Produktionsdatenstruktur aus SAP ECC bzw. SAPS/4HANA kommt, muss der Datentyp `S7PDSACT` als extern definiert werden. Produktnummer, Lokationsnummer, Fertigungsnummer und Aktivität-ID bilden für diesen Stammdatentyp die Schlüsselattribute.

  Des Weiteren kann eine Aktivitätsdauer verwendet werden. Im Zuge der Verwendung von Aktivitäten ist es möglich, eine Nachlaufzeit pro Komponente festzulegen. Somit berücksichtigen die Planungsläufe ein unterschiedliches Beschaffungsdatum pro Komponente innerhalb eines Planungsauftrags. Besonders bei einer langen Laufzeit eines Planauftrags ist es von Vorteil, die Komponenten nicht alle zum geplanten Anfangsdatum, sondern je nach Produktionsschritt zu beschaffen. Das Beispiel in Abbildung 8.2 veranschaulicht die Nachlaufzeit pro Komponente.

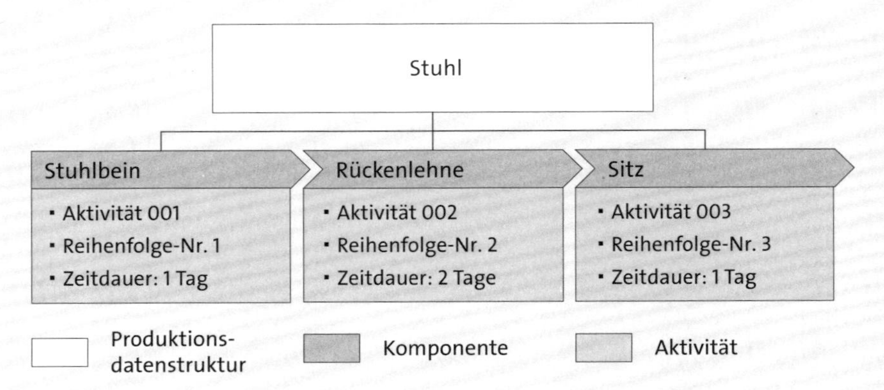

Abbildung 8.2 Beispiel zur Nachlaufzeit einzelner Komponenten

Die Produktionsdatenstruktur eines Stuhls besteht aus einem Stuhlbein, einer Stuhllehne und einem Sitz. Der Zusammenbau der Stuhlbeine benötigt 1 Tag, der Stuhllehne 2 Tage und des Sitzes 1 Tag. Somit werden die Stuhlbeine sofort, die Stuhllehne 1 Tag später und der Sitz 3 Tage später benötigt. Dann kann der Stuhl nach 4 Tagen hergestellt werden.

- S7PDSCOMP
  Die Produktionsdatenstruktur zur Komponente enthält Details zu den Komponentenzuordnungen, die relevant für die Produktion eines Produkts sind. Falls die Produktionsdatenstruktur aus SAP ECC bzw. SAP S/4HANA kommt, muss der Datentyp `S7PDSCOMP` als extern definiert werden. Als Schlüsselattribute sind Produktnummer, Lokationsnummer, Fertigungsversion und Komponentennummer erforderlich.
- S7PDSRES
  Diese Produktionsdatenstruktur enthält Details zu einer Ressource. Falls die Produktionsdatenstruktur aus SAP ECC bzw. SAP S/4HANA kommt, muss der Datentyp `S7PDSRES` als extern definiert werden. Aus dem Quellsystem werden mindestens die Produktnummer, Lokationsnummer, Fertigungsversion, Ressource und die Kapazitätskategorie geladen.
- S7PRODUCT
  Das Produkt steht im Mittelpunkt eines jeden Wertschöpfungsprozesses. Es wird produziert, transportiert, auf Bestand gelegt und verkauft. Zur Identifizierung benötigen Sie eine Produktnummer. Zusätzlich können bis zu zehn kundenspezifische Attribute festgelegt werden.

- **S7PRODUCTDEM**
  Der Stammdatentyp S7PRODUCTDEM ist eine Referenz auf S7PRODUCT und enthält somit die gleichen Attribute. Die Planungsebene PERPRODLOCASU bedient sich dieses Typs.
- **S7RESOURCE**
  Eine Ressource bildet eine Maschine, Person, Anlage, ein Lager, Transportmittel oder andere Vermögenswerte ab, die eine beschränkte Kapazität haben. Lokationsnummer, Lokationstyp, Arbeitsplatz und Kapazitätskategorie sind Muss-Kriterien, um den Datentyp S7RESOURCE aufzubauen.
- **S7RESOURCEPRODUCT**
  In dem Stammdatentyp S7RESOURCEPRODUCT wird das Produkt der Ressource zugeordnet. Es müssen mindestens der Arbeitsplatz, die Produktnummer, die Lokationsnummer, der Lokationstyp und die Kapazitätskategorie befüllt sein.
- **S7SUPPLIER**
  Als ein weiterer Geschäftspartner wird auch der Lieferant im System abgebildet. Er ist dafür verantwortlich, Waren zu liefern oder Dienstleistungen zur Verfügung zu stellen. Genauso wie bei der Lokation können der Breitengrad und Längengrad zur Visualisierung angegeben werden. Zur eindeutigen Identifizierung benötigt SAP IBP die Lieferantennummer. Außerdem können Sie bis zu zehn kundenspezifische Attribute verwenden.
- **S7SUPPLIERPRODUCT**
  Im Stammdatentyp S7SUPPLIERPRODUCT stellt das System die Zugehörigkeit der Komponenten zu den Lieferanten dar. Dafür werden mindestens die Komponentennummer und die Lieferantennummer benötigt.

Wie bereits weiter oben beschrieben, ist es mit der Planungsbereichsvorlage SAP74 möglich, sowohl eine zeitbasierte als auch eine auftragsbasierte Planung durchzuführen. Dementsprechend gibt es unterschiedliche Stammdatentypen, die wir in der folgenden Auflistung beschreiben:

- **S74COMPONENT**
  S74COMPONENT ist ein separater Datentyp zur Darstellung der Komponenten, die zur Produktion eines Produkts verwendet werden. Dabei kann es sich um Halbfabrikate oder Rohmaterialien handeln. Lediglich die Komponentennummer ist verpflichtend. Zusätzlich können Sie mithilfe von Hierarchieebenen, wie z. B. der Komponentenfamilie, seine Planung durchführen.
- **S74PRODUCTTO**
  Bei S74PRODUCTTO handelt es sich um die Eigenschaften des Ausgangsprodukts, das aus einer Produktion entsteht. Dieser Stammdatentyp ist notwendig, wenn die Beziehung zwischen Eingangs- und Ausgangsprodukt abgebildet werden soll. Generell ist es eine Referenz auf S74PRODUCT mit dem gleichen Schlüsselattribut.

- **S74LOCTOLOC**
  Der Typ `S74LOCTOLOC` liefert eine Sicht auf die Abhängigkeit zwischen der Transportkante und dem Produkt. Verpflichtend darzustellen sind die Attribute Produktnummer, Lokationsnummer und Ziellokationsnummer. Außerdem können Planlieferzeiten, Transportlosgrößen, Transportbeschaffungspriorität und Umlagerungstypen wie Standard (**0**), Konsignation (**2**), Lohnbearbeitung (**3**) oder Umlagerung (**7**) angegeben werden. Zusätzlich können Sie bis zu zehn kundenspezifische Attribute festlegen.
- **S74CUSTOMERPRODUCT**
  In dem zusammengesetzten Stammdatentyp `S74CUSTOMERPRODUCT` können Sie sich die Beziehung zwischen Kunde und Produkt anschauen. Dafür sind Kundennummer und die Produktnummer notwendig.
- **S74SOURCECUSTOMER**
  Es werden Quotierungen für ein Produkt zwischen dem Kunden und der Lokation abgebildet. Auch bei `S74SOURCECUSTOMER` handelt es sich um einen zusammengesetzten Datentyp, der mindestens aus Kundennummer, Produktnummer und Lokationsnummer besteht.
- **S74SOURCEPRODUCTION**
  Das Stammdatum `S74SOURCEPRODUCTION` wird aus einem Quellsystem integriert und stellt die verschiedenen Transportmöglichkeiten eines Lokationsprodukts dar. Es hat als Schlüsselattribute Produktnummer, Lokationsnummer und Source-ID. Neben der Fertigungsversion, den Produktionslosgrößen und der Produktionsquotierung wird auch die Produktionsbeschaffungspriorität zur Anzeige gebracht.
- **S74PRODUCTIONSOURCEITEM**
  Die Stückliste `S74PRODUCTIONSOURCEITEM` kommt von einer externen Datenquelle und beinhaltet mindestens die Produktnummer und die Source-ID. Weiterhin sind der Komponentenkoeffizient und die Stücklistenposition angegeben.
- **S74PRODUCTIONRESOURCE**
  Die Zuordnung von Ressource und Source-ID findet sich im Stammdatentyp `S74PRODUCTIONRESOURCE` wieder und bildet somit die Produktions- und Ressourcenkombination ab. Dabei kann zwischen einem Arbeitsplatz und einer Ressource unterschieden werden. Außerdem ist die Maschinenzeit einheitenneutral hinterlegt.

Die Schlüsselattribute der erläuterten Stammdaten sind je nach Anwendungsfall Teil der Bewegungsdaten und bilden die Grundlage zu deren Erstellung.

8.1.3 Bewegungsdaten

Generell unterscheidet man bei den Bewegungsdaten zwischen den *Planungsebenen* und den *Kennzahlen*. Eine Planungsebene besteht aus einer Sammlung an Attributen, die dem Planungsbereich angehören, und wird einer oder mehreren Kennzahlen als

Basisplanungsebene zugeordnet. Die Werte der Kennzahlen speichert das System auf der Basisplanungsebene, beispielsweise wird der Bestand pro Lokationsprodukt definiert und auch so auf die Datenbank geschrieben. Zusätzlich ist es aufgrund der unterschiedlichen Attribute möglich, den gesamten Bestand auf einer Lokation oder auch den Bestand für eine Produktgruppe anzuzeigen.

Die Kennzahlen der Planungsbereichsvorlage SAP7 können in verschiedene Bereiche unterteilt werden. Sie stellen Kapazitäten, Bedarfe, Produktionsmengen, Bestand sowie Sicherheitsbestand, Zugänge, Transportmengen und Zugangsverwendungen dar.

Kennzahlen zur Kapazitätsdarstellung

Die verfügbare Kapazität gibt es in drei Ausprägungen: Zum einen wird die gesamte verfügbare Kapazität (CAPACITYAVAILABLE) in einer Kennzahl abgebildet. Diese wird durch eine externe Kennzahl aus SAP ECC bzw. SAP S/4HANA befüllt. Dann haben Sie die Möglichkeit, die Kapazität über eine Kennzahl anzupassen (CAPACITYAVAILABLEADJ). Somit können Sie eine Simulation mit hypothetischen Kapazitäten vornehmen. Beide Daten verrechnen sich in einer final verfügbaren Kapazitätskennzahl (CAPACITYAVAILABLEFIN). Falls eine Anpassung durchgeführt wurde, übernimmt das System diese. Ansonsten findet eine Übernahme der verfügbaren Kapazität aus SAP ECC bzw. SAP S/4HANA statt. Das Ergebnis fließt in die Planung ein und wird von dem Planungslauf als Eingangsparameter berücksichtigt.

Des Weiteren gibt es verschiedene Kapazitätsverbrauchskennzahlen. Der geplante Kapazitätsverbrauch (CAPACITYCONSMATPLAN) auf einer Ressource basiert auf den Planaufträgen im System. Dazu gibt es auch einen bestätigten Kapazitätsverbrauch (CAPACITYCONSMATCONF), der sich aus den Fertigungsaufträgen ergibt. Die Summe beider Verbräuche finden Sie in der gesamten Kapazitätsverbrauchskennzahl (CAPACITYCONSMAT). Zur schnellen Übersicht über die Verbrauchssituation steht Ihnen die Kennzahl zur Kapazitätsauslastung in Prozent (CAPACITYCONSPERSENTAGE) zur Verfügung. Diese Kennzahlen befinden sich alle auf der Planungsebene *Tag-Ressource* (PERRES).

Kennzahlen zur Bedarfsdarstellung

Zu den Bedarfen zählen unter anderem die Kundenbedarfe. Eine dieser Kennzahlen ist der angeforderte Kundenauftrag (SALESORDERREQUEST), der Mengen pro Periode aggregiert anzeigt und vom System zur Vorplanungsverrechnung verwendet wird. Die gelieferten Kundenauftragsmengen (DELIVEREDSALESQTY) kommen aus SAP ECC bzw. SAP S/4HANA und können entweder aus einer Lieferung oder bei teilweise verspäteten Kundenbedarfen auch aus mehreren Lieferungen bestehen. Nachdem das System einen Planungsvorschlag berechnet hat, werden die bestätigten Kundenaufträge aggregiert in einer Kennzahl abgelegt (SALESORDERCONF). Dabei kann es im Fall von Verspätungen vorkommen, dass die Mengen angeforderter und bestätigter Kundenaufträge pro Periode unterschiedlich sind. Nach einem Bestätigungsplanungslauf können Sie sich die rechtzeitig bestätigten (SALESORDERCONFINTIME), die verspäteten (SALESORDERCONFLATE) und nicht erfüllten Kundenaufträge (SALESORDERUNFULFILLED) in aggregierter Form darstellen lassen. Die nicht erfüllten Kundenaufträge ergeben sich aus den rechtzeitig bestätigten und verspäteten Aufträgen, die von den angeforderten Kundenaufträgen abgezogen werden.

Eine weitere Bedarfsart ist die Prognose. Als Input in den Planungslauf wird die unbeschränkte Prognose (FORECASTUNCONSTR) verwendet, die sowohl geladen als auch manuell gepflegt werden kann. Falls die Unternehmensanforderungen eine mehrfache Berücksichtigung von Prognosen erfordert, können bis zu drei zusätzliche Kennzahlen (von FORECASTUNCONSTR1 bis FORECASTUNCONSTR3) berücksichtigt werden. Die offene Prognose (FORECASTOPEN) ergibt sich aus der Differenz zwischen der unbeschränkten Prognose und den angeforderten Kundenaufträgen pro Periode. Falls die Kundenauftragsmenge größer ist als die Prognose, ergibt sich ein Wert von null. Diese Kennzahl ist ein Ergebnis der Vorplanungsverrechnung und gibt die nicht konsumierte Prognose wieder.

Weiterhin können Warenausgangsmengen als relevante Vorplanungsverrechnungsmengen (FORECASTCONSRELQTY) aus SAP ECC bzw. SAP S/4HANA übertragen werden. Nach dem Planungslauf ergeben sich beschränkte Prognosemengen (FORECASTCONSTR), die mit der auftragsbasierten Planung abgedeckt werden können. Bei der mehrfachen Berücksichtigung von unbeschränkten Prognosekennzahlen wird auch das Ergebnis in bis zu drei zusätzlichen beschränkten Prognosekennzahlen (von FORECASTCONSTR1 bis FORECASTCONSTR3) gespeichert. Die Prognose, die nicht von den Kundenaufträgen konsumiert wurde, steht in der finalen ausgelieferten Menge (FINALDELIVEREDQTY).

Zur Bestimmung des Erfüllungsgrades der Prognosen gibt es weitere Kennzahlen, die der restriktionsbasierte Prognoselauf befüllt. Dazu können die Mengen der unbeschränkten Prognose in der gleichen Periode durch die Zugänge gedeckt werden, und somit erhalten Sie eine rechtzeitig gelieferte beschränkte Prognose (FORECASTCONSTRINTIME). Im Fall einer Mehrfachverwendung von Prognosekennzahlen gibt das System drei weitere Kennzahlen zur Darstellung der rechtzeitig gedeckten beschränkten Prognose (von FORECASTCONSTRINTIME1 bis FORECASTCONSTRINTIME3) vor.

Genauso kann es zu verspäteten beschränkten Prognosemengen (FORECASTCONSTRLATE) kommen, die aufgrund von nicht ausreichenden Zugängen in der gleichen oder in späteren Perioden abzuleiten sind. Bei Mehrfachverwendung von Prognosekennzahlen gibt das System drei weitere Kennzahlen zur Darstellung der verspäteten beschränkten Prognose (von FORECASTCONSTRLATE1 bis FORECASTCONSTRLATE3) vor.

Engpässe von Zugängen können nicht nur zu verspäteten, sondern auch zu nicht erfüllten beschränkten Prognosemengen (FORECASTUNFULFILLED) führen. Im Fall einer

Mehrfachverwendung von Prognosekennzahlen gibt das System drei weitere Kennzahlen zur Darstellung der unerfüllten beschränkten Prognose (von FORECASTUNFULFILLED1 bis FORECASTUNFULFILLED3) vor.

Aus den Kundenbedarfen und der Prognose auf Fertigproduktebene entstehen geplante abhängige Bedarfe (DEPDEMANDPLANNEDORDER) auf Halbfabrikat- oder Rohmaterialebene, die aggregiert in einer Kennzahl dargestellt werden. Diese ergeben sich aus der Stückliste und den zugehörigen Planaufträgen. Die bestätigten abhängigen Bedarfe (DEPDEMANDPLANNEDORDER) in aggregierter Form resultieren aus der Stückliste und den zugehörigen Fertigungsaufträgen.

Nachdem Produkte produziert oder beschafft wurden, müssen sie zur weiteren Verarbeitung oder Auslieferung an den Kunden an ihre Empfangslokationen verteilt werden. Der geplante verteilte Bedarf (DISTRDEMANDPLANNED) ergibt sich aus den aggregierten Umlagerungsbestellanforderungen in der Senderlokation. Die aggregierten Umlagerungsbestellungen finden sich in dem bestätigten verteilten Bedarf (DISTRDEMANDCONFIRMED) wieder. Zusätzlich können über den Deployment-Lauf Umlagerungen angelegt werden, die der Planungslauf in einer separaten Kennzahl (DISTRDEMANDDEPL) ablegt. Die Zeitreihe zum verteilten Bedarf (DISTRDEMAND) stellt sowohl die Summe der geplanten sowie der bestätigten verteilten Bedarfe als auch die verteilten Bedarfe aus dem Deployment dar. Aus SAP ECC bzw. SAP S/4HANA können Lieferungen aus Kundenaufträgen oder Umlagerungsbestellungen in einer Kennzahl (DELIVERYOUTBOUND) als ausgehende Lieferungen im Planungslauf berücksichtigt werden.

Der gesamte Bedarf wird sowohl mit (TOTALDEMAND) als auch ohne Berücksichtigung von Kundenauftragsmengen (TOTALDEMANDWOS) in zwei Kennzahlen dargestellt.

Die gleichmäßige Verteilung der Bedarfe kann während des Planungslaufs berücksichtigt werden. Dafür ist es Ihnen möglich, den Mengenanteil in mindestens einer Zeitreihe (PORTIONSIZE) zu pflegen. Es können bis zu fünf verschiedene Einstellungen (von PORTIONSIZE1 bis PORTIONSIZE5) zugeordnet werden. Diese lassen sich auch aus einem externen System importieren.

Kennzahlen zur Kontingentierungsdarstellung

Nachdem der Planungslauf einen machbaren Plan erstellt hat, wird die restriktionsbasierte Prognose zur Erstellung von Kontingenten verwendet. Über einen Kopieroperator überträgt ein Hintergrundjob die Daten in die Kontingentierungskennzahl (ALLOCATION). Daraufhin haben Sie die Möglichkeit, in einer Anpassungskennzahl (ALLOCATIONADJ) die Kontingente zu ändern. Diese berücksichtigt das System in der finalen Kontingentierungskennzahl (ALLOCATIONFINAL). Falls Sie keine Änderung vorgenommen haben, wird der Wert aus der unverbrauchten Prognose übernommen. Die finalen Kontingente dienen als Input für den Bestätigungslauf, und daraus ergeben sich konsumierte Kontingente (ALLOCATIONCONS) zu den Kundenaufträgen. Die konsumierte Menge ist der Periode des Kontingents zugeordnet, die nicht unbedingt mit dem angeforderten Termin für den Kundenauftrag übereinstimmen muss. Die übrig gebliebenen nicht konsumierten Kontingente stellen sich in einer separaten Kennzahl (ALLOCATIONREMAIN) dar. Sie ergeben sich aus der Differenz zwischen den finalen Kontingenten und den konsumierten Kontingenten.

Kennzahlen zur Bestands- und Sicherheitsbestandsdarstellung

Der Bestand (STOCKINIT) wird zur Berücksichtigung im Planungslauf in die aktuelle Periode pro Lokationsprodukt geladen und kommt aus SAP ECC bzw. SAP S/4HANA. Aus dem aktuellen Bestand und der zukünftigen Bedarfs- und Zugangssituation ergibt sich der projizierte Bestand (STOCKPROJECTED). Dieser gibt den erwarteten Bestand am Ende jeder Periode an und kalkuliert sich in der aktuellen Periode aus

Bedarf – Anfangsbestand – Zugang

sowie in den Folgeperioden aus

Bedarf – Zugang + projizierter Bestand aus der Vorperiode

Bedarfe aus der Vergangenheit werden nicht zur Berechnung herangezogen. Separat können Sie sich den erwarteten Bestand ohne Berücksichtigung der Kundenaufträge (STOCKPROJECTEDWOS) anschauen. Diese Kennzahl ist im Zusammenhang mit dem gesamten Bedarf ohne Berücksichtigung der Kundenaufträge (TOTALDEMANDWOS) zu sehen. Die Menge aller nicht planungsrelevanten Bestandstypen befinden sich in einer separaten Kennzahl (NONPLANNINGRELEVANTSTOCK).

Der Sicherheitsbestand ist sowohl für den auftragsbasierten Optimierer als auch für die prioritätenbasierte Heuristik eine Eingangsgröße. Hierbei legt der Planungslauf eine minimale Menge pro Lokationsprodukt auf Bestand. Zur Visualisierung finden Sie den Sicherheitsbestand aus den Stammdaten (SAFETYSTOCKMD). Er kann den Sicherheitsbestand über eine editierbare Kennzahl (SAFETYSTOCKTS) anpassen, und das Ergebnis spiegelt sich in der Sicherheitsbestandskennzahl (SAFETYSTOCK) wider. Generell wird der Sicherheitsbestand aus den Stammdaten berücksichtigt, und nur wenn Sie Änderungen vornehmen, überschreiben diese den Sicherheitsbestand aus den Stammdaten. Als zusätzlichen Puffer berücksichtigt der Planungslauf einen Zielbestand (TARGETSTOCK). Falls der Bestand niedriger sinkt als der Sicherheitsbestand, wird dieser bis zum Zielbestand aufgefüllt. Für wie lange der Sicherheitsbestand bzw. Zielbestand vorgehalten werden soll, können Sie in einer weiteren Kennzahl (SAFETYDAYSOFSUPPLY oder TARGETDAYSOFSUPPLY) festlegen. Beispielsweise soll der Bestand bei einem Wert von 5 Bedarfe aus den nächsten fünf Perioden decken.

Speziell der auftragsbasierte Optimierer berücksichtigt maximalen Bestand, maximale Bestandsdeckung und eine Kostenrate für Bestandsverstöße. Bei der Verwendung des maximalen Bestandes (MAXSTOCK) limitiert der Optimierer die Zugänge für Produktion, externe Beschaffung und Transport pro Lokationsprodukt. Somit sollte der projizierte Bestand nicht höher als der maximale Bestand sein. Allerdings muss dann auch die Kostenrate für Verstöße des maximalen Bestandes (MAXSTOCKVIOLATIONCOSTRATE) entsprechend hoch gepflegt werden. Hierbei handelt es sich um Zielkosten, die üblicherweise nicht durch reale Kosten abgebildet werden. Für wie viele zukünftige Perioden der maximale Bestand die Bedarfe deckt, hängt von der maximalen Bestandsdeckung (MAXDAYSOFSUPPLY) ab. Anhand der Kosten entscheidet der Optimierer, wie ein optimaler Beschaffungsplan aussehen kann.

Kennzahlen zur Zugangsdarstellung

Der Bestand der herzustellenden Teile ergibt sich aus der Produktion. Diese spiegelt sich in der geplanten Produktionsmenge (PRODPLANNED), also den aggregierten Zugängen von Planaufträgen, und der bestätigten Produktionsmenge (PRODCONFIRMED), also den aggregierten Zugängen von Fertigungsaufträgen, wider. Der gesamte Produktionszugang (PRODRECEIPT) ist die Summe der geplanten und bestätigten Kennzahlen. Dazu erhalten Sie anhand der Produktionsdatenstruktur (PDS) auch den gesamten Produktionszugang (PRODRECEIPTPDS), der sich aus den geplanten und bestätigten Produktionsmengen zur PDS ergibt.

Nachdem die benötigten Teile produziert wurden, fängt der Planungslauf an, die vorhandenen Mengen je nach Bedarf auf andere Produktionswerke oder Distributionszentren zu verteilen. Auf der Ziellokation finden Sie die geplanten verteilten Zugänge (DISTRRECEIPTPLANNED). Diese sind auf Grundlage der Umlagerungsbestellanforderungen und der Bestellanforderungen aggregiert. Die bestätigten verteilten Zugänge (DISTRRECEIPTCONFIRMED) ergeben sich aus der Aggregation von Umlagerungsbestellungen und Bestellungen auf der belieferten Lokation. Bei Verwendung des Deployment-Planungslaufs haben Sie die Möglichkeit, sich das Ergebnis in den verteilten Zugängen zum Deployment (DISTRRECEIPTDEPL) anzuschauen. Diese enthalten eine aggregierte Menge an Umlagerungsbestellungen auf Basis von zugeordneten bzw. gepeggten Bedarfsattributen. Die Summe der verteilten Zugänge (DISTRRECEIPT) ergibt sich aus den geplanten, bestätigten und Deployment-spezifischen verteilten Zugängen.

Während des restriktionsbasierten Prognoselaufs wird ein aggregierter Zugang der Komponentenprognose berechnet und in der zugehörigen Kennzahl (DISTRRECEIPTSCC) abgelegt. Diese dient als Eingangselement für die Lieferantenprognose. Die Reichweite (DAYSOFSUPPLY) gibt ab dem aktuellen Datum an, welche Bedarfe an welchen Tagen unter Berücksichtigung des initialen Bestandes gedeckt werden dürfen.

Zur Unterscheidung zwischen Arbeitstagen und arbeitsfreien Tagen kann eine Hilfskennzahl (HWORKDAY) verwendet werden. Der Standardwert für jede Periode ist 1, wodurch der Planungslauf alle Tage berücksichtigt. Zusätzlich können Sie eine weitere Kennzahl definieren, um Wochenenden oder andere Werksferien abzubilden.

Um einen Überblick zu erhalten, können Sie sich die gesamten Zugänge (TOTAL-RECEIPT) anzeigen lassen.

Kennzahlen zur Darstellung der Transportkanten und des Lieferantenprozesses

Die Transportkante liegt zwischen der Sender- und der Empfängerlokation. Auf ihr können auch verschiedene Arten von verteilten Bedarfen festgestellt werden. Das reicht von den geplanten verteilten Bedarfen (DISTRDEMANDLANEPLANNED), die aus der aggregierten Menge der Umlagerungsbestellanforderungen bestehen, über die bestätigten verteilten Bedarfe (DISTRDEMANDLANECONFIRMED), die die aggregierte Menge der Umlagerungsbestellungen abbilden, bis hin zu den erstellten verteilten Deployment-Bedarfen, die Umlagerungsbestellungen aus dem Deployment-Planungslauf enthalten. Die Summe finden Sie in der Kennzahl *Verteilte Bedarfe* auf der Transportkante (DISTRDEMANDLANE). Speziell die verteilten Bedarfe der Komponenten ordnet der Planungslauf dem Lieferanten zu. Daraufhin hat dieser die Möglichkeit, eine Rückmeldung über seine Kapazitäten zu geben.

Es können zwei Arten von Rückmeldungen erfolgen. Zum einen kann der Lieferant eine abgeschätzte Kapazitätsmenge (SUPPLIERFORECAST) übermitteln, zum anderen eine bestätigte Menge (SUPPLIERCOMMIT) mitteilen. Die beschränkte Lieferantenmenge (SUPPLIERCONSTRAINT) dient als Restriktion während des Planungslaufs. Diese können Sie manuell pflegen oder auch aus einer Excel-Datei laden. Eine weitere Möglichkeit ist die Übernahme der bestätigten oder geplanten Lieferantenmenge als Restriktion. Dafür gibt es eine Kennzahl (SUPPLIERCOMMITCP) im Hintergrund, die die bestätigte Menge enthält. Falls die bestätigte Menge leer sein sollte, wird die geplante Liefermenge verwendet. Das Ganze kann durch die Einplanung eines Kopieroperators durchgeführt werden. Die gelieferten Mengen des Lieferanten werden sowohl als geplant (SUPPLIERDELPLAN) als auch als bestätigt (SUPPLIERDELCONFIRM) auf der Lieferantenlokation dargestellt. Die geplante Menge besteht aus Umlagerungsbestellanforderungen sowie Bestellanforderungen, und die bestätigte Menge enthält Umlagerungsbestellungen sowie Bestellungen.

Das Ergebnis aus dem Lieferantenprozess sind Zugänge, die der Planungslauf auf die Lokationen verteilt. Hierbei unterscheidet man, genauso wie bei den verteilten Bedarfen, zwischen geplanten, bestätigten, aus dem Deployment ergebenen sowie gesamten verteilten Zugängen auf der Empfängerlokation. Die geplanten verteilten Zugänge (DISTRRECEIPTLANEPLANNED) bestehen aus der aggregierten Menge von Umlagerungsbestellanforderungen und Bestellanforderungen. Aggregierte Umlagerungsbestellungen und Bestellungen sind Teil der bestätigten verteilten Zugänge (DISTRRECEIPTLANECONFIRMED), wobei die verteilten Zugänge aus dem Deployment-Lauf nur aus aggregierten Umlagerungsbestellungen bestehen. Die gesamten verteilten Zugänge ergeben sich aus den vorher genannten drei aggregierten Kennzahlen.

Anpassungskennzahlen

Ähnlich wie in anderen Bereichen im SAP-IBP-System gibt es in der Vorlage SAP7 die Möglichkeit, manuell in das Planungsergebnis einzugreifen. Es ist möglich, sowohl die verteilten Zugänge als auch die produzierten Zugänge zu beeinflussen. Die Anpassung der verteilten Zugänge (ADJUSTEDDISTRRECEIPTLANE) verändert die Höhe der Umlagerungsbestellungen sowie der Bestellungen. Die Produktionsmenge können Sie über die Anpassungskennzahl zur Produktion (ADJUSTEDPRODRECEIPTPDS) verändern. Beide Kennzahlen wirken wie ein maximales Limit. Falls andere Restriktionen die angepassten Mengen nicht ermöglichen, versucht der Planungslauf, so viel wie möglich zu transportieren, zu bestellen oder zu produzieren.

Kennzahlen zur Analyse von Zugangsverwendungen

In der Response-and-Supply-Planung ist es möglich, die Zugänge den Bedarfen zuzuordnen (*Pegging*) Diese Zuordnung stellt sich in Kennzahlen zu verteilten Zugängen, Produktionszugängen, Anfangsbestand und den gesamten Zugängen dar. Die Produktionsmengen können sowohl geplant als auch bestätigt angezeigt werden. Die geplanten Produktionsmengen (PRODPLANNEDASU) bilden die Planaufträge basierend auf den zugeordneten Bedarfen ab. Produktionsaufträge basierend auf den zugeordneten Bedarfsattributen dagegen werden in den bestätigten Produktionsmengen (PRODCONFIRMEDASU) dargestellt. Nachdem die Mengen produziert wurden, werden sie auf Bestand gelegt. Auch diese Kennzahl kann man als Anfangsbestand mit Zuordnung der Bedarfsattribute (STOCKINITASU) darstellen. Danach können die Mengen auf die Ziellokation transportiert werden. Auf dieser finden Sie die geplanten verteilten Zugänge (DISTRRECEIPTPLANNEDASU) basierend auf den zugeordneten Bedarfsattributen. Sie sind aggregiert auf Grundlage der Umlagerungsbestellanforderungen und der Bestellanforderungen. Die bestätigten verteilten Zugänge (DISTRRECEIPTCONFIRMEDASU) ergeben sich aus der Aggregation von Umlagerungsbestellungen und Bestellungen auf der belieferten Lokation basierend auf den zugeordneten Bedarfen.

Bei Verwendung des Deployment-Planungslaufs haben Sie die Möglichkeit, sich das Ergebnis in den verteilten Zugängen zum Deployment (DISTRRECEIPTDEPLASU) basierend auf den zugeordneten Bedarfsattributen anzuschauen. Diese enthalten eine aggregierte Menge von Umlagerungsbestellungen auf Basis von zugeordneten bzw. gepeggten Bedarfsattributen. Die Summe der verteilten Zugänge (DISTRRECEIPTASU) ergibt sich aus den geplanten, bestätigten und Deployment-spezifisch verteilten Zugängen. Zur Anzeige aller Zugänge, inklusive Zuordnung der Bedarfe, nutzen Sie die Kennzahl für die gesamten Zugänge (TOTALRECEIPTASU).

8.1.4 Definition der Prognosen

Das Festlegen der Prognose hilft als Platzhalter für eventuell eingehende Kundenaufträge. Größtenteils geht es hier um die Abdeckung von spontanen und kurzfristigen Kundenaufträgen. Insofern das Unternehmen gerade im kurzfristigen Horizont große Unsicherheiten in der Kundenauftragslage hat, steht die Prognose für zukünftige Bedarfe und resultiert am Ende in einem Bestand. Somit wird sichergestellt, dass es nicht zu Engpässen kommt. In der Response-and-Supply-Planung ist es möglich, mehrere Prognosekennzahlen innerhalb einer Version zu definieren. In diesem Fall ist eine Vorplanungsverrechnung durch die Kundenaufträge über die in Abschnitt 8.1.5 beschriebene Standardfunktionalität nicht möglich.

8.1.5 Vorplanungsverrechnung

Bei der Verrechnung der Prognosen werden eingehende Kundenaufträge durch abgeschätzte zukünftige Bedarfe (Prognose) reduziert. Falls die Prognose nicht komplett aufgebraucht wird, stellt die Restmenge eine offene Prognose dar. In der Response-and-Supply-Planung können Sie die Verrechnung in einem Prognoseprofil festlegen. Dort können Sie eine Planungsebene, z. B. *Lokation-Material* oder *Lokation-Material-Kunde*, und auch die Periodizität, wie täglich oder wöchentlich, festlegen. Im System wird die Prognose genauso als Kennzahl wiedergegeben wie die tatsächlichen Kundenaufträge und die offene Prognose. Die Vorplanungsverrechnung findet nur innerhalb derselben Periode statt. Bisher gibt es keine Vorwärts- oder Rückwärtsterminierung. Dies wird im Beispiel aus Tabelle 8.1 beschrieben.

Werk	Material	Kunde	Bedarfstyp	Tag 1	Tag 2	Tag 3	Tag 4
PL1	P1	C1	Prognose	100	200	300	400
PL1	P1	C1	Kundenauftrag	50	180	300	450
PL1	P1	C1	offene Prognose	50	20	0	0

Tabelle 8.1 Beispiel zur Vorplanungsverrechnung

Generell wird immer mit der Kundenauftragsmenge geplant, sodass ein Bedarfsplan für einen Bedarf von 50 an Tag 1, für 180 an Tag 2, für 300 an Tag 3 und für 450 an Tag 4 bestimmt wird. Zusätzlich ist es auch möglich, die Kundenauftragsmenge zusammen mit der offenen Prognosemenge in der Planung zu berücksichtigen. Mit welcher Menge geplant werden soll, hängt von den Unternehmensanforderungen ab.

Damit die Verrechnung verwendet werden kann, muss ein Vorplanungsverrechnungsprofil in der App **Vorplanungsverrechnungsprofile** angelegt werden. Das kann sowohl vor als auch nach der Zuordnung eines Profils zu einer Material-Lokation-

Kombination erstellt werden. Für jedes Profil müssen Sie eine auftragsbasierte Planungsebene in der App **ABP-Planungsebenen** anlegen und diese mit einer Periodizität hinterlegen. Damit eine Verrechnung des Planungslaufs berücksichtigt wird, müssen Planungskombinationen auf der Planungsebene vorhanden sein. Falls die Verrechnung auf einer aggregierten Planungsebene ausgeführt werden soll, können die Kombinationen mithilfe einer Kennzahl auf der aggregierten Planungsebene geladen werden. Die Zuordnung des Profils ist sowohl in der Spalte `FCST_CONS_PROFILE_ID` in der Tabelle `IBP_LOCATION_MATERIAL` innerhalb der offenen Schnittstelle als auch im Add-on für SAP IBP möglich. Im zweiten Fall gibt es eine Transaktion /IBP/ECC_MDSET zur Erstellung eines Profils. Die Zuordnung kann in der Transaktion /IBP/ECC_LOCMAT pro Lokationsprodukt vorgenommen werden. Weitere Informationen finden Sie in Abschnitt 11.2, »Auftragsbasierte Integration«. Die Zuordnung können Sie sich auch in der App **Lokationsmaterialien anzeigen** anschauen.

8.1.6 Kontingentierung

Kontingente aus Beschaffungsmengen erlauben es Ihnen, Kundenauftragsmengen zu limitieren. Daraus resultieren Bestätigungen der Kundenaufträge anhand der zugewiesenen Mengen zu bestimmten Zeitpunkten. Bevor Bestätigungslauf und Deployment-Lauf Kontingente berücksichtigen können, muss ein Profil angelegt werden. Dieses definieren Sie in der App **Kontingentierungsprofile**. Innerhalb des Profils können Sie, genauso wie bei der Vorplanungsverrechnung, die Planungsebene, z. B. *Lokationsprodukt*, und die Periodizität, z. B. *täglich* oder *wöchentlich*, einstellen. Auf welcher Planungsebene sich die Verrechnung befindet, hängt von den betriebswirtschaftlichen Anforderungen des Unternehmens ab. Dabei können auch neue Planungsebenen mit neuen Attributen erstellt werden, die nicht im Standard vorhanden sind. Allerdings ist zu berücksichtigen, dass für die Vorplanungsverrechnung und Kontingentierung bisher nur gleiche Planungsebenen unterstützt werden.

Ähnlich wie bei der Vorplanungsverrechnung ist standardmäßig keine Vorwärts- oder Rückwärtsterminierung eingestellt. Allerdings ist es über das Feld **PLANNING RUN LATENESS STRATEGY** in der Transaktion /IBP/RM_FEATURE möglich, die Vorwärtsterminierung zu aktivieren. Das Profil kann einerseits in der offenen Schnittstelle in Spalte `PAL_PROCEDURE` der Tabelle `IBP_LOCATION_MATERIAL` zugeordnet werden. Andererseits ist es auch möglich, über das SAP-IBP-Add-on für SAP ECC das Profil in der Transaktion /IBP/ECC_MDSET anzulegen und den Lokationsprodukten in der Transaktion /IBP/ECC_LOCMAT zuzuordnen. In der App **Lokationsmaterialien anzeigen** können Sie die zugeordneten Profile finden, aber nicht ändern. Nachdem ein Kontingentierungsprofil geändert wird, können Sie zur Aktivierung von Änderungen, zur Anpassung von abhängigen Daten und zum Löschen konsumierter Kontingente in allen Versionen des Datenmodells für die Response-and-Supply-Planung den Job **Auftragsbasierte Planung: Kontingentierungsprofil aktivieren** ausführen.

8.2 Priorisierung der Bedarfe

In einigen Industrien ist eine Priorisierung der Bedarfe von Vorteil. Sie hat zum Ziel, die Kundenauftragsabdeckung zu optimieren. Wichtig ist dabei, dass die Priorisierungsregeln an die Geschäftsziele des jeweiligen Unternehmens angepasst werden.

Bedarfe sind in der Response-and-Supply-Planung sowohl Kundenaufträge, Prognosewerte als auch Sicherheitsbestand. Kundenaufträge können untereinander priorisiert werden. Beispielsweise wird ein Kunde als wichtiger erachtet, wenn er mehr Umsatz einbringt als andere. Das Gleiche gilt unter den Prognosewerten für z.B. unterschiedliche Produktgruppen. Außerdem können Kundenaufträge und Prognosewerte als Auftragstypen unterschiedlich priorisiert werden. Der Sicherheitsbestand wird auch berücksichtigt, allerdings kann dieser nicht vor den Kundenaufträgen und den Prognosewerten aufgefüllt werden. Das Auffüllen des Sicherheitsbestandes erfolgt immer mit niedrigster Priorität. Um die Reihenfolge der Bedarfe festlegen zu können, können Sie Regeln anlegen, die den Planungsläufen (restriktionsbasierter Planungslauf und Bestätigungslauf) als Hintergrundjobs und bei Simulationen zugeordnet werden. Somit wird sichergestellt, dass das Planungsergebnis unter Berücksichtigung der geschäftsrelevanten Prioritätenregeln erstellt wurde.

8.2.1 Prioritätenregeln

Die Festlegung der Priorität pro Bedarf findet sich in einer Reihe von Bedingungen wieder, die Inhalt einer Regel sind. Jede Regel besteht aus einem oder mehreren Segmenten. Diese stellen sich sowohl als flexible Bedingung, beispielsweise die Priorisierung eines Kundenauftrags, als auch als Attribut zur Sortierung des Bedarfs dar, z.B. eine Sortierung nach Lieferdatum. Ein Segment kann innerhalb einer Regel und auch in anderen Regeln mehrfach verwendet werden.

Abbildung 8.3 zeigt die Segmentierung anhand von Prognosewerten und Kundenaufträgen. Nach dem Eingang der Bedarfe werden die Prognosewerte und die Kundenaufträge abhängig vom Bedarfstyp segmentiert. Darauf folgt die Sortierung der Bedarfe innerhalb der Segmente nach verschiedenen Attributen, z.B. der Bedarfsklasse, dem Eintrittsdatum für Aufträge und dem geplanten Entnahmedatum. Zum Schluss werden die Segmente in einer bestimmten Reihenfolge angeordnet. Als Ergebnis bekommen Sie drei verschiedene Prioritäten, die in dem Planungslauf berücksichtigt werden. Auf Priorität 1 stehen die Prognosewerte und Kundenaufträge, die nach ihren Bedarfsklassen vorsortiert wurden. Die Priorität 2 ergibt sich aus der Sortierung der Kundenaufträge nach ihrem Eintrittsdatum, und Priorität 3 beinhaltet wieder beide Bedarfselemente, sortiert nach ihrem geplanten Entnahmedatum. Diese Prioritäten bilden eine Regel.

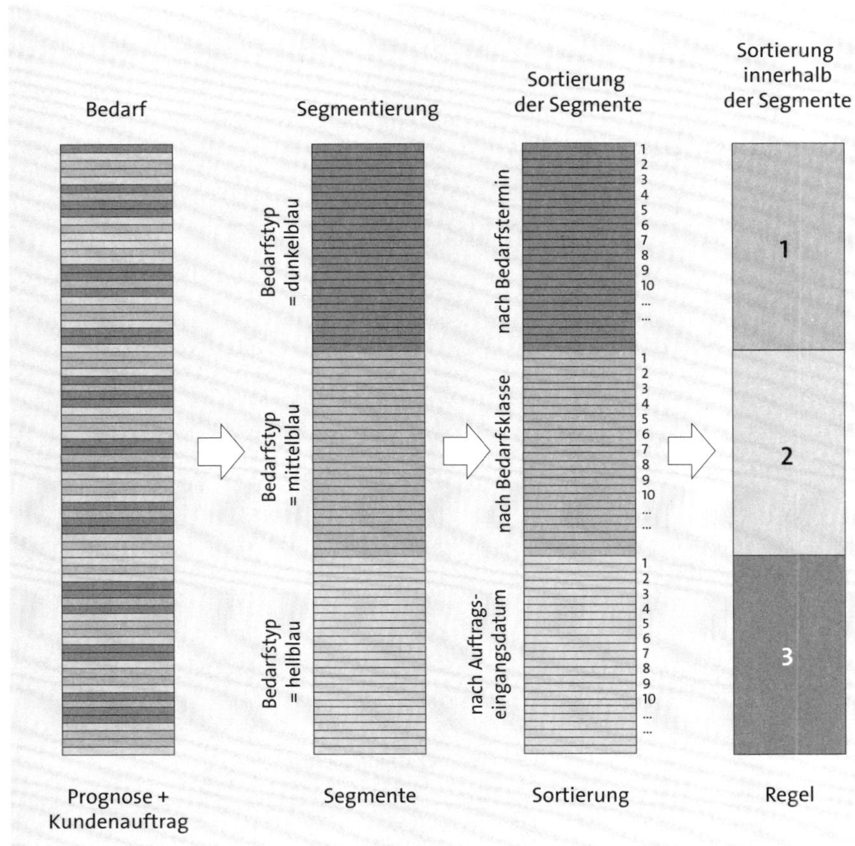

Abbildung 8.3 Prioritätenregeln und Segmente

Falls Kunden die gleiche Priorität haben, kann die Bedarfsabdeckung auch gleich verteilt durchgeführt werden. Somit teilt sich der Zugang bei einem Engpass gleichmäßig auf die Kunden auf. Die Umsetzung erfolgt durch *Gleichverteilungssätze*, die auf der festgelegten Planungsebene im *Gleichverteilungssatzprofil* berechnet wird. Die Abdeckung der Bedarfe erfolgt nach einer Ringverteilung unter den Gleichverteilungssätzen. Beispielsweise verwendet das System zur Gleichverteilung das Attribut der Kundenregion, wenn dieses der Planungsebene im Profil hinterlegt wurde. Dann wären alle Bedarfe aus der Region EMEA in einem Gleichverteilungssatz und alle Bedarfe aus der Region APJ in einem anderen. Die Bedarfsmenge wird pro Losgröße erfüllt, wobei diese durch den Parameter *Portionsgröße* dargestellt wird. Die Portionsgröße ist dimensionsneutral und definiert die maximale Bedarfsabdeckung innerhalb eines Gleichverteilungssatzes während der Ringverteilung. Je kleiner Sie die Portionsgröße wählen, desto wahrscheinlicher erreicht der Algorithmus eine Gleichverteilung. Demzufolge hängt die Gleichverteilung von verfügbaren Zugängen von der Portionsgröße ab. Zur Verwendung dieses Parameters müssen Sie eine Kennzahl in den Einstellungen zur auftragsbasierten Planung festlegen. Die Bedarfe verwenden die Portionsgröße aus der gleichen Periode, ausgehend vom Beginn des Planungshorizonts. Zur Veranschaulichung dieser Thematik haben wir folgendes Beispiel gewählt (siehe Abbildung 8.4).

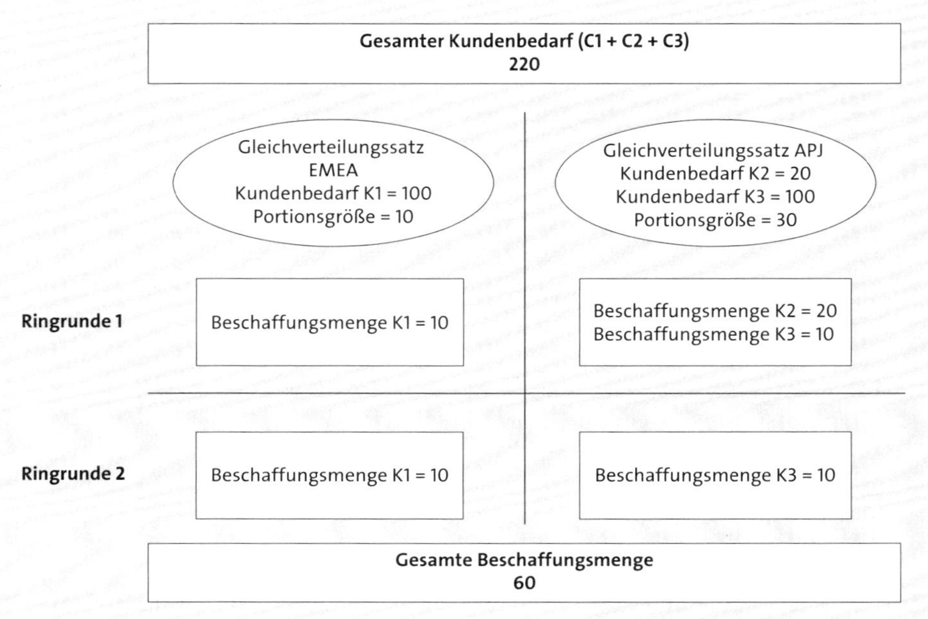

Abbildung 8.4 Beispiel zu Gleichverteilungssätzen in den Kundenregionen EMEA und APJ

In diesem Beispiel liegen ein gesamter Kundenbedarf von 220 und eine gesamte Beschaffungsmenge von 60 vor. Daraus resultiert ein Engpass auf Beschaffungsebene. Durch eine Aufteilung der Bedarfe in zwei Gleichverteilungssätze nach Kundenregion ergeben sich ein Bedarf von Kunde 1 über 100 mit einer Portionsgröße von 10 im Raum EMEA und ein Bedarf von Kunde 2 über 20 sowie ein Bedarf von Kunde 3 über 100 mit einer Portionsgröße von 30 im Raum APJ. Nach der ersten Ringrunde verteilt sich ein Zugang von 10 auf Kunde 1 im Raum EMEA und ein Zugang von 20 auf Kunde 2 sowie ein Zugang von 10 auf Kunde 3. Nach der zweiten Ringrunde ergibt sich wieder ein Zugang von 10 für Kunde 1 und ein Zugang von 10 für Kunde 3. Die Verteilung der Zugänge ergibt sich aus der Portionsgröße der Gleichverteilungssätze. Bei der zweiten Ringrunde kann nur noch ein Zugang von 10 auf Kunde 3 verteilt werden, weil die gesamte Beschaffungsmenge aufgebraucht wurde.

Nachdem die Bedarfe priorisiert sind, ordnen die Planungsläufe Beschaffungselemente den Bedarfen zu (*Pegging*). Hierbei können Sie in den Regeln eine Pegging-

Strategie festlegen. Standardmäßig rufen die Planungsläufe die Zugänge termingerecht ab (*Just-in-Time-Zugänge*). Falls hoch priorisierte Bedarfe früher erfüllt werden sollen, empfiehlt es sich, die Strategie der *stabilen Zugänge* zu wählen. Beispielsweise kann die frühe Erfüllung des Bedarfs durch eine zusätzliche Schicht ermöglicht werden, ohne die Bestätigungssituation von niedriger priorisierten Bedarfen zu verschlechtern. Damit Sie die unterschiedlichen Strategien nachvollziehen können, werden diese in den Apps **Verwendung der Zugänge analysieren** sowie **Bedarfe nach Priorität anzeigen** dargestellt.

Die Regeln werden in der App **Regeln für die Bedarfspriorisierung** gepflegt und in Abschnitt 8.7.3, »Priorisierung der Bedarfe«, an einem Praxisbeispiel näher behandelt.

8.2.2 Priorisierung der Bedarfe während der Planungsläufe

Die Priorisierungsregeln können sowohl in beiden Planungsläufen (restriktionsbasierter Prognose- und Bestätigungslauf) als auch in einem simulierten Planungslauf verwendet werden. Die Simulation unterscheidet sich beim Ablauf, wie in Tabelle 8.2 beschrieben.

Restriktionsbasierter Prognose-/ Bestätigungsplanungslauf	Planungslaufsimulation
1. Auswahl der Regel zur Priorisierung der Bedarfe 2. Anwendung der Regel auf den vorhandenen Bedarf 3. Abgleich der Bedarfe mit den Segmentbedingungen nach der vorgegebenen Reihenfolge in der Regel 4. Zuordnung der Bedarfe zu den passenden Segmenten 5. Sortierung der Bedarfe anhand der Attribute, die in der Regel festgelegt wurden	1. Identifizierung des passenden restriktionsbasierten Prognose-/Bestätigungsplanungslaufs und der verwendeten Priorisierungsregel 2. Abgleich des simulierten Bedarfs mit den Segmentbedingungen nach der vorgegebenen Reihenfolge in der Regel 3. Zuordnung der Bedarfe zu den passenden Segmenten 4. Sortierung der Bedarfe anhand der Attribute, die in der Regel festgelegt wurden 5. Klärung der Frage, ob der simulierte Bedarf in die vorgegebene Reihenfolge der schon existierenden Bedarfe in dem betreffenden Segment passt

Tabelle 8.2 Priorisierung der Bedarfe während der Planungsläufe

8.3 Beschaffungs- und Kontingentierungsplanung

In diesem Abschnitt wird der Fokus auf die Generierung des Beschaffungsplans und die nachfolgende Kontingentierung gelegt, dessen Vorgehensweise in Abbildung 8.5 dargestellt ist. Eine saisonale Abhängigkeit bei Produkten, wie beispielsweise ein höherer Absatz im Sommer als im Winter, oder generell ein unterschiedliches Absatzverhalten zwischen den Produkten beeinflusst die eingehende nicht verbrauchte Prognose (*Unconstrained Forecast*). Weitere Input-Parameter sind fixierte Zugänge, z. B. Fertigungsaufträge oder Bestellungen, die in einer finiten Planung berücksichtigt werden müssen.

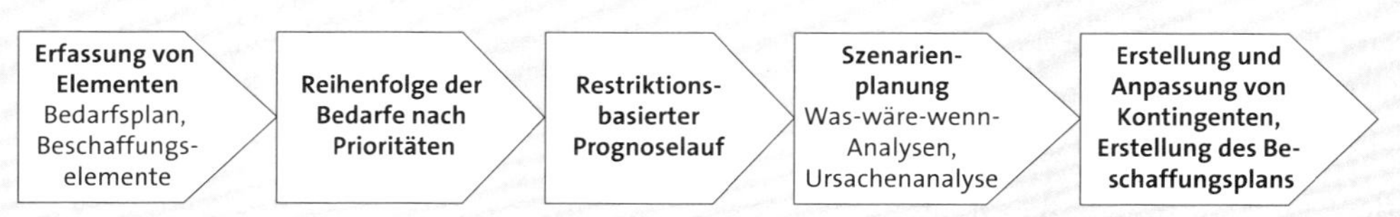

Abbildung 8.5 Prozess für die Beschaffungs- und Kontingentierungsplanung

Die Auswahl der Prioritätenregel, die zuvor angelegt und verifiziert wurde, bildet den nächsten Schritt im Prozess.

Darauffolgend wird der Planungslauf mit der passenden Prioritätenregel durchgeführt. Innerhalb der Wertschöpfungskette sollten Sie auf Einflussfaktoren achten, z. B. genügend Bestand, optimale Ressourcenauslastung und ausreichend Lieferantenmengen. Das erstrebenswerte Resultat ist, dass alle Mengen produziert werden können, um die prognostizierten Bedarfe zu erfüllen. Zusätzlich zu den Produktionsmengen bekommen Sie auch die restriktionsbasierte Prognose (*Constrained Forecast*) als Ergebnis der Beschaffungsplanung. Diese kann gleich der nicht verbrauchten Prognose sein, bei Engpässen im Bereich der Einflussfaktoren aber auch abweichen.

Nach der Identifizierung der Engpässe können Sie mithilfe eines oder mehrerer Szenarios verschiedene Planungskonstellationen simulieren. Genauso kann der Beschaffungsplan auf Basis anderer Prioritätenregeln in einem Szenario gespeichert und dem Vorgesetzten als Entscheidungsgrundlage für die zukünftige Planung vorgelegt werden.

Nach Abschluss der Analyse wird die restriktionsbasierte Prognose im nächsten Schritt zur Kontingentierung verwendet, um festzulegen, mit welchen Mengen die Kundenaufträge abgedeckt werden können.

8.3.1 Restriktionsbasierter Prognoselauf mit der prioritätenbasierten Heuristik

Während des Planungsprozesses sollten Sie systemgestützte Informationen dazu bekommen, welche Mengen in der nahen Zukunft geliefert werden können. Eine Möglichkeit zur Berechnung eines machbaren Beschaffungsplans ist die *prioritätenbasierte Heuristik*. Dieser finite Planungslauf bestimmt die Abdeckung der Prognosebedarfe unter Berücksichtigung der vorhandenen Kundenaufträge während der Vorplanungsverrechnung und folgender Restriktionen:

- **Ressourcenkapazität**
  Dieser Parameter legt fest, wie viele Einheiten pro Periode produziert werden können. Ein Kundenauftrag kann nicht mehr als die festgelegte Kapazität beziehen.
- **Lieferantenmengen**
  Diese Kennzahl legt fest, wie viele Einheiten pro Periode vom Lieferanten beschafft werden können. Ein Kundenauftrag kann nicht auf mehr als die festgelegten Lieferantenmengen zugreifen.
- **Kalender (arbeitsfreie Stunden)**
  Jeder Lokation ist ein Kalender im ausführenden System (SAP ECC bzw. SAP S/4 HANA) zugeordnet, der die arbeitsfreien Stunden, also Pausen, Nächte, Wochenenden und Feiertage, festlegt. Unter Einbeziehung der arbeitsfreien Stunden verlängert sich die Produktion, wie in Abbildung 8.6 dargestellt.

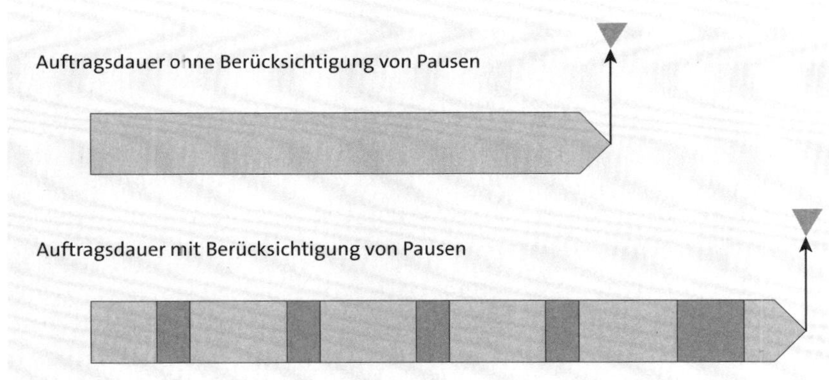

Abbildung 8.6 Berücksichtigung des Planungskalenders

- **Bestand**
  Ein Kundenauftrag kann nur erfüllt werden, wenn genügend Bestand des Produkts verfügbar ist. Ist das nicht der Fall und kann das Produkt auch nicht aus anderen Lokationen oder Lieferanten beschafft werden, kann der Kundenauftrag in der angeforderten Periode nicht bestätigt werden.

Zusätzlich fließen fixierte Bedarfe (z. B. fixierte Planungsaufträge, Produktionsaufträge und Umlagerungsbestellungen) und Zugänge (z. B. Bestellungen und Bestand) aus dem ausführenden System (SAP ECC bzw. SAP S/4HANA) in das Planungsergebnis mit ein.

Die Heuristik legt, falls nötig, Zugänge (Bestellanforderungen, Planaufträge und Umlagerungsbestellanforderungen) auf verschiedenen Planungsebenen an und berücksichtigt die unterschiedlichen gültigen Bezugsquellen. Sie geben vor, ob die benötigte

Menge produziert, fremdbeschafft oder von einer anderen Lokation transportiert werden soll. Folgende Attribute können in den Bezugsquellen festgelegt werden:

- **Prioritäten und Gültigkeiten**
  Es ist möglich, Prioritäten und Gültigkeiten zu pflegen, damit die Heuristik eine gültige Bezugsquelle in der richtigen Reihenfolge verwendet. Prioritäten können sowohl zur Produktion, zur Beschaffung bei Lieferanten als auch zum Transport zwischen den Lokationen festgelegt werden. Die Gültigkeit der Bezugsquelle legt fest, ob diese zur Erfüllung des Kundenauftrags verwendet werden darf. Falls das benötigte Lieferdatum vor dem Gültigkeitszeitraum liegt, wird die Heuristik diese Bezugsquelle nicht berücksichtigen.
- **Dauer**
  In jeder Bezugsquelle für Produktion, Beschaffung und Transport kann angegeben werden, wie lange das Produkt produziert, beschafft oder transportiert wird. Diese Dauer wird von der Heuristik verwendet, allerdings enthält dieses Attribut keine zusätzlichen Zeiten wie Feiertage oder Pausen (siehe dazu oben unter den Restriktionen »Kalender (arbeitsfreie Stunden)«).
- **Rundungsfehler bei Komponentenbedarf**
  Überwiegend in Bezugsquellen für die Produktion können Rundungsfehler bei Komponentenbedarfen auftreten. Das System kann die Bedarfe nur drei Stellen nach dem Komma genau darstellen. Beispielsweise wird für 1 Liter eines Fertigprodukts 0,5 Liter der Komponente benötigt. Jetzt bestellt jemand 0,001 Liter, was einen Komponentenbedarf von 0,0005 Liter ergibt. Dieser wird dann jedoch automatisch auf 0,001 aufgerundet und ist damit ungenau. In einem solchen Fall wird empfohlen, die Mengeneinheit entsprechend zu ändern (hier von 0,005 Liter auf 5 Milliliter).
- **Kapazitätsfaktor**
  Für die Produktion der Ausgangsmaterialien benötigt man den Kapazitätsfaktor aus der Bezugsquelle, um den Aufwand festzulegen. Dieser kann sowohl in Zeit als auch in Menge bemessen sein. Beispielsweise ist der Kapazitätsfaktor für ein Produkt 0,5 Stunden, d. h., bei 10 angeforderten Produkten dauert die Produktion 5 Stunden.

Nach dem Lauf der Heuristik analysieren Sie die Engpässe des schon machbaren Plans und haben manuell die Möglichkeit, Änderungen in der Planung über Anpassungskennzahlen herbeizuführen. Ein weiterer Output ist die restriktionsbasierte Prognose (*Constrained Forecast*), deren Bedarfe aufgrund der Restriktionen auf der Zeitachse optimiert wurden. Diese werden zur Generierung der Kontingente verwendet.

8.3.2 Restriktionsbasierter Prognoselauf mit dem Optimierer

Der Optimierer im Kurzfristhorizont hat eine andere Vorgehensweise, mit der er Ihnen einen optimalen Beschaffungsplan anhand von Kostenparametern und zusätzlichen Restriktionen, beispielsweise einer maximalen Verspätung, als Entscheidungsgrundlage mit auf den Weg gibt. Dabei erfüllt der Planungslauf die Bedarfe mit maximalem Profit und minimalen Gesamtkosten. Genauso wie bei der prioritätenbasierten Heuristik werden beim Optimierer Prognosebedarfe als Eingangselemente, fixierte Bedarfe, fixierte Zugänge und Sicherheitsbestand berücksichtigt. Als Ergebnis errechnet der Planungslauf auch eine restriktionsbasierte Prognose, wobei die Berechnung anhand folgender Parameter durchgeführt wird:

- **Maximale Laufzeit**
  Der Optimierer wird auf eine maximale Laufzeit in Sekunden beschränkt. Falls der Planungslauf zu diesem Zeitpunkt noch kein optimales Ergebnis gefunden hat, wird das Ergebnis trotzdem als Lösung präsentiert. Es ist ein gültiger Lösungsvorschlag, der aber nicht der bestmögliche sein muss. Zusätzlich zur Optimierungszeit fließen auch die Datenerfassungszeit sowie die Zeit für Ergebnisspeicherung und potenzielle Engpassanalyse mit ein.
- **Maximale Verspätung**
  Hierbei handelt es sich um die maximale Anzahl an Tagen, die ein Bedarf zu spät beliefert werden darf. Es wird empfohlen, diesen Parameter immer zu setzen, um eine schnelle Ausführung zu gewährleisten.
- **Planungshorizont**
  Dieser Horizont beinhaltet die Anzahl der Tage, beginnend beim heutigen Tag, die für die Optimiererplanung berücksichtigt werden. Außerhalb dieses Zeitraumes werden keine Bedarfe, Ressourcen oder Bestand in die Planung miteinbezogen. Verbleibende Bedarfe aus der Vergangenheit berücksichtigt der Planungslauf so früh und profitabel wie möglich.
- **Losgrößenhorizont**
  Minimale Losgröße und Rundungswerte für Bezugsquellen fließen nur in diesem Zeitraum mit ein. Bei einer hohen Anzahl an Tagen erhöht sich die Genauigkeit der Berechnung, jedoch verlangsamt sich die Ausführung.
- **Kostenrate für keine Belieferung (pro Einheit)**
  Dieser Parameter bildet die Höhe der Bestrafung bei nicht gelieferten Bedarfen ab. Hierbei wird auch die Priorität der Bedarfe berücksichtigt.
- **Kostenrate für eine verspätete Belieferung (pro Einheit und verspätetem Tag)**
  Dieser Parameter bildet die Höhe der Bestrafung bei verspäteten Bedarfen ab. Hierbei wird auch die Priorität der Bedarfe berücksichtigt.

- **Kostenrate für das Halten des Bestandes (pro Einheit und Tag im Bestand)**
  Sobald Lokationsprodukte auf Lager gelegt werden, entstehen Kosten. Diese fließen als Kostenrate im Optimierer mit ein. Diese Kennzahl steht in Beziehung zu dem projizierten Bestand, der die Warenmenge am Ende einer jeden Periode darstellt. Zur Berechnung der Kosten wird die Kostenrate mit dem projizierten Bestand multipliziert.
- **Kostenrate für eine Verletzung des Bestandsziels**
  Es entstehen Strafkosten, wenn der projizierte Bestand von Lokationsprodukten unter dem Sicherheitsbestand bzw. Zielbestand liegt. Hierbei handelt es sich typischerweise um Zielkosten und nicht um reale Kosten. Wir veranschaulichen das anhand eines Beispiels (siehe Tabelle 8.3).

Kennzahl/Periode	1	2	3	4
Zielbestand	100	100	100	100
projizierter Bestand	0	50	100	150
Differenz bei Unterschreitung des Zielbestandes	100	50	0	0
Kostenrate für die Verletzung des Zielbestandes	5	5	5	5
Kosten für die Verletzung des Zielbestandes	500	250	0	0

Tabelle 8.3 Beispiel zur Berechnung von Kosten

Die Kostenrate für die Verletzung des Zielbestandes beträgt für alle vier Perioden 5 €. In den ersten zwei Perioden ist der projizierte Bestand niedriger als der Zielbestand, was eine Verletzung darstellt. Somit wird die Differenz mit der Kostenrate multipliziert, und es ergeben sich 500 € für Periode 1 sowie 250 € für Periode 2. In den Perioden 3 und 4 entstehen keine Kosten, weil der projizierte Bestand höher ist als der Zielbestand. Die gesamten Kosten einer Verletzung des Zielbestandes berechnen sich aus folgender Formel:

$100 \times 5 + 50 \times 5 + 0 \times 5 + 0 \times 5 = 750$ €

- **Kostenrate für die Produktion (pro produzierter Einheit)**
  In diesem Parameter werden die Produktionskosten festgehalten. Die Berechnung der Produktionskostenrate beinhaltet auch die Priorität der Produktionsbezugsquelle. Die Rate enthält keine Kosten für Komponenten oder andere Eingangselemente der Produktion. Diese kalkuliert der Optimierer separat, basierend auf den Beschaffungskosten für Rohmaterialen und den Produktions- sowie Transportkosten für Halbfabrikate.

- **Fixe Produktionskosten**
  Diese Kennzahl bildet die fixen Kosten für alle Lokationsprodukte ab, dessen Produktionszugänge nicht null sind.
- **Kostenrate für die Beschaffung (pro beschaffter Einheit)**
  In diesem Parameter werden die Beschaffungskosten festgehalten. Die Berechnung der Beschaffungskostenrate beinhaltet auch die Priorität der Beschaffungsbezugsquelle.
- **Kostenrate für den Transport (pro transportierter Einheit)**
  In diesem Parameter werden die Transportkosten festgehalten. Die Berechnung der Transportkostenrate beinhaltet auch die Priorität der Transportbezugsquelle. Bei Verwendung dieser Kostenrate muss auch das Attribut für die Beförderungsart gepflegt werden.
- **Fixe Transportkosten**
  Die fixen Kosten jeder Periode werden für die Transportzugänge auf der Ebene *Lokationsprodukt – Lieferlokation* berechnet, die nicht null sein dürfen. Bei Verwendung dieser Kosten muss auch das Attribut für die Beförderungsart gepflegt werden.

Als Teil der Berechnung kann der Optimierer bisher nur auf Tagesbasis ausgeführt werden, und außerdem ist eine Gleichverteilung der Bedarfe zur Ermittlung des Supply-Plans nicht vorgesehen.

Die prioritätenbasierte Heuristik und der Optimierer im Kurzfristhorizont sind zwei verschiedene Herangehensweisen. Die unternehmensspezifischen Anforderungen sind ein Indiz dafür, welcher Planungslauf am Ende eingesetzt werden sollte.

8.3.3 Fixierungshorizonte

SAP IBP wird in den meisten Fällen im Zusammenspiel mit einem ausführenden System (SAP ECC, SAP S/4HANA oder Ähnliches) verwendet. Dabei ergeben sich automatisch Konflikte, welches System in welchem Zeitraum das führende System sein soll. Um die geplante Beschaffung in der nahen Zukunft stabil zu halten, können Fixierungshorizonte verwendet werden. Sowohl in der Produktion als auch bei der Verteilung der Mengen können diese definiert werden. Innerhalb dieser Fixierungshorizonte kann der Planungslauf keine Beschaffungselemente erstellen, ändern oder löschen. Änderungen aus dem ausführenden System werden als fixiert betrachtet und können vom Planungslauf nicht überschrieben werden. Während der Planung werden Planungselemente obsolet und können innerhalb eines Planlöschhorizonts entfernt werden. Die Horizonte können Sie sich in den Stammdaten zum Lokationsprodukt anschauen.

Fixierungshorizont in der Produktion

Innerhalb des Fixierungshorizonts kann der Planungslauf keine Planaufträge in der Produktion erstellen, ändern oder löschen. Allerdings verwendet er bestehende Planaufträge, kalkuliert die Zugangszuordnung an die Bedarfe (*Pegging*) und kann gegebenenfalls auch Engpassaufträge erstellen. Der Fixierungshorizont in der Produktion beginnt am aktuellen Datum auf Grundlage der gregorianischen Kalendertage. Er ist immer größer gleich null, und grundsätzlich ist der Horizont nicht aktiv (Fixierungshorizont = 0). Bei dieser Fixierung sind Planaufträge betroffen, deren Enddatum vor dem aktuellen Datum um 0:00 Uhr (lokale Zeitzone) plus den Kalendertagen aus dem Fixierungshorizont liegt.

Fixierungshorizont bei der Verteilung

Innerhalb des Fixierungshorizonts kann der Planungslauf keine Bestellanforderungen oder Umlagerungsbestellanforderungen bei der Verteilung erstellen, ändern oder löschen. Allerdings verwendet er bestehende Bestellanforderungen oder Umlagerungsbestellanforderungen, kalkuliert die Zugangszuordnung an die Bedarfe (*Pegging*) und kann auch gegebenenfalls Engpassaufträge erstellen. Dieser Fixierungshorizont beginnt am aktuellen Datum auf Grundlage der gregorianischen Kalendertage. Er ist immer größer gleich null, und grundsätzlich ist der Horizont nicht aktiv (Fixierungshorizont = 0). Bei dieser Fixierung sind Bestellanforderungen, Umlagerungsbestellanforderungen und Umlagerungsbestellanforderungen aus dem Deployment betroffen, deren Enddatum vor dem aktuellen Datum um 0:00 Uhr (lokale Zeitzone) plus den Kalendertagen aus dem Fixierungshorizont liegt.

Planlöschhorizont

Bei der Verwendung der vorhergehenden Horizonte entstehen durch die Fixierung obsolete Planungselemente, die zu einem bestimmten Zeitraum gelöscht werden können. Dafür können Sie einen Planlöschhorizont definieren. Innerhalb dieses Horizonts löscht der Planungslauf alle Planaufträge, Bestellanforderungen und Umlagerungsbestellanforderungen, die nicht als fixiert zur Planung markiert sind. Auch dieser Horizont richtet sich nach den gregorianischen Kalendertagen, beginnend mit dem aktuellen Datum. Er kann negativ sein, und beim Wert null löscht der Lauf alle Elemente vor dem aktuellen Datum. Der Standardwert ist 999, wodurch der Lauf alle Planungselemente ab dem Anfangsdatum löscht. Somit ist es wichtig, diesen Parameter den unternehmensspezifischen Anforderungen anzupassen. Bei dieser Fixierung sind Planaufträge, Bestellanforderungen, Umlagerungsbestellanforderungen und Umlagerungsbestellanforderungen aus dem Deployment betroffen, deren Enddatum vor dem aktuellen Datum um 0:00 Uhr (lokale Zeitzone) plus den Kalendertagen aus dem Fixierungshorizont liegt.

Verwendung bei Planungsläufen

Der restriktionsbasierte Prognoselauf, der Bestätigungslauf und auch der Deployment-Lauf berücksichtigen die Fixierungshorizonte. Allerdings ist der Fixierungshorizont in der Produktion nicht für den Deployment-Lauf relevant, weil Planaufträge nicht Fokus des Deployment-Laufs sind. Nachdem ein Beschaffungs- oder Bestätigungsplan erstellt wurde, kann es zu Engpässen kommen. Falls sich das erforderliche Enddatum des Planauftrags und des zugeordneten Primärbedarfs innerhalb des Fixierungshorizonts befindet, löst dies einen Fixierungshorizont-Engpass aus. Sobald sich das Startdatum des Planauftrags in der Vergangenheit befindet, löst das einen Wiederbeschaffungszeit-Engpass aus. Das gilt auch für Engpassaufträge und ihre zugeordneten Primärbedarfe. Generell werden auch keine Werte von Anpassungszahlen in den Fixierungshorizonten in der Planung verwendet. Eine Simulation der Planungsläufe berücksichtigt auch die Horizonte. Allerdings können Sie über die App **Projizierten Bestand anzeigen** trotzdem manuell einen Planzugang für den Einkauf in den Fixierungshorizonten anlegen.

Eine Unschärfe bei der Verwendung entsteht bei den Bestätigungen. Innerhalb der Fixierungshorizonte werden die Bestätigungen von Primärbedarfen nicht geändert, wenn es zu fehlenden Zugängen kommt. Das führt dazu, dass die Bestätigungen in den Fixierungshorizonten nicht zu 100 % richtig sind. Falls mit unterschiedlichen Planversionen gearbeitet werden muss, können über den Anwendungsjob **Auftragsbasierte Planung: Versionsdaten kopieren** nur Planungsobjekte innerhalb des Fixierungshorizonts verschoben werden. Ansonsten kann mit dem Operator *Snapshot* gearbeitet werden.

Aufsetzen der Fixierungshorizonte

In diesem Abschnitt zeigen wir Ihnen die Möglichkeiten beim Aufstellen der Fixierungshorizonte. Diese haben einen Einfluss auf das Ergebnis des Planungslaufs. Änderungen im ausführenden System werden innerhalb der Fixierungshorizonte berücksichtigt und nicht von den Planungsläufen überschrieben.

Im ersten Beispielszenario (siehe Abbildung 8.7) werden sowohl die vorhandenen geplanten verteilten Zugänge als auch die vorhandenen geplanten Produktionszugänge bis zu einem Tag x in der Vergangenheit übernommen und nicht verändert. Das ist sinnvoll, wenn z. B. die Produktion nicht alle Planaufträge in Fertigungsaufträge überträgt und somit auch noch abgelaufene Planaufträge im ausführenden System existieren. Alles, was im Planlöschhorizont noch existiert, wird gelöscht. Außerhalb der Fixierungshorizonte legen die Planungsläufe Zugänge an und ändern diese auch.

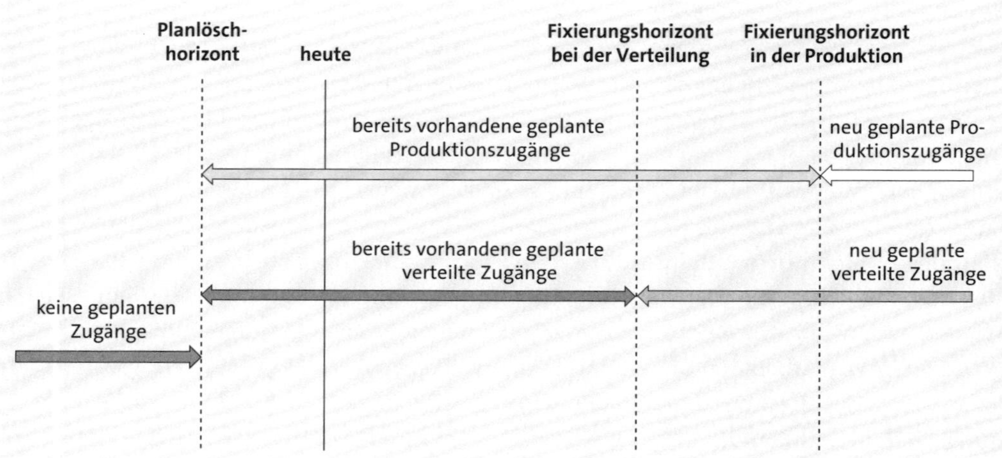

Abbildung 8.7 Negativer Planlöschhorizont mit anschließenden Fixierungshorizonten

Im nächsten Beispiel (siehe Abbildung 8.8) liegt der Planlöschhorizont in der Zukunft. Auch hier überträgt die Produktion die Planaufträge nicht konsequent zu Fertigungsaufträgen, und zusätzlich werden Planaufträge als Vorlage für neue Fertigungsaufträge innerhalb dieses Horizonts genutzt, ohne sie zu übernehmen. Daraus resultieren doppelte Zugänge, die durch das Entfernen von Planaufträgen verhindert werden. In den darauffolgenden Fixierungshorizonten wird ein tragfähiger Plan erzeugt, ohne vorhandene Planungselemente zu ändern oder zu erstellen. Außerhalb der Fixierungshorizonte legt der Planungslauf neue Planungsobjekte an und ändert oder löscht vorhandene.

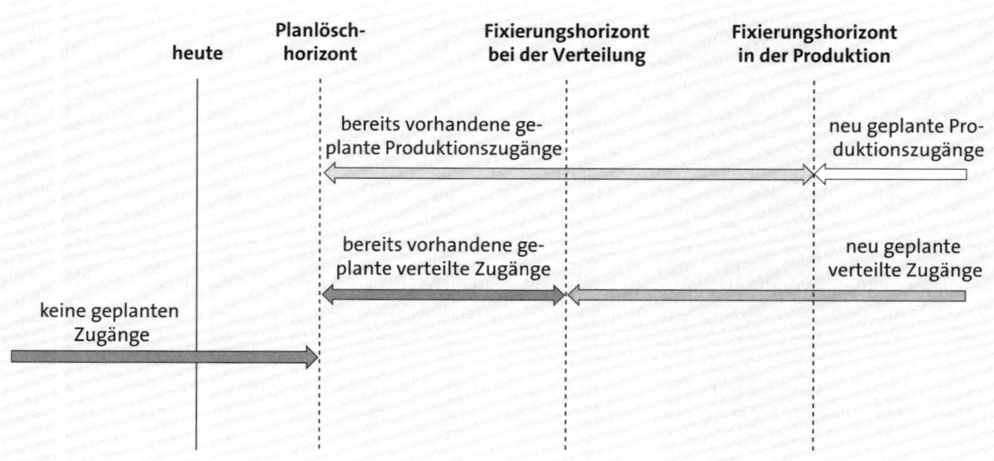

Abbildung 8.8 Planlöschhorizont mit anschließenden Fixierungshorizonten

Bei dieser Festlegung der Horizonte ist es notwendig, dass im ausführenden System die Bestellanforderungen automatisch zu Bestellungen konvertiert werden (siehe Abbildung 8.9). Sobald der Horizont bei der Verteilung auf dem aktuellen Datum liegt, sind keine geplanten verteilten Zugänge in der Zukunft fixiert. Allerdings befindet sich der Planlöschhorizont in der Zukunft, und er entfernt sowohl geplante verteilte Zugänge als auch Produktionszugänge. Somit werden nur noch die fixierten Bestellungen, Umlagerungsbestellungen und Fertigungsaufträge in diesem Zeitraum in der Planung berücksichtigt. Planaufträge führen nach dem Planlöschhorizont zu einem stabilen Plan innerhalb des Fixierungshorizonts in der Produktion. Danach generieren die Planungsläufe wieder neue Planungsobjekte und können vorhandene ändern oder löschen.

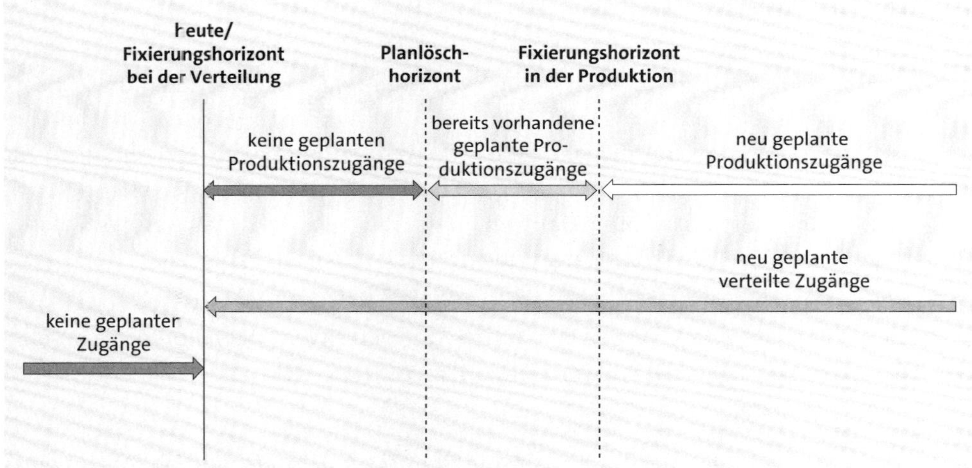

Abbildung 8.9 Planlöschhorizont zwischen den Fixierungshorizonten

8.3.4 Analyse von Engpässen

Durch die Planungsläufe wird ein machbarer Plan erstellt, was zu einer Veränderung der Bedarfssituation führen kann. Aus welchem Grund der Bedarf sich geändert oder verschoben hat, wird mittels der Funktionalität *systemische Engpassanalyse* aufgeklärt. Somit werden Sie in der Anwendung **Engpässe anzeigen** auf Probleme in der Wertschöpfungskette hingewiesen. Daraufhin ist es auch möglich, den finiten Plan manuell mit den dazugehörigen Anpassungskennzahlen zu beeinflussen.

Anhand von folgenden Restriktionen können Engpässe bei der Ermittlung der restriktionsbasierten Prognose auftreten:

- **Lieferanteneinschränkung**
  Diese Restriktion auf einem zu bestellenden Material verhindert die Beschaffung der gesamten angeforderten Menge.

- **Wiederbeschaffungszeit**
  Die Vorlaufzeit über mehrere Ebenen der Wertschöpfungskette ist länger als die verbleibende Zeit bis zum angeforderten Datum des Bedarfs.
- **Projizierter Bestand**
  Bei der Erfüllung des primären Bedarfs wird ein fixiertes Zugangselement verspätet aufgebraucht und kann den primären Bedarf nicht pünktlich decken.
- **Ressource**
  Die Kapazität einer Ressource wird beispielsweise durch einen Planauftrag belegt und hat keine verfügbare Kapazität für weitere Planaufträge am selben Datum.
- **Supply-Chain-Modell**
  Ein Problem im Modell der Wertschöpfungskette verhindert, dass der Planungslauf Zugangselemente auf allen Ebenen der Wertschöpfungskette anlegt.
- **Angepasste Menge**
  Die Pflege von Anpassungskennzahlen kann zu Problemen in der Planung führen, wenn die angepasste Menge niedriger ist als die benötigte Menge. Dabei berücksichtigt das System nur die gepflegten Kennzahlen in der App **Einstellungen für auftragsbasierte Planung** unter dem Stichwort **Angepasste Mengen**. Bisher erhalten Sie einen Engpass bei den Kennzahlen zum angepassten Umlagerungszustand, angepassten Produktionszugang und angepassten Einkaufszugang.
- **Fixierungshorizont**
  Dieser Engpass wird für einen Planauftrag und den zugehörigen Primärbedarf ausgelöst, sobald sich das Enddatum eines Planauftrags innerhalb des Fixierungshorizonts befindet.

Die Ermittlung der Engpässe kann sowohl über einen Hintergrundjob (**Auftragsbasierte Planung: Engpass-Analyse**) ohne Erstellung von Zugängen als auch über den restriktionsbasierten Planungslauf eingeplant werden. Bisher kann beim restriktionsbasierten Planungslauf mit dem Optimierer nur der Engpass zum Supply-Chain-Modell berücksichtigt werden. Diese Funktionalität soll Ihnen bei der Bestimmung und Lösung der Engpässe helfen.

8.3.5 Generierung von Kontingenten

Voraussetzung für die Kontingentierung ist ein finiter Planungslauf wie die prioritätenbasierte Heuristik oder der Optimierer, der das limitierte Produktangebot auf die vorhandenen Kundenbedarfe verteilt, sodass ein machbarer Plan entsteht. Die restriktionsbasierte Prognose (*Constrained Forecast*) als finiter Kundenbedarf wird vom Planungslauf bestimmt, und Sie prüfen diese bezüglich ihrer unternehmensspezifischen Vorgaben. Sobald die Prüfung erfolgreich durchgeführt wurde, kann die restriktionsbasierte Prognose über einen Hintergrundjob (Planungsoperator vom Typ

COPY) in die Kontingentierungskennzahl kopiert werden. Das Planungslevel für die Kontingente muss immer gleich dem Planungslevel für die restriktionsbasierte Prognose sein. Danach ist es Ihnen möglich, die Kontingente in einer separaten Kennzahl anzupassen und diese Änderungen im System für die weitere Planung zu berücksichtigen.

Der Planungslauf zur Bestätigung der Kundenaufträge (Bestätigungslauf) führt eine Kontingentierungsprüfung für relevante Lokationsprodukte aus. Wir unterscheiden zwischen einer unbeschränkten und einer beschränkten Kontingentierungsprüfung:

- Wenn die Kontingente gleich oder größer als die angeforderte Menge sind, handelt es sich um eine unbeschränkte Prüfung bei der Kundenauftragsbestätigung.
- Bei der beschränkten Prüfung sind die Kontingente kleiner als die angeforderte Menge.

Als Eingangselement wird ein Kundenauftrag mit einer angeforderten Einteilung dem Kontingent in derselben Periode gegenübergestellt. Das daraus entstehende Ausgangselement bildet bestätigte oder unbestätigte Einteilungen des Kundenauftrags.

8.4 Bestätigungsplanung

Nach der erfolgreichen Generierung der Kontingente ist als Nächstes die Planung von Kundenaufträgen an der Reihe. Eine Herausforderung stellen dabei zusätzliche Kundenaufträge eines hochpriorisierten Kunden oder ein Kapazitätsengpass im Kurzfristhorizont dar. Dafür wird Ihnen die Bestätigungsplanung im SAP-IBP-System als Entscheidungshilfe zur Seite gestellt. Jederzeit können sowohl ein initialer Plan als auch Änderungen am vorhandenen Plan durchgeführt werden. Dafür benötigt das System sowohl die Kundenaufträge mit ihren schon teilweise bestätigten Mengen als auch fixe Zugänge (z. B. Bestellungen, fixierte Planaufträge, Fertigungsaufträge, Bestand) und Sicherheitsbestand (siehe Abbildung 8.10).

Abbildung 8.10 Prozess zur Bestätigungsplanung

Die generierten Kontingente werden von den Kundenaufträgen in denselben und zukünftigen Perioden konsumiert und dienen als maximal zu verteilende Mengen, um die Kundenaufträge zu bestätigen. Genauso wie beim restriktionsbasierten Prognoselauf wird beim Bestätigungslauf eine Prioritätenregel festgelegt und als Ergebnis ein optimaler Beschaffungsplan ausgegeben. Zusätzlich legt der Planungslauf die optimal zu bestätigenden Kundenauftragsmengen fest. Nach den Läufen können Sie jegliche Lösungsalternativen aufstellen. Von einer Umverteilung der Mengen auf einen höher priorisierten Kundenauftrag bis hin zu einer Erhöhung des Kapazitätsangebots durch eine zusätzliche Schicht im Werk kann alles simuliert werden. Sobald die beste Lösung gefunden wurde, kann diese mit den Verantwortlichen geteilt werden. Zum Schluss werden der Beschaffungsplan und die Kundenauftragsbestätigungen aktualisiert.

8.4.1 Auftragsbestätigungsheuristik (Bestätigungslauf)

Bei der Auftragsbestätigungsheuristik handelt es sich um einen elementaren Lauf zur Planung von Kundenaufträgen. Trotzdem wird als Erstes, genau wie beim restriktionsbasierten Prognoselauf, anhand von Prioritäten ein machbarer Beschaffungsplan erstellt. Der Bestätigungslauf bestimmt die Abdeckung der Prognosebedarfe unter Berücksichtigung der integrierten Kundenaufträge während der Vorplanungsverrechnung und bezieht auch die folgenden Restriktionen mit ein (detaillierte Informationen finden Sie in Abschnitt 8.3.1, »Restriktionsbasierter Prognoselauf mit der prioritätenbasierten Heuristik«):

- Ressourcenkapazität
- Lieferantenmengen
- Kalender (arbeitsfreie Stunden)
- Bestand

Zusätzlich fließen fixierte Bedarfe (z. B. fixierte Planungsaufträge, Produktionsaufträge und Umlagerungsbestellungen) und Zugänge (z. B. Bestellungen und Bestand) aus dem ausführenden System (SAP ECC bzw. SAP S/4HANA) in das Planungsergebnis mit ein. Die Heuristik legt, falls benötigt, Zugänge (Bestellanforderungen, Planaufträge und Umlagerungsbestellanforderungen) auf verschiedenen Planungsebenen an und berücksichtigt die unterschiedlichen gültigen Bezugsquellen.

Sie geben vor, ob der Bestand produziert, fremdbeschafft oder von einer anderen Lokation transportiert werden soll. Folgende Attribute können in den Bezugsquellen festgelegt werden (detaillierte Informationen finden Sie in Abschnitt 8.3.1, »Restriktionsbasierter Prognoselauf mit der prioritätenbasierten Heuristik«):

- Prioritäten und Gültigkeiten
- Dauer
- Rundungsfehler bei Komponentenbedarf
- Kapazitätsfaktor

Zum Schluss ermittelt der Planungslauf die Bestätigungstermine der integrierten Kundenaufträge anhand folgender Restriktion:

- **Kontingentierung**
  Die Kontingente zu bestimmten Zeitpunkten ergeben sich aus der Kopie der beschränkten Prognose, die während des restriktionsbasierten Prognoselaufs errechnet wurden. Diese können von Ihnen manuell angepasst werden.

Zur Ermittlung des Beschaffungsplans und der Kundenauftragsbestätigungen werden die folgenden transaktionalen Daten benötigt:

- **Kundenaufträge**
  Die offenen Kundenaufträge werden aus dem ausführenden System (SAP ECC oder SAP S/4HANA) integriert und sind die primären Bedarfe, die in diesem Planungsprozess zu berücksichtigen sind.
- **Prognose**
  Die offene Prognose ergibt sich aus der Vorplanungsverrechnung und fließt als Bedarf in die Planung mit ein.
- **Zielsicherheitsbestand**
  Der Sicherheitsbestand kann entweder als Stammdatum aus SAP ECC oder SAP S/4HANA oder als Zeitreihe aus einem anderen Modul von SAP IBP (z. B. SAP IBP für Inventory) integriert werden.
- **Fixierte Bedarfe und Zugänge**
  Die fixierten Bedarfe und Zugänge wie Bestellungen, Planaufträge, Fertigungsaufträge, Umlagerungsbestellungen und Bestand können aus SAP ECC oder SAP S/4HANA importiert werden. Diese Elemente werden während der Planung nur miteinbezogen, ohne diese zu ändern.

Durch den Bestätigungslauf wird ein machbarer Plan erstellt, und dies kann zu einer Veränderung der Bedarfssituation führen. Aus welchem Grund der Bedarf sich geändert oder verschoben hat, wird mit der Funktionalität der systemischen Engpassanalyse aufgeklärt.

8.4.2 Analyse von Engpässen

Bei der systemischen Engpassanalyse werden Sie in der Anwendung **Engpässe anzeigen** auf Probleme in der Wertschöpfungskette hingewiesen. Daraufhin ist es auch möglich, den finiten Plan mit den dazugehörigen Anpassungskennzahlen manuell zu beeinflussen.

Anhand folgender Restriktionen können Engpässe bei der Ermittlung der restriktionsbasierten Prognose auftreten (detaillierte Informationen finden Sie in Abschnitt 8.3.1, »Restriktionsbasierter Prognoselauf mit der prioritätenbasierten Heuristik«):

- Lieferanteneinschränkung
- Wiederbeschaffungszeit
- projizierter Bestand
- Ressource
- Supply-Chain-Modell
- angepasste Menge
- Fixierungshorizont

Die Ermittlung der Engpässe kann über den Hintergrundjob **Auftragsbasierte Planung: Engpass-Analyse** ohne die Erstellung von Zugängen oder über den Bestätigungslauf eingeplant werden. Diese Funktionalität soll Sie bei der Bestimmung und Lösung der Engpässe unterstützen.

Speziell beim Bestätigungslauf werden die Kundenauftragsbestätigungen ermittelt, und dabei kann es zu folgender Restriktion kommen:

- **Kontingentierung**
  Sobald die Kontingente kleiner als die Kundenauftragsmenge sind und die fehlende Menge auch nicht in der Zukunft abgedeckt werden kann, kommt es zu dieser Restriktion. Für die Vorwärtsterminierung muss das Feld **PLANNING RUN LATENESS STRATEGY** aktiv sein.

Ob ein Kundenauftrag nur teilweise erfüllt oder verspätet erfüllt sein darf, hängt vom Bestätigungsmodus ab. Dementsprechend können Sie folgende Arten der Lieferung während der Integration einstellen:

- **Kein Eintrag**
  komplette oder teilweise Lieferungen am angeforderten Datum
- **B**
  nur komplette Lieferungen an einem beliebigen Datum
- **C**
  nur komplette Lieferungen am angeforderten Datum
- **X**
  komplette oder teilweise Lieferungen an einem beliebigen Datum

Bei der Prognose wird der Bedarf immer komplett oder teilweise an einem beliebigen Datum erfüllt (Bestätigungsmodus **X**).

Nach der Generierung der Bestätigungen haben Sie die Möglichkeit, sich die Engpässe bei teils bestätigten und nicht bestätigten Kundenaufträgen in der App **Bestätigungen anzeigen** anzeigen zu lassen.

8.5 Deployment

Nachdem das System den Beschaffungsplan erstellt und die Kundenaufträge bestätigt hat, können die verfügbaren Produkte an die Bedarfsverursacher verteilt werden. Dabei kann es vorkommen, dass ein Produktionswerk nicht seine komplette Kapazität ausnutzt oder eine Lieferung aufgrund einer Panne ausfällt. Aus diesem Grund ist es sinnvoll, die Verteilung des Bestandes zwischen den Werken und den Distributionszentren bzw. Kunden kurzfristig zu planen, sodass die erwartete Service-Level-Vereinbarung eingehalten werden kann. Kundenaufträge, Prognose und Sicherheitsbestand sind als Eingangselemente notwendig, um einen Verteilungsplan generieren zu können. Zusätzlich fließen der Bestand, fixierte und nicht fixierte Bestellanforderungen, fixierte und nicht fixierte Planaufträge, fixierte und nicht fixierte Umlagerungsbestellanforderungen, Deployment-Umlagerungsbestellanforderungen, Bestellungen, Fertigungsaufträge, Umlagerungsbestellungen und Lieferungen für Bestellungen und Umlagerungsbestellungen aus dem ausführenden System (SAP ECC oder SAP S/4HANA) bzw. aus SAP IBP in das Planungsergebnis mit ein.

Als Restriktionen berücksichtigt der Deployment-Lauf alle vorher genannten Elemente außer den fixierten und nicht fixierten Umlagerungsbestellanforderungen. Diese werden im ATD-Profil (*Available to Deploy*) definiert. Welche Auftragstypen Bestandteil des Profils sind, hängt beispielsweise von der Zuverlässigkeit der Elemente ab. Nicht fixierte Bestellanforderungen sind nicht so sicher einzuplanen wie fixe Bestellungen. Daher lassen sich mehrere Profile erstellen, um diese Fallunterscheidung treffen zu können. Die zu verteilenden Mengen werden von den Kontingenten vorgegeben. Die Verteilung kann nur an Arbeitstagen durchgeführt werden, die im importierten Werkskalender festgelegt sind.

Der Deployment-Lauf verteilt die verfügbare Menge unter Berücksichtigung der definierten Prioritätenregeln und der vorher beschriebenen Restriktionen über das Netzwerk der Wertschöpfungskette. Dabei werden keine neuen Planaufträge oder Bestellanforderungen angelegt. In Abbildung 8.11 ist dieser Verteilungsalgorithmus dargestellt.

In diesem Beispiel besteht das Netzwerk aus einem Produktionswerk (Fabrik), aus einem regionalen und aus einem lokalen Verteilungszentrum (DZ). Die Planung erfolgt in Wochen. Im Produktionswerk sehen Sie am Anfang noch Bestand und dann einen Fertigungsauftrag (FAUF) und zwei Planaufträge (PLAUF) als Zugänge. Wie dargestellt, versucht der Planungslauf die Bedarfe anhand von Prioritätenregeln (im Beispiel Priorität 1 bis 6) mit den vorhandenen Zugangselementen zu erfüllen. Vorhandene Umlagerungsbestellanforderungen, die bereits einem Zugangselement aus dem ATD-Profil zugeordnet waren, werden durch Deployment-Umlagerungsbestellanforderungen (D-STR) ersetzt. Die hinteren Umlagerungsbestellanforderungen (STR) wurden nicht ersetzt, weil die Planaufträge (PLAUF) nicht Teil des ATD-Profils sind und somit auch nicht im Deployment-Lauf berücksichtigt werden.

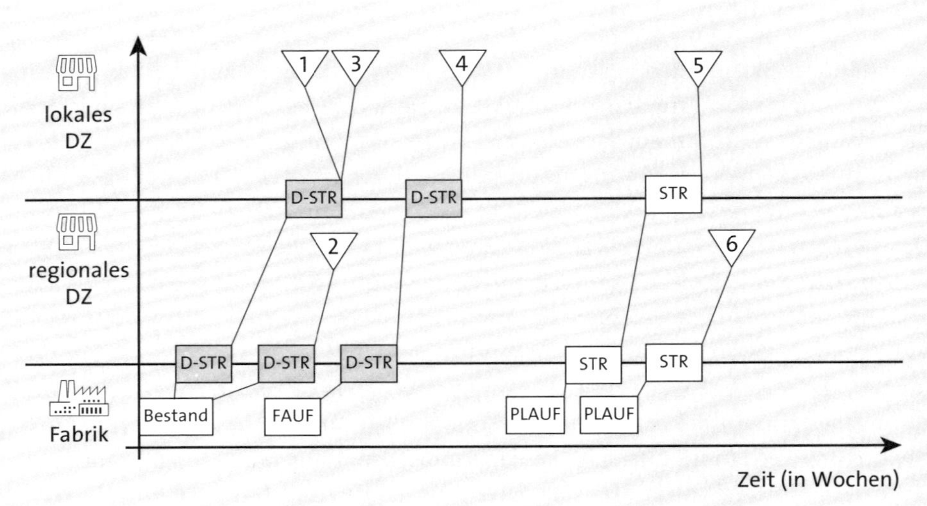

Abbildung 8.11 Vorgehensweise des Verteilungsalgorithmus

8.6 Simulations- und Szenarioplanung

In der Regel existiert schon ein Bedarfsplan für alle Produkte des Unternehmens. Allerdings kann dieser nicht das optimale Ergebnis widerspiegeln, weil kurzfristig ein höher priorisierter Kundenbedarf berücksichtigt werden muss, die Kapazität der Ressourcen nicht ausreicht, um die Bedarfe pünktlich zu decken, oder die Lieferanten die benötigten Materialien nicht rechtzeitig zur Verfügung stellen können. Somit ist es im Interesse des Unternehmens, dass Sie versuchen, die Engpässe zu lösen. Damit der vorhandene Bedarfsplan nicht komplett geändert wird und die zugesagten Kundenbedarfe weiterhin Bestand haben, können Sie mithilfe von Simulationen punktuell den Plan verbessern. Freigegebene Umstellungen können übernommen und nicht passende Änderungen können wieder verworfen werden, ohne die Livedaten anpassen zu müssen. Zusätzlich ergibt sich für Sie die Möglichkeit, mit den Daten zu spielen und die Wertschöpfungskette unbekannter Produkte kennenzulernen.

Wie aus einer Simulation ein Szenario wird, ist in Abbildung 8.12 zu sehen. Die Livedaten kommen aus dem ausführenden System (SAP ECC oder SAP S/4HANA), werden über Hintergrundjobs übertragen und befinden sich im SAP-IBP-System in der Basisversion (*Base Version*). Sie simulieren so lange flüchtige Änderungen auf Grundlage der Basisdaten (Simulation 1), bis das Ergebnis akzeptabel ist. Die Simulation ist nur für denjenigen sichtbar, der sie erstellt, und wird bei einer Aktualisierung der Basisdaten automatisch gelöscht. Dafür lässt sich die Simulation als Szenario speichern (*Szenario BASE_XY*). Dann kann das Ergebnis mit anderen Kollegen oder dem Vorgesetzten geteilt werden.

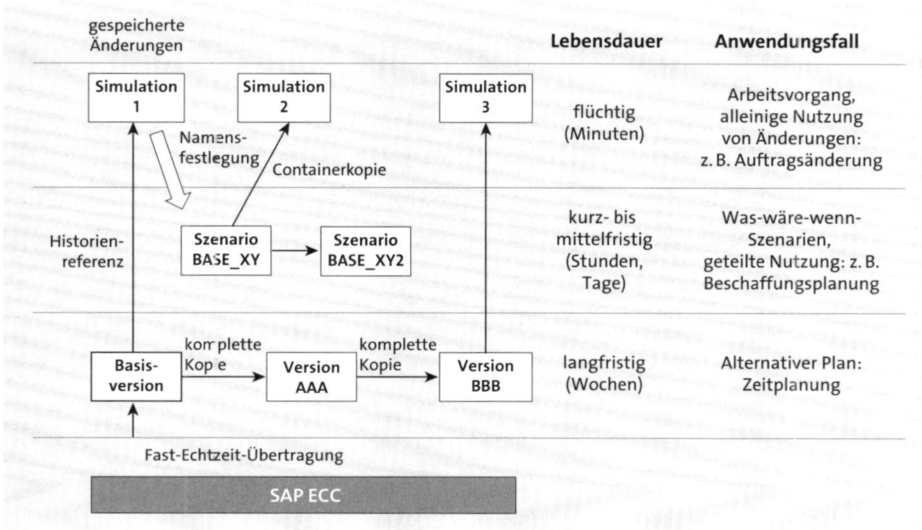

Abbildung 8.12 Konzept zu Simulation und Szenarios

Natürlich ist es auch möglich, im Szenario Daten zu simulieren (Simulation 2), aber auch hier werden die Daten nach der Aktualisierung des Szenarios ohne vorheriges Speichern automatisch gelöscht. Falls Sie ein Szenario beibehalten, aber weitere Änderungen auf Grundlage dieses Szenarios speichern möchten, kann ein Szenario auch kopiert werden (*Szenario BASE_XY2*). Simulationen und Szenarios beziehen sich nur auf Bewegungsdaten, nicht aber auf Stammdaten. Zur langfristigen Planung von alternativen Lösungsansätzen, wie z. B. dem Aufbau neuer Ressourcen und der Einführung neuer Produkte, können im obigen Beispiel zwei Versionen als Kopie der Basisversion erstellt werden. Innerhalb der Versionen können sowohl Stammdaten als auch Bewegungsdaten geändert werden, ohne die Livedaten in der Basisversion zu beeinflussen. Es ist dort genauso möglich, Simulationen (Simulation 3) und Szenarios anzulegen.

Im Gegensatz zur zeitreihenbasierten Planung können Sie Szenarios und Simulationen nicht nur in der Benutzeroberfläche von Microsoft Excel erstellen, sondern auch im SAP Fiori Launchpad. In der App **Versionen und Szenarios verwalten** lassen sich Szenarios erstellen, kopieren, teilen und löschen. Außerdem können Sie die Szenarios in folgenden Apps analysieren und ändern:

- **Verwendung der Zugänge analysieren**
  Übersicht der Zugangselemente pro Lokationsprodukt mit Zuordnung der Mengen zum Auftrag
- **Projizierten Bestand anzeigen**
  Anzeige von Bestandsengpässen pro Lokationsprodukt und manuelle Erstellung von neuen Zugangselementen

- **Engpässe anzeigen**
  Darstellung aller Engpässe pro Bedarfselement wie Kundenauftrag oder Prognose
- **Bestätigungen anzeigen**
  Übersicht von Kundenauftragsbestätigungen pro Einteilung
- **Kundenauftrag simulieren**
  Simulation einzelner Kundenaufträge mit anschließender Analyse der Änderungen von Zugangselementen

Nach einer Datenänderung im Szenario benötigen Sie die Information, wie sich die Anpassung auf die Wertschöpfungskette auswirkt. Die Ausführung der Planungsläufe ist auch für Szenarios möglich und ermittelt mithilfe der Prioritätenregeln einen optimierten Beschaffungsplan mit möglichen Engpässen.

Der Planungslauf versucht im ersten Schritt, den neuen Bedarf mit der höchsten Priorität nach den schon vorhandenen Bedarfen zu erfüllen. Falls dieser Bedarf gedeckt werden kann, führt die Heuristik das Gleiche für einen neuen Bedarf mit der zweithöchsten Priorität aus. Das wird so lange durchgeführt, bis alle neuen Bedarfe erfüllt werden konnten. Falls ein neuer Bedarf nicht nach den bereits vorhandenen Bedarfen erfüllt werden kann, probiert der Planungslauf, den neuen Bedarf früher zu decken, z. B. nach der Hälfte der bereits vorhandenen Bedarfe. Das führt allerdings zu Engpässen bei den bestehenden Bedarfen. Falls auch dadurch keine Lösung gefunden werden kann, bleibt der Bedarf nicht geplant.

Die Bestätigung der Kundenaufträge während einer Simulation findet immer komplett oder teilweise an einem beliebigen Datum (Bestätigungsmodus **X**) statt, sodass der Bestätigungsmodus nicht änderbar ist.

8.7 Konfiguration der Response-and-Supply-Planung

Zu Beginn eines Response-and-Supply-Planungsprojekts ist es notwendig, einen Planungsbereich zu erstellen. Vorlagen für einen Planungsbereich finden Sie in der App **Beispielmodellentitäten**, die Ihnen in der Gruppe **Modellkonfiguration** im SAP Fiori Launchpad zur Verfügung steht.

8.7.1 Allgemeine Einstellungen

Innerhalb der Applikation **Beispielmodellentitäten** kann auf der linken Seite zunächst zwischen den Planungsbereichen SAP7 und SAP74 gewählt werden (siehe Abbildung 8.13). Die Unterschiede zwischen beiden haben wir bereits in Abschnitt 8.1.1, »Planungsbereich«, näher erläutert.

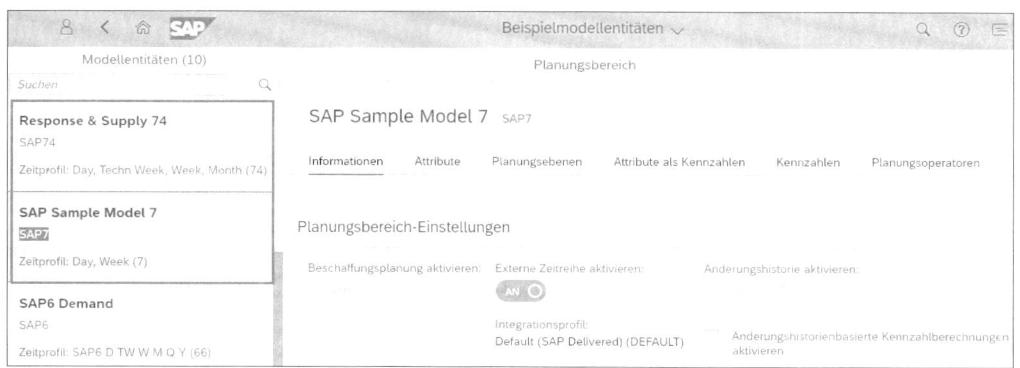

Abbildung 8.13 Planungsbereiche SAP7 und SAP74

In diesem Beispiel wählen wir den Planungsbereich SAP7 als Vorlage aus. Danach klicken Sie auf die Schaltfläche **Kopieren** in der rechten unteren Ecke und wählen die Option **Neu anlegen mit Abhängigkeiten**. Dabei wird eine Kopie des Quellplanungsbereichs erstellt. Zusätzlich kopiert das System auch abhängige Daten wie die Stammdaten und das Zeitprofil.

Erweiterung des Planungsbereichs

Standardmäßig wird die Response-and-Supply-Planung über die Vorlagen auf der Ebene *Lokation-Material* ausgeliefert. Es ist natürlich trotzdem möglich, den Planungsbereich um das Kundenobjekt zu erweitern. Dazu öffnen Sie die App **Beispielmodellentitäten** und filtern nach Stammdatentypen über das Icon **Modellentität auswählen** ❶ (Abbildung 8.14). Den Stammdatentyp `S7CUSTOMER` ❷ vervielfältigen Sie über die Schaltfläche **Kopieren** ❸. Bei der Kopie verwenden Sie das Präfix der schon vorhandenen Stammdatentypen und wählen die Option **Attribute aktualisieren** aus.

Der neue Stammdatentyp muss dem Planungsbereich hinzugefügt werden. In der App **Planungsbereiche** wählen Sie einen Planungsbereich aus und fügen den neuen Stammdatentyp über die Schaltfläche **Hinzufügen** im Bereich **Attribute** hinzu.

Zur automatischen Anlage von Planungskombinationen wird das Attribut `HPRODLOCCUSTCOUNTER` benötigt. Falls es nicht schon vorhanden ist, muss es in der App **Attribute** über die Schaltfläche **Neu** angelegt werden. Nach der Angabe von **ID** und **Name** »HPRODLOCCUSTCOUNTER«, der **Beschreibung** »Hilfsattribut für die Ebene Lokation-Material-Kunde« und des Datentyps **DECIMAL(18,6)** in dem Pop-up-Fenster werden die Informationen über die Schaltfläche **Sichern** gespeichert.

Dieses Attribut können Sie dem noch zu erstellenden Stammdatentyp `PRODUCTLOCATIONCUSTOMER` zuordnen. Dafür gehen Sie in die App **Stammdatentypen** und erstellen über die Schaltfläche **Neu** ein neues Stammdatum vom Typ **Extern**.

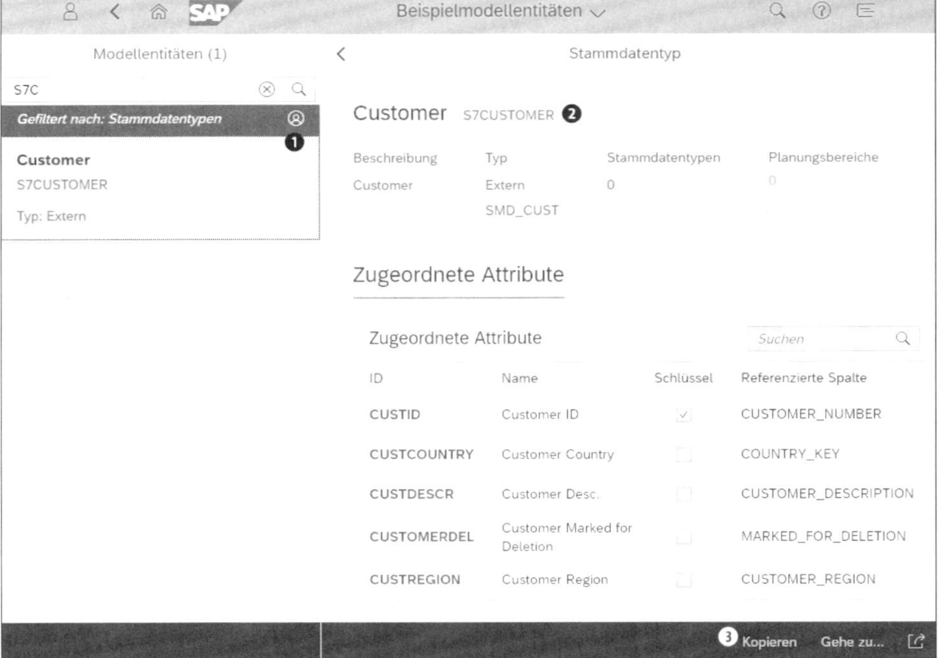

Abbildung 8.14 Kopieren des Stammdatentyps »Kunde«

Es werden mindestens die Angaben **ID**, **Name**, **Externe Datenquelle** und **Integrationsprofil** ❹ benötigt (siehe Abbildung 8.15). Über die Schaltfläche **Hinzufügen** ❺ ordnen Sie die Attribute PRDID, LOCID, CUSTID, LOCTYPE und HPRODLOCCUSTCOUNTER zu. Nach dem Speichern über die Schaltfläche **Sichern** ❻ muss der Stammdatentyp über die Schaltfläche **Aktivieren** aktiviert werden

Damit dem Attribut als Kennzahl die Planungsebene PERPRODLOCCUST zugeordnet werden kann, müssen Sie diese im Bereich **Planungsebenen** anlegen. Hierfür können Sie die vorhandene Planungsebene PERPRODLOC über die Schaltfläche **Kopieren** duplizieren. Danach bearbeiten Sie die neue Planungsebene und fügen das Stammdatum über die Schaltfläche **Hinzufügen** dem Kunden ZM7CUSTOMER hinzu. Mithilfe der Schaltfläche **Sichern** werden die Änderungen gespeichert.

Daraufhin ist es möglich, das Attribut HPRODLOCCUSTCOUNTER als *Attribut als Kennzahl* dem Planungsbereich hinzuzufügen. Sie öffnen die App **Planungsbereiche** und wählen im Bereich **Attribute als Kennzahl** die Schaltfläche **Neu** aus. Im Pop-up-Fenster selektieren Sie die **Attribut-ID** HPRODLOCCUSTCOUNTER der **Stammdatentyp-ID** ZM7PRODUCTLOCATIONCUSTOMER sowie die **Basisplanungsebene** PERPRODLOCCUST.

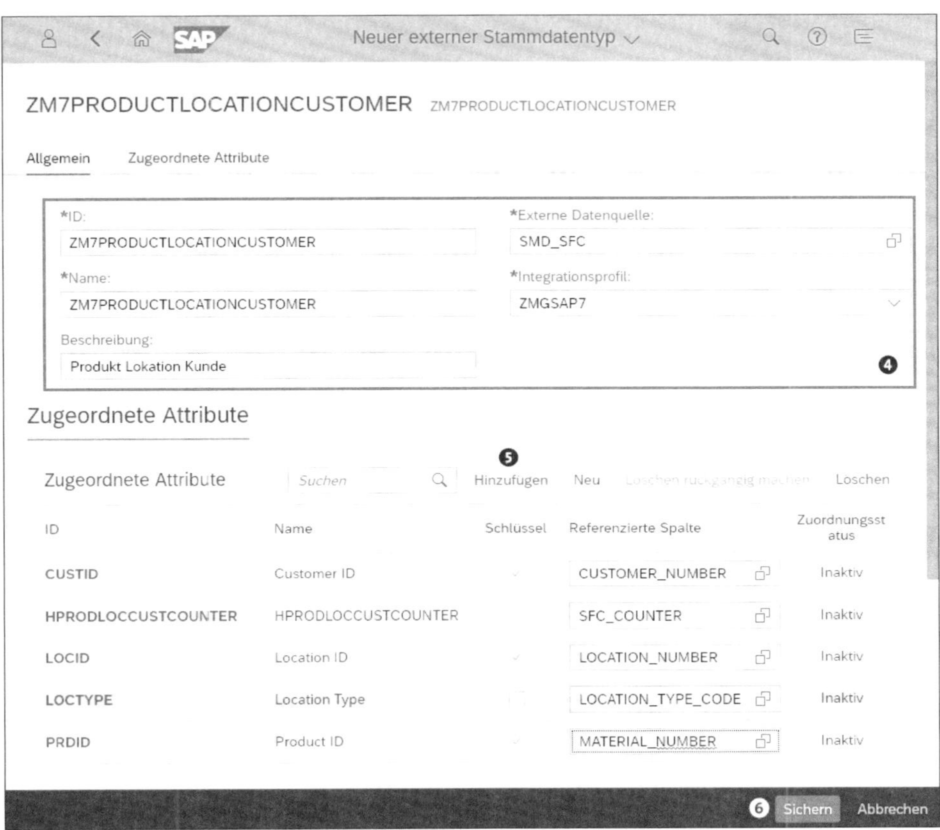

Abbildung 8.15 Anlegen des Stammdatentyps ZM7PRODUCTLOCATIONCUSTOMER

Die Werte in den Feldern **Periode von** und **Periode bis** sollten aus Performancegründen gepflegt werden und richten sich nach dem Planungshorizont. Mit einem Klick auf die Schaltfläche **Sichern** speichert das System die Einstellungen und legt automatisch eine Kennzahl mit dem Namen des Attributs an. Über den Bereich **Kennzahlen** können Sie die Kennzahl auswählen. Fügen Sie die Kalkulation HPRODLOCCUSTCOUNTER@REQUEST = SUM("HPRODLOCCUSTCOUNTER@PERPRODLOCCUST hinzu, wobei der **Verwendete Wert** unter den Eingabeparametern auf **Abgelegt** stehen muss.

Damit auch andere Kennzahlen einen Kundenbezug erhalten, müssen diese von der Planungsebene PERPRODLOC auf die Planungsebene PERPRODLOCCUST geändert werden. Als Beispiel ändern wir die Kennzahl ALLOCATIONFINAL. Die Basisplanungsebene wird von PERPRODLOC auf PERPRODLOCCUST geändert. Zusätzlich ändern Sie die erste Kalkulation von ALLOCATIONFINAL@REQUEST = SUM("ALLOCATIONFINAL@PERPRODLOC") zu ALLOCATIONFINAL@REQUEST = SUM("ALLOCATIONFINAL@PERPRODLOCCUST") und die zweite Kalkulation von ALLOCATIONFINAL@PERPRODLOC = IF(ISNULL("ALLOCATIONADJ@PERPRODLOC"),ALLOCATION@PERPRODLOC,ALLOCATIONADJ@PERPRODLOC) zu ALLOCATIONFINAL@PERPRODLOCCUST

= IF(ISNULL("ALLOCATIONADJ@PERPRODLOCCUST"),ALLOCATION@PERPRODLOCCUST,ALLOCATIONADJ@PERPRODLOCCUST).

Es gibt eine ganze Reihe Kennzahlen, die geändert werden müssen, bevor der Planungsbereich aktiviert werden kann (die lange Liste sehen Sie in Tabelle 8.4).

Kennzahl-ID	Basisplanungsebene
ALLOCATION	PERPRODLOC
ALLOCATIONADJ	PERPRODLOC
ALLOCATIONCONS	PERPRODLOC
ALLOCATIONFINAL	PERPRODLOC
ALLOCATIONREMAIN	PERPRODLOC
DELIVEREDSALESQTY	PERPRODLOC
DELIVERYOUTBOUND	PERPRODLOC
FINALDELIVEREDQTY	PERPRODLOC
FORECASTCONSRELQTY	PERPRODLOC
FORECASTCONSTR	PERPRODLOC
FORECASTCONSTR1	PERPRODLOC
FORECASTCONSTR2	PERPRODLOC
FORECASTCONSTR3	PERPRODLOC
FORECASTCONSTRINTIME	PERPRODLOC
FORECASTCONSTRINTIME1	PERPRODLOC
FORECASTCONSTRINTIME2	PERPRODLOC
FORECASTCONSTRINTIME3	PERPRODLOC
FORECASTCONSTRLATE	PERPRODLOC
FORECASTCONSTRLATE1	PERPRODLOC
FORECASTCONSTRLATE2	PERPRODLOC
FORECASTCONSTRLATE3	PERPRODLOC
FORECASTOPEN	PERPRODLOC
FORECASTUNCONSTR	PERPRODLOC

Tabelle 8.4 Übersicht der zu ändernden Kennzahlen

Kennzahl-ID	Basisplanungsebene
FORECASTUNCONSTR1	PERPRODLOC
FORECASTUNCONSTR2	PERPRODLOC
FORECASTUNCONSTR3	PERPRODLOC
FORECASTUNFULFILLED	PERPRODLOC
FORECASTUNFULFILLED1	PERPRODLOC
FORECASTUNFULFILLED2	PERPRODLOC
FORECASTUNFULFILLED3	PERPRODLOC
HPRODLOCCUSTCOUNTER	PERPRODLOC
PORTIONSIZE	PERPRODLOC
SALESORDERCONF	PERPRODLOC
SALESORDERCONFINTIME	PERPRODLOC
SALESORDERREQUEST	PERPRODLOC
SALESORDERUNFULFILLED	PERPRODLOC
TOTALFORECASTUNCONSTR	PERPRODLOC

Tabelle 8.4 Übersicht der zu ändernden Kennzahlen (Forts.)

Des Weiteren ist bei den schon genannten Kennzahlen nicht nur die Änderung des Basisplanungslevels von PERPRODLOC zu PERPRODLOCCUST notwendig, sondern auch die folgende Anpassung bei deren Kalkulationen:

- **SALESORDERREQUEST**
  - "SALESORDERREQUEST@REQUEST" = SUM("SALESORDERREQUEST@PERPRODLOCCUST")
  - "SALESORDERREQUEST@PERPRODLOC" = SUM("SALESORDERREQEST@PERPRODLOCCUST")
- **FORECASTOPEN**
  - "FORECASTOPEN@REQUEST"= SUM("FORECASTOPEN@PERPRODLOCCUST")
  - "FORECASTOPEN@PERPRODLOCCUST" = IF("FORECASTUNCONSTR@PERPRODLOCCUST" < "SALESORDERREQUEST@PERPRODLOCCUST, 0, FORECASTUNCONSTR@PERPRODLOCCUST" - "SALESORDERREQUEST@PERPRODLOCCUST
  - "FORECASTOPEN@PERPRODLOC" = SUM("FORECASTOPEN@PERPRODLOCCUST")
- **DELIVERYOUTBOUND**
  - "DELIVERYOUTBOUND@REQUEST" = SUM("DELIVERYOUTBOUND @PERPRODLOCCUST")
  - "DELIVERYOUTBOUND@PERPRODLOC" = SUM("DELIVERYOUTBOUND@PERPRODLOCCUST")

- TOTALFORECASTUNCONSTR
  - "TOTALFORECASTUNCONSTR@REQUEST"= SUM("TOTALFORECASTUNCONSTR@PERPROD-LOCCUST")
  - "TOTALFORECASTUNCONSTR@PERPRODLOCCUST" = "FORECASTUNCONSTR@PERPRODLOCCUST" + "FORECASTUNCONSTR1@PERPRODLOCCUST + "FORECASTUNCONSTR2@PERPRODLOCCUST" + "FORECASTUNCONSTR3@PERPRODLOCCUST
  - "TOTALFORECASTUNCONSTR@PERPRODLOC" = SUM("TOTALFORECASTUNCONSTR@PERPROD-LOCCUST")

Außerdem müssen Sie das Flag **Abgelegter Wert** für die geänderten Kennzahlen SALESORDERREQUEST und DELIVERYOUTBOUND in der zweiten Kalkulation unter den Eingabeparametern der Kennzahlen TOTALDEMAND, HKFTOTALDEMAND, TOTALDEMANDWOS und HKFTOTALDEMANDWOS deaktivieren. Von den Kennzahlen SALESORDERREQUEST und DELIVERYOUTBOUND werden, aufgrund der Summierung in der zweiten Kalkulation von Planungsebene PERPRODLOCCUST zu PERPRODLOC, die kalkulierten Werte verwendet. Dementsprechend darf das Flag **Abgelegter Wert** nicht aktiv sein.

Einstellungen für auftragsbasierte Planung

Nach der Aktivierung des neuen Planungsbereichs muss im weiteren Vorgehen das Zeitprofil geladen werden, indem der Hintergrundjob **Zeiträume für Zeitprofile anlegen** ausgeführt wird. SAP stellt verschiedene Applikationen zu den grundlegenden Einstellungen in der auftragsbasierten Planung bereit (siehe Abbildung 8.16).

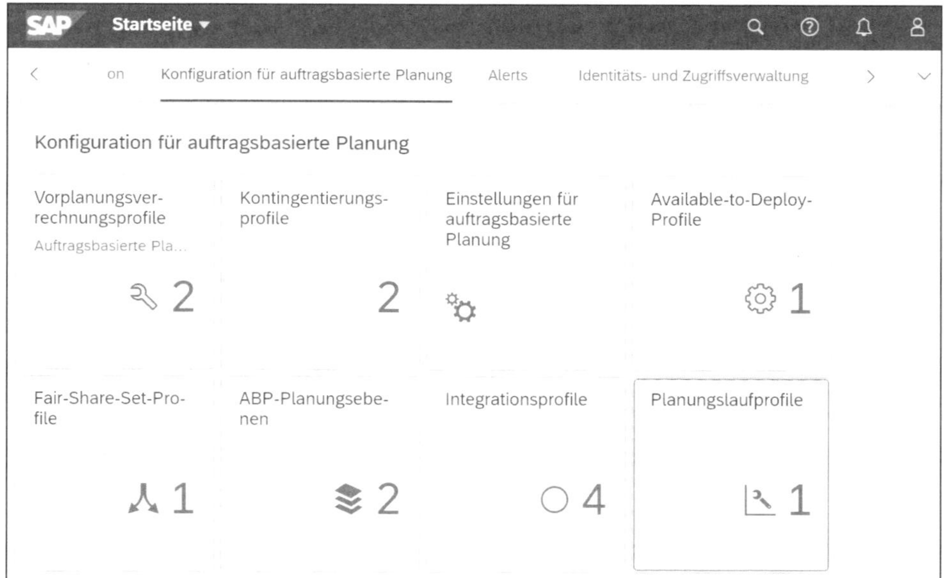

Abbildung 8.16 Apps zur Konfiguration für die auftragsbasierte Planung

Damit der Planungsbereich in der Response-and-Supply-Planung verwendet werden kann, ordnen Sie ihn in der App **Einstellungen für auftragsbasierte Planung** zu, indem Sie oben rechts auf **Planungsbereich hinzufügen** klicken. Beim Hinzufügen müssen mindestens die **Zeitprofilebenen** ❶ und die **Attribute** *Material* und *Lokation* ❷ gepflegt werden (siehe Abbildung 8.17). Die **Kundenauftragsfeld-Zuordnungen** ❸ sind in diesem Fall notwendig, weil die Planungsebene auf *Material-Lokation-Kunde* festgelegt wurde.

Abbildung 8.17 Planungsspezifische Einstellungen für die auftragsbasierte Planung

Auf der Registerkarte **Versionsspezifische Einstellungen** ❹ können Sie je nach betriebswirtschaftlicher Anforderung Kennzahlen festlegen, die beispielhaft in Tabelle 8.5 aufgeführt sind.

Kategorie	Bedeutung	Kennzahl	Periodizität
allgemein	Ressourcenkapazität	CAPACITYAVAILABLEFIN	Tag
	Lieferanteneinschränkung	SUPPLIERCONSTRAINT	Tag
	Kontingentierung	ALLOCATIONFINAL	–
angepasste Mengen	Angepasster Umlagerungszugang	ADJUSTEDDISTRRECEIPT-LANE	Tag
	Angepasster Produktionszugang	ADJUSTEDPRODRECEIPTPDS	Tag
	Angepasster Einkaufszugang	ADJUSTEDDISTRRECEIPT-LANE	Tag
Fair-Share-Portionsgrößen	Portionsgrößen-Kennzahl 1	PORTIONSIZE	–
Bestand	Sicherheitsbestand	SAFETYSTOCK	Tag
	Zielbestand	TARGETSTOCK	Tag
	Maximalbestand	MAXSTOCK	Tag
	Sicherheitsreichweite	SAFETYDAYSOFSUPPLYTS	Tag
	Zielreichweite	TARGETDAYSOFSUPPLY	Tag
	Maximalreichweite	MAXDAYSOFSUPPLY	Tag
Kosten für Optimierer	Lagerhaltungskostensatz	INVENTORYHOLDING-COSTRATE	Tag
	Kostensatz für Verletzung des Sicherheitsbestandes	MAXSTOCKVIOLATION-COSTRATE	Tag
	Kostensatz für Verletzung des Maximalbestandes	SFTSTOCKVIOLATION-COSTRATE	Tag
	Transportkostensatz	TRANSPORTATIONCOSTRATE	Tag
	Transportfixkosten	FIXEDTRANSPORTATION-COSTRATE	Tag
	Produktionskostensatz	PRODUCTIONCOSTRATE	Tag
	Produktionsfixkosten	FIXEDPRODUCTIONCOST	Tag

Tabelle 8.5 Übersicht der Zuordnung von Kennzahlen und deren Bedeutung

Kategorie	Bedeutung	Kennzahl	Periodizität
Prognosen	Prognose	FORECASTUNCONSTR	–
	restriktionsbasierte Prognose	FORECASTCONSTR	–

Tabelle 8.5 Übersicht der Zuordnung von Kennzahlen und deren Bedeutung (Forts.)

Zusätzlich können Sie sowohl mehrere Fair-Share-Portionsgrößen als auch Prognosekennzahlen in der Planung zuordnen, die wir in Abschnitt 8.1.3, »Bewegungsdaten«, erläutern. Im Bereich **Planungslaufeinstellungen** kann der flexible Planungsstart aktiviert werden, wodurch es für Sie möglich wird, den Anfangszeitpunkt der Planung sowohl in der Vergangenheit als auch in der Zukunft zu definieren. Die Zuordnung der Stammdaten und Kennzahlen sowie die Planungslaufeinstellungen können Sie pro Simulationsversion definieren. Ein Anwendungsfall ist beispielsweise die Simulation von Stammdaten, bei der die Planung mit einer neuen Ressource oder einem neuen Produkt simuliert wird. Das Integrationsprofil ist ein Teil der Schnittstelle zwischen der auftragsbasierten Planung im SAP-IBP-System und dem Quellsystem. Nähere Informationen finden Sie in Kapitel 11, »Datenintegration in SAP IBP«. Zuletzt wählen Sie die Schaltfläche **Als operativ einstellen** aus, damit in den Planungsbereich Daten geladen werden können, und sichern die Einstellungen.

Damit die Änderungen vom System berücksichtigt werden, lassen Sie den Hintergrundjob **Auftragsbasierte Planung: Versionen aktualisieren** in der App **Anwendungsjobs** laufen, und klicken Sie auf **Einplanen**. Daraufhin ist der Planungsbereich bereit zur Verwendung.

ABP-Planungsebenen

Als Vorbereitung zu den Planungsläufen sollten Sie sowohl das Profil zur Vorplanungsverrechnung als auch zur Kontingentierung pflegen. Hierfür benötigen Sie eine festgelegte Planungsebene in der App **ABP-Planungsebenen** (ABP = auftragsbasierte Planung). In unserem Beispiel (siehe Abbildung 8.18) wird die Planung auf der Ebene *Material-Lokation-Kunde* durchgeführt.

Dabei geben Sie lediglich den Namen zur Planungsebene mit Beschreibung an und legen die Planungsebenenattribute fest. Nach dem Speichern aktivieren Sie die Planungsebene über den Hintergrundjob **Auftragsbasierte Planung: Planungsebene aktivieren**. Die festgelegte Planungsebene wird für die nachfolgend beschriebenen Profile verwendet.

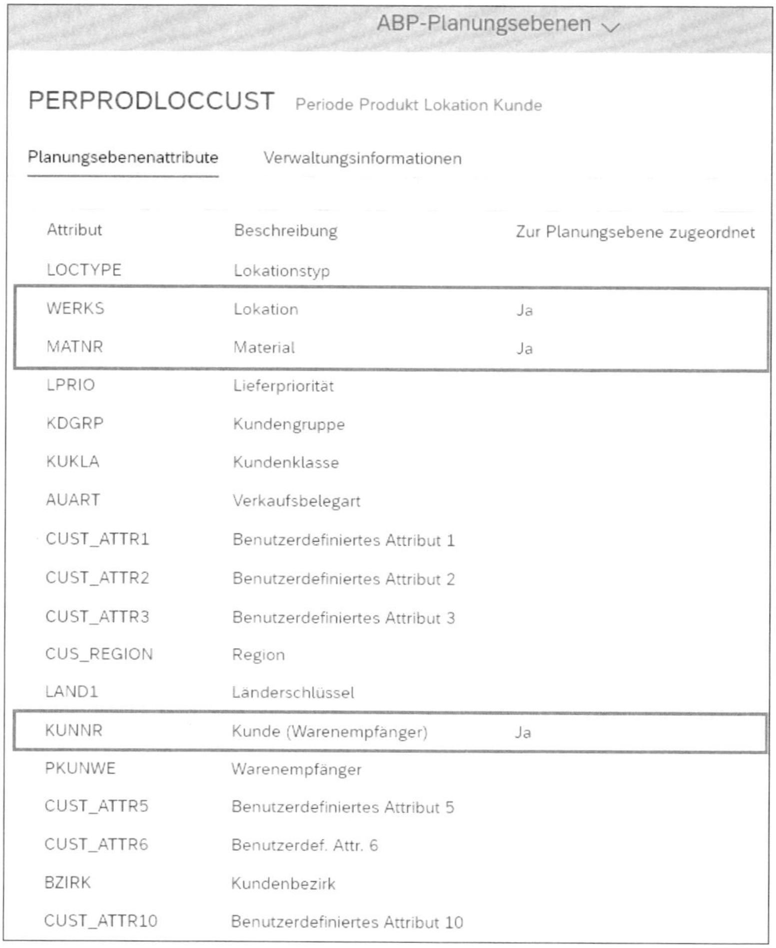

ABP-Planungsebenen

PERPRODLOCCUST Periode Produkt Lokation Kunde

Planungsebenenattribute Verwaltungsinformationen

Attribut	Beschreibung	Zur Planungsebene zugeordnet
LOCTYPE	Lokationstyp	
WERKS	Lokation	Ja
MATNR	Material	Ja
LPRIO	Lieferpriorität	
KDGRP	Kundengruppe	
KUKLA	Kundenklasse	
AUART	Verkaufsbelegart	
CUST_ATTR1	Benutzerdefiniertes Attribut 1	
CUST_ATTR2	Benutzerdefiniertes Attribut 2	
CUST_ATTR3	Benutzerdefiniertes Attribut 3	
CUS_REGION	Region	
LAND1	Länderschlüssel	
KUNNR	Kunde (Warenempfänger)	Ja
PKUNWE	Warenempfänger	
CUST_ATTR5	Benutzerdefiniertes Attribut 5	
CUST_ATTR6	Benutzerdef. Attr. 6	
BZIRK	Kundenbezirk	
CUST_ATTR10	Benutzerdefiniertes Attribut 10	

Abbildung 8.18 ABP-Planungsebene anlegen

Fair-Share-Set-Profile

Bei der Priorisierung von Bedarfen kann es vorkommen, dass zwei Bedarfe die gleiche Priorität haben. Dafür kann ein *Gleichverteilungsprofil* (*Fair-Share-Set-Profil*) angelegt werden. Sie legen die **Planungsebene in der auftragsbasierten Planung**, die **Periodizität** und die **Portionsgrößen-Kennzahl** fest. In unserem Beispiel bleiben wir auf der Ebene *Material-Lokation-Kunde* unter Berücksichtigung von täglichen Zeitreihen (siehe Abbildung 8.19). Die Portionsgrößen wurden in Abschnitt 8.2.1, »Prioritätenregeln«, näher erläutert.

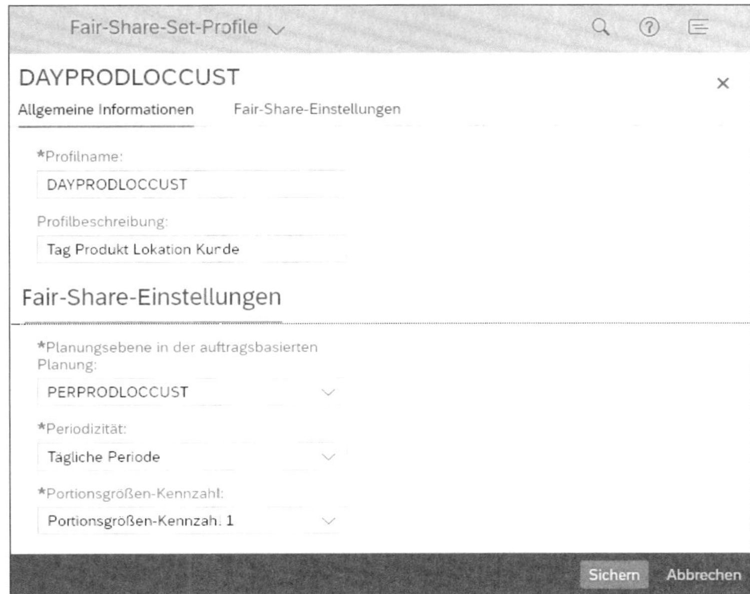

Abbildung 8.19 Anlegen eines Gleichverteilungsprofils

Vorplanungsverrechnungsprofile

Ein weiteres Profil gibt es zur *Vorplanungsverrechnung*. In der App **Vorplanungsverrechnungsprofile** legen Sie die Ebene fest, auf der die Kundenaufträge die Prognose konsumieren. In unserem Beispiel wird die Konsumierung auf der Ebene *Material-Lokation-Kunde* mit Tageszeitreihen durchgeführt (siehe Abbildung 8.20). Es wäre aber auch möglich, das Ganze auf Wochenzeitreihen zu konfigurieren.

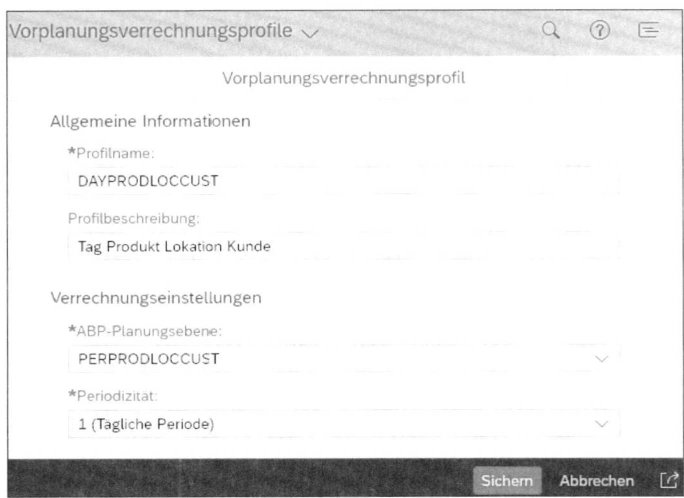

Abbildung 8.20 Anlage eines Vorplanungsverrechnungsprofils

Kontingentierungsprofile

Nachdem die Vorplanungsbedarfe verrechnet wurden und ein Beschaffungsplan durch den Planungslauf erstellt wurde, ergeben sich aus dem Ergebnis Kontingente. Diese werden nur in der weiteren Planung berücksichtigt, wenn ein Profil existiert. Das können Sie in der App **Kontingentierungsprofile** konfigurieren (siehe Abbildung 8.21). Bei der Erstellung des Profils müssen die gleichen Angaben gemacht werden wie beim Vorplanungsverrechnungsprofil.

Sobald das Profil den Lokationsprodukten in dem Quellsystem zugeordnet und das Kontingentierungsprofil über den Hintergrundjob **Auftragsbasierte Planung: Kontingentierungsprofil aktivieren** aktiviert wurde, werden die Kontingente von den Kundenauftragsmengen verrechnet.

Abbildung 8.21 Anlegen eines Kontingentierungsprofils

Available-to-Deploy Profile

Zusätzlich zum Bestätigungslauf kann ein Deployment-Lauf durchgeführt werden, der die kurzfristige Verfügbarkeit von Waren auf den Distributionszentren durch Verschiebung der Mengen zwischen den Lokationen fördert. Welche Auftragsarten dabei berücksichtigt werden sollen, wird in der App **Available-to-Deploy-Profile** eingestellt. In unserem Beispiel werden die Auftragsarten **Bestand**, **Produktionsauftrag**, **Bestellposition**, fixierter **Planauftrag**, fixierte **Bestellanforderungsposition** und **Anlieferung für Bestellung** berücksichtigt (siehe Abbildung 8.22).

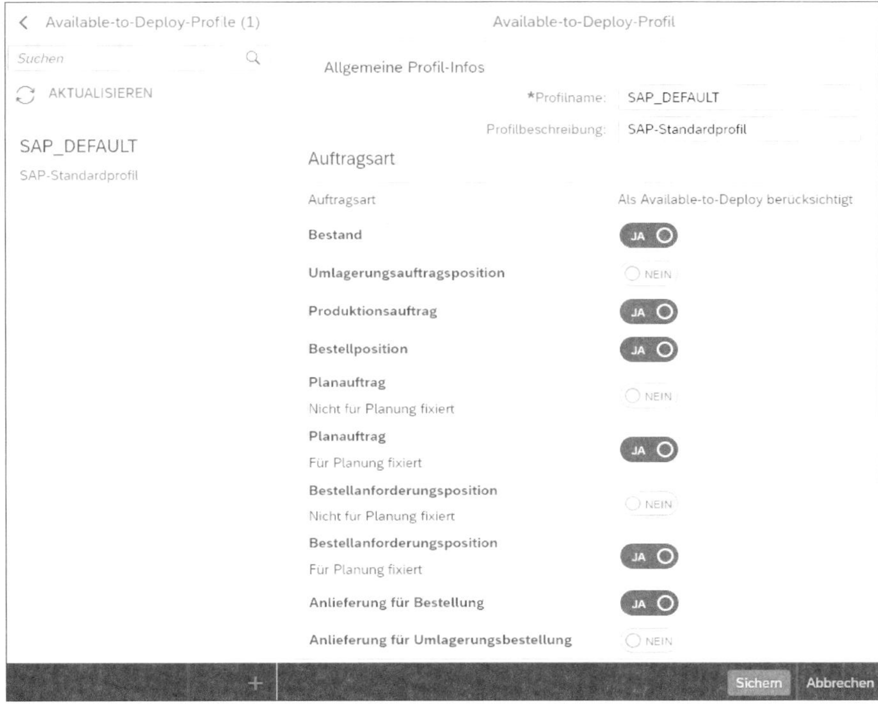

Abbildung 8.22 Anlegen eines Available-to-Deploy-Profils

Planungslaufprofile

Dieses Profil wird in allen Planungsläufen verwendet, wobei die Regeln für die verschiedenen Kosten nur vom Optimierer berücksichtigt werden. Die Regeln können Sie in der App **Planungslaufprofile** pflegen. Pro Regel gibt es verschiedene Segmente, die während eines Planungslaufs der Reihenfolge nach abgearbeitet werden. Genauso wie bei den Priorisierungsregeln muss das letzte Segment alle übrig gebliebenen Kombinationen abfangen. Die Segmentbedingung kann erst nach Speichern des Segments angegeben werden. Die Attributauswahl ist beschränkt und wird in den nächsten Releases erweitert.

Im System können verschiedene Regeln gepflegt werden (siehe Abbildung 8.23). So können Sie von der maximalen Verspätung über die Kosten bei Transporten, Beschaffung, Produktion und Bedarfen bis hin zu den zusätzlichen Parametern die unternehmensspezifischen Vorgaben umsetzen.

Die maximale Verspätung kann genauso wie die Kosten nach verschiedenen Attributen, z. B. der Kundengruppe oder Lieferpriorität, unterschiedlich definiert und im System durch verschiedene Segmente abgebildet werden. In unserem Beispiel haben wir keine Einschränkungen gepflegt, entsprechend kann die Verspätung standardmäßig bis zu 365 Tage lang sein.

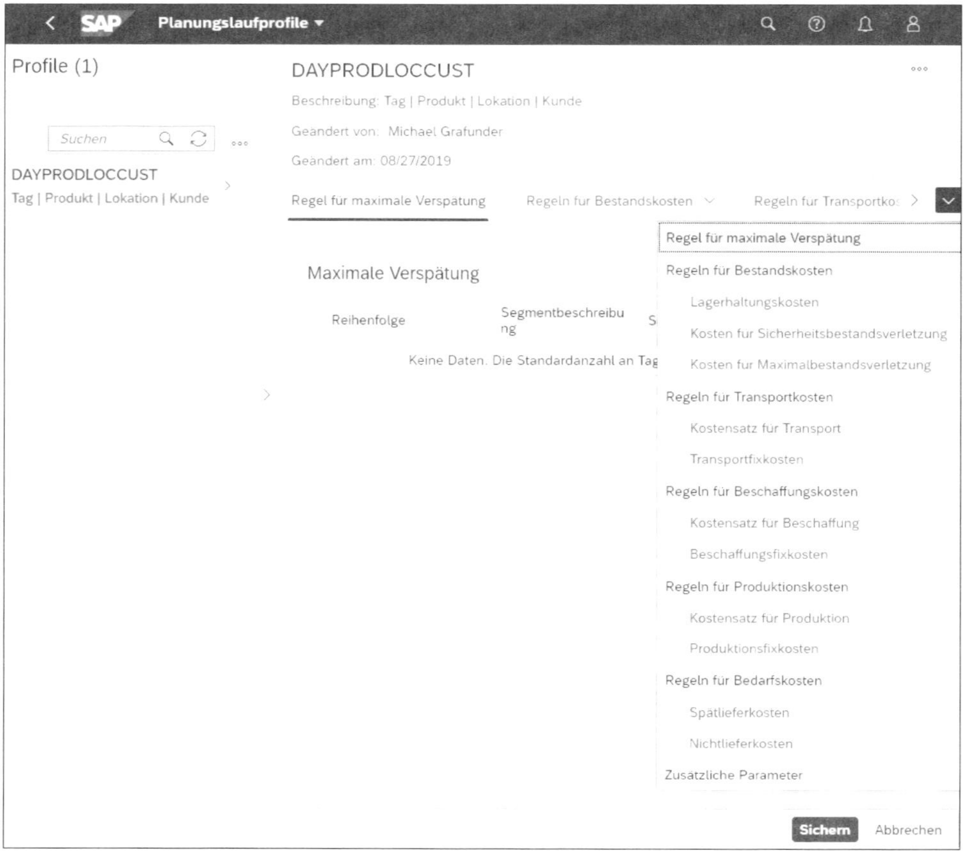

Abbildung 8.23 Planungslaufprofil DAYPRODLOCCUST

Wir erläutern die Regeln zu den Kostenarten anhand der Bestandskosten (siehe Abbildung 8.24). Die Kosten sind generell abstrakt und repräsentieren Proportionen. Nach dieser Konfiguration wird bei den Lagerhaltungskosten sichergestellt, dass auf den Werken kaum Bestand angehäuft wird und die Waren direkt an das Distributionszentrum geliefert werden sollen. Die Kosten für die Sicherheitsbestandsverletzung sind in den Distributionszentren höher. Dementsprechend kann der Sicherheitsbestand bei Engpässen in den Werken eher unterschritten werden als bei den Distributionszentren.

Umgekehrt verhält es sich bei den Regeln zur Maximalbestandsverletzung. Der Maximalbestand darf eher in den Distributionswerken überschritten werden. Auch das fördert den Aufbau von Beständen im Distributionszentrum und hält gleichzeitig die Bestände in den Werken gering.

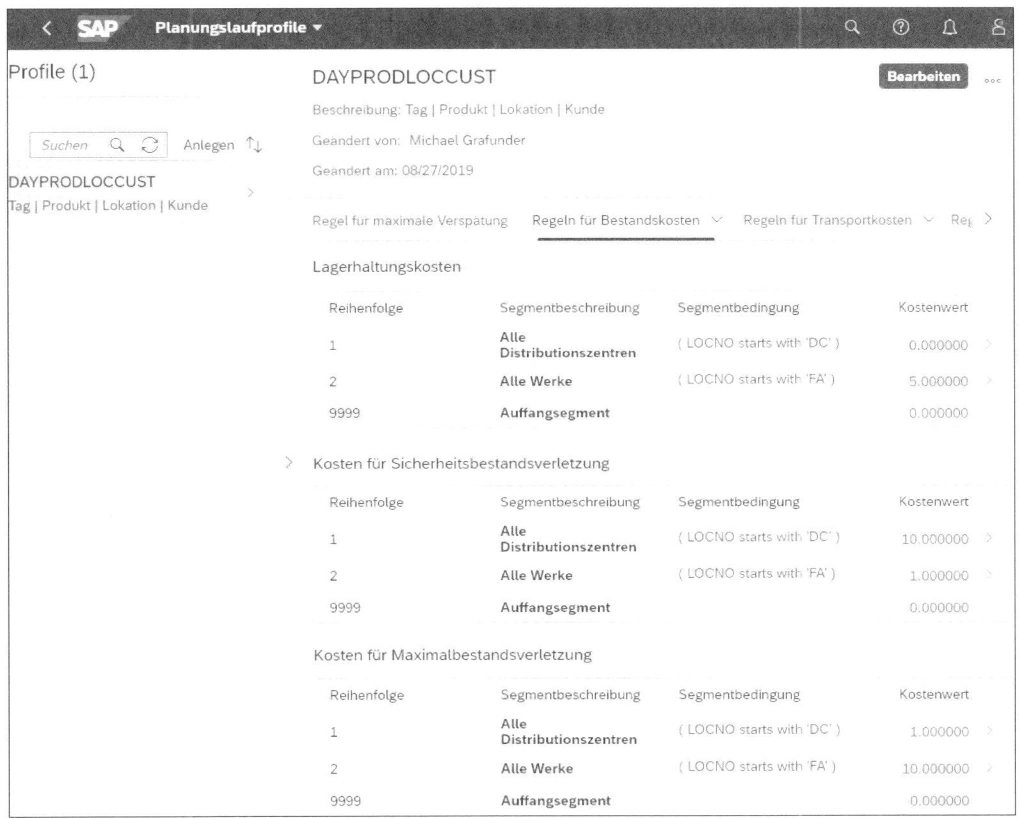

Abbildung 8.24 Beispiel zu Regeln für Bestandskosten

Die restlichen Regeln zu den Kosten werden hier aus Gründen der Vereinfachung nicht erläutert. Allerdings erfolgt die Festlegung der Regeln nach der gleichen Vorgehensweise. Informationen zur Verwendung von Kosten finden Sie in Abschnitt 8.3.2, »Restriktionsbasierter Prognoselauf mit dem Optimierer«. Die **Zusätzlichen Parameter** sind nur nach Anweisung durch den Support zu pflegen. Dabei handelt es sich um Variablen, die SAP bei Problemen im Planungslauf bereitstellt.

8.7.2 Stamm- und Bewegungsdaten

Auf das erfolgreiche Anlegen der Profile folgt die Integration der Stamm- und Bewegungsdaten. (In Kapitel 11, »Datenintegration in SAP IBP«, finden Sie nähere Details.) Für die Ansicht der Stamm- und Bewegungsdaten gibt es verschiedene Applikationen und Excel-Planungssichten, die wir in diesem Abschnitt näher erläutern.

Stammdaten

Die Materialien bzw. Produkte bilden die Grundlage eines jeden Unternehmens. In der Response-and-Supply-Planung werden Sie in der App **Materialien anzeigen** abgebildet (siehe Abbildung 8.25), die Sie über das SAP Fiori Launchpad in der Rubrik **Response-Planer allgemein** aufrufen können.

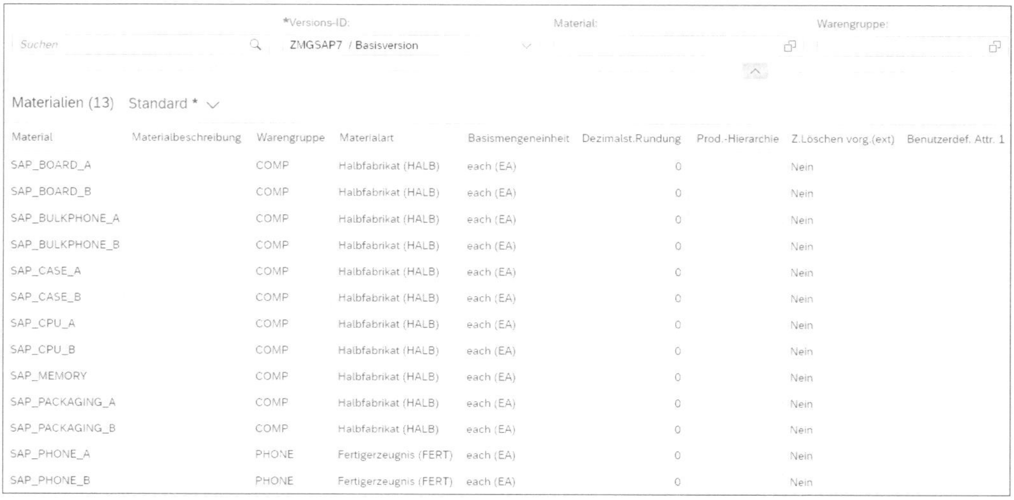

Suchen | *Versions-ID: ZMGSAP7 / Basisversion | Material: | Warengruppe:

Materialien (13) Standard *

Material	Materialbeschreibung	Warengruppe	Materialart	Basismengeneinheit	Dezimalst.Rundung	Prod.-Hierarchie	Z.Löschen vorg.(ext)	Benutzerdef. Attr. 1
SAP_BOARD_A		COMP	Halbfabrikat (HALB)	each (EA)	0		Nein	
SAP_BOARD_B		COMP	Halbfabrikat (HALB)	each (EA)	0		Nein	
SAP_BULKPHONE_A		COMP	Halbfabrikat (HALB)	each (EA)	0		Nein	
SAP_BULKPHONE_B		COMP	Halbfabrikat (HALB)	each (EA)	0		Nein	
SAP_CASE_A		COMP	Halbfabrikat (HALB)	each (EA)	0		Nein	
SAP_CASE_B		COMP	Halbfabrikat (HALB)	each (EA)	0		Nein	
SAP_CPU_A		COMP	Halbfabrikat (HALB)	each (EA)	0		Nein	
SAP_CPU_B		COMP	Halbfabrikat (HALB)	each (EA)	0		Nein	
SAP_MEMORY		COMP	Halbfabrikat (HALB)	each (EA)	0		Nein	
SAP_PACKAGING_A		COMP	Halbfabrikat (HALB)	each (EA)	0		Nein	
SAP_PACKAGING_B		COMP	Halbfabrikat (HALB)	each (EA)	0		Nein	
SAP_PHONE_A		PHONE	Fertigerzeugnis (FERT)	each (EA)	0		Nein	
SAP_PHONE_B		PHONE	Fertigerzeugnis (FERT)	each (EA)	0		Nein	

Abbildung 8.25 Die App »Materialien anzeigen«

Hier werden Ihnen je nach Auswahl der Filterkriterien die jeweiligen Materialien eines Planungsbereichs angezeigt. Für jedes Material werden Beschreibung, Warengruppe, Materialart, Basismengeneinheit, Dezimalstellenrundung, Produkthierarchie, das Kennzeichen **Zum Löschen vorgemerkt** und benutzerspezifische Attribute dargestellt. Dabei kann grundsätzlich nach Materialname, Warengruppe und Materialart gefiltert werden. Weitere Filterkriterien, z. B. **Benutzerdef. Attr.**, **Prod.-Hierarchie**, **Materialbeschreibung**, **Z.Löschen vorg.(ext)**, **Basismengeneinheit**, **Dezimalst. Rundung** und **Z.Löschen vorg.(IBP)**, lassen sich über die Schaltfläche **Filter anpassen** oben rechts hinzufügen.

Neben den Standardfeldern kann die Applikation wie gesagt auch bis zu zehn benutzerspezifische Attribute anzeigen. (Das gilt genauso für die im Folgenden beschriebenen Stammdaten, z. B. *Lokation* oder *Transportbeziehung*.) Diese Attribute müssen während der Integration gefüllt werden, und detaillierte Informationen finden Sie in Abschnitt 11.2.3, »Integrationsmodell in SAP ECC«.

Materialien werden in Lokationen produziert und/oder gelagert. In der App **Lokation anzeigen** sehen Sie verschiedene Lokationstypen, die während der Planung verwendet werden (siehe Abbildung 8.26).

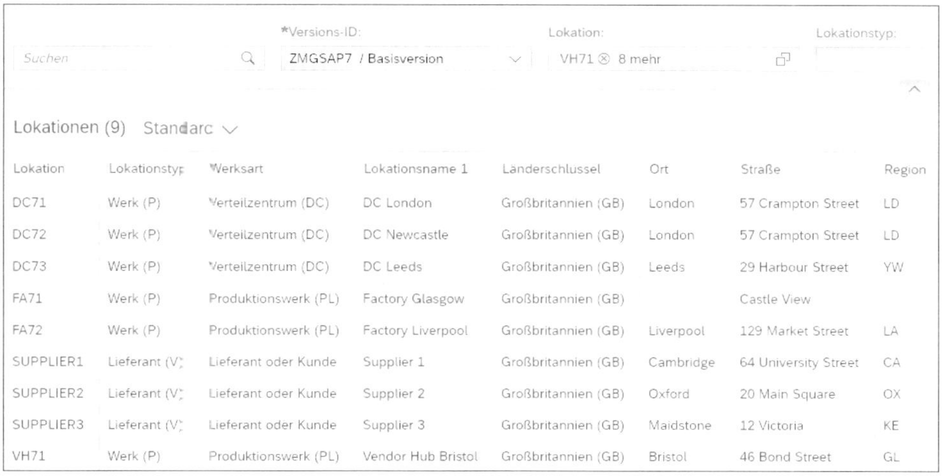

Suchen | *Versions-ID: ZMGSAP7 / Basisversion | Lokation: VH71 ⊗ 8 mehr | Lokationstyp:

Lokationen (9) Standard

Lokation	Lokationstyp	Werksart	Lokationsname 1	Länderschlüssel	Ort	Straße	Region
DC71	Werk (P)	Verteilzentrum (DC)	DC London	Großbritannien (GB)	London	57 Crampton Street	LD
DC72	Werk (P)	Verteilzentrum (DC)	DC Newcastle	Großbritannien (GB)	London	57 Crampton Street	LD
DC73	Werk (P)	Verteilzentrum (DC)	DC Leeds	Großbritannien (GB)	Leeds	29 Harbour Street	YW
FA71	Werk (P)	Produktionswerk (PL)	Factory Glasgow	Großbritannien (GB)		Castle View	
FA72	Werk (P)	Produktionswerk (PL)	Factory Liverpool	Großbritannien (GB)	Liverpool	129 Market Street	LA
SUPPLIER1	Lieferant (V)	Lieferant oder Kunde	Supplier 1	Großbritannien (GB)	Cambridge	64 University Street	CA
SUPPLIER2	Lieferant (V)	Lieferant oder Kunde	Supplier 2	Großbritannien (GB)	Oxford	20 Main Square	OX
SUPPLIER3	Lieferant (V)	Lieferant oder Kunde	Supplier 3	Großbritannien (GB)	Maidstone	12 Victoria	KE
VH71	Werk (P)	Produktionswerk (PL)	Vendor Hub Bristol	Großbritannien (GB)	Bristol	46 Bond Street	GL

Abbildung 8.26 Die App »Lokation anzeigen«

Neben den schon in der Abbildung angezeigten Attributen **Lokation**, **Lokationstyp**, **Werksart**, **Lokationsname 1**, **Länderschlüssel**, **Ort**, **Straße** und **Region** können Sie sich **Postleitzahl**, **PLZ-Postfach**, **Zeitzone**, **Telefon**, **Fabrikkalender**, das Flag **Zum Löschen vorgemerkt**, **Breitengrad**, **Längengrad** und die benutzerspezifischen Attribute anzeigen lassen.

Zu den Lokationen zählen auch Lieferanten, die in einer separaten App namens **Lieferant anzeigen** angezeigt werden (siehe Abbildung 8.27). Die Applikation für Lieferanten und Lokationen teilen sich die gleichen Attribute.

Suchen | *Versions-ID: ZMGSAP7 / Basisversion | Lieferant: | Länderschlüssel:

Lieferanten (3) Standard *

Lieferant	Lieferantenname 1	Länderschlüssel	Ort	Straße	Z.Löschen vorg.(ext)	Breitengrad	Längengrad
SUPPLIER1	Supplier 1	Großbritannien (GB)	Cambridge	64 University Street	Nein	0.000000000000	0.000000000000
SUPPLIER2	Supplier 2	Großbritannien (GB)	Oxford	20 Main Square	Nein	0.000000000000	0.000000000000
SUPPLIER3	Supplier 3	Großbritannien (GB)	Maidstone	12 Victoria	Nein	0.000000000000	0.000000000000

Abbildung 8.27 Die App »Lieferant anzeigen«

Da ein Material unterschiedlichen Lokationen zugeordnet sein kann, besteht auch dafür eine Möglichkeit zur Ansicht, und zwar in der App **Lokationsmaterialien anzeigen** (siehe Abbildung 8.28).

Einige Attribute aus dem Material- und Lokationsstamm werden auch hier mit angezeigt. Zusätzlich können Sie sich ein Bild über Bedarfsstrategie, Disponent, Name des Disponenten, Eigenfertigungszeit, Bearbeitungszeit für Wareneingang in Tagen,

Planlieferzeit in Tagen, Löschhorizont, Fixierungshorizont für Produktion und Verteilung, Vorplanungsverrechnungsprofil und Kontingentierungsprofil machen.

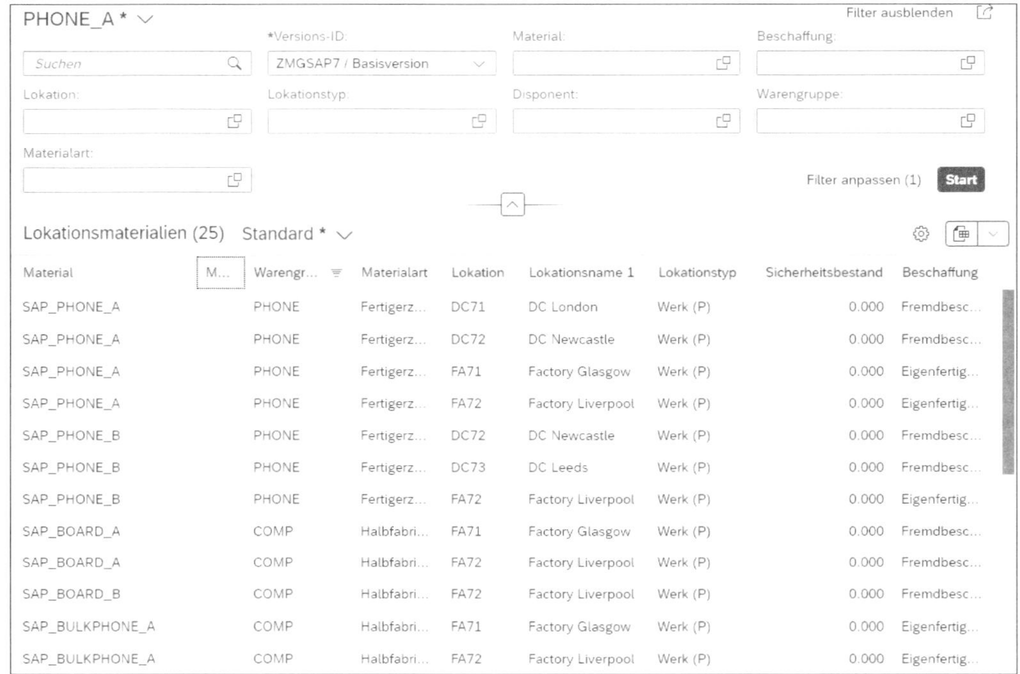

Material	M...	Warengr...	Materialart	Lokation	Lokationsname 1	Lokationstyp	Sicherheitsbestand	Beschaffung
SAP_PHONE_A		PHONE	Fertigerz...	DC71	DC London	Werk (P)	0.000	Fremdbesc...
SAP_PHONE_A		PHONE	Fertigerz...	DC72	DC Newcastle	Werk (P)	0.000	Fremdbesc...
SAP_PHONE_A		PHONE	Fertigerz...	FA71	Factory Glasgow	Werk (P)	0.000	Eigenfertig...
SAP_PHONE_A		PHONE	Fertigerz...	FA72	Factory Liverpool	Werk (P)	0.000	Eigenfertig...
SAP_PHONE_B		PHONE	Fertigerz...	DC72	DC Newcastle	Werk (P)	0.000	Fremdbesc...
SAP_PHONE_B		PHONE	Fertigerz...	DC73	DC Leeds	Werk (P)	0.000	Fremdbesc...
SAP_PHONE_B		PHONE	Fertigerz...	FA72	Factory Liverpool	Werk (P)	0.000	Eigenfertig...
SAP_BOARD_A		COMP	Halbfabri...	FA71	Factory Glasgow	Werk (P)	0.000	Fremdbesc...
SAP_BOARD_A		COMP	Halbfabri...	FA72	Factory Liverpool	Werk (P)	0.000	Fremdbesc...
SAP_BOARD_B		COMP	Halbfabri...	FA72	Factory Liverpool	Werk (P)	0.000	Fremdbesc...
SAP_BULKPHONE_A		COMP	Halbfabri...	FA71	Factory Glasgow	Werk (P)	0.000	Eigenfertig...
SAP_BULKPHONE_A		COMP	Halbfabri...	FA72	Factory Liverpool	Werk (P)	0.000	Eigenfertig...

Abbildung 8.28 Die App »Lokationsmaterialien anzeigen«

Suchen | *Versions-ID: ZMGSAP7 / Basisversion | Material: | Lokation von: | Lokation nach:

Verkehrszweig: | Einkaufsorganisation: | Warengruppe: | Materialart: | Filter anpassen (1) | Start

Transportbeziehungen (20) Standard *

Material	Lokation ...	Name d. Lok...	Lokationst...	Lokati...	Name Lokation ...	Lokati...	Art der Umlagerung	Einkaufsor...	Verkehrszweig
SAP_PHONE_A	FA71	Factory Glasgow	Werk (P)	DC71	DC London	Werk (P)	Umlagerung (7)		Standard (DEF)
SAP_PHONE_A	FA71	Factory Glasgow	Werk (P)	DC72	DC Newcastle	Werk (P)	Umlagerung (7)		Standard (DEF)
SAP_PHONE_A	FA72	Factory Liverpool	Werk (P)	DC72	DC Newcastle	Werk (P)	Umlagerung (7)		Standard (DEF)
SAP_PHONE_B	FA72	Factory Liverpool	Werk (P)	DC72	DC Newcastle	Werk (P)	Umlagerung (7)		Standard (DEF)
SAP_PHONE_B	FA72	Factory Liverpool	Werk (P)	DC73	DC Leeds	Werk (P)	Umlagerung (7)		Standard (DEF)
SAP_BOARD_A	SUPPLIER1	Supplier 1	Lieferant (V)	FA71	Factory Glasgow	Werk (P)	Standard (0)		Standard (DEF)
SAP_CASE_A	SUPPLIER1	Supplier 1	Lieferant (V)	FA71	Factory Glasgow	Werk (P)	Standard (0)		Standard (DEF)
SAP_CPU_A	SUPPLIER1	Supplier 1	Lieferant (V)	FA71	Factory Glasgow	Werk (P)	Standard (0)		Standard (DEF)
SAP_PACKAGING...	SUPPLIER1	Supplier 1	Lieferant (V)	FA71	Factory Glasgow	Werk (P)	Standard (0)		Standard (DEF)
SAP_MEMORY	SUPPLIER2	Supplier 2	Lieferant (V)	VH71	Vendor Hub Bristol	Werk (P)	Standard (0)		Standard (DEF)
SAP_BOARD_A	SUPPLIER3	Supplier 3	Lieferant (V)	FA72	Factory Liverpool	Werk (P)	Standard (0)		Standard (DEF)
SAP_BOARD_B	SUPPLIER3	Supplier 3	Lieferant (V)	FA72	Factory Liverpool	Werk (P)	Standard (0)		Standard (DEF)

Abbildung 8.29 Die App »Transportbeziehungen anzeigen«

Zwischen den Lokationen gibt es Transporte, die sich pro Material unterscheiden. Diese werden in der App **Transportbeziehungen anzeigen** abgebildet (siehe Abbildung 8.29).

Neben den Attributen **Material**, **Lokation von**, **Name d. Lokation**, **Lokationstyp von**, **Lokation nach**, **Name Lokation nach**, **Lokationstyp nach**, **Art der Umlagerung**, **Einkaufsorganisation** und **Verkehrszweig**, die in der Abbildung zu sehen sind, und den schon im Zusammenhang mit den vorherigen Applikationen beschriebenen Attributen gibt es hier noch weitere: **Werkstyp von**, **Werkstyp bis**, **Minimale Losgröße**, **Maximale Losgröße**, **Rundungswert**, **Beschaffungspriorität**, **Beschreibung zu Lokationstyp nach**, **Beschreibung zu Lokationstyp von**, **Beschreibung zu Werkstyp nach**, **Beschreibung zu Werkstyp von**, **Einkaufsinfosatz-Kategorie**, die Flags **Stammdaten sind für die Planung ungültig** und **Für Planung gesperrt**, **Infosatz**, **Lieferbar ab**, **Lieferbar bis** und **Text zur Maßeinheit**. Die Beschaffungspriorität steuert, welche Transportbeziehung für ein Material Vorrang hat, und wird zusätzlich zur festgelegten Prioritätenregel berücksichtigt.

Die Fertigung der Materialien findet auf den Ressourcen statt und einen Überblick über diese bekommen Sie in der App **Ressourcen anzeigen** (siehe Abbildung 8.30).

*Versions-ID: ZMGSAP7 / Basisversion
Arbeitsplatz:
Suchen

Ressourcen (6) Standard

Arbeitsplatz	Ressourcenbeschr.	Werk	Name des Werks	Kapazitätsart	Bucket-ME	Z.Löschen vorg.(ext)
SAP_A1		FA71	Factory Glasgow	Maschine (001)	Minute (MIN)	Nein
SAP_M1		FA71	Factory Glasgow	Maschine (001)	Minute (MIN)	Nein
SAP_P1		FA71	Factory Glasgow	Maschine (001)	Minute (MIN)	Nein
SAP_A2		FA72	Factory Liverpool	Maschine (001)	Minute (MIN)	Nein
SAP_M2		FA72	Factory Liverpool	Maschine (001)	Minute (MIN)	Nein
SAP_P2		FA72	Factory Liverpool	Maschine (001)	Minute (MIN)	Nein

Abbildung 8.30 Die App »Ressourcen anzeigen«

Die Ressourcen können anhand der Filterkriterien **Versions-ID**, **Arbeitsplatz**, **Werk**, **Kapazitätsart**, **Logisches System**, **Bucket-ME**, **Z.Löschen vorg.(ext)** und **Z.Löschen vorg.(IBP)** selektiert und angezeigt werden. Zusätzlich erhalten Sie die Information zu der Ressourcenbeschreibung und den Namen des Werkes.

Der Produktionsprozess spiegelt sich in der Produktionsdatenstruktur wider (siehe Abbildung 8.31). In der App **Produktionsdatenstrukturen anzeigen** erhalten Sie einen Eindruck davon, mit welcher Fertigungsversion, Basismenge, Beschaffungsprioritäten, Gültigkeiten, Losgrößen, Rundungswerten und Baugruppenausschuss das Produkt gefertigt wird.

Suchen | *Versions-ID: ZMGSAP7 / Basisversion | Material: | Werk: | Fertigungsversion:

Filter anpassen (1) Start

Produktionsdatenstrukturen (6) Standard *

Material	Werk	Fer...	Basismenge		Beschaffungsprio	Gültig ab	Gültig bis	Minimale Losgröße	Max. Losgröße	Rundungswert	Baugrupp...
SAP_BULKPHONE_A	FA71	0001	1.000	EA	0.00	06/08/2...	12/31/9...	0.000	0.000	0.000	0.00
SAP_PHONE_A	FA71	0001	1.000	EA	0.00	06/08/2...	12/31/9...	0.000	0.000	2.000	0.00
SAP_BULKPHONE_A	FA72	0001	1.000	EA	0.00	06/08/2...	12/31/9...	0.000	0.000	0.000	0.00
SAP_BULKPHONE_B	FA72	0001	1.000	EA	0.00	06/08/2...	12/31/9...	0.000	0.000	0.000	0.00
SAP_PHONE_A	FA72	0001	1.000	EA	0.00	06/08/2...	12/31/9...	0.000	0.000	2.000	0.00
SAP_PHONE_B	FA72	0001	1.000	EA	0.00	06/08/2...	12/31/9...	0.000	0.000	2.000	0.00

Abbildung 8.31 Die App »Produktionsdatenstrukturen anzeigen«

Beim Klicken auf die Pfeile rechts an der Spalte gelangen Sie zu den Details der Produktionsdatenstruktur (siehe Abbildung 8.32). In dieser Ansicht sind die **Aktivitäten** mit ihrer Dauer und Reihenfolge dargestellt. Des Weiteren gewinnen Sie einen Eindruck von den verwendeten **Komponenten**, die mit einer Komponentenmenge einer bestimmten Aktivität zugeordnet sind. Um den Fertigungsprozess abzurunden, wird unter dem **Kapazitätsbedarf** der Arbeitsplatz mit dem Verbrauch pro Zeitreihe und der Basismenge dargestellt. Zusätzlich können Sie aus dieser Applikation nach Auswahl des Materials in die Anwendung **Lokationsmaterialien anzeigen** bzw. nach Auswahl des Arbeitsplatzes in die Anwendung **Ressourcen anzeigen** abspringen.

Abbildung 8.32 Details der Produktionsdatenstruktur

Sobald das Produkt fertiggestellt wurde, kann es an die Kunden ausgeliefert werden. Zur Anzeige der Kundendaten gibt es die App **Kunden anzeigen** (siehe Abbildung 8.33). Ausgeblendete Attribute sind Postleitzahl, Region, Telefon, Zeitzone und die benutzerspezifischen Felder. Die Kunden sind verschiedenen Kundenaufträgen zugeordnet.

Suchen | *Versions-ID: ZMGSAP7 / Basisversion | Kunde: | Kundenklass.: | Länder

Kunden (9) Standard *

Kunde	Kundenname	Kundenklass.	Länderschlüssel	Ort	Straße	Z.Löschen vorg.(ext)	Breitengrad	Längengrad	PLZ-Postfach
CUST01	Customer 1	A-Kunde (01)	Großbritannien (GB)	London	23 Hamption Market	Nein	0.00000000...	0.00000000...	12345
CUST02	Customer 2	B-Kunde (02)	Großbritannien (GB)	Newcastle	76 Campbell Street	Nein	0.00000000...	0.00000000...	12345
CUST03	Customer 3	03	Großbritannien (GB)	Cambridge	54 Paddington Square	Nein	0.00000000...	0.00000000...	12345
CUST04	Customer 4	A-Kunde (01)	Großbritannien (GB)	Bristol	65 Gunners Street	Nein	0.00000000...	0.00000000...	12345
CUST05	Customer 5	B-Kunde (02)	Großbritannien (GB)	Oxford	75 Islington Square	Nein	0.00000000...	0.00000000...	12345
CUST06	Customer 6	03	Großbritannien (GB)	London	34 Newton Square	Nein	0.00000000...	0.00000000...	12345
CUST07	Customer 7	A-Kunde (01)	Großbritannien (GB)	Maidstone	23 Home Street	Nein	0.00000000...	0.00000000...	12345
CUST08	Customer 8	A-Kunde (01)	Großbritannien (GB)	Glasgow	34 Thatcher Sqare	Nein	0.00000000...	0.00000000...	12345
CUST09	Customer 9	03	Großbritannien (GB)	Newcastle	23 Crampton Street	Nein	0.00000000...	0.00000000...	12345

Abbildung 8.33 Die App »Kunden anzeigen«

Auf der Weboberfläche sind nicht alle Stammdaten dargestellt, die für die Response-and-Supply-Planung benötigt werden. Eine vollständige Liste finden Sie, wenn Sie auf der Excel-Oberfläche auf **Master Data Workbook** ❶ klicken (siehe Abbildung 8.34). Eine detaillierte Beschreibung dieser Stammdaten finden Sie in Abschnitt 8.1.2, »Stammdaten«.

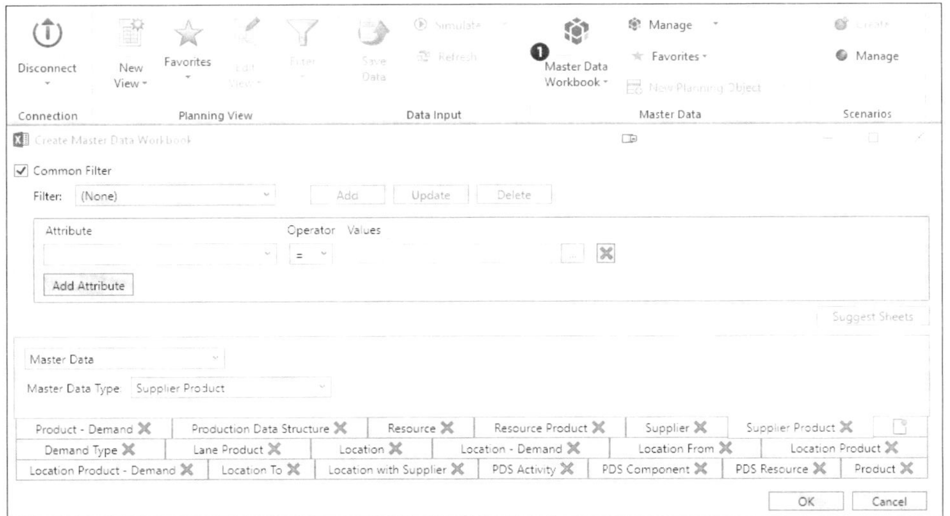

Abbildung 8.34 Übersicht der Stammdaten in Excel

Bewegungsdaten

Grundsätzlich wurden die Kennzahlen bereits in Abschnitt 8.1.3, »Bewegungsdaten«, erläutert. Wir stellen hier die verschiedenen Planungssichten in Excel und die Applikationen zur Analyse auf der Weboberfläche vor. SAP liefert Vorlagen zu den Planungssichten aus, die in diesem Abschnitt erläutert werden. Die erste Planungssicht, die Sie auf der Registerkarte **Forecast and Prod. Allocations** finden, informiert über mögliche Prognoseengpässe (siehe Abbildung 8.35). Als Input dient die unbeschränkte Prognose. In unserem Beispiel kann die unbeschränkte Prognose für Kunde 01 am 01.03.2020 komplett erfüllt werden. Engpässe gibt es sowohl am 01.03.2020 für Kunde 02 als auch am 03.03.2020 für Kunde 02 und Kunde 03. Aus diesem Grund kann die Prognose nicht erfüllt werden.

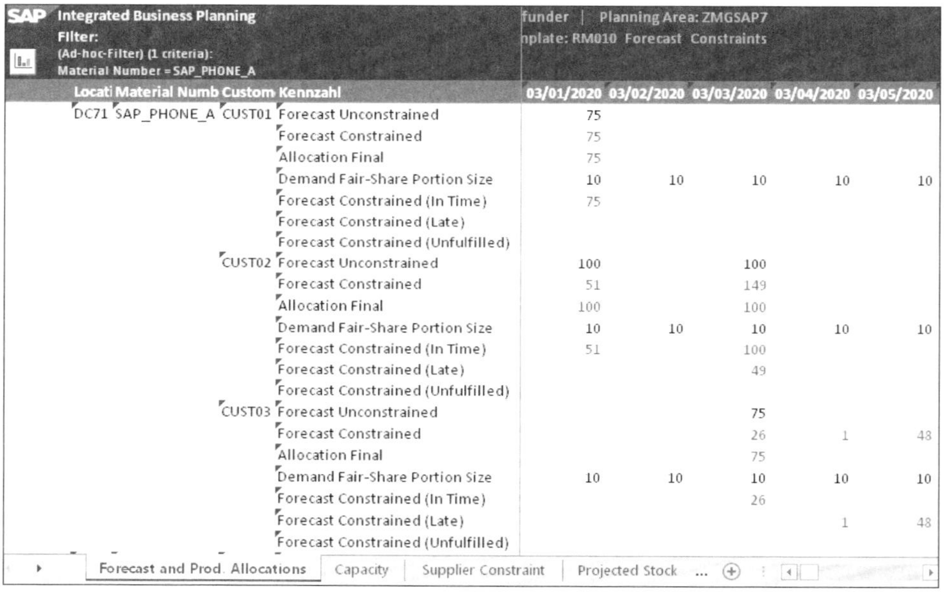

SAP Integrated Business Planning funder | Planning Area: ZMGSAP7
Filter: nplate: RM010 Forecast Constraints
(Ad-hoc-Filter) (1 criteria):
Material Number = SAP_PHONE_A

Locati	Material Numb	Custom	Kennzahl	03/01/2020	03/02/2020	03/03/2020	03/04/2020	03/05/2020
DC71	SAP_PHONE_A	CUST01	Forecast Unconstrained	75				
			Forecast Constrained	75				
			Allocation Final	75				
			Demand Fair-Share Portion Size	10	10	10	10	10
			Forecast Constrained (In Time)	75				
			Forecast Constrained (Late)					
			Forecast Constrained (Unfulfilled)					
		CUST02	Forecast Unconstrained	100		100		
			Forecast Constrained	51		149		
			Allocation Final	100		100		
			Demand Fair-Share Portion Size	10	10	10	10	10
			Forecast Constrained (In Time)	51		100		
			Forecast Constrained (Late)			49		
			Forecast Constrained (Unfulfilled)					
		CUST03	Forecast Unconstrained			75		
			Forecast Constrained			26	1	48
			Allocation Final			75		
			Demand Fair-Share Portion Size	10	10	10	10	10
			Forecast Constrained (In Time)			26		
			Forecast Constrained (Late)				1	48
			Forecast Constrained (Unfulfilled)					

Forecast and Prod. Allocations | Capacity | Supplier Constraint | Projected Stock ...

Abbildung 8.35 Planungssicht zu Prognose und Kontingenten

Eine weitere Planungssicht zur internen Kapazität, **Capacity**, stellt den verfügbaren Kapazitäten den Kapazitätsverbrauch gegenüber (siehe Abbildung 8.36). Der prozentuale Verbrauch zeigt die Belegung der Ressourcen. Nachdem Sie manuelle Kapazitäten festgelegt haben, kann man insgesamt keine Überlastungen feststellen.

Das Gleiche sollte für die externen Kapazitäten geprüft werden, die eine eigene Planungssicht haben: **Supplier Contraint** (siehe Abbildung 8.37). In dieser Sicht kann die manuell gepflegte oder auch automatisch übermittelte Lieferantenkapazität als Engpass dargestellt werden. Speziell das Material SAP_PACKAGING_A hat beschränkte Mengen, die zu einem Engpass bei Kunde 02 und Kunde 03 führen.

SAP Integrated Business Planning
Filter:
(Keine) (0 criteria):
Planning Area: ZMGSAP7
10 Forecast Constraints

Locati	Resource	Kennzahl	02/27/2020	02/28/2020	02/29/2020	03/01/2020	03/02/2020	03/03/2020
FA71	SAP_A1	Capacity Available	0	0	0	0	0	0
		Capacity Available (Adjusted)	2.000	2.000	2.000	2.000	2.000	2.000
		Capacity Available (Final)	2.000	2.000	2.000	2.000	2.000	2.000
		Capacity Consumption	756	0	1.056	0	288	0
		Capacity Consumption (%)	37,80%	0,00%	52,80%	0,00%	14,40%	0,00%
	SAP_M1	Capacity Available	0	0	0	0	0	0
		Capacity Available (Adjusted)	2.000	2.000	2.000	2.000	2.000	2.000
		Capacity Available (Final)	2.000	2.000	2.000	2.000	2.000	2.000
		Capacity Consumption	756	0	1.056	0	288	0
		Capacity Consumption (%)	37,80%	0,00%	52,80%	0,00%	14,40%	0,00%
	SAP_P1	Capacity Available	0	0	0	0	0	0
		Capacity Available (Adjusted)	2.000	2.000	2.000	2.000	2.000	2.000
		Capacity Available (Final)	2.000	2.000	2.000	2.000	2.000	2.000
		Capacity Consumption	0	126	0	176	0	48
		Capacity Consumption (%)	0,00%	6,30%	0,00%	8,80%	0,00%	2,40%

Forecast and Prod. Allocations | Capacity | Supplier Constraint | Projected Stock | ...

Abbildung 8.36 Planungssicht zu internen Kapazitäten

SAP Integrated Business Planning
Filter:
(Ad-hoc-Filter) (1 criteria):
Material Number = SAP_PHONE_A; SAP_PACKAGING_A; SAP_MEMORY;
User: Michael Grafunder | Planning Area: ZMGSAP7
Template: RM010 Forecast Constraints

Material Number	Supplier ID	Kennzahl	02/23/2020	02/24/2020	02/25/2020	02/26/2020	02/27/2020	02/28/2020	02/29/2020	03/01/2020	03/02/2020
SAP_BOARD_A	SUPPLIER1	Supplier Constraint	500	500	500	500	500	500	500	500	500
		Supplier Delivery (Planned)	0	126	0	176	0	48	0	0	0
SAP_CASE_A	SUPPLIER1	Supplier Constraint	500	500	500	500	500	500	500	500	500
		Supplier Delivery (Planned)	0	126	0	176	0	48	0	0	0
SAP_CPU_A	SUPPLIER1	Supplier Constraint	500	500	500	500	500	500	500	500	500
		Supplier Delivery (Planned)	0	126	0	176	0	48	0	0	0
SAP_MEMORY	SUPPLIER2	Supplier Constraint	500	500	500	500	500	500	500	500	500
		Supplier Delivery (Planned)	252	0	352	0	96	0	0	0	0
SAP_PACKAGING_A	SUPPLIER1	Supplier Constraint	0	0	0	0	176	100	26	0	124
		Supplier Delivery (Planned)	0	0	0	0	176	100	26	0	48

Forecast and Prod. Allocations | Capacity | Supplier Constraint | Projected Stock | ...

Abbildung 8.37 Planungssicht zu Lieferantenkapazitäten

Aus der letzten Sicht, **Projected Stock**, ergibt sich die Situation bei den Beständen (siehe Abbildung 8.38). Der gesamte Bedarf ebenso wie die zugehörigen Zugänge, die geplanten Produktionsmengen, der initiale und projizierte Bestand werden in dieser Sicht dargestellt. Speziell beim Material SAP_PHONE_A ist ein negativer projizierter Bestand ab 01.03.2020 zu verzeichnen, welcher sich am 05.03.2020 auflöst. Er resultiert aus dem vorher abgebildeten Lieferantenengpass.

Die in der Planungssicht **Forecast and Prod. Allocations** nur zur Anzeige dargestellten Kontingente bzw. Allokationen können in einer weiteren Planungssichtvorlage angepasst werden (siehe Abbildung 8.39). Die Kennzahl *Allocation Adjusted* überschreibt die Kennzahl *Allocation* und führt somit zu einer Verschiebung der verfügbaren Menge für die Kundenaufträge.

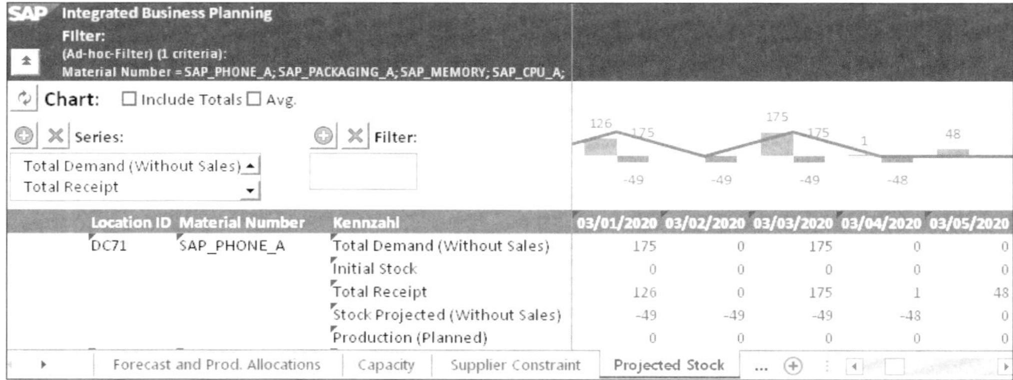

Abbildung 8.38 Planungssicht zur Bestandssituation

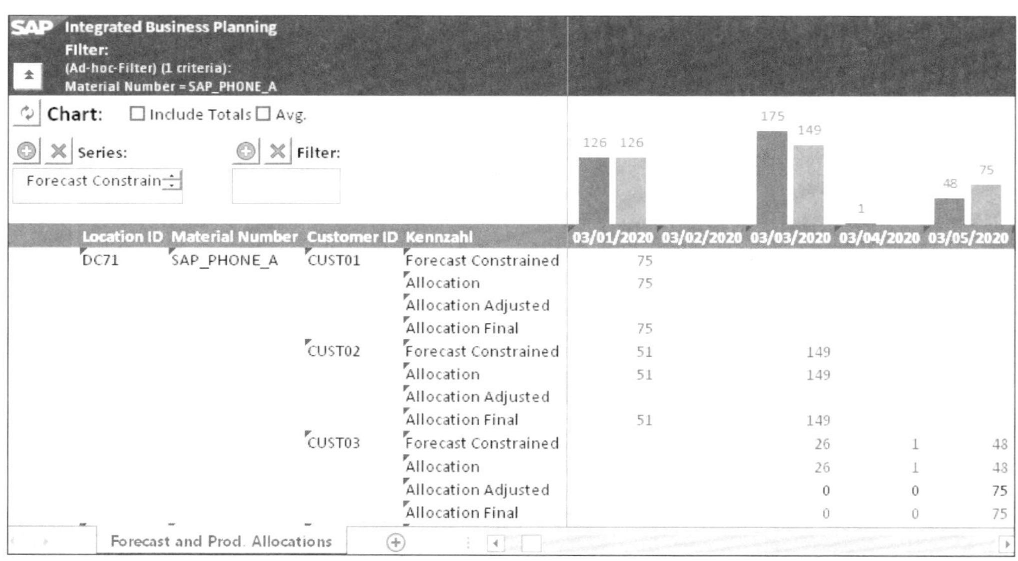

Abbildung 8.39 Anpassung der Allokationen

Zur optimalen Verteilung der Mengen im Netzwerk gibt es das Deployment. Die Planungssicht **Deployment Planning** (siehe Abbildung 8.40) zeigt die Ergebnisse des Deployment-Planungslaufs. Die verteilten Zugänge, sowohl geplante als auch bestätigte, werden auf der Transportkante und direkt auf der Lokation dargestellt. Ob sie am vorgegebenen Termin erfüllt werden können, erkennen Sie mithilfe der Kennzahlen zu den Kundenaufträgen und der unbeschränkten Prognose.

SAP Integrated Business Planning
Filter:
(Ad-hoc-Filter) (2 criteria):
Material Number = SAP_PHONE_A

Material Numb	Locatio	Ship-To	Kennzahl	03/01/2020	03/02/2020	03/03/2020	03/04/2020	03/05/2020
SAP_PHONE_A	(None)	DC71	Distribution Receipt (Lane; Planned)	0	0	0	0	0
			Distribution Receipt (Lane; Deployment)	126	0	149	0	75
		DC72	Distribution Receipt (Lane; Planned)	0	0	0	0	0
			Distribution Receipt (Lane; Deployment)	0	0	0	0	0
	DC71	(None)	Forecast Unconstrained	175		175		
			Sales Order (Requested)	175		175		
			Distribution Demand (Planned)	0	0	0	0	0
			Distribution Demand (Deployment)	0	0	0	0	0
			Distribution Receipt (Planned)	0	0	0	0	0
			Distribution Receipt (Deployment)	126	0	149	0	75
			Production (Planned)	0	0	0	0	0
			Production (Confirmed)	0	0	0	0	0
			Stock Projected	-49	-49	-75	-75	0

Deployment Planning | Deployment Adjustments ...

Abbildung 8.40 Planungssicht »Deployment Planning«

Ist das nicht der Fall, gibt es die Registerkarte **Deployment Adjustments**, über die Sie manuelle Anpassungen durchführen können (siehe Abbildung 8.41). Die Änderungen in der Planung für die verteilten Mengen können in dieser Vorlage auf der Transportkante stattfinden. In unserem Beispiel wurde festgelegt, dass die Verteilung der 224 Stück in die Lokation DC71 nicht am 03.03.2020, sondern am 05.03.2020 erfolgt.

SAP Integrated Business Planning
Filter:
(Ad-hoc-Filter) (1 criteria):
Material Number = SAP_PHONE_A

Material Numb	Locatio	Ship-Fr	Ship-To	Kennzahl	03/01/2020	03/02/2020	03/03/2020	03/04/2020	03/05/2020
SAP_PHONE_A	(None)	FA71	DC71	Distribution Receipt (Lane; Planned)	0	0	0	0	0
				Distribution Receipt (Lane; Deployment)	126	0	149	0	75
				Adjusted Distribution Receipt (Lane)			0		224
			DC72	Distribution Receipt (Lane; Planned)	0	0	0	0	0
				Distribution Receipt (Lane; Deployment)	0	0	0	0	0
				Adjusted Distribution Receipt (Lane)					
	DC71	(None)	(None)	Forecast Unconstrained	175		175		
				Sales Order (Requested)	175		175		
				Distribution Demand (Planned)	0	0	0	0	0
				Distribution Demand (Deployment)	0	0	0	0	0
				Distribution Receipt (Planned)	0	0	0	0	0
				Distribution Receipt (Deployment)	126	0	0	0	224
				Production (Planned)	0	0	0	0	0
				Production (Confirmed)	0	0	0	0	0
				Stock Projected	-49	-49	-224	-224	0

Deployment Planning | Deployment Adjustments

Abbildung 8.41 Anpassung des Deployments

Diese Planungssichtvorlagen sind ein Grundgerüst für die Arbeit mit der Response-and-Supply-Planung. Im Laufe eines Projekts sollten sie nach den Wünschen des Unternehmens angepasst werden.

Zusätzlich zu den Planungssichten stellt SAP eine Reihe von Applikationen in der Webbenutzeroberfläche zur Verfügung, mit denen die Analyse von Problemen in der Planung vereinfacht werden soll. Ein guter Ausgangspunkt ist die App **Engpässe an-**

zeigen. Hier finden Sie acht verschiedene Engpasstypen, die im Netzwerk auftreten können. Im folgenden Beispiel aus Abbildung 8.42 wurden zwei Engpasstypen für zwei unterschiedliche Auftragsnummern festgestellt. Dabei zeigt die Tabelle alle Engpässe der nächsten 28 Tage des Materials SAP_PHONE_A und dessen Komponenten. Somit werden auch die Engpässe aller zugehörigen Komponenten auf verschiedenen Stücklistenebenen berücksichtigt. In diesem Fall steht das Material SAP_PACKAGING_A auf der ersten Stücklistenstufe. Sie haben aber auch die Möglichkeit, sich unter dem Filterkriterium **Engpass für** die Engpässe für eine bestimmte Lokation oder ein Material anzeigen zu lassen, ohne abhängige Daten zu berücksichtigen. Um einen bestimmten Bedarf zu analysieren, markieren Sie ihn, und klicken Sie dann rechts oben auf die Schaltfläche **Bedarfe analysieren**.

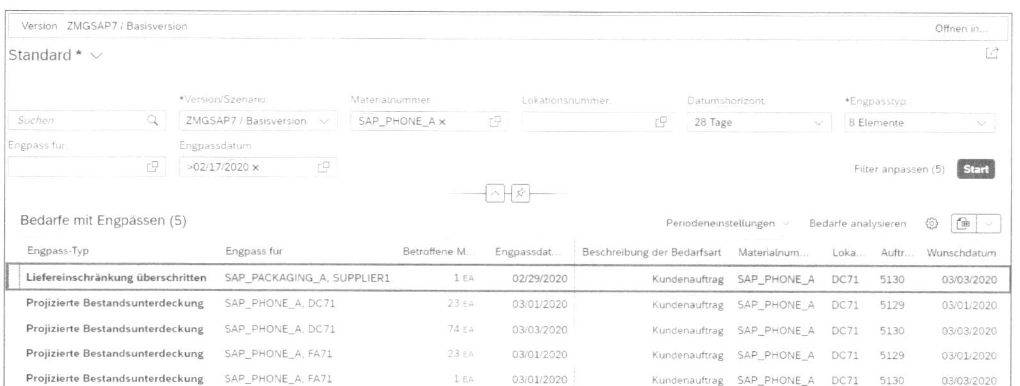

Engpass-Typ	Engpass für	Betroffene M...	Engpassdat...	Beschreibung der Bedarfsart	Materialnum...	Loka...	Auftr...	Wunschdatum
Liefereinschränkung überschritten	SAP_PACKAGING_A, SUPPLIER1	1 EA	02/29/2020	Kundenauftrag	SAP_PHONE_A	DC71	5130	03/03/2020
Projizierte Bestandsunterdeckung	SAP_PHONE_A, DC71	23 EA	03/01/2020	Kundenauftrag	SAP_PHONE_A	DC71	5129	03/01/2020
Projizierte Bestandsunterdeckung	SAP_PHONE_A, DC71	74 EA	03/03/2020	Kundenauftrag	SAP_PHONE_A	DC71	5130	03/03/2020
Projizierte Bestandsunterdeckung	SAP_PHONE_A, FA71	23 EA	03/01/2020	Kundenauftrag	SAP_PHONE_A	DC71	5129	03/01/2020
Projizierte Bestandsunterdeckung	SAP_PHONE_A, FA71	1 EA	03/01/2020	Kundenauftrag	SAP_PHONE_A	DC71	5130	03/03/2020

Abbildung 8.42 Bedarfe mit Engpässen

Es kann immer nur eine Auftragsnummer mit Positionsnummer gleichzeitig analysiert werden (siehe Abbildung 8.43). Anhand der Auftragsnetzstruktur werden die Bedarfe oder Zugänge vom Kundenauftrag des Fertigprodukts bis zur Bestellanforderung des Rohmaterials dargestellt. Bei Auswahl des Engpasses zeigt das System die betroffene Auftragsnetzposition an. So lässt sich das Problem in der Wertschöpfungskette sehr schnell identifizieren.

Zusätzlich kann der Engpass auch grafisch über das Icon (**Ausgewählte Elemente als Diagramm anzeigen lassen**) dargestellt werden. Beim Klicken auf die Icons bekommen Sie weitere Informationen über das Auftragselement. Der Engpass **Projizierte Bestandsunterdeckung** aus Abbildung 8.43 kann in der App **Projizierten Bestand anzeigen** näher analysiert werden (siehe Abbildung 8.44). Neben **Materialnummer**, **Lokationsnummer**, **Projizierter Bestand**, **Statischer Sicherheitsbestand** und **Letzte Planungslaufart** stellt die Applikation die **Zielabweichung**, das **Datum der Abweichung** und den **Status** dar. Das Material SAP_PHONE_A hat einen negativen Bestand ab dem 01.03.2020.

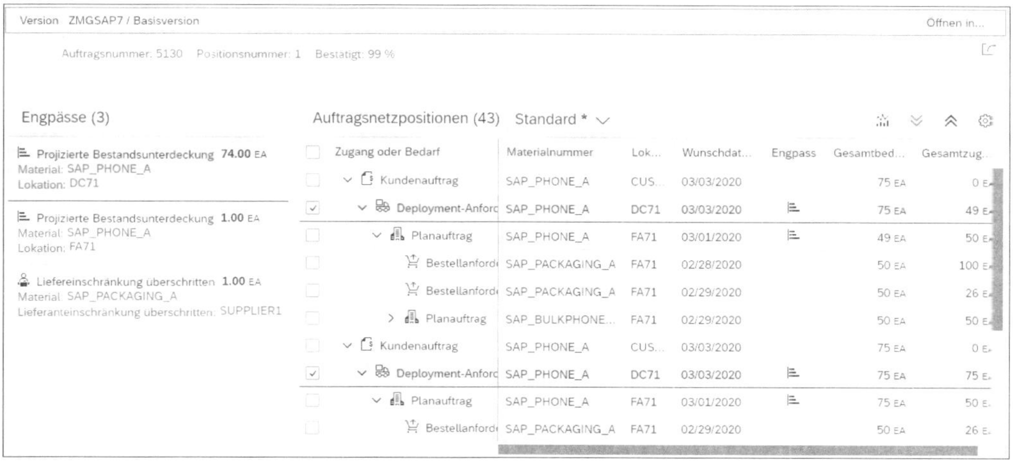

Abbildung 8.43 Detaillierte Informationen zu den Engpässen im Auftragsnetz

Abbildung 8.44 Projizierter Bestand

Details zu dieser Bestandsunterschreitung finden Sie, nachdem die jeweilige Zeile markiert wurde, in der unteren Bildschirmhälfte (siehe Abbildung 8.45). Die Bestandsentwicklung wird anhand der Zugangs- und Bedarfselemente angezeigt. Am 03.03.2020 bleiben noch 48 Stück negativer Bestand. Durch den weiteren Zugang von 48 Stück am 05.03.2020 ergibt sich ein projizierter Bestand von 0 Stück.

Sie können sich die Bestandsübersicht auch pro Tag anzeigen lassen, indem Sie die Schaltfläche **Tagessicht** auswählen (siehe Abbildung 8.46). Die Zugänge und Bedarfe sind pro Tag gegenübergestellt. Kundeninformationen finden sich in dieser Ansicht nicht.

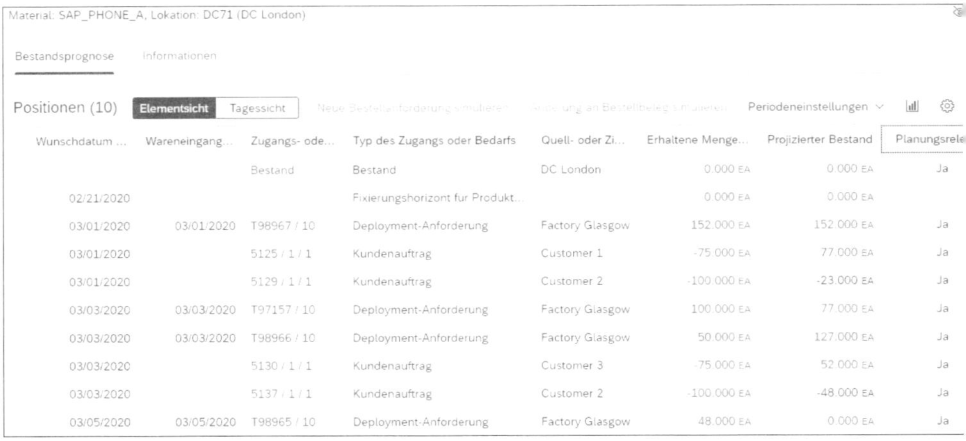

Material: SAP_PHONE_A, Lokation: DC71 (DC London)

Bestandsprognose Informationen

Positionen (10) Elementsicht Tagessicht Periodeneinstellungen

Wunschdatum ...	Wareneingang...	Zugangs- ode...	Typ des Zugangs oder Bedarfs	Quell- oder Zi...	Erhaltene Menge...	Projizierter Bestand	Planungsrele
		Bestand	Bestand	DC London	0.000 EA	0.000 EA	Ja
02/21/2020			Fixierungshorizont für Produkt...		0.000 EA	0.000 EA	
03/01/2020	03/01/2020	T98967 / 10	Deployment-Anforderung	Factory Glasgow	152.000 EA	152.000 EA	Ja
03/01/2020		5125 / 1 / 1	Kundenauftrag	Customer 1	-75.000 EA	77.000 EA	Ja
03/01/2020		5129 / 1 / 1	Kundenauftrag	Customer 2	-100.000 EA	-23.000 EA	Ja
03/03/2020	03/03/2020	T97157 / 10	Deployment-Anforderung	Factory Glasgow	100.000 EA	77.000 EA	Ja
03/03/2020	03/03/2020	T98966 / 10	Deployment-Anforderung	Factory Glasgow	50.000 EA	127.000 EA	Ja
03/03/2020		5130 / 1 / 1	Kundenauftrag	Customer 3	-75.000 EA	52.000 EA	Ja
03/03/2020		5137 / 1 / 1	Kundenauftrag	Customer 2	-100.000 EA	-48.000 EA	Ja
03/05/2020	03/05/2020	T98965 / 10	Deployment-Anforderung	Factory Glasgow	48.000 EA	0.000 EA	Ja

Abbildung 8.45 Elementsicht in der App »Projizierten Bestand anzeigen«

Material: SAP_PHONE_A, Lokation: DC71 (DC London)

Bestandsprognose Informationen

Tage (5) Elementsicht Tagessicht

Wunschdat...	Zugang	Bestand	Sicherheitsbest...	Änderung Sicherheitsb...	Bedarf	Erhaltene Menge ...	Projizierter Best...	Art des Fixierungsho
02/16/2020	0.000 EA	0.000 EA	0 EA	0.000 EA	0.000 EA	0.000 EA	0.000 EA	Fixierungshorizont für Produktion
02/21/2020	0.000 EA	0.000 EA	0 EA	0.000 EA	0.000 EA	0.000 EA	0.000 EA	Fixierungshorizont für Produktion
03/01/2020	152.000 EA	0.000 EA	0 EA	0.000 EA	-175.000 EA	-23.000 EA	-23.000 EA	Fixierungshorizont für Produktion
03/03/2020	150.000 EA	0.000 EA	0 EA	0.000 EA	-175.000 EA	-25.000 EA	-48.000 EA	Fixierungshorizont für Produktion
03/05/2020	48.000 EA	0.000 EA	0 EA	0.000 EA	0.000 EA	48.000 EA	0.000 EA	Fixierungshorizont für Produktion

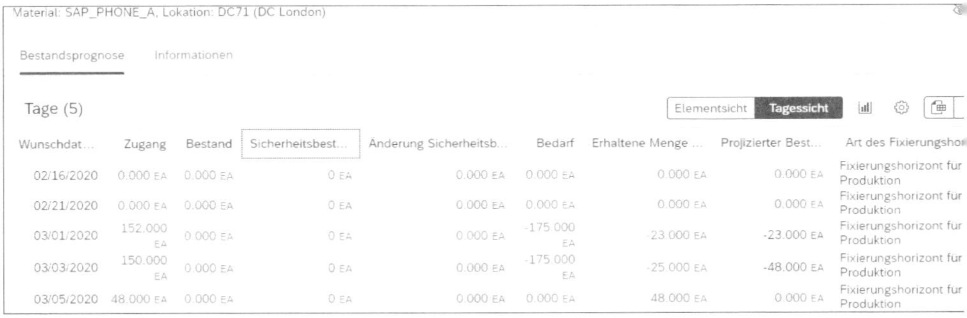

Abbildung 8.46 Tagessicht in der App »Projizierten Bestand anzeigen«

Aus der Elementsicht können Sie direkt in die Applikationen **Verwendung der Zugänge analysieren** und **Bestätigungen anzeigen** nach Auswahl der **Zugangs- oder Bedarfs-ID** abspringen. In Abbildung 8.47 ist die App **Verwendung der Zugänge analysieren** mit dem beispielhaft gewählten Zugang T98967/10 zu sehen. In dieser App erfahren Sie, welchem Kundenauftrag welcher Zugang zugeordnet ist. In unserem Beispiel wird ein Zugang mit zwei unterschiedlichen Kundenaufträgen verpeggt. Beide Kundenaufträge gehören zu unterschiedlichen Kunden mit unterschiedlicher Lieferpriorität. Bei einem Engpass würde erst Kunde 1 und dann Kunde 2 eine Zugangsmenge zugeordnet bekommen. In Abbildung 8.47 zeigt sich, dass nur der Auftrag des Kunden 01 komplett erfüllt und Kunde 02 verspätet beliefert wird. Dafür können Sie bei Auswahl der Position über die Schaltfläche **Bedarf analysieren** ❶ in die Engpassanalyse springen.

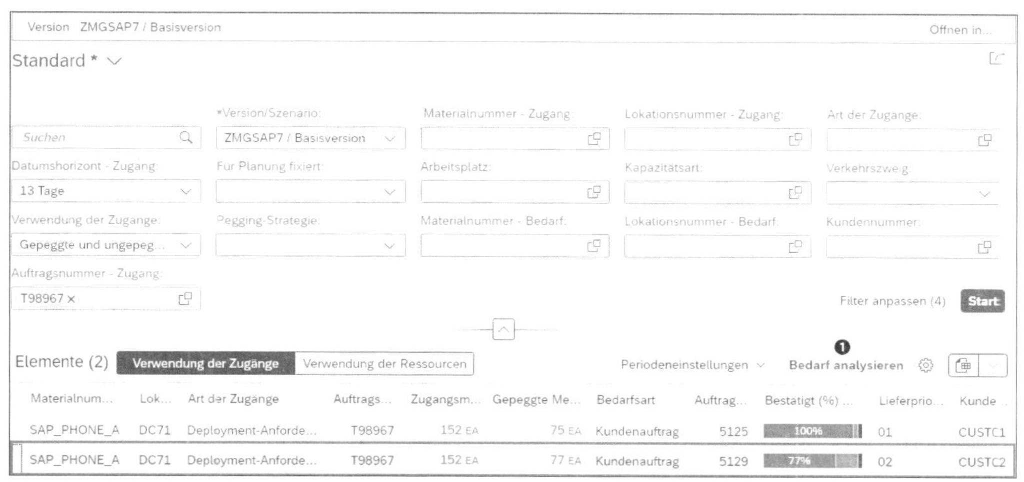

Abbildung 8.47 Analyse der verwendeten Zugänge

Neben der Verwendung der Zugänge können Sie sich in derselben App auch die Verwendung der Ressourcen unter der Schaltfläche **Verwendung der Ressourcen** anschauen. Der Zugang aus Abbildung 8.47 ist eine Umlagerung und hat daher keine Ressourcenbeziehung.

Im Beispiel aus Abbildung 8.48 hingegen ist der Zugang ein Planauftrag und verwendet Ressourcen. In dieser Ansicht wird der Zusammenhang zwischen Planauftrag und dem gepeggten Kundenauftrag hergestellt. Weiterhin ist es Ihnen möglich, sowohl die benötigte Menge in Stück als auch den Verbrauch der Ressource in Minuten zu prüfen. Abbildung 8.48 stellt einen Planauftrag dar, der zwei Kundenaufträgen zugeordnet ist. Kunde 02 sowie Kunde 03 haben beide Priorität 02 und werden aufgrund fehlender Zugänge nur teilweise bestätigt. Der Grund für die fehlenden Zugänge kann über die Schaltfläche **Bedarf analysieren** ❷ (siehe Abbildung 8.48) festgestellt werden.

Zur exemplarischen Visualisierung der Bestätigungen springen Sie über die Schaltfläche **Öffnen in ...** in die Applikation **Bestätigungen anzeigen** ab und klicken auf die **Auftragsnummer** 5130. In einer Übersicht (siehe Abbildung 8.49) zeigt das System alle bestätigten und nicht bestätigten Kundenaufträge. Über die Dropdown-Liste können Sie alle Aufträge, die entweder dem gleichen Lokationsprodukt oder dem gleichen Segment aus der Priorisierungsregel zugeordnet sind, anzeigen lassen. Es können aber auch alle momentan vorhandenen Kundenaufträge angezeigt werden. Die Anzeige stellt unter anderem Informationen über die Prioritäten, die gewünschte und bestätigte Menge, den gesamten und gefährdeten Erlös und den Bestätigungsstatus dar.

Abbildung 8.48 Analyse der verwendeten Ressourcen

Nach Auswahl eines der konkurrierenden Kundenaufträge ❸ erscheinen Einteilungsdetails für den Kundenauftrag. Der analysierte Bedarf ist nur teilweise bestätigt und hat aufgrund der kurzen Verzögerung von zwei Tagen keinen gefährdeten Erlös. Zusätzlich zur Priorität ist ein fehlender Erlös ein Indikator dafür, wie wichtig die nicht bestätigte Menge ist und ob Maßnahmen ergriffen werden müssen. Nähere Informationen zur Kontingentierung erhalten Sie über die Schaltfläche **Kontingentierungsdetails anzeigen** ❹.

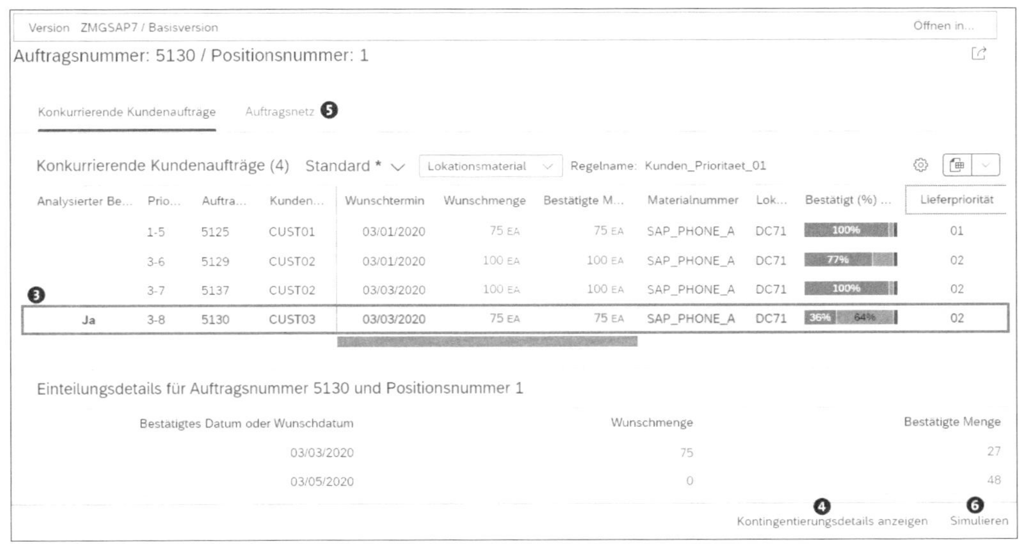

Abbildung 8.49 Anzeige der Bestätigungen

Nach Betätigen der Schaltfläche öffnet sich ein Dialogfenster. Es bildet die Lieferverzögerung anhand des Zeitraumes, der Kontingentierungsmenge, der verbrauchten Menge, der Restmenge und der bestätigten Menge ab. In diesem Fall gibt es eine Verzögerung von zwei Tagen, weil die Menge nur verspätet geliefert werden kann. Den Grund für die verspäteten Mengen können Sie auf der Registerkarte **Auftragsnetz** ❺ nachvollziehen. Hierbei handelt es sich um die gleiche Ansicht wie in Abbildung 8.43.

Zusätzlich können Sie über die Schaltfläche **Simulieren** ❻ sowohl neue Kundenaufträge anlegen als auch bestehende Kundenaufträge ändern. Dazu gehört die Anpassung der Lieferpriorität, der Belegart und der Einteilungen. Das Ergebnis der Änderungen kann dann in einem Simulationslauf in die Planung einfließen. Hierbei wird automatisch eine Simulation mit dem Planungsergebnis angelegt. Sie kann als Szenario gespeichert und dann mit anderen Nutzern geteilt werden. Außerdem können Sie innerhalb der Simulation Ihre Anpassungen über die Schaltfläche **Anweisungen prüfen** anschauen und über **Öffnen in** in die vorher erwähnten Applikationen zu Bewegungsdaten abspringen. Falls die Änderungen zu keinem brauchbaren Ergebnis führen, können sie über die Schaltfläche **Verwerfen** gelöscht werden.

8.7.3 Priorisierung der Bedarfe

Sowohl die Prognose als auch die Kundenaufträge sind Eingangselemente der Response-and-Supply-Planung. Es stellt sich dann die Frage, welche Bedarfe zuerst befriedigt werden sollen. Dafür gibt es in SAP IBP die Applikation **Regeln für die Bedarfspriorisierung**, mit deren Hilfe sich Regeln für eine Bedarfsdeckung festlegen lassen. Wie sich die Regel auf die Bedarfe auswirkt, können Sie sich in der Applikation **Bedarfe nach Priorität anzeigen** anschauen.

Zur Darstellung der Funktionalitäten benötigen wir mindestens zwei Priorisierungsregeln, die wir im Folgenden beispielhaft erstellen.

Rufen Sie die Applikation **Regeln für die Bedarfspriorisierung** auf, und legen Sie eine neue Regel an (siehe Abbildung 8.50). Dafür benötigt das System **Name** ❶, **Beschreibung** ❷ und eine **Pegging-Strategie** ❸, die in Abschnitt 8.2.1, »Prioritätenregeln«, erläutert wird. Über die Schaltfläche **Neu** ❹ unten rechts legen Sie ein neues Segment für die Regel an.

In unserem Beispiel besteht die Regel aus insgesamt sechs Segmenten. Das erste Segment deckt die Kundenaufträge von Prio-01-Kunden ab (siehe Abbildung 8.51). Das spiegelt sich im Namen und in der Beschreibung wider. Prio-01-Bedarfe sind in diesem Fall Kundenaufträge (`MRP_TYPE = VC`), die von Kunden mit der Klassifizierung A (`CUSTOMER_CLASSIFICATION = A`) kommen und als **Segmentbedingung** definiert werden. Als **Pegging-Strategie** ist die Bevorzugung von Just-in-Time-Zugängen anstelle von stabilen Zugängen definiert. Der Segmenttyp ist in unserem Beispiel als **Segment mit Bedarfsreihenfolge** ❺ ausgewählt, kann aber auch alternativ als **Segment mit Bedarfs-**

Fair-Share ausgewählt werden. Die Erläuterung dieser Begriffe erfolgt in Abschnitt 8.2.1, »Prioritätenregeln«.

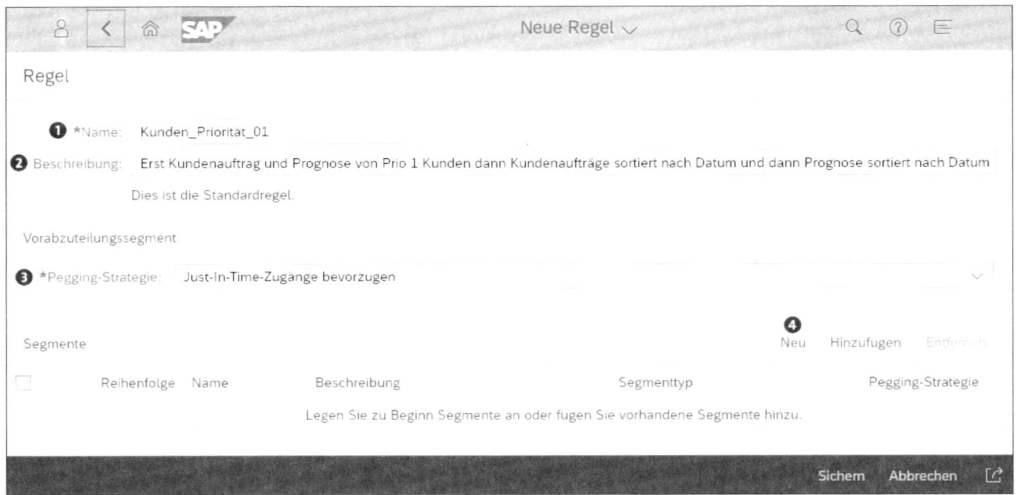

Abbildung 8.50 Anlegen einer Priorisierungsregel

Neues Segment

Segment

*Name: PRIO-01_Kunde_Kundenauftrage

Beschreibung: Kundenaufträge von Prio 1 Kunden

Segmentbedingung: MRP_TYPE of the IBPRM_VV_DMFCE = 'VC' and CUSTOMER_CLASSIFICATION of the IBPRM_VV_DMFCE = 'A'

*Pegging-Strategie: Just-In-Time-Zugänge bevorzugen

*Segmenttyp: Segment mit Bedarfsreihenfolge ❺

Sortierattribute ❻ Hinzufugen Entfernen Als Kollektion sichern Aus Kollektion importieren

Reihenfolge	Name	Sortieren nach
1	REQUESTED_DATE	Aufsteigend / Absteigend
2	CUSTOMER_NUMBER	Aufsteigend / Absteigend
3	ORDER_NUMBER	Aufsteigend / Absteigend
4	ITEM_NUMBER	Aufsteigend / Absteigend

Sichern Abbrechen

Abbildung 8.51 Segment für Kundenaufträge der Prio-01-Kunden

Diese Kundenaufträge werden mithilfe der Schaltfläche **Hinzufügen** ❻ nach den Attributen Anforderungsdatum, Kundennummer, Auftragsnummer und Positionsnummer sortiert.

Das zweite Segment deckt die Prognose der Prio-01-Kunden ab (siehe Abbildung 8.52). Prio-01-Bedarfe sind in diesem Fall Prognosewerte (`MRP_TYPE = PR`), die von Kunden mit der Klassifizierung A (`CUSTOMER_CLASSIFICATION = A`) kommen. Diese Kundenaufträge werden nach Anforderungsdatum, Kundennummer, Lokationsnummer und Materialnummer sortiert.

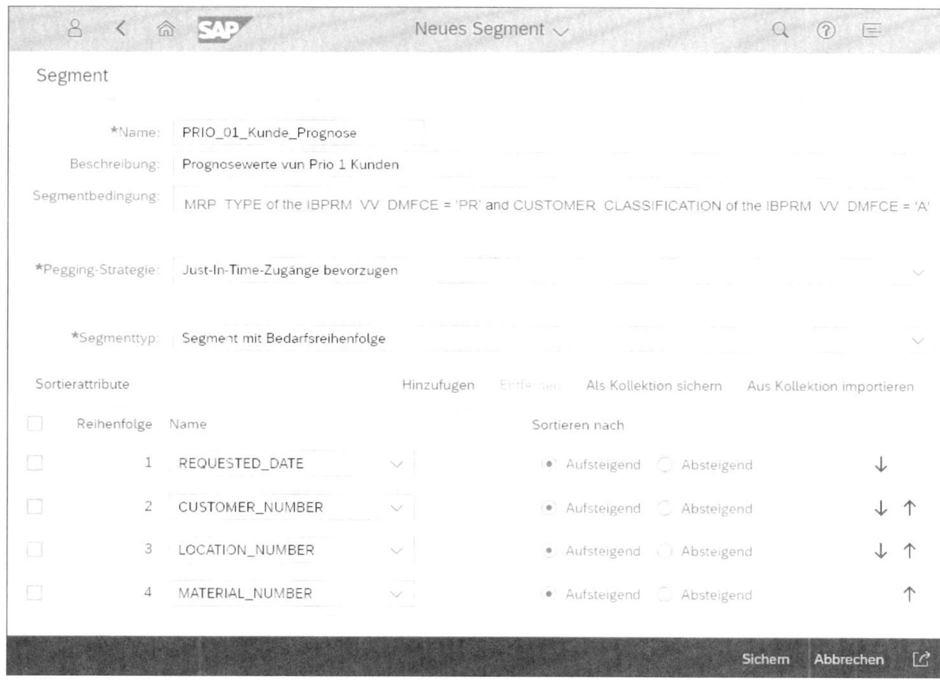

Abbildung 8.52 Segment für Prognose der Prio-01-Kunden

Das dritte Segment greift die niedriger priorisierten Kundenaufträge ab (siehe Abbildung 8.53). Hierbei wird die Kundenklassifizierung erst nach dem Anforderungsdatum berücksichtigt. Dabei handelt es sich um alle Kunden, die nicht mit A klassifiziert sind, aber trotzdem eine Klassifizierung haben.

Das vierte Segment greift die niedriger priorisierten Prognosewerte ab (siehe Abbildung 8.54). Hierbei wird die Kundenklassifizierung erst nach dem Anforderungsdatum berücksichtigt. Dabei handelt es sich um alle Kunden, die nicht mit A klassifiziert sind, aber trotzdem eine Klassifizierung haben.

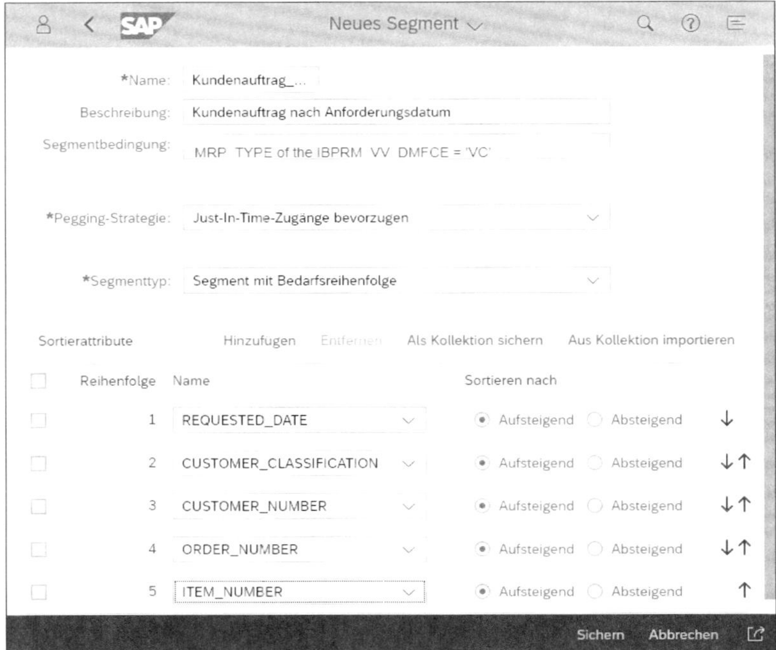

Abbildung 8.53 Segment für Kundenaufträge der Nicht-Prio-01-Kunden

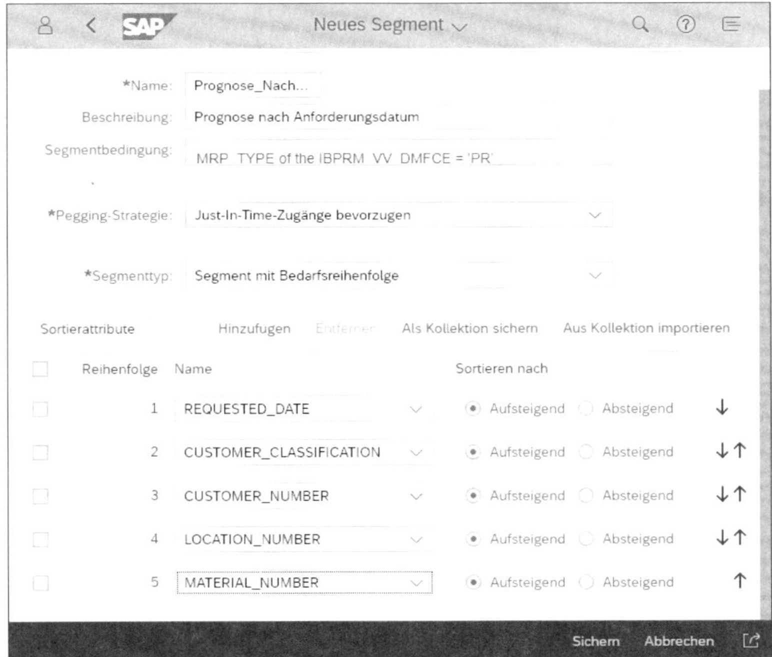

Abbildung 8.54 Segment für Prognosewerte der Nicht-Prio-01-Kunden

Das letzte Segment fängt alle übrigen Kundenaufträge oder Prognosen ab (siehe Abbildung 8.55). Das Anforderungsdatum ist das einzige Kriterium, nach dem die restlichen Kundenaufträge und Prognosewerte abgedeckt werden.

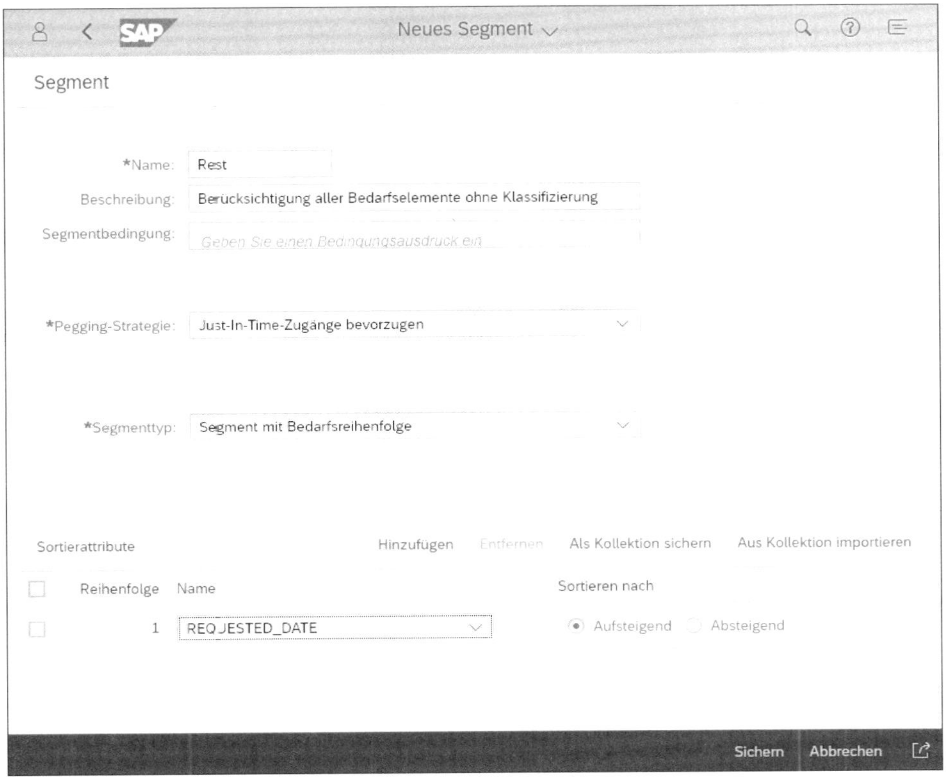

Abbildung 8.55 Segment zur Berücksichtigung aller Bedarfselemente ohne Klassifizierung

Die zweite Regel wird zur Darstellung der Gleichverteilung benötigt (siehe Abbildung 8.56). Im Regelkopf benötigt das System wieder Angaben zu **Name**, **Beschreibung** und **Pegging-Strategie**. Unter den Segmenten legen Sie mithilfe der Schaltfläche **Neu** ❶ ein neues Segment an. Die ersten beiden Segmente richten sich wieder nach den Prio-01-Kunden der Kundenaufträge und Prognosewerte. Falls Segmente bereits vorhanden sind, können Sie diese über die Schaltfläche **Hinzufügen** ❷ zuweisen.

Das dritte Segment fängt die Kundenaufträge über eine Gleichverteilung der Bedarfe ab (siehe Abbildung 8.57). Hierzu wird das Gleichverteilungsprofil angegeben, und es werden alle restlichen Kundenaufträge bei einem Engpass zu gleichen Teilen befriedigt. Für das vierte Segment bleiben nur noch die niedriger priorisierten Prognosewerte übrig, die nach Anforderungsdatum abgedeckt werden.

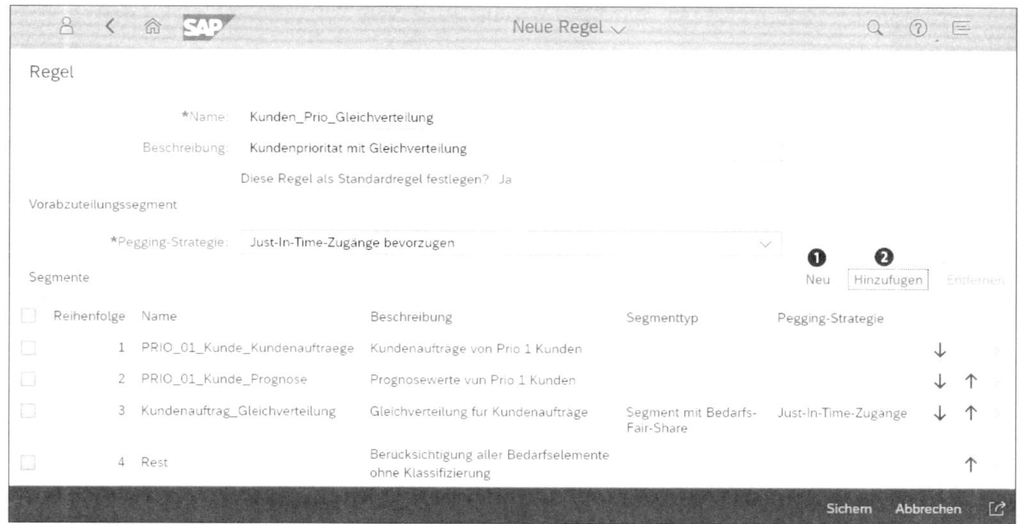

Abbildung 8.56 Regel zur Gleichverteilung von Bedarfen

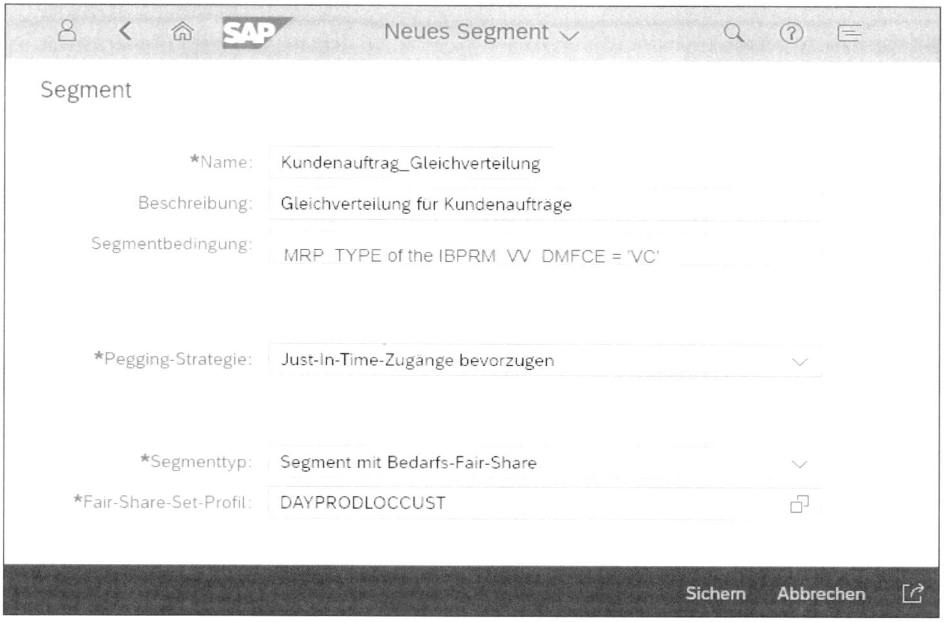

Neues Segment
Segment
*Name: Kundenauftrag_Gleichverteilung
Beschreibung: Gleichverteilung für Kundenaufträge
Segmentbedingung: MRP_TYPE of the IBPRM_VV_DMFCE = 'VC'
*Pegging-Strategie: Just-In-Time-Zugänge bevorzugen
*Segmenttyp: Segment mit Bedarfs-Fair-Share
*Fair-Share-Set-Profil: DAYPRODLOCCUST
Sichern Abbrechen

Abbildung 8.57 Segment zur Gleichverteilung der Kundenauftragsbedarfe

Zum Ausprobieren der neuen Priorisierungsregel können Sie sich in der App **Bedarfe nach Priorität anzeigen** anhand der vorhandenen Bedarfselemente im System die Rangfolge anschauen. Als Voraussetzung müssen Allokationen für die jeweiligen Kunden existieren, und der Bestätigungslauf muss durchgeführt werden. In Abbildung 8.58 haben wir die Prioritäten für die Regel *Kunden_Prioritaet_01* berechnen lassen.

Bedarfe nach Rangfolge (13) Standard *

Prior...	Segment-ID	Bedarf...	Auftragsart	Materialnummer	Lok...	Kunden...	Bestätigungsstatus	Bestätigte M...	Verspätete M...
1-1	PRIO_01_Kunde_Kundenauftraege	5127 / 1	Kundenauftrag	SAP_PHONE_B	DC73	CUST08	100%	0 EA	0 EA
1-2	PRIO_01_Kunde_Kundenauftraege	5131 / 1	Kundenauftrag	SAP_PHONE_A	DC72	CUST04	100%	0 EA	0 EA
1-3	PRIO_01_Kunde_Kundenauftraege	5126 / 1	Kundenauftrag	SAP_PHONE_B	DC73	CUST07	100%	0 EA	0 EA
1-4	PRIO_01_Kunde_Kundenauftraege	5132 / 1	Kundenauftrag	SAP_PHONE_A	DC72	CUST04	100%	0 EA	0 EA
1-5	PRIO_01_Kunde_Kundenauftraege	5125 / 1	Kundenauftrag	SAP_PHONE_A	DC71	CUST01	100%	75 EA	0 EA
3-1	Kundenauftrag_Nach_Datum	5134 / 1	Kundenauftrag	SAP_PHONE_B	DC72	CUST05	100%	0 EA	0 EA
3-2	Kundenauftrag_Nach_Datum	5128 / 1	Kundenauftrag	SAP_PHONE_B	DC73	CUST09	100%	0 EA	0 EA
3-3	Kundenauftrag_Nach_Datum	5133 / 1	Kundenauftrag	SAP_PHONE_A	DC72	CUST05	100%	0 EA	0 EA
3-4	Kundenauftrag_Nach_Datum	5135 / 1	Kundenauftrag	SAP_PHONE_B	DC72	CUST05	100%	0 EA	0 EA
3-5	Kundenauftrag_Nach_Datum	5136 / 1	Kundenauftrag	SAP_PHONE_B	DC72	CUST06	100%	0 EA	0 EA
3-6	Kundenauftrag_Nach_Datum	5129 / 1	Kundenauftrag	SAP_PHONE_A	DC71	CUST02	77%	100 EA	23 EA
3-7	Kundenauftrag_Nach_Datum	5137 / 1	Kundenauftrag	SAP_PHONE_A	DC71	CUST02	100%	100 EA	0 EA
3-8	Kundenauftrag_Nach_Datum	5130 / 1	Kundenauftrag	SAP_PHONE_A	DC71	CUST03	36% 64%	75 EA	48 EA

Abbildung 8.58 Priorisierung der Bedarfe für Regel »Kunden_Prioritaet_01«

In diesem Beispiel fokussieren wir uns auf das Produkt SAP_PHONE_A. Die Kundenaufträge von Kunde 01 und Kunde 04 werden als Erstes bestätigt, weil sie die Kundenklassifizierung 01 haben. Danach zählt die Kundennummer aufsteigend. Deswegen wird Kunde 01 als Erstes bestätigt, allerdings nur teilweise verspätet, weil die dazugehörige Allokation, die sich aus der Prognose ergibt, mit einer Menge von 50 auf dem gleichen Tag wie der Kundenauftrag liegt, allerdings 75 benötigt werden. Die restliche Menge von 25 ist erst zwei Tage später verfügbar. Deswegen erscheint die Prognose in dieser App noch auf Rang 2-1, weil hier nur die Prognoseobjekte angezeigt werden, die noch nicht konsumiert wurden. Sie befindet sich auf Rang 2, weil priorisierte Prognosen in diesem Beispiel erst nach priorisierten Kundenaufträgen kommen. Die restlichen Kundenaufträge sind niedriger priorisiert und erscheinen auf Rang 3. Auf Priorität 4 gibt es eine nicht konsumierte Prognose, die auch keinem Kunden mit der Klassifizierung 01 zugeordnet ist. Für das letzte Segment *Rest* gibt es keine nicht klassifizierten Kunden im System. Dementsprechend kann es dafür auch keine Einträge in dieser Applikation geben.

8.7.4 Restriktionsbasierter Prognoselauf mit der prioritätenbasierten Heuristik

In diesem und im nächsten Abschnitt stellen wir die Planungsläufe zur prioritätenbasierten Heuristik und zum Optimierer in der praktischen Anwendung dar. Als Grundlage legen wir eine unbeschränkte Prognose in der Basisversion an, indem deren Kennzahl (*Forecast Unconstrained*) mit Werten gefüllt wird (siehe Abbildung 8.59).

Dafür wird am 06.04.2020 eine Menge von 75 Stück für Kunde 01 (CUST01) und eine Menge von 100 Stück für Kunde 02 (CUST02) sowie am 08.04.2020 eine Menge von 100 Stück für Kunde 02 (CUST02) und eine Menge von 75 Stück für Kunde 03 (CUST03) angegeben.

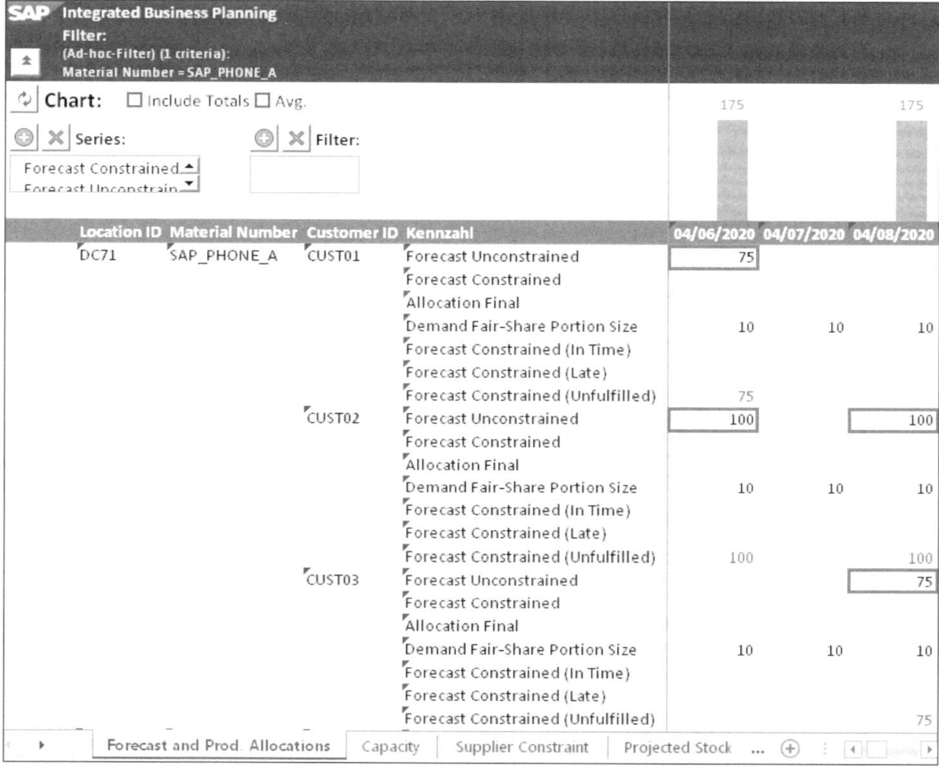

Abbildung 8.59 Anlegen der unbeschränkten Prognose

Danach wird der restriktionsbasierte Prognoselauf über die Applikation **Anwendungsjobs – Auftragsbasierte Planung** in der Webbenutzeroberfläche gestartet. Dafür betätigen Sie die Plusschaltfläche und wählen die Jobvorlage **Auftragsbasierte Planung: Restriktionsbasierter Prognoselauf** aus.

Anschließend legen wir nur die Regel *Kunden_Prioritaet_01* ❶ fest, wie in Abbildung 8.60 dargestellt, und planen den Job durch Auswahl der Schaltfläche **Einplanen** ❷ ein. Während der Planung kann es zu verschiedenen Engpässen kommen. Zur Ursachenfindung öffnen Sie die Applikation **Engpässe anzeigen**. In unserem Beispiel gibt es verschiedene Engpässe (siehe Abbildung 8.61). Neben den Engpässen **Angepasste Menge überschritten** sowie **Beschaffungszeit unzureichend** ergeben sich weitere Probleme aufgrund der Engpass-Typen **Liefereinschränkungen überschritten**, **Projizierte Bestandsunterdeckung** und **Ressourcenüberlastung**.

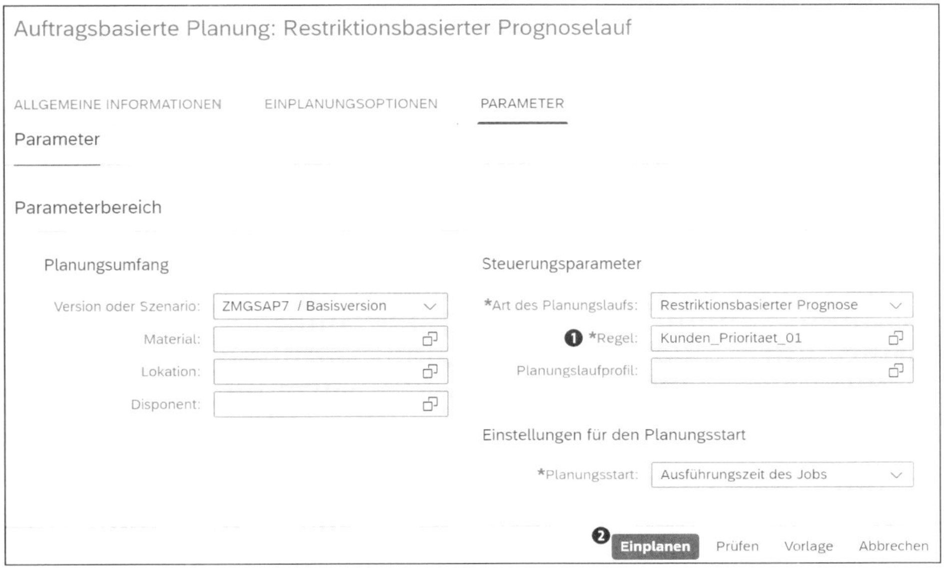

Auftragsbasierte Planung: Restriktionsbasierter Prognoselauf

ALLGEMEINE INFORMATIONEN EINPLANUNGSOPTIONEN PARAMETER

Parameter

Parameterbereich

Planungsumfang

Version oder Szenario: ZMGSAP7 / Basisversion

Material:

Lokation:

Disponent:

Steuerungsparameter

*Art des Planungslaufs: Restriktionsbasierter Prognose

❶ *Regel: Kunden_Prioritaet_01

Planungslaufprofil:

Einstellungen für den Planungsstart

*Planungsstart: Ausführungszeit des Jobs

❷ Einplanen Prüfen Vorlage Abbrechen

Abbildung 8.60 Einplanen des restriktionsbasierten Prognoselaufs

Bedarfe mit Engpässen (15) Periodeneinstellungen Bedarfe analysieren

Engpass-Typ	Engpass für	Betroff...	Engpass...	Beschreibung ...	Materialnum...	Lok...	Auftra...	Wunschd...	Wunsc...
Angepasste Menge übers...	SAP_PHONE_A, DC71	100 EA	04/06/2020	Offene Prognose	SAP_PHONE_A	DC71	F101847	04/06/2020	100 EA
Angepasste Menge übers...	SAP_PHONE_A, DC71	25 EA	04/06/2020	Offene Prognose	SAP_PHONE_A	DC71	F101848	04/06/2020	75 EA
Beschaffungszeit unzurei...	SAP_BOARD_A, FA71	100 EA	02/24/2020	Offene Prognose	SAP_PHONE_A	DC71	F102521	03/01/2020	100 EA
Beschaffungszeit unzurei...	SAP_CASE_A, FA71	100 EA	02/24/2020	Offene Prognose	SAP_PHONE_A	DC71	F102521	03/01/2020	100 EA
Beschaffungszeit unzurei...	SAP_CPU_A, FA71	100 EA	02/24/2020	Offene Prognose	SAP_PHONE_A	DC71	F102521	03/01/2020	100 EA

Abbildung 8.61 Beispiel zu Engpässen

Wir werden die Probleme nun von oben nach unten abarbeiten. An den Auftragsnummern sieht man, dass die Engpässe teils zusammenhängen. Beispielsweise wurde am 06.04.2020 eine angepasste Menge angelegt, die geringer ist als die benötigte Menge. Davon sind zwei Prognosen mit den Auftragsnummern F101847 und F101848 betroffen. Zur Analyse markieren Sie die Zeile mit der Auftragsnummer F101847 und klicken auf die Schaltfläche **Bedarfe analysieren**. Im **Auftragsnetz** ergibt sich neben der geänderten Menge gleichzeitig eine Ressourcenüberlast und überschrittene Liefereinschränkung (siehe Abbildung 8.62).

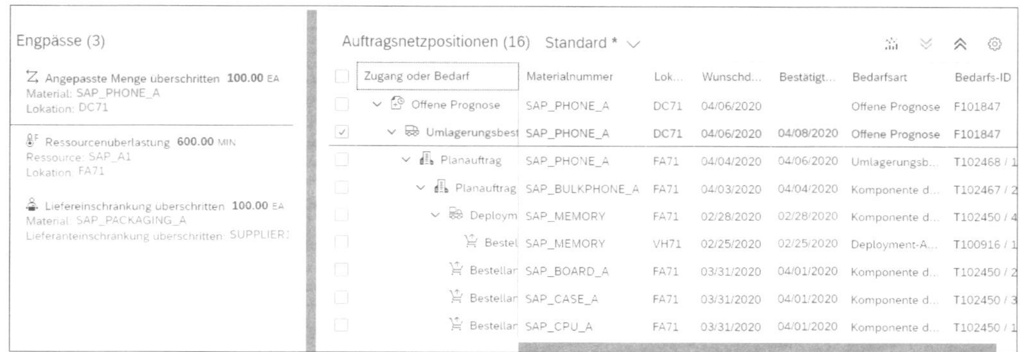

Engpässe (3)

Angepasste Menge überschritten 100.00 EA
Material: SAP_PHONE_A
Lokation: DC71

Ressourcenüberlastung 600.00 MIN
Ressource: SAP_A1
Lokation: FA71

Liefereinschränkung überschritten 100.00 EA
Material: SAP_PACKAGING_A
Lieferanteinschränkung überschritten: SUPPLIER1

Auftragsnetzpositionen (16) Standard *

Zugang oder Bedarf	Materialnummer	Lok...	Wunschd...	Bestätigt...	Bedarfsart	Bedarfs-ID
Offene Prognose	SAP_PHONE_A	DC71	04/06/2020		Offene Prognose	F101847
Umlagerungsbest	SAP_PHONE_A	DC71	04/06/2020	04/08/2020	Offene Prognose	F101847
Planauftrag	SAP_PHONE_A	FA71	04/04/2020	04/06/2020	Umlagerungsb...	T102468 / 1
Planauftrag	SAP_BULKPHONE_A	FA71	04/03/2020	04/04/2020	Komponente d...	T102467 / 2
Deploym	SAP_MEMORY	FA71	02/28/2020	02/28/2020	Komponente d...	T102450 / 4
Bestel	SAP_MEMORY	VH71	02/25/2020	02/25/2020	Deployment-A...	T100916 / 1
Bestellar	SAP_BOARD_A	FA71	03/31/2020	04/01/2020	Komponente d...	T102450 / 2
Bestellar	SAP_CASE_A	FA71	03/31/2020	04/01/2020	Komponente d...	T102450 / 3
Bestellar	SAP_CPU_A	FA71	03/31/2020	04/01/2020	Komponente d...	T102450 / 1

Abbildung 8.62 Auftragsnetz zum Prognoseauftrag F101847

Die nicht ausreichende Menge von 100 Stück gehört zu der Umlagerungsbestellanforderung zum Prognoseauftrag F101847, wobei sich das bestätigte Datum am 08.04.2020 um zwei Tage vom Wunschdatum unterscheidet.

Nachdem Sie die zweite Zeile mit der Auftragsnummer F101848in Abbildung 8.61 ausgewählt und die Schaltfläche **Bedarfe analysieren** betätigt haben, gelangen Sie zur Ansicht in Abbildung 8.63. Bei diesem Auftrag ergibt sich durch die Anpassung eine projizierte Bestandsunterdeckung. Somit kann nur eine Menge von 25 Stück durch die angepasste Menge beschafft werden. Benötigt werden allerdings 75 Stück.

Engpässe (3)

Angepasste Menge überschritten 25.00 EA
Material: SAP_PHONE_A
Lokation: DC71

Ressourcenüberlastung 450.00 MIN
Ressource: SAP_A1
Lokation: FA71

Liefereinschränkung überschritten 75.00 EA
Material: SAP_PACKAGING_A
Lieferanteinschränkung überschritten: SUPPLIER1

Auftragsnetzpositionen (11) Standard *

Zugang oder Bedarf	Materialnummer	Lok...	Wunschd...	Bestätigt...	Bedarfsart	Bedarfs-ID
Offene Prognose	SAP_PHONE_A	DC71	04/06/2020		Offene Prognose	F101848
Umlagerungsbest	SAP_PHONE_A	DC71	04/06/2020	04/07/2020	Offene Prognose	F101848
Planauftrag	SAP_PHONE_A	FA71	04/04/2020	04/05/2020	Umlagerungsb...	T102489 / 1
Planauftrag	SAP_BULKPHONE_A	FA71	04/03/2020	04/04/2020	Komponente d...	T102488 / 2
Deploym	SAP_MEMORY	FA71	02/28/2020	02/28/2020	Komponente d...	T102487 / 4
Bestel	SAP_MEMORY	VH71	02/24/2020	02/24/2020	Deployment-A...	T100916 / 1
Bestel	SAP_MEMORY	VH71	02/25/2020	02/25/2020	Deployment-A...	T100916 / 1

Abbildung 8.63 Auftragsnetz zum Prognoseauftrag F101848

Zur weiteren Analyse verwenden wir das weiter oben schon beschriebene Standard-Template in Excel. Die Kennzahl *Adjusted Distribution Receipt (Lane)* mit den Attributen *Ship From Loc. ID* und *Ship To Loc. ID* wurde dem Template hinzugefügt (siehe Abbildung 8.64).

Die Kennzahl zur angepassten Menge (*Adjusted Distribution Receipt (Lane)*) schränkt die Zugänge (*Total Receipt*) ein, somit ist sie ein Auslöser für einen Engpass. Da sich die Situation im Werk FA71 verbessert hat und eine höhere Menge des Materials SAP_PHONE_A verfügbar ist, kann der Eintrag von 50 Stück gelöscht und anschließend der

Planungslauf gestartet werden. Daraus ergibt sich allerdings eine neue Engpasssituation (siehe Abbildung 8.65).

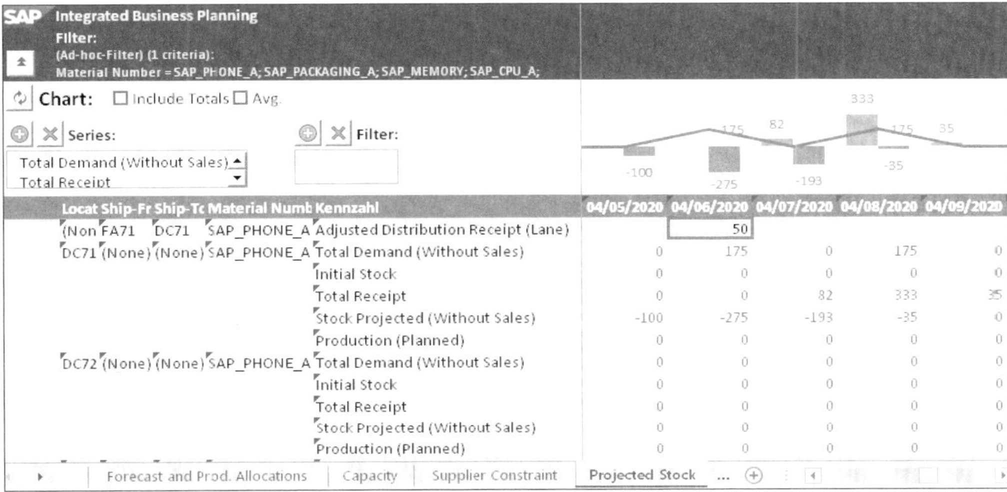
SAP Integrated Business Planning
Filter:
(Ad-hoc-Filter) (1 criteria):
Material Number = SAP_PHONE_A; SAP_PACKAGING_A; SAP_MEMORY; SAP_CPU_A;

Locat	Ship-Fr	Ship-Tc	Material Numb	Kennzahl	04/05/2020	04/06/2020	04/07/2020	04/08/2020	04/09/2020
(Non	FA71	DC71	SAP_PHONE_A	Adjusted Distribution Receipt (Lane)		50			
DC71	(None)	(None)	SAP_PHONE_A	Total Demand (Without Sales)	0	175	0	175	0
				Initial Stock	0	0	0	0	0
				Total Receipt	0	0	82	333	35
				Stock Projected (Without Sales)	-100	-275	-193	-35	0
				Production (Planned)	0	0	0	0	0
DC72	(None)	(None)	SAP_PHONE_A	Total Demand (Without Sales)	0	0	0	0	0
				Initial Stock	0	0	0	0	0
				Total Receipt	0	0	0	0	0
				Stock Projected (Without Sales)	0	0	0	0	0
				Production (Planned)	0	0	0	0	0

Abbildung 8.64 Engpass zur angepassten Menge in Excel

Bedarfe mit Engpässen (16)

Engpass-Typ	Engpass für	Betroff...	Engpass...	Beschreibung ...	Materialnum...	Lok...	Auftra...	Wunschd...	Wunsc...
Liefereinschränkung über...	SAP_PACKAGING_...	75 EA	04/03/2020	Offene Prognose	SAP_PHONE_A	DC71	F101848	04/06/2020	75 EA
Projizierte Bestandsunter...	SAP_MEMORY, FA71	166 EA	02/26/2020	Offene Prognose	SAP_PHONE_A	DC71	F102521	03/01/2020	100 EA
Ressourcenüberlastung	SAP_A1, FA71	600 MIN	02/27/2020	Offene Prognose	SAP_PHONE_A	DC71	F102521	03/01/2020	100 EA
Ressourcenüberlastung	SAP_A1, FA71	600 MIN	04/03/2020	Offene Prognose	SAP_PHONE_A	DC71	F101847	04/06/2020	100 EA
Ressourcenüberlastung	SAP_A1, FA71	450 MIN	04/03/2020	Offene Prognose	SAP_PHONE_A	DC71	F101848	04/06/2020	75 EA

Abbildung 8.65 Engpässe nach Änderung der angepassten Menge

Der Engpass zur angepassten Menge ist gelöst, allerdings sind weitere Probleme aufgetaucht, die sich aus der neuen Planungssituation ergeben. Die Ressourcenüberlast zum Prognoseauftrag F101847vom 04.03.2020 zählt nicht dazu und wird deswegen als Nächstes untersucht. Dafür nutzen wir die Registerkarte **Capacity** aus dem Excel-Standard-Template (siehe Abbildung 8.66).

Die verfügbare Kapazität (*Capacity Available [Adjusted]*) von 500 Minuten scheint nicht ausreichend zu sein. Nach Rücksprache mit der Produktion kann aber die Verfügbarkeit der Ressource FA71 am 04.04.2020 dank zusätzlicher Schichten auf 2.000 Minuten gesetzt werden. Nach dem Planungslauf ergibt sich das Bild aus Abbildung 8.67 in Excel.

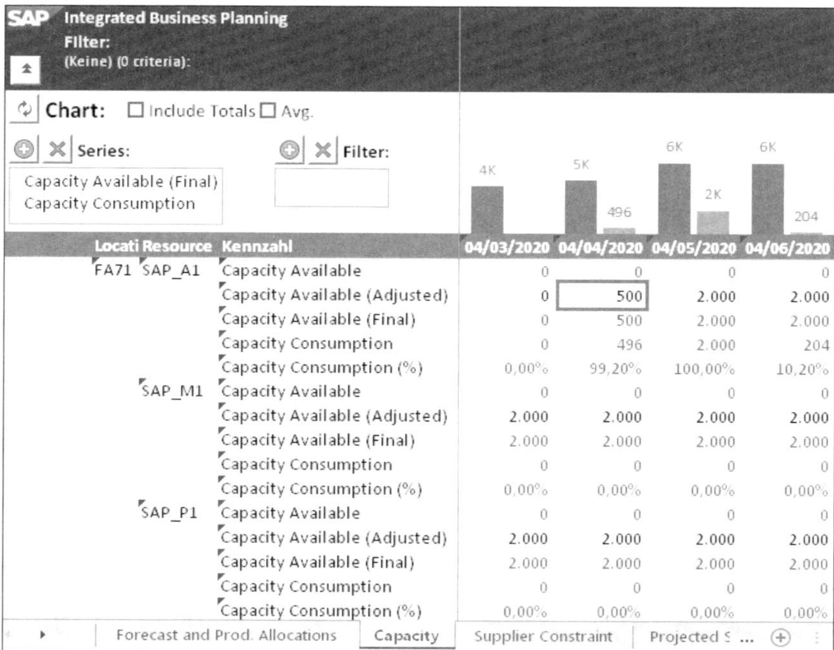

Locati	Resource	Kennzahl	04/03/2020	04/04/2020	04/05/2020	04/06/2020
FA71	SAP_A1	Capacity Available	0	0	0	0
		Capacity Available (Adjusted)	0	500	2.000	2.000
		Capacity Available (Final)	0	500	2.000	2.000
		Capacity Consumption	0	496	2.000	204
		Capacity Consumption (%)	0,00%	99,20%	100,00%	10,20%
	SAP_M1	Capacity Available	0	0	0	0
		Capacity Available (Adjusted)	2.000	2.000	2.000	2.000
		Capacity Available (Final)	2.000	2.000	2.000	2.000
		Capacity Consumption	0	0	0	0
		Capacity Consumption (%)	0,00%	0,00%	0,00%	0,00%
	SAP_P1	Capacity Available	0	0	0	0
		Capacity Available (Adjusted)	2.000	2.000	2.000	2.000
		Capacity Available (Final)	2.000	2.000	2.000	2.000
		Capacity Consumption	0	0	0	0
		Capacity Consumption (%)	0,00%	0,00%	0,00%	0,00%

Abbildung 8.66 Engpass zur Ressourcenüberlast im Excel-Template

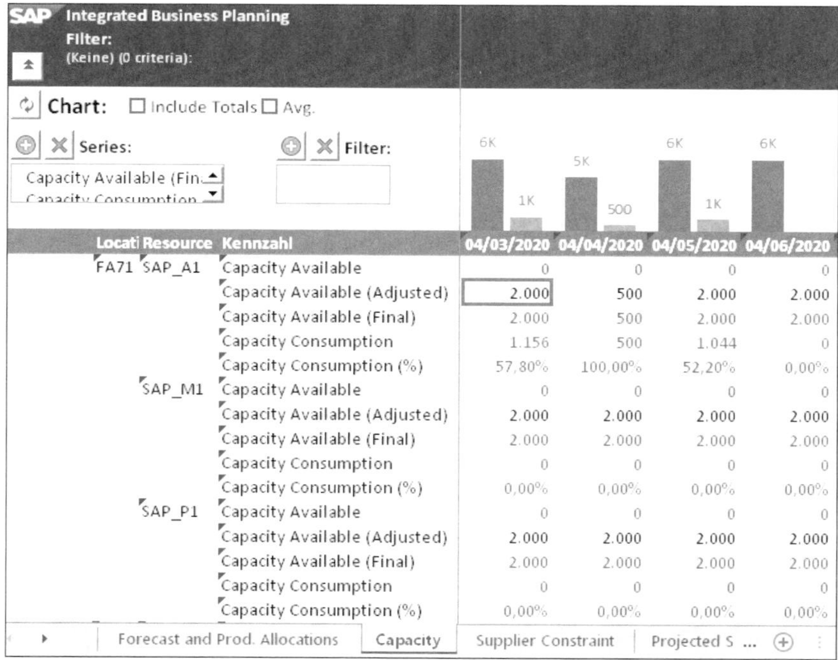

Locati	Resource	Kennzahl	04/03/2020	04/04/2020	04/05/2020	04/06/2020
FA71	SAP_A1	Capacity Available	0	0	0	0
		Capacity Available (Adjusted)	2.000	500	2.000	2.000
		Capacity Available (Final)	2.000	500	2.000	2.000
		Capacity Consumption	1.156	500	1.044	0
		Capacity Consumption (%)	57,80%	100,00%	52,20%	0,00%
	SAP_M1	Capacity Available	0	0	0	0
		Capacity Available (Adjusted)	2.000	2.000	2.000	2.000
		Capacity Available (Final)	2.000	2.000	2.000	2.000
		Capacity Consumption	0	0	0	0
		Capacity Consumption (%)	0,00%	0,00%	0,00%	0,00%
	SAP_P1	Capacity Available	0	0	0	0
		Capacity Available (Adjusted)	2.000	2.000	2.000	2.000
		Capacity Available (Final)	2.000	2.000	2.000	2.000
		Capacity Consumption	0	0	0	0
		Capacity Consumption (%)	0,00%	0,00%	0,00%	0,00%

Abbildung 8.67 Ressourcensituation nach dem Planungslauf

Durch die Erhöhung der Schichten hat sich die Lage in der Produktion entspannt, und der Engpass zum Prognoseauftrag F101847 konnte gelöst werden (siehe Abbildung 8.68).

Bedarfe mit Engpässen (12) — Periodeneinstellungen — Bedarfe analysieren

Engpass-Typ	Engpass für	Betroff...	Engpass...	Beschreibung ...	Materialnum...	Lok...	Auftra...	Wunschd...	Wunsc...
Beschaffungszeit unzurei...	SAP_CPU_A, FA71	100 EA	02/24/2020	Offene Prognose	SAP_PHONE_A	DC71	F102521	03/01/2020	100 EA
Beschaffungszeit unzurei...	SAP_MEMORY, VH71	154 EA	02/25/2020	Offene Prognose	SAP_PHONE_A	DC71	F102521	03/01/2020	100 EA
Liefereinschränkung über...	SAP_PACKAGING_...	100 EA	02/27/2020	Offene Prognose	SAP_PHONE_A	DC71	F102521	03/01/2020	100 EA
Projizierte Bestandsunter...	SAP_MEMORY, FA71	200 EA	02/26/2020	Offene Prognose	SAP_PHONE_A	DC71	F102521	03/01/2020	100 EA
Ressourcenüberlastung	SAP_A1, FA71	600 MIN	02/27/2020	Offene Prognose	SAP_PHONE_A	DC71	F102521	03/01/2020	100 EA

Abbildung 8.68 Engpässe nach Änderung der Ressourcensituation

Trotz der Aufstockung der Ressourcenverfügbarkeit gibt es noch ein Problem für den Prognoseauftrag F102521. Zu diesem Auftrag gibt es unter anderem auch ein Problem bei der Beschaffungszeit am 24.02.2020 und 25.02.2020: Die Beschaffung der Komponenten kann aufgrund der Planlieferzeiten nicht rechtzeitig erfolgen. Nach Abstimmung mit dem Vertriebsteam können der Prognoseauftrag und der zugehörige Kundenauftrag auf den 06.04.2020 verschoben werden.

Im Excel-Template werden die Änderungen auf der Registerkarte **Forecast and Prod. Allocations** durchgeführt (siehe Abbildung 8.69).

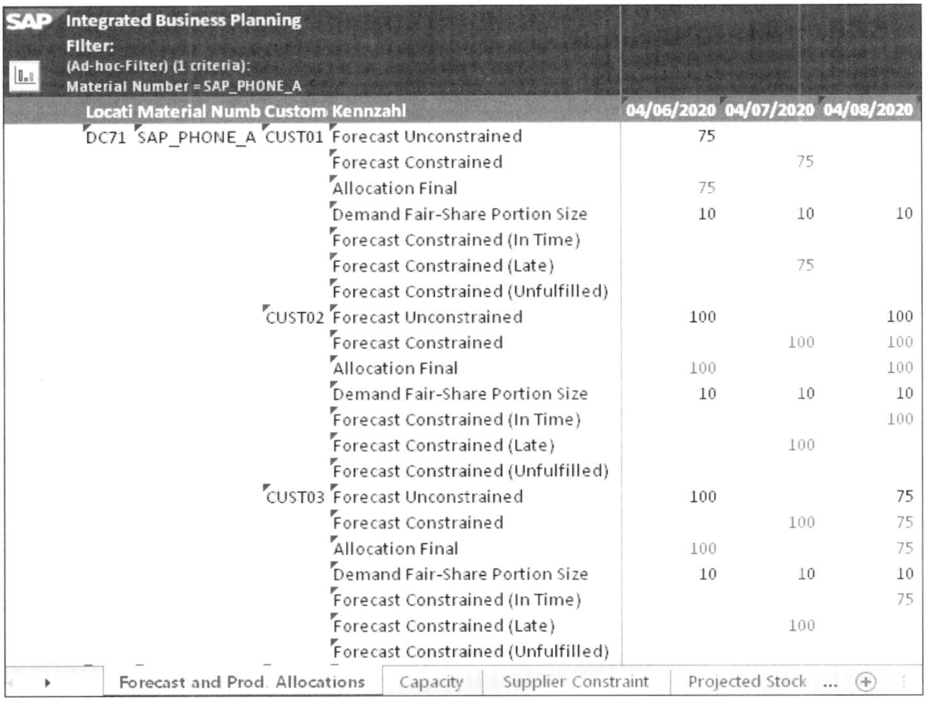

SAP Integrated Business Planning
Filter:
(Ad-hoc-Filter) (1 criteria):
Material Number = SAP_PHONE_A

Locati	Material Numb	Custom	Kennzahl	04/06/2020	04/07/2020	04/08/2020
DC71	SAP_PHONE_A	CUST01	Forecast Unconstrained	75		
			Forecast Constrained		75	
			Allocation Final	75		
			Demand Fair-Share Portion Size	10	10	10
			Forecast Constrained (In Time)			
			Forecast Constrained (Late)		75	
			Forecast Constrained (Unfulfilled)			
		CUST02	Forecast Unconstrained	100		100
			Forecast Constrained		100	100
			Allocation Final	100		100
			Demand Fair-Share Portion Size	10	10	10
			Forecast Constrained (In Time)			100
			Forecast Constrained (Late)		100	
			Forecast Constrained (Unfulfilled)			
		CUST03	Forecast Unconstrained	100		75
			Forecast Constrained		100	75
			Allocation Final	100		75
			Demand Fair-Share Portion Size	10	10	10
			Forecast Constrained (In Time)			75
			Forecast Constrained (Late)		100	
			Forecast Constrained (Unfulfilled)			

Forecast and Prod. Allocations | Capacity | Supplier Constraint | Projected Stock ...

Abbildung 8.69 Verschiebung des Prognoseauftrags in die Zukunft

Die Menge von 100 Stück am 01.03.2020 für die Kennzahl *Forecast Unconstrained* wird gelöscht und am 06.04.2020 mit 100 Stück neu angelegt. Daraus ergibt sich die in Abbildung 8.70 dargestellte Engpasssituation.

Bedarfe mit Engpässen (4) — Periodeneinstellungen — Bedarfe analysieren

Engpass-Typ	Engpass für	Betroff...	Engpass...	Beschreibung ...	Materialnum...	Lok...	Auftra...	Wunschd...	Wunsc...
Liefereinschränkung über...	SAP_MEMORY, SU...	50 EA	03/30/2020	Offene Prognose	SAP_PHONE_A	DC71	F104728	04/06/2020	100 EA
Liefereinschränkung über...	SAP_PACKAGING_...	100 EA	04/03/2020	Offene Prognose	SAP_PHONE_A	DC71	F101847	04/06/2020	100 EA
Liefereinschränkung über...	SAP_PACKAGING_...	75 EA	04/03/2020	Offene Prognose	SAP_PHONE_A	DC71	F101848	04/06/2020	75 EA
Liefereinschränkung über...	SAP_PACKAGING_...	100 EA	04/03/2020	Offene Prognose	SAP_PHONE_A	DC71	F104728	04/06/2020	100 EA

Abbildung 8.70 Engpässe nach Verschiebung des Prognoseauftrags

Die Lieferantenmengen für das Material SAP_PACKAGING_A am 03.04.2020 ist nicht ausreichend, es fehlen 275 Stück. Daraus ergibt sich auch ein Engpass für das Material SAP_MEMORY. Zur Lösung des Liefermengenproblems muss die Menge am 03.04.2020 von 100 auf 276 in der Planungssicht **Supplier Constraint** erhöht werden (siehe Abbildung 8.71). Nachdem der Planungslauf beendet wurde, sind alle Engpässe gelöst.

SAP Integrated Business Planning
Filter:
(Ad-hoc-Filter) (1 criteria):
Material Number = SAP_PHONE_A; SAP_PACKAGING_A; SAP_MEMORY;

Material Number	Supplier ID	Kennzahl	03/29/2020	03/30/2020	03/31/2020	04/01/2020	04/02/2020	04/03/2020	04/04/2020	04/05/2020
SAP_BOARD_A	SUPPLIER1	Supplier Constraint	500	500	500	500	500	500	500	500
		Supplier Delivery (Planned)	0	0	276	0	174	0	0	0
	SUPPLIER3	Supplier Constraint	500	500	500	500	500	500	500	500
		Supplier Delivery (Planned)	0	0	0	0	0	0	0	0
SAP_CASE_A	SUPPLIER1	Supplier Constraint	500	500	500	500	500	500	500	500
		Supplier Delivery (Planned)	0	0	276	0	174	0	0	0
	SUPPLIER3	Supplier Constraint	500	500	500	500	500	500	500	500
		Supplier Delivery (Planned)	0	0	0	0	0	0	0	0
SAP_CPU_A	SUPPLIER1	Supplier Constraint	500	500	500	500	500	500	500	500
		Supplier Delivery (Planned)	0	0	276	0	174	0	0	0
	SUPPLIER3	Supplier Constraint	500	500	500	500	500	500	500	500
		Supplier Delivery (Planned)	0	0	0	0	0	0	0	0
SAP_MEMORY	SUPPLIER2	Supplier Constraint	500	500	500	500	500	500	500	500
		Supplier Delivery (Planned)	52	500	0	348	0	0	0	0
SAP_PACKAGING_A	SUPPLIER1	Supplier Constraint	0	0	0	0	0	276	500	500
		Supplier Delivery (Planned)	0	0	0	0	0	276	0	174
	SUPPLIER3	Supplier Constraint	0	0	0	0	0	0	0	0
		Supplier Delivery (Planned)	0	0	0	0	0	0	0	0

Forecast and Prod. Allocations | Capacity | Supplier Constraint | Projected Stock ...

Abbildung 8.71 Engpass zu Lieferantenmengen in Excel

Außerdem können weitere Engpasstypen wie Supply-Chain-Modell und Fixierungshorizont in der App **Engpässe anzeigen** auftreten. Beim ersten kann es sich z. B. um eine fehlende Transportkante oder eine fehlende Ressourcenzuordnung handeln. Das System zeigt einen Fixierungshorizont-Engpass an, falls sich ein Prognoseauftrag innerhalb der Fixierungshorizonte befindet, denn dann können keine Zugänge angelegt und somit der Bedarf auch nicht gedeckt werden.

8.7.5 Restriktionsbasierter Prognoselauf mit dem Optimierer

Neben der prioritätenbasierten Heuristik gibt es zur Berechnung des Beschaffungsplans den Optimierer. Im Gegensatz zur Heuristik arbeitet der Optimierer mit Kosten und errechnet einen möglichen Plan auf Grundlage minimierter Kosten oder maximierten Profits. Das Kostenmodell, das wir bereits in Abschnitt 8.3.2, »Restriktionsbasierter Prognoselauf mit dem Optimierer«, beschrieben haben, kann die Planung auf verschiedenen Ebenen beeinflussen (siehe Abbildung 8.72).

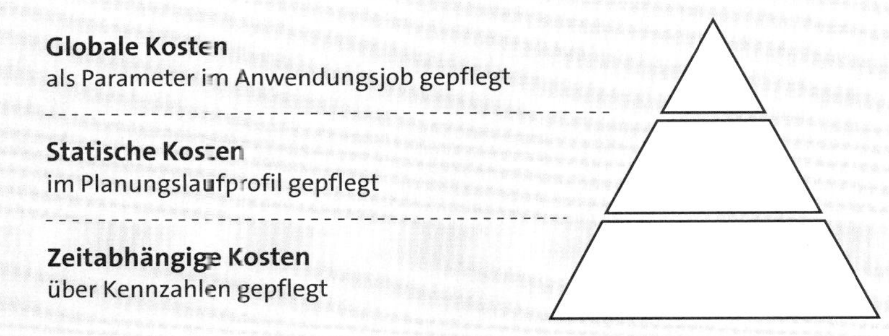

Abbildung 8.72 Ebenen der Kostenpflege

Relevant ist immer die detaillierteste Ebene, abhängig davon, was überhaupt gepflegt wurde. Sobald die zeitabhängigen Kostenkennzahlen gepflegt sind, spielen weder das Planungslaufprofil mit den statischen Kosten noch die globalen Parameter eine Rolle. Wenn keine Kennzahlen gepflegt sind, werden die statischen Kosten berücksichtigt, und falls beides nicht vorhanden ist, die globalen Kosten. Tabelle 8.6 zeigt die Kosten, die auf der jeweiligen Ebene anfallen.

Kosten	Globale Parameter	Planungslaufprofil	Kennzahlen basierend
Kostenrate für keine Belieferung	X	X	
Kostenrate für eine verspätete Belieferung	X	X	
Kostenrate für das Halten des Bestandes	X	X	X
Kostenrate für die Verletzung des Bestandsziels	X	X	X
Kostenrate für den Transport	X	X	X
Fixe Transportkosten		X	X
Kostenrate für die Produktion	X	X	X

Tabelle 8.6 Übersicht der Kosten pro Ebene

Kosten	Globale Parameter	Planungslauf-profil	Kennzahlen basierend
Fixe Produktionskosten		X	X
Kostenrate für die Beschaffung	X		X
Fixe Beschaffungskosten		X	

Tabelle 8.6 Übersicht der Kosten pro Ebene (Forts.)

Es kommt ganz auf die Unternehmensanforderungen an, wie detailliert die Kosten gepflegt werden müssen. In dem nachfolgenden Beispiel wurden Kosten teilweise auf allen Ebenen gepflegt. Als Grundlage verwenden wir die Prognosezahlen aus Abbildung 8.73.

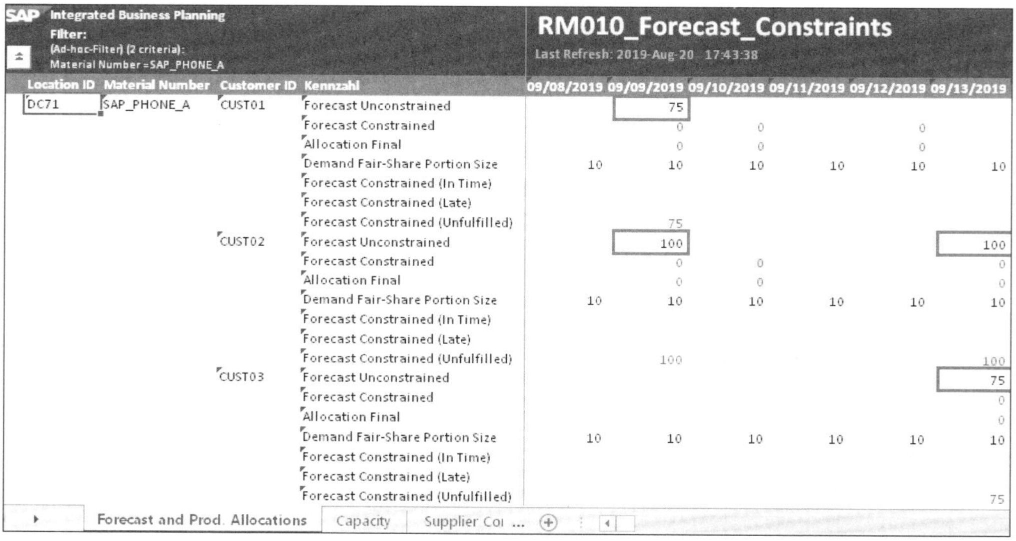

SAP Integrated Business Planning
Filter:
(Ad-hoc-Filter) (2 criteria):
Material Number =SAP_PHONE_A

RM010_Forecast_Constraints
Last Refresh: 2019-Aug-20 17:43:38

Location ID	Material Number	Customer ID	Kennzahl	09/08/2019	09/09/2019	09/10/2019	09/11/2019	09/12/2019	09/13/2019
DC71	SAP_PHONE_A	CUST01	Forecast Unconstrained		75				
			Forecast Constrained		0	0		0	
			Allocation Final		0	0		0	
			Demand Fair-Share Portion Size	10	10	10	10	10	10
			Forecast Constrained (In Time)						
			Forecast Constrained (Late)						
			Forecast Constrained (Unfulfilled)		75				
		CUST02	Forecast Unconstrained		100				100
			Forecast Constrained		0	0			0
			Allocation Final		0	0			0
			Demand Fair-Share Portion Size	10	10	10	10	10	10
			Forecast Constrained (In Time)						
			Forecast Constrained (Late)						
			Forecast Constrained (Unfulfilled)		100				100
		CUST03	Forecast Unconstrained						75
			Forecast Constrained						0
			Allocation Final						0
			Demand Fair-Share Portion Size	10	10	10	10	10	10
			Forecast Constrained (In Time)						
			Forecast Constrained (Late)						
			Forecast Constrained (Unfulfilled)						75

Forecast and Prod. Allocations | Capacity | Supplier Co ...

Abbildung 8.73 Beispiel für Prognosemengen

Den Hintergrundjob können Sie auch aus der Applikation **Anwendungsjobs – Auftragsbasierte Planung** heraus ausführen (siehe Abbildung 8.74). Generell können Sie den Optimiererlauf auf Version, **Material**, **Lokation** und **Disponent** einschränken, wobei die zugehörigen Komponenten mitberücksichtigt werden. In der Rubrik **Steuerungsparameter** finden sich neben der Priorisierungsregel, dem Planungslaufprofil, der maximalen Laufzeit und der maximalen Verspätung auch die globalen Kosten. Diese Parameter sind vorbelegt und müssen je nach Unternehmensanforderungen angepasst werden. Sowohl die Losgrößen als auch die Fixkosten können in der Rubrik

Horizonte (in Tagen) in einem bestimmten Horizont berücksichtigt werden. Der Wert 0 heißt, dass diese nicht in die Planung eingehen.

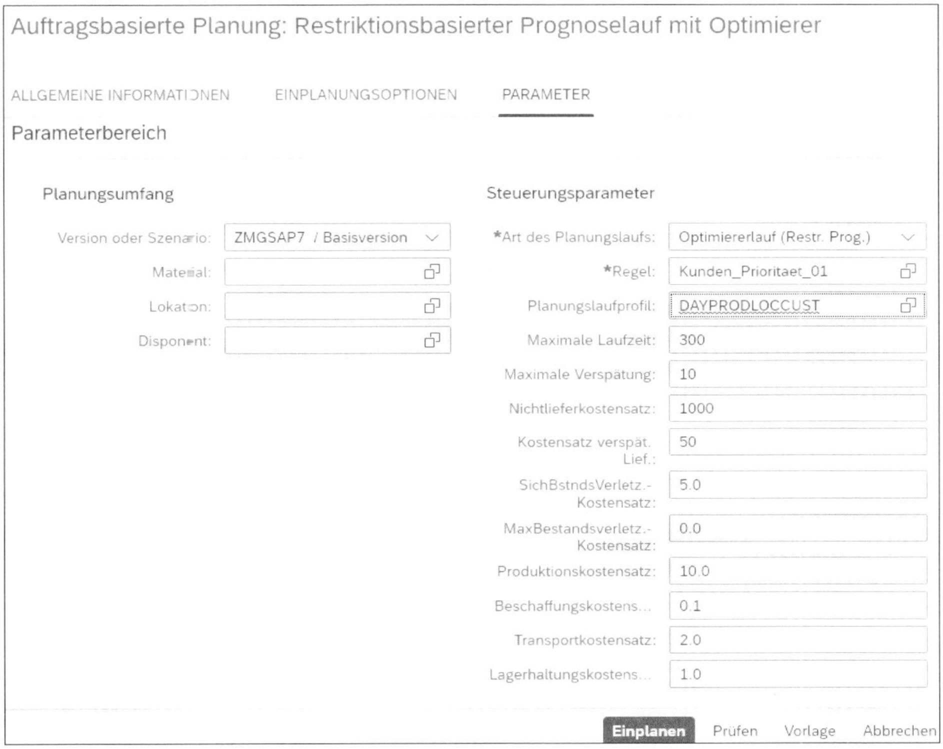

Abbildung 8.74 Hintergrundjob zum Optimierer

In unserem Beispiel pflegen wir diese Kosten auf der detailliertesten Ebene. Die Kostenkennzahlen können in der Benutzeroberfläche von Excel dargestellt werden (siehe Abbildung 8.75). Diese sind nicht Teil des Standard-Templates und werden von uns in einer zusätzlichen Planungssicht namens **Costs** angezeigt. Sobald Sie eine Periode dieser Kennzahl pflegen, werden die globalen Werte und die Werte im Planungslaufprofil nicht berücksichtigt. Das gilt auch für Einträge in der Vergangenheit.

Zur Verdeutlichung der Funktionalität des Optimierers verwenden wir das Prognosebeispiel aus Abbildung 8.59 (siehe Abschnitt 8.7.4, »Restriktionsbasierter Prognoselauf mit der prioritätenbasierten Heuristik«) und erstellen eine Vorproduktion über die Kennzahl *Adjusted Production Receipt (PDS)*. Dazu lassen wir als Erstes die prioritätenbasierte Heuristik laufen. Das Ergebnis sehen Sie in Abbildung 8.76.

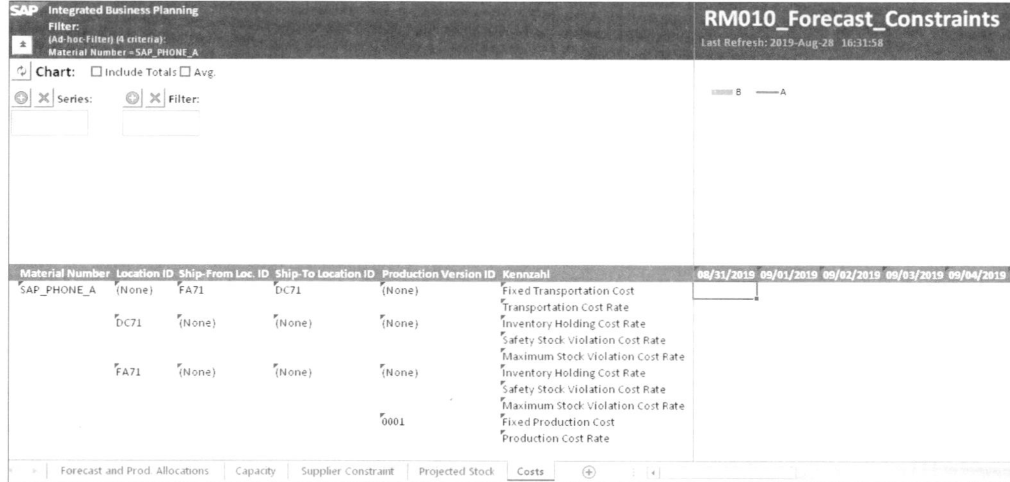

Abbildung 8.75 Kostenkennzahlen in Excel

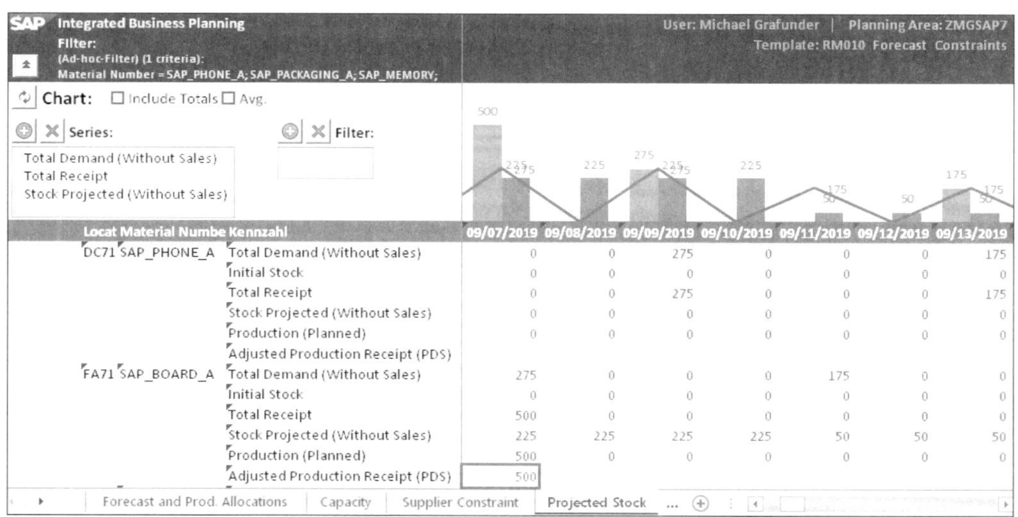

Abbildung 8.76 Ergebnis nach der prioritätenbasierten Heuristik

Die Bedarfe für das Fertigprodukt SAP_PHONE_A werden rechtzeitig zum 09.09. und 13.09. beschafft. Durch die Vorproduktion erzeugt die Heuristik einen Bestand auf dem Werk FA71 zu diesem Material. Dieser bleibt auf dem Werk bestehen. Es kann aus betriebswirtschaftlichen Gründen sinnvoll sein, die lagernde Menge direkt auf dem Distributionszentrum zu platzieren. Das verkürzt die Beschaffungszeiten und verbessert den Service-Level-Grad zum Kunden. Dafür verwenden wir als Nächstes den Optimierer mit den global voreingestellten Parametern ohne Verwendung eines Planungslaufprofils. Das Ergebnis dieses Laufs zeigt Abbildung 8.77.

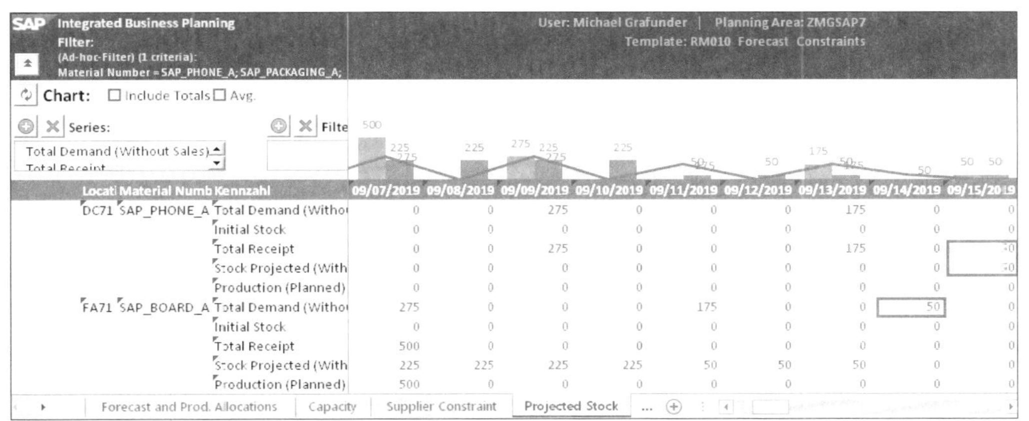

Abbildung 8.77 Ergebnis nach dem Optimiererlauf ohne Planungslaufprofil

Aufgrund der globalen Kostensituation entscheidet sich der Optimierer, den Bestand für das Material SAP_PHONE_A auf dem Werk FA71 vorzuhalten, bis der letzte Bedarf erfüllt wird. Dann wird die überschüssige Menge zum Distributionszentrum DC71 überführt. Falls der Bestand sofort auf die Distributionszentren übertragen werden soll, ist eine Anpassung der Bestandskosten notwendig. In diesem Fall verwenden wir das Planungslaufprofil, das wir in Abschnitt 8.7.1, »Allgemeine Einstellungen«, beschrieben haben. Aufgrund der höheren Lagerhaltungskosten auf den Werken wird die Menge sofort auf die Distributionszentren verteilt (siehe Abbildung 8.78).

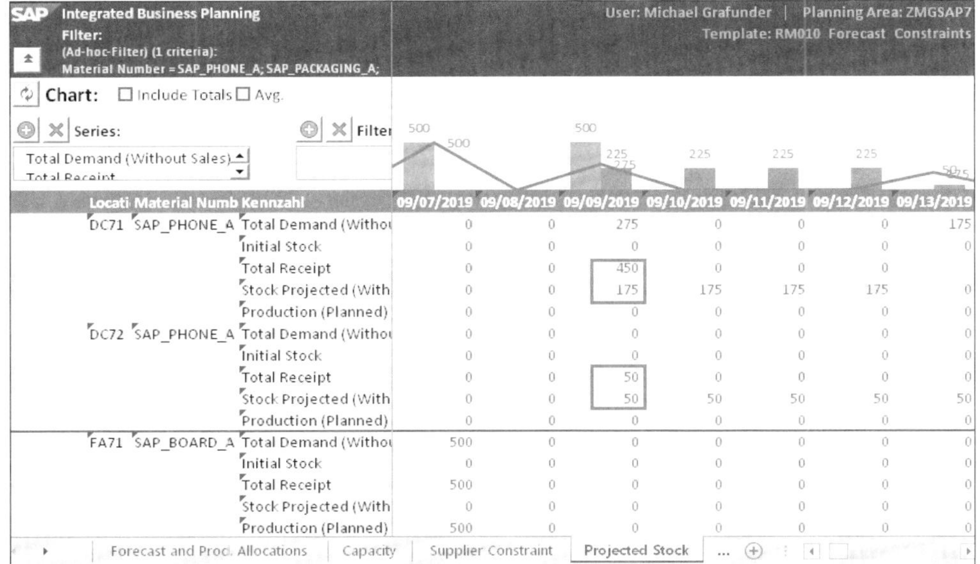

Abbildung 8.78 Ergebnis nach Optimiererlauf mit Planungslaufprofil

Dabei fällt auf, dass der Algorithmus nur so viel Menge auf das Distributionszentrum DC71 verteilt, wie benötigt wird. Die restliche Menge wird auf DC72 übertragen. Somit wäre, bei kurzfristigen Bedarfen auf DC72, eine Menge von 50 Stück sofort verfügbar. Falls es aus betriebswirtschaftlichen Gründen nicht gewollt ist, dass Bestand auf DC72 aufgebaut wird, können Sie die Lagerhaltungskosten in der Kennzahl pflegen (siehe Abbildung 8.79). Diese tragen wir in allen Perioden mit dem Wert »10« ein.

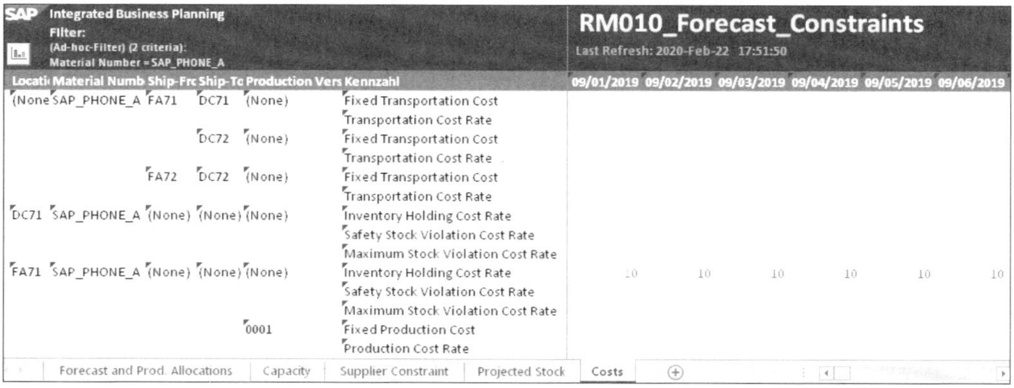

SAP Integrated Business Planning
Filter:
(Ad-hoc-Filter) (2 criteria):
Material Number = SAP_PHONE_A

RM010_Forecast_Constraints
Last Refresh: 2020-Feb-22 17:51:50

Locati	Material Numb	Ship-Frc	Ship-Tc	Production Vers	Kennzahl	09/01/2019	09/02/2019	09/03/2019	09/04/2019	09/05/2019	09/06/2019
(None	SAP_PHONE_A	FA71	DC71	(None)	Fixed Transportation Cost						
					Transportation Cost Rate						
			DC72	(None)	Fixed Transportation Cost						
					Transportation Cost Rate						
		FA72	DC72	(None)	Fixed Transportation Cost						
					Transportation Cost Rate						
DC71	SAP_PHONE_A	(None)	(None)	(None)	Inventory Holding Cost Rate						
					Safety Stock Violation Cost Rate						
					Maximum Stock Violation Cost Rate						
FA71	SAP_PHONE_A	(None)	(None)	(None)	Inventory Holding Cost Rate	10	10	10	10	10	10
					Safety Stock Violation Cost Rate						
					Maximum Stock Violation Cost Rate						
				0001	Fixed Production Cost						
					Production Cost Rate						

Forecast and Prod. Allocations | Capacity | Supplier Constraint | Projected Stock | Costs

Abbildung 8.79 Pflege der Lagerhaltungskosten

Danach wird der Optimierer mit Planungslaufprofil gestartet. Abbildung 8.80 zeigt das Ergebnis. Die Pflege der Kennzahl übersteuert sowohl die Kosten im Planungslaufprofil als auch die globalen Kosten. Somit wird die gesamte Menge direkt auf dem Distributionszentrum DC71 gelagert, weil Lagerhaltungskosten auf DC72 für den Optimierer zu teuer geworden sind.

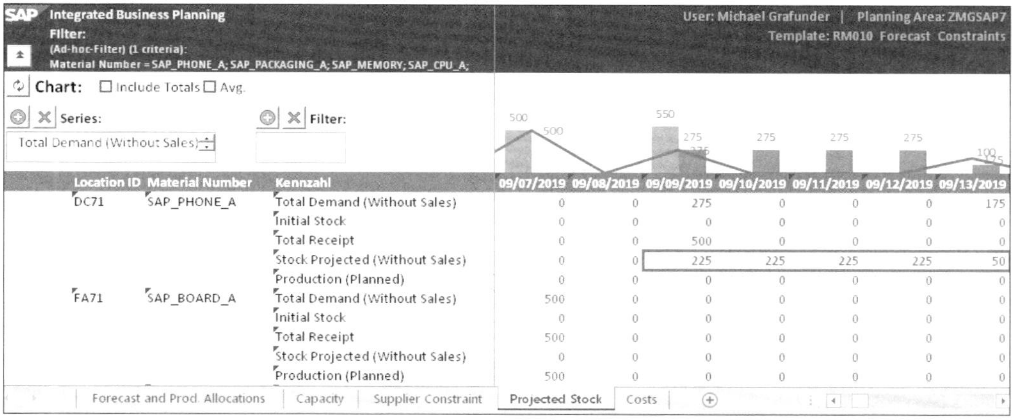

SAP Integrated Business Planning
Filter:
(Ad-hoc-Filter) (1 criteria):
Material Number = SAP_PHONE_A; SAP_PACKAGING_A; SAP_MEMORY; SAP_CPU_A;

User: Michael Grafunder | Planning Area: ZMGSAP7
Template: RM010 Forecast Constraints

Chart: Include Totals Avg.
Series: Total Demand (Without Sales)
Filter:

Location ID	Material Number	Kennzahl	09/07/2019	09/08/2019	09/09/2019	09/10/2019	09/11/2019	09/12/2019	09/13/2019
DC71	SAP_PHONE_A	Total Demand (Without Sales)	0	0	275	0	0	0	175
		Initial Stock	0	0	0	0	0	0	0
		Total Receipt	0	0	500	0	0	0	0
		Stock Projected (Without Sales)	0	0	225	225	225	225	50
		Production (Planned)	0	0	0	0	0	0	0
FA71	SAP_BOARD_A	Total Demand (Without Sales)	500	0	0	0	0	0	0
		Initial Stock	0	0	0	0	0	0	0
		Total Receipt	500	0	0	0	0	0	0
		Stock Projected (Without Sales)	0	0	0	0	0	0	0
		Production (Planned)	500	0	0	0	0	0	0

Forecast and Prod. Allocations | Capacity | Supplier Constraint | Projected Stock | Costs

Abbildung 8.80 Ergebnis nach dem Optimiererlauf nach Kennzahlanpassung

8.7.6 Generierung von Kontingenten

Nachdem Sie den Beschaffungsplan finalisiert haben, können die Mengen der beschränkten Prognose über einen Kopieroperator ❶ nach Excel übertragen werden. Die Ausführung des Operators kann mit den richtigen Berechtigungen manuell durchgeführt oder auch über einen Hintergrundjob terminlich eingeplant werden, bevor Sie die Kontingente geprüft haben. Wir haben in unserem Beispiel die Übertragung der Kontingente manuell durchgeführt (siehe Abbildung 8.81). Bevor der Planungsoperator **Copy Constrained Forecast to Product Allocation** ❷ von uns ausgeführt wird, simulieren wir einen Engpass auf Lieferantenseite, sodass nicht alle Bedarfe erfüllt werden können.

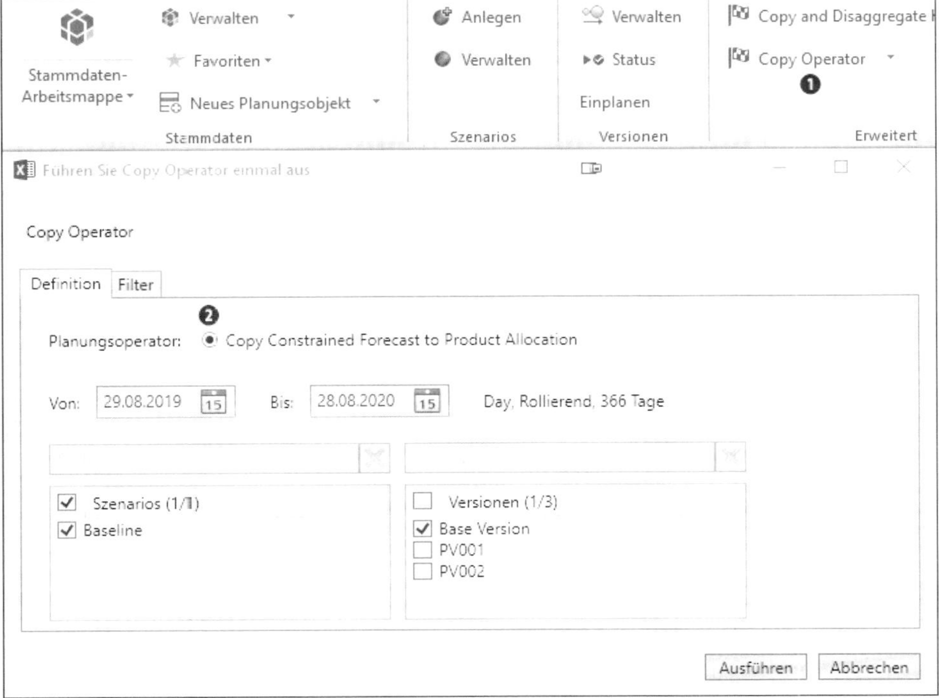

Abbildung 8.81 Erstellung der Kontingente

In diesem Fall hat Kunde 3 statt 100 Stück nur 76 zurückgemeldet bekommen, wovon 51 verspätet sind. Ein anderer Kunde hat dagegen die vollen 100 Stück zugeordnet bekommen. Da wir aber Kunde 3 bevorzugen möchten, ändern wir die Kontingente auf der Registerkarte **Forecast and Prod. Allocations** (siehe Abbildung 8.82).

Daraufhin passt sich auch die finale Kennzahl der Kontingente (*Allocation Final*) an. Sie ist einer der Eingabeparameter, die bei der Bestätigung von Kundenaufträgen berücksichtigt werden.

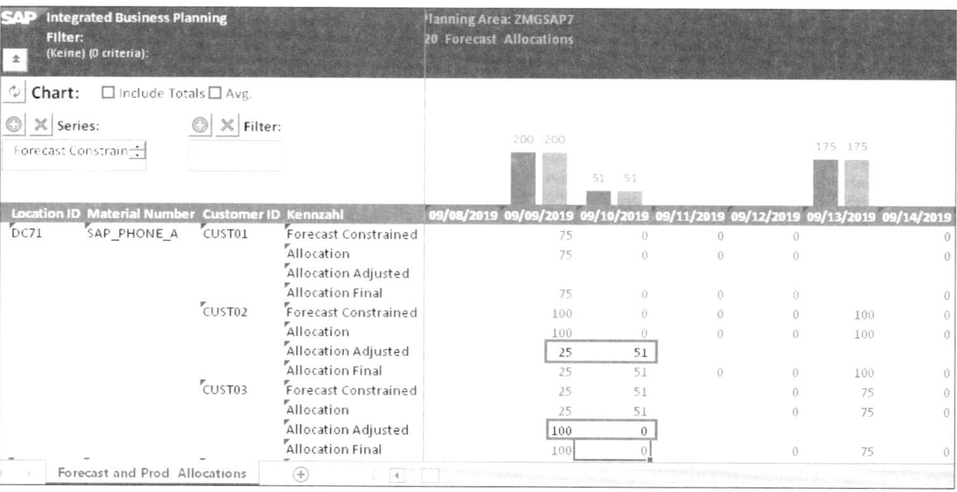

Location ID	Material Number	Customer ID	Kennzahl	09/08/2019	09/09/2019	09/10/2019	09/11/2019	09/12/2019	09/13/2019	09/14/2019
DC71	SAP_PHONE_A	CUST01	Forecast Constrained		75	0	0	0		0
			Allocation		75	0	0	0		0
			Allocation Adjusted							
			Allocation Final		75	0	0	0		0
		CUST02	Forecast Constrained		100	0	0	0	100	0
			Allocation		100	0	0	0	100	0
			Allocation Adjusted		25	51				
			Allocation Final		25	51	0	0	100	0
		CUST03	Forecast Constrained		25	51		0	75	0
			Allocation		25	51		0	75	0
			Allocation Adjusted		100	0				
			Allocation Final		100	0		0	75	0

Abbildung 8.82 Anpassung der Kontingente

8.7.7 Bestätigungsplanung

In diesem Prozess können Sie die Erfüllung der Kundenaufträge prüfen und bei Nichterfüllung die möglichen Szenarios erstellen. Daraus ergibt sich ein finaler Plan, der die Aufträge so gut es geht bestätigt. Sie können den Bestätigungslauf über die App **Anwendungsjobs – Auftragsbasierte Planung** starten (siehe Abbildung 8.83). Dabei geben Sie auf der Registerkarte **Parameter** den **Bestätigungslauf** als **Art des Planungslaufs**, »Kunden_Prioritaet_01« als **Regel**, »DAYPRODLOCCUST« als **Planungslaufprofil** sowie die **Ausführungszeit des Jobs** als **Planungsstart** an und klicken auf die Schaltfläche **Einplanen**.

Auftragsbasierte Planung: Bestätigungslauf

ALLGEMEINE INFORMATIONEN | EINPLANUNGSOPTIONEN | PARAMETER

Parameterbereich

Planungsumfang

Version oder Szenario: ZMGSAP7 / Basisversion
Material:
Lokation:
Disponent:

Steuerungsparameter

*Art des Planungslaufs: Bestätigungslauf
*Regel: Kunden_Prioritaet_01
Planungslaufprofil: DAYPRODLOCCUST

Einstellungen für den Planungsstart

*Planungsstart: Ausführungszeit des Jobs

Einplanen | Prüfen | Vorlage | Abbrechen

Abbildung 8.83 Hintergrundjob zur Bestätigungsplanung

Als Basis hat der Bestätigungslauf die definierten Bedarfe mit der Lieferantenrestriktion und den festgelegten Kontingenten verwendet. Zur Überprüfung der Kundenauftragssituation gibt es die Applikation **Bestätigungen anzeigen**. Es kann aus einer Vielzahl von Attributen gefiltert werden, um bei einer Masse an Bestätigungen den Fokus auf die wichtigen Kundenaufträge zu legen. Die Lieferpriorität kann eines der Filterattribute sein, die dabei unterstützen. In unserem Beispiel haben wir nur nach dem Material SAP_PHONE_A gefiltert (siehe Abbildung 8.84). Die Anzeige der Attribute zu den Positionen kann auch auf Grundlage zugeordneter Attribute erweitert werden. In der Abbildung sieht man den Bestätigungsgrad der Kundenaufträge. Bei den unbestätigten Mengen sind besonders die Engpassspalten interessant. So lassen sich die Gründe für Probleme bei der Lieferung zum Kunden schnell überblicken. Der Kundenauftrag 5129 ist aufgrund von Lieferanteneinschränkungen und fehlender Kontingente verspätet. Beim Kundenauftrag 5137 gibt es ebenfalls eine Lieferanteneinschränkung beim gleichen Lieferanten, allerdings 4 Tage später. Somit können 24 Stück gar nicht an den Kunden ausgeliefert werden. Zur näheren Untersuchung des Problems können Sie auf den jeweiligen Auftrag klicken.

Positionen (4)

Bedarfsartbes...	Auftra...	Posi.	Kunde...	Wunschte...	Wunschm...	Bestätigte Me...	Materialnummer	Lokati...	Bestätigt (%) ...	Lieferanteneinschränkungs-Engpass	Kontingentierungsengp...
Kundenauftrag	5130	1	CUST03	09/13/2019	75 EA	75 EA	SAP_PHONE_A	DC71	100%		
Kundenauftrag	5137	1	CUST02	09/13/2019	100 EA	76 EA	SAP_PHONE_A	DC71	76%	SAP_PACKAGING_A, SUPPLIER1	
Kundenauftrag	5125	1	CUST01	09/09/2019	75 EA	75 EA	SAP_PHONE_A	DC71	100%		
Kundenauftrag	5129	1	CUST02	09/09/2019	100 EA	100 EA	SAP_PHONE_A	DC71	75%	SAP_PACKAGING_A, SUPPLIER1	SAP_PHONE_A, DC71

Abbildung 8.84 Anzeige der Bestätigungen

Bevor eine erneute Absprache mit dem Lieferanten stattfinden kann, muss festgestellt werden, zu welchem Zeitpunkt die Menge benötigt wird. Dafür können Sie eine neue Bestellanforderung in der Anwendung **Projizierten Bestand anzeigen** simulieren. In dieser Applikation filtern wir hier auf das Engpassmaterial SAP_PACKAGING_A und wählen die Zeile für das Werk FA71 aus. Nach einem Klick auf die Schaltfläche **Neue Bestellanforderung simulieren** ❶ wählen wir die benötigte Wunschmenge und das Wunschdatum aus ❷ (siehe Abbildung 8.85). Dann wird der Simulationslauf mit einem Klick auf die gleichnamige Schaltfläche ❸ gestartet.

Der Simulationslauf gleicht dem Bestätigungslauf und verwendet auch die Einstellungen des letzten Bestätigungslaufs. Danach springen Sie über die Schaltfläche **Öffnen in ...** oben rechts in die Applikation **Bestätigungen anzeigen** ab. Allerdings sind die verspäteten Mengen und auch die unbestätigten Mengen für beide Aufträge noch nicht gelöst. Das liegt an der Kontingentanpassung in der Planungssicht **Forecast and Prod. Allocations** im Excel-Template, die Sie erst rückgängig machen müssen. Danach verwerfen Sie die Simulation und simulieren nochmals eine neue Bestellanforderung.

Abbildung 8.85 Simulation einer Bestellanforderung

In dieser Simulation sind alle Kundenaufträge erfolgreich bestätigt (siehe Abbildung 8.86), somit wäre die zusätzliche Lieferantenmenge eine mögliche Lösung des Engpasses. Wie in Abschnitt 8.7.4, »Restriktionsbasierter Prognoselauf mit der prioritätenbasierten Heuristik«, gezeigt, können Sie eine höhere Bestellanforderung erreichen, indem die Liefereinschränkung erhöht wird.

Simulation in Version ZMGSAP7 / Basisversion — Anweisungen, Senden an, Sichern, Verwerfen, Öffnen in...

SAP_PHONE_A *

Gefiltert nach (4): Materialnummer, Lokationsnummer, Datumshorizont, Status

Positionen (4)

Bedarfsartbeschr.	Auftragsnummer	Posi...	Kundennummer	Wunschtermin	Wunschmenge	Materialnummer	Lokationsnummer	Bestätigt (%) ...
Kundenauftrag	5130	1	CUST03	09/13/2019	75 EA	SAP_PHONE_A	DC71	100%
Kundenauftrag	5137	1	CUST02	09/13/2019	100 EA	SAP_PHONE_A	DC71	100%
Kundenauftrag	5125	1	CUST01	09/09/2019	75 EA	SAP_PHONE_A	DC71	100%
Kundenauftrag	5129	1	CUST02	09/09/2019	100 EA	SAP_PHONE_A	DC71	100%

Abbildung 8.86 Anzeige der erfolgreich bestätigten Kundenaufträge

8.7.8 Deployment

Beim Deployment-Prozess geht es um eine optimale Verteilung der Zugänge zu den Bedarfen. Als Grundlage müssen die prioritätsbasierte Heuristik oder der Optimierer gelaufen und Kontingente festgelegt worden sein. Falls keine Kontingente gepflegt werden, kann der Deployment-Lauf die Mengen nicht zu den Distributionszentren (DCs) verteilen. Der Algorithmus erzeugt positiven projizierten Bestand auf dem Werk und fehlenden projizierten Bestand auf den DCs (siehe Abbildung 8.87). Somit können die Bedarfe nicht erfüllt werden.

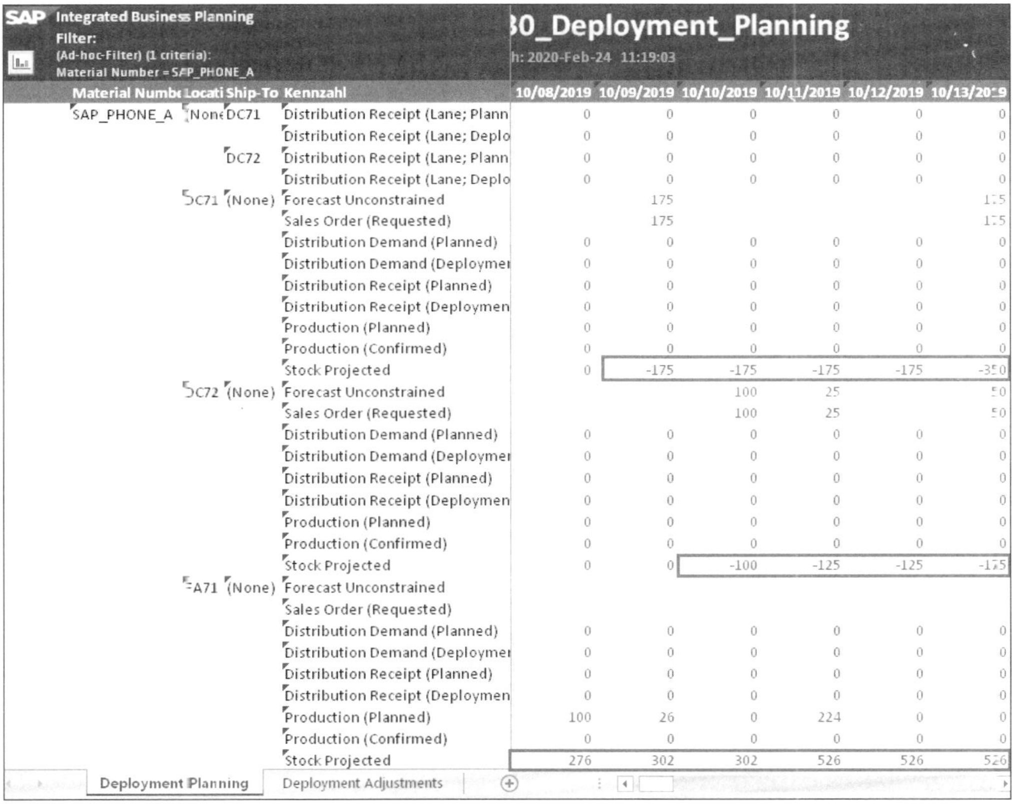

SAP Integrated Business Planning
Filter:
(Ad-hoc-Filter) (1 criteria):
Material Number = SAP_PHONE_A

30_Deployment_Planning
h: 2020-Feb-24 11:19:03

Material Numbe	Locati	Ship-To	Kennzahl	10/08/2019	10/09/2019	10/10/2019	10/11/2019	10/12/2019	10/13/2019
SAP_PHONE_A	None	DC71	Distribution Receipt (Lane; Plann	0	0	0	0	0	0
			Distribution Receipt (Lane; Deplo	0	0	0	0	0	0
		DC72	Distribution Receipt (Lane; Plann	0	0	0	0	0	0
			Distribution Receipt (Lane; Deplo	0	0	0	0	0	0
	DC71	(None)	Forecast Unconstrained		175				175
			Sales Order (Requested)		175				175
			Distribution Demand (Planned)	0	0	0	0	0	0
			Distribution Demand (Deploymen	0	0	0	0	0	0
			Distribution Receipt (Planned)	0	0	0	0	0	0
			Distribution Receipt (Deploymen	0	0	0	0	0	0
			Production (Planned)	0	0	0	0	0	0
			Production (Confirmed)	0	0	0	0	0	0
			Stock Projected	0	-175	-175	-175	-175	-350
	DC72	(None)	Forecast Unconstrained			100	25		50
			Sales Order (Requested)			100	25		50
			Distribution Demand (Planned)	0	0	0	0	0	0
			Distribution Demand (Deploymen	0	0	0	0	0	0
			Distribution Receipt (Planned)	0	0	0	0	0	0
			Distribution Receipt (Deploymen	0	0	0	0	0	0
			Production (Planned)	0	0	0	0	0	0
			Production (Confirmed)	0	0	0	0	0	0
			Stock Projected	0	0	-100	-125	-125	-175
	FA71	(None)	Forecast Unconstrained						
			Sales Order (Requested)						
			Distribution Demand (Planned)	0	0	0	0	0	0
			Distribution Demand (Deploymen	0	0	0	0	0	0
			Distribution Receipt (Planned)	0	0	0	0	0	0
			Distribution Receipt (Deploymen	0	0	0	0	0	0
			Production (Planned)	100	26	0	224	0	0
			Production (Confirmed)	0	0	0	0	0	0
			Stock Projected	276	302	302	526	526	526

Deployment Planning | Deployment Adjustments

Abbildung 8.87 Verteilung der Mengen ohne Kontingente

Das bedeutet gleichzeitig, dass bei einer Vorproduktion die Mengen auf dem Werk gelagert und nicht schon auf die DCs verteilt werden. Genauso errechnet der Deployment-Lauf keinen Beschaffungsplan und berücksichtigt mögliche Einschränkungen nicht. Trotz des Engpasses auf dem Lieferanten wird mit der vorher berechneten Beschaffungsmenge weitergerechnet (siehe Abbildung 8.88).

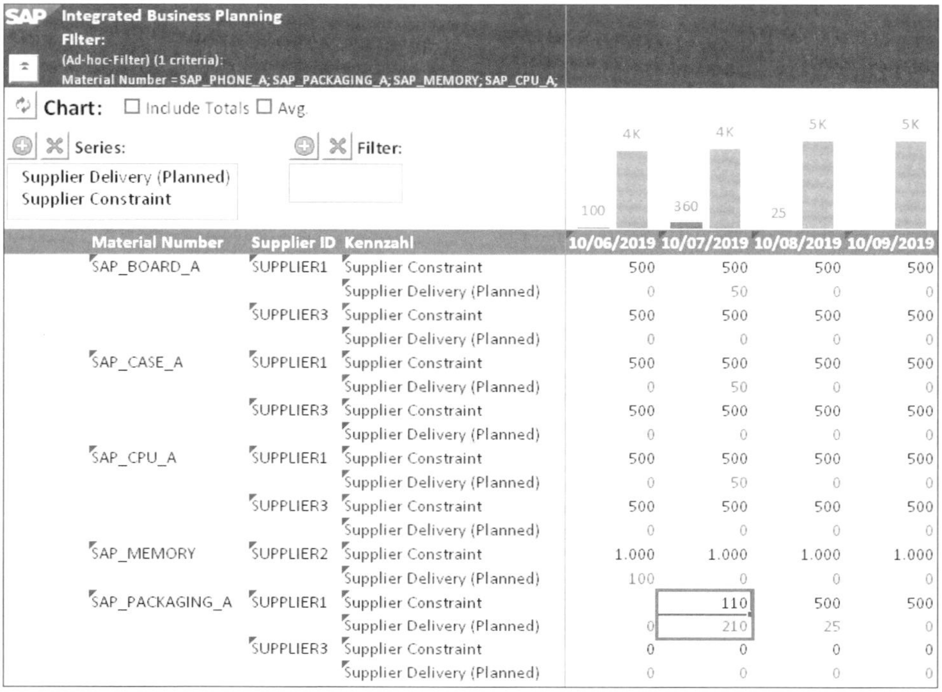

SAP Integrated Business Planning
Filter:
(Ad-hoc-Filter) (1 criteria):
Material Number = SAP_PHONE_A; SAP_PACKAGING_A; SAP_MEMORY; SAP_CPU_A;

Chart: ☐ Include Totals ☐ Avg.

Series: Supplier Delivery (Planned), Supplier Constraint

Filter:

Material Number	Supplier ID	Kennzahl	10/06/2019	10/07/2019	10/08/2019	10/09/2019
SAP_BOARD_A	SUPPLIER1	Supplier Constraint	500	500	500	500
		Supplier Delivery (Planned)	0	50	0	0
	SUPPLIER3	Supplier Constraint	500	500	500	500
		Supplier Delivery (Planned)	0	0	0	0
SAP_CASE_A	SUPPLIER1	Supplier Constraint	500	500	500	500
		Supplier Delivery (Planned)	0	50	0	0
	SUPPLIER3	Supplier Constraint	500	500	500	500
		Supplier Delivery (Planned)	0	0	0	0
SAP_CPU_A	SUPPLIER1	Supplier Constraint	500	500	500	500
		Supplier Delivery (Planned)	0	50	0	0
	SUPPLIER3	Supplier Constraint	500	500	500	500
		Supplier Delivery (Planned)	0	0	0	0
SAP_MEMORY	SUPPLIER2	Supplier Constraint	1.000	1.000	1.000	1.000
		Supplier Delivery (Planned)	100	0	0	0
SAP_PACKAGING_A	SUPPLIER1	Supplier Constraint		110	500	500
		Supplier Delivery (Planned)	0	210	25	0
	SUPPLIER3	Supplier Constraint	0	0	0	0
		Supplier Delivery (Planned)	0	0	0	0

Abbildung 8.88 Keine Berücksichtigung des Engpasses nach Deployment

Dementsprechend haben wir trotz einer Lieferanteneinschränkung in der Kennzahl *Supplier Constraint* von 110 Stück eine Lieferung in der Kennzahl *Supplier Delivery (Planned)* von 210 Stück.

Zur Erzeugung eines weiteren Deployment-Beispiels arbeiten wir nun mit anderen Prognosen als in den Abschnitten davor in der Kennzahl *Forecast Unconstrained* (siehe Abbildung 8.90) und einer neuen Lieferanteneinschränkung in der Kennzahl *Supplier Constraint* (siehe Abbildung 8.89, Registerkarte **Supplier Constraint**).

Nach dem Prognoselauf ergibt sich die in Abbildung 8.90 dargestellte Verteilungssituation der Zugänge. Die Prognose (*Forecast Unconstrained*) haben wir am 09.10.2019 und am 13.10.2019 mit 175 Stück auf dem ersten Distributionszentrum (*DC71*) festgelegt. Auf dem zweiten Distributionszentrum (*DC72*) liegt die Prognose am 10.10.2019 mit 100 Stück, am 11.10.2019 mit 25 Stück und am 13.10.2019 mit 50 Stück. Die Lieferantenrestriktion führt zu einer gesamten Produktionsmenge von 476 Stück der benötigten 525 Stück auf dem Werk (*FA71*).

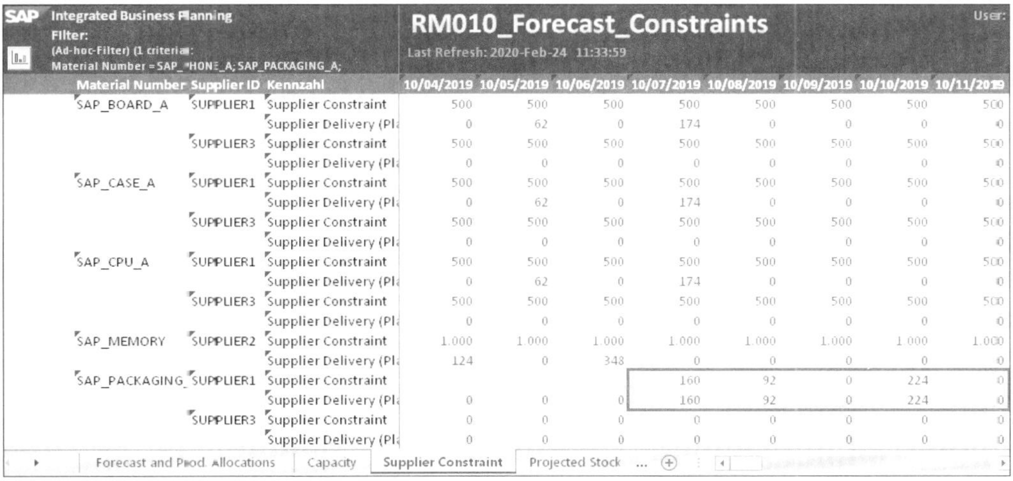

SAP Integrated Business Planning
Filter:
(Ad-hoc-Filter) (1 criteria):
Material Number = SAP_PHONE_A; SAP_PACKAGING_A;

RM010_Forecast_Constraints
Last Refresh: 2020-Feb-24 11:33:59
User:

Material Number	Supplier ID	Kennzahl	10/04/2019	10/05/2019	10/06/2019	10/07/2019	10/08/2019	10/09/2019	10/10/2019	10/11/2019
SAP_BOARD_A	SUPPLIER1	Supplier Constraint	500	500	500	500	500	500	500	500
		Supplier Delivery (Pl	0	62	0	174	0	0	0	0
	SUPPLIER3	Supplier Constraint	500	500	500	500	500	500	500	500
		Supplier Delivery (Pl	0	0	0	0	0	0	0	0
SAP_CASE_A	SUPPLIER1	Supplier Constraint	500	500	500	500	500	500	500	500
		Supplier Delivery (Pl	0	62	0	174	0	0	0	0
	SUPPLIER3	Supplier Constraint	500	500	500	500	500	500	500	500
		Supplier Delivery (Pl	0	0	0	0	0	0	0	0
SAP_CPU_A	SUPPLIER1	Supplier Constraint	500	500	500	500	500	500	500	500
		Supplier Delivery (Pl	0	62	0	174	0	0	0	0
	SUPPLIER3	Supplier Constraint	500	500	500	500	500	500	500	500
		Supplier Delivery (Pl	0	0	0	0	0	0	0	0
SAP_MEMORY	SUPPLIER2	Supplier Constraint	1.000	1.000	1.000	1.000	1.000	1.000	1.000	1.000
		Supplier Delivery (Pl	124	0	348	0	0	0	0	0
SAP_PACKAGING_	SUPPLIER1	Supplier Constraint				160	92	0	224	0
		Supplier Delivery (Pl	0	0	0	160	92	0	224	0
	SUPPLIER3	Supplier Constraint	0	0	0	0	0	0	0	0
		Supplier Delivery (Pl	0	0	0	0	0	0	0	0

Forecast and Prod. Allocations | Capacity | Supplier Constraint | Projected Stock | ...

Abbildung 8.89 Lieferantenengpass nach Heuristik-Lauf

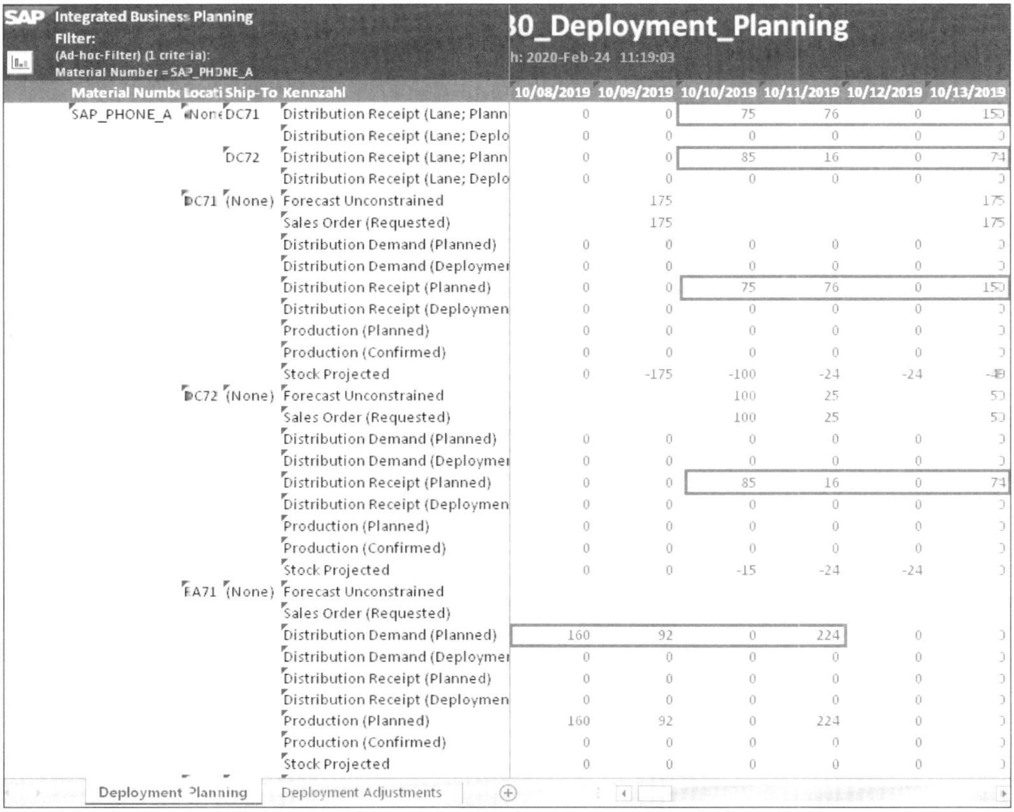

SAP Integrated Business Planning
Filter:
(Ad-hoc-Filter) (1 criteria):
Material Number = SAP_PHONE_A

30_Deployment_Planning
h: 2020-Feb-24 11:19:03

Material Numbe	Locati	Ship-To	Kennzahl	10/08/2019	10/09/2019	10/10/2019	10/11/2019	10/12/2019	10/13/2019
SAP_PHONE_A	None	DC71	Distribution Receipt (Lane; Plann	0	0	75	76	0	150
			Distribution Receipt (Lane; Deplo	0	0	0	0	0	0
		DC72	Distribution Receipt (Lane; Plann	0	0	85	16	0	74
			Distribution Receipt (Lane; Deplo	0	0	0	0	0	0
	DC71	(None)	Forecast Unconstrained		175				175
			Sales Order (Requested)		175				175
			Distribution Demand (Planned)	0	0	0	0	0	0
			Distribution Demand (Deploymen	0	0	0	0	0	0
			Distribution Receipt (Planned)	0	0	75	76	0	150
			Distribution Receipt (Deploymen	0	0	0	0	0	0
			Production (Planned)	0	0	0	0	0	0
			Production (Confirmed)	0	0	0	0	0	0
			Stock Projected	0	-175	-100	-24	-24	-49
	DC72	(None)	Forecast Unconstrained			100	25		50
			Sales Order (Requested)			100	25		50
			Distribution Demand (Planned)	0	0	0	0	0	0
			Distribution Demand (Deploymen	0	0	0	0	0	0
			Distribution Receipt (Planned)	0	0	85	16	0	74
			Distribution Receipt (Deploymen	0	0	0	0	0	0
			Production (Planned)	0	0	0	0	0	0
			Production (Confirmed)	0	0	0	0	0	0
			Stock Projected	0	0	-15	-24	-24	0
	FA71	(None)	Forecast Unconstrained						
			Sales Order (Requested)						
			Distribution Demand (Planned)	160	92	0	224	0	0
			Distribution Demand (Deploymen	0	0	0	0	0	0
			Distribution Receipt (Planned)	0	0	0	0	0	0
			Distribution Receipt (Deploymen	0	0	0	0	0	0
			Production (Planned)	160	92	0	224	0	0
			Production (Confirmed)	0	0	0	0	0	0
			Stock Projected	0	0	0	0	0	0

Deployment Planning | Deployment Adjustments

Abbildung 8.90 Distributionsplan

Die Bedarfe von DC72 werden komplett erfüllt. Aufgrund des Engpasses kann das System die Bedarfe von DC71 nicht vollständig erfüllen, und es bleibt ein negativer projizierter Bestand von 49 Stück bestehen. Die verteilten Zugänge und Bedarfe sind bisher nur geplant und werden vom Deployment-Lauf verwendet. Diesen führen wir in der Anwendung **Anwendungsjobs – Auftragsbasierte Planung** aus (siehe Abbildung 8.91).

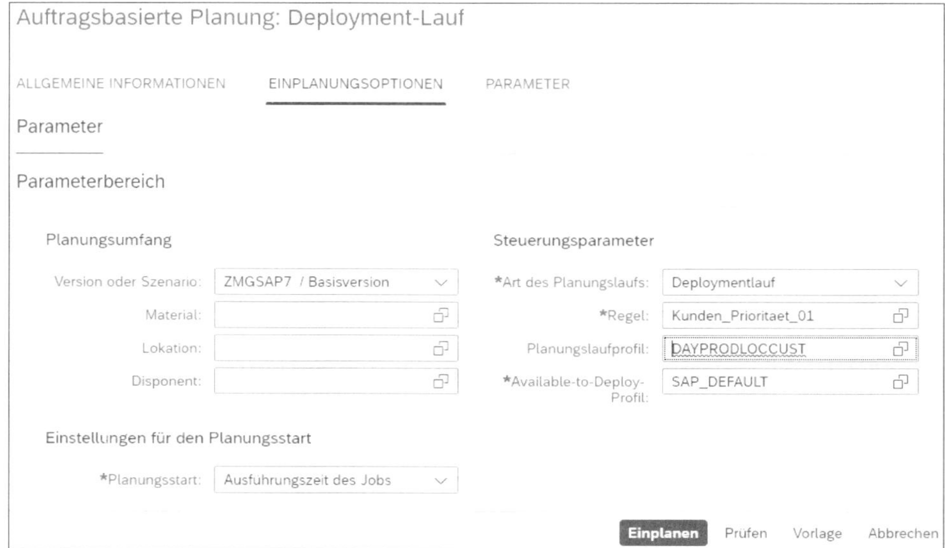

Abbildung 8.91 Deployment-Lauf in der Webbenutzeroberfläche

Neben der **Art des Planungslaufs** mit **Deploymentlauf** legen Sie die **Regel** mit »Kunden_Prioritaet_01«, das **Planungslaufprofil** mit »DAYPRODLOCCUST« und das **Available-to-Deploy-Profil** (ATD-Profil) mit SAP_DEFAULT fest. Den **Planungsstart** stellt Ihnen das System automatisch auf den Zeitpunkt der Ausführung des Jobs. Abschließend klicken Sie auf die Schaltfläche **Einplanen**. Die Auswirkungen dieses Planungslaufs werden in den verteilten Bedarfen und Zugängen sichtbar (siehe Abbildung 8.92). Es gibt keine Änderungen in der Verteilung der Bedarfe und Zugänge, aber sie sind jetzt vom Typ *Deployment*.

Die Bevorzugung der Bedarfe im Distributionszentrum DC72 kann aus den Unternehmensanforderungen heraus wenig sinnvoll sein. Dementsprechend haben Sie die Möglichkeit, die verteilten Mengen anzupassen. Das Ergebnis dieser Anpassungen zeigt Abbildung 8.93. Durch die Änderungen im Distributionsplan in der Kennzahl *Adjusted Distribution Receipt (Lane)* zwingen Sie den Planungslauf, die vordefinierte Menge auf das Distributionszentrum DC71 zu legen. Daraus resultiert ein negativer Bestand auf DC72, weil die Zugänge gleich geblieben sind und nur anders verteilt wurden.

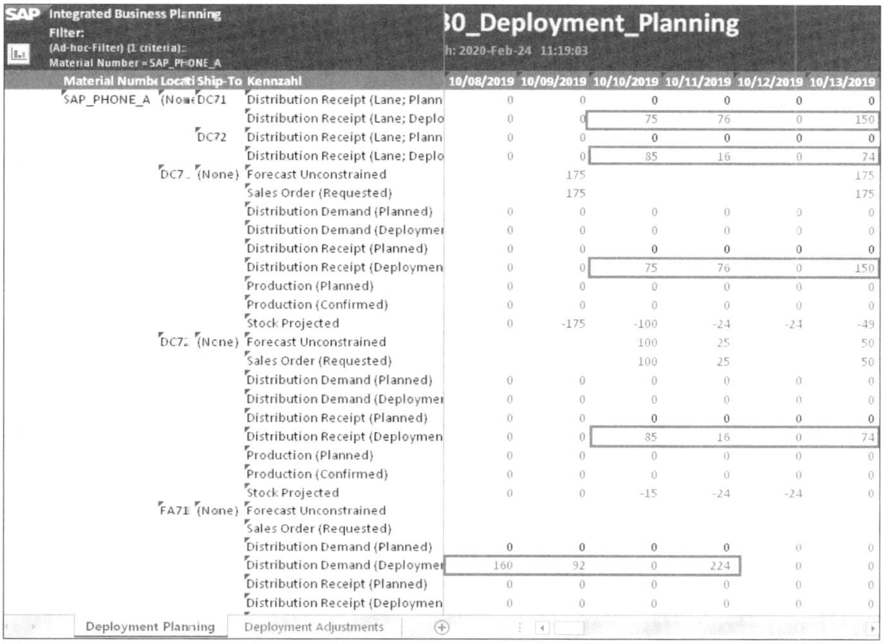

SAP Integrated Business Planning
Filter:
(Ad-hoc-Filter) (1 criteria):
Material Number = SAP_PHONE_A

30_Deployment_Planning
h: 2020-Feb-24 11:19:03

Material Number	Location	Ship-To	Kennzahl	10/08/2019	10/09/2019	10/10/2019	10/11/2019	10/12/2019	10/13/2019
SAP_PHONE_A	(None	DC71	Distribution Receipt (Lane; Plann	0	0	0	0	0	0
			Distribution Receipt (Lane; Deplo	0	0	75	76	0	150
		DC72	Distribution Receipt (Lane; Plann	0	0	0	0	0	0
			Distribution Receipt (Lane; Deplo	0	0	85	16	0	74
	DC71	(None)	Forecast Unconstrained		175				175
			Sales Order (Requested)		175				175
			Distribution Demand (Planned)	0	0	0	0	0	0
			Distribution Demand (Deploymer	0	0	0	0	0	0
			Distribution Receipt (Planned)	0	0	0	0	0	0
			Distribution Receipt (Deploymen	0	0	75	76	0	150
			Production (Planned)	0	0	0	0	0	0
			Production (Confirmed)	0	0	0	0	0	0
			Stock Projected	0	-175	-100	-24	-24	-49
	DC72	(None)	Forecast Unconstrained			100	25		50
			Sales Order (Requested)			100	25		50
			Distribution Demand (Planned)	0	0	0	0	0	0
			Distribution Demand (Deploymer	0	0	0	0	0	0
			Distribution Receipt (Planned)	0	0	0	0	0	0
			Distribution Receipt (Deploymen	0	0	85	16	0	74
			Production (Planned)	0	0	0	0	0	0
			Production (Confirmed)	0	0	0	0	0	0
			Stock Projected	0	0	-15	-24	-24	0
	FA71	(None)	Forecast Unconstrained						
			Sales Order (Requested)						
			Distribution Demand (Planned)	0	0	0	0	0	0
			Distribution Demand (Deploymer	160	92	0	224	0	0
			Distribution Receipt (Planned)	0	0	0	0	0	0
			Distribution Receipt (Deploymen	0	0	0	0	0	0

Deployment Planning | Deployment Adjustments

Abbildung 8.92 Ergebnis des Deployment-Laufs

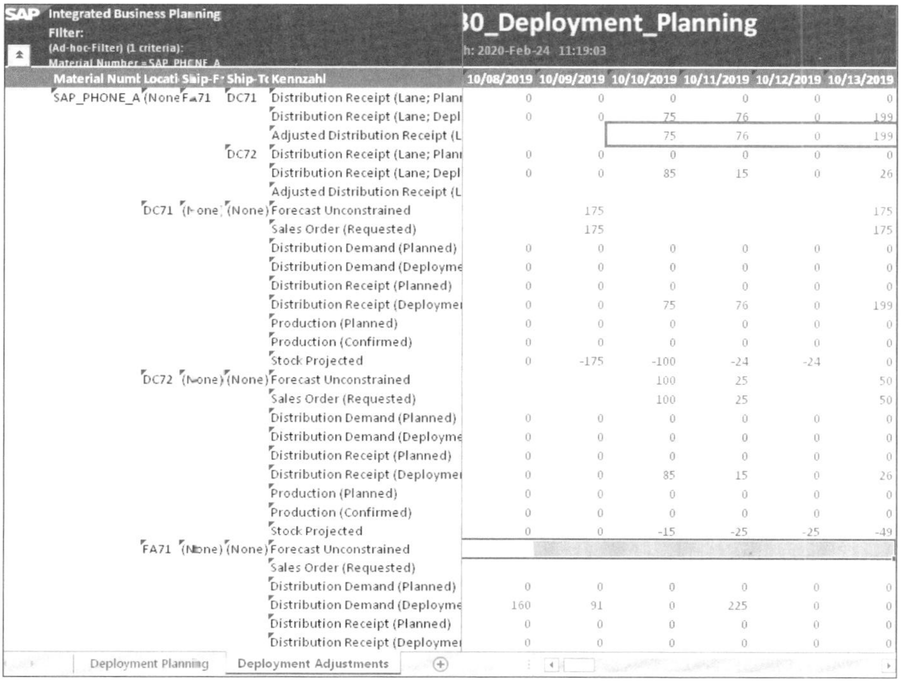

SAP Integrated Business Planning
Filter:
(Ad-hoc-Filter) (1 criteria):
Material Number = SAP_PHONE_A

30_Deployment_Planning
h: 2020-Feb-24 11:19:03

Material Number	Location	Ship-From	Ship-To	Kennzahl	10/08/2019	10/09/2019	10/10/2019	10/11/2019	10/12/2019	10/13/2019
SAP_PHONE_A	(None	FA71	DC71	Distribution Receipt (Lane; Plann	0	0	0	0	0	0
				Distribution Receipt (Lane; Depl	0	0	75	76	0	199
				Adjusted Distribution Receipt (L			75	76	0	199
			DC72	Distribution Receipt (Lane; Plann	0	0	0	0	0	0
				Distribution Receipt (Lane; Depl	0	0	85	15	0	26
				Adjusted Distribution Receipt (L						
	DC71	(None)	(None)	Forecast Unconstrained		175				175
				Sales Order (Requested)		175				175
				Distribution Demand (Planned)	0	0	0	0	0	0
				Distribution Demand (Deployme	0	0	0	0	0	0
				Distribution Receipt (Planned)	0	0	0	0	0	0
				Distribution Receipt (Deployme	0	0	75	76	0	199
				Production (Planned)	0	0	0	0	0	0
				Production (Confirmed)	0	0	0	0	0	0
				Stock Projected	0	-175	-100	-24	-24	0
	DC72	(None)	(None)	Forecast Unconstrained			100	25		50
				Sales Order (Requested)			100	25		50
				Distribution Demand (Planned)	0	0	0	0	0	0
				Distribution Demand (Deployme	0	0	0	0	0	0
				Distribution Receipt (Planned)	0	0	0	0	0	0
				Distribution Receipt (Deployme	0	0	85	15	0	26
				Production (Planned)	0	0	0	0	0	0
				Production (Confirmed)	0	0	0	0	0	0
				Stock Projected	0	0	-15	-25	-25	-49
	FA71	(None)	(None)	Forecast Unconstrained						
				Sales Order (Requested)						
				Distribution Demand (Planned)	0	0	0	0	0	0
				Distribution Demand (Deployme	160	91	0	225	0	0
				Distribution Receipt (Planned)	0	0	0	0	0	0
				Distribution Receipt (Deployme	0	0	0	0	0	0

Deployment Planning | Deployment Adjustments

Abbildung 8.93 Ergebnis nach Anpassung der verteilten Mengen

In diesem Beispiel wurden nicht fixierte Bestellanforderungen und Planaufträge im ATD-Profil berücksichtigt. Es können aber auch nur fixierte Elemente in die Planung mit einfließen, und dann können Sie während der Integration in das ausführende System (SAP ECC oder SAP S/4HANA) festlegen, dass nur Umlagerungen vom Typ *Deployment* übertragen werden sollen. Dadurch können beispielsweise nicht fixierte Elemente von der Übertragung ausgeschlossen werden.

8.7.9 Simulations- und Szenarioplanung

Simulationen und Szenarios können sowohl in Excel als auch in der Webbenutzeroberfläche verwendet werden. Allerdings können in Excel angelegte Szenarios nicht in der Webbenutzeroberfläche verwendet werden, aber umgekehrt. Wir werden uns in diesem Abschnitt hauptsächlich mit der Funktionalität in der Weboberfläche befassen, weil die Excel-Funktionalitäten zu diesem Thema schon in Abschnitt 4.2.3, »Szenarioplanung«, beschrieben werden. Versionen werden nicht behandelt, weil auch diese im gleichen Abschnitt erläutert werden.

Zum Verwalten der Simulationen und Szenarios gibt es die Applikation **Versionen und Szenarios verwalten** (siehe Abbildung 8.94). Dort kann zu jeder Version ein neues Szenario angelegt, kopiert und gelöscht werden. Sie wählen die Version des Planungsbereichs aus und betätigen die Schaltflächen **Neues Szenario**, **Szenario kopieren** oder **Szenario löschen**. Zusätzlich können Simulationen nach Auswahl der betreffenden Zeile über die Schaltfläche **In Szenario konvertieren** in ein Szenario konvertiert und über die Schaltfläche **Szenario löschen** gelöscht werden.

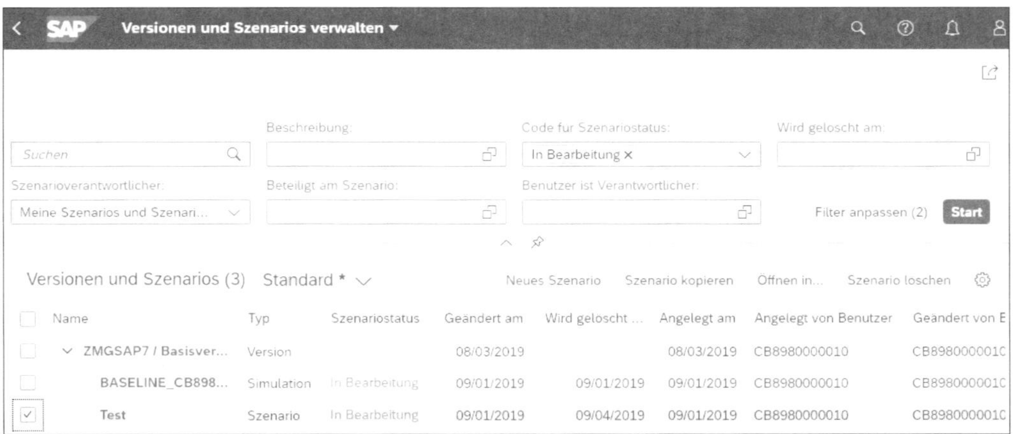

Abbildung 8.94 Verwaltung von Szenarios in Versionen

In beiden Fällen können Sie über die Schaltfläche **Öffnen in ...** in die Anwendungen **Kundenauftrag simulieren**, **Bestätigungen anzeigen**, **Projizierten Bestand anzeigen**, **Engpässe anzeigen** und **Verwendung der Zugänge analysieren** abspringen.

Abbildung 8.95 Die Anwendung »Bestätigungen anzeigen« mit Szenario

Bei Absprung in die Applikation **Bestätigungen anzeigen** haben Sie die Möglichkeit, sich die Bestätigungssituation im Szenario anzuschauen (siehe Abbildung 8.95). Die Filterkriterien **Materialnummer**, **Lokationsnummer**, **Datumshorizont**, **Kundennummer**, **Status**, **Engpasstyp**, **Engpass für**, **Liefergruppe**, **Lieferpriorität** und **Belegart** schränken das Ergebnis ein und werden nach Auswahl der Schaltfläche **Start** berücksichtigt. Über die Schaltfläche **Anweisungen** können Sie sich die schon vorgenommenen Anpassungen der Planung anschauen (siehe Abbildung 8.96). Dabei kann man sowohl die simulierten **Kundenaufträge** als auch die simulierten **Zugänge** wie Bestellanforderungen mit den zugehörigen Attributen analysieren. Das ist besonders hilfreich, wenn jemand anderes das Szenario mit den Änderungen verstehen muss.

Anweisungen

Kundenaufträge (0)

Kunde	Lokation neu	Material neu	Lokation alt	Material alt	Alte Menge	Neue Menge

Keine Elemente verfügbar.

Zugänge (0)

Lieferant	Lokation neu	Material neu	Lokation alt	Material alt	Alte Menge	Neue Menge

In diesem Szenario wurden keine Zugänge geändert.

Schließen

Abbildung 8.96 Ansicht der Anweisungen

Außerdem kann sowohl das Szenario als auch die Simulation mit anderen Nutzern über die Schaltfläche **Senden an** in Abbildung 8.95 geteilt werden. Die Schaltfläche **Schließen** bewirkt, dass das Szenario oder die Simulation geschlossen bzw. verworfen wird. Dann können Sie über **Öffnen in ...** wieder in die vorher genannte Applikation abspringen. Zur Simulation eines neuen Kundenauftrags wird ein Szenario angelegt (siehe Abbildung 8.97).

Abbildung 8.97 Anlegen eines neuen Szenarios

Dafür springen wir aus der App **Versionen und Szenarios verwalten** über die Schaltfläche **Öffnen in ...** in die zugehörige Anwendung und legen einen Kundenauftrag im Szenario an (siehe Abbildung 8.98). Der Auftrag für das Material SAP_PHONE_A ist über eine Menge von 1.000 Stück und nimmt einen Nettowert von 100.000 € ein. Die **Lieferpriorität** wird aufgrund des hohen Wertes auf **01 (hoch)** und Kunde 1 eingestellt, weil dieser die höchste Priorität hat. Die Auftragsart wird standardmäßig als **SO (Sofortauftrag)** festgelegt. Sie können allerdings theoretisch aus einer Vielzahl von Auftragsarten auswählen, z. B. Terminauftrag oder Reparaturauftrag.

Abbildung 8.98 Simulation eines Kundenauftrags

Nach der Simulation sieht die Auftragssituation aus, wie in Abbildung 8.99 dargestellt. Durch den früheren Termin greift der simulierte Auftrag T79754 dem echten Auftrag 5125 eine Menge von 75 ab, und es ergeben sich zwei Aufträge mit unbestätigten Mengen von insgesamt 1.000 Stück.

Abbildung 8.99 Bestätigungssituation nach simuliertem Kundenauftrag

Im **Auftragsnetz** finden wir verschiedene Engpässe von Lieferanteneinschränkungen der einzelnen Komponenten bis zu fehlenden Kontingenten. Zuerst analysieren wir die Lieferanteneinschränkungen im Auftragsnetz. Laut Engpassanalyse werden Zugänge für das Material SAP_MEMORY bis spätestens 10.09.2019, Zugänge für die Materialien SAP_CPU_A, SAP_CASE_A und SAP_BOARD_A bis spätestens 11.09.2019 und Zugänge für SAP_PACKAGING_A bis spätestens 14.09.2019 laut dem Attribut *Gewünschtes Startdatum* benötigt.

Zur Lösung dieser Probleme springen wir über die Schaltfläche **Öffnen in ...** in die Anwendung **Projizierten Bestand anzeigen** ab. Für das Material SAP_CPU_A legen wir eine Bestellanforderung über 1.000 Stück zum Lieferanten Supplier 1 am 11.09.2019 auf dem Werk FA71 mithilfe der Schaltfläche **Neue Bestellanforderung simulieren** an (siehe Abbildung 8.100). Dafür starten Sie die Simulation über **Simulationslauf starten**.

Weitere Zugänge werden für die Materialien SAP_CASE_A und SAP_BOARD_A von 1.000 Stück am 11.09.2019, für SAP_MEMORY von 2.000 Stück am 10.09.2019 und für SAP_PACKAGING_A von 1.000 Stück am 14.09.2019 angelegt. Danach müssen wir die fehlenden Kontingente von 1.000 Stück am 20.09.2019 für das Material SAP_PHONE_A im Distributionszentrum DC71 beim Kunden 1 über die Kennzahl *Allocation Adjusted* in der Excel-Planungssicht **Forecast and Prod. Allocations** pflegen.

Abbildung 8.100 Simulation einer Bestellanforderung nach Engpass

Zur Kalkulation der neuen Bestätigungssituation kann der Simulationslauf in der Detailansicht des jeweiligen Auftrags über die Schaltfläche **Simulationslauf starten** (siehe Abbildung 8.99) oder der Bestätigungslauf im Szenario in der App **Anwendungsjobs – Auftragsbasierte Planung** ausgeführt werden. Die prioritätenbasierte Heuristik und der Optimierer können nicht im Szenario laufen. Alle Engpässe sind gelöst, und dieses Szenario stellt einen Lösungsvorschlag dafür vor, wie ein kurzfristiger Kundenauftrag bestätigt werden kann (siehe Abbildung 8.101).

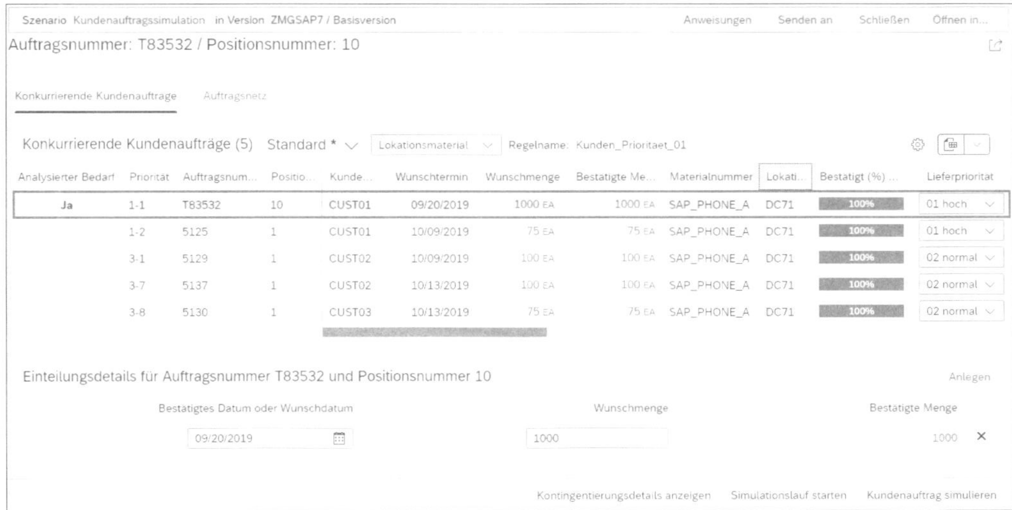

Abbildung 8.101 Bestätigungssituation ohne Engpässe

Kapitel 9
SAP Supply Chain Control Tower

Sie kämpfen mit fehlender Transparenz in Ihrem logistischen Netzwerk? Kritische Situationen und Ausnahmen können Sie nicht frühzeitig identifizieren und strukturiert bearbeiten? Dann ist die Lösung SAP Supply Chain Control Tower das Richtige für Sie.

In den vorangegangenen Kapiteln haben wir die Funktionen thematisiert, die Sie explizit für einzelne Planungsprozesse im Kontext integrierter Planung nutzen können. In diesem Kapitel gehen wir auf eine in gewisser Weise übergreifende Funktion ein, die Ihnen hilft, Ihre gesamte Supply Chain zu monitoren: den SAP Supply Chain Control Tower (SCCT) in SAP IBP. In Abschnitt 9.1 erfahren Sie mehr zu den einzelnen Anwendungsbereichen, in denen Sie den Control Tower einsetzen, und zu den Zielen, bei deren Erreichung er Ihnen helfen könnte. In Abschnitt 9.2, »Konfiguration des SAP Supply Chain Control Towers«, gehen wir im Detail auf die Control-Tower-spezifische Konfiguration ein.

9.1 SAP Supply Chain Control Tower – Ziele und Funktionen

Der SAP Supply Chain Control Tower nimmt aus Sicht der integrierten Business-Planung eine übergeordnete Rolle ein. Seine Funktionen sind darauf ausgerichtet, die Supply Chain ganzheitlich End-to-End zu überwachen und zu steuern. Wenn Unternehmen Informationen nicht rechtzeitig zur Verfügung haben, können Sie keine Entscheidungen auf einer adäquaten Faktengrundlage treffen. Fehlende Transparenz in Bezug auf die Supply-Chain-Performance oder kritische Ausnahmen, die oft auf dezentrale Datengrundlagen oder Systemlandschaften zurückzuführen sind, führen dazu, dass erforderliche Aktionen nicht in angemessener Reaktionszeit durchgeführt werden können. Es ist oft sehr aufwendig, alle notwendigen Informationen zusammenzutragen, da unterschiedliche Personen und Abteilungen in verschiedenen integrierten oder nicht integrierten Systemen arbeiten.

Neben der Herausforderung, interne Prozesse aufeinander abzustimmen und zu integrieren, wird im Rahmen der integrierten Planung auch die externe Kollaboration z. B. mit Lieferanten immer wichtiger. Die Abstimmung im Business-Netzwerk und der frühzeitige Hinweis auf Ausnahmesituationen sowie die Möglichkeit, alternative

Szenarios zu simulieren, erhöht die Reaktionsfähigkeit von Unternehmen gegenüber dem Wettbewerb und ist ein ausschlaggebender Vorteil im heutigen digitalen Geschäftsumfeld.

Der SAP Supply Chain Control Tower liefert Ihnen die notwendigen Werkzeuge, um folgende Aspekte zu adressieren, auf die wir in Abschnitt 9.1.1, »Performance-Management-Analysen«, bis Abschnitt 9.1.4, »Kollaboration im Business-Netzwerk«, im Einzelnen eingehen werden:

- globale Supply-Chain-Transparenz durch Performance-Management-Analysen
- Ausnahmesituationen identifizieren mit benutzerdefinierten Alerts
- strukturierte Bearbeitung durch Fallmanagement
- unternehmensübergreifende Abstimmung (Business-Netzwerk-Kollaboration)

Ziel des Einsatzes des SAP Supply Chain Control Towers ist es, die für die Supply Chain verantwortlichen Personen in die Lage zu versetzen, den End-to-End-Prozess in Echtzeit zu analysieren und zu steuern. Dies hat Auswirkungen auf Servicelevel, Bestände und Kosten und verhilft Unternehmen dazu, agiler am Markt zu agieren.

9.1.1 Performance-Management-Analysen

Eine Kernfunktion des SAP Supply Chain Control Towers ist es, die globale Transparenz über den Gesamtprozess zu schaffen und das Überwachen der Performance anhand expliziter Kenngrößen an zentraler Stelle zu ermöglichen. Dabei werden in der Regel nicht nur interne Prozesse beleuchtet, sondern das komplette Netzwerk der Wertschöpfungskette kann modelliert werden. Sie bilden also Ihr internes sowie Ihr externes Netzwerk in SAP IBP ab (siehe Abbildung 9.1). Dies betrifft Beziehungen zu und Informationen von Ihren Lieferanten über Ihre internen Produktions- und Distributionsstrukturen bis hin zu Ihren Kunden. Durch die Verwendung aussagekräftiger Kenngrößen können Sie frühzeitig mögliche Herausforderungen erkennen und aktiv werden.

Der Control Tower kann als Ergänzung zu den anderen IBP-Modulen, aber auch unabhängig im Zusammenspiel mit anderen Systemen und Applikationen genutzt werden, um auch in einer solchen Konstellation zentralisiert die größtmögliche Transparenz zu schaffen. Wie in Abbildung 9.2 dargestellt, können unterschiedliche Systeme an das SAP-IBP-System angebunden werden, wodurch der Control Tower als Steuerungsinstrument Supply-Chain-Performance-relevante Daten zentralisiert bereitstellt.

Die Auswertungen können Sie dann mithilfe von Analysen und Dashboards aufbereiten und kundenindividuell gestalten. Diese sind grundsätzliche Funktionen der IBP-Plattform und können von allen Applikationen in SAP IBP verwendet werden.

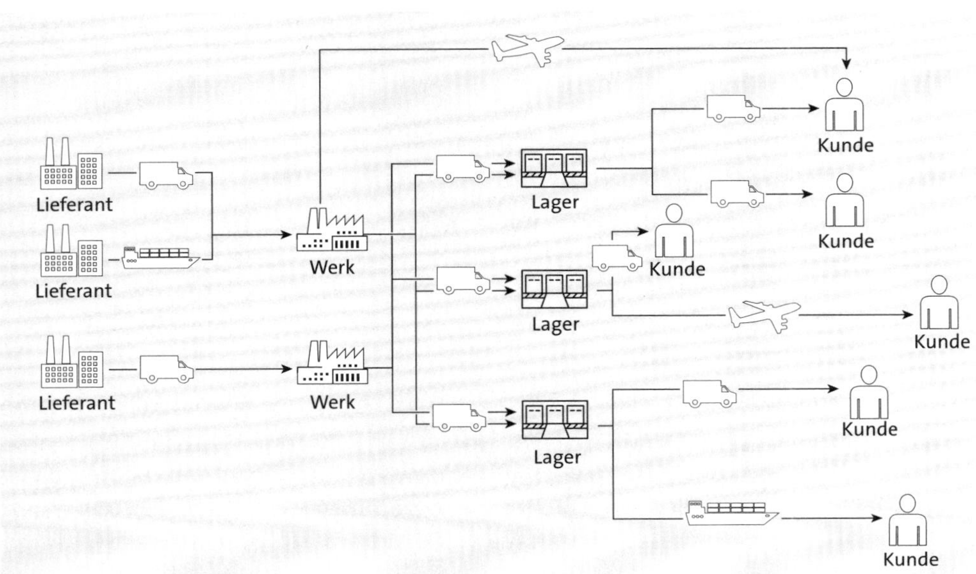

Abbildung 9.1 End-to-End-Transparenz im SAP Supply Chain Control Tower

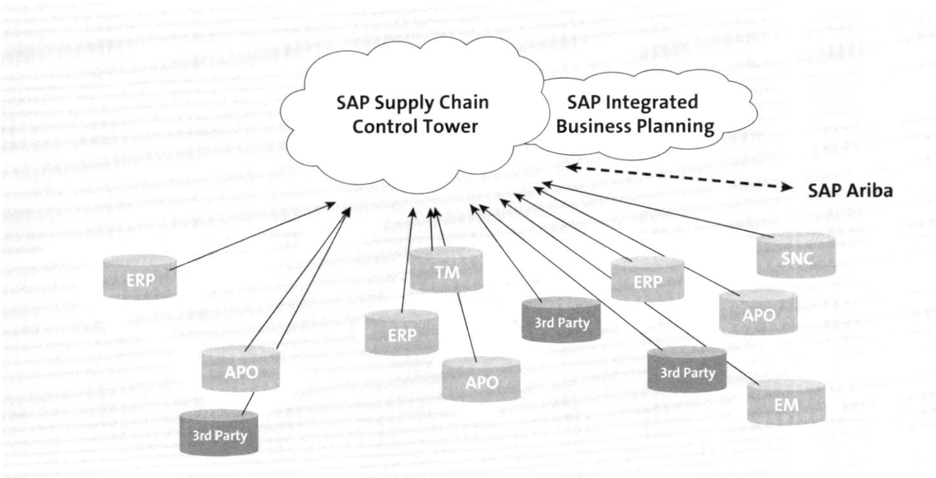

Abbildung 9.2 SAP IBP – Systemanbindung des SAP Supply Chain Control Towers

Der Control Tower liefert Ihnen zusätzlich eine Vielzahl spezifischer vordefinierter SCOR-Modell-Inhalte (*Supply Chain Operations Reference*), die Sie als KPIs (*Key Performance Indicators*) für Performance-Management-Analysen out of the box verwenden können. Der Planungsbereich SAP5 enthält die Control-Tower-spezifischen Einstellungen. Die Vorteile in Bezug auf Performance-Management-Analysen können folgendermaßen zusammengefasst werden:

- **Durch SAP vordefinierte KPIs:**
  - generische Supply-Chain-Kennzahlen
  - basierend auf dem SCOR-Modell
- **Flexible Nutzung kundenindividueller KPIs:**
  - Attribute
  - Kennzahlen
  - Berechnungen

Mithilfe eines umfassenden Frameworks lassen sich also alle relevanten Informationen sehr einfach visuell ansprechend aufbereiten und die Entscheidungsprozesse vereinfachen. Abbildung 9.3 zeigt ein Beispiel für ein Dashboard mit mehreren beispielhaften Analyseobjekten, z. B. Analysediagrammen (Balken, Säulen, Heatmap), Prozessmanagement-Instanzen und Alert-Übersichten. So können Sie die wichtigsten Aspekte, Treiber und KPIs überblicken und globale Entscheidungsprozesse optimal unterstützen.

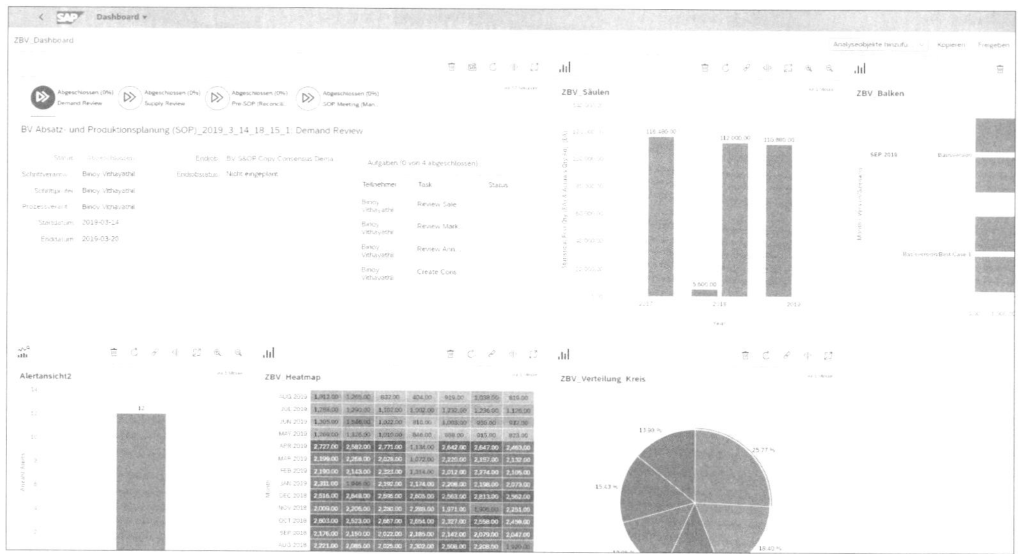

Abbildung 9.3 Dashboard und Analysen

Potenziale können Sie wie beschrieben bereits mit einer isolierten Control-Tower-Implementierung ausschöpfen, indem Sie Informationen aus einer diversifizierten Systemlandschaft zentralisieren. Synergien ergeben sich natürlich im Zusammenspiel mit weiteren SAP-IBP-Funktionen, sodass Sie in Echtzeit alle Prozesse übergreifend in einem System und sogar in einem Datenmodell monitoren können. Weitere

Details zu der notwendigen Konfiguration finden Sie in Abschnitt 9.2, »Konfiguration des SAP Supply Chain Control Towers«.

9.1.2 Ausnahmesituationen identifizieren – benutzerdefinierte Alerts

Damit Sie auch Ausnahmesituationen leicht identifizieren können, bietet SAP IBP Ihnen zwei Formen von Alerts:

- *Kennzahlen-Alerts*, die Sie im Rahmen der Konfiguration als Kennzahl definieren und in Excel-Planungssichten anzeigen können
- *benutzerdefinierte Alerts* (auch *Custom Alerts*), die Sie mit entsprechenden SAP-Fiori-Apps definieren und überwachen können

Wir werden im Folgenden insbesondere die benutzerdefinierten Alerts näher beschreiben, weil diese Bestandteil des SAP Supply Chain Control Towers sind. Kennzahlen-Alerts hingegen gehören zu den SAP-IBP-Grundfunktionen. Wenn Sie Ihre komplette Supply Chain End-to-End überwachen und steuern möchten, müssen Sie in der Regel eine Vielzahl von Informationen, Daten und Kenngrößen verarbeiten. Um den Überblick zu behalten und kritische Situationen frühzeitig zu erkennen, ist es extrem wichtig, Ausnahmesituationen zu definieren, die eine wesentliche betriebswirtschaftliche Auswirkung (Business Impact) haben. Custom Alerts erlauben Ihnen, auf Grundlage von Kennzahlen Ausnahmesituationen (Management-by-Exception) festzulegen. Abbildung 9.4 zeigt Beispiel-Alerts in der App **Benutzerdefinierte Alerts – Übersicht**, die Sie über das SAP Fiori Launchpad aufrufen können. In dieser Sicht werden Ihnen die Alerts angezeigt, die für Sie relevant sind bzw. die Sie abonniert haben.

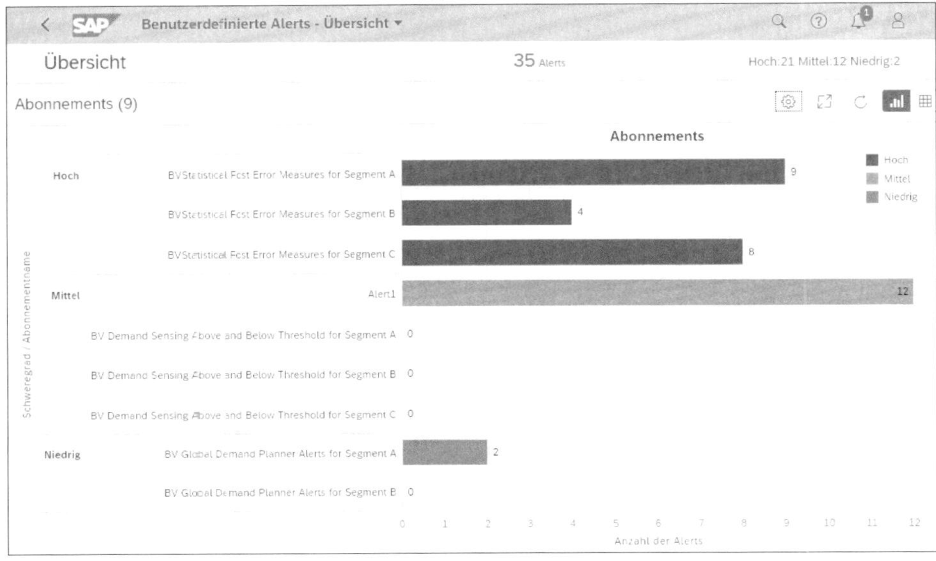

Abbildung 9.4 Die App »Benutzerdefinierte Alerts – Übersicht«

Aus der Übersicht können Sie in die Details abspringen, die in der App **Benutzerdefinierte Alerts überwachen** dargestellt werden. Sie können auch aus dem SAP Fiori Launchpad direkt über diese App einsteigen. Wie in Abbildung 9.5 dargestellt, werden Ihnen dann alle für Sie relevanten Alerts mit ersten Informationen, z. B. Schweregrad, Berechnungsebene oder Kennzahl, aufgeführt.

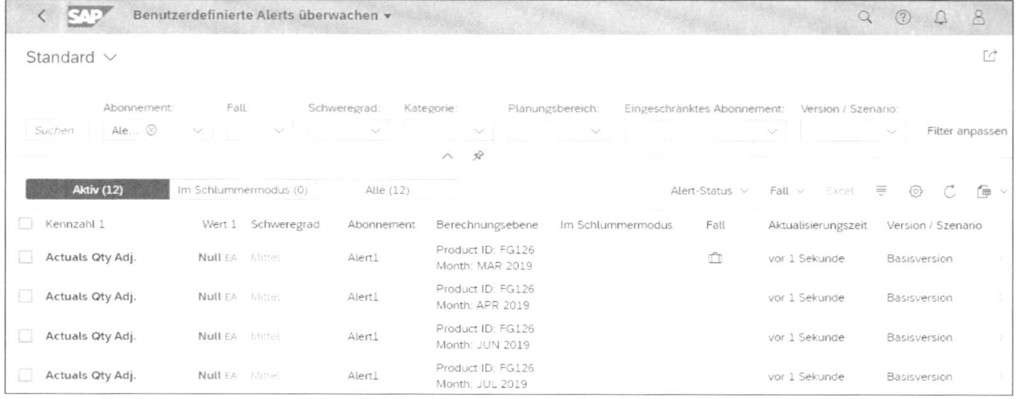

Abbildung 9.5 Benutzerdefinierte Alerts überwachen

Von hier aus können Sie sich einen einzelnen Alert im Detail anzeigen lassen. Dies ist in Abbildung 9.6 abgebildet.

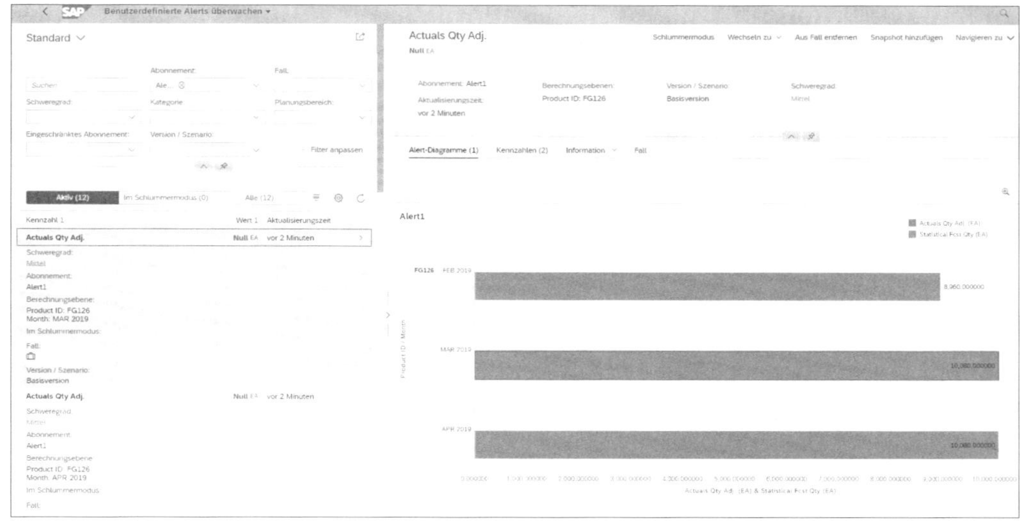

Abbildung 9.6 Benutzerdefinierte Alerts überwachen – Details

In den Details können Sie sich die Ausnahmesituation grafisch in einem Alert-Diagramm anzeigen lassen, die Kennzahlenwerte selber anzeigen, es werden weitere Informationen wie die Alert-Regeln bereitgestellt, und die Zuordnung zu Fällen ist möglich und wird für Sie dargestellt. Dabei können Sie die aktuelle Datengrundlage für den Alert als Snapshot über **Snapshot hinzufügen** abspeichern und dem Fall zuordnen. Die Schwellenwerte, die einen Alert auslösen, können Sie statisch festlegen oder mithilfe von Machine-Learning-Algorithmen ermitteln (siehe Abbildung 9.7). Basierend auf den Schwellenwerten analysiert das System die entsprechenden Kennzahlen für die Alerts in Echtzeit und weist Sie auf Auffälligkeiten hin, damit Sie frühzeitig Maßnahmen einleiten können.

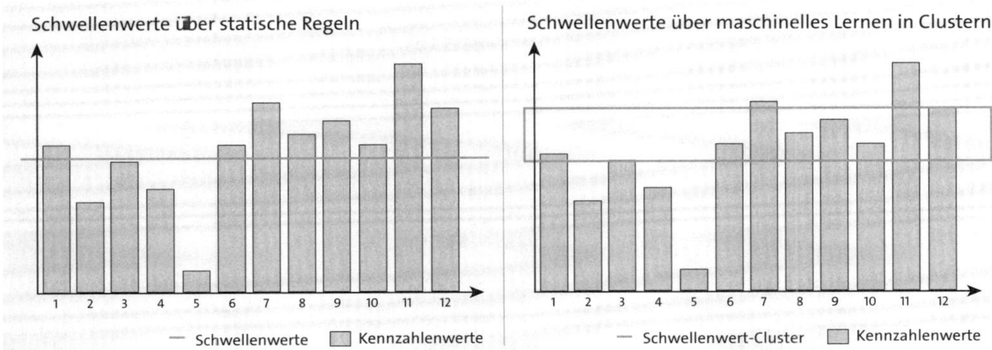

Abbildung 9.7 Custom Alert – statische Schwellenwerte vs. Machine Learning

Wenn Sie die Regeln für Schwellenwerte statisch wählen, ist es notwendig, die Schwellenwerte genau zu kennen, und die Daten sollten entsprechend konsistent sein. Liegen mehrheitlich dynamische Daten vor, die eine häufige Anpassung erfordern, kann die Verwendung statischer Grenzwerte ineffizient sein, und es werden zu wenige oder zu viele Alerts erzeugt.

Indem Sie Machine-Learning-Algorithmen für die Definition der Grenzwerte in Alerts verwenden, können Sie adäquate Grenzwerte auch für volatile und sich ändernde Daten festlegen und gegebenenfalls optimieren. Mithilfe von Machine-Learning-Algorithmen wie K-Means oder DBSCAN bilden Sie dynamische *Cluster*, um Ausreißer bzw. isolierte Datenpunkte außerhalb von Gruppierungen zu identifizieren. Somit wird nicht nur ein Schwellenwert, sondern durch Gruppierung ein Schwellenbereich als Grenzwert definiert. Dank der »selbstlernenden« Methode können die Schwellenwerte sich ändernden Datengrundlagen angepasst werden, was zu einer verbesserten Identifizierung von Ausreißern und damit zu effizienteren Alerts führt.

Ihnen stehen verschiedene Funktionen zur Verfügung, die die Verwaltung und den Einsatz von Alerts erleichtern. Die Alerts können Sie über die App **Benutzerdefinierte Alerts** überwachen, mit **Benutzerdefinierte Alerts – Übersicht** aufrufen, und diese

Übersicht lässt sich auch in Ihre Dashboards integrieren. Dafür müssen Sie über die App **Benutzerdefinierte Alerts – Übersicht definieren** zunächst eine Übersicht anlegen (siehe Abschnitt 9.2.4, »Benutzerdefinierte Alerts anlegen«).

Es ist möglich, aus den Alerts heraus in den jeweils vorliegenden Problemfall zu navigieren und diesen im Detail, z. B. in der Excel-Planungssicht oder in den Analysediagrammen, zu analysieren. Sie können Alerts auch einem Fall zuordnen und die Bearbeitung strukturieren (dies wird in Abschnitt 9.1.3 näher erläutert). Schließlich können Sie Alerts auch mit anderen Nutzern des SAP-IBP-Systems teilen und für sich selbst priorisiert vorsehen, indem Sie sie als Kachel im SAP Fiori Launchpad speichern, per E-Mail versenden oder über SAP Jam freigeben. Somit erhöhen Sie die Kollaboration und können Ausnahmesituationen bereichsübergreifend priorisieren. Weitere Details zur Konfiguration von Alerts finden Sie in Abschnitt 9.2.4.

9.1.3 Fallmanagement

Kritische Situationen, die Sie z. B. mithilfe von benutzerdefinierten Alerts identifiziert haben, erfordern manchmal mehrere Aktivitäten und Maßnahmen, in die unterschiedliche Personen einbezogen sind. Mit dem Fallmanagement liefert Ihnen SAP IBP die Möglichkeit, solche Problemsituationen strukturiert und abteilungsübergreifend zu bearbeiten und gleichzeitig zu dokumentieren. Ein Fall dient als Gruppierungsobjekt, und Sie können ihn im System hinterlegen, um z. B. Ausnahmesituationen zuzuordnen und entsprechende Maßnahmen zu koordinieren und zu dokumentieren. Den Namen und die Beschreibung eines Falls können Sie individuell vergeben, er kann die Problemstellung reflektieren, für die der Fall angelegt wurde.

Abbildung 9.8 zeigt den Screenshot der App **Fälle verwalten**. In dieser App werden alle vorliegenden Fälle aufgelistet, und Ihnen werden **Name**, **Beschreibung**, **Priorität**, Anlage- und **Fälligkeitsdatum** sowie **Status** angezeigt. In dieser App können Sie auch neue Fälle anlegen, sie einzelnen Benutzern oder Benutzergruppen zuordnen oder Fälle abschließen.

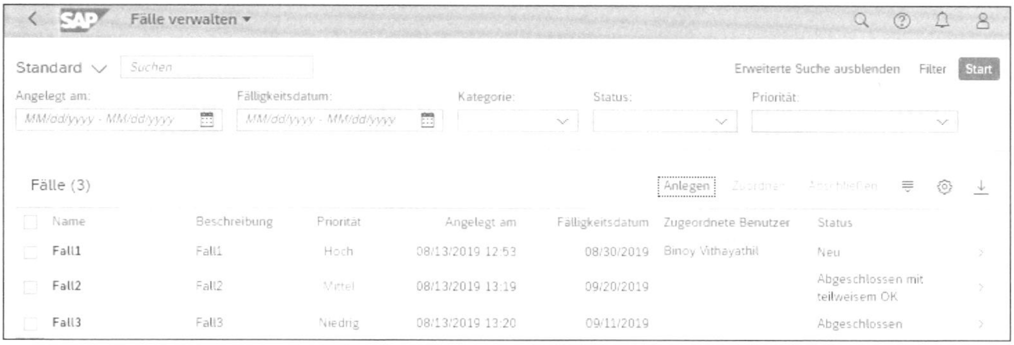

Abbildung 9.8 Die App »Fälle verwalten – Übersicht«

Sie können in die Details eines bestimmten Falls navigieren, indem Sie auf den Fall klicken. So gelangen Sie in die Detailsicht eines Falls (siehe Abbildung 9.9). Einem Fall können Sie Alerts, Kommentare, Snapshots und weitere Informationen hinzufügen. Die Historie der Änderungen wird im Fall dokumentiert, sodass Sie die Entwicklung nachverfolgen können.

Abbildung 9.9 Die App »Fall verwalten – Detailsicht«

Sie können Fälle auch direkt in dieser App anlegen. Da die Funktionen aus dem Fallmanagement eng mit den benutzerdefinierten Alerts aus Abschnitt 9.1.2, »Ausnahmesituationen identifizieren – benutzerdefinierte Alerts«, verbunden sind, können Sie auch aus den Alerts heraus neue Fälle anlegen und Zuordnungen durchführen. Weitere Details zur Konfiguration des Fallmanagements finden Sie in Abschnitt 9.2.5, »Fälle anlegen und verwalten«.

9.1.4 Kollaboration im Business-Netzwerk

In der heutigen Zeit sind Unternehmen mit immer schnelleren Innovationszyklen und volatilen On-Demand-Anforderungen ihrer Kunden konfrontiert. Die dadurch entstehenden Herausforderungen an das logistische Netzwerk erfordern Kollaboration nicht nur innerhalb eines Unternehmens, sondern über Unternehmensgrenzen hinweg. Der Austausch von Informationen ermöglicht es Ihnen, schneller und effizienter auf Kundenwünsche und Nachfrageschwankungen zu reagieren. Damit kommt im Kontext der integrierten Business-Planung dem Aspekt der Geschäftspartnerkollaboration eine immer stärkere Bedeutung zu. Planungsinformationen über eine Plattform mit Ihren Geschäftspartnern zu teilen, führt zu einer besseren Auslastung Ihrer Kapazitäten und der eingesetzten Ressourcen. In SAP IBP steht als generelle Plattformfunktion in allen IBP-Anwendungen die Möglichkeit bereit, webbasierte Planung mit Kunden und Lieferanten freizuschalten.

Mithilfe des SAP Supply Chain Control Towers können Sie die Zusammenarbeit mit Ihren Lieferanten intensivieren. Die Kollaboration zwischen Unternehmen und Kunden und auch innerhalb des Unternehmens stärker zu unterstützen ist ein zukünftiger Fokus der SAP-IBP-Roadmap in diesem Bereich.

Im Kontext der Lieferantenkollaboration unterstützt SAP IBP im Zusammenspiel mit SAP Ariba jetzt schon den Austausch unterschiedlicher Informationen, wie z. B.:

- Prognosemengen
- Bestandsmengen
- Produktionsmengen
- benutzerdefinierte Zusatzkennzahlen

Beispielhaft ist der Prozess der Lieferantenbestätigung, der aus mehreren Schritten besteht, in Abbildung 9.10 dargestellt:

1. In SAP IBP planen Sie zunächst einen restriktionsfreien, am Marktbedarf ausgerichteten Bedarfsplan auf Ebene der fremdbeschafften Produkte oder Komponenten. Dies kann z. B. über einen infiniten Planungslauf erfolgen.
2. Dem Lieferanten wird über die Schnittstellen aus SAP IBP der restriktionsfreie Bedarfsplan als Prognose über SAP Ariba mitgeteilt.
3. Der Lieferant kann diese restriktionsfreie Prognose in seinen Planungsläufen berücksichtigen und notwendige Anpassungen vornehmen. Entsprechend den Datenaustauschvereinbarungen kann der Lieferant Ihnen eine der oben aufgeführten Informationen über SAP Ariba zurückspielen. Beispiele sind Prognosemengen oder Produktions-/Liefermengen. Der Lieferant könnte auch Bestandsinformationen für Sie bereitstellen.
4. Die Lieferanteninformationen werden in Ihr SAP-IBP-System in die dafür vorgesehenen Kennzahlen zurückgespielt.
5. Die Lieferantenbestätigungen werden in der weiteren Planung, z. B. bei der Ermittlung eines restriktiven Bedarfsplans, berücksichtigt.
6. Als Ergebnis erhalten Sie einen restriktiven Bedarfsplan, der Restriktionen und weitere Informationen des Lieferanten bei der internen Planung berücksichtigt.

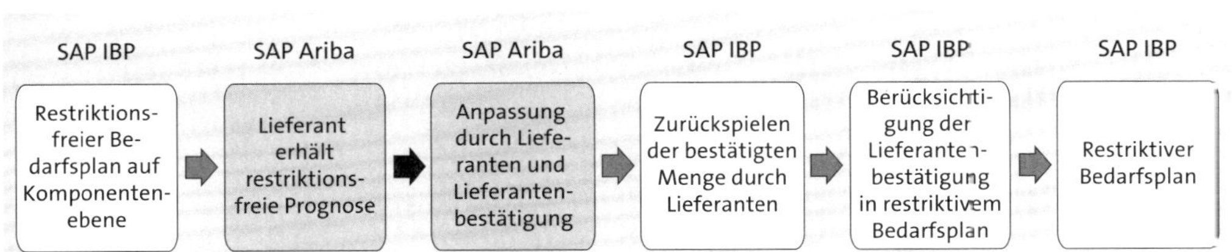

Abbildung 9.10 Lieferantenkollaboration, z. B. Lieferantenprognose

Grundsätzlich können Sie den hier skizzierten Kollaborationsprozess natürlich auch über den Austausch von Dateien realisieren. Aber die Lieferantenkollaboration im Zusammenspiel von SAP IBP und SAP Ariba ermöglicht Ihnen eine integrierte und damit unmittelbarere Lösung. Dafür muss die Kommunikation mit dem Lieferanten jedoch bereits über SAP Ariba strukturiert sein, und Sie benötigen die Control-Tower-Lizenz. Weitere Details zu den notwendigen Einstellungen finden Sie in Abschnitt 9.2.6, »Kollaboration«.

9

9.2 Konfiguration des SAP Supply Chain Control Towers

Die wesentlichen Funktionen des SAP Supply Chain Control Towers haben wir in den vorangegangenen Abschnitten dieses Kapitels beschrieben. Nun kommen wir zu den Einstellungen, die Sie vornehmen sollten, um diese Funktionen effektiv zu nutzen

9.2.1 Basiskonfiguration

Grundsätzlich können die Funktionen des Control Towers als zusätzliche Auswertungsebene verstanden werden. Funktionen wie Analysen stehen übergreifend in allen IBP-Modulen zur Verfügung, deren Prozesse werden aber durch Funktionen wie das benutzerdefinierte Alerting und das Fallmanagement oder die übergreifende Kollaboration noch erweitert. Sie können den Control Tower unabhängig von den anderen SAP-IBP-Anwendungen verwenden und externe Datenquellen für Auswertungen nutzen. Der Fokus liegt auf der umfänglichen Visualisierung von Gesamtprozessen. Die Grundlage dafür ist der Content, den SAP im Planungsbereich SAP5 standardmäßig für den SAP Supply Chain Control Tower ausliefert. In diesem Planungsbereich finden sich vordefinierte KPIs, beispielsweise SCM-generische (Supply Chain Management) Supply-Chain-Kennzahlen wie *KPI: Supply Shortage % (% Total Demand oder % LocProd)*, und Kennzahlen aus dem SCOR-Modell, z. B. *KPI: Inventory Turns (COGS) [basierend auf jährlichem COGS]*. Der Planungsbereich SAP5 enthält über 150 Kennzahlen. Die vordefinierten KPIs im Control Tower umfassen die funktionalen Bereiche Absatzplanung, Beschaffungsplanung, Bestand, Finanzen und Kundenservice.

Abgesehen von den vorausgelieferten Kennzahlen ist das Control-Tower-Datenmodell identisch mit dem der anderen Anwendungen in SAP IBP. Somit können Sie flexibel Stammdatenattribute, Kennzahlen und Berechnungen hinzufügen und dadurch das Monitoring individuell ausprägen. Voraussetzung und Grundlage sind dabei lediglich die Kennzahlen und Stammdatenattribute im Datenmodell. Auch können Sie die Funktionen des SAP Supply Chain Control Towers auf Basis der anderen funktional bereitgestellten Planungsbereiche verwenden.

9.2.2 Analysen vornehmen

Ihre Auswertungen können Sie einfach über die App **Analysen – Erweitert** anlegen. Solche Auswertungen gehören zu den SAP-IBP-Basisfunktionen und können mit jedem SAP-IBP-Modul verwendet werden. Weil die Auswertung und Visualisierung der Supply Chain eine Kernfunktion des Control Towers darstellen, stellen wir Ihnen die Details zu den Analysen im Kontext dieses Kapitels vor.

Das Anlegen von benutzerspezifischen Auswertungen funktioniert sehr intuitiv, sodass Anwender es situationsspezifisch und mit wenig Aufwand vornehmen können. Da die Auswertungen auf dem Planungsbereich basieren, ist jedoch Voraussetzung, dass die Kennzahlen und Stammdatenattribute im Datenmodell angelegt worden sind. Für Analysediagramme verwenden Sie die in Abbildung 9.11 dargestellte App **Analysen – Erweitert**. Hier können Sie Analysediagramme anlegen, bearbeiten, freigeben, löschen und zu Dashboards hinzufügen. Neben Analysediagrammen, die wir in diesem Abschnitt erläutern, können Sie auch Diagramme für **Supply-Chain-Netzwerke** oder **Benutzerdefinierte Alerts – Übersicht** anlegen.

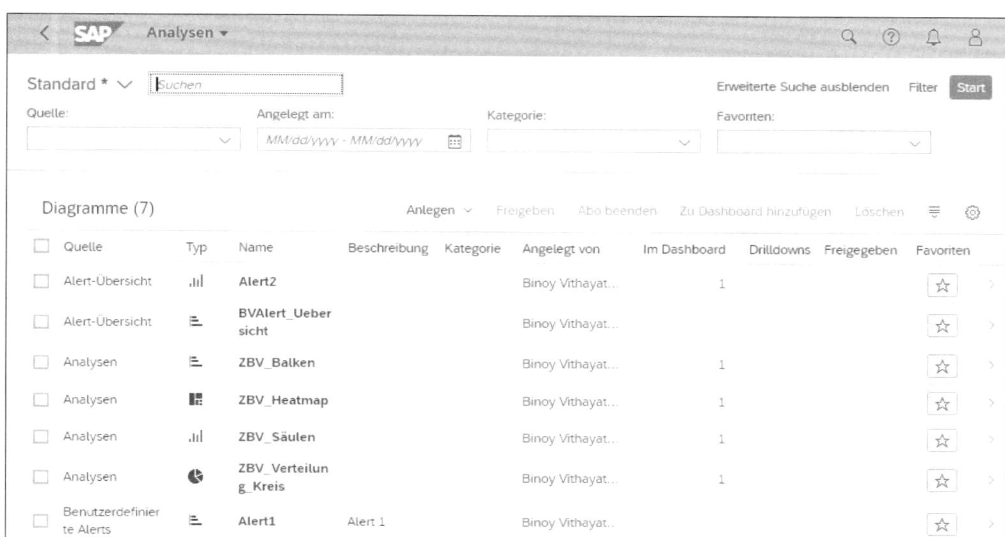

Abbildung 9.11 Die App »Analysen – Erweitert«

Über **Anlegen • Analysediagramm** legen Sie eine neue Analyseauswertung an, oder Sie navigieren per Doppelklick auf ein Analysediagramm in die Details und können dann über **Bearbeiten** das Analysediagramm anpassen. Beim Anlegen eines Analysediagramms sollten Sie als Erstes die **Grundeinstellungen** pflegen. Ein Analysediagramm basiert immer auf einem Planungsbereich, deshalb ist die Auswahl des Planungsbereichs dabei der erste Schritt; er definiert die Auswahlmöglichkeiten aller anderen Felder. Dann können Sie, wie in Abbildung 9.12 gezeigt, **Name** und **Beschreibung** vergeben, **Kennzahlen** selektieren und über **Gruppieren nach** oder **Als Reihe gruppieren** die Anzeige und Auswahl der Daten beeinflussen. Auch können Sie die Zielwährung (**Target Currency**) und die Zielmengeneinheit (**Target UoM**) vorgeben.

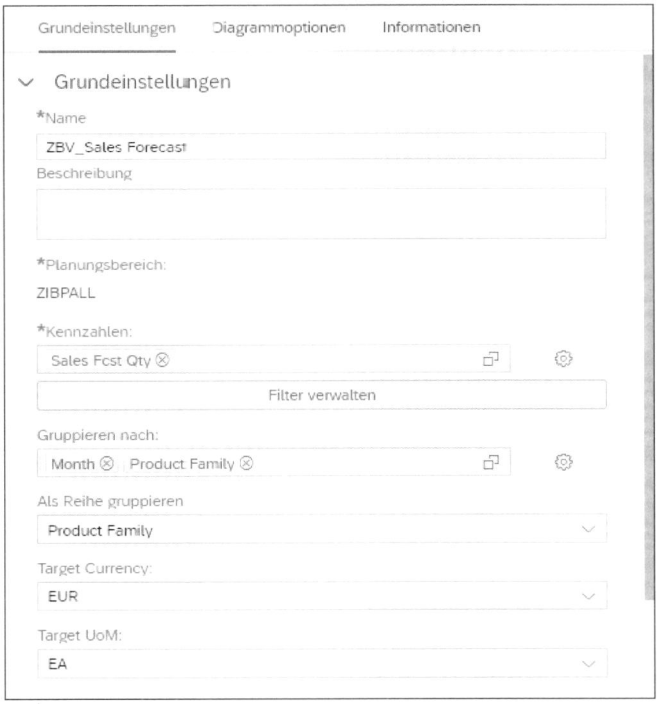

Grundeinstellungen | Diagrammoptionen | Informationen

Grundeinstellungen

*Name

ZBV_Sales Forecast

Beschreibung

*Planungsbereich:

ZIBPALL

*Kennzahlen:

Sales Fcst Qty

Filter verwalten

Gruppieren nach:

Month | Product Family

Als Reihe gruppieren

Product Family

Target Currency:

EUR

Target UoM:

EA

Abbildung 9.12 Analysediagramm – Grundeinstellungen

In den Grundeinstellungen legen Sie unter **Typ** auch den Diagrammtyp fest. Sie können, wie in Abbildung 9.13 zu sehen, die Typen **Vergleich**, **Trend**, **Verteilung** oder **Geografisch** auswählen. Die ausgewählten Daten werden dann entsprechend visuell aufbereitet. Dabei sollten Sie beachten, welcher Diagrammtyp für die selektierten Daten aussagekräftig ist. Einige Diagramme können Sie ohnehin nur auswählen, wenn die Voraussetzungen dafür erfüllt sind (z. B. benötigen die geografischen Diagramme entsprechende Geodaten als Input).

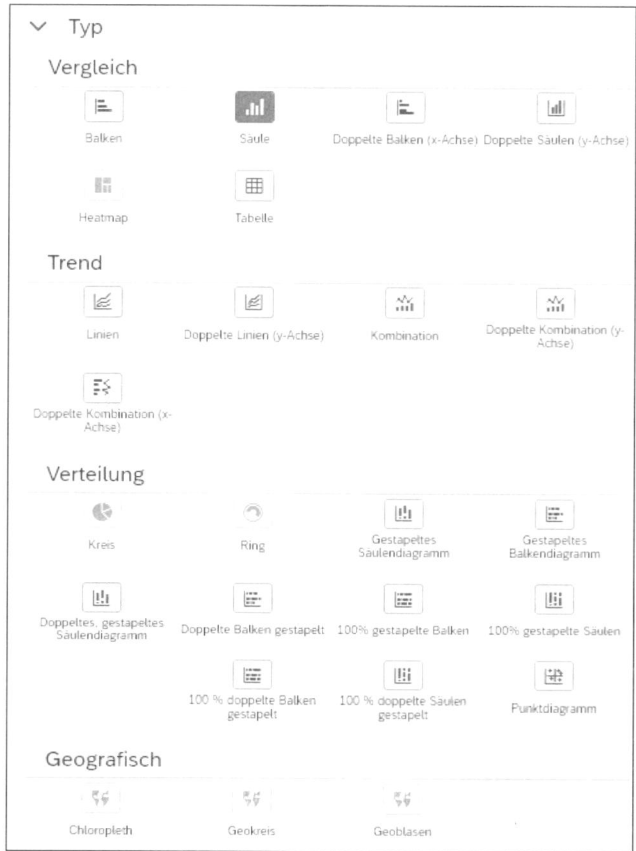

Abbildung 9.13 Analysediagramm – Grundeinstellung zum Diagrammtyp

In der Rubrik **Diagrammoptionen** lässt sich die Darstellung weiter beeinflussen, beispielsweise können Sie die Anzeige der Achsen, der Legende sowie der Werte individuell einstellen.

In der dritten Rubrik, **Informationen**, können Sie angewendete Planungsfilter oder Attribute sehen, Ihr Diagramm einer Kategorie, einem Dashboard oder einer Excel-Vorlage zuordnen oder es mit anderen Benutzern und Benutzergruppen teilen.

Über die in Abbildung 9.14 dargestellte Filterleiste lassen sich Analysediagramm und Auswertung detaillierter filtern und entsprechend den geforderten Problemstellungen anpassen. Sie können dabei **Versionen** oder **Szenarios** auswählen, die **Zeitperioden** vorgeben sowie **Ad-hoc-** oder **Planungsfilter** nutzen.

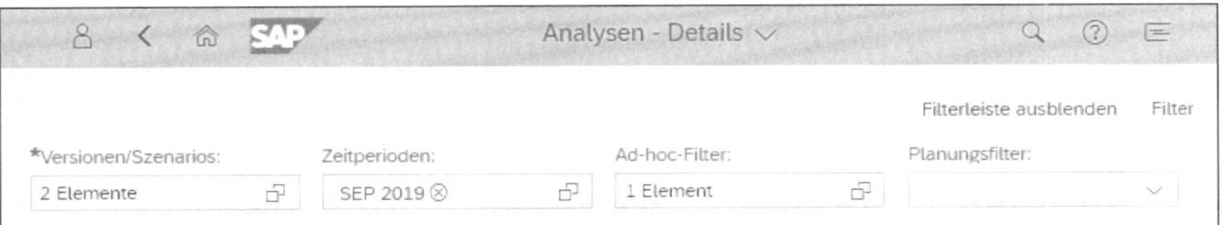

Abbildung 9.14 Analysediagramm – Filterleiste

Die Daten werden in Echtzeit im SAP-IBP-System gelesen und dann Ihren Vorgaben entsprechend angezeigt. In Abbildung 9.15 sehen Sie das Ergebnis der für unser Beispiel-Analysediagramm vorgenommenen Einstellungen in Form eines Balkendiagramms.

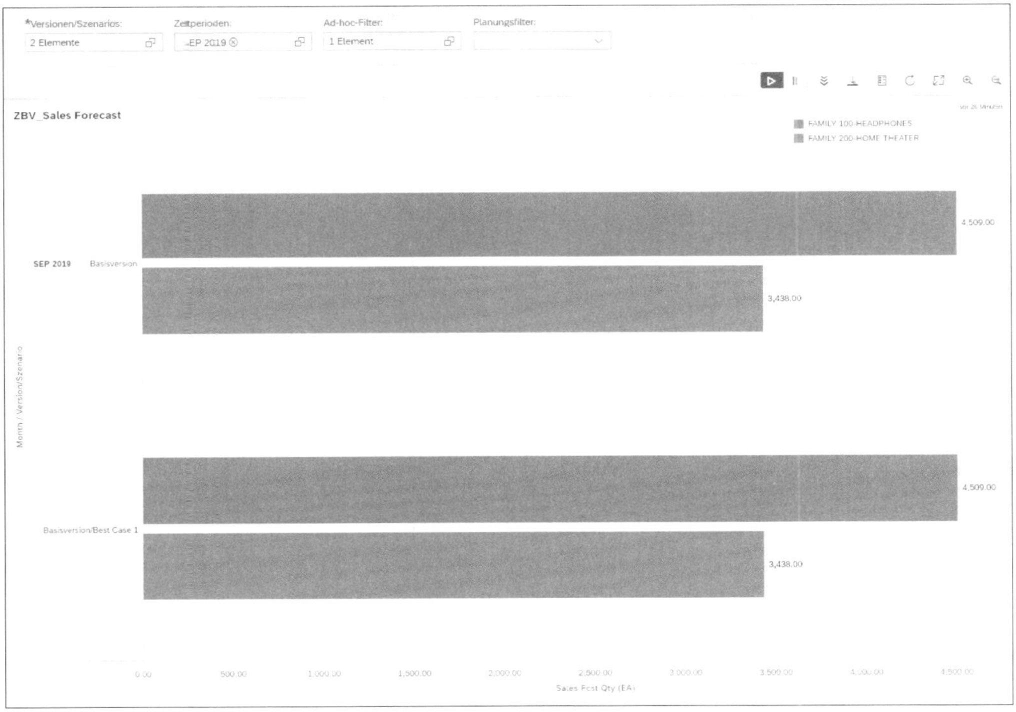

Abbildung 9.15 Analysediagramm – Beispiel für die Datenanzeige

Wichtig ist, dass die notwendigen Informationen im Planungsbereich als Kennzahlen im Datenmodell bereitstehen. Dann kann der Anwender situationsbezogene Analysen sehr intuitiv erstellen und anpassen. So können einzelne Analysen Aufschluss über einzelne Sachverhalte geben. Einen Gesamtüberblick erhalten Sie dann durch das Zusammenspiel mehrerer Auswertungen und KPIs, die Sie für einzelne Planungsprozesse und Problemsituationen vorsehen. Die Möglichkeit, mehrere Analysen für ausgewählte Prozesse bereitzustellen, beschreiben wir im nächsten Abschnitt.

9.2.3 Mit Dashboards arbeiten

Dashboards gehören wie die Analysen zu den Basisfunktionen in SAP IBP und können in allen Modulen verwendet werden. Sie ermöglichen die aggregierte Visualisierung aller relevanten Informationen, indem mehrere Analysen in einem Dashboard zusammengefasst werden können.

Für einzelne Prozessschritte können so alle relevanten und notwendigen Informationen auf einen Blick bereitgestellt werden, um den Prozess zu überwachen. Auch um akut auftretende Probleme zu analysieren, können Dashboards sinnvollerweise mehrere Analysen zusammenfassen, damit die richtigen Informationen flexibel als Basis für die Entscheidungsfindung bereitstehen.

Die Dashboards legen Sie über die in Abbildung 9.16 dargestellte App **Dashboards – Erweitert** an. Hier wird Ihnen die Liste der Dashboards angezeigt, und Sie können vorgeben, dass nur die für Sie relevanten Dashboards erscheinen. Sie können hier neue Dashboards anlegen, freigeben, die Teilnahme beenden und löschen.

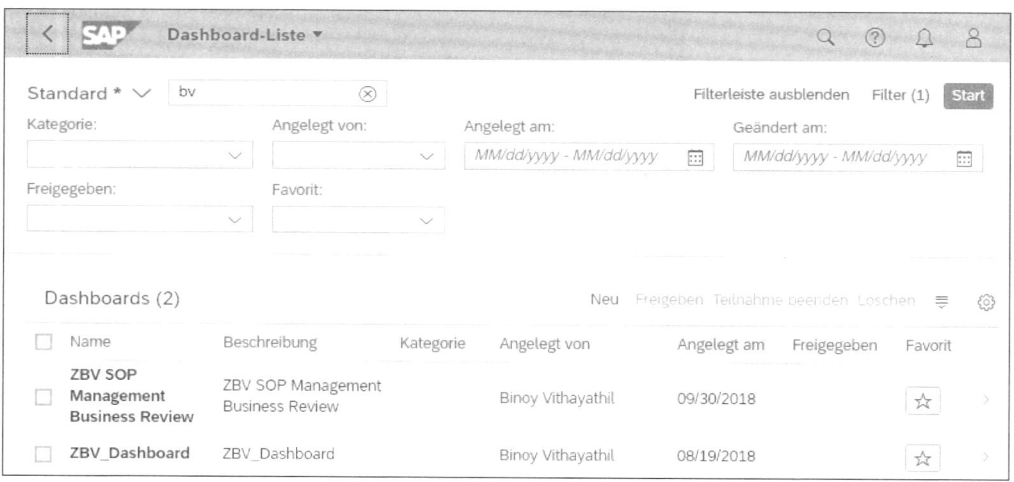

Abbildung 9.16 Die App »Dashboards – Erweitert«

Ein neues Dashboard legen Sie mit einem Klick auf **Neu** an, und das in Abbildung 9.17 dargestellte Fenster öffnet sich. Dann legen Sie **Name** und **Beschreibung** fest, ordnen gegebenenfalls eine **Kategorie** zu und definieren das Dashboard, wenn Sie möchten, als **Favorit**.

Sobald Sie diese Einstellungen gesichert haben, können Sie Ihrem Dashboard Analyseobjekte hinzufügen (siehe Abbildung 9.18), diese im Dashboard positionieren oder daraus löschen.

Abbildung 9.17 Dashboard neu anlegen

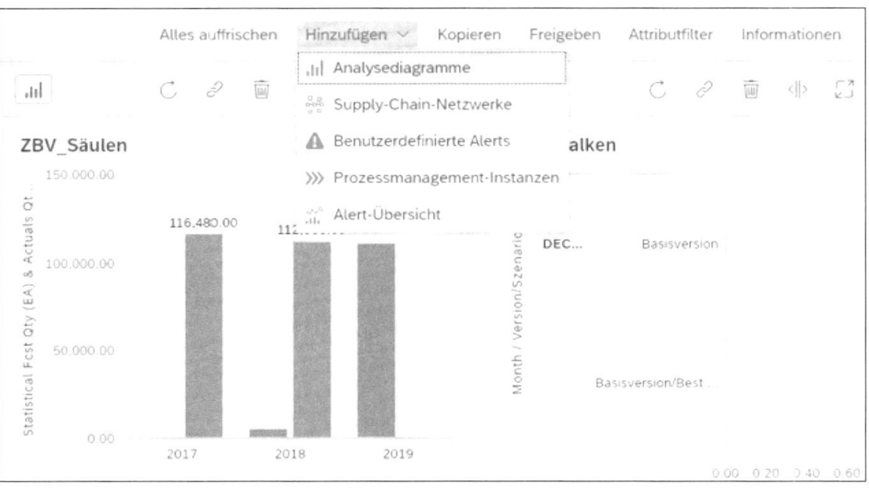

Abbildung 9.18 Dashboard – Analyseobjekte hinzufügen

Sie können folgende Analyseobjekte hinzufügen:

- **Analysediagramme**
- **Supply-Chain-Netzwerke**
- **Benutzerdefinierte Alerts**

- **Prozessmanagement-Instanzen** (S&OP-Funktion)
- **Alert-Übersicht**

Voraussetzung ist, dass die Analysen bereits angelegt sind (siehe Abschnitt 9.2.2, »Analysen vornehmen«). Dann können Sie sie im Dashboard auswählen und per Drag & Drop wie gewünscht positionieren oder z. B. ihre Größe anpassen.

Zu jeder Analyse stehen Ihnen bei der Gestaltung Ihres Dashboards verschiedene Funktionen zur Verfügung (von links nach rechts in Abbildung 9.19):

- **Diagramm löschen**
- **Diagramm aktualisieren**
- zur App **Analysedetails**
- **Diagrammgröße ändern**
- **Vollbild**
- **Vergrößern**
- **Verkleinern**

Abbildung 9.19 Dashboard – Analysen bearbeiten

Es besteht auch die Möglichkeit, eine Analyse direkt beim Anlegen einem Dashboard zuzuordnen (siehe Abschnitt 9.2.2, »Analysen vornehmen«). Sie wird dann unten am Dashboard angehängt. Ihre Positionierung und Größe bestimmen Sie dann wieder im Dashboard. Ein beispielhaftes Dashboard mit eingebundenen Analysen und Alert ist in Abbildung 9.3 oder als vereinfachter Ausschnitt in Abbildung 9.20 dargestellt.

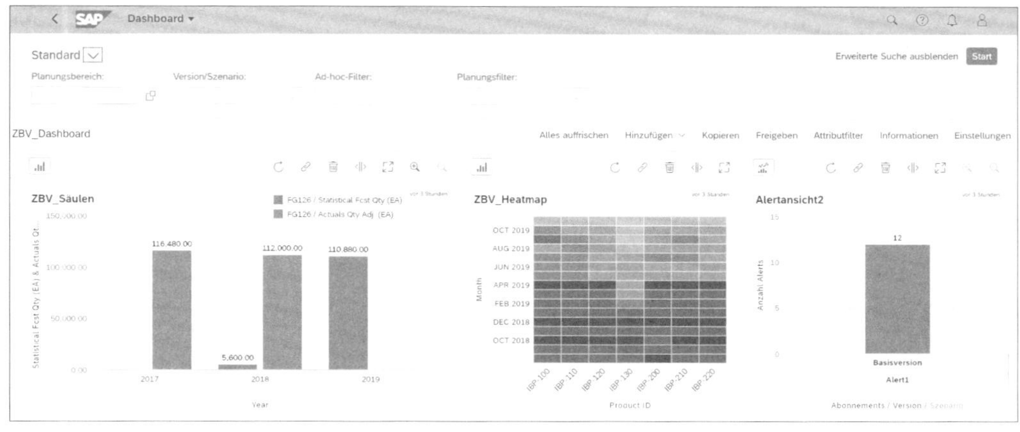

Abbildung 9.20 Dashboard-Ansicht (Beispiel)

9.2.4 Benutzerdefinierte Alerts anlegen

SAP IBP bietet Ihnen verschiedene technische Lösungen wie Alert-Kennzahlen oder benutzerdefinierte Alerts, um Sie auf Situationen aufmerksam zu machen, die Sie als kritisch einschätzen, um dann ausnahmebasiert zu agieren (Management-by-Exception). Diese beiden Funktionen existieren parallel und können für unterschiedliche Anwendungszwecke verwendet werden.

Wir gehen hier auf die benutzerdefinierten Alerts ein, die jeder Anwender mit den notwendigen Berechtigungen über eine der folgenden SAP-Fiori-Apps anlegen kann:

- **Benutzerdefinierte Alerts definieren und abonnieren**
  Definition von Alerts sowie Bedingungen dafür, wann diese ausgelöst werden und wer welche Alerts angezeigt bekommt bzw. abonnieren kann
- **Benutzerdefinierte Alerts – Übersicht**
  Alert-Übersicht, die alle abonnierten Alerts entsprechend ihrem Schweregrad anzeigt; die Navigation in die einzelnen Alerts ist über die App **Benutzerdefinierte Alerts überwachen** möglich.
- **Benutzerdefinierte Alerts – Übersicht definieren**
  Definition von Alert-Übersichten, die in Dashboards eingefügt werden können
- **Benutzerdefinierte Alerts überwachen**
  Auflistung der einzelnen Alerts und die Möglichkeit, in einzelne Alerts abzuspringen

Die Konfiguration für einen Alert in der App **Benutzerdefinierte Alerts definieren und abonnieren** ist in folgende Bereiche aufgeteilt:

- **Informationen**
- **Alert-Regeln**
- **Regeln für maschinelles Lernen**
- **Metriken**
- **Anzeigeoptionen**
- **Freigeben**
- **Abonnements**

Im Bereich **Informationen**, der in Abbildung 9.21 dargestellt ist, legen Sie unter anderem **Name**, **Beschreibung**, die **Kategorie** zur Gruppierung, den **Planungsbereich**, **Version/Szenario**, die **Berechnungsebene** (die Ebene, auf der der Alert berechnet wird), den **Zeithorizont** (der Horizont, für den der Alert ermittelt wird), die **Mindestanzahl aufeinanderfolgender Perioden**, in denen der Schwellenwert überschritten sein muss, bevor ein Alert ausgelöst wird, und den **Schweregrad** (**Hoch**, **Mittel** oder **Niedrig**) fest. Auch können Sie hier den Alert aktiv schalten und – wenn Sie möchten – eine

Excel-Vorlage für den Absprung in eine Excel-Planungssicht vorsehen, um die Alerts zu beheben. Sie ordnen dafür ein Excel-Template, das auch die für den Alert relevanten Kennzahlen beinhaltet, an dieser Stelle dem Alert zu.

Abbildung 9.21 Definition von Alerts – Bereich »Informationen«

Abbildung 9.22 zeigt den Bereich **Alert-Regeln**, in dem Sie entsprechende Regeln flexibel festlegen können. Sie müssen mindestens eine Regelgruppe definieren, in der Sie für mindestens eine Kennzahl die Ausnahmebedingung absolut oder prozentual in einer Regel festlegen. Dabei stehen Ihnen verschiedene Operatoren zur Verfügung, z. B. **ist gleich**, **ist kleiner als**, **ist größer als**, **ist kleiner gleich als**, **ist größer gleich als**, **ist ungleich**, **ist Null** oder **ist nicht Null**. In einer Regelgruppe können Sie auch mehrere Regeln für Kennzahlen hinterlegen und dann festlegen, ob alle Regeln eingehalten werden müssen oder nur eine beliebige Regel, um die Bedingung für die Regelgruppe zu erfüllen. (Die Anwendung mehrerer Regelgruppen ist in Abbildung 9.22 zu sehen. In der Regelgruppe 1 wird abgeprüft, ob die Kennzahl **Statistical Fcst Qty** größer gleich null ist, und in der Regelgruppe 2 wird geprüft, ob die Kennzahl **Actuals Qty Adj.** gleich null ist.) Dies ist nur ein vereinfachtes Beispiel, um die Möglichkeiten zu demonstrieren. Die Verwendung in der Realität kann komplexere Anwendungsfälle und Lösungen erfordern.

Des Weiteren können Sie mehrere Regelgruppen kombinieren, und auch hier können Sie festlegen, ob alle Regelgruppen die Bedingungen erfüllen müssen oder ob nur eine beliebige Regelgruppe die Bedingungen erfüllen muss, um den Alert auszulösen. Die Einstellungen zu den Alert-Regeln sollten abhängig von den individuellen Anforderungen im System spezifisch gemacht werden.

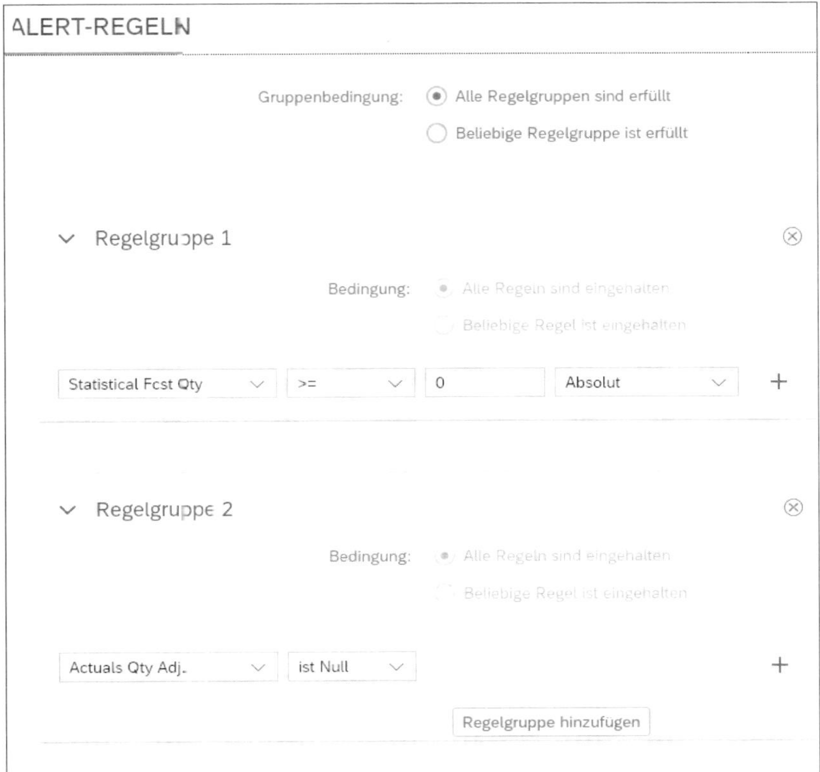

Abbildung 9.22 Alert-Regeln festlegen

Wenn Sie die Schwellenwerte für Alerts nicht vorgeben können, weil Sie die Daten nicht kennen oder sich diese im Zeitverlauf verändern, kann Ihnen die Definition von Schwellenwerten über das maschinelle Lernen helfen. Sein Einsatz ist sinnvoll, wenn genügend Daten zur Verfügung stehen, um Gruppierungen bilden zu können.

Sie können eine der zwei Clustering-Algorithmen K-Means oder DBSCAN auswählen und konfigurieren. Dadurch wird die Alert-Definition automatisch angepasst. K-Means führt das Clustering auf Basis der Werte der vorgegebenen Kennzahl durch. Der DBSCAN-Algorithmus verwendet neben den Kennzahlwerten, die gruppiert werden, auch Attribute für die Gruppierung. Entsprechend dem ausgewählten Algorithmus verändert sich der Bereich **Regeln für maschinelles Lernen** – wenn Sie den Algorithmus auswählen, werden die relevanten Parameter eingeblendet.

Abbildung 9.23 zeigt die Parameter, die Sie bei der Nutzung von DBSCAN brauchen. Sie legen die **Kennzahl** und die **Attribute** fest, die für das Clustering verwendet werden sollen, und können die **Parameter für maschinelles Lernen** automatisch oder manuell setzen. Wenn Sie **Manuell** auswählen, werden Ihnen die übrigen Parameter angezeigt, die Sie dann pflegen müssen.

REGELN FÜR MASCHINELLES LERNEN

Algorithmus:	DBSCAN
*Kennzahl:	Actuals Qty Adj.
Attribute:	
Parameter für maschinelles Lernen:	Manuell
Attribut-Clustering-Methode:	Weiches Clustering
Mindestanzahl an Punkten für ein Cluster:	
Scan-Radius:	
Anzahl an Threads:	
Kategoriegewichtung:	
Distanzmethode:	Manhattan

Abbildung 9.23 Alert – Bereich »Regeln für maschinelles Lernen« mit dem Algorithmus DBSCAN

Im nächsten Bereich **Metriken** legen Sie die Kennzahlen fest, die Sie zur Quantifizierung der Alert-Bedingungen verwenden. Diese Kennzahlen werden Ihnen dann auch in der Anzeige des Alerts dargestellt. Die Reihenfolge, in der Sie die Kennzahlen hier festlegen, spielt auch eine Rolle für die Anzeige der Kennzahlen.

Unter **Anzeigeoptionen** legen Sie fest, wie die Kennzahlenwerte im Alert grafisch dargestellt werden, z. B. Zielwährung und -mengeneinheit, die Standarddiagrammart, wie Säulen-, Balken-, Kreisdiagramm etc., und ergänzende Diagrammarten, die in der Alert-Definition vorkommen.

Unter **Freigeben** ordnen Sie die Alerts einzelnen Benutzern oder Benutzergruppen zu, die Sie vorher bereits im System angelegt haben. Beispielsweise sollten Alerts, die für die Absatzplaner gedacht sind, nur entsprechenden Benutzern bzw. Benutzergruppen zugeordnet werden.

Im Bereich **Abonnements** können Sie verschiedene Abonnements vorsehen, mit denen Sie Alert-Definitionen verfeinern, die Anzeige der Diagramme sowie Metriken ändern und definieren, welche Benutzer bzw. Benutzergruppen den Alert für einen bestimmten Filter mit den angepassten Parametern erhalten. Hinterlegen Sie einen Namen und eine Beschreibung, und geben Sie an, ob das Abonnement aktiv ist oder nicht. Des Weiteren können Sie für das Abonnement Filter hinterlegen, wenn z. B. nur ausgewählte Produkte relevant sind, es für ausgewählte Benutzer und/oder Benutzergruppen freigeben und Anzeigeoptionen wie **Metriken**, **ergänzende Diagramme** und **Perioden vor** und **Perioden nach** festlegen. Das Abonnement beeinflusst, wer welche Alerts wie angezeigt bekommt und wie diese dargestellt werden. Wenn der Alert und

Ihr Abonnement aktiv sind, wird der Alert zur Laufzeit für Sie erzeugt, sobald die Bedingungen erfüllt sind.

Die auf diese Weise angelegten benutzerdefinierten Alerts können Sie sich nun über die oben genannten Apps **Benutzerdefinierte Alerts überwachen** oder **Benutzerdefinierte Alerts – Übersicht** anzeigen lassen.

Um die Alerts in Dashboards einzubinden, müssen Sie in der App **Benutzerdefinierte Alerts – Übersicht definieren** eine Alert-Übersicht anlegen und diese dann Ihrem Dashboard hinzufügen. Um eine Alert-Übersicht anzulegen, gehen Sie wie folgt vor:

1. Geben Sie bei **Allgemeine Informationen** unter **Grundeinstellungen** einen Namen, eine Beschreibung und einen Planungsbereich ein. Für die Freigabe können Sie Benutzer oder Benutzergruppen vorgeben.
2. Bei **Selektionstyp** legen Sie fest, ob Sie Alerts nach **Abonnement** oder nach anderen **Kriterien** (**Kennzahlen**, **Kategorie**, **Schweregrad**) definieren möchten.
3. Nun nehmen Sie die entsprechende Festlegung vor, je nachdem, was Sie in Schritt 2 bei **Selektionstyp** ausgewählt haben.
4. Unter **Attributfilter** legen Sie die Kriterien fest, die Sie für die Filterung verwenden möchten.
5. Bei **Sicht** legen Sie zu guter Letzt den Namen fest und definieren die Diagrammoptionen. Sie können sich die Alert-Übersicht auch in einer Vorschau anzeigen lassen, bevor Sie sie speichern.

Eine so definierte Alert-Übersicht können Sie nun wie andere Analyseobjekte auch in ein Dashboard aufnehmen (siehe Abschnitt 9.2.3, »Mit Dashboards arbeiten«).

9.2.5 Fälle anlegen und verwalten

Das Fallmanagement ermöglicht es Ihnen, mehrere Aktivitäten, die zu einer (kritischen) Situation gehören, zu strukturieren und zu dokumentieren und sie so in einem Fall zu bündeln. Fälle können Sie unabhängig von benutzerdefinierten Alerts anlegen, sie sind aber konzeptionell stark mit den benutzerdefinierten Alerts verknüpft. Sie können Kollegen zuordnen, Kommentare hinterlegen, Alerts hinzufügen. Fälle können Sie entweder direkt über die App **Fälle verwalten** oder aus den Details eines Alerts heraus anlegen. Die Anlage läuft identisch ab.

Abbildung 9.24 zeigt die Anlage eines Falls aus einem Alert. Sie geben dabei **Name**, **Beschreibung**, **Priorität** (**Hoch**, **Mittel**, **Niedrig**) und den Verantwortlichen an. Sie können eine **Kategorie** hinterlegen, Benutzer und/oder Benutzergruppen zuordnen oder ein **Fälligkeitsdatum** bestimmen, also den Zeitpunkt, bis zu dem der Fall gelöst sein soll. Auch Alerts können Sie einem bestehenden Fall hinzufügen.

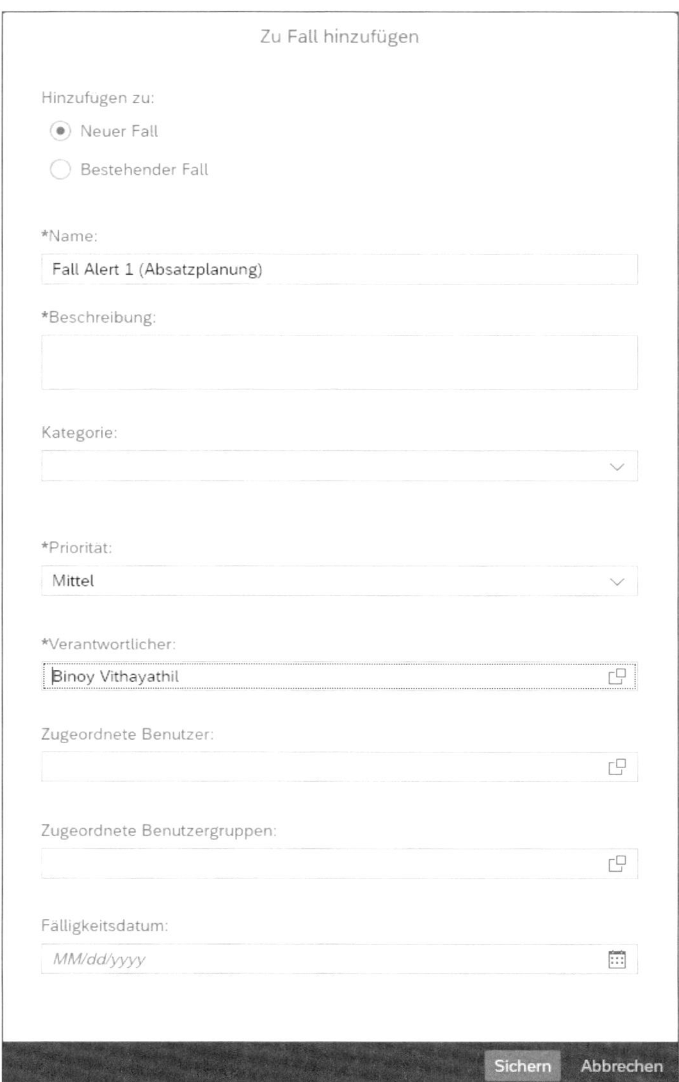

Abbildung 9.24 Fall hinzufügen in der App »Benutzerdefinierte Alerts überwachen«

Abbildung 9.25 zeigt einen Beispielfall mit verschiedenen hinterlegten Informationen. Neben den Alerts können Sie auch Kommentare zu einem Fall erfassen und so die relevanten Informationen zu Entscheidungen festhalten. Auch das Speichern der Daten- bzw. Alert-Grundlage in sogenannten *Snapshots* ist möglich, damit Sie auch später noch nachvollziehen können, wie die Situation während des Alerts war.

Änderungen an dem Fall werden unter **Historie** dokumentiert und machen die Entwicklung zusätzlich transparent. Nach der erfolgreichen Bearbeitung können Sie einen Fall abschließen.

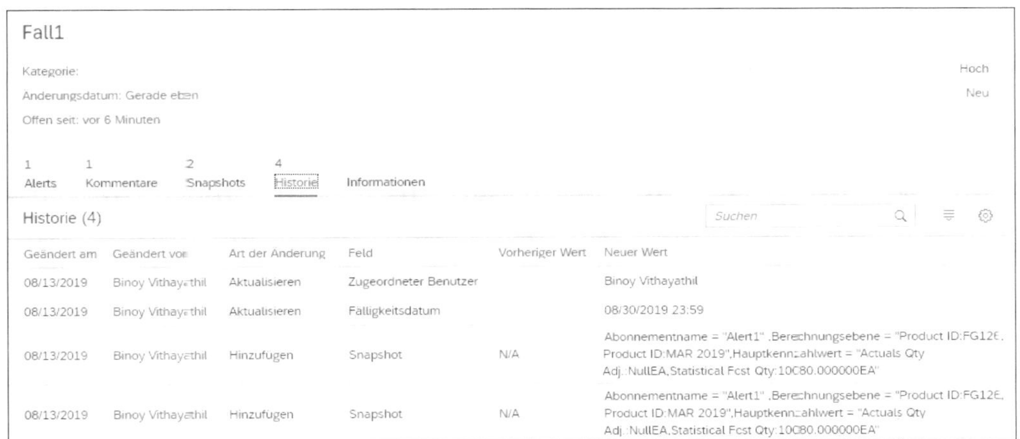

Abbildung 9.25 Beispiel für einen Fall

9.2.6 Kollaboration

Die Kollaboration im Business-Netzwerk vom Lieferanten über die intern Beteiligten bis hin zum Kunden gewinnt für die Supply Chain immer mehr an Bedeutung. Die Funktionen des Control Towers ermöglichen eine unternehmensübergreifende Kollaboration und die Synchronisation von Aktivitäten über die gesamte Wertschöpfungskette hinweg, was einen signifikanten Wettbewerbsvorteil bedeuten kann.

Um Daten mit Geschäftspartnern austauschen zu können, müssen Sie folgende Objekte anlegen:

- **Datenaustauschmodell**
  Im Datenaustauschmodell, das Sie in der App **Datenaustauschmodell verwalten** erstellen, legen Sie die allgemeinen Vereinbarungen mit Ihren Geschäftspartnern fest: Wann werden welche Daten mit wem ausgetauscht? Der Modelltyp bestimmt, ob Sie Daten für Ihren Geschäftspartner bereitstellen (*Sendermodell*) oder ob Sie Daten von Ihrem Geschäftspartner erhalten (*Empfängermodell*). Diese Vorgabe gilt für alle Geschäftspartner, und das Datenaustauschmodell enthält dann wiederum eine oder mehrere Datenaustauschvereinbarungen, die jeweils für einen Geschäftspartner gelten.
- **Datenaustauschvereinbarung**
  In der Datenaustauschvereinbarung legen Sie fest, welche Daten mit den Geschäftspartnern ausgetauscht werden und auf welche Weise. Eine Datenaustauschvereinbarung gilt immer für einen Geschäftspartner und ist immer einem Datenaustauschmodell zugeordnet. Datenaustauschvereinbarungen werden aus dem Datenaustauschmodell heraus angelegt.

Das Datenaustauschmodell ist in die Bereiche **Kopfzeile**, **Allgemeine Informationen**, **Modellattribute**, **Zuordnungen** und **Vereinbarungen** untergliedert. Abbildung 9.26 zeigt Ihnen die Parameter, die Sie bei der Konfiguration des Datenaustausches in den Bereichen **Kopfzeile** und **Allgemeine Informationen** hinterlegen können.

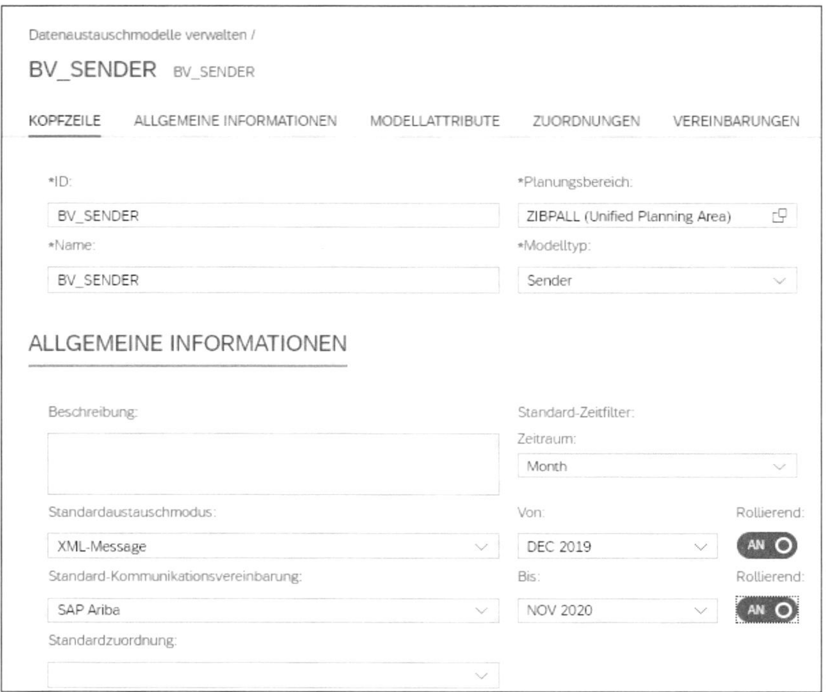

Abbildung 9.26 Die App »Datenaustauschmodell« – Ausschnitt mit den Bereichen »Kopfzeile« und »Allgemeine Informationen«

In der **Kopfzeile** legen Sie die Pflichtfelder wie **ID**, **Name**, **Planungsbereich** und **Modelltyp** fest. Es können die Modelltypen **Sender** und **Empfänger** unterschieden werden.

Im Bereich **Allgemeine Informationen** legen Sie darüber hinaus folgende Parameter fest:

- **Standardaustauschmodus**: Legt den Standardmodus fest, in dem Ihre Daten geteilt werden, z. B. **XML-Message**, und wird an die einzelnen Vereinbarungen propagiert. Dies kann für jede einzelne Verbindung geändert werden.
- **Standard-Kommunikationsvereinbarung**: Legt die Standardkommunikationsvereinbarung fest, z. B. SAP Ariba, und wird an die einzelnen Vereinbarungen propagiert. Dies kann aber für jede einzelne Verbindung geändert werden.
- **Standard-Zeitfilter**: Legt den Zeitraum fest, für den Sie Daten mit Geschäftspartnern austauschen.

Im Bereich **Modellattribute** legen Sie die Attribute fest, z. B. **Lieferant**, und andere, die Sie zur Übermittlung von Informationen mit Ihren Geschäftspartnern teilen.

Im Bereich **Zuordnungen** legen Sie die Zuordnung der Quell- und Zieldatenstrukturen fest und wie Ihre Daten in das Zieldatenformat konvertiert werden müssen.

Unter **Vereinbarungen** können Sie nun pro Geschäftspartner entsprechende Vereinbarungen hinterlegen. Als Voraussetzung dafür, eine Vereinbarung anlegen zu können, wird die Einstellung unter **Zuordnungen** benötigt.

Datenaustausch

Das Zusammenspiel möchten wir an einem kleinen Beispiel deutlich machen. Für Ihre Produktion beziehen Sie die Komponenten A und B. Die Komponente A wird von Lieferant 1A und die Komponente B von Lieferant 1B geliefert. Zum einen möchten Sie den Lieferanten Ihren restriktionsfreien Bedarf mitteilen. Hierfür benötigen Sie ein Sendermodell. Zum anderen möchten Sie eine Bestätigung von Ihren Lieferanten erhalten. Hierfür benötigen Sie ein Empfängermodell. Da Sie also Daten mit unterschiedlichen Lieferanten austauschen möchten, legen Sie in beiden Modellen für jeden der Lieferanten eine Datenaustauschvereinbarung an.

Die grundlegende Kommunikation zwischen SAP IBP und SAP Ariba müssen Sie über die App **Ariba-Netzwerk-Credentials und Endpunkte verwalten** hinterlegen (siehe dazu Abschnitt 11.3, »Integration mit SAP Ariba«).

Kapitel 10
SAP Jam

Integrated Business Planning erfordert in der Regel die prozessschrittübergreifende Koordination von Aktivitäten. Um diese Art Kollaboration zu ermöglichen, kann SAP Jam in SAP IBP eingebunden werden.

Die Abbildung von Prozessen wie Sales and Operations Planning oder Inventory Management in SAP Integrated Business Planning (SAP IBP) führt zu einem erhöhten Bedarf an einer reibungslosen Zusammenarbeit zwischen den verschiedenen Prozessbeteiligten. Zur Abbildung dieser Zusammenarbeit, die in diesem Kontext häufig als *Kollaboration* oder *Kooperation* bezeichnet wird, kann die SAP-Funktionalität SAP Jam in SAP IBP integriert werden. Dabei handelt es sich um ein eigenständiges Produkt von SAP, mittels dessen webbasiert gemeinsam an Dokumenten, Aufgaben und Events gearbeitet werden kann.

Sobald die Integration von SAP IBP und SAP Jam erfolgt ist, sind die folgenden Kollaborationsfunktionen verfügbar:

- gemeinsames Arbeiten mit bestimmten Apps in SAP IBP
- Teilen von Daten oder anderen Informationen mit Mitgliedern einer SAP-Jam-Gruppe aus bestimmten SAP-IBP-Apps heraus
- gemeinsames Arbeiten auf der SAP-Jam-Homepage

Sie können SAP Jam aus SAP IBP heraus auf folgende Art und Weise aufrufen:

- aus dem SAP Fiori Launchpad heraus über die App **Kooperation** (siehe Abbildung 10.1)
- aus den SAP-Fiori-Apps heraus, die einen direkten Link zu SAP Jam aufweisen (siehe z. B. die Option **Über SAP Jam teilen** in der App **Materialien** in Abbildung 10.2)
- aus dem Excel-Add-in heraus

Bevor wir auf die einzelnen Funktionen von SAP Jam eingehen, beschreiben wir im Folgenden zunächst, wie sich SAP Jam in SAP IBP integrieren lässt.

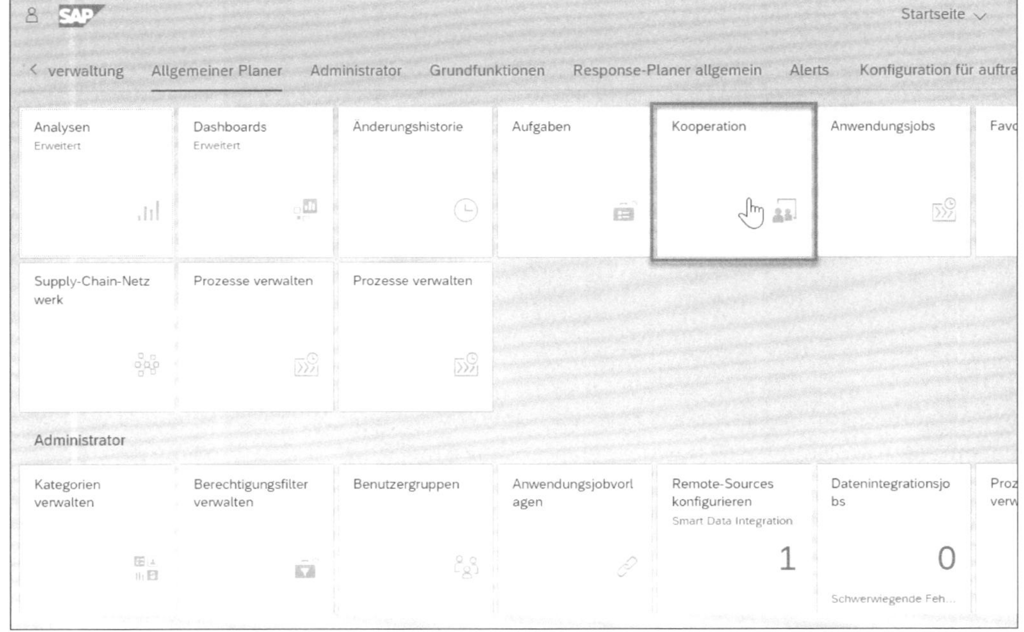

Abbildung 10.1 Aufruf der Kollaboration in SAP Jam über die App »Kooperation«

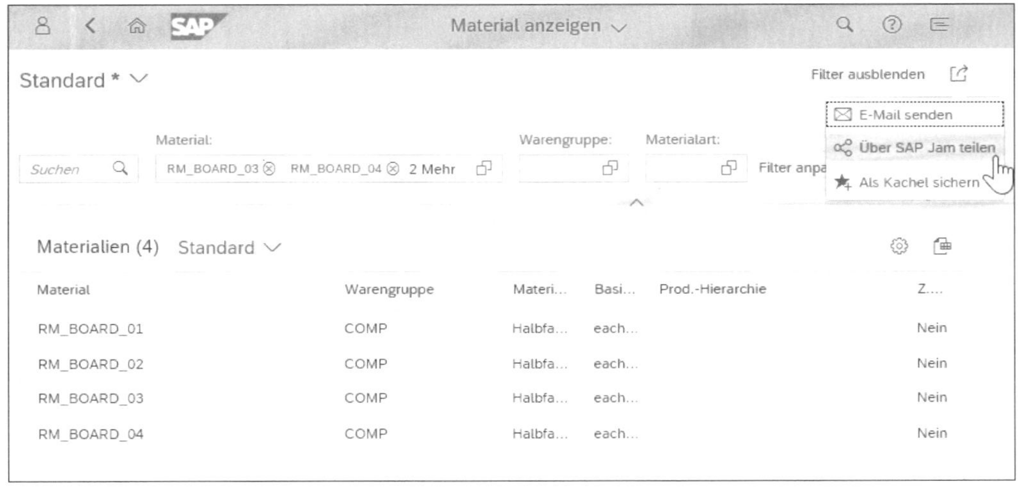

Abbildung 10.2 Teilen von Daten über SAP Jam aus der App »Materialien«

10.1 Integration von SAP Jam in SAP IBP

Um die Funktionalität SAP Jam zur Prozessunterstützung in einem SAP-IBP-System anzubinden, müssen Sie die folgenden Aktivitäten durchführen:

1. Anlegen der Anwendungsbenutzer in SAP IBP
2. Anlegen der identischen Anwendungsbenutzer in den internetbasierten Plattformen, über die Zugriffsberechtigungen zentral gesteuert werden können. Diese werden als *Identity Provider* bezeichnet
3. Integration der Tenants von SAP IBP und SAP Jam

Es stehen drei unterschiedliche Szenarios zur Verfügung, wie Sie SAP Jam in SAP IBP unter Nutzung verschiedener Möglichkeiten im Hinblick auf einen Identity Provider integrieren können. Je nachdem, welches der möglichen Integrationsszenarios zum Einsatz kommt, erfolgt die Durchführung der genannten Aktivitäten auf unterschiedliche Art und Weise:

- ausschließliche Verwendung des SAP Cloud Platform Identity Authentication Service (früher SAP Cloud Identity, SCI)
- gemeinsame Verwendung von SAP SuccessFactors Foundation (früher SuccessFactors Business Execution, BizX) und des SAP Cloud Platform Identity Authentication Service
- gemeinsame Verwendung eines Corporate Identity Providers und des SAP Cloud Platform Identity Authentication Service

Wir werden die drei Authentifizierungsszenarios in den folgenden Abschnitten detaillierter erläutern, bevor wir die Tenant-Integration vertiefen.

10.1.1 Authentifizierungsszenarios

Bei den Authentifizierungsszenarios geht es in der Folge darum, zu klären, über welche Funktionalitäten die Anwendungsbenutzer in den beiden beteiligten SAP-Systemen IBP und Jam so miteinander verknüpft werden, dass entsprechende Systemaktivitäten übergreifend zugeordnet werden können. Viele Unternehmen haben bereits vor der Implementierung von SAP IBP bzw. SAP Jam sogenannte Identity Provider implementiert, um systemübergreifend einen einheitlichen Zugriff auf verschiedene Cloudfunktionen zu ermöglichen, ohne alle Cloudsysteme laufend einzeln mit allen Benutzerinformationen versorgen zu müssen. Aus diesen unterschiedlichen Szenarios bezüglich der genutzten Identity Provider ergeben sich unterschiedliche Herangehensweisen, die wir Ihnen nun erläutern werden.

SAP Cloud Platform Identity Authentication Service

Um dieses Szenario anwenden zu können, müssen Lizenzen sowohl für SAP IBP als auch für SAP Jam vorliegen, und beide Lösungen müssen bereitgestellt worden sein. (SAP Jam ist nicht automatisch mit SAP IBP lizenziert.) Ferner benötigt derjenige, der die Authentifizierungseinrichtung für die spätere Nutzung durch die IBP-Planer vornimmt, Administratorenrechte im Bereich Identity Authentication. Ebenfalls muss SAP Jam seitens SAP Cloud Operations (SAP Cloud Ops) – dem für die Bereitstellung der SAP-Cloudsysteme zuständigen SAP-Bereich – so konfiguriert sein, dass es mit demselben Identity-Authentication-Tenant arbeiten kann wie das vorliegende SAP-IBP-System.

Da der SAP Cloud Platform Identity Authentication Service in diesem Szenario sowohl in SAP IBP als auch in SAP Jam genutzt wird, müssen die Anwendungsbenutzer in den Bereich Identity Authentication hochgeladen werden. Von dort erfolgt automatisch eine Übertragung an SAP Jam. Abbildung 10.3 zeigt überblicksartig den Aufbau der Authentifizierung mit dem SAP Cloud Platform Identity Authentication Service.

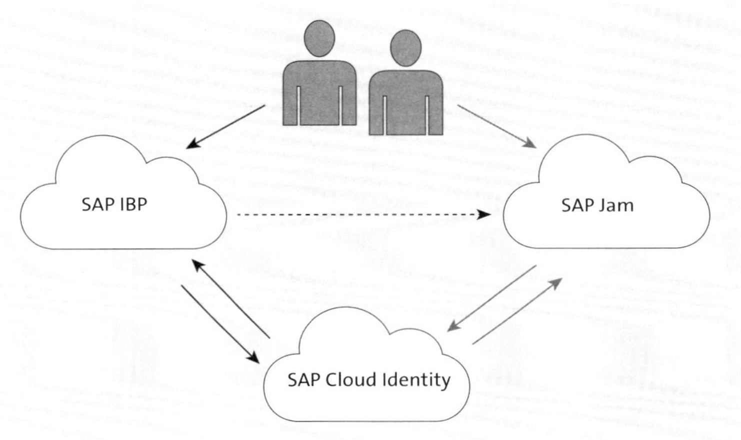

Abbildung 10.3 Authentifizierung mit dem SAP Cloud Platform Identity Authentication Service

Wie in Abbildung 10.3 zu sehen ist, werden bei der ausschließlichen Nutzung des SAP Cloud Platform Identity Authentication Service die Anmeldeinformationen sowohl in SAP IBP als auch in SAP Jam direkt mit dem SAP Cloud Platform Identity Authentication Service ausgetauscht, d. h., nach der Anmeldung durch einen Nutzer stellen die beiden Systeme mittels eines Abgleichs mit dem SAP Cloud Platform Identity Authentication Service sicher, dass eine Anmeldung authentifiziert werden kann. Bei Absprung aus dem IBP-System nach SAP Jam erfolgt die Authentifizierung direkt über SAP IBP.

Die folgenden Schritte sind in diesem Szenario durchzuführen:

1. Anlegen der benötigten Mitarbeiter und Anwendungsbenutzer in SAP IBP
2. Anlegen der identischen Anwendungsbenutzer in Identity Authentication. Sie müssen hierbei darauf achten, dass die Benutzernamen in SAP IBP absolut iden-

tisch mit denen des Bereichs Identity Authentication sind, damit eine fehlerfreie Nutzung möglich ist!

3. Integration der Tenants von SAP Jam und SAP IBP

Im Anschluss an die genannten Konfigurationsschritte ist eine Kollaboration in den relevanten Apps in SAP IBP möglich, d. h., nun können Sie die in Abschnitt 10.2, »Funktionen von SAP Jam«, erklärten Funktionen zur Prozessintegration nutzen.

CSV-Datei für die Datenintegration

Sie können in der App **Anwendungsbenutzer pflegen** (engl. *Maintain Business User*) in SAP IBP eine CSV-Datei generieren, die Sie in den Bereich Identity Authentication hochladen können.

Damit können Sie das Auftreten von Tippfehlern vermeiden, indem die absolute Gleichheit der Angaben ermöglicht wird. Abbildung 10.4 zeigt beispielhaft den Download der Anwendungsbenutzerdatei. Diese Funktion kann auch in den anderen Authentifizierungsszenarios eingesetzt werden.

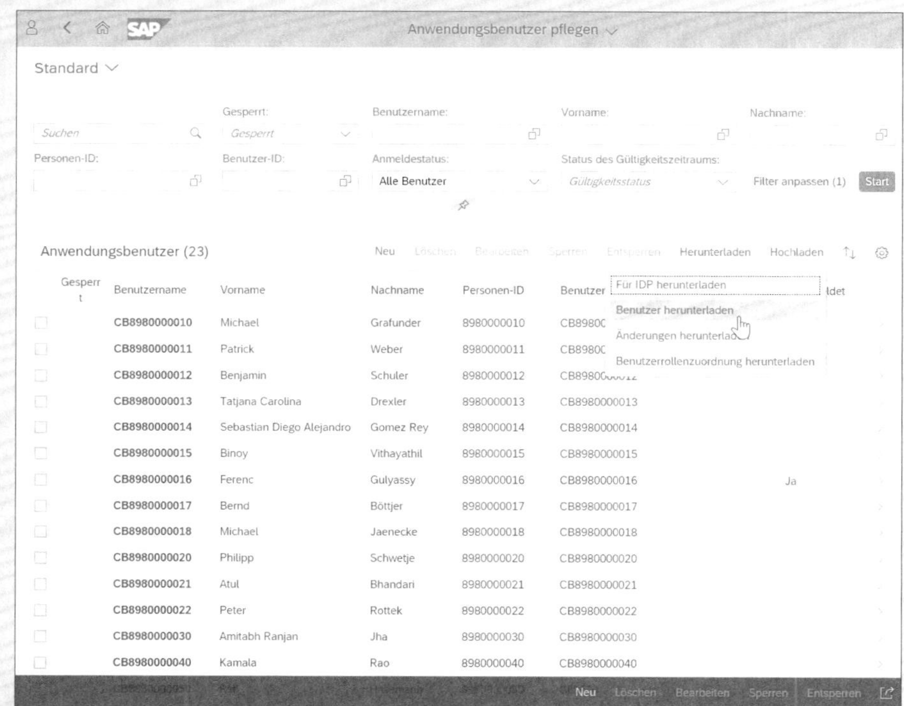

Abbildung 10.4 Download einer CSV-Datei mit den Anwendungsbenutzern in der App »Anwendungsbenutzer pflegen« von SAP IBP

SAP SuccessFactors Foundation und SAP Cloud Platform Identity Authentication Service

Um dieses Szenario anwenden zu können, müssen hier analog zum ersten geschilderten Szenario sowohl Lizenzen für SAP IBP als auch für SAP Jam vorliegen, die Bereitstellung der beiden Lösungen muss ebenfalls erfolgt sein. Ebenfalls muss dies für SuccessFactors Foundation der Fall sein. Ferner benötigt auch in diesem Szenario derjenige, der die Authentifizierungseinstellungen vornimmt, Administratorenrechte im Bereich Identity Authentication.

In diesem Integrationsszenario müssen die Anwendungsbenutzer in beiden authentifizierenden Systemen angelegt werden, d. h. sowohl im SAP Cloud Platform Identity Authentication Service als auch in SAP SuccessFactors Foundation. Abbildung 10.5 zeigt überblicksartig das Zusammenwirken der unterschiedlichen Authentifizierungsoptionen in diesem Integrationsszenario.

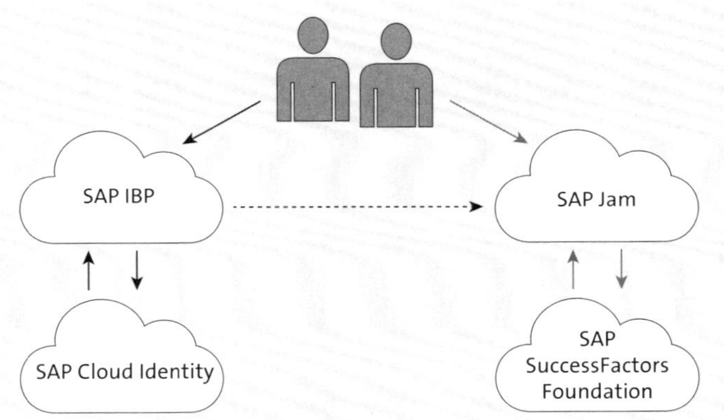

Abbildung 10.5 Authentifizierung mit dem SAP Cloud Platform Identity Authentication Service sowie SAP SuccessFactors Foundation

Anders als im vorgenannten Szenario, in dem ausschließlich mit dem SAP Cloud Platform Identity Authentication Service gearbeitet wird, erfolgt hier ein Austausch von SAP Jam mit SuccessFactors Foundation, während SAP IBP auch hier den SAP Cloud Platform Identity Authentication Service nutzt, um die Authentifizierung durchzuführen. Die folgenden Schritte sind in diesem Szenario durchzuführen, um die Authentifizierung sicherstellen zu können:

1. Anlegen der benötigten Mitarbeiter und Anwendungsbenutzer in SAP IBP
2. Anlegen der identischen Anwendungsbenutzer im Bereich Identity Authentication. Hierbei gelten die gleichen Rahmenbedingungen wie bei der ausschließlichen Verwendung von Identity Authentication (im ersten Szenario). Sie müssen folglich im Sinne einer fehlerfreien Nutzung auch hier darauf achten, dass die Be-

nutzernamen in SAP IBP absolut identisch mit denen des Bereichs Identity Authentication sind.

3. Anlegen der identischen Anwendungsbenutzer in SuccessFactors Foundation
4. Zuordnung der Berechtigungen für die Nutzung von SAP Jam zu den Anwendungsbenutzern in SuccessFactors Foundation
5. Integration der Tenants von SAP Jam und SAP IBP

Nach Abschluss dieser Aktivitäten sind die Anwendungsbenutzer in SAP IBP automatisch mit denen in SuccessFactors Foundation verbunden. Als Ergebnis ist eine Kollaboration in den relevanten Apps von SAP IBP möglich.

[!]

Verwendung der E-Mail-Adressen

Bitte achten Sie darauf, dass die E-Mail-Adressen in SAP SuccessFactors Foundation mit denen in SAP IBP identisch sind. Dies betrifft auch die Groß- bzw. Kleinschreibung. Nur so ist eine entsprechende Authentifizierung möglich, da das Mapping über die Adressen stattfindet, also den Systemen ermöglicht wird, die Verbindung zwischen den einzelnen Aktivitäten auf die jeweils gleichen Nutzer zurückzuführen.

Corporate Identity Provider und SAP Cloud Platform Identity Authentication Service

Das Authentifizierungsszenario über den Corporate Identity Provider und den SAP Cloud Platform Identity Authentication Service ist dann relevant, wenn Ihr Unternehmen bereits einen anderen Identity Provider als Identity Authentication implementiert hat. Um es anwenden zu können, müssen analog zu den ersten geschilderten Szenarios sowohl Lizenzen für SAP IBP als auch für SAP Jam vorliegen, die Bereitstellung der beiden Lösungen muss ebenfalls erfolgt sein. SAP Jam muss von SAP Cloud Operations so konfiguriert sein, dass es mit demselben Identity-Authentication-Tenant arbeitet wie SAP IBP. Ferner benötigt auch in diesem Szenario derjenige, der die Authentifizierungseinstellungen vornimmt, Administratorenrechte im Bereich Identity Authentication.

In diesem Szenario agiert Identity Authentication als Proxy und reicht die Authentifizierung weiter an den Identity Provider des Unternehmens. Abbildung 10.6 zeigt überblicksartig das Zusammenspiel zwischen SAP IBP, SAP Jam, SAP Cloud Identity als Proxy und dem Identity Provider des Unternehmens.

Ähnlich wie im erstgenannten Szenario kommunizieren auch hier sowohl SAP IBP als auch SAP Jam zur Authentifizierung ausschließlich mit dem SAP Cloud Platform Identity Authentication Service. Dieser fungiert hier jedoch gewissermaßen als Mittler zum Corporate Identity Provider; man spricht hier davon, dass er die Rolle eines Proxys einnimmt. Dieser Begriff ist auch in der Konfiguration zu finden.

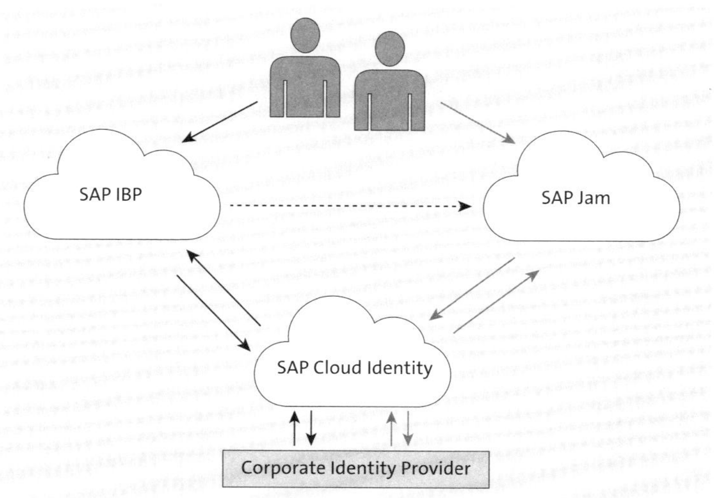

Abbildung 10.6 Authentifizierung mit dem SAP Cloud Platform Identity Authentication Service als Proxy sowie einem Corporate Identity Provider

Die folgenden Schritte sind in diesem Integrationsszenario durchzuführen:

1. Anlegen der benötigten Mitarbeiter und Anwendungsbenutzer in SAP IBP. Achten Sie dabei auf die Gleichheit der Namen der Anwendungsbenutzer mit denen im Corporate Identity Provider!
2. Konfiguration von Identity Authentication als Proxy, der die Authentifizierung zwischen den beteiligten Funktionen weiterreicht
3. Integration der Tenants von SAP Jam und SAP IBP

Als Ergebnis ist eine Kollaboration in den relevanten Apps von SAP IBP möglich.

Neben der Kollaboration aus SAP IBP heraus sind die folgenden Schritte durchzuführen, um den Anwendungsbenutzern die direkte Nutzung einer URL zum Aufruf von SAP Jam, d. h. einen Aufruf über den Browser, zu ermöglichen, ohne direkt aus SAP IBP abzuspringen:

1. Legen Sie die mit den IBP-Anwendungsbenutzern identischen Anwendungsbenutzer im Bereich Identity Authentication an. Hierbei gelten die gleichen Rahmenbedingungen wie bei der ausschließlichen Verwendung von Identity Authentication, d. h., Sie müssen beachten, dass die Benutzernamen in SAP IBP absolut identisch mit denen des Bereichs Identity Authentication sind, um eine fehlerfreie Nutzung zu ermöglichen. Hier empfiehlt sich ebenfalls die bereits im ersten Authentifizierungsszenario beschriebene Nutzung des Downloads per CSV-Datei.
2. Ermöglichen Sie die Identity-Federation-Einstellung im Bereich Identity Authentication, um die Anwendungsbenutzer in Identity Authentication mit denen im Cor-

porate Identity Provider zu verbinden. So kann der Corporate Identity Provider die Authentifizierung im Bereich Identity Authentication prüfen, bevor die jeweiligen Nutzer in SAP Jam authentifiziert werden.

Nachdem wir nun die drei unterschiedlichen Authentifizierungsszenarios erläutert haben, gehen wir auf den letzten nötigen Schritt zur Integration ein, die Tenant-Integration.

10.1.2 Tenant-Integration

In allen drei geschilderten Authentifizierungsszenarios ist die Integration der Tenants von SAP IBP und SAP Jam der letzte Schritt, um eine Kollaboration zu ermöglichen. In diesem Abschnitt beschreiben wir die Vorgehensweise bei dieser Tenant-Integration genauer. Zunächst einmal müssen folgende Voraussetzungen für die Integration erfüllt sein:

- Sie verfügen über die entsprechende Berechtigung als Company Administrator in SAP Jam.
- Der Business Catalog *Communication Management* (SAP_CORE_BC_COM) ist der Rolle zugewiesen, die Ihrem Anwendungsbenutzer zugeordnet ist.

Browser-Konstellationen

SAP empfiehlt die Nutzung des InPrivate-Browsings im Internet Explorer oder die Inkognito-Funktion von Google Chrome während der Durchführung der Integrationsschritte, da es andernfalls zu Fehlern kommen kann.

Backend-Konfiguration

In diesem Schritt exportieren Sie Zertifikate aus SAP IBP und laden sie in SAP Jam, um eine gesicherte Verbindung zu installieren. Dazu gehen Sie wie folgt vor:

1. Öffnen Sie die App **Kommunikationsvereinbarungen** in SAP IBP.
2. Legen Sie als Dummy zur Ermöglichung des Zertifikatexports eine neue Kommunikationsvereinbarung an (siehe Abbildung 10.7):
   - Im Feld **Szenario** geben Sie die Bezeichnung »SAP_COM_0026« ein, die speziell für die Kommunikation zwischen SAP IBP und SAP Jam vorgesehen ist. Für andere Anbindungen an SAP IBP (z. B. von SAP Ariba) sind andere Einstellungen vorgesehen.
   - Als **Vereinbarungsname** nutzen Sie die URL Ihres IBP-Systems ohne die Endung **.com**.
3. Klicken Sie auf die Schaltfläche **Anlegen** unten im Dialogfenster.

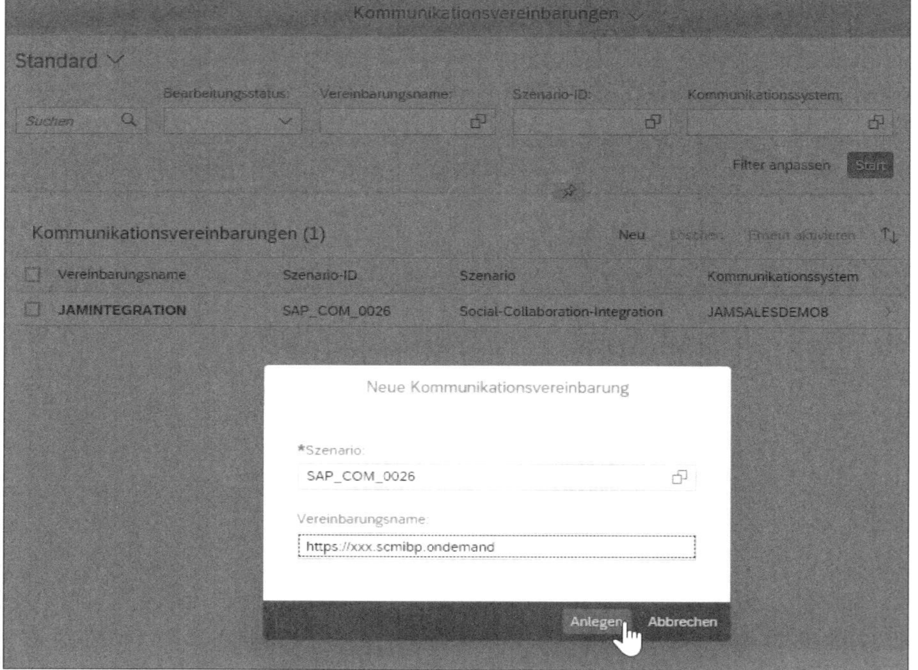

Abbildung 10.7 Anlegen einer neuen Kommunikationsvereinbarung zum Download der Zertifikate

4. Klicken Sie im Bereich **Ausgehende Kommunikation** auf den Link **Herunterladen** (siehe Abbildung 10.8).
   - Wählen Sie **Authentifizierungszertifikat herunterladen**, und speichern Sie die Datei lokal auf Ihrem Rechner. Diese Datei enthält das benötigte Zertifikat, technisch als *oAuth Certificate* bezeichnet.
   - Wählen Sie dann **Sign.-Zert herunterladen**, und speichern Sie die Datei lokal auf Ihrem Rechner. Diese Datei enthält das benötigte SAML-Zertifikat für die Registrierung.
5. Schließen Sie das Menü, indem Sie auf die Schaltfläche **Abbrechen** im rechten unteren Bereich des Bildschirms klicken.

[!]

Anlegen der Kommunikationsvereinbarung

Die Vorgehensweise über das Anlegen des Szenarios dient nur dem Download der Zertifikate; um Probleme zu vermeiden, sollten Sie aus diesem Grund die Speicherung unterlassen.

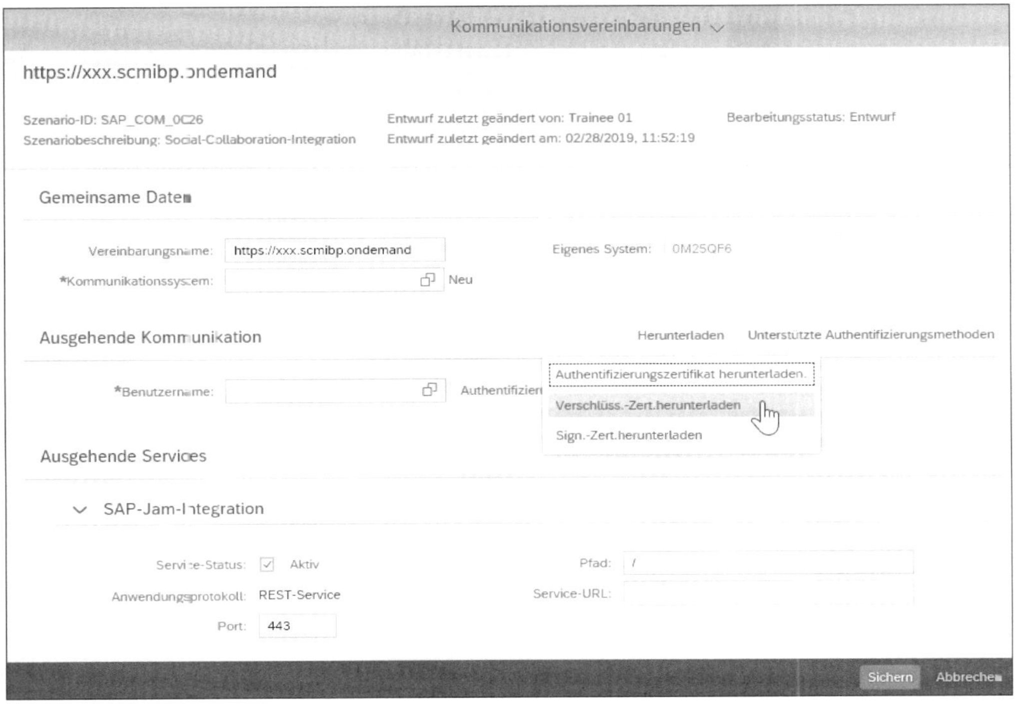

Abbildung 10.8 Download der Zertifikate

10.2 Funktionen von SAP Jam

Nachdem wir Ihnen im ersten Teil dieses Kapitels erläutert haben, wie Sie SAP Jam an SAP IBP anschließen können, gehen wir nun näher auf die einzelnen Funktionen ein, die in SAP Jam zur gemeinsamen Arbeit an Prozessen zur Verfügung stehen.

10.2.1 Gruppen und Untergruppen

In SAP Jam lassen sich Gruppen und Untergruppen bilden, um die Aktivitäten rund um einen Prozess zu bündeln, wie z. B. die Ableitung einer Konsenznachfrage. Alle SAP-Jam-Funktionen, die wir in den folgenden Abschnitten beschreiben, kommen in Gruppen und Untergruppen zum Einsatz. Mit diesen können Sie in SAP Jam eine eigene Seite einrichten, auf der alle Informationen zur Zusammenarbeit gebündelt zu finden sind.

Sie legen in SAP Jam eine Gruppe an, indem Sie in der Menüleiste oben links auf **Gruppen** und im zugehörigen Aufklappmenü auf **Gruppe erstellen** klicken.

Aus verschiedenen Vorlagen wählen Sie ein Design für die zu erstellende Gruppe (siehe Abbildung 10.9), in unserem Beispiel etwa **Vorlage für themenbezogene Koope-**

ration. In einzelnen Vorlagen sind jeweils unterschiedliche Funktionsausprägungen vorausgewählt und in einer beispielhaften Abbildung so eingestellt, dass Sie ohne weitere Notwendigkeit zur Konfiguration sofort genutzt werden können. Die möglichen Funktionen stellen wir Ihnen überblicksartig in diesem Abschnitt vor. Legen Sie einen Namen für die Gruppe fest, und hinterlegen Sie eine Gruppenbeschreibung. Unter **Gruppenberechtigungen festlegen** definieren Sie, wer Zugriff auf die Gruppe haben soll.

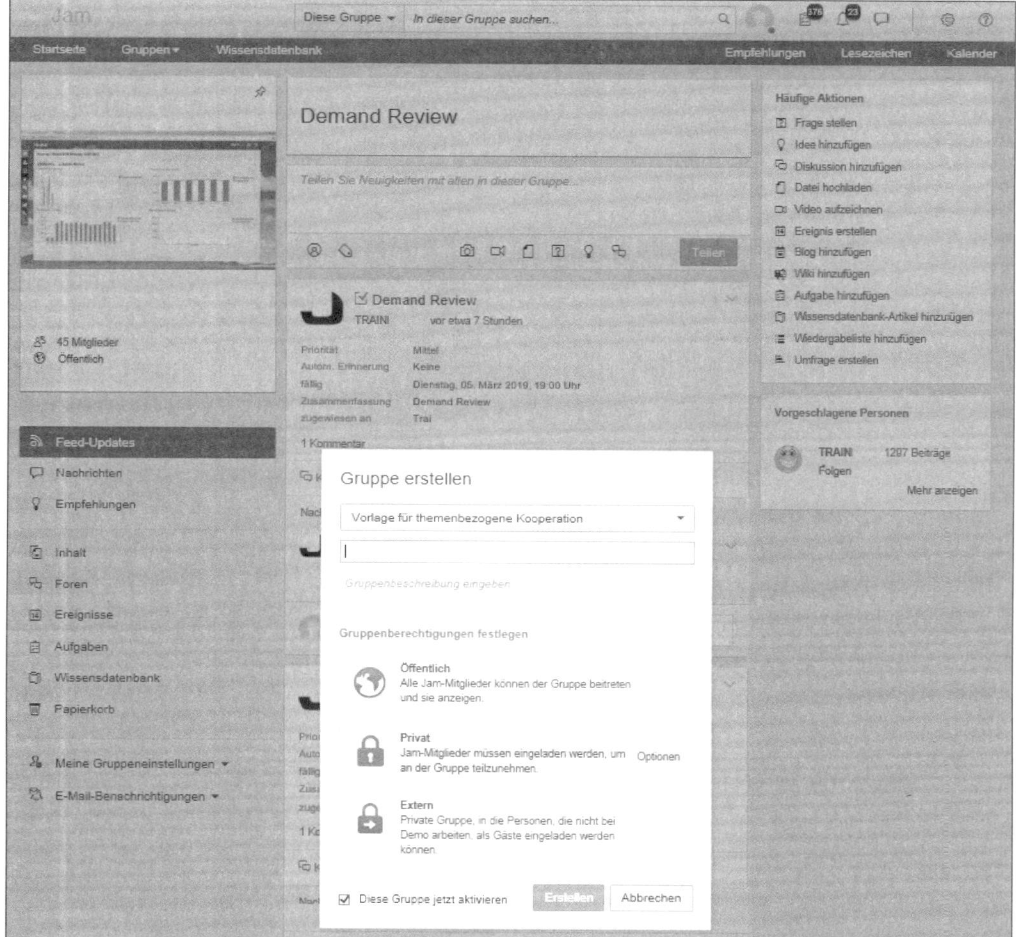

Abbildung 10.9 Anlegen einer Gruppe in SAP Jam

Dabei wird zwischen drei verschiedenen Berechtigungstypen unterschieden:

- **Öffentlich**
  Öffentlichen Gruppen können alle bereits in SAP Jam autorisierte Mitglieder beitreten und sie sich anzeigen lassen.

- **Privat**
  Um einer als privat gekennzeichneten Gruppe beitreten und sie anzeigen zu können, müssen SAP-Jam-Mitglieder durch einen Gruppenadministrator eingeladen werden.
- **Extern**
  Bei externen Gruppen handelt es sich um im Kern private Gruppen, in die jedoch auch Gäste eingeladen werden können, die noch nicht SAP-Jam-Mitglied sind.

Neben jedem Berechtigungstyp sehen Sie den Link **Optionen**, über den Sie weitergehende Einstellungen vornehmen können:

- **Kooperationsebene auswählen**
  Die Auswahl der Kooperationsebene bedeutet, dass Sie festlegen, welche Aktivitäten nur Gruppenadministratoren vorbehalten sind und was andere Gruppenmitglieder dürfen. Es stehen drei Ebenen zur Auswahl:
  - **Nur Lesezugriff**: Lediglich Gruppenadministratoren können Inhalte teilen, alle übrigen Benutzer können diese Inhalte sehen und auch herunterladen. Bestimmte Funktionen wie Umfragen, Foren und Aufgaben (siehe z. B. Abschnitt 10.2.4, »Ereignisse und Kalender«) sind nicht aktiviert.
  - **Eingeschränkt**: Ist diese Kooperationsebene gewählt, können Gruppenadministratoren Aufgaben erstellen und Inhalte teilen. Andere Benutzer können entsprechend Kommentare hinzufügen.
  - **Voll**: Alle Benutzer können Gruppeninhalte erstellen und gemeinsam bearbeiten, Gruppenadministratoren können darüber hinaus über Upload- und Aufgabenrichtlinien Einschränkungen vornehmen.
- **Einladungsrichtlinien festlegen**
  Diese Einstellung legt fest, welche Mitglieder Einladungen zu der jeweiligen Gruppe aussprechen dürfen.
- **Sichtbarkeitsrichtlinien festlegen**
  Hier legen Sie die Sichtbarkeit der Gruppe fest, Sie geben also an, ob die Gruppe bei Suchen in SAP Jam gefunden werden kann. Für öffentliche und externe Gruppen besteht die Option der Deaktivierung der Sichtbarkeit nicht.
- **Uploadrichtlinien festlegen**
  Mit den Einstellungen zur Uploadrichtlinie können Sie festlegen, wer Inhalte in die Gruppe hochladen darf.
- **Aufgabenrichtlinien festlegen**
  In der Aufgabenrichtlinie legen Sie fest, ob Aufgaben nur gelesen werden dürfen oder ob weitergehende Berechtigungen vorliegen sollen. Wie bei der Kooperationsebene kann zwischen den oben genannten Stufen **Nur Lesezugriff**, **Eingeschränkt** oder **Voll** gewählt werden.

- **Inhaltsgenehmigung**
  Inhaltsgenehmigungen können nur bei der Kooperationsebene **Voll** eingeschränkt werden, denn nur bei dieser Kooperationsebene kann überhaupt Inhalt durch Benutzer geteilt werden. Sind die Genehmigungen aktiviert, müssen Feed-Einträge, Forenbeiträge, Dokumente, Bilder, Videos, Wikis und Blogs erst vom Gruppenadministrator genehmigt werden, bevor sie für alle Benutzer zu sehen sind.

Abbildung 10.10 zeigt beispielhaft die Optionen für die weitergehenden Einstellungen der Gruppenberechtigungen.

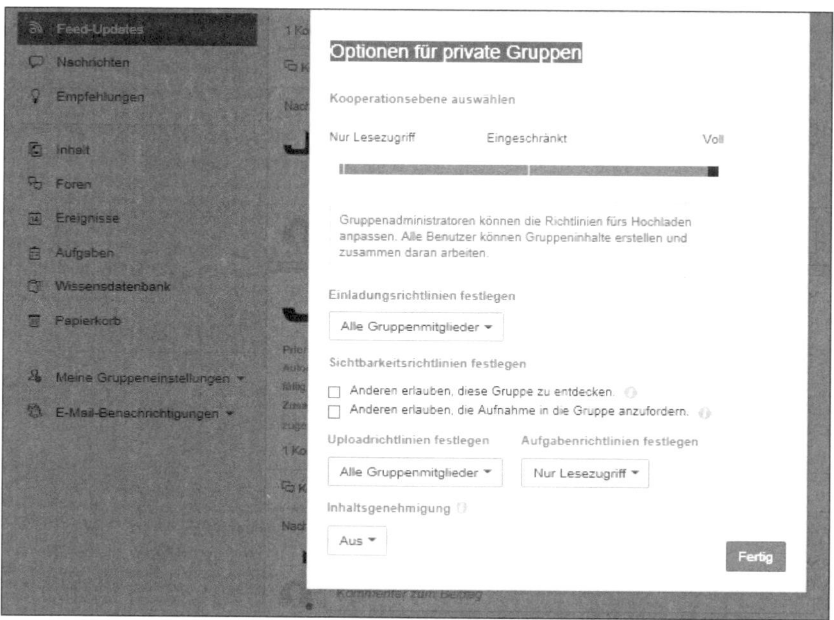

Abbildung 10.10 Optionen für Gruppen

Diese Einstellungen können über den Menüeintrag **Meine Gruppeneinstellungen** auf der linken Seite des SAP-Jam-Fensters nachträglich angepasst und in einigen Fällen, beispielsweise bei der Inhaltsgenehmigung, noch verfeinert werden.

Untergruppen weisen weitgehend die gleichen Funktionen wie Gruppen auf, sind diesen jedoch untergeordnet und können die Kooperation innerhalb einer Gruppe noch einmal auf bestimmte Themen fokussieren. Eine Mitgliedschaft in einer Untergruppe erfordert die Mitgliedschaft in der jeweiligen (Ober-)Gruppe. Sie können als Gruppenadministrator eine Untergruppe erstellen, indem Sie innerhalb einer Gruppe links im Menü auf **Untergruppen** ❶ und dann oben auf die Schaltfläche **Untergruppe erstellen** ❷ klicken (siehe Abbildung 10.11).

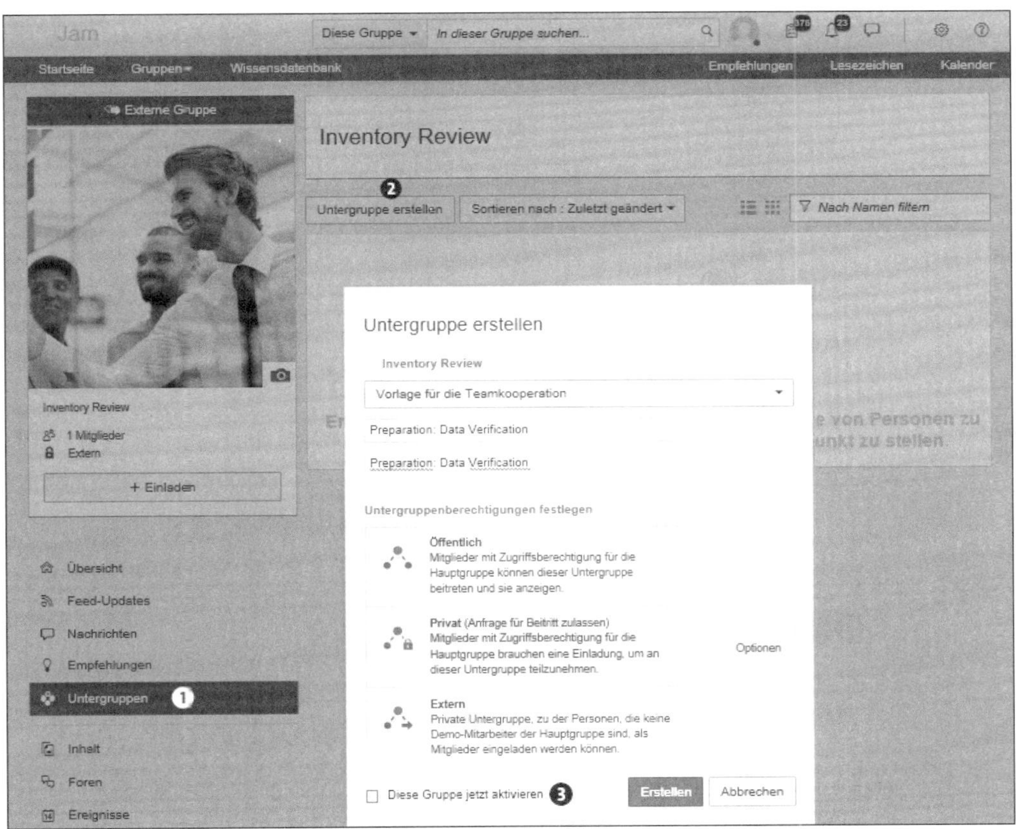

Abbildung 10.11 Anlegen einer Untergruppe in SAP Jam

Bevor Sie die beschriebenen Funktionen in Gruppen bzw. Untergruppen nutzen können, müssen Sie diese aktivieren. Sie können das während des Erstellungsprozesses tun, indem Sie das Häkchen bei **Diese Gruppe jetzt aktivieren** ❸ setzen. Falls Sie die Aktivierung nicht bereits bei der Erstellung der Gruppe vorgenommen haben, wird Ihnen im oberen Teil des Bildschirms der noch nicht aktivierten (Unter-)Gruppe ein Banner angezeigt, auf dem Sie einfach die Schaltfläche **Gruppe aktivieren** betätigen, um die Nutzung der (Unter-)Gruppe und ihrer Funktionen zu ermöglichen.

Als Administrator können Sie sowohl bei Gruppen als auch bei Untergruppen festlegen, ob mehrere Seiten in SAP Jam verfügbar sein sollen. So können Sie beispielsweise bestimmte Inhalte wie zu einem Thema zugehörige Dokumente auf eigenen Seiten darstellen, ähnlich wie man dies von Internetseiten generell kennt. Sie können beispielsweise auf einer Seite alle Dokumente sammeln, die sich mit einem bestimmten Prozessschritt befassen, wie beispielsweise der Marketingprognose, und für andere Prozessschritte, wie z. B. die Vertriebsprognose, analog eigene Seiten einrichten. Deren Gestaltung hängt zum einen von der gewählten Vorlage ab, zum anderen gibt es umfangreiche Anpassungsoptionen, über die die Seiten den Gegebenheiten des jeweils betrachteten Prozessschrittes angepasst werden können. Dies hat jedoch auch zur Folge, dass größere Teile der jeweiligen Seiten in SAP Jam individuell gestaltet sind und somit kein einheitliches Design vorliegt. Lediglich das Menüband auf der linken Seite sowie der Kopf der jeweiligen Seite sind zwischen den einzelnen Seiten einer (Unter-)Gruppe bzw. den (Unter-)Gruppen selbst vergleichbar, wobei je nach Kooperationsebene und Gruppenberechtigungen auch hier teilweise unterschiedliche Optionen angezeigt werden.

10.2.2 Feed-Updates

Feed-Updates sorgen dafür, dass alle Gruppenmitglieder laufend über die aktuellsten Änderungen im Bilde sind (siehe Abbildung 10.12). Diese Feed-Updates werden teilweise automatisch erzeugt, sobald in der (Unter-)Gruppe Inhalt hinzugefügt oder geändert worden ist. Sie können aber je nach Konfiguration der jeweiligen Seite auch direkt über ein Eingabefeld Feed-Einträge erzeugen und so effizient mit den Beteiligten kommunizieren. Diese Feed-Einträge, die mit **@ [Benutzername]** auch direkt an bestimmte Nutzer gerichtet werden können, sind nachträglich im Verlauf sichtbar. Sie können über das Hinzufügen von Tags (#) dafür sorgen, dass die Updates später einfacher wiedergefunden werden können, und Sie können Bilder, Dokumente oder Videos hochladen.

Auch hier gibt es Vorlagen, die beispielsweise *Diskussionen* analog zu Internetforen ermöglichen, deren Einzelbeiträge dann gesammelt dokumentiert werden und später über die Suchfunktion wieder aufgerufen werden können.

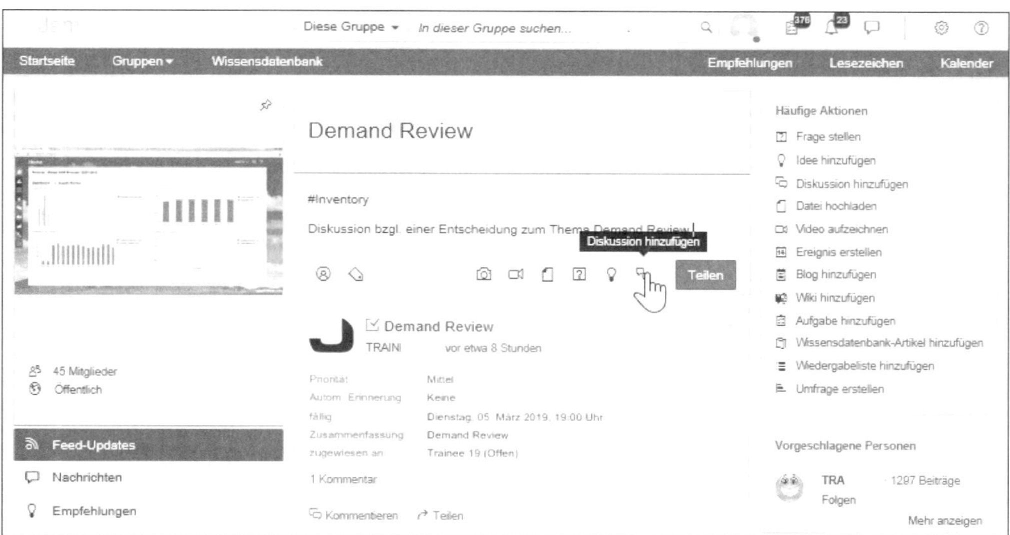

Abbildung 10.12 Erstellen einer Diskussion über die Feed-Update-Funktion in SAP Jam

Es ist ebenfalls möglich, E-Mails an eine gruppenspezifische E-Mail-Adresse zu senden und damit ein Feed-Update zu erzeugen. Auf diese Weise kann eine per E-Mail weitergegebene Information auch zu einem späteren Zeitpunkt von allen Mitgliedern der Gruppe eingesehen werden, auch wenn nicht alle Gruppenmitglieder bereits auf dem Verteiler dieser E-Mail waren. Die konkrete E-Mail-Adresse einer (Unter-) Gruppe finden Sie unter **Meine Gruppeneinstellungen**.

Darüber hinaus können Sie sich per E-Mail über die Neuerungen in einer (Unter-) Gruppe benachrichtigen lassen. Dazu stellen Sie im Menü auf der linken Seite unter **E-Mail-Benachrichtigungen** ein, wie häufig Sie solche Zusammenfassungen per E-Mail wünschen.

10.2.3 Inhalt

In SAP Jam stehen verschiedene Optionen zur Verfügung, um Inhalte zu teilen bzw. an einem Inhalt gemeinsam zu arbeiten, darunter die folgenden:

- Blogs
- Wikis
- Umfragen
- Links
- Office-Dateien (Word, Excel, PowerPoint)
- PDF-Dateien
- Bilder
- Audiodateien
- Videos
- Wiedergabelisten

Im Menüband auf der linken Seite gelangen Sie per Klick auf **Inhalt** in den Inhaltsbereich einer (Unter-)Gruppe (siehe Abbildung 10.13). Im oberen Bereich haben Sie nun die Möglichkeit, Dateien hochzuladen und über das Menü der Schaltfläche **Erstellen** z. B. eine Ordnerstruktur anzulegen oder **Tools für die Entscheidungsfindung** einzubinden, beispielsweise eine **Umfrage**, **Pro-Kontra-Tabelle**, ein **Ranking** oder eine **Vergleichstabelle**. Hinter dem Menüeintrag **Planungstools** verbergen sich Tagesordnungen, Aufgaben und Zeitleisten.

Als Administrator können Sie auf anderen Seiten der jeweiligen (Unter-)Gruppe Nutzern die Möglichkeit geben, entsprechende Inhalte zu teilen, und in den Foren können im Rahmen von Diskussionen und Kommentaren bereits hochgeladene oder auch neue Objekte verknüpft werden.

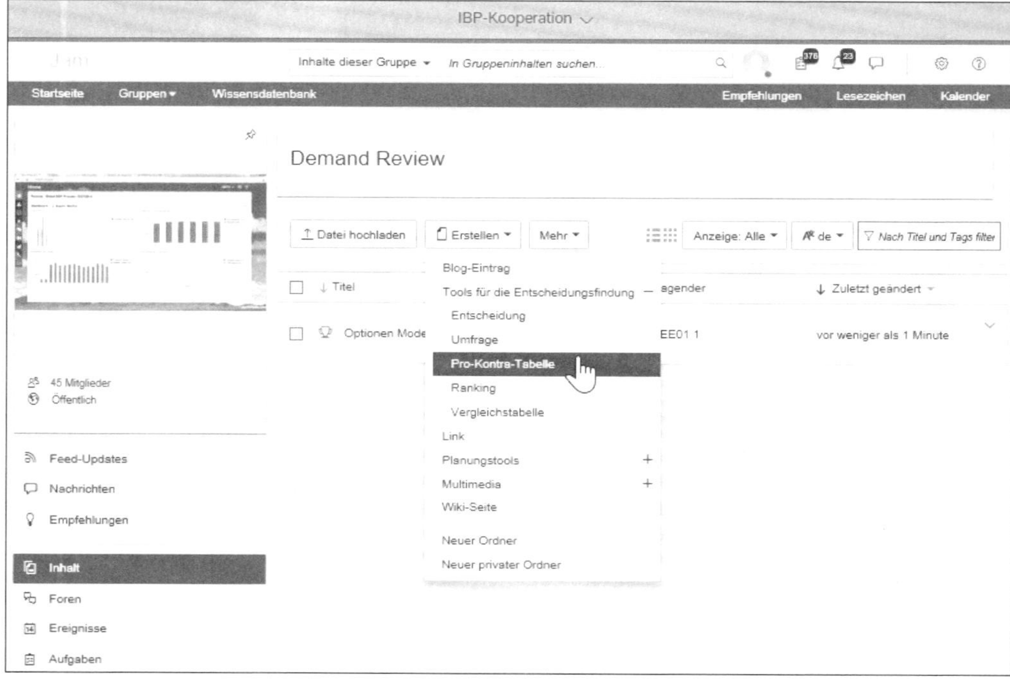

Abbildung 10.13 Inhalte in SAP Jam teilen

10.2.4 Ereignisse und Kalender

Mit der Ereignis- und Kalenderfunktion können Sie wichtige Termine in der (Unter-)Gruppe dokumentieren und sie gegebenenfalls mit Inhalten verknüpfen. Sie gelangen in den Ereignisbereich, indem Sie im linken Teil des Menübandes auf den Eintrag **Ereignisse** klicken. Es öffnet sich der Kalender der (Unter-)Gruppe, in dem Sie die bereits angelegten Ereignisse eingetragen sehen (siehe Abbildung 10.14). Oben rechts sehen Sie Schaltflächen zur Anpassung der Darstellung: Sie können zwischen **Monat**, **Woche**, **Tag** und **Liste** wählen.

Mit einem Klick auf die Schaltfläche [+ Erstellen] gelangen Sie in den Dialog zum Anlegen eines neuen Ereignisses (siehe Abbildung 10.15). Ein Ereignis besteht aus dem beschreibenden Titel, der Angabe einer Zeit, zu der das Ereignis stattfinden soll, Zusatzinformationen wie Standort, Kategorie, Prioritäten und Tags sowie gegebenenfalls auch angehängten Inhalten. Wenn Sie alle Angaben gemacht haben, klicken Sie auf **Erstellen** oder, wenn Sie direkt aus dem Ereignis heraus Gruppenmitglieder dazu einzuladen möchten, auf **Erstellen und einladen**. Das Ereignis erscheint im Kalender, und gegebenenfalls werden die eingeladenen Mitglieder benachrichtigt.

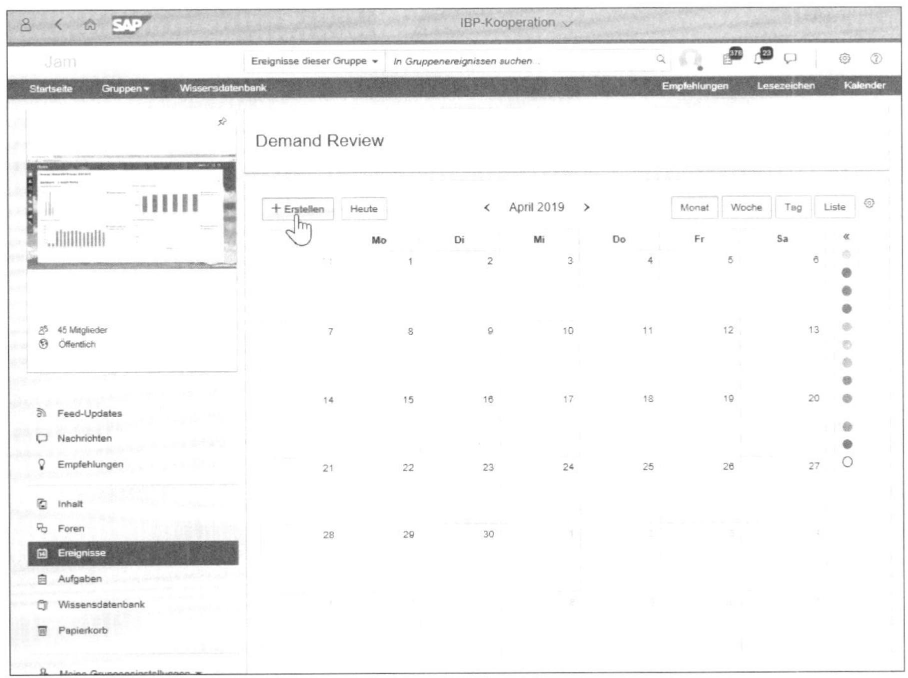

Abbildung 10.14 Der Ereignisbereich in SAP Jam

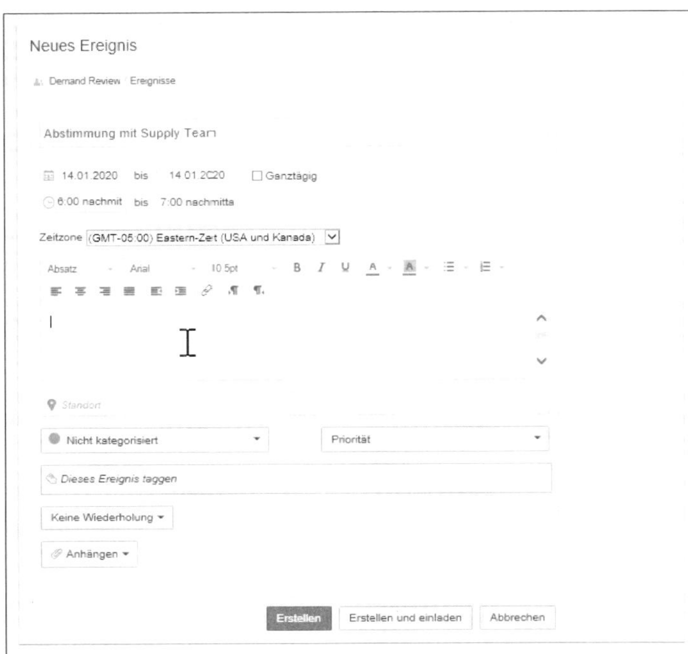

Abbildung 10.15 Anlegen eines neuen Ereignisses

10.2.5 Aufgaben

Wenn Sie links im Menü auf die Rubrik **Aufgaben** klicken, gelangen Sie in den Aufgabenbereich, der eine zentrale Funktion bei der Kollaboration zwischen verschiedenen Prozessschritten gerade beim Sales and Operations Planning einnimmt. Hier können den Gruppenmitgliedern Aufgaben zugewiesen werden, die wiederum im SAP-IBP-System beispielsweise auch aus dem Excel-Interface heraus eingesehen werden können.

Nachdem Sie den Aufgabenbereich aufgerufen haben, sehen Sie eine Liste der Aufgaben der jeweiligen Gruppe mit Überblicksinformationen, wie beispielsweise der Priorität oder dem zugeordneten Benutzer (siehe Abbildung 10.16). Über die beiden Schaltflächen rechts oberhalb der Liste können die Aufgaben unter anderem nach Status oder Name gefiltert werden.

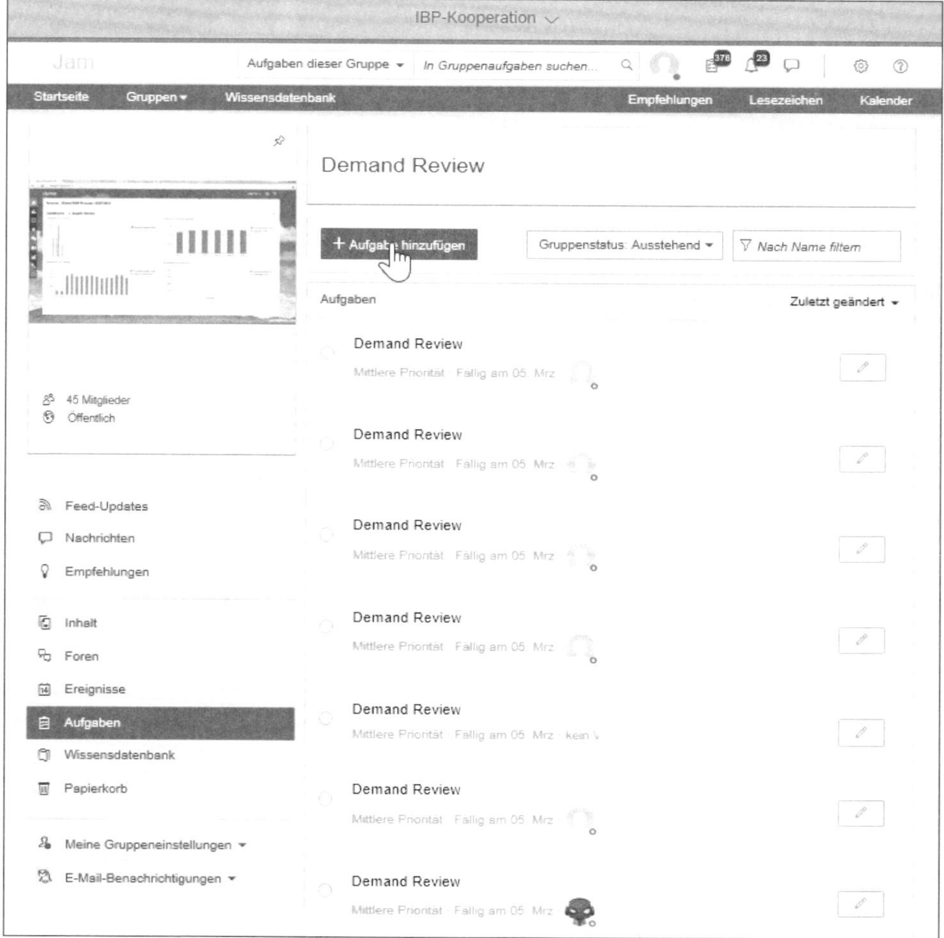

Abbildung 10.16 Der Aufgabenbereich in SAP Jam

Über die Schaltfläche **+ Aufgabe hinzufügen** können Sie neue Aufgaben anlegen. Im zugehörigen Dialogfenster (siehe Abbildung 10.17) können Sie optional folgende Elemente für die neue Aufgabe angeben bzw. auswählen:

- Aufgabentitel
- Aufgabenbeschreibung
- zugewiesener Benutzer
- Fälligkeitsdatum
- Erinnerungen
- Priorität
- angehängte Inhalte
- Tags
- Follower, die den Abarbeitungsgrad einer Aufgabe verfolgen

10

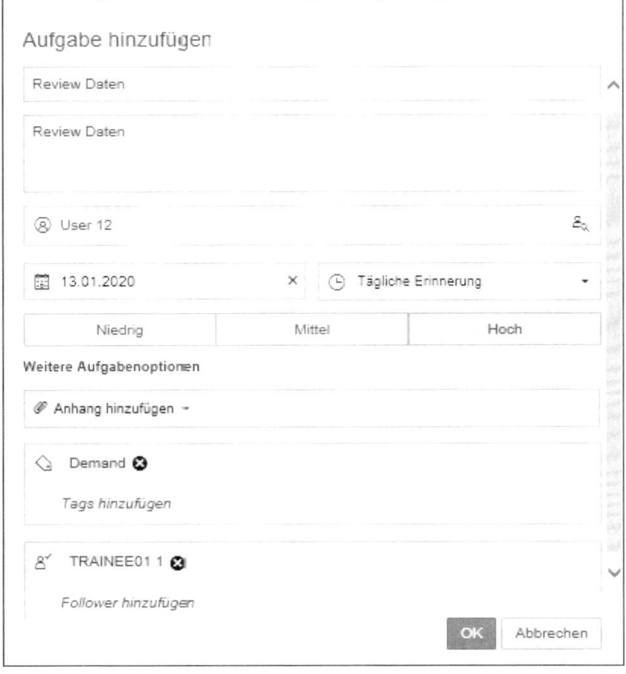

Abbildung 10.17 Aufgaben hinzufügen in SAP Jam

10.2.6 Foren

Foren können dazu genutzt werden, Diskussionen zu führen oder z. B. Fragen zu klären. Dabei können unterschiedliche Foren zu unterschiedlichen Themen eröffnet werden.

Sie gelangen in den Forenbereich, indem Sie im Menü auf der linken Seite auf den Eintrag **Foren** klicken. Rechts sehen Sie dann in einem Übersichtsbereich die unterschiedlichen Forenthemen aufgelistet. Von dort aus können Sie in die Details eines Forums verzweigen und sehen die jeweiligen Beiträge zum Thema. Über die Schaltfläche **Hinzufügen** im oberen Bereich erstellen Sie eine neue Diskussion, bringen eine Idee ein oder werfen eine Frage auf.

Auch Forenbeiträge können getaggt werden, damit sie später leichter wiederzufinden sind, und es besteht die Möglichkeit, Einträge mittels der bekannten **Gefällt mir**-Schaltfläche zu bewerten.

Kapitel 11
Datenintegration in SAP IBP

Jedes SAP-IBP-System benötigt Stamm- und Bewegungsdaten für die Durchführung der Planung. Je nach Anwendungsfall kommen die Daten aus verschiedenen Systemen. In diesem Kapitel beschreiben wir die grundsätzliche Integration zwischen SAP IBP, das sich in der Cloud befindet, und On-Premise-Systemen, die lokal genutzt werden.

Es gibt zwei unterschiedliche Wege, auf denen Daten in ein SAP-IBP-System integriert werden können: zeitreihenbasiert und auftragsbasiert. Bei der zeitreihenbasierten Planung wird eine vom Unternehmen frei definierbare Schnittstelle namens SAP Cloud Platform Integration for Data Services (CPI-DS) mithilfe von Datenflüssen genutzt, und im Fall der auftragsbasierten Planung regelt ein statisches Integrationsmodell die Übertragung, wobei kundenspezifische Anpassungen über BAdIs (Business Add-ins) durchgeführt werden können.

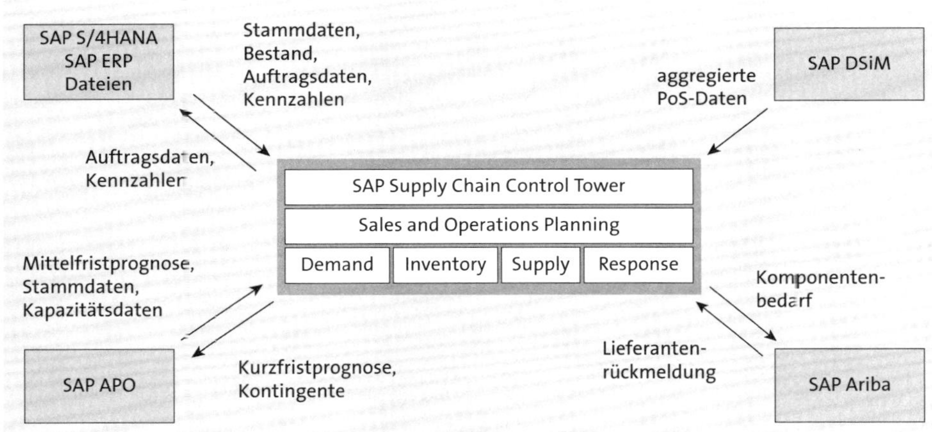

Abbildung 11.1 Übersicht der zu integrierenden Inhalte

In Abbildung 11.1 ist die Datenintegration vom und zum SAP-IBP-System dargestellt. Aus SAP S/4HANA, SAP ERP oder aus Dateien ist es möglich, Stammdaten, Bestand, Auftragsdaten und Kennzahlen zu überführen. Bei der Rückintegration sind hauptsächlich Auftragsdaten und Kennzahlen im Fokus. Aus SAP Advanced Planning and Optimization (SAP APO) können beispielsweise die Mittelfristprognose, Stammdaten und Kapazitätsdaten transferiert werden. Kurzfristprognose und Kontingente können aus SAP IBP übertragen werden. Die Lieferantenkommunikation findet über SAP Ariba statt. Dabei werden die Komponentenbedarfe von SAP IBP übertragen und die Lieferantenrückmeldung zurückübertragen. Die aggregierten PoS-Daten (Point of Sales) kommen aus dem SAP-DSiM-System (SAP Demand Signal Management). In jedem Modul werden andere Daten verwendet. Bis auf das Modul SAP IBP für Response and Supply, das die auftragsbasierte Integration anwendet, werden alle Daten über die zeitreihenbasierte Integration übertragen. Die SAP-Jam-Integration wird in diesem Kapitel nicht behandelt, Sie finden sie in Kapitel 10, »SAP Jam«.

11.1 Zeitreihenbasierte Integration

Bei der zeitreihenbasierten Integration werden Stamm- sowie Bewegungsdaten übertragen, ohne den Bezug zu Auftragselementen zu erhalten. Die Schnittstelle CPI-DS ist frei definierbar und führt die Übertragung durch, wie in Abbildung 11.2 zu sehen.

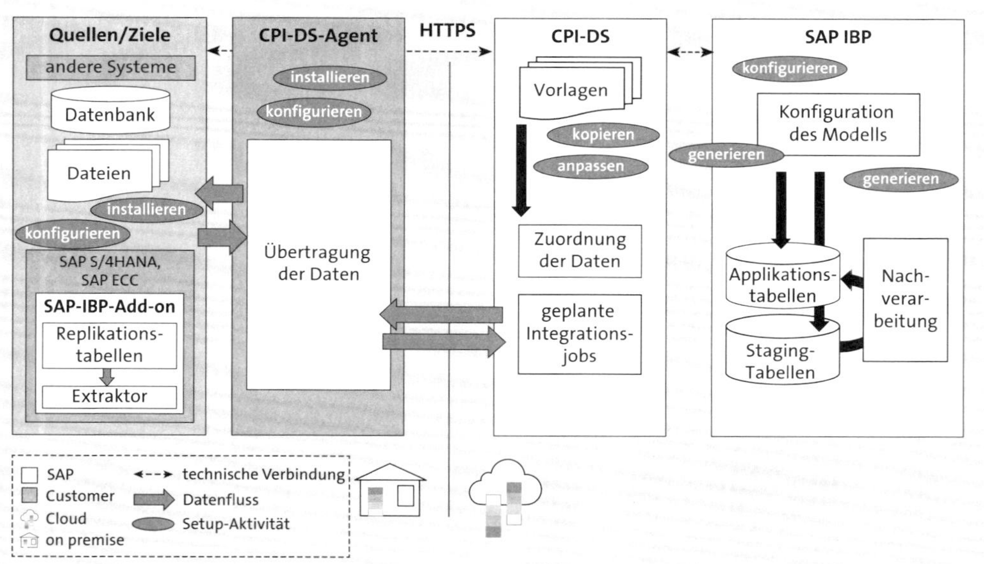

Abbildung 11.2 Zeitreihenbasierte Integration

Die Daten können aus verschiedenen Quellen stammen, beispielsweise SAP ECC bzw. SAP S/4HANA, Dateien, Datenbanken oder anderen Systemen. Die CPI-DS-Integrationslogik kann die Daten über das SAP-IBP-Add-on, das aus verschiedenen Transaktionen besteht, oder direkt über die Standardtabellen, wie z. B. MARA, aus SAP ECC bzw. SAP S/4HANA extrahieren. Der CPI-DS-Agent, der installiert und konfiguriert werden muss (siehe dazu Abschnitt 11.1.1, »Vorbereitung«), überträgt die Daten von der Quelle zur Schnittstelle CPI-DS. Danach sammeln die eingeplanten Integrationsjobs die Daten aus der Quelle und leiten diese an das SAP-IBP-System weiter.

Die Zuordnung der Daten kann mithilfe von Vorlagen erleichtert werden. In den Datenflüssen der Schnittstelle CPI-DS findet die Umwandlung und Zuordnung der Daten statt. Die Daten gelangen in die Staging-Tabellen des SAP-IBP-Systems, die während der Konfiguration des Modells entstehen (siehe Kapitel 3, »Grundlagen der übergreifenden Konfiguration«) und für die Zwischenspeicherung der Daten verantwortlich sind. Dabei werden auch die Applikationstabellen erstellt, die nach der Verarbeitung der Daten in SAP IBP gefüllt werden. Aus diesen Tabellen überträgt die Integrationslogik CPI-DS die Daten vom SAP-IBP-System zurück in das Quellsystem bzw. die neuen Dateien.

In den folgenden Abschnitten beschreiben wir das Aufsetzen der zeitreihenbasierten Integration von der Installation des CPI-DS-Agenten bis zur Übertragung der Daten im Detail.

11.1.1 Vorbereitung

Bei der Übertragung von Daten aus einem On-Premise-System in ein Cloud-System ist es wichtig, dass die Daten sicher übermittelt werden können. Dafür stellt SAP den CPI-DS-Agenten zur Verfügung, den Sie im SAP Launchpad Software Center (*http://s-prs.de/v632406*) unter dem Suchbegriff »DS Agent« (Data Service Agent) finden. Die Installationsdatei kann sowohl für Linux als auch Windows heruntergeladen werden, in diesem Buch erläutern wir jedoch nur die Installation über Windows.

Vor der Installation des Agenten sollten Sie für sich einen Eintrag in der Schnittstelle CPI-DS anlegen. Die Zugangsdaten bekommt der im Lizenzvertrag angegebene Kontakt nach den Einwahldaten für SAP IBP in einer separaten E-Mail.

Abbildung 11.3 Berechtigungen des Nutzers zur Verbindung des Agenten

Um die Schnittstelle mit dem Agenten zu verbinden, wird ein Benutzer mit der Rolle **Administrator** benötigt. Sie legen ihn an, wie in Abbildung 11.3 dargestellt.

Dem Nutzer muss eine E-Mail-Adresse zugeordnet werden. Empfohlen wird ein allgemeiner Nutzer mit einer generellen E-Mail-Adresse des Unternehmens. Es kann aber auch eine E-Mail-Adresse verwendet werden, die einer bestimmten Person zugeordnet ist. Diese wird lediglich am Anfang zur Aktivierung benötigt. In der Schnittstelle CPI-DS legen Sie danach einen neuen Agenten an, indem Sie auf der Registerkarte **AGENTS** rechts auf die Schaltfläche **New Agent** klicken (siehe Abbildung 11.4).

Abbildung 11.4 Anlegen des Agenten

Dafür sind ein Name und eine Zuordnung zu einer Gruppe notwendig. Zusätzlich können Sie eine Beschreibung festlegen und die Zustellung einer Ausfallbenachrichtigung aktivieren. Danach bestätigen Sie das Ganze mit der Schaltfläche **Next** und speichern den Agenten. Damit sich der Agentenname in der Schnittstelle CPI-DS mit dem lokal installierten Agenten verbindet, benötigen Sie die Konfigurationsdatei. Sie kann über **Actions • Download Configuration File**, wie in Abbildung 11.5 dargestellt, heruntergeladen werden.

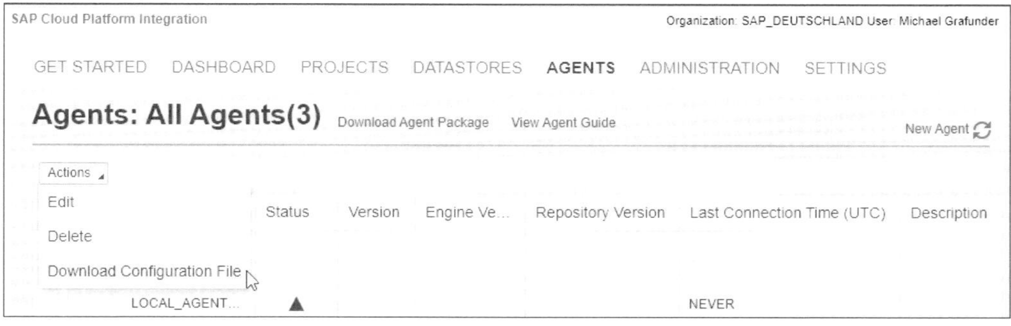

Abbildung 11.5 Konfigurationsdatei des Agenten

Speichern Sie die Datei lokal auf Ihrem Rechner. Sie wird bei der Konfiguration des Agenten benötigt. Vorher müssen Sie auf dem Applikationsserver die Installationsdatei ausführen und den Administratornutzernamen sowie das Administratorpasswort pflegen, wie in Abbildung 11.6 zu sehen.

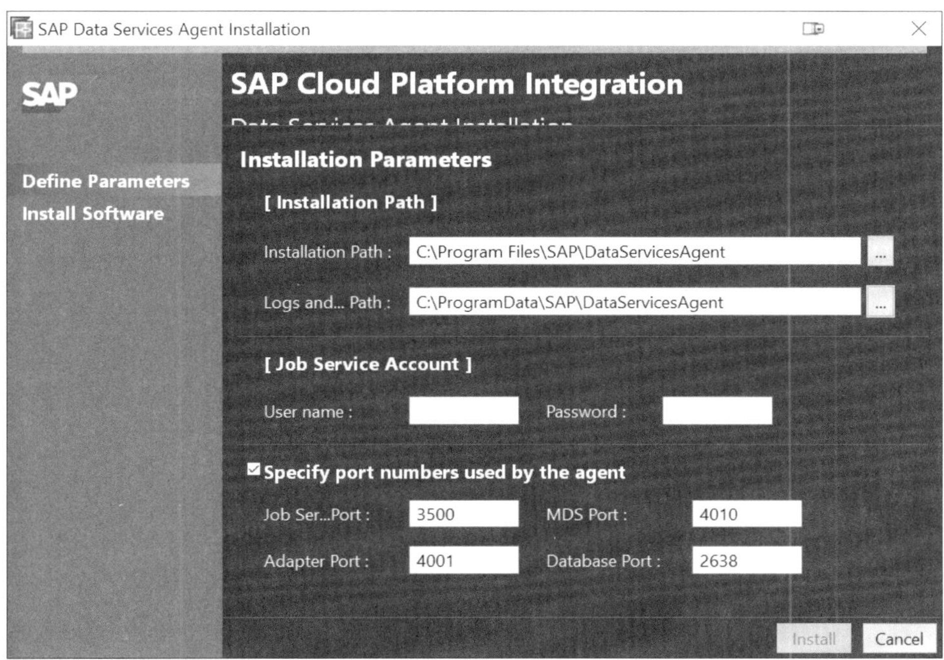

Abbildung 11.6 Installation des Agenten

Änderungen der Standardportnummern sind möglich, z. B. wenn neben der zeitreihenbasierten Integration auch die auftragsbasierte Integration verwendet wird und somit auch der Data Provisioning Agent zum Einsatz kommen muss. Außerdem können auch nur bestimmte Ports in den Firewall-Einstellungen freigegeben sein, die dann in dem Agenten verwendet werden müssen. Allerdings ist in den meisten Fällen die Änderung nicht notwendig.

Nach erfolgreicher Beendigung der Installation kann über die Schaltfläche **Finish** in die Konfiguration des Agenten gesprungen werden (siehe Abbildung 11.7). Ansonsten ist es auch möglich, über die Datei **configureAgent.bat** unter Windows mit Administrationsrechten in die Konfiguration zu gelangen.

Als Benutzername muss die E-Mail-Adresse des vorher in der Schnittstelle CPI-DS definierten Nutzers mit Administrationsrechten und als Passwort das zugehörige Passwort der Schnittstelle CPI-DS verwendet werden. Die vorher heruntergeladene Konfigurationsdatei geben Sie mit ihrem Speicherort an und laden die Sicherheitszertifikate über die Schaltfläche **Upload** hoch. Das Flag **Upload the unique agent ID** stellt sicher, dass Nachrichten von alten oder falsch aufgesetzten Agenten ignoriert werden. Falls die direkte Verbindung des Agenten in die Cloud nicht möglich ist, kann ein Proxyserver angegeben werden.

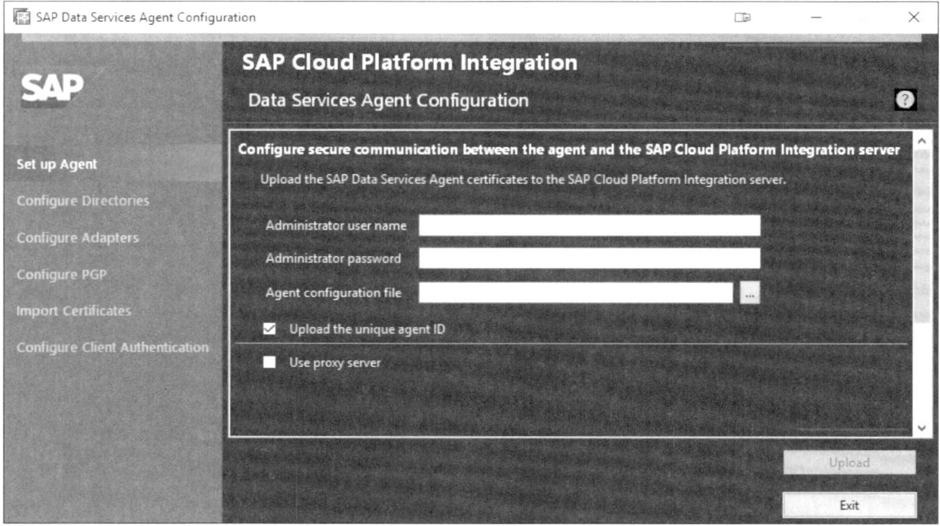

Abbildung 11.7 Konfiguration des Agenten

Nachdem sich der Agent erfolgreich mit der Schnittstelle CPI-DS verbunden hat, können optional weitere Einstellungen vorgenommen werden. Über **Configure Directories** (siehe Abbildung 11.8) können Speicherorte zu den Dateien angegeben werden, in die oder aus denen Stamm- und Bewegungsdaten geladen werden sollen. Das ist z. B. notwendig, wenn die Daten aus einem Nicht-SAP System geladen werden sollen.

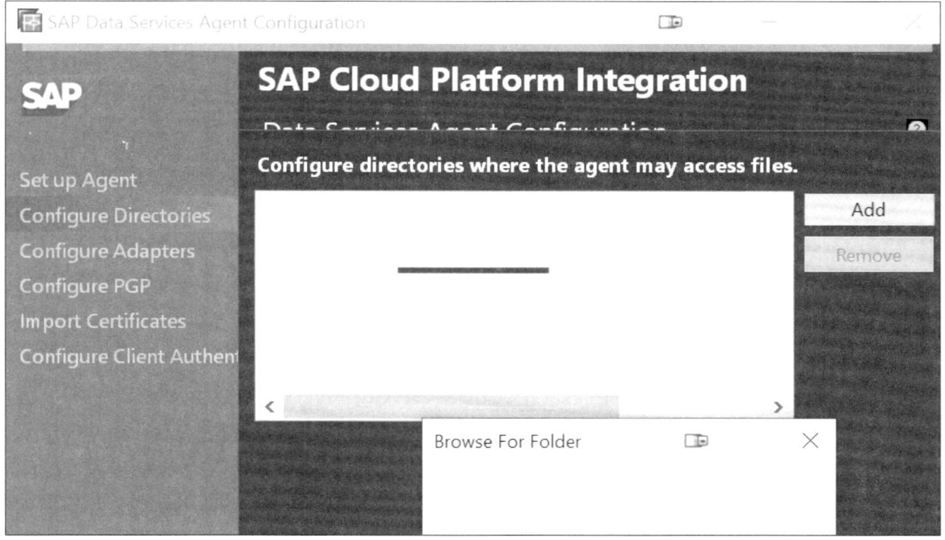

Abbildung 11.8 Speicherort für den Datenupload oder -download angeben

Wenn Sie einen Speicherort wieder entfernen möchten, wählen Sie ihn aus und klicken auf die Schaltfläche **Remove**. Das kann z. B. bei nicht mehr verwendeten Dateien nützlich sein. Zur Übertragung von Daten aus und zu einer SAP-SuccessFactors- oder OData-Instanz können Sie in der Kategorie **Configure Adapters** den Adapter konfigurieren (siehe Abbildung 11.9).

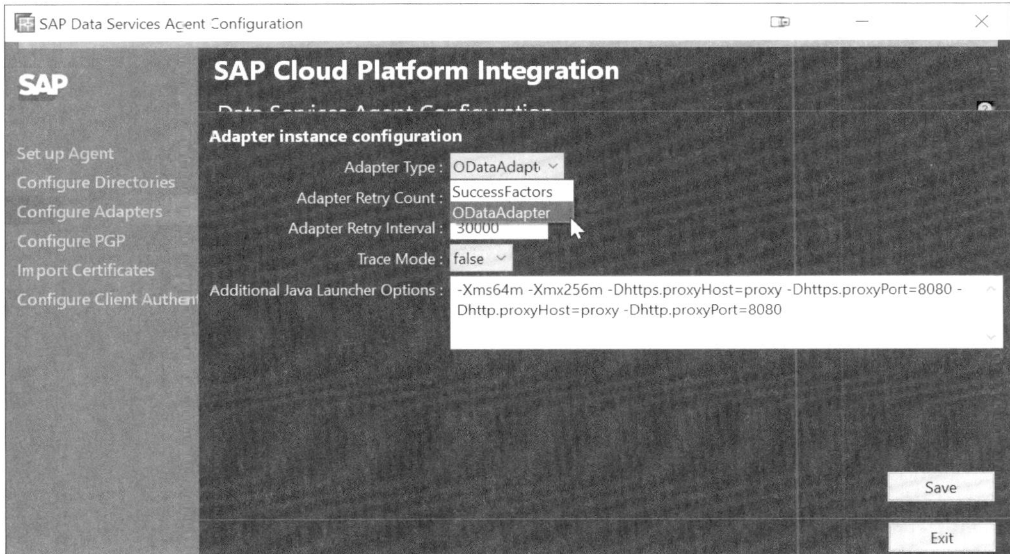

Abbildung 11.9 Einstellung eines Adapters

Neben dem Adaptertyp können Sie hier die Anzahl der Verbindungsversuche, das Intervall in Millisekunden zwischen den Versuchen (Wartezeit zwischen den Verbindungsversuchen), die Aktivierung des Verfolgungsmodus zur Fehleranalyse und zusätzliche Optionen beim Start des Adapters festlegen. In Abbildung 11.9 werden beispielsweise Proxyeinstellungen in den zusätzlichen Optionen festgelegt.

Die Erstellung eines PGP-Schlüssels (über **Configure PGP**) ist nur notwendig, wenn ein Unternehmen mehrere Agenten verwendet (siehe Abbildung 11.10) oder verschlüsselte Dateien lesen möchte. Sie dienen der eindeutigen Identifikation des Agenten.

Als Benutzername (**User ID**) kann eine E-Mail-Adresse, ein Name oder ein Namensverbund zur Generierung des Schlüsselpaares festgelegt werden. Nach der Erstellung des Schlüsselpaares exportieren Sie das Schlüsselpaar und den öffentlichen Schlüssel und importieren diese in dem anderen Agenten wieder. Jede Aktion wird durch das Drücken der Schaltfläche **Apply** durchgeführt. Zur Verwendung der Verschlüsselung beim Laden in eine Datei in der Schnittstelle CPI-DS muss diese in der Zieldatei im Datenfluss aktiviert werden. Außerdem geben Sie dort den Benutzernamen an, den Sie vorher im Agenten definiert haben.

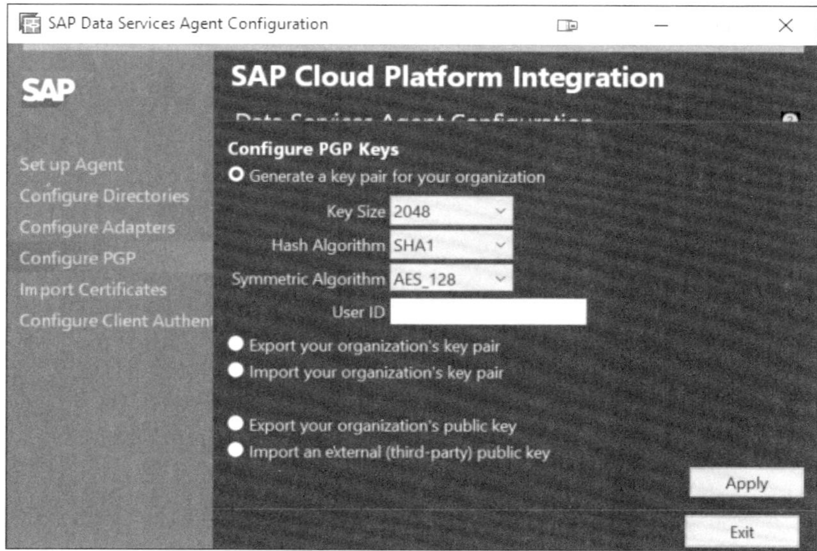

Abbildung 11.10 Erstellung eines PGP Schlüssels

Beim Verbindungsaufbau zwischen CPI und einem anderen System, z. B. einem BW-System, kann es zu einem Zertifikatfehler kommen. Der Administrator kann Zertifikate zur sicheren Verbindung zwischen dem Agenten und anderen Servern, die einen Webservice oder OData-Service unterhalten, importieren (siehe Abbildung 11.11).

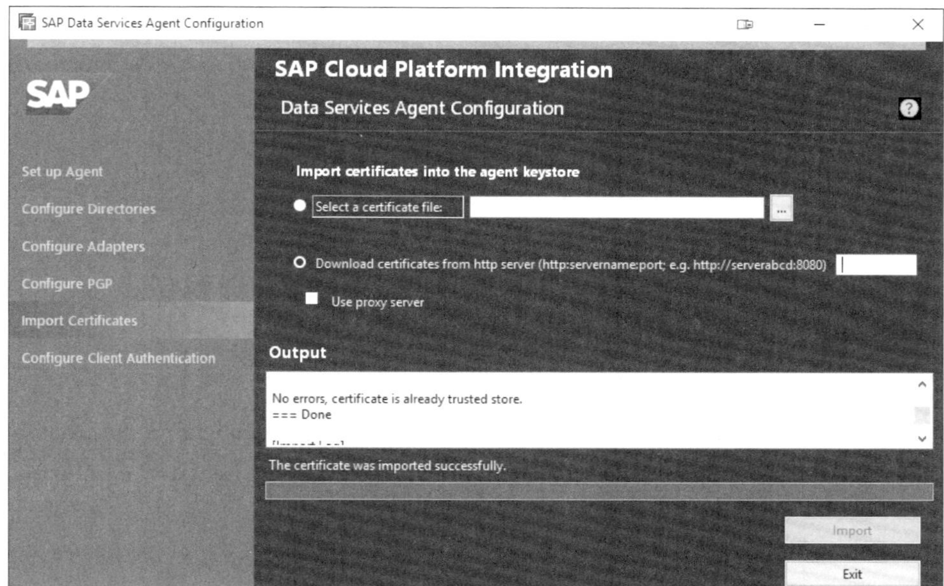

Abbildung 11.11 Import eines Zertifikats

Dafür wird das Zertifikat direkt vom Server heruntergeladen und dabei Servername und Port mit angegeben, wie es in Abbildung 11.11 dargestellt ist. Unter Umständen ist es notwendig, auch einen Proxyserver mit anzugeben, das hängt von der IT-Infrastruktur Ihres Unternehmens ab. Nach erfolgreicher Durchführung sollte der Fehler gelöst sein.

Nach der erfolgreichen Installation und Verbindung des Agenten steht in der Schnittstelle die Erstellung von Systemen an (siehe Abbildung 11.12). Wenn Sie unter **Datastores** ❶ auf die Schaltfläche ❷ klicken, öffnet sich ein entsprechendes Fenster. Es gibt verschiedene Typen von Systemen. Der Typ **SAP Business Suite Applications** ❸ wird am häufigsten verwendet und schließt ein SAP-ERP-System, wie z. B. SAP ECC oder SAP APO, an die Schnittstelle CPI-DS an. Dafür werden Applikationsserver, Benutzername, Passwort, Mandant und Systemnummer benötigt (unter **Credentials** ❹). Als ABAP-Ausführungsoption gibt es **Generate and execute** ❺, sie erzeugt ein ABAP-Programm. Dieses Programm muss manuell im ERP-System, z. B. dem Entwicklungssystem, angelegt und der Inhalt kopiert werden.

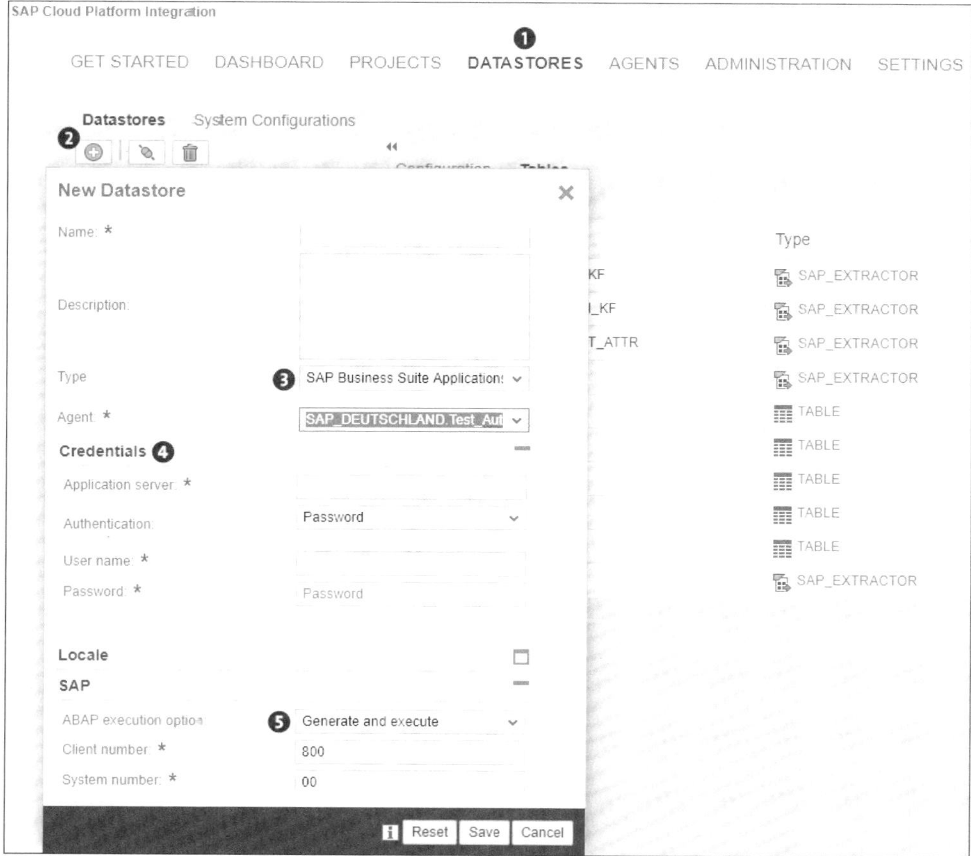

Abbildung 11.12 Anlegen von Systemen in der Schnittstelle CPI-DS

Nach erfolgreichem Test kann das Programm ins Qualitäts- oder Produktivsystem transportiert werden. Für weitere Systeme können innerhalb der Datenquelle zusätzliche Konfigurationen erstellt werden. Falls das Programm schon existiert und nur noch aufgerufen werden muss, kann die ABAP-Ausführungsoption **Execute preloaded** ausgewählt werden.

Das Hochladen und Herunterladen von Dateien unterstützt die Schnittstelle über den Typ **File Format Group**. Dabei legt die Schnittstelle Dateien auf dem Server des Agenten ab. Das Quell- und Zielverzeichnis kann der Administrator auswählen. Es empfiehlt sich, zwei unterschiedliche Verzeichnisse zum Hochladen und Herunterladen von Dateien zu verwenden. Daten können auch aus einem BW-System gelesen oder in ein BW-System geschrieben werden. Dafür gibt es die Typen **SAP BW Source** oder **SAP BW Target**, die die gleichen Parameter wie bei einer Verbindung eines SAP-ERP-System benötigen. Es ist auch möglich, ein BW-System über einen OData-Adapter mit Endpunkt-URI-Informationen und den Angaben **Benutzer** und **Passwort** anzubinden. Allerdings ist diese Art von Verbindung nicht für die Übertragung von Massendaten gedacht. Zusätzlich kann eine Datenbank auch direkt angebunden werden. Dafür wählen Sie den Typ **Database** mit der jeweiligen Datenbank aus. Die Datenbankversion und der ODBC-Datenquellenname mit Benutzername und Passwort vervollständigen die Verbindung. Das SAP-IBP-System oder auch die SAP Cloud Platform können Sie über den Typ **SAP HANA application cloud** mit zugehöriger Instanz anbinden. Die Instanz sollte auswählbar sein, ansonsten sind SAP IBP oder die SAP Cloud Platform nicht korrekt mit der Schnittstelle verbunden, und es muss eine OSS-Meldung (SAP Online Service System) eröffnet werden.

Nachdem die Datenquelle korrekt erstellt wurde, können Tabellen oder andere Objekte, wie Extraktoren, hinzugefügt werden. Danach können die Datenquellen unter **System Configurations** nach Entwicklungs-, Produktiv- und Qualitätssystemen (**DEV**, **PRD** und **QAS**) sortiert werden (siehe Abbildung 11.13).

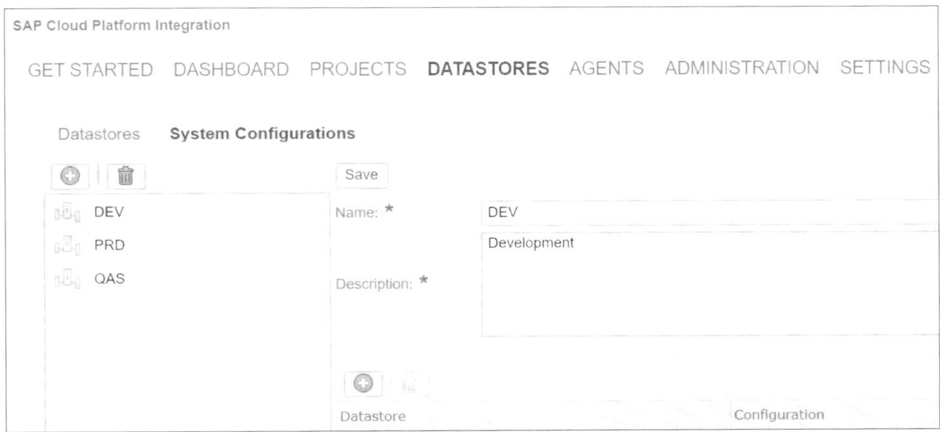

Abbildung 11.13 Systemkonfiguration zu Datenquellen

Das ist besonders dann sinnvoll, wenn derselbe Datenfluss Daten aus dem Entwicklungs- und Qualitätssystem integrieren soll.

Ein weiterer Anwendungsfall könnte die Integration mehrerer SAP-ERP-Systeme sein. Statt eines Datenflusses pro ERP-System könnte eine Systemkonfiguration pro ERP-System erstellt werden, die beim Start eines Datenflusses flexibel geändert werden kann.

11.1.2 Implementierung

Die Umsetzung der Datenintegration in der Schnittstelle CPI-DS beginnt mit einem Projekt. Es ist eine Art Behälter, der Aufgaben und Prozesse gruppiert. Die Aufgaben in der Schnittstelle CPI-DS stellen eine Sammlung von einem oder mehreren Datenflüssen dar, die Daten aus dem Quellsystem extrahieren, sie in der Schnittstelle transformieren und in das Zielsystem laden. Darüber hinaus können Detailinformationen wie Name und Beschreibung, Informationen zur Verbindung zu Quell- oder Zielsystemen, Datenflüsse sowie Ausführungseinstellungen wie Skripte und globale Variablen angegeben werden.

Um eine bestimmte Reihenfolge der Datenflüsse festzulegen, können diese innerhalb von Prozessen festgelegt werden, um den manuellen Aufwand gering zu halten. Ein einzelner Prozess beinhaltet Datenflüsse von mehr als einer Aufgabe, einem Projekt oder einem System. Außerdem können darin Gruppen, Skripte und Anmerkungen verwendet werden. Die Anordnung der Datenflüsse können Sie über eine grafische Oberfläche realisieren (wie in Abbildung 11.18 dargestellt).

Dabei kann das Laden von Daten auch parallelisiert werden. Das führt zur Verbesserung der Performance und kann nur umgesetzt werden, wenn die Daten nicht voneinander abhängen, wie z. B. die Stammdatentypen *Produkt* und *Lokation*. Die Schnittstelle wartet das Ende aller parallelen Datenflüsse ab, bis sie die nächste Sequenz startet.

Auf der Registerkarte **Projects** in der Schnittstelle CPI-DS wird die Integration entworfen. Hier können Projekte, Aufgaben und Prozesse angelegt und bearbeitet werden (siehe Abbildung 11.14).

Ein Projekt legen Sie über die Schaltfläche **New Project** ❶ an. Bei der Vergabe des Namens können verschiedene Notationen verwendet werden. Eine Möglichkeit stellt die Namenskonvention Planungsbereich_Entwicklungs-/Qualitäts-/Produktivsystem_Stamm-/Bewegungsdaten dar. Im Beispiel der Abbildung 11.14 kommen die Stammdaten aus dem Entwicklungssystem und sollen in den Planungsbereich PA transferiert werden. Abschließend wird das Projekt über die Schaltfläche **Create** ❷ angelegt.

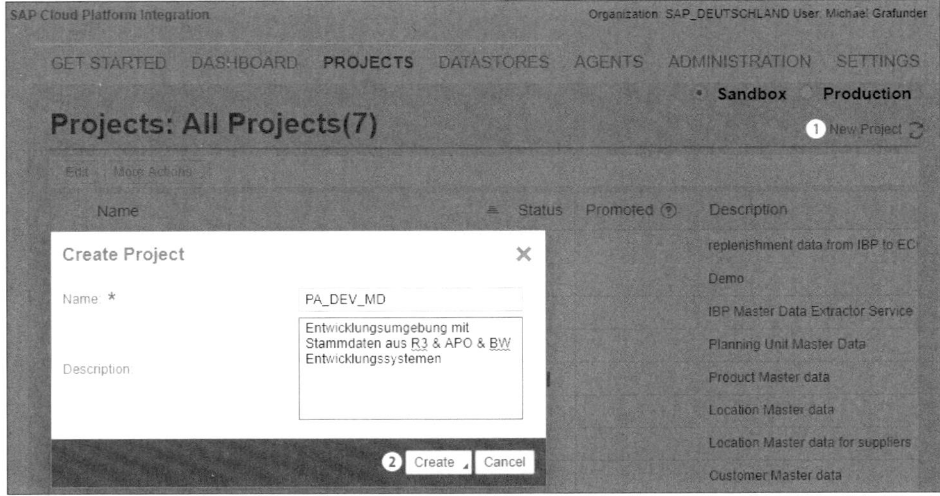

Abbildung 11.14 Anlegen eines Projekts

Das ausgewählte Projekt kann bearbeitet, exportiert oder gelöscht werden (siehe Abbildung 11.15). Nachdem das Projekt exportiert wurde, kann es in einer anderen Schnittstelleninstanz wieder importiert werden. Das ist z. B. hilfreich, wenn die vorhandene Datenintegration mit ihren Projekten, Aufgaben und Datenflüssen wiederverwendet werden soll. Über die Option **Create Multiple Tasks** generiert das System Aufgaben für alle Vorlagen, die in der Schnittstelle existieren. Falls ein Unternehmen mithilfe von Vorlagen eine Schnittstelle aufbauen will, ist diese Funktion zu empfehlen und beschleunigt die Umsetzung. Zur Erstellung einer einzelnen Aufgabe verwenden Sie die Schaltfläche **Create Task**.

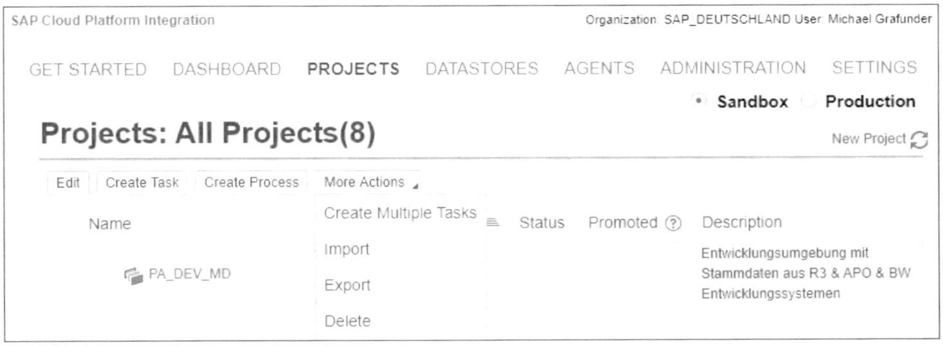

Abbildung 11.15 Einstellungen nach Auswahl des Projekts

Sie geben einen Namen und eine Beschreibung an, wobei der Name nach der Konvention Fortschrittszahl_Stamm-/Bewegungsdaten_Quellsystem _Zielsystem_Objektname festgelegt werden könnte (siehe Abbildung 11.16). Zusätzlich kann eine Vorlage für die Aufgabe festgelegt werden. Weil wir hier aber nur die grundlegende Anlage eines Datenflusses darstellen möchten, tun wir das nicht und wählen stattdessen die Schaltfläche **Next** aus. Wir legen das Quellsystem sowie das Zielsystem fest und speichern die Aufgabe. Der Datenfluss zur Aufgabe kann über die Schaltfläche **Add Target Object** angelegt werden.

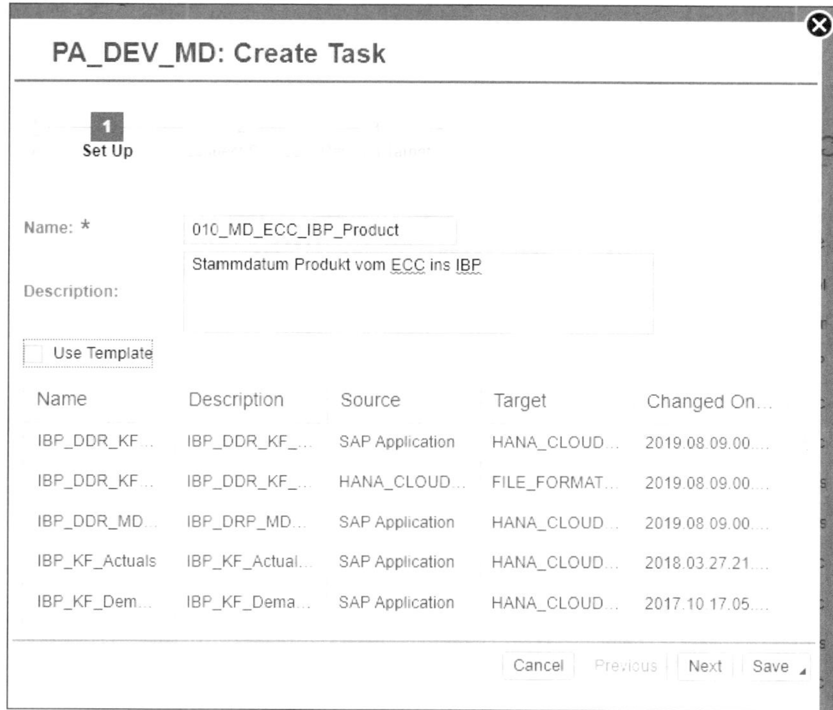

Abbildung 11.16 Allgemeine Daten zu einer Aufgabe

Hierbei können Sie unter den schon vorhandenen Zieltabellen oder eine neue Zieltabelle auswählen (siehe Abbildung 11.17). Wir wählen hier die existierende Tabelle **SOPMD_STAG_EXTPRODUCT** aus und erstellen einen neuen Datenfluss mit dem Namen **MD_PRODUCT**.

Die grafische Oberfläche zur Bearbeitung des Datenflusses öffnet sich (siehe Abbildung 11.18). Die linke Leiste zeigt verschiedene Umwandlungstypen, die in der folgenden Erläuterung von oben nach unten näher beschrieben werden. Diese können gezogen und auf der Arbeitsfläche platziert werden. Die Liste fängt mit der **Quelltabelle** ❶ an, die vorher in den Einstellungen zum Quellsystem geladen wird.

Als Nächstes kann eine **Abfrage der Daten** ❷ angelegt werden, bei der die Umwandlung in der Schnittstelle stattfindet. Die **Aggregation** ❸ ist ein weiterer Typ, in der die Daten gruppiert und dann aggregiert werden.

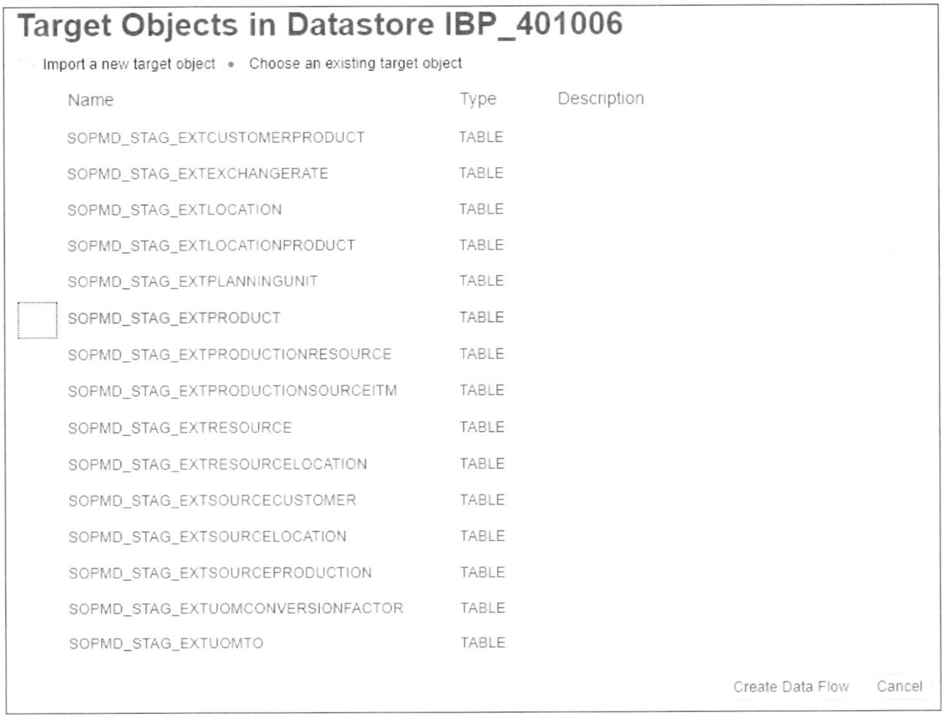

Target Objects in Datastore IBP_401006

Import a new target object • Choose an existing target object

Name	Type	Description
SOPMD_STAG_EXTCUSTOMERPRODUCT	TABLE	
SOPMD_STAG_EXTEXCHANGERATE	TABLE	
SOPMD_STAG_EXTLOCATION	TABLE	
SOPMD_STAG_EXTLOCATIONPRODUCT	TABLE	
SOPMD_STAG_EXTPLANNINGUNIT	TABLE	
SOPMD_STAG_EXTPRODUCT	TABLE	
SOPMD_STAG_EXTPRODUCTIONRESOURCE	TABLE	
SOPMD_STAG_EXTPRODUCTIONSOURCEITM	TABLE	
SOPMD_STAG_EXTRESOURCE	TABLE	
SOPMD_STAG_EXTRESOURCELOCATION	TABLE	
SOPMD_STAG_EXTSOURCECUSTOMER	TABLE	
SOPMD_STAG_EXTSOURCELOCATION	TABLE	
SOPMD_STAG_EXTSOURCEPRODUCTION	TABLE	
SOPMD_STAG_EXTUOMCONVERSIONFACTOR	TABLE	
SOPMD_STAG_EXTUOMTO	TABLE	

Create Data Flow Cancel

Abbildung 11.17 Auswahl der Zieltabelle in SAP IBP

Über das **XML-Mapping** ❹ ruft die Schnittstelle ein oder mehrere flache oder hierarchische Datensets ab und kreiert daraus ein einzelnes Zieldatenset. Dieser Typ kann sowohl eine hierarchische Zieldatenstruktur (wie XML oder IDoc) von einer hierarchischen Quelldatenstruktur, eine hierarchische Zieldatenstruktur basierend auf flachen Tabellen als auch ein flaches Zieldatenset (wie eine Datenbanktabelle) von einer hierarchischen Quelldatenstruktur erstellen.

Das Objekt **XML Batch** ❺ gruppiert flache oder hierarchische Datensets zu Zeilenblöcken, bevor die Daten dem nächsten Umwandlungstyp übergeben werden.

Als ein weiteres Objekt lädt der **Webservice-Aufruf** ❻ strukturierte Daten aus einem externen Webserviceziel.

Der Typ **ABAP Aufruf** ❼ sammelt bereits Daten in der SAP-Applikation, wie z. B. SAP ECC, und sendet das Ergebnis in die Schnittstelle. Ähnlich agiert die **ABAP Aggregation** ❽, die die Daten in der SAP-Applikation gruppiert und das Ergebnis der Schnittstelle überträgt. Weiterhin kann auch ein **kundenspezifisches Programm** ❾ in der Schnittstelle ausgeführt werden. Bei der Verwendung dieser drei ABAP-Typen wird ein ABAP-Container angezeigt, und der Inhalt wird in der SAP-Applikation durchgeführt. Das ist besonders aus Performancesicht bei komplexer Logik zu empfehlen.

Bei dem Objekt **Zeilengenerierung** ❿ kann eine Spalte mit fortlaufenden Zahlen erzeugt werden. Dabei können Sie festlegen, bei welchem Wert die Nummerierung losgeht und in welchen Schritten diese stattfindet. Außerdem können auch globale Variablen zur flexiblen Nummerierung verwendet werden. Zum Schluss gibt es das Objekt **Kommentare** ⓫, mit dem der angelegte Datenfluss kommentiert werden kann.

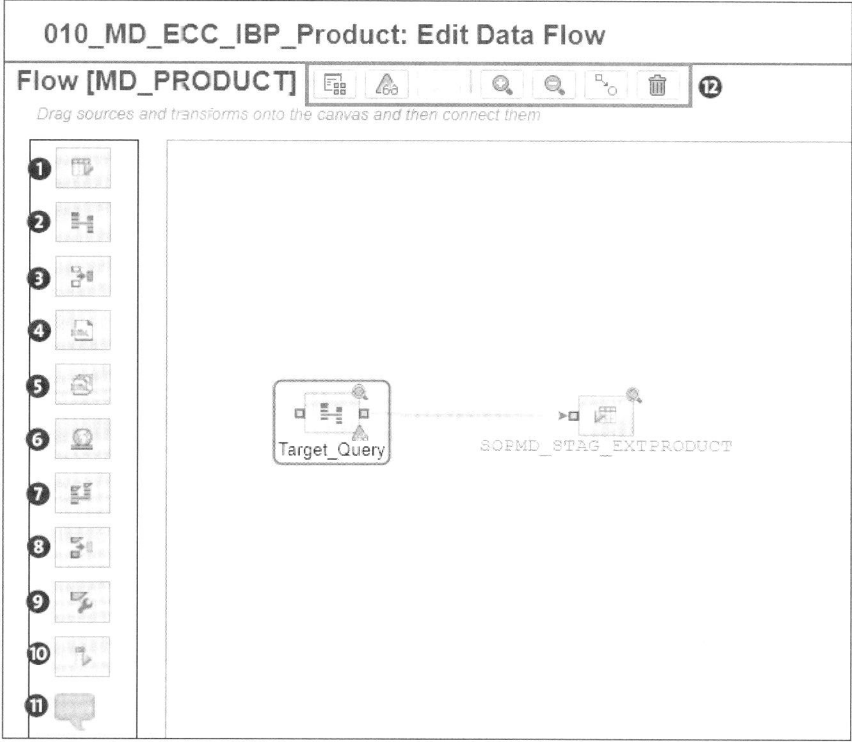

Abbildung 11.18 Bearbeitung eines Datenflusses

Im oberen Bereich von Abbildung 11.18 sind weitere Schaltflächen für die allgemeinen Einstellungen ⓬ platziert. Links beginnend, können Sie sich mit dem Icon **Datenflusseinstellungen** die Einstellungen zum Datenfluss anzeigen lassen. Unter anderem gibt es eine Funktion zur Parallelisierung von Webservice-Aufrufen. Standardmäßig steht diese auf **Default**, was zwei Aufrufe gleichzeitig bedeutet. Das funktioniert nur, wenn die parallele Ausführung im Webservice unter **Systeme** aktiviert ist.

Die nächste Schaltfläche ist **Einstellungen der Datensicht** für die Datensicht in der Schnittstelle. Neben dem Agenten und den Systemeinstellungen kann eine Zeitüberschreitung in Sekunden, die Datenanzahl in Zeilen (auf 499 Zeilen begrenzt) sowie die Frequenz der angezeigten Daten festgelegt werden. Das gleiche Icon findet man im Kleinformat an den Objekten zur Transformation. Dann kann sich der Nutzer den Input und den umgewandelten Output für eine kleine Datenmenge anschauen.

Bei der Verwendung der Funktion **ABAP-Objekte** kann ein ABAP-Programm generiert und angezeigt werden. Dieses Programm müssen Sie manuell im SAP-Quellsystem anlegen und nach erfolgreichem Test bis ins Produktivsystem transportieren.

Weitere Optionen sind das **Vergrößern**, **Verkleinern** sowie **Löschen** des Datenflusses.

Nach Fertigstellung des Datenflusses kehren wir zur Übersicht der Projekte und Aufgaben zurück. Sobald die neu erstellte Aufgabe markiert ist, stehen die in Abbildung 11.19 dargestellten Funktionen zur Auswahl. Die Schaltflächen **Edit** und **View** ermöglichen die Bearbeitung und Anzeige der Aufgabe. Diese kann als Hintergrundjob eingeplant oder direkt über die Schaltfläche **Run Now** gestartet werden. Hierbei kann zwischen verschiedenen Systemkonfigurationen pro Lauf ausgewählt werden. Während und nach Beendigung des Laufs finden Sie einen Status unter der Schaltfläche **View History**. Generell werden alle bereits gelaufenen Jobs dargestellt.

Unter der Schaltfläche **More Actions** sind weitere Funktionalitäten aufgelistet. Beim Klicken auf den Punkt **Replicate** wird die vorhandene Aufgabe kopiert. Daraufhin kann die Kopie einem neuen Ziel zugeordnet oder kleine Änderungen vorgenommen werden.

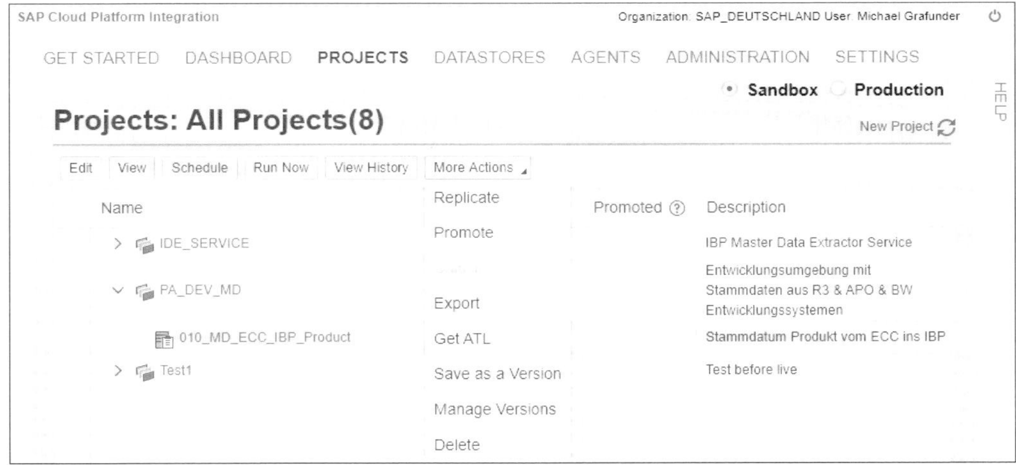

Abbildung 11.19 Einstellungen nach Auswahl der Aufgabe

Die Freigabe der Aufgabe erfolgt über die Option **Promote**. Dann ist der Datenfluss in der Produktivumgebung der Schnittstelle verfügbar. Falls ein Datenfluss noch durch einen anderen Nutzer blockiert wurde, kann die Blockierung über die Schaltfläche **Unlock** aufgehoben werden. Über die Funktion **Export** kann ein einzelner Datenfluss und über **Get ATL** eine Datei zur Fehlerbehebung heruntergeladen werden. Versionierung ist über die Schaltflächen **Save as a Version** und **Manage Versions** bei Aufgaben möglich. Dabei können Sie die aktuelle Aufgabe als Version abspeichern und sie gegebenenfalls nach Änderungen wiederherstellen. Das Entfernen ist über die Option **Delete** möglich.

11.1.3 Vorlagen

Zur Beschleunigung der Integration stellt SAP Vorlagen zur Verfügung. Diese beinhalten einen vorgefertigten Inhalt, der die Grundlage zum Transfer von Daten bildet. Das gilt sowohl für das Laden von Daten in SAP IBP als auch aus dem SAP-IBP-System in andere SAP-Systeme wie SAP ECC. Die Vorlagen werden als Aufgabe in der Schnittstelle angelegt (siehe Abbildung 11.16). Das Quell- und Zielsystem muss in der Schnittstelle definiert sein, damit eine Aufgabe angelegt werden kann. Generell gibt es drei Typen von Vorlagen: allgemeine Vorlagen, Stammdatenvorlagen und Bewegungsdatenvorlagen.

Allgemeine Vorlagen

Allgemeine Vorlagen beinhalten globale Variablen, Logik vor und nach dem Laden von Datenflüssen.

SOP_APO_Task

Als Quelldatenspeicher wird das SAP-APO-System verwendet, als Ziel SAP IBP. Die Vorlage SOP_APO_Task wird verwendet, wenn Sie die Datenflüsse von Grund auf neu aufbauen möchten.

SOP_ECC_Task

Bei der Vorlage SOP_ECC_Task ist SAP ECC als Quellsystem und SAP IBP als Zielsystem festgelegt. Es gibt keine vorgefertigten Datenflüsse, sondern diese müssen neu erstellt werden, wie wir es im Zusammenhang mit Abbildung 11.16 beschrieben haben.

SOP_File_Task

Falls Daten aus einer Datei in SAP IBP geladen werden sollen, ist SOP_File_Task die richtige Vorlage. Es gibt auch hier keine Datenflüsse als Grundlage. Diese müssen von Anfang an aufgebaut werden.

Stammdatenvorlagen

Bei Stammdatenvorlagen handelt es sich um vorgefertigte Datenflüsse, die je nach Stammdatum unterschiedlich ausgeprägt sind. Die Stammdaten müssen vor den Bewegungsdaten geladen werden. Generell wird von SAP empfohlen, auch bei der zeitreihenbasierten Integration das ECC/S4HANA-IBP-Add-on zu verwenden (nähere Details finden Sie in Abschnitt 11.2, »Auftragsbasierte Integration«). Wenn Sie sich dafür entscheiden, müssen die Stammdaten in folgender Reihenfolge laufen, damit abhängige Stammdatentypen wie *Lokationsprodukt* bereits Daten in *Produkt* und *Lokation* vorfinden:

1. IBP_MD_S4_ERP_AddOn
2. IBP_MD_SalesOrder_InitialLoad
3. IBP_MD_SalesOrder_DeltaLoad
4. IBP_MD_Deliveries_InitialLoad
5. IBP_MD_Deliveries_DeltaLoad

Falls die Stammdaten nicht mithilfe des Add-ons übertragen werden sollen, halten Sie bitte entsprechend die folgende Reihenfolge ein:

1. SOP_MD_LocationMaster
2. SOP_MD_ProductMaster
3. SOP_MD_LocationProd
4. SOP_MD_CustomerMaster
5. SOP_MD_Resource
6. IBP_MD_SalesOrder_InitialLoad
7. IBP_MD_SalesOrder_DeltaLoad
8. IBP_MD_Deliveries_InitialLoad
9. IBP_MD_Deliveries_DeltaLoad

Detaillierte Beschreibungen der jeweiligen Stammdatenvorlagen finden Sie auf den folgenden Seiten.

IBP_MD_S4_ERP_AddOn

Die Vorlage IBP_MD_S4_ERP_AddOn enthält verschiedene Datenflüsse zum Laden von Stammdaten aus dem SAP-ECC- oder SAP-S/4HANA-System. Dazu muss entweder das SAP-ECC-Add-on oder das SAP-S/4HANA-Add-on über den jeweiligen SAP-Hinweis 2268538 (*Release strategy for the IBP ERP integration add-on*) eingespielt werden (nähere Details finden Sie in Abschnitt 11.2, »Auftragsbasierte Integration«). Die in Tabelle 11.1 aufgeführten Datenflüsse können in einer Aufgabe verwendet werden.

Staging-Tabelle in SAP IBP	Datenflussname	Datenflussbeschreibung
SOPMD_STAG_IBPPLANNINGUNIT	IBP_MD_PlanningUnit_AddOn	Übertragung eines fest implementierten Subnetworks
SOPMD_STAG_IBPCUSTOMER	IBP_MD_Customer_AddOn	Übertragung des Kundenstamms über Extraktor

Tabelle 11.1 Datenflüsse der Vorlage IBP_MD_S4_ERP_AddOn

Staging-Tabelle in SAP IBP	Datenflussname	Datenflussbeschreibung
SOPMD_STAG_IBPLOCATION	IBP_MD_Location_AddOn	Übertragung des Lokationsstamms aus der Tabelle /IBP/LOC_EXT über den Extraktor /IBP/LOCATION_ATTR
SOPMD_STAG_IBPPRODUCT	IBP_MD_Product_w_Text_AddOn	Übertragung des Produktstamms aus den Tabellen /IBP/MAKT_EXT und /IBP/MARA_EXT über den Extraktor /IBP/PRODUCT_TEXT
SOPMD_STAG_IBPRESOURCE	IBP_MD_Resource_w_Text_AddOn	Übertragung des Ressourcenstamms aus den Tabellen /IBP/RESHEAD_EXT und /IBP/RESDESC_EXT über den Extraktor /IBP/RESOURCE_ATTR
SOPMD_STAG_IBPLOCATION-PRODUCT	IBP_MD_Location-Product_AddOn	Übertragung des Lokationsproduktstamms aus der Tabelle /IBP/MARC_EXT über den Extraktor /IBP/LOCATION-PRODUCT_ATTR
SOPMD_STAG_IBF-RESOURCELOCATION	IBP_MD_Resource-Location_AddOn	Übertragung des Lokationsressourcenstamms aus den Tabellen /IBP/RESHEAD_EXT und /IBP/RESCAPA (nur das Attribut *Aktuelles Datum*) über den Extraktor /IBP/LOCATION_ATTR
SOPMD_STAG_IBPSOURCE-PRODUCTION	IBP_MD_Source-Production_Addon	Übertragung des Produktionsdatenstrukturkopfes aus der Tabelle /IBP/SOSHEAD_EXT über den Extraktor /IBP/SOURCE-PRODUCTION_ATTR
SOPMD_STAG_IBPPRODUCTION-SOURCEITM	IBP_MD_ProductionSource-Itm_Addon	Übertragung der Produktionsdatenstrukturposition aus den Tabellen /IBP/SOSBOM_EXT, /IBP/SOSACT_EXT und /IBP/SOSHEAD_EXT über den Extraktor /IBP/PRODUCTIONSOURCEITEM_ATTR
SOPMD_STAG_IBPUOMTO	IBP_MD_UOM_w_Text_AddOn	Übertragung der Stammdaten von Mengeneinheiten aus den Tabellen T006 und T006A über den Extraktor /IBP/UOM_TEXT und den Funktionsbaustein SBIC_MESSURE_TRANSFER

Tabelle 11.1 Datenflüsse der Vorlage IBP_MD_S4_ERP_AddOn (Forts.)

Staging-Tabelle in SAP IBP	Datenflussname	Datenflussbeschreibung
SOPMD_STAG_IBPUOMCONVERSION-FACTOR	IBP_MD_UOMConversionFactor_AddOn	Übertragung der Stammdaten zur Mengeneinheitenkonvertierung aus der Tabelle /IBP/MARM_EXT über den Extraktor /IBP/PRODUCTUOM_ATTR
SOPMD_STAG_IBPSOURCELOCATION	IBP_MD_Source-Location_AddOn	Übertragung der Stammdaten zur Transportkante aus der Tabelle /IBP/TLANE_EXT über den Extraktor /IBP/SOURCE-LOCATION_ATTR
SOPMD_STAG_IBPSOURCECUSTOMER	IBP_MD_Source-Customer_AddOn	Übertragung der Stammdaten zur Transportkante vom Kunden über den Extraktor /IBP/SOURCECUSTOMER_CI_ATTR mit der BAdI-Implementierung /IBP/ETS_SEL_SRCCUST_CI, in der aus der Tabelle /IBP/SLDFCAT_EXT (Staging-Tabelle für Kundenauftragsfeldkatalog) gelesen wird

Tabelle 11.1 Datenflüsse der Vorlage IBP_MD_S4_ERP_AddOn (Forts.)

Diese Datenflüsse zeigen standardmäßig auf den Planungsbereich SAPIBP1 und laden ihre Daten in die Stammdaten dieses Planungsbereichs.

IBP_DDR_MD_ERP_AddOn

Bei der bedarfsorientierten Disposition (DDR) werden spezielle Stammdaten über Datenflüsse übertragen. Diese kommen zum jetzigen Zeitpunkt nur aus dem SAP-ECC-System und benötigen das SAP-ECC-Add-on über den SAP-Hinweis 2268538 (*Release strategy for the IBP ERP integration add-on*). Zur Vorlage IBP_DDR_MD_ERP_AddOn gehören insgesamt 14 Datenflüsse (Tabelle 11.2).

Staging-Tabelle in SAP IBP	Datenflussname	Datenflussbeschreibung
SOPMD_STAG_DDR-LOCATION	IBP_DDR_MD_Location	siehe SOPMD_STAG_IBPLOCATION
SOPMD_STAG_DDR-PRODUCT	IBP_DDR_MD_Product	siehe SOPMD_STAG_IBPPRODUCT
SOPMD_STAG_DDR-LOCATIONPRODUCT	IBP_DDR_MD_Location-Product	siehe SOPMD_STAG_IBPLOCATION PRODUCT

Tabelle 11.2 Datenflüsse der Vorlage IBP_DDR_MD_ERP_AddOn

Staging-Tabelle in SAP IBP	Datenflussname	Datenflussbeschreibung
SOPMD_STAG_IBPSOURCELOCATION	IBP_DDR_MD_SourceLocation	siehe SOPMD_STAG_IBPSOURCELOCATION
SOPMD_STAG_DDRLCCATIONPRODUCTCURRENCY	IBP_DDR_MD_LocationProductCurrency	siehe SOPMD_STAG_IBPLOCATIONPRODUCT
SOPMD_STAG_DDRPLANNINGUNIT	IBP_DDR_MD_PlanningUnit	siehe SOPMD_STAG_IBPPLANNINGUNIT
SOPMD_STAG_DDRCURRENCY	IBP_DDR_MD_Currency	Übertragung fest implementierter Währung
SOPMD_STAG_DDRCUSTOMER	IBP_DDR_MD_Customer	Übertragung fest implementierter Kunden mit Kundengruppe
SOPMD_STAG_DDRBUFFERPROFILE	IBP_DDR_MD_BufferProfile	Übertragung fest implementierter Pufferprofile
SOPMD_STAG_DDRSOURCEPRODUCTION	IBP_DDR_MD_SourceProduction	siehe SOPMD_STAG_IBPSOURCEPRODUCTION
SOPMD_STAG_DDRPRODUCTIONSOURCEITM	IBP_DDR_MD_ProductionSourceItem	siehe SOPMD_STAG_IBPPRODUCTIONSOURCEITM
SOPMD_STAG_DDRSOURCECUSTGROUP	IBP_DDR_MD_Source CustomerGroup	siehe SOPMD_STAGIBPSOURCE CUSTOMER

Tabelle 11.2 Datenflüsse der Vorlage IBP_DDR_MD_ERP_AddOn (Forts.)

Der Datenfluss IBP_DDR_MD_Supplier2SrcProd ist nicht mehr Bestandteil dieser Vorlage. Dafür kann die Lokationsprodukt-Lieferanten-Beziehung über den Datenfluss IBP_DDR_MD_SourceLocation mit dem Filterkriterium ADD_SUPLIERS = 'X' übertragen werden.

Der Planungsbereich SAP8 beinhaltet die Planungselemente für die bedarfsorientierte Disposition. Aus diesem Grund transferieren die Datenflüsse die Stammdaten in diesen Planungsbereich.

SOP_MD_LocationMaster

Mit der Vorlage SOP_MD_LocationMaster wird der Lokationsstamm aus der Tabelle T001W und dem Extraktor OPLANT_ATTR des SAP-ECC-Systems geladen. Das Ziel in SAP IBP ist die Staging-Tabelle SOPMD_STAG_SM1LOCATION.

SOP_MD_ProductMaster

Die Vorlage SOP_MD_ProductMaster enthält den Datenfluss zum Thema Produktstamm. Die Daten werden aus der Tabelle MAKT und dem Extraktor 0MATERIAL_ATTR des SAP-ECC-Systems geladen. In SAP IBP werden sie dann in der Staging-Tabelle SOPMD_STAG_SM1PRODUCT gespeichert.

SOP_MD_LocationProd

Die Stammdaten zum Lokationsprodukt können über die Vorlage SOP_MD_LocationProd geladen werden. Sie kommen aus den Tabellen MBEW, MARA und MARC im SAP-ECC-System und haben die Staging-Tabelle SOPMD_STAG_SM1LOCATIONPRODUCT in SAP IBP zum Ziel.

SOP_MD_CustomerMaster

In der Vorlage SOP_MD_CustomerMaster überträgt der Datenfluss den Kundenstamm aus den Tabellen KNVP sowie KNVH und dem Extraktor 0CUSTOMER_ATTR des SAP-ECC-Systems. Die Daten werden in die Staging-Tabelle SOPMD_STAG_SM1CUSTOMER in SAP IBP geladen.

SOP_MD_Resource

Aus der Tabelle /SAPAPO/RES_HEAD im SAP-APO-System lädt die Vorlage SOP_MD_Resource die Stammdaten zu den Ressourcen. Diese werden in der Staging-Tabelle SOPMD_STAG_SM1RESOURCE in SAP IBP gespeichert.

IBP_MD_PlanningArea

Die Vorlage IBP_MD_PlanningArea enthält fünf Datenflüsse, die die Stammdaten aus dem SAP-APO-System ziehen (siehe Tabelle 11.3). Bevor diese Datenflüsse in der Schnittstelle definiert werden können, müssen Vorkehrungen in SAP APO getroffen werden. Es sollte einen Planungsbereich in der Absatzplanung geben. Über die Transaktion /SAPAPO/SDP_EXTR müssen die Datenquellen zum Produkt-, Lokations- und Kundenstamm generiert werden. Danach müssen die Datenquellen repliziert und in der Data Warehousing Workbench aktiviert werden.

Staging-Tabelle in SAP IBP	Datenflussname	Datenflussbeschreibung
SOPMD_STAG_IBP-PRODUCT	DF_IBP_Product-Master	Produktstammübertragung aus der Datenquelle aus dem BW-System in SAP Supply Chain Management (SAP SCM)/ SAP Advanced Planning and Optimization (SAP APO); Beschreibungen kommen aus der Texttabelle im Produkt-InfoObject.

Tabelle 11.3 Datenflüsse der Vorlage IBP_MD_PlanningArea

Staging-Tabelle in SAP IBP	Datenflussname	Datenflussbeschreibung
SOPMD_STAG_IBPUOMTO	DF_IBP_UnitsOf-Measure	Übertragung aller Mengeneinheiten aus SAP APO, die für die Produkte in dem verwendeten Planungsbereich gepflegt sind
SOPMD_STAG_IBPUOM-CONVERSIONFACTOR	DF_IBP_UnitsOf-Measure_Conversion	Übertragung aller Konvertierungsfaktoren aus SAP APO, die für die Mengeneinheiten und Produkte in dem verwendeten Planungsbereich gepflegt sind
SOPMD_STAG_IBPLOCATION	DF_IBP_Location-Master	Lokationsstammübertragung aus der Datenquelle aus dem BW-System in SAP SCM/SAP APO
SOPMD_STAG_IBP-CUSTOMER	DF_IBP_Customer-Master	Kundenstammübertragung aus der Datenquelle aus dem BW-System in SAP SCM/SAP APO

Tabelle 11.3 Datenflüsse der Vorlage IBP_MD_PlanningArea (Forts.)

Damit die Datenquellen auch aus externen Systemen genutzt werden können, führen Sie das Programm /SAPAPO/PAREA_EXTR_EXPOSE aus. Falls es im System nicht verfügbar ist, kann es über den SAP-Hinweis 2085981 *(Report /SAPAPO/PAREA_EXTR_EXPOSE)* eingespielt werden. In der Schnittstelle CPI-DS geben Sie die Stammdatentyp-ID, die Planungsversion und das Attribut an, das übertragen werden soll, um die Stammdaten zu extrahieren.

IBP_MD_Sales_Order_InitialLoad

Bei der Vorlage IBP_MD_Sales_Order_InitialLoad geht es um die Extraktion von Kundenaufträgen aus SAP ECC als Stammdatenelement. Diese werden in der Bedarfsplanung vom SAP-IBP-System benötigt und vom Hintergrundjob aus dem Extraktor 2LIS_11_VASCL zu einem bestimmten Zeitpunkt übertragen.

Voraussetzung ist, dass der verwendete Planungsbereich in SAP IBP den Stammdatentyp, die Planungsebenen und Kennzahlen enthält. Beispielsweise gibt es in der Planungsbereichsvorlage SAP6 den Stammdatentyp IBPSALESORDER, die Planungsebenen SALESORDERDAILY sowie SALESORDERUOMTODAILY und die Kennzahlen REQQTY zur angeforderten Menge sowie CONFQTY zur bestätigten Menge. Die Attribute REQQTY und CONFQTY werden über die IBP-Funktionalität *Attribute als Kennzahlen* automatisch in die jeweiligen Kennzahlen übertragen.

Auf SAP-ECC-Seite muss die Datenquelle *2LIS_11_VASCL* über die Transaktion LBWE aktiviert werden. Ansonsten kann dieser Extraktor zur Datenübertragung nicht verwendet werden. Danach löschen Sie die BW-Einstellungsdaten für die Datenquelle

Applikation 11 (SD-Verkauf BW) über die Transaktion LBWG. Daraufhin müssen die BW-Einstellungsdaten über die Transaktion OLI7BW neu erstellt werden. Dabei wählen Sie einen Namen des Laufs und eine Abbruchuhrzeit aus, die ausreichend in der Zukunft liegt.

IBP_MD_Sales_Order_DeltaLoad

Die Übertragung von Kundenaufträgen findet über die Vorlage IBP_MD_Sales_Order_DeltaLoad statt. Hierbei werden nur die neu erstellten und geänderten Kundenaufträge seit der letzten Übertragung transferiert. Falls die Nutzer Kundenaufträge im SAP-ECC-System löschen, werden die angeforderten und bestätigten Mengen in SAP IBP auf 0 gesetzt. Diese Kundenaufträge bleiben dann trotzdem im SAP-IBP-System.

Die Grundvoraussetzungen sind fast gleich zu der Vorlage IBP_MD_SalesOrder_InitialLoad. Das Löschen und Neuaufbauen der BW-Einstellungsdaten (über die Transaktionen LBWG und OLI7BW) ist hier nicht erforderlich. Allerdings muss ein Hintergrundjob in der Transaktion LBWE für die Datenquelle *Applikation 11* unter **Job-Steuerung** terminiert werden, bevor diese Aufgabe in der Schnittstelle CPI-DS läuft.

IBP_MD_Deliveries_InitialLoad

In der Vorlage IBP_MD_Deliveries_InitialLoad werden die Auslieferungen aus dem SAP-ECC-System in die Absatzplanung im SAP-IBP-System geladen. Hierbei überträgt die Schnittstelle den aktuellen Status der Auslieferungen, die zu einem bestimmten Zeitpunkt erstellt wurden.

Als Voraussetzung muss der verwendete Planungsbereich in SAP IBP den Stammdatentyp, die Planungsebenen und Kennzahlen enthalten. Beispielsweise gibt es in der Planungsbereichsvorlage SAP6 den Stammdatentyp `IBPDELIVERY`, die Planungsebenen `DELIVERYDAILY` und `DELIVERYUOMTODAILY` sowie die Kennzahl `DELIVQTY` zur gelieferten Menge. Das Attribut `DELIVQTY` wird über die IBP-Funktionalität *Attribute als Kennzahlen* automatisch in die jeweiligen Kennzahlen übertragen.

Auf SAP-ECC-Seite müssen Sie die Datenquelle *2LIS_12_VCITM* über die Transaktion LBWE aktivieren. Ansonsten kann dieser Extraktor zur Datenübertragung nicht verwendet werden. Danach löschen Sie die BW-Einstellungsdaten für die Datenquelle *Applikation 12 (LE-Versand BW)* über die Transaktion LBWG. Daraufhin müssen die BW-Einstellungsdaten über die Transaktion OLI8BW wieder neu erstellt werden. Dabei wählen Sie einen Namen des Laufs und eine Abbruchuhrzeit aus, die ausreichend in der Zukunft liegt.

IBP_MD_Deliveries_DeltaLoad

Die Übertragung von Auslieferungen findet über die Vorlage IBP_MD_Deliveries_DeltaLoad statt. Hierbei werden nur die neu erstellten und geänderten Auslieferungen seit der letzten Übertragung transferiert. Falls die Nutzer die Auslieferungen im

SAP-ECC-System löschen, wird die gelieferte Menge in SAP IBP auf 0 gesetzt. Diese Objekte bleiben aber trotzdem im SAP-IBP-System.

Die Voraussetzungen sind fast die gleichen wie bei der Vorlage IBP_MD_Deliveries_InitialLoad. Das Löschen und Neuaufbauen der BW-Einstellungsdaten (über die Transaktionen LBWG und OLI7BW) ist hier nicht erforderlich. Es muss jedoch ein Hintergrundjob in der Transaktion LBWE für die Datenquelle *Applikation 12* unter **Job-Steuerung** terminiert werden, bevor diese Aufgabe in der Schnittstelle CPI-DS läuft.

Bewegungsdatenvorlagen

Genau wie bei den Vorlagen für die Stammdaten stehen Ihnen auch für die Bewegungsdaten Vorlagen für Datenflüsse zur Verfügung, die kundenspezifisch angepasst werden können. Darunter finden sich Bewegungsdaten für tatsächliche Verkäufe, den Anfangsbestand, offene Aufträge, den geplanten Preis, den Kundenauftragspreis, den Sicherheitsbestand, das Kapazitätslimit, den Kapazitätsverbrauch, Konsensbedarf, die Planprimärbedarfe, die PoS-Verkäufe und den PoS-Bestand. Außerdem stellt SAP Vorlagen zum Laden von Bewegungsdaten aus dem ECC/S4HANA-IBP-Add-on und für den Prozess des bedarfsgesteuerten Warennachschubs bereit. Die Integration findet zwischen SAP ECC, SAP S/4HANA, SAP APO, SAP SCM, SAP Demand Signal Management und SAP IBP statt. Voraussetzung ist, dass die Stammdaten vorher geladen werden.

IBP_KF_S4_ERP_AddOn

Die Vorlage IBP_KF_S4_ERP_AddOn enthält Datenflüsse zur Extraktion von Bewegungsdaten aus SAP ECC bzw. SAP S/4HANA in SAP IBP. Dafür wird entweder das SAP-IBP-Add-on für SAP S/4HANA oder das SAP-IBP-Add-on für SAP ECC verwendet. Die Vorlage enthält die in Tabelle 11.4 dargestellten Objekte. Diese Elemente lädt die Schnittstelle in den Planungsbereich SAPIBP1.

Zielkennzahl in SAP IBP	Datenflussname	Datenflussbeschreibung
CAPASUPPLY	IBP_KF_CapaSupply_AddOn	Übertragung des Kapazitätsangebots der Ressourcen durch Aggregation der Daten aus der Tabelle /IBP/RESCAPA_EXT über den Extraktor /IBP/CAPASUPPLY_KF
INITIALINVENTORY	IBP_KF_InitialInventory_AddOn	Übertragung des Anfangsbestandes durch eine Aggregation der Daten aus dem Extraktor /IBP/ORDER_KF

Tabelle 11.4 Datenflüsse der Vorlage IBP_KF_S4_ERP_AddOn

Zielkennzahl in SAP IBP	Datenflussname	Datenflussbeschreibung
IBP_KF_MINRECEIPT_AddOn	IBP_KF_MinReceipt_AddOn	Übertragung der minimalen Zugänge durch eine Aggregation aus dem Extraktor /IBP/ORDER_KF

Tabelle 11.4 Datenflüsse der Vorlage IBP_KF_S4_ERP_AddOn (Forts.)

IBP_KF_Actuals

Im Objekt IBP_KF_Actuals werden die gelieferte Menge und die Daten zur Rechnungsstellung der tatsächlichen Verkäufe aus SAP ECC bzw. SAP S/4HANA in das SAP-IBP-System übertragen. Dabei werden die Daten aus den Tabellen LIPS, LIKP und WB2_V_VBKR_VBRP2 in den Planungsbereich SAPIBP1 extrahiert.

IBP_KF_InitialInventory

Die Vorlage IBP_KF_InitialInventory überträgt den aktuellen Bestand als Kennzahl von SAP S/4HANA ins SAP-IBP-System. Dafür lädt der Hintergrundjob die Daten aus den Tabellen MARA und MARD in den Planungsbereich SAPIBP1.

IBP_KF_SafetyStock

Der Sicherheitsbestand (Vorlage IBP_KF_SafetyStock) kommt aus dem SAP-ECC- bzw. SAP-S/4HANA-System über die Extraktion der Daten aus den Tabellen MARA und MARC. Als Ziel ist der Planungsbereich SAPIBP1 in SAP IBP vorgeschlagen.

IBP_KF_OpenOrders_S4

Die Vorlage IBP_KF_OpenOrders_S4 überträgt die Menge und die Umsatzdaten offener Kundenaufträge aus SAP S/4HANA in SAP IBP. Die Extraktion findet aus den Tabellen VBAP, VBAK und MARA statt und hat als Ziel den Planungsbereich SAPIBP1.

IBP_KF_OpenOrders_ERP

Die Vorlage IBP_KF_OpenOrders_ERP überträgt die Menge und die Umsatzdaten offener Kundenaufträge aus SAP ECC in SAP IBP. Die Extraktion findet aus den Tabellen VBAP, VBAK, VBUP und MARA statt und hat als Ziel den Planungsbereich SAPIBP1. Hierbei ist nur die Integration aus dem SAP-ECC-System möglich, weil die Tabelle VBUP in SAP S/4HANA nicht mehr verwendet wird und dafür deren Felder in die Tabelle VBAP gewandert sind.

IBP_KF_PlannedPrice

Der durchschnittliche Preis aus dem Fakturabeleg ist Bestandteil des Objekts IBP_KF_PlannedPrice und wird aus den Tabellen TCURR, MARA, WB2V, VBRK und VBRP2 in den Planungsbereich SAPIBP1 geladen. Die Extraktion findet zwischen SAP ECC bzw. SAP S/4HANA und SAP IBP statt

IBP_DDR_KF_ERP_AddOn

Mit der Vorlage IBP_DDR_KF_ERP_AddOn werden mehrere Kennzahlen vom SAP-ECC- bzw. SAP-S/4HANA-System in den Planungsbereich SAP8 zum bedarfsgesteuerten Warennachschub extrahiert. Die Übertragung findet mithilfe des SAP-IBP-Add-ons für SAP ECC bzw. SAP S/4HANA statt. Die in Tabelle 11.5 aufgeführten Objekte sind Bestandteil dieser Vorlage.

Zielkennzahl in SAP IBP	Datenflussname	Datenflussbeschreibung
DDONHANDINV	IBP_DDR_KF_OnHand Inventory	Übertragung des Lagerbestandes als Kennzahl durch eine Aggregation über den Extraktor /IBP/STOCK_KF
DDTOTALDEMANDQTY-FUTURE	IBP_DDR_KF_Total-Demand	Übertragung des gesamten Bedarfs als Kennzahl durch eine Aggregation über den Extraktor /IBP/TOTAL_DEMAND_QTY_CI_KF
DDTOTALORDERQTY-HISTORY	IBP_DDR_KF_ActualsQuantity	Übertragung der tatsächlichen Verkäufe als Kennzahl durch eine Aggregation über den Extraktor /IBP/ACTUALS_QTY_CI_KF
DDSUPORDERCONFQTY	IBP_DDR_KF_SupplyOrder	Übertragung von Zugangsaufträgen als Kennzahl durch eine Aggregation über den Extraktor /IBP/ORDER_KF
DDDEMORDERCONFQTY	IBP_DDR_KF_ConfirmedOrder	Übertragung von bestätigten Aufträgen als Kennzahl durch eine Aggregation über den Extraktor /IBP/ORDER_KF

Tabelle 11.5 Datenflüsse der Vorlage IBP_DDR_KF_ERP_AddOn

IBP_DDR_KF_to_ERP_AddOn_via_WS

Die Vorlage IBP_DDR_KF_to_ERP_AddOn_via_WS extrahiert die Eingangselemente für den MRP-Lauf aus dem Planungsbereich SAP8 zum bedarfsgesteuerten Warennachschub in die Extraktionstabellen des SAP-IBP-Add-ons in SAP ECC (siehe Tabelle 11.6).

SOP_KF_Actuals

Die Vorlage SOP_KF_Actuals überträgt den tatsächlichen Verkauf oder Lieferungen aus der Vergangenheit vom SAP-ECC- ins SAP-IBP-System. Die Daten kommen aus dem Extraktor 2_IS_12_VCITM_SOP und aus den Tabellen VBRK sowie VBRP, und diese lädt der Job in die Staging-Tabelle mit den Kennzahlen SM1ACTUALSQTY und SM1ACTUALSREV.

Datenflussname	Beschreibung	Quellkennzahlfeld	Zielfunktionsbaustein und -tabelle
IBP_DDR_to_ERP_DDPrdLoc	Übertragung von bedarfsgesteuerten Lokationsprodukten aus SAP IBP ins SAP-ECC-Add-on unter Verwendung des Funktionsbausteins IBP_EDD_PL_FILL	PRDID; LOCID; RECDECOUPPOINTIND; DDORDERREC; DECOUPLEDLEADTIMEDAYS	IBP_EDD_PL_FILL; / IBP/EDD_PL
IBP_DDR_to_ERP_BufferLvl	Übertragung von zeitabhängigen Pufferebenen aus SAP IBP ins SAP-ECC-Add-on unter Verwendung des Funktionsbausteins IBP_EDD_BLT_FILL	PRDID; LOCID; TSTFR; DDEXECTOPOFGREEN; DDEXECTOPOFLOWYELLOW; DDEXECTOPOFLOWRED	IBP_EDD_BLT_FILL; / IBP/EDD_BLT

Tabelle 11.6 Datenflüsse der Vorlage IBP_DDR_KF_to_ERP_AddOn_via_WS

SOP_KF_Inventory

Der aktuelle Bestand und der Zielbestand (Vorlage SOP_KF_Inventory) werden aus den Tabellen MARA, MARC und MARD im SAP ECC extrahiert. In der Schnittstelle überträgt der Job die Daten in die Staging-Tabelle SOPDD_STAGING_KFTAB_SM1BASE mit den Kennzahlen SM1INITIALINVENTORYQTY und SM1INVENTORYTARGETQTY.

SOP_KF_OpenOrders

Die Vorlage SOP_KF_OpenOrders enthält einen Datenfluss zur Übertragung von offenen Aufträgen aus dem SAP-ECC- ins SAP-IBP-System. Die Daten lädt der Job aus den Extraktoren 2LIS_11_VAHDR, 2LIS_11_VAITM und 2LIS_11_VASTI in die Staging-Tabelle SOPDD_STAGING_KFTAB_SM1BASE mit den Kennzahlen OPENORDERSQTY und OPENORDERSREV.

SOP_KF_SalesForecastPrice

Bei der Vorlage SOP_KF_SalesForecastPrice wird der Preis zur Verkaufsprognose vom SAP-ECC- ins SAP-IBP-System transferiert. Die Daten kommen aus dem Extraktor 2LIS_13_VDITM, und der Job lädt diese über die Staging-Tabelle SOPDD_STAGING_KFTAB_SM1BASE in die Kennzahl SM1SALESFORECASTPRICE.

SOP_KF_CapacityLimit

Beim Objekt SOP_KF_CapacityLimit handelt es sich um die Extrahierung des Kapazitätslimits oder einer verfügbaren Kapazität einer Ressource aus der Tabelle /SAPAPO/RES_HEAD und dem Extraktor 9ACAPACITY in SAP APO. Als Ziel ist die Staging-Tabelle SOPDD_STAGING_KFTAB_SM1BASE mit der Kennzahl SM1CAPASUPPLY definiert.

SOP_KF_Consumption

Der Kapazitätsverbrauch (Vorlage SOP_KF_Consumption) kommt aus SAP APO und wird über die BAPIs BAPI_LOCSRVAPS_GET_LIST2 und BAPI_PDSSRVAPS_GETLIST abgerufen. In SAP IBP landen die Daten in der Kennzahl SM1CAPACONSUMPTION der Staging-Tabelle SOPDD_STAGING_KFTAB_SM1BASE.

IBP_KF_DemandPlanning

Die Vorlage IBP_KF_DemandPlanning beinhaltet einen Datenfluss, der Kennzahldaten aus der Bedarfsplanung, z. B. Konsensbedarfsplan, von SAP APO in SAP IBP überträgt. Üblicherweise werden die Daten auf der Ebene *Produkt/Lokation/Kunde* aus dem Extraktor 9ADP_CUSTOM_TOTAL_DEMAND_PLAN in SAP APO gezogen. Falls *Kunde* als Charakteristik nicht existiert, kann auch *Kundengruppe* oder Ähnliches verwendet werden. Voraussetzung ist, dass die Datenquellen in SAP APO definiert und freigegeben sind. Pro Kennzahl wird eine Datenquelle benötigt, die in der Transaktion /SAPAPO/SDP_EXTR erstellt werden kann. Dabei geben Sie Attribute wie Produkt, Lokation, *Kunde*, *Planversion*, *Periodizität* und die relevante *Kennzahl* an. Es sollten nur Attribute angegeben werden, die das SAP-IBP-System benötigt. Danach müssen die Datenquellen repliziert und in der Data Warehousing Workbench aktiviert werden. Damit die Datenquellen auch aus externen Systemen genutzt werden können, führen Sie das Programm /SAPAPO/PAREA_EXTR_EXPOSE aus. Falls es im System nicht verfügbar ist, kann das Programm über den SAP-Hinweis 2085981 (*Report /SAPAPO/PAREA_EXTR_EXPOSE*) eingespielt werden.

IBP_KF_PlannedIndependentRequirement

Die Ergebnisse aus der Bedarfsabtastung im kurzfristigen Horizont können mit der Vorlage IBP_KF_PlannedIndependentRequirement von SAP IBP in SAP APO übertragen werden. In SAP APO werden die Bedarfe als Planprimärbedarfe in der Netzwerkplanung angelegt und können dann auch von der Produktionsplanung als Input verwendet werden. Die Daten können nur auf der Lokationsproduktebene übertragen werden, und grundsätzlich überträgt die Schnittstelle die Bedarfe auf Tagesebene. Als Voraussetzung müssen Sie einen Webservice in SAP APO einrichten. Dafür muss in der Transaktion SE37 ein Webservice für den Funktionsbaustein BAPI_PIRSRVAPS_SAVEMULTI angelegt und aktiviert werden. Das Feld **SOAP-Anwendung** bleibt auf dem Standardwert, und im Feld **Profil** wählen Sie **Authentifizierung mit Benutzer und Passwort, Keine Transportgarantie** aus. Danach erstellen Sie in der Transaktion SOAMANAGER unter **Service Administration • Web Service Konfiguration** einen Service, der den vorher erstellten Webservice beinhaltet. SSL ist genauso für die Transportebenensicherheit erforderlich wie Benutzername und Passwort für die Transportkanalauthentifizierung.

Die Generierung einer URL zum Aufruf der Daten wird ebenfalls in der Transaktion SOAMANAGER durchgeführt. Öffnen Sie den Webservice, und klicken Sie auf **Offene Anbindung zur WSDL-Generierung**. Stellen Sie sicher, dass das Flag **Alternativer URL** gesetzt ist und **HTTPS** als **Metadaten-Protokoll** ausgewählt wurde. Nachdem die URL-Optionen akzeptiert wurden, zeigt das System die zu verwendende URL an.

IBP_KF_POSSales und IBP_KF_POSStock

Der Datenfluss zu den Vorlagen IBP_KF_POSSales sowie IBP_KF_POSStock überträgt PoS-Vertriebsdaten und PoS-Bestände von SAP DSiM in die Bedarfsplanung von SAP IBP. Bei der ersten Vorlage sind sowohl Shop- und Promotionsverkäufe als auch Abgänge aus Distributionszentren für den Einzelhandel abgebildet. Bei der zweiten Vorlage handelt es sich um Shopbestände und Bestand aus den Distributionszentren des Einzelhandels. Es können nur freigegebene PoS-Daten auf den Ebenen *Produkt-Lokation-Kunde-Woche* übertragen werden. Dafür müssen Sie zuerst die Zuordnungen von Lokationen und Kunden vom SAP-IBP-System in SAP DSiM laden. In dem Planungsbereich im SAP-DSiM-System sollte das Zeitprofil mit *Woche* angegeben sein. Damit diese PoS-Daten auch für die Übertragung verfügbar sind, müssen operationale Datenprovider angelegt werden.

11.2 Auftragsbasierte Integration

Die auftragsbasierte Planung benötigt Stamm-, Bewegungs- sowie Konfigurationsdaten, die über die statische Schnittstelle übertragen werden (siehe Abbildung 11.20). Auf der linken Seite sehen Sie die Quelle. Sie werden in SAP-ECC- bzw. SAP-S/4HANA-Systeme und Quell- bzw. Ziel-Staging-Bereiche (Dateien) unterschieden. Somit können Stamm- und Bewegungsdaten aus den vorher genannten Systemen und Dateien übertragen werden. Damit die Replikationstabellen und Extraktoren zur Verfügung stehen, muss das SAP-IBP-Add-on installiert und konfiguriert werden (siehe dazu Abschnitt 11.2.1, »Installation des DP-Agenten«).

Die Daten kommen aus den individuellen Tabellen im Staging-Bereich und fließen in die Replikationstabellen ein. Bei einer Übertragung aus Dateien müssen zuerst die Quell- sowie Zieldateien erstellt werden. Die verschiedenen Richtungen der Pfeile bilden sowohl die Integration von Daten aus den Quellen als auch die Rückintegration in die Ziele ab. Die beiden Adapter sind Teil des *Data Provisioning Agents* (DP-Agent) und stellen die Verbindung zwischen Staging-Bereich und SAP-IBP-System her. Auf der SAP-HANA-Datenbank gibt es einen DP-Server, der die Daten empfängt und sendet.

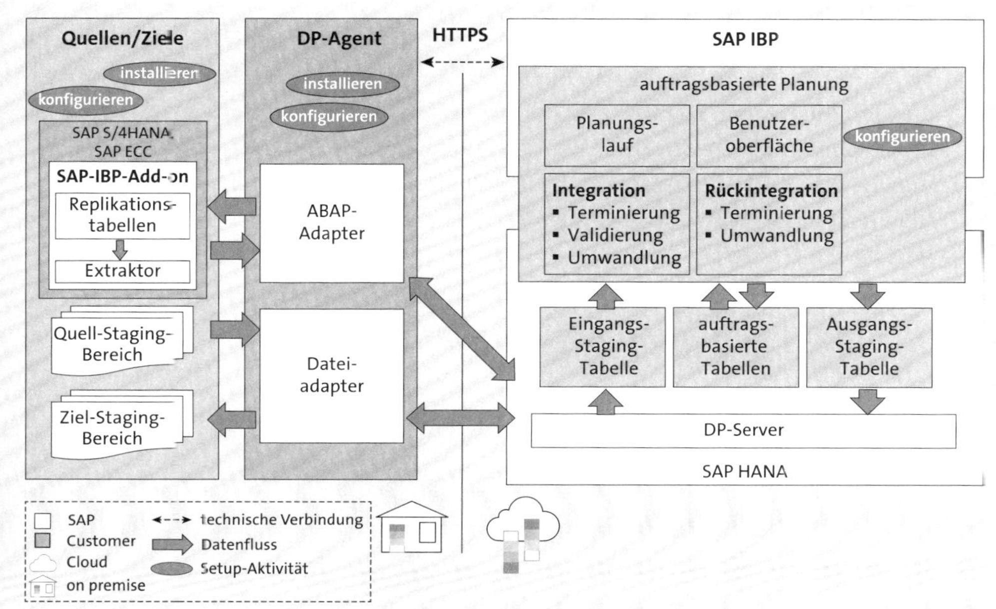

Abbildung 11.20 Auftragsbasierte Integration

Durch die Konfiguration des auftragsbasierten Planungsbereichs in SAP IBP (siehe Kapitel 8, »Bestätigungs- und Beschaffungsplanung mit SAP IBP für Response and Supply«) entstehen Eingangs- und Ausgangs-Staging-Tabellen sowie auftragsbasierte Tabellen. Die Staging-Tabellen auf der SAP-HANA-Datenbank sind für die Vermittlung von Daten verantwortlich.

Im folgenden Abschnitt beschreiben wir das Aufsetzen der auftragsbasierten Integration von der Installation des DP-Agenten bis zur Übertragung der Daten.

11.2.1 Installation des DP-Agenten

Für eine Integration zwischen SAP ECC bzw. SAP S/4HANA und SAP IBP wird der Einsatz des SAP-IBP-Add-ons empfohlen. Dieses muss als Erstes installiert werden und benötigt mindestens SAP ECC 6.0 EHP4 oder ein höheres Release. Die einzelnen Installationsschritte können Sie im SAP-Hinweis 2268538 (*Release strategy for the IBP ERP integration add-on*) nachlesen.

Daraufhin stellen Sie die Verbindung zwischen der SAP-Applikation bzw. dem Dateiserver und dem SAP-IBP-System her. Hierfür gibt es den *DP-Agenten* (Data Provisioning). Die neueste Version kann im SAP Software Download Center über den Pfad **Software Downloads • Support Packages & Patches • By Alphabetical Index (A–Z) • H • SAP HANA SDI • SAP HANA SDI 1.0 • Comprised Software Component Versions • HANA**

DP AGENT 2.0 heruntergeladen werden (es gibt sowohl eine Version für Windows als auch eine für Linux). Wenn Sie die heruntergeladene ZIP-Datei entpackt haben, öffnet sich das Installationsprogramm über die Datei **hdbsetup.exe** (siehe Abbildung 11.21). Sie können im ersten Schritt zwischen einer Aktualisierung (**Update SAP HANA Data Provisioning Agent**) oder einer Neuinstallation (**Install new SAP HANA Data Provisioning Agent**) wählen. In unserem Fall installieren wir den Agenten neu, also wählen Sie über das Ordner-Icon ein passendes Verzeichnis dafür aus und klicken auf die Schaltfläche **Next**.

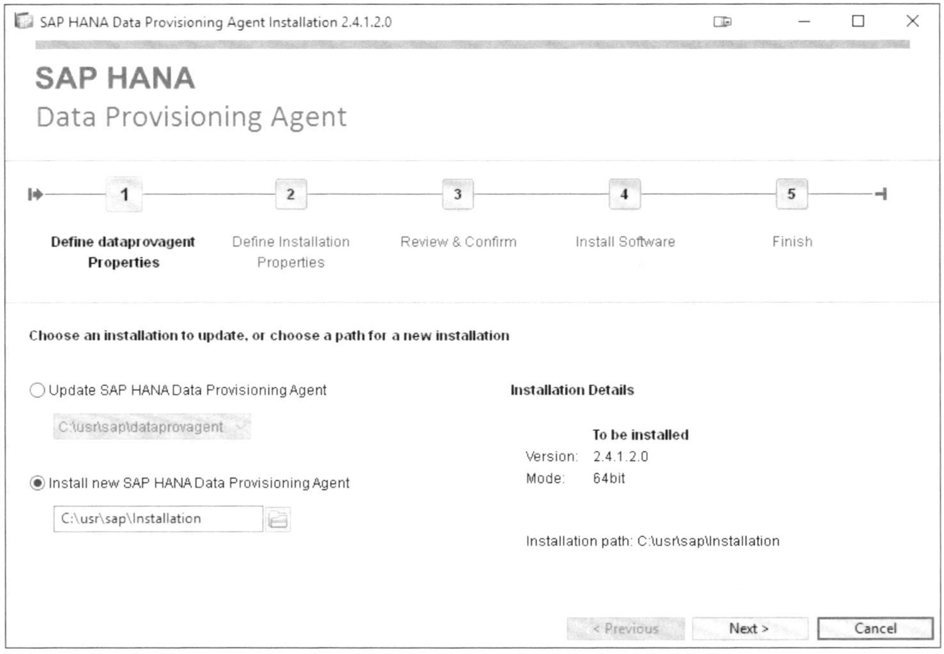

Abbildung 11.21 Den Agenten aktualisieren oder neu installieren

Im zweiten Schritt, **Define Installation Properties**, wird dieses Installationsverzeichnis automatisch übernommen, und Sie müssen einen eindeutigen Namen für den Agenten festlegen, wie in Abbildung 11.22 zu sehen. (Der Windows-Benutzer benötigt dafür Administratorrechte!) Die schon vorgegebenen Angaben in den Feldern **Agent Listener Port** und **Agent Administration Port** brauchen Sie nicht zu verändern, außer Sie installieren den DS- und den DP-Agenten auf demselben Server. Damit die Oberfläche des Agenten korrekt angezeigt wird, muss eine Java-Laufzeitumgebung (JRE) installiert sein, deren Verzeichnis Sie im Feld **Custom JRE directory** angeben. Je nach Version des DP-Agenten können unterschiedliche Java-Versionen benötigt werden. Für unser Beispiel haben wir die Version 8 verwendet. Durch zweifache Betätigung der Schaltfläche **Next** starten Sie die Installation.

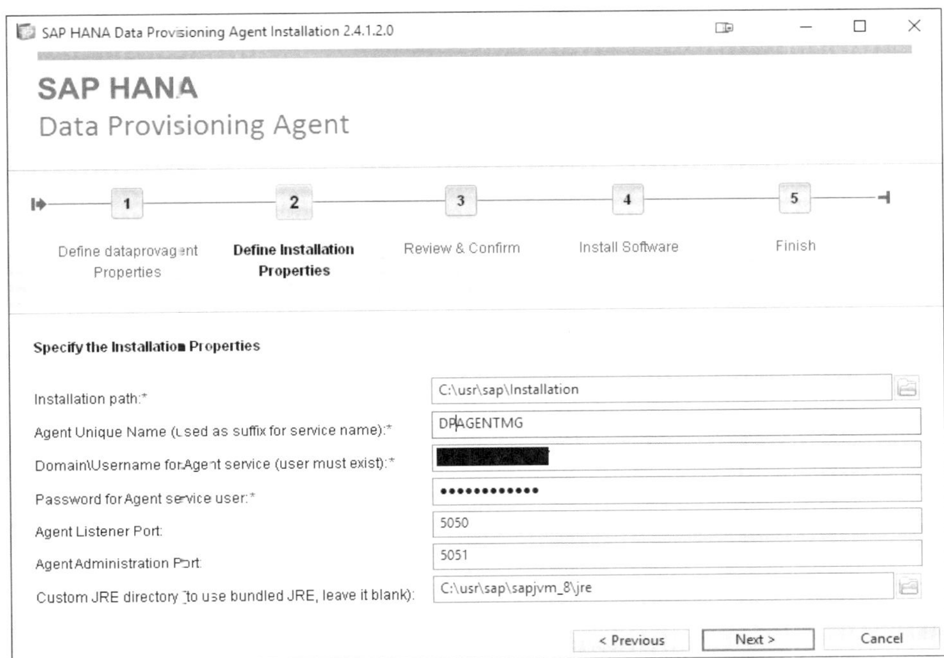

Abbildung 11.22 Einstellungen zur Installation des Agenten

Nach der erfolgreichen Installation kann der Agent über die Datei **dpagentconfigtool.exe** konfiguriert werden. Falls die Benutzeroberfläche des Agenten nicht richtig funktioniert oder sich gar nicht öffnet, sollten Sie die Java-Version prüfen und gegebenenfalls eine andere Version ausprobieren. Wenn die Benutzeroberfläche des Agenten geöffnet ist, sollten Sie zuerst den Agenten starten. Dann müssen die SSL-Einstellungen überprüft werden. Normalerweise sind hier keine Änderungen nötig.

Danach stellen Sie die Verbindung zwischen dem Agenten und der SAP-HANA-Datenbank her, indem Sie auf die Schaltfläche **Connect to HANA** ❶ klicken (siehe Abbildung 11.23). Als Hostname fungiert die URL des SAP-IBP-Systems; der Port ist voreingestellt und muss nicht geändert werden. Die Angaben **HANA Agent Admin User** und **HANA Agent Admin Password** finden Sie ebenso wie die Angaben für die Nachrichtenanfragen (**HANA XS Agent User** und **HANA XS Agent Password**) in der Bestätigungs-E-Mail mit den Systemdetails von SAP IBP Cloud Services. Der HANA-Agent-Benutzer sollte SDICONFIG sein, der HANA-XS-Agent-Benutzer SDIINTEG. Wenn Sie alle Angaben gemacht haben, klicken Sie unten auf **Connect** ❷.

Darauf folgt die Registrierung des Agenten und der Adapter unter dem Menüpunkt **Configure • Preferences • Adapters**. Auf der linken Seite wählen Sie den jeweiligen Adapter aus und machen dann die zugehörigen Angaben. Beim **ABAPAdapter** wird ein

Benutzer mit entsprechenden Berechtigungen benötigt. Der Dateiadapter (**FileAdapter**) benötigt ein Verzeichnis, in dem die Dateien zum Hochladen liegen bzw. in dem Dateien beim Herunterladen abgelegt werden können (siehe Abbildung 11.24).

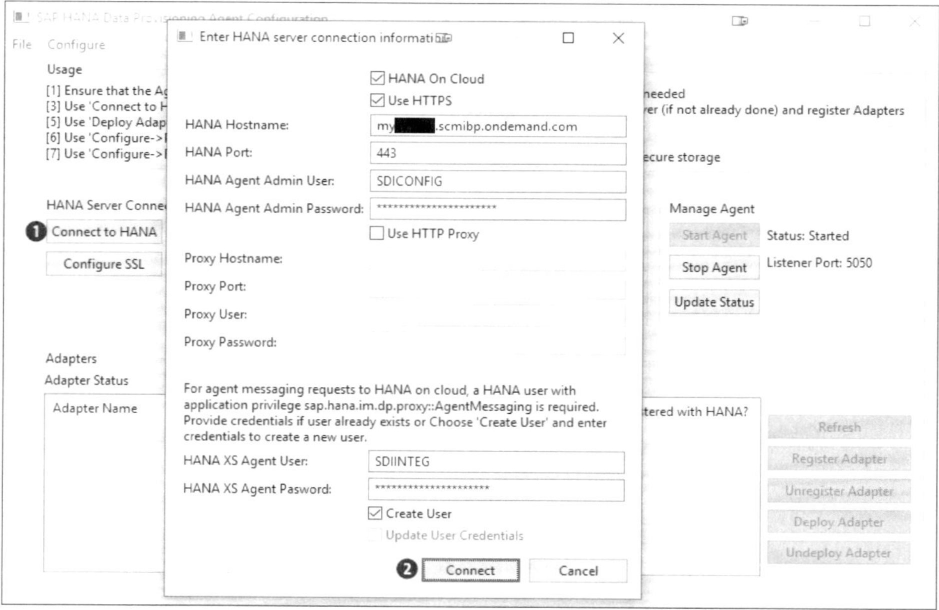

Abbildung 11.23 Herstellung der Verbindung zur SAP-HANA-Datenbank

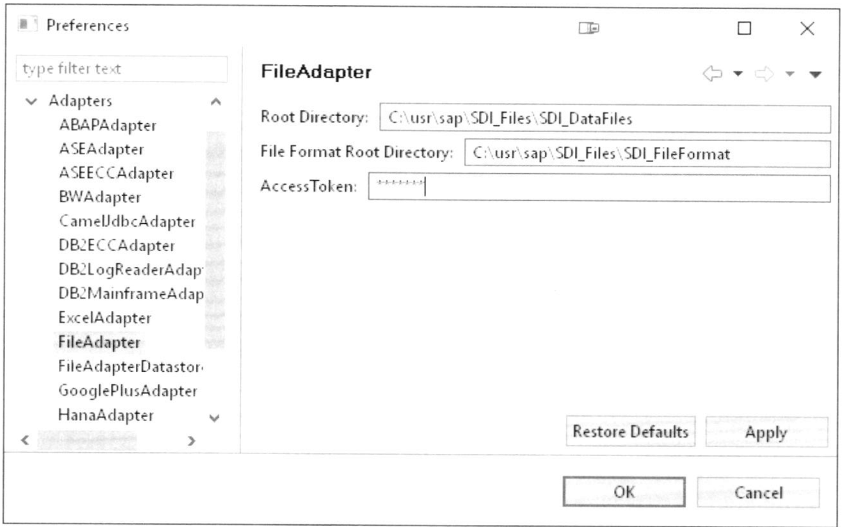

Abbildung 11.24 Einstellungen zum Dateiadapter

Zusätzlich müssen das Quellverzeichnis (**Root Directory**), das Verzeichnis der Formatdateien (**File Format Root Directory**) und ein beliebiger Zugriffsschlüssel (**AccessToken**), den Sie vorgeben, gepflegt werden. Die Registrierung dieser Adapter findet nach Auswahl der Schaltfläche **OK** durch die Betätigung der Schaltfläche **Register Agent** statt.

Damit sind die Einstellungen im DP-Agenten abgeschlossen. Die nächsten Schritte finden im SAP-IBP-System statt.

11.2.2 Verbindungsaufbau im SAP-IBP-System

Um den Agenten mit dem SAP-IBP-System zu verknüpfen, legen Sie eine Remote-Source mithilfe der Plusschaltfläche in der Applikation **Remote-Sources konfigurieren (SDI)** fest (siehe Abbildung 11.25). Prinzipiell kann eine Remote-Source pro Adapter angelegt werden.

Im ersten Beispiel wird die Remote-Source für einen Dateiadapter angelegt. Dafür geben Sie unter **Allgemeine Informationen** einen Namen, den Adaptertyp und den SDI-Agenten an, die nach der Registrierung des Adapters verfügbar sind (siehe Abschnitt 11.2.1, »Installation des DP-Agenten«), sowie ein logisches System, das selbst festgelegt ist und z. B. gleich dem Namen der Remote-Source sein kann.

Bei einem Dateiadapter kann im Bereich **Technische Daten • Configurations** bei den Quelleinstellungen (**Source Options**) zwischen einem lokalen Dateisystem (**Local File System**), beispielsweise dem eigenen Rechner, und einem Sharepoint-Server unterschieden werden. Für einen Sharepoint-Server müssen zusätzlich die Serveradresse und das lokale Ordnerverzeichnis angegeben werden.

Bei den Zieleinstellungen (**Target Options**) kann zwischen einem lokalen Dateisystem und einem *Hadoop Distributed File System* (HDFS) unterschieden werden. Falls Letzteres infrage kommt, z. B. wenn Big-Data-Analytics-Anwendungen verwendet werden, müssen Sie auch die Einstellungen unter dem Menüpunkt **HDFS Configuration** vornehmen. Andernfalls reichen bei beiden Adaptern die Angaben zum Quellverzeichnis sowie zum Verzeichnis mit den Dateiformatdefinitionen.

Als Anmeldedaten (unter **Credentials**) verwenden Sie den Zugriffsschlüssel aus der Agentenkonfiguration als Passwort. **SharePoint Login** und **Password** sind entweder die Zugangsdaten von Sharepoint oder auch die lokalen Zugangsdaten mit Administrationsrechten, falls die Datei lokal gespeichert ist.

Das Gleiche gilt, wenn die Dateien auf einem FTP-Server abgelegt sind. Wenn Sie alle Angaben gemacht haben, klicken Sie auf **Sichern**, und die Verknüpfung zwischen Dateienverzeichnis und SAP IBP ist hergestellt.

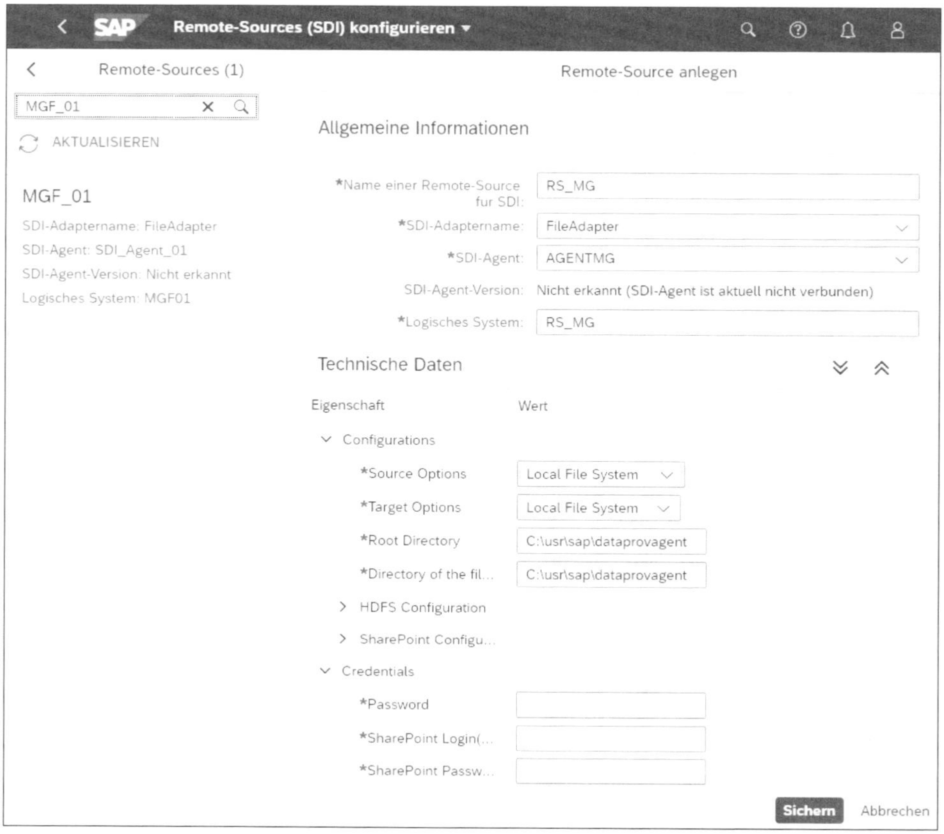

Remote-Sources (SDI) konfigurieren
Remote-Sources (1)
MGF_01
AKTUALISIEREN
MGF_01
SDI-Adaptername: FileAdapter
SDI-Agent: SDI_Agent_01
SDI-Agent-Version: Nicht erkannt
Logisches System: MGF01

Remote-Source anlegen
Allgemeine Informationen
*Name einer Remote-Source für SDI: RS_MG
*SDI-Adaptername: FileAdapter
*SDI-Agent: AGENTMG
SDI-Agent-Version: Nicht erkannt (SDI-Agent ist aktuell nicht verbunden)
*Logisches System: RS_MG
Technische Daten
Eigenschaft | Wert
Configurations
*Source Options: Local File System
*Target Options: Local File System
*Root Directory: C:\usr\sap\dataprovagent
*Directory of the fil...: C:\usr\sap\dataprovagent
HDFS Configuration
SharePoint Configu...
Credentials
*Password
*SharePoint Login(...
*SharePoint Passw...
Sichern Abbrechen

Abbildung 11.25 Anlegen einer Remote-Source mit dem Dateiadapter

Im zweiten Beispiel muss ebenfalls bei der Verwendung eines ABAP-Adapters (siehe Abbildung 11.26) ein selbst gewählter Name für die Remote-Source festgelegt werden. Der SDI-Adaptername und der SDI-Agent sind nach der Registrierung des Adapters (siehe Abschnitt 11.2.1) verfügbar. Das logische System wird selbst festlegt und kann z. B. gleich dem Namen der Remote-Source sein. Dabei sollte im Namen der Remote-Source die System-ID des Quellsystems auftauchen, besonders wenn mehrere SAP-ECC-Systeme angeschlossen werden. Unter **Technische Daten** legen Sie den Verbindungstyp (**Connection Type**) fest. Beim Typ **Custom Application Server** müssen Applikationsserver, Mandant (**Client**), Instanznummer, Benutzername und Passwort angegeben werden. Beim Typ **Group/Server Selection** benötigt das SAP-IBP-System Angaben zu Nachrichtenserver, Mandant, System-ID, Servergruppe, Benutzername und Passwort. Für beide Typen bekommen Sie die Informationen aus dem Quellsystem.

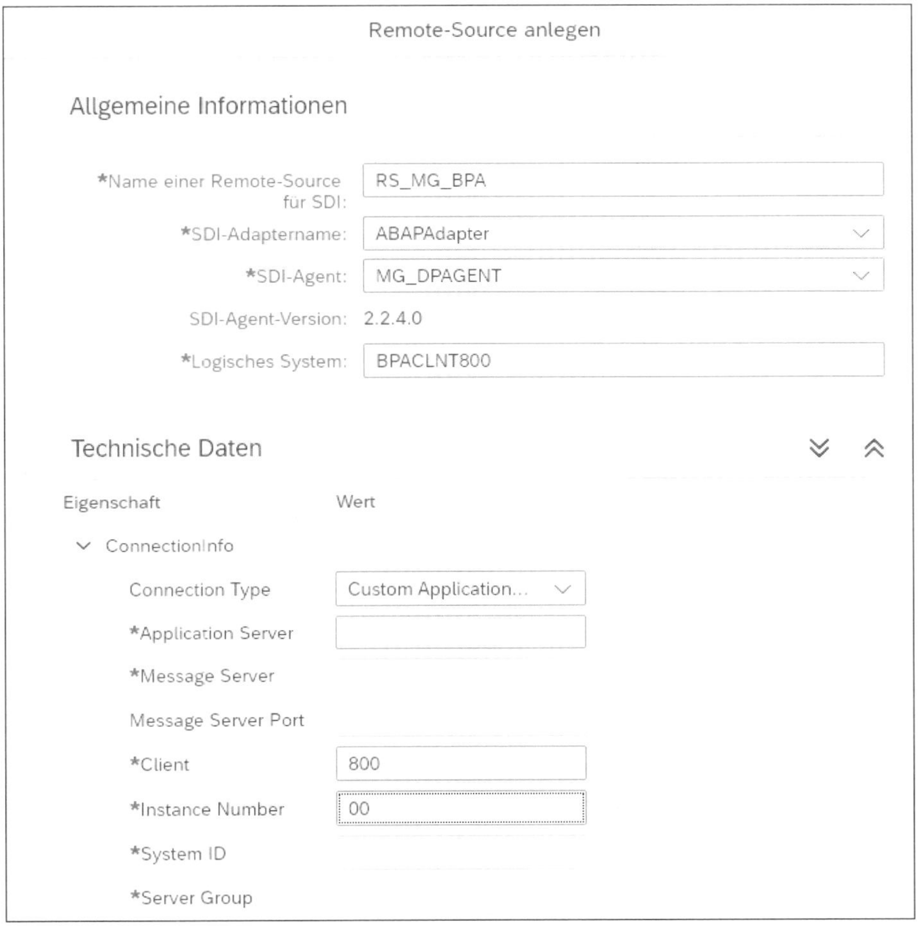

Abbildung 11.26 Anlegen einer Remote-Source mit dem ABAP-Adapter

Als Nächstes muss ein Profil für die Integration in der Applikation **Integrationsprofile** über die Plusschaltfläche links oben angelegt werden (siehe Abbildung 11.27). Dazu benötigt das System einen von Ihnen vorgegebenen Namen und eine Beschreibung. Das logische System haben Sie bei der Anlage der Remote-Source festgelegt, es kann hier ausgewählt werden.

Nach dem Sichern des Profils kann dieses erst in den Stammdaten und dann im Planungsbereich (siehe Abbildung 11.28) auf der Registerkarte **Allgemein** zugeordnet werden. Voraussetzung für die auftragsbasierte Integration ist die angeschaltete externe Zeitreihe. Nach der Zuordnung muss der Planungsbereich mittels der Schaltfläche **Aktivieren** mit Abhängigkeiten aktiviert werden. So wird dem SAP-IBP-System die Quelle der Stamm- und Bewegungsdaten bekannt gemacht.

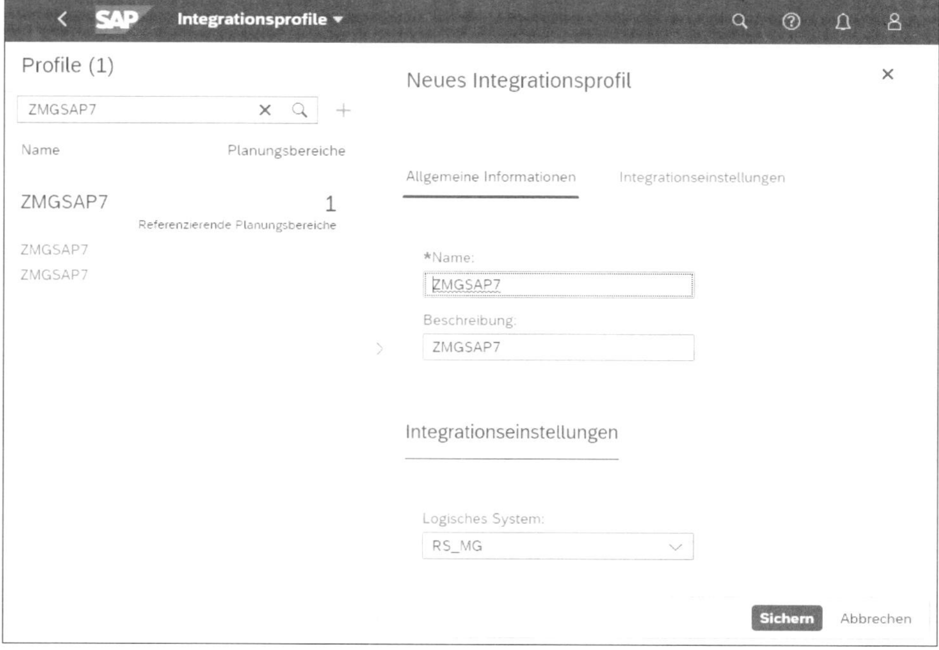

Abbildung 11.27 Anlegen eines Integrationsprofils

Abbildung 11.28 Zuordnung des Integrationsprofils im Planungsbereich

11.2.3 Integrationsmodell in SAP ECC

Die Übertragung von Daten aus einem SAP-ECC-System erfordert Vorbereitungsmaßnahmen. Zuerst legen Sie in der Transaktion BD54 das logische System an. Danach muss dieses in der Transaktion SCC4 dem Mandanten zugeordnet werden.

Damit die Stammdaten *Lieferant*, *Kunde* sowie *Material* und auch die Bewegungsdaten nach Änderung direkt in die Staging-Tabellen für SAP IBP im SAP-ECC-System übertragen werden, müssen die Geschäftstransaktionsereignisse (Business Transaction Events, BTE) *IBP*, *ND-APO* sowie *NDI* in der Transaktion BF11 aktiviert werden. Dafür legen Sie pro Geschäftstransaktionsereignis einen Eintrag mit der Option **Applikation aktiv** an.

Bei den Infosätzen muss die Änderungsverfolgung separat aktiviert werden. Über die Transaktion BD61 erfolgt die generelle Aktivierung der Änderungsverfolgung. Danach wird der Nachrichtentyp /IBP/ECC_SRC in der Transaktion BD50 aktiviert, und dann können einzelne Felder aus Infosätzen in der Transaktion BD52 für den Nachrichtentyp /IBP/ECC_SRC zur Änderungsverfolgung festgelegt werden.

Darüber hinaus müssen Sie in der Transaktion NDV2, wie in Abbildung 11.29 dargestellt, das logische ERP-System mit dem SAP-IBP-System bekannt machen. Als logisches System pflegen Sie hier das in der Remote-Source festgelegte System. Dazu legen Sie den Systemtyp mit **IBP** sowie das Release mit **70** fest.

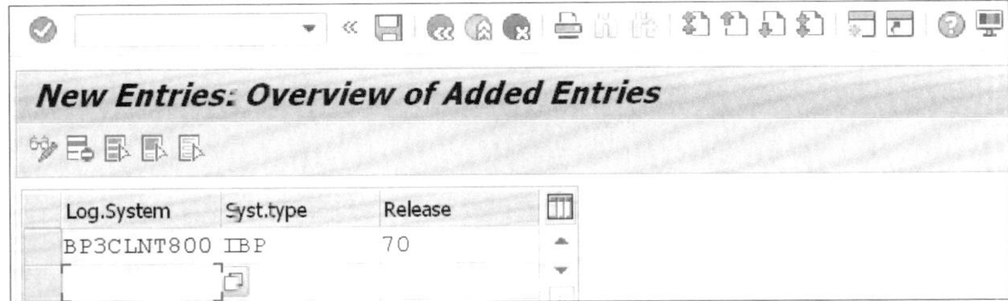

Abbildung 11.29 Verbindung zwischen dem logischen System in SAP ECC und SAP IBP

Die Stamm-, Bewegungs- und Konfigurationsdaten werden im Rahmen des Integrationsmodells gesammelt und in SAP IBP übertragen. Dabei können Sie die Auswahl der Daten anhand zweier Kriterien festlegen. In der Transaktion /IBP/ECC_INT_MOD1 findet eine Einschränkung der Daten nach Lokationen und in der Transaktion /IBP/ECC_INT_MOD2 eine Einschränkung nach Dispositionsmerkmalen statt. Falls keine Einträge in diesen Transaktionen existieren, laden die Hintergrundjobs auch keine Daten in die Staging-Tabellen.

Zu den Stammdaten gehören Werks-, Kunden-, Lieferanten-, Material- und Arbeitsplatzstamm sowie SNP-Produktionsdatenstruktur und Infosätze. Sie können initial oder über eine Änderungslogik in die Staging-Tabellen geladen werden, damit die IBP-Hintergrundjobs die Daten nach SAP IBP übertragen. Im Gegensatz zu den Bewegungsdaten gibt es bei den Stammdaten mehrere Transaktionen zum Sammeln sowie Umwandeln der Daten (wir werden sie im Folgenden noch näher beschreiben).

Für die Bewegungsdaten gibt es die Transaktion /IBP/ECC_INT_TRANS, mit der alle Daten geladen werden können. Teil der Bewegungsdaten sind planungsrelevante Aufträge (Bestellanforderungen, Bestellungen, Planaufträge, Fertigungsaufträge, Auslieferungen und Kundenaufträge) sowie Bestand. Diese Objekte können über die in Abbildung 11.30 dargestellte Transaktion initial geladen werden. Die parallele Abarbeitung der Daten können Sie über die Blockgröße, die Anzahl der parallelen Prozesse und die Auswahl der Servergruppe steuern. Generell empfiehlt SAP, das Laden außerhalb der Geschäftszeiten durchzuführen.

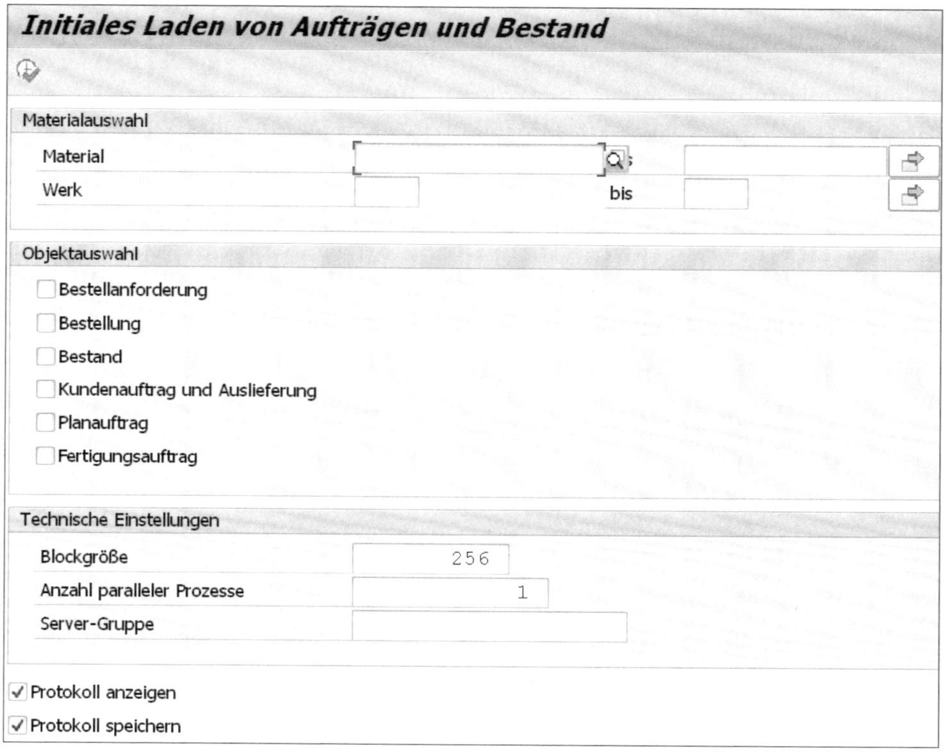

Initiales Laden von Aufträgen und Bestand

Materialauswahl

Material ... bis ...

Werk ... bis ...

Objektauswahl

☐ Bestellanforderung

☐ Bestellung

☐ Bestand

☐ Kundenauftrag und Auslieferung

☐ Planauftrag

☐ Fertigungsauftrag

Technische Einstellungen

Blockgröße 256

Anzahl paralleler Prozesse 1

Server-Gruppe

☑ Protokoll anzeigen

☑ Protokoll speichern

Abbildung 11.30 Integration von Bewegungsdaten

Nach der initialen Befüllung der Staging-Tabellen können diese Daten über die Transaktion IBP/ECC_REC_TRANS mit den Standardtabellen abgeglichen und inkonsistente sowie falsche Daten aktualisiert werden. Zum Löschen der Daten aus den Staging-Tabellen gibt es die Transaktion /IBP/ECC_DEL_ALL, in der die Löschreihenfolge als Information unter der Schaltfläche **Info zur Löschreihenfolge Ein/Aus** angezeigt werden kann.

SAP stellt für kundenspezifische Anpassungen der Integrationslogik BAdIs zur Verfügung. Es ist jedoch nicht möglich, die Schlüsselfelder der Tabellen oder Lokationsnummern zu ändern. Tabelle 11.7 zeigt die BAdIs, die für die auftragsbasierte Planung vorhanden sind.

BAdI	Methode	Beschreibung
/IBP/ECC_MODEL_CHECK	CHECK_MODEL	Beeinflussung des Standardintegrationsmodells zur Vorbereitung materialabhängiger Objekte bei der Übertragung in SAP IBP
/IBP/ECC_SAVE_MATERIAL	SAVE_MATNR	Anpassung der IBP-Materialnummer, bevor diese in der Staging-Tabelle auf SAP-ECC-Seite gespeichert wird
	SAVE_MARA_MASS	Änderung der Materialkopfdaten (lokationsunabhängig)
	SAVE_MARC_MASS	Anpassung der lokations-abhängigen Daten
	SAVE_MAKT_MASS	Anpassung der Material-beschreibung
/IBP/ECC_SAVE_ORDER_STOCK	SAVE_ORDER	Anpassung der Aufträge, bevor diese in der Staging-Tabelle auf SAP-ECC-Seite gespeichert werden
	SAVE_STOCK	Anpassung des Bestandes, bevor dieser in der Staging-Tabelle auf SAP-ECC-Seite gespeichert wird
/IBP/ECC_SAVE_TLANE	SAVE_TLANE_MASS	Anpassung der Transportkante, bevor diese in der Staging-Tabelle auf SAP-ECC-Seite gespeichert wird
/IBP/ECC_SAVE_WORK_CENTER	SAVE_WORK_CENTER	Änderung des Arbeitsplatzkopfes und der verfügbaren Kapazität, bevor diese in der Staging-Tabelle auf SAP-ECC-Seite gespeichert werden
/IBP/ECC_SAVE_PDS	SAVE_PDS	Änderung der Produktionsdatenstruktur, bevor diese in der Staging-Tabelle auf SAP-ECC-Seite gespeichert wird
/IBP/ECC_SAVE_FIELD_CATALOG	SAVE_FIELD_CATALOG	Anpassung des Available-to-Promise-Feldkatalogs, bevor dieser in der Staging-Tabelle auf SAP-ECC-Seite gespeichert wird

Tabelle 11.7 BAdIs für die auftragsbasierte Integration

BAdI	Methode	Beschreibung
/IBP/ECC_SAVE_LOCATION	SAVE_LOCATION	Änderung der Lokationsdaten, bevor diese in der Staging-Tabelle auf SAP-ECC-Seite gespeichert werden
/IBP/ECC_MODIFY_PREQ	MODIFY_PREQ_BEFORE_IN	Anpassung der aus SAP IBP kommenden Bestellanforderungen, bevor diese in der Staging-Tabelle auf SAP-ECC-Seite gespeichert werden
	MODIFY_PREQ_BEFORE_SAVE	Anpassung der aus SAP IBP kommenden Bestellanforderungen, bevor diese in den Standardtabellen in SAP ECC gespeichert werden
	MODIFY_PREQ	Anpassung der Bestellanforderungen während der SAP-ECC-Eingangsverarbeitung
	DETERMINE_PREQ_DOC_TYPE	Anpassung des Dokumententyps für Bestellanforderungen während der SAP-ECC-Eingangsverarbeitung
/IBP/ECC_MODIFY_PLANNED_ORDER	MODIFY_PLANNED_ORDER_BEFORE_IN	Änderung der Planaufträge, die aus dem SAP-IBP- ins SAP-ECC-System übertragen werden
/IBP/ECC_SAVE_CONSUMPTION	SAVE_CONSUMPTION	Anpassung von Warenausgangsmengen, die für die Prognosekonsumierung relevant sind, vor der Übertragung in SAP IBP
/IBP/ECC_ABAP_OUT	MODIFY_DATA	Änderung der Daten, die über den ABAP-Adapter von SAP ECC in SAP IBP übertragen werden, direkt vor der Übertragung
/IBP/ECC_ABAP_IN	MODIFY_DATA	Änderung der Auftragsdaten direkt nach dem Erhalt der Daten, die über den ABAP-Adapter vom SAP-IBP- ins SAP-ECC-System übertragen werden

Tabelle 11.7 BAdIs für die auftragsbasierte Integration (Forts.)

Für die zeitreihenbasierte Übertragung kann nur das BAdI /IBP/BADI_ES_ETS_SELECTION, für die kundenspezifische Anpassung des Integrationsmodells das BAdI /IBP/ECC_ABAP_OUT verwendet werden. In den folgenden Abschnitten gehen wir detailliert auf die Übertragung der einzelnen Stamm- und Bewegungsdaten ein.

Lokation

Anhand des Lokationstyps kann innerhalb des Stammdatentyps *Lokation* zwischen Werken/Distributionszentren, Kunden und Lieferanten unterschieden werden. In der Transaktion /IBP/ECC_INT_LOC füllen Sie die Staging-Tabelle initial (siehe Abbildung 11.31). Werke haben den Typ **P**, und die Integrationslogik überträgt sie mit den Basisattributen, z. B. Name, Adresse, Zeitzone und regionale Zuordnungen. Sie können ein Werk auch als Distributionszentrum festlegen, indem Sie im Customizing unter **Produktion • Distribution Resource Planning • Grundeinstellungen • Zuordnung Knotentyp – Werk pflegen** den Knotenpunkt **DC** pflegen. Sowohl Werke als auch Distributionszentren können nur initial und ohne Änderungslogik transferiert werden.

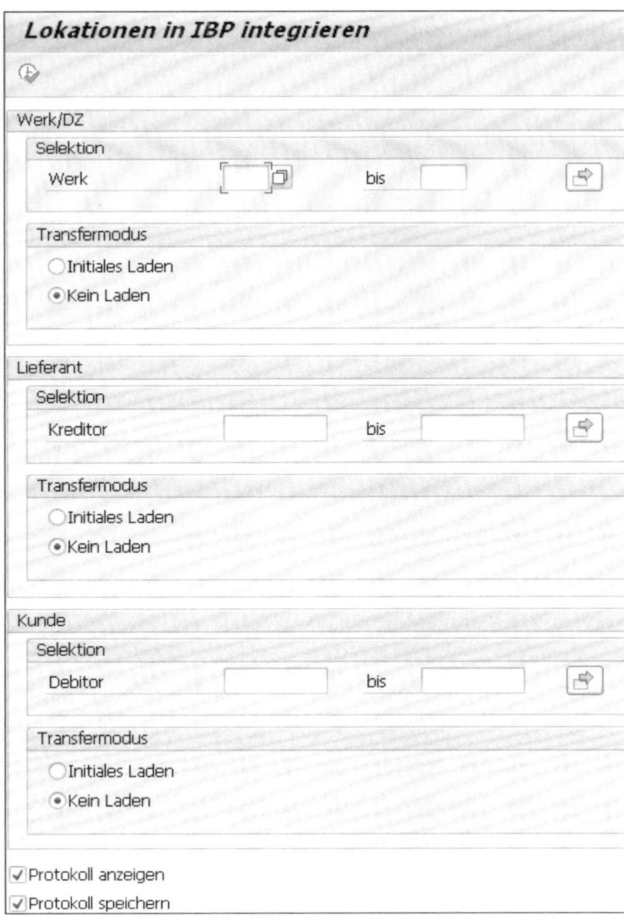

Abbildung 11.31 Initiale Integration von Lokationen

Kunden überträgt die Integrationslogik als Lokation mit dem Lokationstyp **C**. Der Transfer von Kundenlokationen ist nur notwendig, wenn das Unternehmen die Zuordnung zwischen Kundenlokationen und Kundenaufträgen benötigt. Die Übertragung kann sowohl initial als auch nur mit den geänderten Einträgen stattfinden.

Die Lieferanten werden mit dem Lokationstyp **V** gesammelt und übermittelt. In SAP IBP haben sie einen eigenen Stammdatentyp *Lieferant* und können sowohl initial als auch nur mit Änderungen übertragen werden.

Kundenspezifische Änderungen kann Ihr Unternehmen im BAdI `/IBP/ECC_SAVE_LOCATION` implementieren.

Material

Bei der Integration von Materialien werden neben der Materialnummer lokationsunabhängige sowie lokationsabhängige Stammdaten und Basismengeneinheiten gesammelt. Falls ein Material keinem Werk zugeordnet ist, wird es auch nicht berücksichtigt. Zur initialen Übertragung der Materialien können Sie in der Transaktion /IBP/ECC_INT_MAT die Selektionskriterien festlegen (siehe Abbildung 11.32).

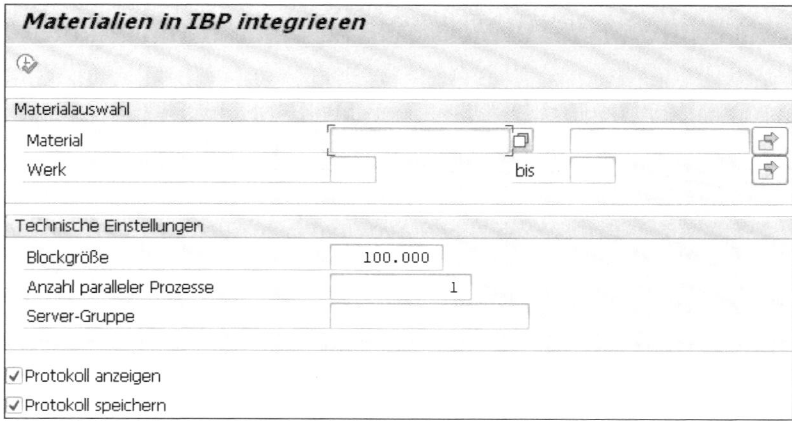

Abbildung 11.32 Initiale Integration von Materialien

Unter **Technische Einstellungen** lässt sich der Abruf und das Speichern der Daten performanter gestalten, wenn Sie Prozesse mit einer bestimmten Blockgröße parallel laufen lassen. Zusätzlich können mithilfe von Geschäftstransaktionsereignissen (Business Transaction Events) auch nur die Änderungen automatisch erzeugt werden. Bei Änderungen in der Standardintegrationslogik kann Ihr Unternehmen das BAdI `/IBP/ECC_SAVE_MATERIAL` implementieren.

Lokationsmaterial

Der Stammdatentyp *Lokationsmaterial* ergibt sich aus der Tabelle `MARC` und muss aus diesem Grund nicht generiert werden. Allerdings können Sie die vorhandenen Einträge in der Transaktion /IBP/ECC_LOCMAT pflegen.

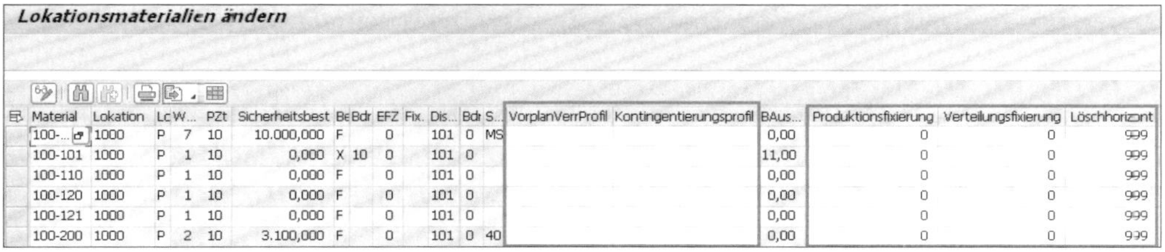

Lokationsmaterialien ändern

Material	Lokation	Lc	W...	PZt	Sicherheitsbest	Be	Bdr	EFZ	Fix.	Dis...	Bdr	S...	VorplanVerrProfil	Kontingentierungsprofil	BAus...	Produktionsfixierung	Verteilungsfixierung	Löschhorizont
100-...	1000	P	7	10	10.000,000	F		0		101	0	MS			0,00	0	0	999
100-101	1000	P	1	10	0,000	X	10	0		101	0				11,00	0	0	999
100-110	1000	P	1	10	0,000	F		0		101	0				0,00	0	0	999
100-120	1000	P	1	10	0,000	F		0		101	0				0,00	0	0	999
100-121	1000	P	1	10	0,000	F		0		101	0				0,00	0	0	999
100-200	1000	P	2	10	3.100,000	F		0		101	0	40			0,00	0	0	999

Abbildung 11.33 Pflege des Lokationsmaterials

Hierbei können das Vorplanungsverrechnungsprofil, Kontingentierungsprofil, der Fixierungshorizont für die Produktions- und die Verteilungsmengen sowie der Löschhorizont gepflegt werden (siehe Abbildung 11.33). Die beiden Profile müssen vorher in der Transaktion /IBP/ECC_MDSET gepflegt worden sein und sollten aus SAP IBP übernommen werden. Ansonsten werden diese bei der Übertragung nicht berücksichtigt.

11

Transportbeziehung

Der Transport eines Materials zwischen zwei Lokationen spiegelt die Transportkante wider. Das Material kann sowohl von einer Lokation beschafft und dann an eine andere Lokation gesendet als auch zwischen zwei Lokationen umgelagert werden. Die Transportbeziehung generiert die Integrationslogik aus den Infosätzen, dem Sonderbeschaffungskennzeichen aus dem Materialstamm sowie der Tabelle `/IBP/MOT_EXT` zu den Verkehrszweigen. Die Pflege der Regeln zur Erstellung der Verkehrszweige mit der Transportdauer und deren Quelle erfolgt in der Transaktion /IBP/ECC_MOT_RULE.

Sowohl die initiale als auch die Änderungsübertragung können Sie über die Transaktion /IBP/ECC_INT_TLANE steuern (siehe Abbildung 11.34). Neben der Auswahl der allgemeinen Selektion können die Transportkanten anhand von Standard- sowie Konsignationsinfosätzen oder der Sonderbeschaffungsart generiert werden. Bei den Infosätzen werden zusätzliche Informationen übertragen, z. B. Planlieferzeit, Einkaufsorganisation, Infosatzkategorie, Lokation von, Lokation nach, Gültigkeit, Auftragseinheit, Löschkennzeichen und maximale Losgröße. Wenn der Infosatz sowohl einer Einkaufsorganisation als auch einem Werk zugeordnet ist, wird die Transportbeziehung nur zu diesem Werk erstellt. Falls es nur eine Zuordnung zu einer Einkaufsorganisation gibt, wird die Beziehung zwischen dem Lieferanten und allen Werken, die zu der Einkaufsorganisation gehören, erstellt. Eine automatische Erkennung der Änderungen gibt es im Gegensatz zu der Sonderbeschaffungsart nicht; sie muss im Transfermodus ausgewählt werden. SAP empfiehlt, einen regelmäßigen Job für die Änderungen einzuplanen.

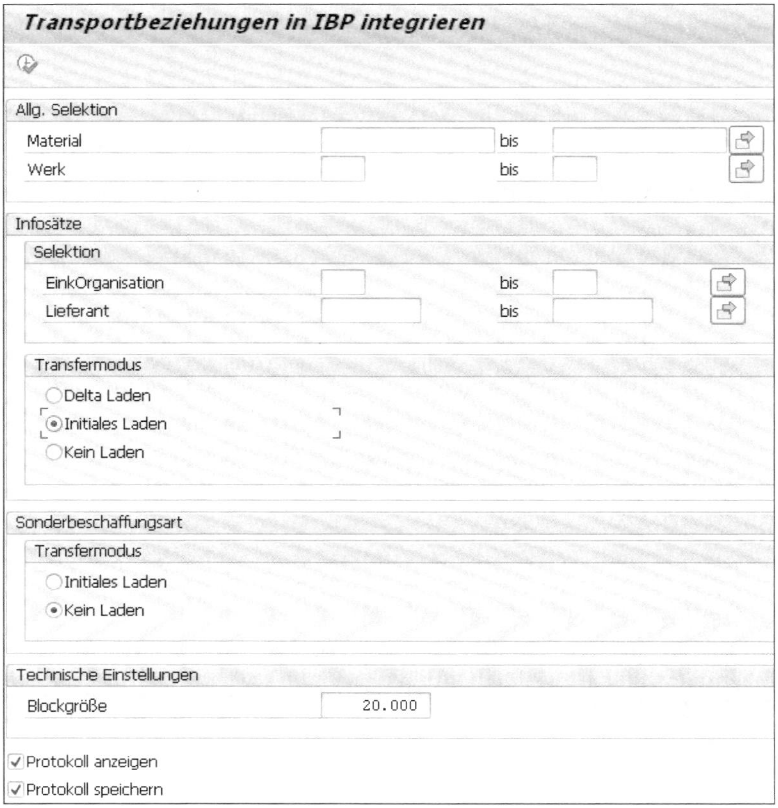

Transportbeziehungen in IBP integrieren

Allg. Selektion

Material bis

Werk bis

Infosätze

Selektion

EinkOrganisation bis

Lieferant bis

Transfermodus

- ○ Delta Laden
- ◉ Initiales Laden
- ○ Kein Laden

Sonderbeschaffungsart

Transfermodus

- ○ Initiales Laden
- ◉ Kein Laden

Technische Einstellungen

Blockgröße 20.000

- ☑ Protokoll anzeigen
- ☑ Protokoll speichern

Abbildung 11.34 Integration der Transportbeziehungen

Zusätzlich zu der Generierung der Transportkanten können Sie diese manuell in der Transaktion /IBP/ECC_TLANE pflegen (siehe Abbildung 11.35). Geändert werden können die Planlieferzeit, die fixiert werden kann, die Beschaffungspriorität, das Kennzeichen **Gesperrt**, die minimale sowie maximale Losgröße, die fixiert werden kann, und der Rundungswert. Das Kennzeichen **Gesperrt** bewirkt, dass die Transportkanten in SAP IBP übertragen, aber vom Planungslauf in SAP IBP ignoriert werden. Änderungen in dieser Transaktion werden nicht mit dem nächsten initialen Lauf überschrieben. Außerdem können keine Transportkanten gelöscht werden, die aus dem SAP-ECC-System generiert wurden.

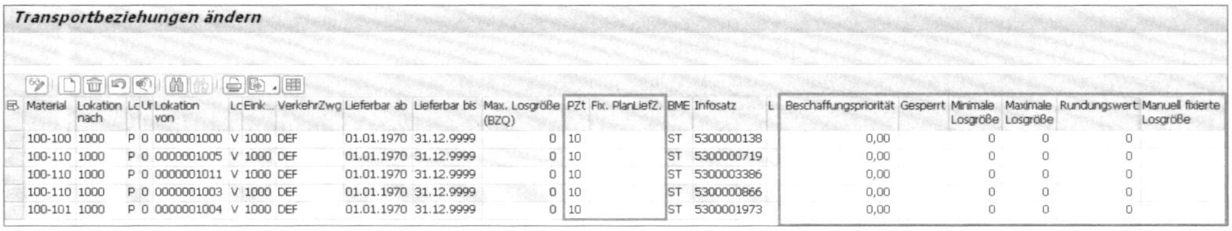

Transportbeziehungen ändern

Material	Lokation nach	Lc	Ur	Lokation von	Lc	Eink...	VerkehrZwg	Lieferbar ab	Lieferbar bis	Max. Losgröße (BZQ)	PZt	Fix. PlanLiefZ.	BME	Infosatz	L	Beschaffungspriorität	Gesperrt	Minimale Losgröße	Maximale Losgröße	Rundungswert	Manuell fixierte Losgröße
100-100	1000	P	0	0000001000	V	1000	DEF	01.01.1970	31.12.9999	0	10		ST	5300000138		0,00		0	0	0	
100-110	1000	P	0	0000001005	V	1000	DEF	01.01.1970	31.12.9999	0	10		ST	5300000719		0,00		0	0	0	
100-110	1000	P	0	0000001011	V	1000	DEF	01.01.1970	31.12.9999	0	10		ST	5300003386		0,00		0	0	0	
100-110	1000	P	0	0000001003	V	1000	DEF	01.01.1970	31.12.9999	0	10		ST	5300000866		0,00		0	0	0	
100-101	1000	P	0	0000001004	V	1000	DEF	01.01.1970	31.12.9999	0	10		ST	5300001973		0,00		0	0	0	

Abbildung 11.35 Pflege der Transportbeziehungen

Zur Verwendung mehrerer Verkehrszweige pro Transportkante empfiehlt SAP zuerst die Nutzung des Programms /IBP/ECC_UPDATE_DEF_TLANES zur Erstellung von Standardverkehrszweigen für alle existierenden Transportkanten. Dann pflegen Sie die Verkehrszweige in der Transaktion /IBP/ECC_MOT. Zur Spezifizierung des Verkehrszweiges und der Transportdauer der Transportkante verwenden Sie die Transaktion /IBP/ECC_MOTDECISION (siehe Abbildung 11.36).

Neue Einträge: Übersicht Hinzugefügte

Lokation nach	Lokationstyp nach	Lokation von	Lokationstyp von	Verkehrszweig	Transportdauer	Transportdauer-Quelle
1000	P	0000000111	V	AIR	4	✓

Abbildung 11.36 Pflege des Verkehrszweiges zur Transportkante

Alternativ kann das Unternehmen das BAdI /IBP/ECC_SAVE_TLANE verwenden, um eine eigene Logik zu implementieren. Nach der initialen Generierung der Transportkanten in der Transaktion /IBP/ECC_INT_TLANE wird der Verkehrszweig zur Transportkante anhand der vorher festgelegten Regel erstellt.

Falls Verkehrszweige geändert oder gelöscht werden müssen, können Sie das unter Verwendung der Transaktionen /IBP/ECC_TLANE, MASSD oder /IBP/ECC_DEL_ALL durchführen (siehe Abbildung 11.37).

Data Browser: Tabelle /IBP/TLANE_EXT 5 Treffer

Prüftabelle...

Tabelle: /IBP/TLANE_EXT
Angezeigte Felder: 17 von 32 Feststehende Führungsspalten: 11 Listbreite 0250

MANDT	MATNR	LOCNO_TO	LOCTYPE_TO	LOCNO_FROM	LOCTYPE_FROM	MOT_ID	LIFAB	LIFBI	BSTMA	APLFZ
800	100-100	1000	P	0000000111	V	AIR	01.01.1970	31.12.9999	0,000	4
800	100-100	1000	P	0000000111	V	DEF	01.01.1970	31.12.9999	0,000	5
800	100-100	1000	P	0000001000	V	DEF	01.01.1970	31.12.9999	0,000	5
800	100-100	1000	P	0000001000	V	DEF	01.01.1970	31.12.9999	0,000	10
800	100-100	1000	P	0000009999	V	DEF	01.01.1970	31.12.9999	0,000	10

Abbildung 11.37 Änderung des Verkehrszweiges

Ressource

Als Ressourcen werden Arbeitsplätze gesammelt und transformiert. Dabei erstellt die Integrationslogik eine Ressource pro Kapazitätskategorie eines Arbeitsplatzes, z. B. Maschine oder Person, oder pro Poolkapazität. Die Voraussetzung ist, dass die Kapazität einem Arbeitsplatz zugeordnet ist, indem die Arbeitsplatzstammdaten mit der Grunddaten-, Terminierungs- sowie Kapazitätssicht gepflegt werden. In diesem Fall ist nur die initiale Übertragung in der Transaktion /IBP/ECC_INT_WC möglich (siehe Abbildung 11.38).

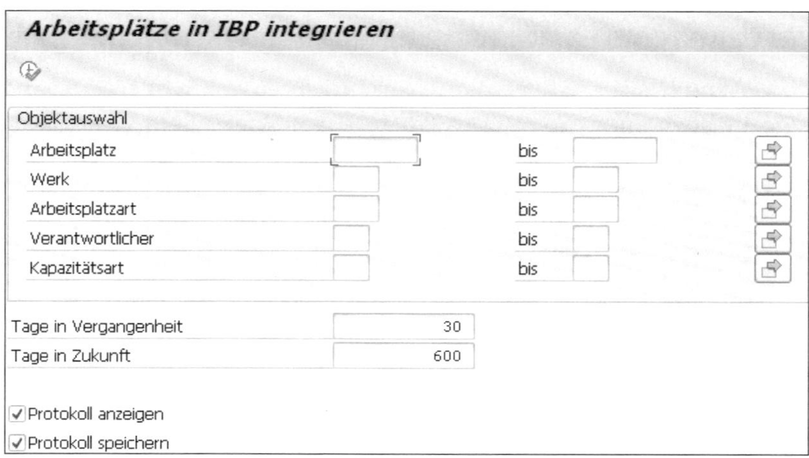

Abbildung 11.38 Initiale Integration von Ressourcen

Unter **Objektauswahl** wählen Sie bestimmte Arbeitsplätze, Werke, Arbeitsplatzarten, Verantwortliche sowie Kapazitätsarten. Ressourcen können nur in einem bestimmten Gültigkeitszeitraum angelegt werden, und zwar mithilfe der Felder **Tage in Vergangenheit** und **Tage in Zukunft**. Die Ressourcen-ID ergibt sich aus dem Arbeitsplatz, der Lokation und der Kapazitätsart. Um den Ressourcenkopf und die verfügbare Kapazität anzupassen, kann Ihr Unternehmen das BAdI `/IBP/ECC_SAVE_MATERIAL` implementieren.

Produktionsdatenstruktur

Das Stammdatum *Produktionsdatenstruktur* stellt die Bezugsquelle für die interne Produktion dar. Dazu gehören beispielsweise Kapazitäten sowie Komponenten, die zur Fertigung des Endprodukts benötigt werden.

Die Produktionsdatenstruktur (PDS) hat als Grundlage die SNP-PDS, die aus der Fertigungsversion, dem Arbeitsplan und der Stückliste erstellt wird. Aus diesem Grund muss eine Fertigungsversion für die zuladende Material-Werk-Kombination existieren. Weiterhin muss in der Transaktion PDS_MAINT der variable Bucketverbrauch für Produktionsdatenstrukturen mit dem Planungstyp **S** gepflegt sein. Außerdem müssen die zu übertragenden Materialien, Lokationen und Ressourcen bereits über die oben genannten Transaktionen in die Staging-Tabellen geladen worden sein.

Sowohl die initiale als auch die Änderungsübertragung können über die Transaktion /IBP/ECC_INT_PDS gesteuert werden (siehe Abbildung 11.39). Neben der Auswahl der Selektionseinschränkungen können Sie die Änderungsübertragung aktivieren und die Produktionsdatenstrukturen mit Löschvormerkung löschen. Bei der Änderungsübertragung empfiehlt SAP, einen täglichen Hintergrundjob laufen zu lassen. Eine automatische Sammlung von Änderungen über Geschäftstransaktionsereignisse (Business Transaction Event – BTE) ist nicht möglich.

Produktionsbezugsquelle in IBP integrieren

Selektionskriterien

Material		bis	
Werk		bis	
Fertigungsversion		bis	
Materialart		bis	
Werksspez. MatStatus		bis	
Disponent		bis	
Dispomerkmal		bis	
ABC-Kennzeichen		bis	

☐ Änderungsübertragung
☑ PDS mit Löschvormerk. löschen

Abbildung 11.39 Integration von Produktionsdatenstrukturen

Eine kundenspezifische Implementierung ist über das BAdI /IBP/ECC_SAVE_PDS möglich. Dabei können der PDS-Kopf, die Stückliste, die Ressource und die Aktivität angepasst werden. Sie können zusätzliche Aktivitäten mit einer Aktivitätsdauer und zugeordneten Komponenten definieren. Für eine schnellere Umsetzung gibt es die Beispiel-BAdIs /IBP/ECC_SAVE_PDS_ACTVT_SAMPLE zur Erstellung von Aktivitäten, /IBP/ECC_SAVE_PDS_BCONS_SAMPLE zur Berechnung des variablen Bucketverbrauchs aus dem Arbeitsplan pro Arbeitsplatz in einer Zeitreihe sowie /IBP/ECC_SAVE_PDS_CBASQ_SAMPLE zur Berechnung der Kapazitätsbasismenge aus der Basismenge des Arbeitsplans.

Kundenauftrag und Auslieferung

In Transaktion /IBP/ECC_INT_TRANS können Kundenaufträge sowie Auslieferungen in die SAP-ECC-Staging-Tabelle gespielt werden. Das betrifft nur die Objekte, deren Lokationsmaterialien und Werke bereits Teil des SAP-IBP-Integrationsmodells sind. Zur Anpassung der relevanten Auftragstypen und der Lokationsmaterial-Bandbreite können Sie eine kundenspezifische Implementierung im BAdI /IBP/ECC_SAVE_ORDER_STOCK durchführen. Die Kundenaufträge und Auslieferungen werden in die Tabelle /IBP/ORDER_EXT und ihre Attribute in die Tabelle /IBP/SLDFCAT_EXT zum Feldkatalog geschrieben. Ein Teil des Feldkatalogs ist die Verfügbarkeitsprüfregel, die im Customizing unter **Vertrieb • Grundfunktionen • Verfügbarkeitsprüfung und Bedarfsübergabe • Verfügbarkeitsprüfung • Verfügbarkeitsprüfung nach ATP-Logik und gegen Vorplanung • Voreinstellungen festlegen** im Feld **Regel zur Übernahme der Ergebnisse der Verfügbarkeitsprüfung** definiert wird. Diese Regel wird anhand von Tabelle 11.8 in den Bestätigungsmodus von SAP IBP transformiert.

Verfügbarkeitsprüfregel in SAP ECC	Bestätigungsmodus in SAP IBP
kein Wert	B: volle Belieferung
A	Kein Wert: volle oder teilweise Belieferung am Anforderungsdatum
B	B: volle Belieferung
C	X: volle oder teilweise Belieferung
D	Kein Wert: volle oder teilweise Belieferung am Anforderungsdatum
E	X: volle oder teilweise Belieferung
1	Kein Wert: volle oder teilweise Belieferung am Anforderungsdatum
anderer Wert	X: volle oder teilweise Belieferung

Tabelle 11.8 Zuordnung des Bestätigungsmodus zur Verfügbarkeitsprüfregel

Bei Änderungswünschen in der Standardlogik kann das BAdI /IBP/ECC_SAVE_FIELD_CATALOG implementiert werden. Falls eine Materialnummer im Kundenauftrag ersetzt wird, hat das keine Auswirkung auf die gesammelten Daten, solange das ersetzende Material im SAP-IBP-Integrationsmodell existiert. Sobald ein Kundenauftrag gelöscht oder abgebrochen wird, wird dieser auch in der Staging-Tabelle gelöscht. Auslieferungen von Kundenaufträgen oder Umlagerungsbestellungen werden in die Staging-Tabelle übertragen. Falls die Auslieferung keinen Bezug zu einem Kundenauftrag hat, wird der Bedarf übernommen. Nach Änderungen an Auslieferungen, z. B. an der Menge und am Datum, werden diese übertragen und den Bedarfen der Kundenaufträge zugeordnet. Sobald ein Warenausgang verzeichnet wird, reduzieren sich der Bestand und die Auslieferung. Bei einer Auslieferungsmenge von 0 wird die Auslieferung gelöscht.

Bestellanforderung und Bestellung

In die Staging-Tabelle werden durch die Transaktion /IBP/ECC_INT_TRANS Standardbestellanforderungen/Standardbestellungen, Umlagerungsanforderungen/Umlagerungen, eingehende Lieferungen zu Bestellungen und Konsignationsanforderungen/-aufträge übertragen.

Planauftrag und Fertigungsauftrag

Ein Planauftrag ist ein Beschaffungsvorschlag, der manuell oder automatisch durch einen Planungslauf (MRP-Lauf) erstellt und dann in eine Bestellanforderung oder einen Fertigungsauftrag umgewandelt wird. Das ist abhängig von Auftragstyp, Beschaffungskennzeichen und Sonderbeschaffungskennzeichen. Ein manuell erstellter oder geänderter Planauftrag ist automatisch fixiert für den MRP-Lauf, wobei eine Änderung durch den MRP-Lauf keine Fixierung nach sich zieht. Wenn sich Planaufträge im SAP-ECC-System ändern, nachdem sie schon freigegeben wurden, wird der Planauftrag in SAP IBP angepasst. Die Terminierung im SAP-IBP-System ist nur anhand des Basisdatums möglich. Dabei wird das Basisstart- und Basisenddatum aus der Eigenfertigungszeit auf der Registerkarte **Arbeitsvorbereitung** im Materialstamm angezeigt.

Bevor die Planaufträge nach SAP IBP überführt werden können, müssen mehrere Voraussetzungen gegeben sein. Die Materialstammdaten und die Produktionsdatenstruktur müssen in SAP IBP existieren. Des Weiteren sollten die relevanten Integrationsmodelle für Planaufträge aktiviert sein. Außerdem muss ein aktives Integrationsmodell für Materialien existieren, damit die Komponenten des Planauftrags vorhanden sind. Die verwendeten Ressourcen in der Produktionsdatenstruktur müssen genauso im SAP-IBP-System existieren wie die Kapazitätskategorien in der SNP-Produktionsdatenstruktur im SAP-ECC-System.

Interne Umlagerung

Der Transfer von Bestandsmengen innerhalb des eigenen Netzwerkes kann mit Umlagerungsbestellungen stattfinden. Das Senden eines Materials von einem zum anderen Werk wird als interne Umlagerung klassifiziert, solange sich die Werke innerhalb eines SAP-ECC-Systems befinden. Aufgrund der besseren Nachverfolgung und Materialbewegungsinformationen empfiehlt SAP, Umlagerungsbestellungen statt Umlagerungsreservierungen zu verwenden.

Die Übertragung von internen Umlagerungen nach SAP IBP erfordern Einstellungen im ECC-Customizing. Zuerst müssen die Dokumententypen Umlagerungsbestellung (UB), Normalbestellung (NB) und kundenspezifische Typen falls notwendig unter **Materialwirtschaft • Einkauf • Bestellung • Umlagerungsbestellung einstellen** definiert werden. Bei der Verwendung von Umlagerungen mit Lieferungen muss das empfangende Werk als Kundenstamm existieren, und Sie ordnen diesen dann im Customizing unter **Materialwirtschaft • Einkauf • Bestellung • Umlagerungsbestellung einstellen** dem Empfangswerk zu. Der Dokumententyp UB erfordert die Lieferart Nachschublieferung (NL) beim Lieferanten unter **Lieferart und Prüfregel zuordnen**, wobei der Dokumententyp NB als Lieferart *Nachschub Crosscomp. (NLCC)* verwenden sollte. Außerdem ist ein Lieferantenstamm mit zugehörigem Infosatz für das sendende Werk notwendig. Die Zuordnung zwischen Lieferwerk und Lieferant findet im

Lieferantenstamm unter **Zusatzdaten Einkauf** statt. Für die IBP-Übertragung wird ein aktives Integrationsmodell für Materialien, Werke, Bestellanforderungen, Bestellungen, Bestand und Kundenaufträge benötigt.

Bestand

Die Bestandsdaten überträgt die Integrationslogik nach Ausführung der Transaktion /IBP/ECC_INT_TRANS in die Staging-Tabelle. Es handelt sich hierbei um anonymen Bestand, der keinem Kunden oder Kundenauftrag zugeordnet ist. Eine Ausnahme bildet in diesem Fall der Konsignationsbestand. Dieser ist einem Lieferanten zugeordnet. Der Bestand auf Lagerort wird auf Werk aggregiert ins SAP-IBP-System geladen. Tabelle 11.9 stellt die relevanten Bestandstypen für SAP IBP dar.

SAP-ECC-Bestandstyp	Planungsrelevanz in SAP IBP
unbeschränkter Bestand	planungsrelevant
Bestand in Qualitätskontrolle	planungsrelevant
Sperrbestand	Planungsrelevanz basierend auf dem Customizing
Umlagerung (Lokation zu Lokation)	Planungsrelevanz basierend auf dem Customizing
Umlagerung (Sublokation zu Sublokation)	Planungsrelevanz basierend auf dem Customizing
Transitbestand	nicht planungsrelevant
unbeschränkter Konsignationsbestand	planungsrelevant
Konsignationsbestand in Qualitätskontrolle	planungsrelevant
gesperrter Konsignationsbestand	Planungsrelevanz basierend auf dem Customizing
beschränkter Konsignationsbestand	Planungsrelevanz basierend auf dem Customizing

Tabelle 11.9 Planungsrelevanz der Bestandstypen in SAP IBP

Die Planungsrelevanz der Bestandstypen kann im Customizing unter **Materialmanagement • Verbrauchsgesteuerte Disposition • Werksparameter • Gesamtpflege der Werksparameter durchführen** oder über die Transaktion OPPQ gepflegt werden.

Daten zur Vorplanungsverrechnungsrücknahme

Durch das Integrationsmodell überträgt die Integrationslogik Kundenaufträge und Warenausgangsmengen zu Kundenaufträgen, die relevant für die Vorplanungsverrechnung sind. Sie können nur für Lokationsmaterialien und Werke, die Teil des Integrationsmodells sind, übertragen werden. Über eine kundenspezifische Implementation im BAdI `/IBP/ECC_SAVE_CONSUMPTION` kann Ihr Unternehmen die Warenausgangsmengen zu Kundenaufträgen übertragen.

Konfigurationsdaten

Mithilfe der Transaktion /IBP/ECC_MDCKTABFILL können Tabellen zu Konfigurationsdaten geladen werden. Nach jeder Benutzung löscht das Programm die alten Daten. Bestandteil dieser Daten sind Materialgruppen, MRP-Controller, Einkaufsorganisationen, Materialtypen, Produkthierarchien, Verkaufsdokumenttypen, Kapazitätskategorien, Kundenklassifikationen und Lieferprioritäten.

11.2.4 Übertragung der Daten

Das SAP-IBP-System ist nun bereit zum Laden von Stamm- und Bewegungsdaten. Diese können, wie schon beschrieben, sowohl aus Dateien als auch aus einem SAP-ECC-System transferiert werden.

Beispielhafte Stamm- und Bewegungsdaten können Sie aus Dateien übertragen, die in SAP-Hinweis 2479514 (*Sample .csv and .cfg files for IBP RM SDI integration*) zu finden sind und im angegebenen Verzeichnis abgelegt werden. Wichtig ist, dass in der Datei **INTEGRATION_AREA.csv** (siehe Abbildung 11.40) das gleiche logische System angegeben wird, das in der Remote-Source festgelegt wurde.

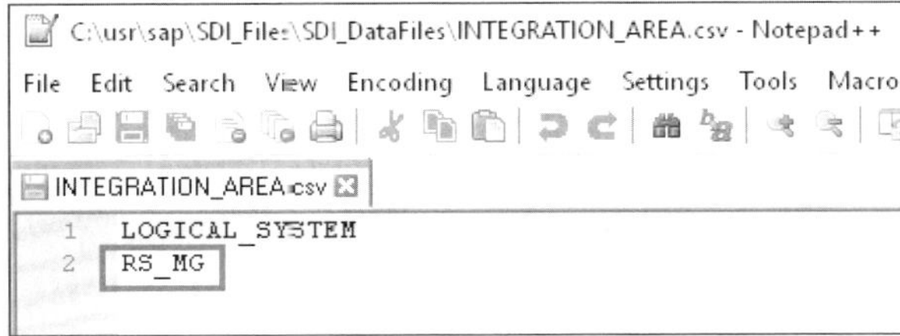

Abbildung 11.40 Anpassung des Integrationsbereichs

Im nächsten Schritt werden die Daten in das SAP-IBP-System geladen (siehe Abbildung 11.41). In der Applikation **Anwendungsjobs** werden die Daten über die Jobvorlage **Datenintegration über SAP HANA SDI (eingehend)** geladen. Hierbei geben Sie unter **Quellsysteminformation** nur die **Remote-Source** an und können bei **Optionale Aktivitäten** die bestehenden Daten mit oder auch ohne Zeitreihendaten löschen. Hinter der Remote-Source versteckt sich die Integration über Dateien oder über ein SAP-ECC- bzw. SAP-S/4HANA-System.

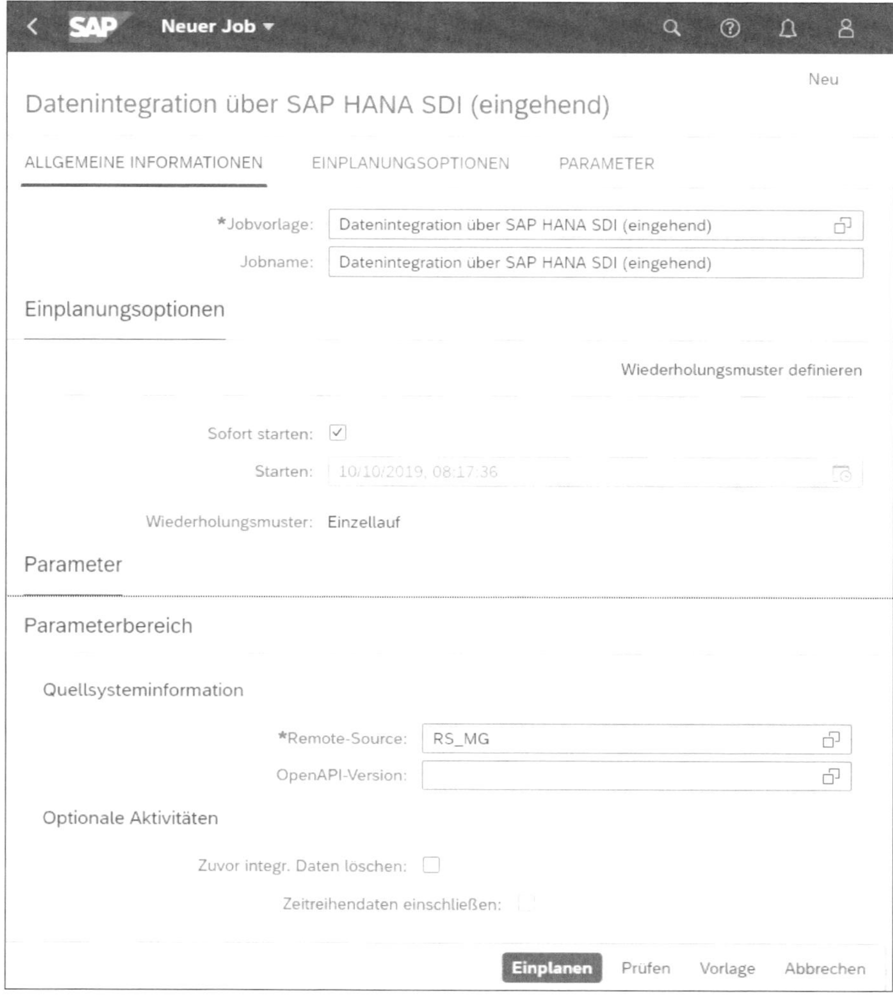

Abbildung 11.41 Laden der Daten ins SAP-IBP-System

Die Rückintegration der Daten kann wiederum über die Jobvorlage **Datenintegration über SAP HANA SDI (ausgehend)** gesteuert werden (siehe Abbildung 11.42).

Darüber hinaus lässt sich die automatische Auftragsbearbeitung deaktivieren. Unter **Sonstige Parameter** können Sie zwischen einer vollständigen oder einer Delta-Übertragung wählen und Einschränkungen bei der Selektion von Lokationen, Materialien, Disponenten, dem Übertragungshorizont in die Zukunft und den einzelnen Bewegungsdaten machen. Dabei können Kundenauftragsbestätigungen, Bestellanforderungen, Planaufträge und Umlagerungsbestellanforderungen zurückintegriert werden. Die Details zum Verlauf der Jobs finden Sie in der Applikation **Anwendungsprotokolle**.

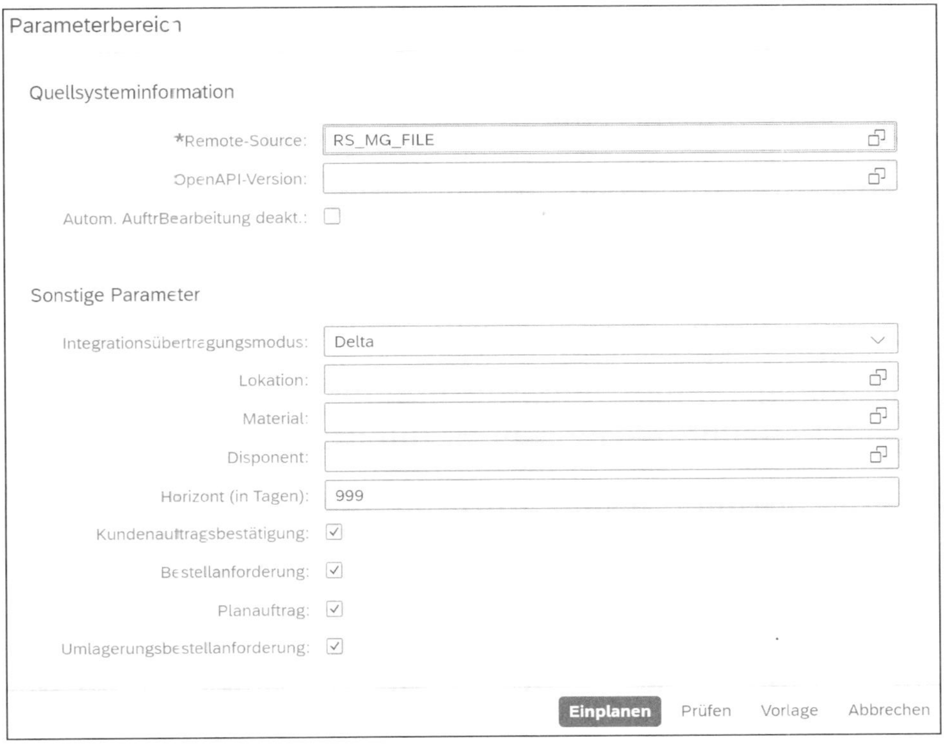

Parameterbereich

Quellsysteminformation

*Remote-Source: RS_MG_FILE
OpenAPI-Version:
Autom. AuftrBearbeitung deakt.:

Sonstige Parameter

Integrationsübertragungsmodus: Delta
Lokation:
Material:
Disponent:
Horizont (in Tagen): 999
Kundenauftragsbestätigung: ☑
Bestellanforderung: ☑
Planauftrag: ☑
Umlagerungsbestellanforderung: ☑

Einplanen | Prüfen | Vorlage | Abbrechen

Abbildung 11.42 Laden der Daten aus dem SAP-IBP-System

11.3 Integration mit SAP Ariba

Das Zusammenspiel zwischen SAP IBP und SAP Ariba deckt zum jetzigen Entwicklungsstand nur den Lieferantenprozess und nicht den Kundenprozess ab, wobei die Rückmeldung von bestätigten Mengen des Lieferanten im Fokus steht. Dabei sendet der Käufer eine unbeschränkte Prognose der Komponentenmengen von SAP IBP ins SAP-Ariba-System, wo die teilnehmenden Lieferanten diese Mengen einsehen können. Dazu meldet sich der Lieferant am SAP-Ariba-System an und bestätigt eine Menge für die Komponenten, die er liefern kann. Als Nächstes gibt der Lieferant die bestätigten Mengen frei, die daraufhin in SAP IBP gespeichert werden. Sie prüfen die bestätigten Komponentenmengen in SAP IBP und veröffentlichen diese als beschränkte Prognose. Die Übertragung der Daten erfolgt im cXML-Format. Details dazu, wie die Daten transferiert werden können, finden Sie in der SAP-Hilfe (*https://help.sap.com/IBP*) unter dem Suchbegriff »Business Network Collaboration«.

Die technischen Voraussetzungen zur Übertragung der Mengen sind die Einrichtung der Kommunikationsverwaltung im SAP-IBP-System, die Definition der Authentifizierungsmethode im SAP-IBP- und im SAP-Ariba-System, die Herstellung einer Lieferantenbeziehung sowie die Zuordnung eines privaten Schlüssels im SAP-Ariba-System.

11.3.1 Konfiguration in SAP IBP

Die Übertragung der Daten beginnt mit dem Versand einer cXML-Nachricht aus dem SAP-IBP-System, die aus Sicherheitsgründen verifiziert sein muss. Hierfür kann entweder ein Client-Zertifikat oder ein geteiltes Sicherheitspasswort verwendet werden.

Die Verifizierung durch ein Client-Zertifikat erfordert zunächst die Definition eines Kommunikationssystems, was in der App **Kommunikationssysteme** durchgeführt werden kann. Sie können **System-ID** und **Systemname** dafür frei wählen. Unter **Hostname** geben Sie *certservice-2.ariba.com* an. Im Abschnitt **Benutzer für ausgehende Kommunikation** werden über die Plusschaltfläche die Authentifizierungsmethode **SSL-Client-Zertifikat** und der Zertifikatstyp **Standard-Client-Zertifikat** angelegt. Danach klicken Sie auf den angelegten Eintrag und können das Zertifikat auf der lokalen Festplatte für eine spätere Verwendung speichern. Abschließend speichern Sie das Kommunikationssystem.

Nun wird eine Kommunikationsvereinbarung mit dem Szenario SAP_COM_0201 angelegt. Hierbei geben Sie das vorher angelegte **Kommunikationssystem** und die **Jobausführungsdetails** an. Dabei empfiehlt SAP, die Daten alle 2 Minuten zu übertragen. Sie können für den Fall, dass Performanceprobleme auftreten, die Paketgröße festlegen, sodass nicht alle Daten gleichzeitig, sondern in Paketen nacheinander gesendet werden. Nach dem Speichern der Kommunikationsvereinbarung ist die Übertragung vom SAP-IBP-System bereit.

Bei der Verwendung eines geteilten Sicherheitspasswortes wird ebenfalls ein Kommunikationssystem angelegt, wobei der Benutzer für ausgehende Kommunikation mit der Authentifizierungsmethode **Keine** festgelegt wird. Nach dem Speichern des Kommunikationssystems legen Sie auch hier eine Kommunikationsvereinbarung basierend auf dem Szenario SAP_COM_0201 an. Nach der Angabe des Kommunikationssystems werden die notwendigen Einstellungen automatisch gemacht, und Sie können, wie oben beschrieben, die Jobausführungsdetails festlegen. Über die Schaltfläche **Speichern** bleiben die Einstellungen erhalten.

Die Anmeldeinformationen für das SAP-Ariba-System definieren Sie in der App **Ariba-Netzwerk-Credentials und Endpunkte verwalten**. Nach Auswahl der Schaltfläche **Anlegen** müssen Sie die **Ariba-Network-ID** festlegen, die frei wählbar ist und mit jeder ausgehenden cXML-Nachricht zur Identifizierung des Unternehmens als Sender übertragen wird. Außerdem definieren Sie ein ebenfalls frei wählbares Sicherheitspasswort und bestätigen dieses. Falls Sie nur ein Testkonto im SAP-Ariba-System haben und die Ariba-Network-ID somit nicht für die Lieferanten im System veröffentlicht ist, muss das Flag **Testkonto** gesetzt werden. Die Zugangsinformationen für das freigegebene Konto lassen sich auch noch zu einem späteren Zeitpunkt angeben. Nach dem Speichern ist die Übertragung vom SAP-IBP-System auch mit dieser Verifizierungsoption möglich.

11.3.2 Konfiguration der Lieferantenbeziehungen in SAP Ariba

Für die Anmeldung am SAP-Ariba-System über den Browser benötigen Sie die Ariba-Network-ID, die das Konto eindeutig identifiziert, den Benutzernamen sowie das Passwort. Um das SAP-Ariba-System mit dem SAP-IBP-System zu verbinden, laden Sie entweder das Client-Zertifikat hoch oder pflegen den Sicherheitsschlüssel. Unter **Administration • Konfiguration • cXML Setup** wählen Sie die Authentifizierungsmethode **Zertifikat** aus. Dann öffnen Sie das in Abschnitt 11.3.1, »Konfiguration in SAP IBP«, heruntergeladene Zertifikat mit einem Texteditor und kopieren den Inhalt in die Textfenster **Zertifikat** und **Backup Zertifikat** im Browser. Nach Betätigung der Schaltfläche **Speichern** ist die Integration über ein Zertifikat abgeschlossen.

Bei der Verwendung eines Sicherheitsschlüssels navigieren Sie zum gleichen Menü, wählen dann aber **Geteilter Schlüssel** als Authentifizierungsmethode aus und geben den gleichen Schlüssel wie in Abschnitt 11.3.1 an. Die Übertragung mithilfe eines Sicherheitsschlüssels kann nach dem Speichern erfolgen.

Weitere Informationen zum Thema Handhabung im SAP-Ariba-System finden Sie im Abschnitt **Hilfe** des Ariba-Netzwerk-Dashboards.

Anhang
Das Autorenteam

Michael Grafunder ist seit 2012 als Berater bei SAP SE tätig. Seine ersten Erfahrungen machte er im SAP APO Demand Planning und Supply Network Planning, bevor er in den Bereich SAP IBP wechselte, wo er sich vor allem mit dem Sales and Operations Planning (S&OP) und SAP IBP für Response and Supply beschäftigt. Er lässt Sie gern an seinen Erfahrungen und seinen Kenntnissen direkt aus den Projekten teilhaben.

Ferenc Gulyássy arbeitet seit seinem Abschluss als Diplom-Kaufmann und Diplom-Volkswirt (Universität zu Köln) als Berater und stellvertretender Beratungsleiter für SAP Supply Chain Management (SCM) bei SAP SE. Schwerpunkte seiner Tätigkeit sind die Projekt-, Beschaffungs- und Produktionsplanung unter Berücksichtigung von Kapazitäten. Er hat im In- und Ausland eine Vielzahl von Projekten bei großen und mittelgroßen Unternehmen verschiedener Industrie- und Dienstleistungsbranchen mit den SAP-Funktionalitäten PS, PP, PP/DS, CTM und IBP durchgeführt. Zu seinen Aufgaben zählt neben der Implementierung von SAP-Systemen auch die Optimierung von Systemeinstellungen zur Umsetzung von Prozessverbesserungen. Auf diesen Erfahrungen basierend war er an der fachlichen Konzeption der SCM Consulting Solutions von SAP Consulting zur Optimierung von Planungsprozessen in den Planungssystemen von SAP (SAP ECC, SAP S/4HANA, SAP APO, SAP IBP) maßgeblich beteiligt. Als Schulungsreferent der Kurse für Bestandsoptimierung mit SAP (WDBOPT), Produktionsplanung und -steuerung in SAP ERP (SCM240), Demand-Driven and Predictive MRP Bootcamp in S/4HANA (DDp-MRPBC), Produktions- und Feinplanung bzw. Schnittstellen in SAP APO (SCM250 und SCM210) und SAP IBP (IBP100–800) ist er ebenfalls für SAP Education tätig. Darüber hinaus ist er Lehrbeauftragter für Principles of Consulting und Advanced Supply Chain Management an der Jacobs University in Bremen.

Binoy Vithayathil ist nach einem Wirtschaftsingenieur-Studium und einem MBA seit 2007 als SCM-Berater bei SAP SE beschäftigt. Der Schwerpunkt seiner Tätigkeit liegt neben SAP-ERP-, SAP-APO- und SAP-IBP-Projekten primär auf der Optimierung logistischer Prozesse der Absatz- und Beschaffungsplanung und Disposition. Durch nationale sowie internationale Projekte bei großen und mittelständischen Unternehmen verfügt er über branchenübergreifende SCM-Erfahrung. Neben seiner Tätigkeit als Berater ist er auch als Schulungsreferent für die IBP-Kurse von SAP Education aktiv und hält Vorlesungen im Bereich Supply Chain Management an der Jacobs University in Bremen.

Index

B

C

D

Q

R

S

T